Mittelmeer ■ Atlantik
Nordsee ■ Ostsee

Was lebt im Meer an Europas Küsten?

Werner DeHaas
und Fredy Knorr

Müller Rüschlikon
spezial

Inhalt

Einleitungen
6 Vorwort
10 Vom Schauen und Sehen im Meer
14 Zum Gebrauch dieses Buches
15 Kontur-Schlüssel

Meerespflanzen
20 Einführung
Blaualgen 22
Grünalgen 24
Braunalgen 30
Rotalgen 40
Marine Seegräser 50

Meerestiere
52 Einführung
54 Geißeltierchen
55 Schwämme
Kalkschwämme 56
Kieselschwämme 58
Hornkieselschwämme 60
Hornschwämme 60
Baumfaserschwämme 62
62 Nesseltiere
Hydrozoen 63
Hydroiden 63
Staatsquallen 72
Würfelquallen 74
Schirmquallen 74
Becherquallen 75
Fahnenquallen 76
Wurzelquallen 76
78 Blumentiere
Dörnchenkorallen 78
Zylinderrosen 78
Krustenanemonen 79
Seeanemonen 80
Steinkorallen 86
Röhrenkorallen 88
Lederkorallen 88
Hornkorallen 88
Seefedern 90
92 Rippenquallen
Kugelquallen 92
Lappenquallen 92
Gürtelquallen 92
Mützenquallen 93
94 Plattwürmer
Strudelwürmer 95
Schnurwürmer 96
Priapuliden 98
Igelwürmer 98
Spritzwürmer 99
100 Weichtiere
Schnecken 102
Käferschnecken 102
Altschnecken 102
Mittelschnecken 108
Neuschnecken 122
Kopfschildschnecken 129
Hautschildschnecken 130
Sackzüngler 130
Rückenschildler 130
Nacktkiemer 132
Grabfüßer 132
Muscheln 134
Alte Reihenzähner 134
Versteckzähnige 134
Flügelförmige 136

Verschiedenzähnige 148
Zahnlose 168
Kopffüßer 173
Zehnarmer 174
Achtarmer 176
178 Ringelwürmer
Borstenwürmer 178
188 Gliederfüßer
Krebse 188
Rankenfüßer 189
Höhere Krebse 192
Heuschreckenkrebse 192
Zehnfußkrebse 192
Garnelen 193
Langschwanzkrebse 196
Mittelkrebse 200
Krabben 202
Asseln 210
Flohkrebse 212
214 Kranzfühler
Moostierchen 214
Hufeisenwürmer 218
Armfüßer 218
219 Pfeilwürmer
220 Stachelhäuter
Haarsterne 225
Federsterne 225
Seegurken, Seewalzen 226
Seeigel 228
Seesterne 234
Schlangensterne 240
242 Kragentiere
Eichelwürmer 242
243 Manteltiere
Seescheiden 244
246 Schädellose
248 Wirbeltiere
Rundmäuler 248
Knorpelfische 249
Haie 249
Rochen 256
Knochenfische 262
Störartige 264
Heringsfische 265
Lachsfische 268
Aalfische 270
Hornhechtartige 272
Dorschartige 278
Barschartige 284
Schleimfischartige 307
Schlangenfische 310
Aalmuttern 311
Sandaale 311
Makrelenartige 312
Meergrundelartige 316
Saugfische 320
Panzerwangen 320
Schiffshalter 330
Petersfische 331
Plattfische 332
Stichlingsfische 336
Büschelkiemer 338
Meeräschenartige 340
Armflosser 342
Haftkiefer 344

Anhang

346 Systematischer Index
349 Namenregister
369 Fremdsprachen-Nomenklatur
390 Sachregister

Vorwort

Nach wie vor ist die schon die Erstausgabe dieses Werks einleitende Feststellung gültig, daß die marine Welt unglaublich reich ist, von verwirrender Vielfalt, voll wimmelnden Lebens. Bücher, Zeitschriften, Filme, Fernsehen und Tauchsport haben dafür gesorgt, daß heute jedermann zumindest ahnt, welches Zauberreich die See tarnkappengleich verhüllt. Weniger banal mag indes die Erklärung sein, daß vor den Küsten Europas auch heute noch mehr Schönheit, Farbenpracht und Mannigfaltigkeit zu finden ist, als es die Vorrangstellung erwarten läßt, die Berichte und Bilder aus fernen tropischen Meeresgebieten in der Literatur über die Unterwasserwelt einnehmen. Das wird hier belegt.
Nicht für Meeresbiologen ist dieses Buch gedacht, höchstens für solche, die es werden wollen, insbesondere aber für Naturfreunde, ob sie tauchend engere Bekanntschaft mit den Bewohnern der Flachsee schließen, mit sehenden Augen am Strand entlang wandern oder «Marktforschung» in Fischerhäfen treiben. Ihnen will der Band helfen, sich in der Fülle der mit Augen, Foto- oder Filmkamera erhaschten Beute zurechtzufinden. Er möchte aber zudem über vertiefte Kenntnis des marinen Pflanzen- und Tierlebens mehr Verständnis für die essentielle Wichtigkeit ihres Schutzes und ihrer Erhaltung vermitteln. Denn noch immer wird das Meer von uns Menschen einerseits schonungslos geplündert, anderseits als Abfallgrube mißbraucht, wodurch wir, wenn das nicht endlich aufhört, ein weiteres Mal ein Paradies verspielen, dazu eine für die Zukunft der ständig zunehmenden Menschheit unentbehrliche Nahrungsquelle. Der gedankenlose Verbrauch, die kurzsichtige Ausbeutung der Produkte des Meeres muß von bewußterer, naturgerechterer Nutzung abgelöst werden, schon im Kleinen, bei jedem einzelnen von uns. Dazu ist mehr Wissen darüber ein nützlicher Schritt.
Bei verhältnismäßig breiter Erfassung der marinen Flora und Fauna Europas geht dieses Buch u.a. um der Handlichkeit willen nur auf das für den Nichtwissenschaftler Wesentliche ein. Für die Auswahl der rund 1000 beschriebenen Arten aus den Tausenden und Abertausenden der existierenden waren einerseits die Häufigkeit des Vorkommens und die entsprechend große Wahrscheinlichkeit einer Beobachtung maßgebend, anderseits die Voraussetzung der Sichtbarkeit mit unbewaffnetem Auge: Formen, die nur mit starker Lupe oder Mikroskop in nützlicher Weise zu erkennen sind, wurden von vornherein ausgeschieden. Anderseits sind aus Umfanggründen die Watt- und Wasservögel, die Meerschildkröten, die Robben und die Wale nicht einbezogen worden.

Wir haben diesen Naturführer so zusammengestellt, wie es unsere eigene Erfahrung als wünschenswert erscheinen ließ. Er enthält nicht mehr und nicht weniger als das, was man im Urlaub am Meer rasch und rationell zur Konkretisierung mehr oder minder flüchtiger Sichteindrücke erfahren möchte. Weiterer Wissensdurst kann warten, bis Fachliteratur in Reichweite ist, die ja ganze Bibliotheken füllt. Im Hinblick auf solche spätere Nachforschungen haben wir manchmal wissenschaftliche Namen angeführt, die in der Fachwelt als überholt gelten, sich aber in der Praxis des Nichtwissenschaftlers häufig als Brücke zu Beschreibungen in Werken erweisen, die eine andere Systematik benützen oder, nicht mehr ganz neu, eine überholte Nomenklatur. Zweckmäßig schienen uns außerdem nebst Hinweisen auf Giftdrüsen, Nesselkapseln und Stacheln einiger Meeresbewohner auch solche auf adäquate Erste Hilfe; und schließlich dürften sich die in einer eigenen Nomenklatur zusammengefaßten fremdsprachigen Artnamen bei Sachgesprächen mit Ausländern gelegentlich als nützlich erweisen.

Der Einsatz von Schwarzweiß-Zeichnungen zur Abbildung der beschriebenen Arten beruht ebenfalls auf praktischer Erfahrung: Die Darstellung der zur Bestimmung wesentlichen Details gelingt der Zeichnung ungleich besser als dem brillantesten Foto. Und Farben wären wenig hilfreich, weil sie einerseits infolge der Filterwirkung des Wassers schon in geringer Tiefe für unser Auge verändert sind, zudem besonders bei Fischen oft geschlechtsspezifisch, anderseits z. B. an toten Tieren auf dem Markt anders als an den noch lebenden Exemplaren.

Dieses Bestimmungsbuch ist aus Liebe zum Meer, Wißbegierde und Platzmangel entstanden. Liebe zum Meer hat uns zu Sporttauchern werden lassen. Wißbegierig wird wohl jeder Naturfreund, der sich in der Welt unter Wasser umschaut. Platzmangel entstand in unserem Reisegepäck infolge der immer größeren Zahl von Büchern, die wir ans Meer mitnehmen mußten, um unsere Wißbegierde zu stillen. Denn wir wollten an Ort und Stelle nachschlagen können, was wir gesehen, gefunden, beobachtet, fotografiert hatten, wie es heißt, wo es vorkommt, in welcher Verwandtschaft es zu anderem steht, das wir schon kannten. Das vielseitige, handliche Buch aber gab es noch nicht, das uns ans Mittelmeer, an den Atlantik, zur Nord- und Ostsee begleiten konnte, um unsere Fragen kurz, klar und einfach zu beantworten. Statt länger über diese Lücke zu klagen, haben wir uns daran gemacht, sie auszufüllen. Der Rest war bloß noch Studium und Arbeit, gleich wie nun bei der Revision zur erweiterten, umgestalteten Neufassung, wobei jetzt wie damals Cécile und Doris für ihre engagierte Mitwirkung gedankt sei.

Frühjahr 1990 — Werner DeHaas und Fredy Knorr

Vom Schauen und Sehen im Meer

Die meeresbiologischen Sammlungen vieler Museen, die Aquarien ozeanologischer Institute und mancher Tiergärten, der Fischmarkt jedes Hafenorts, ein von Küstenfischern eben an Land gezogenes Grundschleppnetz, Algen und Krebse in bei Ebbe zurückbleibenden Tümpeln, Quallen und Seesterne unter angeschwemmtem Tang am Strand, Muscheln und Schneckenschalen im Sand – lauter interessante Kostproben des Form- und Farbreichtums der See sind das, Möglichkeiten, die marine Flora und Fauna mehr oder weniger trockenen Fußes kennenzulernen. Allerdings handelt es sich dabei gewissermaßen nur um Brosamen, die von Neptuns Tische fallen. Die Wirklichkeit der unterseeischen Natur lassen sie höchstens ahnen.
Vertraut wird man mit den Pflanzen und Tieren des Meeres erst, wenn man sie in ihrer eigenen Welt durch die Gläser einer Tauchbrille betrachtet, von der Oberfläche aus, oder tauchend, um in Spalten und Löcher zu spähen, Algenwiesen zu erkunden, da und dort unter Felsen zu blicken. Doch ob man dies als Beobachter, Fotograf oder Filmer tut, ob mit einfacher oder anspruchsvoller Ausrüstung, immer besteht die gleiche Voraussetzung: Wer unter Wasser sehen will, muß zunächst schauen lernen, muß Verstand und Augen auf die Verhältnisse und Perspektiven des Meeres umschulen.
Sehenswertes gibt es unter dem Wasserspiegel überall an unseren Küsten. Nur ist es oft nicht da, wo man es anfangs sucht, nicht dort, wo man es sieht, nicht das, wofür man es hält, nicht so, wie man es erwartet. Augen, die nur den Grund absuchen, werden sowohl die Nacktkiemenschnecke an der nahen Klippenwand übersehen als auch den knapp unter der Oberfläche vorbeiziehenden Meeräschenschwarm. Außerdem wächst im Meer vieles nicht vom Boden aufwärts, sondern an der Decke und abwärts, von oben unsichtbar unter einem Überhang. So mag der Grund einer unterseeischen Grotte nackt und öde sein, ihre Wölbung aber ist mit vielerlei Schwämmen, Bryozoen und Hohltieren bedeckt. Doch auch dem Offensichtlichen, der Evidenz, ist nicht zu trauen: Unter Wasser erscheinen alle Objekte etwa ein Drittel größer und näher als sie tatsächlich sind. Und wer sich auf den ersten Eindruck verläßt, wird oft arm an Eindrücken aus dem Meer zurückkehren; denn ein Algenbüschel kann ein Algenbüschel sein, aber auch ein Fisch oder die Tarnung einer Meerspinne. Ein Stein erweist sich vielleicht als Krabbe, Muschel oder Krake, ein Stück der leeren Sandfläche als Plattfisch oder Rochen. Ein bräunlicher Klumpen mag zur Pracht einer Purpur-

rose erblühen, unscheinbare Röhren können sich mit Tentakelfächern von zauberhaft zarter Schönheit schmücken. Die Buntheit des Pfauenlippfischs ist schon in recht geringer Tiefe nur noch als Abstufung blaugrüner Schattierungen zu erkennen, und der Seestern, den man seiner seltsamen grauvioletten Färbung wegen in der Tiefe fotografiert, entpuppt sich als Doppelgänger des gewöhnlichen roten Seesterns, der gleich unter dem Wasserspiegel an einem Felsen sitzt. Vom silbernen Geißbrassen jedoch, dessen hohe ovale Form man vom Fischmarkt her oder aus Bildern kennt, wird von der Oberfläche aus oft nicht mehr als der schmale dunkle Rücken zu sehen sein, und ein lebendes Seeohr bietet einen Aspekt, den das am Strand gefundene leere Gehäuse nicht erwarten läßt. Selbst das Augenfällige übersieht man im Meer nur zu leicht, wenn man es sich anders vorstellt als es ist. Doch auch Fehlschlüsse, kausal für manches unnötige Erschrecken, ergeben sich aus Sehen ohne Verstehen: Eine Muräne, die mit offenem Maul, also deutlich sichtbaren Zähnen aus einer Spalte schaut, droht nicht gefräßig, sondern atmet bloß, und der Krake mit dem kalten, starren Blick wacht nur über seine eigene Sicherheit. Anderseits heißt es Hände weg von allem, das man nicht genauer kennt: allenfalls vorhandene Giftstachel, Nesselzellen und andere Verteidigungsmittel sind ja dazu da, auf Berührung zu reagieren.

Wer interessante Pflanzen und Tiere finden will, braucht nicht unbedingt tief zu tauchen. Gewiß birgt die marine Welt in größeren Tiefen verlockend schöne und faszinierende Schöpfungen der Natur; doch sie beginnt gleich unter dem Wasserspiegel und bietet oft in der Uferzone eine Vielfalt, die den Naturfreund – vom Meeresbiologen ganz zu schweigen – auf Jahre hinaus beschäftigen kann. Zwischen Algen und Steinen, in Spalten und Gruben gibt es schon im Flachwasser unzählige Lebewesen zu entdecken. Grobsand in einer Mulde wird bei näherer Betrachtung vielleicht zur reichen Sammlung der winzigen, am Strand kaum jemals unbeschädigt zu findenden Rissoschnecken. Röhrenähnliche, tiefe Löcher im Sand mögen Muscheln verraten; eine kaum wahrnehmbare Erhöhung der Grundfläche kann auf einen verborgenen Kammseestern hinweisen; kleine Wölkchen aufgewirbelten Schlamms lassen vermuten, daß Meerbarben in der Nähe sind und in ihrer Begleitung möglicherweise ein paar Brassen; Weichtiergehäuse und loses Gestein tarnen oft den Eingang zum Versteck eines Kraken; wo Seewalzen sind, mögen Nadelfische nicht weit sein. So lernt man als tauchender Naturfreund nach und nach Zeichen und Spuren deuten, aus Vorkommen und Verhalten bestimmter Tierarten auf die Wahrscheinlichkeit der Begegnung mit gewissen anderen schließen, stets entsprechend dem Charakter der unterseeischen Landschaft.

Jeder Bodentyp hat seine eigene Flora und Fauna, die sich mit der Tiefe verändern. Nur selten und zufällig wird man Pflanzen und Tiere in einer ihrer Art fremden Umgebung finden, und eigentliche Biotopverschiebungen in für den Nichtwissenschaftler bedeutsamem Maß kommen kaum innerhalb engerer Meeresgebiete vor, sondern nur von einem wei-

ten geographischen Raum zum anderen. Ein Herzigel, der im Golf von Neapel von etwa 6 m Tiefe an im Sand eingegraben lebt, wird an der Côte d'Azur, wenn er dort vorkommt, die gleiche Lebenssphäre haben. Dagegen mag eine Alge, die in der Nordsee meist an Felsen zu finden ist, in der Adria vorzugsweise auf steinigem Sand- und Schlammgrund wachsen; und ein Fisch, der im Mittelmeer in größeren, kälteren Tiefen lebt, kann an der Kanalküste auch im Flachwasser heimisch sein. Anderseits mögen Pflanzen und Tiere, die in den warmen mediterranen oder salzreichen atlantischen Küstengewässern stark verbreitet sind, in der kälteren, salzarmen Ostsee nur selten oder überhaupt nicht auftreten, was natürlich auch im umgekehrten Sinn gilt. Mit diesem Sondergebiet der Meeres- und Fischereibiologie beschäftigen sich etliche Fachwerke, darunter N. B. Marshall, *The Life of Fishes* (London 1965), B. M. McConnaughey, *Marine Biology* (St. Louis 1970), R. Fechter, J. Grau, J. Reicholf, *Lebensraum Küste* (München 1985), M. J. Moore, S. Seed, *The ecology of rocky coasts* (London 1985), J. Ott, *Meereskunde* (Stuttgart 1988), R. V. Tait, *Meeresökologie – das Meer als Umwelt* (Stuttgart 1971), P. Tardent, *Meeresbiologie* (Stuttgart 1979).
Auffallend ist der Wandel der unterseeischen Natur im Rhythmus der Jahreszeiten: Meerespflanzen können im Frühjahr ganz anders aussehen als im Sommer oder Herbst, und manche Tiere, die gewöhnlich nur von Hochseefischern gefangen werden, nähern sich zeitweise der Küste, während andere, die den Winter verhältnismäßig nahe der Oberfläche verbringen, sich im Sommer in größeren Tiefen aufhalten. Ebenso evident ist der Wechsel, der sich fast stündlich in der Welt unter Wasser vollzieht: Tiere, die dem hellen Licht in tiefes Wasser ausweichen, zeigen sich oft bei einsetzender Dämmerung in den oberen Zonen, und manche verändern zwar ihren Standort kaum, sind aber zur Mittagszeit unter Gestein, Sand, Algen verborgen und nur am frühen Morgen oder gegen Abend zu entdecken. Nachts wiederum wird das Licht einer starken Unterwasserlampe auf freiem Grund Wesen sichtbar machen, die den Tag tief in Nischen verbringen. All diese Probleme behandelt L. P. Schultz eingehend in seinem Werk *The Ways of Fishes* (Princeton 1948). Aber zum Trost jener, die nun das an sich durchaus richtige Gefühl haben, Ozeanologie im allgemeinen und Meeresbiologie im besonderen bedeute viel trockene Wissenschaft und ernstes Studium, sei gesagt, daß ein nettes Gespräch mit Küstenfischern und die Beobachtung ihrer Fangfahrten recht viel darüber erraten lassen, wo was wann zu finden ist.
Die Zeit der Unterwasserjagd ist vorbei, endgültig, aus naturethischen Gründen fast verpflichtender noch als wegen der an vielen Küsten bestehenden gesetzlichen Beschränkungen oder Verbote. Ebenso sollte für uns tauchende Naturfreunde die Zeit des Sammelns und des Aquaristik-Fangs vorbei sein, weil es zu schonen und zu erhalten gilt, was noch vorhanden ist. Zu Schau- und Demonstrationszwecken sind die eingangs erwähnten Museumssammlungen und Zooaquarien da. Wer Objekte als Urlaubssouvenirs braucht, erjage sie durchs Objektiv.

Im Zusammenhang mit ökologischem Umdenken: Heute nicht mehr zu übersehen sind an allen europäischen Küsten die Folgen der noch immer vertretenen, obschon von der Natur wie von der Forschung längst schlüssig widerlegten Irrmeinung, daß alles, das wir im Wasser verschwinden lassen, vom Meer schadlos verdünnt, abgelagert, abgebaut werde: Was wir jetzt derart «entsorgen», wird uns und künftigen Generationen noch arge Sorgen machen. Diese Thematik besprechen u.a. S. A. Gerlach in *Meeresverschmutzung – Diagnose und Therapie* (Berlin 1976), R. Riedl in *Die Gärten des Poseidon – Wie lebt und stirbt das Mittelmeer* (Wien 1989) und J. L. Lozán (Hrsg.) in *Warnsignale aus der Nordsee – wissenschaftliche Fakten* (Hamburg 1990). Auch hier heißt es mit sehenden Augen erkennen, was ist.

Mediterranes Flachwasser-Biotop

Zum Gebrauch dieses Buches

Der Text aller Artbeschreibungen ist nach folgendem Schema aufgebaut: Laufende Nummer • Deutscher Artname • Wissenschaftlicher Artname • Abgekürzter Name des Wissenschaftlers, der die Art benannt hat • Weitere wissenschaftliche Benennungen • Form, Färbung, Größe und andere äußere Merkmale • Vorkommen und Verbreitung • Ergänzende Bemerkungen. Beschreibungen ähnlicher Arten.

Die laufende Nummer entspricht der Nummer der zugehörigen Zeichnung, bildet das Bindeglied zwischen Kontur-Schlüssel und Artbeschreibungen und erlaubt einerseits die Eingliederung aller angeführten Arten nach dem Systematischen Index, anderseits den Bezug einer Artzeichnung zur Fremdsprachen-Nomenklatur.

Als deutscher Artname ist jeweils die eingeführte oder gebräuchlichste Bezeichnung eingesetzt. Wo eine solche fehlt, wurde der wissenschaftliche Name sinngemäß übertragen; denn nicht jedermann versteht Latein. Es ist jedoch unmöglich, darüber hinaus noch alle regionalen Benennungen aufzuführen, deren es oft über ein Dutzend für die gleiche Art gibt. Das gilt auch für die englischen, französischen, italienischen und spanischen Namen in der Fremdsprachen-Nomenklatur, die der entsprechenden Landessprache entnommen sind, nicht aber dem Dialekt einer bestimmten Region.

Unsere Farbangaben berücksichtigen den sich knapp unter dem Wasserspiegel oder an der Oberfläche bietenden Aspekt. Mit zunehmender Tiefe erlöschen die Rot-, Gelb- und Grüntöne in dieser Reihenfolge nach und nach zu monochromem Blaugrün. Wahrnehmbar sind sie dann für uns nur in künstlichem Licht. Abgesehen davon verändern – wie schon in anderem Zusammenhang angetönt – viele Pflanzen und Tiere des Meeres ihre Färbung sowohl mit dem Alter als auch je nach Umgebung, Küstengebiet, Lichteinfall, Jahres- und Tageszeit, ferner in der Fortpflanzungsperiode, bei Schreck und Erregung oder im Tod.

Unser Kontur-Schlüssel, aufgebaut aus einfachen Form- und Umrißelementen, ist dazu da, den Naturfreund über die laufenden Nummern zu jenen Beschreibungen und Zeichnungen zu führen, die ihm die Bestimmung einer im Meer, am Strand oder auf dem Fischmarkt gesehenen Pflanzen- oder Tierart erlauben. Man suche die dem zu bestimmenden Objekt entsprechende Kontur, schlage unter den dort angegebenen Nummern nach und stelle fest, welche Beschreibung bzw. Zeichnung mit den eigenen Wahrnehmungen übereinstimmt.

Der Systematische Index im Anhang gestattet die Eingliederung aller angeführten Pflanzen- und Tierarten in die botanische bzw. die zoologische Systematik, sei es um einen Überblick zu gewinnen oder Verwandtschaftsverhältnisse festzustellen, sei es um Unterlagen für weitere Studien zu suchen. Das Bindeglied zwischen Artbeschreibung und Systematischem Index bilden wiederum die laufenden Nummern.
Das Namenregister erlaubt rasches Auffinden der Beschreibung bzw. Abbildung einer Pflanzen- oder Tierart, deren Namen man kennt, auf Grund der laufenden Nummer. Die anschließende Fremdsprachen-Nomenklatur soll die Übersetzung von in Gesprächen oder in der Literatur, allenfalls auch auf Speisekarten vorkommenden Artbezeichnungen erleichtern.
Das Sachregister endlich erfaßt nur allgemeine Angaben, Begriffe und Tips nebst den Anleitungen zur Ersten Hilfe.

Kontur-Schlüssel

Die unter den Konturen angegebenen Zahlen beziehen sich auf die laufenden Nummern der Artbeschreibungen.

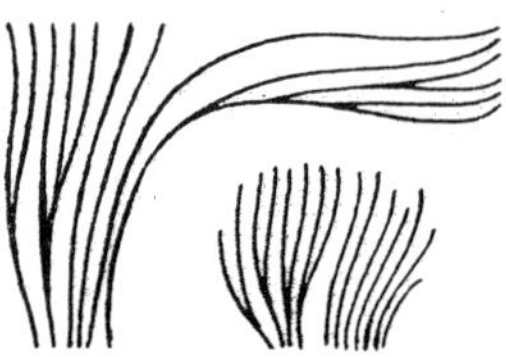
1–40, 42–44, 53, 55, 68–90, 115–118

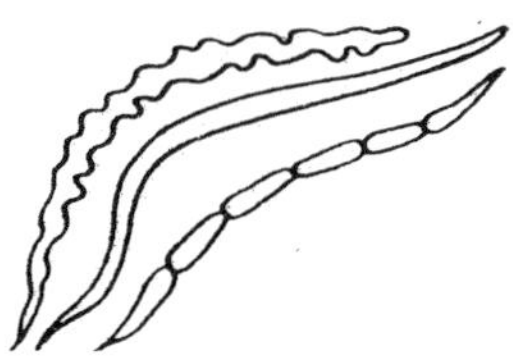
4–6, 37, 42, 49, 88–90

7, 16, 35, 38, 54, 74–75

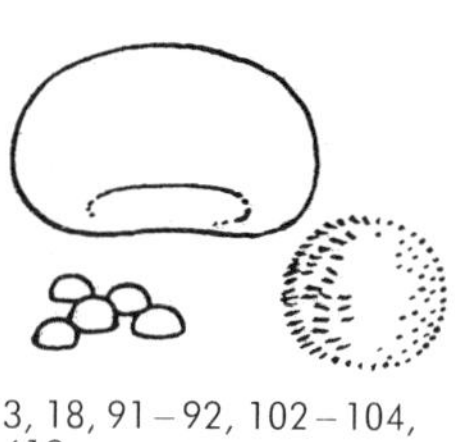
3, 18, 91–92, 102–104, 619

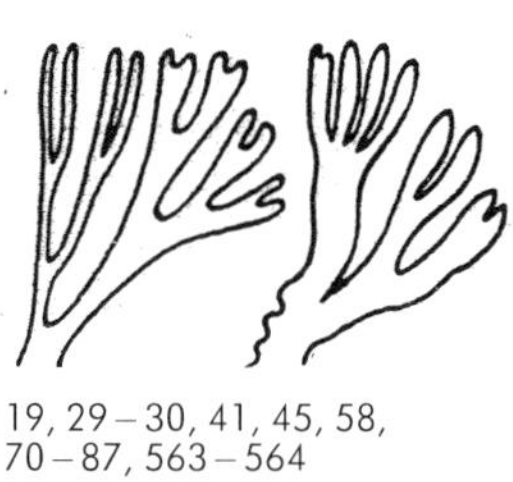
19, 29–30, 41, 45, 58, 70–87, 563–564

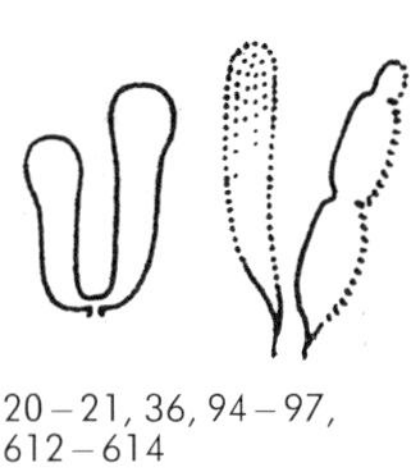
20–21, 36, 94–97, 612–614

39–40, 87

46–51

50, 52

Kontur-Schlüssel

14–34, 56–59, 72–86, 119–127, 191–192, 556, 560, 565

22, 31

60–64, 93, 103, 107, 561, 567

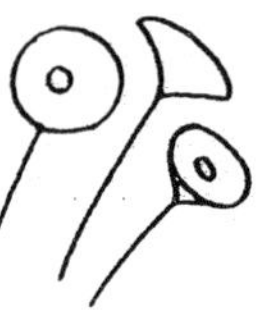

17

23

58, 65–67, 76, 78, 559, 563–565

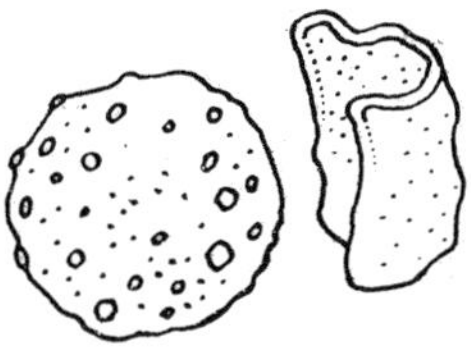

93, 98–114, 557–558

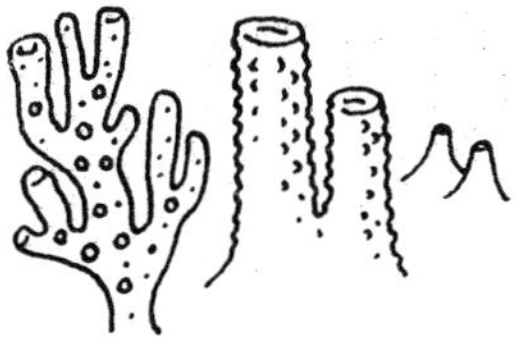

108–110, 113

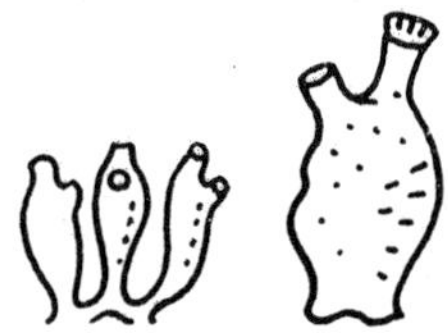

94–97, 106, 612–622

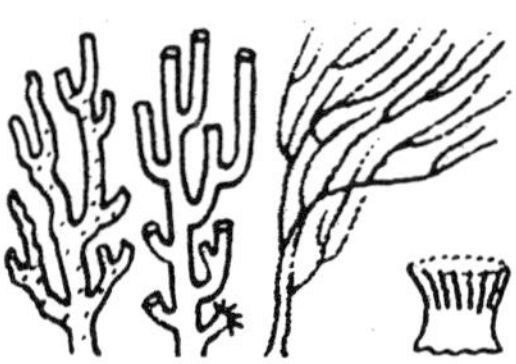

158, 178–182, 186–189, 562

452, 473–488, 569

149–151, 158–177, 181, 485–488

183–185, 190–193, 568, 620

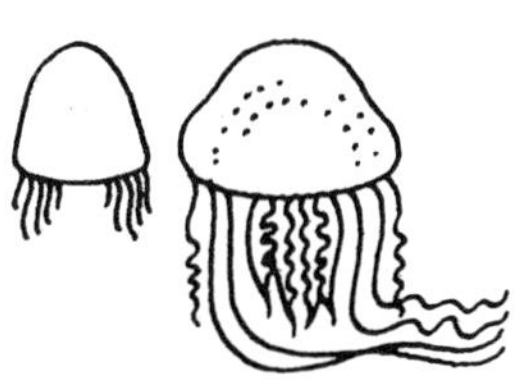

92, 128–157, 194–197

196, 202–208, 463–476, 609–611, 623

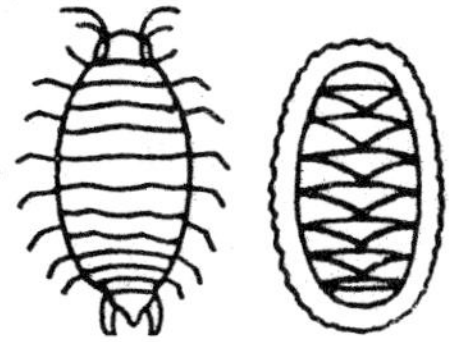

213 – 216, 543 – 548, 549 – 552

217 – 221, 238 – 243, 263 – 266, 275, 327 – 329

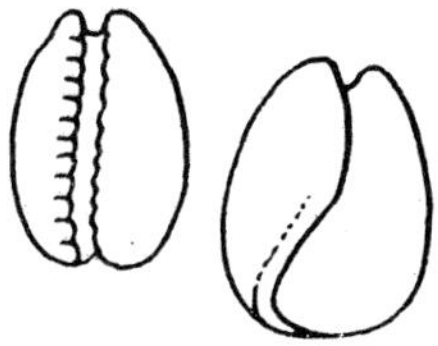

268 – 273, 323 – 326

222 – 236, 244, 254

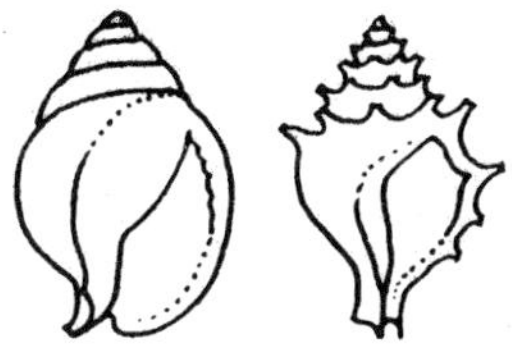

250 – 251, 259 – 262, 267, 276 – 322

255 – 257, 335 – 336

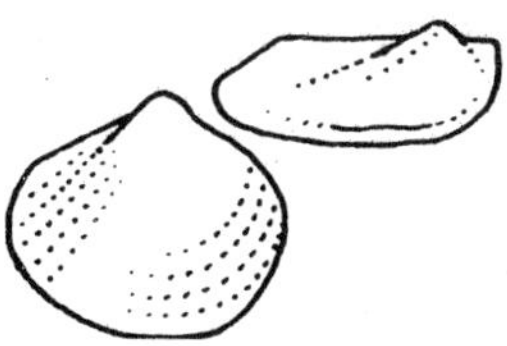

338 – 358, 379 – 404, 429 – 454 570

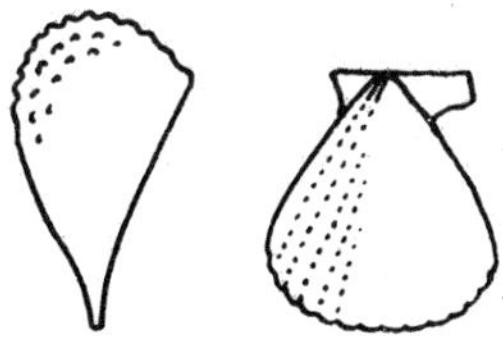

359 – 378

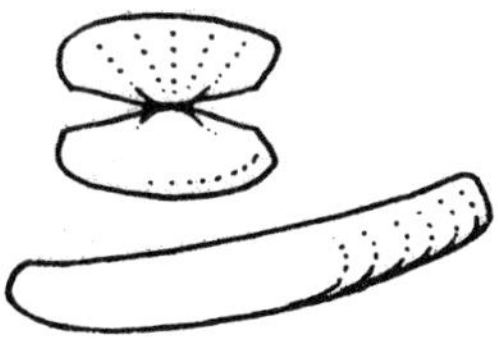

341, 405 – 428. 453 – 454

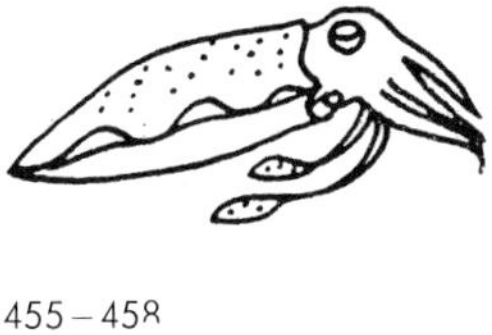

455 – 458

459 – 461

327 – 330

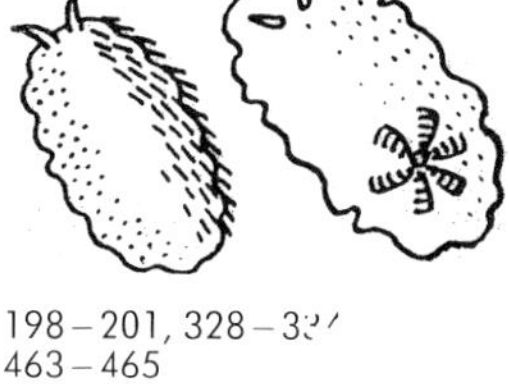

198 – 201, 328 – 33[illegible] 463 – 465

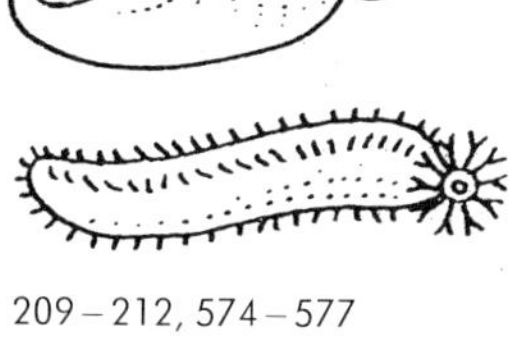

209 – 212, 574 – 577

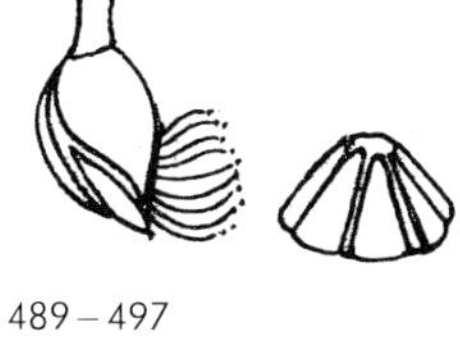

489 – 497

Kontur-Schlüssel

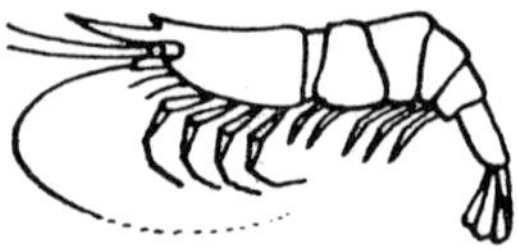
499–507, 513, 554–555

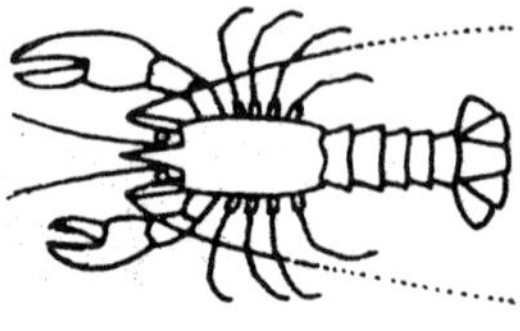
498, 508–512, 514, 516–520

515, 521–542

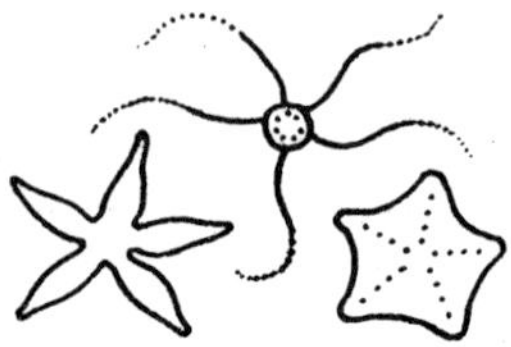
573, 591–608

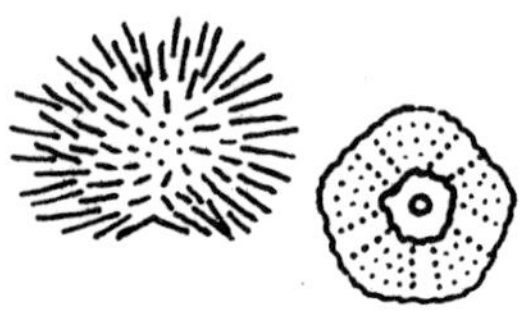
578–584

585–590

625–636

637–638

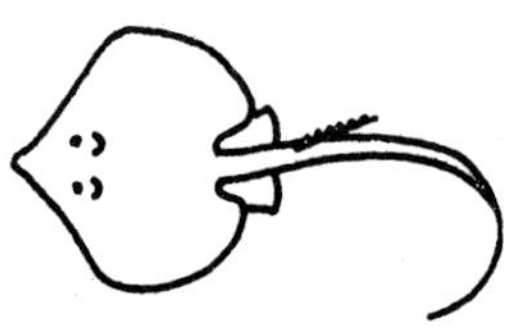
639–647

648

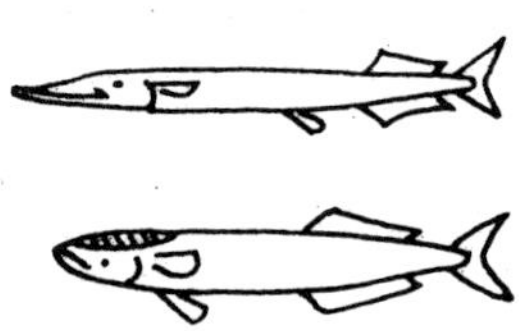
663–664, 751, 788, 803, 814

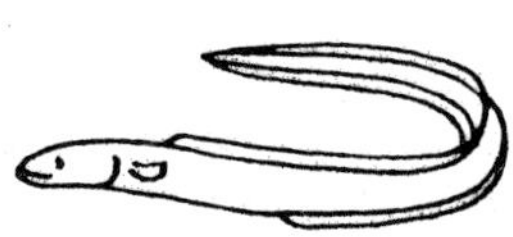
624, 658–660, 695, 738, 750

661–662, 783

649–657, 686, 810–815

665–673

665, 674 – 679

680 – 688, 773 – 776

689 – 693

686, 696 – 698

701 – 717

714 – 715, 718 – 730

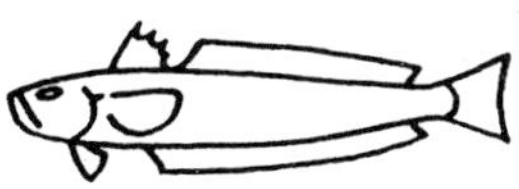

730 – 735, 738, 747, 750, 787

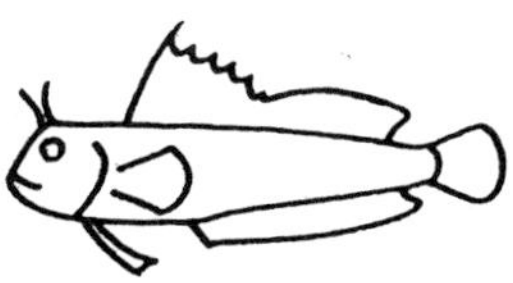

739 – 746

752 – 759

700, 731 – 772, 784 – 785

687 – 688, 717, 773 – 775, 789

700, 736 – 737, 777 – 785

786, 817

790 – 802

749, 751, 803, 805 – 809

Meerespflanzen

Die marine Vegetation ist wenig differenziert und dennoch erstaunlich vielfältig. Sie besteht, abgesehen von einer kleinen Zahl Sproßpflanzen, den Seegräsern, nur aus Algen, umfaßt jedoch Tausende von Arten unterschiedlichster Größe und verschiedensten Aspekts: in Mikron zu messende Blaualgen und Hektometer lange Riesentange, ebenso wie steinähnliche Kalkalgen und höheren Pflanzen gleichende Sargassotange.
Die Algen zählen zu den Lager- oder Thalluspflanzen, die keine echten Wurzeln und Blätter aufweisen. Ihr Körper, der fädig, flächig oder dreidimensional sein kann, seidig zart, knorpelig oder hart, wird auch Lager oder Thallus genannt. Während Sproßpflanzen, um zu gedeihen, einen Boden brauchen, in dem sie ihre Wurzeln entwickeln, Wasser und Nährsalze aufnehmen können, findet die Algenvegetation ihre stärkste Ausdehnung in den schwimmenden Wiesen des Phytoplanktons, und die festsitzenden Arten sind bloß mit Haftfäden oder -scheiben ausgestattet. Algen besitzen keine Leitgefäße, wie sie die höheren Pflanzen haben, sondern nehmen die Stoffe, deren sie bedürfen, durch die Hüllenmembran direkt aus dem Wasser auf. Dabei vollbringen ihre Zellen eine erstaunliche Selektivarbeit: die meisten Algen reichern in ihrem Gewebe Stoffe an, die das Meerwasser in sehr schwacher Konzentration enthält, z.B. Silber, Zink, Strontium usw. Besonders eindrücklich demonstrieren dies die Laminarien, von denen 1 kg über 500 mg Jod enthalten kann, dessen Konzentration in atlantischen Gewässern zwischen 2,1 und 2,4 mg/l schwankt.
In den Zellen der Algen ist, oft durch andere, tönungsbestimmende Farbstoffe verdeckt, stets das zur Photosynthese, zur Umwandlung der aus dem Wasser aufgenommenen Stoffe mit Hilfe des Sonnenlichts, nötige grüne Chlorophyll vorhanden. Dementsprechend ist die marine Algenvegetation räumlich auf jene Tiefen begrenzt, in die das Licht eindringt. So finden sich die festsitzenden Arten den Küsten entlang konzentriert, einen verhältnismäßig schmalen Saum bildend, der überall durchbrochen ist, wo der Grund von den Gezeiten ständig verlagert wird, so daß Pflanzen keine Möglichkeit haben, sich zu verankern. Im übrigen ist die Verteilung der Algen auf dem Grund durch das Zusammenspiel verschiedener Faktoren bedingt. Wo diese eine deutliche Differenzierung des unterseeischen Milieus schaffen, ergibt sich daraus eine entsprechende Abstufung in der Vegetation. Zwischen der Meeresoberfläche und den nur noch von Rotalgen besiedelten lichtarmen Tiefen wachsen unzählige Algen, die die Pflanzen-Systematik – soweit die ver-

schiedenen Gruppen hier berücksichtigt werden – in Abteilungen oder Stämme gliedert: Blaualgen, Grünalgen, Braunalgen und Rotalgen. Am marinen Horizont, sogar über dem mittleren Hochwasserstand, finden sich die Blaualgen. Etwas tiefer gesellen sich die ersten kleinen Grünalgen dazu, dann die Braun- und Rotalgen, in dieser Reihenfolge immer tiefer vordringend, aber mit manchen Arten bis in die Uferzone vertreten. Von Grün-, Braun- und Rotalgenzonen kann man also nur sprechen, um die Stufung von Gebieten anzudeuten, in denen eine bestimmte Gruppe besonders stark entwickelt ist. Auch sei hier gleich gesagt, daß die Farbe der Algen kein absolut zuverlässiger Hinweis auf ihre Zugehörigkeit zur einen oder anderen Abteilung ist. Im übrigen sind die folgenden Artbeschreibungen wohl nach ihrer Abteilungszugehörigkeit zusammengefaßt, jedoch systematisch nicht differenzierter gruppiert, weil sie nur eine enge Auswahl charakteristischer, ohne mikroskopische Untersuchung erkennbarer Formen repräsentieren. Zu eingehenderer Beschäftigung mit der marinen Pflanzenwelt greift man am besten zu Fachliteratur, z. B. Fott, B., *Algenkunde* (Jena 1971).

Schema der anschließend mit den entsprechenden Fachausdrücken angegebenen Verzweigungen

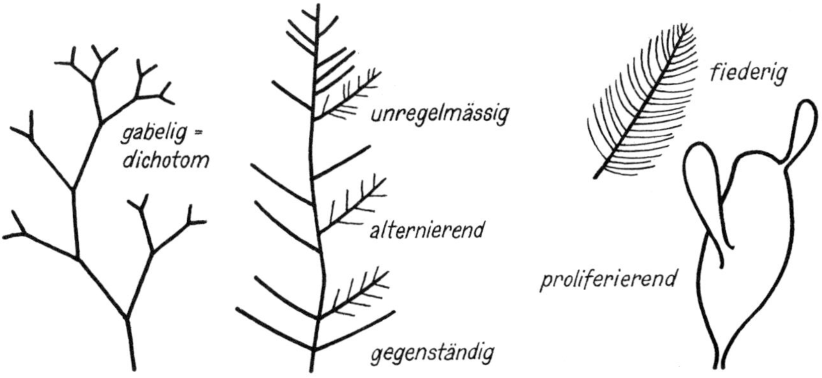

Blaualgen *Cyanophyta: Cyanophyceae = Schizophyceae*

Einzellig oder fadenförmig und mit Gallerthülle, teils bakterienklein, oft aber wesentlich größer, gehören die Blaualgen, auch Spaltalgen oder Blaugrüne Algen genannt, zu den primitivsten Formen der Flora und sind wohl die ältesten heute noch vorkommenden Pflanzen. Sie scheinen schon vor mehr als 600 Millionen Jahren existiert zu haben. Am Meer bilden bestimmte Arten blaugrüne, gallertartige oder fädige Beläge und Polster auf Gestein, Treibholz und an anderen Algen, sowie auch jene dunklen Streifen, die an Felsküsten knapp oberhalb der Flutgrenze zu sehen sind. Ihre Farbe erklärt sich daraus, daß ihr Zellplasma außer Chlorophyll das blaue Phycocyan enthält.

1 Große Lyngbya = Sirenenhaar ***Lyngbya majuscula*** Harv.
Fadenförmige Alge mit von festen Membranscheiden umgebenen, manchmal krausen Fäden, deren Enden stets aufgerichtet sind. Bildet in Büscheln von 2–4 cm Höhe glitschige dunkle Überzüge auf Felsen an der Wasserlinie. – Mittelmeer, Atlantik, Nordsee, Ostsee.

2 Sternalge *Calothrix confervicola* Ag.
Wächst auf anderen Meerespflanzen, z. B. Horntang und Seegras, in sternähnlichen Fadengruppen von 4–8 mm Durchmesser, die wie schwärzlich-grüne, haarige Büschel aussehen und deren Fäden eine durchsichtige, an der Basis gelbliche Gallerthülle haben. – Mittelmeer, Atlantik, Nordsee, Ostsee.
Oft zusammen mit ***C. crustacea*** zu finden, einer Blaualgen-Art, deren Fäden ein samtiges grünes Polster mit rötlichem Schimmer bilden.

3 Schwarze Rivularia *Rivularia atra* Roth.
Fadenförmige Alge mit strahlig stehenden Fäden. Bildet auf Holz und Gestein schwärzlich-grüne, halbkugelige Polster von 0,5–1 cm Höhe. – Mittelmeer, Atlantik, Nordsee, Ostsee.

Grünalgen *Chlorophyta = Chlorophyceae*

Nebst winzig, kleinen, einzelligen Organismen und einfachen oder verzweigten, in Büscheln wachsenden Fadenalgen umfaßt diese Gruppe insbesondere unter den Grünalgen des Meeres größere, äußerlich an Sproßpflanzen erinnernde Arten mit röhren-, band-, blatt- oder lappenförmigem Thallus. Gemeinsam ist ihnen die grasgrüne Färbung, hervorgerufen durch den Chlorophyllgehalt der Zellen. Am artenreichsten in den Meeren der gemäßigten bis warmen Zonen vertreten, brauchen sie verhältnismäßig viel Licht und gedeihen an nicht allzu tiefen Stellen in Küstennähe, auf Schlamm-, Sand- oder Felsgrund, manchmal auch auf anderen Algen.

4 Flacher Darmtang *Enteromorpha compressa* (L.) Grev. = *E. complanata.*
Dunkelgrüner Thallus mit 5–30 cm hohem, verzweigtem Laub: lange, abgeflachte, bandförmige, grundwärts verschmälerte Lappen, die sich, verfallend, röhrenartig zusammenrollen. – Wächst in der Gezeiten- bzw. Uferzone auf Gestein, Holzwerk und an den Stielen anderer Algen. Liegt bei Ebbe als grüner Saum um trockenfallende Felsen und wird oft in großen Mengen angespült. – Mittelmeer, Atlantik, Nordsee, Ostsee.

5 Gemeiner Darmtang *Enteromorpha intestinalis* (L.) Link. = *Ulva i.* = *E. spermatoidea.*
Thallus gelblichgrün, 10–20 cm hoch, selten größer: an der Basis verdünnte, schlauchige Lappen von darmartigem Aussehen, stellenweise verengt oder zusammengedrückt nach der Spitze hin dicker; einfach oder an der Basis sparsam verzweigt, manchmal auch sprossend. – Wächst einzeln oder gesellig in der Uferzone an Felsen, auf dem Stiel von Laminarien, auch im Brackwasser und im Hafenschlamm. Oft frei treibend zu finden. – Mittelmeer, Atlantik, Nordsee, Ostsee.

6 Gewellter Darmtang *Enteromorpha linza* (L.) J. Ag. = *Phycoseris lanceolata.*
Dunkelgrüner, schlauchiger Thallus von 10–30 cm Höhe, mehr oder weniger zusammengedrückt und in lanzettförmig-längliche Lappen mit gewellten Rändern auslaufend. – Wächst an Felsen und Pfählen in der Uferzone, am Stiel von Laminarien, auch in Brackwasser und Hafenschlamm. – Mittelmeer, Atlantik, Nordsee, Ostsee.

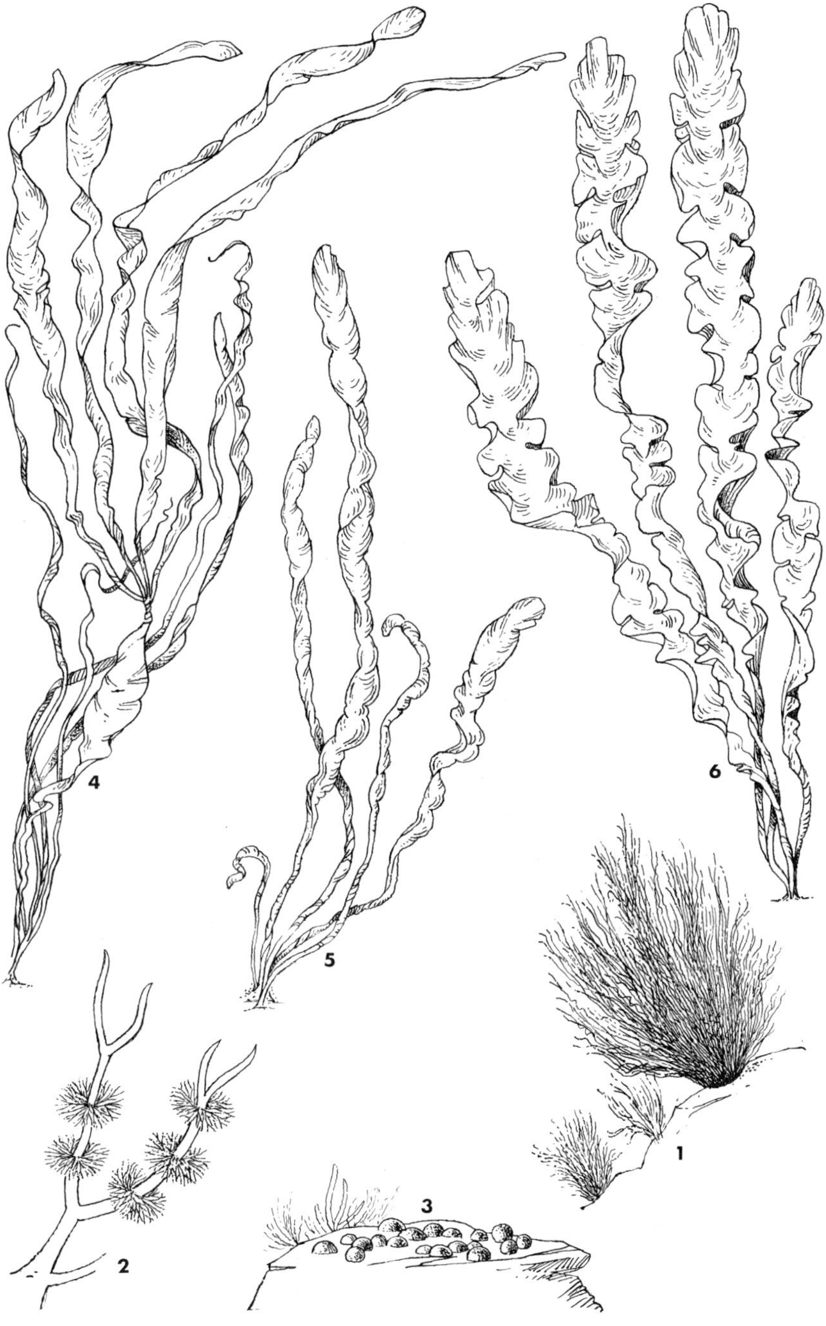
4
5
6
1
2
3

Grünalgen

7 Meersalat *Ulva lactuca* L.
Blattartige dünne Lappen von 10–100 cm Länge mit unregelmäßigen Rändern, rund, oval, nieren- oder lanzettförmig, oft eingerissen, mit Löchern. Rand oben faltig, unten flach und glatt. Hellgrün und zart wächst Meersalat zunächst an Steinen und anderen Algen in der Gezeiten- bzw. Uferzone. Derber und dunkler liegt er später frei auf untiefem Grund. – Mittelmeer, Atlantik, Nordsee, Ostsee. – Wird in Skandinavien und in der Bretagne als Salat gegessen, da und dort auch zu Dünger verarbeitet.
Ähnlich im gleichen Gebiet: ***U. rigida*** mit fein gezacktem Lappenrand.

8 Hellgrüne Kraushaaralge *Ulothrix flacca* (Dillw.) Thur.
Thallus fadenförmig, unverzweigt, haarfein. Wächst in 2–4 cm hohen, kleinen Büscheln in der Gezeiten- bzw. Uferzone an Holzwerk und Gestein. – Mittelmeer, Atlantik, Nordsee, Ostsee.

9 Uferborstenhaar *Chaetomorpha aerea* (Dillw.) Ktz. = *Conferva a.*
Thallus hellgrün, manchmal fadenförmig, unverzweigt, kräftig und steif, nach der Spitze hin dicker. Jeder Faden besteht aus einer Kette großer, deutlich sichtbarer Zellen. Die Fäden wachsen parallel, aber oft zusammengedreht, in einzeln stehenden oder gedrängten, 15–30 cm hohen Büscheln in der Gezeitenzone an Steinen, Klippen und in Felsmulden. – Mittelmeer, Atlantik, Nordsee, Ostsee.

10 Seidige Zweigfadenalge *Cladophora sericea* (Huds.) Ktz. = *C. crystallina.*
Thallus dunkelgrün, bis 20 cm hoch, aus seidig-zarten, stark verzweigten, licht stehenden Fäden. – Wächst an Gestein und Holzwerk in der Gezeiten- bzw. Uferzone. – Mittelmeer, Atlantik, Nordsee, Ostsee.

11 Felsen-Zweigfadenalge *Cladophora rupestris* (L.) Ktz. = *Conferva r.*
Thallus dunkelgrün, 5–20 cm hoch, pinselförmig-buschig, aus dicht stehenden, langen, reich verzweigten Fäden. – Wächst in der Gezeitenzone und in größeren Tiefen an Gestein und andern Algen, ist aber an Flußmündungen auch auf Sandgrund zu finden. – Atlantik, Nordsee, Ostsee.
Im Mittelmeer findet sich eine sehr ähnliche, wenig kleinere Art: ***C. mediterranea,*** mit geraden, etwas steiferen Fäden.

12 Wollige Zweigfadenalge *Cladophora lanosa* (Roth.) Ktz. = *Conferva l.*
Thallus hell- bis dunkelgrün, 3–5 cm lang, kugel- oder quastenförmig büschelig und schwammigen Aussehens, mit dicht und strahlig stehenden, verzweigten und wolligen, zarten Fäden. – Wächst in der Gezeitenzone an Gestein und andern Algen. – Atlantik, Nordsee, Ostsee.

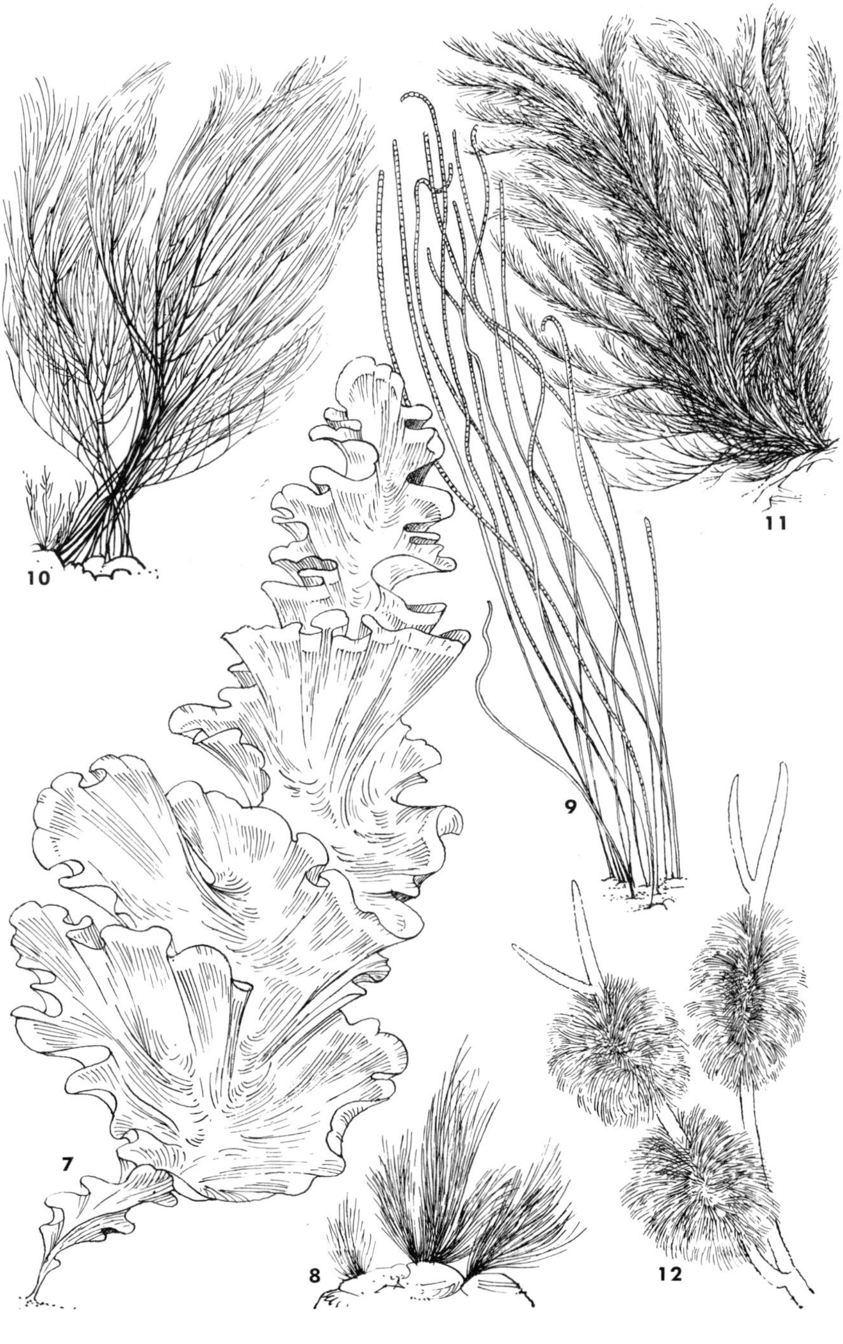
10
11
9
7
8
12

Grünalgen

13 Dichtwüchsige Zweigfadenalge ***Cladophora arcta*** (Dillw.) Ktz.
Thallus lebhaft grün, klumpig-büschelförmig, 10–15 cm lang, aus dicht stehenden, strahlig wachsenden, verzweigten Fäden. – Auf Gestein in der Gezeitenzone. – Atlantik, Nordsee, Ostsee.

14 Grüner Federtang = Moosalge ***Bryopsis plumosa*** (Huds.) C. Ag. = *B. abietina*.
Thallus hellgrün, büschelig, 3–15 cm hoch, aus dünnen, schlauchigen, weichen Fäden, die federähnlich regelmäßig stark verzweigt sind, an der Basis dichter gefiedert und länger. – Wächst in der mittleren Tiefen- bzw. Gezeitenzone auf Gestein und Holzwerk. – Mittelmeer, Atlantik, Nordsee, Ostsee.

15 Schleimiger Federtang ***Bryopsis mucosa*** Lamour.
Thallus hellgrün büschelig, 4–10 cm hoch, schleimig. Fäden ähnlich wie beim Grünen Federtang, jedoch unregelmäßig verzweigt, mit zierlicher lanzettförmiger Fiederung. – Auf Gestein der mittleren Tiefen- bzw. Gezeitenzone. – Mittelmeer, Atlantik.

16 Kriechsproßalge = Blattpflanzenalge ***Caulerpa prolifera*** Lamour.
Thallus mit im Boden kriechend fortwachsender, farbloser Hauptachse, von der 10 cm lange grüne, blattähnliche, lanzettförmige Lappen abzweigen. Vermehrt sich leicht durch Auswachsen abgerissener Stücke. Bildet oft ausgedehnte Wiesen. – Auf Schlamm- und Sandgrund bis in mittleren Tiefen. – Mittelmeer.

17 Schirmalge ***Acetabularia acetabulum*** (L.) Silva = *A. mediterranea*.
Thallus blaßgrün, mit Kalk versteift, 4–8 cm hoch stielig aufstrebend, dann schirmartig verzweigt, wobei bis zu 100 keulenförmige Blättchen so eng nebeneinander im Kreis stehen, daß sie als einheitliches Schirmchen erscheinen. – Wächst auf Gestein und Holzwerk in der Uferzone, auch auf Steckmuscheln, Lazarusklappern und sonstigen Weichtiergehäusen. – Mittelmeer.

18 Beutelalge = Meerball = Schwammalge ***Codium bursa*** (L.) C. Ag.
Thallus grün bis gelblich, fleischig und gallertartig nachgiebig, hohlkugelig oder glockenförmig mit 5–20 cm Durchmesser und größer. – Auf Schlamm- und Sandgrund in untiefen Buchten. Oft frei schwimmend im Wasser oder angetrieben am Strand zu finden. – Mittelmeer, Atlantik.

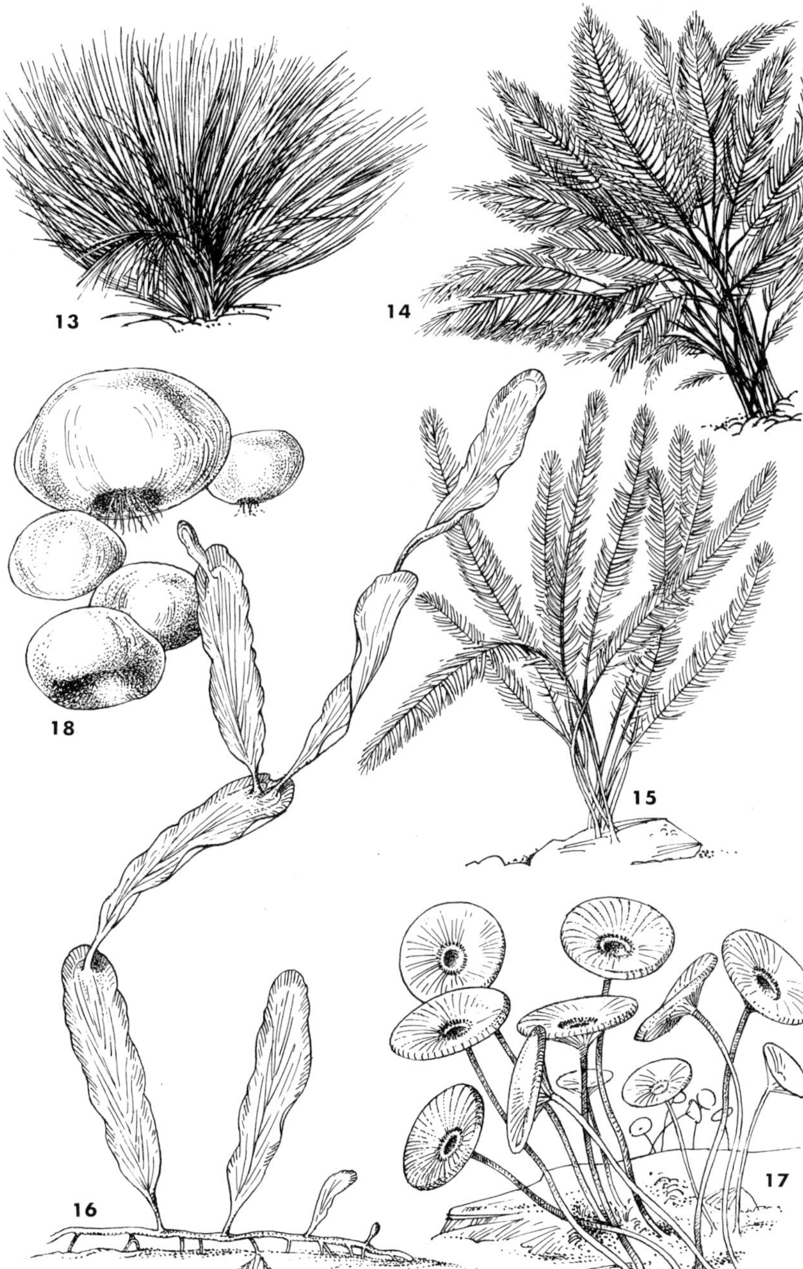
13
14
18
15
16
17

Grünalgen

19 Grüne Gabelalge ***Codium tomentosum*** (Huds.) Stackh.
Thallus frischgrün, bis 40 cm hoch, aus filzigen, schlauchrunden, fleischigen, schwammig nachgiebigen Schnüren, die gabelig verzweigt sind. – Wächst an Felsen sowie auf Schlamm- und Sandgrund in Tiefen bis 20 m. – Mittelmeer, Atlantik.

20 Seetraube ***Valonia utricularis*** (Roth) C. Ag.
Thallus grün irisierend, länglich bis kugelig blasenförmig, mit 2–4 cm Durchmesser. – An Gestein in Tiefen bis 10 m. – Mittelmeer. – An der Atlantik-Küste bis Skandinavien und in der Nordsee kommt in größeren Tiefen die Nordische Meertraube, ***V. ovalis,*** vor, mit 1 cm Durchmesser.

21 Keulenalge ***Dasycladus clavaeformis*** (Roth) Ag. = *D. vermicularis.*
Thallus grün bis dunkelgrün, 2–5 cm hoch und bis 6 mm dick, keulenförmig, schwammig, bürstchenartig, oft verschlammt. – Wächst in kleineren oder größeren Rasen in ruhigen Buchten in geringer Tiefe auf festem und losem Gestein sowie auf größeren Weichtiergehäusen. – Mittelmeer.

22 Fächeralge ***Udotea desfontainii*** Decn. = *Flabellaria d.*
Thallus sattgrün, bis 40 cm hoch, fächerförmig mit stielartigem, fädigem, schlaffem Ansatz, der mit feinen Verästelungen in die Fächerfläche übergeht. Manchmal mit Sekundärlappen. Oft mit starkem Kalkansatz oder von Schwämmen überwachsen. – Auf Sand- und Felsgrund in Tiefen bis 20 m. – Mittelmeer.

23 Opuntien-Alge = Pfennigalge ***Halimeda tuna*** (Ell. u. Sol.) Lamour. = *H. opuntia.*
Thallus meist stark mit Kalk inkrustiert und daher blaßgrün, 10–30 cm hoch, von opuntienähnlichem Aussehen, aus derben, runden Lappentäschchen, die sich in mehr oder minder verzweigten Ketten aneinanderreihen. – Auf Sand- und Felsgrund in Tiefen bis 20 m. – Mittelmeer.

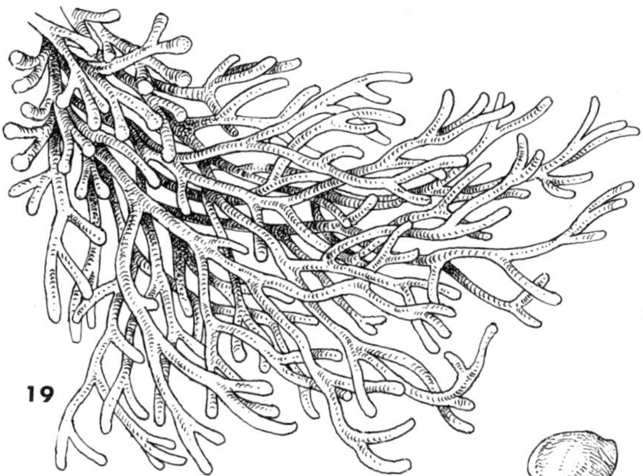

19

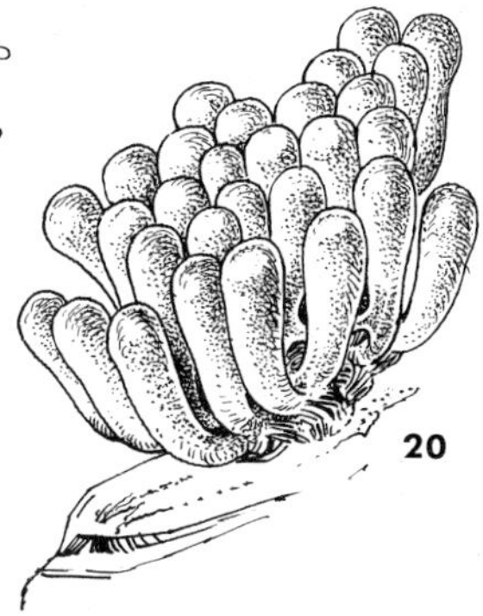

20

23

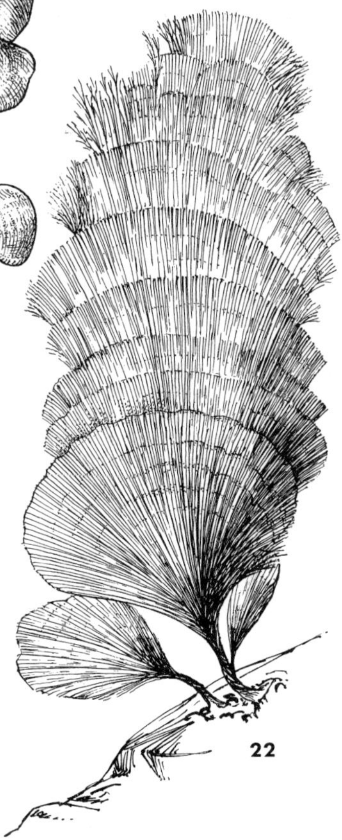

22

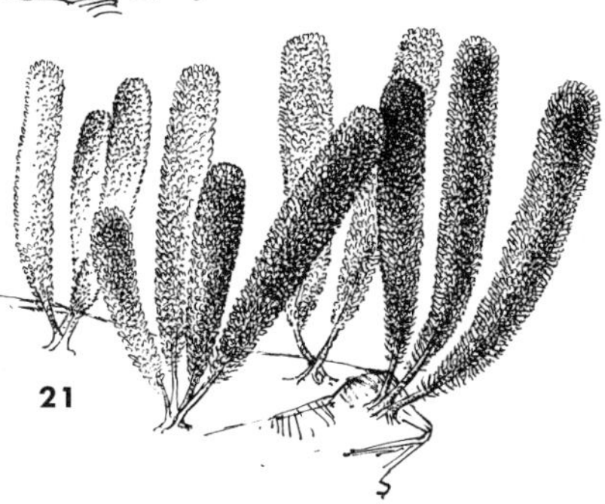

21

Braunalgen *Phaeophyta = Phaeophyceae*

Die Braunalgen, deren derbere Arten man Tange nennt, haben ihre Lebensstätten vor allem in kälteren und gemäßigteren Zonen. So sind sie nördlich der Biskaya weitaus artenreicher und üppiger vertreten als im Mittelmeer. Vielzellig, teils verhältnismäßig hoch entwickelt, äußerlich in Größe, Form und Konsistenz von außerordentlicher Verschiedenheit, wachsen sie auf Gestein, Holzwerk, auch auf anderen Algen, vorzugsweise an Felsküsten, vor der Gezeitenzone und manchmal zur Ebbezeit freiliegend bis in Tiefen von 30 – 40 m und mehr. Ihre Farbe rührt daher, daß ihre Zellen neben Chlorophyll den braunen Farbstoff Fukoxanthin enthalten. Gewisse Arten werden als Heil- oder Nutzpflanzen verwertet.

24 Derbe Faseralge ***Ectocarpus tomentosus*** (Huds.) Lyngb.
Thallus schmutzig- bis dunkelbraun, manchmal auch rötlichgelb, bis 30 cm hoch: dichte Büschel unregelmäßig verzweigter Fäden, die locker zu einfachen oder verästelten, faserig aussehenden Schnüren zusammengedreht sind. – Wächst in der oberen bis mittleren Gezeitenzone auf Blasentang und Sägetang. – Atlantik, Nordsee, Ostsee.

25 Felsen-Faseralge ***Ectocarpus siliculosus*** (Dillw.) Lyngb.
Thallus gelbbraun, bis 40 cm hoch: glitschige, locker-faserige Büschel außerordentlich feiner, mit bloßem Auge nicht einzeln zu erkennender, verzweigter Fäden. – In flachem Wasser auf Gestein und anderen Algen. – Mittelmeer, Atlantik, Nordsee, Ostsee.

26 Strand-Pylaiella ***Pylaiella littoralis*** (L.) Kjellm.
Thallus gelblich- bis dunkelbraun, bis 35 cm hoch: locker-faserige Büschel feiner Fäden, leicht mit der Felsen-Faseralge zu verwechseln, wenn auch derbfädiger. – Ebenfalls in flachem Wasser auf Gestein und andern Algen. – Mittelmeer, Atlantik, Nordsee, Ostsee.

27 Pinsel-Sphacelaria ***Sphacelaria scoparia*** (L.) Lyngb. = *Halopteris s.*
Thallus dunkeloliv, 8 – 15 cm hoch: kurze, gerade, mehrfach gefiederte Fäden, von denen die äußeren kegelförmige Pinsel bilden. – Wächst in pelzigen Polstern auf Gestein, sandigem Felsgrund und andern Algen. – Mittelmeer, Atlantik, Nordsee.

28 Seequirl ***Cladostephus verticillatus*** (Lightf.) Ag.
Thallus gelb- bis dunkelbraun, 10 – 20 cm hoch: regelmäßig gegabelte Hauptachse, oft erst im oberen Teil mit winzigen Kränzen haarfeiner Ästchen besetzt. – An Felsen und Steinen in mittleren Tiefen. – Mittelmeer, Atlantik, Nordsee.

29 Vielverzweigte Cutleria ***Cutleria multifida*** (Sm.) Grev. = *Zonaria m.*
Thallus grünlichbraun, meist handgroß, aber bis 50 cm hoch: ein breiter, locker gefügter Fächer wirrer, gegabelter, 1 – 2 cm breiter Bänder, die mit winzigen Haarbüscheln gesprenkelt und fein verzweigt sind. – Auf schlammigem oder sandigem Felsgrund in der Uferzone. – Mittelmeer, Atlantik.

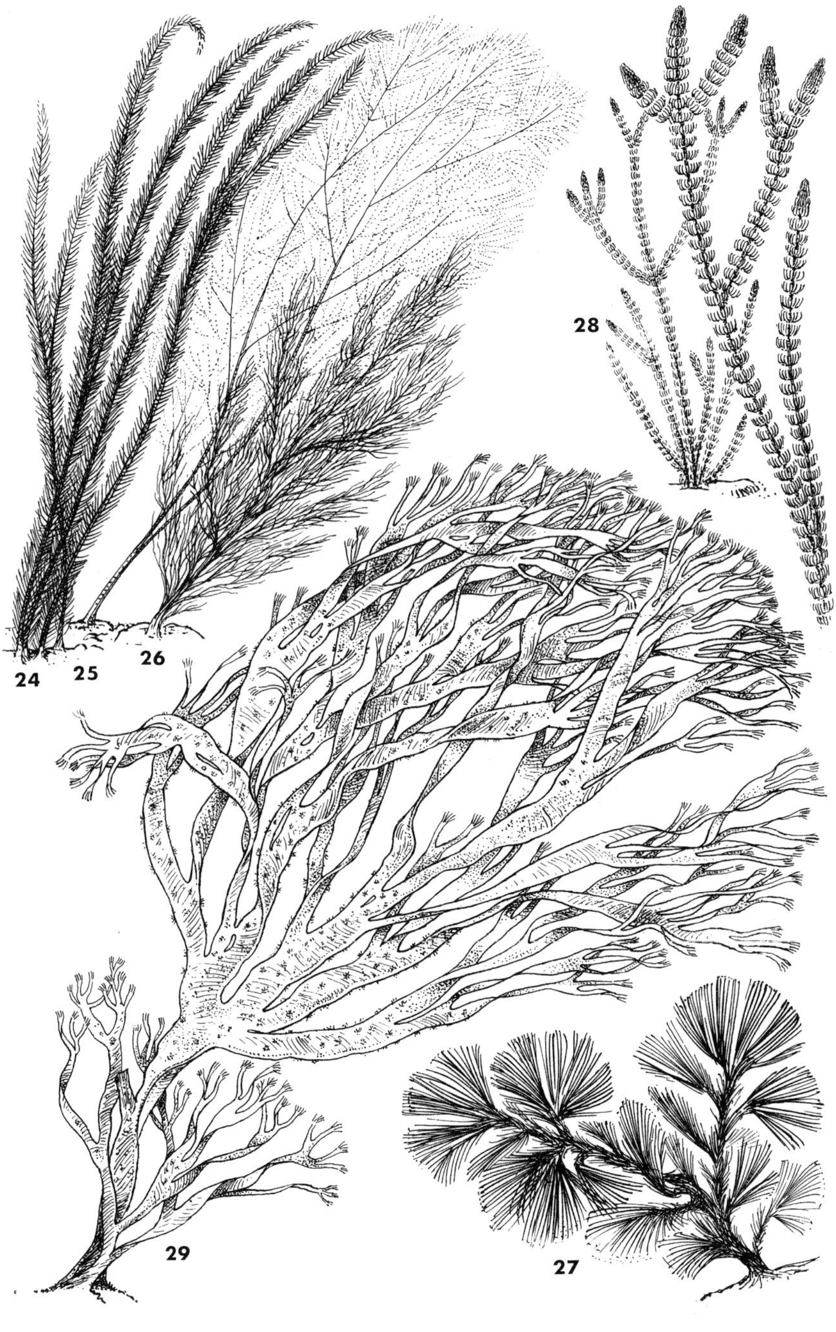
24
25
26
27
28
29

Braunalgen

30 Gemeine Gabelzunge *Dictyota dichotoma* (Huds.) Lamour. = *D. vulgaris.*
Thallus dunkelgelb bis olivgrün, bis 20 cm hoch: flache, bis 10 mm breite, sehr regelmäßig und auf annähernd gleicher Ebene gegabelte Bänder, die mit kleinen Büscheln dunkler Härchen übersät sind. – Auf Felsen und Algen der mittleren Gezeitenzone. – Mittelmeer, Atlantik, Nordsee.

31 Pfauenwedel = Trichteralge ***Padina pavonia*** (L.) Lamour. = *Dictyota p.*
Thallus bräunlichgrau bis grünlichweiß, oft mit konzentrischer bräunlicher Tüpfelstreifung, 4–10 cm hoch: mehr oder weniger trichterförmige, dünne Fächer, am Rand häufig eingerissen, mit Kalk inkrustiert. – An Steinen und Klippen, schon in flachem Wasser. – Mittelmeer, Atlantik.

32 Gemeiner Geißeltang *Chordaria flagelliformis* (Müll.) Ag.
Thallus dunkelbraun, bis 1,50 m lang: mehrere elastisch straffe, peitschenschnurartige Astsaiten, unregelmäßig abzweigend von einer 2–3 mm dicken Hauptachse, die sie überragen. – In der unteren Gezeitenzone an Gestein und Holzwerk. – Atlantik, Nordsee, westl. Ostsee.

33 Stacheltang *Desmarestia aculeata* (L.) Lamour.
Thallus bis 1 m hoch, mit schlanker, unregelmäßig verzweigter Hauptachse. Trägt im Frühsommer viele kleine, gelbbraune Haarbüschel, die später abfallen, wonach die kahlen, mit kurzen Dornen bewehrten Thalluszweige zurückbleiben. – Auf Felsen in tieferem Wasser. – Nördl. Atlantik, Nordsee.

34 Fiedrige Desmarestia *Desmarestia viridis* (Müll.) Lamour. = *Sporochnus v.*
Thallus dunkelgelb oder olivbraun, bis 1 m hoch: runde Hauptachse mit gegenständigen Verzweigungen, die in gleicher Weise dicht verästelt sind, wobei die oberen, fiedrig feinen Verästelungen kleinen flachen Haarwedeln gleichen. – Flachwasser bis mittlere Tiefen. – Atlantik, Nordsee.

35 Breitblättriger Meerwegerich *Punctaria latifolia* Grev. = *P. debilis.*
Thallus gelb- bis grünlichbraun: 10–20 cm lange und bis 6 cm breite, blattartige dünne Lappen, leicht gewellt, häufig mit dunklen Punkten gesprenkelt, oft eingerissen, an der Basis stielartig verjüngt. – In der mittleren Gezeitenzone auf sandigen Steinen. – Mittelmeer, Atlantik, Nordsee.

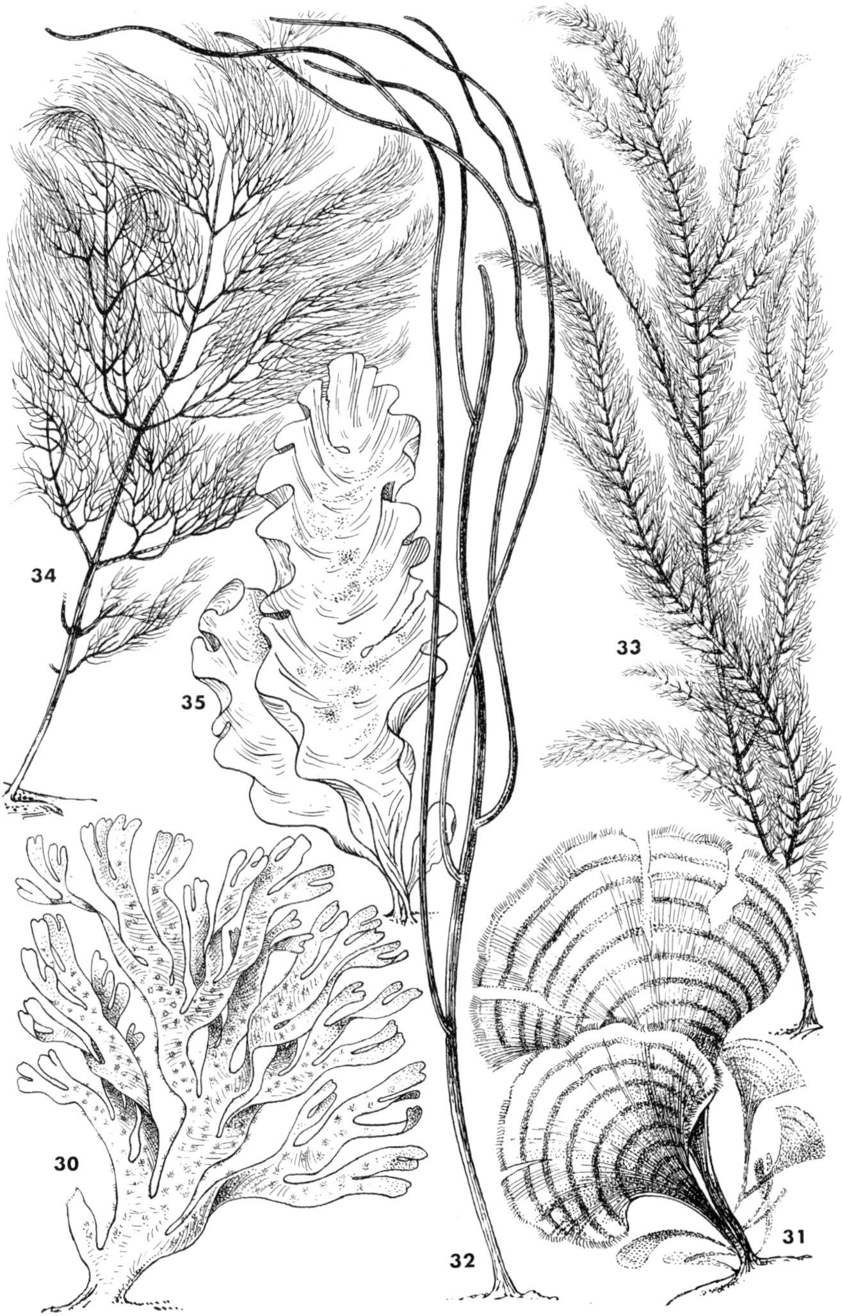
34
35
33
30
32
31

Braunalgen

36 Körniger Blasenschlauch *Asperococcus bullosus* Lamour.
Thallus bräunlichgelb: 10 – 25 cm hohe, blasig-dünnhäutige, stellenweise eingeschnürte, mit bräunlichen Punkten übersäte Schläuche von 2 – 5 cm Durchmesser, mit dem Aussehen eines darmähnlichen Sacks. – Wächst auf schlammigem Felsgrund an andern Algen und Gestein. – Mittelmeer, Atlantik, Nordsee.

37 Geschnürter Schlauchtang *Scytosiphon lomentaria* (Lyngb.) Endl.
Thallus grünlichgelb bis dunkelbraun, bis 50 cm hoch: runde, ziemlich dünne, meist in regelmäßigen Abständen eingeschnürte, spitz auslaufende Schläuche. – Auf starker Wellenbewegung ausgesetzten Felsen in der unteren Gezeitenzone, auch an Steinen und Holzwerk. – Mittelmeer, Nordsee, Ostsee.

38 Band-Ilea *Ilea fascia* (Müll.) Fries. = *Phyllitis f.*
Thallus helloliv bis grünlichbraun, 10 bis 30 cm hoch: ein bis 6 cm breiter, länglich-ovaler, elliptischer oder linearer, oft gewellter, hautartiger Blattlappen, an der Basis stielartig verdünnt. – Auf Gestein in der Uferzone. – Mittelmeer, Atlantik, Nordsee, Ostsee.

39 Palmentang *Laminaria hyperborea* (Gunn.) Foslie = *L. cloustoni.*
Thallus olivbraun bis braun, 1 – 3 m lang: dünner, rauher Stiel von ungefähr halber Gesamtlänge, unmittelbar in einen rundlich-breiten lederigen Lappen übergehend, der palmwedelartig in oft schmale Bänder geschlitzt ist. Während des Laubwechsels am oberen Rand den vorjährigen, dunkler gezeichneten Blattkörper abstoßend. Dem Stiel entquellen Gallertklümpchen, wenn man ihn abschneidet. – Diese Art wächst auf Felsgrund in der äußeren Gezeitenzone und tiefer. – Atlantik, Nordsee, Ostsee.
Palmentangstiele werden gesammelt und für medizinische Zwecke zu sog. Quellstiften verarbeitet. Im übrigen gewinnt man aus verschiedenen Laminarien Jod, Soda, Düngemittel, neuerdings auch den Schleimstoff Alginsäure, das wertvollste aus Algen gewonnene Produkt, das in der Industrie vielseitige Verwendung findet.

40 Fingertang *Laminaria digitata* (Huds.) Lamour = *L. flexicaulis.*
Thallus braun, bis 3 m lang: glatter, runder, auf halber Länge leicht aufgeschwollener und im oberen Teil etwas abgeflachter Stiel, unmittelbar übergehend in einen viel längeren, breiten, lederigen Lappen, der in lineare, biegsame, glänzende Bänder geschlitzt ist. – Auf Felsgrund und Riffen in der äußeren Gezeitenzone und tiefer. – Atlantik, Nordsee, Ostsee.

41 Rinnentang *Pelvetia canaliculata* (L.).
Thallus gelb- bis olivbraun (trockenfallend schwärzlich), in dichten Büscheln, 5 – 15 cm hoch, dichotom verzweigt, im Gegensatz zu den Fucus-Arten ohne versteifende Mittelrippe, mit rinnenförmig eingerollten Rändern und warzig aufgeschwollenen, goldgelben Zweig-Enden. – Auf Felsen der oberen Gezeitenzone. – Atlantik bis Portugal als südliche Grenze, Nordsee, Ostsee. – Die oft ausgedehnten Bestände können bis in die Spritzzone reichen, wo Rinder und Schafe sie abweiden.

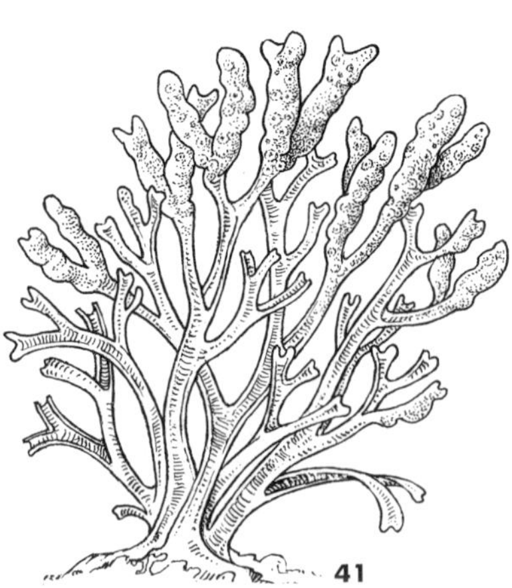

41

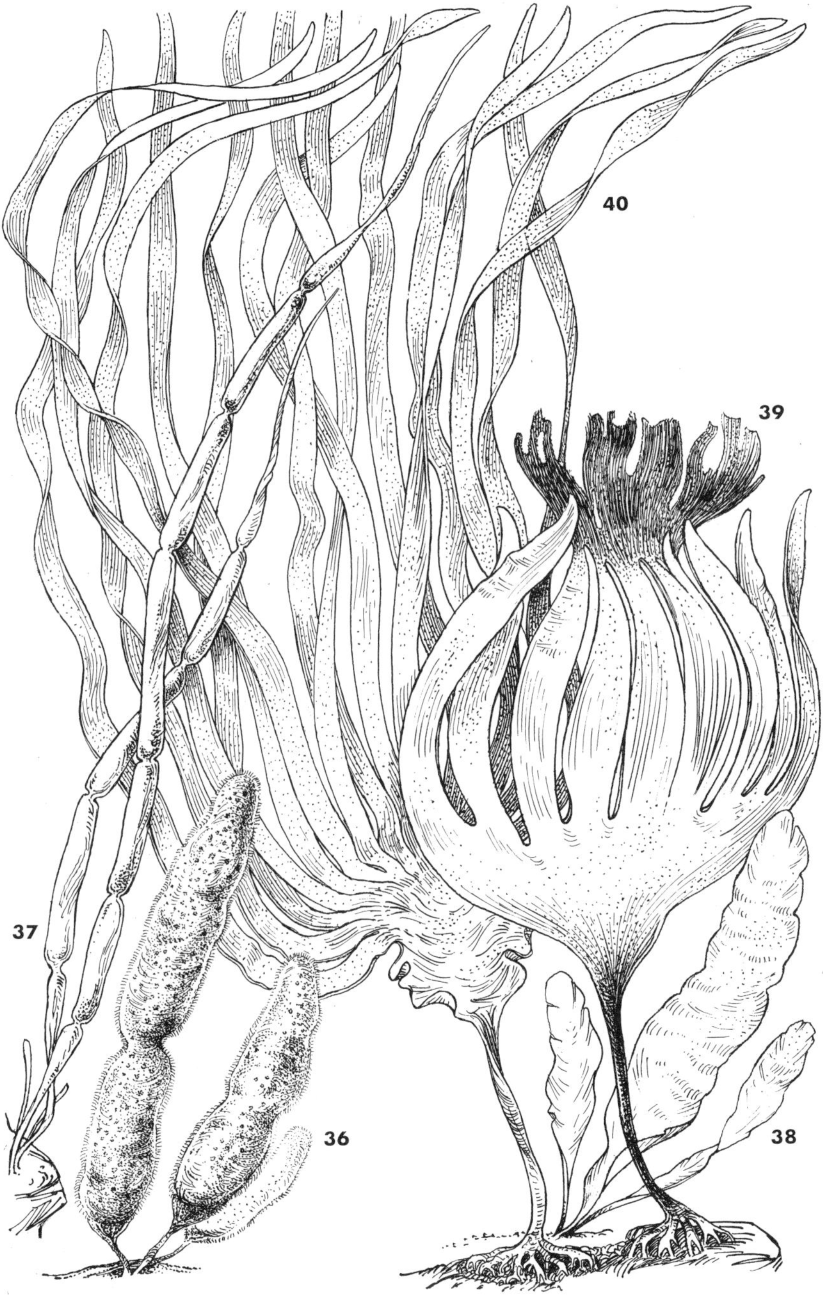
40
39
37
36
38

Braunalgen

42 Zuckertang *Laminaria saccharina* (L.) Lamour = *L. latifolia*.
Thallus braun, bis 4 m lang: runder, voller, bis daumendicker, etwa 1/10 der Gesamtlänge beanspruchender Stiel, übergehend in einen bis 40 cm breiten, lederigen, glänzenden Lappen, der an den Rändern oft fast rüschenartig gewellt ist. – Auf Felsgrund und an Riffen in der mittleren bis unteren Gezeitenzone. – Atlantik, Nordsee, (selten) Ostsee.
Zuckertang wird in manchen Gegenden gegessen, anderwärts zu Viehfutter verarbeitet und liefert Mannit (Mannazucker) zu industrieller und pharmazeutischer Verwendung.

43 Gemeine Meersaite *Chorda filum* (L.) Stackh. = *Chordaria f.*
Thallus olivbraun, bis 4 m lang: eine 3–5 mm dicke, hohle und teilweise luftgefüllte Saite, unverzweigt, sehr glatt und von knorpeliger Konsistenz. – Meist in größerer Zahl nebeneinander, oft locker verschlungen oder tauartig zusammengedreht, in geringer Tiefe auf felsigem Grund, auch an Gestein auf Sandgrund. – Atlantik, Nordsee, Ostsee.

44 Zottige Meersaite *Chorda tomentosa* Lyngb.
Thallus gelb- bis olivbraun: ähnlich der oft in enger Nachbarschaft wachsenden Gemeinen Meersaite, aber kürzer und auf ganzer Länge mit dicht stehenden, seidigen Härchen besetzt. – Wächst an Felsen und losem Gestein in geringer Tiefe. – Atlantik, Nordsee, Ostsee.

45 Sägetang *Fucus serratus* L.
Thallus olivbraun, 20–60 cm hoch: bandförmig, lederig, durch Mittelrippe versteift, mit sägeartig gezahnten Rändern, dichotom verzweigt, ohne Schwimmblasen. – An Felsen in der mittleren Gezeitenzone. – Atlantik, Nordsee, Ostsee.

46 Gemeiner Blasentang *Fucus vesiculosus* L.
Thallus olivgrün bis gelbbraun, bis 1 m hoch: lederig, bandförmig (schmaler als Sägetang), ebenfalls durch Mittelrippe versteift und dichotom verzweigt, aber mit ungesägten Rändern und runden oder ovalen gasführenden Schwimmblasen, die meist symmetrisch-paarig beiderseits der Mittelrippe angeordnet sind. – In der mittleren Gezeitenzone an Felsen und Steinen, auch an Pfählen. – Atlantik, Nordsee, Ostsee.
Ähnlich, aber meist ohne Luftblasen: ***F. mytili,*** der Muscheltang, der keine Haftscheibe besitzt, sondern von den Byssusfäden der Miesmuschel festgehalten wird. – Im Mittelmeer wächst der ebenfalls sehr ähnliche Mittelmeer-Blasentang, ***F. virsoides,*** ohne Luftblasen, aber mit blasig aufgetriebenen Zweig-Enden.
Die Fucus-Arten gehören gleich den Laminarien zu den Heil- und Nutzpflanzen: Jod, Soda, Alginsäure, Düngemittel und Futterzusätze werden daraus gewonnen.

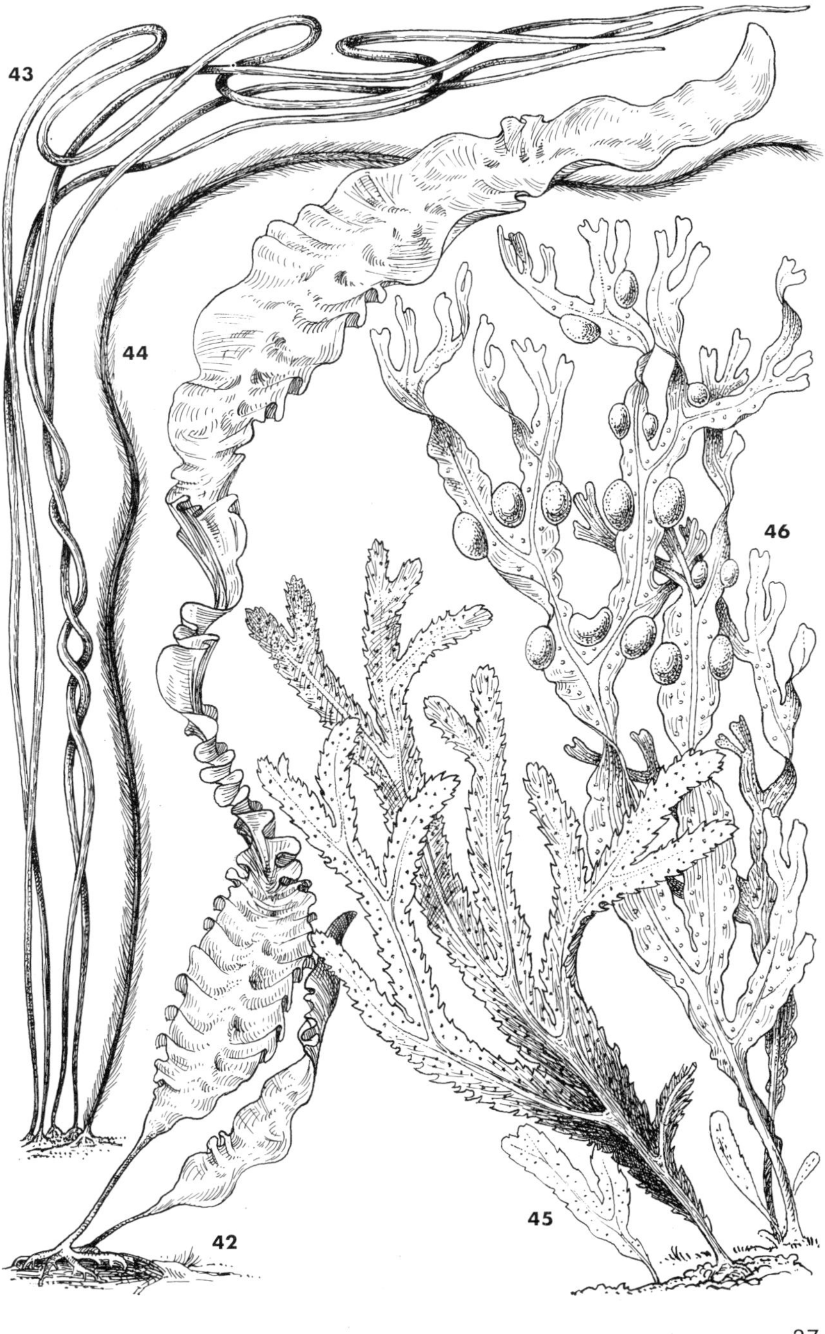
43
44
46
45
42

Braunalgen

47 Gabelband-Tang *Fucus platycarpus* Thur. = *F. spiralis.*
Thallus olivgrün, bis 40 cm hoch: lederig derb, bandförmig und dichotom verzweigt und mit Mittelrippe wie Blasentang, jedoch niedriger und schmaler, ohne Schwimmblasen, mit aufgeschwollenen, stark schleimhaltigen Zweig-Enden. – Auf Felsgrund in der mittleren bis oberen Gezeitenzone. – Atlantik, Nordsee.

48 Knotentang *Ascophyllum nodosum* (L.) Le Jol. = *Fucus n.*
Thallus olivgrün bis olivbraun, 40 – 150 cm (selten bis 2 m) lang: lederig zähe, schmale, unregelmäßig verzweigte, abgeflachte Bandschnüre mit ganz leicht gezahntem Rand, Hauptzweige in ihrer Achse in Abständen zu ovalen, bis eichelgroßen, manchmal gerändelten Schwimmblasen aufgebläht. – Auf Felsgrund in der mittleren Gezeitenzone. – Atlantik, Nordsee.
In der Ostsee kommt der Skorpion-Tang, ***Fucus scorpioides,*** vor, mit rundem, fiederästigem Thallus, fadenartigen Ästen und ohne Schwimmblasen.

49 Riementang *Himanthalia lorea* (L.) Lyngb. = *Fucus l.*
Thallus schwärzlichbraun: ein kurzer Kelch von 2 – 3 cm Durchmesser. Daraus aufsteigend ein oder mehrere bis 3 m lange und 1 – 2 cm breite, häufig gegabelte Bänder. – Auf Felsgrund in der äußeren Gezeitenzone, oft die nähere Nachbarschaft anderer Braunalgen meidend. – Atlantik.

50 Meereiche = Schotentang ***Halidrys siliquosa*** (L.) Lyngb. = *Fucus s.*
Thallus gelb- bis grünlichbraun, 1 – 2 m hoch, buschig: alternierende abgeflachte Verzweigungen, ihrerseits mit Verästelungen, die spindelförmige schotenartige Schwimmblasen tragen. Die kleineren, elliptischen, kurz gestielten Schoten an den oberen Zweigen sind Fruchtkörper. – Auf Felsgrund in der äußeren Gezeitenzone. – Atlantik, Nordsee, (selten) Ostsee.

51 Faserige Cystosira *Cystosira fibrosa* (Huds.) Ag.
Thallus olivbraun, bis 1 m hoch, mit vielen Primär- und Sekundärzweigen, deren Verästelungen zwei knapp übereinanderstehende Schwimmblasen tragen und in kleinen Pinseln nadelähnlicher, manchmal gegabelter Scheinblätter enden. – In der unteren Gezeitenzone zwischen Felsen. – Atlantik.
Im Mittelmeer: ***C. ericoides,*** olivgrün, niedriger, einfacher und zarter.

52 Beerentang = Golfkraut ***Sargassum bacciferum*** (Turn.) Ag.
Thallus bräunlich, mit dünnem, rundem, alternierend verzweigtem Stiel und lanzettförmigen, langen, schmalen, am Rand fein gestachelten Scheinblättern, die eine Mittelrippe auf ganzer Länge stützt. Am Ansatz jedes Scheinblatts steht eine kugelige Luftblase. – Wächst an der mittel- und südamerikanischen Atlantikküste und findet sich angetrieben bis zur Kanalküste.
Im Mittelmeer: Kurzblättriger Sargassotang, ***S. vulgare*** (52a), mit kürzeren, ungestachelten Scheinblättern, sowie der Langblätterige Sargassotang, ***S. linifolium*** (52b), mit 1 – 8 cm langen und 2 – 10 cm breiten, glattrandigen oder fein gezähnten Scheinblättern.

52 **52a** **52b**

49
51
48
47
50

Rotalgen *Rhodophyta: Rhodophyceae*

Die Rotalgen, fast ausnahmslos vielzellig, sind vorzugsweise im Meer gemäßigter und warmer Zonen verbreitet, vom oberen Uferbereich bis in Tiefen von 300 m und mehr, wohin keine anderen Algen vordringen. Am artenreichsten in dem Gebiet zwischen 3–5 m und etwa 100 m unter dem Wasserspiegel vertreten, sind sie stets mit Haftfäden oder -scheiben festgewachsen, an Felsen und Steinen, auch an anderen Algen und Holzwerk. Bei großer Verschiedenheit der Thallusform bilden sie eine der buntesten aller Pflanzenklassen: rosig bis rot und violett, seltener dunkelpurpurn oder dunkelbraun, in starkem Licht manchmal gelblich oder grünlich. Phykoerythrin, ein fluoreszierender roter Farbstoff, übertönt in ihren Zellen das Chlorophyll, und bei bestimmten Arten kommt zudem noch Phykocyan vor.

53 Purpurfaden = Braunrote Bangia ***Bangia fuscopurpurea*** (Dillw.) Lyngb.
Thallus weinrot bis bräunlichrot, 3–15 cm hoch: unverzweigte, feine, weiche Fäden. – In dichten Büscheln an Gestein und Holzwerk in der Uferzone. – Mittelmeer, Atlantik, Nordsee, Ostsee.

54 Purpurblatt = Gemeine Porphyra ***Porphyra linearis*** (Grev.) De Toni.
Thallus gelblichrosig, oft auch blaßviolett, manchmal bleichgrünlich, leicht irisierend, 15–20 cm hoch: zarte, schmale, an den Rändern und Enden sehr dünne, häufig zerschlitzte Bandlappen. – An Gestein und Holzwerk in der Uferzone, auch auf größeren anderen Algen. – Mittelmeer, Atlantik, Nordsee.
P. linearis ist keine eigentliche Art, sondern die Jungform von ***P. lasciniata*** (mit stärker betonter Färbung und breiteren, längeren, ungleichmäßig geformten und eingeschnittenen Lappen) und von ***P. umbilicalis*** (mit noch breiteren, sich gegenseitig teilweise überdeckenden Lappen).

55 Vielverzweigte Glattfadenalge *Nemalion multifidum* (W. u. M.) J. Ag.
Thallus karmin- bis weinrot, 10–25 cm hoch: vielfach gabelig verzweigte, runde, 1–3 mm dicke, gallertige, weiche Schnurfäden mit spitz auslaufenden Enden. – An Gestein und Pfählen in der Uferzone, auch an der Brandung ausgesetzten Felsen. – Atlantik, (selten) Nordsee, Ostsee.

56 Gallerttang *Gelidium corneum* Lamour.
Thallus fleischrot, bis 25 cm hoch: gegenständig oder alternierend stark und mehrfach verzweigte Fäden, deren Verästelungen tannenzweigähnlich mit Nadeln besetzt sind. – An Felsen in der mittleren Gezeiten- bzw. Uferzone. – Mittelmeer, Atlantik.
Gallerttang kommt in vielerlei weiteren Arten vor: u. a. ***G. capillaceum*** (nur 2–3 cm hoch, krausbüschelig), ***G. clavatum*** (schwach verzweigte, keulenförmige Fäden in Rasen), ***G. gracillimum*** (zarte, sehr fein verzweigte Fäden), ***G. luxurians*** (runde, stark verzweigte, dichtbüschelig wachsende Fäden). Aus verschiedenen Gelidium-Arten wird Agar-Agar, bzw. Gelar für wissenschaftliche und industrielle Zwecke gewonnen.

57 Echte Hildenbrandtia *Hildenbrandtia prototypus* Nardo.
Thallus hell- bis bordeauxrot, flach: farbfleckartige, konkrete, glatte Krusten ohne Kalkeinlagerung auf Steinen, leeren Schneckengehäusen und Muschelschalen. – Auf Felsgrund von der oberen Uferzone bis in tieferes Wasser zu finden. – Mittelmeer, Atlantik, Nordsee, Ostsee.
Das gleiche Verbreitungsgebiet hat ***H. rosea:*** altrosa bis erikarot.

58 Offizinelles Korallenmoos *Corallina officinalis* L. = *C. anglica*.
Kalkalge. Thallus rosiggrau bis elfenbeinhell, 5–15 cm hoch: starre Sträußchen kalkinkrustierter, harter, spröder, gegenständiger Zweige mit in einer Ebene fiedrig ausgebreiteter Sekundärverzweigung. – An Felsen und Steinen von der Uferzone bis in größere Tiefen. – Mittelmeer, Atlantik, Nordsee, (selten) Ostsee. – Korallenmoos wurde früher arzneilich verwendet, u. a. zur Herstellung eines Wurmmittels.

59 Zartes Korallenmoos *Corallina rubens* L.
Kalkalge. Thallus gräulichrosa bis zartrot, manchmal gelblichweiß: starre Büschel von 2–5 cm hohen, runden, dünnen, mehrfach fiedrig gegabelten Zweigen gleicher Länge, die mit Kalk inkrustiert, hart und brüchig sind. – Auf Felsgrund von der Uferzone bis in mittlere Tiefen, oft im Schutz großer Tang-Arten. – Mittelmeer, Atlantik, (selten) Nordsee.

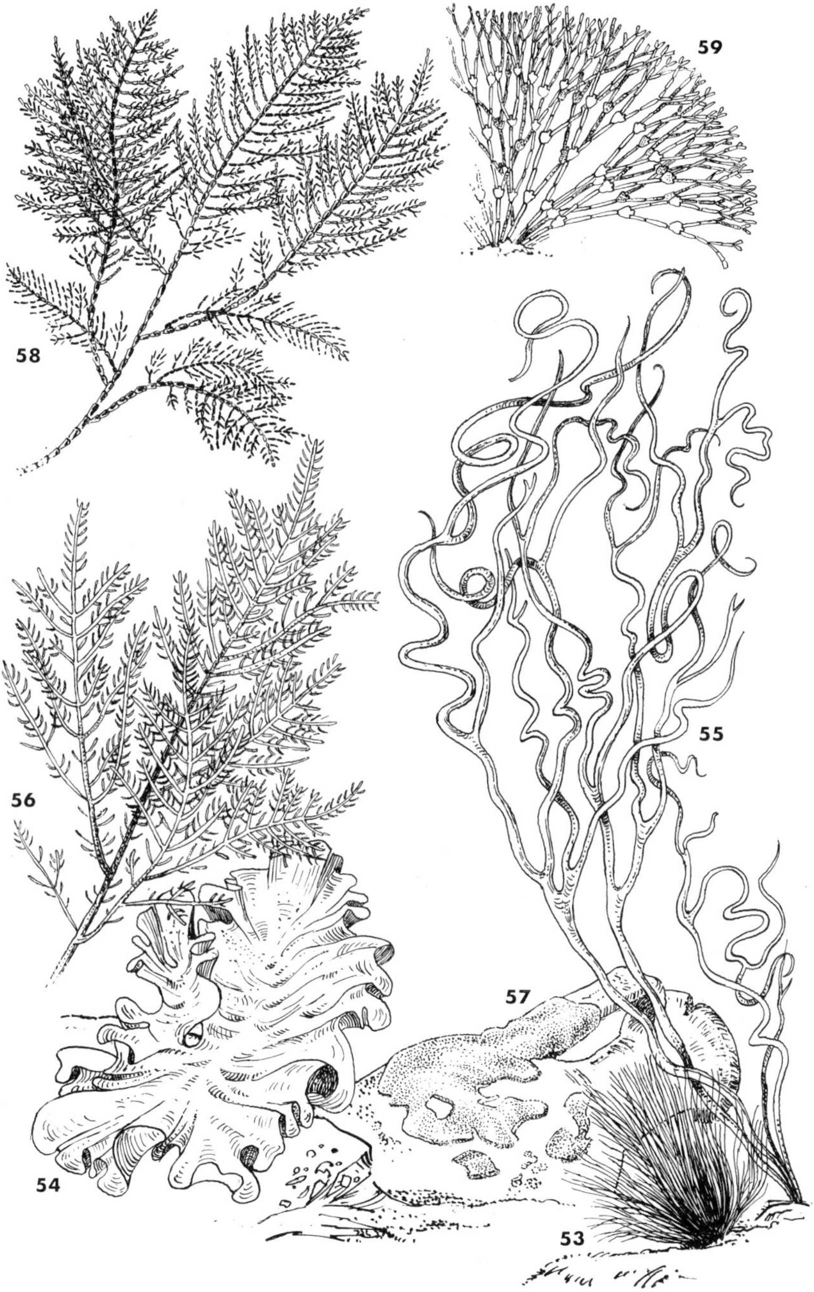
58
59
56
55
57
54
53

Rotalgen

60 Vielgestaltiges Lithothamnion *Lithothamnion polymorphum* (L.) Aresch.
Kalkalge. Thallus violettrot bis violett, krustenförmig, mit verkalkten Zellwänden: rauhe, knotige, harte Beläge auf Gestein in der Uferzone und tiefer, oft im Schutz großer Algen. – Mittelmeer, Atlantik, Nordsee.

61 Sträußchen-Kalkalge *Lithothamnion fasciculatum* (Lam.) Aresch.
Thallus violettrot bis hellviolett, knollig, mit verkalkten Zellwänden: bis faustgroße Sträußchen strahlig entspringender, unregelmäßig gegabelter, mehr oder weniger gedrängt stehender runder, oben abgestutzter Ästchen von annähernd gleicher Länge. – Frei auf dem Grund vom Flachwasser an. – Mittelmeer, Atlantik, Nordsee.

62 Dickästiges Lithothamnion *Lithothamnion crassum* Phil.
Kalkalge. Thallus violettrot bis hellviolett, knollig, mit verkalkten Zellwänden: bis faustgroße Gebilde aus strahlig entspringenden, kurzen, knotigen, mehr oder weniger gedrängt stehenden, verzweigten und oben verdickten Ästen von annähernd gleicher Länge. – Frei auf dem Grund vom Flachwasser an. – Mittelmeer.
Lithothamnion-Arten werden an manchen Küsten gesammelt und zu Dünger verarbeitet.

63 Krustenhaut *Melobesia membranacea* (Aresch.) Lamour. = *Epilithon m.*
Kalkalge. Thallus hellrot, krustenförmig, mit verkalkten Zellwänden: glatte, lappenförmige, bossierte Beläge auf andern Algen, Seegras und Posidonien. – Mittelmeer, Atlantik, Nordsee.
Wird wie Lithothamnion gesammelt und zu Dünger verarbeitet.

64 Ausgebreitetes Lithophyllum *Lithophyllum expansum* Phil.
Kalkalge. Thallus weißlich bis rosig, krustenartig, mit verkalkten Zellwänden: bis 2 mm dicke, blätterige, rauhe, am Rand unregelmäßig gewellte, locker übereinanderwachsende Lappenflächen von 5–25 cm Durchmesser. – An Felsen von geringen Tiefen an. – Mittelmeer.

65 Gemeiner Knorpeltang = Perltang ***Chondrus crispus*** (L.) Stackh. = *Ch. polymorphus.*
Thallus karminrot bis violett oder dunkelpurpurn bis rötlichbraun, 10–20 cm hoch: knorpelig, lederig, in Form und Färbung sehr unterschiedlich: bandflach, stark gabelig verzweigt; oder flächig, tief eingeschnitten und in fächerförmig geteilte, stumpfe, einander überdeckende Lappen gegabelt; oft kraus oder gewellt. – Von der Uferzone bis zur mittleren Gezeitenzone auf Steinen und Felsgrund. – Atlantik, Nordsee, (selten) Ostsee.
Getrocknet als Carrageen oder Irländisches Moos bekannt und sowohl zu pharmazeutischen wie zu industriellen Zwecken verwendet. Wird in Skandinavien und an der französischen Atlantikküste auch mit Zucker eingekocht und gegessen.

66 Dünnhäutige Phyllophora *Phyllophora membranifolia* (G. u. W.) J. Ag.
Thallus gelblichviolett, 5–15 cm hoch: fächerig geteilte, hautartig dünne, steife Lappen mit sich allmählich stielig verschmälernder Basis. – Auf Gestein in der mittleren Gezeitenzone. – Atlantik, Nordsee, Ostsee.

67 Rote Phyllophora *Phyllophora rubens* (G. u. W.) Grev.
Thallus rosig bis karminrot: steife, kurzgestielte, 5–20 cm lange und bis 1 cm breite, annähernd lineare, leicht wellige Bandlappen, von denen einfache oder sparsam verzweigte Sekundärlappen gleicher Form ausgehen. – Auf schlammigem Gestein in tieferem Wasser. – Mittelmeer, Atlantik, (selten) Nordsee.
An der Atlantikküste kommt in der mittleren Gezeitenzone u. a. auch die kleinere Dreiblatt-Phyllophora, ***P. palmettoides,*** vor: rosa, mit dünnen, lanzettlichen, kurz gegabelten Primärlappen und von jedem Ende ausgehenden Dreierketten weiterer Lappen.

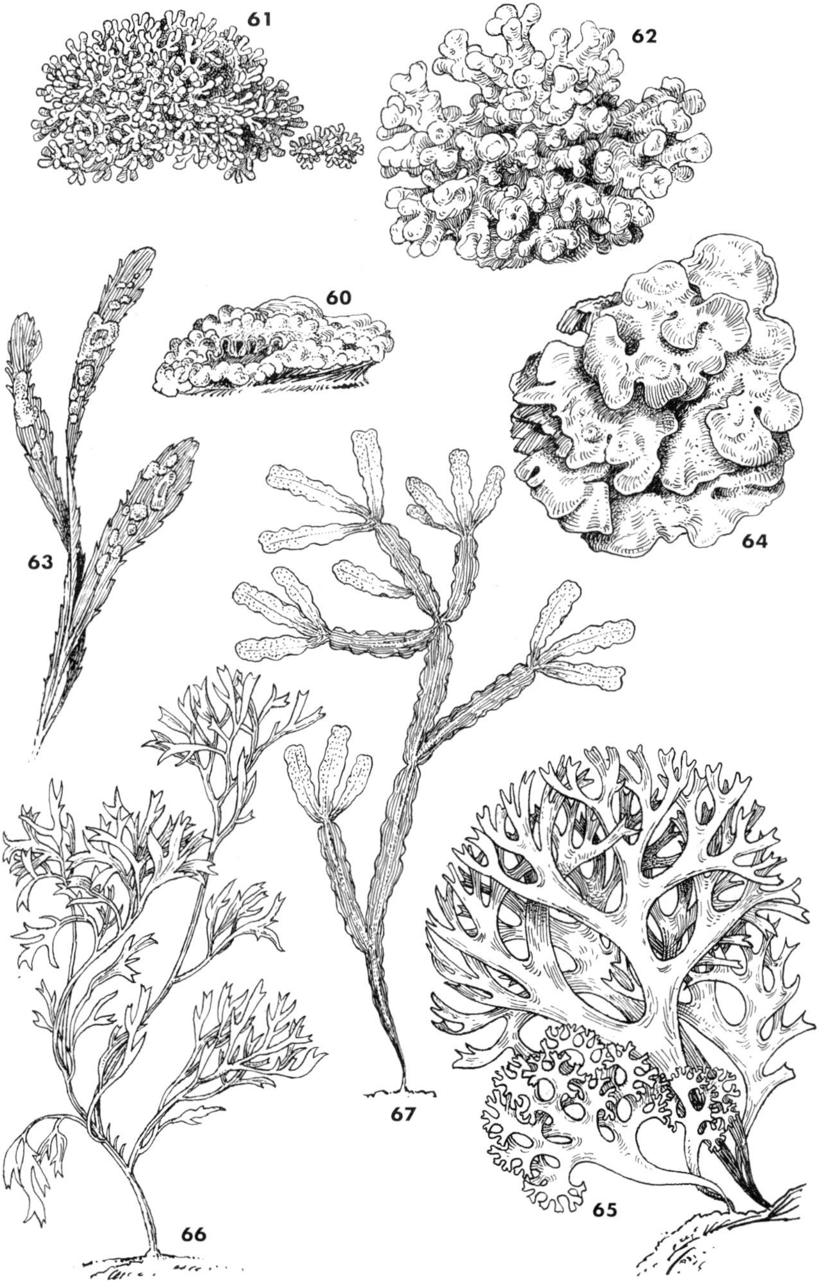
61
62
60
63
64
67
66
65

Rotalgen

68 Purpur-Cystoclonium ***Cystoclonium purpurascens*** (Huds.) Ktz. = *Fucus p.*
Thallus rosig bis weinrot und dunkelbraunrot, 20 – 50 cm hoch: dünne, runde, sich rauh anfühlende, knorpelige Hauptachsen, buschig dicht in ihrerseits unregelmäßig verästelte Ruten verzweigt, von denen manche durch rankenartig gewundene Fäden miteinander verbunden sind und deren Verästelungen da und dort seitlich zu runden oder ovalen Kapseln anschwellen. – Auf Felsgrund in der unteren Gezeitenzone. – Atlantik, Nordsee, Ostsee.

69 Zusammengedrückte Gracilaria ***Gracilaria compressa*** (Ag.) Grev. = *Gigartina c.* = *Sphaerococcus c.*
Thallus rosig bis gelblich, 20 – 30 cm hoch: dünne, runde oder leicht abgeflachte, knorpelige, dichotom und seitlich verzweigte Fäden, deren manchmal mit halbkugeligen Kapselfrüchten besetzte Zweige und Verästelungen nach oben zunächst dicker werden, dann spitz auslaufen. – In der oberen bis mittleren Gezeitenzone auf schlammigem Gestein. – Mittelmeer, Atlantik.
Liefert ebenso wie verschiedene Gelidium-Arten Agar-Agar zur vielseitigen Verwendung in Pharmazeutik und Industrie.

70 Hauttang ***Rhodymenia palmata*** (L.) Grev. = *Halymenia p.*
Thallus hellpurpurn bis rötlichviolett, 10 – 40 cm hoch: ungestielte, fächerig nebeneinanderstehende, leicht keilförmige, manchmal gegabelte, hautdünne Bandlappen, von deren Rand oft fransenartig lange Bänder ausgehen. – Von der Uferzone bis in mittlere Tiefen auf schlammigem Gestein. – Atlantik, Nordsee. – Hauttang wird auf Island gegessen und in Skandinavien als Viehfutter verwendet.

71 Gabeltang ***Furcelaria fastigiata*** (Huds.) Lamour.
Thallus tiefrot bis dunkelviolett, 30 – 40 cm hoch: runde, knorpelige, wiederholt gegabelte Zweige, büschelig wachsend, manchmal sehr dicht auf größeren Flächen. – In mittleren bis größeren Tiefen an Felsen und auf steinigem Sandgrund. – Atlantik, Nordsee, Ostsee.
Sehr ähnlich sieht der tiefdunkelrote Zangentang, ***Polydes rotundus,*** aus, den die zangenartig einwärts gebogenen Zweige seiner Gabeln kennzeichnen.

72 Gemeiner Kammtang ***Plocamium coccineum*** (Huds.) Lyngb.
Thallus hellkarminrot, 5 – 30 cm hoch: strauchartig, mit in einer Ebene stark und wiederholt verästelten Zweigen, deren letzte Ästchen einwärts kammähnlich gefiedert sind und kleine, runde Kapselfrüchte tragen. – In der äußeren Gezeitenzone, bzw. größeren Tiefen auf Gestein und anderen Algen. – Mittelmeer, Atlantik, Nordsee.

73 Flügel-Seeampfer ***Membranoptera alata*** (L.) Stackh. = *Delesseria a.* = *Pterium alatum.*
Thallus purpurrosig, 5 – 15 cm hoch: gabelig verzweigt, stark verästelt, mit flachen, laubblattähnlichen, von einer Mittelrippe in zwei Flügel geteilten Zungen, die im oberen Thallusteil unregelmäßig lanzettförmig sind. – An größeren Algen und Gestein vom Flachwasser bis in die mittlere Gezeitenzone. – Atlantik, Nordsee, Ostsee.

72
68
69
71
73
70

Rotalgen

74 Blutroter Seeampfer *Delesseria sanguinea* (L.) Lamour = *Hydrolapathum s.*
Thallus blutrot, bis 30 cm hoch: von einem kurzen, runden Stiel abzweigende, laubblattähnliche, mehr oder weniger längliche und oft ziemlich große Zungen mit Mittelrippe und feinen gegenständigen Seitenrippen. Von den Mittelrippen gehen manchmal kleine Zungen gleichen Aussehens aus. Altes Laub ist stark zerschlitzt. – Auf Felsgrund und Steinen in tieferem Wasser. – Atlantik, Nordsee, (selten) Ostsee.

75 Ausgebuchtete Delesseria *Phycodrys sinuosa* (G. u. W.) Kütz. = *Delesseria s.*
Thallus zartrot bis weinrot, 10–30 cm hoch: von einem dünnen, runden Stiel abzweigende laubblattähnliche, oft ziemlich schmale Zungen mit Mittelrippe, gegenständigen feinen Seitenrippen und unregelmäßig mäandriertem, stark ausgeschnittenem oder ausgezacktem Rand. – Auf Gestein und größeren Algen in der mittleren bis äußeren Gezeitenzone und tiefer. – Atlantik, Nordsee, westl. Ostsee.

76 Punktiertes Nitophyllum *Nitophyllum punctatum* (Stackh.) Harv.
Thallus bräunlich-rosig, 5–10 cm hoch, mit flachen, warzenartigen Anschwellungen punktiert: Büschel zarter, fächerig stehender, kurzgabeliger Bandlappen mit linearen, manchmal keilförmig verbreiterten, stumpf oder eingebuchtet endenden Segmenten. – An Felsen und sandigem Gestein in mittleren Tiefen. – Mittelmeer.

77 Bräunliche Rhodomela *Rhodomela subfusca* (Wood.) Ag. = *R. lycopodioides.*
Thallus rot bis braunrot, 10–30 cm hoch: Aspekt je nach Alter, Standort und Jahreszeit sehr verschieden. Junge Pflanzen sind feinstrauchig, mit Hauptachsen, deren Zweige nach oben und außen immer feinere, an der Spitze breitpinselig und spiralig stehende Verästelungen aufweisen. Mit zunehmendem Alter werden die Primärzweige härter, rutenähnlich, wobei die Verästelungen nach und nach abfallen. – Von der Uferzone bis zur äußeren Gezeitenzone an Felsen und Steinen. – Atlantik, Nordsee, Ostsee.

78 Gefiederte Laurencia *Laurencia pinnatifida* (Gmel.) Lamour = *Chondria p.*
Thallus dunkel- bis gelblichrot, manchmal trübdunkelgrün verblaßt, 5–15 cm hoch: stark verzweigt, knorpelig, abgeflacht. Von den alternierenden Sekundärzweigen gehen weitere Zweige aus, die fächerig auf einer Ebene dreifach gefiederte Verästelungen tragen. – Auf Felsgrund in der Uferzone, bzw. in der oberen Gezeitenzone. – Mittelmeer, Atlantik, Nordsee.

79 Kurzrispige Chondria *Chondria dasyphilla* (Wood.) Ag. = *Laurencia d.*
Thallus blaß- bis violettrot, an den oberen Zweigen oft gelblich, 10–30 cm hoch: auf einer Ebene alternierend von dünnen, runden Achsstämmchen ausgehende Zweige, in rispenartiger Verästelung mit kurzen Zweigstümpfchen besetzt. – Auf sandigem Felsgrund von der Uferzone bis in tieferes Wasser. – Mittelmeer, Atlantik.
Sehr ähnlich, jedoch nur 5–20 cm hoch, zarter, bräunlichrot bis rötlichgelb: ***C. tenuissima,*** im Mittelmeer.

80 Langfädiger Röhrentang *Polysiphonia elongata* (Huds.) Harv. = *Conferva e.*
Thallus karmin- bis bräunlichrot oder gelblichrot, 15–30 cm hoch: runde, 1–2 mm dicke, knorpelige vielröhrige Hauptachsen, unregelmäßig verzweigt und zeitweise mit Büscheln langer, feiner Fäden besetzt. – Auf sandbedeckten Steinen in mittleren Tiefen. – Mittelmeer, Atlantik, Nordsee, Ostsee.

74
75
77
79
80
76
78

Rotalgen

81 Schwarzer Röhrentang *Polysiphonia nigrescens* (Dillw.) Grev.
Thallus rötlich (junge Pflanzen) bis schwärzlichviolett, manchmal dunkelgrünlich, bis 20 cm hoch: strauchig, mit unregelmäßig fein verzweigten, rutenartigen Hauptachsen und dolden- oder fiederähnlichen Endbüscheln. – Auf anderen Algen und schlammigem Gestein von der Uferzone bis in mittlere Tiefen. – Atlantik, Nordsee, Ostsee.

82 Röhrentang *Polysiphonia urceolata* (Lightf.) Grev.
Thallus purpur- bis braunrot, 5–15 cm hoch: an der Basis pinselartig dicht stehende, oben auseinanderfallende Büschel gabelig verzweigter, feiner Fäden. – Auf Steinen und an Holzwerk vom Flachwasser bis zur äußeren Gezeitenzone und tiefer. – Mittelmeer, Atlantik, Nordsee, Ostsee.

83 Schönstrauchalge *Callithamnion corymbosum* (Sm.) Lyngb.
Thallus hellrosa, 2–6 cm hoch: seidigzarte Fäden an gabelig von dünnen Hauptachsen ausgehenden Zweigfäden, in dichten, sehr fein verzweigten kleinen Büscheln. – Auf anderen Algen und Gestein in mittleren bis größeren Tiefen. – Mittelmeer, Atlantik, Nordsee, Ostsee.

84 Zierliche Fiederalge = Seefeder ***Plumaria elegans*** (Bonnem.) Schm. = *Ptilota e.* = *Pt. sericea.*
Thallus braun- bis schwärzlichrot, 5–15 cm hoch: in einer Ebene von 1 mm dicken Hauptzweigen ausgehende Sekundärzweige mit gegenständigen, gleichmäßigen, kurzen Fiederchen. – Auf Steinen in der mittleren Gezeitenzone. – Atlantik, Nordsee.

85 Gefiedertes Antithamnion *Antithamnion plumula* (Ellis) Thur. = *Callithamnion p.*
Thallus rosenrot, 2–10 cm hoch: büschelig aufstrebende, stark verzweigte Äste mit gegenständiger, feiner, leicht gebogener Fiederung. – Auf anderen Algen, schlammigem Felsgrund und Steinen in tieferem Wasser. – Mittelmeer, Atlantik, Nordsee, westl. Ostsee.

86 Rote Hornalge = Gemeiner Horntang ***Ceramium rubrum*** (Huds.) Ag.
Thallus karmin- bis braunrot, 5–20 cm hoch: lockere kleine Büsche gegliederter, mehrfach gegabelter Zweige mit zahlreichen Verästelungen, deren Spitzen hornartig eingebogen sind. – An anderen Algen und Steinen vom Flachwasser bis in mittlere Tiefen. – Mittelmeer, Atlantik, Nordsee, Ostsee.

87 Gefranster Spinnentang *Halarachnion ligulatum* (Wood.) Ktz. = *Halymenia ligulata.*
Thallus rosarot, manchmal gelblich, 10–30 cm hoch: flache, weiche und gallertige Blattlappen von mannigfacher Form, linear oder nach unten verschmälert, breit oder in schmale Bänder zerteilt, am Rand oft mit fransenähnlichen Läppchen besetzt. – An Felsen, leeren Muschelschalen und Algen in mittleren Tiefen. – Mittelmeer, Atlantik.

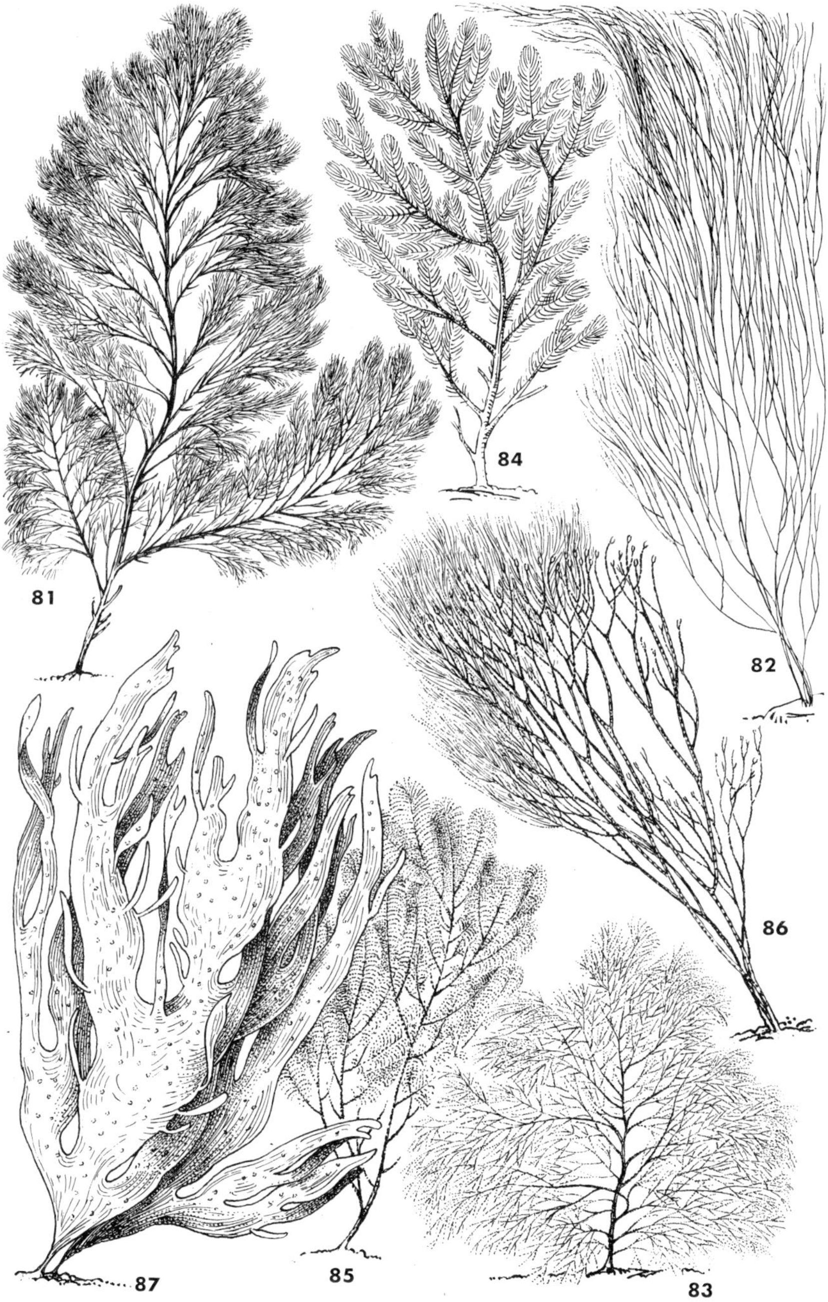

81 84 82 86 87 85 83

Marine Seegräser

In dieser kleinen Gruppe sind die wenigen Blütenpflanzen zusammengefaßt, die gänzlich untergetaucht auf dem Meeresgrund wachsen, in geringen Tiefen, im Sand, Schlammsand oder Schlick wurzelnd, mit kriechenden Wurzelstöcken. Sie gehören zu den Laichkrautgewächsen *(Potamogetonaceae)* und bilden mit einzelnen Algen eine eigene Vegetationsform, die an Flachküsten und in sandigen Buchten oft weite Flächen wiesenartig bedeckt. Diese Seegraswiesen, die Rinnen und Spalten, Löcher und Höhlen verbergen mögen, muten von der Oberfläche aus meist verlassen an, fast gespenstisch still und einsam. In Wirklichkeit sind sie Zuflucht und Weidegrund vieler Fische und wahre Schatzkammern für Meeresbiologen.

88 Gemeines Seegras *Zostera marina* L.
Staude grün bis bräunlichgrün, 30 – 150 cm hoch: mit glattem Wurzelstock, 3 – 9 mm breiten, 3 – 7-nervigen, breit- oder schmal-linearen, langen Blättern und flacher, zur Blütezeit (südl. März bis nördl. August) von einer Blattscheide umschlossener Blütenähre. – In der mittleren bis unteren Gezeitenzone. – Westl. Mittelmeer, Atlantik, Nordsee, Ostsee. – Liefert Polster- und Packmaterial sowie Dünger. Allerdings ist diese Art an den europäischen Küsten seltener geworden, seit eine Krankheit die Bestände von 1931 an fast gänzlich vernichtet hat. Seit 1940 läßt sich eine langsame Erholung feststellen.
Das Schmalblatt-Seegras, ***Z. angustifolia,*** ist sehr ähnlich, jedoch in allen Teilen kleiner und nur 30 – 40 cm hoch.

89 Zwergseegras *Zostera nana* Roth.
Blätter 20 – 30 cm hoch, 1 – 3nervig, sehr schmal-linear und nur etwa 1 – 2 mm breit, an der Spitze ausgerandet. – In der mittleren Gezeitenzone. – Atlantik, Nordsee, Ostsee.

90 Neptungras *Posidonia oceanica* (L.) Del.
Staude grünlich bis gelblich, 20 – 50 cm lang: mit dickem, faserigem Wurzelstock, bis 8 mm breiten, grasartigen, bandförmigen Blättern und zur Blütezeit (Juni bis Oktober) freien Blütenähren. – In Tiefen bis 30 m und mehr, aber selten bis 100 m. – Mittelmeer, Atlantik bis Biskaya als nördlicher Grenze. – Liefert Spinnfasern, Pack- und Isoliermaterial.
Ähnlich, aber mit dünnerem, gegliedertem Wurzelstock, graugrünen Blättern und in geringeren Tiefen: ***Cymodocea nodosa,*** das Tanggras.

91 Seebälle, Seeknödel.
Hellbraune, ovale oder runde, bis faustgroße filzige Kugeln; an Flachküsten im Wasser oder am Strand, oft in großer Zahl angetrieben. Über Ursprung und Entstehung der Seebälle kann man manchmal recht phantasievolle Erklärungen hören. Es handelt sich einfach um Gewebefasern von See- oder Neptungras, die, mit feinem Sand gemischt, vom Wellengang ballförmig zusammengerollt worden sind. An diesem Aufbauwerk können oft auch Algen beteiligt sein, die das Fasergebilde mit einem feinen Netz grüner Fäden überziehen.

88
89
90
91

Meerestiere

Der Begriff «Meerestiere» umfaßt alle im oder unmittelbar am Meer lebenden Tiere. Oft ist damit ein Eindruck ungeheurer Vielfalt verbunden. Er mag einerseits auf der kaum vorstellbaren Ausdehnung des marinen Lebensraums beruhen, anderseits auf der ungemein hohen Individuenzahl seiner Bewohner und wohl auch auf ihrer für viele noch recht überraschenden Entdeckung durch die Sichtgläser der Tauchbrille oder in der Literatur, auf der Projektionswand, dem Bildschirm. Diesem Eindruck steht die Tatsache gegenüber, daß die Meeresfauna an Artenzahl weit ärmer ist als die Landfauna: Von der Gesamtheit der heute lebenden Tierarten stellen die Wassertiere nur ein Fünftel, die Süßwasserfauna inbegriffen. Indessen sind in der marinen Fauna sämtliche Baupläne des Tierreichs vertreten, was damit zusammenhängt, daß die Evolutionsgeschichte der Meerestiere bedeutend weiter zurückreicht als jene des Lebens in den Binnengewässern und im Luftbereich. Viele größere und kleinere Gruppen des zoologischen Systems sind rein marin, so die Stämme der Priapuliden, Igelwürmer, Spritzwürmer, Kragentiere, Stachelhäuter, Pfeilwürmer, Manteltiere und Schädellosen, die Klassen der Asselspinnen, Käferschnecken, Grabfüßer, Kopffüßer, Hufeisenwürmer und Armfüßer, auch die Unterklasse der Rankenfüßer. Vorwiegend im Meer leben die Schwämme, Hohltiere, Strudelwürmer, Schnurwürmer und Vielborster. Dagegen gehören von den Insekten, die mit über 700000 bekannten rezenten Arten allein drei Viertel der Tierbevölkerung der Erde stellen, bloß sehr wenige – die Meerwanzen – der Meeresfauna an, und die Wirbeltiere sind lediglich mit Fischen, Schildkröten und Seesäugern vertreten.
Geht man davon aus, daß die See 71 % der Erdoberfläche bedeckt, und daß von dieser etwa ein Drittel tiefer als 4000 m unter dem Wasserspiegel liegt, so läßt sich die enorme Weite des marinen Lebensraums zumindest erahnen. In seiner horizontalen Ausdehnung wird er in einen neritischen Bezirk unterteilt, der die Meeresgebiete über dem Kontinentalplateau, dem Schelf, umfaßt, und in einen ozeanischen Bezirk, der die Hochseeflächen über der Kontinentalböschung und dem Abyssal bezeichnet. Die vertikale Gliederung beginnt in der Uferzone, dem Litoral, mit dem von der See nur leicht besprühten Epilitoral, dem sich die Spritzzone und die Gezeitenzone bzw. das Eulitoral anschließen. Nun folgt das dauernd wasserbedeckte Sublitoral, das bis zur Grenze des neritischen Bezirks reicht, also über das ganze Kontinentalplateau, das bei wechselnder Breite und bis zu einer Tiefe von rund 200 m die Küsten der

Kontinente säumt, um an der steil abfallenden Kontinentalböschung zu enden. Hier beginnt in 1000 m Tiefe die abyssale Zone, die manche Ozeanologen im ganzen Umfang, andere erst von 2000 m Tiefe an als Tiefsee auffassen.
Die Bewohner des neritischen Bezirks bilden mit den Tieren des unmittelbar angrenzenden Festlandstreifens die Litoralfauna, die des ozeanischen Bezirks die Hochseefauna. Zudem sind zwei große Lebensgemeinschaften gegeben: das Pelagial, dem alle im freien Wasser lebenden Arten zugerechnet werden, und das Benthos oder Benthal, dem die am oder im Boden vorkommenden Formen angehören. Pelagische Tiere mit strömungsüberwindendem Schwimmvermögen zählen zum Nekton; solche, die nur an der Oberfläche leben, bilden das Pleuston; jene mit strömungsabhängiger Fortbewegung bezeichnet man zusammenfassend als Plankton. Die benthische Fauna besteht aus den am Boden festsitzenden Formen, dem sessilen Benthos, den frei beweglichen Bewohnern des Meeresgrunds, vagiles Benthos genannt, und Tieren, die zwar am Boden haften, ihren Standort aber wechseln können, dem halbsessilen Benthos. Benthische Arten, die am Boden leben, gehören zur Epibiose, jene, die im Boden eingegraben sind, zur Endobiose, und solche, die sich nur unter Steinen ansiedeln, zur Hypobiose. Tiere des Benthos schließlich, die sich an Schiffskörpern, Treibgut oder an pelagischen Lebewesen festsetzen, zählen zum Phytal. Bathymetrisch unterscheidet man die epipelagische Fauna, deren Lebensbereich zwischen der Oberfläche und 200 m Tiefe liegt, die bathypelagische bzw. archibenthische Fauna der bis 800 m reichenden Tiefenstufe, und die Abyssalfauna.
Das erste Glied in der Nahrungskette der marinen Tierwelt bilden die mikroskopischen pflanzlichen Schwebeorganismen, deren Lebensbereich zwischen Oberfläche und Lichtgrenze (200 bis 300 m Tiefe) liegt. Dies ist auch das Gebiet des größten Lebensreichtums, wobei in der Uferzone die stärkste Formentfaltung gegeben ist, in der Hochsee eine besonders starke Entwicklung der Individuenzahlen. Mit zunehmender Tiefe wird die Artenzahl immer geringer. Doch steht heute fest, daß selbst in den tiefsten Abgründen noch Leben ist.
Zu wissenschaftlich anspruchsvolleren und eingehenderen Studien der marinen Tierwelt seien aus der großen Zahl von mehr oder minder spezialisierten Fachwerken besonders empfohlen:
Lythgoe, J., *Meeresfische – Nordatlantik + Mittelmeer* (München 1974) und Riedl, R., *Fauna und Flora des Mittelmeeres* (Hamburg 1983).
In beiden Werken sind ausführliche Hinweise auf weiterführende Literatur zu finden, zu der u. E. auch folgende Werke gehören:
Kaestner, A., *Lehrbuch der Speziellen Zoologie, Bd. I/1–3* (Stuttgart 1973/80). – Nikolski, G. W., *Spezielle Fischkunde* (Berlin 1957). – Nordsieck, F., *Europäische Meeres-Gehäuseschnecken* (Stuttgart 1968). – Nordsieck, F., *Europäische Meeresmuscheln* (Stuttgart 1969). – Nordsieck, F., *Europäische Meeresschnecken* (Stuttgart 1972).

Einzeller Unterreich *Protozoa*

Einzellige Tiere von einfachster Organisation, deren Körper sämtliche Leistungen tierischen Lebens im Rahmen seiner Einzelligkeit vollbringt. Bekannt sind heute bereits über 30000 Arten, und wer Einzeller sucht, der findet sie überall, wo Wasser in kleinsten oder größten Mengen die Voraussetzungen zu ihrem Dasein schafft, in Ackererde, Oasensand und ewigem Schnee, in Pflanzen und in anderen Tieren, in Tümpeln und in Seen, vor allem natürlich im Meer, dem Plankton wie der Grundfauna angehörend. Doch die meisten Einzeller sind mikroskopisch klein; nur verhältnismäßig wenige lassen sich mit unbewaffnetem Auge wahrnehmen. Dazu gehören u. a. einige Wurzelfüßer (*Rhizopoda*) und Wimpertiere (*Ciliata*), die den Meeresboden bewohnen, sowie planktonische Strahlentierchen oder Radiolarien, insbesondere aber manche Geißeltierchen.

Geißeltierchen Stamm *Flagellata*

Einzeller, die mit einer oder mehreren Geißeln versehen sind, deren Schläge die Zelle fortbewegen. Zu diesem Stamm zählen u. a. die Dinophyceen, darunter die Panzergeißler *(Dinoflagellata)* mit von einer Zellulosemembran umgebenem Körper und zwei in dessen Mitte in einer Vertiefung entspringenden Geißeln. Manche Arten können sich unter bestimmten Umständen, vor allem in Wärmeperioden, gewaltig vermehren und die Rote Tiden genannten, allerdings meist nicht roten, sondern gelblichen oder bräunlichen Wasserverfärbungen verursachen, Symptom eines Massenauftretens, demzufolge überhoher Sauerstoffverbrauch und anomaler Schwefelwasserstoffanfall das ökologische System aus dem Gleichgewicht bringen. Ist daran z. B. der zusätzlich Toxine abgebende Panzergeißler *Gymnodium breve* stark mitbeteiligt, so wird die Rote Tide zur ökologischen Katastrophe mit Fischsterben, vergifteten Muscheln etc.
Aus ganz anderem Grund berühmt ist ein weiterer zu den Gymnodiniden gehörender Panzergeißler, nicht nur mit unbewaffnetem Auge zu erkennen, sondern auch wesentlich an einer der schönsten und eindrücklichsten Offenbarungen marinen Lebens beteiligt, nämlich das

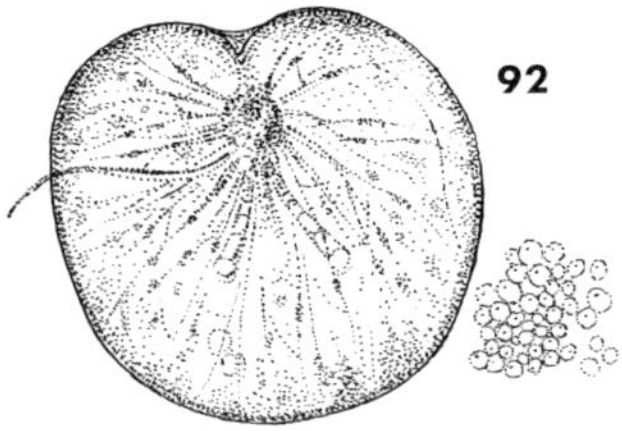

92

92 Meeresleuchttierchen = Meerleuchte ***Noctiluca miliaris*** Sur. = *N. scintillans.*
Annähernd kugelrunder, durchsichtig farbloser, gelblicher oder rötlicher Panzergeißler von 1–2 mm Durchmesser, mit rudimentärer Geißel und schon bei schwacher Vergrößerung erkennbarem Tentakel. – Dicht unter dem Wasserspiegel, oft in großer Zahl. – Mittelmeer, Atlantik, Nordsee.
Hauptsächlicher Erreger des Meeresleuchtens, wobei diese Erscheinung auftritt, wenn die winzigen Organismen durch Wellen, Bewegungen eines Schwimmers usw. erschüttert werden.
Das Meeresleuchten wird allerdings nicht nur durch *Noctiluca miliaris* hervorgerufen; als Erzeuger kommen vielmehr auch ganz verschiedene Bakterien in Betracht, so *Bacterium phosphorescens* oder, in der Ostsee, *Vibrio balticum*. Viele dieser Leuchtbakterien leben symbiotisch mit leuchtenden tierischen Organismen, und Meeresleuchten ist oft der Effekt solch kombinierten Auftretens.

Vielzeller Unterreich *Metazoa*

Vielzellige Tiere von sehr einfacher bis hoher Organisation, deren Körper seine sämtlichen Leistungen nur auf Grund des Zusammenwirkens mehr oder weniger spezialisierter Zellen in Geweben und Organen vollbringt.

Schwämme Stamm *Porifera* = *Spongiaria* = *Spongiae*

Eine Gruppe eigenartiger, pflanzenähnlicher Vielzeller, deren Zugehörigkeit zum Tierreich erst im 19. Jahrhundert nachgewiesen worden ist. Tatsächlich verkörpern die Schwämme eines der ältesten Tiergeschlechter. Man kennt heute über 5000 Arten, die größtenteils im Meer leben und dort den Stamm, zu dem die zoologische Systematik sie zusammenfaßt, von der Uferzone bis in die abyssalen Tiefen vertreten.
Es gibt Schwämme jeder Größe und jeden Umfangs zwischen 1 cm und 2 m, in den verschiedensten Farben. Stets festsitzend, krusten-, knollen- oder bäumchenförmig, wachsen sie einzeln, in Kolonien oder in verzweigten Stöcken, wobei manche Arten im ruhigen Wasser aufstrebende Arme ausbilden, sich aber in der Brandungszone als einfache Klumpen finden. Interessant ist auch das Regenerationsvermögen, das Schwämme demonstrieren, wenn man sie in Stücke zerschneidet: Jedes davon ist imstande, sich zu einem neuen Schwamm zu entwickeln. Diese Fähigkeit beruht darauf, daß der Schwammkörper noch nicht differenziertes Zellmaterial enthält, das sich zu jedem Typ entwickeln kann.
Die einfachste Schwammform entspricht einem an der Basis geschlossenen, oben offenen Gefäß, dessen Wandung viele verschließbare Poren durchbrechen (*Porifera* = Porentragende). Ein von Geißelzellen, die den Innenraum auskleiden, hervorgerufener Wasserstrom tritt durch die Poren ein, führt dem Schwamm, den er zugleich reinigt, Nahrung und Sauerstoff zu und fließt durch die Osculum genannte obere Öffnung wieder aus. Zwar stellen die meisten Schwämme nicht solch einfache Gefäße dar, sondern komplizierte, verzweigte Gefäßsysteme mit mehreren Zentralräumen und Ausflußöffnungen; doch das Grundschema läßt sich auch auf sie anwenden.
Zur Stützung der weichen Körpermasse schaffen bestimmte Schwammzellen ein Skelett aus einfachen oder verzweigten, spröden Nadeln, die aus kohlensaurem Kalk oder Kieselsäure bestehen und manchmal miteinander verwachsen oder durch Sponginfasern zu einem Gerüst verbunden sind. Spongin, das manche Schwämme ebenfalls produzieren, ist ein chemisch der Seide verwandter, jodhaltiger, horniger Eiweißstoff. Bei gewissen Schwammarten dient er nicht zur Verbindung der feinen mineralischen Stützelemente, sondern ersetzt sie.
Schwämme beherbergen in ihrem Gefäßsystem oft andere Tiere, meist Krebse und Würmer. Einige Arten dienen Einsiedlerkrebsen als Behausung. Sie lösen das vom Krebs ursprünglich bewohnte Schneckengehäuse auf und treten an dessen Stelle, wobei sie den Schutz, den sie dem Krebs bieten, gegen Fortbewegung eintauschen.
Systematisch werden die Schwämme in mehrere Klassen und Ordnungen gegliedert, wobei das Skelett für die Unterscheidung eine maßgebende Rolle spielt.

Badeschwamm und Pferdeschwamm gehören zu den ältesten Objekten des Drogeriehandels. Bis etwa 1960 waren sie besonders im östlichen Mittelmeer von wirtschaftlicher Bedeutung, die jedoch wegen des durch Überfischung und Biotopschädigung eingetretenen Rückgangs der Bestände heute nicht mehr nennenswert ist. Seit jeher in bescheidenerem Maß werden auch andere Schwammarten verwertet, an der Adria z. B. der Lederschwamm, der von der Küstenbevölkerung gegessen wird, an der französischen Atlantikküste der Brotkrumenschwamm, den man zu Dünger verarbeitet. Feigen- und Korkschwamm werden der mit ihnen in Symbiose lebenden und als Fischköder begehrten Einsiedlerkrebse wegen gesammelt, und die Skelette der in großen Tiefen vorkommenden Glasschwämme finden guten Absatz als Reiseandenken.

Kalkschwämme Klasse *Calcarea* = *Calcispongiae*

In allen Meeren das Flachwasser von der Uferzone bis 40 m Tiefe bewohnende, ca. 0,5 bis 12 cm große Schwämme von röhren-, kelch- oder tonnenförmiger Gestalt und weißlicher, gelblicher oder schmutzigbräunlicher Färbung. Sie wachsen einzeln, in Gruppen oder in Kolonien, die verzweigt oder kompakt sein können, vorzugsweise an dunkleren Stellen, zwischen Algen, unter Steinen, in Spalten und leeren Tiergehäusen. Ihr Skelett besteht aus Calciumcarbonat, kohlensaurem Kalk. Nach außen tretende Skelettnadeln verleihen ihnen ein stacheliges Aussehen, und um die Ausflußöffnung am leicht eingesenkten oberen Ende steht oft ein Nadelkranz.

93 Gitterkalkschwamm *Clathrina coriacea* Mont. = *Leucosolenia c.* = *Grantia c.*
Jungform becherähnlich, rund 1 mm hoch, später Verästelungen entwickelnd, die sich gitterartig auf dem Substrat ausbreiten, bis 3 cm dicke, weißliche, gelbliche, rote, braune oder gräuliche Netzflächen von bis 10 cm Durchmesser bildend. – Vom Flachwasser bis 10 m Tiefe auf Sand- und Felsgrund, vorzugsweise an der Unterseite von Steinen, sowie auf Weichtierschalen. – Atlantik, Nordsee, westl. Ostsee.

94 Röhrenkalkschwamm *Leucosolenia botryoides* Ell. u. Sol.
Bis 1,8 cm hohe, weiße, von einem Netz kriechender, verzweigter, dünner Röhren aufstrebende, zierliche Schläuche, oben und unten verengt, meist unverzweigt. – In dichten kleinen Kolonien an Steinen in bewegtem Wasser der äußeren Gezeitenzone; im Schutz von Algen auch in der Brandungszone. – Mittelmeer, Atlantik, Nordsee.

95 Zarter Sackkalkschwamm *Leucosolenia fragilis* H. = *L. botryoides Clark.*
Bis 1 – 1,5 mm hohe, weiße, von einem verzweigten Geflecht aufstrebende, vasenförmige, kurzstielige Schläuche. – In kleinen, buschigen Stöcken auf Algen und Gestein in der Flachwasserzone. – Atlantik, Nordsee.

96 Wimperkalkschwamm *Sycon ciliatum* Fabr.
Bis 3 cm (selten bis 9 cm) hohe, weiße, hellgraue oder bräunliche, länglich- bis rundlich-ovale, manchmal gestielte, pelzig aussehende Körper mit einem schimmernden Kranz feiner, steifer Nadeln um die Ausflußöffnung. – Meist in kleinen Stöckchen, selten einzeln, an Algen und Felsen, sowie auf Schlamm- und Sandgrund von der Gezeitenzone bis in größere Tiefen. – Mittelmeer, Atlantik, Nordsee.

97 Kronenkalkschwamm *Sycon coronatum* Ell. u. Sol.
Meist bis 1,5 cm, aber auch bis 3 cm hoch. Körper weiß, gelblich oder hellgrau, länglich-oval, krugförmig, grobpelzig aussehend, mit einer Krone langer, steifer Nadeln um die Ausflußöffnung. – Stets einzeln, auf Gestein, an Felsen und Algen von der Gezeitenzone bis 25 m Tiefe. – Mittelmeer, Atlantik, Nordsee.

98 Knollenkalkschwamm *Leuconia aspera* Schm. = *Leucandra a.*
Bis 1 cm hohe, weißliche bis gelbliche, dickwandig-knollige Vasen, manchmal einzeln in lockeren Kolonien, oft in größerer Zahl, seitlich zusammengedrückt, in stark gelappten Stöcken. – In Felsspalten und Höhlen vom Flachwasser an. – Mittelmeer.

99 Fladenkalkschwamm *Leucandra nivea* Grant.
Einzeln bis 3 mm dick, weiß, fladenförmig, von 15 – 20 cm Durchmesser, meist in größerer Zahl zusammengewachsen, 5 mm dicke, flechtenartige Krusten von 30 – 35 cm Durchmesser bildend. Unter Steinen und Felsen. – Nordsee, Atlantik.

100 Beutelkalkschwamm *Grantia compressa* H.
Bis 5 cm hoch, selten größer, weiß, gelblich oder gräulich, becherförmig. Fällt an der Luft zu einem flachen Beutel zusammen. – In lockeren Kolonien unter Felsen, in Spalten, zwischen Algen und Seegras in der Flachwasserzone. – Mittelmeer, Atlantik, Nordsee.

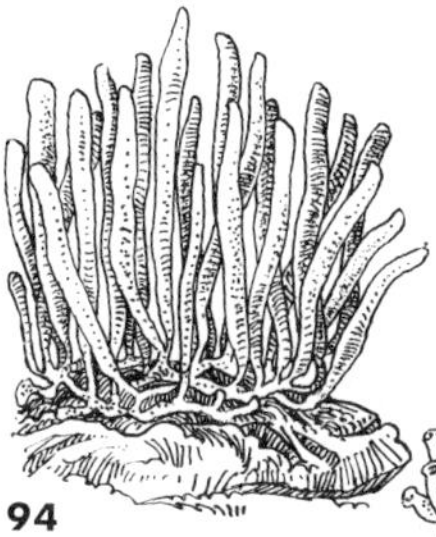
94
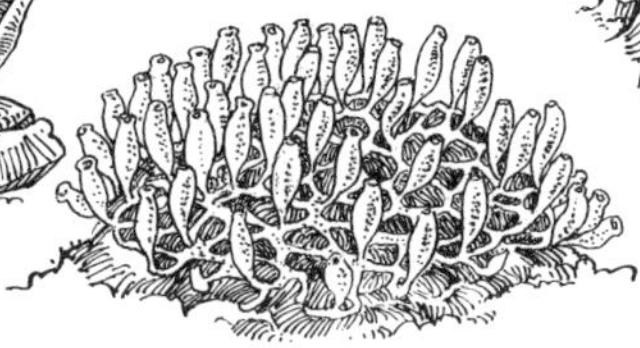
95
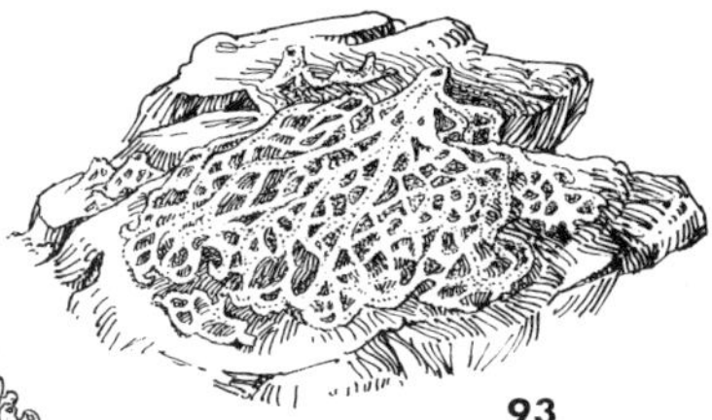
93
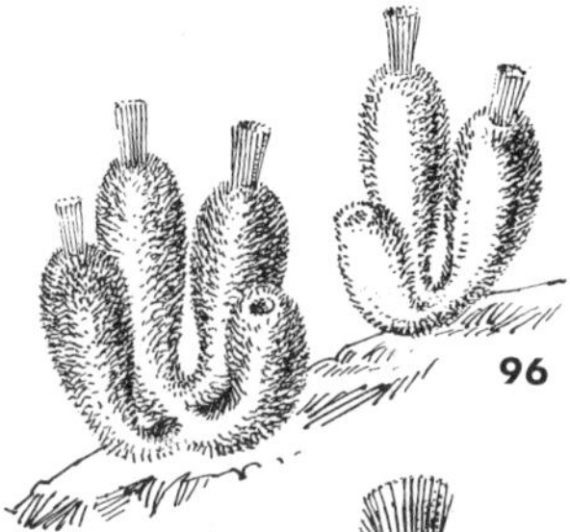
96
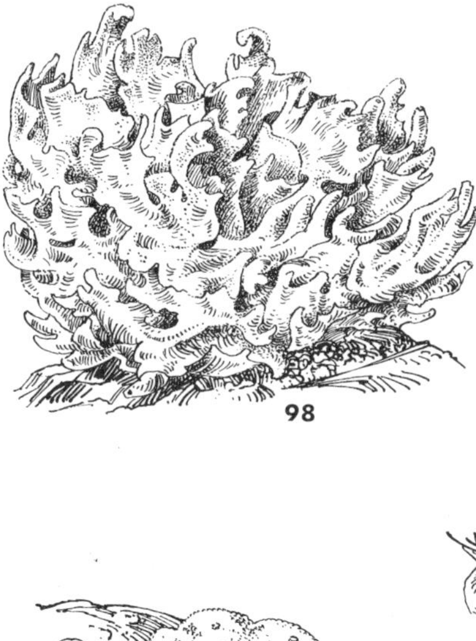
98

97
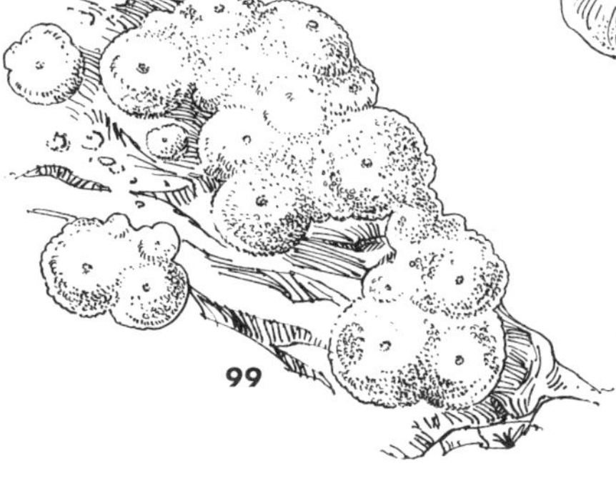
99
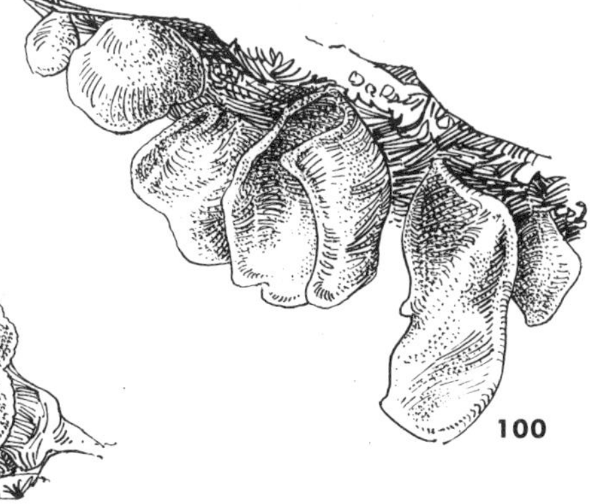
100

Kieselschwämme Klasse *Sclerospongiae* = *Demospongiae*

Schwämme von unterschiedlicher, teils klumpiger, teils ästiger Gestalt und oft lebhafter, seltener gräulicher, brauner oder schwärzlicher Färbung, mit hochentwickeltem Kanalsystem. Skelett aus Kieselnadeln mit oder ohne verbindende Sponginfasern, teils auch nur aus zähem Spongin. Außenschicht vielfach durch Häufung von Kieselnadeln rindenartig verhärtet. Vorzugsweise in wärmeren Meeren vorkommend, teils aber bis in die Arktis, sind Kieselschwämme von der Uferzone an über das ganze Schelfgebiet verbreitet. Einzelne Arten dringen bis in Tiefen von 5000 m vor.

101 Fleischschwamm *Oscarella lobularis* Schm.
Bis 3 mm (selten bis 6 mm) dicke, gelbliche oder bräunliche, an starkem Lichteinfall ausgesetzten Stellen auch rot, grünlich oder blau bis violett gefärbte skelettlose Krusten von bis 10 cm Durchmesser, locker zu bis 1,5 cm hohen, gewundenen Wülsten geformt, mit samtiger Oberfläche. Ausflußöffnung auf den Wulstkuppen. – An Steinen, Felsen und Algen von der Flachwasserzone an. – Mittelmeer, Atlantik, Nordsee.

102 Feigenschwamm *Suberites ficus* Gr. = *Ficulina f.*
Länglich-klumpig, knollig oder kugelig mit bis 30 cm Durchmesser, selten krustenförmig; außen orange bis grau, innen gelb; straff-elastisch mit glatter oder leicht samtiger Oberfläche. Ausflußöffnungen groß, auf den äußersten Wölbungen. – Vom Flachwasser bis 400 m Tiefe auf Steinen und Algen, vor allem aber auf leeren oder von einem Einsiedlerkrebs bewohnten Schneckengehäusen, die umwachsen und aufgelöst werden, wobei gegebenenfalls der Krebs eine genügend große Kammer samt Ausgang freihält, in der er fortan haust. – Mittelmeer, Atlantik, Nordsee, westl. Ostsee.
Sehr ähnlich ist der Korkschwamm, ***S. domuncula***, des Mittelmeers. Zur einwandfreien Differenzierung führt die mikroskopische Untersuchung des Skeletts, das beim Feigenschwamm aus weitgehend ungeordneten, beim Korkschwamm aus netzförmig geordneten Nadeln besteht. Beiden Arten ist übrigens ein Phosphorgeruch eigen, der sich möglicherweise als zusätzlicher Schutz gegen die Feinde des Einsiedlerkrebses auswirkt.

103 Bohrschwamm *Cliona celata* Grant = *Vioa c.*
Bläulich-, grünlich- oder goldgelb. Erscheint als verzweigtes Geflecht in befallenem Kalkgestein, das man etwa auf der Suche nach Bohrmuscheln zerschlägt, sowie in den Schalen lebender und toter Weichtiere. Siedelt sich als Larve auf dem Substrat an, um es wachsend mit einem Netz von Kammern und Kanälen zu durchsetzen, die mit der Außenseite verbunden sind, wobei jedes Loch einer Ausflußöffnung entspricht, durch die die mechanisch abgebauten Kalkpartikel ausgeschwemmt werden. Später mag der Bohrschwamm auch die Außenseite des Steins oder Gehäuses überziehen, eine fladenähnliche Kruste von bis 60 cm Durchmesser bildend, von der kleine Warzen mit den Ausflußöffnungen aufragen. – Vom Flachwasser bis 200 m Tiefe. – Mittelmeer, Atlantik, Nordsee.
Ähnlich, aber gelblich, orange oder rot: ***C. vastifera;*** massiger, gelappt, gelblich bis schwärzlichgrün: ***C. viridis.***

104 Meerorange = Kugelschwamm ***Tethya lyncurium*** L. = *Donatia l.* = *T. aurantia.*
Bis 7 cm Durchmesser. Rötlichgelb, annähernd kugelförmig. Außenschicht leicht verhärtet, mit zahlreichen flachen Wärzchen. Ausflußöffnungen nicht viel größer als die Poren. – Im Flachwasser in lockeren Kolonien unter Felsen und in Höhlen, in größerer Tiefe auch auf steinigem Sandgrund. – Mittelmeer, Atlantik, Nordsee.
Aus dem Wasser genommen, zieht der Schwamm sich zusammen, wodurch die Wärzchen stärker hervortreten.

105 Stinkender Ankerschwamm = Riesenschwamm ***Geodia cydonium*** (James.) = *G. gigas* = *G. muelleri.*
Bis 40 cm breit. Hellrötlichgelbe Klumpen mit von einem Flaum spitzer Nadeln bedeckter Außenschicht, an der oft Muscheln und Röhrenwürmer festsitzen, während die Kanäle stets vielerlei andere Kleintiere beherbergen. – Von der Flachwasserzone an unter Felsen und auf schlammigem Gestein an lichtarmen Stellen. – Mittelmeer, Atlantik, Nordsee. – Außerhalb des Wassers verbreitet dieser Schwamm einen üblen Geruch.

106 Lederschwamm *Chondrosia reniformis* Nardo.
Bis 20 cm groß. Dunkelbräunliche, an der Auflagefläche helle Klumpen oder Fladen von unregelmäßiger Form, skelettlos, mit schleimig-glatter Oberfläche und meist nur einer Ausflußöffnung. – Unter Felsen und in Höhlen an lichtarmen Stellen, meist in geringen Tiefen bis 6 m. – Mittelmeer, Atlantik.
Lederschwämme sind sehr zäh, können sich stark zusammenziehen und faulen an der Luft nicht, sondern trocknen ein.

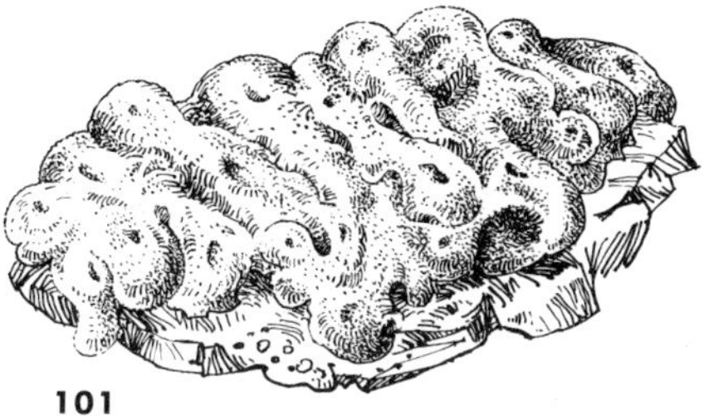

101

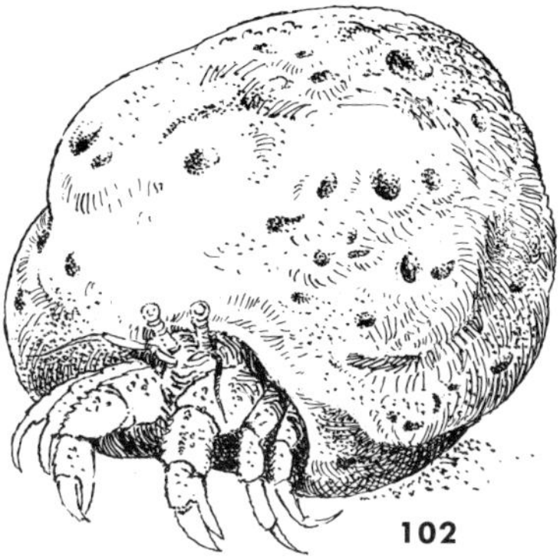

102

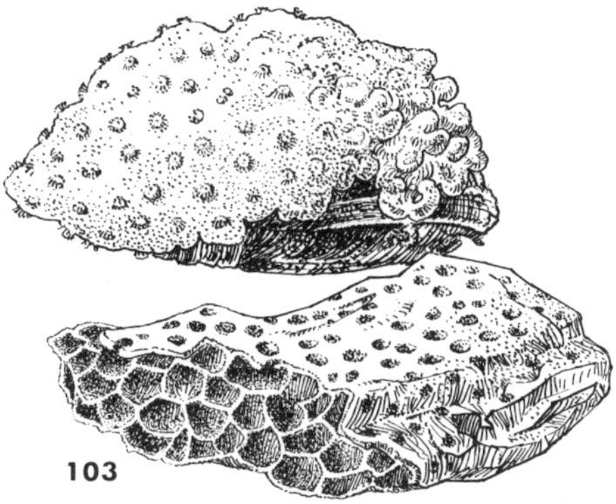

103

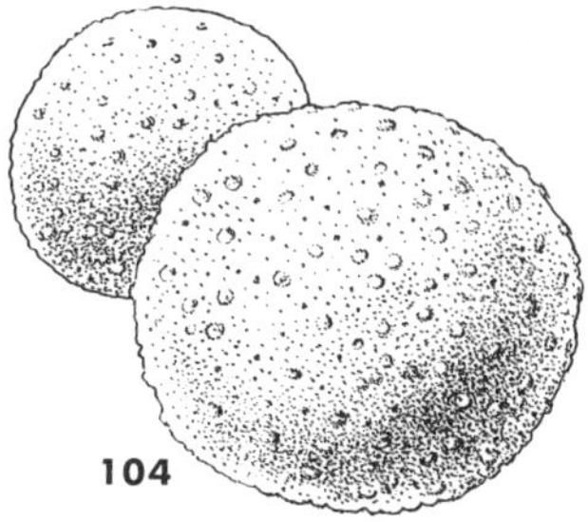

104

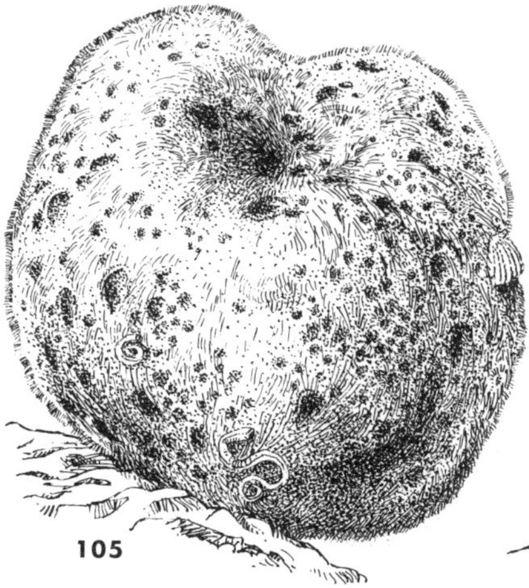

105

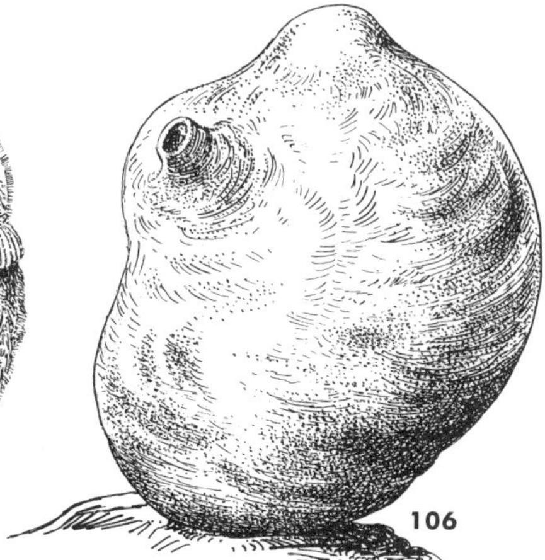

106

Hornkieselschwämme Ordnungen *Halichondria, Poecilosclerida, Haplosclerida*

Schwämme von krustiger, lappiger, papillen- bis röhrenförmiger oder aufrecht verzweigter Gestalt mit aus Kieselnadeln und Sponginfasern zusammengesetztem Skelett, in allen Meeren zu finden, vom Flachwasser bis etwa 600 m Tiefe, in der Gezeitenzone meist nicht weit über der Niedrigwassergrenze.

107 Grubenschwamm *Myxilla incrustans* Johnst. = *Halichondria i.*
Bis 0,5 mm dicke Krusten von nur 1 cm Durchmesser, ebenso wie bis 8 cm dicke, gelappte oder ästige Klumpen von bis 10 cm Durchmesser. Gelb bis rötlichgelb, glatt, mit unregelmäßig geformten Gruben übersät. Wenige, meist kegelige Ausflußöffnungen. – Vom Flachwasser bis über 350 m Tiefe auf Gestein, Weichtiergehäusen und Algen. – Atlantik, Nordsee.

108 Brotkrumenschwamm = Klumpenschwamm ***Halichondria panicea*** Pall.
Bis 2 cm dicke und 25 cm^2 große Krusten sowie dickere Polster bis rundliche Klumpen von 12 cm Durchmesser. Grauweiß, gelblich, grünlich, auch ziegelrot bis bräunlich, manchmal an der dem Schatten zugewandten Seite heller. Oberfläche glatt, mit kegeligen Erhebungen besetzt, in denen die Ausflußöffnungen münden und die um so höher und schlanker sind, je massiger der Schwamm ist. – Vom Flachwasser bis 600 m Tiefe auf Gestein, Weichtiergehäusen, Holzwerk und Algen. – Mittelmeer, Atlantik, Nordsee, westl. Ostsee. – Wird zu Dünger verarbeitet.

109 Geweihschwamm *Haliclona oculata* Pall. = *Chalina o.*
Bis 35 cm hoch. Gelblich bis grünlichgelb, auch rosig, rötlich oder grün; bäumchen- oder geweihartig verzweigt, mit stumpfen, meist runden Ästen und glatter Oberfläche. Ausflußöffnungen klein, leicht erhöht. – Vom Flachwasser bis über 100 m Tiefe an Gestein, Weichtiergehäusen sowie auf steinigem Sand- und Schlammgrund. – Mittelmeer, Atlantik, Nordsee, westl. Ostsee.

110 Röhrenschwamm *Reniera cinerea* Grant. = *Halichondria c.*
Flach und krustenartig, polsterförmig und bis 3 cm dick, oder verzweigt, mit bis 3 cm langen, von der fladenähnlichen Basis aufragenden Röhren. Rötlich, bläulich oder violett, mit annähernd glatter bis leicht samtiger Oberfläche. Wenige kaum erhöhte Ausflußöffnungen. – Vom Flachwasser bis über 100 m Tiefe an Gestein, Weichtiergehäusen und Algen. – Mittelmeer, Atlantik, Nordsee, westl. Ostsee.

Hornschwämme Ordnung *Dictyoceratida*

Massige, unregelmäßige, manchmal verzweigte Schwämme, deren netzartiges Sponginfaserskelett meist – nur bei den Badeschwämmen nicht – Sandkörner und Kieselnadeln einschließt, und die vor allem in wärmeren Meeren vorkommen, vom Flachwasser bis in größere Tiefen.

111 Badeschwamm = Tafelschwamm ***Spongia officinalis*** L. = *Euspongia o.*
Meist in Klumpen von 8–20 cm, aber auch bis 50 cm Durchmesser. Grauviolett bis dunkelbraun oder bräunlichschwarz. Mit reinem Sponginskelett ohne Kieselnadeln. Ausflußöffnungen leicht erhöht, nicht sehr zahlreich. – Auf Felsgrund in 5–50 m Tiefe, auch bis 250 m. – Mittelmeer.
Man unterscheidet verschiedene Unterarten, z. B. den Levantinerschwamm ***E. o. mollissima,*** mit besonders weichem, hellem Skelett; den härteren, dunkleren Zimmokaschwamm, ***E. o. zimmoca,*** sowie das westmediterrane Elefantenohr, ***E. o. lamella,*** flach oder schüsselförmig.
Badeschwämme werden auch gezüchtet. Zur Verarbeitung lassen die Schwammfischer sie an der Luft faulen, kneten und waschen sie dann, bis nur noch das Sponginskelett übrigbleibt, das schließlich an der Sonne oder chemisch gebleicht wird.

112 Pferdeschwamm *Hippospongia communis* Lam. = *H. equina.*
Abgeflachte oder rundliche Klumpen von bis 60 cm Durchmesser. Gelblich, rötlich oder schmutzigbraun bis dunkelbräunlich. Dichtes Sponginfaserskelett ohne Kieselnadeln, jedoch gröber als beim Badeschwamm und mit eingelagerten, harten Fremdkörpern durchsetzt. Ausflußöffnungen groß, nicht erhöht, wie ausgestanzt. – Vom Flachwasser an vorzugsweise in Höhlen, in größeren Tiefen auf Felsgrund. – Mittelmeer.
Pferdeschwämme werden wie Badeschwämme verarbeitet, aber vorwiegend für Polier- und Putzzwecke verwendet.

113 Farbwechselnder Zylinderschwamm *Verongia aerophoba* Schm. = *Aplysina a.*
Bis 15 cm hoch; gelb bis bräunlichgelb; zylindrisch, walzenförmig, mit höckeriger Oberfläche und flacher Kuppe, in der die Ausflußöffnung mündet. – Oft in dichten Gruppen in ruhigen Buchten zwischen Algen auf steinigem Grund von 1 m Tiefe an. – Mittelmeer, Atlantik bis Biskaya als nördl. Grenze. – Wird an der Luft und im Süßwasser grün, dann blau, schließlich bläulichschwarz.

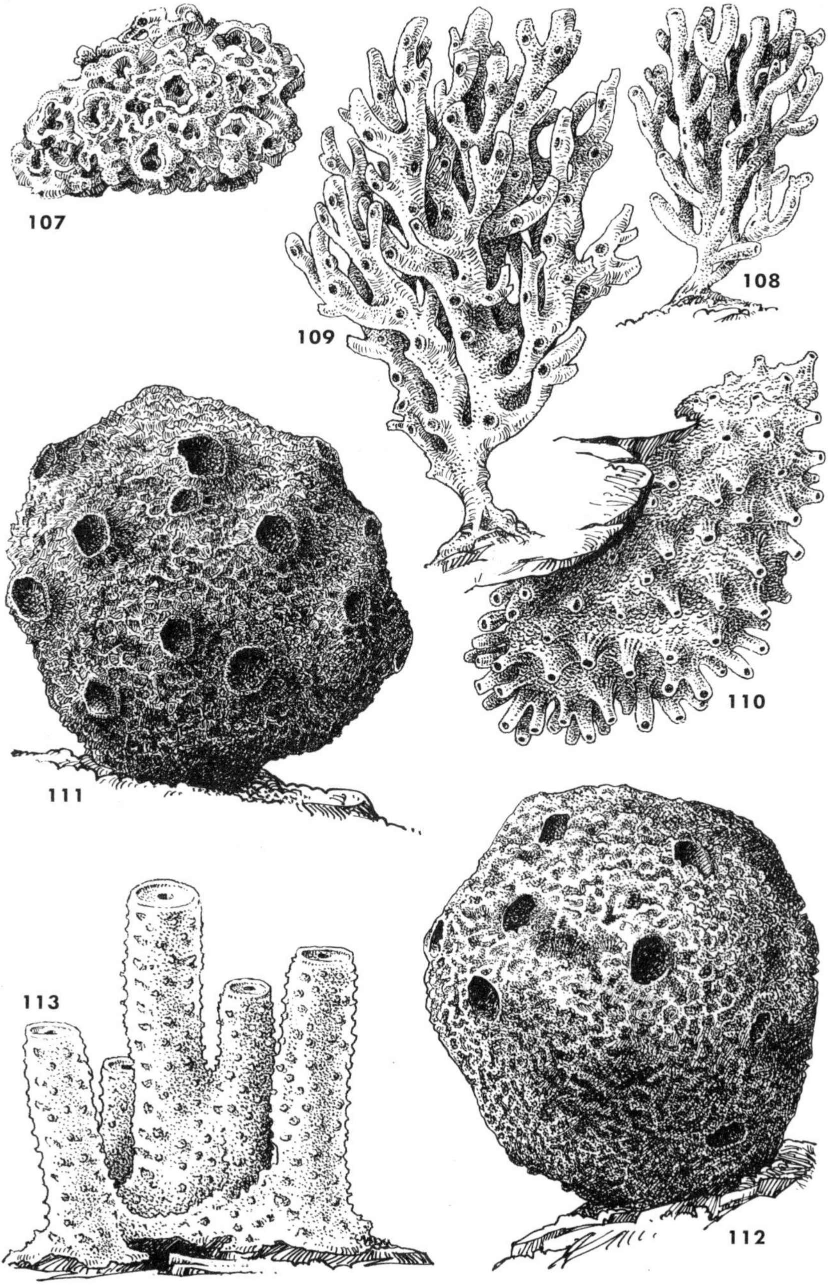
107
108
109
110
111
112
113

Baumfaserschwämme Ordnung *Dendroceratida*

Artenarme Gruppe von Schwämmen, die teils ein Skelett aus vernetzten oder baumartig verzweigten Sponginfasern aufweisen, teils überhaupt keine Stützstruktur besitzen.

114 Gallertschwamm *Halisarca dujardini* Johnst.
Bis 5 mm dicke und 15 cm^2 große, farblose, weißliche, gelbliche oder bräunliche, fladenartige Überzüge. Skelett völlig fehlend. Oberfläche glatt, glänzend, schleimig. Wenige, stets erhöhte Ausflußöffnungen. – Vom Flachwasser bis 30 m Tiefe auf Gestein, Weichtiergehäusen, Krusterpanzern und Algen. – Mittelmeer, Atlantik, Nordsee, Ostsee.
H. d. massa ist eine in tieferem Wasser zu findende Unterart, die sich zu fleischigen, etwa 3 cm dicken und 5 cm langen Knollen entwickelt.

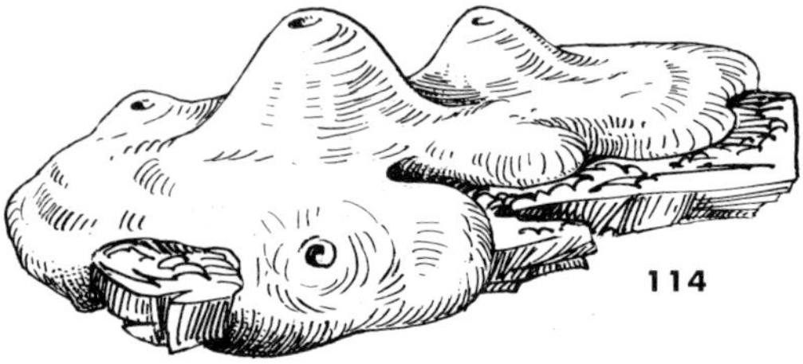
114

Nesseltiere Stamm *Cnidaria*

In diese Tiergruppe gehören viele der schönsten und interessantesten, aber auch einige der gefährlichsten Meeresbewohner.
Systematisch unmittelbar über den Schwämmen stehend, wurden die Nesseltiere früher mit den auch als Nessellose *(Acnidaria)* bezeichneten Rippenquallen *(Ctenophora)* zum Stamm der Hohltiere *(Coelenterata)* vereinigt. Dem dafür sprechenden gemeinsamen Merkmal – der vom Körper umschlossene, als Magen oder Darm dienende einzige Hohlraum (keine echte, zwischen Darm- und Körperwand liegende Leibeshöhle) – stehen jedoch Verschiedenheiten in Bau und Entwicklung gegenüber, die neuerdings zur Gliederung der Hohltiere in die zwei Stämme *Cnidaria* und *Ctenophora* geführt haben. Die Nesseltiere sind einzeln lebende oder stockbildende Vielzeller mit aus zwei Schichten (Ecto- und Entoderm) aufgebautem, strahlig-symmetrischem, becher- oder glockenförmigem Körper, tentakeltragend und mit Nesselkapseln (Cniden) ausgestattet. Ecto- und Entoderm, aus differenzierten Zelltypen gebildet, scheiden zwischen sich eine Stützlamelle ab, die durch Gallertbildung recht umfangreich werden oder durch Kalkeinlagerungen verfestigt sein kann. Der obenerwähnte Hohlraum (Gastralraum), dessen Öffnung zugleich als Mund und After dient, erstreckt sich bis in die Tentakel und ist bei manchen stockbildenden Arten gefäßartig verzweigt, so daß sich die von Einzeltieren aufgenommene Nahrung auf alle Individuen des Stocks verteilt.
Als Fleischfresser sind die Nesseltiere auf den Fang von Beutetieren angewiesen; sie benutzen dazu die Cniden, die von besonderen Zellen (Cnidoblasten) gebildet werden, winzige Bläschen, von denen eine Sinnesborste (Cnidocil) aufragt, deren Berührung die Öffnung der Kapsel und das Ausschleudern eines darin aufgerollten Schlauchfadens bewirkt. Man unterscheidet drei Fadentypen: Volventen, lange Fäden zum Umschlingen des Beutetiers; Glutinanten, klebrige Fäden zum Festhalten der Beute und zum Anheften; Penetranten, basal oder auf ganzer Länge bedornte Schlauchfäden, die die Haut des Beutetiers oder Angreifers durchschlagen und ein stark nesselndes lähmendes Giftsekret (Hypnotoxin) entleeren. Kapseln aller drei Typen sind häufig über die ganze Körperfläche eines Nesseltiers verteilt, stets aber auf den Tentakeln vorhanden und dort oft zu dichten Gruppen (Nesselbatterien) angehäuft. Sie treten nur einmal in Tätigkeit und werden dann neu gebildet.
Die Vermehrung der Cnidarier erfolgt geschlechtlich, durch Eier und Spermien, oder ungeschlechtlich, durch Knospung oder Teilung, oft im Wechsel von sich geschlechtlich bzw. ungeschlechtlich fortpflanzenden Generationen. Die Zahl der in die vier Klassen der Hydrozoen, Würfelquallen, Schirmquallen und Blumentiere aufgeteilten, bekannten rezenten Arten übersteigt 9000, und weitaus die meisten davon bewohnen – teils festsitzend, teils frei beweglich – das Meer, während sich im Süßwasser nur verhältnismäßig wenige Formen finden.
Es gibt Nesseltiere, die nur mit der Lupe wahrnehmbar sind und solche von über 2 m Körperdurchmesser, und der Stamm ist von der Uferzone bis in die Tiefsee vertreten, von den arktischen über die tropischen bis in die antarktischen Gewässer.

Hydrozoen Klasse *Hydrozoa*

Nesseltiere, die gewöhnlich Generationswechsel zwischen Polypen- und Medusengeneration aufweisen: Die festsitzenden Polypen bilden durch ungeschlechtliche Knospung und Abschnürung freischwimmende, sich geschlechtlich vermehrende Medusen aus, deren befruchtete Eier sich zu planktischen Larven entwickeln, die sich nach einiger Zeit am Grund festsetzen und zu Polypen heranwachsen. Von diesem für die meisten Hydrozoen charakteristischen Ablauf gibt es allerdings innerhalb der Klasse verschiedene Abweichungen, wobei die eine oder andere Generationsform unterdrückt sein kann. Die Polypen dieser Gruppe, einzeln lebend oder stockbildend, sind meist sehr klein, und auch die Medusen erreichen nur bescheidene Ausmaße, wobei zu berücksichtigen ist, daß es sich bei den verhältnismäßig großen Siphonophoren um aus zahlreichen Einzeltieren gebildete Kolonien handelt. Systematisch werden zwei Ordnungen unterschieden: die Hydroiden und die Staatsquallen oder Siphonophoren.

Hydroiden Ordnung *Hydroidea*

Hydrozoen, die im Generationswechsel als stets festsitzende Polypen und meist freischwimmende Medusen auftreten, wobei die eine oder andere Generationsform rückgebildet sein kann. Bekannt sind über 2000 Arten, von denen fast alle im Meer leben; im Süßwasser finden sich nur wenige einfache Formen, darunter die Polypen der Gattung *Hydra*, von der die Benennung der ganzen Klasse abgeleitet wurde. Da es bis heute noch nicht gelungen ist, die Polypen durchweg den entsprechenden Medusen zuzuordnen, werden sie gesondert beschrieben.

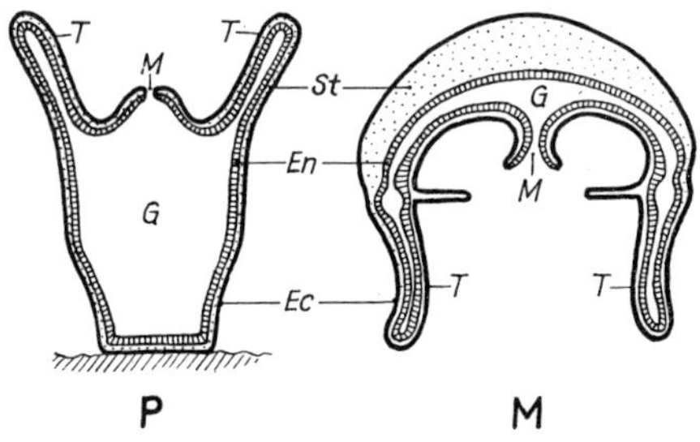

Bauschema von Polyp (P) und Meduse (M):
Ec Ectoderm En Entoderm G Gastralraum
M Mundöffnung St Stützlamelle T Tentakel

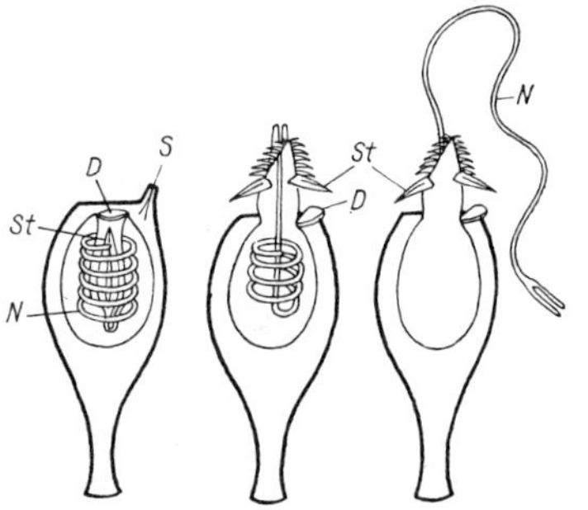

Funktion einer Nesselkapsel in drei Phasen (a, b, c);
D Deckel N Nesselfaden S Sinnesborste
St Dornstilett

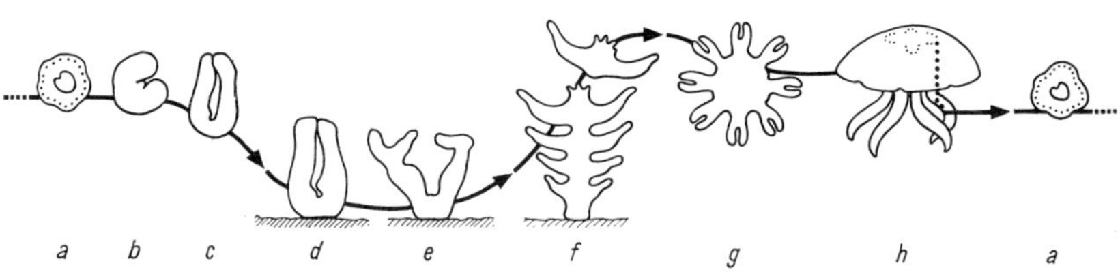

Schema des Generationswechsels: a–c plaktische Entwicklung, d–e Polypengeneration, f Knospung und Abschnürung, g–h Medusengeneration, a Larve

Hydroiden

Polypengeneration: Hydroidpolypen = Hydropolypen

Stets festsitzend, meist stockbildend, mit tuben- bis becherförmigem Körper, an dessen freiem Ende sich die von beweglichen, unbewimperten Tentakeln (Unterscheidungsmerkmal gegenüber ähnlichen Algen und Bryozoenstöcken) umgebene Mundöffnung befindet; Weichteile bei stockbildenden Arten oft von Außenskelett (Periderm) aus chitiniger Substanz umhüllt. Polypenstöcke gewöhnlich in Wurzel, Stamm und Zweige bzw. Polypenstiele gegliedert, rasen-, strauch- oder bäumchenförmig. Vermehrung ungeschlechtlich, durch Knospung, wobei teils neue Polypen am Mutterpolypen selbst oder an basal ausgetriebenen Stolonen entstehen, teils Medusenknospen, sog. Geschlechtsknospen, die entweder mehr oder minder rückgebildet mit dem Polypen verbunden bleiben oder sich ablösen und zu Medusen entwickeln.

115 Kölbchenpolyp *Coryne pusilla* Gaert.
Stöcke mit kriechender Wurzel, oft dichte Rasen bildend, bis 2,5 cm hoch, reich und unregelmäßig verzweigt, mit Periderm, durchgehend geringelt, rotbraun. Polypen endständig, bei Störung sichtbar bleibend, kolbenförmig, rötlich, mit unregelmäßig verteilten, geknöpften Tentakeln und kugeligen Geschlechtsknospen. – An Gestein und Algen im Flachwasser, schon in geringer Tiefe. – Mittelmeer, Atlantik, Nordsee.
Ähnlich sind u.a. Stöcke von ***C. sarsi*** der Nord- und Ostsee, bis 3 cm hoch, mit nicht oder nur an den Ansätzen geringelten Zweigen, bräunlich; ***C. muscoides*** der Atlantikküste, bis 10 cm hoch, durchgehend geringelt, rötlich bis rosiggelb mit dunkleren Zweig-Enden; ***Syncoryne eximia*** der Atlantikküste, bis 12 cm hoch, vorwiegend einseitig verzweigt, mit nicht oder nur an den Ansätzen geringelten Zweigen, rosig bis rot; ***Tubiclava fruticosa,*** der oft in Höhlen vorkommende Mittelmeer- Keulenpolyp, bis 2 cm hoch, schwach verzweigt, ohne Periderm und mit fadenförmigen Tentakeln.

116 Röhrenpolyp *Tubularia larynx* Ell.
Bildet durch stoloniale Knospung oft sehr individuenreiche Kolonien. Stämme bis 7 cm hoch, an der Basis nicht umeinander gewunden, mit Periderm, oft stellenweise geringelt, ohne Längsstreifung, gelblichweiß bis bräunlichgelb. Polypen endständig, bei Störung sichtbar bleibend, flaschenförmig, blaßrot, mit in zwei Kränzen angeordneten fadenförmigen Tentakeln und traubenartig gruppierten Geschlechtsknospen. – An Treibgut und Bojen sowie vom Flachwasser bis in größere Tiefen auf schlammigem und sandigem Grund an Holzwerk, Algen, Weichtierschalen und Gestein. – Atlantik, Nordsee.
Bei ***T. indivisa*** des gleichen Gebiets sind die Kolonien kleiner, die bis 18 cm hohen Stämme an der Basis zu mehreren umeinander gewunden, längsgestreift, bräunlichgelb bis braun, mit roten Polypen, während bei ***T. mesembryanthemum*** des Mittelmeers die Stämme bis 6 cm hoch sind, nicht umeinander gewunden, mit rötlichen bis roten Polypen.

117 Keulenpolyp *Clava squamata* Gmel.
Bildet dichte, büschelige Kolonien, wobei die Polypenstiele direkt von einem feinmaschigen Netzwerk kriechender Stolonen entspringen. Polypen mit Stiel bis 2,5 cm hoch, ohne Periderm, bei Störung sichtbar bleibend, länglich-keulenförmig, gelblichrot, mit unregelmäßig verteilten fadenförmigen Tentakeln und am Übergang vom Stiel zum Körper kranzartig gehäuften bläulichen Geschlechtsknospen. – An Braunalgen, Weichtiergehäusen, Holzwerk und Gestein in der Uferzone und im Flachwasser. – Mittelmeer, Atlantik.
Ähnlich, aber nur bis 1,3 cm hoch, ist ***C. multicornis*** der Atlantik-, Nordsee- und Ostseeküste, rosig bis gelblichrot, manchmal bläulich, in lockeren, flächigen Kolonien mit weitmaschigem Stolonennetz.

118 Stachelpolyp *Hydractinia echinata* Flem.
Bildet dichte, überzugartige Kolonien, wobei das feinmaschige Netz inkrustierender Stolonen von einer hornigen, mit langen Stacheln besetzten, gemeinsamen Peridermschicht bedeckt ist, aus der die bis 5 cm hohen Polypen mit schwach differenziertem Stiel aufragen, bei Störung sichtbar bleibend, spindelförmig, weißlich bis hellrötlich oder bräunlich, mit fadenförmigen, annähernd in einem Doppelkranz angeordneten Tentakeln. Geschlechtsknospen auf besonderen Trägern (Polypen mit rückgebildeten Tentakeln) von den Stolonen entspringend. – Auf von größeren Einsiedlerkrebsen bewohnten Schneckenschalen sowie an Steinen und Felsen, vom Flachwasser bis in größere Tiefen. – Mittelmeer, Atlantik, Nordsee, (selten) westl. Ostsee.
Im gleichen Gebiet verbreitet, aber viel kleiner, meist nur bis 1 cm hoch, ist ***H. carnea*** = *Podocorina c.* mit kurzen, stumpfen Peridermstacheln und einem einfachen Tentakelkranz, rötlich, auf von Einsiedlerkrebsen bewohnten Schalen kleinerer Schnecken, aber auch auf lebenden Reusenschnecken Kolonien bildend.

119 Bougainvillia-Polyp ***Bougainvillia ramosa*** (Bened.).
Bildet aufrechte, büschelige, bis 7 cm hohe Kolonien, oft in dichten Rasen, mit kriechendem Stolonennetz. Stamm reich verzweigt, gelblich, mit hornigem Periderm. Polypen spindelförmig, hellrosig, bei Störung sichtbar bleibend, mit einem Kranz fadenförmiger Tentakel, teils mit einzeln, aber zahlreich an den Stielen entspringenden Geschlechtsknospen. – An Treibholz sowie vom Seichtwasser an auf Gestein, Kalkalgen, Schwämmen, Seescheiden, Weichtierschalen usw. – Mittelmeer, Atlantik, Nordsee.

120 Bäumchenpolyp ***Eudendrium rameum*** Pall.
Bildet bäumchen- oder strauchförmige, bis 15 cm hohe Stöcke mit kriechender Wurzel. Stamm mit rotem bis braunem Periderm, kräftig, aus mehreren Röhren zusammengesetzt, deren Zahl mit dem Querschnitt der Stammzweige nach oben abnimmt. Polypen flaschenförmig, im oberen Teil eingeengt, bei Störung sichtbar bleibend, fleischfarben, mit einem Kranz fadenförmiger Tentakel und an der Körperbasis entspringenden Geschlechtsknospen. – Unter überhängenden Felsen und in Höhlen, von 6 m Tiefe an. – Mittelmeer, Atlantik, Nordsee, (selten) westl. Ostsee.
Sehr ähnlich, aber bedeutend feiner gebaut und bis 18 cm hoch sind die im gleichen Gebiet vorkommenden Stöcke von ***E. ramosum*** mit an rückgebildeten Polypen entspringenden Geschlechtsknospen. ***E. racemosum*** des Mittelmeers baut mittelderbe und nur bis 8 cm hohe Stöcke, während jene von ***E. arbusculum*** gestielt am Stamm sitzende Geschlechtsknospen aufweisen, wie auch die von ***E. annulatum*** der Atlantikküste, die jedoch durchgehend geringelt sind.

121 Fiederzweigpolyp ***Halecium halecium*** L.
Bildet bis 10 cm hohe, weißliche bis gelbliche Kolonien mit kriechender Wurzel. Stamm kräftig, starr, aus mehreren Röhren zusammengesetzt, deren Zahl nach und nach abnimmt, unregelmäßig fein verzweigt. Polypen spindelförmig, mit kurzer Gehäuseglocke (Theca), in die sie sich bei Störung nicht zurückziehen können, an den Zweigen in zwei Reihen alternierend. Geschlechtsknospen am äußeren Ende der Zweige. – Auf Hartgrund von 10 m Tiefe an. – Mittelmeer, Atlantik, Nordsee, (selten) westl. Ostsee.

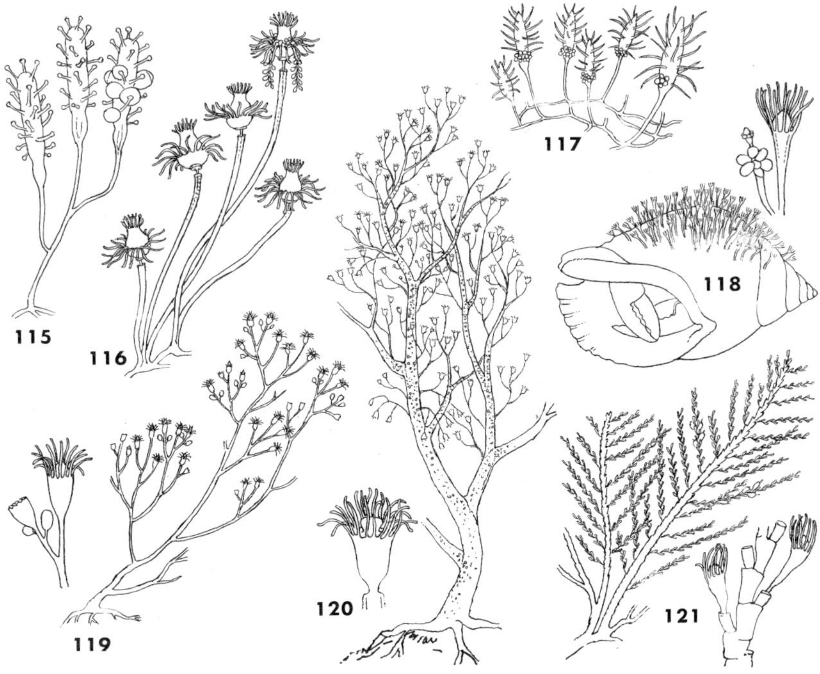

Hydroiden

122 Glockenpolyp *Obelia geniculata* L. = *Laomedea g.*
Bildet aufrechte, bis 4 cm hohe, zarte weiße Stöcke, die feinen, geradlinig kriechenden, die Unterlage gespinstartig überziehenden Stolonen entspringen. Stamm unregelmäßig verzweigt, im Zickzack aufstrebend, mit alternierend an den Biegungen auf kurzem, unverzweigtem, geringeltem Stiel stehenden, glockenförmigen Polypengehäusen, in die sich die Polypenköpfchen bei Störung zurückziehen. Geschlechtsknospen an besonderen Individuen mit sackförmigem Gehäuse in den Astwinkeln älterer Polypen entspringend. – An Treibgut und vom Flachwasser an auf Algen (bes. Laminarien) und Seegras. – Mittelmeer, Atlantik, Nordsee, Ostsee.
Ähnlich sind u. a.: ***O. dichotoma*** der Atlantik- und Nordseeküste mit bis 6 cm hohem, nur schwach hin- und hergebogenem, manchmal geradem, gelblichweißem, oft mehrfach verzweigtem Stamm; ***Laomedea flexuosa,*** an allen europäischen Küsten schon in geringeren Tiefen und auch im Brackwasser an Algen, Steinen und Höhlenwänden vorkommend, mit bis 3 cm hohem, verzweigtem, stets schwach hin und hergebogenem, bräunlichgelbem Stamm und alternierend auf langem, geringeltem Stiel stehenden Polypengehäusen; ***L. longissima*** der Atlantik-, Nordsee- und Ostseeküste mit bis 20 cm hohem, braunem bis schwarzem Stamm.

123 Federpolyp *Kirchenpaueria pinnata* L. = *Plumularia p.*
Bildet federförmige, fein gebaute, weiße, gräuliche, gelbliche oder rötliche Stöcke mit kriechender Wurzel. Stamm bis 8 cm (selten 15 cm) hoch, in einer Ebene alternierend verzweigt. Polypen nur auf den Zweigen, bis zu 7 je Zweig, an der von der Unterlage abgewandten Zweigseite aufgereiht, mit becherförmigen Gehäusen, in die sie sich bei Störung zurückziehen. Geschlechtsknospen keulenförmig, zwischen den Zweigen beidseits vom Stamm entspringend. – Auf Hartgrund und steinigem Sandgrund an Algen, Pfahlwerk, Weichtierschalen und Gestein, von 10 m Tiefe an. – Mittelmeer, Atlantik, Nordsee.
Mehrere ähnliche Arten, u. a.: ***Plumularia setacea*** des gleichen Gebiets, gelblich bis bräunlich, mit nur einseitig entspringenden, scharf zugespitzten Geschlechtsknospen; ***P. halecioides*** der Atlantikküste mit ebenfalls nur einseitig entspringenden Geschlechtsknospen und bis 4 cm hohem, unregelmäßig verzweigtem Stamm; ***Aglaophenia pluma*** der Mittelmeer- und Atlantikküste mit gebogenem Stamm, bis zu 10 Polypen je Zweig und beidseits vom Stamm unregelmäßig entspringenden, jeweils an die Stelle eines Zweiges tretenden Geschlechtsknospen; ***Theocaulus diaphanus,*** gelblich, mit sowohl auf den Zweigen wie auch am Stamm sitzenden Polypen, oft in dichten Beständen an lichtarmen Stellen der mediterranen und atlantischen Felsküsten.

124 Korallenmoos *Hydrallmania falcata* L.
Bildet bis 50 cm (selten über 60 cm) hohe weißliche, gelbliche, grünliche oder bräunliche Stöcke mit kriechender Wurzel, oft weite Flächen rasenartig bedeckend. Hauptstamm schwach hin- und hergebogen und gedreht, so daß die in einer Ebene fiedrig verzweigten Hauptzweige spiralig stehen. Polypen in einer Reihe auf den feinen Zweigen, mit tonnenförmigem Gehäuse, in das sich die Köpfchen bei Störung zurückziehen. Geschlechtsknospen oval, auf den feinen Zweigen einzelner Hauptzweige aufgereiht. – Auf sandigem Kies, Geröll und Hartgrund an Steinen und Weichtierschalen, sowie auf Muschelbänken, vom Flachwasser bis in große Tiefen. – Atlantik, Nordsee.
Getrocknet und gefärbt wird Korallenmoos ebenso wie Zypressenmoos als «Seemoos» gehandelt und für kunstgewerbliche Zwecke, im Architektur-Modellbau, auch als Laichsubstrat in Aquarien verwendet.

125 Zypressenmoos *Sertularia cupressina* L. = *S. argentea.*
Bildet bis 45 cm (selten über 60 cm) hohe, weißliche oder rötliche Stöcke mit kriechender Wurzel, meist zu mehreren strauchartig gruppiert, oft weite Flächen rasenartig bedeckend (Seemoosbänke). Hauptstamm auf ganzer Länge oder nur im oberen Teil gedreht, aber nicht hin- und hergebogen, mehrfach verzweigt und büschelartig verästelt. Polypen in zwei Reihen auf den Verästelungen, mit länglich-zylindrischen Gehäusen, in die sich die Köpfchen bei Störung zurückziehen. Geschlechtsknospen urnenförmig, vereinzelt an den Verästelungen. – An Steinen und Weichtiergehäusen sowie auf dem Rückenschild größerer Krebse, auf Hartgrund und sandigem Kies, vom Flachwasser bis in größere Tiefen. – Atlantik, Nordsee, (selten) Ostsee.
Zypressenmoos wird in gleicher Weise verwertet wie Korallenmoos (s. oben).

126 Zwergmoos ***Dynamena cavolini*** Neppi = *Sertularia c.* = *D. pumila* = *D. densa*.
Bildet bis 3,5 cm hohe gräuliche bis grünliche Stöcke mit kriechender Wurzel, meist büschelig gruppiert, oft sehr zahlreich. Stamm gewöhnlich einfach (selten mit identisch aufgebauten, einander gegenüberstehenden Zweigen) mit gegenständig daran sitzenden Polypen, die sich bei Störung in ihre vasenförmigen Gehäuse zurückziehen. Geschlechtsknospen oval, vereinzelt am Stamm bzw. an den Zweigen entspringend. – Auf Algen und Gestein an lichtarmen Stellen vom Flachwasser an. – Mittelmeer, Atlantik, Nordsee, Ostsee.
Ähnlich, aber nur auf hartem Substrat zu finden sind die ebenfalls bis 3,5 cm hohen, schimmernd grünlichen Stöcke von ***Sertularella polyzonias*** der Mittelmeer-, Atlantik- und Nordseeküste, stets alternierend sparsam verzweigt, mit wechselständig an den Zweigen sitzenden Polypen.

127 Tannenmoos = Meertanne ***Abietinaria abietina*** L.
Bildet bis 12 cm (selten bis 30 cm) hohe, derb gebaute, weißliche, gräuliche, gelbliche oder grünliche Stöcke mit kriechender Wurzel, oft sehr zahlreich. Stamm wechselseitig fiedrig verzweigt, manchmal mit sekundären Verzweigungen in gleicher Ebene. Polypen an Stamm und Zweigen deutlich alternierend sitzend, mit vasenförmigen Gehäusen, in die sie sich bei Störung zurückziehen. Geschlechtsknospen oval, vereinzelt. – An Steinen, Weichtierschalen und anderen harten Bodengegenständen, von 5 m Tiefe an. – Atlantik, Nordsee.
Ähnlich, aber nur bis 8 cm hoch und seltener ist ***A. filicula*** des gleichen Gebiets, feiner gebaut und mit annähernd gegenständig sitzenden Polypen.

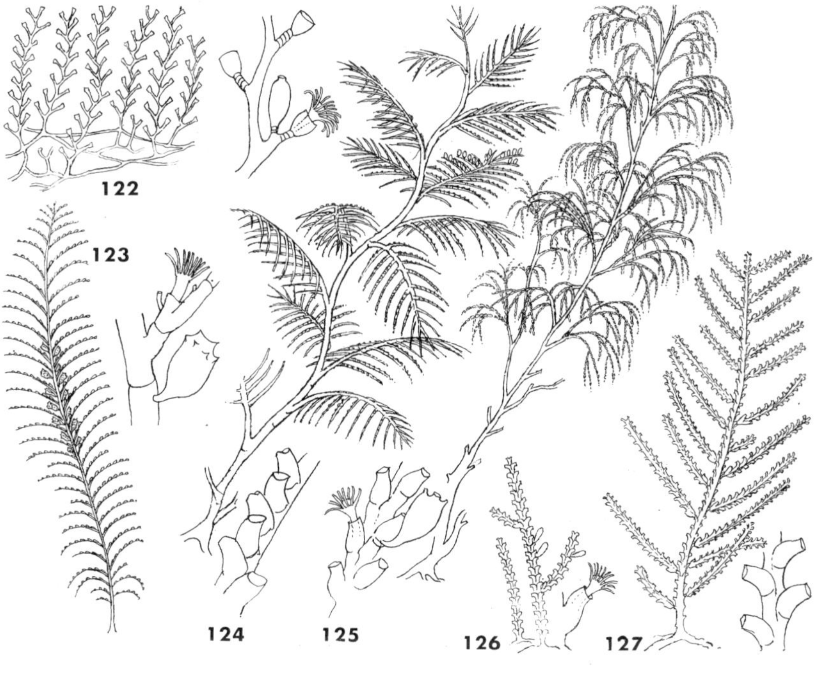

Hydroiden

Medusengeneration: Hydroidmedusen = Hydromedusen

Solitär und im allgemeinen pelagisch lebend, gallertig-durchsichtig, mit glocken- bis tellerförmigem Schirm, von dessen innerer Wölbung (Subumbrella) zentral der Magen- bzw. Mundstiel herabhängt, während der mit Tentakeln besetzte Schirmrand gewöhnlich einen Velum genannten, einwärts gezogenen, dünnen Saum aufweist (Schirmquallen stets ohne Velum). Die Mundöffnung kann mit Lippen versehen und von Tentakeln umgeben sein. Tentakel, Mundstiel und Schirmrand sind mit Nesselkapseln besetzt. Die Fortbewegung erfolgt in begrenztem Rahmen durch den bei Kontraktion des Schirms entstehenden Rückstoß, über größere Distanzen mit den Meeresströmungen.
Hydromedusen sind meist ausgesprochene Saisontiere, die zu bestimmten Jahreszeiten oft in großer Zahl auftreten, um dann wieder gänzlich zu verschwinden. Getrenntgeschlechtliche Fortpflanzung ist die Regel: Die männlichen oder weiblichen Keimdrüsen (Gonaden) liegen um den Magen oder an den von dessen Basis ausgehenden Radiärkanälen; Spermien und Eier werden ins freie Wasser abgegeben; aus befruchteten Eiern entwickeln sich Larven, die sich nach kurzer Zeit am Grund festsetzen und zu Polypen werden, um durch Knospung neue Medusen zu erzeugen. Anderseits gibt es auch einige Arten, die sich ungeschlechtlich vermehren, indem sie Medusenknospen am Schirmrand oder am Magenstiel ausbilden. Eine weitere Abweichung von der Regel ist bei den Trachymedusen und den Narcomedusen festzustellen, deren Larven sich direkt zu Medusen entwickeln, während die Polypengeneration fehlt. Den Ablauf des Generationswechsels zeigt die schematische Darstellung auf S. 63, wobei die Phasen a–e die Entwicklung der Polypengeneration, die Phasen f–h jene der Medusengeneration illustrieren.

128 Steenstrupia-Meduse *Steenstrupia nutans* (Sars).
Schirm glockenförmig, oben konisch zugespitzt, bis 7 mm hoch und 3,5 mm breit, manchmal mit rötlicher Spitze. 1 einfacher Randtentakel. Mundstiel wurstförmig, etwas aus dem Schirm vorragend, ohne Mundtentakel, gelblich bis rot oder bräunlichrot. Gonaden gleichfarbig, am Magen. – Mittelmeer (Winter und Frühjahr), Atlantik, Nordsee, Ostsee (Sommer).

129 Sarsia-Meduse *Sarsia tubulosa* Sars.
Schirm glockenförmig, bis 1,5 cm hoch und 9 mm breit. 4 einzeln stehende, einfache Randtentakel. Mundstiel röhrenförmig, weit aus dem Schirm vorragend, ohne Mundtentakel, orange, rot, braun, blau oder grün. Gonaden gleichfarbig, am Magen. – Atlantik, Nordsee, Ostsee (Frühjahr bis Sommer).
Ähnlich sind u.a. zwei in allen europäischen Meeren vorkommende Arten: ***S. gemmifera*** mit bis 7 mm hohem und bis 5 mm breitem Schirm, Mundstiel, Gonaden und Tentakel orange (Mittelmeer: Frühjahr; Atlantik, Nordsee, Ostsee: Sommer bis Herbst); ***S. producta*** mit bis 1 cm hohem und bis 7 mm breitem Schirm, knapp aus dem Schirm vorragendem Mundstiel, gelblichen Gonaden und rötlichen Tentakeln (Mittelmeer: Winter; Atlantik, Nordsee: Frühjahr).

130 Cladonema-Meduse *Cladonema radiatum* Duj.
Schirm glockenförmig, unten leicht verengt, bis 4 mm hoch und 3,5 mm breit. 8 mehrfach verzweigte rötliche bis braunrote Randtentakel. Mundstiel spindelförmig, kurz, gelippt, ohne Mundtentakel, rötlich bis braunrot. Gonaden gleichfarbig, am Magen. – Mittelmeer (Sommer bis Herbst), sowohl freischwimmend als auch auf Algen und Neptungras kriechend, wobei die Tentakel als Stelzfüßchen dienen.

131 Bougainvillia-Meduse *Bougainvillia britannica* Forbes.
Schirm glockenförmig, fast kugelig, bis 1,2 cm hoch und 1 cm breit. Randtentakel dünn, gelblich, in 4 Gruppen zu je rund 30 Tentakeln. Mundstiel sehr kurz mit verzweigten Mundtentakeln, rötlich bis bräunlich. Gonaden gleichfarbig, am Magen. – Atlantik, Nordsee (Frühjahr bis Sommer).
Ähnlich, aber kleiner sind: ***B. superciliaris*** mit bis 8 mm hohem Schirm, 4 Gruppen zu je rund 30 Tentakeln, Mundstiel und Gonaden braun (Atlantik, Nordsee, Ostsee: Frühjahr); ***B. ramosa*** mit bis 3 mm hohem Schirm, 4 Gruppen zu 4–8 Tentakeln, Mundstiel und Gonaden grün bis braun (Mittelmeer: Frühjahr bis Herbst; Atlantik, Nordsee, Ostsee: Sommer bis Winter).

132 Leuckartiara-Meduse *Leuckartiara octona* (Flem).
Schirm glockenförmig mit mehr oder weniger deutlich abgesetztem, hohem Kuppelaufbau, bis 2 cm hoch und bis 1,4 cm breit. Bis 20 einzeln stehende Randtentakel mit verdickter Basis, rötlich bis bräunlich. Mundstiel kurz, mit stark gekrausten Lippen, gelblich bis bräunlich. Gonaden gleichfarbig, am Magen. – Mittelmeer (Winter bis Frühjahr), Atlantik, Nordsee (Frühjahr bis Herbst).
Ähnlich ist ***Neoturris pileata*** mit schlankerem, bis 3,5 cm hohem und 1,8 cm breitem Schirm, bis 90 feinen, basal verdickten, gelblichen bis ziegelroten Randtentakeln und gelblichem bis rotem Mundstiel (Mittelmeer: Winter bis Sommer; Atlantik, Nordsee: Frühjahr).

133 Octorchis-Meduse ***Octorchis gegenbauri*** Haeckel = *Eutima campanulata*.
Schirm halbkugelig, Durchm. bis 3 cm. Bis 32 einzeln stehende, feine gelbbräunliche bis grünliche Randtentakel. Magenstiel lang, mit trichterförmiger Basis und schlauchförmigem, gelipptem Mund, gelbbräunlich bis grünlich. Gonaden gleichfarbig, an Magenstiel und Radiärkanälen. – Mittelmeer, Atlantik, Nordsee (ganzjährig).

134 Laodicea-Meduse ***Laodicea undulata*** Forb. u. Goods.
Schirm halbkugelig, Durchm. bis 2 cm. Bis 40 einzeln und unregelmäßig verteilt stehende, feine rosiggelbliche Randtentakel, zwischen denen sich zahlreiche stummelige Keulententakel erkennen lassen. Magen dicht am Schirmzentrum, mit kurzem schlauchförmigem und gelipptem Mund, rosiggelblich. Gonaden gleichfarbig, an den Radiärkanälen. – Mittelmeer (Herbst bis Frühjahr), Atlantik (Winter bis Sommer).

135 Phialidium-Meduse ***Phialidium hemisphaericum*** (L.)
Schirm halbkugelig, Durchm. bis 2,5 cm. Bis 58 einzeln und regelmäßig verteilt stehende, gelbliche, rötliche oder bräunliche bis grünliche Randtentakel. Magen dicht am Schirmzentrum, mit kurzem schlauchförmigem und gelipptem Mund, gelblich, rötlich oder bräunlich bis grünlich. Gonaden gleichfarbig, an den Radiärkanälen. – Mittelmeer, Atlantik, Nordsee (ganzjährig).

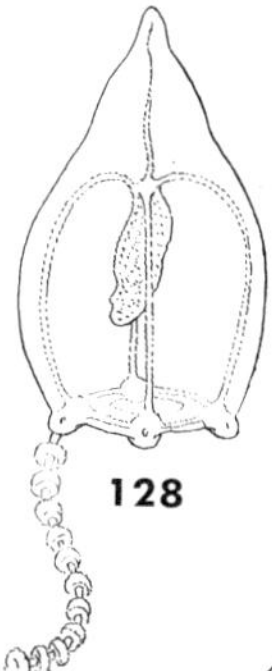
128

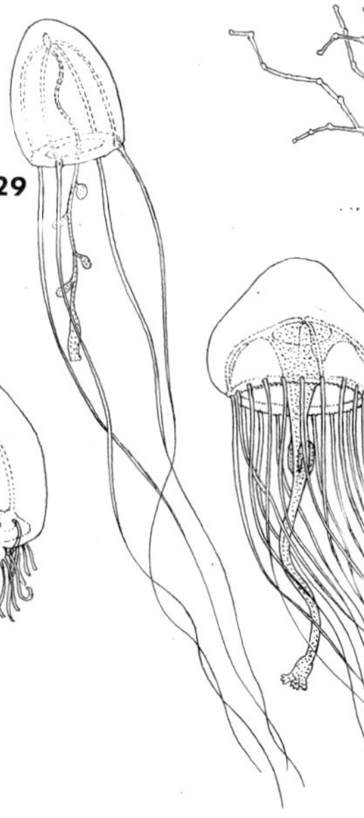
129

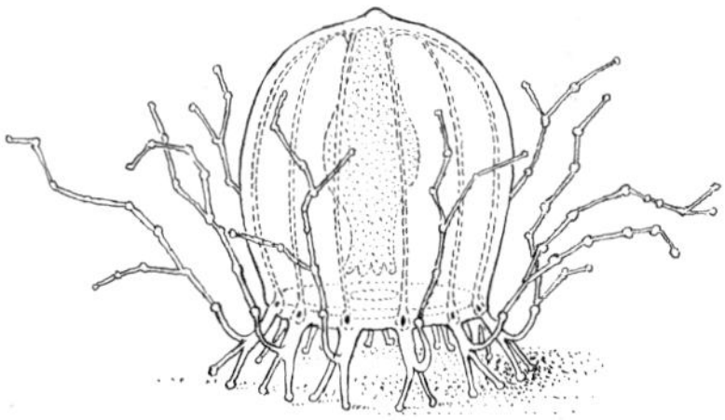
130

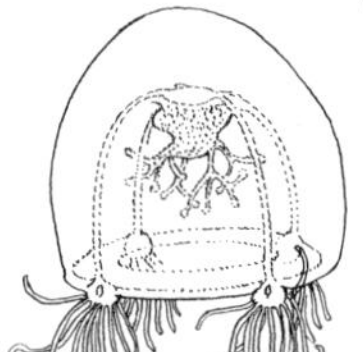
131

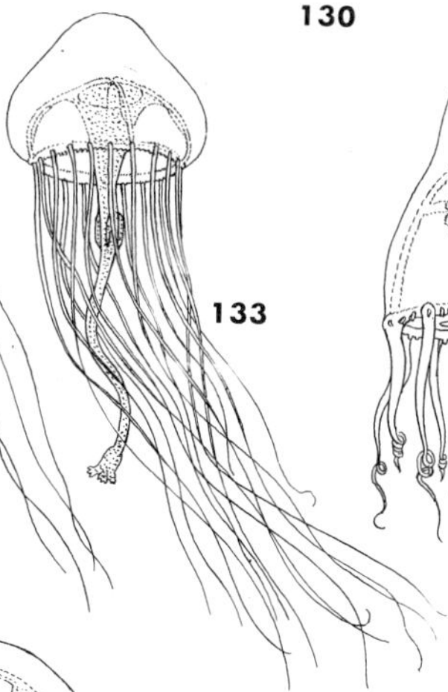
133

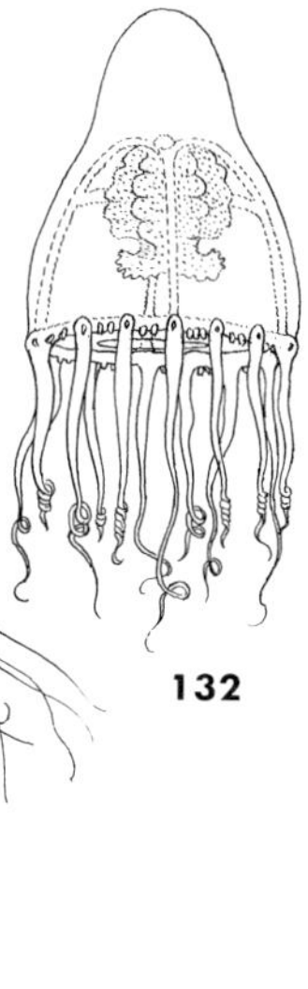
132

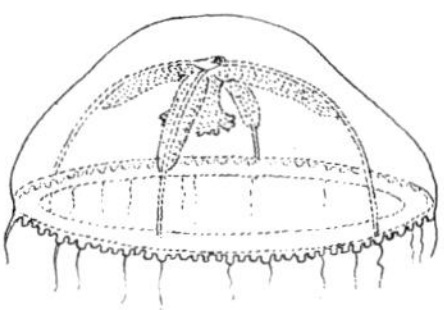
134

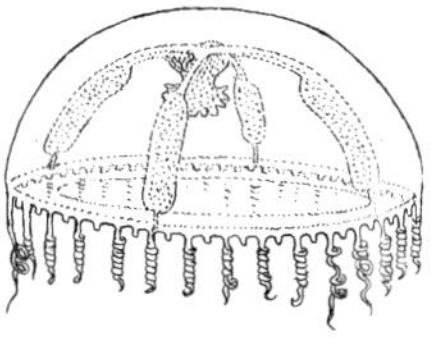
135

Hydroiden

136 Aequorea-Meduse *Aequorea aequorea* (Forskal.) = *A. forskalea.*
Schirm mützenförmig, unten verengt, mit rudimentärem Velum, Durchm. meist bis 10 (selten bis 30) cm. 60 bis über 400 einzeln stehende, lange blaßrötliche Randtentakel. Magen dicht am Schirmzentrum, breit-trichterförmig, mit gelipptem Mund, blaßrötlich. Gonaden bläulichrosig, an den sehr zahlreichen Radiärkanälen. – Mittelmeer (Herbst bis Winter), Atlantik, Nordsee (Sommer bis Herbst).

137 Tiaropsis-Meduse *Tiaropsis multicirrata* Sars.
Schirm schüsselförmig, Durchm. bis 2 cm. Bis 300 einzeln stehende, kurze gelbliche bis grünliche Randtentakel. Magen am Schirmzentrum, mit kurzem, faltig gelipptem Mund, gelblich. Gonaden gleichfarbig, an den Radiärkanälen. – Atlantik, Nordsee, Ostsee (Frühjahr bis Sommer).

138 Eutonina-Meduse *Eutonina indicans* Rom.
Schirm schüsselförmig, Durchm. bis 3 cm. Bis 200 einzeln stehende, kurze bräunliche Randtentakel. Magenstiel trichterförmig, knapp aus dem Schirm vorragend, krauslippig, bräunlich. Gonaden gleichfarbig, an den Radiärkanälen. – Atlantik, Nordsee, Ostsee (Frühjahr bis Sommer).
Ähnlich geformt ist ***Tima lucullana*** (Mittelmeer: Winter bis Frühjahr) mit bis 5 cm Schirmdurchm., meist nur 16 basal verdickten, rosigen Randtentakeln und weißlichen Gonaden.

139 Eirene-Meduse *Eirene viridula* Pér u. Les.
Schirm schalen- bis tellerförmig, Durchm. bis 1,5 cm. Bis 60 basal verdickte weiße, rötliche oder grünliche Randtentakel. Magenstiel trichterförmig, kurz, nicht aus dem Schirm vorragend, krauslippig, weiß, rötlich oder grünlich. Gonaden gleichfarbig, an den Radiärkanälen. – Atlantik, Nordsee (Sommer bis Herbst).

140 Schleiermeduse *Rhopalonema velatum* Gegenb.
Trachymeduse. Schirm halbkugelig, Durchm. bis 1,5 cm, durchsichtig-farblos bis durchscheinend-weißlich, mit hängendem Velum und bis 32 verschieden langen Randtentakeln. Magen am Schirmzentrum, mit kurzem, nicht aus dem Schirm vorragendem Mundstiel. Gonaden an den Radiärkanälen. – Mittelmeer (ganzjährig).

141 Gonionemus-Meduse *Gonionemus murbachi* May.
Trachymeduse. Schirm schüsselförmig, Durchm. bis 2 cm, durchsichtig-farblos. Bis 80 verschieden lange Randtentakel mit terminalen Klebezellen. Magenrohr kurz, nicht aus dem Schirm vorragend, bräunlich bis braun. Gonaden gleichfarbig, an den Radiärkanälen. – Mittelmeer, Atlantik, Nordsee, oft an schattigen Stellen an Algen festgeheftet, erst bei Dämmerung zur Oberfläche aufsteigend.

142 Rüsselmeduse *Geryonia proboscidalis* Forsk. = *Carmarina hastata.*
Trachymeduse. Schirm schüsselförmig, Durchm. bis 8 cm, durchsichtig-farblos. 6 einzeln stehende, lange Randtentakel. Magenstiel sehr lang, rüsselähnlich aus dem Schirm vorragend, mit faltigem Mund. Gonaden weißlich bis hellrosig, an den Radiärkanälen. – Mittelmeer (Frühjahr bis Sommer).
Ähnlich ist ***Liriope tetraphylla*** = *L. eurybia* des gleichen Gebiets (Winter bis Frühjahr) mit nur 4 Tentakeln.

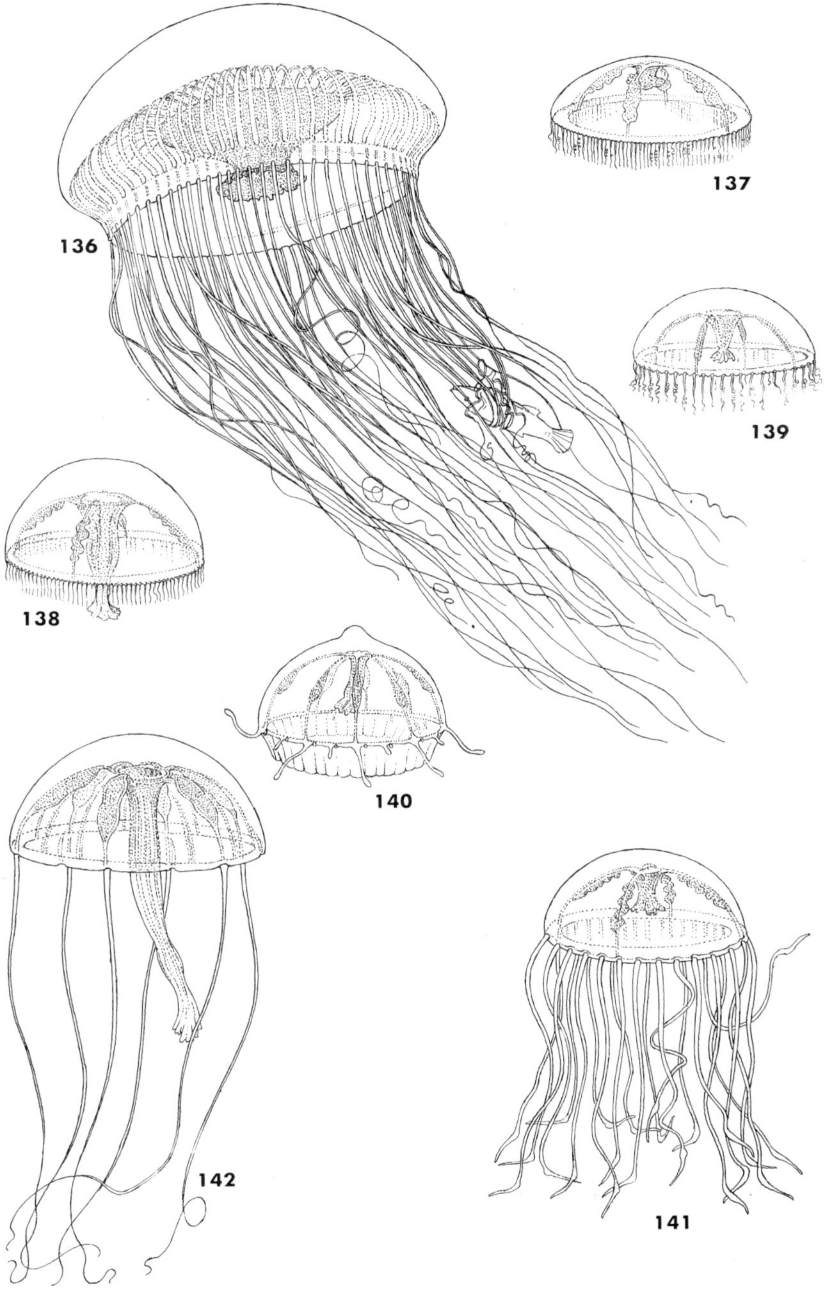

136 137 139 138 140 142 141

Staatsquallen = Röhrenquallen Ordnung *Siphonophora*

Ausschließlich marine, freischwimmende Hydrozoenkolonien, die zugleich Medusen und Polypen umfassen, wobei die den «Staat» aufbauenden Individuen in ihrer Funktion gewöhnlich weitgehend spezialisiert und entsprechend umgestaltet sind. An einer oder mehreren zu Schwimmglocken entwickelten Medusen sitzt ein röhrenförmig gestreckter oder tellerförmiger Stammpolyp, an dem Tast-, Freß- und Wehrpolypen, Fangfäden, Deckblätter und Geschlechtsglocken knospen, oft zu Funktionsgruppen (Cormidien) zusammengefaßt. Die Geschlechtsglocken, der Fortpflanzung dienende, sich meist nicht ablösende Medusen, geben Spermien und Eier ins freie Wasser ab, und die aus befruchteten Eiern entstehende Larve entwickelt sich zu einem neuen Stammpolypen.
Systematisch unterscheidet man vier Unterordnungen: *Physophorae* = *Pneumatophora* mit meist mehreren Schwimmglocken und kleinem Pneumatophor (Gaskammer) an der Stammspitze; *Systonectae*, ohne Schwimmglocken, mit großem Pneumatophor an der Stammspitze; *Calycophorae*, ohne Pneumatophor, aber mit einer oder mehreren Glocken an der Stammspitze; *Chondrophorae*, ohne Schwimmglocken, mit zu einem gekammerten, flachen Floß ausgebildeter Kolonie.
Von den rund 150 bekannten, vorwiegend in den wärmeren Meeren verbreiteten Arten sind etliche sehr klein und teils auch kaum oder nie im Oberflächenbereich zu finden. Anderseits gehören manche Staatsquallen in ihrer durchsichtigen, schillernden Farbigkeit zu den schönsten Wesen des Meeres; etliche Formen besitzen Leuchtvermögen. Aber ihr Nesselgift ist für Menschen gefährlich (Wirkung und Erste Hilfe s. S. 74).

143 Physophora *Physophora hydrostatica* Forsk.
U.-Ordn. *Physophorae*. Pneumatophor klein, flaschenförmig, an der Stammspitze. Stammpolyp bis 6 cm lang, mit in zwei Reihen angeordneten Schwimmglocken; darunter Fang-, Freß- und Deckpolypen, lange Fangfäden und Geschlechtsknospen. Kolonie gelblich, rosig und rot getönt. – Mittelmeer, Atlantik, (selten) Nordsee.
Ähnlich ist u. a. ***Halistemma rubra*** des gleichen Gebiets, etwas größer und rot gefleckt.

144 Portugiesische Galeere = Seeblase ***Physalia physalis*** L. = *P. arethusa*.
U.-Ordn. *Physophorae*. Pneumatophor bis 30 cm lang und 10 cm breit, silbern, bläulich, purpurn und violett irisierend, mit rotem Längskamm. Der Stammpolyp ist rückgebildet; die unter dem Pneumatophor sitzenden Cormidien sind blau gefärbt; die Fangfäden werden bis 5 m lang. – Mittelmeer, Atlantik; selten in Küstennähe, aber gelegentlich angetrieben und dann oft in größerer Zahl.
Das Nesselgift dieser Art ist äußerst wirksam und für Menschen gefährlich, vor allem bei Sekundärkontakten nach durch eine erste Berührung erfolgter Sensibilisierung (Erste Hilfe s. S. 74). Bei den kleinen, offenbar immunen Fischen, die sich manchmal im Schutz der Fangfäden halten, handelt es sich gewöhnlich um Ernte- oder Deckenfische (Fam. *Stromateidae*), insbesondere um Hirtenfisch-Arten *(Nomeus)*.

145 Segelqualle = Purpursegler ***Velella velella*** Lam. = *V. spirans*.
U.-Ordn. *Physophorae*. Pneumatophor scheibenförmig-oval, gekammert, Durchm. bis 8 cm, bläulich oder purpurn, dunkler gesäumt, mit segelähnlichem, chitinigem, durchsichtig-irisierendem Längskamm; darunter ein großer Freßpolyp (Stammpolyp), umgeben von Geschlechtsindividuen und Tastpolypen in mehrreihigen Ringgruppen. – Mittelmeer, Atlantik.
Diese Art, deren Nesselgift für Menschen harmlos ist, tritt oft in großen Schwärmen auf, die manchmal vom Wind in Küstennähe getrieben werden. Segelquallen dienen bestimmten pelagisch lebenden Schnecken als Nahrung, desgleichen dem Mondfisch, der den Schwärmen gerne folgt.

146 Tellerqualle *Porpita umbella* O. F. Müll.
U.-Ordn. *Physophorae*. Pneumatophor scheibenförmig-rund, konzentrisch gekammert, Durchm. bis 8 cm, blau oder bläulichgrün, ohne Segel; darunter ein Freßpolyp (Stammpolyp), umgeben von Geschlechtsindividuen und Tastpolypen in mehrreihigen Ringgruppen. Tritt oft in großen Schwärmen auf. – Mittelmeer, Atlantik.

147 Helmqualle *Galeolaria truncata* Sars.
U.-Ordn. *Calycophorae*. Zwei Schwimmglocken, die vordere (Oberglocke) bis 1,4 cm lang, mit Somatocyste, die hintere (Unterglocke) bis 1 cm lang, beide mit fünfeckigem Querschnitt und spitzhelmförmigem Deckstück. Stamm in die Höhlung der Oberglocke rückziehbar, mit daran knospenden Cormidien, die sich als selbständige Stammgruppen (Eudoxien) losreißen. – Mittelmeer, Atlantik, Nordsee, oft in großen Schwärmen.

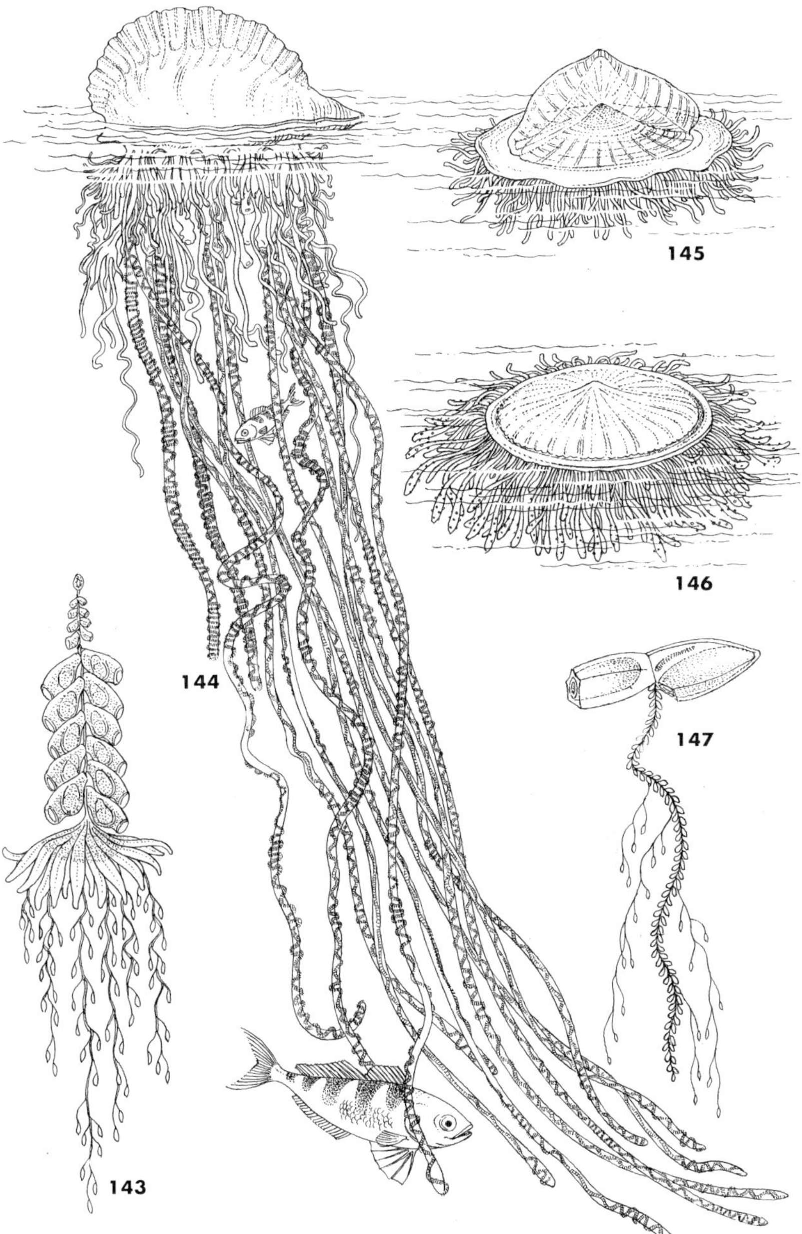

143 144 145 146 147

Würfelquallen = Feuerquallen Klasse *Cubozoa* = *Cubomedusae*

Quallen von meist geringer Größe mit würfelförmigem, hochgewölbtem Schirm; einzige Gruppe mit einem Velum genannten Schwimmsaum, der den Tieren erhöhte Fortbewegungsfähigkeit verleiht. Systematisch früher als Ordnung den Schirmquallen zugeteilt, neuerdings als Klasse zwischen Hydro- und Scyphozoen eingereiht. Etliche Arten mit sehr starker Nesselwirkung.

148 Mittelmeer-Würfelqualle *Charybdea marsupialis* Pér. u. Les.
Schirm bis 6 cm hoch, würfelförmig, tief gehöhlt, meist farblos-durchsichtig, manchmal gelblich oder rosig getönt. Mundrohr nicht aus dem Schirm vorragend. 4 lange Tentakel, von Stielsockeln an den Randecken ausgehend. Leuchtvermögen. – Mittelmeer, vorzugsweise im Bereich von Häfen und Flußmündungen.
Das Nesselgift dieser mit rasch pulsierendem Schirm verhältnismäßig schnell schwimmenden, räuberischen Art ist sehr wirksam, die Berührung der Tentakel entsprechend schmerzhaft und bei Sekundärkontakten, nach durch eine erste Berührung ausgelöster Sensibilisierung, gefährlich (Erste Hilfe s. unten).

Schirmquallen Klasse *Scyphozoa* = *Acalephae*

Nesseltiere, die – gleich den Hydrozoen – gewöhnlich Generationswechsel zwischen Polypen und Medusengeneration aufweisen. Die festsitzenden Scyphopolypen sind im allgemeinen winzig klein, nur ausnahmsweise mehr als 0,4 bis 1 cm groß, einheitlich gestaltet, mit Magen, Schlundrohr, Mund und 16 Tentakeln. Vorwiegend auf Hartgrund lebend, vermehren sie sich stets ungeschlechtlich, manchmal durch seitliche Knospung neue Polypen erzeugend (Stockbildung selten), meist aber durch Querfurchung (terminale Knospung) und Abschnürung, ein Vorgang, den man Strobilation nennt und der fast immer Medusen ergibt. Dabei entstehen am Polypen tellerförmige, gelegentlich zu mehreren geschichtete Larven, die sich nacheinander ablösen, um sich als freischwimmende Planktonten im Laufe einiger Monate zu Scyphomedusen bzw. Quallen zu entwickeln. Die Quallen, Träger der geschlechtlichen Fortpflanzung, sind in der Regel getrenntgeschlechtlich; ihre vier Keimdrüsen (Gonaden) liegen im Bereich der Magenbasis eingebettet und schimmern oft farbig durch. Eier und Spermien gelangen über den Magenraum ins freie Wasser; bei einigen Arten erfolgt die Befruchtung im Magen des Muttertiers. Die aus befruchteten Eiern schlüpfenden, bewimperten Larven setzen sich gewöhnlich nach kurzer Zeit am Grund fest, um sich zu neuen Polypen zu entwikkeln. Von diesem Ablauf gibt es wenige Abweichungen, wobei eine Generation ausfallen kann.
Die teils zu den größten Formen des Planktons gehörenden Quallen ähneln in ihrem Aufbau den fast durchweg viel kleineren Hydromedusen. Ihr Schirm weist jedoch am Rand kein Velum auf, sondern meist acht an der Spitze gespaltene und mit Sinneskolben (Rhopalien) ausgestattete Hautlappen. Sind Tentakel vorhanden, so entspringen sie zwischen den Hautlappen an sog. Velarlappen. Der zentral in der Schirmhöhle (Subumbrella) herabhängende Magenstiel mit kreuzförmiger Mundöffnung läuft in 4 Mundarme aus, die gefaltet, gekräuselt und verwachsen sein können. Die vom Magenraum ausgehenden Kanäle sind stark verzweigt, im Gegensatz zu den einfachen Radiärkanälen der Hydromedusen. Als Nahrung dient den tentakellosen Quallen kleines Plankton, während die tentakeltragenden Formen auch größere Tiere fangen, z. B. Fische. Die Scyphozoen sind ausschließlich marin; die rund 250 bekannten Arten werden in mehrere Ordnungen gegliedert.

Nesselgift

Wirkung: Je nach Art der berührten Nesseltier-Art harmlos bis sehr stark, bei wiederholter Berührung manchmal beträchtlich gesteigert, weshalb man sich vor Sekundärkontakten innerhalb 1 bis 2 Tagen hüten muß. Individuelle Reaktion verschieden; allergische Überempfindlichkeit möglich.
Symptome: Kontaktstellen schwach bis stark gereizt. Schmerz lokalisiert oder ausstrahlend, beißend oder brennend, u. U. bis zur Unerträglichkeit intensiviert und Ohnmacht auslösend. Hautrötung und nachfolgende Entzündung, Schwellung und Blasenbildung, in ernsten Fällen Schock, Brechreiz, Fieber, Krämpfe, Sprech- und Atmungsbeschwerden sowie Lähmungserscheinungen.
Erste Hilfe: Abwaschen der betroffenen Hautstellen mit Methylalkohol oder verdünntem (10%igem) Salmiakgeist, ersatzweise Abreiben mit Sand zur Entfernung aller Nesselfäden, dann Betupfen mit Cortison- und Antihistaminsalbe (Solventol u. a.), ersatzweise mit Panthesin, Natriumbicarbonat, Borsalbe, Vaseline oder Olivenöl. Allenfalls Schmerzlinderungsmittel. Bei von Korallenstöcken herrührenden Schürfungen, Riß- und Schnittwunden nützen Umschläge mit 20–30%iger Magnesiumsulfatlösung.
In ernsten Fällen ist möglichst rasche ärztliche Hilfe erforderlich. Ein spezifisches Mittel gegen Nesselgift kennt man noch nicht. In Australien gibt es allerdings gegen die dort gefürchtete Seewespe *Chironex fleckeri* schon sowohl ein Antitoxin wie einen schützenden Impfstoff.

Becherquallen = Ordnung *Stauromedusae* = *Lucernariida*

Einzige Gruppe festsitzender, polypiformer Quallen. Körper becherförmig, gestielt, mit acht Armen am Stielrand, die am Ende kleine Büschel kurzer Tentakeln tragen.

149 Vierhorn-Becherqualle ***Lucernaria quadricornis*** O. F. Müll.
Bis 7 cm hoch; gräulich, gelblich, grünlich, rötlich oder braun, oft dem Substrat entsprechend gefärbt; Durchm. bis 6 cm. Schirm vierseitig-trichterförmig mit 8 deutlich ausgezogenen und paarig angenäherten Armen. – Haftet mit Fußscheibe an Algen, Seegras, Weichtierschalen und Gestein im Flachwasser und kann sich mit Hilfe der Arme und des Fußes spannerraupenartig fortbewegen. – Atlantik, Nordsee, westl. Ostsee.
Ähnlich ist u. a. ***Lucernariopsis campanulata*** des Mittelmeers und der Atlantikküste, bis 4 cm hoch, meist rot, selten hellgrün.

150 Achtstrahl-Becherqualle ***Haliclystus octaradiatus*** Clark.
Bis 5 cm hoch; meist schmutziggelb bis gräulichbraun, manchmal rötlich oder grünlich; Durchm. bis 3 cm. Schirm gerundet-trichterförmig mit 8 gleichmäßig-strahlig angeordneten Armen und 30 bis 60 geknöpften Tentakeln je Arm. Zwischen je 2 Armen 1 ovaler Randanker (Klebzellenpolster). – Auf Algen und Seegras im Flachwasser. – Atlantik, Nordsee.
Ähnlich ist ***Depastrum cyathiformis*** der Atlantikküste, bis 2 cm hoch, grünlich bis braun, mit hufeisenförmigen Randankern.

151 Tethys-Becherqualle ***Craterolophus tethys*** Clark.
Bis 3 cm hoch; meist gelblichgrün oder bräunlichgelb bis braun, oft dem Substrat entsprechend gefärbt; Stiel kurz, mit breiter Fußscheibe; Schirmdurchm. bis 2,5 cm. Schirm glockenförmig; Rand zwischen den Armen nur schwach eingebuchtet, ohne Randanker; Arme sehr kurz, gleichmäßig-strahlig angeordnet, mit 60 bis 80 geknöpften Tentakeln je Arm. – Haftet an Algen im Flachwasser und kann sich mit Hilfe der Arme und des Fußes spannerraupenartig fortbewegen. – Atlantik, Nordsee, westl. Ostsee.

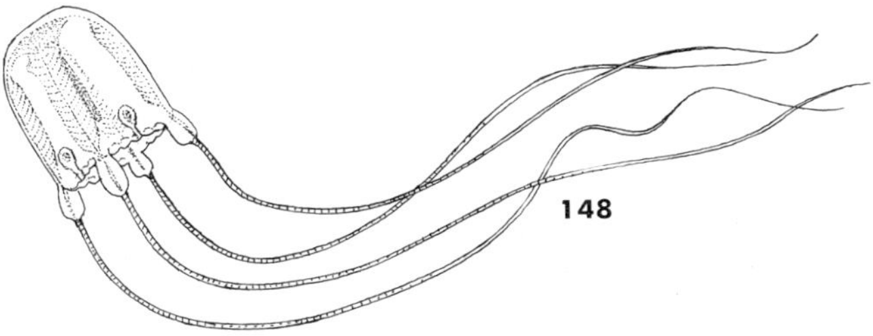

148

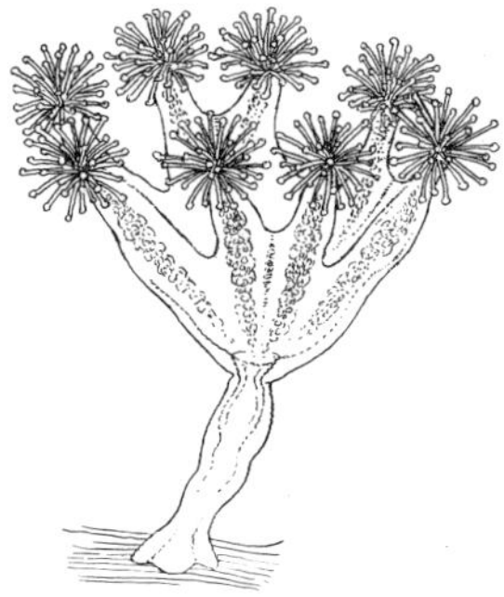

149

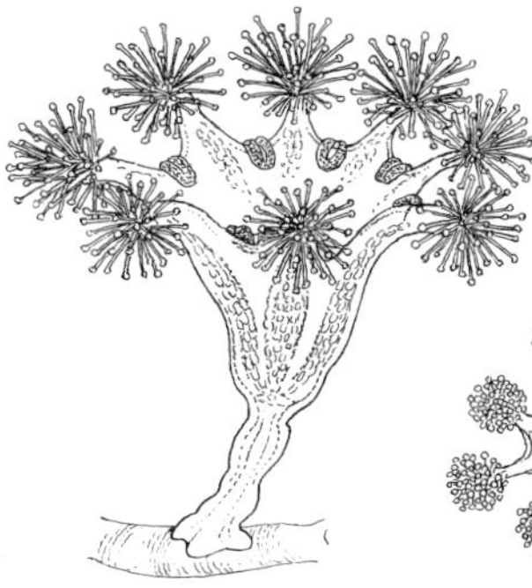

150

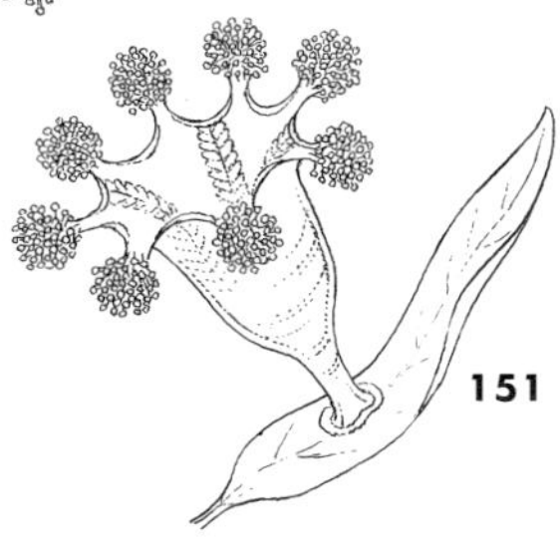

151

Fahnenquallen Ordnung *Semaeostomae*

Tentakeltragende Quallen mit scheiben- bis pilzförmigem Schirm und vier langen, fahnenartigen, von krausen Hautstreifen gesäumten Mundarmen. Dieser Gruppe gehören viele Arten mit sehr starker Nesselwirkung an, darunter die in den kalten Gewässern des Nordatlantiks vorkommende *Cyanea arctica*, eine der größten Quallen mit bis 2,3 m Schirmdurchmesser und Nesselfäden von über 30 m Länge.

152 Leuchtqualle *Pelagia noctiluca* Pér. u. Les.
Schirm pilzförmig; Durchm. bis 7 cm; durchsichtig rötlich, bläulich oder blaßviolett; 16 kleine Randlappen, 8 feine, lange Tentakel und 8 Rhopalien; 4 lange krausrandige Mundarme. – Mittelmeer, Atlantik bis Kanal (Herbst bis Sommer).
Sehr ähnlich ist die an der Atlantikküste noch weiter nördlich auftretende ***P. perla*** mit etwas höher gewölbtem Schirm von 6 cm Durchm.
Beide Arten besitzen Leuchtvermögen und gehören zu den Erregern von Meeresleuchten. Ihr Nesselgift ist sehr wirksam; die Berührung der Tentakel schmerzt wie ein Peitschenschlag und kann Blasenbildung sowie Fieber zur Folge haben (Erste Hilfe s. S. 74).

153 Kompaßqualle *Chrysaora hysoscella* Esch. = *C. mediterranea*
Schirm tellerförmig, flach gewölbt; Durchm. bis 25 cm (selten bis 35 cm); weißlich bis gelblich mit rötlichen bis braunen Strahlen, die an die Einteilung einer Kompaßrose erinnern; 32 kleine Randlappen, 24 ziemlich kurze, kräftige Tentakel und 8 Rhopalien; 4 lange, krausrandige, rötliche Mundarme. – Mittelmeer (Frühjahr bis Sommer), Atlantik, Nordsee (Sommer).

154 Gelbe Haarqualle *Cyanea capillata* L.
Schirm scheibenförmig, flach gewölbt; Durchm. bis 45 cm (selten bis 1 m); rosig, rötlichgelb bis gelbbräunlich; 32 Randlappen, 8 Rhopalien und zahllose von der Schirmunterseite ausgehende, in 8 Bündel gruppierte, bis 2 m lange, gelbliche Tentakel; 4 kurze, gardinenartig verbreiterte, gekrauste, unten abgestutzte, rötlichblaue Mundarme. Schwaches Leuchtvermögen. – Atlantik bis Biskaya als südl. Grenze, Nordsee, Ostsee (Frühjahr bis Herbst).
Dasselbe Verbreitungsgebiet mit Ausnahme der Ostsee hat die sehr ähnliche, aber kleinere Blaue Nesselqualle, ***C. lamarcki,*** mit bis 35 cm Scheibendurchmesser und kornblumenblauer Färbung.
Beide Arten nesseln sehr stark und sind für Menschen gefährlich (Erste Hilfe s. S. 74).

155 Ohrenqualle *Aurelia aurita* Lam.
Schirm teller- bis schüsselförmig; Durchm. bis 40 cm; farblos, gelblich, rötlich oder blauviolett mit weiß, rötlich oder violett durchscheinenden, hufeisenförmigen Gonaden; über 32 Randlappen, 8 Rhopalien und zahlreiche sehr kurze gelbliche bis blaurötliche Tentakel; 4 kurze, gardinenartig verbreiterte und gefaltete, gelbliche bis blaurötliche Mundarme. – Mittelmeer, Atlantik, Nordsee, Ostsee (Frühjahr bis Herbst).

Wurzelquallen = Wurzelmundquallen Ordnung *Rhizostomae*

Tentakellose Quallen mit pilzförmigem Schirm und 8 an den Rändern miteinander zu Röhren verwachsenen Mundarmen, die, stark gekraust und gefaltet, als wurzelstockähnliches Gebilde unter dem Schirm hängen, ohne zentrale Mundöffnung, aber mit vielen Poren, durch die die Nahrung eingesaugt wird, um über ein kompliziertes Kanalsystem in die Armröhren und zum Magenraum zu gelangen.
Das Nesselgift der Wurzelquallen ist für den Menschen an sich harmlos, kann aber bei besonderer Empfindlichkeit oder wiederholten Kontakten doch leichte Reaktionen auslösen. Bei den sich oft in unmittelbarer Nähe dieser Quallen haltenden kleinen Fischen handelt es sich meist um junge Stöcker, Blasenmakrelen und Dorscharten.

156 Blumenkohlqualle = Blaue Lungenqualle ***Rhizostoma octopus*** L.
Schirm kuppelförmig; Durchm. bis 60 cm; bläulichweiß mit zahlreichen (bis 96) kleinen blauen Randlappen und 16 Rhopalien; Mundarme nur im oberen Teil miteinander verwachsen, mit gelblichen oder blaurötlichen Saugkrausen und terminalen Gallertklöppeln. – Atlantik, Nordsee, (selten) westl. Ostsee (Sommer bis Herbst).
R. pulmo = *Pilema p.*, die Gelbe Lungenqualle des Mittelmeers, ist sehr ähnlich und wird ebenso groß, hat aber einen weißlichen bis gelblichweißen Schirm, nur bis 80 blaue Randlappen, schlankere Mundarme und schwächer entwickelte, blaurötliche Saugkrausen.

157 Knollenqualle *Cotylorhiza tuberculata* Agassiz.
Schirm außen flach, in der Mitte kuppelförmig gewölbt; Durchm. bis 35 cm, bräunlichgelb bis -grün mit dunkelgoldgelber Kuppel; 16 stark unterteilte Randlappen und 8 Rhopalien. Mundarme gelblich, oben verwachsen, unten getrennt und gekraust; dazwischen zahlreiche Anhänge mit blauen oder violetten Endknöpfen. – Mittelmeer (Frühjahr bis Herbst).

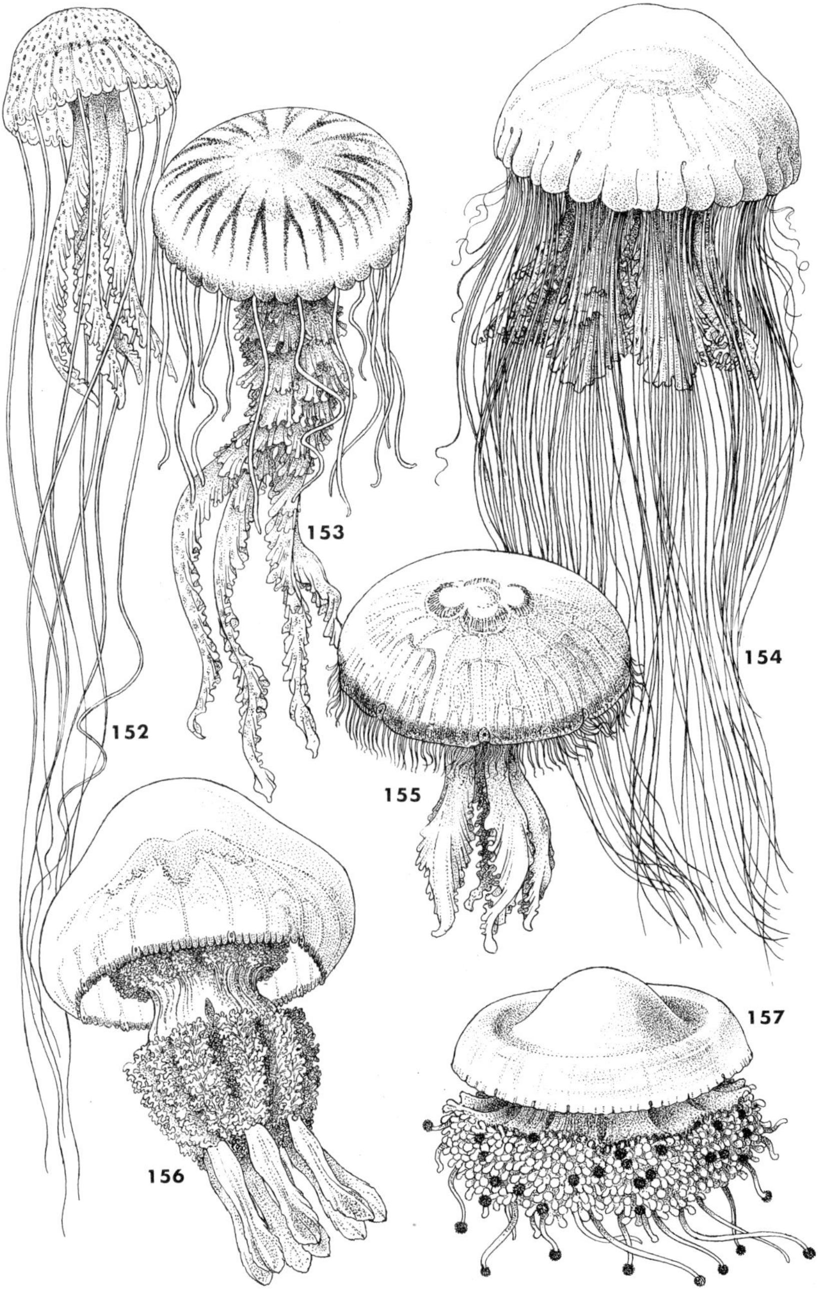
152
153
154
155
156
157

Blumentiere = Korallentiere Klasse *Anthozoa* = *Actinozoa*

Anthozoen – ihr Name (v. griech. anthos = Blume + zoon = Tier) erinnert daran, daß man sie einst für Blumen hielt – sind ausschließlich marine Nesseltiere, die nur als Polypen auftreten, meist festsitzend, teils solitär, teils stockbildend, mit oder ohne Skelett. Ihr Körper ist von zylindrischer Grundform. Die Tentakel, bei gewissen Arten gefiedert, sind manchmal unmittelbar um die Mundöffnung angeordnet, gewöhnlich aber randständig. Das unter der Mundöffnung ansetzende Schlundrohr geht in den stark gefächerten Magenraum über. Die Nahrung besteht gewöhnlich aus Plankton, nur gelegentlich aus größerer Beute.
Blumentiere sind getrenntgeschlechtlich oder Zwitter, wobei die Befruchtung im Muttertier oder im freien Wasser erfolgt. Aus befruchteten Eiern schlüpfen meist bewimperte Larven, die sich nach kurzer planktischer Phase festsetzen und zu Polypen entwickeln. Auch ungeschlechtliche Vermehrung kommt vor, durch Sprossung und Abschnürung an der Fußscheibe, seltener durch Quer- oder Längsteilung.
Die rund 6000 Arten umfassende Gruppe ist in allen Meeren vertreten, am reichsten in tropischen und subtropischen Gebieten, vorwiegend im ufernahen Flachwasser auf Hartgrund. Man unterscheidet Sechsstrahlige und Achtstrahlige Blumentiere.

Sechsstrahlige Blumentiere Unterklasse *Hexacorallia*

Anthozoen mit gewöhnlich ungefiederten Tentakeln, deren Zahl meist einem Mehrfachen von 6 entspricht. Nesselwirkung verschieden, bei einigen Arten stark.

Dörnchenkorallen Ordnung *Antipatharia*

Koloniebildend. Stöcke fast immer am Grund festgewachsen, bis mehrere Meter hoch, meist stark verzweigt, mit fein bedorntem, dunkelbraunem bis schwarzem, chitinigem Achsenskelett und weicher Rinde, in der die winzig kleinen Polypen sitzen.

158 Schwarze Koralle *Antipathes subpinnata* (El. u. Sol.).
Stöcke etwa bis 1 m hoch, reich verzweigt, mit zarten Zweigen und Ästen, weißlichgrauer Rinde und bräunlichschwarzem, an den Ast-Enden braunem Skelett. Polypen bis 2 mm hoch, mit ungefiederten, nicht rückziehbaren Tentakeln. – Auf schlammigem Steingrund, von (selten) 10 bis über 250 m Tiefe. – Mittelmeer, Atlantik bis Kanal als nördl. Grenze.
Ähnlich, jedoch nur schwach bedornt, fast glatt, sind die in größeren Tiefen des Mittelmeers vorkommenden Stöcke von ***A. glaberrima*** mit rosiger, orangeroter oder roter Rinde und schwarzem, an den Ast-Enden rotbraunem Skelett.
Schwarze Korallen werden – im Mittelmeer allerdings nur gelegentlich, im Roten Meer, im Indopazifik und vor den Bermudas dagegen regelmäßig – gefischt und insbesondere zu Schmuckgegenständen verarbeitet. Daraus gefertigte Amulette sind im Orient begehrt.

Zylinderrosen Ordnung *Ceriantharia*

Solitär lebende Blumentiere mit wurmförmigem, skelettlosem Körper, in selbstgebildeten, bis 1 m langen Wohnröhren im Boden eingegraben, so daß gewöhnlich nur die Tentakelkrone sichtbar ist. Tentakel ungefiedert, in 2 Gruppen zu 4 Kreisen angeordnet: lippenständig um die Mundöffnung und randständig an der Mundscheibe. Fußscheibe fehlt. Kriechende Fortbewegung ist möglich, doch sind Standortsänderungen selten.

159 Mittelmeer-Zylinderrose *Cerianthus membranaceus* (Spall).
Körper bis 35 cm lang. Bis 134 verhältnismäßig kurze Lippententakel und ungefähr ebenso viele bis 20 cm lange Randtentakel. Färbung sehr verschieden, meist weißlich bis violett oder braun bis grün, einfarbig gesprenkelt oder geringelt, mit gleichfarbiger oder hellerer, manchmal gestreifter oder geringelter Mundscheibe und einfarbigen oder geringelten, oft an den Spitzen grünlichen oder violetten Tentakeln. In Schlammsand oder Korallinengrund, vorzugsweise in mehr oder weniger verschmutztem Wasser, von 1 bis 35 m Tiefe, oft gesellig. – Mittelmeer.
Ähnlich ist ***C. lloydii*** der Atlantik- und Nordseeküste mit bis 20 cm langem, gelblichweißem bis rötlichem oder bräunlichem Körper, je 70 meist braunen, an den Spitzen braun und weiß geringelten Lippen und Randtentakeln und bis 40 cm langer Wohnröhre.

Krustenanemonen Ordnung *Zoantharia*

Meist koloniebildende, selten solitäre Blumentiere von geringer Größe mit Fremdkörperskelett aus Sandkörnchen, Diatomeenschalen, Schwammnadeln, usw., ohne Fußscheibe, gewöhnlich festgewachsen, manchmal im Boden steckend oder frei auf dem Grund. Tentakel ungefiedert, randständig, in 2 alternierenden Kreisen. Bei den koloniebildenden Arten sprossen die Polypen aus einer gemeinsamen polster-, lamellen- oder bandförmigen Körpermasse, die das Substrat überzieht.

160 Gelbe Krustenanemone *Parazoanthus axinellae* (O. Schm.)
Polypen bis 4 cm hoch mit 36 bis 38 Tentakeln; Kolonien dicht, goldgelb bis orangefarben oder gelbbräunlich; verbindende Körpermasse bildet oft bandartige, dünne Stränge. – An Steilklippen, Höhlenwänden und unter Überhängen, meist auf Schwämmen, auch an Seescheiden und Algen, von 1 m Tiefe an. – Mittelmeer, Atlantik bis Kanal als nördl. Grenze.
Ähnliche Arten sind u. a.: ***P. haddoni*** der Atlantik- und Nordseeküste – Polypen bis 2 cm hoch, mit 36 bis 42 Tentakeln; verbindende Körpermasse bildet dünne Lamellen; vorwiegend auf Schwämmen, von 35 m Tiefe an – und ***Isozoanthus danicus*** des gleichen Gebiets – Polypen bis 4 mm hoch; verbindende Körpermasse bildet ein unregelmäßiges, dünnes Netzwerk; auf Muschelschalen, von 20 m Tiefe an.

161 Braune Krustenanemone *Epizoanthus paxii* Abel.
Polypen bis 1 cm hoch; unten ingwerbraun, oben hellbraun mit feinem violettem Band unter den 28 bis 32 farblosen oder weißlichen, bis 1 cm langen Tentakeln; Kolonien dicht; verbindende Körpermasse bildet ingwerbraune, dünne, oft stark verbreiterte Bänder. – In Spalten, an Höhlenwänden, unter Überhängen, von 0,5 m Tiefe an, vorzugsweise in bewegtem Wasser. – Mittelmeer.
Ähnlich sind u. a.: ***E. univittatus*** des gleichen Gebiets – Polypen bis 1 cm hoch, gleich gefärbt, mit 30 nur bis 4 mm langen Tentakeln; Kolonien schütter; verbindende Körpermasse bildet lederige Lamellen; auf Schlammgrund, in über 30 m Tiefe. – ***E. arenaceus*** des Mittelmeers und der Atlantikküste – Polypen bis 1 cm hoch, graubraun, ohne Band, mit höchstens 24 hellgrauen Tentakeln; Kolonien schütter; verbindende Körpermasse bildet unregelmäßige, dünne, gegabelte oder netzartig durchbrochene Bandlamellen; vorwiegend auf Schneckengehäusen, von 16 m Tiefe an. – ***E. incrustans*** der Atlantik- und Nordseeküste – Polypen bis 1,1 cm hoch, mit 30 bis 44 bis 4 mm langen Tentakeln; Kolonien schütter; verbindende Körpermasse bildet unregelmäßige Lamellen; meist auf von Einsiedlerkrebsen bewohnten Schneckengehäusen, selten frei auf dem Grund von 40 m Tiefe an.
Bei Krustenanemonen, deren Kolonien von Einsiedlerkrebsen bewohnte Schneckengehäuse überziehen, stellt man oft fest, daß das Gehäuse aufgelöst wurde, so daß der Krebs nun in einer lediglich aus der verbindenden Körpermasse der Kolonie gebildeten Höhlung haust.

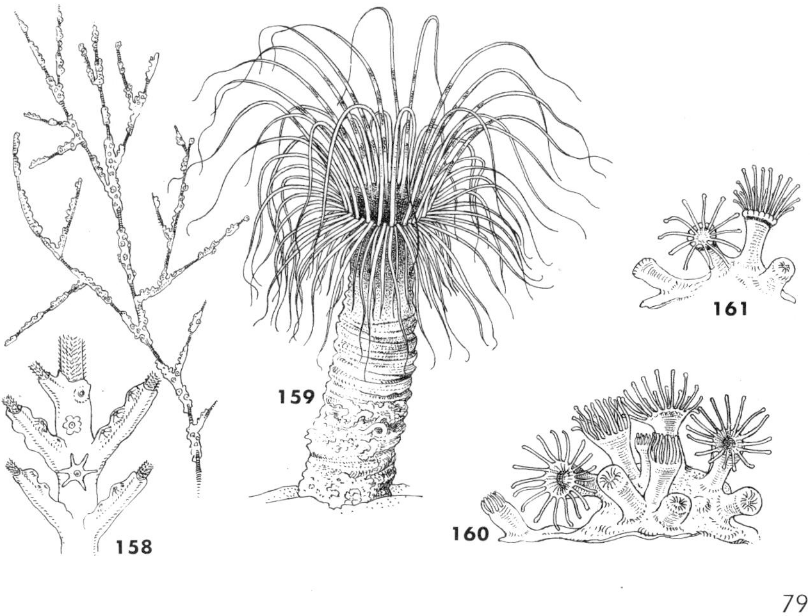

Seeanemonen = Seerosen = Aktinien Ordnung *Actinaria*

In der Regel solitäre, selten koloniebildende, oft prächtig gefärbte Blumentiere sehr verschiedener Größe, skelettlos, ohne oder mit Fußscheibe, nie festgewachsen, sondern im allgemeinen halbsessil lebend, einer festen Unterlage aufsitzend oder mit dem hinteren Körperende eingegraben, teils zu kriechender Fortbewegung mittels der Fußscheibe fähig. Tentakel spärlich bis sehr zahlreich, in alternierenden Kreisen randständig oder in von der spaltförmigen Mundöffnung ausgehenden, strahligen Reihen angeordnet, gewöhnlich rückziehbar, meist ungefiedert, selten gefiedert oder geknöpft.

Die über 1000 Arten umfassende Gruppe ist in allen Meeren vertreten, vom Seichtwasser bis in die größten bekannten Tiefen, am artenreichsten in tropischen Gebieten. Manche Arten nesseln stark; ihre Berührung mit ungeschützten Händen oder Füßen ist nicht nur schmerzhaft, sondern kann Blasenbildung und Fieber zur Folge haben (Behandlung s. S. 74).

162 Speer-Anemone *Peachia hastata* Gosse = *Halcampa medusophila*.
Bis 10 cm (gestreckt bis 25 cm) hoch; Durchm. bis 2 cm; ohne Fußscheibe; 12 bis 18 spitz zulaufende, bis 2 cm lange, in 2 alternierenden Kreisen angeordnete Tentakel. Körper durchscheinend farblos, gelbrötlich oder rötlich mit rotbrauner Sprenkelung; Tentakel durchscheinend rötlich, rotbraun oder purpurn gefleckt. – In Sand und Schlamm, meist gänzlich eingegraben, von 2 bis über 150 m Tiefe. – Mittelmeer, Atlantik, Nordsee.

163 Goldrose = Goldfarbige Seeanemone ***Condylactis aurantiaca*** Chiaje = *Actinia a.*
Bis 40 cm hoch; Durchm. bis 7 cm; mit Fußscheibe; rund 100 kräftige, stumpf zulaufende, bis 7 cm lange, einziehbare, in 4 alternierenden Kreisen angeordnete Tentakel. Körper weißlich mit orangefarbenen oder hellroten Längsstreifen und weißen Saugwarzen; Mundscheibe graugrün, manchmal violett gesäumt; Tentakel weißlich oder graugrün bis bräunlich mit violetter Spitze. – In Grobsand, Kies und Geröll, meist tief eingegraben, so daß nur die Tentakelkrone sichtbar ist, von 0,5 bis 10 m Tiefe. – Mittelmeer.

164 Seedahlie = Dickhörnige Seerose ***Tealia felina*** L. = *Urticina f.*
Bis 5 cm (gestreckt bis 15 cm) hoch; Durchm. bis 7 cm; mit breiter Fußscheibe; 80 bis 160 dicke, stumpfe, bis 3 cm (gestreckt bis 7 cm) lange Tentakel in 2 alternierenden Kreisen. Körper graugrün mit unregelmäßigen roten Längsbändern oder roter Marmorierung und grauen Saugwarzen, manchmal mehr oder weniger einfarbig gelblich, grünlich, bräunlich oder rot; Mundscheibe olivgrün bis rosa mit strahligen roten Bändern; Tentakel durchscheinend grau oder rosig, weiß und rot gebändert. – Auf Hartgrund in Mulden und Spalten, oft mit von den Saugwarzen festgehaltenen Muschelbruchstücken, Sandkörnchen und Steinchen, vom Seichtwasser bis in große Tiefen. – Atlantik, Nordsee, Ostsee. – Wird in nordischen Ländern gegessen.

165 Purpurrose = Erdbeerrose = Pferdeaktinie ***Actinia equina*** L.
Bis 7 cm hoch; Durchm. bis 6 cm; mit breiter Fußscheibe; bis 192 spitz zulaufende, bis 2 cm lange, sehr dicht stehende, einziehbare, in 6 Kreisen angeordnete Tentakel. Körper hell- bis braunrot, braungrün bis grün oder grün gestreift, manchmal gefleckt; Mundscheibe gleichfarben; Tentakel gleichfarben, aber jeweils heller; oft mit blauem Basisband und weißen, gelblichen, blauen oder violetten Randwarzen. – Auf Hartgrund, in Mulden, Spalten und Höhlen, aber auch auf stark besonnten Felsplatten, tagsüber meist zusammengezogen, vom Seichtwasser bis 8 m Tiefe. – Mittelmeer, Atlantik, Nordsee. – Eßbar.

166 Gürtelrose = Ringelrose ***Actinia cari*** Chiaje = *A. zonata*
Bis 5 cm hoch; stumpfkegelig; Durchm. an der Basis bis 7 cm; mit Fußscheibe; bis 192 spitz zulaufende, bis 2 cm lange, dicht stehende, einziehbare, in 6 Kreisen stehende Tentakel. Körper meist grün, aber auch grünlichgelb, braun oder blaugrün, mit dunklerer senkrechter Linienzeichnung und zahlreichen manchmal gewellten Gürtelstreifen von verschiedener Breite; Mundscheibe gleichfarben oder heller mit weißlichen, grünen oder blauen Randwarzen. – Auf Felsen, Steinen, Geröll, Hafenmauern, in 0,5 bis 1,5 m Tiefe. – Mittelmeer.

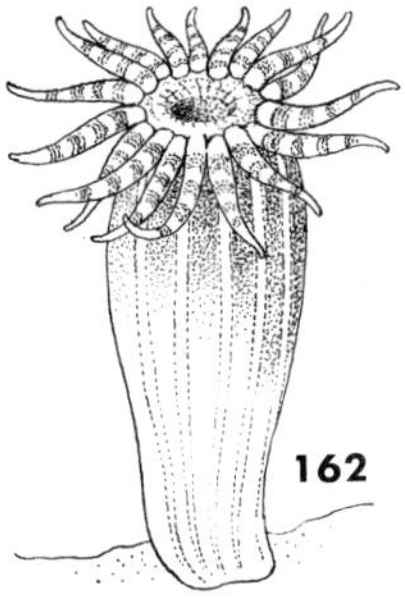

162

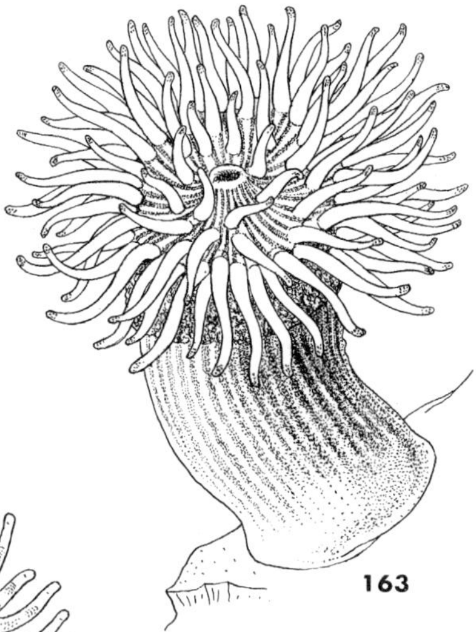

163

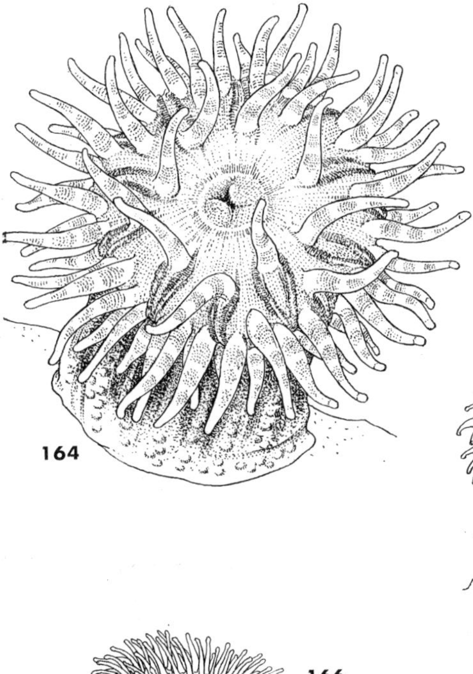

164

165

166

Seeanemonen

167 Wachsrose = Grüne Seerose = Fadenrose ***Anemonia sulcata*** Penn. = *Actinia cereus*
Bis 5 cm hoch; Durchm. bis 12 cm; mit Fußscheibe; 180 bis 200 stumpf zulaufende, bis 15 cm lange, wenig einziehbare, stark nesselnde, in mehreren Kreisen angeordnete Tentakel. Körper meist gelbbraun bis braun, aber auch weiß, gelb, grün, rötlich bis rot; Mundscheibe gleichfarben; Tentakel gleichfarben oder etwas heller, oft mit violetten, roten oder weißen Spitzen, manchmal gefleckt. – Auf Gestein, gelegentlich auf Seegras und Algen, vorzugsweise an lichtreichen Stellen, vom Seichtwasser bis 20 m Tiefe. – Mittelmeer, Atlantik. – Eßbar.

168 Edelsteinrose = Warzenrose ***Bunodactis verrucosa*** Penn. = *Cribrina v.* = *Bunodes gemmacea*
Bis 6 cm hoch; Durchm. bis 3 cm; mit Fußscheibe; 48 stumpf zulaufende, einziehbare, in 4 alternierenden Kreisen angeordnete Tentakel. Körper grau, rosig oder rot bis bräunlich mit 6 Längsreihen weißer Saugwarzen und 42 weiteren Reihen bläulicher bis rötlichgrauer Warzen; Mundscheibe am Rand bläulich bis rötlichgrau, gegen die Mitte grünlichgelb mit weißen Lippen, strahlig gestreift; Tentakel durchscheinend weißlich bis grau mit weißen Flecken. – Unter Gestein, zwischen Geröll und Sand in Spalten, vorzugsweise an geschützten Stellen, im Seicht- bis Flachwasser. – Mittelmeer, Atlantik, Nordsee.
Ähnlich sind: ***B. rubripunctata*** des Mittelmeers, auch an Neptungras-Rhizomen zu finden, mit dunkelolivem Körper, hellroten Saugwärzchen in 48 Reihen und 96 gelblichen bis bräunlichen Tentakeln; ***Anthopleura thallia*** der Atlantikküste mit grünlichem, unten hellerem Körper und dunklen, nach oben größer und zahlreicher werdenden Saugwarzen in 30 Reihen.

169 Strandrose = Hafenrose ***Diadumene luciae*** Verril = *Aiptasia ignea*
Bis 1,3 cm hoch; Durchm. bis 0,5 cm; mit Fußscheibe; meist 48, aber bis 84 spitz zulaufende, nicht einziehbare, bis 1 cm lange Tentakel. Körper dunkelolivgrün mit 8 bis 20 orangefarbenen Längsstreifen; Mundscheibe glasig grünlich, außen strahlig gelblichgrün gestreift oder gefleckt; Mundöffnung olivgrün umrandet, mit braunen Lippen; Tentakel glasig grünlich. – Auf Schlamm und Schlammsand unter Gestein und in leeren Muschelschalen, auch an Pfählen und Bootskörpern, vom Seichtwasser bis 4 m Tiefe. – Mittelmeer, Atlantik, Nordsee, westl. Ostsee.

170 Siebanemone *Aiptasia mutabilis* Gravenh.
Bis 20 cm hoch; Durchm. bis 3 cm; bis 192 spitz zulaufende, bis 6 cm lange, nicht ganz rückziehbare, in alternierenden Kreisen angeordnete Tentakel. Körper einfarbig gelblichbraun oder braun mit gelber Fleckung, selten oben braun, unten dunkelviolett; Mundscheibe braun mit gelben Flekken, in der Mitte orange; Tentakel durchsichtig bräunlich, meist unregelmäßig geringelt oder gefleckt. – Auf Felsgrund, an Gestein und Muschelschalen, oft nur schwach haftend, manchmal frei, im Seichtwasser. – Mittelmeer.
Nur bis 12 cm hoch wird Couch's Siebanemone ***A. couchii*** der Mittelmeer- und Atlantikküste mit höchstens 48 braunen Tentakeln (Kronenbreite bis 14 cm) und oben orange bis braun gefärbtem, weiß getupftem, unten dunklerem Körper. Noch kleiner ist die Durchsichtige Aktinie, ***A. diaphana*** des Mittelmeers, bis 5 cm hoch bei 1 cm Durchm., mit 48 bis 2 cm langen, gelblichen, nach außen heller werdenden, weißlich gefleckten Tentakeln und rötlichem bis rötlichgelbem Körper.

171 Seenelke *Metridium senile* L. = *Actinoloba dianthus*
Bis 30 cm hoch, oben kelchartig erweitert, mit bis 20 cm breiter, bei ausgewachsenen Stücken stark gelappter Mundscheibe, die größtenteils von bis zu 1000 kurzen, feinen, sehr dicht stehenden Tentakeln bedeckt ist; mit Fußscheibe; manchmal als Doppelform im oberen Teil gegabelt mit 2 getrennten Mundscheiben. Körper meist lachsfarben, aber auch schneeweiß, rosig- bis gelblichweiß; hell- bis grünlichgelb oder orange bis braun; Tentakel (bei lichten Körperfarben meist gleichfarben, aber heller, bei dunklerer Körperfärbung gewöhnlich abweichend) farblos, weiß, grau, gelblich, rosig, grünlich, dunkelrot oder braun, manchmal mit weißer Spitze. – Unter Überhängen, an Gestein, Weichtierschalen, Krebspanzern, Mauern, Buhnen, Bootskörpern, Algen, allerlei Strandgut usw., im Seicht- und Flachwasser, vorzugsweise in Tiefen um 3 m. – Mittelmeer, Atlantik, Nordsee.

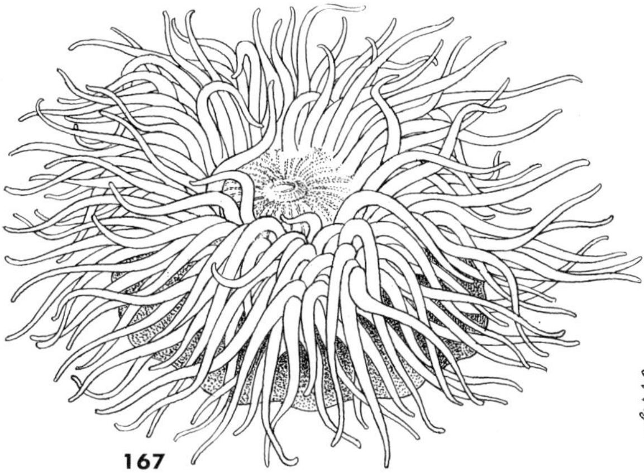

167

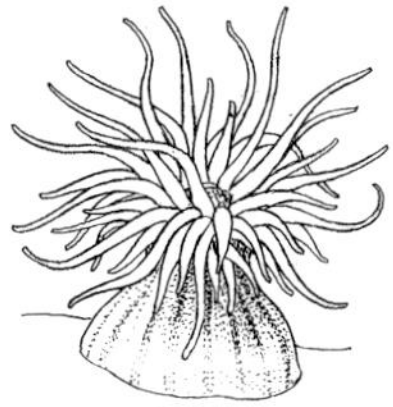

169

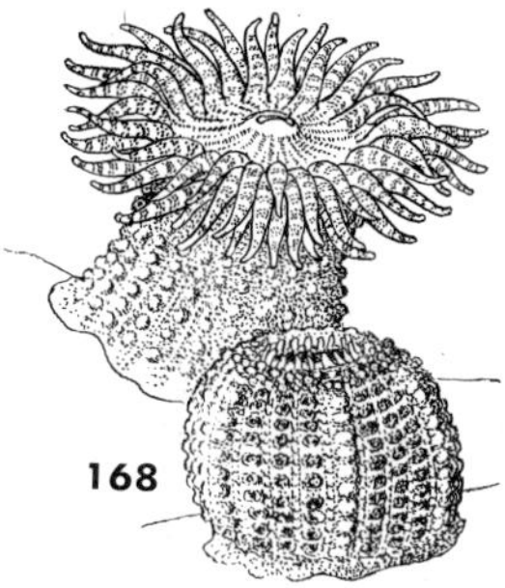

168

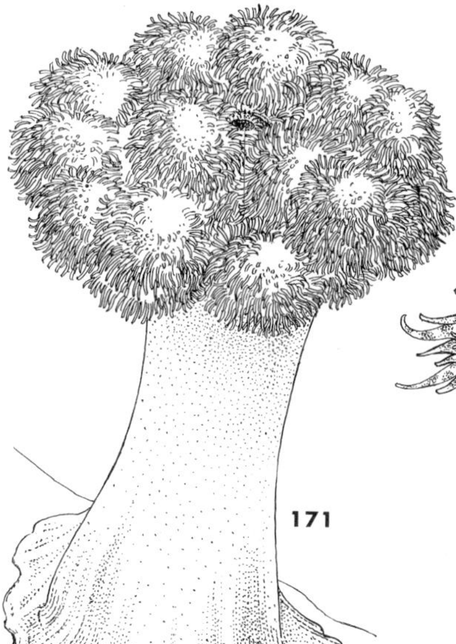

171

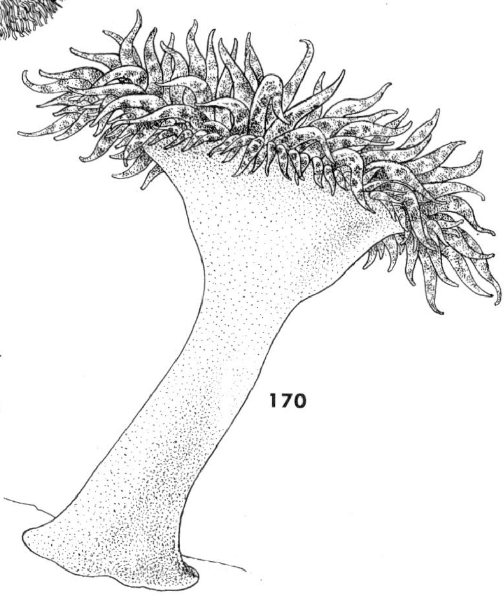

170

Seeanemonen

172 Schmarotzerrose *Calliactis parasitica* Couch = *Sagartia p.* = *Adamsia rondeletti*
Bis 10 cm hoch; Durchm. bis 4 cm; mit Fußscheibe; ca. 300 bis über 700 wenig rückziehbare, bis 1,5 cm lange, in alternierenden Kreisen angeordnete Tentakel. Körper dunkelgraubraun mit weißlichen, gelblichen oder bräunlichen Längsstreifen; Mundscheibe gleichfarben, strahlig gestrichelt; Tentakel durchscheinend hellgrau, gelblich oder rötlichgelb, mit 2 unterbrochenen dunklen Längsstreifen. – Auf Muschelgrund, Sand und Schlammsand, von 3 bis über 100 m Tiefe, gewöhnlich auf von Einsiedlerkrebsen bewohnten, größeren Schneckengehäusen. – Mittelmeer, Atlantik bis Kanalküste als nördl. Grenze.
Bei dem Zusammenleben zwischen Schmarotzerrose und Einsiedlern handelt es sich nicht, wie der Name der Art andeutet, um Parasitismus, sondern um eine Symbiose. Wechselt der Krebs das Gehäuse, so wird auch die Aktinie übersiedelt. – Eßbar.

173 Mantelrose = Mantelaktinie = Bunte Aktinie ***Adamsia palliata*** Boh. = *Actinia p.*
Ausgewachsen stets einzeln auf von Einsiedlerkrebsen bewohnten Schneckenschalen; Körper halbmondförmig, stark abgeflacht; Fußscheibe bei Durchm. bis 7 cm seitlich ausgezogen und das Gehäuse von unten nach oben mantelartig umfassend, so daß die Mundscheibe bzw. die Mundöffnung abwärts gerichtet ist. Bis 500 feine, kurze weißliche oder gelblichweiße Tentakel, in 8 alternierenden Kreisen angeordnet. Körper am unter dem Gehäuse liegenden Teil farblos bis weißlich, am oberen Teil gelblich bis bräunlich oder rötlichgelb bis rotbraun, meist leuchtend rot gefleckt. – Auf Sand- und Schlammgrund von 4 bis über 100 m Tiefe. – Mittelmeer, Atlantik, Nordsee.

174 Dohrns Seeanemone *Amphianthus dohrnii* Koch.
Meist in dichten, kolonieähnlichen Reihen auf Hydroidenstöcken und abgestorbenen Gorgonien; bis 1,2 cm hoch; Körperquerschnitt oval; Fußscheibe hülsenartig um den als Unterlage dienenden Zweig gebogen, bis ca. 2 cm breit; Tentakel weißlich, in alternierenden Kreisen angeordnet; Körper gelblichweiß bis gelblich. – Von 30 bis über 100 m Tiefe. – Mittelmeer, Atlantik bis Kanalküste als nördl. Grenze.

175 Tangrose *Sagartia rhododactylos* Grube = *S. elegans.*
Bis 4 cm (gestreckt bis 8 cm) hoch bei 2–3 cm Durchm.; Durchm. der Fußscheibe bis 5 cm; Durchm. der Mundscheibe bis 4,5 cm; nicht mehr als 200 bis 1,5 cm lange, spitz zulaufende, in 5 Kreisen angeordnete Tentakel. Färbung sehr verschieden, gewöhnlich in lebhaften Tönen, meist orange oder rötlich mit weißen Tentakeln oder braungelb mit orangefarbenen Tentakeln, manchmal gefleckt. Körper mit Saugwarzen besetzt, ohne anhaftende Fremdkörper. – Auf Felsgrund, in Mulden und Spalten, oft unter Tangen, auch auf Mikrokosmos. – Mittelmeer, Atlantik, Nordsee.

176 Schlangenhaarrose *Actinothoe clavata* Ilmoni = *A. anguicoma* = *Sagartia a.* = *Actinia viduata.*
Bis 12 cm hoch; Fußscheibe bis 6 cm, Mundscheibe bis 3 cm Durchm.; Körperwand glatt, ohne Saugwarzen; nicht mehr als 200 dünne, bis 3,5 cm (gestreckt bis 10 cm) lange Tentakel. Körper gelblich, rötlich oder bräunlich, manchmal oben grau, unten olivgrün, mit zarter, hellerer Längsstreifung und dunklem Fleckenring am oberen Rand; Tentakel meist durchscheinend farblos. – Auf Felsen, an Steinen und Weichtierschalen, von 4 bis 30 m Tiefe. – Mittelmeer, Atlantik, Nordsee.
Ähnlich ist ***Sagartia viduata,*** die im gleichen Gebiet verbreitete, aber auch in der westl. Ostsee vorkommende Witwenrose: bis 6 cm hoch bei 7 cm Fußscheiben- und 3,5 cm Mundscheibendurchm., mit grünlichbraunem oder rötlichem, weiß und gelblich längsgestreiftem Körper und durchscheinend grauen, hellgrün oder bräunlich längsgestreiften Tentakeln.

177 Seemaßliebchen = Seemannsliebchen = Sonnenrose ***Cereus pedunculatus*** Penn. = *Helliactis bellis*
Bis 10 cm hoch; Fußscheibe bis 3 cm Durchm.; Mundscheibe schüsselförmig erweitert, mit gekräuseltem Rand; bis 768 kurze, spitz zulaufende, in 8 Kreisen angeordnete Tentakel. Färbung sehr verschieden, meist im unteren, glatten Teil des Körpers gelblich oder rötlich bis orangefarben mit schwacher Längsstreifung, oben weiß, gräulich oder bräunlich mit in Längsreihen geordneten oder unregelmäßig verteilten weißen Warzen, an denen gewöhnlich Steinchen, Muschelbruchstücke oder Algen haften; Mundscheibe dunkelbraun mit undeutlicher hellerer Strahlstreifung oder hellbraun mit gelblichen, roten oder braunen Strahlen; Tentakel gelblichbraun oder -grau mit unregelmäßiger gelblicher, bräunlicher oder bläulicher Fleckung, manchmal mit gelbem Längsstrich. – Auf Gestein, Schalen, Schlamm- und Sandgrund, von 0 bis über 90 m Tiefe. – Mittelmeer, Atlantik, Nordsee.

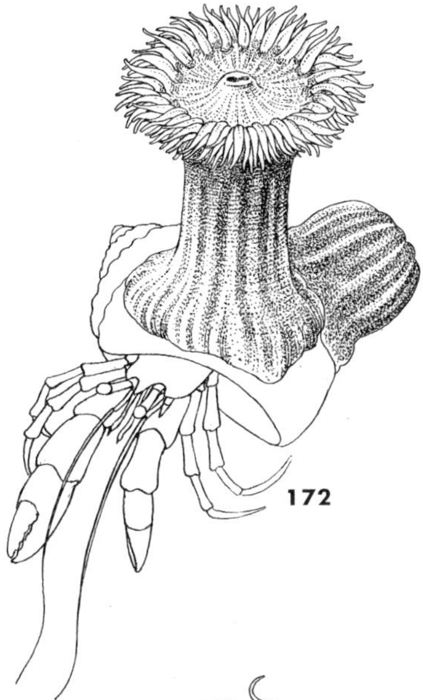

172

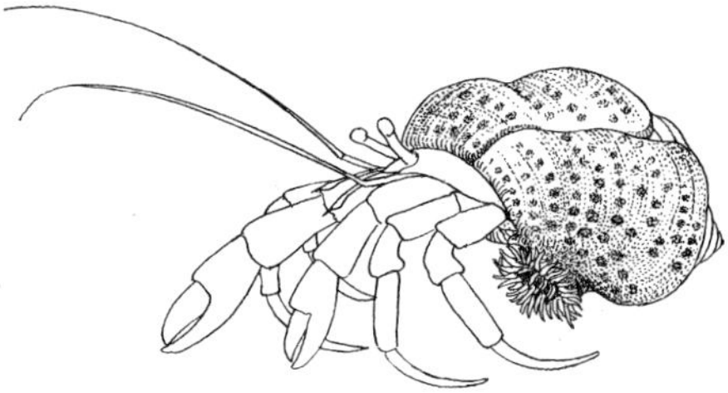

173

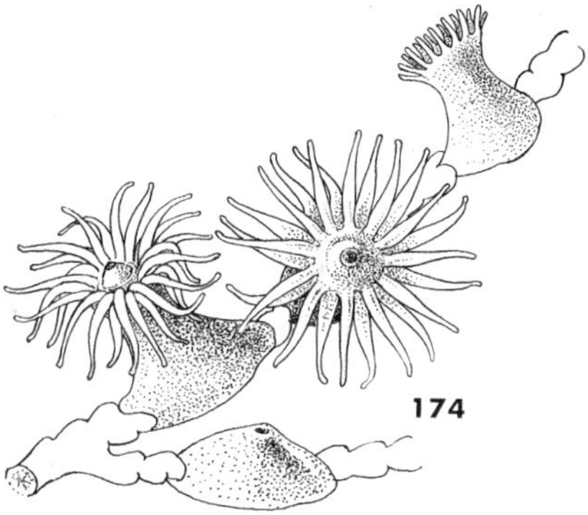

174

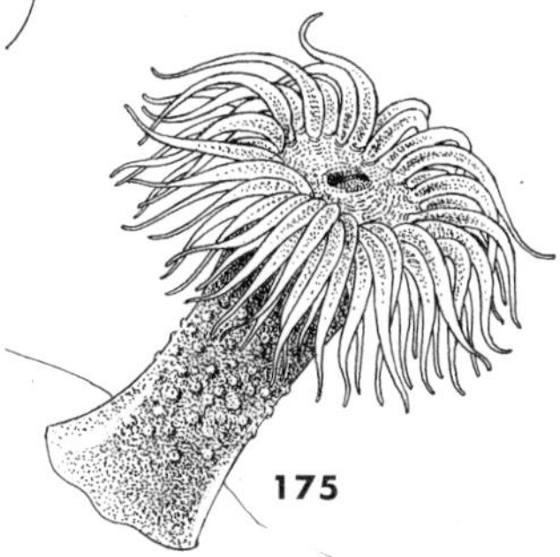

175

176

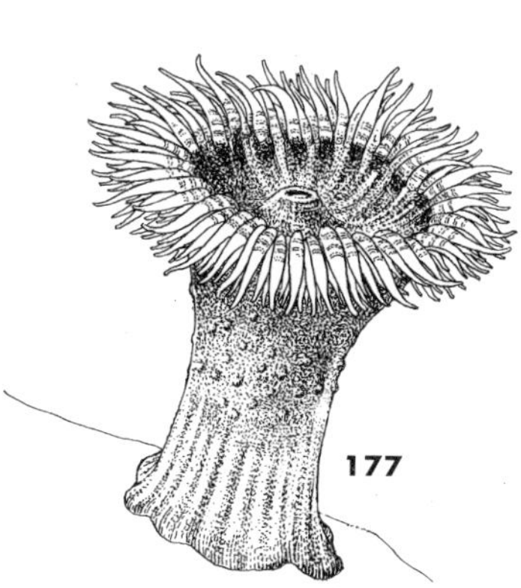

177

Steinkorallen Ordnung *Madreporaria* = *Scleractinia*

Meist kolonienbildende, sehr solitär lebende, fast immer auf harter Unterlage festgewachsene sechsstrahlige Blumentiere mit mehr oder weniger kompaktem, gewöhnlich weißem Kalkskelett, das vom Ektoderm des Polypenfußes bzw. auch der verbindenden Körpermasse koloniebildender Arten abgeschieden wird. Dieses Skelett mit seiner Basalplatte, an darauf strahlig angeordneten lamellenförmigen Septen, der Columella genannten Mittelsäule, dem äußeren ringwallartigen Steinkelch und – bei Kolonieskeletten – dem die Einzelskelette verbindenden Zwischenskelett wird fortlaufend weitergebaut, wobei die Polypen jeweils nur die Terminalzone bewohnen, während der untere Teil abstirbt.
Neben etwa 5000 fossilen Steinkorallen-Arten, deren Geschichte bis ins Silur zurückreicht, sind heute rund 2500 rezente Formen bekannt, auf alle Meere verteilt und bis in die arktischen bzw. antarktischen Gewässer vordringend, aber in den tropischen Gebieten besonders stark vertreten, bei größtem Artenreichtum in Tiefen von 5 bis 50 m, vereinzelt jedoch im Tiefseebereich noch unterhalb 3000 m vorkommend.

178 Rasenkoralle = Meerpalme ***Cladocora cespitosa*** (L.) = *Caryophyllia caespitosa.*
Koloniebildend. Polypen bräunlich bis braun. Kolonien polster-, büschel- oder strauchförmig mit annähernd parallel, dicht oder locker stehenden, meist 3 bis 10 cm (aber auch bis 20 cm) hohen Kelchröhren von 2 bis 5 cm Durchm., manchmal auch baumförmig, bis 50 cm hoch, mit übereinander stehenden Kelchröhren. Kelchröhren zylindrisch, oft leicht zusammengedrückt, mit 24 bis 36 Septen. – An Felsen, auf Geröll- und Sandgrund an Steinen, Muschelschalen und Wurmröhren, häufig große Flächen bedeckend, vom Flachwasser bis in große Tiefen. – Mittelmeer.

179 Nelkenkoralle = Kreiselkoralle ***Caryophyllia smithii*** (Stok-Brod.) = *C. clavus.*
Solitärkoralle. Polyp durchsichtig farblos, weißlich, rosig oder bräunlich, im Kelch zusammengezogen oder seeanemonen-ähnlich daraus aufragend. Skelett kreiselförmig mit deutlich verengter Basis, gewöhnlich höher als breit, meist bis 2 cm (auch bis 3,5 cm) hoch bei 1 bis 1,5 cm (auch bis 2,5 cm) Durchm. der ovalen Kelchmündung. Außenseite längsgerippt. Septen glatt, dünn, mit gewelltem Innenrand, nicht dicht stehend. – An Höhlenwänden von 1 m Tiefe an, an Felsen und auf Sandgrund an Steinen und Muschelschalen bis über 100 m Tiefe. – Mittelmeer, Atlantik.
Ähnlich sind u.a.: ***C. cyathus,*** die auf Hartgrund in 5 bis über 100 m Tiefe vorkommende, aber recht seltene Mittelmeer-Becherkoralle (Polyp grau) mit becherförmigem, bis 5 cm (auch bis 7 cm) hohem Skelett bei bis 2,5 cm Durchm. der kreisrunden Kelchmündung und mit glatter Außenseite sowie verdickten, ganzrandigen, dicht stehenden Septen; die Atlantische Becherkoralle, ***C. calix,*** (Atlantik, Nordsee, von 3 m Tiefe an – Polyp weiß, manchmal rosig) mit bis 1,5 cm hohem, am Kelchrand etwas breiterem, becherförmigem Skelett; ***Coenocyathus incarnata,*** eine Seicht- und Flachwasserform des Mittelmeers mit bis 1,7 cm hohem und an der meist roten, kreisrunden Kelchmündung bis 1,3 cm breitem, unten nur wenig schmalerem Skelett.

180 Warzenkoralle *Balanophyllia verrucaria* Pall. = *B. italica.*
Solitärkoralle. Polyp durchscheinend farblos bis gelbbräunlich, im Kelch zusammengezogen oder daraus aufragend. Skelett bei meist nicht über 1 cm Basisdurchm. und bis 2,5 cm Höhe becher- bis kegelförmig, gewöhnlich nicht höher als breit, mit kreisrunder oder ovaler, manchmal stark eingebuchteter Kelchmündung. Außenseite längsgerippt. Septen fein bedornt oder gekörnelt, außen verdickt. – An Felsen, Steinen, Muschelschalen und Tonscherben, von 1 bis über 100 m Tiefe. – Mittelmeer, Atlantik.
Ähnlich ist ***B. regia*** der Atlantikküste mit leuchtend orange- oder scharlachrot gefärbtem Polypen, dessen durchsichtige Tentakel hellgelb gefleckt sind.

181 Kelchkoralle = Sternkoralle ***Astroides calycularis*** Pall.
Koloniebildend. Polypen orangefarben. Kolonien meist polsterförmig mit konvexer Oberfläche. Kolonieskelett bienenwaben-ähnlich, mit bis 3,5 cm hohen, dicht stehenden, auf ganzer Länge miteinander verbundenen Kelchen, deren Mündung bei 5 bis 8 mm Durchm. gewöhnlich leicht achteckig erscheint. Septen sehr dünn. – An Felsen und Steinen, selten auf Sandgrund an festen Bodengegenständen. – Mittelmeer.

182 Baumkoralle = Astkoralle ***Dendrophyllia ramea*** L.
Koloniebildend. Polypen hellgelb. Kolonie mit kräftigem baumförmig verzweigtem Stamm, meist 30 bis 50 cm (aber auch bis über 1 m) hoch; Seitenzweige und Kelchknospen zweizeilig auf gegenüberliegenden Seiten der Äste angeordnet. Skelett mit dünnwandigen, außen gerippten zylindrischen Kelchen, deren Septen sehr dünn und fein bedornt sind. – Auf Hartgrund gelegentlich schon von 30 m Tiefe an, meist aber in größeren Tiefen. – Mittelmeer.

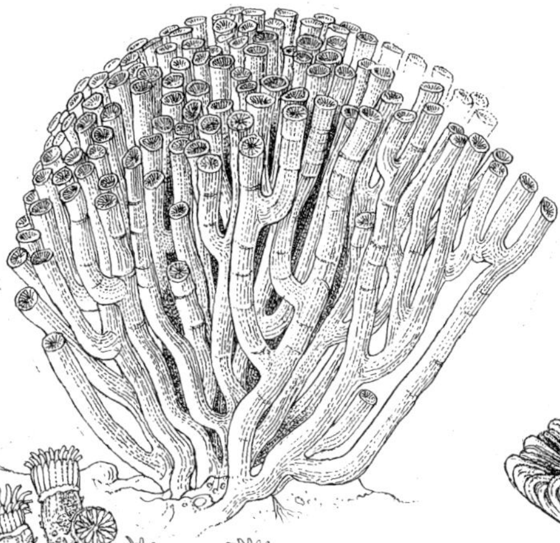

178

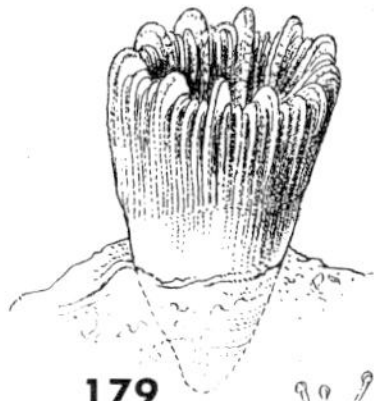

179

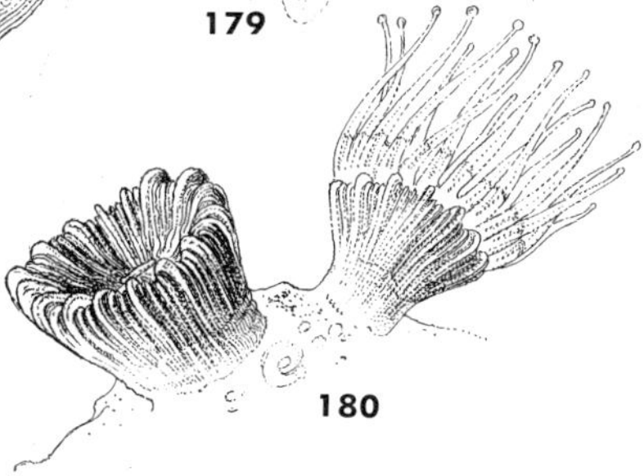

180

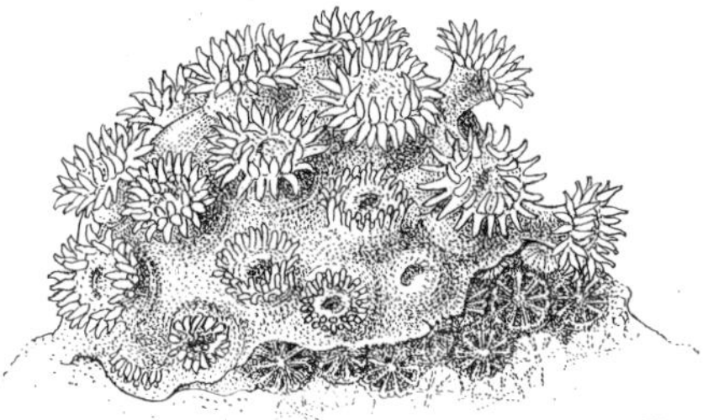

181

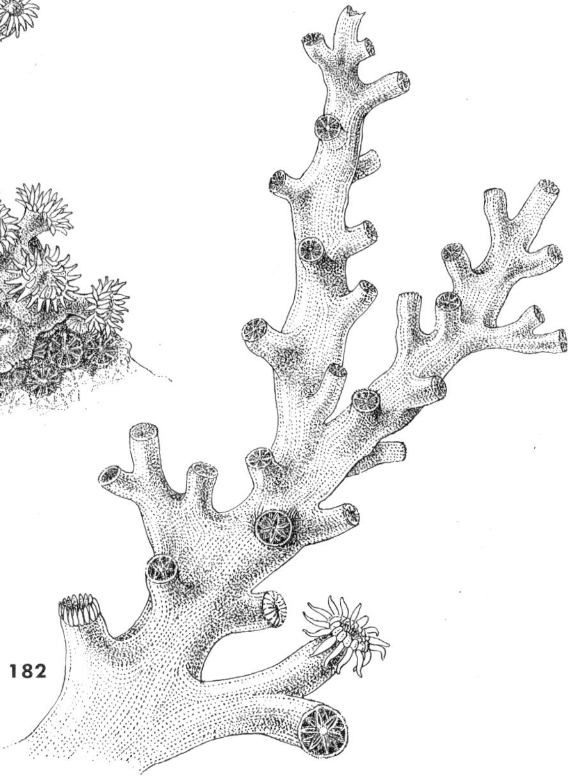

182

Achtstrahlige Blumentiere Unterklasse *Octocorallia*

Stets koloniebildende Blumentiere mit 8 in der Regel gefiederten Tentakeln. Stöcke sehr verschieden gestaltet, festgewachsen oder frei im Grund steckend, meist durch chitinige oder kalkige Skelettbildungen gestützt. Nesselwirkung der Polypen schwach.

Röhrenkorallen Ordnung *Stolonifera*

Kleine, stets festgewachsene achtstrahlige Blumentiere mit horn- oder keulenförmigem Körper ohne Achsenskelett, die rasenartige Kolonien bilden, wobei die einzelnen Polypen durch strangförmige oder flächige Stolonen miteinander verbunden sind.

183 Füllhornkoralle *Cornularia cornucopiae* Pall.
Polypen bis 1 cm hoch, ziegelrot bis -braun, bis zur halben Körperhöhe von hornförmiger, gelber bis brauner, chitiniger Hülle umgeben, in regelmäßigen Abständen von schnurförmigen, verzweigten Stolonen aufragend. – An Felsen, Höhlenwänden, Steinen, Algen und Neptungras-Rhizomen, oft in großer Zahl, von 0 bis 10 m Tiefe. – Mittelmeer.
Ähnlich ist bei gleicher Höhe und Färbung die mediterrane Keulenkoralle, ***Clavularia ochracea,*** mit keulenförmigem bis fast zylindrischem Körper ohne Hülle.

Lederkorallen Ordnung *Alcyonacea* = *Alcyonaria*

Blumentierkolonien ohne Achsenskelett, meist festgewachsen, selten mit dem unteren Ende frei im Boden steckend, knollen-, pilz- oder walzenförmig, teils verzweigt, von fleischiger bis harter Konsistenz, wobei die Polypen in der verbindenden, durch Kalksklerite gestützten Körpermasse eingebettet sind, gewöhnlich die ganze Fläche der Kolonie besetzend, manchmal im basalen Teil fehlend.

184 Seemannshand = Diebeshand = Mittelmeer-Korkkoralle ***Alcyonium palmatum*** Pall.
Kolonien aufrecht, massig (ziehen sich bei Störung stark zusammen), meist bis 30 cm, aber auch bis über 50 cm hoch, mit mehr oder weniger zahlreichen fingerförmigen Verzweigungen, schwach durchscheinend weiß bis gelblich, rötlich, orange, rot oder braunrot; mit Leuchtvermögen. Polypen bis 1 cm lang, durchscheinend farblos bis weißlich. – Auf Sand- und Schlammgrund an Steinen, Weichtierschalen usw., oder frei im Boden steckend, von 20 m Tiefe an. – Mittelmeer.
Die im gleichen Gebiet auf Gestein von 15 m Tiefe an vorkommenden Kolonien von ***A. acaule*** = *A. brioniensis* sind ähnlich, aber nur bis 10 cm hoch, gedrungener, wenig verzweigt, nicht durchscheinend, purpurrot mit gelben, bis 5 mm langen Polypen.

185 Meerhand = Tote Manneshand = Nordische Korkkoralle = Bastardschwamm ***Alcyonium digitatum*** L.
Kolonie aufrecht, gedrungen (zieht sich bei Störung stark zusammen), handartig verzweigt oder klumpenförmig, meist bis 10 cm, aber auch bis 20 cm hoch und bis 15 cm breit, weißlich, gelb, rosig oder orange. Polypen bis 1 cm lang, durchscheinend weiß. – Auf Felsen, an Steinen und Weichtierschalen, selten an Tang, von 20 m Tiefe an. – Nordsee, Atlantik bis Biskaya als südl. Grenze. – Wird gefischt und zu Dünger (Meerhand-Guano) verarbeitet.

186 Falsche Edelkoralle = Trugkoralle ***Parerythropodium coralloides*** (Pall.) = *Alcyonium c.*
Kolonien leuchtend rot mit weißen oder gelben Polypen, krusten- oder klumpenförmige Überzüge auf abgestorbenen Gorgonien bildend, seltener auf Algen, in 8 bis 90 m Tiefe. – Mittelmeer, Atlantik bis Biskaya als nördl. Grenze. – Überzogene kleine Gorgonien wirken oft auf den ersten Blick wie Edelkorallen-Skelette.

Hornkorallen = Rindenkorallen Ordnung *Gorgonacea*

Blumentierkolonien mit Achsenskelett, meist baumartig verzweigt, mit scheibenförmiger Basalplatte festgewachsen oder mit verästelten Stolonen im Boden verankert. Skelett aus Kalk-(Calcit-)skleriten zusammengesetzt oder aus horniger Substanz (Gorgonin), umgeben von einer weicheren, mit Kalkskleriten durchsetzten Rinde, in der die Polypen eingebettet sind.

187 Edelkoralle = Blutkoralle ***Corallium rubrum*** (L.)
Kolonie sparsam allseitig verzweigt, bis 25 cm (ausnahmsweise über 50 cm) hoch, mit meist mattroter, manchmal weißer oder gelber Rinde und sehr kleinen, die ganze Fläche der Kolonie besetzenden weißen Polypen. Achsenskelett aus zu einer harten, kompakten Masse verbundenen Kalkskleriten, fein längsgerieft, mit rundem Querschnitt, gewöhnlich lebhaft rot, aber auch rosig oder dunkelrot, gelegentlich weiß, braun oder schwarz. – An lichtarmen Stellen, unter Überhängen, in

Grotten usw. von 15 m Tiefe an, in der Regel aber tiefer, bei stärkster Entwicklung zwischen 50 und 200 m, stets auf Fels, stellenweise Bänke bildend. – Mittelmeer.
Die Korallenfischerei, ein an den mediterranen Küsten schon seit der Antike betriebenes Gewerbe, erfolgt heute meist mittels Spezialschleppnetzen (Kreuzbalkennetze) von größeren Booten aus, selten durch Einsatz von Freitauchern. Die eingebrachten Rohkorallen, bei bester Qualität von recht hohem Handelswert, werden vor allem in der Schmuckindustrie verarbeitet, aber auch für kunstgewerbliche Zwecke.

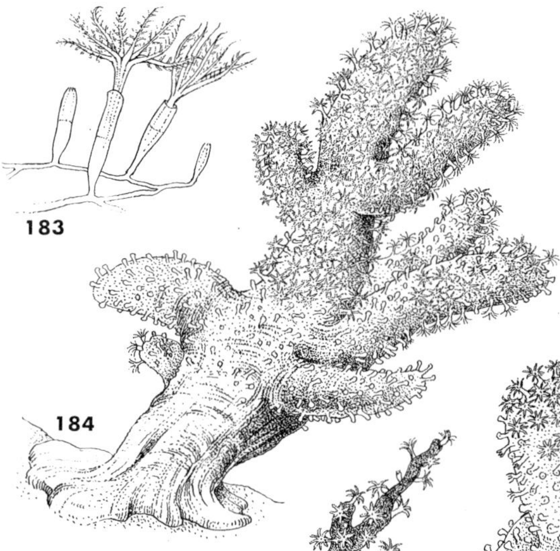
183

184

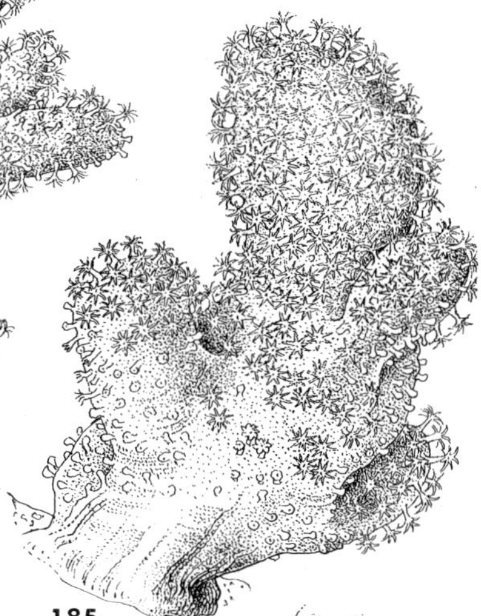
185

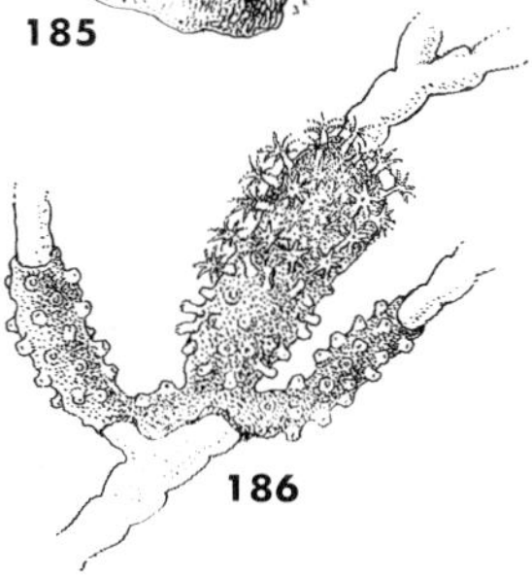
186

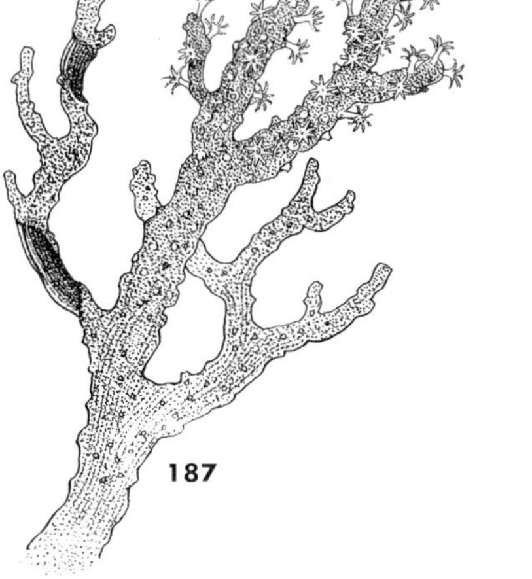
187

Hornkorallen

188 Farbwechselnde Hornkoralle ***Paramuricea clavata*** Risso = *P. chamaeleon* = *Muricea c.*

Kolonie reich verzweigt und verästelt, mehr oder weniger in einer Ebene ausgebreitet, bis 1 m hoch, meist rot bis violett, häufig mit gelben Zweigen oder Zweig-Enden, manchmal ganz gelb. Polypen bis 6 mm lang, die ganze Fläche der Kolonie besetzend, weniger zahlreich an den stärkeren Ästen, sehr dicht an den Endzweigen, die dadurch kolbenförmig verdickt erscheinen. Achsenskelett hornig, aus Gorgonin, bräunlich oder gelblich. – Auf Fels, von 15 m Tiefe an. – Mittelmeer, Atlantik bis Biskaya als nördl. Grenze.

Ähnlich, aber bedeutend kleiner, sparsam verästelt, lebhaft orangefarben oder durchscheinend weiß sind die im gleichen Gebiet von 10 m Tiefe an vorkommenden Kolonien von ***P. placomus*** mit bis 1 cm langen, die Endzweige weniger dicht besetzenden Polypen.

189 Gelbe Hornkoralle = Gelbe Gorgonie ***Eunicella cavolinii*** (Koch) = *Gorgonia c.*

Kolonien meist unregelmäßig und ziemlich reich verzweigt, mehr oder weniger in einer Ebene ausgebreitet, manchmal auch unverzweigt und stengelförmig, bis 50 cm hoch, gelb bis rötlich. Polypen auf deutlichen Höckern die ganze Fläche der Kolonie besetzend. – In Höhlen und unter Felsplatten schon in geringer Tiefe, an Felswänden von 15 m Tiefe an. – Mittelmeer.

Sehr ähnlich, aber in der Regel weiß, sind die selteneren Kolonien von ***E.*** (= *Gorgonia*) ***verrucosa,*** der Weißen Hornkoralle, auch Weiße Gorgonie, Warzige Hornkoralle und Kleiner Seefächer genannt, mit stärker gehöckerten Zweigen, während ***E. singularis,*** die ebenfalls weiße, bis 70 cm hohe Gestreckte Hornkoralle, durch sparsame, annähernd parallele, nur schwach gehöckerte Zweige gekennzeichnet ist und bisher nie an Höhlenwänden gefunden wurde.

Seefedern = Federkorallen Ordnung *Pennatulacea* = *Pennatularia*

Halbsessile Blumentierkolonien mit Achsenskelett, stets unverzweigt, walzen-, peitschen- oder federförmig, mit polypenfreiem, durch das birnförmig verdickte Ende im Boden verankertem Stiel und polypentragendem Kiel. Oberer Teil samt Polypen wird als Polypar bezeichnet. Skelett stabförmig, aus verkalkter, horniger Substanz (Pennatulin), manchmal rückgebildet, umgeben von einer weicheren, mehr oder weniger fleischigen, mit Kalk-(Calcit- oder Calciumphosphat-)skleriten durchsetzten Rinde, in der die Polypen eingebettet sind. Auf dem Boden liegend können sich Seefedern kriechend langsam fortbewegen. Die Kolonien ziehen sich bei Reizung meist stark zusammen und besitzen Leuchtvermögen.

190 Gelbe Seefeder ***Veretillum cynomorium*** (Pall.) = *Pennatula c.*

Kolonie walzenförmig, durchscheinend rötlichgelb, gestreckt bis 30 cm lang. Polypar ca. 2/3 der Gesamtlänge, einfach, ohne Polypenträger, mit strahlig angeordneten, bis 2 cm langen Polypen. Skelettstab stark rückgebildet oder fehlend. – Auf sandigem und lehmigem Grund, von 20 m Tiefe an. – Mittelmeer, Atlantik bis Biskaya als nördl. Grenze.

191 Seepeitsche ***Funiculina quadrangularis*** (Pall.)

Kolonie peitschenförmig, einfarbig gelblichweiß bis rosig oder mit rosigem Stiel und gelblichweißem Polypar, bis 1,5 m lang. Stiel ca. 1/5 bis 1/10 der Gesamtlänge, zylindrisch, durch vierkantigen Skelettstab versteift. Polypar gebogen, einfach, ohne Polypenträger, mit in Längsreihen angeordneten, bis 3 mm langen Polypen. – Auf Schlamm- und Lehmgrund, von 40 m Tiefe an. – Mittelmeer, Atlantik.

192 Leuchtende Seefeder ***Pennatula phosphorea*** L.

Kolonie federförmig, meist einfarbig rot, manchmal rosig oder weiß, mit schlankem Stiel, bis 40 cm lang. Polypar ca. 1/2 der Gesamtlänge, mit schmalen, blattförmigen seitlichen Polypenträgern, auf denen die weißlichen Polypen in Querreihen angeordnet sind. – Auf Schlamm-, Lehm- und Sandgrund, von 20 m Tiefe an. – Mittelmeer, Atlantik, Nordsee, Ostsee.

Ähnlich ist ***P. rubra,*** dunkelrot, bis 20 cm lang.

193 Stachelige Seefeder ***Pteroeides spinosum*** Ellis.

Kolonie federförmig, bis 60 cm lang. Stiel dick, bräunlich bis braun oder orangefarben. Polypar ca. 3/5 der Gesamtlänge, mit bräunlichem bis braunem, selten dunkelviolettem Kiel und breiten, blattförmigen, durch an den Rändern vortretende Skelettstrahlen gestützten, meist grauen, gelblichgrauen oder bräunlichen, selten schwarzen seitlichen Polypenträgern, auf denen die Polypen in Querreihen angeordnet sind. – Auf Schlamm-, Lehm- und Sandgrund, von 35 m Tiefe an. – Mittelmeer, Atlantik.

Sehr ähnlich ist ***P. griseum,*** die Graue Seefeder des gleichen Gebiets, mit an den Rändern nicht vortretenden Skelettstrahlen.

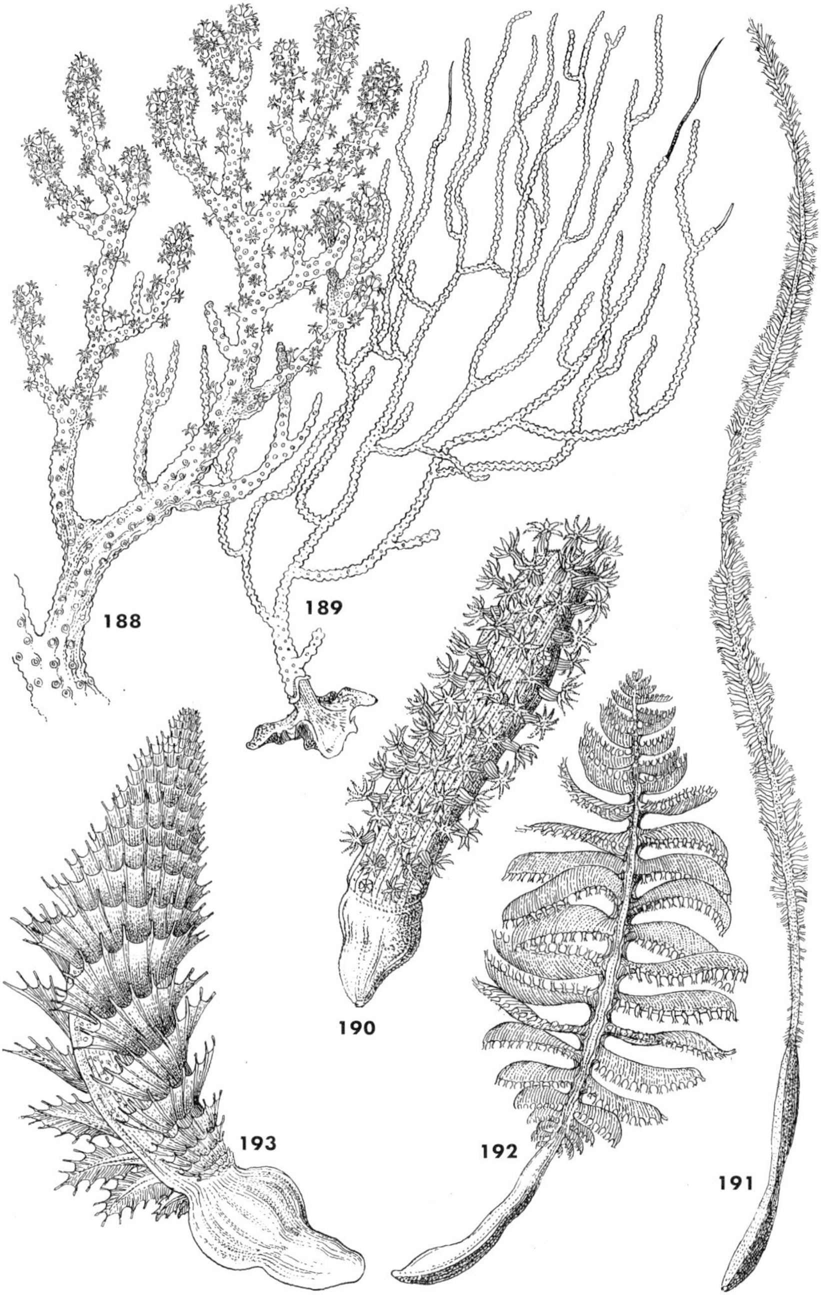

188

189

190

191

192

193

Rippenquallen = Kammquallen Stamm *Ctenophora*

Eine nur rund 80 Arten umfassende Gruppe vorwiegend pelagischer Meerestiere, früher als Nessellose *(Acnidaria)* oder Greifzellentiere *(Collaria)* mit den Nesseltieren *(Cnidaria)* zum Stamm der Hohltiere *(Coelenterata)* vereinigt, nun aber als eigener Stamm geführt: Farblose oder sehr zartfarbene durchsichtige Vielzeller mit kugeligem, ovalem, birn- oder bandförmigem Körper, über den sich 8 mit Ruderplättchen versehene Längsrippen ziehen, disymmetrisch gebaut, also achsial in 4 Segmente aufteilbar, von denen benachbarte sich seitenverkehrt entsprechen und gegenüberliegende formgleich sind. Man unterscheidet Tentakeltragende R. *(Tentaculata = Tentaculifera)* mit 2 Haupttentakeln, und Tentakellose R. *(Atentaculata = Nuda)*. Die Hauptfangfäden der Tentakulaten, mit verschieden gestalteten Nebenfäden und Greifzellen (Colloblasten) ausgestattet, sind in Taschen rückziehbar. Die Greifzellen bestehen aus einem Köpfchen, das ein klebriges Sekret absondert und am Ende eines im Ruhestand spiralig aufgerollten Fadens sitzt.
Rippenquallen kommen im Hochseeplankton aller Meere vor, doch gibt es auch einige bodenlebende Formen. Vielen ist Leuchtvermögen eigen. Ausnahmslos sind sie Zwitter; junge Tiere entwickeln sich aus den befruchteten Eiern über ein Embryonal- und ein Larvenstadium. Als Nahrung dienen vor allem kleine Planktonten, Jungfische usw.

Kugelquallen Ordnung *Cydippidea*

Tentakeltragende Rippenquallen mit kugeligem, ovalem oder birnförmigem Körper von rundem Querschnitt, ohne Schwimmlappen.

194 Seestachelbeere *Pleurobrachia rhodopis* Chun = *P. pileus*
Kugelqualle mit rundlich-ovalem oder ovalem, meist bis 2 cm (selten bis 3 cm) langem Körper und breiten, sich vom Scheitel über 2/3 des Körpers ziehenden Rippen, glasig farblos mit weißlich, gelblich oder orange durchscheinendem Schlund. Haupttentakel sehr lang, mit zahlreichen feinen Nebenfäden besetzt, weißlich, gelblich oder orangefarben. – Mittelmeer, Atlantik, Nordsee, Ostsee, oft in großen Schwärmen.
Ähnlich ist u. a. ***Hormiphora plumosa*** = *H. hormiphora* des Mittelmeers mit birnförmigem, schmalrippigem, glasig farblosem Körper, braun durchscheinenden Magenwülsten und bräunlichen Tentakeln bei gelblichen Nebenfäden.

Lappenquallen Ordnung *Lobata = Bolinopsidea*

Tentakeltragende Rippenquallen mit ovalem Körper von ovalem Querschnitt, mit 2 Schwimmlappen.

195 Glas-Lappenqualle *Bolinopsis infundibulum* O. F. Müll.
Lappenqualle mit ovalem, bis 15 cm langem Körper und an beiden Ecken des schlitzförmigen Mundes ansetzenden Schwimmlappen von halber Körpergröße, glasig farblos oder weißlich. Haupttentakel mit zahlreichen leicht gekräuselten Nebenfäden, bei Jungformen lang, bei älteren Exemplaren rückgebildet. – Mittelmeer, Atlantik, Nordsee, westl. Ostsee, oft in Schwärmen.
Ähnlich ist u. a. ***Eucharis multicornis*** des Mittelmeers, bis 20 cm lang, glasig bräunlichrosig, mit einziehbaren warzenförmigen Körperpapillen und körpergroßen Schwimmlappen.

Gürtelquallen Ordnung *Cestidea*

Tentakeltragende Rippenquallen mit bandförmigem Körper, ohne Haupttentakel, aber mit zahlreichen Nebententakeln.

196 Venusgürtel *Cestus veneris* Les.
Gürtelqualle mit bis 1,5 m langem und bis 8 cm hohem, bandartig dünnem Körper, von dessen 8 mit Ruderplättchen besetzten Rippen nur 4 zu beiden Seiten des oberen Längsrandes deutlich erkennbar sind. Haupttentakel rückgebildet; zahlreiche Nebententakel in 2 Rinnen an der Mundöffnung. Jungformen glasig farblos, ältere Exemplare violett bis grünlich irisierend, mit Übergang zu intensiveren blaugrünen und blauen Tönen bei Erregung und gleichzeitigem Einsetzen von schlängelnden Körperbewegungen zusätzlich zur normalen Fortbewegung mittels der Ruderplättchen. – Mittelmeer, Atlantik, (selten) Nordsee.

Mützenquallen Ordnung *Beroidea*

Tentakellose Rippenquallen mit gedrungen ovalem bis kugeligem, seitlich zusammengedrücktem Körper von länglich-ovalem Querschnitt und mit sehr weiter, als Fangapparat dienender, dicht mit kräftigen, säbelförmigen Wimpern besetzter Schlundöffnung. Mützenquallen sind recht gute Schwimmer, die räuberisch leben und sogar Beutetiere von gleicher Größe verschlingen. Allen Arten ist starkes Leuchtvermögen eigen.

197 Melonenqualle *Beroe cucumis* Fabr.
Mützenqualle mit mitrenförmigem, meist bis 10 cm (selten bis 16 cm) langem Körper und vom Scheitel bis an den unteren Rand ausgezogenen, dicht mit Ruderplättchen besetzten Rippen. Jungform glasig farblos; ältere Exemplare rosig, blau bis blaugrün irisierend, mit rötlich durchscheinenden, verzweigten Rippengefäßen. – Mittelmeer, Atlantik, Nordsee, (selten) westl. Ostsee.
Sehr ähnlich in Form und Größe ist die mediterrane Melonenqualle ***B. ovata*** mit durchsichtig weißlichem bis rosigem, ebenfalls blau bis blaugrün irisierendem Körper und reich verzweigten Rippengefäßen.

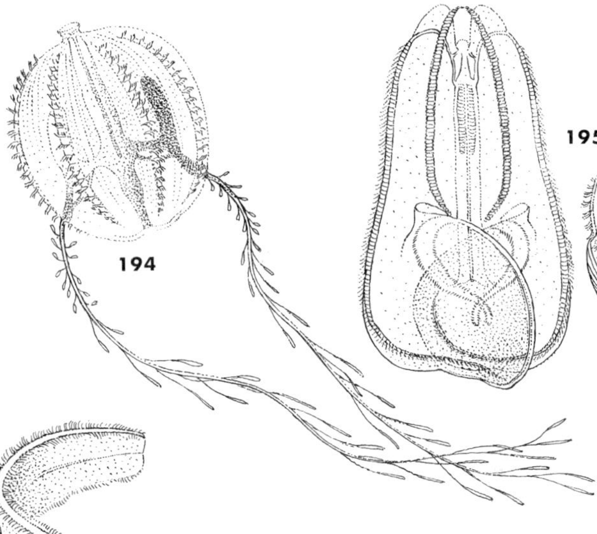

194

195

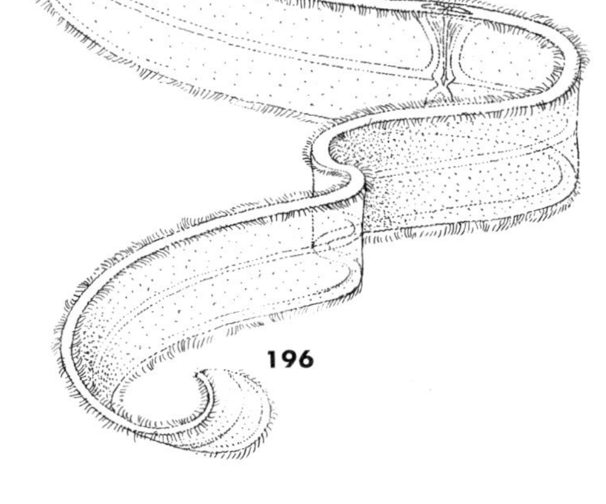

196

197

Plattwürmer Stamm *Plathelmintes*

Systematisch leitet diese Gruppe die große Abteilung der Bilateraltiere *(Bilateria)* und zugleich die Reihe der Urmünder *(Protostomia)* ein. Bilateraltiere sind zweiseitig-symmetrisch gebaut; ihr Körper läßt äußerlich eine rechte und eine spiegelbildlich gleiche linke Seite erkennen, Rücken- und Bauchseite sowie vorderes und hinteres Ende. Als Urmünder bezeichnet man insbesondere alle Formen, bei denen der Urmund der Larve zum Mund des erwachsenen Tieres wird, im Unterschied zu den Neumündern *(Deuterostomia)*, bei denen der Larven-Urmund sich zum Darmausgang entwickelt und ein neuer Darmeingang bzw. Mund gebildet wird. Die Zusammenfassung sehr verschiedener zweiseitig-symmetrischer Vielzeller – sowohl Urmünder wie Neumünder – von wurmförmiger Gestalt zum Stamm der Würmer *(Vermes = Vermalia = Helminthes)* ist auf Grund der starken Abweichungen im Bauplan der einzelnen Untergruppen als ungerechtfertigt erkannt und in der neueren Systematik durch die Aufgliederung in mehrere Stämme abgelöst worden, wobei die Plattwürmer als einfachste Formen auf der ersten Stufe über den Rippenquallen stehen: Bilateraltiere mit flachem bis zylindrischem Körper, hautatmend, afterlos, teils frei, teils parasitisch lebend. Im Rahmen dieses Buches kommt von den vier Klassen des Stammes, dem auch die Saugwürmer *(Trematoda)*, die Bandwürmer *(Cestoda)* und die Kiefermäuler *(Gnathostomulida)* angehören, nur jene der Strudelwürmer in Betracht.

Kopflappen einer Bonellia (Mittelmeer)

Strudelwürmer Klasse *Turbellaria*

Vorwiegend freilebende Plattwürmer mit ungegliedertem, gewöhnlich länglich- bis blattförmig-ovalem Körper und im allgemeinen bewimperter Haut, sowohl im Meer wie im Süßwasser und an feuchten Landstellen vorkommend, teils winzig klein, aber auch bis mehrere Dezimeter lang, meist mit Augen ausgestattet, die auf Tentakeln oder am Körpersaum angeordnet sein können. Die Nahrung besteht hauptsächlich aus Aas, doch gibt es auch räuberische Strudelwürmer, die sessile oder halbsessile Tiere fressen. Die Fortbewegung erfolgt gleitend bei rascher, fließender Wellung der Seitenränder. Zwittertum ist die Regel. Die für die Benennung der Gruppe bestimmende lebhaft strudelnde Bewegung des Wimperkleids ist nur mit optischen Hilfsmitteln zu beobachten.
Von den rund 2500 bekannten Arten sind viele marin und davon wiederum die Mehrzahl bodenbewohnend, jene des europäischen Küstenbereichs aber oft so unscheinbar in Größe und Färbung, daß sie leicht übersehen werden. Deshalb sind hier nur wenige auffallendere Formen beschrieben, die der Ordnung der Polykladen *(Polycladida)* angehören.

198 Braune Fleckplanarie *Stylochus pilidium* Lang.
Bis 4 cm lang, blattförmig-oval mit 2 Nackententakeln. Rückenseite fleckig braun mit schwarzen Tupfen. Mund bauchseits in Körpermitte. – Auf Muschelbänken und unter Gestein vom Flachwasser an. – Mittelmeer.

199 Zottenplanarie *Thysanozoon brocchii* Grube.
Bis 7 cm lang, blattförmig-oval mit 2 Randtentakeln und zottenartigen Rückenpapillen. Rückenseite ziegelrot bis braun. Mund bauchseits in Körpermitte. – Auf Schwämmen, Muscheln, Seescheiden usw. sowie unter Steinen vom Flachwasser an. – Mittelmeer, Atlantik.

200 Bandplanarie *Prosthecereus vittatus* Mont.
Bis 3 cm lang, breit-blattförmig mit 2 Randtentakeln. Rückenseite elfenbeinfarben mit dunklen Längsbändern. Mund bauchseits in Körpermitte. – Auf Muschelbänken und unter Steinen auf schlammigem Kiesgrund vom Flachwasser an. – Mittelmeer, Atlantik, Nordsee.

201 Blutfleckplanarie *Oligocladus sanguinolentus* Qtrf.
Bis 1,2 cm lang, blattförmig-oval mit 2 Randtentakeln. Rückenseite durchscheinend elfenbeinfarben mit roten oder rotbraunen Flecken. Mund bauchseits in Körpermitte. – Unter Gestein und auf Seegraswiesen vom Flachwasser an. – Atlantik, Nordsee.

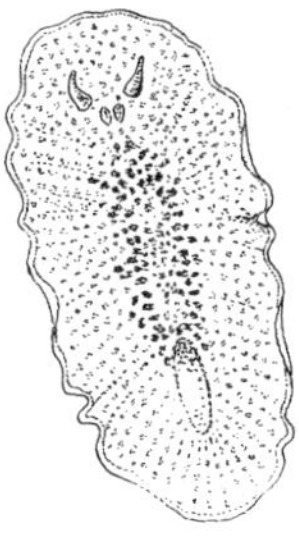
198

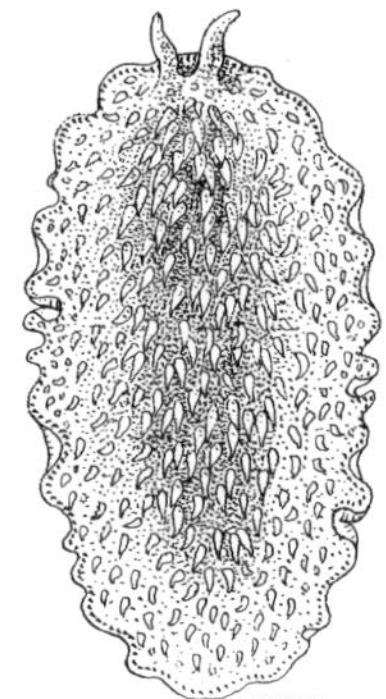
199

200

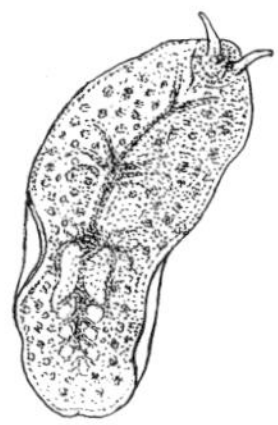
201

Strudelwürmer haben ein erstaunlich hohes Regenerationsvermögen: Werden sie zerrissen oder zerschnitten, so entwickelt sich jeder Teil innerhalb kurzer Zeit zu einem vollständigen Exemplar. Experimentell konnte man feststellen, daß dies auch dann noch gilt, wenn die abgetrennten Stücke bloß ein Tausendstel des Ursprungstiers darstellen. Allerdings sind die sich daraus neu bildenden Strudelwürmer kleiner.

Schnurwürmer = Rüsselwürmer Stamm *Nemertini* = *Nemertea*

Nermetinen, zweiseitig-symmetrisch gebaut, haben einen unsegmentierten, meist schmalen, band- bis schnurförmigen, von drüsenreicher, bewimperter Haut bedeckten, weichen Körper mit vorstreckbarem, oft stilettbewaffnetem Rüssel am Kopf und einer Afteröffnung am hinteren Ende. Von sehr unterschiedlicher Länge (ca. 5 mm bis über 20 m) bei häufig verhältnismäßig sehr geringem Durchmesser, sind sie stark zusammenziehbar. Augen können fehlen oder in verschiedener Zahl (2 bis über 200) vorhanden sein.

Von den rund 800 bekannten Arten gehört ein kleiner Teil dem Süßwasserbereich an, doch die große Mehrzahl ist marin, wobei der Stamm in allen gemäßigten und tropischen Meeren vertreten ist, vom Seichtwasser bis in die Tiefsee, besonders stark allerdings in der Algenzone. Meist Räuber oder Aasfresser, ernähren sich die Schnurwürmer von lebenden oder toten Kleintieren. Parasitismus kommt ebenso vor wie pelagische Lebensweise, doch die freilebenden, bodenbewohnenden Formen überwiegen. Die gewöhnlich kriechende Fortbewegung erfolgt mittels leichter Kontraktionswellen mit nachfolgender Streckung, die fließend den ganzen Körper vom Hinterende zum Kopf durchlaufen. Getrenntgeschlechtliche Fortpflanzung ist die Regel; nur wenige Arten sind Zwitter.

202 Ringel-Nemertine *Tubulanus annulatus* Mont. = *Carinella annulata*.

Meist bis 15 cm (auch bis 50 cm) lang, annähernd drehrund, mit breit abgesetztem, stumpfspitzem Kopf und unbewaffnetem Rüssel; ziegelrot bis braun mit 3 weißen Längsbändern und weißen Querringeln. – Unter Steinen auf algenbewachsenem Schlammsand von 10 m Tiefe an. – Mittelmeer, Atlantik, Nordsee.

T. nothus des Mittelmeers, bis 14 cm lang, ist ähnlich gefärbt und gezeichnet, hat aber einen stumpfen, heller getönten Kopf. ***T. superbus*** der Mittelmeer- und Atlantikküste wird bis 80 cm lang, ist rot bis rotbraun und weist bei ähnlicher Querzeichnung 4 weiße Längsbänder auf.

203 Rote Nemertine *Lineus ruber* O. F. Müll.

Meist bis 12 cm (auch bis 22 cm) lang, fast drehrund, leicht abgeflacht, mit schwach abgesetztem spatelförmigem Kopf und unbewaffnetem Rüssel; gewöhnlich einfarbig rosig bis rot, manchmal braunrot, braun oder grün. – Unter Steinen auf schlammigem Sand- und Kiesgrund vom Flachwasser an, im Schlamm eingegraben schon im Seichtwasser. – Mittelmeer, Atlantik, Nordsee, Ostsee.

L. gesserensis der Atlantik- und Nordseeküste, bei gleicher Größe meist einfarbig grün, manchmal rotbraun, ist bei Farbübereinstimmung nur sehr schwer von der oben beschriebenen Art zu unterscheiden. ***L. bilineatus*** der Mittelmeer- und Atlantikküste, bis 10 cm lang, zeigt auf gelbbrauner Grundfärbung ein elfenbeinfarbenes Rückenband, während ***L. geniculatus*** des gleichen Gebiets, bis 40 cm lang, auf grüner oder braun- bis schwärzlichgrüner Grundfarbe weiße Querringel zeigt. ***L. longissimus*** = *Heterolineus l.*, dunkeloliv bis schwärzlichbraun, ist durch die enorme Länge von meist bis 10 m, aber auch bis 30 m, gekennzeichnet und lebt unter Steinen auf Schlammgrund im Seicht- und Flachwasser des Atlantiks, der Nordsee und der westl. Ostsee. ***Baseodiscus delineatus,*** eine bis 60 cm lange mediterrane Art, hat einen deutlich schmaler abgesetzten, gerundeten Kopf und trägt auf bräunlicher Grundfärbung ein Muster länglicher brauner Flecken.

204 Braune Nemertine *Cerebratulus fuscus* (McInt.).

Bis 10 cm lang, abgeflacht mit saumartig betonten Seitenrändern, spitz zulaufendem Kopf, unbewaffnetem Rüssel und dünnem Schwänzchen; hellorange bis braun mit helleren Seitenrändern und brauner Rückenfleckung. – Im Schlammsand unter Algen und Neptungras von 10 m Tiefe an. – Mittelmeer.

C. marginatus des gleichen Gebiets, grau bis dunkelgrau mit helleren Seitenrändern, wird bedeutend größer, bis 80 cm lang. ***Micrura purpurea,*** ebenfalls an der Mittelmeerküste im Boden unter Pflanzenbeständen zu finden, bis 10 cm lang, hat einen mit dünnem Schwänzchen endenden, aber nur wenig abgeflachten Körper ohne betonte Seitenränder, einen keilförmigen Kopf, einen bräunlichen bis braunen Rücken, einen weißen Bauch und eine gelbe Binde auf dem weißen Kopfschild. Davon unterscheidet sich wiederum ***M. aurantiaca*** bei annähernd gleicher Länge durch die braunrote Rückenfärbung und den roten Schildfleck.

205 Band-Nemertine *Drepanophorus crassus* (Quatr.).

Bis 15 cm lang, bandartig abgeflacht mit spitzem Kopf und stilettbewaffnetem Rüssel; Rücken blaßorange bis rotbraun, Seitenränder und Bauch rosig. – Unter Steinen im Schlammsand vom Seichtwasser an. – Mittelmeer.

D. spectabilis des gleichen Gebiets, bis 8 cm lang, zeigt auf dem rötlichgelben bis ockerfarbenen Rücken 5 schmale elfenbeinfarbene Längsbänder.

206 Lebendgebärende Nemertine *Prosorhochmus claparedi* Kef.

Bis 4 cm lang, bandartig abgeflacht mit breitem, stumpf endendem Kopf und stilettbewaffnetem Rüssel; orangefarben, manchmal mit grüner Fleckung (Trächtigkeitszeichen). – Im Bewuchs der Seichtwasserzone. – Mittelmeer.

207 Helle Nemertine ***Amphiporus lactifloreus*** Johnst.
Bis 8 cm lang, abgeflacht-rundlich mit stumpfspitzem, schwach abgesetztem Kopf, stilettbewaffnetem Rüssel und dicklichem Körperende; weißlich bis rosig mit 2 dunkleren rötlichen Flecken an der Kopfbasis und einer unregelmäßigen, durchscheinenden Längslinie in Rückenmitte. – Auf Hartgrund unter Steinen in der Laminarienzone. – Mittelmeer, Atlantik, Nordsee.
Cephalothrix rufifrons des gleichen Gebiets, bis 10 cm lang, elfenbeinfarben mit ähnlicher Zeichnung, hat einen nicht abgesetzten, spitzen Kopf, ein spitzes Hinterende, gehört zu den Arten mit unbewaffnetem Rüssel und lebt auf Sandgrund im Flachwasser.

208 Schwarzkopf-Nemertine ***Tetrastemma melanocephalum*** Johnst.
Bis 2 cm lang, abgeflacht mit schwach abgesetztem, gerundetem Kopf und stilettbewaffnetem Rüssel; olivgrün bis ziegelbraun mit schildförmigem schwarzem Kopffleck. – Auf Algen vom Flachwasser an. – Mittelmeer, Atlantik.
Im gleichen Bereich zu finden sind u. a.: ***T. coronatum,*** bis 1,3 cm lang, schwach durchscheinend, grünlich bis bräunlich mit sichelförmigem schwarzem Kopffleck, sowie ***T. vittigerum,*** bis 1,5 cm lang, mit weißem Kopf und 4 dunkelbraunen Längsbändern auf dem schwach durchscheinend bräunlichen Rücken.

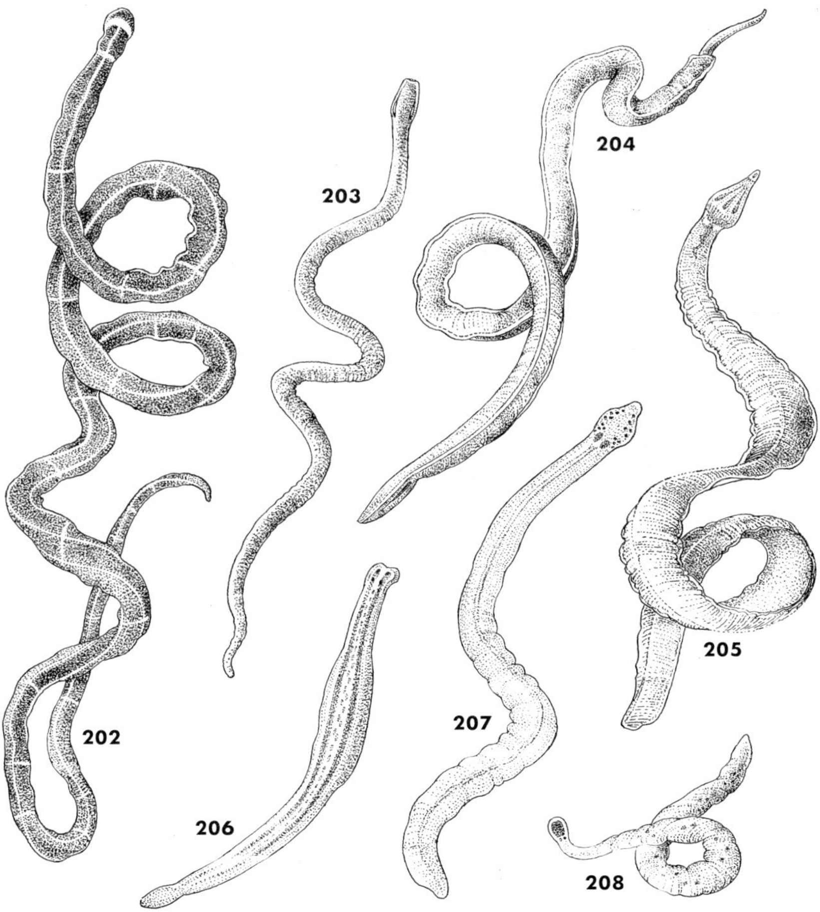

Priapuliden Stamm *Priapulida*

Nur 12 bekannte Arten, früher mit den Igelwürmern und den Spritzwürmern in der Gruppe der Stern- oder Brückenwürmer *(Gephyrea)* zusammengefaßt, neuerdings aber als eigener Stamm aufgestellt, dessen systematische Eingliederung allerdings noch unsicher ist. Die Priapuliden, äußerlich durch den wurstförmigen Körper und den vorstülpbaren, keulenartig verdickten Rüssel gekennzeichnete Bilateraltiere, sind Fleischfresser, die sich räuberisch von Kleintieren ernähren, nicht Pflanzenfresser, wie man lange annahm, und getrenntgeschlechtlich. Bodenlebend, scheinen sie in ihrer Verbreitung auf die nördlichen Meere beschränkt zu sein, die sie von der Uferzone bis in etwa 600 m Tiefe besiedeln.

209 Priapswurm *Priapulus caudatus* Lam.
Meist bis 8 cm (auch bis über 20 cm) lang, wovon etwa 1/3 auf den vorgestülpten Rüssel entfällt. Körper zylindrisch, mit Ringelfurchen und unregelmäßig verteilten kleinen Stacheln; Rüssel wenig abgesetzt, keulenförmig verdickt, mit endständiger bezahnter Mundöffnung und 25 Stachel-Längsrippen; Körperende mit einfachem papillenbesetztem Schwanzanhang, an dessen Ansatz der After liegt. Färbung durchscheinend rötlich. In Schlammsand und Ton eingegraben, so daß nur der Schwanzanhang aus dem Boden ragt, vom Flachwasser an. – Westl. Mittelmeer, Atlantik, Nordsee, westl. Ostsee.
Sehr ähnlich, aber mit 2 Schwanzanhängen ausgestattet, ist ***P. bicaudatus*** der Atlantikküste, während ***Halicryptus spinulosus,*** eine in der Ostsee von 10 m Tiefe an vorkommende, gelbliche bis dunkelbraune Art weder Schwanzanhang noch Ringelfurchen aufweist und einen verhältnismäßig viel kürzeren Rüssel hat.

Igelwürmer = Sternwürmer Stamm *Echiurida*

Eine kleine, in nahezu allen, aber vor allem kälteren Meeren vertretene Gruppe mit noch ungeklärten Verwandtschaftsverhältnissen, rund 140 Arten umfassend, die alle rein marin und fast ausnahmslos bodenlebend sind: Bilateraltiere mit walzen- bis sackförmigem Körper, der von runzeliger oder papillentragender Haut bedeckt ist und am Vorderende über dem bauchständigen Mund gewöhnlich einen mehr oder minder langen, nicht einziehbaren, jedoch sehr dehnungsfähigen Kopflappen trägt. Die Afteröffnung ist endständig. Als Nahrung dienen Kleintiere und organische Sinkstoffe. Igelwürmer sind getrenntgeschlechtlich, bei einigen Gattungen mit ausnehmend großer Verschiedenheit zwischen Männchen und Weibchen.

210 Quappwurm *Echiurus echiurus* Pall.
Meist bis 15 cm (auch bis 30 cm) lang, wovon 2 bis 4 cm auf den (dehnbaren) Kopflappen entfallen. Körper walzenförmig mit dünner, papillentragender Haut bedeckt, gelblich, grau oder blaßorange, bauchseits mit 2 Hackenborsten, am Hinterende mit 2 Borstenkränzen. Kopflappen vorne löffelartig verbreitert, gelb oder orange, an der Innenseite mit bräunlichen Längsstreifen. – Im Sand in U-förmigen Röhren, an deren Eingang nur der Kopflappen sichtbar ist, der die Umgebung nach Nahrung abtastet und bei Störung oft abgeworfen wird. Von der mittleren Gezeitenzone an. – Atlantik, Nordsee.

211 Bonellia *Bonellia viridis* Rol.
Körper meist bis 7 cm (auch bis 15 cm) lang, gedrungen, mit papillentragender Haut bedeckt, grün bis blaugrün. Kopflappen meist bis 60 cm (auch bis 1,5 m) lang, rinnenförmig, vorne gegabelt, gleichfarbig. – In Felslöchern und Spalten, vor denen der Kopflappen die Umgebung abtastet, vom Seichtwasser an. – Mittelmeer, Atlantik.
Die oben beschriebene Form ist ein Weibchen. Bonellia-Männchen sind nur 1 bis 2 mm lang; sie leben parasitierend zunächst auf dem Kopflappen, dann im Körper der Weibchen. Interessant ist, daß die aus den Eiern schlüpfenden Larven geschlechtlich undifferenziert sind, wobei sich jene zu Männchen entwickeln, denen es gelingt, sich auf dem Kopflappen eines Weibchens festzusetzen, während alle anderen zu Weibchen werden.
Thalassema gigas, eine ebenfalls grün gefärbte mediterrane Art, lebt auf Schlamm- und Sandgrund von etwa 15 m Tiefe an und ist bedeutend größer, mit wurstförmigem, bis 40 cm langem Körper und ungegabeltem Kopflappen.

Spritzwürmer Stamm *Sipunculida*

In ihrer systematischen Stellung noch umstrittene, bodenlebende marine Bilateraltiere mit walzenförmigem Rumpf und rüsselförmig ausstülpbarem, hackenbesetztem Vorderkörper, an dessen Ende die meist von kurzen Tentakeln umgebene Mundöffnung liegt, während der After sich an der oberen Rückenseite des Rumpfes befindet.
Bekannt sind rund 250 Arten, sowohl aus dem Seichtwasser wie auch aus größeren bis großen Tiefen, alle getrenntgeschlechtlich, Sinkstoff-Fresser, die sich in Sand und Schlamm vergraben, gelegentlich auch leere Weichtiergehäuse oder Wurmröhren bewohnen.

212 Spritzwurm *Sipunculus nudus* L.
Meist 10 bis 15 cm (auch über 20 cm) lang, walzenförmig, mit schwacher Gitterfurchung, grau bis rötlichgelb; Vorderkörper um etwa 1/4 der Rumpflänge ausstülpbar, mit zahlreichen Papillen und den Mund als gelappte Membran umgebende Tentakel. – In Schlamm und Schlammsand von der mittleren Gezeitenzone an, bei trockenfallenden Stellen oft an der Oberfläche. – Mittelmeer, Atlantik, Nordsee.
Gleiche Verbreitung und Lebensweise hat ***Phascolosoma vulgare*** = *Golfingia v.*, eine ähnliche Art mit schlankerem, vorne durchscheinend gelblichem bis bräunlichem, hinten dunklerem Körper von stark wechselnder Länge (gestreckt bis 15 oder 20 cm), wovon etwa 1/2 auf den Vorderkörper entfallen, dessen Mundöffnung ein doppelter Tentakelkranz umgibt. ***P. margaritaceum*** der Atlantik- und Nordseeküste, mit 4 bis 18 cm langem Rumpf und etwas längerem Vorderkörper, hat eine leicht irisierende gräuliche Haut mit feiner Gitterfurchung und lebt in Sand und Schlamm von der unteren Gezeitenzone an.

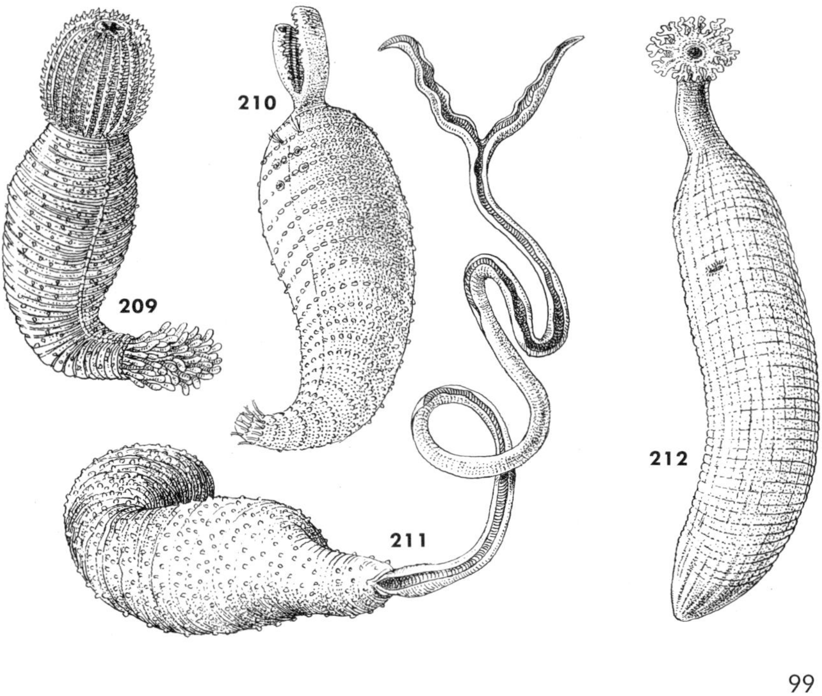

Weichtiere Stamm *Mollusca*

Dieser Stamm ist nach jenem der Gliederfüßler der zweitgrößte des Tierreichs; er umfaßt rund 112000 (nach manchen Autoren bis 130000) Arten. Deren systematische Gliederung ergibt sich aus dem Index (s. S. 346). Weitaus die meisten Weichtiere sind marin; im Süßwasser ist der Stamm nur durch Schnecken und Muscheln vertreten, an Land lediglich durch Schneckenformen. Mollusken sind Bilateraltiere; ihr Grundbauplan läßt vier Abschnitte erkennen, deren Ausbildung indessen bei den einzelnen Gruppen differiert: den Kopf mit der Mundöffnung; den dorsalen Eingeweidesack; den ventralen Fuß; den Mantel, eine vom Rücken ausgehende, den übrigen Körper mehr oder weniger umhüllende Hautfalte. Zwischen Mantel und Eingeweidesack liegt gewöhnlich die Mantelhöhle, die die Atmungsorgane birgt. Ein Innenskelett fehlt. Die Haut ist reich an Schleimdrüsen; am Mantel scheidet sie auch vielfach Stacheln, Schalenplatten oder eine Schale ab.

Aus dem rein marinen Unterstamm der Stachel-Weichtiere (*Aculifera*) sind hier die Schildfüßer (*Caudofovata*) mit rund 60 Arten und die Furchenfüßer (*Solenogastres*) mit etwa 180 Arten nur zusammenfassend besprochen. Ihr bei meist geringer Länge wurmförmiger Körper ist fast gänzlich vom Mantel umschlossen, der Kalkstacheln und -schuppen trägt. Ein Kopfabschnitt läßt sich am Vorderende, wo die Mundöffnung liegt, nicht erkennen. Der Fuß ist nur als schmale Falte ausgebildet. Die Tiere leben in allen Tiefen zwischen 20 und 4000 m, vorwiegend im Schlamm vergraben; einige Arten finden sich auf Stöcken von Hydrozoen und Oktokorallen.

Die gleichfalls den Stachel-Weichtieren zugeordneten Käferschnecken (*Placophora*) bilden eine etwa 600 Arten umfassende Klasse. Sie haben einen in der Regel stark abgeflachten Körper. Der Kopf mit der Mundöffnung ist nur wenig abgesetzt; der Fuß weist eine breite Kriechsohle auf; Kopf und Rumpf sind dorsal fast völlig vom Mantel bedeckt, der acht mit den Hinterrändern überlappende, beweglich verbundene Schalenplatten abscheidet. Diese sind vierschichtig aufgebaut, innen stark, außen nur unvollkommen verkalkt, in oft gerippte oder gekörnte Felder aufgeteilt, pigmentiert und mit Sinnesorganen, sog. Ästheten, besetzt. Gürtel nennt man den freien Randsaum des Mantels, dessen Cuticula Kalkstacheln und -schuppen trägt. Zwar auch in großen Tiefen vertreten, leben die Käferschnecken vorwiegend in der Brandungszone aller Meere. Vorzugsweise halten sie sich an lichtarmen Stellen, mit der breiten Kriechsohle an Gestein usw. festgesaugt.

Vom Unterstamm der Schalen-Weichtiere (*Conchifera*) sind die vier Klassen Schnecken, Grabfüßer, Muscheln und Kopffüßer in der Folge erfaßt, die in der Tiefsee lebenden Einschaler (*Monoplacophora* = *Tryblidiida*) hingegen nicht.

Die Schnecken (*Gastropoda*) stellen mit über 40000 Arten den größten Teil aller Weichtierformen und sind überwiegend marin. Sie haben einen zweiseitig-symmetrischen Kopffuß, während der dorsale, meist vom Mantel überzogene Eingeweidesack asymmetrisch ist. Der abgesetzte Kopf trägt oft zwei bis vier Fühler und Augen; die Mundöffnung sitzt häufig an einer Schnauze oder einem vorstreckbaren Rüssel. Der Fuß weist im allgemeinen eine breite Kriechsohle auf, kann aber auch flossenförmig ausgebildet sein. Der Mantel scheidet vielfach eine napfförmige oder spiralige Schale ab, die in der Regel den Eingeweidesack deckt und meist groß genug ist, um den ganzen Weichkörper aufzunehmen, aber auch vom Mantel umschlossen, mehr oder weniger rückgebildet sein oder völlig fehlen kann. Sie ist zwei- oder dreischichtig aufgebaut: Die oft unverkalkte, häutige Außenschicht, das Periostraktum, besteht aus Conchiolin, einer chitinähnlichen Substanz; darunter liegt, aus mehreren Lagen von Kalkprismen gebildet, das Ostrakum; bei bestimmten Gruppen folgt noch eine Perlmutterschicht. Hält man eine Schale mit der Spitze nach oben vor sich, so ist sie bei rechts liegender Mündung rechtsgewunden, bei links liegender Mündung linksgewunden. Die Mündung ist oft mit einem Deckel verschließbar. Weitere Einzelheiten zeigt das Gehäuseschema. Schneckenschalen sind sehr verschieden gefärbt und gezeichnet; sie werden oft kunstgewerblich verwertet. Zwar in allen Tiefen des Weltmeers vertreten, mit pelagisch lebenden Formen (u.a. Flügelschnecken = *Pteropoda*) auch in der Hochsee, bewohnen die Schnecken vorwiegend den Boden des Litorals.

Die Grabfüßer (*Scaphopoda*) gehören ausnahmslos der Meeresfauna an; rund 350 Arten sind bekannt, vorwiegend aus größeren bis großen Tiefen, alle bodenlebend, im Sand und Schlamm eingegraben. Ihr an das vordere Körperende verschobener Fuß ist als Grabfuß ausgebildet. Der Kopf ist rudimentär, augenlos; die Mundöffnung sitzt an einem schnauzenartigen Vorsprung, von dem kontraktile Fäden ausgehen. Der Mantel bildet eine den Weichkörper umschließende Röhre. Die von ihm abgeschiedene Schale, an beiden Enden offen, ist elefantenzahn-ähnlich oder spindelförmig und leicht gebogen. Grabfüßer-Schalen wurden früher vielerorts zu Schmuckzwecken verwendet, auch als Molluskengeld; am Mittelmeer werden sie als Amulett benützt.

Die Muscheln (*Bivalvia*), als etwa 10000 Arten umfassende Weichtierklasse hauptsächlich im Meer, aber auch im Süßwasser vertreten, sind äußerlich durch ihre Schale gekennzeichnet, die aus zwei Schalenklappen besteht. Von dem großen, zweilappigen Mantel abgeschieden, birgt sie den Weichkörper. Ein Kopf fehlt. Der meist beilförmige, schwellbare Fuß kann aus der Schale vorgestreckt werden. Zwischen Mantel und Fuß liegt beidseits die Mantelhöhle mit den Kiemen. Der Ansatzrand des sich den Klappen anschmiegenden Mantels zeichnet sich darin als Mantellinie ab

und weist am hinteren Teil oft eine Einbuchtung auf, die Mantelbucht. Außerdem sind im Schaleninneren als vertiefte Narben (Schließmuskeleindrücke) die Ansätze des vorderen und des hinteren Schließmuskels zu erkennen; ist ein Schließmuskel rückgebildet oder fehlt er, so ist dies der vordere, während der hintere stets vorhanden ist. So lassen sich Vorder- und Hinterende einer Muschel bestimmen. Hält man die Schale mit der durch Schloß und Ligament gekennzeichneten Rückenseite derart vor sich, daß das Vorderende aufwärts zeigt, so stehen linke und rechte Schalenklappe seitenrichtig. Bei lebenden Muscheln lassen die aufeinanderliegenden Mantelränder am Hinterende zwei schlitzartige Öffnungen frei, die bei marinen Arten oft zu ausstreckbaren Siphoröhren ausgebildet sind, und durch die das Atemwasser ein- und ausströmt. Mit dem Atemwasser werden auch die als Nahrung dienenden Schwebeteilchen eingestrudelt, um zur Mundöffnung im Vorderteil zu gelangen. Die Schale ist dreischichtig aufgebaut: die äußere Schicht, Periostrakum oder Außenhaut genannt, besteht aus Conchiolin; darunter liegt das aus Kalkprismen gebildete Ostraktum, Träger von Färbung und Zeichnung; das innere Hypostraktum kann perlmutterig sein oder eine porzellanartige Kalkschicht. Weitere Einzelheiten zeigt das Schalenschema. Ausnahmslos bodenlebend, kommen Muscheln in allen Meerestiefen bis über 5000 m vor, besonders auf Sand- und Schlammgrund, vielfach eingegraben.
Viele Muschelarten scheiden aus Drüsen am Fuß sog. Byssusfäden ab, die im Wasser erstarren und mit denen sich die Tiere an Gestein und sonstige feste Unterlagen kleben. Sie können sich aber durch Abstoßung oder Abtrennung des Byssus wieder lösen, um sich anderswo neu zu verankern.
Die Kopffüßer *(Cephalopoda)* zählen mit rund 650 Arten restlos zur marinen Fauna; es gibt bodenlebende und pelagische Arten, Tiefseeformen wie solche des Litorals und der Hochsee. Ihr Körper besteht aus dem vom Mantel umgebenen Eingeweidesack, dem gut ausgebildeten Kopf mit großen, hochspezialisierten Augen und endständiger Mundöffnung sowie dem diese umgebenden Kranz von acht oder zehn Armen, die aus dem ursprünglichen Fuß hervorgegangen sind. Der Mund ist mit hornigen Kiefern von papageischnabel-ähnlicher Form ausgestattet. Die Arme tragen Saugnäpfe oder Haken. Die Schale ist meist innerlich oder fehlt. Der ebenfalls aus dem Fuß entwickelte Trichter, aus dem das in den Mantelraum aufgenommene Atemwasser ausgestoßen wird, ermöglicht Rückstoßschwimmen. In der dünnen, schleimigen Haut eingelagerte Chromatophoren befähigen die Tiere zu lebhaftem Farbwechsel und Farbanpassung. Bei Gefahr kann vielfach aus einer Drüse, dem Tintenbeutel, eine schwärzliche Flüssigkeit abgegeben und mit dem Atemwasser ausgestoßen werden, um als dunkle, klumpige Wolke den angreifenden Räuber zu täuschen, der danach schnappt, wobei eine Komponente der Tinte seine Geschmacksnerven betäubt, so daß er nicht nur nicht sehen, sondern auch nicht riechen kann, wohin das Beutetier flieht.

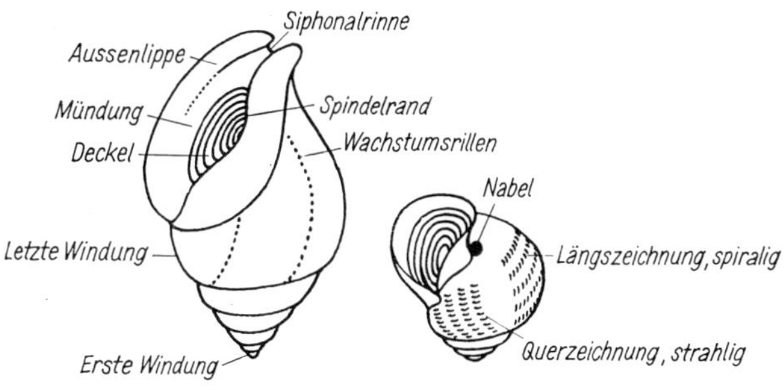

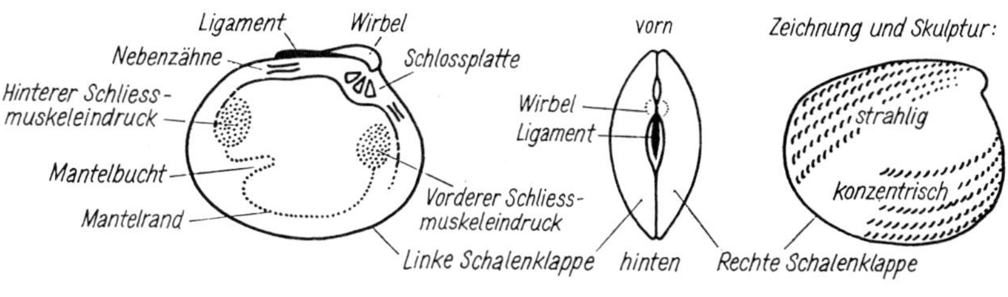

Käferschnecken Klasse *Placophora = Chitones = Loricata*

Algenfresser, augen- und fühlerlos. Mehr oder weniger länglich-oval. Geschützt unter querliegenden, mit den Rändern übereinandergreifenden und durch Muskeln verbundenen Rückenplatten. Käferschnecken sind träge Tiere, die sich tagsüber kaum von der Stelle bewegen. Löst man sie ab, so rollen sie sich meist ein. Im Altertum dienten gewisse Arten als glückbringendes Amulett.

213 Schuppige Käferschnecke *Chiton squamosus* L.
Bis 2,5 cm lang. 8 oben schuppenartig fein geriefte, mattgraue Rückenplatten, schwärzlichbraun getupft, mit unregelmäßigen bräunlichen Längsstreifen. Gürtel alternierend hell und dunkel segmentiert. – Haftet an Felsen und unter Steinen. – Mittelmeer.
Als ähnliche Art ist im gleichen Gebiet ***C. olivaceus*** zu finden, etwas größer, meist gelblichbraun bis grauoliv, mit feiner dunkler Quer- und Längsstreifung.

214 Rändel-Käferschnecke = Gemeine K. ***Lepidochiton marginatus*** Penn. = *Chiton m.* = *L.* (= *Trachydermon*) *cinereus.*
Bis 2,2 cm lang. 8 graugrüne bis grünliche, manchmal rötlichgraue bis bräunliche Rückenplatten. Gürtel deutlich abgesetzt. – Haftet an Felsen, Holzwerk, Muscheln. – Mittelmeer, Atlantik, Nordsee, westl. Ostsee.

215 Helle Käferschnecke *Ischnochiton albus* L.
Bis 1,5 cm lang. 8 mäßig gewölbte weißliche oder elfenbein- bis rötlichgelbe Rückenplatten mit feinen Riefen. Gürtel gleichfarbig, sehr schwach abgesetzt, etwas stärker gerieft, mit feinem Stachelsaum. – Unter Gestein in der Flachwasserzone. – Mittelmeer, Atlantik.
Ähnlich ist ***I. rissoi*** des Mittelmeers mit gelblichgrauen, fein gesprenkelten Platten und alternierend helldunkel segmentiertem Gürtel.

216 Assel-Käferschnecke *Lepidopleurus asellus* Sp. = *Chiton a.*
Bis 2 cm lang. 8 einfarbig bräunlich- bis blaugraue, nahezu glatte Rückenplatten. Gürtel gleichfarbig, deutlich abgesetzt. – Auf Sandgrund, Grobsand, Muschelschalen und Brauntangen in der äußeren Gezeitenzone. – Atlantik.

Schnecken Klasse *Gastropoda*

Vorderkiemer Unterklasse *Prosobranchia*

Altschnecken Ordnung *Archaeogastropoda = Diotocardia*

Friedschnecken. Algenfresser. Tiere ohne Rüssel, Gehäuse meist mit innerer Perlmutterschicht und ohne Deckel.

Meerohren *Haliotidae*

Schale ohrmuschelförmig, mit einer Saumreihe kleiner Löcher, innen perlmutterig.

217 Seeohr *Haliotis lamellosa* Lam.
Schale 1–7 cm groß, braun, rötlichbraun oder grünlich, oft mit Kalkalgen überkrustet, mit ausgeprägten runzelartigen Plättchen. – Haftet an und unter Steinen. – Mittelmeer. – Eßbar.

218 Grünes Seeohr *Haliotis tuberculata* L. = *Sanhaliotis t.*
Schale 4–8 cm groß, grünlichbraun bis grünlichrot, mit knotigen Plättchen besetzt. Starke Perlmuttschicht. – Haftet an und unter Steinen. – Atlantik, Nordsee. – Eßbar.

Schlitzschnecken = Lochschnecken ***Fissurellidae***

Schale kegelförmig, an der Spitze durchbrochen oder am Kopfende geschlitzt, meist wenig größer als das Tier.

219 Ausschnittschnecke *Emarginula elongata* da Costa
5–8 mm lang. Weißliche bis gelbliche, längliche Schale mit nach vorne gebogener Spitze, am Kopfende eingeschnitten. – Unter Steinen in der Uferzone. – Mittelmeer.

220 Netz-Lochschnecke *Fissurella reticulata* da Costa = *Emarginula r.*
1–2 cm lang. Weißlichgelbe bis grünlichgraue, ovale, flachkegelige Schale, an der Spitze durchbrochen, mit einem Netz strahliger und konzentrischer Leisten. – An Felsen und Steinen. – Mittelmeer, Atlantik, Nordsee.

221 Schlitzschnecke *Fissurella costaria* Lam. = *Lucapina c.*
Bis 3 cm lang. Schale gelblich bis grauweiß, oft etwas dunkler quergebändert, an der Spitze eingeschlitzt, mit strahligen Rippen. – An Steinen und unter Felsen. – Mittelmeer.

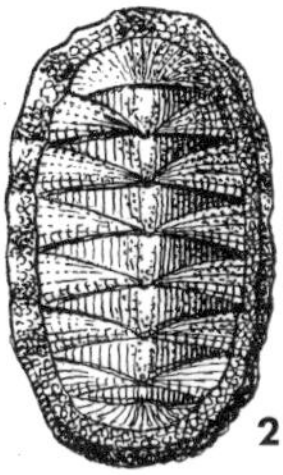

213

215

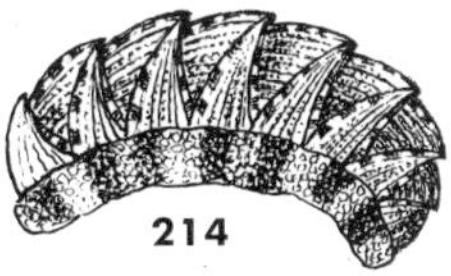

214

216

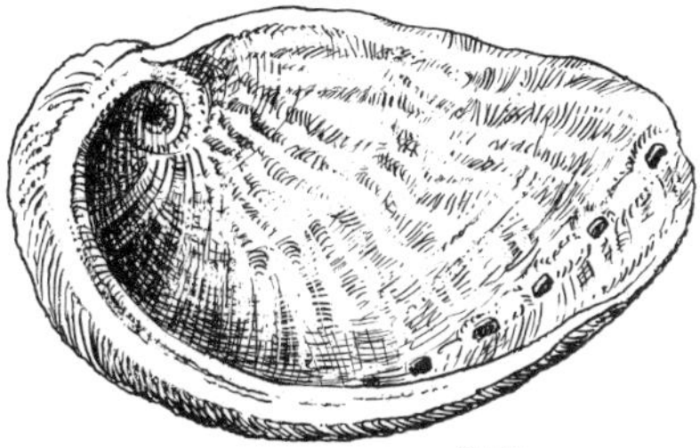

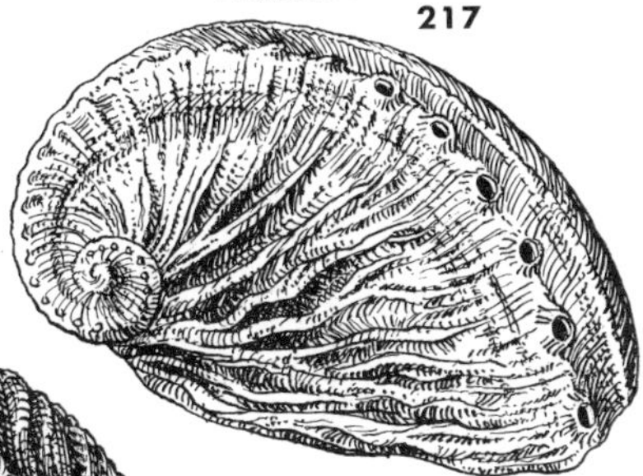

217

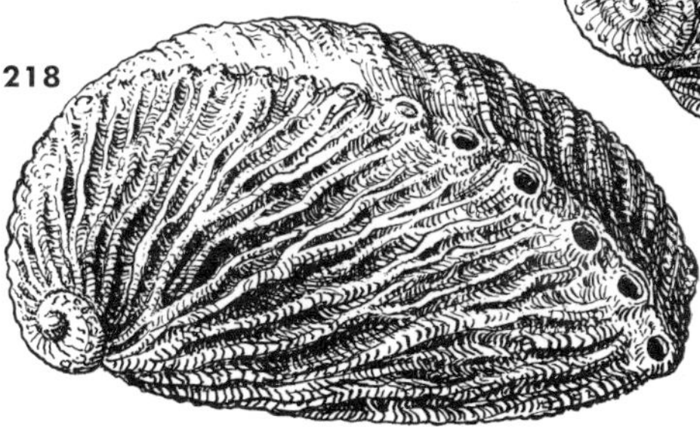

218

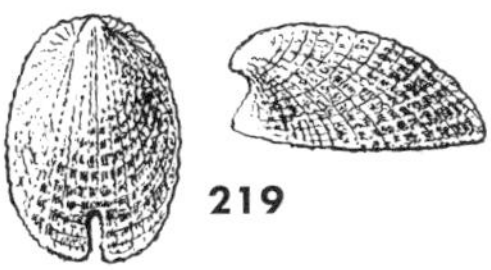

219

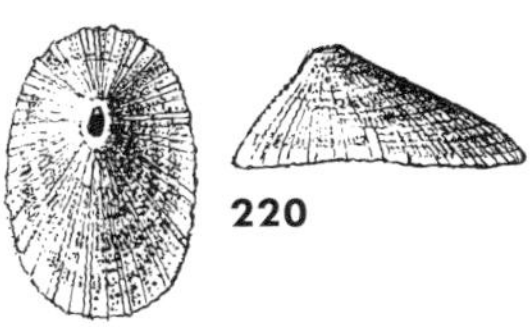

220

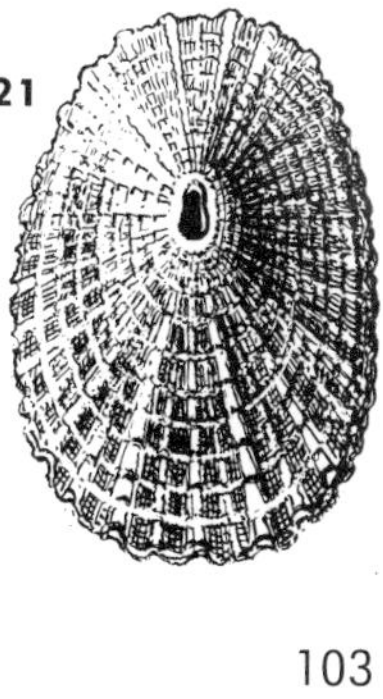

221

Altschnecken

Kreiselschnecken *Trochidae*

Kreiselförmiges Spiralgehäuse, vom Tier mit rundem Horndeckel verschließbar, innen meist mit Perlmuttschicht.

222 Bunter Jujubenkreisel = Spitzkreisel ***Calliostoma ziziphinum*** (L.) = *Ziziphinus z.* = *Trochus z.*
Bis 3 cm Durchm. Gelb und rot marmoriertes, längsgebändertes, spitzkegeliges Gehäuse, mit flachen Windungen und eckiger Mündung, ohne Nabel. – An Klippen und unter Gestein in tieferem Wasser. – Mittelmeer, Atlantik, Nordsee.
Gleich gestaltet, jedoch mit feiner, gekörnter Längsbänderung, ist der Gekörnte Jujubenkreisel, ***C. granulatum***, mit demselben Verbreitungsgebiet.

223 Gestreifter Jujubenkreisel *Jujubinus striatus* L. = *Calliostoma striatum*.
Bis 1 cm Durchm. Gehäuse mit feiner rot-weißer Längsstreifung und etwas gewölbten Windungen. – An Klippen. – Mittelmeer, Atlantik, Nordsee.

224 Rauher Jujubenkreisel *Jujubinus exasperatus* Penn. = *Calliostoma e.*
Bis 0,8 cm Durchm. Gehäuse rötlich bis rot oder rotbraun mit fein gekörnelten Längsbändern; Windungen leicht gewölbt. – An Felsen. – Mittelmeer, Atlantik, Nordsee.

225 Aschfarbene Kreiselschnecke = Friesenknopf ***Gibbula cineraria*** L. = *Trochus c.*
Bis 1,7 cm hoch. Gehäuse hellgrau, mit schräger Graustreifung, stumpfer Spitze, etwas gewölbten Windungen und feinen Spiralleisten. – An Klippen. – Atlantik, Nordsee.

226 Tempelchen *Gibbula fanulum* Gmel. = *Forskalena f.*
1,5 bis 2 cm hoch. Gehäuse bräunlichrot geflammt, mit etwas gewölbten, buckligen Windungen, feinen Spiralleisten und kleinem Nabel. – An Klippen. – Mittelmeer, Atlantik.

227 Genabelte Buckelschnecke *Gibbula umbilicalis* da Costa.
Bis 2 cm Durchm. Gehäuse gelblich- oder bläulichweiß, violett geflammt, genabelt, mit schräger Mündung. – Auf Gestein. – Atlantik, Nordsee.

228 Adansons Buckelschnecke *Gibbula adansoni* Payr.
Bis 1 cm Durchm. Gehäuse rötlichbraun, zierlich weiß geflammt, hochkegelig, mit schwachgebukkelten Windungen. – An Steinen und Klippen. – Mittelmeer.

229 Zauberbuckel *Gibbula magus* L. = *Trochus m.* = *Forskalia m.*
Bis 2,5 cm Durchm. Gehäuse gelblichweiß, rot geflammt, genabelt; Windungen mit runden Buckeln besetzt. – Meist im Sand eingegraben. – Mittelmeer, Atlantik, Nordsee.

230 Gemeine Buckelschnecke *Gibbula divaricata* L. = *Trochus d.*
Bis 1,5 cm Durchm. Gehäuse grünlich, rot punktiert, nicht oder schwach genabelt. – An Felsen und Klippen. – Mittelmeer.

231 Würfelturban *Monodonta turbinata* Born. = *Trochocochlea t.*
Bis 2,5 cm Durchm. Gehäuse weißlich oder gelblich mit dunkelvioletten und (oder) schwarzen, mehr oder weniger rechteckigen Flecken gebändert; rundlich-kegelig, dickschalig; Einzelzahn an der Spindelbasis; Mündung weiß. – An Felsen. – Mittelmeer. – Eßbar.

232 Gebänderter Turban = Fleckenturban ***Monodonta articulata*** Lam. = *Trochocochlea a.*
Bis 2 cm Durchm. Gehäuse rundlich-kegelig, dickschalig, hellrötlichgrau mit rot-weiß gefleckter Längsbänderung. Einzelzahn an der Spindelbasis. – An Felsen. – Mittelmeer.

233 Korallenvielzahn *Clanculus corallinus* Gmel.
Bis 1 cm Durchm. Gehäuse korallenrot, mit Doppelzahn an der Spindelbasis. – An Felsen. – Mittelmeer.

234 Pharaonenklapper *Clanculus pharaonis* L.
Bis 2,5 cm Durchm. Gehäuse karminrot bis schwärzlich längsgebändert und spiralig weiß gepunktet, gekörnelt, an der Basis orange mit schwarzen Punkten, genabelt, mit Doppelzahn. – An Felsen. – Mittelmeer.

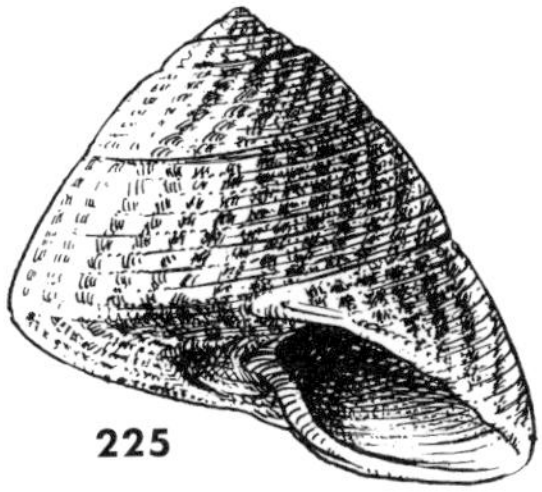
225

223

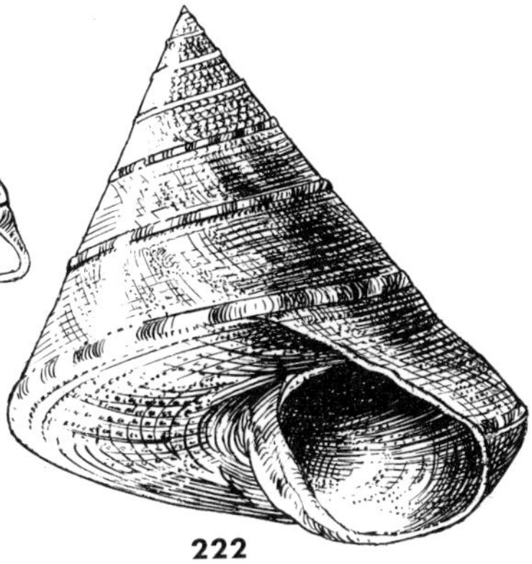
222

226

227

228

229

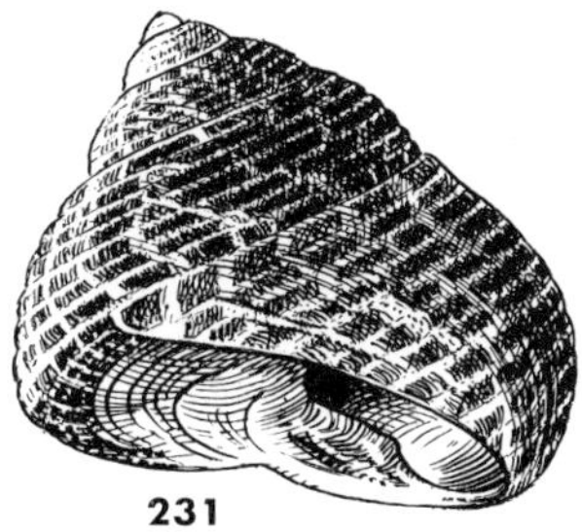
231

230

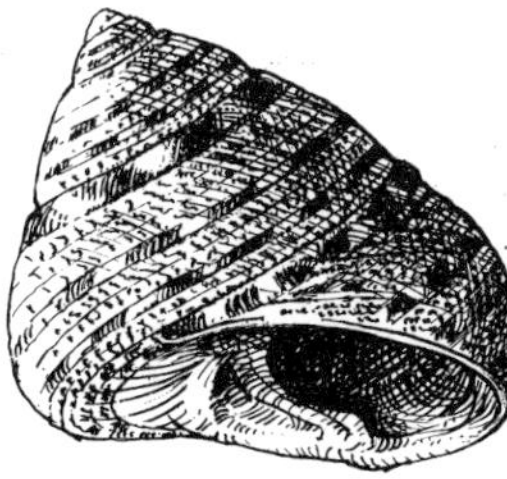
232

233

224

234

Altschnecken

Rundmundschnecken *Turbinidae*

Gehäuse rundlich-kreiselförmig, mit runder Mündung, innerer Perlmuttschicht und Kalkdeckel mit Hornbasis.

235 Blutroter Rundmund *Leptothyra sanguinea* L. = *Hopalopoma s.* = *Turbo s.*
Bis 9 mm Durchm. Gehäuse blutrot, längsgerippt. Kalkdeckel einwärts gewölbt, spiralig gerippt. – An Felsen. – Mittelmeer.

236 Roter Runzelstern *Astraea rugosa* L. = *Bolma r.* = *Turbo r.*
Bis 5 cm Durchm. Gehäuse rötlichbraun, dickwandig, mit spiraligen Linien spitzer oder stumpfer Höcker. – Kalkdeckel exzentrisch spiralig gerippt. – Auf Felsgrund. – Mittelmeer, Atlantik.

Fasanenschnecken *Phasianellidae*

Gehäuse mit Kalkdeckel, ohne innere Perlmuttschicht.

237 Fasanküken *Tricolia pulla* L. = *Phasianella p.*
Bis 9 mm hoch. Gehäuse gelblichrosa mit brauner Fleckung, höher als breit. – Auf Algen und Sandgrund. – Mittelmeer, Atlantik.

Napfschnecken *Patellidae*

Schale offen, napfförmig, mit undurchbrochener, nach vorne gerichteter Spitze und meist der Unterlage angepaßtem Rand. – Napfschnecken sind roh eßbar, schmackhaft, aber etwas zäh.

238 Gemeine Napfschnecke *Patella vulgata* L.
Bis 5,5 cm Durchm. Schale grünlich-, bläulich- oder bräunlichgrau, dickwandig, mit stumpfer, kaum vorversetzter Spitze und unregelmäßigen strahligen Rippen. – Haftet an Gestein. – Atlantik, Nordsee.

239 Warzen-Napfschnecke *Patella mamillaris* Lam.
Bis 4 cm Durchm. Schale elfenbeinweiß, untere Hälfte strahlig braun gestreift; länglichoval; Spitze warzenähnlich gerundet, von schmalem bräunlichem Ring umgeben. – An Felsen. – Mittelmeer.

240 Schild-Napfschnecke *Patella scutellaris* L.
Bis 3,5 cm Durchm. Schale weißlich, mit rötlichbrauner Querzeichnung und strahligen Rippen; schildförmig abgeflacht, mit stark gebuchtetem Rand. – An Gestein. – Mittelmeer.
Sehr ähnlich, jedoch mit noch stärker gebuchtetem, fast zackenartig ausgeschnittenem Schalenrand, kommt im Mittelmeer und an der Atlantik-Küste die Zacken-Napfschnecke, ***P. crenata***, vor.

241 Blaue Napfschnecke *Patella coerulea* L.
Bis 4,5 cm Durchm. Schale mattgrünlich, rötlich, rosig oder violett, flachkegelig, mit feinen strahligen Rippen und unregelmäßig gewelltem Rand; innen dünn perlmutterig, bläulich schimmernd. – Haftet an Felsen. – Mittelmeer.
Ähnlich gestaltet, aber kleiner sind die Mittelmeer-Napfschnecke, ***P. tarentina*** (mit rötlichbraunen Tupfen) und die Portugiesische Napfschnecke, ***P. lusitanica*** vom Mittelmeer bis zur Biskaya verbreitet (schwarz punktiert).

242 Durchscheinende Häubchenschnecke = Durchsichtige Napfschnecke ***Helcion pellucidum*** L. = *Patella p.* = *Patina p.*
Bis 2 cm Durchm. Durchscheinend dünne, gelblich- bis ockerbraune Schale mit strahligen, blaugrün irisierenden Streifen; häubchenförmig, Spitze vorversetzt. – Auf Brauntangen. – Atlantik, Nordsee, bis südl. Kattegat.

Acmaeiden *Acmaeidae*

Schale zart, mit hoher Kegelform und leicht nach vorne geneigter Spitze.

243 Jungfräuliche Napfschnecke *Acmaea virginea* Müll. = *Patelloida v.* = *A. unicolor.*
Bis 1,5 cm Durchm. Dünne, rundlich-ovale Schale, rosig, gelblich oder weißlich, meist strahlig gestreift. – Unter Steinen, oft auf Kalkalgen. – Mittelmeer, Atlantik, Nordsee, selten westl. Ostsee.
Sehr ähnlich ist ***A. testudinalis*** der Atlantik- und Nordseeküsten mit grauer, bräunlich gestreifter Schale.

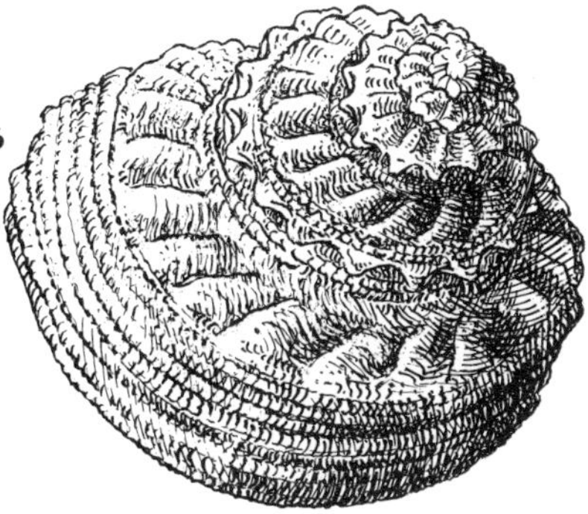

236

235

237

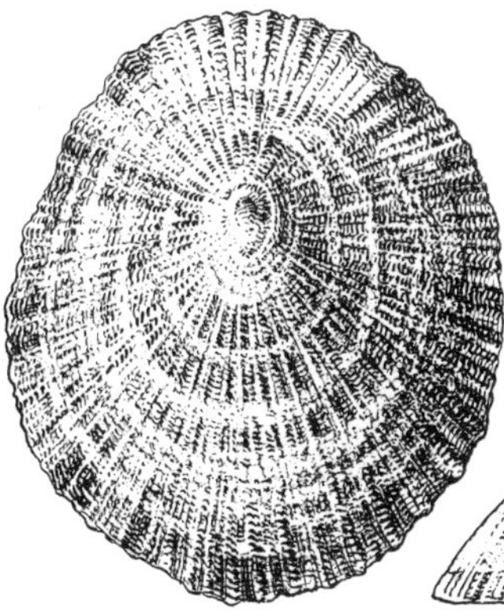

238

239

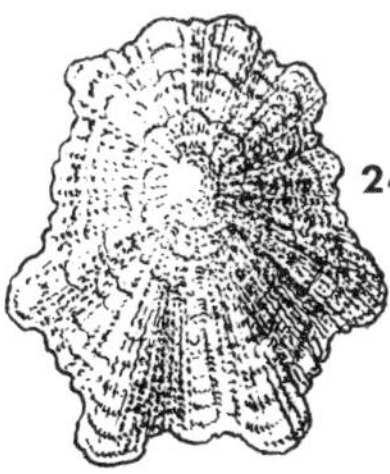

240

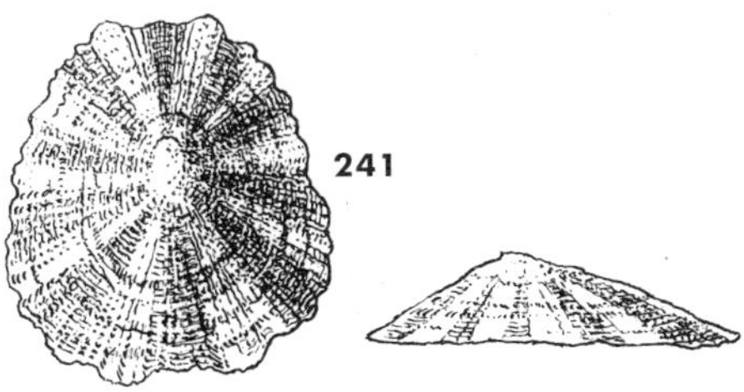

241

242

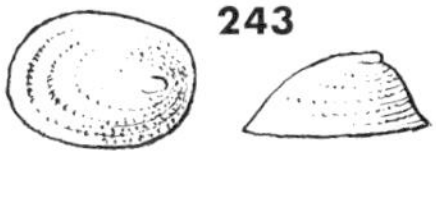

243

Mittelschnecken Ordnung *Mesogastropoda* = *Monocardia*

Teils Algen-, teils Aasfresser oder Raubschnecken mit sehr verschieden geformten Gehäusen, meist mit Deckel und ohne innere Perlmuttschicht.

Grübchenschnecken ***Lacunidae***

Rüssellose Friedschnecken mit kleinem, ziemlich dünnwandigem, glattem, genabeltem Gehäuse und Horndeckel.

244 Gebänderte Grübchenschnecke ***Lacuna divaricata*** Fabr. = *Epheria d.* = *L. vincta*
Bis 1,4 cm hoch. Gehäuse kurz, rundlich-spitz ähnlich dem der Gemeinen Strandschnecke, gebrochen grünlichbraun, meist mit brauner Spiralbänderung, fast durchscheinend dünnschalig, aber fest, mit weiter ovaler Mündung und tiefem Nabel. – Auf Algen, Tangen und Seegras. – Atlantik, Nordsee, westl. Ostsee. – Eßbar.
Einfarbig hellgelblichgrün, mit annähernd kugeligem Gehäuse und breit-halbmondförmiger Mündung ist ***L. pallidula*** des gleichen Gebiets.

Strandschnecken ***Littorinidae***

Rüssellose Friedschnecken. Gehäuse klein, wenig gewunden, dickwandig, mit runder Mündung, meist ungenabelt, durch Horndeckel verschlossen.

245 Gemeine Strandschnecke = Spitze Strandschnecke ***Littorina littorea*** L. = *Algaroda l.*
Bis 3 cm hoch. Gehäuse grau bis bräunlich- oder grünlichgrau mit hellerer Spiralbänderung, kurzkegelig, spitz, mit schwach abgesetzten Windungen. Mündung innen braun, innere Lippe fein gewinkelt. – An Gestein und Algen. – Mittelmeer, Atlantik, Nordsee, westl. Ostsee.

246 Dunkle Strandschnecke = Kleine Strandschnecke ***Littorina saxatilis*** Olivi = *L. tenebrosa* = *L. rudis*
Bis 1 cm hoch. Gehäuse gelblichgrau bis dunkelbraun, ähnlich geformt wie bei der Gemeinen Strandschnecke, jedoch mit leicht verschobenen Windungen, verdickter Mündung und bei ausgewachsenen Exemplaren mit feinen, flachen Spiralrillen. An Steinen und in Felsspalten. – Atlantik, Nordsee, westl. Ostsee. – Lebendgebärend.

247 Stumpfe Strandschnecke ***Littorina obtusata*** (L). = *L. littoralis*
Bis 1,5 cm hoch. Gehäuse orange- bis bräunlichgelb oder auch schwärzlich, einfarbig oder mit weißlicher bis gelblicher Spiralbänderung; stumpf, kugelig gewunden. – Meist auf Brauntangen. – Atlantik, Nordsee, westl. Ostsee.

248 Blaue Strandschnecke = Zwergstrandschnecke ***Littorina neritoides*** (L.)
Bis 7 mm hoch. Gehäuse bräunlich- bis schwärzlichblau, bei jungen Exemplaren durchscheinend, rundlich-kurzkegelig. – An Gestein und Algen. – Mittelmeer, Atlantik bis Kanalküste, verm. auch Nordsee.

Schnauzenschnecken ***Hydrobiidae***

Kleine Schnecken mit rundlich-konischem, glattem Gehäuse und rundem Horndeckel.

249 Wattschnecke ***Hydrobia ulvae*** Penn. = *Peringia u.*
Bis 10 mm, meist jedoch 5–7 mm hoch. Gehäuse braungelb bis dunkelbraun, spitzkugelig gewunden; Mündung oval, oben zugespitzt, durch Kalkdeckel verschlossen. – Im Wattgebiet, auch auf Sand- und Schlickgrund in tieferem Wasser, oft in großer Zahl. – Atlantik, Nordsee, Ostsee.
Ähnlich ist die Bauchige Wattschnecke, ***H. ventrosa,*** jedoch etwas kleiner, dunkler, mit stärker gewölbten Windungen.

Stutzschnecken ***Truncatellidae***

Kleine Schnecken mit dünnwandigem, stumpf abgestutztem Spiralgehäuse.

250 Glatte Stutzschnecke ***Truncatella subcylindrica*** (L.) = *T. laevigata* = *T. truncatula* = *Rissoa truncata*
Bis 6 mm hoch. Gehäuse hellgelblich bis bräunlichgelb, glatt oder fein gerieft, mit wenigen hohen Windungen. – An Algen und unter Steinen. – Mittelmeer, Atlantik, Nordsee.

Rissoschnecken ***Rissoidae***

Kleine Schnecken mit konisch-ovalem, ungenabeltem Gehäuse. Windungen leicht gewölbt, meist mehr oder weniger fein gerieft oder gerippt; Mündung rund-oval, durch Horndeckel verschlossen.

251 Rissoen:

Kleine Rissoe ***Rissoa parva*** (da Costa); bis 7 mm hoch; Gehäuse spitzkegelig, grau oder bräunlich bis braun, deutlich quergerippt, auf Algen; Atlantik, Nordsee. – Rippenrissoe, ***R. costata*** Ad.; sehr ähnlich, jedoch etwas größer und heller; auf Algen; Mittelmeer, Atlantik. – Pergamentrissoe, ***R. membranacea*** Ad.; bis 8 mm hoch; Gehäuse weiß oder gelblich mit rötlichbrauner oder violetter Querstreifung und Mündung; auf Algen; Mittelmeer und anschließende Atlantik-Küste. – Wanzenrissoe, ***R. cimex*** L.; bis 7 mm hoch; Gehäuse hellgelblich mit feiner Gitterung; auf Algen; Mittelmeer. – Bandrissoe, ***R. lilacina*** Ad.; bis 5 mm hoch; Gehäuse etwas bauchiger, mit violettem Spiralband und feiner Gitterung; auf Algen; Mittelmeer. – Viele weitere Arten und Abarten.

Turmschnecken ***Turritellidae***

Schnecken mit langem, stark gewundenem, gleichmäßig zunehmendem, spitzturmförmigem Gehäuse. Mündung rund oder oval, durch Horndeckel verschlossen.

252 Gemeine Turmschnecke = Bohrerschnecke ***Turritella communis*** Risso = *T. terebra* = *T. cornea*

Bis 6 cm hoch. Gehäuse rötlich oder gelbbraun bis braun, oft spiralig gestreift, mit gewölbten und leicht abgeflachten, spiralig fein gerieften Windungen und runder, innen meist rötlicher Mündung. – Auf Sand und Schlamm in tieferem Wasser. – Mittelmeer, Atlantik, Nordsee. – Leere Gehäuse werden oft von Einsiedlerkrebsen besetzt.

253 Dreirippige Turmschnecke ***Turritella triplicata*** Brocchi = *T. incrassata* = *T. tricarinata*

Bis 5 cm hoch. Gehäuse weißlich, rotbraun gefleckt oder geflammt, manchmal einfarbig rotbraun, mit gewölbten, spiralig fein gerieften Windungen und dreifacher Spiralrippung, wobei die mittlere Rippe am stärksten ausgeprägt ist. – Auf Sand und Schlamm in tieferem Wasser. – Mittelmeer.
Im gleichen Gebiet kommt auch eine Art mit etwas größerem, zweifach geripptem Gehäuse vor, ***T. turbona***.

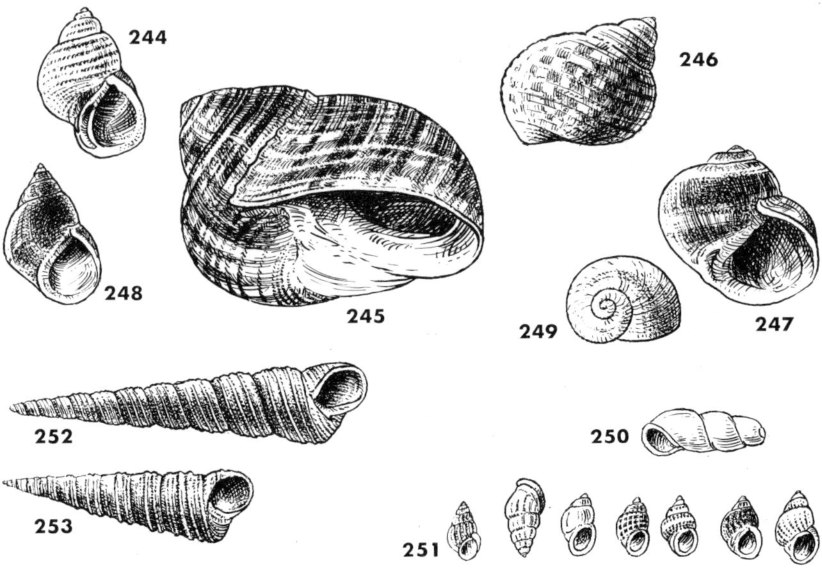

Mittelschnecken

Perspektiv- oder Sonnenschnecken *Architectonicidae*

Gehäuse breitkegelig, derb, mit regelmäßigen Windungen und großem, sich perspektivisch verengendem Nabel.

254 Mittelmeer-Sonnenschnecke *Philippia mediterranea* Mont. = *Solarium tuteum*
Bis 2,5 cm hoch. Gehäuse bunt mit weißlichen, grünlichen, rötlichen und braunen, teilweise in Punkte oder Flecken aufgelösten Spiralbändern, stumpfspiralig gewunden, mit schwach betonten Windungen und tiefem Nabel. Mündung annähernd nierenförmig, mit Horndeckel. – In tieferem Wasser. – Mittelmeer.

Wurmschnecken *Vermetidae*

Schnecken mit röhrenförmigem Gehäuse. Erste Umgänge gewöhnlich regelmäßig spiralig gewunden (Gehäuse der umherkriechenden Jungform), dann unregelmäßig gekrümmt, mit freien Windungen (festsitzende ausgewachsene Exemplare), oft mit Längsschlitz; mit Horndeckel.

255 Riesenwurmschnecke *Serpulorbis arenarius* L. = *Vermetus gigas*
Ausdehnung bis 20 cm. Gehäuse weißlich bis gräulich, auch gelb- oder rosiggrau, zunächst regelmäßig kegelig gewunden, dann als freie Röhre weiterwachsend und unregelmäßig gekrümmt; rauh, oft kalküberkrustet, im unteren Drittel glatt. – Auf Sand- und Schlammgrund. – Mittelmeer, Atlantik. – Die ausgewachsenen, festsitzenden Tiere fangen ihre Beute in einem über den Grund gezogenen Schleimnetz.

256 Dreikant-Wurmschnecke *Vermetus triqueter* Bivona
Ausdehnung bis 5 cm; Röhrendurchm. bis 6 mm. Gehäuse weißlich, gelblich bis rötlichbraun, unregelmäßig gekrümmt, mit annähernd dreieckigem Röhrenquerschnitt, oft mit feiner Rückenrippe. – An Gestein und Muschelschalen. – Mittelmeer.

257 Geknäuelte Wurmschnecke *Vermetus glomeratus* L.
Ausdehnung bis 1,5 cm; Röhrendurchm. bis 2 mm. Gehäuse bräunlich bis rötlichbraun, rundröhrig, unregelmäßig geknäuelt. – Auf Sandgrund, an Gestein und Weichtiergehäusen. – Mittelmeer.

258 Geringelte Wurmschnecke *Vermetus arenarius* L. = *Lemintina a.* = *V. polyphragma*
Ausdehnung bis 15 cm; Röhrendurchm. bis 1,5 cm. Gehäuse rötlichbraun bis braun, spiralig fein gekörnelt, unregelmäßig geringelt und gekrümmt, rundröhrig, mit Horndeckel verschlossen. – Auf Sandgrund. – Mittelmeer.

Nadelschnecken *Cerithiidae*

Schnecken mit Rüsselschnauze. Hochspiraliges, stark gewundenes Gehäuse mit kurzem Siphokanal. Horndeckel.

259 Gemeine Seenadel = G. Nadelschnecke ***Gourmya vulgata*** (Brug.) = *Cerithium v.* = *Thericium v.* = *Vulgocerithium v.*
Bis 7 cm hoch. Gehäuse grau, grünlich, bräunlich oder rötlich, dickwandig. Windungen mit kleinen, stumpfspitzen Höckern besetzt. Mündung oval, am Rand schwach gezähnelt. – Auf Steinen, Sand- und Schlammgrund, auch im Brackwasser. – Mittelmeer, (seltener) Atlantik. – Eßbar.

260 Felsnadel *Gourmya rupestris* (Risso) = *Thericium r.* = *Cerithium r.*
Bis 3 cm hoch. Gehäuse hell- bis dunkelgrau, bräunlich oder grünlich, mit weißlichen Höckern. – An Steinen und Felsen. – Mittelmeer, Atlantik.

261 Mäusedreck = Netzhornschnecke ***Bittium reticulatum*** da Costa = *Cerithium r.*
Bis 1,5 cm hoch. Gehäuse hell- bis dunkelbraun, eng gewunden, schlank. Windungen feingitterig mit winzigen Höckern in regelmäßigen Viererreihen besetzt. – An Felsen und Algen, oft in sehr großer Zahl. – Mittelmeer, Atlantik, Nordsee, westl. Ostsee.

Dreimundnadeln *Triphoridae*

Schnecken mit zierlichem, sehr schlankem und linksgewundenem Gehäuse.

262 Linksnadel *Triphora perversa* L. = *Cerithium p.*
Bis 2,5 cm. Gehäuse in Form und Farbe ähnlich dem Mäusedreck, aber linksgewunden. Windungen mit Höckerchen in sehr regelmäßigen Zweier- bis Dreierreihen besetzt. – Auf Sandgrund unter Steinen und an Algen. – Mittelmeer, Atlantik, Nordsee, westl. Ostsee.

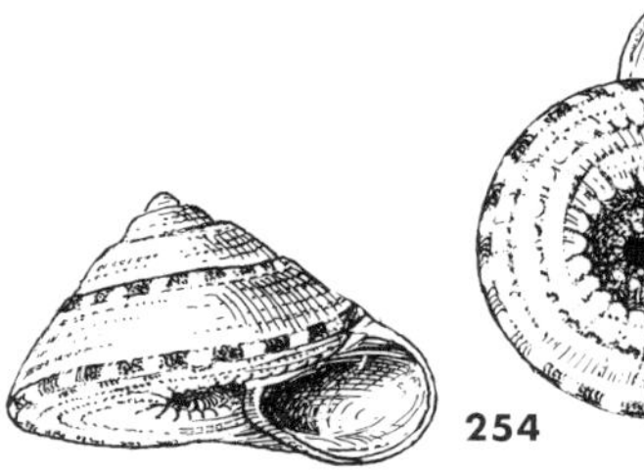

254

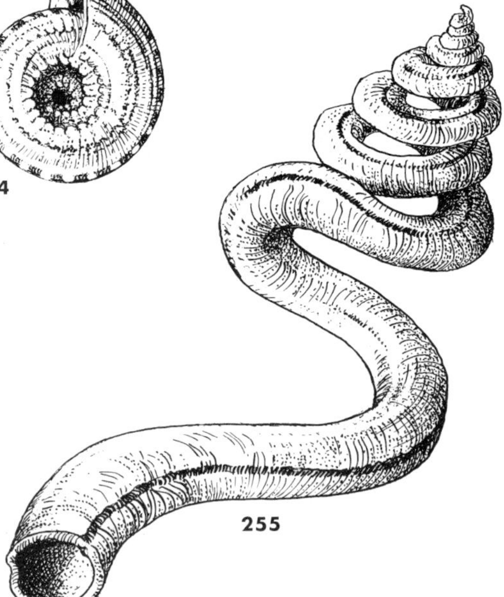

255

256

258

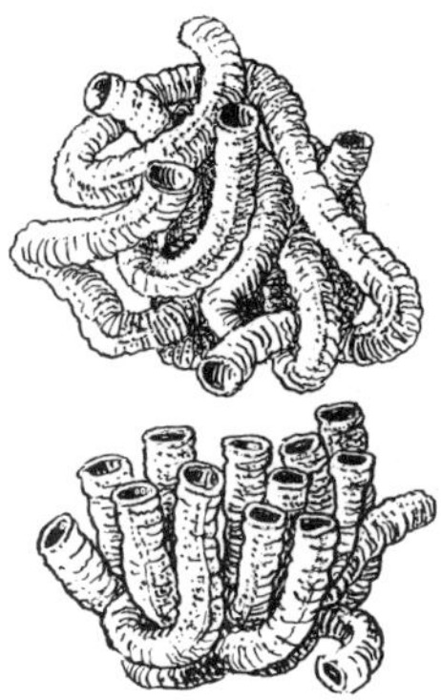

257

259

260

261

262

Mittelschnecken

Haubenschnecken = Hutschnecken = Mützenschnecken ***Capulidae*** = *Calyptraeidae*
Schnecken mit haubenförmiger, offener Schale.

263 Ungarkappe *Capulus hungaricus* (L.)
Bis 5 cm Durchm. Schale weißlich, mit gelblicher bis bräunlicher, samtiger Haut bedeckt, dünnwandig. Innenseite schimmernd weiß. – An Muschelschalen in größerer Tiefe. – Mittelmeer, Atlantik, Nordsee.

264 Chinahaube *Calyptraea chinensis* (L.) = *Patella sinensis* = *C. sinensis*
Bis 2 cm Durchm. Schale weißlich bis gelblich, dünnwandig, flachkegelig, rund, mit fein gedrehter zentraler Spitze. Innenseite weiß, mit von der Mitte ausgehender, abgerundeter Platte. – An Muschelschalen. – Mittelmeer, Atlantik, Nordsee.

265 Pantoffelschnecke = Porzellanpantoffel ***Crepidula moulinsi*** Mich. = *C. fornicata*
Bis 6 cm Durchm. Schale gelblichweiß bis grünlichgrau oder bräunlich, manchmal rötlich gefleckt oder gestreift; annähernd oval, mützenförmig, meist deutlich gewölbt. Mündung durch an der Innenseite vorspringende, dünnkantige Platte verengt. – Häufig auf Muschelbänken, oft in Ketten von mehreren aufeinander sitzenden Exemplaren (Zeugungsketten). – Atlantik, Nordsee.

266 Fingernagel *Crepidula unguiformis* Lam.
Bis 2,5 cm Durchm. Schale weißlichgelb, fast durchscheinend; oval, stark abgeflacht. Mündung an der Innenseite mit vorspringender, dünner Kalkplatte. – Auf Muschelschalen und Felsen. – Mittelmeer.

Pelikanfüße *Aporrhaidae*
Langschnauzige Schnecken mit stark gewundenem, dickwandigem Gehäuse, dessen gerippte Außenlippe schwimmfußartig ausgezogen ist. Mündung durch schmalen Horndeckel verschlossen.

267 Pelikanfuß *Aporrhais pes-pelicani* L. = *Chenopus p.*
Bis 5 cm hoch. Gehäuse gelblich, bräunlich, gräulich, manchmal schwarz. Windungen gehöckert, Außenlippe kräftig gerippt, bei erwachsenen Exemplaren flächig verbreitert und in spitze Zinken auslaufend, während die Außenlippe bei der Jungform noch nicht ausgezogen ist. Mündung schmal, gerade; Siphokanal spitz. – Auf Sand- und Schlammgrund, meist eingegraben. – Mittelmeer, Atlantik, Nordsee bis südl. Kattegat. – Eßbar.

Kerfen = Kaurischnecken ***Eratoidae***
Schnecken mit teilweise vom Mantelrand bedeckter, gerippter, eingerollter Schale.

268 Europäische Kerfe = E. Kauri = Gerippte K. ***Trivia europea*** (Mont.) = *T. arctica* = *T. monacha*.
Bis 12 cm lang. Schale bräunlichgrau bis hellbraun, fein gerippt, mit geriefter Schlitzmündung. – Auf Stein- und Sandgrund. – Mittelmeer, Atlantik, Nordsee.
Ähnlich, aber mit 3 braunen Tupfen, ist ***T. mediterranea*** des Mittelmeers; kleiner, rosig- bis weißlichgrau und ohne Tupfen ***T. adriatica.***

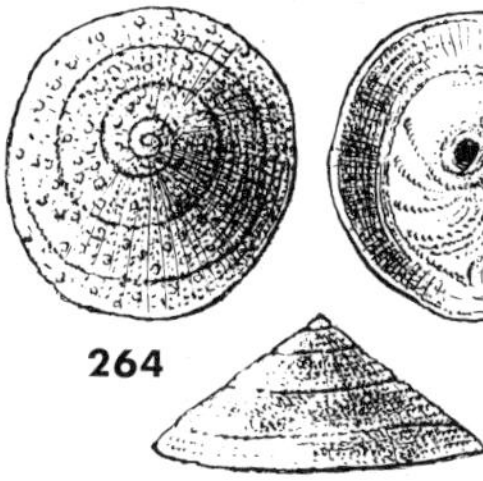

264

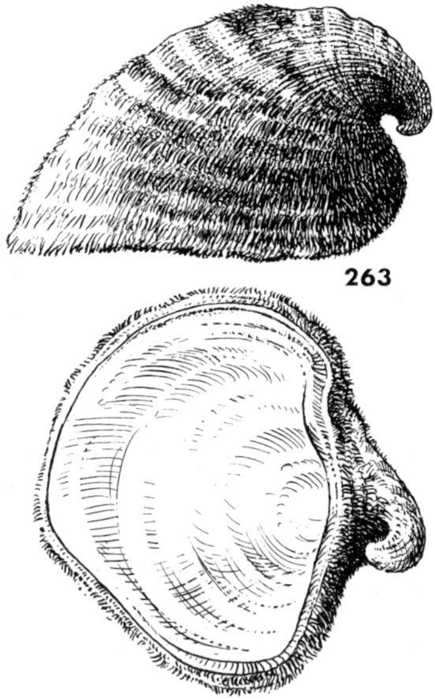

263

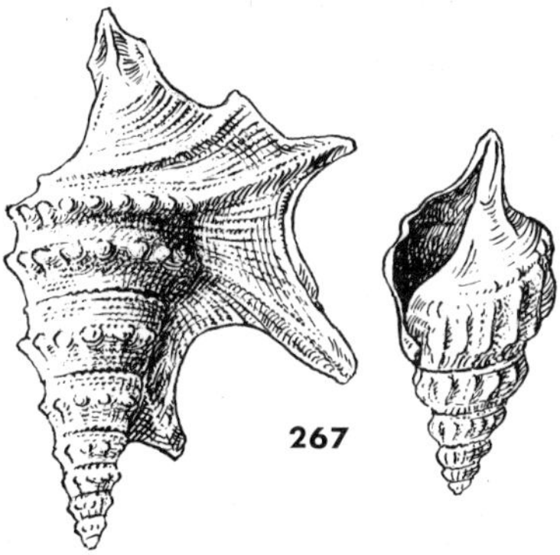

267

266

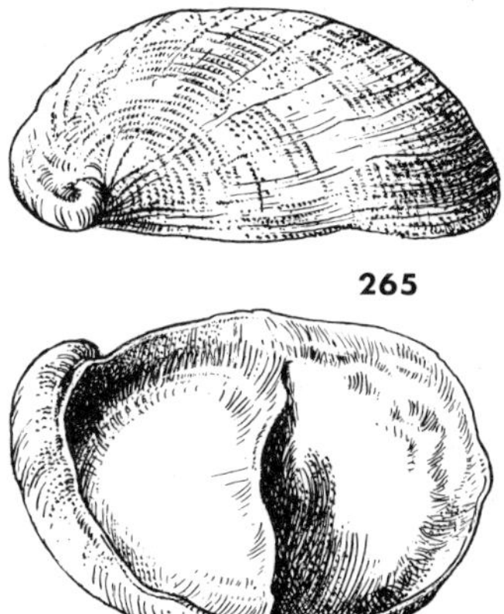

265

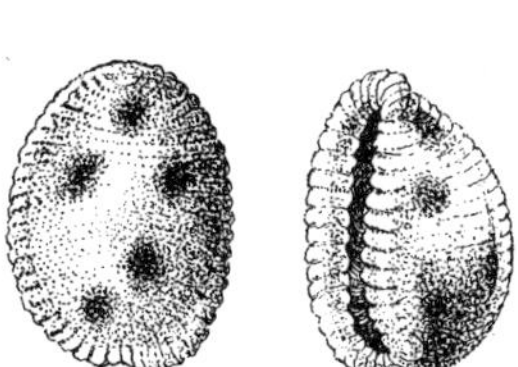

268

Mittelschnecken

Porzellanschnecken *Cypraeidae*

Schnecken mit teilweise vom Mantelrand bedeckter, glatter, eingerollter Schale.

269 Tränenporzellane *Cypraea lacrimalis* Menke = *Trivia pulex*
Bis 5 cm lang. Schale grauviolett mit bräunlicher Tönung, oval, feingerippt, mit weißer, meist glatter Basis und fein gezähnelter Schlitzmündung. – Unter Steinen. – Mittelmeer.

270 Braune Maus *Luria lurida* (L.) = *Cypraea l.* = *Talparia l.*
Bis 5 cm lang. Schale rötlichbraun bis braun, heller gebändert, an den Enden orange mit dunklen Flecken. Unterseite weißlich mit stark gezähnelter Schlitzmündung. – Unter Steinen. – Mittelmeer, Atlantik.

271 Birnporzellane *Zonaria pyrum* (Gmel.) = *Erronea p.* = *Cypraea p.*
Bis 5 cm lang. Schale rötlich, unregelmäßig braun gefleckt, glänzend. Unterseite hellrötlich mit gezähnelter Schlitzmündung. – An Algen und Seegras. – Mittelmeer, Atlantik bis Portugal als nördl. Grenze.

Eischnecken *Ovulidae*

Schnecken mit teilweise vom Mantel bedeckter, geschnäbelter, eingerollter Schale.

272 Rotes Vogelei *Primovula carnea* Poiret = *Pseudosimnia c.*
Bis 13 mm lang. Schale rosig bis gelblich mit feiner Spiralriefung. Gebogene Schlitzmündung mit Kanal an beiden Enden. Außenlippe eingebördelt und gezähnelt. – In tieferem Wasser. – Mittelmeer.
Im gleichen Gebiet kommt u. a. noch das Weiße Vogelei, ***Pseudosimnia adriatica*** = *Ovula a.* = *Primovula a.* vor, mit dünner, bis 2,5 cm langer Schale von weißlicher Tönung.

273 Offene Spelze *Simnia patula* Penn.
Bis 2,5 cm lang. Schale weißlich bis gelblichweiß, länglich. Schlitzmündung weit, gezähnelt, mit Kanal an beiden Enden. – Auf Sandgrund in tieferem Wasser. – Mittelmeer, Atlantik.

Rollschwimmschnecken *Atlantidae*

Großrüsselige Schwimmschnecken mit gekieltem Gehäuse, Deckel und Deckelflosse.

274 Perons Rollschwimmer *Atlanta peroni* Les. = *A. rosea*
Bis 1,5 cm Durchm. Gehäuse weißlich, durchscheinend, zartschalig, flachspiralig, mit peripherem Kiel. – Auf Treibholz. – Mittelmeer, Atlantik bis Biskaya als nördl. Grenze.

Haubenschwimmschnecken *Carinariidae*

Großrüsselige Schwimmschnecken mit haubenförmiger Schale und Flossenfuß, mit Saugnapf.

275 Schwimmende Mütze = Kielfußschnecke ***Carinaria lamarcki*** Per. u. Les. = *C. mediterranea* = *C. cymbium*
Tier bis 25 cm lang, durchsichtig, annähernd spindelförmig, mit rotem Rüssel. Schwimmt auf dem Rücken liegend. Schale nur bis 3 cm groß, durchscheinend, zartschalig, feingerippt, mit hakenförmiger Spitze; birgt bloß die Kiemen. – Im freien Wasser. – Mittelmeer, Atlantik bis Biskaya als nördl. Grenze.

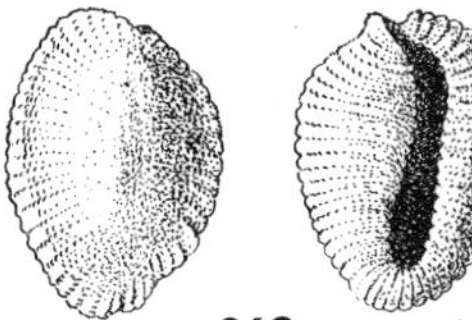

269

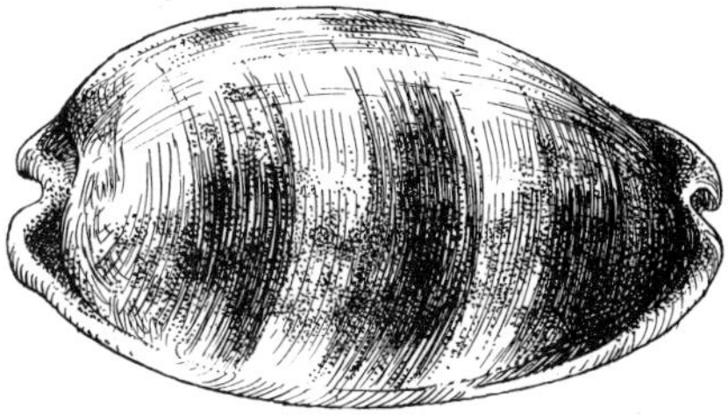

270

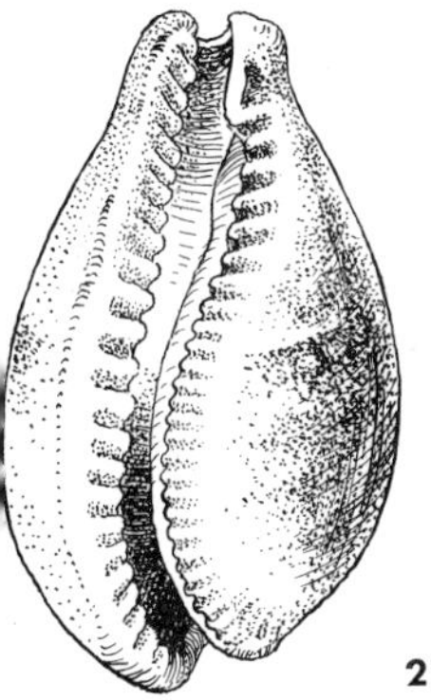

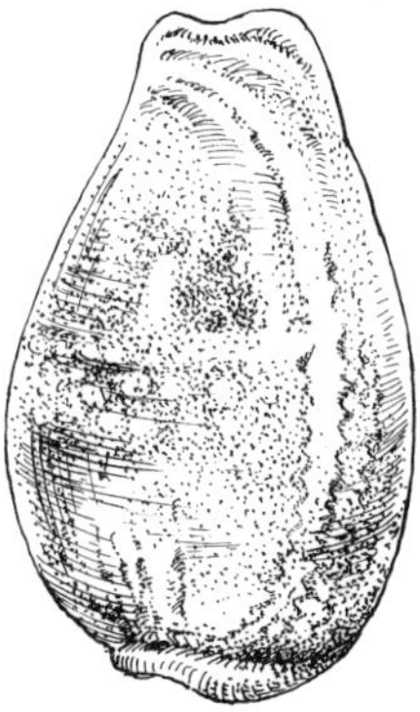

271

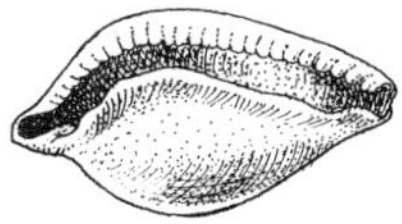

272

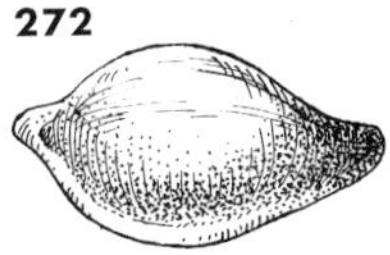

273

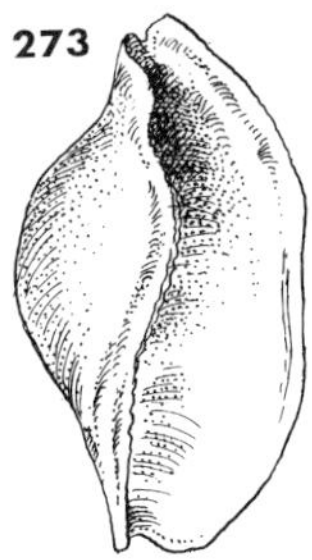

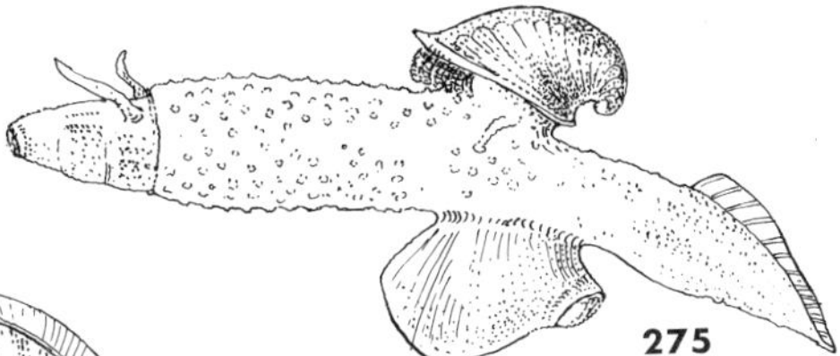

275

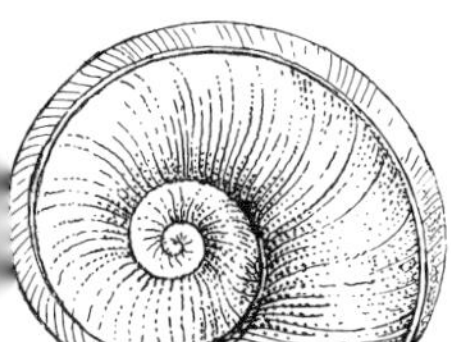

274

Mittelschnecken

Mondschnecken = Nabelschnecken ***Naticoidae***

Raubschnecken; Rüssel mit Bohrdrüse; bohren Muscheln an und fressen sie aus. Gehäuse mit weiter letzter Windung, kugelig bis oval, glatt, teilweise durch Vorderfuß überdeckt. Mündung durch Kalk- oder Horndeckel verschlossen. Leere Gehäuse oft von Einsiedlerkrebsen bewohnt.

276 Halsband-Mondschnecke = Gefleckte Nabelschnecke ***Lunatia catena*** da Costa = *Natica c.*

Bis 4,5 cm Durchm. Gehäuse gelblich- bis rötlichweiß, mit spiraligem braunem Fleckenband, kugelig, genabelt. Horndeckel. – Auf Sandgrund, meist eingegraben. – Mittelmeer, Atlantik, (selten) Nordsee. – Eßbar.

Ähnlich, jedoch mit bis 1 cm Durchm. viel kleiner ist ***L. montagui*** des gleichen Gebiets.

277 Guillemins Mondschnecke *Lunatia guillemini* (Payr.) = *Polynices g.* = *Natica g.*

Bis 2,2 cm Durchm. Gehäuse rötlichweiß, rotbraun marmoriert oder schwach gefleckt, kugelig, eng genabelt, mit rotbraun gesäumtem Nabelwulst. Horndeckel. – Auf Sandgrund, meist eingegraben. – Mittelmeer, Atlantik bis Biskaya als nördl. Grenze.

278 Glänzende Mondschnecke = Gl. Nabelschnecke ***Lunatia poliana*** (Delle Chiaje) = *Polynices p.* = *Natica alderi* = *Lunatia nitida*

Bis 1,5 cm Durchm. Gehäuse weißlich oder gelblich bis hellbräunlich, ziegelrot bis braun geflammt, glänzend, kugelig, mit durch rotbraun getönten Wulst halb verdecktem Nabel. Horndeckel. – Auf Sand und Schlamm. – Mittelmeer, Atlantik, Nordsee.

279 Josefinische Mondschnecke *Natica josephina* Risso = *Neverita j.*

Bis 3 cm Durchm. Gehäuse gelblichweiß, an der Nabelseite leicht grau getönt, abgeflacht, breiter als hoch, mit glatter gelblicher Mündung. Nabel durch braunen oder violetten Spiralwulst ausgefüllt. Horndeckel. – Auf Sandgrund. – Mittelmeer. – Eßbar.

280 Nordische Nabelschnecke *Natica clausa* Brod. u. Sow.

Bis 2 cm Durchm. Gehäuse gelblichweiß bis bräunlichgelb, kugelig, glatt, ziemlich dünnschalig. Nabel durch flachen Wulst ausgefüllt. Kalkdeckel. – Auf Sandgrund. – Nördl. Atlantik, Nordsee. – Eßbar.

281 Tausendpunkt-Nabelschnecke *Naticarius stercusmuscarum* (Gmel.) = *Natica millepunctata* = *Neverita m.* = *N. stercusmuscarum.*

Bis 5 cm Durchm. Gehäuse gräulich bis gelblich, rötlich bis dunkelbraun punktiert, mit dünnem Nabelwulst. Kalkdeckel. – Auf Sand- und Schlammgrund. – Mittelmeer. – Eßbar.

282 Hebräische Nabelschnecke *Naticarius hebraeus* Martyn = *Natica maculata* = *N. hebraea.*

Bis 4,5 cm Durchm. Gehäuse in Form und Farbe ähnlich dem der Tausendpunkt-N., jedoch nicht punktiert, sondern unregelmäßig geflammt und gefleckt, mit starkem Nabelwulst, Kalkdeckel. – Auf Sand- und Schlammgrund. – Mittelmeer. – Eßbar.

Faßschnecken = Tonnenschnecken ***Tonnidae*** = *Doliidae*

Langrüsselige Raubschnecken mit faßartig bauchigem, dünnwandigem, aber starkem Gehäuse. Ohne Deckel.

283 Gewelltes Faß *Tonna galea* (L.) = *Dolium g.*

Bis 15 cm hoch. Gehäuse weißlich bis bräunlichgelb, manchmal leicht gefleckt, mit breiten, abgeflachten Spiralrippen. Außenlippe sehr dünn, schwach gewellt. – In tieferem Wasser. – Mittelmeer und angrenzende Atlantik-Küste.

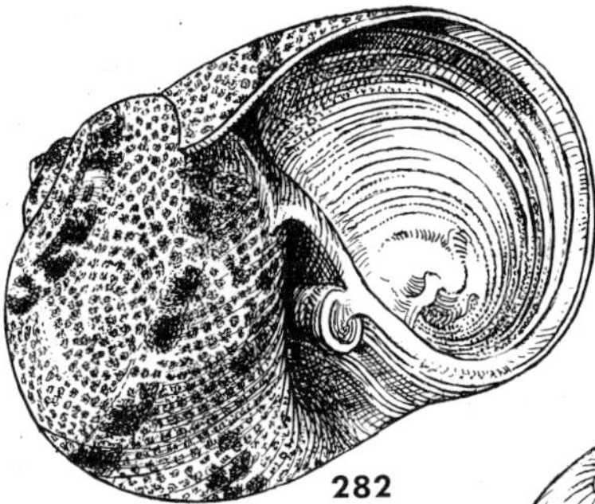
282

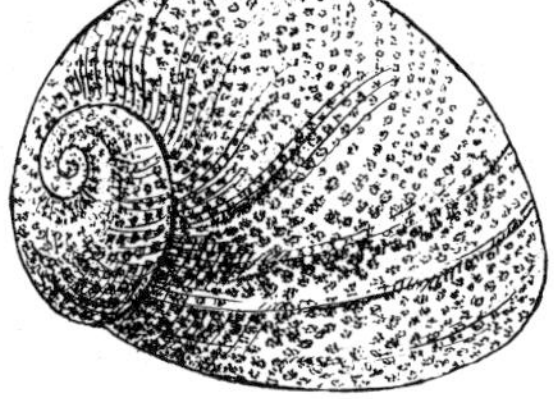
281

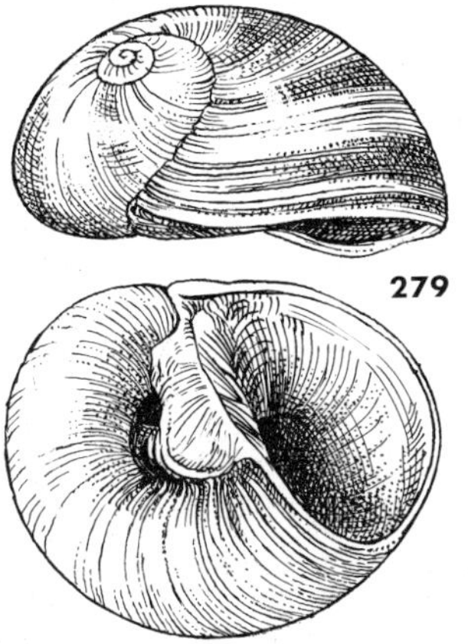
279

277

276

280

278

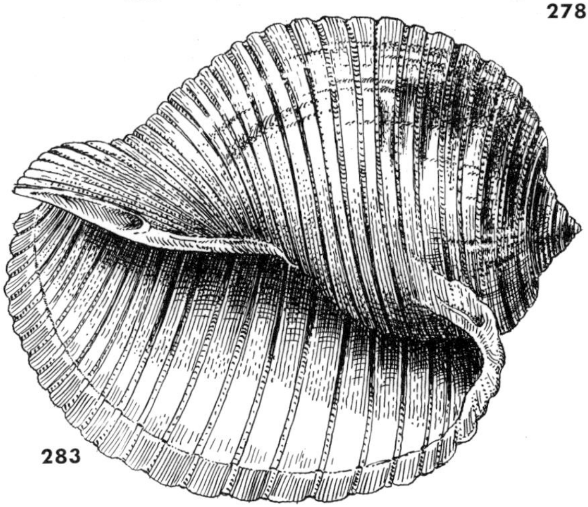
283

Mittelschnecken

Helmschnecken *Cassididae*

Langrüsselige Raubschnecken mit großem, bauchigem, dickschaligem Gehäuse und Horndeckel.

284 Knotenschelle *Galeoda echinophora* (L.) = *Cassidaria e.*
Bis 10 cm Durchm. Gehäuse gelb. Windungen mit spiraligen Reihen großer Knotenhöcker, breiter Spindelrand; langer Siphokanal; halbkreisförmiger Horndeckel. – Auf Sandgrund vom Flachwasser bis in größere Tiefen. – Mittelmeer, Atlantik bis Portugal als nördl. Grenze. – Eßbar.

285 Tyrrhenische Schelle *Galeoda rugosa* (L.) = *Cassidaria r.* = *C. tyrrhena.*
Bis 14 cm Durchm. Gehäuse in Form und Farbe ähnlich dem der Knotenschelle, aber nicht gehökkert, sondern spiralig längsgerippt. – Auf Sandgrund vom Flachwasser bis in größere Tiefen. – Mittelmeer, Atlantik bis Portugal als nördl. Grenze.

286 Afrikanischer Helm = Gemeine Sturmhaube ***Cassis saburon*** Brug.
Bis 8 cm Durchm. Gehäuse gelb bis bräunlichgelb mit grauer Tönung. Windungen spiralig fein längsgerieft. Mündungsrand gezähnelt. Horndeckel. – Auf Sand- und Schlammgrund. – Mittelmeer, Atlantik bis Biskaya als nördl. Grenze.

287 Gefurchte Sturmhaube *Cassis sulcosa* Brug.
Bis 10 cm Durchm. Gehäuse gelblich, rotbraun quergestreift und geflammt, mit wulstig gerundeten, breiten Längsrippen und rotbraun gefärbten Längsfurchen. Mündungsrand fein gezähnelt. Halbkreisförmiger Horndeckel. – Auf Sandgrund. – Mittelmeer.

Helmschnecke und Violetter Seeigel (Mittelmeer)

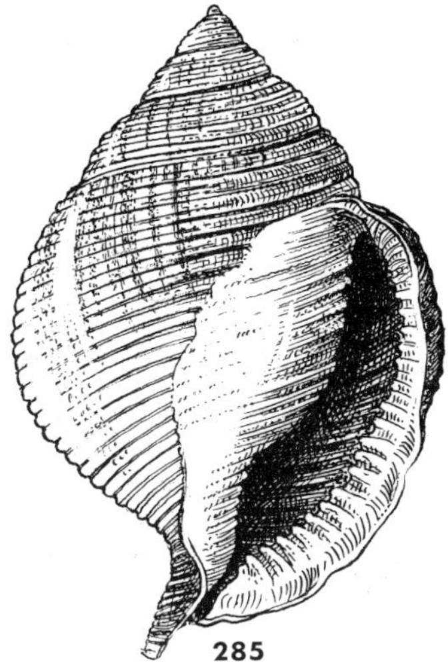

285

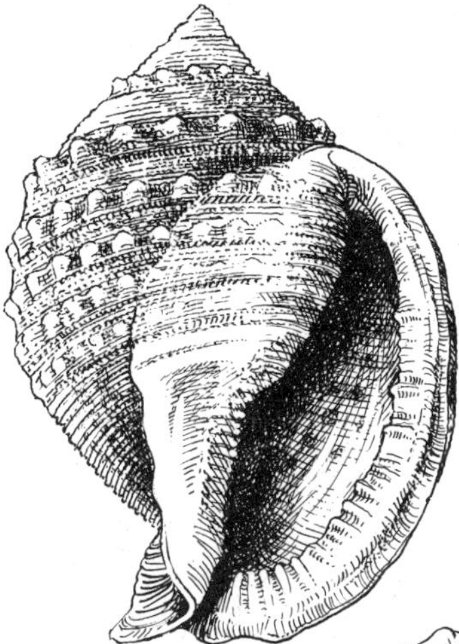

284

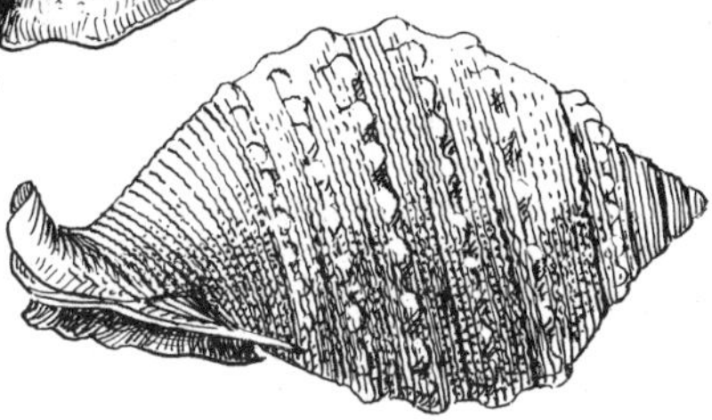

287

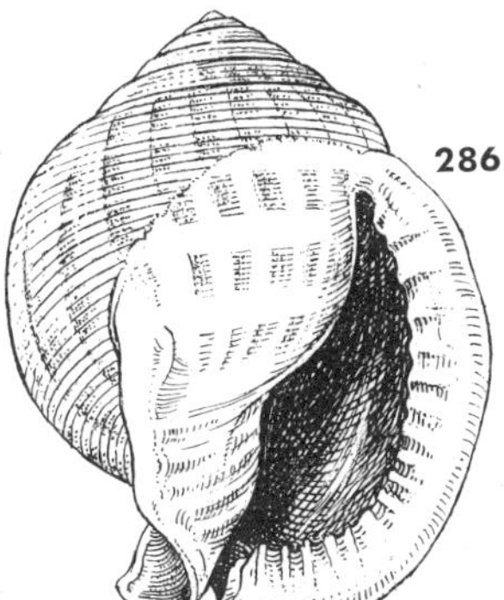

286

Mittelschnecken

Tritonen *Cymatiidae*

Große, langrüsselige Raubschnecken mit stattlichem, massig-spindelförmigem Gehäuse.

288 Großes Argushorn = Krötenschnecke ***Ranella gigantea*** Lam. = *Apollon giganteus*
Bis 18 cm hoch. Gehäuse gräulichgelb. Windungen mit starken Längsrippen und Querwülsten (Überreste früherer Außenlippen). – An Felsen und auf steinigem Sandgrund. – Mittelmeer.

289 Häutiges Tritonshorn *Cymatium cutaceum* L.
Bis 8 cm hoch. Gehäuse gräulichgelb, mit brauner membranöser Haut bedeckt, längsgerippt und mit knotigen Querwülsten. – An Felsen und auf steinigem Sandgrund. – Mittelmeer.

290 Runzeliges Tritonshorn *Cymatium corrugatum* (Lam.) = *Triton c.*
Bis 10 cm hoch. Gehäuse gräulichgelb, mit bräunlicher, runzeliger Haut bedeckt, längsgerippt und mit Querwülsten. – An Felsen und auf steinigem Sandgrund. – Mittelmeer.

291 Knotiges Tritonshorn = Trompetenschnecke ***Charonia lampas*** (L.) = *Tritonalia nodifer* = *Tritonium n.*
Bis 25 cm hoch. Gehäuse gräulichgelb, braun gefleckt, gehöckert. Letzte Windung stark gewölbt. Außenlippe gezähnelt. – Auf Sand- und Felsgrund. – Mittelmeer, Atlantik.

Wendeltreppen *Scalidae*

Fleischfressende Schnecken mit Purpursekret. Gehäuse hochspiralig, mit gewölbten Windungen, runder Mündung.

292 Gemeine Wendeltreppe = Unechte W. ***Epithonium clathrus*** Lam. = *Clathrus c.* = *Scala communis* = *Scalaria c.*
Bis 4,5 cm. Gehäuse weißlich bis bräunlich, manchmal rötlich, mit hohen, gleichfarbigen Querrippen. Genabelt. – Auf Sand und Schlamm in tieferem Wasser. – Mittelmeer, Atlantik, Nordsee, westl. Ostsee.
Sehr ähnlich, jedoch etwas größer ist Turtons Wendeltreppe, ***Epithonium turtonae*** = *Clathrus t.*

293 Blätterige Wendeltreppe *Epitonium lamellosum* Lam. = *Scalaria l.*
Bis 3 cm hoch. Gehäuse weißlich mit bräunlichen oder blaßvioletten Flecken und hohen weißen Querrippen. Ungenabelt. – Auf Sand und Schlamm vom Flachwasser bis in größere Tiefen. – Mittelmeer.

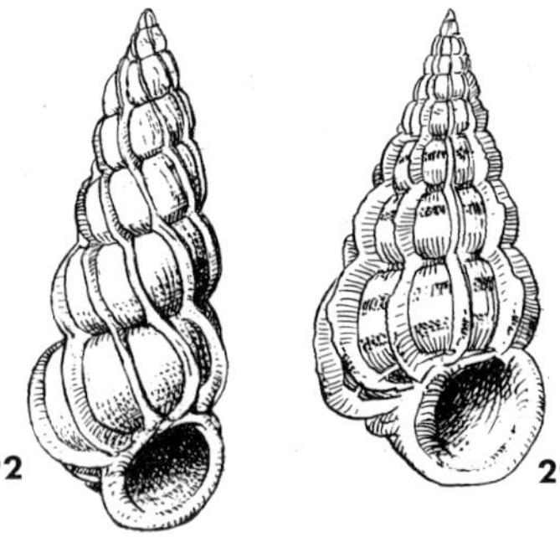

292 293

Gehäuse von *Charonia lampas* wurden einst in allen Mittelmeerländern als Musik- und Signalinstrumente verwendet. So sind auf Darstellungen aus der griechischen Antike vielfach mythologische Gestalten zu erkennen, die auf einem Tritonshorn blasen. Aus der frührömischen Geschichte ist bekannt, daß die Gehäuse mit abgeschnittener oder angebohrter Spitze bei den Legionen für militärische Signale gebraucht wurden. Daß sie damals auch Objekte des Tauschhandels mit nördlichen Völkern waren, deuten z. B. Funde in den Überresten der Pfahlbausiedlungen am Bodensee an. Als Nebelhörner sind Tritonschalen von den mediterranen Fischern bis über das Mittelalter hinaus gebraucht worden, und in der Gegend von Nizza sollen sie gelegentlich noch heute zum Austausch von nächtlichen Signalen zwischen Booten dienen.

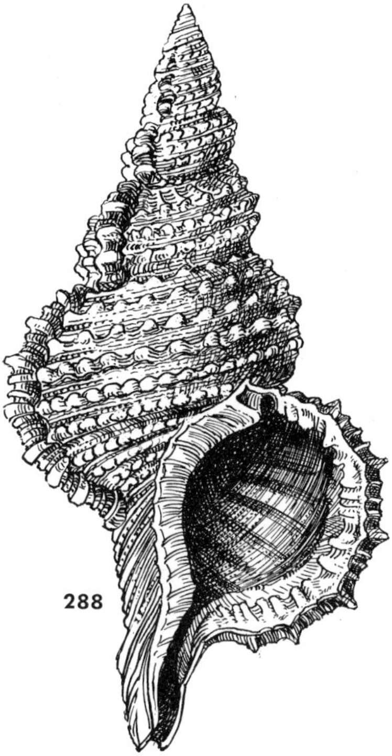

288

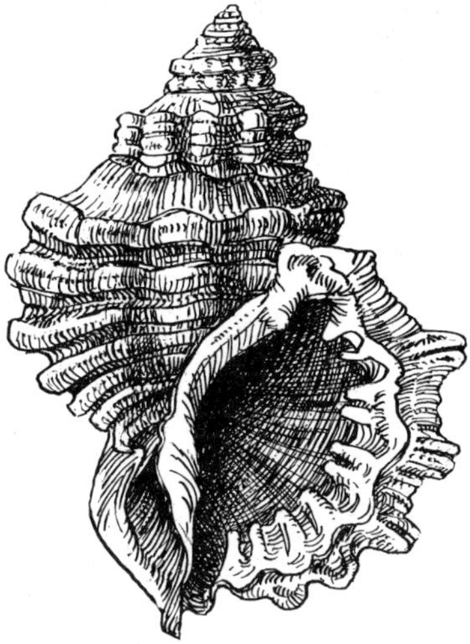

289

290

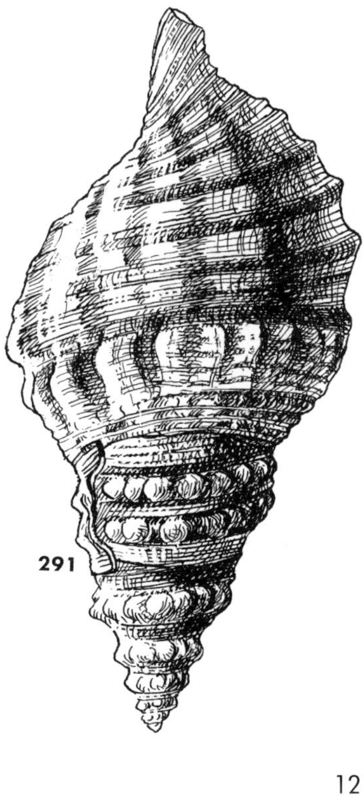

291

Neuschnecken Ordnung *Neogastropoda* = *Stenoglossa*

Aas- und fleischfressende Raubschnecken mit Rüssel und Sipho. Gehäuse mit Deckel verschlossen, ohne innere Perlmuttschicht.

Stachelschnecken = Wulstschnecken = Leistenschnecken ***Muricidae***

Schnecken mit höckerigem bis stacheligem, dickschaligem, meist kurzgewundenem, durch Horndeckel verschlossenem Gehäuse.

294 Herkuleskeule *Murex brandaris* L. = *Bolinus b.*
Bis 9 cm hoch. Gehäuse gelblich bis gräulich, keulenförmig, mit langem, geradem Siphokanal und robusten Stacheln. Purpurdrüse. – Auf schlammigem Steingrund; auch auf Seegras. – Mittelmeer. – Eßbar.

295 Hochschwanz = Brandhorn ***Truncilariopsis trunculus*** L. = *Murex t.*
Bis 8 cm hoch. Gehäuse gräulich, gelblichgrau oder grünlich, braun längsgebändert, mit Querwülsten und stumpfen oder spitzen Höckern. Siphokanal kurz und gebogen. Purpurdrüse. – Auf schlammigem Stein- und Felsgrund; auch auf Algen. – Mittelmeer. – Eßbar.

296 Edwards Seekälbchen *Murex edwardsi* Payr. = *Ocinebra e.* = *Tritonalia e.*
Bis 2 cm hoch. Gehäuse hellbräunlich, häufig ein- oder zweifach längsgebändert, quergerippt, manchmal mit kleinen Höckern. Mündung bläulichrot oder bläulichweiß, am Außenrand deutlich gezähnelt. Purpurdrüse. – Auf Felsgrund in geringen Tiefen; von ca. 10 m Tiefe an auch auf Sandgrund. – Mittelmeer, Atlantik bis Portugal als nördl. Grenze.

297 Blainvilles Stachelschnecke *Muricopsis cristatus* (Brocchi) = *Muricidea blainvillei* = *Murex c.*
Bis 3,5 cm hoch, manchmal noch etwas größer. Gehäuse weißlich oder gelblich bis braun, quer- oder längsgestreift, mit stumpfspitzen Stachelhöckern und gezahnter Außenlippe. Mündung dunkel getönt. Purpurdrüse. – Auf steinigem Sandgrund von der Strandzone an. – Mittelmeer, Atlantik bis Biskaya als nördl. Grenze.

298 Rotmund-Maulbeere *Thais haemastoma* (L.) = *Purpura h.* = *Stramonita h.*
Bis 8 cm hoch. Gehäuse schmutziggrau bis mattbräunlich, manchmal schwach dunkler gefleckt, rauh, mit knotigen Buckeln. Mündung ziegelrot; Außenlippe gezähnelt und oft mit braunen Flämmchen gesäumt. Purpurdrüse. – An Felsen und auf Muschelbänken. – Mittelmeer, Atlantik bis Biskaya als nördl. Grenze.

299 Steinchen = Nordische Purpurschnecke ***Nucella lapillus*** L. = *Purpura l.*
Bis 4,5 cm hoch. Gehäuse einfarbig weißlich bis gelblich, oder dunkler längsgebändert, quergerieft, manchmal grober, bis scharfhöckerig. Mündung gezähnelt. Purpurdrüse. – An Felsen, oft in der Nähe von Miesmuscheln. – Atlantik, Nordsee.

300 Großes Seekälbchen = Gerippte Purpurschnecke ***Ceratostoma erinaceum*** (L.) = *Ocenebra e.* = *Murex e.* = *Tritonalia erinacea*
Bis 6 cm hoch. Gehäuse weißlich- bis gelblichgrau, dickschalig, gehöckert, mit groben Längsriefen und Querwülsten. Siphokanal nahezu geschlossen. Purpurdrüse. – Auf steinigem Grund. – Mittelmeer, Atlantik, Nordsee. – Eßbar.

301 Korallen-Seekälbchen *Ocenebra corallina* Sacchi
Bis 8 mm hoch. Gehäuse rötlichbraun, fein längsgerieft und in regelmäßigen Reihen quergehöckert, Siphokanal geschlossen. – An Felsen im Flachwasser. – Atlantik, Nordsee.
Ähnlich ist ***O. oculata*** des Mittelmeers.

Die Purpurdrüse der Stachelschnecken sondert in sehr geringen Mengen einen gelblichen Schleim ab, der an der Luft zunächst gelb, dann grün, schließlich purpurn und violett wird. Nach einem von den Phönikern erfundenen Verfahren wurden damit im Altertum die für Herrscher und hohe Würdenträger bestimmten Gewänder gefärbt.

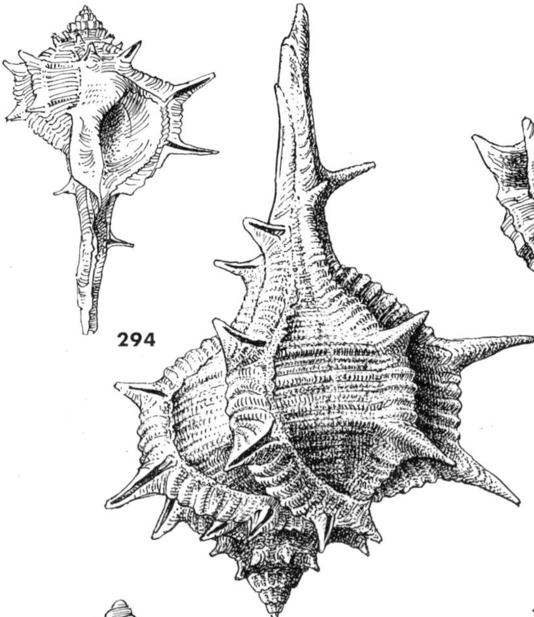

294

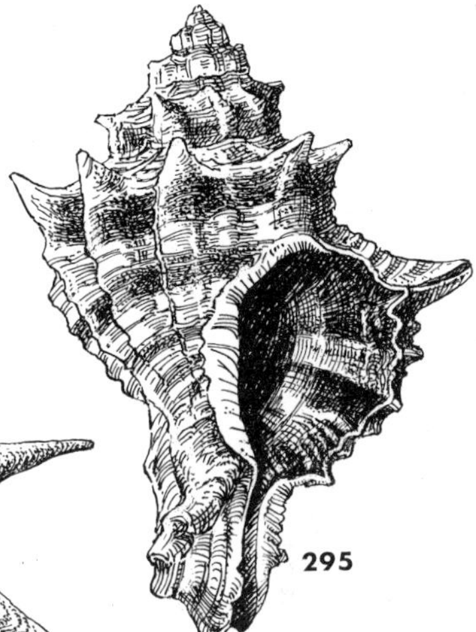

295

301

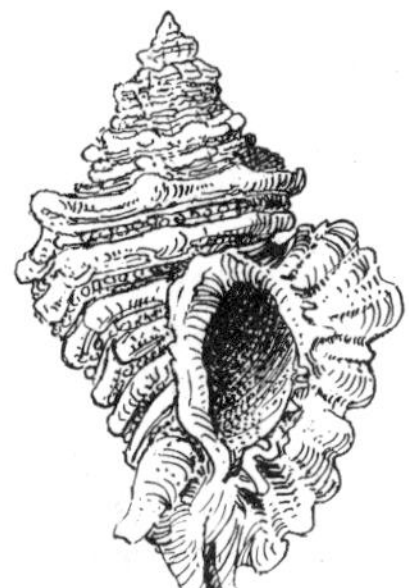

300

296

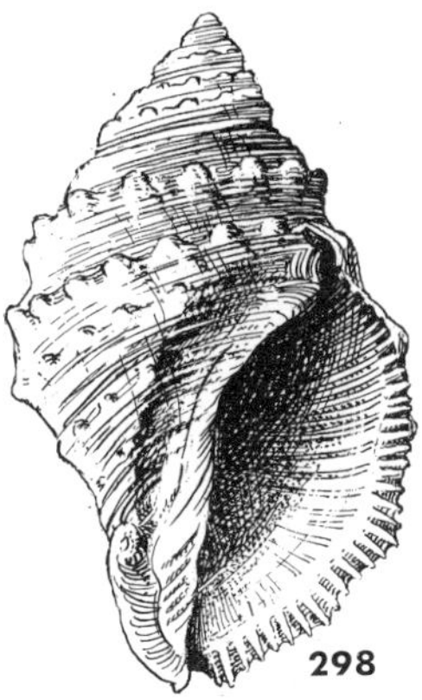

298

297

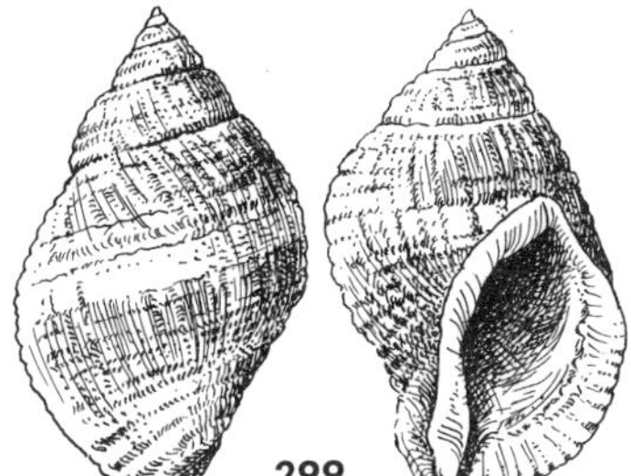

299

Neuschnecken

Hornschnecken *Buccinidae*

Gehäuse meist gestrecktspiralig, mehr oder weniger bauchig, mit kurzem, abgebogenem Siphokanal, durch Horndeckel verschlossen.

302 Gemeines Spindelhorn *Buccinum corneum* (L.) = *Euthria c.*
Bis 6 cm hoch. Gehäuse falb bis hellbraun, mit feinen braunen Querlinien oder Flammen. Erste Windungen fein gehöckert, übrige mit Nahtwulst. – Auf Sand- und Schlammgrund. – Mittelmeer. – Leere Gehäuse werden oft von Einsiedlerkrebsen besiedelt.

303 Wellhorn = Kinkhorn ***Buccinum undatum*** (L.).
Bis 12 cm hoch. Gehäuse weißlich- bis gelblichgrau, derbschalig, rauh, mit feinen Längsrillen und ausgeprägten Querwellen. – Auf Algen, Sand- und Schlammgrund, vom Flachwasser bis in größere Tiefen. – Atlantik, Nordsee, westl. Ostsee. – Leere Gehäuse werden oft von Einsiedlerkrebsen besiedelt.

304 Geflecktes Klipphorn *Pisania striata* (Gmel.) = *P. maculosa.*
Bis 2,5 cm hoch. Gehäuse auf den ersten Windungen grünlichgrau, sparsam braun und weiß gefleckt, auf der letzten, sehr fein längsgerieften Windung weiß und hell- bis dunkelbraun gesprenkelt, manchmal mit braunen Querflämmchen. Mündungsrand gezähnelt, violett gefleckt. – An Felsen. – Mittelmeer, Atlantik bis Portugal als nördl. Grenze.

Reusenschnecken *Nassidae*

Schnecken mit gabelig auslaufendem Fuß. Gehäuse von unterschiedlicher Form.

305 Wandelbare Reuse *Sphaeronassa mutabilis* (L.) = *Nassa m.* = *N. inflata.*
Bis 3 cm hoch. Gehäuse falb, schwach bräunlich geflammt, mit einem Längsband weißlicher und rötlichbrauner Tupfen an der Windungsnaht; glatt und bauchig. Mündungsrand fein gezähnelt. – Auf Sand- und Schlammgrund. – Mittelmeer, Atlantik bis Biskaya als nördl. Grenze.
Die Gewölbte Reuse, ***S. gibbosa,*** des Mittelmeers weist ebenfalls ein glattes, glänzendes Gehäuse auf, das aber rosiggrau getönt ist, dickschaliger, an der Basis weißlich, mit wulstiger Mündung.

306 Dosenschnecke *Cyclope neritea* (L.) = *Cyclonassa n.* = *Neritula n.*
Bis 2,5 cm Durchm. Gehäuse falb mit Längsband schwacher rötlicher Tupfen, flachspiralig gewunden, mit weißlicher Basis. Mündungsrand manchmal bräunlich gefleckt. – Auf Sand- und Schlammgrund. – Mittelmeer, Atlantik bis Biskaya als nördl. Grenze.

307 Netzreusenschnecke *Hinia reticulata* (L.) = *Nassa r.*
Bis 3 cm hoch. Gehäuse bräunlich bis gräulich oder grünlich, manchmal weiß, mit regelmäßigem Netz von Längsriefen und Querrippen. Windungen schwach abgesetzt. – Auf Sand- und Schlammgrund in der Flachwasserzone, meist eingegraben. – Mittelmeer, Atlantik, Nordsee, westl. Ostsee.

308 Spanreuse *Hinia prysmatica* (Broc.) = *Nassa clathrata* = *Nassarius limatus.*
Bis 3 cm hoch. Gehäuse weißlich, in der Mitte manchmal gelb bis braungelb quergebändert, mit kantig abgesetzten Windungen, enger Längsriefung und meist ausgeprägten Querrippen – Auf Sand- und Schlammgrund von der Flachwasserzone an, meist eingegraben. – Mittelmeer, spanische Atlantikküste.

309 Dickmundreuse *Hinia incrassata* (Ström.) = *Nassa i.*
Bis 1,5 cm hoch. Gehäuse weißlich bis gelblichgrau mit bräunlichen Querstreifen, die mit Querrippen alternieren. Feine Längsriefung. Mündungsrand verdickt, glatt und weiß, innen schwach gezähnelt. – Auf Schlamm- und Sandgrund in tieferem Wasser. – Mittelmeer, Atlantik, Nordsee.

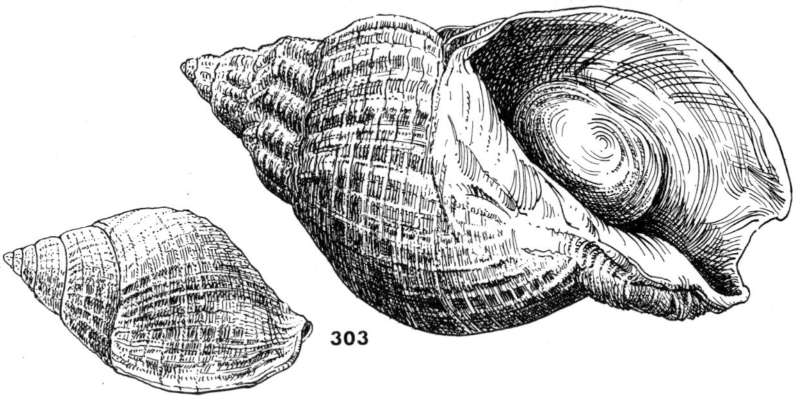

303

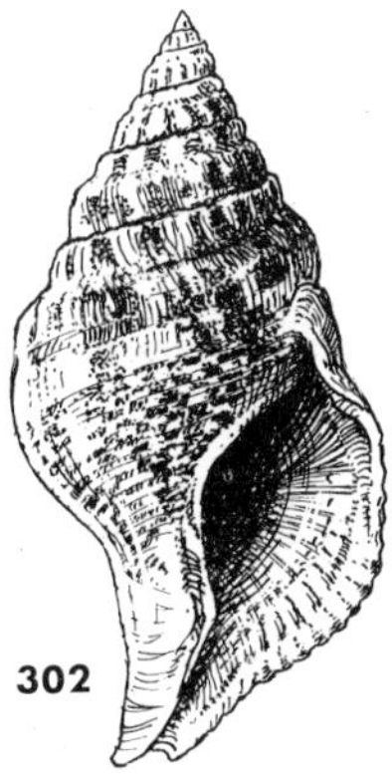

302

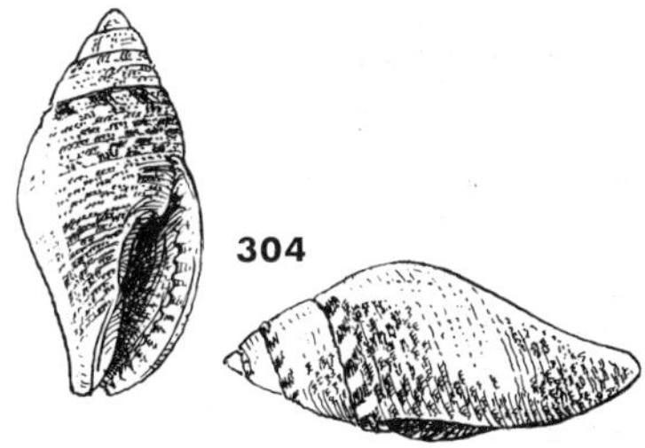

304

309

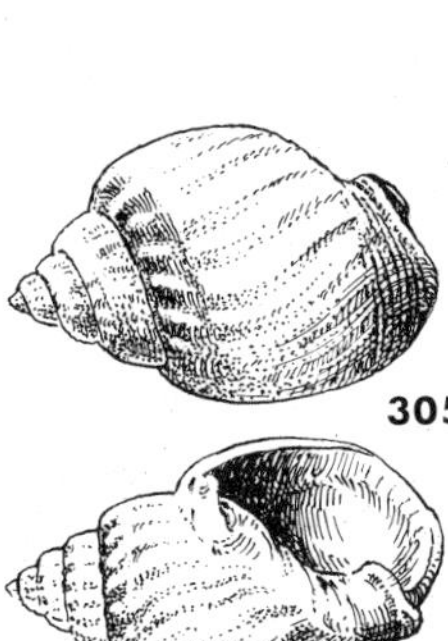

305

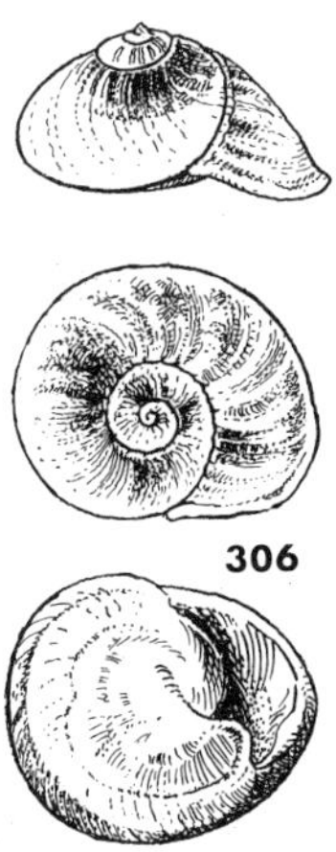

306

307

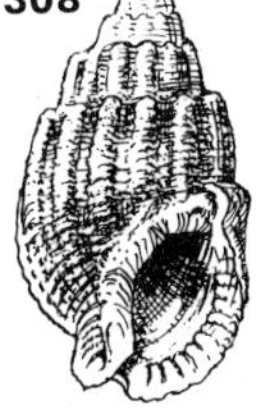

308

Neuschnecken

Bündelhörner = Spindelschnecken ***Fasciolariidae***

Schnecken mit stark gewundenem, spindelförmigem, dickschaligem Gehäuse. Deckel spitz auslaufend. Mundrand scharf. Siphokanal meist lang und gerade.

310 Tarentinisches Bündelhorn *Fasciolaria lignaria* (L.) = *F. tarentina* = *Tarentinea l.*
Bis 5 cm hoch. Gehäuse weißlich bis oliv- oder rötlichbraun, mit einer spiraligen Reihe mehr oder weniger knotiger, an der Spitze weißer Buckel. Oft im oberen Teil gelblich bis grünlich oder bräunlich geflammt, auf der letzten Windung fein längsgebändert. – Auf Sand- und Schlammgrund. – Mittelmeer.
Ähnlich geformt, jedoch einfarbig oliv bis bräunlich und etwas kleiner ist das Schuppige Bündelhorn, ***F. lamellosa,*** dessen knotige Querrippen durch Längsriefen unterteilt sind.

311 Zierliche Spindel = Geschnäbeltes Spindelhorn ***Fusus rostratus*** (Olivi) = *F. strigosus*
Bis 5 cm hoch. Gehäuse rötlichgrau bis bräunlich. Windungen quergerippt. Mündung rosig, am Rand gezähnelt. Siphokanal schnabelartig lang. – Auf Schlamm- und Sandgrund. – Mittelmeer.

312 Syrakusische Spindel *Fusinus syracusanus* (L.) = *Fusus s.*
Bis 7,5 cm hoch. Gehäuse gelblich und rostbraun bis braun, quer- und längsgerieft. Windungen deutlich abgesetzt, mit regelmäßigen Querreihen weißer Knötchen. – Auf Sand- und Schlammgrund. – Mittelmeer.
Ähnlich geformt, jedoch bis 17 cm hoch, ist die Gemeine Spindelschnecke, ***Fusus antiqua*** = *Neptunea a.*, der Atlantik-, Nord- und Ostseeküste, mit weißlichem, fein quergestreiftem Gehäuse.
Mit einem in den Siphokanal gelegten Docht versehen, dienten Schalen dieser großen Art auf den Färöern, den Shetland- und den Orkney-Inseln sowie an der Küste Schottlands als Tranlampen. In gleicher Weise wurden Wellhorn-Gehäuse verwendet.

Taubenschnecken = Täubchenschnecken ***Pyrenidae*** = *Columbellidae*

Schnecken mit spitz auslaufendem Fuß und verhältnismäßig kleinem, gestrecktspiraligem, meist buntem Gehäuse.

313 Schlichte Täubchenschnecke *Columbella rustica* (L.)
Bis 2 cm hoch. Gehäuse weißlich, ziegel- bis rostrot getupft und geflammt. Letzte Windung höher als alle anderen zusammen. Mündung lang; Außenlippe gezähnelt. – An Felsen. – Mittelmeer, Atlantik.
Ähnlich, aber einfarbig bräunlich ist ***C. grevillei.***

314 Schrifttäubchen *Mitrella scripta* (L.) = *Pyrene s.* = *Columbella s.*
Bis 2 cm hoch. Gehäuse weißlich mit scharf gezeichneter oranger bis brauner Fleckung, schlankspiralig. Außenlippe gezähnelt. – An Felsen. – Mittelmeer.

Straubschnecken = Mitraschnecken ***Mitridae***

Schnecken mit schmalgewundenem, spindelförmigem Gehäuse mit dünnem Horndeckel und starken Spindelfalten.

315 Horn-Straubschnecke = Hörnchen ***Mitra cornicula*** (L.) = *M. lutescens.*
Bis 2 cm hoch. Gehäuse hornfarben mit einem feinen helleren Längsband am oberen Windungsrand; glatt und schlank. – An Felsen und unter Steinen. – Mittelmeer.

316 Ebenholz-Straubschnecke = Brauner Stufenturm ***Mitra ebenus*** Lam. = *Vexillum e.*
Bis 3 cm hoch. Gehäuse braun bis dunkelbraun mit einem feinen weißlichen Längsband auf den Windungen und einem weiteren hellen Rand entlang der Windungsnaht; etwas bauchiger als die Horn-Straubschnecke. – An Felsen und unter Steinen. – Mittelmeer.

317 Dreifarben-Straubschnecke *Mitra tricolor* Gmel. = *M. savignyi*
Bis 1 cm hoch. Windungen mit scharf gezeichneter weißer, gelber und brauner Querbänderung. – An Felsen und unter Steinen. – Mittelmeer.

Gitterschnecken *Cancellariidae*

Schnecken mit dickschaligem, bauchig-ovalem Gehäuse ohne Deckel.

318 Echte Gitterschnecke *Cancellaria cancellata* L. = *Bivetiella c.*
Bis 4 cm hoch. Gehäuse weißlich bis falb, braun längsgebändert, mit gitterartig übereinanderlaufenden Längs- und Querrippen und spitzen Knötchen an deren Überschneidungen. – Auf Sandgrund in tieferem Wasser. – Mittelmeer, Atlantik.

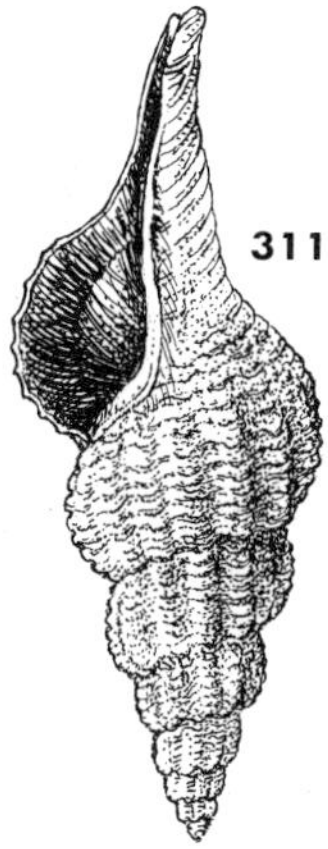

311

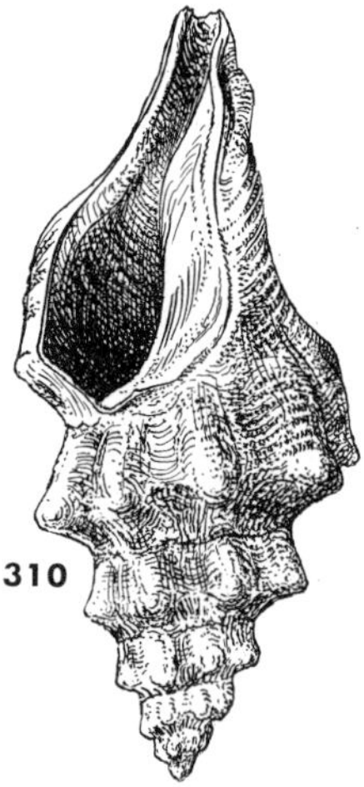

310

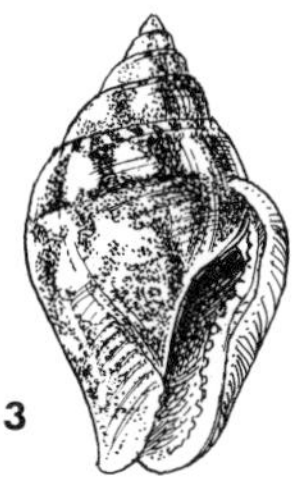

312

313

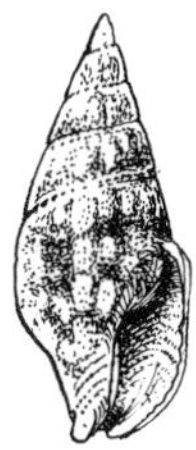

314

315

317

316

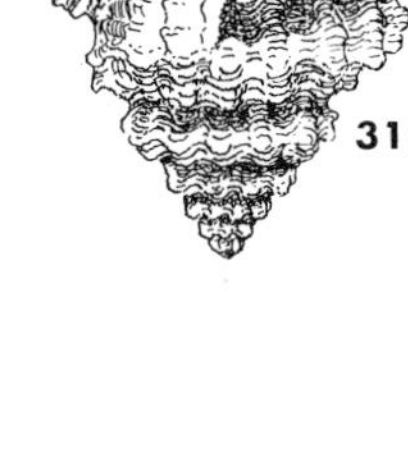

318

Neuschnecken

Randschnecken *Marginellidae*

Konische Gehäuse mit mehr oder weniger eingezogener Gewindespirale, verdicktem Mündungsrand, mehreren Spindelfalten, deckellos.

319 Hirsekorn *Gibberula miliaris* (L.) = *Persicula m.* = *Marginella m.*
Bis 1 cm hoch. Gehäuse weiß bis gelblichweiß, oft mit rötlicher Spiralstreifung, hirsekornförmig, mit langer, schmaler, am Rand gezähnelter Mündung. – Auf Stein- und Sandgrund. – Mittelmeer.
Ähnlich, aber kleiner und plumper geformt ist ***Gibberulina clandestina*** = *Persicula c.* mit durchscheinend weißlichem Gehäuse.

Schlitzhörner = Turmschnecken *Turridae*

Zu den Pfeilzünglern gehörende, giftige Schnecken mit länglich-ovalem oder spindelförmigem, an der Windungsnaht eingebuchtetem Gehäuse.

320 Purpur-Schlitzmaul *Philbertia purpurea* Mont. = *Mangelia p.* = *Pleurotoma p.*
Bis 2 cm hoch. Gehäuse purpurbraun bis braunviolett, längs- und quergerieft; Mündungsrand gezähnelt. Kein Deckel. – Auf Sandgrund in tiefem Wasser. – Mittelmeer, Atlantik.
Eine mediterrane Unterart, ***P. p. var. bicolor,*** weist ein helles spiraliges Band auf, während ***P. linearis*** der Nordsee mit bis 1 cm Höhe bedeutend kleiner ist.

321 Treppengiebelchen *Lora turricula* Mont. = *Oenopota t.*
Bis 2 cm hoch. Gehäuse bläulich- bis bräunlichgrau mit quergerippten, treppenartig abgesetzten Windungen und feinen Längsriefen. Horndeckel. – Auf Sandgrund in tiefem Wasser. – Atlantik bis Biskaya als südl. Grenze, Nordsee, westl. Ostsee.

Kegelschnecken *Conidae*

Zu den Pfeilzünglern gehörende, giftige Schnecken. Gehäuse konisch, kurzspiralig, mit hoher Endwindung, langer, schmaler Mündung und entsprechend geformtem Deckel.

322 Mittelmeerkegel *Conus mediterraneus* Brug. = *C. ventricosus* = *Lautoconus m.*
Bis 5,5 cm hoch. Gehäuse gelblich, bräunlich oder grünlich; stumpfspitz, robust. – Auf Sandgrund. – Mittelmeer. – Leere Gehäuse werden oft von Einsiedlerkrebsen besetzt.
3 Unterarten: ***C. m. franciscanus,*** hell, mit weißem Längsband, rosiggrauer Endwindung und spiraligem Fleckenband auf den ersten Windungen; ***C. m. marmoreus,*** hell, mit schwach marmorierter Endwindung und spiraligem Punktband auf den ersten Windungen; ***C. m. ater,*** dunkelbraun bis schwärzlich, mit fein längsgeriefter Endwindung und etwas längerer Windungsspirale.

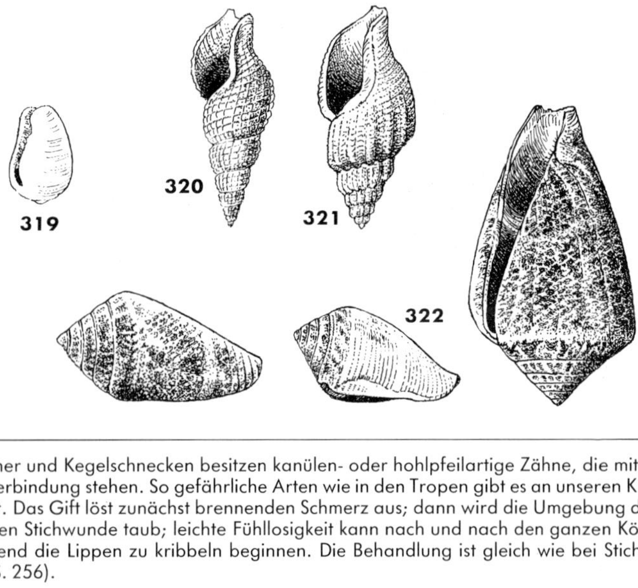

319 320 321 322

Schlitzhörner und Kegelschnecken besitzen kanülen- oder hohlpfeilartige Zähne, die mit einer Giftdrüse in Verbindung stehen. So gefährliche Arten wie in den Tropen gibt es an unseren Küsten allerdings nicht. Das Gift löst zunächst brennenden Schmerz aus; dann wird die Umgebung der bläulich anlaufenden Stichwunde taub; leichte Fühllosigkeit kann nach und nach den ganzen Körper erfassen, während die Lippen zu kribbeln beginnen. Die Behandlung ist gleich wie bei Stichen giftiger Fische (s. S. 256).

Hinterkiemer Unterklasse *Opisthobranchia*

Kopfschildschnecken Ordnung *Cephalaspidea*

Hinterkiemer mit meist spiraliger, vom Mantel bedeckter oder freier Schale; Kopf schildartig verbreitert, mit Fühler und Rhinophoren.

Drechselschnecken ***Actaeonidae***

Schnecken mit Kopfschild und äußerer, spiraliger, mit einem dünnen Horndeckel verschließbarer Schale.

323 Drechselschnecke ***Actaeon tornatilis*** (L.) = *Tornatella fasciata.*
Bis 2,5 cm hoch. Gehäuse gelb- bis graurosa oder rötlich, mit zwei- oder dreifacher Endwindung eiförmig gewölbt. – Auf Sand- und Schlammgrund, meist eingegraben. – Mittelmeer, Atlantik, Nordsee.

Blasenschnecken ***Bullidae***

Schnecken mit Kopfschild und teilweise vom Mantel verdeckter Schale.

324 Gestreifte Blasenschnecke ***Bulla striata*** Brug. = *Bullaria s.*
Tier bis 6 cm lang, Schale bis 2,5 cm; meist weißlich, braun oder violett gefleckt, geflammt, gestreift oder gebändert, mit braunem Spindelrand; blasig-tütenförmig, starkwandig, mit an der Basis deutlich erkennbaren Spiralriefen. – Auf Schlamm- und Sandgrund mit Algen- und Seegrasbewuchs. – Mittelmeer, Atlantik.

Mandelschnecken ***Philinidae***

Schnecken mit Kopfschild und dünner, ohrförmiger, meist vom Mantel verdeckter Schale.

325 Offene Blasenschnecke = Offene Seemandel ***Philine aperta*** L. = *Bulla a.*
Tier bis 6 cm lang, weißlich mit weißen Punkten; Schale bis 2 cm, glänzend weiß, sehr dünn, aber undurchsichtig; blasig gerundet, abgeflacht, mit weiter Mündung. – Auf Schlamm- und Sandgrund mit Algenbewuchs. – Mittelmeer, Atlantik, Nordsee, Ostsee.
Bei ***P. scabra,*** einer kleineren Art der Atlantik- und Nordseeküsten, ist das bis 1,5 cm lange Tier gelblich- oder grünlichweiß, manchmal schwarz getupft, während die bis 0,8 cm lange Schale ein spiraliges Kettenmuster aufweist.

Bootschnecken ***Scaphandridae***

Schnecken mit großen Fußlappen und teilweise vom Mantel verdeckter Schale.

326 Holzboot = Taucherschnecke ***Scaphander lignarius*** (L.) = *Bulla lignaria.*
Tier bis 14 cm lang, Schale bis 7 cm; gelb bis orange, innen weiß mit grauen Querbändern und weißem Spindelrand; bauchig-oval, mit verengter oberer und weiter unterer Öffnung. – Auf Sand und Schlammgrund. – Mittelmeer.

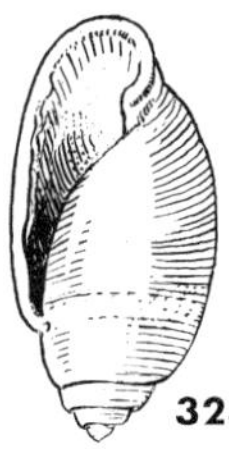

323

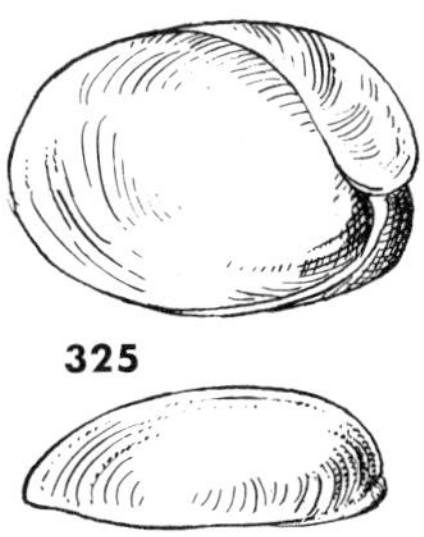

325

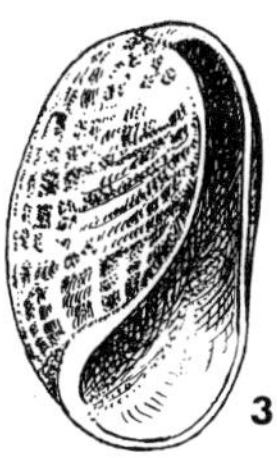

324

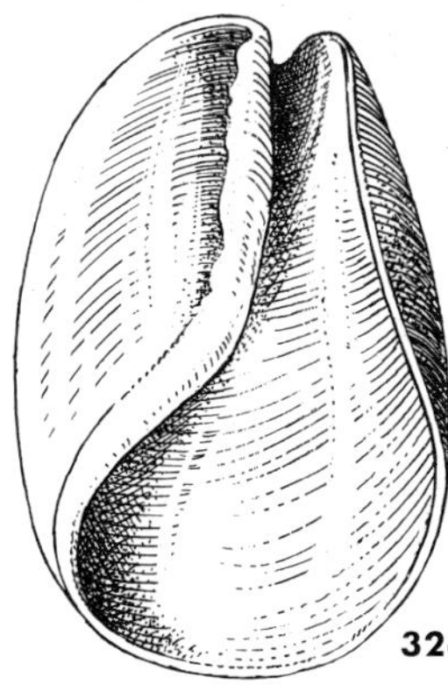

326

Hautschildschnecken Ordnung *Anaspidea*

Hinterkiemer mit bedeckter oder fehlender Schale, meist mit Schwimmvermögen; Kopf mit Fühler und Rhinophoren.

Seehasen *Aplysiidae*

Pflanzenfressende Schnecken mit verdeckter, stark rückgebildeter, mehr oder weniger kappenförmig gewölbter, ovaler Schale. Die gewöhnlich nach oben geschlagenen großen Seitenlappen des Fußes werden gegebenenfalls zum Schwimmen benutzt. Seehasen schwimmen verhältnismäßig gut, indem sie die ausgebreiteten Seitenlappen des Fußes in wellenartig von vorne nach hinten laufenden Schlägen bewegen. Angegriffen sondern sie ein weißliches oder violettes Sekret ab, das sich im Wasser wolkig ausbreitet. Ihre langen, farblos-gallertigen Laichschnüre, die im Sommer häufig an Algen und Felsen der Flachwasserzone zu finden sind, werden an der französischen Mittelmeerküste treffend «Vermicelles de mer – See-Fadennudeln» genannt.

327 Gemeiner Seehase = Gefleckter S. = Meerhase ***Aplysia depilans*** Gmel.
Tier bis 25 cm lang. Graugrünlich bis dunkelbraun, leicht marmoriert; Kopf mit 4 Fühlern, von denen das hintere Paar hasenohr-ähnlich aussieht. Schale vom Mantel überwachsen, bis 5 cm Durchm., weißlich oder gelblich, hornig durchscheinend, sehr dünn. – Auf Schlamm- und Sandgrund mit Algenbewuchs oder schwimmend in der Flachwasserzone. – Mittelmeer.
A. fasciata, der Band-Seehase, eine weitere mediterrane Art, wird bis 30 cm lang, ist bräunlichschwarz und durch den gelblichroten bis rotvioletten Mantelsaum gekennzeichnet, während der sowohl im Mittelmeer wie auch an der Atlantik- und Nordseeküste vorkommende Getupfte Seehase, ***A. punctata*** = *A. rosea,* nur bis 14 cm lang wird, bräunlichgrau bis -grün (Jungform rot) ist, mit weißlichen Flecken und sparsam verstreuten schwarzen Tupfen. Seine Schale ist bei einem Durchm. von bis 1,6 cm etwas stärker gewölbt.

Sackzüngler = Schlundsackschnecken Ordnung *Sacoglossa*

Buntfarbige, meist unbeschalte Schnecken.

328 Grüne Samtschnecke *Elysia viridis* (Mont.).
Bis 3,3 cm lang, grün bis braun oder schwärzlich, samtig schimmernd, grün, rot und blau gefleckt, mit von hinten nach vorne verbreiterten, flügelartigen, hell gesäumten Seitenlappen. – Auf Schlamm- und Sandgrund mit Algenbewuchs. – Atlantik, Nordsee, westl. Ostsee. – Im Mittelmeer gibt es eine nah verwandte, noch buntere Art, die Prachts-Samtschnecke, ***Thuridilla hopei*** = *Elysis splendida,* samtig violett mit weiß, gelb und blau gesäumten Seitenlappen.

Rückenschildler = Flankenkiemer Ordnung *Notaspidea*

Schnecken mit äußeren Kiemen, teils mit dünner, flacher äußerer oder innerer Schale, teils unbeschalt, mit Hautpanzer.

Schirmschnecken *Umbraculidae*

Schnecken mit runder, schirmartig aufsitzender Schale.

329 Mittelmeer-Schirmschnecke *Umbraculum mediterraneum* Lam. = *Umbrella m.*
Tier bis 15 cm lang, gelblich- bis rötlichbraun, plump stumpfkegelig, warzig, vorne deutlich eingebuchtet; Schale bis 5,5 cm Durchm., abgeflacht, napfförmig, außen weißlich mit braunem Fleckensaum, innen schimmernd weiß mit braunem Rand und hell- bis dunkelbraunen Kreisbändern. – Auf Schlamm- und Sandgrund. – Mittelmeer, Atlantik bis Portugal als nördl. Grenze.
Nahe verwandt ist die bis 5 cm lange mediterrane Art ***Tylodina citrina*** mit gelbem, bräunlich gestreiftem Körper.

Seitenkiemer *Pleurobranchidae*

Schnecken mit innerer oder fehlender Schale und durch Kalknadeln verstärktem Hautpanzer.

330 Schildkrötenschnecke *Susania testudinaria* Cant. = *Oscanius t.* = *Pleurobranchus t.*
Tier bis 18 cm lang; Fuß und Kopf von vorne eingeschnittenem Hautpanzer bedeckt, den braune, flach gewölbte Hautfelder mit weißlichen oder rötlichen Zwischenlinien bilden. Kammkieme an der rechten Seite. Schale flach, sehr dünn, ohrförmig, bis 6 cm lang, weißlich, gänzlich vom Hautpanzer überwachsen. – Auf Schlamm- und Sandgrund. – Mittelmeer, Atlantik bis Portugal als nördl. Grenze.
Ähnlich ist die Warzenschnecke des Mittelmeers, ***Oscanius membranaceus*** = *Pleurobranchus m.,* bis 10 cm lang, ziegel- bis braunrot mit dunklerem Liniennetz und fein gekörneltem Hautpanzer. Leuchtend orangerot ist ***Berthella aurantiaca*** = *Bouviera a.,* mit dunklem Fleck auf dem glatten Rücken, bis 3 cm lang.

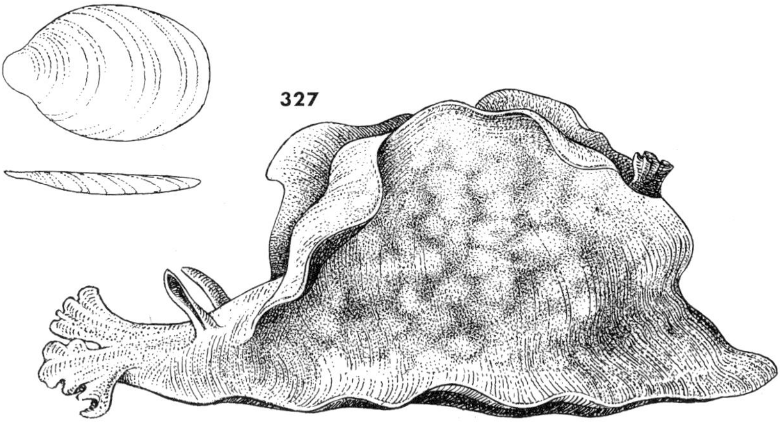

327

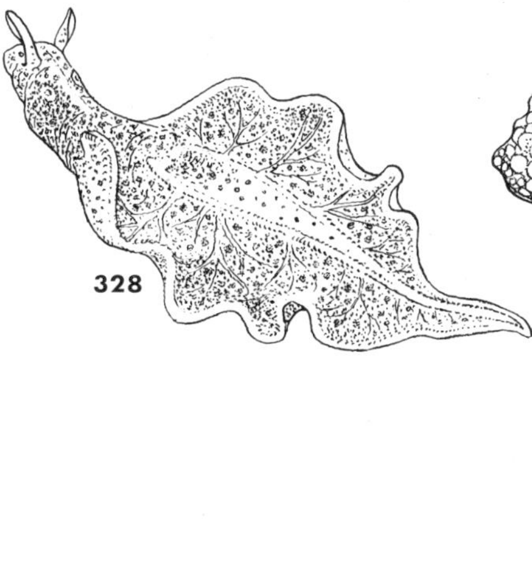

328

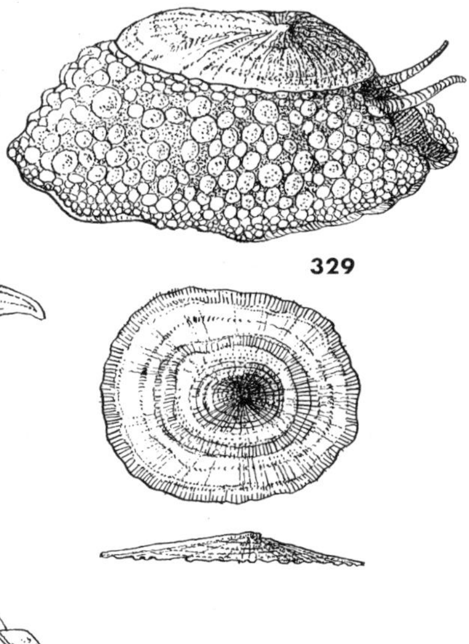

329

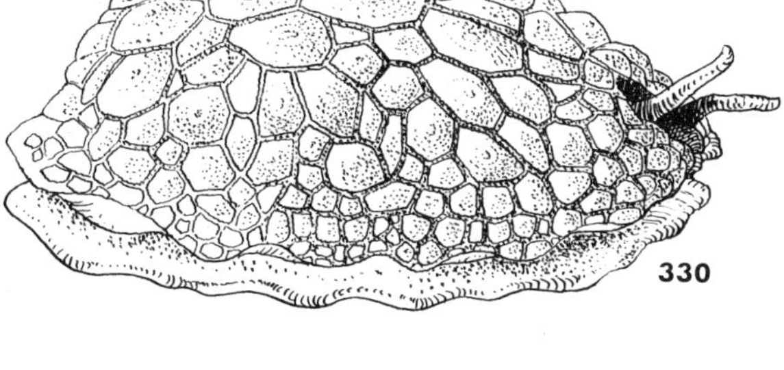

330

Nacktkiemer Ordnung *Nudibranchia*

Schalenlose Schnecken mit äußeren Atemorganen: verschieden geformte, manchmal rückziehbare Außenkiemen um den After oder zotten- bis büschelförmige Auswüchse auf dem ganzen Rücken.

Sternschnecken *Dorididae*

Schnecken mit stern- oder kranzförmig um den After geordneten, meist in Taschen rückziehbaren Kiemen.

331 Warzige Sternschnecke *Archidoris tuberculata* Cuv. = *A. pseudoargus*.
Bis 10 cm lang. Hell- bis rötlichgelb mit grünlichbraunen bis violetten Flecken. Rücken und Kopf mit verstärkter, warziger Hautdecke. Fühler dick und kurz, rückziehbar. Kiemen fiedrig verzweigt, büschelförmig um den After geordnet. – An Felsen und auf steinigem Schlamm- und Sandgrund. – Mittelmeer, Atlantik, Nordsee.
Doris verrucosa, die Gelbe Sternschnecke des Mittelmeers und der Atlantikküste, zeigt auf graugelber Grundfarbe grüne, hellrote oder braune Flecken, während bräunlichschwarze Flecken auf weißer Grundfarbe ***Peltodoris atromaculata,*** die bis 6 cm lange mediterrane Fleck-Sternschnecke kennzeichnen.

332 Weiße Sternschnecke *Cadlina laevis* L. = *C. obvelata*.
Bis 3 cm lang. Milchigweiß mit hellgelblichem Fleckensaum. Rücken mit winzigen stumpfen Wärzchen bedeckt. Kiemen fiedrig verzweigt, als Kranz um den After stehend. – An Felsen. – Atlantik, Nordsee, westl. Ostsee.
Vom Mittelmeer bis zur Nordsee verbreitet ist die bis 4 cm lange Graue Sternschnecke, ***Jorunna tomentosa*** = *J. johnstoni,* meist einfarbig gelblichweiß bis hellgrau, mit bräunlichen Fühlern, manchmal sparsam grau bis graubraun getupft.

Bäumchenschnecken *Dendronotidae*

Schnecken mit zusammengedrücktem Körper, bäumchenartig verzweigten Fühlern und zahlreichen verzweigten Rückenanhängen.

333 Bäumchenschnecke *Dentronotus frondosus* Asc. = *D. arborescens*.
Bis 5 cm lang. Gelblich- bis rosigweiß mit braun geflecktem Rücken. Fühler und Rückenanhänge mit vielen weißlichen Verzweigungen. – Auf Sandgrund und an Felsen. – Atlantik, Nordsee, westl. Ostsee.

Fadenschnecken *Aeolididae*

Schnecken mit abgeflachtem, breitem Körper und vielen, in Querreihen dicht stehenden Kiemenpapillen.

334 Breitwarzige Fadenschnecke *Aeolidia papillosa* L. = *Aeolis p.*
Bis 8 cm lang. Bräunlich, grau oder gelblich, mit braunen, weißen oder violetten Flecken und Tupfen. Rücken beidseits mit unverzweigten Kiemenpapillen besetzt. Auf Sandgrund und an Felsen. – Atlantik bis Biskaya als südl. Grenze, Nordsee, westl. Ostsee.
Ähnlich, jedoch nur bis 4 cm lang, ist u. a. die vom Mittelmeer bis zur westl. Ostsee an allen europäischen Küsten vorkommende Fadenschnecke Drummonds, ***Facelina auriculata*** = *F. drummondi* = *F. coronata*, rötlichweiß mit rötlichen oder violetten, hell auslaufenden Kiemenpapillen beidseits des Rückens.

Grabfüßer = Röhrenschaler Klasse *Scaphopoda* = *Solenoconcha*

Augen- und kiemenlose, hautatmende Weichtiere mit vorstreckbarem, konisch-stempelförmigem Grabfuß und röhrenartiger, nicht gewundener, an beiden Enden offener Schale.

Zahnschnecken *Dentaliidae*

Im Sand und Schlamm grabende, mit Fangfäden ausgestattete und von Kleintieren lebende Grabfüßer mit elefantenzahn-ähnlicher Schale.

335 Gemeine Zahnschnecke = Elefantenzahn ***Antalis tarentinum*** (Lam.) = *Dentalium vulgare*.
Bis 6,5 cm lang. Schale weißlich, gleichmäßig gebogen, längsgerieft, mit zur Öffnung hin schwächer werdender Querstreifung und feinem, stumpfspitzem Ende. – In Schlamm und Sand, meist zu 2/3 schräg eingegraben, so daß nur das Ende herausragt. – Mittelmeer.
Im gleichen Gebiet kommen u. a. auch vor: ***A. agilis,*** die Glatte Zahnschnecke, bis 5,5 cm lang, mit weißlicher, fast glatter, schwach gebogener, am Ende eingekerbter Schale; ***A. inaequicostatum*** = *Dentalium striatum* = *D. dentale*, die Gerippte Zahnschnecke = Gestreifte Z., bis 5 cm lang, mit milchigweißer, ausgeprägt längsgerippter, rosig quergestreifter, am Ende nicht eingeschnittener Schale; ***Pseudantalis rubescens*** = *Dentalium r.*, die Rote Zahnschnecke, bis 3,5 cm lang, mit rötlicher oder alternierend weiß und rosa bis rot quergestreifter, am Ende eingeschnittener Schale.

336 Meerzahn *Dentalium entalis* L.
Bis 5 cm lang. Schale gelblich bis weißlichgrau, leicht quergebändert, annähernd glatt. – In Sand und Schlamm. – Atlantik, Nordsee.

337 Horn-Zahnschnecke *Dentalium corneum* L.
Bis 2 cm lang. Schale weiß bis gräulich, ungleichmäßig gebogen. – In Sand und Schlamm bis in größere Tiefen. – Mittelmeer.

332

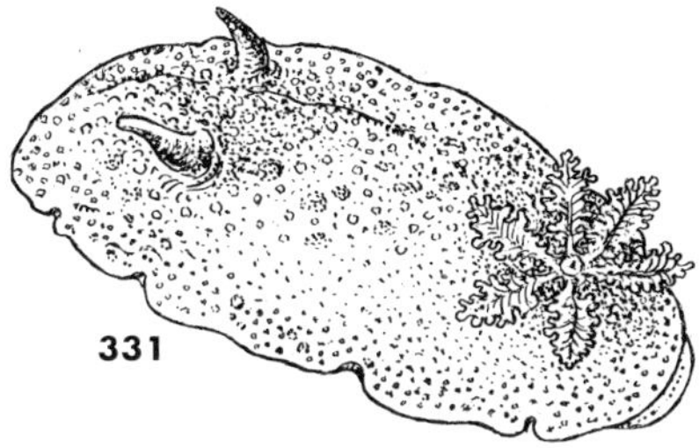
331

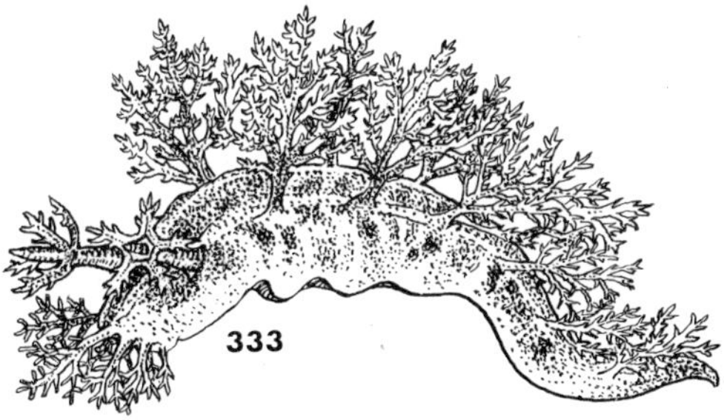
333

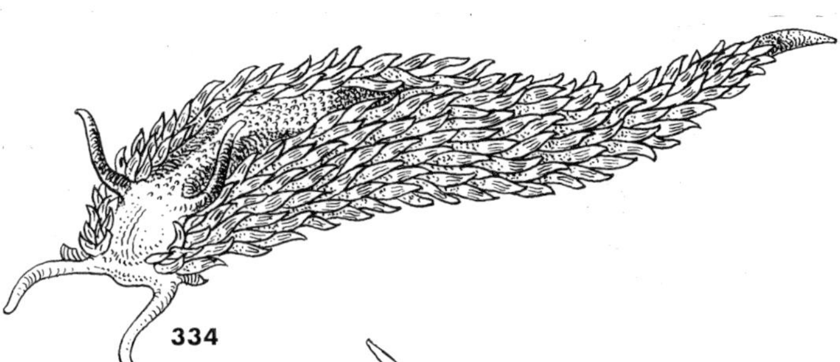
334

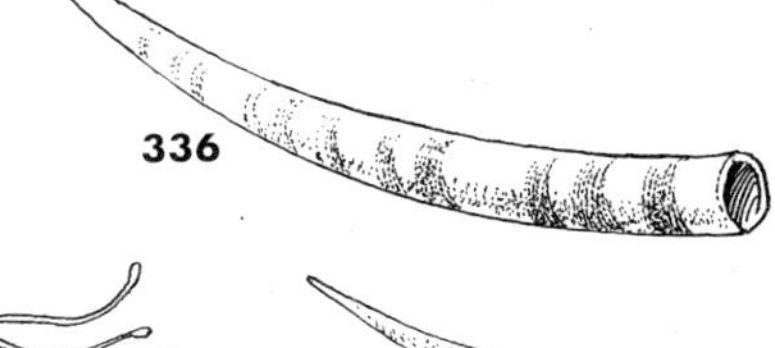
336

335

337

Muscheln Klasse *Bivalvia* = *Lamellibranchiata*

Alte Reihenzähner Unterklasse *Palaeotaxodonta*

In dieser Gruppe sind die primitivsten noch lebenden Arten zusammengefaßt: gleichklappige Muscheln mit schließenden Schalen. Schloß mit zahlreichen gleichen, in einer Reihe stehenden Zähnen. Ohne Byssusdrüse.

Nußmuscheln ***Nuculidae***

Muscheln mit kleinem, dreieckig-ovalem, glattem, innen perlmutternem Gehäuse ohne äußeres Ligament. Schließmuskeleindrücke gleich. Schloß mit gewinkelten Zahnreihen.

338 Gemeine Nußmuschel = Große N. ***Nucula nucleus*** (L.)

Bis 1,4 cm lang. Gelblich bis bräunlich mit grüner Außenhaut; glanzlos. Klappen zart konzentrisch gerieft, strahlig gestreift, am unteren Rand fein gekerbt. – Im Schlick, Sand und Grobsand eingegraben, meist in tieferem Wasser. – Mittelmeer, Atlantik, Nordsee, westl. Ostsee.
Ähnlich ist die Gestreifte Nußmuschel, ***N. sulcata,*** mit ausgeprägten konzentrischen Riefen und strahligen Streifen.

339 Glänzende Nußmuschel ***Nucula nitida*** Sow.

Bis 1 cm, selten bis 1,3 cm lang. Hellbräunlich fein gegittert, mit gelblichgrüner Außenhaut; glatt und glänzend; am unteren Rand fein gekerbt. – Im Schlick und Sand eingegraben, meist erst von 20 m Tiefe an. – Atlantik, Nordsee.

340 Dünnschalige Nußmuschel ***Nucula tenuis*** Mont.

Bis 1 cm lang. Olivgrün mit unregelmäßigen dunkleren Wachstumslinien und gelbgrüner bis bräunlicher Außenhaut; glatt und glänzend; am Bauchrand nicht gekerbt. – Im Schlick und Sand eingegraben, von 25 m Tiefe an. – Nordatlantik, Nordsee.

Schnabelmuscheln = Ledamuscheln ***Nuculanidae*** = *Ledidae*

Muscheln mit länglich-ovalem, nach hinten ausgezogenem, innen nicht oder nur schwach perlmutternem Gehäuse und äußerlichem Ligament.

341 Gekerbte Schnabelmuschel = G. Ledam. = G. Nußm. ***Nuculana emarginata*** Link = *Leda e.*

Bis 1,5 cm lang. Gelblichweiß mit hornfarbener Außenhaut, konzentrisch fein gerieft, am hinteren Ende der Klappen eingekerbt. Innenseite weiß. – In Sand und Schlick eingegraben. – Mittelmeer.

342 Gescheckte Schnabelmuschel = G. Ledam. = G. Nußm. ***Nuculana pella*** (L.) = *Leda p.*

Bis 1,5 cm lang. Gelblich bis hellbraun mit braunem Randsaum und brauner Außenhaut. Klappen sehr fein gerieft, am hinteren Ende sanft zugespitzt. Innenseite weißlich. – In Sand und Schlamm eingegraben. – Mittelmeer.

343 Zerbrechliche Schnabelmuschel = Z. Ledam. = Z. Nußm. ***Nuculana fragilis*** (Chemn.).

Bis 1 cm lang. Weißlich mit bräunlicher Außenhaut. Klappen am hinteren Ende scharf zugespitzt. – In Sand und Schlick eingegraben, meist erst von 10 m Tiefe an. – Mittelmeer, Atlantik.

Verstecktzähnige Unterklasse *Cryptodonta*

Gleichklappige Muscheln mit klaffenden Schalen. Schloß mit zahnlosem Rand. Ohne Byssusdrüse.

Schotenmuscheln ***Solemyidae*** = *Solenomyidae*

Muscheln mit länglichem, schotenförmigem Gehäuse. Klappen dünnschalig, ungezahnt, an beiden Enden abgerundet und klaffend, mit dünner, glänzender Außenhaut, die am Schalenrand vorsteht.

344 Gelbe Schotenmuschel ***Solemya togata*** (Poli) = *Solenomya t.*

Bis 6 cm lang. Gelblich, mit leichten dunkleren Strahlen und brauner Außenhaut. Im Sand und Schlamm eingegraben. – Mittelmeer. – Eßbar.
Sehr ähnlich ist die etwas kleinere Atlantische Schotenmuschel, ***S. velum.***

345 Braune Schotenmuschel ***Solemya mediterranea*** Lam. = *Solenomya m.*

Bis 4 cm lang. Weißlich bis bräunlichweiß mit braunen Strahlen und dunkelbrauner Außenhaut. Im Sand und Schlamm eingegraben. – Mittelmeer. – Eßbar.

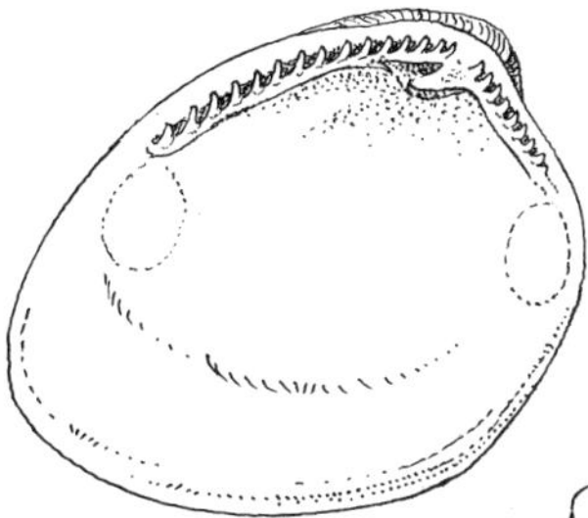

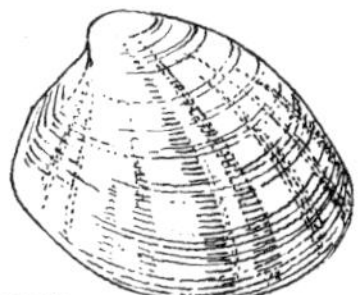
338

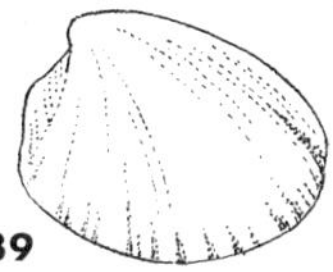
339

340

341

342

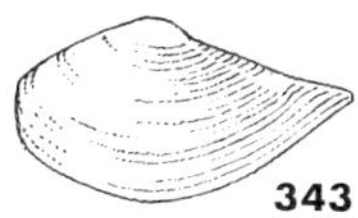
343

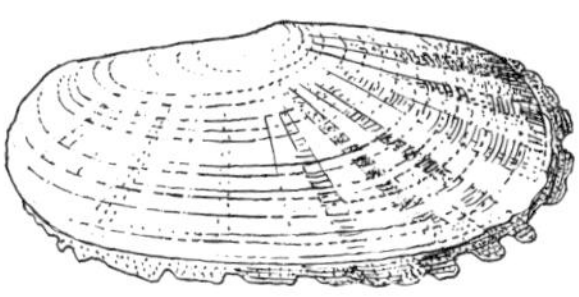
344

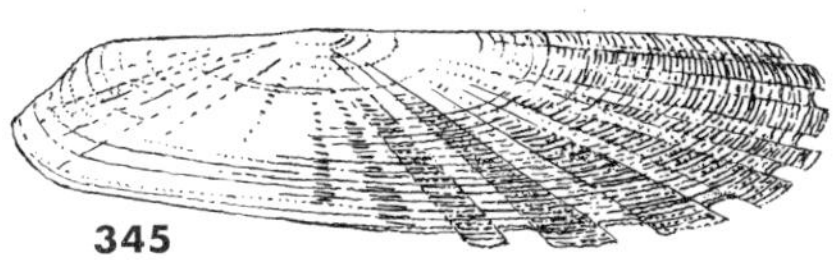
345

Speisemuscheln können giftig sein! Unbesorgt darf man alle Arten essen, die von Einheimischen gefischt und verzehrt, bzw. auf dem Markt in frischem Zustand, mit geschlossenen Schalenklappen, angeboten werden. Sich über die lokale Art der Zubereitung zu unterrichten, führt übrigens oft zu angenehmen kulinarischen Überraschungen. Gewarnt sei aber vor dem Genuß «eßbarer» Muscheln, die an Eisen oder Kupfer haftend, angeschwemmt oder an Stellen gefunden werden, wo das Meer durch Abwässer, Dieselöl usw. verunreinigt ist.

Flügelförmige Unterklasse *Pteriomorpha*

Gleich- und ungleichklappige Muscheln mit innen oft perlmutterigen Schalen. Schloß mit schwach ausgeprägten Reihenzähnen oder zahnlos. Teils mit Byssus, teils durch Kalkabscheidung rechts- oder linksklappig mit der Unterlage verbunden.

Archenmuscheln *Arcidae*

Muscheln mit länglich-trapezförmigem, gleichschaligem Gehäuse. Schloß gerade, mit sehr feinen Zähnchen. Schließmuskeleindrücke gleich.

346 Arche Noah *Arca noae* L. = *Navicula n.*

Bis 8 cm lang. Hellbraun mit konzentrischen dunkleren Flammbändern und brauner kurzhaariger Außenhaut. Klappen bauchig, ungleichseitig, strahlig gerippt. – In Felsspalten, an Gestein und Hornkorallen, oft in größerer Zahl, mit Byssus angeheftet. – Mittelmeer, Atlantik, Nordsee. – Roh eßbar.

347 Alte Arche *Arca antiqua* Lam.

Bis 4 cm lang. Braun mit kurzhaariger dunkelbrauner Außenhaut. Klappen bauchig, stark gewölbt, fast quadratisch, nur schwach ungleichseitig, mit ausgeprägten strahligen Rippen. Innenseite weiß, am Rand fein gekerbt. – Im Sand eingegraben. – Mittelmeer.

348 Große Archenmuschel *Arca senilis* Lam.

Bis 7 cm lang. Schmale weiße Strahlen zwischen breiten strahligen Rippen. Klappen mit dunkler, kurzhaariger Außenhaut bedeckt, sehr stark gewölbt, beinahe quadratisch, schwach ungleichseitig, ausgesprochen dickschalig. Innenseite weiß, am Rand gekerbt. – Im Sand eingegraben. – Atlantik bis Portugal als südl. Grenze.

349 Eckige Archenmuschel *Tetrarca tetragona* (Poli) = *Arca t.*

Bis 4 cm lang. Weißlich bis gelblich, schwach bräunlich marmoriert. Klappen fast rechteckig bauchig, stark ungleichseitig. – In Felsspalten und an Gestein mit Byssus angeheftet. – Mittelmeer, Atlantik.

350 Bärtige Archenmuschel *Barbatia barbata* (L.) = *Arca b.*

Bis 5 cm lang. Hellbraun mit rötlichbraunen bis braunen Strahlen und dunkler, mit borstigen schwarzen Haaren besetzter Außenhaut. Klappen bauchig, ungleichseitig, strahlig gerippt. – In Felsspalten, an Gestein und Hornkorallen mit Byssus angeheftet, meist in größerer Zahl. – Mittelmeer. – Roh eßbar.

Ähnlich geformt, jedoch nur bis 2 cm lang und unbehaart, ist die Helle Archenmuschel, ***Striarca lactea*** = *A. lactata,* des gleichen Gebiets, mit weißlichen, am Bauchrand braunen Klappen.

Pastetenmuscheln *Glycimeridae*

Muscheln mit kreisrunder, gleichklappiger, starker Schale, äußerlichem Ligament und weicher, meist samtiger Außenhaut. Schloß mit zahlreichen, gleichförmigen kleinen Zähnen in gebogener Reihe

351 Meermandel = Gemeine Samtmuschel = Archenkammuschel ***Glycimeris glycimeris*** (L.) = *Pectunculus g.*

Bis 8 cm Durchm. Weiß bis hellrötlich mit rötlichbraunen oder braunen Flecken, strahlig und konzentrisch schwach gerieft und gestreift, mit samtiger Außenhaut. Innenseite weißlich, glatt, am Rand gekerbt. – Auf Schlamm- und Sandgrund. – Mittelmeer, Atlantik, Nordsee. – Die Schalen werden zu Kameen verarbeitet.

Ähnlich, aber größer (bis 12 cm) ist die Fleck-Meermandel, ***G. bimaculata,*** des Mittelmeers, mit großem braunem Fleck an der Innenseite jeder Klappe. – Beide Arten sind eßbar.

352 Violettes Pastetchen *Glycymeris violascens* Lam. = *Pectunculus v.*

Bis 7 cm lang. Violett mit helleren Streifen, strahlig und konzentrisch sehr zart gerieft, mit dunkler Außenhaut. Form leicht oval. – Auf Sand- und Schlammgrund. – Mittelmeer. – Eßbar.

Die ähnliche, durch ihre kurzpelzige Außenhaut gekennzeichnete Echte Samtmuschel, ***G. pilosus*** = *Pectunculus p.*, hat das gleiche Verbreitungsgebiet, während ***G. pulvinatus*** = *Pectunculus pulv.*, ebenfalls mit pelziger Außenhaut, im Atlantik vorkommt.

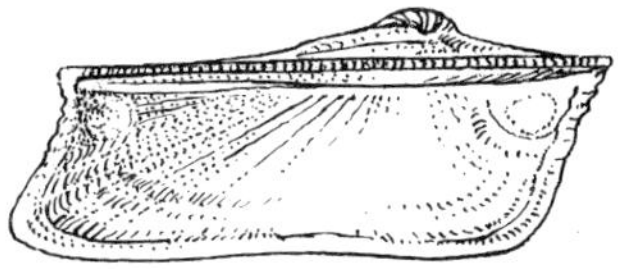
349

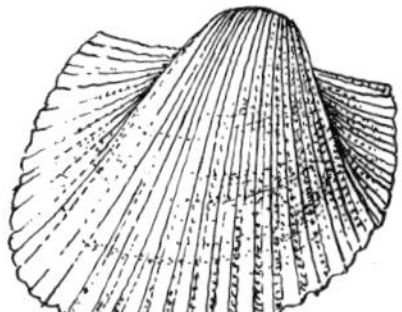
347

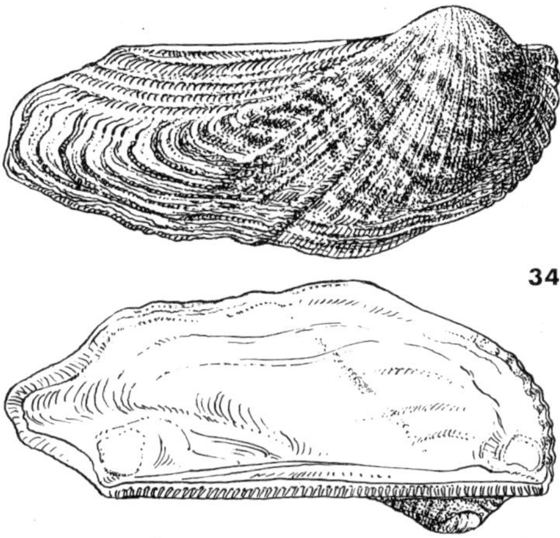
346

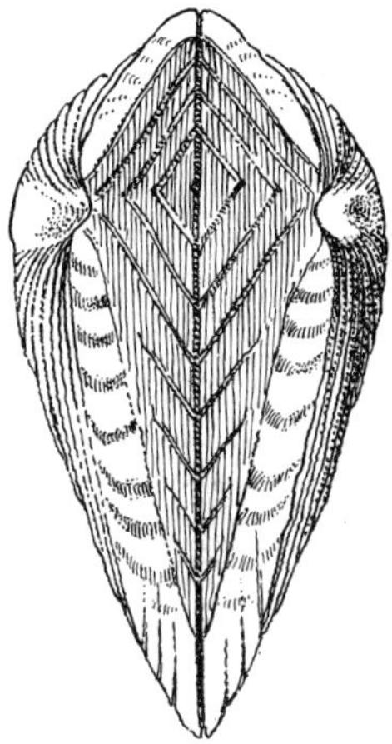

348

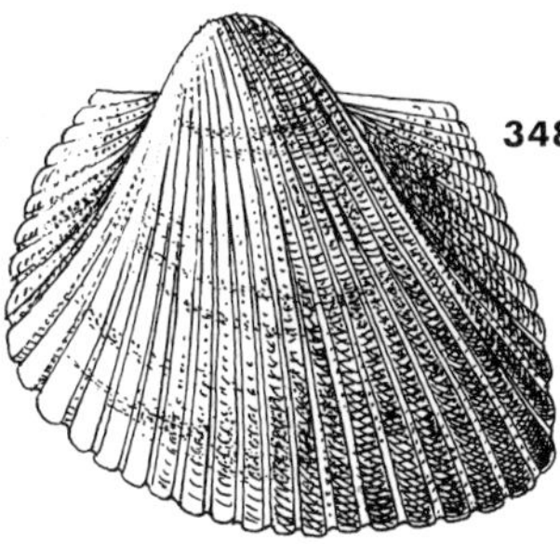

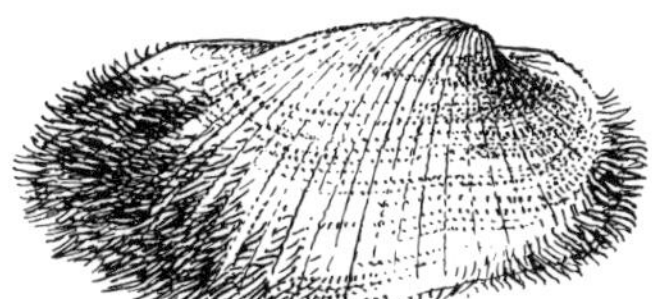
350

352

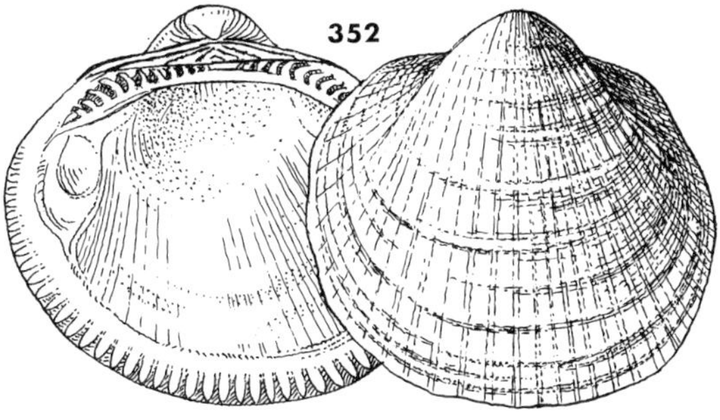
351

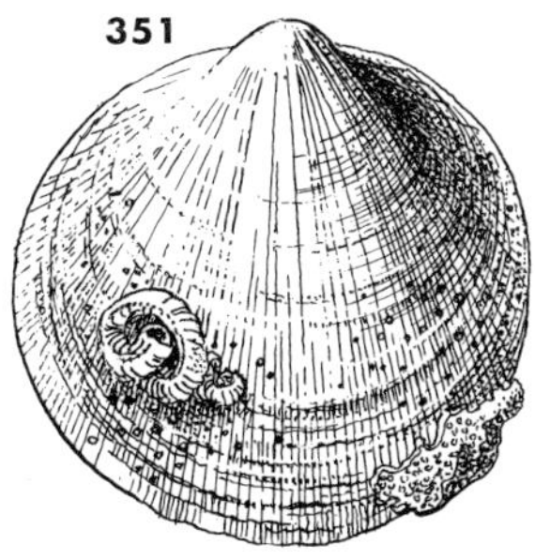

Flügelförmige

Miesmuscheln *Mytilidae*

Muscheln mit gleichklappiger, keilförmiger, bauchiger Schale. Innenseite schwach perlmuttern. Schließmuskeleindrücke ungleich. Wenige sehr kleine oder keine Schloßzähne.

353 Große Miesmuschel = G. Nabenmuschel ***Modiolus modiolus*** L. = *Volsella m.* = *M. vulgaris* = *Modiola modiola*.
Bis 14 cm lang. Weißlich- bis rosigblau mit brauner bis schwärzlichbrauner Außenhaut, die bei jungen Exemplaren dicht behaart ist. Wirbel nicht endständig. Keine Schloßzähne. – An Felsen und Steinen von 5 m Tiefe an. – Nördl. Atlantik, Nordsee, bis zum Großen Belt.

354 Bartmuschel = Bärtige Miesmuschel ***Modiolus barbatus*** (L.) = *Modiola barbata*.
Bis 7 cm lang. Violettbläulich mit rötlichbrauner, mehr oder weniger langhaariger Außenhaut. Wirbel nicht endständig. Keine Schloßzähne. – Mit Byssus an Felsen, Steinen, Artgenossen und leeren Schalen verankert, oft in sehr dichten Beständen. – Mittelmeer, Atlantik. – Eßbar. Im Frühling besonders wohlschmeckend. Wird meist roh gegessen.
Ähnlich ist die im gleichen Gebiet vorkommende Adriatische Nabenmuschel, ***Modiola adriatica,*** mit dünnerer, unbehaarter Schale.

355 Echte Miesmuschel = Eßbare M. = Pfahlmuschel ***Mytilus edulis*** L.
Bis 8 cm lang, selten bis 11 cm. Bräunlichblau bis blau und blauschwarz, manchmal mit erodierten kalkig-rosigen Flächen oder feinen braungelben Strahlen. Außenhaut dünn, hornfarben. Innenseite leicht perlmuttern, blau gesäumt. Wirbel endständig. Schloß mit wenigen sehr kleinen Zähnen. – Schon in geringer Tiefe mit Byssus an Felsen, Steinen, Artgenossen, leeren Schalen und Pfahlwerk verankert, oft in großer Zahl. – Mittelmeer, Atlantik, Nordsee, Ostsee. – Eßbar. Wirtschaftlich wichtig. Wird gezüchtet.
Ähnlich, jedoch nur bis 6 cm lang, ist die ebenfalls eßbare Violette Miesmuschel, ***M. violaceus,*** der Atlantikküste, dunkelviolett bis schwarz mit violetten Strahlen, Flecken und Säumen.

356 Mittelmeer-Miesmuschel *Mytilus galloprovincialis* Lam.
Bis 7 cm lang, selten bis 10 cm. Violettschwarz mit braunen Schimmern. Außenhaut dünn, hornfarben. Innenseite violett, leicht perlmuttern. Klappen breiter als bei *M. edulis*, gegen den endständigen Wirbel hin leicht ausgewölbt. Schloß mit wenigen, sehr kleinen Zähnen. – In geringer Tiefe mit Byssus an Felsen, in Spalten, an Steinen und Pfahlwerk verankert, oft in großen Beständen. – Mittelmeer. – Eßbar. Wird gezüchtet. Im Frühjahr und Sommer besonders wohlschmeckend.

357 Zwerg-Miesmuschel *Mytilaster minimus* (Poli) = *Mytilus m.* = *Brachyodontes m.*
Bis 1 cm lang. Blauschwarz mit zarter hornfarbener Außenhaut. Schalenklappen fast durchscheinend dünn, am endständigen Wirbel meist erodiert, so daß die innere Perlmuttschicht hervortritt. Schloß mit wenigen, winzigen Zähnen. – Schon im Flachwasser an Felsen und Steinen, mit Byssus verankert, oft in großer Zahl, dicht gedrängt. – Mittelmeer, Atlantik.
Wenig größer, bis 1,8 cm lang, wird die auch in der Nordsee und der westl. Ostsee vorkommende Marmorierte Bohnenmuschel, ***Musculus marmoratus*** = *Modiolaria m.*, mit deutlich strahlig gerippten, grünlichen, oft dunkler marmorierten Klappen. Die bis 1,2 cm lange Grüne Bohnenmuschel, ***M. discors*** = *Modiolaria d.* mit ebenfalls strahlig gerippten, breiteren und schwächer gewölbten, außen einfarbig grünen, Klappen fehlt im Mittelmeer. – Bohnenmuscheln siedeln sich oft in großer Zahl am Fuß von größeren Algen an sowie an Seescheiden.

358 Meerdattel = Steindattel ***Lithophaga lithophaga*** L. = *Lithodomus dactylus*.
Bis 7 cm lang. – Gelblich- bis kastanienbraun mit brauner Außenhaut; länglichzylindrisch, vorne bauchig, an beiden Enden abgerundet, mit konzentrischen Anwachsstreifen und sehr feinen Riefel-Strahlen. Schloß ohne Zähne. – Lebt in Kalkstein und Korallenkalk, in runden, durch Säureabscheidung aus einer im Mantel vorhandenen Drüse gebohrten Löchern. – Mittelmeer. – Roh eßbar.

Die meisten auf den Markt gelangenden Miesmuscheln sind in sog. Muschelgärten an Pfählen gezüchtet worden. Man findet sie aber auch frei, oft in sehr großen Beständen, an Felsen, in Spalten, an Holzwerk, im allgemeinen kleiner als gezüchtete Exemplare.

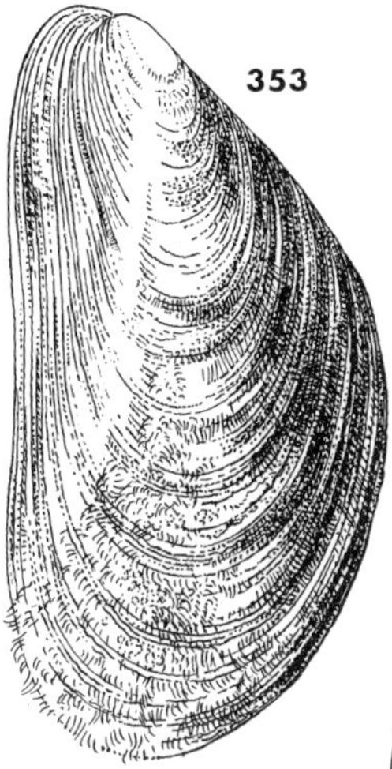

353

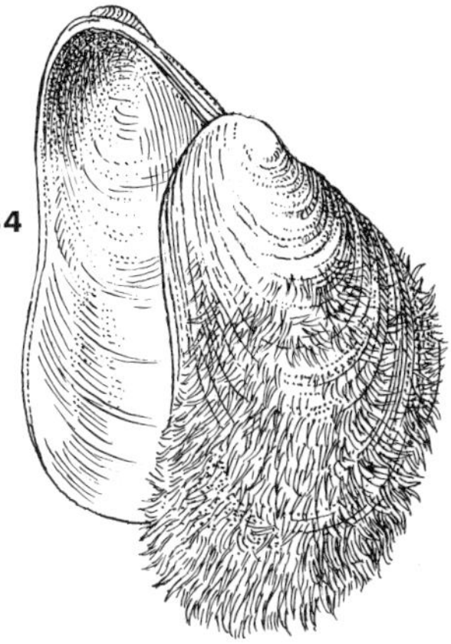

354

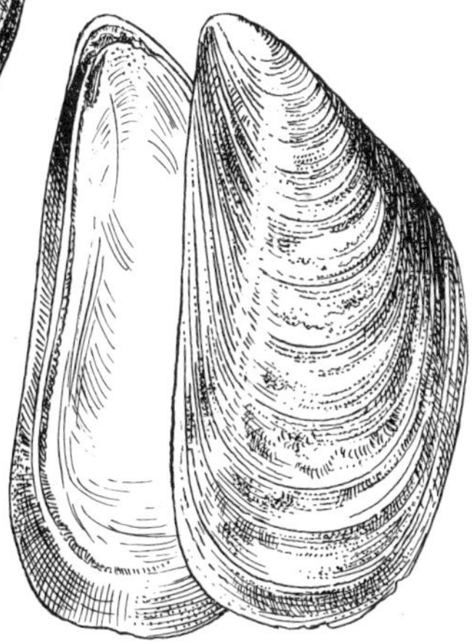

355

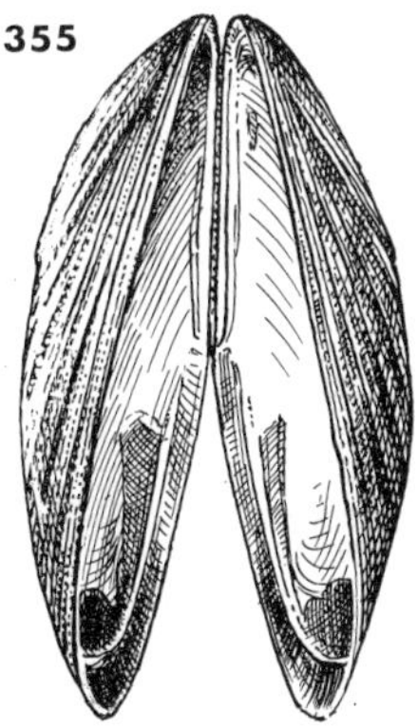

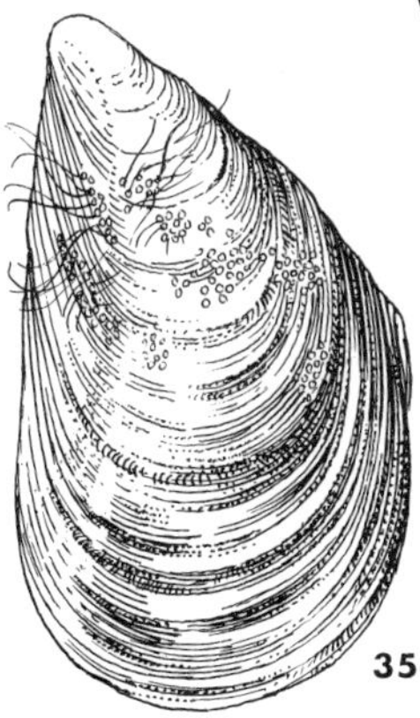

356

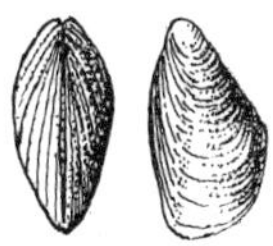

357

358

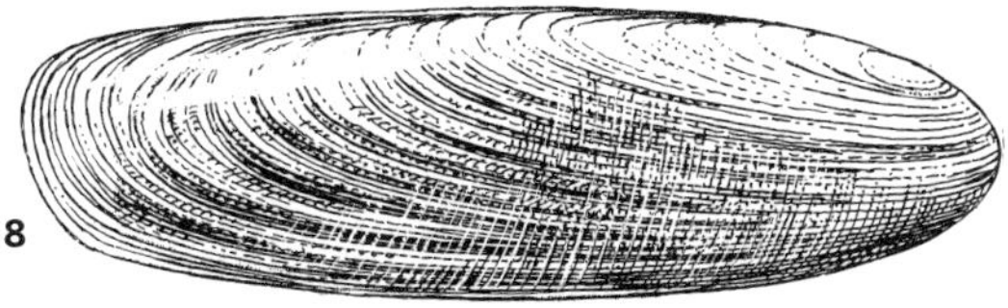

Flügelförmige

Steckmuscheln *Pinnidae*

Muscheln mit dünnschaligem, meist dreieckig-fächerförmigem, mehr oder weniger abgerundetem Gehäuse. Klappen wenig gewölbt, leicht ungleich; Innenseite perlmuttern, mit Mittelrinne. 2 ungleiche Schließmuskeln. Schloß zahnlos. Meist von einem kleinen Krebs bewohnt, dem Muschelwächter *Pinnotheres*.

359 Gemeine Steckmuschel = Schinkenmuschel ***Pinna squamosa*** Gmel.
Bis 90 cm lang. Falb bis rotbraun, rauhschuppig, mit geschichteten Anwachsstreifen; oft verschlammt, teilweise mit Algen, Schwämmen usw. bedeckt. Innenseite violett perlmuttern. Steckt mit dem schmalen Ende des Gehäuses aufrecht im Sand und Schlammgrund ruhiger Buchten, mit Byssus an Steinen, Muschelschalen usw. verankert, schon von geringen Tiefen an. – Mittelmeer, Atlantik. – Größte Muschel des Mittelmeers.

360 Edle Steckmuschel *Pinna nobilis* L. = *P. squamosa* Lam.
Bis 50 cm lang. Falb bis rotbraun, eckiger als die Gemeine St., mit starken, dachziegelartig übereinandergreifenden, gewölbten Schuppen und gewellten Anwachsstreifen; oft verschlammt. Innenseite hellviolett bis blaugrau perlmuttern. Steckt mit dem Schmalende des Gehäuses aufrecht im Sand- und Schlammgrund ruhiger Buchten, mit Byssus verankert, schon von geringen Tiefen an. – Mittelmeer, Atlantik.
Die im gleichen Gebiet vorkommende Kamm-Steckmuschel, ***P. pectinata,*** ist sehr ähnlich geformt, weist jedoch keine oder nur ganz schwache Schuppen auf.

361 Stachlige Steckmuschel *Pinna rudis* L. = *P. pernula.*
Bis 25 cm lang. Ockerbraun, dünnschaliger als *P. nobilis,* mit einzelnen starken Stachellamellen von U-förmigem Querschnitt in etwa 8 Reihen auf ausgeprägten Rippen. Steckt mit dem Schmalende des Gehäuses aufrecht im Sand- und Schlammgrund, mit Byssus verankert. – Mittelmeer.

Flügelmuscheln = Vogelmuscheln ***Pteriidae***

Muscheln mit ziemlich dünner, schwach gewölbter, meist flügelförmiger, an beiden Enden ausgezogener Schale. Innenseite perlmuttern. Schließmuskeleindrücke ungleich. Schloßrand gerade. Wenige sehr kleine, dumpfe Schloßzähne.

362 Schwalbenflügel *Pteria hirundo* (L.) = *Avicula tarentina*
Bis 10 cm lang. Hellgelblichgrau bis hellgrau mit violetten Schimmern und brauner Außenhaut. Klappen rundlich- bis oval-flügelförmig mit ungleich ausgezogenen Enden. – An Steinen sowie auf Sand und Schlick mit Byssus verankert. – Mittelmeer.
Ähnlich: die Atlantische Vogelmuschel, ***Avicula atlantica,*** des Atlantiks, bräunlich mit schwarzer Strahlenzeichnung, etwas flacher und dickschaliger. – Beide Arten sind übrigens nahe Verwandte der Echten Seeperlmuschel, ***Pteria margaritifera,*** = *Meleagrina m.,* des Stillen Ozeans, die oft unzutreffend als Perlauster bezeichnet wird.

Der Byssus von Steckmuscheln wurde im Altertum zu sog. Muschelseide verwebt. Rein und mit anderen Fasern vermischt, später vor allem mit Naturseide versponnen, diente sie zur Herstellung sehr zarter, aber widerstandsfähiger Gewebe und Strickwaren. Noch bis etwa 1920 lieferte die Muschelseide-Industrie Italiens und Südfrankreichs feine Handschuhe, Täschchen, Beutel usw. in größerer Menge sowie auch Bekleidungsstücke für Rheumatiker und Gichtkranke. Heute wird Muschelseide nur noch in ganz geringem Maß verarbeitet, hauptsächlich in der Gegend um Taranto.

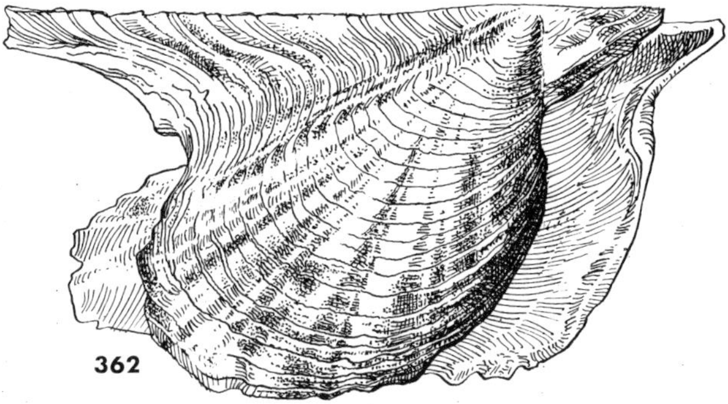

362

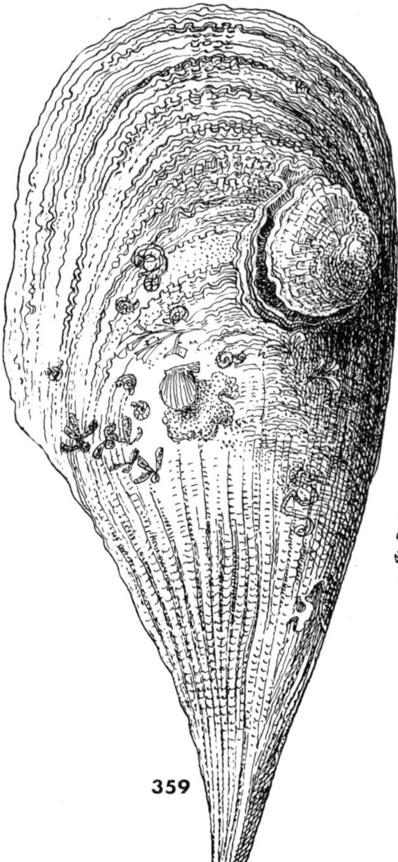

359

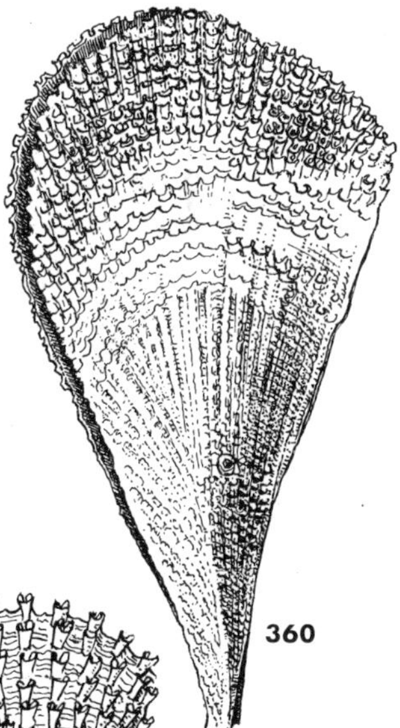

360

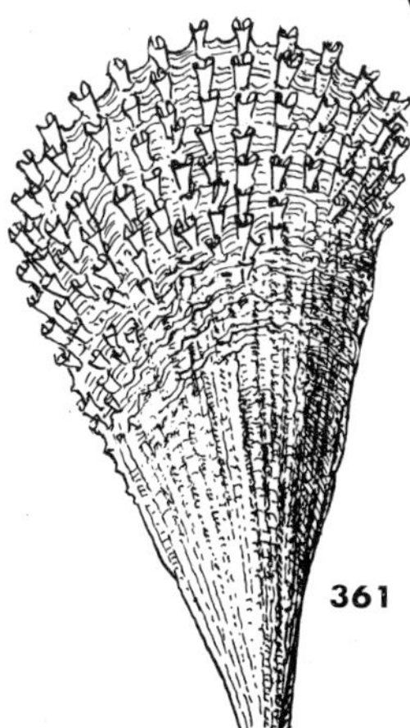

361

Flügelförmige

Klappermuscheln = Klappmuscheln ***Spondylidae***

Ungleichklappige, meist stark bestachelte Muscheln; mit der gewölbten Schalenhälfte fest angewachsen. Schloßrand gerade. Schloß mit je zwei kräftigen Hauptzähnen. 1 Schließmuskeleindruck in jeder Klappe. Die Schalen wurden im Mittelalter vor allem in Italien, aber auch in Frankreich und Deutschland von Bettlern und Aussätzigen als Klapper verwendet – daher der Name.

363 Europäische Lazarusklapper = Eselshuf = Stachelauster ***Spondylus gaederopus*** L.
Bis 10 cm lang. Purpurn bis braunviolett, aber meist mit Algen, Schwämmen, anderen Muscheln und Kalkablagerungen bedeckt. Gewölbte, angewachsene Klappe heller, mit unregelmäßigen, teils blättrigen Stacheln; flache, obere Klappe sehr fein gerippt, mit spitzen, ungleich langen, feinen und starken Stacheln. Innenseite porzellanweiß. – An großen Steinen und Felsen, schon in der Flachwasserzone. – Mittelmeer. – Eßbar.
Ähnlich ist ***S. costatus*** mit ausgeprägteren Rippen und weniger zahlreichen, aber in 7 bis 8 Strahlen regelmäßig gesetzten, nagelartigen Stacheln.

Zwiebelmuscheln = Sattelmuscheln ***Anomiidae***

Ungleichklappige, dünnschalige, annähernd scheibenförmige Muscheln, die mit verkalktem Byssus an Gestein, Holz und anderen Muscheln haften. Linke Klappe ungleichmäßig gewölbt, mit zwei oder drei Muskeleindrücken (mittlerer groß); rechte, untere Klappe der Unterlage nachgeformt, mit rundem, bei ausgewachsenen Exemplaren oft an den Randecken zusammengewachsenem Byssusausschnitt. Schloß zahnlos.

364 Zwiebelschale = Gemeine Sattelmuschel ***Anomia ephippium*** (L.)
Bis 6 cm lang. Weißlichgelb bis hornfarben; dünnschalig, aber recht widerstandsfähig. Linke, gewölbte Klappe nicht durchscheinend. Innenseite irisierend. 3 Muskeleindrücke. – An Felsen, Pfahlwerk, Schiffsplanken und größeren Muscheln. – Mittelmeer, Atlantik, Nordsee. – Eßbar.
Ähnlich, jedoch nur bis 3 cm lang, dunkler und strahlig gerippt, ist die im Atlantik und in der Nordsee bis südl. Kattegat vorkommende ***Monia patelliformis*** = *Anomia p.*, mit 2 Muskeleindrücken.

365 Durchsichtige Zwiebelmuschel = Durchs. Sattelmuschel ***Anomia cepa*** (L.)
Bis 3 cm lang. Hellgelblich bis bräunlichgelb, rosig oder rotbraun; sehr zartschalig. Beide Klappen durchscheinend. Innenseite irisierend. – An anderen Muscheln und Gestein. – Mittelmeer.
An der Atlantikküste kommt die ähnliche, aber nur 1,5 cm lange ***Heteranomia squamula*** vor, die sich u. a. auch auf den Panzern von Krabben festsetzt.

Feilenmuscheln *Limidae*

Gleichklappige, ungleichseitige Muscheln mit mehr oder weniger klaffender Schale. Ohren sehr schwach entwickelt. Schloßrand gerade. Schloß zahnlos. 1 Schließmuskeleindruck in jeder Klappe.

366 Gemeine Feilenmuschel *Lima lima* (L.) = *L. squamosa.*
Bis 3,5 cm lang. Milchig weiß, mit 20 bis 25 feinen, aber ausgeprägten Strahlrippen, von denen scharfe, am Rand bis 3 mm hohe Stachelschuppen aufragen. Vorderes Ohr etwas stärker entwickelt. – An Felsen und unter Steinen, schon im Flachwasser, oft von einem nestartigen kleinen Schutzwall aus Byssus, Sandkörnchen usw. umgeben. – Mittelmeer.
Ähnlich, jedoch zartschaliger und feinrippiger, ist die Gefurchte Feilenmuschel, ***L. sulcata.*** – Feilenmuscheln vermögen wie Kammuscheln kurze Strecken zu schwimmen.

367 Klaffende Feilenmuschel *Lima hians* (Gmel.) = *L. linguatum*
Bis 2 cm lang. Milchig weiß, fast durchscheinend, sehr zartschalig, mit feinen, rauhen Strahlrippen und annähernd gleichen Ohren. – Unter Gestein und in Spalten, schon in der Flachwasserzone. – Mittelmeer, Atlantik.
Etwas stärker gewölbt und bis 4 cm lang ist ***L. loscombii*** der nördl. Atlantik- und Nordseeküste.

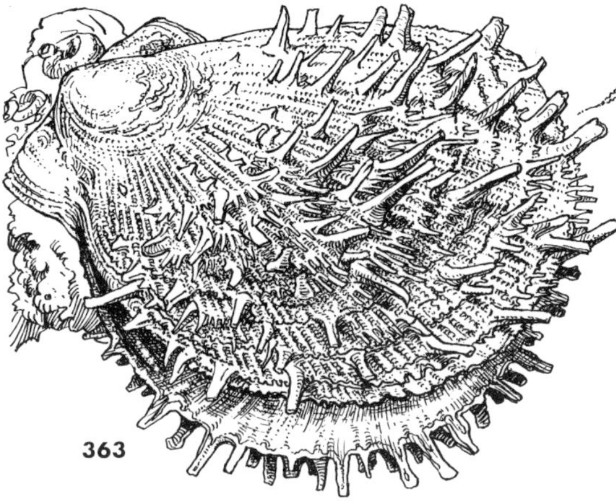

363

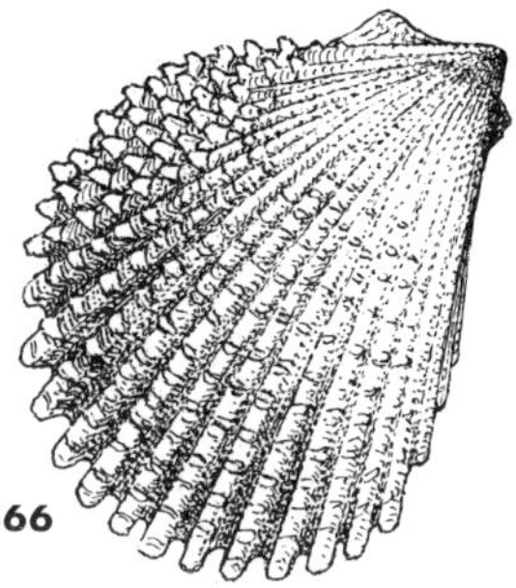

366

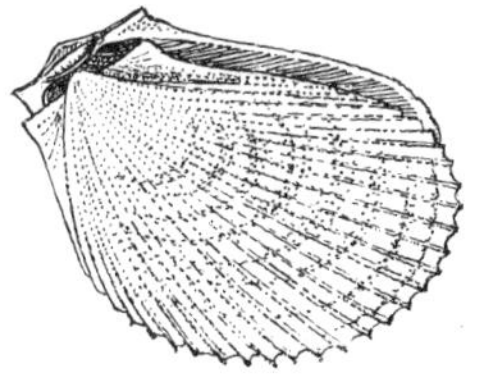

367

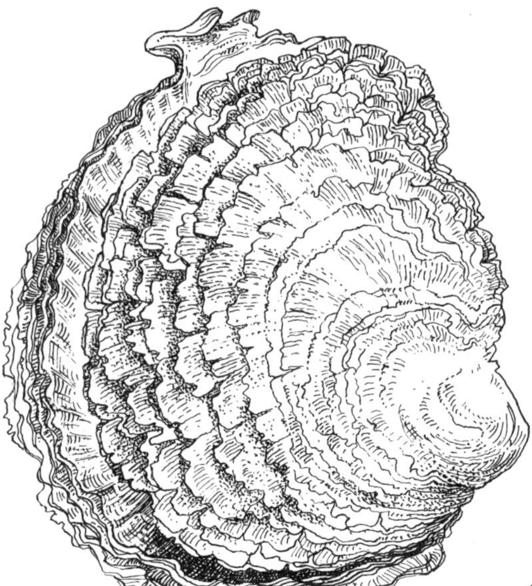

364

365

Flügelförmige

Kammuscheln *Pectinidae*

Muscheln mit meist strahlig gerippter, ungleich- oder gleichklappiger Schale und gleichen oder ungleichen Ohren. Innenseite nicht perlmuttern. Schloßrand gerade. Schloß zahnlos.

368 Jakobsmuschel = Jakobspilgermuschel ***Pecten jacobaeus*** L.
Bis 13 cm lang. Linke Klappe rötlich bis ockerbraun (manchmal gefleckt) und flach, rechte weißlich bis rosig und gewölbt. Rippen regelmäßig, gekantet; Zwischenräume glatt. Ohren gleich. Innenseite weiß. – Auf Sand und Grobsand, auch zwischen See- und Neptungras, meist am Rand der Wiesen, frei auf dem Grund oder leicht mit Sand bedeckt. Bevorzugt tieferes Wasser. Kann durch Auf- und Zuklappen der Schalenhälften kurze Strecken schwimmen. – Mittelmeer.

369 Große Pilgermuschel = Gr. Kammuschel ***Pecten maximus*** L.
Bis 15 cm lang. In Färbung und Form der Jakobsmuschel sehr ähnlich, jedoch mit gerundeten Rippen und gerieften Zwischenräumen. – Auf Sand und Grobsand, frei auf dem Grund, von der äußersten Gezeitenzone an. Schwimmt wie die Jakobsmuschel. – Atlantik, Nordsee. – Eßbar.

370 Kleine Pilgermuschel = Reisemantel ***Aequipecten opercularis*** (L.) = *Chlamys o.* = *Pecten o.*
Bis 8 cm lang. Färbung verschieden: weiß, gelb, grau, ocker, braun; gefleckt, geflammt oder gestreift; rechte Klappe heller. Beide Klappen konvex, jedoch nicht gleich stark gewölbt, mit 18–22 fein längsgerieften Rippen. Ohren leicht ungleich. – Auf Sand und Grobsand, frei auf dem Grund oder mit Byssus verankert, meist in mehr als 15 m Tiefe. – Mittelmeer, Atlantik, Nordsee. – Eßbar.

371 Glatte Kammuschel *Proteopecten glaber* (L.) = *Pecten g.* = *Chlamys g.*
Bis 5 cm lang. Färbung verschieden: weiß bis rötlichbraun mit konzentrischen Streifen oder Flecken. Beide Klappen konvex, jedoch nicht gleich stark gewölbt; glatt, aber mit gerundeten Strahlrippen. Ohren leicht ungleich. – Frei auf Sandgrund oder mit Byssus an Gestein verankert. – Mittelmeer. – Eßbar.

372 Bunte Kammuschel *Chlamys varius* L. = *Pecten v.*
Bis 7 cm breit. Färbung sehr verschieden: weiß, gelblich, ocker, braun, violett; einfarbig, gefleckt oder konzentrisch gestreift. Beide Klappen konvex, jedoch nicht gleich stark gewölbt, rauh, mit 25–30 regelmäßigen, hohen, schuppigen Strahlringen. Ohren ungleich. – An Felsen und unter Steinen mit Byssus verankert. – Mittelmeer, Atlantik, Nordsee. – Eßbar.
Sehr ähnlich ist ***C. sulcatus*** = *Pecten s.*, jedoch weiß bis rosig mit unregelmäßiger brauner Zeichnung, 10–12 ausgeprägten Strahlrippen und fast gleichen Ohren.

373 Katzenpfote *Chlamys pesfelis* Lam. = *Pecten p.*
Bis 6 cm lang. Gelblich bis rosig mit konzentrischer dunklerer Streifung. Beide Klappen konvex, jedoch nicht gleich stark gewölbt, mit 18 bis 22 fein gerieften Strahlrippen. – An Gestein mit Byssus verankert. – Mittelmeer.

374 Vielstreifige Kammuschel *Chlamys multistriata* (Poli) = *Hinnites m.* = *Pecten pusio.*
Bis 3 cm lang. Gelblich, rötlich, braun oder violett, unregelmäßig gesprenkelt. Beide Klappen konvex, jedoch nicht gleich stark gewölbt, mit 35 bis 45 feinen, aber ausgeprägten schuppigen Strahlrippen. Ohren ungleich. – An Gestein mit Byssus verankert. – Mittelmeer.
Ähnlich ist ***C. tigerina,*** die Getigerte Kammuschel der Atlantikküste, mit ungeschuppten, strahlig gestreiften und gefleckten Rippen.

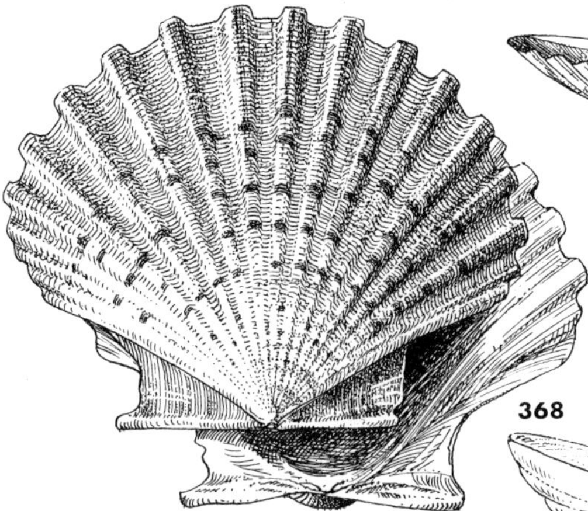

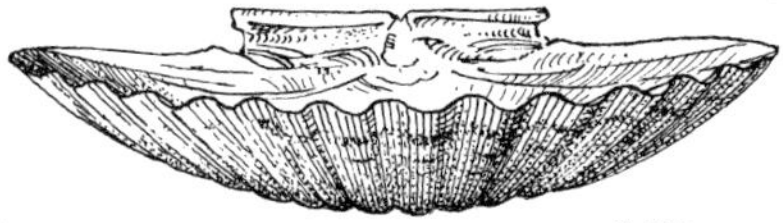

369

368

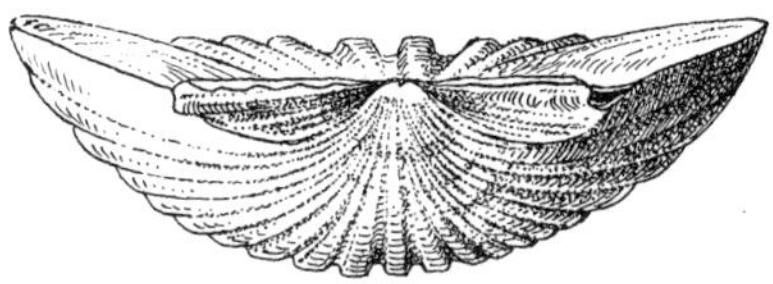

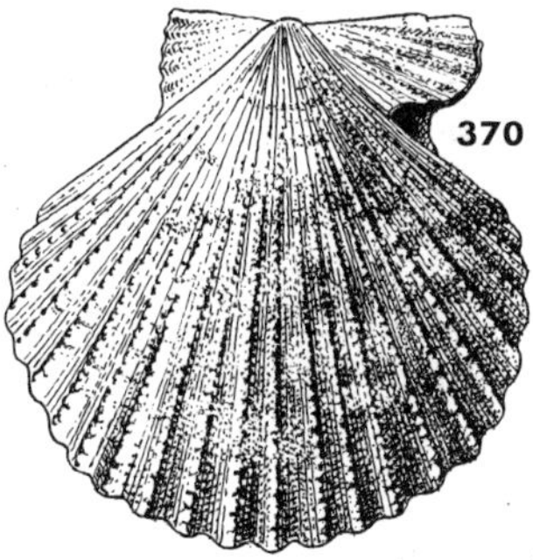

370

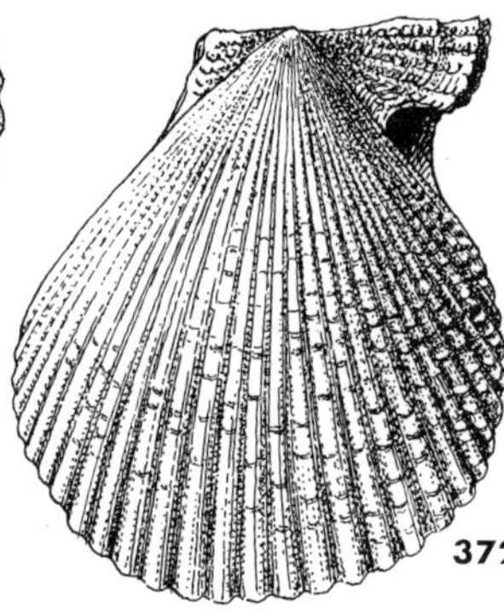

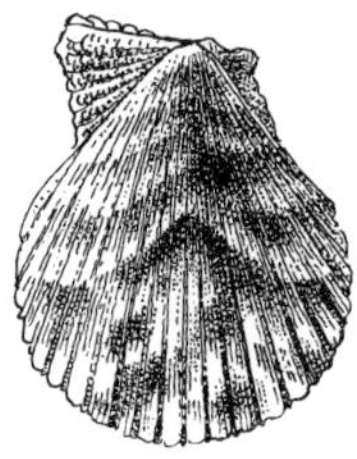

374

372

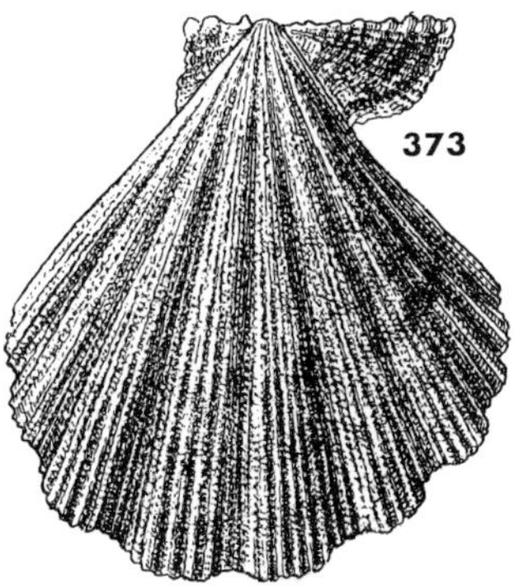

373

371

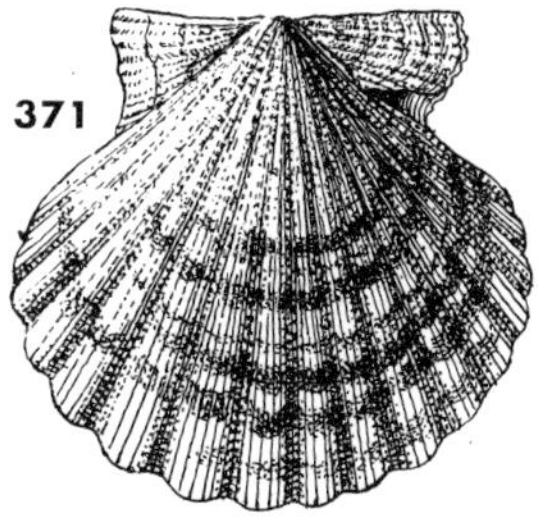

Flügelförmige

Austern *Ostreidae*

Ungleichklappige, dickschalige, gleichseitige oder ungleichseitige, mit der linken, unteren Klappe am Grund festsitzende Muscheln von unregelmäßiger Form. Schloß zahnlos. Ein Schließmuskeleindruck, bei ausgewachsenen Exemplaren ungefähr im Schalenzentrum.
Austern leben in mehr oder minder großer Zahl vereint auf sog. Austernbänken, in Tiefen bis 50 m auf festem, schlickfreiem Grund, aber auch einzeln, an Felsen, Pfahlwerk und anderen Muscheln festgewachsen, überall, wo angemessene Voraussetzungen zu ihrer Entwicklung und Fortpflanzung gegeben sind.
Natürliche Austernbänke findet man heute allerdings an unsern Küsten verhältnismäßig selten. Der Marktbedarf wird fast restlos durch in künstlich angelegten Austerngärten oder Austernparks kultivierte Zuchtaustern gedeckt. Solche Kulturbänke sind schon in der Antike von den Römern angelegt worden, und daß Austern seit vielen Jahrtausenden auf dem Speisezettel der Küstenvölker Europas stehen, hat die Unmenge von Schalenüberresten gezeigt, die man u. a. in den Kjökkenmöddinger, den Küchenresten der Ureinwohner Jütlands fand.

375 Europäische Auster = Speiseauster ***Ostrea edulis*** L.
Bis 10 cm, selten bis 15 cm Durchm., meist aber kleiner. Schmutziggrau, mit rauher, annähernd runder Schale und konzentrischen, blätterigen Anwachsstreifen. Linke, untere Klappe trogförmig gewölbt, festgewachsen; rechte Klappe fast flach, deckelartig, oft mit starkem Algenbewuchs. Innenseite milchigweiß. – Mittelmeer, Atlantik, Nordsee. – Eßbar. Wird gezüchtet.

376 Mittelmeer-Auster *Ostrea plicata* Lam. = *O. stentina*.
Bis 5 cm lang und 8 cm breit. Graugelblich bis grünlich- oder blaugrau, mit ovaler, rauher, wellig verkrümmter Schale. Linke Klappe trogförmig; rechte Klappe deckelartig. – An Gestein festsitzend, in größerer Zahl oder einzeln. – Mittelmeer, Atlantik. – Eßbar. Wird gezüchtet.

377 Hahnenkammauster *Ostrea crestata* Lam.
Bis 15 cm lang. Kalkigfalb bis kalkigrötlich, mit braunen, unregelmäßigen, schuppigen Anwachsstreifen und purpur- bis braunviolettem, hahnenkammähnlich gezacktem Rand. Schale ungleichseitig. Linke, festgewachsene Klappe wenig gewölbt, am Rand stark aufgebogen; rechte Klappe bauchig. Innenseite gelblich mit grünlichen oder bräunlichen Flecken. Muskeleindruck meist bräunlich. – An Felsen, Holzwerk und Muschelgehäusen, oft z. B. an Steckmuscheln. – Mittelmeer.

378 Portugiesische Auster = Greifmuschel ***Gryphaea angulata*** (Lam.) = *Crassostrea a.* = *Ostrea a.*
Bis 7 cm lang und 15 cm breit, meist aber kleiner. Gelblich bis grau, oft mit unregelmäßigen helleren Flecken. Schale länglich-oval, etwas abgewinkelt. Linke, festgewachsene Klappe größer als die deckelartige rechte und von ausgeprägter Trogform. – An Gestein und Pfahlwerk. – Atlantik. – Eßbar. Wird gezüchtet. Weniger schmackhaft als die Ostrea-Arten.

Kenner wissen, daß Austern – die Ostrea-Arten jedenfalls – roh in den Monaten ohne r am besten schmecken; als einzige Ausnahme gilt der September in Irland, wo dann an Strand-Volksfesten die Muscheln, laufend frisch aus dem Meer angeliefert, dutzendweise verzehrt werden.

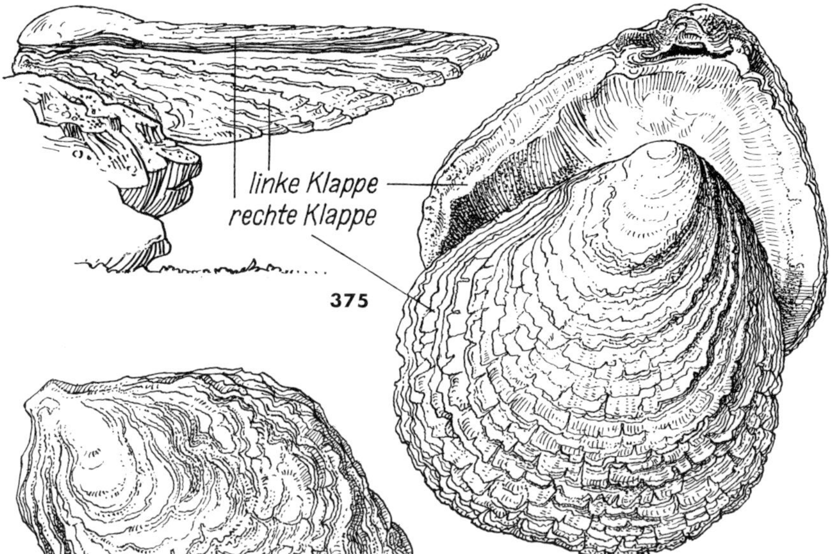

375

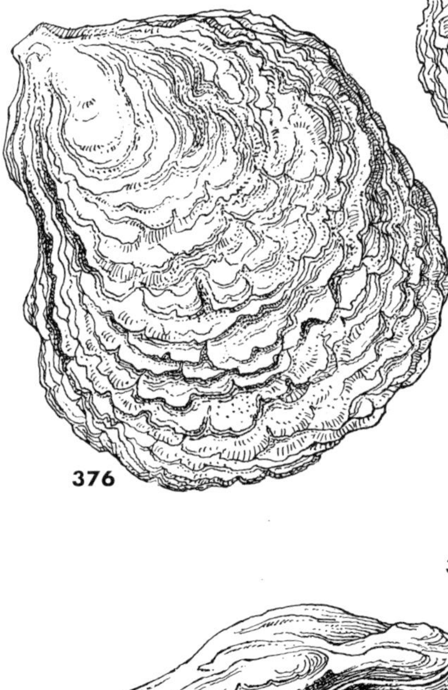

376

377

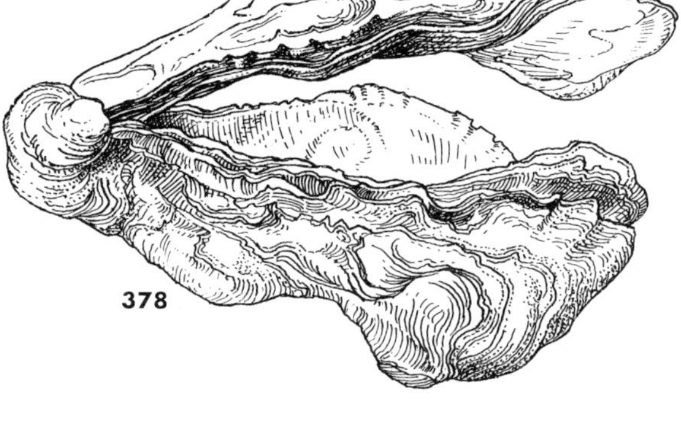

378

Verschiedenzähnige Unterklasse *Heterodonta*

Gleichklappige Muscheln. Schloß mit wechselständigen Haupt- und Seitenzähnen.

Mondmuscheln ***Lucinidae***

Gleichklappige Muscheln mit festem kreisrundem oder rundlich-ovalem, seitlich zusammengedrücktem Gehäuse. Schloß unter dem Wirbel, mit oft sehr kleinen Hauptzähnen, aber gut entwickelten Nebenzähnen. Muskeleindrücke ungleich (vorderer länglich).

379 Rauhe Mondmuschel ***Lucina squamosa*** L.
Bis 12 mm lang. Weißlich bis gelblichweiß mit feinen, konzentrischen braunen Streifen und feinen Strahlriefen. – Im Sand, vom Flachwasser an. – Mittelmeer.

380 Stachelige Mondmuschel ***Myrtea spinifera*** Mont. = *Lucina s.* = *L. hiatella*
Bis 12 mm lang, weißlich, konzentrisch gerieft und sehr fein bestachelt. Innenrand fein gekerbt. – In Sand und Schlick. – Mittelmeer, Atlantik, Nordsee.

381 Weiße Mondmuschel ***Loripes lacteus*** (L.) = *Lucina l.*
Bis 2,5 cm lang. Milchig weiß, mit durchscheinenden und (abgesehen von feinen, ungleichmäßigen Anwachsstreifen) glatten Schalenklappen. – Im Sand, vom Flachwasser an. – Mittelmeer, Atlantik. Im gleichen Gebiet kommen u. a. noch die ähnliche, aber konzentrisch fein gestreifte Nordische Mondmuschel, ***Lucinoma borealis*** = *Lucina b.*, vor, sowie ***Lucina digitalis,*** weißlich, ebenfalls glattschalig, aber nur bis 4 mm lang.

Hufmuscheln = Gienmuscheln ***Chamidae***

Mit der linken *(Chama, Echinochama)* oder rechten *(Pseudochama)* Klappe an Gestein festgewachsene Muscheln mit ungleichklappiger Schale. Schloß mit 2 stumpfen Hauptzähnen (1 davon oft teilweise oder ganz rückgebildet) und schwachen Seitenzähnen. Zwei gleiche oder annähernd gleiche, tiefe Muskeleindrücke in jeder Klappe.

382 Mittelmeer-Hufmuschel = M.-Gienmuschel ***Chama gryphoides*** L.
Bis 4 cm lang. Weißlich oder graugelblich bis bräunlichgrau, ungleichklappig, mit schuppigen Anwachsstreifen. Linke Klappe festgewachsen, trogförmig; rechte Klappe deckelartig, schwach gewölbt oder flach. Innenrand sehr fein gekerbt. – An Felsen und Steinen, schon vom Flachwasser an. – Mittelmeer.

383 Rote Hufmuschel ***Pseudochama ferruginea*** Reeve.
Wie *Ch. gryphoides*, jedoch gelblichgrau bis rötlichbraun und mit der rechten Klappe festgewachsen, während die linke den abgeflachten Deckel bildet. – An Gestein festgewachsen. – Atlantik.

384 Stachelige Hufmuschel = St. Gienmuschel ***Echinochama lazarus*** Lam. = *Chama l.*
Bis 6 cm lang. Weißlich oder graugelblich bis bräunlichgrau mit rötlichen bis rotbraunen, blätterigen oder rinnenartigen Stacheln. Durch Vergleich des Schlosses und der Muskeleindrücke leicht von der äußerlich ähnlichen Lazarusklapper zu unterscheiden. – An Gestein festgewachsen, schon vom Flachwasser an. – Mittelmeer.

Trapezmuscheln ***Carditidae***

Muscheln mit dickschaligem, mehr oder weniger trapezförmig-quadratischem, strahlig geripptem Gehäuse. Wirbel leicht nach vorne gerichtet. Linke Klappe mit zwei schief gestellten Hauptzähnen, rechte Klappe oft nur mit einem Hauptzahn; Nebenzähne manchmal vorhanden.

385 Kleines Trapez ***Cardita trapezia*** Brug.
Bis 6 mm lang, nicht viel breiter. Hellbraun bis braun, fast eckig-trapezförmig, mit feinschuppigen, einkantigen Rippen. – An Gestein mit Byssus verankert. – Mittelmeer.

386 Stacheltrapez ***Cardita squamigera*** Lam. = *C. aculeata.*
Bis 7 mm lang und 1,5 cm breit. Weißlich bis bräunlich, mit einkantigen Strahlrippen, die mit dornartigen Schuppen besetzt sind. – An Felsen und unter Steinen mit Byssus verankert. – Mittelmeer.

387 Gefurchte Trapezmuschel ***Venericardia antiquata*** (L.) = *Cardita sulcata.*
Bis 3 cm lang. Hell- bis dunkelbraun (selten weißlich), auch mit weißen oder rostroten Flecken. Leicht schief-dreieckig, an den Ecken abgerundet, mit starken, quergerieften, manchmal schuppigen Strahlrippen. Innenrand fein gekerbt. Kein Byssus. – Auf Sandgrund. – Mittelmeer.

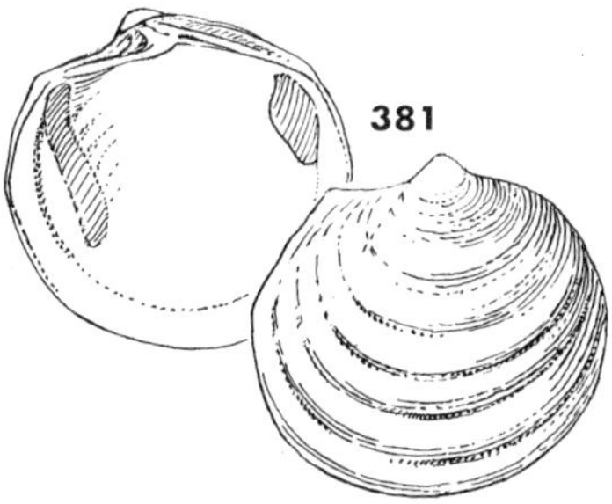
381

380

379

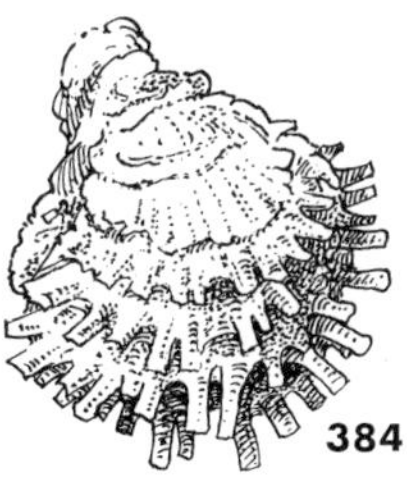
384

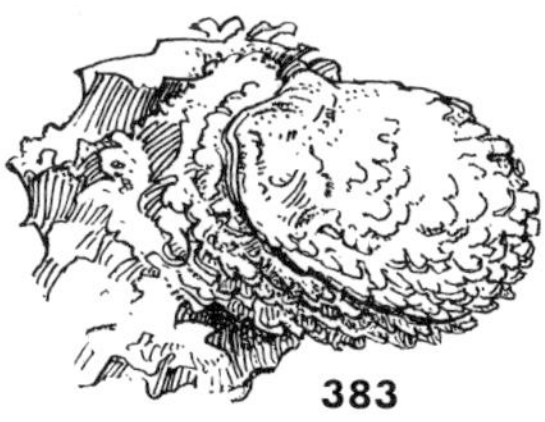
383

382

385

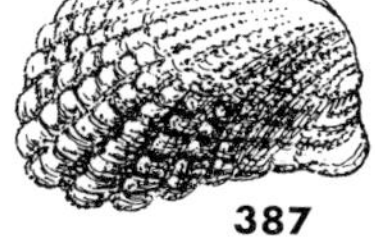
387

386

Verschiedenzähnige

Astartemuscheln *Astartidae*

Muscheln mit abgerundeter dreieckiger, seitlich mehr oder weniger stark zusammengedrückter Schale. Schloß mit 3 Zähnen unter dem Wirbel jeder Klappe. Schließmuskeleindrücke gleich, tief eingeprägt.

388 Nordische Astarte ***Astarte borealis*** Chemn. = *Crassina b.*
Bis 5 cm lang. Braun (Wirbel und Schloß weißlich), manchmal weiß gefleckt; mit dunkelbrauner, faseriger Außenhaut. Schale oval, kräftig, mit feinen konzentrischen Riefen in engen, unregelmäßigen Abständen. Wirbel vor der Mitte. Innenrand glatt. – Auf Schlammgrund, vom Flachwasser an. – Nördl. Atlantik, Nordsee, westl. Ostsee.

389 Gefurchte Astarte ***Astarte sulcata*** da Costa = *A. undata.*
Bis 3,5 cm lang. Weißlich bis bräunlichweiß mit bräunlicher Außenhaut, schwach oval, konzentrisch tief und regelmäßig gerieft. Wirbel nahe der Mitte. Innenseite weiß, am Rand fein gekerbt. – Auf Sand und Grobsand. – Atlantik, Nordsee, westl. Ostsee.

390 Braune Astarte ***Astarte fusca*** (Poli) = *Crassina f.*
Bis 2,5 cm lang. Bräunlichgelb bis braun mit dunkelbrauner Außenhaut, konzentrisch breit und regelmäßig gerieft. Innenseite gelblich. – Auf Sandgrund. – Mittelmeer.

Herzmuscheln *Cardiidae*

Gleichklappige und mehr oder minder gleichseitige Muscheln mit Springfuß (Springvermögen) und stark gewölbter, kräftiger, strahlig gerippter Schale. Wirbel leicht eingerollt. Schloß mit je 2 Hauptzähnen unter den Wirbeln und je 2 Seitenzähnen. Zwei gleiche Muskeleindrücke.

391 Große Herzmuschel = Dornige H. ***Acanthocardia echinata*** (L.) = *Cardium e.*
Bis 8 cm lang. Gelblichweiß bis gelb oder hell ockerfarben, mit 20–24 breiten Rippen, die mit teils gekrümmten, zum Rand hin länger werdenden Dornen besetzt sind. Innenrand gekerbt. – Im Feinsand, besonders im Bereich von Neptun- und Seegraswiesen, meist erst von 10 m Tiefe an. – Mittelmeer, Atlantik, Nordsee. – Eßbar.

392 Stachlige Herzmuschel ***Acanthocardia aculeata*** (L.) = *Cardium a.*
Bis 5,7 cm lang. Weißlich oder gelblich bis ockerbraun und braun (Wirbel oft braunrot), mit 20–30 Rippen, die mit weißlichen, knötchen- oder spachtelförmigen, kurzen Stacheln besetzt sind. Innenrand gekerbt. – Meist erst von 10 m Tiefe an, in Schlicksand eingegraben, häufig im Bereich von Neptun- und Seegraswiesen. – Mittelmeer, Atlantik, Nordsee, westl. Ostsee. – Eßbar.

393 Knotige Herzmuschel ***Rudicardium tuberculatum*** (L.) = *Cardium rusticum* = *C. nodosum.*
Bis 6 cm lang. Weißlich bis ockerbraun, rötlich bis braun gebändert, mit 20–24 ausgeprägten, rauhen, knotigen Rippen, die an der hinteren Seite schwächer oder nur noch durch kleine Knötchen angedeutet sind. – Meist erst von 10 m Tiefe an, im Schlicksand eingegraben. – Mittelmeer, Atlantik, Nordsee. – Eßbar.

394 Kleine Herzmuschel ***Parvicardium ovale*** (Sow.) = *Cardium fasciatum.*
Bis 1,5 cm lang. Gelblichweiß bis bräunlich, oft dunkler gebändert; mit 22–25 eng nebeneinander liegenden, breiten Rippen, von denen die vorderen (manchmal auch die hinteren) mit kleinen Knötchen oder Dörnchen besetzt sind. – Im Sand eingegraben. – Atlantik, Nordsee, westl. Ostsee.

395 Eßbare Herzmuschel ***Cerastoderma edule*** (L.) = *Cardium e.*
Bis 4,5 cm lang, selten etwas größer. Weiß oder gelblich bis braungelb oder grau, oft dunkler gesäumt oder gestreift; mit 22–26 nicht sehr ausgeprägten, etwas rauhen Strahlrippen. Innenrand gekerbt. – In Sand und Schlick, nicht sehr tief eingegraben, manchmal in sehr großer Zahl, schon vom Flachwasser an. – Mittelmeer, Atlantik, Nordsee, Ostsee. – Eßbar.

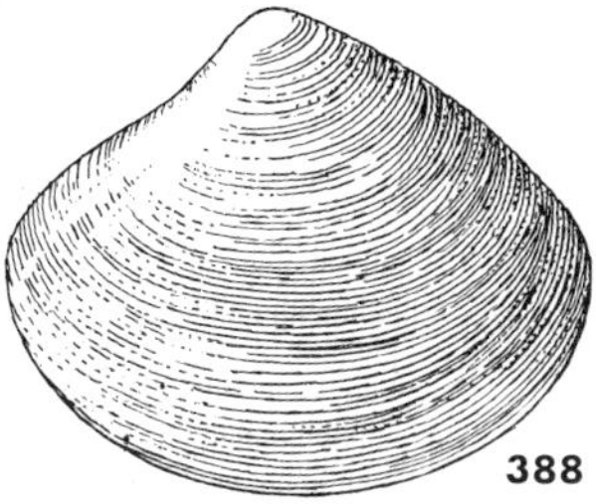

388

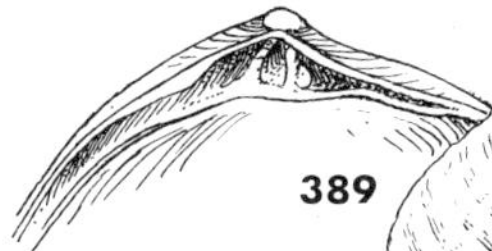

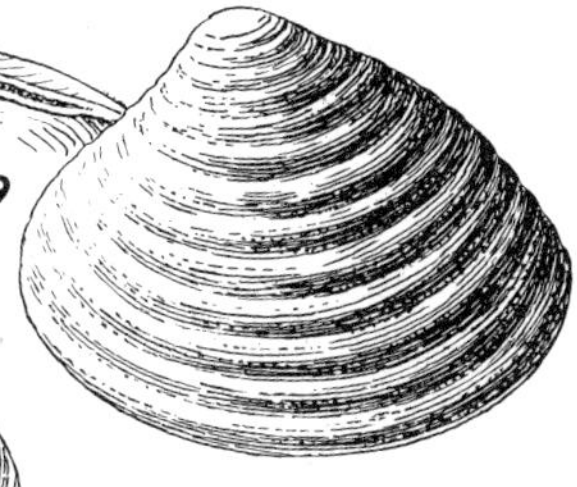

389

390

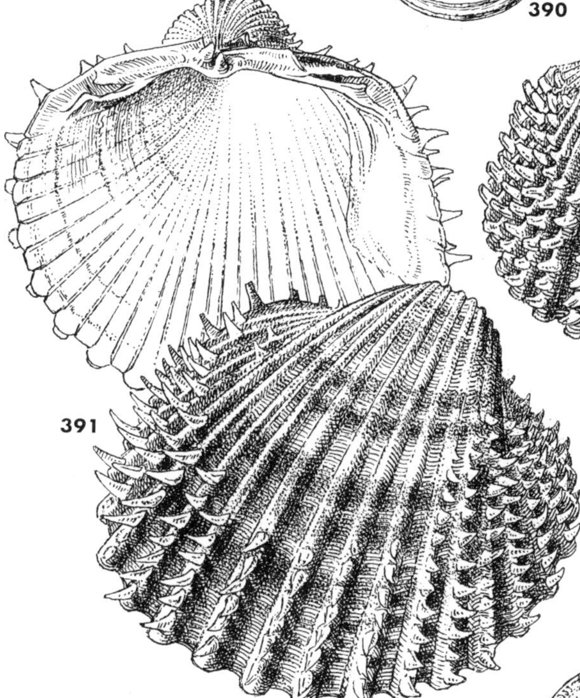

391

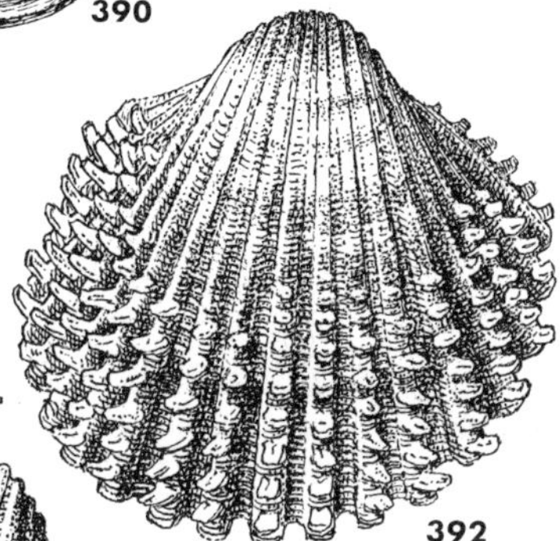

392

395

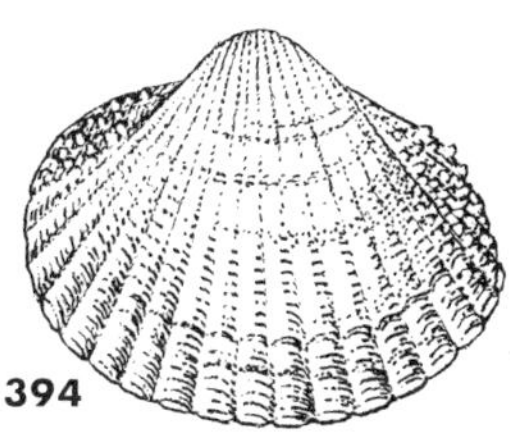

394

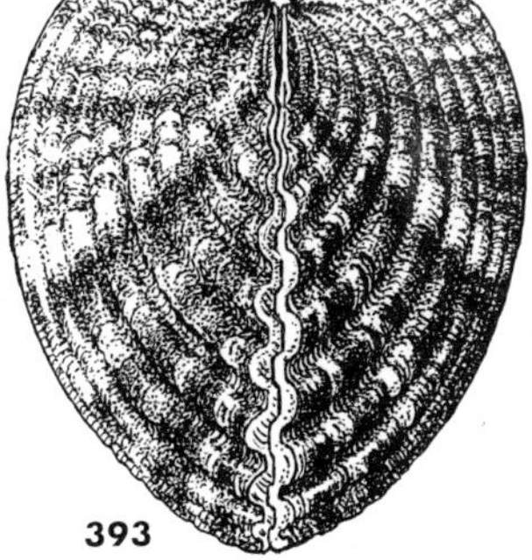

393

Verschiedenzähnige

396 Norwegische Herzmuschel *Laevicardium crassum* (Gmel.) = *Cardium norvegicum*.
Bis 6 cm lang. Weißlich bis bräunlich, mit sehr schwach ausgeprägten, gegen die Wirbel hin verschwindenden, an der hinteren Seite völlig fehlenden Rippen. – In Sand eingegraben. – Mittelmeer, Atlantik, Nordsee.

397 Längliche Herzmuschel *Laevicardium oblongum* (Chemn.) = *Cardium sulcatum*.
Bis 5 cm lang. Am Rand weißlich bis gelblich, gegen die Wirbel hin dunkler, bis rot- oder graubraun; leicht oval, mit feinen, unbestachelten Strahlrippen und ausgeprägten Anwachsstreifen. Innenrand gekerbt. – Von 5 m Tiefe an in Feinsand eingegraben. – Mittelmeer. – Eßbar.

Trogmuscheln *Mactridae*

Gleichklappige Muscheln mit dreieckig-ovaler, meist fast gleichseitiger Schale. Schloßband nur teilweise äußerlich. Schloß mit Bandgrube, V-förmig angeordneten kleinen Hauptzähnen und lamellenförmigen Seitenzähnen.

398 Bunte Trogmuschel = Große T. = Strahlenkorb = Narrenherz ***Mactra corallina*** (L.) = *M. stultorum*.
Bis 7 cm lang. Weiß, weißlich, gelblich oder bräunlich mit dunkleren und helleren konzentrischen Streifen und (nicht immer) weißen Strahlen; Außenhaut gelblichgrau; Innenseite rötlich oder hellviolett bis violett. Klappen konzentrisch fein gerieft. – Auf Sand und Schlicksand, meist eingegraben. – Mittelmeer, Atlantik, Nordsee. – Eßbar.

399 Gemeine Trogmuschel = Narrenkappe ***Mactra corallina atlantica*** L. = *M. corallina cinerea*.
Bis 6 cm lang. Glanzlos hellgrau bis blaßviolett mit gelblichen bis bräunlichen Streifen und (nicht immer) Strahlen; Außenhaut gelblichgrau; Innenseite weißlich oder hellviolett. Klappen etwas stärker gewölbt als bei 398, gleichfalls fein gerieft. – In Sand und Schlicksand. – Atlantik, Nordsee.

400 Blaue Trogmuschel *Mactra glauca* Born.
Bis 9 cm lang. Weißlich bis hellgrau mit konzentrischen grauen bis graublauen Streifen und gelblicher Außenhaut; Innenseite bläulichgrau bis grauviolett. Klappen schwächer gewölbt als bei 398. – In Sand und Schlicksand. – Mittelmeer, Atlantik, Nordsee. – Eßbar.

401 Gedrungene Trogmuschel = Gedr. Strandmuschel ***Spisula subtruncata*** da Costa = *Mactra s.*
Bis 3 cm lang. Weißlich, graublau oder bräunlich, konzentrisch braunrot bis braun gebändert, mit bräunlicher Außenhaut. Klappen stark bauchig, dünnschalig, konzentrisch gerieft; Wirbel vor der Mitte. – In Sand und Schlicksand eingegraben, vom Flachwasser an. – Mittelmeer, Atlantik, Nordsee bis südl. Kattegat. – Eßbar.

402 Dickschalige Trogmuschel = Gemeine Strandmuschel ***Spisula solida*** L. = *Mactra s.*
Bis 4 cm lang. Weißlich bis gelblichweiß, oft unregelmäßig bräunlich bis schwärzlichbraun gefleckt oder gestreift, mit gelblichbrauner Außenhaut. Klappen dickschalig, mit feiner konzentrischer Schichtung. – In Grobsand. – Atlantik, Nordsee.

403 Elliptische Trogmuschel = Ellipt. Strandmuschel ***Lutraria lutraria*** (L.) = *L. elliptica*.
Bis 12 cm lang. Rosig- bis gelblichweiß mit grauer konzentrischer Zeichnung und brauner Außenhaut. Länglich-oval mit kürzerem hinterem Teil. – Im Sand eingegraben. – Mittelmeer, Atlantik, Nordsee. – Eßbar.

Dreieckskappen *Mesodesmatidae*

Gleichklappige, ungleichseitige Muscheln mit länglich-dreieckiger Schale und innerlichem Schloßband. Schloß mit Bandgrube, kleinen V-förmig stehenden Hauptzähnen und leistenartigen, fein gezackten Nebenzähnen.

404 Braune Dreieckskappe *Mesodesma corneum* Poli = *Donacilla c.*
Bis 2 cm lang. Weißlich mit bräunlichen bis braunen konzentrischen Streifen, zwei strahligen Feldern unregelmäßiger, mehr oder minder verwischter brauner Flecken und dünner hornfarbener Außenhaut. Von den ähnlich geformten Stumpfmuscheln durch Vergleich des Schlosses zu unterscheiden. Innenseite weiß mit bräunlichen Flecken. – Im Sand eingegraben, vom Flachwasser bis in mittlere Tiefen. – Mittelmeer, Atlantik, Nordsee.

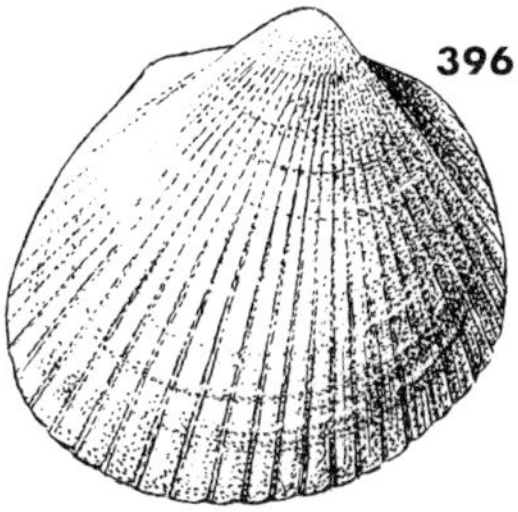

396

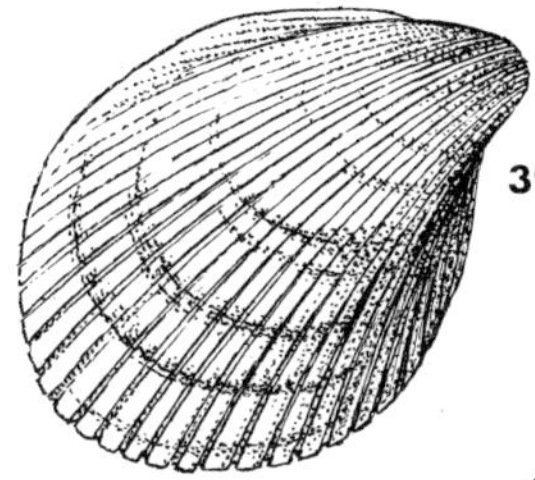

397

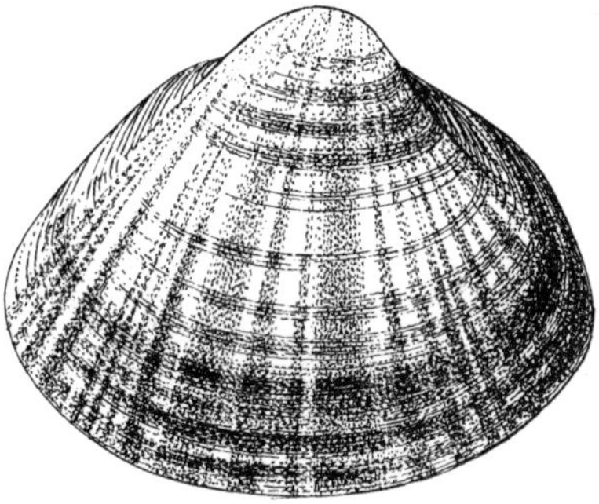

398

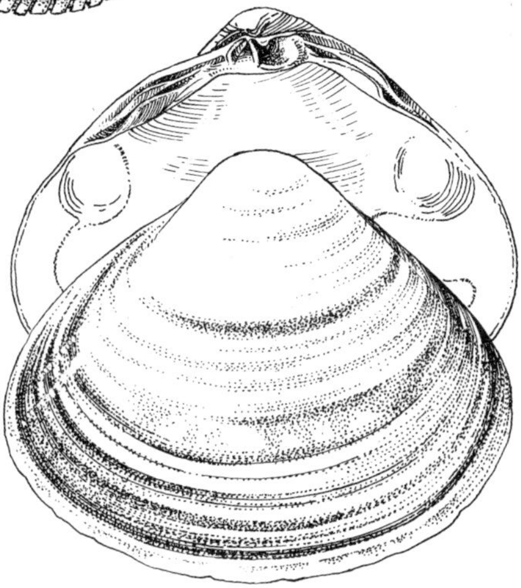

399

401

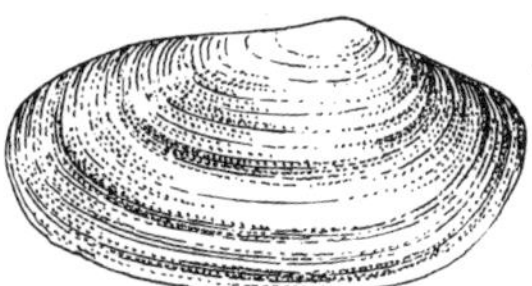

403

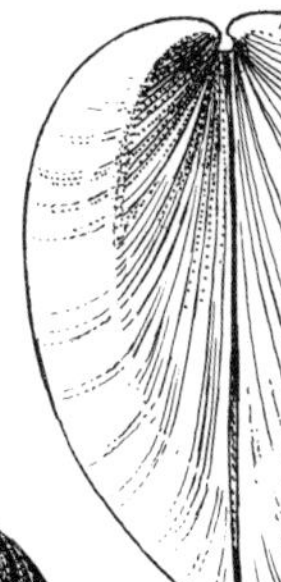

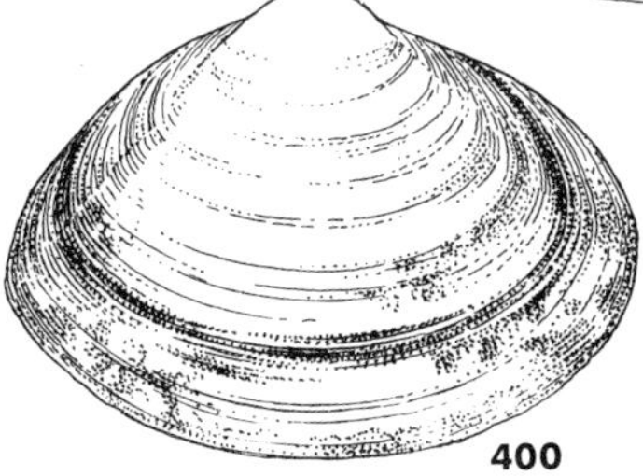

400

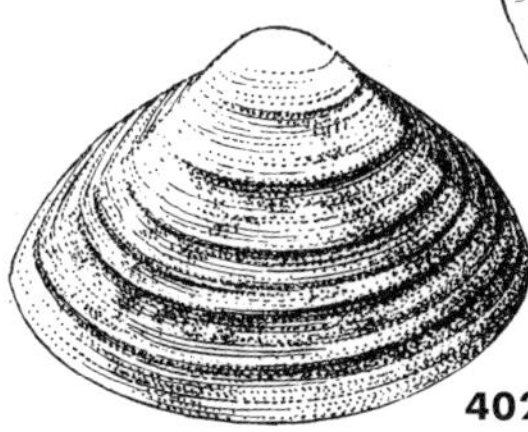

402

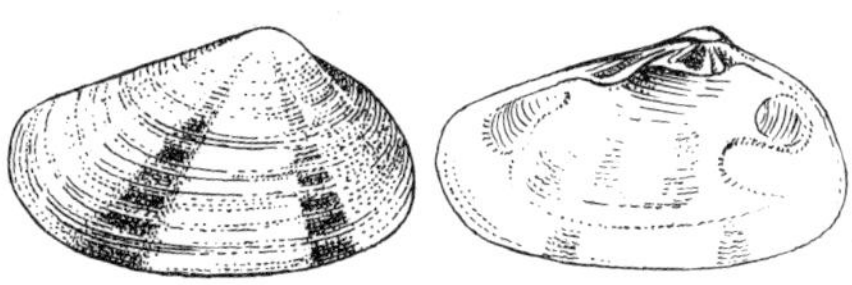

404

Verschiedenzähnige

Scheidenmuscheln = Messermuscheln ***Solenidae***

Gleichklappige, ungleichseitige Muscheln mit langer, schmaler, an beiden Enden klaffender Schale. Schloßband äußerlich. Schloß mit je 1–3 Hauptzähnen. Messermuscheln leben in tiefen, röhrenartigen, senkrechten Löchern, die sie überraschend schnell in den Sandgrund graben.

405 Schotenförmige Messerscheide = Messermuschel ***Ensis minor*** (Chena) = *E. siliqua* = *Solen s.* = *Cyrtodaria s.*

Bis 20 cm lang. Gelblich mit rötlichen, grünlichbraunen oder violetten Tönen und dünner brauner Außenhaut; leicht gebogen, an beiden Enden abgestutzt; Wirbel und Schloß kurz vor dem hinteren Ende; Anwachsstreifen auf 2 deutlich abgegrenzten Querfeldern rechtwinkelig zueinander verlaufend. Linke und rechte Klappe mit je 2 Hauptzähnen. – Im Sand eingegraben. – Mittelmeer, Atlantik, Nordsee. – Eßbar.

406 Schwertförmige Messerscheide = Große Schwertmuschel ***Ensis ensis*** L.

Bis 16 cm lang. Weißlich bis gelblich mit rötlichen oder grünlichbraunen Streifen und dünner brauner Außenhaut; stark gebogen, hinten und vorne leicht gerundet; Wirbel und Schloß kurz vor dem hinteren Ende; Anwachsstreifen auf 2 deutlich abgegrenzten Querfeldern rechtwinkelig zueinander verlaufend. Linke und rechte Klappe mit je 2 Hauptzähnen. – Im Sand eingegraben. – Mittelmeer, Atlantik, Nordsee. – Eßbar.

407 Gerade Messerscheide = Scheidenmuschel ***Solen marginatus*** (Penn.) = *S. vagina.*

Bis 14 cm lang. Weißlichgelb oder bräunlich mit dünner, hornfarbener Außenhaut; vorn und hinten abgestutzt, am hinteren Ende verengt; Wirbel und Schloß kurz vor dem vorderen Ende; Anwachsstreifen auf 2 deutlich abgegrenzten Querfeldern rechtwinkelig zueinander verlaufend. Beide Klappen mit nur 1 Schloßzahn. – Im Sand eingegraben. – Mittelmeer, Atlantik, Nordsee. – Eßbar.

408 Durchsichtige Messerscheide = Kleine Schwertmuschel ***Cultellus pellucidus*** Penn. = *Phaxas p.*

Bis 4 cm lang. Weißlich bis gelblichgrau mit dünner hornfarbener Außenhaut; leicht gebogen; seitlich stark zusammengedrückt, mit durchscheinend dünnschaligen Klappen. An beiden Enden abgerundet. Wirbel und Schloß nahe dem hinteren Ende. Jede Klappe mit 2 Hauptzähnen, die der linken gabelig gespalten. – In Sand und Schlicksand eingegraben, in tieferem Wasser. – Atlantik, Nordsee, westl. Ostsee.

409 Taschenmessermuschel = Hülsenmuschel ***Pharus legumen*** (L.) = *Solecurtus l.* = *Cultellus l.*

Bis 9 cm lang. Weißlich bis gelblich mit leicht irisierendem Schimmer und dünner bräunlicher Außenhaut; gerade, vorne gerundet, hinten leicht abgestutzt; konzentrisch sehr fein gerieft. Wirbel und Schloß nahe der Mitte. Linke Klappe mit 3, rechte mit 2 Schloßzähnen. – Mittelmeer, Atlantik, – Eßbar.

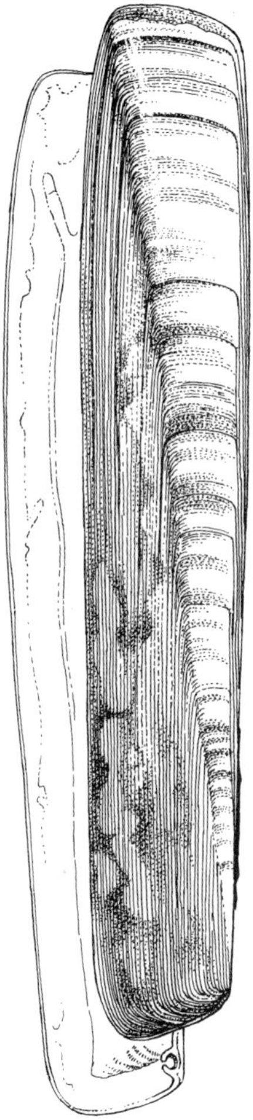

405

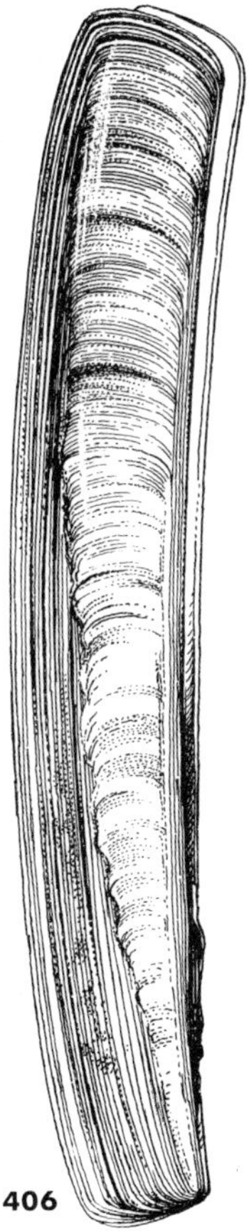

406

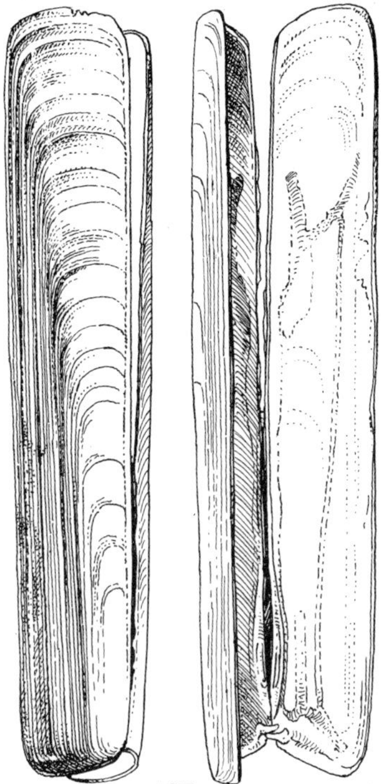

407

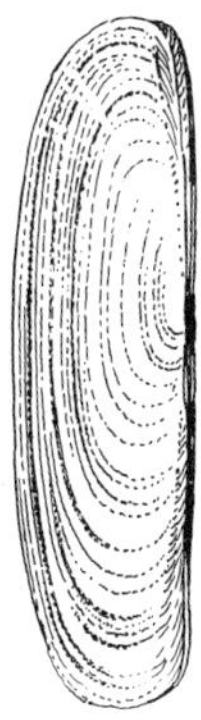

408

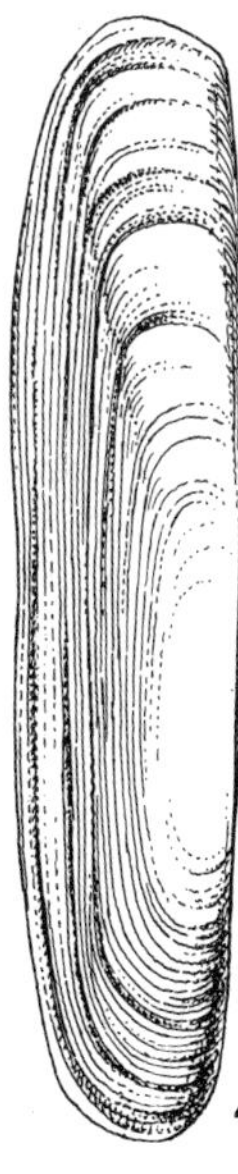

409

Verschiedenzähnige

Plattmuscheln = Tellmuscheln = Sonnenmuscheln ***Tellinidae***

Gleichklappige, meist dünnschalige und ungleichseitige Muscheln mit ovalem, seitlich zusammengedrücktem Gehäuse. Hinterrand abgewinkelt. Schloßband äußerlich. Schloß mit je 1–2 kleinen Hauptzähnen und *(Tellina)* 2 Seitenzähnen bzw. *(Macoma)* 2 Seitenzähnen links und 1 Seitenzahn rechts. Innenrand der Klappen nicht gekerbt.

410 Strahlige Plattmuschel *Tellina radiata* L.

Bis 8 cm lang. Elfenbeingelb, oft mit rosigen oder gelblichen Strahlen, die sich auf der Innenseite wiederholen, sowie feinen weißen konzentrischen Streifen. Wirbel meist rötlich. Länglich-oval, glatt und glänzend. – Im Sand eingegraben. – Atlantik, Nordsee.

411 Mittelmeer-Plattmuschel *Angulus planatus* (L.) = *Tellina p.*

Bis 4 cm lang. Gelb, rötlichbraun, rosig und weiß konzentrisch gestreift, mit bräunlichem Randsaum und feinen Anwachsstreifen. Innenseite rosig. – Im Sand eingegraben. – Mittelmeer.

412 Zarte Plattmuschel = Platte Tellm. ***Angulus tenuis*** (da Costa) = *Macoma t.* = *Tellina exigua.*

Bis 3 cm lang. Weiß, gelb, rosig und rot, mit feinen konzentrischen Anwachsstreifen. Klappen sehr zartschalig, durchscheinend. Schloßband vorspringend. Hinterrand kielartig. – Im Feinsand eingegraben. – Mittelmeer, Atlantik, Nordsee.

413 Rote Plattmuschel *Angulus incarnatus* (L.) = *Tellina i.* = *T. pallida.*

Bis 3 cm lang. Hellrot; oval, leicht zugespitzt am kürzeren hinteren Teil; rechte Klappe gestreift. – Im Feinsand eingegraben. – Mittelmeer, Atlantik, Nordsee.

414 Dickschalige Plattmuschel *Tellina crassa* Phil. = *Arcopagia c.*

Bis 5 cm lang. Weiß, selten gelblich bis rosig gestreift, mit roten Wirbeln; rundlich-oval, konzentrisch gerieft. Innenseite rötlichgelb. – Im Sand eingegraben. – Atlantik, Nordsee.

415 Hartschalige Plattmuschel *Tellina solidula* Lam.

Bis 2,5 cm lang. Weißlich bis rosig mit konzentrischen gelben und braunen Bändern und konzentrischen Anwachsstreifen. Klappen dickschalig, Innenseite weiß mit gelber Tönung. – Im Sand eingegraben. – Mittelmeer.

416 Baltische Tellmuschel = Nordische Plattmuschel = Rote Bohne ***Macoma baltica*** L. = *Tellina b.*

Bis 3 cm lang. Gelblich bis rötlich mit konzentrischen weißen Binden; konzentrisch geschichtet und mit dünner gräulicher Außenhaut. Oval bis rundlich-oval, leicht bauchig. Innenseite rosa. – Im Sand eingegraben. – Atlantik, Nordsee, westl. Ostsee.

417 Zerbrechliche Tellmuschel *Gastrana fragilis* (L.) = *Tellina f.* = *Psammobia f.*

Bis 3 cm lang. Weißlich bis gelblichweiß; dünnschalig, oval, am Hinterende nur leicht umgebogen, mit konzentrischen Schichten und sehr feinen Strahlrippen. – Im Schlicksand und Schlick eingegraben, im Brackwasser. – Mittelmeer, Atlantik.

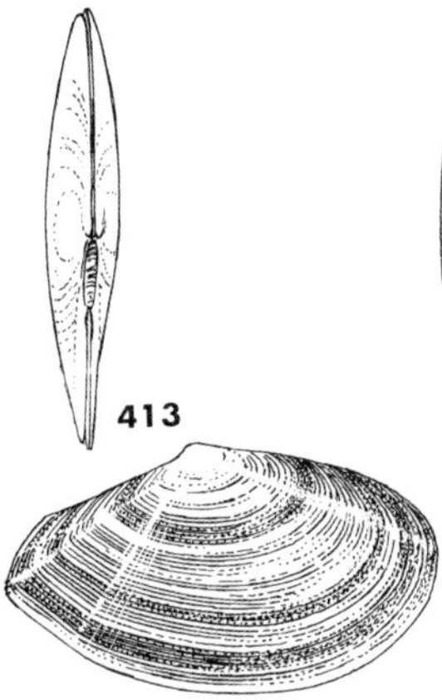

413

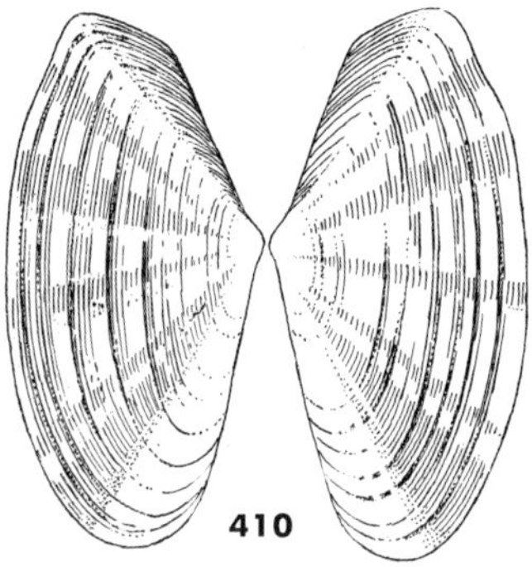

410

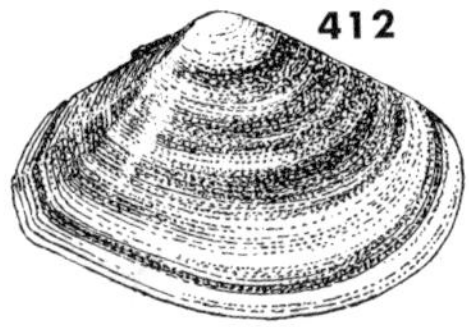

412

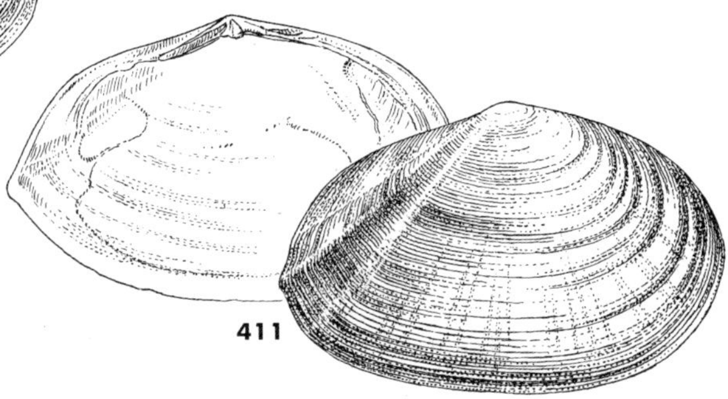

411

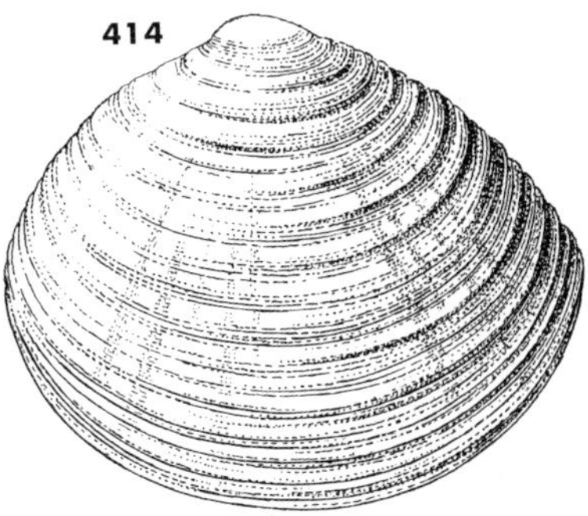

414

417

415

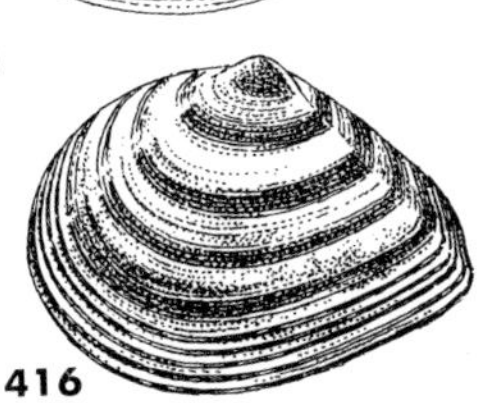

416

Verschiedenzähnige

Stumpfmuscheln = Dreieckmuscheln = Koffermuscheln ***Donacidae***

Gleichklappige, ungleichseitige Muscheln mit länglich-dreieckiger Schale, deren hinterer Teil kürzer und stärker gewölbt ist. Rand meist gekerbt. Schloßband äußerlich. Schloß mit zwei konvergierenden Hauptzähnen unter jedem Wirbel und je 2 Nebenzähnen.

418 Gebänderte Stumpfmuschel *Donax vittatus* da Costa = *D. anatinus.*

Bis 3 cm lang. Bräunlichgelb, glänzend, konzentrisch dunkler gebändert und strahlig sehr fein gerieft. – Im Sand und Schlick eingegraben. – Mittelmeer, Atlantik, Nordsee. – Eßbar.

Ähnlich ist die bis 4 cm lange, im gleichen Gebiet verbreitete Glatte Stumpfmuschel, ***D. politus,*** jedoch weiß oder gelblich mit dunkleren Streifen und violetter Innenseite.

419 Zier-Stumpfmuschel *Donax venustus* Poli.

Bis 2,5 cm lang. Konzentrisch weiß, gelb und gelbbraun gestreift, mit grauen Wirbeln und 2–3 weißen Strahlen. Schlank und gestreckt-dreieckig. – Im Sand eingegraben. – Mittelmeer. – Eßbar.

Von ähnlicher Form und Größe ist ***D. semistriatus,*** eine gleichfalls eßbare mediterrane Art, bis zur Klappenmitte fein gerieft, gelblich, rosig oder bräunlich, mit 2–3 weißen Strahlen.

420 Sägezähnchen *Donax denticulatus* Lam.

Bis 3,5 cm lang. Weiß bis rosiggelb oder hellgrau, mit konzentrischen violetten Streifen und weißen Strahlen. Gehäuse gedrungen, mit stärker gewölbten, fast bauchigen Klappen. Innenseite violett. Rand weiß, deutlich fein gezähnelt. – Im Sand eingegraben. – Mittelmeer, Atlantik. – Eßbar.

421 Gestutzte Stumpfmuschel = Gemeine St. ***Donax trunculus*** L.

Bis 4 cm lang. Elfenbeinweiß, gelblich, braungrün oder hellviolett, dunkler gestrahlt. Nahezu glatt, mit sehr feinen konzentrischen Riefen. Klappen mäßig gewölbt, hinten stark abgestutzt. Innenseite violett mit weißem Saum oder grauviolett mit gelblichem Saum. – Im Sand eingegraben. – Mittelmeer. – Eßbar.

Sandmuscheln *Psammobiidae* = *Asaphidae* = *Garidae*

Gleichklappige, leicht ungleichseitige dünnschalige Muscheln mit länglich-ovalem, an beiden Enden etwas klaffendem Gehäuse, am hinteren Teil sehr flachwinklig gekantet. Schloßband äußerlich, vorspringend. 2–3 kleine Spaltzähne beiderseits unter dem Wirbel (hinterer Zahn der linken Klappe manchmal schwach oder fehlend).

422 Färöer-Sandmuschel *Psammobia feroensis* Chemn. = *Gari f.*

Bis 4,5 cm lang. Weißlich bis rosig mit mehr oder minder verwischten dunkleren Strahlen, gräulicher bis bräunlicher Außenhaut, konzentrischen Anwachsstreifen und sehr feiner Gitterung auf dem hinteren Teil. Hinteres Ende eckig abgestutzt. Innenseite glänzend rötlich bis blaurötlich. – In Sand und Feinsand eingegraben, von 10 m Tiefe an. – Mittelmeer, Atlantik, Nordsee.

423 Flache Sandmuschel *Psammobia depressa* (Penn.) = *P. vespertina* = *Gari gari.*

Bis 5 cm lang. Gelblich bis gräulich mit verwischten rötlichbraunen bis hellvioletten Band- oder Fleckstrahlen, zarten konzentrischen Streifen und gelblichbrauner Außenhaut. Hinteres Ende leicht abgestutzt. – In Sand eingegraben. – Mittelmeer, Atlantik.

424 Glatte Sandmuschel *Psammobia tellinella* Lam. = *Gari t.*

Bis 4 cm lang. Rosighellgrau mit verwischten helleren Strahlen, gelblichbrauner Außenhaut und annähernd glatten Klappen. Hinteres Ende nicht gegittert. – In Sand und Schlamm eingegraben. – Atlantik, Nordsee.

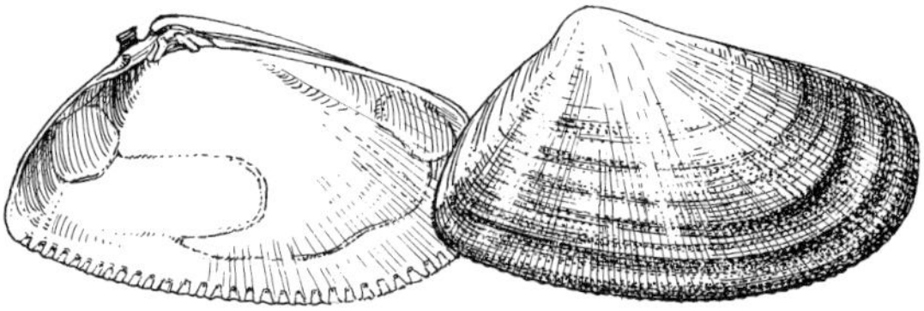

418

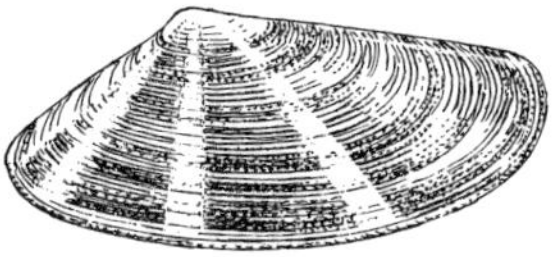

419

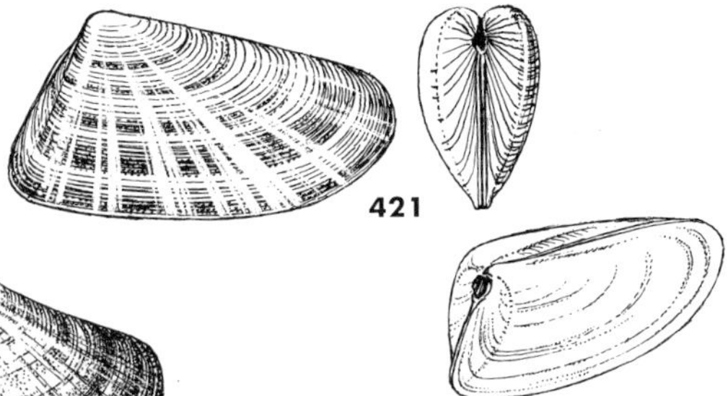

421

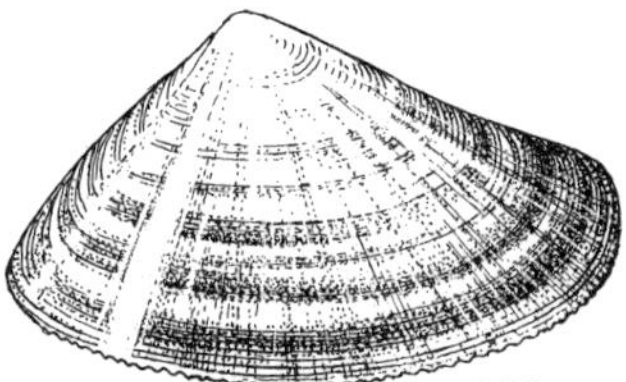

420

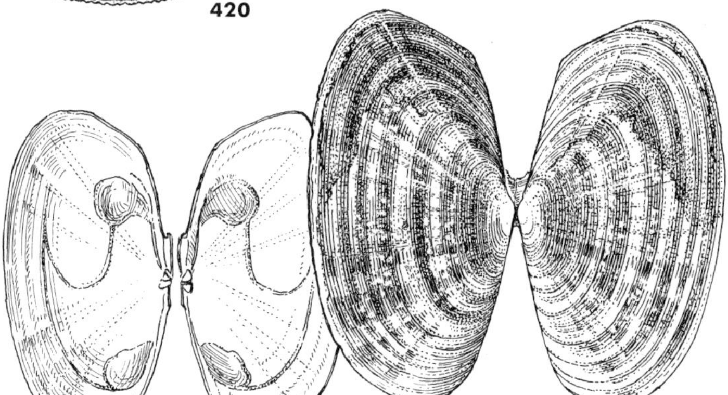

423

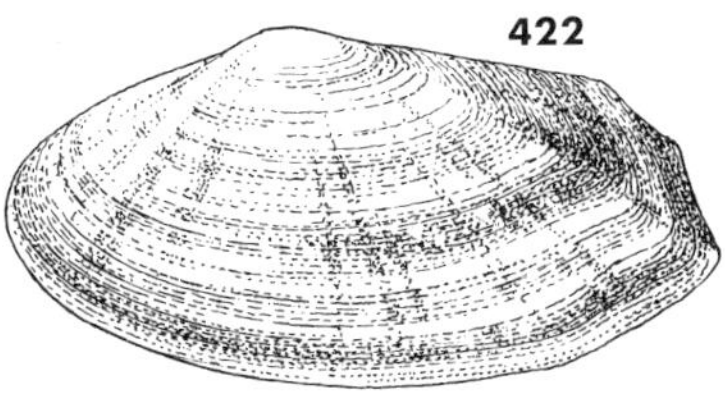

422

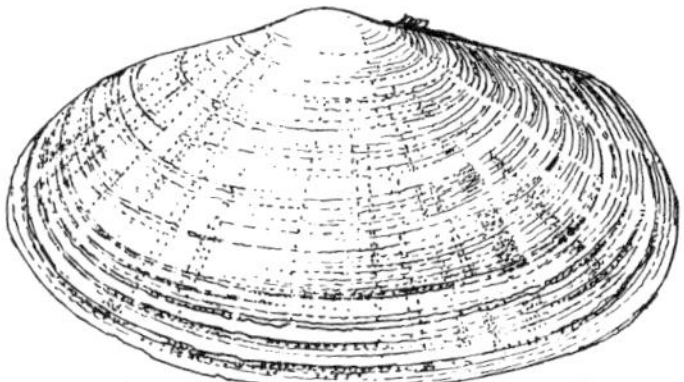

424

Verschiedenzähnige

Pfeffermuscheln *Scrobiculariidae* = *Semelidae*

Gleichklappige, dünnschalige Muscheln mit ovalem, seitlich zusammengedrücktem Gehäuse, Hinterrand nicht abgewinkelt. Schloßband innerlich. Schloß mit kleinen Hauptzähnen (2 an der rechten Klappe, 1 an der linken) neben der Bandgrube und je 2 oder fehlenden Seitenzähnen.

425 Große Pfeffermuschel = Flache Pf. = Gemeine Pf. ***Scrobicularia plana*** (da Costa) = *S. piperata*.

Bis 5 cm lang. Weißlich- bis gelblichgrau mit gelblicher bis rötlichgelber Außenhaut; rundlich-oval, nahezu glatt, mit konzentrischen Anwachsstreifen. Seitenzähne vorhanden. – Im Flachwasser, tief im Schlick eingegraben; auch im Brackwasser, an Flußmündungen. – Mittelmeer, Atlantik, Nordsee, westl. Ostsee. – Eßbar.

426 Weiße Pfeffermuschel *Abra alba* (Wood.) = *Syndosmya a.* = *Abra pellucida*.

Bis 2 cm lang. Weiß, opalisierend, meist konzentrisch und strahlig bräunlich gestreift; rundlichoval, glatt; Wirbel etwas hinter der Mitte. Seitenzähne fehlend. – Im Schlick eingegraben, von 3 m Tiefe an. – Mittelmeer, Atlantik, Nordsee, westl. Ostsee.

427 Glänzende Pfeffermuschel *Abra nitida* Müll. = *Syndosmya n.*

Bis 1,8 cm lang. Weiß, durchscheinend, stark glänzend; länglichoval, glatt; Wirbel etwas hinter der Mitte. Seitenzähne fehlend. – In Schlick, Schlicksand und Sand eingegraben, in tieferem Wasser. – Mittelmeer, Atlantik, Nordsee, westl. Ostsee.

Kurze Scheidenmuscheln *Solecurtidae*

428 Rosige Sonnenmuschel = Striegelmuschel = ***Solecurtus strigillatus*** = *Solenocurtus s.*

Bis 8 cm lang. Rosa mit 2 weißen Strahlen und dünner gelblichgrüner Außenhaut. An beiden Enden abgerundet, mit konzentrischen Anwachsstreifen und sehr feinen, scharfen, teils welligen Querriefen. Wirbel und Schloß nahe der Schalenmitte. 2 Schloßzähne an der rechten Klappe, 1 Zahn links. – Im Sand eingegraben. – Mittelmeer. – Eßbar.

Von gleicher Form und Skulptur ist die nicht nur im Mittelmeer, sondern auch im Atlantik vorkommende, bis 7 cm lange Weiße Sonnenmuschel, ***S. antiquatus,*** elfenbeinweiß, mit kaum zu erkennenden weißen Strahlen und dünner grünlicher Außenhaut.

Rundmuscheln *Arcticidae* = *Pleurophoridae*

Abgesehen von vielen fossilen Arten umfaßt diese Familie eine einzige lebende Art.

429 Islandmuschel = Isländische M. ***Arctica islandica*** L. = *Cyprina i.*

Bis 11 cm Durchm. Weißlich bis bräunlich, oft rötlich gefleckt, mit dunkelbrauner bis schwärzlicher Außenhaut. Dickschalig, nahezu kreisrund, gleichklappig, stark gewölbt, konzentrisch fein gerieft. Schloß mit 3 Hauptzähnen und 1 Seitenzahn. – In Schlicksand, meist nur teilweise eingegraben, im tieferen Wasser. – Atlantik bis Kanalküste als südl. Grenze, Nordsee, westl. Ostsee.

Zungenmuscheln *Glossidae* = *Isocardidae*

Gleichklappige Muscheln mit stark gewölbter, herzförmiger Schale. Wirbel spiralig eingebogen. Muskeleindrücke gleich.

430 Menschenherz = Ochsenherz ***Isocardia humana*** (L.) = *I. cor* = *Glossus rubicundus*.

Bis 10 cm lang, selten größer. Gelblich- oder rötlichbraun bis braun mit weißlichen Wirbeln, feiner weißer Flammung und dunkelbrauner Außenhaut. Dickschalig, mit feinen, unregelmäßigen, konzentrischen Anwachsstreifen. – Auf Schlamm- und Sandgrund, meist nur in größeren Tiefen. – Mittelmeer, Atlantik. – Eßbar.

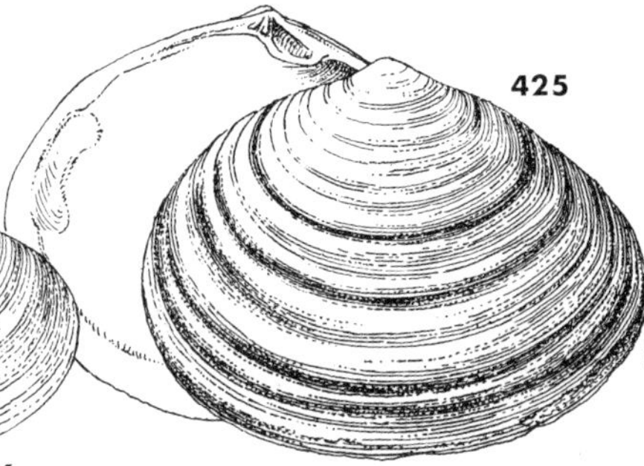

425

426

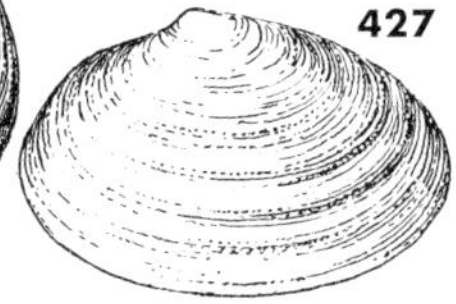

427

428

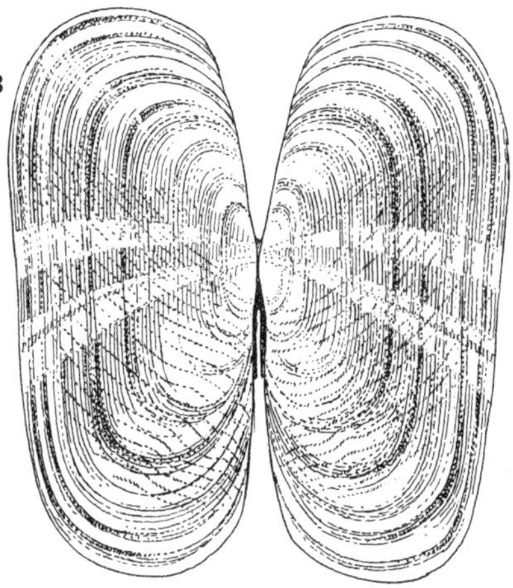

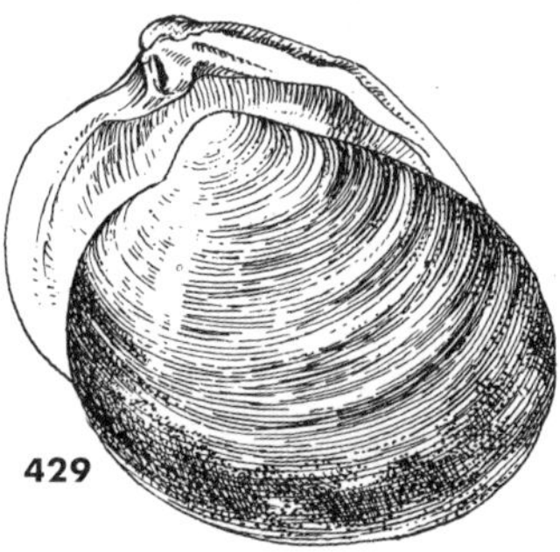

429

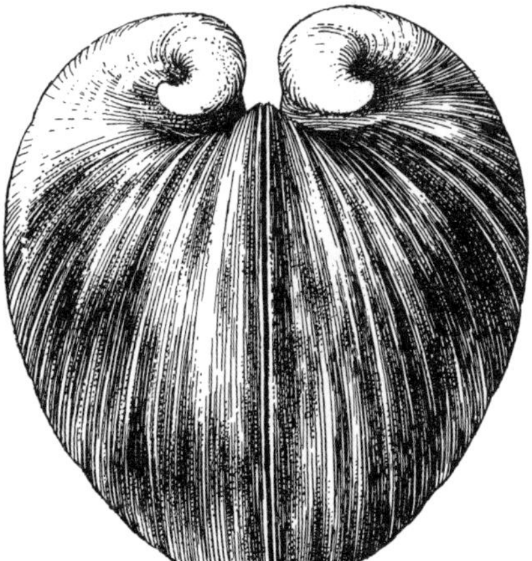

430

Verschiedenzähnige

Venusmuscheln *Veneridae*

Gleichklappige, aber meist ungleichseitige Muscheln mit Springfuß (Springvermögen) und mehr oder weniger ovalem, meist dickschaligem, oft bunt gezeichnetem Gehäuse. Schloß mit je 3 konvergierenden Zähnen unter den Wirbeln.

431 Gebänderte Venusmuschel ***Venus fasciata*** da Costa.
Bis 2,5 cm lang. Grau oder gelb bis rotgelb mit mehr oder weniger deutlicher, strahliger, brauner Bänderung und breiten konzentrischen Querleisten. – Auf steinigem Sandgrund und Muschelbänken. – Atlantik, Nordsee.

432 Strahlige Venusmuschel ***Venus gallina*** L. = *Chamelacea g.* = *Chione g.*
Bis 3,5 cm lang. Weißlich (selten rötlich, bräunlich oder schwärzlich) mit drei mehr oder minder deutlichen, punktierten oder gestreiften braunen bis violetten Strahlbändern und unregelmäßigen, feinen konzentrischen Rippen, die teilweise ineinander laufen. Auf Sandgrund, meist von 5 m Tiefe an, gewöhnlich eingegraben. – Mittelmeer, Atlantik, Nordsee. – Eßbar.

433 Ovale Venusmuschel ***Venus ovata*** Penn.
Bis 2 cm lang. Weißlich bis hellbraun, oft dunkler gefleckt; rundlich oval, seitlich zusammengedrückt, mit einem Gitter aus 22–25 feinen konzentrischen Streifen und 45–50 sehr schmalen Strahlrippen. – Auf Sand und Schlicksand, auch zwischen Kalkalgen, meist erst von etwa 10 m Tiefe an. – Mittelmeer, Atlantik, Nordsee. – Eßbar.

434 Warzige Venusmuschel ***Venus verrucosa*** L.
Bis 5 cm lang. Gelblichweiß bis gräulichgelb oder leicht rötlich, bräunlich geflammt, mit ungleichmäßig hohen, kantigen, konzentrischen Blattleisten, die sich nach hinten in warzige Knoten auflösen. – Im Sand eingegraben, vom Flachwasser an. – Mittelmeer, Atlantik, Nordsee. – Eßbar.

435 Einfache Teppichmuschel ***Venerupis rhomboides*** Gmel. = *Tapes virginea* = *Paphia v.*
Bis 5 cm breit, meist kleiner. Falb bis bräunlich mit schwacher Tüpfelzeichnung auf 3–4 Strahlfeldern; länglich; konzentrisch fein gerieft. Ausgewachsene Exemplare weisen einen braun-weiß gemusterten Tüpfelsaum auf. – In Schlick und Feinsand. – Mittelmeer, Atlantik, Nordsee bis südl. Kattegat.

436 Kreuzmuster-Teppichmuschel ***Venerupis decussata*** L. = *Tapes d.* = *Amigdalia d.* = *Paphia d.*
Bis 6 cm lang, selten größer. Gelblich, gräulich, auch rötlich und schwärzlich, mit teils strahligem braunem oder schwarzem Tüpfel-, Fleck- oder Streifenmuster; oval, mit einem zarten Gitter strahliger und konzentrischer feiner Riefen. – In Schlamm und Sand eingegraben. – Mittelmeer, Atlantik, Nordsee. – Eßbar.

437 Getupfte Teppichmuschel ***Venerupis perforans*** Mont. = *V. pullastra* = *Paphia p.* = *Tapes p.* = *V. saxatilis.*
Bis 5 cm lang, meist kleiner. Gelblich bis hellbraun mit schwarzem Zickzack-Muster am hinteren Ende; eckig-oval, mit einem Gitter feiner Strahllinien und stärkeren konzentrischen Riefen. Auf Sand- und Steingrund, schon im Flachwasser; auch in Spalten. – Mittelmeer, Atlantik, Nordsee.

438 Goldene Teppichmuschel ***Venerupis aureus*** Gm. = *Tapes a.*
Bis 3 cm lang. Innenseite goldgelb; Außenseite mit teils strahligem, gegen die Wirbel hin verwischtem Zickzack- und Fleckmuster in hellen bis dunklen Brauntönen. Oval, mit einem engen Gitter feiner konzentrischer und strahliger Riefen. – In Schlamm und Sand eingegraben. – Mittelmeer, Atlantik, Nordsee. – Eßbar.

439 Gewebte Teppichmuschel ***Venerupis texturatus*** Lam. = *Tapes t.*
Bis 3 cm lang. Innenseite gelblich; Außenseite mit strahlig angeordneten, gegen die Wirbel hin verwischten hellen und dunklen Flecken. Länglich-oval, mit feiner gegitterter Riefelung. – In Schlamm und Sand eingegraben. – Mittelmeer. – Eßbar.

440 Irusmuschel ***Irus irus*** (L.) = *Venerupis i.*
Bis 2,5 cm lang. Weißlich bis gelblich; oval, mit dachziegelartig geschichteten, blätterigen Anwachsstreifen. – In Felslöchern und -spalten (oft verformt). – Mittelmeer, Atlantik, Nordsee.

431

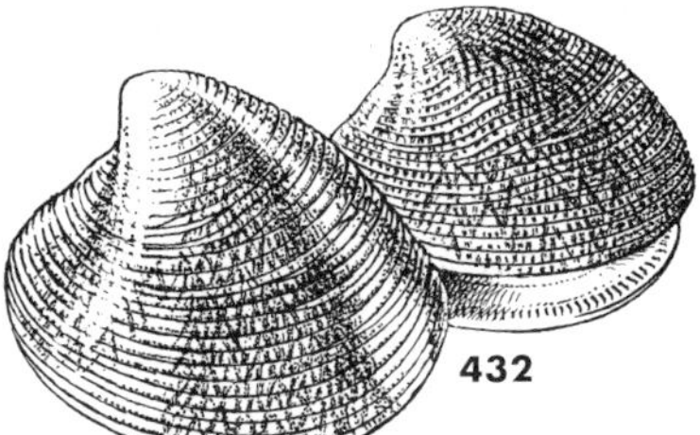

432

433

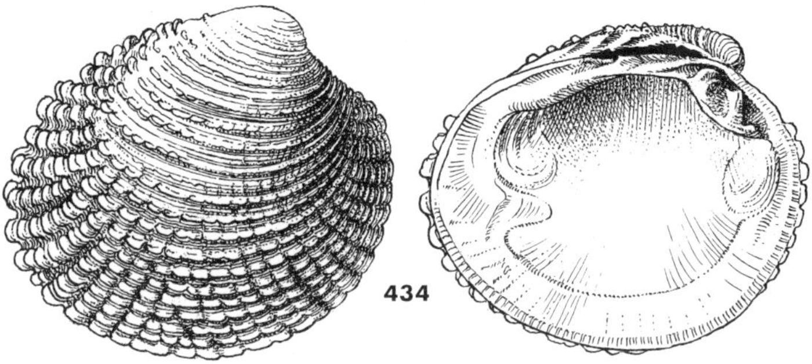

434

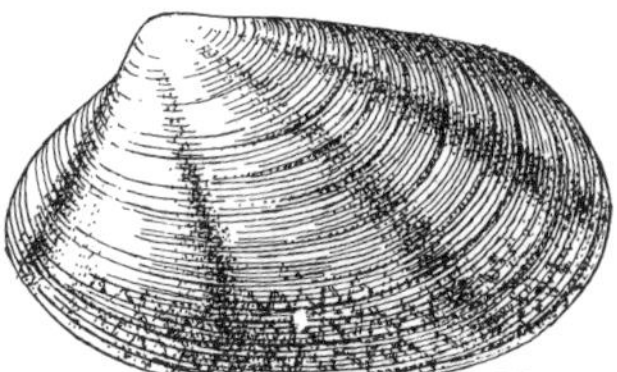

435

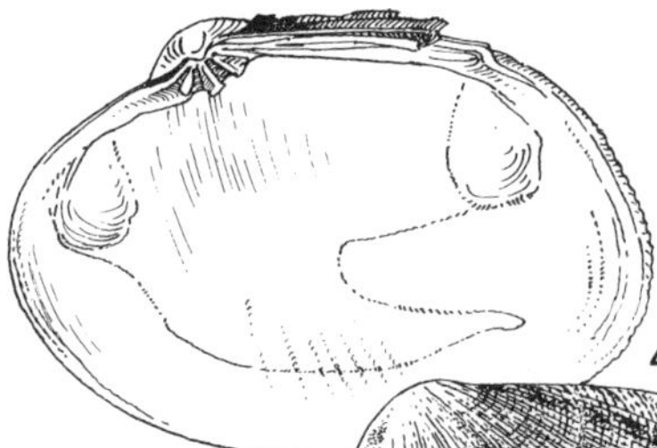

436

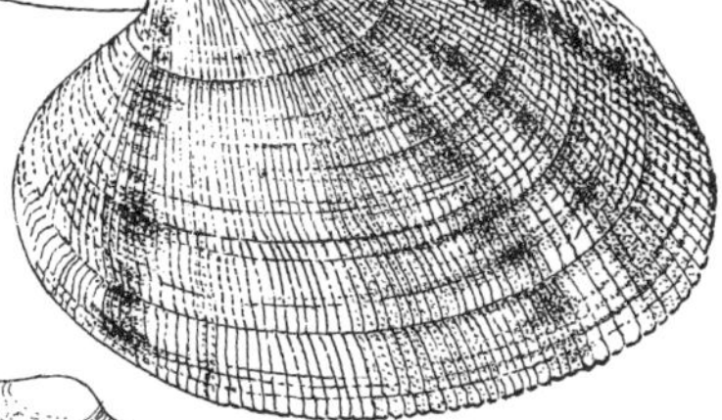

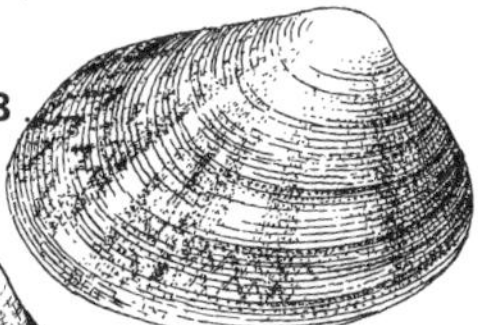

438

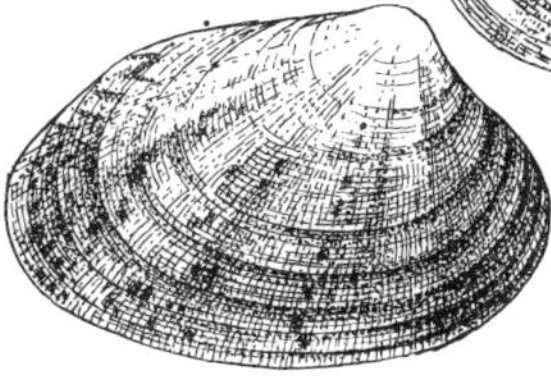

437

439

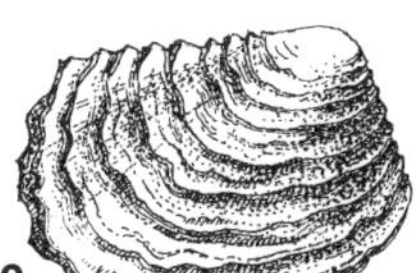

440

Verschiedenzähnige

441 Braune Venusmuschel *Callista chione* (L.) = *Pitar ch.* = *Cytherea ch.* = *Meretrix ch.*
Bis 8 cm lang. Gelblich- bis hell- und rötlichbraun mit weißen oder hell- bis dunkelbraunen feinen und breiteren Strahlen und konzentrischen dunkleren Anwachsstreifen. Oval, glatt und glänzend. – In Sand eingegraben. – Mittelmeer, Atlantik. – Eßbar.

442 Schlichte Artemis *Dosina exoleta* L.
Bis 5 cm lang. Weiß, rötlichbraun gefleckt oder gestrahlt; annähernd kreisrund, seitlich stark zusammengedrückt, mit feinen konzentrischen Blattleisten. Schloßband innerlich. – Im Feinsand eingegraben, an der Atlantik-Küste oft in großer Zahl. – Mittelmeer, Atlantik, Nordsee.

Engelsflügel = Bohrmuscheln ***Petricolidae***
Gleichklappige, aber ungleichseitige Muscheln mit länglichem, ziemlich dünnschaligem Gehäuse. Schloß mit 2 Zähnen unter den Wirbeln. 2 gleiche Muskeleindrücke.

443 Amerikanische Bohrmuschel *Petricola pholadiformis* (Lam.)
Bis 7 cm lang, selten etwas größer. Weißlich bis gelblich, manchmal gelbbraun gefleckt oder geflammt. Gestreckt-oval, bauchig, mit konzentrischen Anwachsstreifen und strahligen Rippen, die auf dem hinteren Teil sehr fein sind, auf dem Vorderteil ausgeprägt und mit scharfen, wie eine Raspel wirkenden Schuppendornen. – Lebt im Flachwasser und bohrt in Tonsand, Ton und Torf. – Nördl. Atlantik, Nordsee, westl. Ostsee.
Diese Art, die heute in ihrem Verbreitungsgebiet zu den gemeinsten Muscheln zählt, wurde im 19. Jahrh. aus Nordamerika eingeschleppt.

444 Steinbohrender Engelsflügel = Steinesser ***Petricola lithophaga*** (Retz.)
Bis 3 cm lang. Kalkig weißlich bis gelblich. Eckig-oval, fast trapezförmig, mit feinem Gitterrelief und unregelmäßigen Anwachsstreifen. – Bohrt in Kalkstein und Holz, sowie an größeren Muscheln. – Mittelmeer.

Klaffmuscheln *Myidae*
Leicht ungleichklappige ungleichseitige Muscheln mit ovaler, hinten klaffender Schale. Band innerlich, in der linken, kleineren und stärker gewölbten Klappe auf einem großen löffelförmigen Zahn ruhend, mit entsprechender Gegengrube in der rechten Klappe.

445 Gemeine Klaffmuscheln = Echte Sand-Klaffmuschel = Strandauster = Schlickauster = Piepoister ***Mya arenaria*** L.
Bis 12 cm, selten bis 15 cm lang. Weißlich bis hellbraun mit gelblichen bis bräunlichen konzentrischen Bändern, flachriefigen Anwachsstreifen und gelblicher bis hellgrauer Außenhaut; oval, hinten stumpf zugespitzt. – Im Sand und Schlicksand eingegraben. – Atlantik, Nordsee, westl. Ostsee. – Eßbar. Wird an der nordamerikanischen Atlantikküste in großen Mengen eingesammelt und dient zur Zubereitung des Clam-Chowder genannten Muschelgerichts.
Ähnlich, aber größer (bis 30 cm lang) ist die vom Atlantik bis ins westliche Mittelmeer zu findende Riesen-Klaffmuschel = Falsche Sand-Klaffmuschel ***Panopea glycimeris*** = *Mya g.*

446 Gestutzte Klaffmuschel *Mya truncata* L.
Bis 7 cm lang. Weißlich bis hellbraun mit gelblichen bis bräunlichen Bändern, manchmal braun geflecktem Rand, flachriefigen Anwachsstreifen und bräunlicher Außenhaut; oval, hinten scharf abgestutzt und weit klaffend. – Im Sand und Schlicksand eingegraben. – Atlantik, Nordsee, westl. Ostsee. – Eßbar.

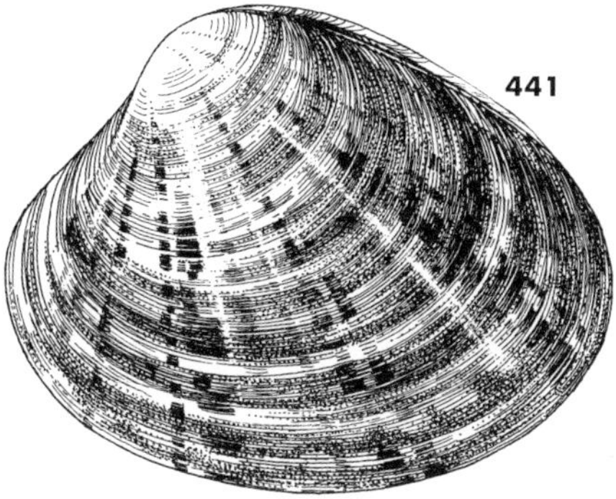

441

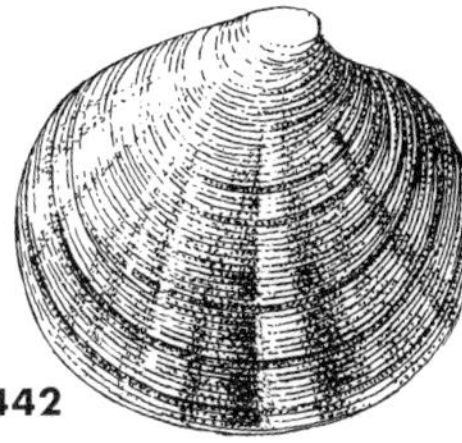

442

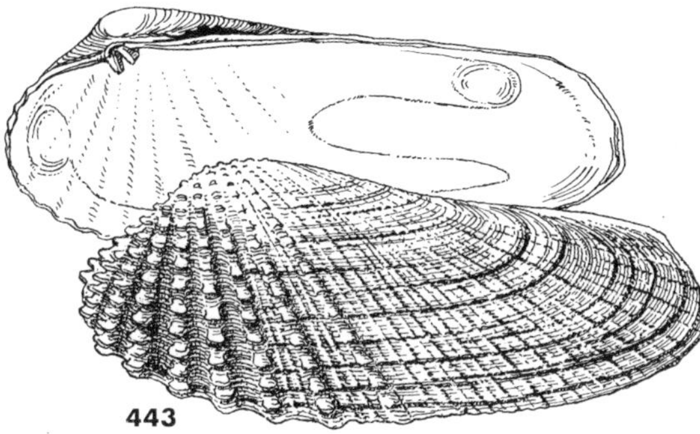

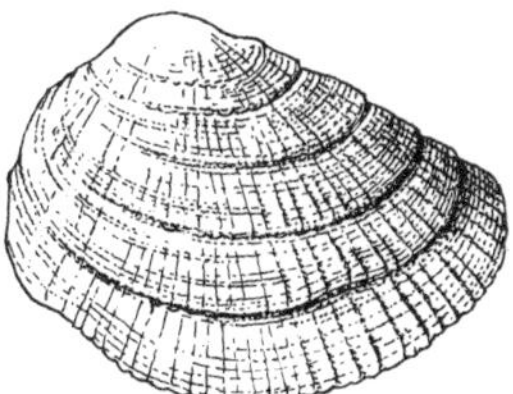

444

443

445

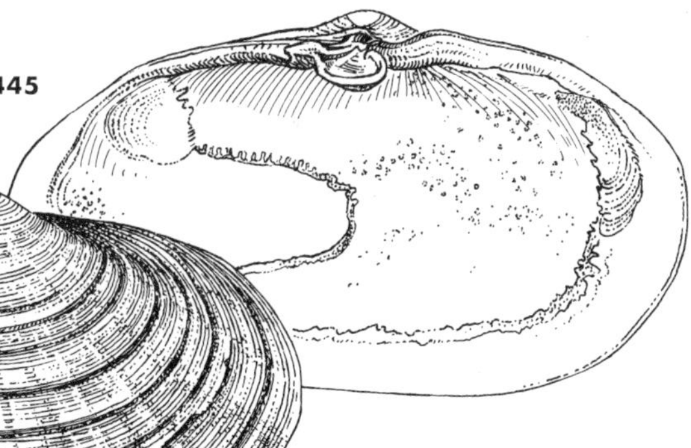

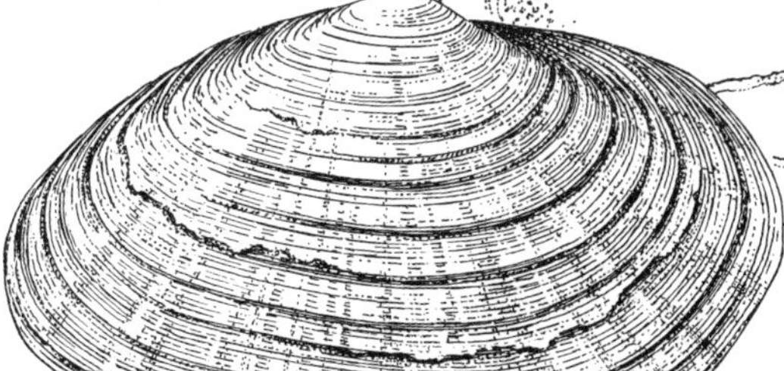

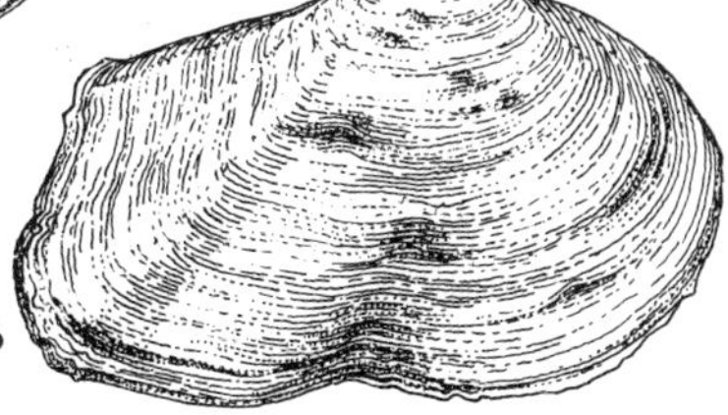

446

Verschiedenzähnige

Korbmuscheln *Corbulidae*

Dickschalige Muscheln mit innerlichem Band. Rechte Klappe stärker gewölbt und größer als die linke. Schloß kurz hinter den Wirbeln, mit kleiner Zahnzacke an der rechten Klappe, Gegen- und Bandgrube an der linken Klappe.

447 Körbchenmuschel = Kernmuschel ***Corbula gibba*** (Olivi) = *Aloidis g.* = *C. nuclea.*
Bis 1,5 cm lang. Weißlich, oft rötlich getönt, mit bräunlicher Außenhaut. Gedrungen rundlich-oval; linke Klappe vom Rand der konzentrisch gerieften rechten überragt. – Im Schlick eingegraben, auch im Bereich von Algen- und Seegraswiesen; mit Byssus verankert. – Mittelmeer, Atlantik, Nordsee, westl. Ostsee.

Steinbohrer = Felsen-Klaffmuscheln *Hiatellidae*

Muscheln mit länglicher, meist mehr oder weniger verkrümmter und verformter, klaffender Schale. Schloßband äußerlich. Schloß mit sehr kleinen oder völlig rückgebildeten Zähnen.

448 Nordischer Steinbohrer = Nord. Felsen-Klaffmuschel ***Hiatella arctica*** (L.) = *Saxicava rugosa.*
Bis 3,5 cm lang. Weißlich mit dünner bräunlicher Außenhaut. Klappen länglich-eckig mit unregelmäßigen, rauhen oder blätterigen Anwachsstreifen; Vorderende verschmälert, keilförmig; Hinterende mit 1–2 mehr oder minder deutlichen, manchmal schuppigen Strahlrippen; Schloßzähne vorhanden. – Lebt in selbstgebohrten Löchern in Gestein, Weichtiergehäusen und Schwämmen, sowie in Spalten, in größeren Tiefen auch in Schlammsand, mit Byssus verankert. – Mittelmeer, Atlantik, Nordsee, westl. Ostsee.

Bohrmuscheln *Pholadidae*

Muscheln mit länglich-ovaler, dünner, an beiden Enden klaffender Schale. Klappen nur durch Muskeln verbunden, ohne Schloßband. Vorderrand beidseitig umgeschlagen, innen unter den Wirbeln in je einen langen, schmalen Sporn auslaufend, an dem der vordere, in Schalenhälften spreizende Muskel ansetzt. Meist mit kleinen zusätzlichen Schalenplatten über der Wirbelgegend. Diese ebenfalls nur durch Muskeln gehaltenen Sekundärschalen fallen bei toten Bohrmuscheln leicht ab und sind deshalb in Conchylien-Sammlungen selten zu sehen. Interessant ist schließlich, daß Pholadiden bei Reizung leuchtenden Schleim absondern.

449 Weiße Bohrmuschel *Barnea candida* (L.) = *Pholas c.*
Bis 7 cm lang. Weiß bis weißlich mit sehr dünner grauer Außenhaut; länglich-dattelförmig, bauchig, mit strahligen Rippen, die auf dem vorderen Teil raspelartig scharf gezahnt sind, hinten mehr schuppig. Nur 1 sekundäre Schalenplatte. – Bohrt vor allem in Ton, Tonsand und Torf, aber auch in Holz und Kalkstein. – Mittelmeer, Atlantik, Nordsee, westl. Ostsee. – Eßbar.
Ähnlich, aber nur bis 4,5 cm lang, strahlig geschuppt und oft rötlich gefleckt ist die Kleine Bohrmuschel, ***B. parva,*** der Atlantikküste.

450 Gemeine Bohrmuschel = Gem. Dattelmuschel ***Pholas dactylus*** L.
Bis 12 cm lang. Weißlich bis gelblich mit sehr dünner grauer Außenhaut; länglich-dattelförmig, hinten leicht abgestutzt, vorne fingerförmig ausgezogen; konzentrisch fein gerippt und strahlig mit nach hinten schwächer werdenden Reihen scharfer Raspelzähne besetzt. 4 sekundäre Schalenplatten. – Bohrt in Kalkgestein, Holz und Torf durch Drehbewegung der Schale röhrenartige Löcher mit rundem, sich entsprechend dem Wachstum der Muscheln nach und nach erweiterndem Querschnitt. – Mittelmeer, Atlantik, Nordsee. – Eßbar.

451 Krause Bohrmuschel = Rauhe Bohrmuschel ***Zirphaea crispata*** L. = *Pholas c.*
Bis 8 cm lang. Weißlich mit sehr dünner gelblicher Außenhaut; beide Klappen durch eine strahlige Zahnlinie in zwei Felder mit charakteristischer Skulptur geteilt, von denen das kürzere vordere strahlige Rippen und rauhe, schuppige Anwachsstreifen aufweist, das hintere unregelmäßige glatte Anwachsstreifen. – Bohrt in Kalkstein, Holz und Torf. – Atlantik, Nordsee, Ostsee.

447

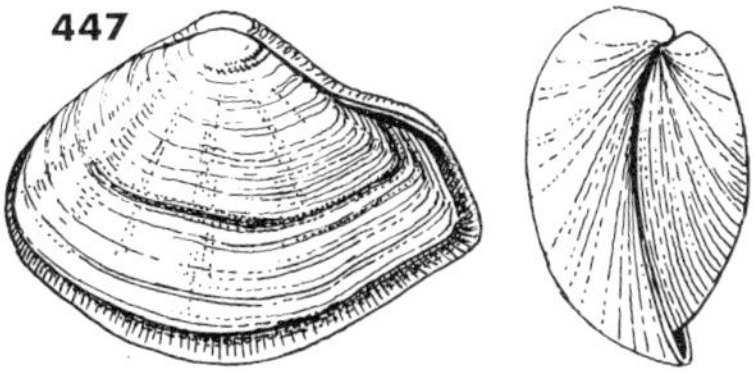

448

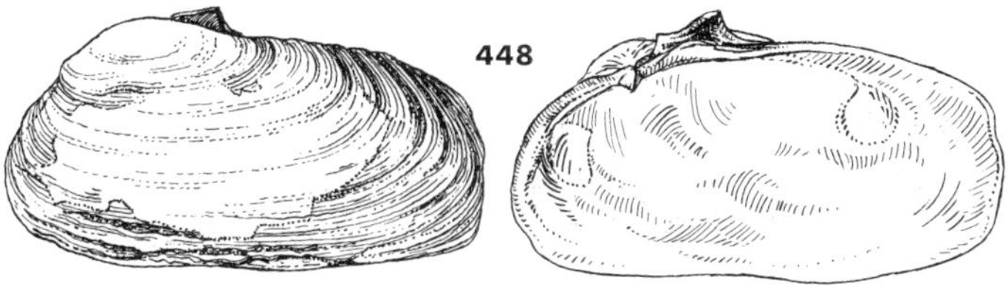

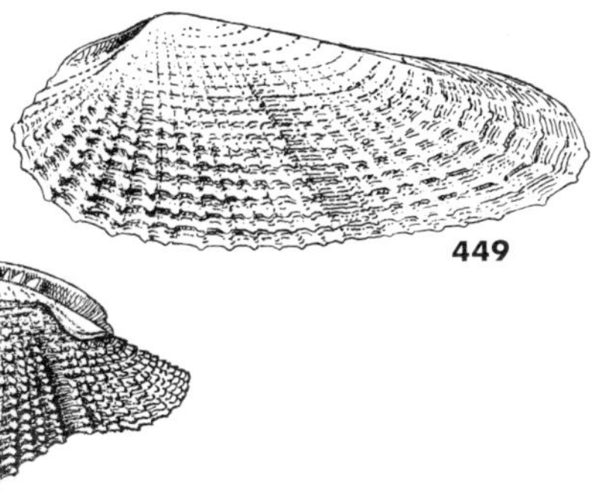

449

450

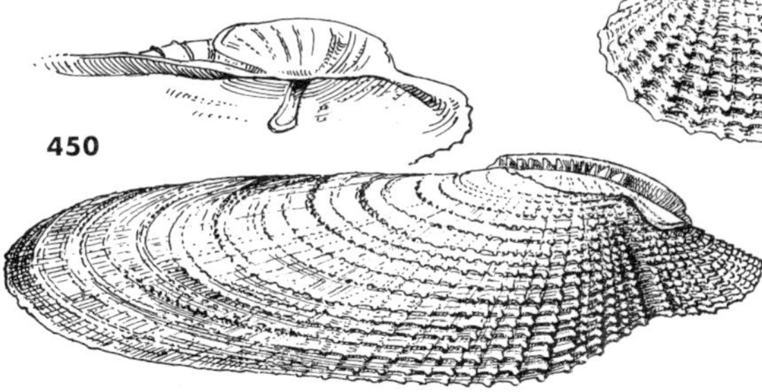

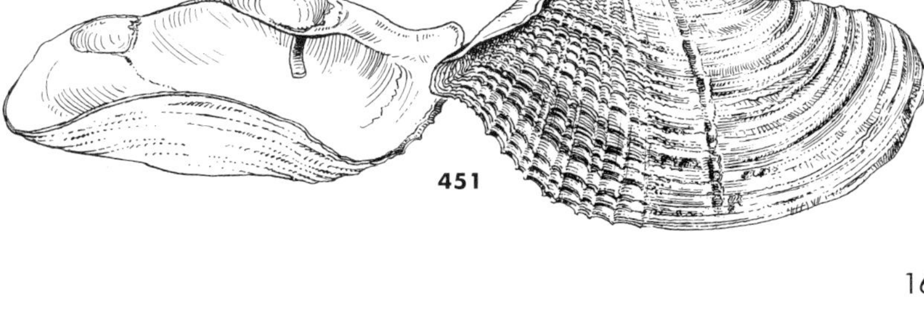

451

Verschiedenzähnige

Wurmmuscheln = Pfahlmuscheln = Schiffsbohrer ***Teredinidae***

Muscheln mit kleiner, weit klaffender Schale, deren dünne, mit gezahnten Rippen besetzte Klappen nur das vordere Ende des wurmförmigen Körpers bedecken und lediglich als Bohrwerkzeug dienen. Jede Klappe mit innerem Ansatzsporn für den Spreizmuskel. Der Mantel des Tieres scheidet Kalk ab, mit dem das Bohrloch ausgekleidet wird. Diese Röhre kann mit einfachen oder zusammengesetzten Kalkplättchen, sog. Paletten, verschlossen werden, die die Wurmmuschel am hinteren Körperende beidseits der Siphonalröhren trägt, und deren Form und Struktur für die Bestimmung der verschiedenen Gattungen und Arten wesentlich ist.

452 Pfahlwurm *Teredo navalis* L.

Kalkröhre bis 20 cm lang, mit rundem Querschnitt, der sich bis zu 8 mm Durchmesser erweitern kann. Schalenklappen schwach gewölbt; Paletten einfach, spachtelförmig, bis 1 cm lang, am Ende gabelig eingeschnitten, teilweise mit bräunlicher Haut bedeckt. – Bohrt im Holzwerk von Schiffen, Hafenanlagen, Dämmen, Brücken usw. – Mittelmeer, Atlantik, Nordsee, westl. Ostsee.
Der in Schiffs- und Treibholz bohrende eigentliche Schiffsbohrwurm, ***T. megotara,*** hat eine kräftigere Schale und fast rechtwinklig abgeschnittene Paletten.

Zahnlose Unterklasse *Anomalodesmata*

Meist ungleichklappige Muscheln. Schloß mit schwach ausgebildeten Zähnen oder zahnlos.

Büchsenmuscheln = Pandoramuscheln ***Pandoridae***

Muscheln mit ungleichklappigem, innen leicht perlmutternem Gehäuse. Band innerlich. Schloß zahnlos mit Knorpel und Bandgrube.

453 Weiße Büchsenmuschel *Pandora inaequivalvis* (L.) = *P. albida.*

Bis 3 cm lang. Weißlich mit einem Saum bräunlicher Außenhaut; länglich-oval, vorne abgerundet, hinten niedriger, schnabelig; linke Klappe mäßig gewölbt, rechte flach. – Auf Sandgrund, meist auf der linken Klappe liegend. – Atlantik, Nordsee.

Thraciamuscheln *Thraciidae*

Muscheln mit ungleichklappigem, dünnschaligem, innen nicht perlmutternem Gehäuse. Schloß zahnlos, mit äußerlichem Schloßband, oder mit innerlichem Band und Bandgrube.

454 Weiße Bohne *Thracia papyracea* Poli = *T. fragilis.*

Bis 3,5 cm lang. Weiß bis hellgrau; quer-oval, mäßig gewölbt, sehr zartschalig, mit feinen, strahligen Strichen, hinten leicht gekantet und manchmal mit winzigen Dörnchen besetzt; rechte Klappe größer; Band innerlich mit beidseitiger Bandgrube. – In Sand eingegraben, besonders im Bereich von Algen- und Seegraswiesen. – Mittelmeer, Atlantik, Nordsee, bis südl. Kattegat.
Ähnlich geformt, jedoch bis 8 cm lang, mit weißgelblicher, fein gekörnelter Schale: ***T. pubescens,*** die Flaumige Thracia der Atlantik- und Nordseeküste.

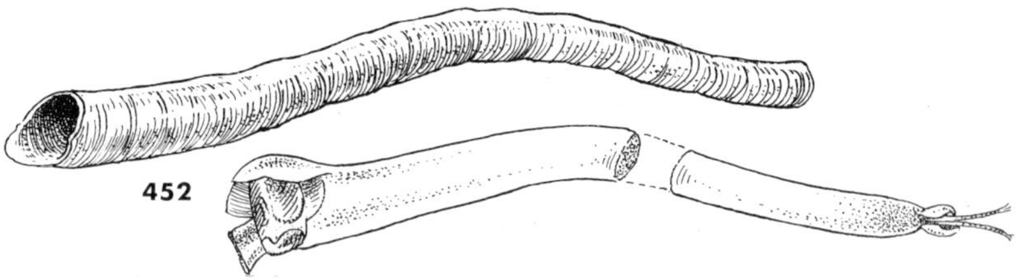

452

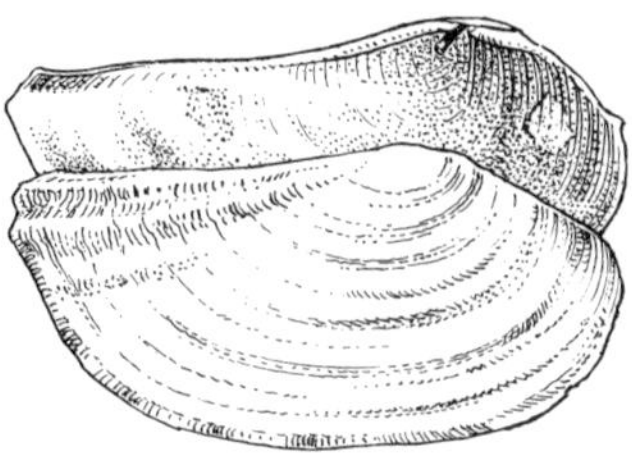

453

454

Papierboot im offenen Wasser
(Mittelmeer)

Seenelken – in der Mitte Doppelform
(Nordsee)*

Prosthecereus –
Strudelwurm,
eine violette Art
(Gibraltar)*

Schwarzgrundel über Fingerschwamm
(Nordsee)*

Butterfisch
(Nordsee)*

Schwamm-Gruppe mit jungen Mönchfischen
(Mittelmeer)

Strandkrabbe
zwischen Seeanemonen
(Nordsee)*

Kopffüßer Klasse *Cephalopoda* = *Siphopoda* (s. dazu S. 101)

Das Meer birgt viele Geheimnisse. Die Frage, ob es der menschlichen Phantasie jemals gerecht werden kann, mag daher offen bleiben. Gewiß ist, daß die größten Zehnarmer, die bisher im Bereich der europäischen Küsten gefunden wurden, eine Gesamtlänge von etwa 120 cm aufweisen, die größten Achtarmer eine Spannweite von 3 m bei einer Armlänge von rund 145 cm. Riesentintenfische der Familie *Architeuthidae* sind bei Neufundland festgestellt worden und erreichen eine Gesamtlänge von 18 m, wobei allerdings die zwei Fangarme etwa viermal so lang sind wie die übrigen acht Arme. «Riesenkraken» sind bis heute bloß in der Literatur und im Film aufgetreten. Die größten Arten des Stillen Ozeans, deren Existenz nachgewiesen ist, sind nur etwa doppelt so groß, als es unser Gemeiner Krake werden kann.
Kopffüßer nähren sich von Krebsen, Schnecken, Fischen usw. Ihre hornigen Kiefer sind entsprechend kräftig; und etliche Arten besitzen zudem noch Giftdrüsen, deren Sekret die gefangene Beute lähmt. In der individuell verschiedenen Reaktion des menschlichen Körpers auf dieses Gift liegt eine Gefahr, die beachtenswerter ist als die sehr geringe, als Taucher von einem Kraken in der Tiefe festgehalten zu werden. Kopffüßer sind scheue Tiere, die nicht zum Angriff neigen, sondern zur Flucht. Angegriffen, sich angegriffen fühlend oder in die Enge getrieben, können sie sich allerdings energisch zur Wehr setzen, und schon Kraken von mittlerer Größe entwickeln eine überraschende Kraft. Tintenfische, Kalmare und Kraken beißen dann auch meist zu, wenn sie die Möglichkeit dazu finden. Die Bißwunde ist gewöhnlich klein, blutet aber stark. Hat man es mit einer giftigen Art zu tun gehabt, so macht sich bald ein Kribbeln an der Bißstelle bemerkbar, die anschwillt und sich rötet, während ihre Umgebung leicht gefühllos wird. Ernstere Folgen stellen sich nur selten ein, bei besonders empfindlichen Personen. Dennoch (oder deshalb) sollten Bisse von Kopffüßern ebenso behandelt werden wie Stiche von Fischen mit Giftstacheln (s. S. 256 u. 305).

Krake bei der Anpassung ans Umfeld (Mittelmeer)

Zehnarmer Ordnung *Decabrachia* = *Decapoda*

Kopffüßer mit oval-gedrungenem bis konisch-länglichem Rumpf und 10 Armen, von denen 2 als lange Fangarme ausgebildet, nur am keulenförmigen Vorderende mit Saugnäpfchen besetzt und meist in Taschen rückziehbar sind. Innere Schale kalkig (Schulp) oder hornig (Gladius). Saugnäpfe klein, gestielt, mit hornigen Ringen oder Haken. Mantel mit Flossen. Die meisten Zehnarmer sind ausgezeichnete, schnelle Schwimmer.

455 Gemeiner Tintenfisch = Gemeine Sepia ***Sepia officinalis*** L. = *S. filiouxi* = *S. mediterranea*.
Bis 30 cm lang. Färbung sehr verschieden und rasch wechselnd; Oberseite meist gelb, grün, braun und schwarz gestreift oder marmoriert; Unterseite schimmernd weißlich. Körper abgeflacht oval mit seitlichem, hinten geteiltem Flossensaum. 8 kurze sog. Kopfarme mit je 2–4 Saugnapfreihen, 2 lange Fangarme mit ungleich großen Saugnäpfen in 4 Reihen auf den Endkeulen. Schulp weißlich, kalkig, länglich-oval, flachgewölbt, mit schmalem hornigem Rahmen. – Über Schlamm- und Sandgrund, besonders im Bereich von Neptun- und Seegraswiesen. – Mittelmeer, Atlantik, Nordsee. – Eßbar.
Die nahe verwandte Kleine Sepia = Schlammsepia, ***S. elegans***, des Mittelmeers und des Atlantiks ist nur bis 8 cm lang, oben meist rötlich bis bräunlichgelb.
Der Schulp beider Arten, den man oft am Strand angeschwemmt findet, dient als Kalkquelle für Stubenvögel oder wird nach entsprechender Verarbeitung zur Herstellung von Zahnpasta und Poliermitteln verwendet; auch Gußformen für Goldschmiedearbeiten werden daraus hergestellt. Sepiafarbe, gewonnen aus den getrockneten Tintenbeuteln von Sepien (aber auch anderer Kopffüßer) wurde einst als Schreibtinte benutzt; heute wird sie vor allem in der Aquarellmalerei verwendet.

456 Kleine Sprutte = Zwergsepia ***Sepiola rondeleti*** (Steenstr.).
Bis 6 cm lang. Rosigweiß bis bräunlich mit roten, bläulich irisierenden Flecken. Körper kurz, zylindrisch, plump. 8 kurze sog. Kopfarme mit je 2 Saugnapfreihen, 2 Fangarme mit 4–8 Saugnapfreihen auf den Endkeulen. Gladius dünn, lanzettförmig, Mantelrand an der dorsalen Mittellinie mit dem Kopf verbunden. Rumpf mit gerundeten Seitenflossen. – Über Schlamm- und Sandgrund. – Mittelmeer.
Sehr ähnlich, nur etwas dunkler gefärbt und gefleckt, ist die Atlantische Zwergsepia, ***S. atlantica***, der Atlantikküste, während die sowohl im Mittelmeer wie im Atlantik vorkommende Große Sprutte, ***Rossia macrosoma***, bis 15 cm lang wird, bläulich-gelblich oder bläulich-grünlich gefärbt und rot getupft ist, mit freiem Mantelrand. – Alle drei Arten sind eßbar.

457 Gemeiner Kalmar *Loligo vulgaris* Lam. = *L. breviceps*.
Bis 50 cm lang. Rosig- oder gelblichweiß mit dichter roter, purpurner und brauner Sprenkelung. Körper zylindrisch, gestreckt, mit langen, seitlich über die Rumpfmitte hinaus vorgezogenen, annähernd dreieckigen, aber außen leicht gerundeten Flossen. 8 kurze Kopfarme mit je 2 Saugnapfreihen, 2 Fangarme mit ungleich großen Saugnäpfen in 4 Reihen auf den Endkeulen. Gladius lanzettförmig, gekielt, vorne gestielt. – Mittelmeer, Atlantik, (selten) Nordsee und westl. Ostsee. – Eßbar.
Das gleiche Verbreitungsgebiet hat der sehr ähnlich aussehende, aber nur bis 15 cm lange Kleine Kalmar, ***Alloteuthis subulata*** = *A. media* = *Loligo marmora*, schimmernd hellgrau mit purpurner Sprenkelung und schmaleren Flossen. Dagegen wird der prachtvoll rosa, rot und braun gesprenkelte Nordische Kalmar, ***Loligo forbesi*** (auch Forbes' Kalmar genannt) bis über 60 cm lang, ist vor allem im nördlichen Atlantik verbreitet und tritt nur verhältnismäßig selten in der Nordsee und der westl. Ostsee auf.

458 Pfeilkalmar *Ommatostrephes sagittatus* (Lam.) = *Todarodes s.*
Bis 60 cm lang, meist kleiner. Bläulichrot bis hellviolett. Körper zylindrisch, gestreckt, schlank, mit kurzen, weit hinter der Rumpfmitte ansetzenden dreieckigen, außen stumpfspitzen Flossen, 8 kurze Kopfarme mit je 2 Saugnapfreihen, 2 nicht rückziehbare Fangarme mit 4 Reihen ungleich großer Saugnäpfe auf den Endkeulen. Gladius lanzettförmig, in der Mitte eingebuchtet, dreifach gekielt. – Lebt in Schwärmen in mittleren Tiefen; steigt nachts gegen die Oberfläche auf. – Mittelmeer, Atlantik, (selten, als Irrgast) Nordsee und westl. Ostsee.
Mediterrane Verbreitung hat der bis 60 cm lange Kurzflossen-Kalmar, ***Illex coindetii***, der oft mit Pfeilkalmaren verwechselt wird, aber durch an den drei Ecken abgerundete, kürzere Flossen und 8 Saugnapfreihen auf den Fangarmkeulen gekennzeichnet ist.
Beide Arten sind eßbar.

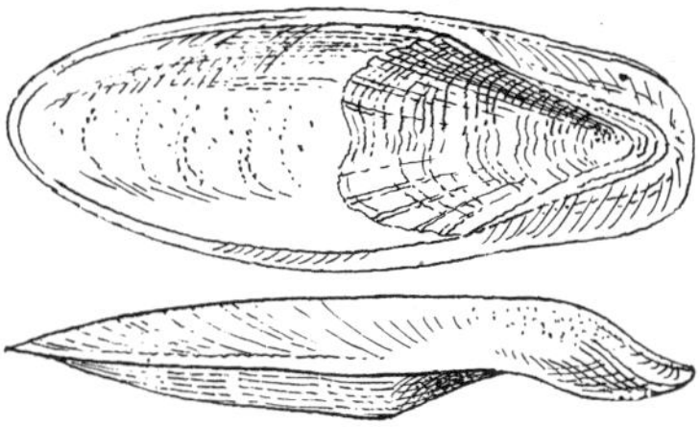

455

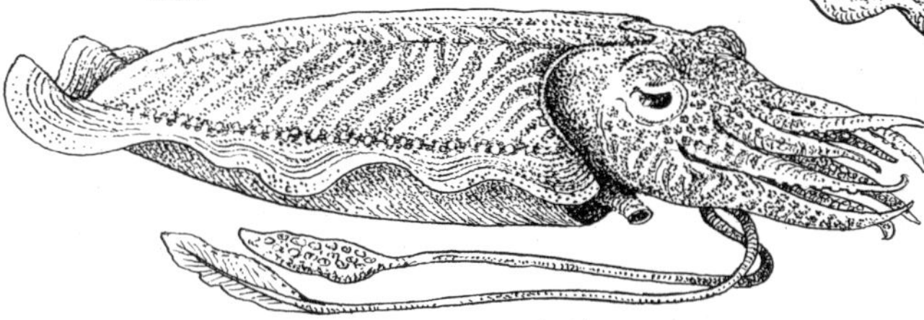

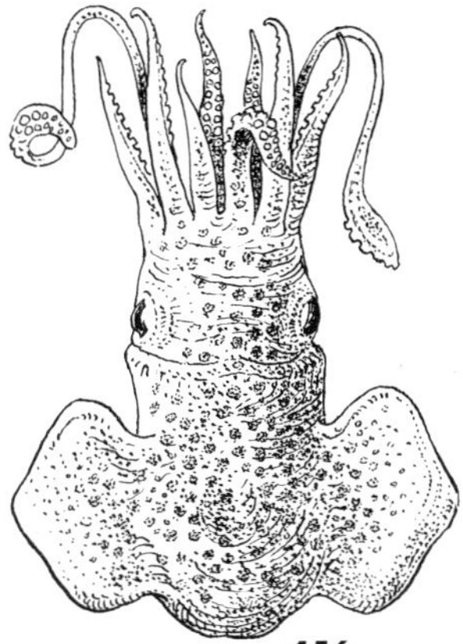

456

457

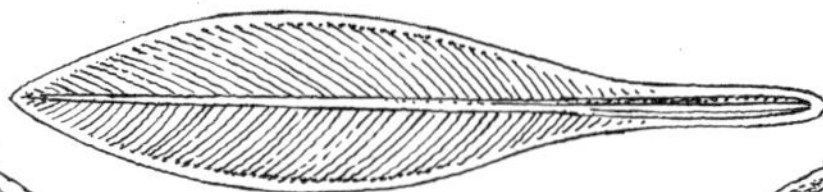

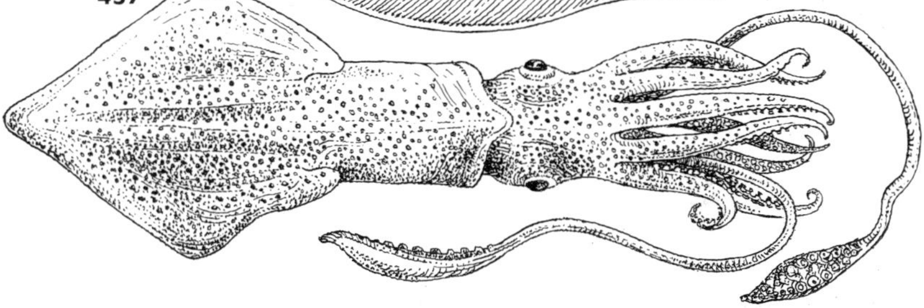

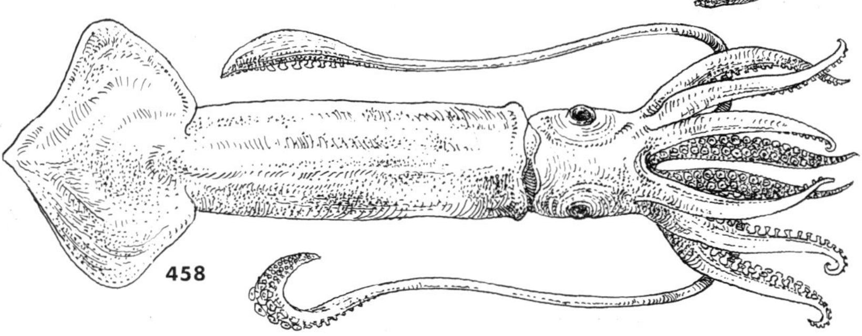

458

Achtarmer Ordnung *Octobrachia* = *Octopoda*

Kopffüßer mit sackförmigem Körper und 8 annähernd gleich langen, mit ungestielten Saugnäpfen besetzten, an der Basis durch eine Schirmhaut verbundenen Armen. Innenschale fehlend oder rudimentär.

Die den Kopffüßern eigene Fähigkeit zu Farbveränderungen und -anpassungen ist bei den bodenlebenden Formen besonders weit entwickelt, so bei den Kraken mit ihrem geradezu verblüffenden Tarnvermögen, das sie befähigt, nicht nur die Färbung ihrer Umgebung, ob Sandfläche, ob Gestein mit Bewuchs, täuschend zu übernehmen, sondern auch deren Struktur nachzuahmen. Mit etwas Geduld und Ruhe gelingt es, die scheuen Tiere so weit an tauchende Besucher zu gewöhnen, daß sie aus ihren Verstecken hervorkommen, sich sogar berühren lassen und dabei ihr Farbwechselvermögen demonstrieren – ein faszinierendes Schauspiel!

459 Papierboot = Papier-Nautilus ***Argonauta argo*** L.

Weibchen bis 25 cm lang; silbrigweiß bis grün irisierend (Farbwechsel zu blauen, grauen und roten Tönen) mit rötlichen, gelben und braunen Punkten und Flecken; Unterseite schimmernd hellbräunlich. 8 Arme, von denen die 2 dorsalen verbreiterte Endlappen aufweisen, die eine papierdünne kalkige gerunzelte, meist milchweiße, manchmal bräunliche oder braungefleckte, seitlich zusammengedrückte und bis 20 cm lange Sekundärschale als Eibehälter abscheiden und halten. Männchen nur bis 1 cm lang, schalenlos, mit als (abtrennbares) Befruchtungsorgan ausgebildetem, verlängertem drittem linkem Arm. – Kann auf dem Grund kriechen, wird aber meist einzeln oder in Gruppen schwimmend beobachtet. – Mittelmeer, Atlantik.

460 Gemeiner Krake – Oktopus ***Octopus vulgaris*** Cuv. = *Polypus octopus.*

Länge (mit parallelen Armen) bis 100 cm, selten mehr (entsprechende Spannweite ca. 2 m), meist aber nur 20 – 60 cm. Gräulich oder gelblich bis bräunlich oder braunrot mit grünlicher Fleckung und raschem Farbwechsel zu dunkleren braunen und roten Tönen. Oberseite oft mit warzenähnlichen kleinen Buckeln bedeckt, die nach kurzer Zeit wieder verschwinden können. Kopf und Rumpf rundlich, plump. 8 verhältnismäßig dicke, kräftige Arme, von denen das vordere Paar kürzer ist als die anderen. Jeder Arm mit 2 Saugnapfreihen. – Lebt im Bereich von zerklüfteten Felsen und steinigem Schlamm- und Sandgrund, tagsüber meist verborgen. – Mittelmeer, Atlantik, (selten) Nordsee.

Sehr ähnlich ist der im gleichen Gebiet vorkommende Große Krake, ***O. macropus,*** zwar nur wenig größer, jedoch gewöhnlich hellbraun, weiß gefleckt (Warzen) und mit schmaleren Armen, von denen das vordere Paar die anderen überragt. – Beide Arten sind eßbar.

461 Moschuskrake = Moschuspolyp ***Ozaena moschata*** (Lam.) =
Eledone m. = *Moschites m.*

Länge (mit parallelen Armen) bis 40 cm (entsprechende Spannweite ca. 80 cm). Gelblich bis gräulich mit braunen Flecken und rötlichen Punkten; Unterseite heller; Schwimmhaut bläulich gesäumt. Kopf und Rumpf oval, plump, glatt oder warzig. 8 Arme mit je 1 Saugnapfreihe. Charakteristischer Moschusgeruch. – Lebt vor allem auf steinigem Schlamm- und Sandgrund, selten an Felsküsten. – Mittelmeer. – Eßbar.

Ähnlich, jedoch größer, bis 50 cm lang, ist der auch im Atlantik, selten in der Nordsee vorkommende Zirrenkrake = ***Ozaena cirrosa*** = *Eldone c.* = *E. aldrovandi,* ohne Moschusgeruch, oben rötlichgelb mit rötlichbrauner Fleckung, unten weißlich mit bräunlichen und rötlichen Tupfen; ebenfalls eßbar, aber wenig geschätzt.

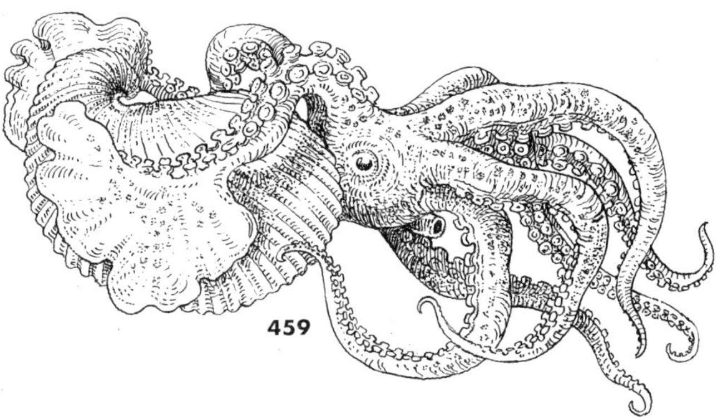

459

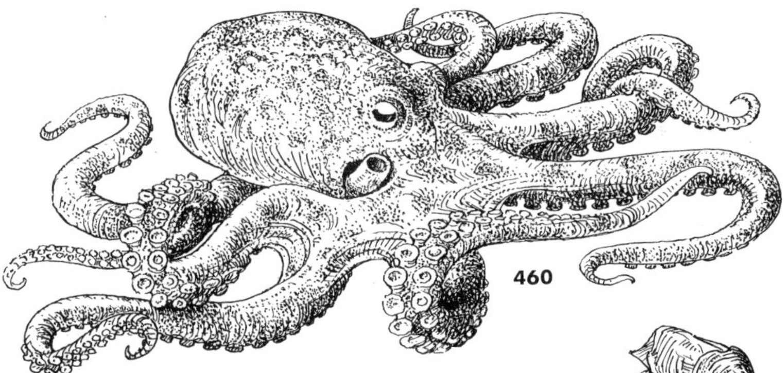

460

Hornkiefer

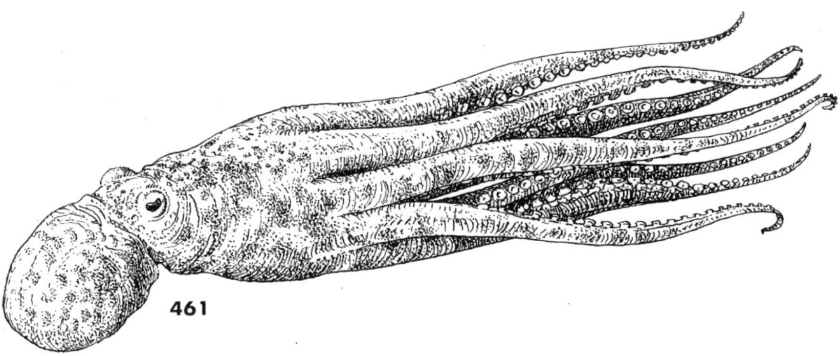

461

Ringelwürmer = Gliederwürmer Stamm *Annelida*

Ringelwürmer sind Bilateraltiere mit mehr oder weniger langgestrecktem, im Querschnitt rundem oder abgeflachtem Körper, gegliedert und meist äußerlich entsprechende Ringelfurchen aufweisend, die allerdings auch kaum betont oder, obwohl ausgeprägt, durch Borsten, Ruder usw. verdeckt sein können. Die beiden ersten Körpersegmente enthalten die Gehirnganglien, die wichtigsten Sinnesorgane, und den Mund, während der After im letzten Segment liegt. Die Haut ist drüsenreich und häufig mit Chitinborsten besetzt. Der von den Hautdrüsen abgesonderte Schleim dient den Tieren vielfach zum Bau von Wohnröhren. Anneliden gibt es im Süßwasser, an feuchten Landstellen und im Erdreich, doch die Mehrzahl der rund 6000 bekannten Arten lebt im Meer und gehört zur Klasse der Borstenwürmer. Die Gürtelwürmer (Klasse *Clitellata*) – zu denen in der Ordnung *Oligochaeta* u.a. der Regenwurm *(Lumbricus)* und der Bachröhrenwurm *(Tubifex)*, in der Ordnung *Hirudinea* der Blutegel zählen – sind dagegen im marinen Bereich verhältnismäßig schwach und mit teils sehr kleinen Formen vertreten, so daß hier aus der letztgenannten Gruppe von den im Meer vorkommenden Formen einzig der auf Rochen – besonders auf Torpedo- und Rajaarten – parasitierende, bis 10 cm lange Rochenegel des Mittelmeers kurz erwähnt sei.

462 Rochenegel *Pontobdella muricata* (L.)

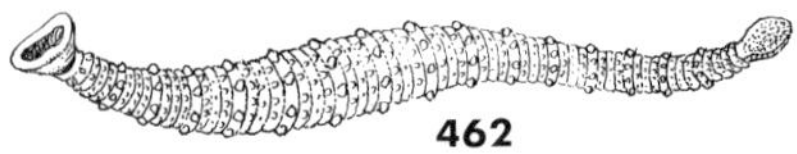

462

Borstenwürmer = Vielborster Klasse *Polychaeta*

Ringelwürmer, deren Körpersegmente meist je ein mehr oder weniger stark ausgebildetes Ruderpaar tragen: stummelförmige seitliche Fortsätze (Parapodien) mit gebündelt oder in Reihen stehenden Borsten von verschiedener Zahl und vielfach auch mit Tastcirren sowie Büschelkiemen. Kopfsegmente gewöhnlich mit Fühlfäden (Antennen), Spürkegeln (Palpen) und Lichtsinnesorganen; Mundöffnung oft mit vorstreckbarem Rüssel und chitinigen Kiefern. Rund 5400 bekannte, vorwiegend marine Arten umfassend, ist die Klasse in allen Meeren und Tiefenbereichen vertreten, besonders stark in der Litoralzone.

Abgesehen von den hier nicht erfaßten, weil meist sehr kleinen, überdies recht seltenen wurmartigen *Archiannelida* unterscheidet man zwei Gruppen: Borstenwürmer mit kriechender oder schwimmender Lebensweise *(Errantia)* und solche, die seßhaft in Röhren oder Gängen leben oder als Kommensalen in Schwämmen, auf Krebsen, Weichtierschalen, Stachelhäutern usw. *(Sedentaria)*. Allerdings gibt es auch *Errantia*, die eingegraben in Bodengängen wohnen, und *Sedentaria*, die samt ihrer Röhre umherkriechen.

Manche Polychaeten haben Leuchtvermögen. Getrenntgeschlechtliche Fortpflanzung bei äußerer oder innerer Befruchtung herrscht vor, und einzelne Arten sind lebendgebärend. Auch ungeschlechtliche Vermehrung ist festzustellen, u.a. durch Sprossung. Bemerkenswert ist die als Epitokie bezeichnete Fortpflanzungsweise gewisser Borstenwürmer, die zur Reifezeit den die Geschlechtsprodukte enthaltenden, regenerierbaren Körperteil abstoßen. Der Palolowurm *(Eunice viridis)* der Südsee ist das bekannteste Beispiel sowohl dafür wie für eine Erscheinung, die bei anderen Polychaeten zu bestimmten Jahreszeiten selbst in unseren Meeren beobachtet werden kann: Die Bildung großer Schwärme in der Fortpflanzungsperiode, wobei auch einzelne bodenlebende Arten zeitweilig schwimmfähig werden und die Oberfläche aufsuchen.

Freilebende Borstenwürmer Ordnung *Errantia*

Vorwiegend räuberisch; kriechend oder schwimmend, manchmal eingegraben, in mit Schleim ausgekleideten Gängen. Kopfsegmente deutlich erkennbar, meist mit vorstreckbarem Rüssel und Kiefern. Rumpfsegmente gewöhnlich einheitlich mit wohlentwickelten Rudern. Rücken manchmal mit blattförmigen Schuppen (Elytren). In der Regel Fleischfresser, die sich von lebenden und toten Tieren ernähren.

463 Seemaus = Seeraupe = Filzwurm ***Aphrodita aculeata*** L.

Bis 18 cm lang, breit-oval, hinten zugespitzt, mit 39 bis 49 Körpersegmenten. Auf dem Rücken 15 Paare annähernd kreisrunder Schuppen, verdeckt durch dicht verfilzte, kurze graue bis braune Borsten. Körperseiten mit 2 dichten Reihen langer, gold- bis braunglänzender, mehrfarbig schillernder Borsten. – Auf Weichgrund, in Sand und Schlick, vom Flachwasser an. – Mittelmeer, Atlantik, Nordsee, westl. Ostsee.

464 Hermione ***Laetemonice hystrix*** (Sav.) = *Hermione h.* = *Hermonia h.*
Bis 6 cm lang, oval, hinten gerundet, mit 33 Körpersegmenten. Auf dem Rücken 30 dachziegelartig übereinandergreifende glatte, bräunlich-glänzende Schuppen, Parapodien mit dichten Büscheln langer brauner und kürzerer weißlicher Borsten, die Widerhaken tragen und leicht in die Haut ungeschützter Hände eindringen. – Auf Schlammsand und Sand, vom Flachwasser an. – Mittelmeer, Atlantik, Nordsee.

465 Schuppenwurm ***Lepidonotus squamatus*** L.
Bis 3 cm lang, gestreckt-oval, mit 26 Körpersegmenten, die abwechselnd Cirren und 12 Paar ovale, übereinandergreifend den ganzen Körper bedeckende, bräunlich oder gelb marmorierte Rückenschuppen tragen. – Auf Hartgrund unter Steinen und Algen, vom Flachwasser an. – Atlantik, Nordsee, westl. Ostsee.
Ähnlich sind u.a. ***L. clava,*** bis 2,5 cm lang, mit runden, nicht übereinandergreifenden, das Hinterende nicht bedeckenden, bräunlichen Schuppen (Mittelmeer- und Atlantikküste, unter Steinen und Algen); ***Lagisca extenuata,*** bis 3,5 cm lang, mit 40–50 Segmenten und 15 Paar übereinandergreifenden, meist graubraunen Schuppen, die oft einen hellen Mittelfleck zeigen und die gleichfarbenen hinteren Segmente nicht bedecken (Mittelmeer- und Atlantikküste; auf Sand, Schlamm und unter Steinen); ***Gattyana cirrosa,*** bis 5 cm lang, mit 15 Paar übereinandergreifenden, den ganzen Körper bedeckenden grünlichgrauen Rückenschuppen (Atlantik-, Nordsee- und westl. Ostseeküste, im Schlick); ***Harmothoë impar,*** bis 2,5 cm lang, mit 37 Borstensegmenten und 15 den Rücken fast völlig bedeckenden Schuppenpaaren, das erste Paar rund, die übrigen nierenförmig, übereinandergreifend, mit knotigen Papillen besetzt und am Rand fein gefranst, braun oder grau, manchmal mit gelbem Mittelfleck (Mittelmeer, Atlantik, Nordsee, unter Steinen und Algen); ***Harmothoë imbricata,*** bis 4 cm lang, wie *H. impar,* mit ebenfalls gefransten, aber am Vorderrand fein getupften Schuppen (unter Steinen und Algen an allen europäischen Küsten).

466 Sand-Schuppenwurm ***Sthenelais boa*** (Johnst.).
Meist bis 15 cm (selten 20 cm) lang, gestreckt, schmal, mit einer ersten Einzelschuppe und rund 150 den ganzen Körper bedeckenden, übereinandergreifenden Schuppenpaaren. Schuppen nierenförmig, mit fein gefranstem Rand, oft sandfarben bis grünlichgelb oder bräunlich. – Im Sand und unter Steinen, vom Seichtwasser an. – Mittelmeer, Atlantik, Nordsee.

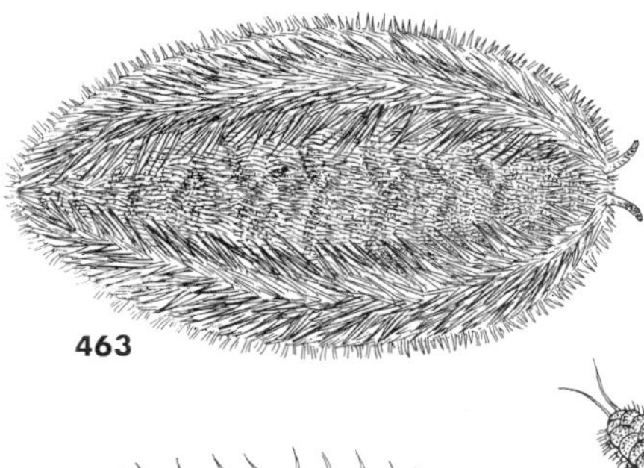
463

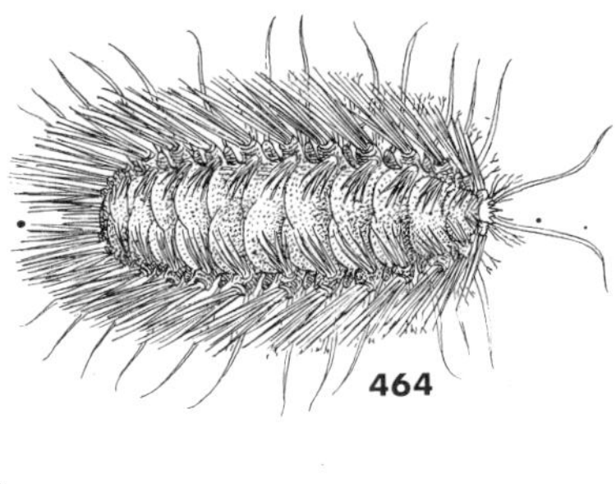
464

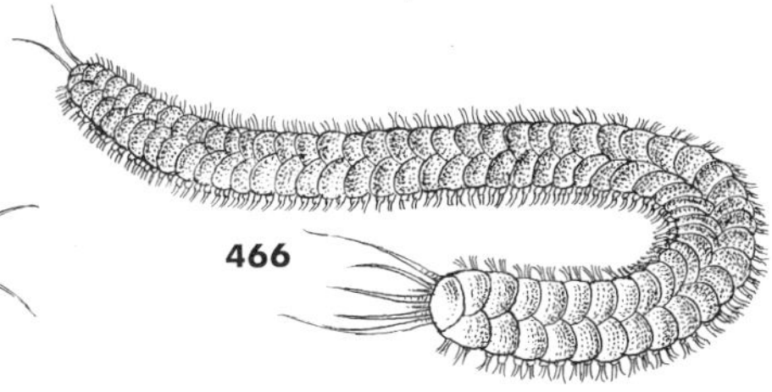
466

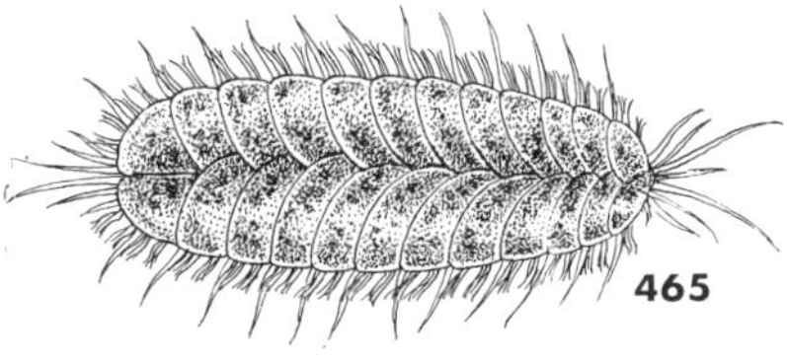
465

Freilebende Borstenwürmer

467 Opalwurm *Nephtys hombergi* Aud. u. Milne Edw.
Meist bis 10 cm (auch bis 20 cm) lang, gestreckt, bandschmal, mit 90 bis 200 Körpersegmenten; rosig opalisierend mit bläulichweißen Schimmern. Kopf mit 4 kurzen Antennen; Rücken auf ganzer Länge glatt; Parapodien mit ziemlich kurzen gelblichen Borsten; am Hinterende 1 langer Schwanzfaden. – In Sand und schlammigem Kies, vom Flachwasser an. – Mittelmeer, Atlantik, Nordsee, westl. Ostsee. – Bewegung lebhaft, mit den ganzen Körper durchlaufenden Schlängelwellen. Wird von Fischern als Angelköder benutzt.
Ähnlich sind u. a. ***N. caeca*** des gleichen Gebiets einschl. der ganzen Ostsee, meist bis 8 cm (auch bis 20 cm) lang, mit 90–150 Segmenten, perlgrau opalisierend mit roten oder rotbraunen Schimmern und gelblichen, etwas längeren Borsten; ***N. cirrosa*** der Mittelmeer-, Atlantik- und Nordseeküste, meist bis 5 cm (auch bis 10 cm) lang, mit 90–95 Segmenten, schimmernd hellgraugelblich mit gelben Borsten.

468 Ruderwurm *Phyllodoce paretti* (Blainv.).
Meist bis 15 cm (auch bis 20 cm) lang, stark gestreckt, mit über 200 Körpersegmenten; leuchtend dunkelblau mit dunkel- bis schwarzgrünen, goldgelb gesäumten, schaufelblattförmigen Rudern. Kopf herzförmig, mit 4 Antennen und unbewaffnetem Rüssel. Borsten kurz, in fächerförmigen Bündeln stehend. – Auf Sand- und Schlammgrund, vom Seichtwasser an, tagsüber unter Steinen, in der Dunkelheit auch frei im Wasser. – Mittelmeer, Atlantik. – Kriecht und schwimmt mit den ganzen Körper durchlaufenden Schlängelwellen und lebhaft spielenden Ruderblättern.
Ähnlich sind u. a. ***P. maculata,*** auch in der Nordsee verbreitet, bis 10 cm lang, mit gelbem oder grünem, auf jedem Segment 3 braune Tupfen tragendem Körper und braunen Ruderblättern; ***P. lamelligera*** des gleichen Gebiets, meist bis 12 cm (auch bis über 35 cm) lang, mit 300 bis über 400 Körpersegmenten, hellbläulich irisierend mit leuchtend grünen, heller gesäumten oder gelblichen Ruderblättern; ***P. mucosa,*** bis 5 cm lang, braungesprenkelt.

469 Grüne Eulalia *Eulalia viridis* L.
Meist bis 5 cm (auch bis 10 cm) lang, stark gestreckt, mit 120 bis über 200 Körpersegmenten; schimmernd moos- bis dunkelgrün, vorne heller, mit gleichfarbenen länglich-dreieckigen Ruderblättern. Kopf gerundet, mit 5 Antennen und unbewaffnetem Rüssel. Borsten ziemlich lang, in fächerförmigen Bündeln stehend. – Auf Felsgrund, besonders in Spalten, vom Seichtwasser an; auch schwimmend, wie der Ruderwurm. – Mittelmeer, Atlantik, Nordsee.
E. sanguinea des gleichen Gebiets wird nur bis 5 cm lang, ist grünlichbraun oder sandfarben bis bräunlich mit dünner blaßgelblicher Rückenlinie und sandfarbenen, grauen oder grünlichen Ruderblättern.

470 Kieferwurm *Eunice harassii* Aud. u. Milne Edw.
Meist bis 20 cm (auch bis 30 cm) lang, gestreckt, schlank, mit vielen kurzen Körpersegmenten, bräunlichrot. Kopf quadratisch, mit 5 gelblichen Antennen; Rüssel mit kräftigen schwarzen Kiefern. Erste 2 Körpersegmente borstenlos; vom 3. oder 4. Segment an rote, zunächst faden-, dann kammförmige Kiemen; Borsten gezahnt; Körperende mit 4 Cirren, die beiden mittleren lang, die äußeren kurz. – Unter Steinen und Algen, in Spalten und Meerdattellöchern, vom Flachwasser an. – Mittelmeer, Atlantik.
Ähnlich sind u. a.: ***E. torquata*** des gleichen Gebiets, bis 20 cm lang, braunrot mit weißem Nackenring, vom 2. Segment an mit Fadenkiemen; ***E. siciliensis*** des Mittelmeers, bis 25 cm lang, mit Fadenkiemen etwa vom 70. bis 80. Segment an; ***E. aphroditois,*** eine in selbstgebauten festen Röhren in Schlamm und Schlammgrund lebende, mediterrane Art, die bis 1 m lang wird und vom 8. Segment an Fadenkiemen, etwa vom 12. Segment an Kammkiemen trägt; ***Marphysia sanguinea*** der Mittelmeer- und Atlantikküste, bis 35 cm lang, irisierend grünlichbraun mit rötlichen Schimmern, eine dünne grüne Rückenlinie und Büschelkiemen aufweisend, während ***M. bellii*** des gleichen Gebiets, bis 16 cm lang und schmaler, vorne rötlich, hinten irisierend bräunlich ist, mit breiter roter Rückenlinie und Kammkiemen etwa vom 12. bis zum 35. Segment.

471 Hesione *Hesione pantherina* (Risso).
Bis 7 cm lang, gedrungen, mit 18 Körpersegmenten, braunrötlich mit hellen Querbändern und Sprenkeln. Kopf breit, mit 2 Antennen. Erste 4 Körpersegmente mit langen Tentakelcirren. Ruder groß, mit kurzen Borsten und langen Cirren. – Unter Steinen im Seichtwasser, sowie in Neptungras-Wiesen. – Mittelmeer, Atlantik.

472 Seeringelwurm *Hediste diversicolor* (O. F. Müll.) = *Nereis d.* = *Neanthes d.*
Meist bis 10 cm (auch bis 15 cm) lang, gestreckt, mit 90 bis 120 Körpersegmenten. Färbung verschieden, oft braungelb mit roter Rückenlinie. Kopf mit 2 kurzen Antennen und 4 Paar Tentakelcirren. Rüssel mit starken schwarzen Kiefern. Ruder wohlentwickelt, manchmal grünlich getönt; Borsten verhältnismäßig lang. Körperende mit 2 Aftercirren. – Lebt in selbstgegrabenen, schleimaus-

gekleideten, verzweigten Röhren im Schlicksand. – Mittelmeer, Atlantik, Nordsee, Ostsee, auch im Brackwasser. – Ähnlich sind u. a.: ***Nereis virens*** des gleichen Gebiets, meist bis 50 cm (auch bis 1,4 m) lang, oberseits grün mit irisierendem rotem Schimmer und bräunlich gesäumten Rudern, bauchseits schimmernd rosig, in U-förmigen Röhren im Schlick und unter Steinen lebend; ***N. pelagica*** des gleichen Gebiets, meist bis 10 cm (auch bis 20 cm) lang, braun mit bronzefarbenen Rudern, in Felsspalten und auf Hartgrund zwischen Algen zu finden; ***Perinereis cultrifera*** = *Nereis c.* der Mittelmeer-, Atlantik- und Nordseeküste, grünlichgelb mit bräunlich irisierender Rückenmitte, in schlammigem Kies, unter Steinen und in Felsspalten hausend.
Seeringelwürmer bewegen sich kriechend oder schwimmend mit den ganzen Körper durchlaufenden Schlängelwellen und lebhaft spielenden Rudern. Manche Arten machen zur Fortpflanzungszeit eine Umwandlung durch, bei der die Ruder vergrößert und Schwimmborsten ausgebildet werden (sog. Heteronereis-Form), worauf die Tiere zu bestimmten Jahreszeiten zur Ablage der Geschlechtsprodukte in Schwärmen an die Oberfläche kommen, im Mittelmeer z. B. im Juli, in der Nordsee etwa Mitte April.

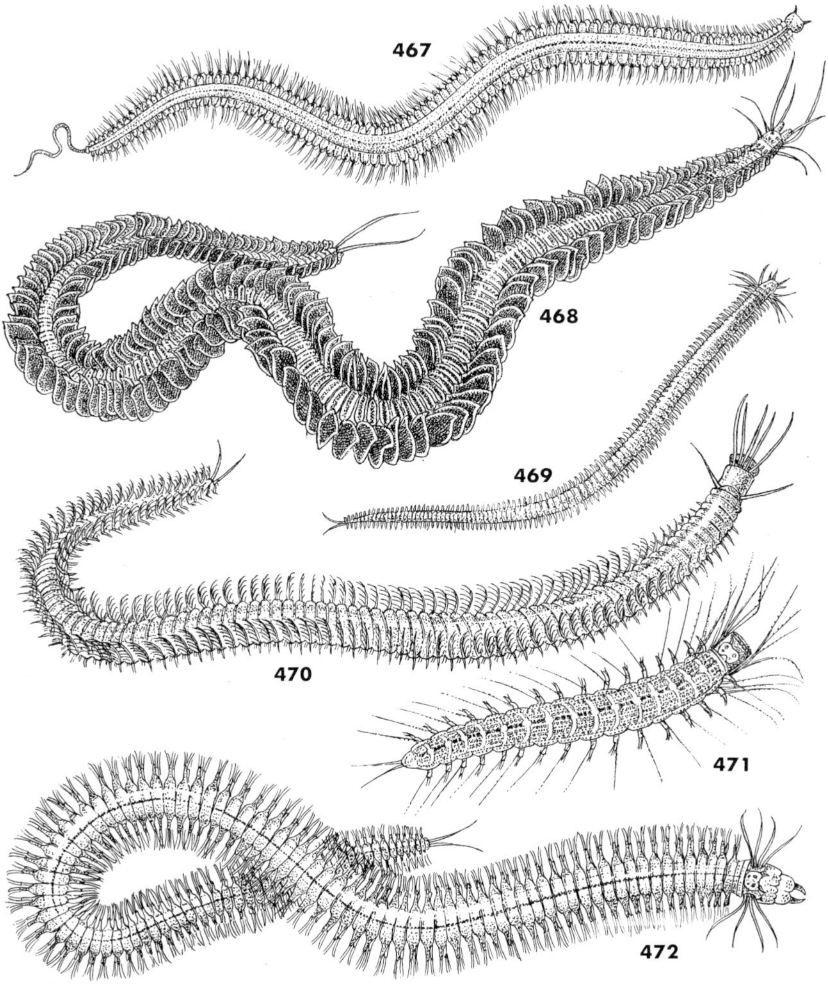

Seßhafte Borstenwürmer = Röhrenwürmer Ordnung *Sedentaria*

Nicht räuberisch; in Schlamm und Sand wühlend oder in Röhren lebend, Kopfsegmente nicht deutlich erkennbar, mit kurzem, nicht vorstreckbarem Rüssel, kieferlos. Körper oft in differenzierte Abschnitte unterteilt. Parapodien wenig entwickelt. Vorderende manchmal mit zahlreichen Fühlern oder vielstrahligen Siebfächern. Schwebestoff- und Plankton-Fresser.

473 Pergamentwurm *Chaetopterus variopedatus* (Rén.).
Bis 22 cm lang, gestreckt. Kopf kurz, breit, mit 2 langen Antennen. Körper blaßgelb bis grünlich; vordere 9 Segmente mit flachen, steifen, beborsteten Rudern; 12. Segment mit flügelähnlich erweiterten Parapodien, in Körpermitte 3 große Blätter, hinterer Abschnitt mit beborsteten, länglichen Parapodien. – In Sand und Schlamm in bis 40 cm langen und bis 1,2 cm dicken, U-förmig gebogenen, weißlichgrauen, pergamentartigen Röhren, an denen Feinkies, Muschelbruch, Sand usw. haftet. Oft im Bereich von See- und Neptungraswiesen, vom Flachwasser an. – Mittelmeer, Atlantik, Nordsee. – Leuchtet bei Reizung auf.

474 Fadenbüschelwurm *Cirratulus cirratus* O. F. Müll.
Meist bis 4 cm (auch bis 10 cm) lang, dünn-spindelförmig, gelblich-orange bis ziegelbraun. Kopf tentakellos. 4. oder 5. Körpersegment mit 2 Büscheln zu je 6 bis 8 langen, meist roten, manchmal gelben Kiemenfäden; kürzere Kiemenfäden in geringer Zahl und Borsten am übrigen Körper. – In dünnen Schleimröhren unter Steinen auf Schlamm und Schlammsand, vom Flachwasser an. – Atlantik, Nordsee.
Ähnlich ist u. a. ***Chaetozone setosa*** der Mittelmeerküste, bis 3 cm lang, mit Kiemenfadenbüscheln auf dem 1. Körpersegment.

475 Schneckenwurm *Ophelia limacina* Rth.
Bis 3 cm lang, ackerschnecken-ähnlich, gelblichrosig. Kopf zugespitzt, kegelförmig, ohne Antennen. Parapodien klein, schwach beborstet. Vordere Segmente kiemenlos, übrige mit kurzen Kiemencirren. Bauchseite sohlenartig, mit 2 Längswülsten gesäumt. – In Sand und Schlammsand. – Atlantik, Nordsee.
Ähnlich, aber nur bis 1,5 cm lang und braun quergebändert, ist ***Polyphthalmus pictus*** des Mittelmeers.

476 Köderwurm = Sandpier = Sandwurm ***Arenicola marina*** (L.).
Meist bis 25 cm (auch bis 35 cm) lang, annähernd drehrund, mit verdünntem Endabschnitt. Färbung sehr verschieden, gelblich, rötlich bis rötlichbraun oder bläulichrot, grünlich oder dunkeloliv bis schwarzbraun. Kopf ohne Antennen. Parapodien sehr klein, fein beborstet. Vorderer und hinterer Körperabschnitt kiemenlos. Mittelteil mit 13 Paar roten Büschelkiemen. – In Sand und Schlicksand in langen, U-förmig gebogenen, schleimausgekleideten Röhren; Eingang mit Freßtrichter, Ausgang mit aufgehäuften Sandwürstchen (Kothaufen). Vom Seichtwasser an, in der Gezeitenzone. – Mittelmeer, Atlantik, Nordsee, westl. Ostsee. – Wird von Fischern in großer Zahl ausgegraben und als Angelköder verwendet.
A. ecaudata des gleichen Gebiets, bis 20 cm lang, hat keinen verdünnten Endabschnitt und trägt Borsten und rote Kiemen auf den beiden hinteren Körperdritteln.

477 Köcherwurm *Amphictene koreni* Malmgr. = *Pectinaria k.* = *Lagis k.*
Meist bis 6 cm (auch bis 10 cm) lang, gedrungen, rötlichgelb bis bräunlichrosig. Kopfende mit vielen großen, goldschimmernden Borsten; erste Körpersegmente mit 2 Antennen und 2 Kammkiemenpaaren, zweiter Abschnitt mit verbreiterten Parapodien. – Lebt in geraden, festen, leicht durchscheinenden, köcherartigen Röhren aus verkitteten gleichförmigen Sandkörnchen (selten aus winzigen Schalen). Die Röhren stecken mit dem breiteren Kopfende nur einige Zentimeter tief im Boden und werden vom Wurm bei Standortwechseln mitgetragen. – In Schlick und Schlicksand, von der Ebbelinie an. – Atlantik, Nordsee, westl. Ostsee.
Zwei im gleichen Gebiet und auch im Mittelmeer vorkommende ähnliche Formen sind: ***A. belgica*** = *Pectinaria b.*, 3 bis 6 cm lang und blaßrosig, mit nicht ganz gerader Röhre, ***A. auricoma*** = *Pectinaria a.*, 2 bis 4 cm lang, blaßrosig, mit deutlich gebogener Röhre.

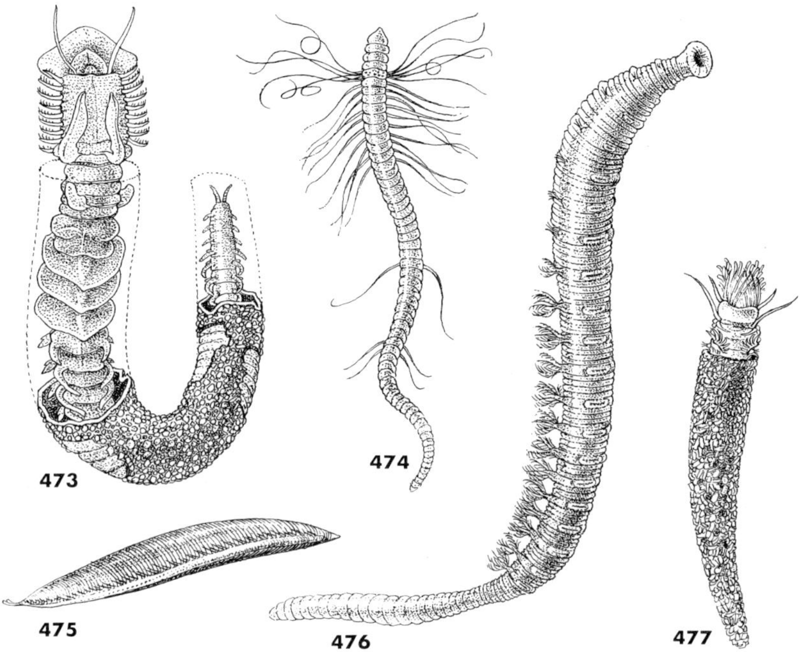
473 474 475 476 477

Spitze Borsten und scharfe Kiefer

Die glasharten Borsten mancher Polychaeten dringen wie feine Nadeln in die Haut zufassender Hände ein und bleiben abgebrochen darin stecken, mehr oder minder starken, brennenden Schmerz auslösend, dem manchmal lokale Entzündung, Schwellung und leichte Fühllosigkeit folgen. Behandlung: Borsten mit Klebband entfernen; Stelle mit Salmiak betupfen. Vorbeugung: Beim Stöbern stets feste Gummihandschuhe tragen.

Größere räuberische Borstenwürmer, darunter die von Fischern in England, Frankreich und an der Adria gerne als Köder verwendeten Nereiden, haben kräftige, scharfe Kiefer, und ihr Biß ist zumindest unangenehm. Tritt Schwellung und Fühllosigkeit bei anhaltendem Schmerz ein, so ist die gleiche Behandlung ratsam wie bei Drachenfisch-Stichen (s. S. 256 u. 305).

Seßhafte Borstenwürmer

478 Bäumchenröhrenwurm = Sandröhrenwurm ***Lanice conchilega*** (Pall.).
Meist bis 15 cm (auch bis 30 cm) lang, gestreckt, mit zahlreichen (bis 300) Körpersegmenten, vorne dicker, gelblich bis rötlich oder bräunlich. Vorderteil mit vielen büschelig stehenden langen, dünnen, farblosen oder leicht gelblichen Fadententakeln. Erste Körpersegmente mit 3 Paar roten Kammkiemen; 17 Borstensegmente. – In tief eingesenkten, einfachen oder U-förmigen Röhren aus verhärtetem Schleim, die außen mit Sand und Muschelbruch bekleidet sind, nur wenige Zentimeter über den Boden ragen und am Vorderende baumförmig ausgefranst, zur Stützung der Fadententakel. – Auf Sandgrund, vom Flachwasser an, oft in großer Zahl, die sog. Lanice-Rasen bildend. – Mittelmeer, Atlantik, Nordsee.

479 Polymnia *Eupolymnia nebulosa* (Mont.) = *Polymnia n.*
Meist bis 12 cm (auch bis 20 cm) lang, gestreckt, mit annähernd 100 Körpersegmenten, vorne dicker, hellbraun, orange oder rotbraun mit weißen Pünktchen. Vorderteil mit vielen büschelig stehenden, feinen, bis 10 cm langen, blaßorange bis weißlich getönten Fadententakeln. Erste Körpersegmente mit 3 Paar roten, weißgefleckten Büschelkiemen und lappenförmigen Parapodien; 17 Segmente mit Borsten von nach hinten abnehmender Länge. – In bis 30 cm langen, vielfach gewundenen Schleimröhren mit anhaftenden Sandkörnchen, Steinchen und Schalenstücken, mit ganzer Länge an der Unterseite von Steinen klebend, vorzugsweise auf schlammigem Grobsand und Kies, vom Seichtwasser an. – Mittelmeer, Atlantik, Nordsee.
Ähnliche, aber etwas kürzere, blaßorange Tentakelbüschel stehen über den in Sand und Schlammsand eingesenkten, dünnen Schleimröhren von ***Amphitrite edwardsi,*** einer nahe verwandten, 15 bis 20 cm langen Art des gleichen Gebiets mit 3 Paar langen, einfarbig roten Büschelkiemen und bräunlichem bis braunem Körper, während ***A. johnstoni,*** bei gleicher Größe ebenfalls im Sand lebend, rosigbräunlich bis rosiggelblich gefärbt ist, mit blaßorangen oder rosigen Tentakeln und 24 Borstensegmenten. ***A. gracilis*** der Atlantik, und Nordseeküste wiederum zeigt bei fahlbräunlichem bis grauem oder rötlichem Körper mit 18 Borstensegmenten elfenbeinfarbene bis rosige, manchmal durchscheinende Fadententakel und nur 2 Paar roten Büschelkiemen. ***Polycirrus aurantiacus*** des Mittelmeers, bis 8 cm lang, ist kiemenlos.

480 Pümpwurm = Sandkoralle ***Sabellaria spinulosa*** Leuck.
Bis 5 cm lang, gestreckt, rot bis rötlichbraun. Vorderteil mit Antennen, kragenförmig stehenden, goldfarbenen Plattborsten und blauroten bis violetten Kiemenbüscheln. – In aus Sand gekitteten, festen, leicht gebogenen Röhren, die gelegentlich einzeln an Steinen und Weichtierschalen haften, meist aber in großer Zahl dicht aneinander bis 50 cm hohe klumpige Blöcke und Bänke von bienenwabenartigem Aussehen bilden, an deren Öffnungen nur die Kiemenbüschel der Würmer sichtbar sind. – Unter der Ebbegrenze, in tieferem Wasser. – Mittelmeer, Atlantik, Nordsee.

481 Kleiner Kalkröhrenwurm *Serpula vermicularis* L.
Bis 5 cm lang, gedrungen, nach hinten verdünnt, rötlich oder orange. Vorderteil mit Siebfächer aus rosigen bis scharlachroten, weiß geringelten und gebänderten, gefiederten Tentakeln, die in zwei Gruppen zu je 30 bis 45 auf einem kreisförmigen Basalblatt stehen, wobei der erste Strahl zu einem Deckel umgebildet ist, mit dem die Wohnröhre verschlossen werden kann. – In etwa 7 bis 12 cm langen, unregelmäßig gebogenen, außen glatten und schwach gekielten, weißlichen Kalkröhren von rundem Querschnitt und sich bis 4 oder 5 mm erweiterndem Durchm. Auf Kalkalgen, Steinen, Muschelschalen usw., meist in Gruppen mit verschlungenen oder miteinander verwachsenen Röhren, vom Flachwasser an. – Mittelmeer, Atlantik, Nordsee.
Hydroides norvegica der Mittelmeer-, Atlantik-, Nordsee- und westl. Ostseeküste, mit oben rostrotem, unten gelblichem Körper und gelblichen Fiedertentakeln, lebt in ähnlichen, meist kleineren, leicht quergerunzelten Kalkröhren.

482 Glatter Kalkröhrenwurm *Protula tubularia* (Mont.).
Bis 5 cm lang, gedrungen, nach hinten verdünnt, rötlichgelb oder -braun. Vorderteil mit Siebfächer aus zahlreichen in zwei Gruppen stehenden, gelben bis orangefarbenen oder rotbraunen, weiß geringelten und gebänderten, gefiederten Tentakeln, ohne Deckelstrahl. – In etwa 8 bis 13 cm langen, wenig gebogenen, außen glatten, ungekielten weißen Kalkröhren von rundem Querschnitt und sich bis etwa 8 mm erweiterndem Durchm. Auf Steinen und Muschelschalen, meist einzeln und nur am hinteren Röhrenende mit der Unterlage verbunden, vom Seichtwasser an. – Mittelmeer, Atlantik.
P. intestinum, eine größere mediterrane Art mit blutroter Tentakelkrone von 5 bis 7 cm Durchm., lebt in ähnlichen, aber längeren und bis 1 cm Durchm. aufweisenden Röhren, die ebenfalls mit dem vorderen Teil frei aufragen.

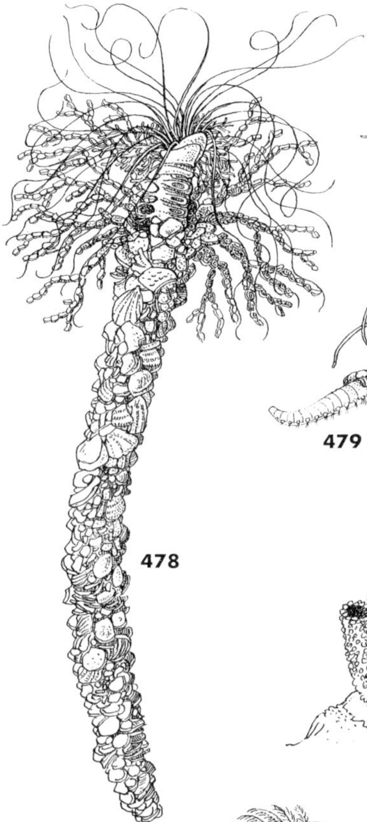

478

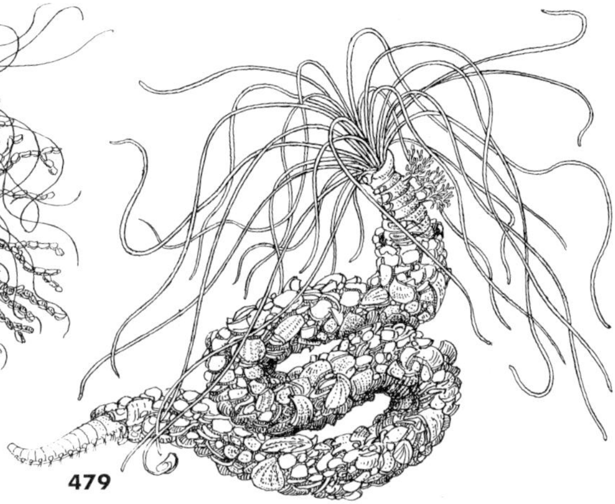

479

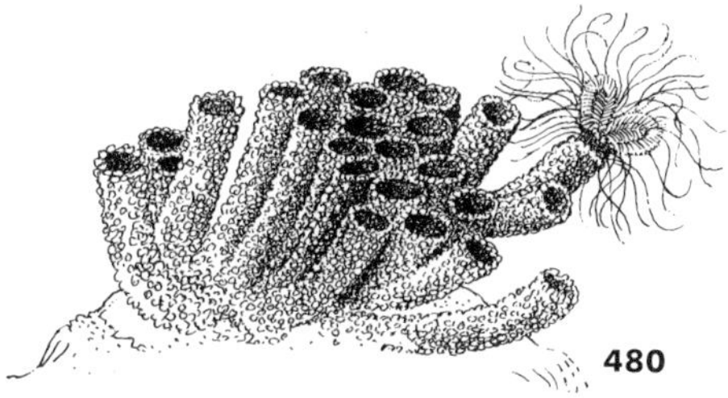

480

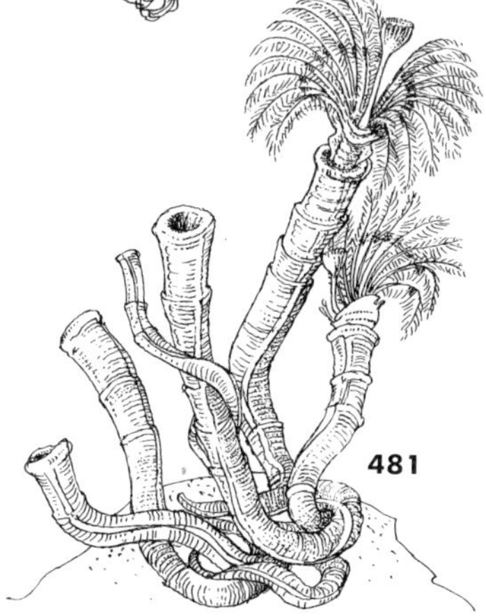

481

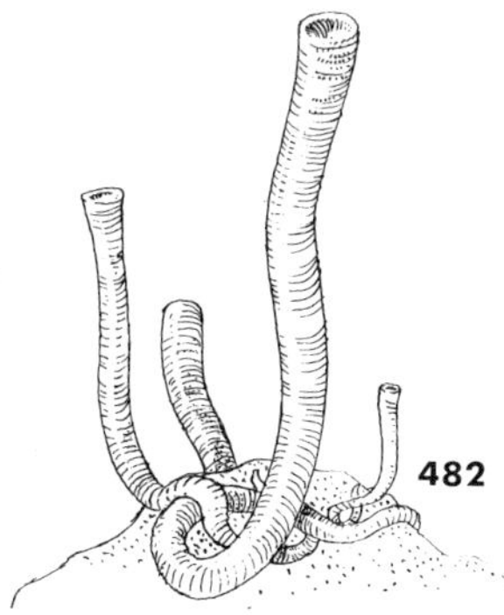

482

Seßhafte Borstenwürmer

483 Dreikantwurm *Pomatoceros triqueter* (L.).
Meist bis 1,5 cm lang, nach hinten verjüngt, oben rötlichbraun, unten rot oder weiß. Vorderteil mit Siebfächer aus zahlreichen roten oder rotbraunen, gelb und weiß gebänderten, gefiederten Tentakeln; erster Strahl zu einem Deckel umgebildet, mit dem die Wohnröhre verschlossen werden kann. – In gewöhnlich 5 bis 12 cm langen, unregelmäßig gebogenen, dreifach gekielten weißen Kalkröhren von annähernd dreieckigem Querschnitt. Auf Steinen und Muscheln vom Seichtwasser an, auch auf Treibholz, Bojen und Bootkörpern, mit ganzer Röhrenlänge an der Unterlage haftend. – Mittelmeer, Atlantik, Nordsee, (selten) westl. Ostsee.

484 Posthörnchenwurm *Spirorbis borealis* Daud.
2 bis 3 mm lang, mit grünen Fiederkiemen. – In weißen, posthornförmig im Uhrzeigersinn spiralig gewundenen (= linksgedrehten) Kalkröhren ohne Längskiel, die bei 3 bis 5 mm Durchm. der Spirale weniger als zwei volle Windungen aufweisen. Auf Tangen, Steinen, Holz usw., vom Seichtwasser an. – Atlantik, Nordsee, westl. Ostsee.
Ähnliche, aber dreifach gekielte, durchscheinend weißliche Röhren bildet ***S. tridendatus,*** eine an der Mittelmeer-, Atlantik- und Nordseeküste vorkommende Art. Zwei weitere Formen des gleichen Gebiets haben dagegen rechtsgewundene Röhren: sie sind bei ***S. pagenstecheri*** ein- bis dreifach gekielt und mattweiß, bei ***S. spirillum*** ungekielt und durchscheinend weiß.

485 Pfauenfederwurm *Sabella pavonina* Sav. = *S. penicillus.*
Meist bis 12 cm (auch bis 25 cm) lang, gestreckt, mit sehr vielen (bis 600) Körpersegmenten, hellgraugrün mit Orange- und Violett-Tönen am hinteren Abschnitt. Vorderteil mit Siebfächer aus zahlreichen braun, rot oder violett getönten, heller gebänderten, gefiederten Tentakeln, die auf zwei gleich langen, halbkreisförmig gebogenen Blattzweigen stehen. – In tief eingesenkten, nur wenig aus dem Boden ragenden, dünnwandigen dunkelgrauen Röhren von papierähnlicher Konsistenz. In Sand und Schlick, auch zwischen Steinen, vom Flachwasser an. – Mittelmeer, Atlantik, Nordsee.
Ebenfalls nur 2 bis 3 cm aus dem Boden ragende, zähere, fast lederige Röhren baut ***Megalomma vesiculosum*** = *Branchiomma* v. eine im gleichen Gebiet vorzugsweise in Grobsand zu findende Art mit 10 bis 15 cm langem, orangefarbenem, weiß getüpfeltem Körper, 100 bis 200 Segmenten und einfachem Siebfächer aus nur 18 bis 24 weiß, gelb und braun gemusterten, dicht gefiederten Tentakeln, deren dunkle Spitzen Augen sind.

486 Schraubensabelle *Spirographis spallanzani* Viv.
Meist bis 20 cm (auch bis 35 cm) lang, gestreckt, mit zahlreichen Körpersegmenten, graugelblich bis hellgraubraun. Vorderteil mit bis 15 cm breitem Siebfächer aus weiß, gelb, orange und braun gemusterten, bewimperten Tentakeln, von denen 200 bis 300 auf einem langen spiraligen, 25 bis 40 auf einem kurzen gebogenen Blattzweig stehen. – In dünnwandigen grauschwarzen Röhren von papierähnlicher Konsistenz, mit bis 2,5 cm Durchm., in Sand und Schlammsand vom Flachwasser an, meist an festen Bodengegenständen, auch an Hafenmauern. – Mittelmeer, Atlantik.

487 Fächerröhrenwurm *Bispira volutacornis* Mont.
Meist bis 7 cm (auch bis 15 cm) lang, gedrungen, mit etwa 100 Körpersegmenten, bräunlich mit Violett- und Grüntönen. Vorderteil mit doppeltem, weißlichem oder blaßgrünem, selten hellviolettem Siebfächer aus je 45 bis 80 auf zwei spiraligen Blattzweigen stehenden, gefiederten Tentakeln, die Augen tragen. – In 12 bis 20 cm langen, unten weichen und schlammfarbenen, oben zäheren und fast durchscheinenden Schleimröhren, meist tief in Felsspalten, an lichtarmen Stellen unter Überhängen, vom Flachwasser an. – Mittelmeer, Atlantik.

488 Schlicksabelle *Myxicola infundibulum* Ren.
Bis 15 cm lang, gestreckt, mit 100 bis 150 Körpersegmenten, gelb oder orange bei hellerer oder dunklerer Färbung einzelner Segmente. Vorderteil mit schüsselförmigem, dunkelviolett oder braun getöntem Siebfächer aus je 20 bis 40 auf zwei gebogenen Blattzweigen stehenden, gefiederten und durch eine feine Membrane verbundenen Tentakeln. – In papierartigen grauen bis graubraunen, im oberen Teil oft mit Sand, Steinchen und Muschelbruch besetzten Röhren, die nicht aus dem Boden ragen und deren Öffnung etwas schmaler ist als der Wurm. – In Schlick- und Schlammsand, zwischen Algen, im Flachwasser. – Mittelmeer, Atlantik, Nordsee. – Die beiden Hälften der bis 6 cm weiten Tentakelkrone können sich unabhängig voneinander bewegen.

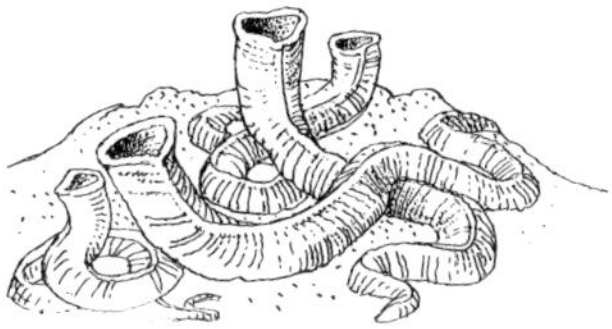

483

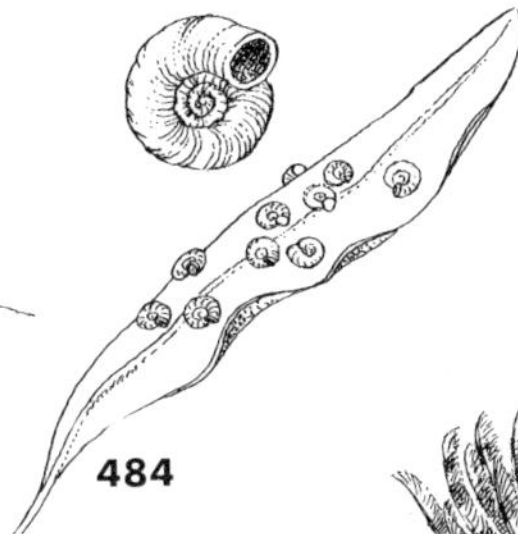

484

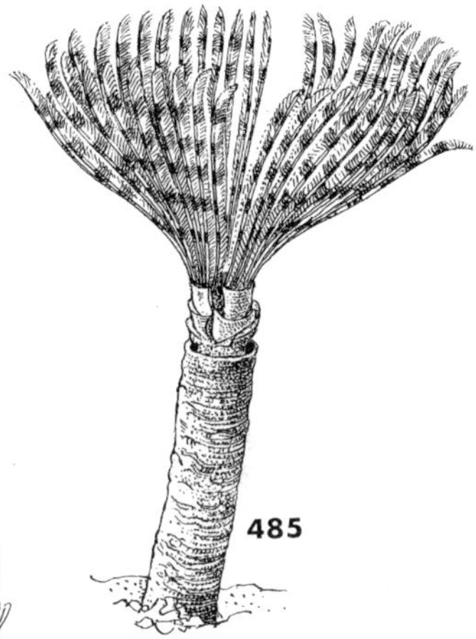

485

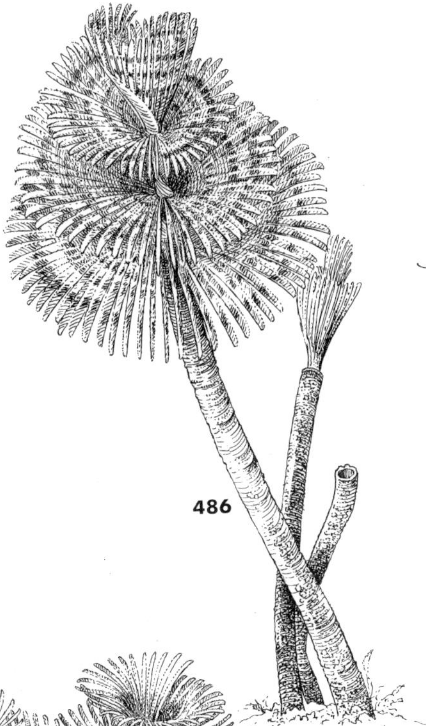

486

488

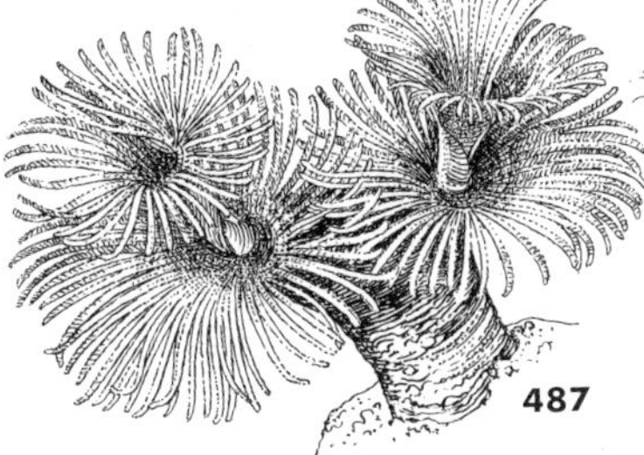

487

Gliederfüßer Stamm *Arthropoda*

Arthropoden sind Bilateraltiere mit gegliedertem Körper wie die Ringelwürmer, besitzen jedoch an Stelle von deren kurzen Stummelfüßen in der Regel verlängerte und gegliederte Extremitäten, die, nach der vielfach gegebenen abschnittweisen Zusammenfassung und Verschmelzung der Körperglieder, sehr verschiedene Formen und Funktionen haben können. Den ganzen Körper umhüllt ein chitiniges Außenskelett, dessen Teile durch Gelenkhäute verbunden sind und das periodisch, zur Ermöglichung des Körperwachstums, abgestreift und erneuert wird. Gliederfüßer als solche zu erkennen, ist nur in verhältnismäßig wenigen Fällen schwierig, bei stark abgewandelten, meist parasitisch lebenden Formen.
Der Stamm, mit mehr als 800000 bekannten Arten der größte des gesamten Tierreichs, umfaßt – um nur die wichtigsten Gruppen zu nennen – die Schwertschwänze, Skorpione, Spinnen und Milben der Abteilung Kieferlose *(Amandibulata)* und nebst den über 700000 Insekten in der Abteilung Kieferträger *(Mandibulata)* die Klasse der Krebse, die als einzige einerseits im europäischen Bereich vorkommen, anderseits vorwiegend wasserlebend sind, während die übrigen Arthropoden entweder in unseren Meeren fehlen (Schwertschwänze – Klasse *Merostomata*, Ordnung *Xiphosura*) oder hauptsächlich Landbewohner und – wenn auch teils mit einigen meist kleinen Formen in der Strandzone oder im Wasser des Ufergebiets vertreten – hier nicht berücksichtigt sind.

Krebse Klasse *Crustacea*

Die Crustaceen, überwiegend wasserbewohnende Gliederfüßer, sind gewöhnlich durch zwei Antennen-(Fühler-)Paare, Kiemen und zweiästige Extremitäten (Spaltbeine) gekennzeichnet, doch gibt es Abweichungen von der Regel, besonders bei kleinen, festsitzenden und parasitischen Arten, aber auch bei den größeren. So können die Kiemen durch Hautatmung ersetzt, die Spaltbeine zu Mundwerkzeugen, Kiemenfüßen, Schwimm- oder Schreitbeinen abgewandelt sein, die Schale (Carapax) zweiklappig oder zu einem Rückenschild ausgebildet, durch Kalkeinlagerungen verfestigt; sie mag aber auch fehlen, z. B. bei den Kiemenfüßern *(Anostraca)*, zu denen der nur 5 bis 7 mm lange Salinenkrebs *Artemia* gehört. Als Lichtsinnesorgane sind ein unpaares einfaches Auge, das sog. Naupliennauge, und vielfach paarige Komplex- oder Facettenaugen vorhanden. Der Körper ist meist in Kopf-, Brust-(Thorax-) und Hinterleibs-(Abdominal-)Abschnitt aufgeteilt, wobei die beiden ersten Abschnitte manchmal nicht deutlich voneinander getrennt, sondern zu einem einheitlichen Vorderkörper (Cepholothorax) verwachsen sind.
Die rund 25000 bekannten Arten, mit wenigen zwitterigen Ausnahmen getrenntgeschlechtlich, zählen teils zur Tierwelt des Süßwasser- und Landbereichs, gehören jedoch vorwiegend dem Meer an, in dem die Klasse von den arktischen über die tropischen Gewässer bis zur Antarktis vertreten ist, von der Strandzone bis zur Hochsee und in die größten Tiefen. Die Ausmaße reichen vom Format der Japanischen Riesenkrabbe *Macrocheira* mit 30 cm langem Körper und meterlangen Beinen bis zur Winzigkeit der planktischen Ruderfußkrebse *(Copepoda)*, die als wichtige Glieder in der Nahrungskette indirekt für die menschliche Ernährung von wesentlicher Bedeutung sind.
In den Rahmen dieses Buches fallen nur Beispiele aus wenigen Gruppen, denen man im Küstenbereich oder auf Fischmärkten mehr oder weniger häufig begegnet. Kleinformen, deren Bestimmung nur mit der Lupe oder unter dem Mikroskop möglich ist, bleiben unerfaßt, so z. B. die Kiemenfüßer *(Anacostraca)*, die Blattfüßer *(Phyllopoda)*, die Ruderfüßer *(Copepoda)*, die Muschelkrebse *(Ostracoda)*.

Rankenfüßer Unterklasse *Cirripedia*

Ausschließlich marine, stets festsitzende Krebse mit gestieltem oder ungestieltem Körper und chitinigem Hautmantel, der oft teilweise verkalkt und ein aus mehreren Platten zusammengesetztes Schalengehäuse bildet, aus dem bauchseits die zu Rankenfüßen umgestalteten Spaltbeine vorgestreckt werden können, um Nahrung herbeizustrudeln. Die Festsetzung der Tiere erfolgt im Larvenstadium mittels am Vorderkopf ausgebildeten Klebdrüsen.

Entenmuscheln *Lepadomorpha.* *Meist gestielte Rankenfüßer*

489 Gemeine Entenmuschel *Lepas anatifera* L.

Meist bis 15 cm (auch über 25 cm) lang, gestielt. Schale bis 5 cm lang, aus 5 teils schwach gefurchten Platten zusammengesetzt, bläulichweiß, gelblich oder schiefergrau, manchmal rostbraun bis braun gefleckt, mit rosiger oder orangefarbener Verbindungshaut; Stiel meist bis 10 cm (auch über 20 cm) lang, zusammenziehbar, rostbraun, bis braun oder dunkelblaugrau. – An Treibgut und Bootskörpern. – Mittelmeer, Atlantik, Nordsee, (selten) westl. Ostsee.
Ähnlich sind im gleichen Gebiet u. a.: ***L. fascicularis*** mit bis 3,5 cm langer Schale aus 5 weißlichen, durchscheinend dünnen Platten und mit verhältnismäßig kurzem Stiel, der nie an Treibgut haftet, sondern ein weißliches, schwammiges Schwimmfloß ausbildet; ***L. ansifera*** mit bis 4 cm langer Schale aus 5 teils deutlich gefurchten, blaßorange getönten Platten, an Treibgut und Bootskörpern; ***L. hillii*** mit bis 3,5 cm langer, bläulichweißer Schale und bis 8 cm langem gelbem Stiel; ***Conchoderma virgatum,*** bis 5 cm lang, weißlich, purpurrot bis rotbraun gebändert, mit ledrigem, nur 3 sehr kleine Platten aufweisendem Gehäuse und schwach abgesetztem Stiel, an Treibgut und Bootskörpern, auch auf großen Krebsen.

490 Samtige Entenmuschel *Scalpellum scalpellum* (L.)

Bis 5 cm lang, gestielt. Schale bis 2 cm lang, aus 14 kleinen Platten zusammengesetzt, fein behaart, weißlich bis schiefergrau; Stiel kurz, steif, mit Kalkschuppen besetzt. – Auf Hydrozoenstöcken, Bryozoen und Wurmröhren. – Mittelmeer, Atlantik.
Zur Familie der Scalpelliden gehört auch ***Mitella pollicipes,*** eine im gleichen Gebiet vorkommende, ähnliche Art, die, früher als Mittel gegen Gewebserweichung (Malazie) sowie zur Stärkung und als Aphrodisiacum verwendet, heute noch an verschiedenen Küsten des Mittelmeers gegessen wird.

491 Meerwarze *Verruca stroemia* (O. F. Müll.).

Durchm. bis 5 mm; ungestielt; Schale asymmetrisch kegelförmig, niedrig, zusammengesetzt aus 4strahlig gefurchten weißen, gräulichweißen oder bräunlichen Platten; Verschlußplatten gefurcht, gleichfarben. – An der Unterseite von Steinen, in Felsspalten und am Fuß von Tangen, vom Seichtwasser an, seltener auf Weichtierschalen, Pfahlwerk, Bojen und Bootskörpern. – Mittelmeer, Atlantik, Nordsee.

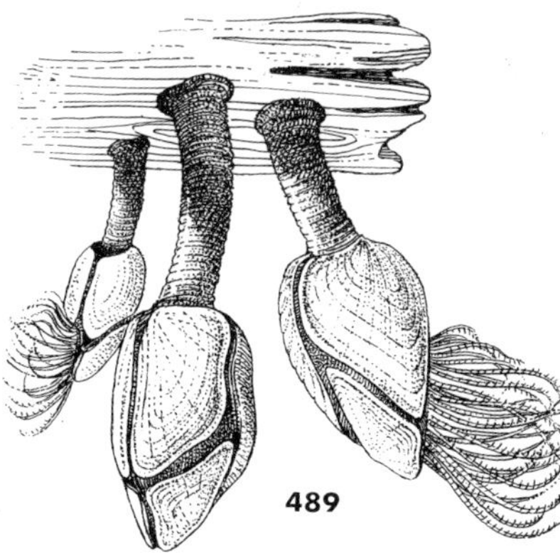

489

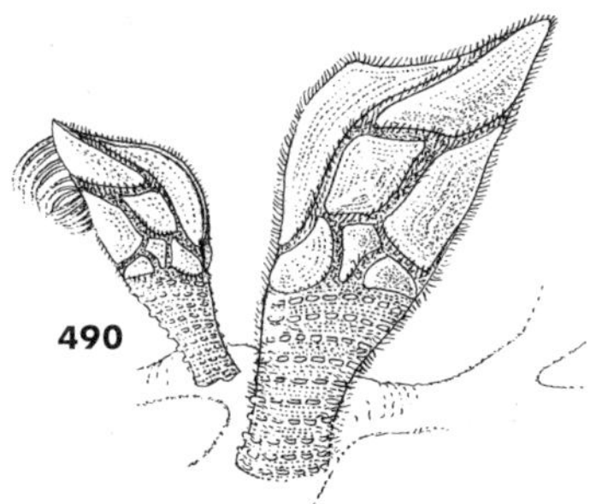

490

491

Rankenfüßer

Seepocken *Balanomorpha.* Ungestielte Rankenfüßer

492 Austral-Seepocke *Elminius modestus* Darw.
Durchm. meist 5 bis 10 mm (auch größer); Schale symmetrisch-kegelförmig, zusammengesetzt aus 4 ungleich großen, deutlich abgegrenzten, glatten, in der Mitte zweifach eingebuchteten, weißen oder grauen, manchmal dunkler gefleckten Platten; Verschlußplatten grau mit dreieckigem dunklerem Fleck. – An Steinen, Hafenmauern, Pfahlwerk und Schiffskörpern, manchmal auf Algen, vorzugsweise in geschützten Buchten und an Flußmündungen, vom Seichtwasser an. – Atlantik, Nordsee. – Diese Art ist erst etwa 1940 aus den australischen und neuseeländischen Gewässern eingeschleppt worden, breitet sich aber seither stark an unseren Küsten aus.

493 Sternseepocke *Chthalmus stellatus* (Poli).
Durchm. bis 12 mm; Schale konisch bis steilkonisch, leicht asymmetrisch, mit ovaler Öffnung, zusammengesetzt aus 6 stark gekerbten, meist miteinander verwachsenen, weißlichen oder hellgrauen Platten, von denen die vordere an den Rändern von den benachbarten überdeckt ist, so daß sie schmal erscheint; Verschlußplatten gleichfarbig. – An Steinen und Felsen in der Spritzzone, oft in großer Zahl. – Mittelmeer, Atlantik, Nordsee.
Im Mittelmeer kommt im gleichen Bereich auch ***Ch. depressus*** vor, bei 12 bis 15 mm Durchm. oft nur 3 mm hoch, mit flachen, nicht miteinander verwachsenen braunen oder grauen Platten und annähernd sechseckiger Öffnung.

494 Gemeine Seepocke *Balanus balanoides* Brug.
Durchm. 5 bis 15 mm; Schale symmetrisch flach- bis (bei dichten Gruppen) steilkonisch-röhrenförmig, zusammengesetzt aus 6 mehr oder weniger stark gekerbten weißen, seltener gelblichweißen Platten, oft der Sternseepocke sehr ähnlich, jedoch mit breiter, die Ränder der benachbarten Platten überdeckender Vorderplatte; Öffnung sechseckig; Verschlußplatten gleichfarbig. – An der Unterseite von Steinen, auf Felsen und Pfahlwerk, in der Brandungszone, oft in großer Zahl. – Atlantik, Nordsee, selten westl. Ostsee.
Nahe verwandte Arten sind u. a.: ***B. amphitrite*** mit leicht asymmetrisch-konischer Schale von 1 bis 2 cm Durchm. aus dünnen, gewöhnlich glatten weißen, rosig, purpurn oder graubraun gestrahlten Platten (in der oberen Gezeitenzone an Dämmen, Holzwerk und Felsen, oft auch an Bojen und Bootskörpern. – Mittelmeer, Atlantik bis Biskaya als nördl. Grenze); ***B. balanus*** mit symmetrisch-konischer Schale von 2 bis 3 cm Durchm. aus dicken, annähernd parallel gerieften, weißen oder bräunlichgelben Platten bei fast dreieckiger Öffnung und an der Spitze rötlichen oder braunen Verschlußplatten (von der unteren Gezeitenzone bis in große Tiefen an Steinen und Weichtierschalen. – Atlantik, Nordsee); ***B. improvisus*** mit symmetrisch-konischer Schale von 1 bis 1,5 cm Durchm. aus glatten weißen oder gelblichweißen Platten bei schmaler sechseckiger Öffnung (von der oberen Gezeitenzone an auf Steinen, Pfahlwerk, Hafenmauern, Bojen und Bootskörpern, vorzugsweise im Brackwasser, in Häfen und Flußmündungen. – Mittelmeer, Atlantik, Nordsee, Ostsee); ***B. crenatus*** mit konischer bis röhrenförmiger Schale von 1,5 bis 2 cm Durchm. aus meist leicht eingebuchteten weißen Platten bei sechseckiger Öffnung und an der Spitze leicht auseinanderstehenden Verschlußplatten (vom Seichtwasser an auf Steinen, Pfahlwerk, Hafenmauern, Bojen und Bootskörpern – Atlantik bis Biskaya als südl. Grenze, Nordsee, selten westl. Ostsee); ***B. tintinnabulum*** mit leicht asymmetrisch-konischer Schale von 2 bis 2,5 cm Durchm. aus weißen, blaurot gestreiften Platten (vom Seichtwasser an auf Felsen und Hafenmauern, auch an Bojen und Bootskörpern – Mittelmeer).

495 Kerb-Seepocke *Balanus perforatus* Brug.
Durchm. 1,5 bis 3 cm; Schale symmetrisch-konisch, zusammengesetzt aus 6 dicken, meist gekerbten, weißen, bräunlichen oder rötlichgrauen bis grauvioletten, in den Kerben dunkler getönten Platten; Verschlußplatten gleichfarbig. – An Felsen, Hafenmauern, Pfahlwerk, Bojen und Bootskörpern von der mittleren Gezeitenzone an. – Mittelmeer, Atlantik bis Kanalküste als nördl. Grenze.

496 Elfenbein-Seepocke *Balanus eburneus* Gould.
Durchm. 2 bis 3 cm; Schale spitzkonisch bis (bei dichten Gruppen) röhrenförmig, zusammengesetzt aus 6 glatten elfenbeinfarbenen oder gelblichweißen Platten; Verschlußplatten dunkler gestreift. – An Gestein und Pfahlwerk in der mittleren Gezeitenzone, auch im Brackwasser, in Häfen und Flußmündungen. – Mittelmeer, Atlantik bis Biskaya als nördl. Grenze.

497 Schildseepocke *Chelonibia testudinaria* (L.)
Durchm. 1,5 bis 2,5 cm; Schale abgeflacht-konisch mit runder oder ovaler Basis, zusammengesetzt aus glatten, dicken, weißen Platten; Öffnung weit, sechseckig, mit farblos-durchsichtiger Verschlußmembran, die 4 kleine, ein längliches Mittelschild bildende Deckelplatten trägt. – Auf großen Krebsen und Seeschildkröten, seltener auf Weichtierschalen und an Bootskörpern. – Mittelmeer.

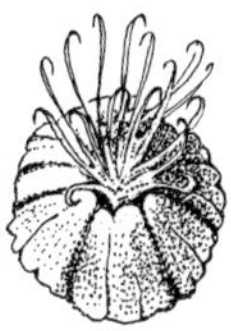

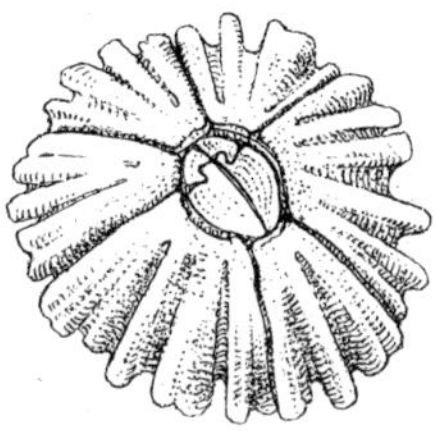

493

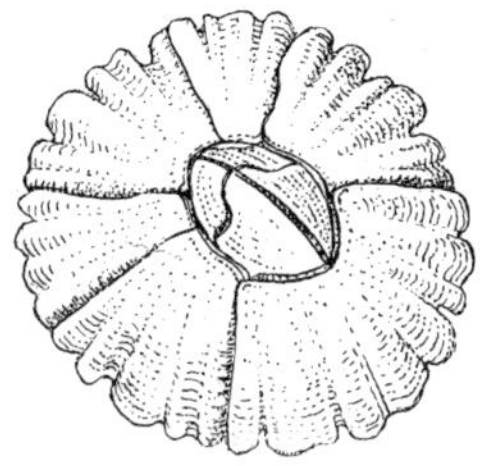

494

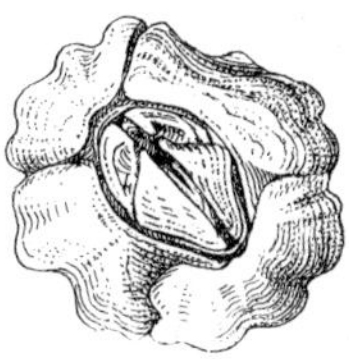

492

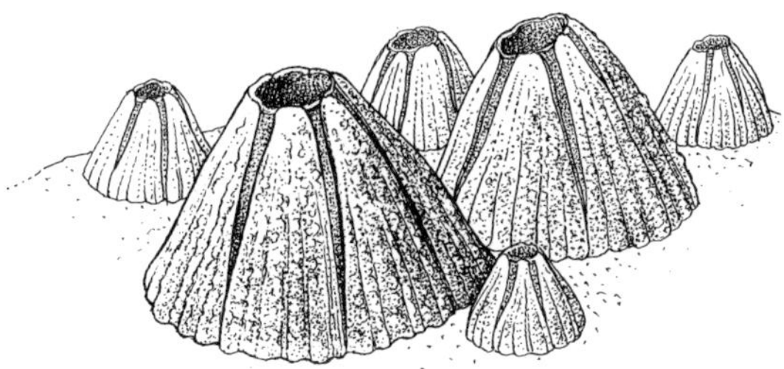

495

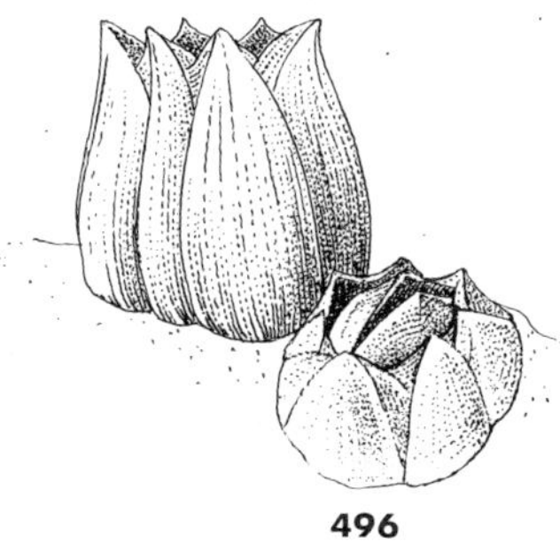

496

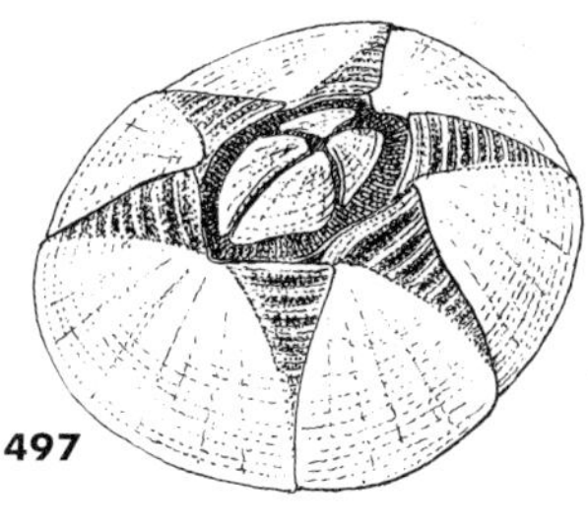

497

Höhere Krebse Unterklasse *Malacostraca*

Zu den rund 14000 Arten dieser Gruppe zählen solche des Süßwasser- und Landbereichs, insbesondere jedoch die marinen Formen aus allen Regionen des Weltmeeres, vielfach wirtschaftlich wichtig und nicht nur in biologischer, sondern auch in kulinarischer Hinsicht interessante Studienobjekte.
Am Kopf der Malacostraken sind die vier Antennen (je ein Paar Antennulae und Antennen) zu erkennen, die paarigen, oft gestielten Facettenaugen und die Mundwerkzeuge: zu Kauladen (Mandibel) und Mundgliedmaßen (je ein Paar Maxillulae und Maxillen) umgewandelte Spaltbeine. Der Brustabschnitt kann mit dem Kopf zu einem einheitlichen Vorderkörper verwachsen sein; er besteht aus acht Segmenten, von denen jedes ein zwei- oder einästiges Beinpaar trägt. Die Brustbeine haben oft am Ende Scheren, und bis zu drei vordere Beinpaare können als Kieferfüße (Maxillipeden) der Nahrungsaufnahme dienen, während die übrigen zur Fortbewegung benutzt werden. An den Basalgliedern der Brustbeine liegen meist die Kiemen. Der Hinterleib, vom Brustabschnitt auch in der Ausbildung der Gliedmaßen deutlich unterschieden, weist in der Regel sechs, seltener sieben Segmente auf, meist mit typischen Spaltfußpaaren, deren Äste oft starken Borstenbesatz haben. Manchmal sind die Hinterleibsbeine allerdings in wechselnder Zahl mehr oder minder zurückgebildet. Das Beinpaar des sechsten Hinterleibs-Segments ist oft verbreitert und bildet dann mit der Schwanzplatte (Telson) einen Schwanzfächer. Das den ganzen Körper umhüllende Chitinskelett ist oft teilweise durch Kalkeinlagerungen verfestigt; seine einzelnen Teile sind durch Gelenkhäute verbunden. Da dieser Panzer wenig dehnbar ist, müssen die Tiere jeden Wachstumsschritt mit einer Häutung einleiten. Nur im frisch gehäuteten Zustand sind sie wachstumsfähig.

Heuschreckenkrebse = Maulfüßer Ordnung *Stomatopoda*

Meeresbewohnende Höhere Krebse mit kräftigem, gestrecktem Körper, gekennzeichnet durch den kurzen, die drei letzten Brustsegmente nicht bedeckenden Kopfbrustschild und das zu großen, scharf bedornten Raubbeinen entwickelte zweite Brustbeinpaar. Das erste Brustbeinpaar hat die Form feiner Putzfüße; die drei auf die Raubbeine folgenden Paare sind mit kleinen Klauen bewaffnet, die Paare der vom Rückenschild freien Brustsegmente als zweiästige Gangbeine ausgebildet.

498 Großer Heuschreckenkrebs *Squilla mantis* Fabr.
Meist bis 18 cm (auch bis 25 cm) lang. Raubbeine mit Hauptklaue und 5 Dornen; Hinterleibssegmente mit Längskanten. Rückenseite gelblich, lachsfarben oder hellbräunlich mit leicht irisierendem Schimmer, manchmal rötlich und blaßviolett geflammt; Schwanzfächer mit 2 runden schwärzlichvioletten Flecken; Bauchseite gelblichweiß. – Auf Sand- und Schlammgrund, oft im Bereich von Neptungras-Wiesen, von 15 bis über 100 m Tiefe. – Mittelmeer.
Ähnliche, kleinere Arten: ***S. desmaresti,*** der Kleine Heuschreckenkrebs, bis 12 cm lang, mit Hauptklaue und nur 4 Dornen an den Raubbeinen, ohne runde Flecken auf dem Schwanzfächer, orangegelb mit verschieden starkem braunem Fleckmuster, außer im Mittelmeer auch an der Atlantikküste bis zum Kanal vorkommend; ***S. massavensis,*** ein Einwanderer aus dem Roten Meer, der seit etwa 1935 an der ostmediterranen Küste festzustellen ist, ebenfalls ohne Flecken auf dem Schwanzfächer, rostgelb bis lachsfarben, mit dunkleren Kanten.

Zehnfußkrebse Ordnung *Decapoda*

Decapoden – diese Bezeichnung wird übrigens auch für die Zehnarmer unter den Kopffüßern verwendet – sind Höhere Krebse von meist ansehnlicher Größe, deren Körper aus vom Rückenschild bedeckter Kopfbrust und Hinterleib besteht. Von den acht Brustbeinpaaren sind die drei vorderen zu Kieferfüßen abgewandelt und in den Dienst der Nahrungsaufnahme gestellt, die restlichen fünf als Laufbeine (daher der Name Decapoden = Zehnfüßer) ausgebildet, wobei das erste Laufbeinpaar oft große Scheren trägt. Die ersten fünf Extremitätenpaare des Hinterleibs sind entweder zweiästige Schwimmfüße, bei Weibchen vielfach auch Eierträger, oder rückgebildet, während jene des letzten Segments, verbreitert, mit der Schwanzplatte einen Schwanzfächer bilden, der beim Schwimmen als Steuer, beim Schnellen als Ruder dient. Zehnfußkrebse sind im allgemeinen Fleischfresser und mit wenigen Ausnahmen getrenntgeschlechtlich.
Von den rund 8300 bekannten Arten leben die meisten im Meer, wo die Ordnung von der Strandzone bis in die Tiefsee, von den tropischen bis in die polaren Gewässer vertreten ist. Man unterscheidet vier Unterordnungen oder Familiengruppe; Garnelen und Langschwanz-Panzerkrebse, Mittelkrebse und Krabben.

Garnelen Unterordnung *Natantia*

Zehnfußkrebse mit meist seitlich zusammengedrücktem Körper bei verhältnismäßig kurzer Kopfbrust, deren Rückenschild vorne fast immer ein dünnes, aufrecht stehendes Blatt trägt, das sog. Rostrum. Hinterleib kräftig, stets gestreckt, mit wohlentwickelten Schwimmfüßen und Schwanzfächer. Garnelen leben vorwiegend am Boden, können sich aber vielfach als ausgezeichnete Schwimmer erweisen.

499 Rote Garnele *Pandalus montagui* Leach = *P. annulicornis*.
Meist 2,5 bis 4 cm (auch bis 7 cm) lang, durchscheinend rötlichgrau mit roten Tupfen und Bändern. Rostrum so lang wie der Rückenschild oder länger, aufwärts gebogen, mit Doppelspitze, oben nur auf der hinteren Hälfte 10–12fach gezahnt, unten 5–6fach gezahnt. 2. Laufbeinpaar mit winzigen ungleich großen Scheren. – Auf Sand und Schlicksand vom Flachwasser an. – Atlantik, Nordsee, westl. Ostsee.
Ähnlich ist ***Palaemon squilla,*** die Ostseegarnele, bis 6 cm (selten bis 10 cm) lang, durchscheinend gelblich mit rötlichen Bändern, mit Scheren am ersten Laufbeinpaar, in der Nord- und der Ostsee verbreitet; dort marktwichtig.

500 Haubengarnele *Athanas nithescens* Leach.
1,5 bis 2,5 cm lang, rot, blau, graugrün, oder violettbraun mit hellem Rückenband, manchmal mit roten Punkten. Rückenschild mit Rostrum spitzhaubenähnlich. Rostrum kurz, einspitzig, nicht gezahnt. 1. Laufbeinpaar mit kräftigen, leicht ungleichen Scheren; 2. Laufbeinpaar mit winzigen Scheren. – Zwischen Algen von 10 m Tiefe an, häufiger jedoch von 40 m an, auch auf Sand- und Steingrund. – Mittelmeer, Atlantik, Nordsee, westl. Ostsee.

501 Knallkrebs *Alpheus glaber* (Olivi) = *A. ruber*.
2,5 bis 3,5 cm lang, leuchtendrot. Rostrum sehr kurz, nur als Spitze am Rückenschild ausgebildet, nicht gezahnt. 1. Laufbeinpaar mit starken Scheren, eine davon groß, erst am Ende zugespitzt; 2. Laufbeinpaar mit winzigen Scheren. – Auf Sand- und Schlammgrund von 30 m Tiefe an. – Mittelmeer. – Knallkrebse heißen diese Garnelen, weil sie durch Aufklappen der großen Schere scharfe Knackgeräusche erzeugen können.

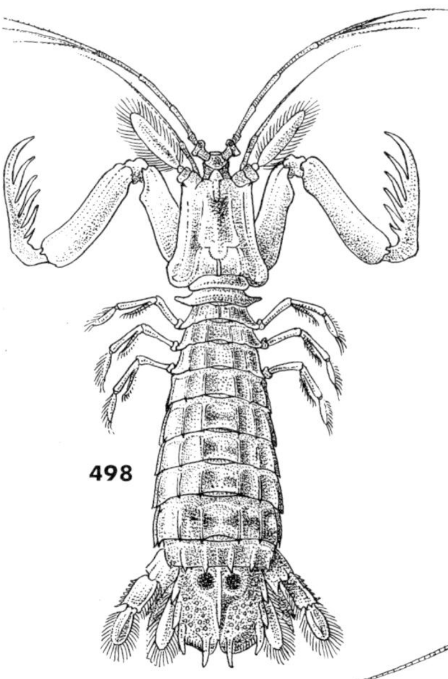

498

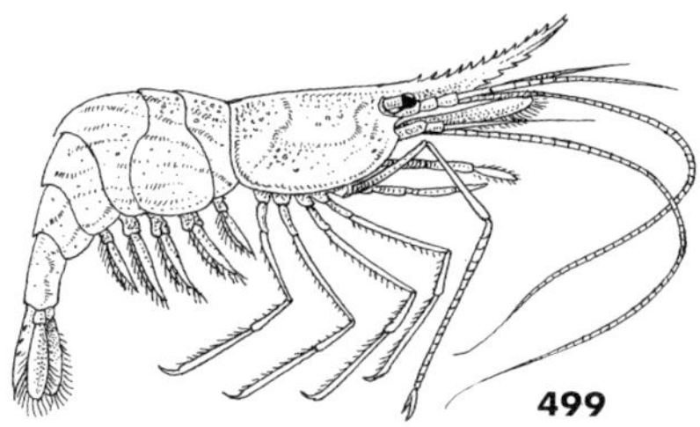

499

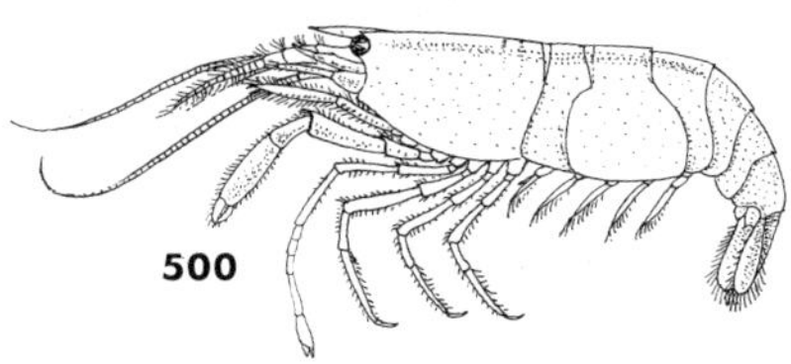

500

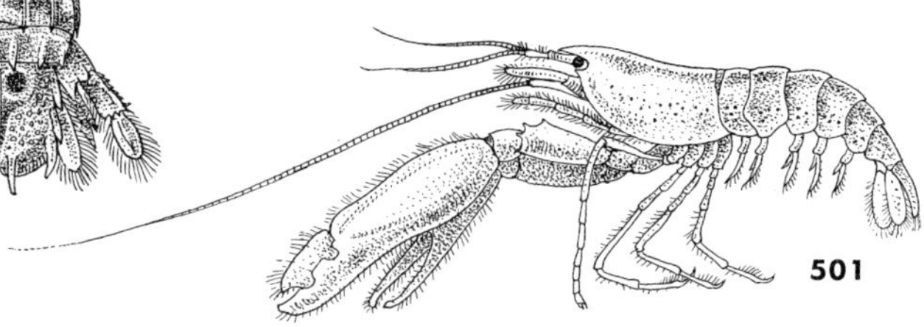

501

Garnelen

502 Farbwechselnde Garnele = Chamäleongarnele ***Hippolyte varians*** Leach.
1,5 bis 2,5 cm lang, mit buckelig gebogenem Hinterleib; Färbung nach Umgebung und Lichtintensität stark wechselnd, tagsüber meist zwischen hell- bis bräunlichgrünen oder rötlich- bis dunkelrotbrauen Tönen, nachts durchscheinend farblos bis blau. Rostrum so lang wie der Rückenschild, schwach gebogen, einspitzig, oben mit 1 Zahn hinten und 1 Zahn vorne, unten mit 2 Zähnen. 1. Laufbeinpaar kurz und verdickt mit kleinen Scheren; 2. Laufbeinpaar länger, ebenfalls mit kleinen Scheren; 3. Laufbeinpaar länger als die übrigen. – Zwischen Algen, See- und Neptungras von 1 m Tiefe an. – Mittelmeer, Atlantik, Nordsee.
Ähnliche, vorzugsweise in gleicher Umgebung vorkommende Arten sind u. a.: ***H. longirostris*** = *H. gracilis*, bis 2 cm lang, grün bis braun, mit geradem Rostrum, das oben 3 Zähne auf der hinteren Hälfte, unten 3 Zähne auf der vorderen Hälfte trägt (Mittelmeer, vom Seichtwasser an); ***H. inermis*** = *H. prideauxiana*, die Seegrasgarnele, bis 3,5 cm lang, meist grün, manchmal braun, oft mit hellem Rückenband, mit geradem Rostrum, das länger ist als der Rückenschild, oben nicht gezahnt, unten mit 2 Zähnen nahe der Spitze (Mittelmeer, Atlantik); ***Thoralus cranchii*** = *H. cranchii*, bräunlich bis rotbraun marmoriert, mit Doppelspitze am kurzen, geraden Rostrum, das oben 3–5 Zähne aufweist, unten nicht bezahnt ist (Mittelmeer, Atlantik).

503 Steingarnele = Felsgarnele ***Palaemon elegans*** (Rath.) = ***Leander squilla.***
Bis 5 cm lang, durchsichtig farblos bis durchscheinend grau oder grünbraun mit roten, manchmal schwarzen Punkten und Strichen. Rostrum lang, leicht gebogen, einspitzig, oben mit 7–10 Zähnen auf ganzer Länge, unten mit 3 Zähnen. 1. Laufbeinpaar mit winzigen Scheren; 2. Laufbeinpaar länger mit etwas stärkeren Scheren. – Vorzugsweise auf Felsgrund mit Pflanzenbewuchs, auch in Ebbetümpeln und an Hafenmauern. – Mittelmeer, Atlantik, Nordsee, westl. Ostsee. Eine der am häufigsten gefischten und auf dem Markt zu findenden Garnelen. Achtung: In Hafengewässern gefangene Exemplare sind ungenießbar.
Ähnlich, in gleicher Umgebung: ***Palaemon xiphias*** = *Leander x.*, die Schwertgarnele, 5–6 cm lang, durchsichtig farblos, manchmal braungrün getupft; mit langem schwach gebogenem Rostrum, das auf den hinteren zwei Dritteln oben 6–8, unten 4–5 Zähne trägt (Mittelmeer).

504 Sägegarnele *Palaemon serratus* (Penn.) = *Leander s.* = *P. treillanus.*
Bis 7 cm lang, durchscheinend gelblichgrau mit braunen bis purpurvioletten Punkten und Bändern; Rostrum sehr lang, deutlich gebogen, mit Doppelspitze, auf den hinteren zwei Dritteln oben 6–8 Zähne, unter 4–5 Zähne. – Mittelmeer, Atlantik bis Kanalküste als nördl. Grenze, vorzugsweise an felsigen Küsten in Algenbeständen.
Ähnlich ist die Schwimmgarnele, ***Palaemon varians,*** 2,5–4 cm lang, durchsichtig farblos oder leicht grünlich bis bräunlich getönt, aber mit geradem, kurzem, auf den hinteren zwei Dritteln oben 3–6 Zähne, unten 1–3 Zähne aufweisendem Rostrum. – Mittelmeer, Atlantik, vom Seichtwasser bis ins Brackwasser. Eine nahe Verwandte, ***P. antennarius,*** kommt in südeuropäischen Seen vor.

505 Muschelfreund = Wächtergarnele ***Pontonia pinnophylax*** (Otto) = *P. custos.*
Bis 4 cm lang, durchscheinend blaßrosig. Rostrum kurz, nur als Spitze am Rückenschild ausgebildet. 1. Laufbeinpaar mit winzigen Scheren; 2. Laufbeinpaar mit starken, ungleichen Scheren. – In Steckmuscheln und in den Öffnungen größerer Schwämme, von 5 m Tiefe an. – Mittelmeer.

506 Dreizangen-Garnele *Processa edulis* (Risso) = *Nika e.* = *P. caniculata.*
2 bis 5 cm lang, durchsichtig blaßrosig mit hellen Rückenflossen. Rostrum sehr kurz, nur als Spitze am Rückenschild ausgebildet, von den Augen überragt. 3. Kieferfußpaar beinförmig; 1. Laufbeinpaar ungleich, nur rechts mit kleiner Schere; 2. Laufbeinpaar sehr lang, meist rechts länger, aber beidseits mit winzigen Scheren. – Auf Sand-, Schlamm- und Algengrund von 3 m Tiefe an. – Mittelmeer, Atlantik, Nordsee.

507 Sandgarnele = Granat = Nordseegarnele ***Crangon crangon*** (L.) = *C. vulgaris.*
Meist 4 bis 6 cm (auch über 7 cm) lang; Färbung der Umgebung angepaßt, gewöhnlich in durchscheinend grauen, gelben oder grünen Tönen, manchmal am Rücken dunkler. Rostrum sehr kurz, nur als Spitze am Rückenschild ausgebildet, oben abgeflacht, von den Augen überragt. Rückenschild mit 1 Mitteldorn und 2 Seitendornen. 1 Laufbeinpaar leicht verdickt, mit kleinen ungleich starken Dornfingerscheren; 2. Laufbeinpaar mit winzigen Scheren. Letztes Hinterleibssegment glatt, gleichfarben. – Auf Sand und Schlammgrund sowie zwischen See- und Neptungras vom Flachwasser an, auch in stehendem und fließendem Brackwasser; tagsüber meist im Sand eingegraben, so daß nur Augen und Antennen hervorschauen, von der Dämmerung an frei. – Mittelmeer, Atlantik, Nordsee, Ostsee. – Marktwichtig.
Ähnlich sind u. a. ***Crangon allmani,*** bis 10 cm lang, nur an der Atlantikküste vorkommend, dort jedoch häufig; ferner mehrere Arten der Gattung *Philocheras,* namentlich ***P. fasciatus*** = *Pontophilus f.*, bis 2,5 cm lang, durchscheinend bräunlich, mit Mitteldorn am Rückenschild und je 2 Höckern

beidseits davon; **P. bispinosus** = *Pontophilus b.*, bis 2,5 cm lang, durchscheinend sandfarben bis grünlich, mit 2 Mitteldornen und zahlreichen kleinen Höckern auf dem Rückenschild; **P. trispinosus** = *Pontophilus t.* bis 2,5 cm lang, durchscheinend sandfarben bis bräunlich, mit 3 Mitteldornen auf dem glatten Schild; **P. sculptus** = *Pontophilus s.*, bis 2,5 cm lang, durchscheinend sandfarben bis rötlich oder bräunlich, mit zahlreichen annähernd in Längsreihen angeordneten Dornen auf dem Rückenschild. Alle oben erwähnten *Philocheras*-Arten kommen an der Mittelmeer-, Atlantik- und Nordseeküste vor, vorwiegend auf Sand- und Schlammgrund, vom Flachwasser an.

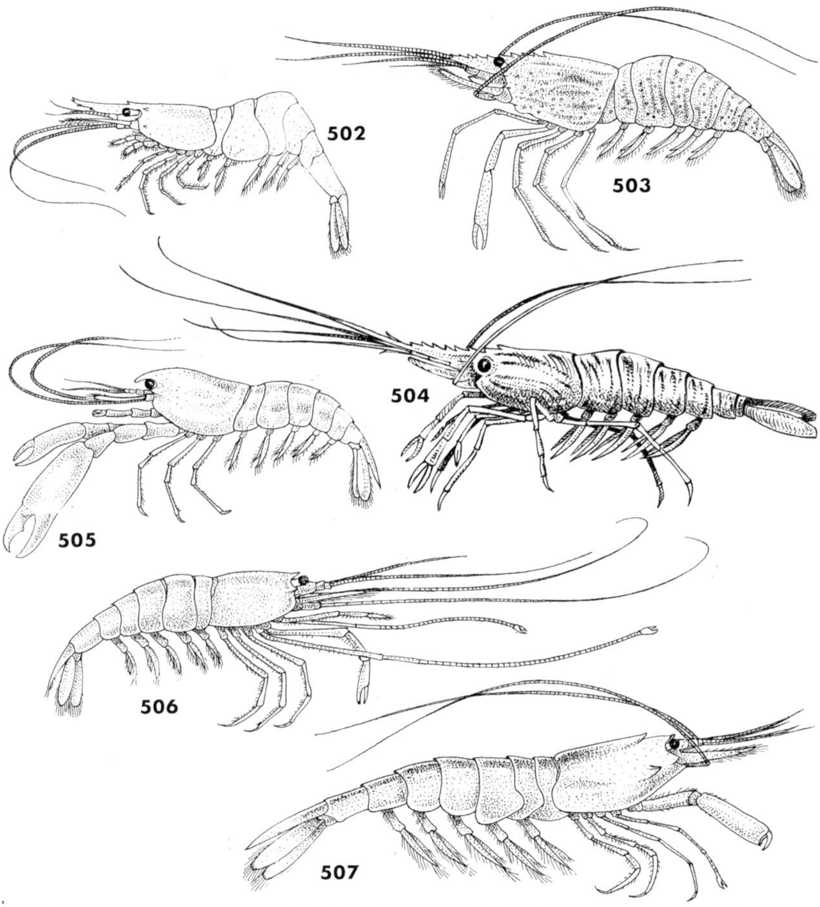

Zwei auffallend große Garnelen-Arten, die oft auf Fischmärkten der Mittelmeerländer und auch im Exportangebot zu finden sind, leben in Tiefen zwischen 30 und 400 m auf Schlamm- und Sandböden und werden mit dem Schleppnetz gefangen: *Penaeus kerathurus*, die Blutrote Riesengarnele, bis 15 cm lang, fleischfarben, mit auf ganzer Länge bezahntem Rostrum, und *Parapeanus longirostris*, die Rosige Riesengarnele, bis 12 cm lang, hellrosa, mit nur oben bezahntem Rostrum. Aus dem Indopazifik eingewandert und seit etwa 1940 der östlichen Mittelmeerküste entlang festgestellt, heute lokal marktwichtig, ist eine weitere große Garnele, *Metapenaeus monoceros*, bis 15 cm lang, bräunlichgelb, mit langem, nur vorne gezähntem Rostrum und beidseitigem Dorn am Kopfbrustpanzer.

Langschwanzkrebse Unterordnung *Reptantia*

Zehnfußkrebse mit meist seitlich nicht zusammengedrücktem, gewöhnlich stark gepanzertem Körper. Kopfbrust mit robustem Rückenschild, dessen Stirnrandspitze, das Rostrum, vielfach nur klein und abgeflacht ist oder fehlt. Laufbeine wohlentwickelt, mit Klauen oder teilweise mit Scheren. Hinterleib kräftig, gestreckt oder leicht eingeschlagen, mit Schwanzfächer, aber mit rückgebildeten, nicht zum Schwimmen geeigneten Spaltfüßen. Langschwanz-Panzerkrebse sind Bodentiere, die sich nur laufend oder schnellend fortbewegen.

508 Großer Bärenkrebs *Scyllarides latus* (Latr.) = *Scyllarus l.*
Meist bis 35 cm (auch bis 45 cm) lang, gedrungen; Rücken rötlichbraun, Bauchseite gelb, 1. Hinterleibssegment rot gefleckt. 2. Antennenpaar zu zwei am Vorderrand außen in eine Spitze auslaufenden Schildern verbreitert. Laufbeine mit Krallen; 5. Paar bei Weibchen mit kleinen Scheren. Hinterleibsschale am Seitenrand segmentweise gezackt. – An felsigen Küsten auf steinigem Sand und Schlammsand, manchmal eingegraben oder in Höhlen, von 3 m Tiefe an. – Mittelmeer, Atlantik bis Portugal als nördl. Grenze. – Wird gelegentlich auf Fischmärkten angeboten.

509 Kleiner Bärenkrebs = Grillenkrebs ***Scyllarus arctus*** (L.) = *Arctus ursus.*
Bis 14 cm lang, gedrungen, rötlichbraun mit roten Querbändern auf dem Hinterleib. 2. Antennenpaar zu zwei am Vorderrand mehrfach gelappten Schildern verbreitert. Laufbeine mit Krallen; 5. Paar bei Weibchen mit kleinen Scheren. Seitlicher Schalenrand der Hinterleibssegmente gerundet. – Auf steinigem Sand- und Schlammgrund zwischen Felsen, auch in Höhlen, von 3 m Tiefe an. – Mittelmeer, Atlantik bis Biskaya als nördl. Grenze.

510 Gemeine Languste = Europäische L. ***Palinurus elephas*** (Fabr.) = *P. vulgaris.*
Meist bis 30 cm (auch bis 45 cm) lang, mit stark bedorntem Rückenschild; rötlich bis rötlichbraun und braunviolett mit weißen oder gelben bis rötlichgelben Flecken und Flammen. 2. Antennenpaar sehr lang, rötlichbraun und gelb geringelt, mit großdornigen Basalgliedern. Laufbeine mit Krallen; 5. Paar bei Weibchen mit kleinen Scheren. Hinterleibsschale am Seitenrand segmentweise scharf gezackt. – Vorzugsweise auf felsigem Grund, in Spalten und Löchern, gelegentlich auch auf steinigem Sandgrund, selten schon von 12 bis 15 m, gewöhnlich erst von etwa 40 m Tiefe an. – Mittelmeer, Atlantik bis zur niederländischen Küste als nördl. Grenze. – Wird vor allem mit Reusen, sog. Langusten-Körben, gefangen.
Da die europäischen Langustenbestände teils wegen Übernutzung, teils wegen fortschreitender Biotopschädigung ständig zurückgehen, während die Konsumnachfrage trotz kräftiger Verteuerung erheblich zugenommen hat, stammen die heute in Mitteleuropa auf dem Markt angebotenen Langusten vielfach aus Übersee-Exporten, vom Pazifik und vom süd- bis nordamerikanischen Atlantik her.

Achtung: Wer eine lebende Languste bzw. einen Bärenkrebs am Hinterleib faßt, statt am Rückenschild, riskiert u. U. arge Fingerverletzungen: Die bei jedem Schwanzschlag übereinandergreifenden Randzähne der Panzersegmente wirken wie Drahtscheren.

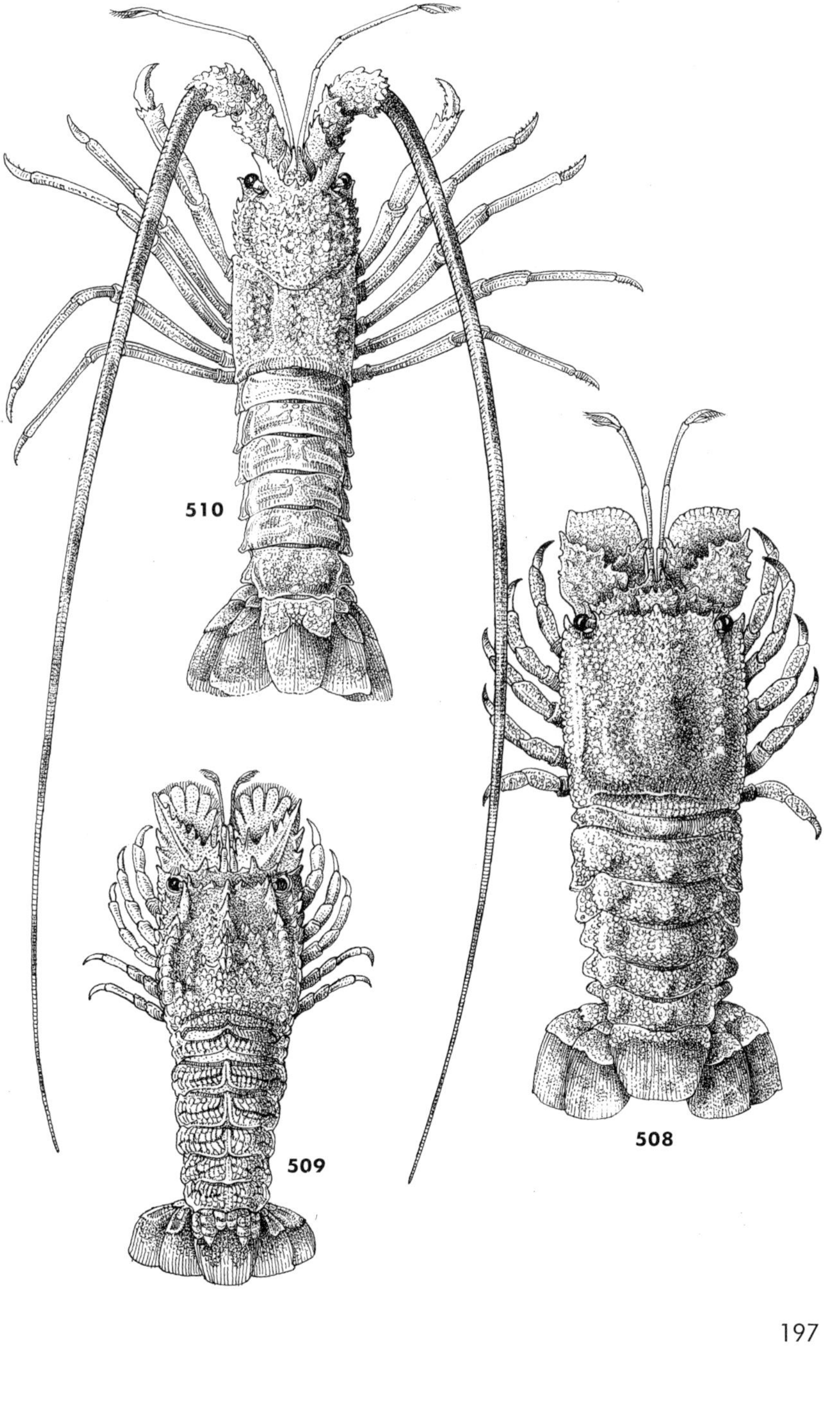

510

508

509

Langschwanzkrebse

511 Schlankhummer = Norwegischer H. = Kaisergranat ***Nephrops norvegicus*** L.
Meist 12 bis 15 cm (auch über 20 cm) lang, gestreckt, mit oben bedorntem Rückenschild; blaß lachsfarben. 2. Antennenpaar lang, dünn. Rostrum spitz, seitlich gezahnt. 1. Laufbeinpaar mit großen, schlanken, kantigen Scheren von rötlicher Färbung, oft mit dunkleren Flecken; 2. und 3. Laufbeinpaar mit kleinen Scheren. Hinterleibssegmente mit fein behaarten Querfurchen. – Auf Schlick und Schlammsand von 30 m Tiefe an. – Mittelmeer, Atlantik, Nordsee. – Wird mit Schleppnetzen gefangen und auf dem Markt besonders stark begehrt.

512 Europäischer Hummer ***Homarus gammarus*** (L.). = *H. vulgaris.*
Meist 35 bis 45 cm (auch über 70 cm) lang, mit glattem Rückenschild; verschieden stark blauschwarz marmoriert bei gelber Grundfarbe mit violetten und orangen Zwischentönen. 2. Antennenpaar lang, Rostrum spitz. 1 Laufbeinpaar mit sehr großen, glattflächigen Scheren, davon eine mit rundhöckerigen Schneideflächen als massige Knackschere ausgebildet, die andere als schlankere Greif- und Zwickschere mit scharfzahniger Schneidefläche; 2. und 3. Laufbeinpaar mit kleinen Scheren. Hinterleibssegmente ohne Querfurchen. – An felsigen Küsten, in Spalten, Löchern und Höhlen, zwischen algenbewachsenem Gestein, auch auf Sandgrund, vorzugsweise von etwa 25 bis 30 m Tiefe an. – Mittelmeer, Atlantik, Nordsee.
Wird in seinem ganzen Verbreitungsgebiet, besonders an den niederländischen, britischen und skandinavischen Küsten mit sog. Hummerkörben gefangen und frisch oder gekocht auf den Markt gebracht, im Gegensatz zum Amerikanischen Hummer ***(H. americanus)*** der nordamerikanischen Atlantikküste aber nicht zu Konserven verarbeitet. In mehreren Ländern sind Mindestfanggrößen vorgeschrieben; da und dort auch die eventuellen Schonzeiten.
Achtung: Hände weg von den Scheren, mit denen größere Exemplare einen Finger durchtrennen können.

513 Maulwurfskrebs ***Upogebia deltaura*** Leach = *Gebiopsis d.*
10 bis 15 cm lang, gestreckt, weißlich, gelblich oder grünlich, mit spitz-dreieckig vorstehendem, behaartem Rostrum, beweglichem letztem Brustsegment und leicht bauchwärts eingeschlagenem Hinterleib. 1. Laufbeinpaar lang, mit gleichen Scheren, deren Zangenfinger annähernd gleich lang sind; 2. und 3. Laufbeinpaar etwas kürzer, mit Krallen; 4. und 5. Paar zu Putzfüßen ausgebildet, schwächer. – In Gängen in Schlick und Schlammsand, vom Seichtwasser an. – Mittelmeer, Atlantik, Nordsee.
Im gleichen Gebiet kommen ähnlich gestaltete, aber kleinere Maulwurfskrebse vor: ***U. pusilla*** = *U. litoralis,* der Strandkrebs, bis 6 cm lang, weißlich bis grünlich, manchmal *(U. p. var. stellata)* orange gefleckt, mit weniger dicht behaartem Rostrum, am 1. Laufbeinpaar mit gleichen Scheren, deren beweglicher Zangenfinger ausnehmend lang ist; ***Callianassa tyrrhenia*** = *C. stebbingi* = *C. subterranea,* der Sandkrebs, 4 bis 7 cm lang, weißlich mit rötlicher oder bläulicher Tönung, mit stark rückgebildetem Rostrum und glattem, gewulstetem Rückenschild, am 1. Laufbeinpaar mit stark ungleichen Scheren, am 2. Laufbeinpaar mit kleinen gleichen Scheren, in selbstgegrabenen Gängen im Schlick und Schlammsand lebend. Maulwurfskrebse werden von Fischern oft ausgegraben und als Angelköder verwendet.

A propos: Scampi, heute auf deutschen Speisekarten verbreitet, sind einfach die Mehrzahl von Scampo, dem italienischen Namen des Schlankhummers (s. oben).

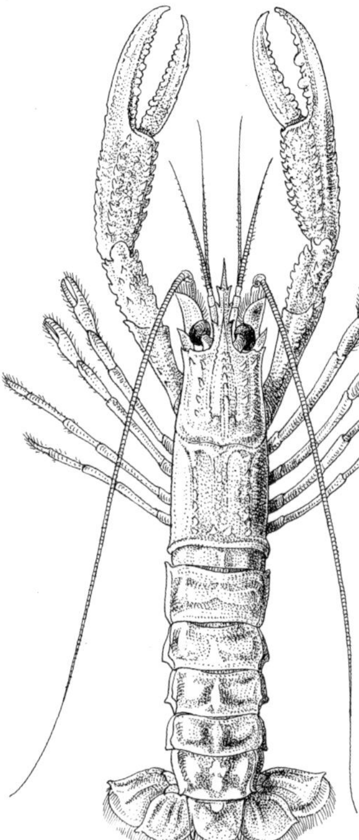

511

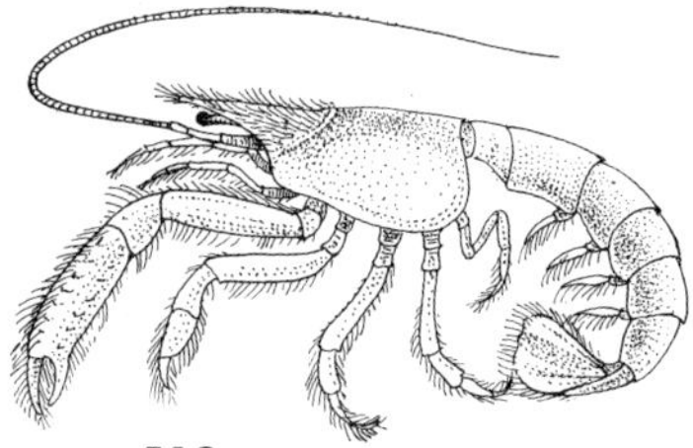

513

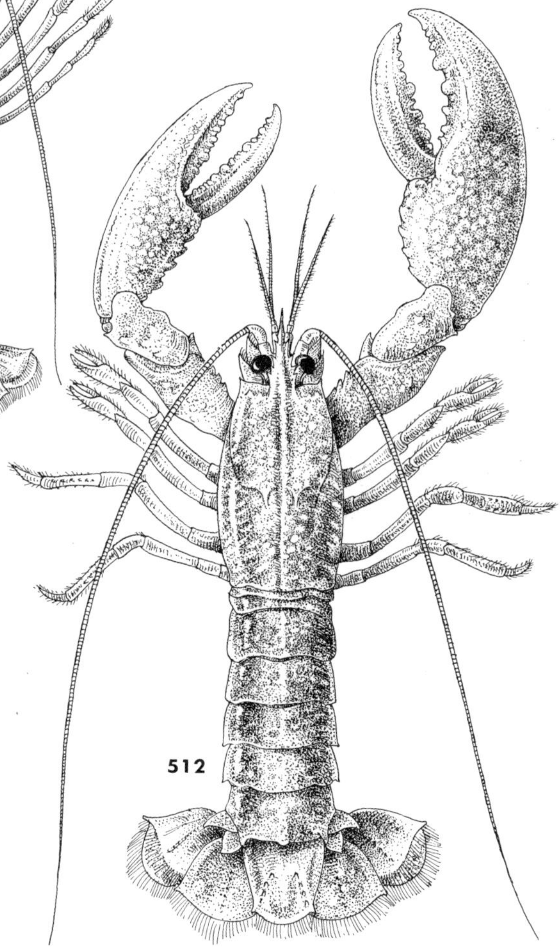

512

Mittelkrebse *Anomura*

Diese Gruppe umfaßt die Spring-, Porzellan- und Einsiedlerkrebse: Zehnfußkrebse mit gedrungenem Körper und vom Rückenschild freiem letztem Kopfbrustsegment. Hinterleib entweder gegliedert, schalentragend, in Ruhestellung bauchwärts eingeschlagen, mit mehr oder weniger rückgebildeten Spaltfüßen und mit Schwanzfächer, oder ungegliedert und weich, mit stark rückgebildeten Extremitäten. Mittelkrebse sind Bodentiere, die sich laufend fortbewegen, und nur die Furchenkrebse auch springend.

514 Bunter Furchenkrebs *Galathea strigosa* (L.) = *G. spinifera*.
Meist 6 bis 8 cm (auch über 10 cm) lang, rotbraun mit leuchtend violettblauen Rückenbinden und roten Flecken an den Laufbeinen, Rückenschild abgeplattet, am Rand stark gezahnt, mit fein behaarten Querfurchen und dreieckigem, seitlich dreifach gezahntem Rostrum, hinter dem 4 bis 6 Dornzähne ungefähr in Querreihe angeordnet sind. 1. Laufbeinpaar zu kräftigen Scherenfüßen entwickelt, stark bestachelt, an den Scherenfingern mit Borsten besetzt; 2. bis 4. Laufbeinpaar bestachelt und beborstet, mit Krallen; 5. Laufbeinpaar zu Putzfüßen umgewandelt, schwach. – Auf algenbewachsenem Fels- und Geröllgrund unter Steinen und in Spalten, auch auf steinigem Sandgrund, selten vom Flachwasser an, meist erst in größeren Tiefen um etwa 20 m. – Mittelmeer, Atlantik, Nordsee.
Ähnlich ist der im gleichen Gebiet vom Seichtwasser an vorkommende Schuppige Furchenkrebs ***G. squamifera***, auch Schwarze Galathea genannt, 2 bis 6 cm lang, ziegelrot, rotbraun oder dunkelgrün mit kleinen violetten oder roten Flecken, am dreieckigen Rostrum beidseits vier Zähne aufweisend, dahinter nur 2 Dornzähne, auf dem Rückenschild zahlreiche behaarte Querfurchen, an den Scheren feine Schuppen. — Kleiner, bis 12 mm lang, gelblich bis rötlich, ist ***G. intermedia*** des Mittelmeers.

515 Grauer Porzellankrebs *Porcellana platycheles* (Penn.).
6 bis 12 mm lang (Hinterleib bauchwärts eingeschlagen); gelbbraun, manchmal rötlich getönt, bräunlichgrau behaart. Rückenschild rundlich-oval, abgeplattet. 1. Laufbeinpaar stark, mit breiten, annähernd gleichen, am Außenrand einen dichten Borstensaum tragenden Scheren; 2. bis 4. Laufbeinpaar kleiner, behaart, mit Krallen; 5. Laufbeinpaar schwach entwickelt, mit winzigen Scheren. – Unter Steinen auf schlammigem Geröll-, Kies- und Sandgrund von der oberen Gezeitenzone an. – Mittelmeer, Atlantik.
Im gleichen Gebiet und auch an der Nordseeküste und im Kattegat kommt ***Pisida longicornis*** = *Porcellana l.* vor, der Schwarze Porzellankrebs, nur etwa 5 bis 8 mm lang (Hinterleib eingeschlagen), gelblich bis rot oder rotbraun, oft dunkler gefleckt, mit schwach behaarten Laufbeinen und langen, schmalen, ungleichen Scheren ohne Borstensaum am 1. Paar.

516 Augenfleck-Einsiedler *Paguristes oculatus* (Fabr.) = *Pagurus maculatus*.
Bis 4 cm (Kopfbrust bis 2 cm) lang, ziegelrot bis rotbraun. Scheren annähernd gleich groß, an der Innenseite mit dunkelviolettem Augenfleck. 2. und 3. Laufbeinpaar wenig länger als die Scherenbeine; 4. und 5. Laufbeinpaar schwach entwickelt. Hinterleib ungegliedert, weichhäutig, mit zu Ankerhäkchen umgebildeten Extremitäten; in Gehäusen von Stachel-, Nadel-, Kreiselschnecken usw., die oft mit Schmarotzerrosen, Stachelpolypen oder einem Feigenschwamm bewachsen sind. – Auf allen Bodenarten, von 4 m Tiefe an. – Mittelmeer.

517 Großer Einsiedler *Dardanus arrosor* (Herbst) = *Pagurus striatus* = *P. arrosor*.
Bis 10 cm (Kopfbrust bis 5 cm) lang, gelb bis gelborange mit außen roten Scheren und Beinen, bauchseits gelb. Scheren ungleich (links viel stärker), mit dunkelbraunen Spitzen. 2. und 3. Laufbeinpaar wenig länger als die Scherenbeine, geschuppt; 4. und 5. Laufbeinpaar schwach entwickelt. Hinterleib ungegliedert. weichhäutig, mit zu Ankerhäkchen umgebildeten Extremitäten; in größeren Schneckenschalen, häufig mit Feigenschwamm oder Schmarotzerrosen. – Auf Schlamm-, Sand- und Steingrund, meist erst von etwa 20 m an. – Mittelmeer.

518 Anemonen-Einsiedler *Pagurus pridauxi* Leach = *Eupagurus p.*
Bis 4 cm (Kopfbrust bis 18 mm) lang, braunrot. Scheren länglich, ungleich (rechts größer), schwach behaart, rechts mit winzigen spitzen Höckern. 2. und 3. Laufbeinpaar länger als die Scherenbeine; 4. und 5. Laufbeinpaar schwach entwickelt. Hinterleib ungegliedert, weichhäutig, mit zu Ankerhäkchen umgebildeten Extremitäten; in Gehäusen von Reusen- und Mondschnecken u. a., die häufig von einer Mantelrose überzogen sind, wobei Mundöffnung und Tentakelkranz der Seeanemone unter der Gehäusemündung liegen, bodenwärts gerichtet. – Auf Schlammsand von 10 m Tiefe an. – Mittelmeer, Atlantik.

519 Bernhardskrebs *Pagurus bernhardus* L. = *Eupagurus b.*
Bis 10 cm (Kopfbrust bis 4 cm) lang, gräulichrot mit graugrünen und braunen Flecken und weißen Punkten bei gelblichen, rotbraun bis braun gezeichneten Scherenfüßen. Scheren länglich, bedornt, mit weißen Spitzen; rechte Schere viel größer, mit stumpfen Höckern. 2. und 3. Laufbeinpaar annä-

hernd gleich lang wie die Scherenbeine, wenig behaart, an den Kanten bedornt; 4. und 5. Laufbeinpaar schwach entwickelt. Hinterleib ungegliedert, weichhäutig, mit zu Ankerhäkchen umgebildeten Extremitäten; jüngere Exemplare in Gehäusen von Strand-, Reusen- und Kreiselschnecken, größere vorzugsweise in Wellhornschalen, die oft mit Schmarotzerrosen, Stachelpolypen oder einem Feigenschwamm bewachsen sind. – Auf allen Bodenarten, besonders auf steinigem Schlammsand, vom Seichtwasser an. – Mittelmeer, Atlantik, Nordsee, westl. Ostsee.

520 Gelber Einsiedler *Anapagurus laevis* (Bell.).
Bis 2 cm (Kopfbrust bis 9 mm) lang, blaßgelb, manchmal mit orangem Längsband am großen Scherenbein. Scheren länglich, wenig behaart, rechts größer und fein gekörnt. 2. und 3. Laufbeinpaar länger als die Scherenbeine; 4. und 5. Laufbeinpaar schwach entwickelt. Hinterleib ungegliedert, weichhäutig, mit zu Ankerhäkchen umgebildeten Extremitäten; in kleineren Schneckenschalen auf allen Bodenarten von 10 m Tiefe an. – Mittelmeer, Atlantik.

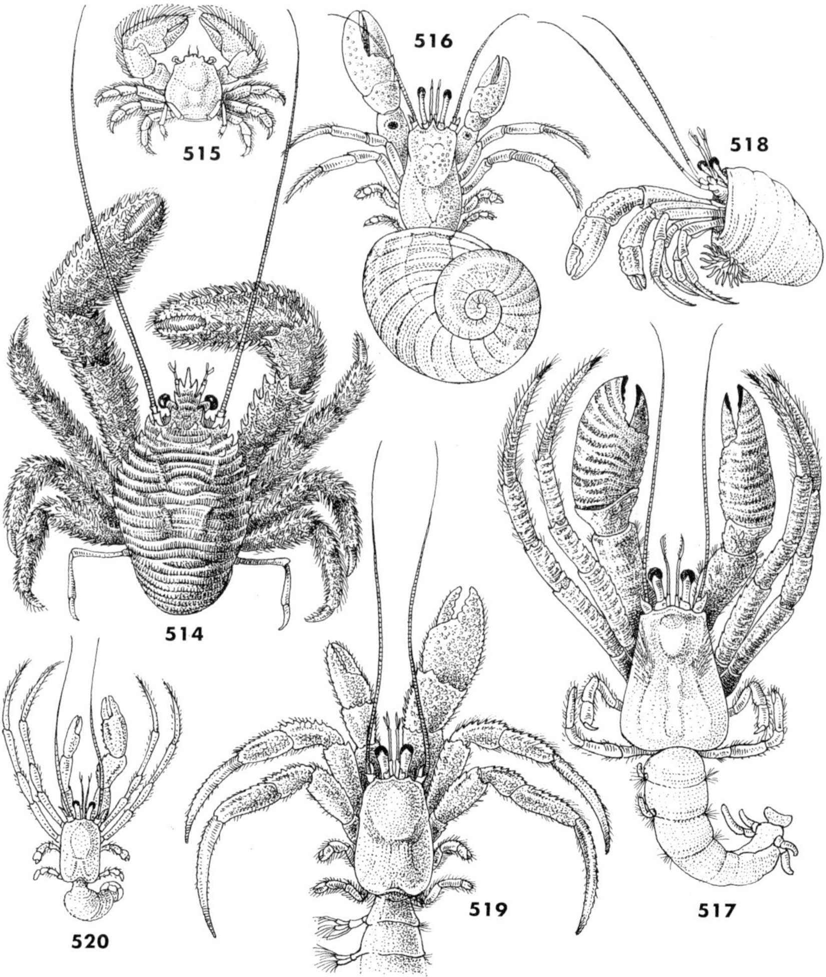

Krabben Unterordnung *Brachyura*

Zehnfußkrebse mit gedrungenem, abgeplattetem Körper bei in der Regel robuster Panzerung. Hinterleib stark rückgebildet, ohne Schwanzfächer, stets unter die Kopfbrust eingeschlagen und angelegt. Krabben sind Bodentiere, die sich ausschließlich laufend fortbewegen. Eine Anzahl größerer Arten wird gefangen und auf den Markt gebracht; bei den in Fischhandlungen und auf Speisekarten als «Krabben» deklarierten Krebsen, handelt es sich jedoch gewöhnlich um Garnelen.

521 Wollkrabbe *Dromia personata* (L.) = *D. vulgaris*.
Rückenfüßer mit bis 8 cm langer, breit-ovaler, stark gewölbter Kopfbrust bei vorne breit gerundetem Rückenschild, am ganzen Körper mit kurzem dunkelbraunem Haarpelz bedeckt. Scherenbeine gedrungen, mit rötlichen Scherenspitzen; Laufbeine kurz, kräftig; letztes Beinpaar auf den Rücken verschoben, mit kleinen Scheren, in der Regel als Tarnung einen Schwamm oder eine Ascidie festhaltend. – An felsigen Ufern auf Schlammsand und Sand, vom Seichtwasser an. – Mittelmeer.

522 Gepäckträgerkrabbe *Ethusa mascarone* (Herbst).
Rundkrabbe mit bis 16 mm langer, leicht trapezförmig-länglicher Kopfbrust bei vorne wenig gerundetem Rückenschild mit vierzähnigem Stirnrand; graubraun mit helleren Scheren. Scherenbeine kurz; Laufbeine lang; 2 letzte Beinpaare auf den Rücken verschoben, in der Regel Muschelschalen, Schalenstücke und dergl. als Tarnung festhaltend. – Auf Schlammsand, Sand- und Algengrund, vom Flachwasser an. – Mittelmeer.
Im gleichen Gebiet, jedoch erst von etwa 40 m Tiefe an ist ***Dorippe lanata*** zu finden, die Trägerkrabbe, bis 3 cm lang bei nach hinten etwas stärker verbreitertem, trapezförmig-rundlichem Rückenschild mit beidseits der 2 Stirnrandzähne 3fach gezahntem Vorderrand, dicht gelblich- bis ziegelrot behaart (meist schlammbedeckt), mit den 2 auf den Rücken verschobenen letzten Beinpaaren manchmal ebenfalls tarnende Gegenstände festhaltend, gewöhnlich aber im Schlammsand verborgen.

523 Kugelkrabbe *Ilia nucleus* (L.).
Rundkrabbe mit bis 3 cm langer und kaum breiterer, annähernd kugeliger Kopfbrust bei gewölbtem Rückenschild mit schwach ausgeprägtem Stirnrand und stumpfe Höcker aufweisendem Hinterrand; gelbbraun bis rötlichbraun, bauchseits hell. Scherenbeine lang, mit schmalen, schnabelförmig langgezogenen Scheren; Laufbeine lang, nach hinten etwas kürzer werdend. – Auf Schlamm- und Algengrund von etwa 5 m Tiefe an, meist erst in größeren Tiefen. – Mittelmeer.

524 Schamkrabbe = Hahnenkammkrabbe ***Calappa granulata*** (L.).
Rundkrabbe mit bis 11 cm langer, rundlich-ovaler, nach hinten verbreiterter Kopfbrust bei gewölbtem, stark gekörneltem Rückenschild mit kurzem, eingeschnittenem Stirnrand und stumpfe Zacken aufweisendem Hinterrand; hellgraugelb bis gelb, vorne rot gefleckt. Scherenbeine gedrungen, mit verbreiterten, hahnenkammartig gezackten Scheren, die, aneinandergelegt, die Kopfbrust vorne völlig abdecken; Laufbeine schwächer. – Auf schlammigem Hartgrund, von etwa 30 m Tiefe an. – Mittelmeer, Atlantik bis Portugal als nördl. Grenze.

525 Gespenstkrabbe = Spinnenkrabbe ***Macropodia rostrata*** (L.) = *Stenorhynchus r.*
Dreieckskrabbe mit bis 18 mm langer Kopfbrust bei leicht buckeligem und spitzhöckerigem, vorne verengtem und zugespitztem Rückenschild mit langem, aus zwei aneinanderliegenden Stacheln gebildetem Rostrum; gelbgrau bis gelbgrün oder grau- bis gelbbraun. Scherenbeine gleich, kräftig; folgendes Laufbeinpaar viel länger, übrige Beinpaare lang, nach hinten etwas kürzer werdend, alle fein behaart. – In Algenwiesen vom Seichtwasser an, meist mit Algen stark maskiert. – Mittelmeer, Atlantik, Nordsee, westl. Ostsee.
Ähnlich ist die an der Mittelmeerküste in gleicher Umgebung von etwa 3 m Tiefe an vorkommende, bis 15 mm lange, rötliche bis gelblich- oder grünlichbraune Langkopf-Gespenstkrabbe, ***M. longirostris,*** mit bedeutend länger ausgezogenem Rostrum. ***Inachus dorsettensis,*** die Kurzkopf-Gespenstkrabbe, bis 25 mm lang, an der Mittelmeer-, Atlantik- und Nordseeküste zwischen Algen maskiert von etwa 10 m Tiefe an zu finden, gelbbraun, hat dagegen ein kurzes Rostrum und auf dem Rücken hinter einer Querreihe von 4 kleinen Höckern einen kräftigen Mitteldorn. ***I. dorhynchus*** des gleichen Gebiets, bis 18 mm lang, gelbbraun, weist beidseits des Mitteldorns je 2 kleine Höcker auf, manchmal drei weitere in der Mittellinie vor dem Hinterrand. Davon unterscheidet sich wiederum ***Achaeus cranchi*** des Mittelmeers bei 1 cm Länge durch die starke Behaarung von Rücken und Laufbeinen.

526 Antennenkrebs *Corystes cassivelaunus* (Penn.).
Bogenkrabbe mit bis 4 cm langer, 2,5 cm breiter Kopfbrust (Weibchen schmaler) bei relativ glattem, gewölbtem Rückenschild, spitzem, zweiteiligem Rostrum, je einem kleinen und einem großen Augenzahn nebst Seitenzähnen; Scherenbeine beim Männchen doppelt so lang wie Rückenschild, beim Weibchen kürzer; sehr lange, beborstete, auf ganzer Länge aneinanderliegende, meist nach vorn gerichtete Antennen; graugelblich bis rötlichgelb. – Im Flachwasser auf Sandgrund, meist eingegraben, wobei die zusammengelegten Antennen eine Atemröhre formen. – Mittelmeer, Atlantik, Nordsee.

521

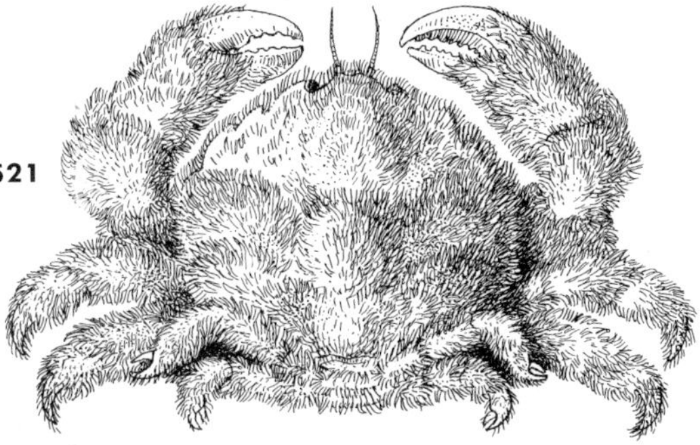

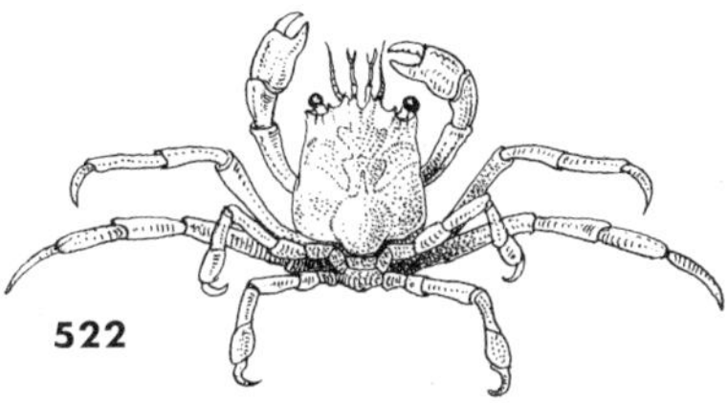

522

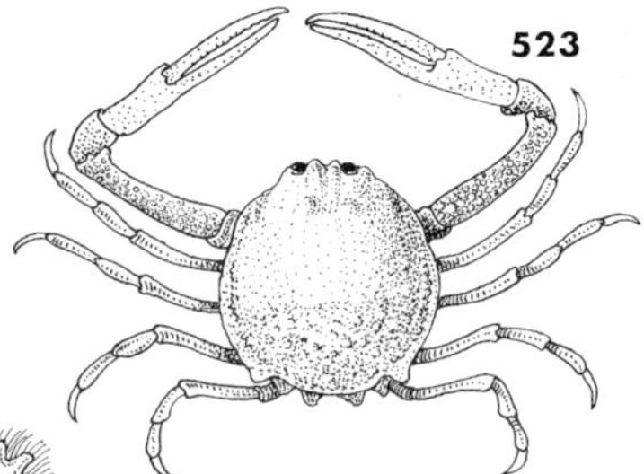

523

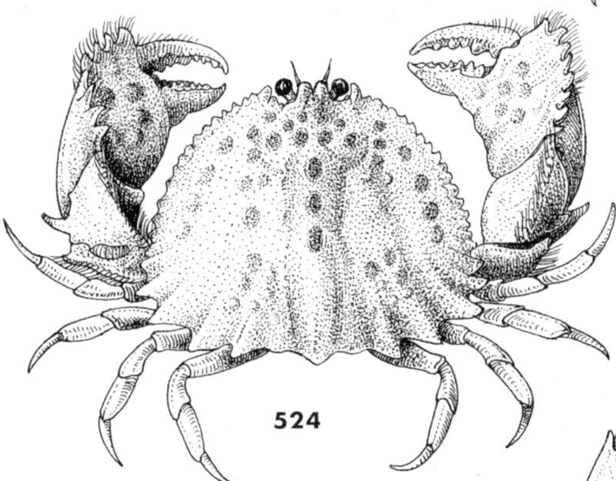

524

526

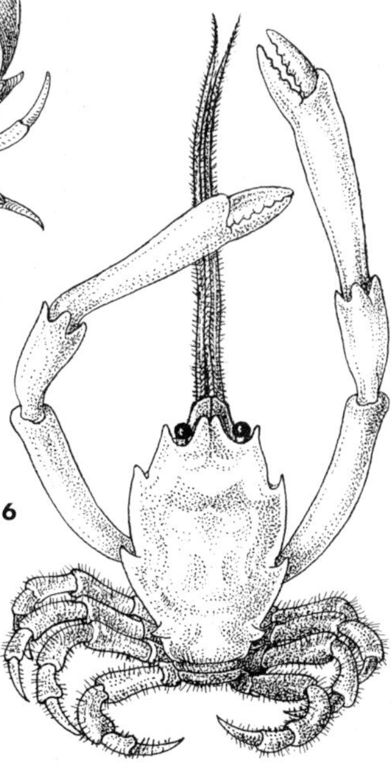

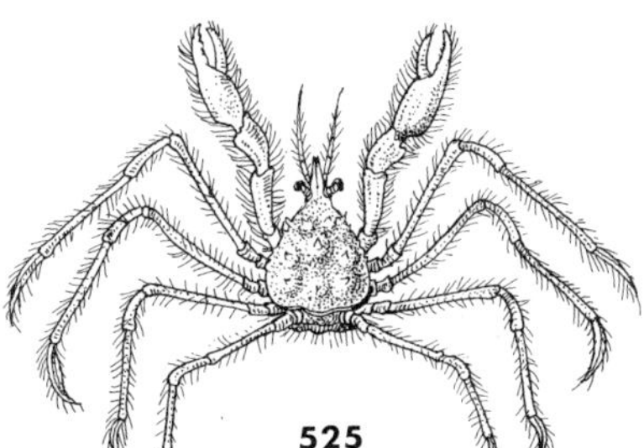

525

Krabben

527 Maskenkrabbe ***Pisa armata*** Latr. = *P. gibbsi.*
Dreieckskrabbe mit bis 4 cm langer Kopfbrust bei leicht buckeligem, beborstetem Rückenschild, vorne mit Augendornen und schmalem zweispitzigem Rostrum, hinten mit einem Dorn in der Mittellinie und je einem bis zwei Dornen an den Seiten; bräunlichgelb. Scherenbeine gleich, kräftig; Laufbeine nach hinten kürzer werdend, behaart. Auf algenbewachsenem Fels- und Sandgrund, gewöhnlich mit Schwamm- oder Lederkorallentarnung. – Mittelmeer.
Im gleichen Gebiet sind schon vom Seichtwasser an auf allen Bodenarten ähnliche Arten zu finden, u. a. ***P. nodipes,*** bis 3,5 cm lang, braunrot, hinten in der Mittellinie nicht einen Dorn, sondern einen stumpfen Höcker aufweisend, und ***P. tetraodon,*** bis 3,5 cm lang, braun, ohne Dorn nach Höcker am Hinterrand, aber mit drei bis vier Dornen an jedem Seitenrand.

528 Große Seespinne = Teufelskrabbe ***Maia squinado*** (Herbst).
Dreieckskrabbe mit bis 18 cm langer, hinten breit abgerundeter Kopfbrust bei gewölbtem, stark bedorntem, beborstetem Rückenschild, vorne mit zwei langen, hornähnlichen Spitzen zwischen den Augen, seitlich mit zahlreichen großen Stacheln, unter denen kleinere stehen; rötlich mit rosigen, gelblichen und braunen Flecken. Scherenbeine lang, mit verhältnismäßig kleinen Scheren; Laufbeine lang, schlank, nach hinten kürzer werdend, behaart. – Auf algenbewachsenem Fels- und Sandgrund vom Flachwasser an. – Mittelmeer, Atlantik bis Kanalküste als nördl. Grenze.
M. verrucosa, die sehr ähnlich gestaltete Kleine Seespinne des gleichen Gebiets, bis 16 cm lang, graugelb, rötlich oder bräunlich, trägt an den Seitenrändern des schwächer gewölbten Rückenschilds nur annähernd einheitlich große Stacheln und findet sich, in der Regel mit Algen stark getarnt, schon im Seichtwasser. – Beide Arten werden auf den Markt gebracht.

529 Nordische Seespinne ***Hyas araneus*** L.
Dreieckskrabbe mit bis 11 cm langer, hinten breit abgerundeter Kopfbrust bei schwach gewölbtem, unbedorntem, aber mit zahlreichen kleinen Höckern bedecktem, beborstetem Rückenschild, vorne mit zwei dreieckigen, nur wenig auseinanderstehenden Rostrumspitzen zwischen den Augen und zwei Augenzähnen, seitlich ungezahnt; trüb purpurrot bis schwärzlichbraun. Scherenbeine kräftig, etwas kürzer als das folgende Laufbeinpaar; übrige Beine nach hinten kürzer werdend, behaart. – Auf algenbewachsenem Fels- und Sandgrund vom Seichtwasser an, meist mit Algen, Schwämmen, Hydrozoenstöcken usw. stark getarnt. – Atlantik bis zur Kanalküste als südl. Grenze, Nordsee, westl. Ostsee.

530 Langarmkrebs ***Parthenope angulifrons*** Latr. = *Lambrus a.*
Dreieckskrabbe mit bis 2 cm langer, hinten breit abgerundeter Kopfbrust bei von Höckerreihen bedecktem, beidseits der flachen Mitte leicht aufgewölbtem Rückenschild mit spitzem Rostrum und kleinen Augenzähnen; hellgraugelb. Scherenbeine auffallend lang und stark, scharf abgewinkelt, an der Innenseite violett, mit großen Scheren; Laufbeine bedeutend kleiner, unbehaart. – Auf Schlammsand, von 10 m Tiefe an. – Mittelmeer.

531 Herzkrabbe ***Thia scutellata*** (Fabr.) = *T. polita.*
Bogenkrabbe mit bis 2 cm langer, vorne breit gerundeter Kopfbrust bei annähernd herzförmigem, gewölbtem, glattem Rückenschild mit scharfem, dicht behaartem Rand, vorne zwischen den Augen schwach ausgebuchtet, an den Seiten seicht gekerbt, hinten fast gerade abgestutzt; hellrötlich mit gelben Haaren. Scherenbeine kurz, kräftig mit dunkelbraunen Scherenspitzen; Laufbeine kurz, behaart. – Auf Sand- und Schlammgrund, meist eingegraben, vom Flachwasser an. – Mittelmeer, Atlantik, Nordsee.

532 Taschenkrebs = Knieper ***Cancer pagurus*** L.
Bogenkrabbe mit meist 7 bis 14 cm (auch bis 20 cm) langer, ovaler Kopfbrust bei schwach gewölbtem, fein gekörntem Rückenschild mit drei stumpfen Zähnen am Stirnrand und beidseits davon neun durch seichte Kerben abgegrenzten stumpfen Lappen bis zum hinteren Seitenrand, den eine gekörnte Leiste säumt; Oberseite rosigbraun bis braunrot mit violetten Tönen, Unterseite gelblich. Scherenbeine stark, glatt, mit großen Scheren und dunkelbraunen Fingern; Laufbeine behaart. – Auf sandigem und steinigem Grund an Felsküsten, vom Flachwasser an. – Mittelmeer, Atlantik, Nordsee. – Taschenkrebse, in Körben, Reusen und Stellnetzen gefangen, werden auf dem Markt angeboten, in größerer Zahl jedoch nur an der Atlantik- und Nordseeküste.

527

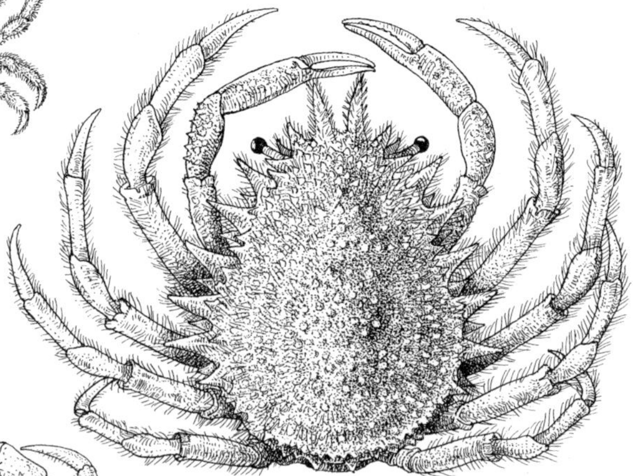

528

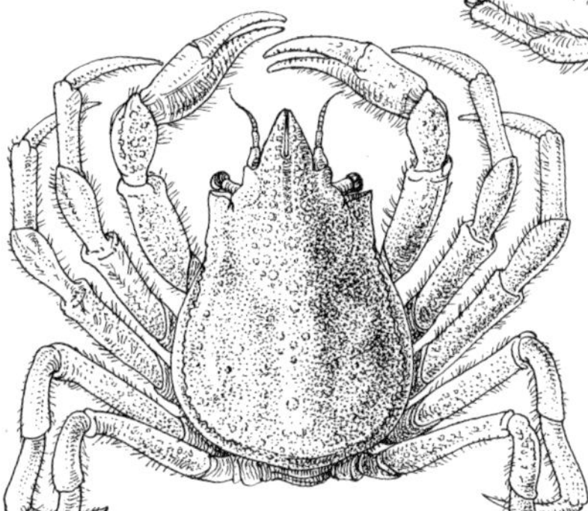

529

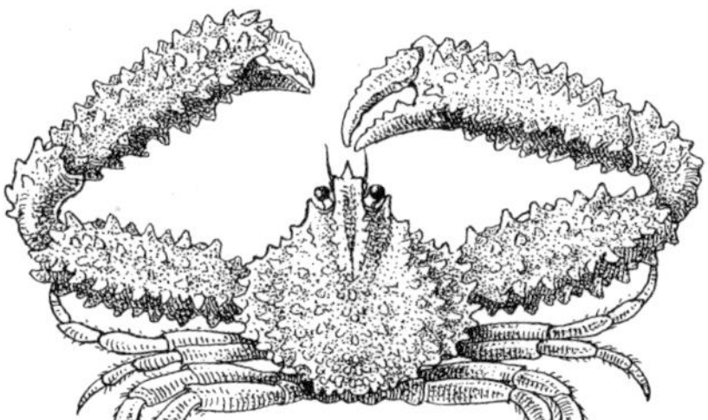

530

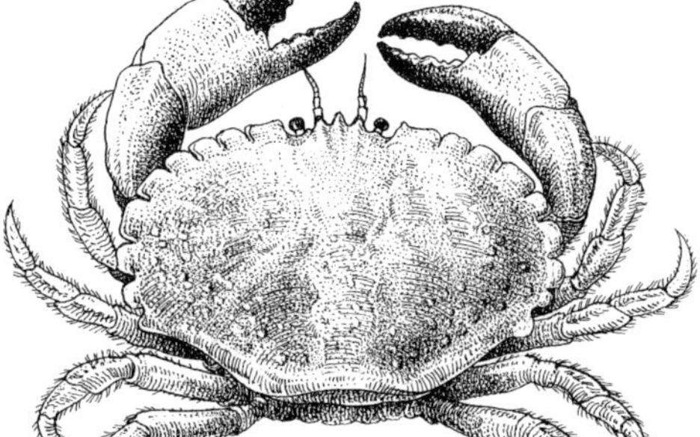

532

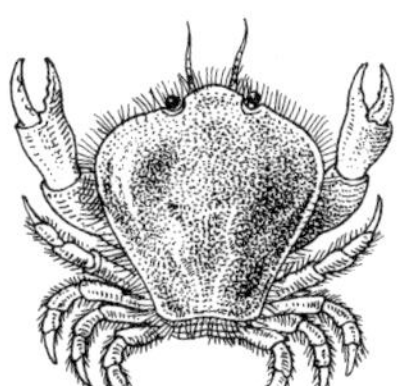

531

Krabben

533 Strandkrabbe ***Carcinus mediterraneus*** (Czern.) = *Carcinides maenas.*
Bogenkrabbe mit meist bis 4 cm (auch bis 6 cm) langer, vorne breit gerundeter Kopfbrust bei mäßig gewölbtem, fein gekörntem Rückenschild mit drei abgerundete Zähne tragendem Stirnrand, fünffach scharf gezahnten Vorderseitenrändern und gekörnter Leiste an den Hinterseitenrändern; oben oliv- bis dunkelgrün, manchmal grünlichgelb, unten heller. Scherenbeine kräftig, an den unteren Gliedern längsgekielt, mit braunen Scherenspitzen; Laufbeine lang, nach hinten etwas kürzer werdend, an den unteren Gliedern längsgekielt, mit braunen Spitzen; letztes Beinpaar an den zwei unteren Gliedern abgeflacht und verbreitert, vom drittletzten Glied an auf den Kanten fein behaart. – Auf Sandgrund von der Wasserlinie an, auch auf nassem Strand, unter angespültem Tang, in Ebbetümpeln, an Hafenmauern und Buhnen, oft in großer Zahl. – Mittelmeer, Atlantik, Nordsee, Ostsee. – Wird in seinem ganzen Verbreitungsgebiet gefangen und auf Fischmärkten angeboten.

534 Samtkrabbe ***Macropipus puber*** (L.) = *Portunus p.*
Schwimmkrabbe mit bis 7 cm langer, vorne breit gerundeter Kopfbrust bei ziemlich flachem, über kleinen Querleisten und Körnchen dicht bräunlich bis braun behaartem Rückenschild; Stirnrand mit sechs bis zehn kleinen Spitzzähnen, von denen die beiden mittleren etwas stärker sind; Vorderseitenränder mit je fünf größeren spitzen Zähnen. Scherenbeine kräftig, außen gekörnt, an den unbehaarten Stellen bläulich, manchmal rot gefleckt, ebenso wie die Laufbeine, von denen das letzte Paar an den zwei untersten Gliedern blattförmig verbreitert ist. – An felsigen Küsten vom Seichtwasser an zwischen Steinen. – Mittelmeer, Atlantik, Nordsee. – Eßbar.

535 Ruderkrabbe = Gemeine Schwimmkrabbe ***Macropinus holsatus*** *Fabr.* = *Portunus h.*
Schwimmkrabbe mit bis 4 cm langer, vorne breit gerundeter, hinten stark verschmälerter Kopfbrust bei glattem, unbehaartem Rückenschild; Stirnrand mit drei stumpfspitzen Zähnen, von denen der mittlere meist etwas größer ist; Vorderseitenränder mit je 5 stärkeren und spitzen Zähnen von leicht verschiedener Größe. Färbung blaugrau bis graugrün. Scherenbeine kräftig, gekielt; letztes Paar an den zwei untersten Gliedern blattförmig verbreitert und behaart. – Auf Hart- und Sandgrund von etwa 35 m Tiefe an, aber schwimmfähig und oft in größerer Zahl an der Oberfläche. – Mittelmeer, Atlantik, Nordsee. – Wird häufig auf Fischmärkten angeboten.
Das gleiche Verbreitungsgebiet haben mehrere ähnliche Arten, u. a.: ***M. marmoreus,*** = *Portunus m.*, auf Sandgrund vom Flachwasser an zu finden, bis 2,4 cm lang, am Stirnrand mit drei Zähnen, von denen der mittlere meist kleiner ist, auf dem Rücken in hellen und dunklen Rot- und Brauntönen so marmoriert, daß sich eine symmetrische Zeichnung ergibt; ***M. arcuatus*** = *Portunus a.*, bis 18 mm lang, auf steinigem Sandgrund vom Flachwasser an vorkommend, mit fein behaarten Querleisten auf dem Rückenschild und einem Haarsaum am ungezahnten Stirnrand, graugelb, graugrün bis graubraun oder rötlichbraun, manchmal heller gefleckt; ***M. depurator,*** ein vom Flachwasser an auf Schlick-, Schlamm- und Sandgrund lebender Aasfresser, bis 4 cm lang, rötlich oder braun, mit behaarten Höckern und Querleisten auf dem Rückenschild, das hinten mäßig verschmälert ist.

536 Blaukrabbe ***Callinectes sapidus*** Rath.
Schwimmkrabbe mit bis 9 cm langem, 16 cm breitem rhomboidem Rückenschild (selten noch größer), dessen beide Vorderseitenränder je 9 Zähne aufweisen; grau- bis himmelblau mit roten Gelenken und Dornspitzen. – Im Flachwasser auf Schlammsand, auch im Brackwasser und an Flußmündungen. – Mittelmeer, Atlantik.
Diese von der nordamerikanischen Atlantikküste eingeschleppte Art, nun vereinzelt auch an der holländischen und der dänischen Küste festgestellt, hat sich nach 1955 besonders im östlichen Mittelmeer und der Ägäis so stark entwickelt, daß sie dort marktwichtig wurde, wobei die Bestände inzwischen wegen Übernutzung und Biotopverschmutzung wieder zurückgehen.
Ähnlich, aber kleiner, bis 6 cm lang, mit gezahntem Rückenschild-Stirnrand, sandfarben mit bräunlicher Marmorierung, ist die um 1925 aus dem Indopazifik über den Suezkanal eingewanderte Schwimmkrabbe ***Portunus pelagicus,*** im Mittelmeer an der Levanteküste heimisch geworden.

537 Borstenkrabbe ***Pilumnus hirtellus*** (L.).
Bis 2 cm lang, vorne breit gerundet, hinten mäßig verschmälert, mit quer-ovalem, vorne nach unten gebogenem, stark beborstetem Rückenschild, zweilappigem Stirnrand und fünffach spitzgezahnten Vorderseitenrändern; ziegelrot bis rotbraun mit gelben Borsten. Scherenbeine kräftig, außen gewölbt, innen abgeflacht, braun beborstet und mit braunen Scherenfingern; Laufbeine gelb beborstet. – Auf Fels- und Geröllgrund in Spalten und Löchern, auch in Schwämmen, vom Flachwasser an. – Mittelmeer, Atlantik, Nordsee.

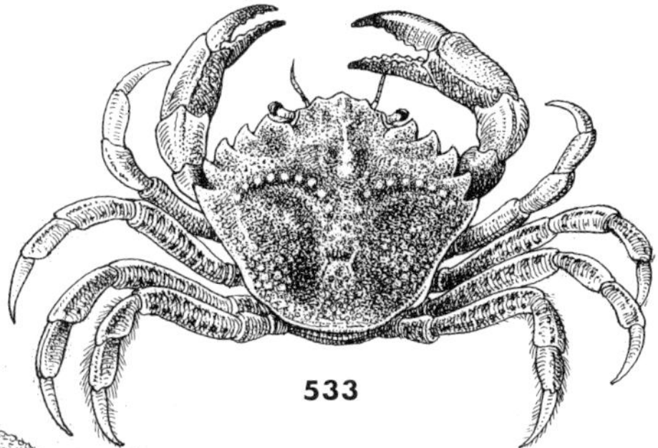

533

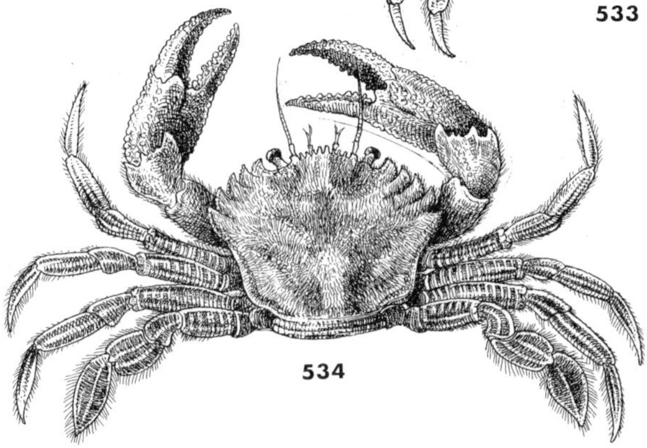

534

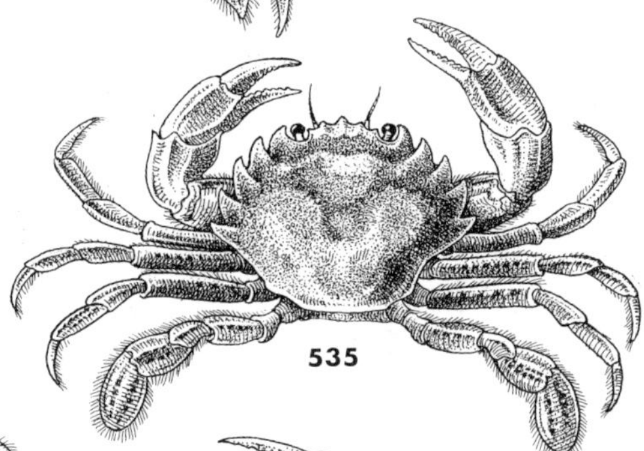

535

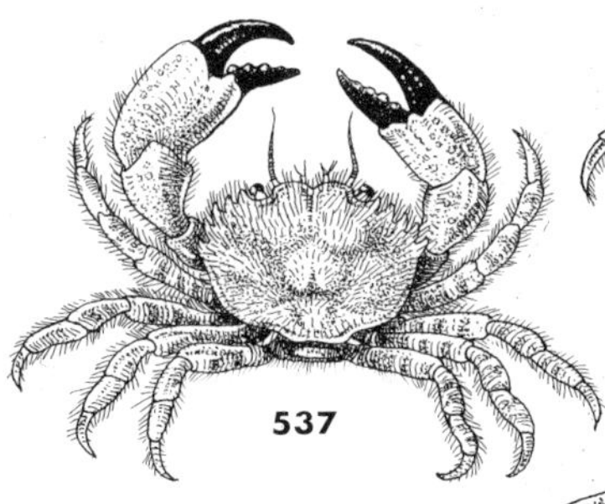

537

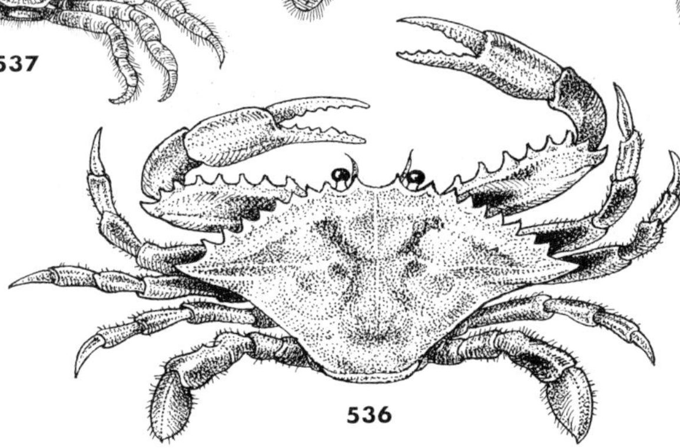

536

Krabben

538 Steinkrabbe ***Xantho poressa*** (Olivi) = *X. hydrophilus.*
Bis 2 cm lang, vorne sehr breit gerundet, hinten stark verschmälert, mit quer-ovalem, mäßig gewölbtem, schwach gefeldertem Rückenschild, ungezahntem, in der Mitte eingekerbtem Stirnrand und schwach gezahnten Vorderseitenrändern; gelblichbraun oder braungrün bis rotbraun, manchmal rötlich gepunktet und heller gefleckt. Scherenbeine kräftig, mit großen Scheren und schwärzlichbraunen, fein gekerbten Scherenfingern; Laufbeine nach hinten kürzer werdend, behaart. – Auf Sand-, Kies- und Geröllgrund, vom Seichtwasser an, meist vergraben oder unter Steinen verborgen. – Mittelmeer, Atlantik.
X. incisus des gleichen Gebiets, die Kerbkrabbe, bis 2,5 cm lang, rötlichbraun, ist bei sehr ähnlicher Form durch den von ausgeprägten Furchen in gewölbte Felder aufgeteilten Rückenschild gekennzeichnet.

539 Gelbe Krabbe = Italienischer Taschenkrebs ***Eriphia verrucosa*** (Forsk.) = *E. spinifrons.*
Bis 10 cm lang, vorne breit gerundet, hinten mäßig verschmälert, mit schwach gewölbtem Rückenschild; Stirnrand mit mehreren Querreihen kurzer Spitzzähne; Vorderseitenränder mit je 5 stärkeren, teils zweispitzigen Zähnen; rotbraun bis dunkelbraunrot, gelb marmoriert; Scherenbeine stark, mit rotbraunen Höckern und schwärzlichbraunen Scherenfingern, Laufbeine an den unteren Gliedern behaart. – In Spalten und Felslöchern vom Seichtwasser an. – Mittelmeer.

540 Felsenkrabbe = Rennkrabbe ***Pachygrapsus marmoratus*** (Fabr.).
Viereckskrabbe mit bis 3 cm langer, quadratischer Kopfbrust bei flachem, glattem Rückenschild mit breitem, dreifach eingebuchtetem Stirnrand und zwei bis drei spitzen Zähnen am vorderen Teil der annähernd parallelen Seitenränder; oben gelblichgrün bis graugrün mit dunklen Querlinien und Fleckmarmorierung, unten gelblichweiß. Scherenbeine kräftig; Laufbeine lang, behaart. – An felsigen Küsten und Hafenmauern in Spalten und Löchern von der Spritzzone an. – Mittelmeer.

541 Wollhandkrabbe ***Eriocheir sinensis*** Milne Edw.
Viereckskrabbe mit bis 7 cm langer, annähernd quadratischer Kopfbrust bei ziemlich flachem, vorne gekörntem Rückenschild mit breitem, in der Mitte gekerbtem, beidseits davon zweifach spitz gezahntem Stirnrand und vierfach gezahnten Vorderseitenrändern; olivgrün, dunkler gesprenkelt. Scherenbeine kräftig, an den unteren Gliedern mit dickem, wolligem Pelz bedeckt; Laufbeine lang, an den Kanten fein behaart. – Süßwasserkrabbe, die zur Fortpflanzungszeit, gegen den Sommer hin, aus den Flüssen ins Brackwasser der Mündungen und an die Küste kommt, tagsüber in der Regel unter Steinen, in Spalten und Löchern verborgen, nachts auf Nahrungssuche im Seichtwasser und auch an Land. – Atlantik von der Kanalküste an als südl. Grenze, Nordsee, Ostsee.
Diese Art ist um 1910 aus China eingeschleppt worden und hat sich seither so stark verbreitet, daß sie in manchen der nach und nach von ihr besiedelten Flüsse als gemein gilt, so im Unterlauf der Elbe, der Weser und der Ems, seit 1930 im Rhein, seit 1945 in der Seine.

542 Erbsenkrabbe ***Pinnoteres pisum*** (L.).
Bis 1,5 cm lang, kugelig gewölbt, mit dünnem, glattem Rückenschild ohne ausgeprägten Stirnrand; durchscheinend gelblichweiß. Scherenbeine schlank, mit kleinen Scheren; Laufbeine dünn, verhältnismäßig lang; letztes Beinpaar mit kurzem, krallenförmig gekrümmtem unterstem Glied. – In verschiedenen größeren Muscheln, wie Austern, Miesmuscheln, Herzmuscheln usw., vom Flachwasser an. – Mittelmeer, Atlantik, Nordsee, westl. Ostsee.
P. pinnoteres, der vorzugsweise in Steckmuscheln lebende Muschelwächter, unterscheidet sich von der oben beschriebenen Art nur durch das längere und gerade letzte Glied am hinteren Laufbeinpaar und ist gewöhnlich schon von etwa 2 m Tiefe an zu finden. Ob er die von ihm bewohnte Muschel aktiv vor nahender Gefahr warnt oder nicht – Tatsache ist, daß die Schalenklappen sich sogleich schließen, wenn die kleine Krabbe sich bei Beunruhigung rasch vom Rand ins Innere zurückzieht.

542

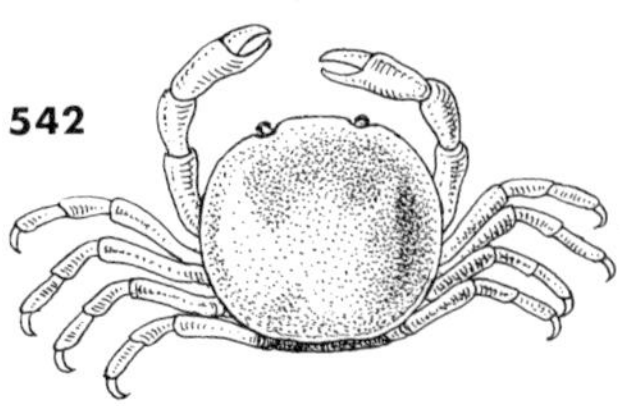

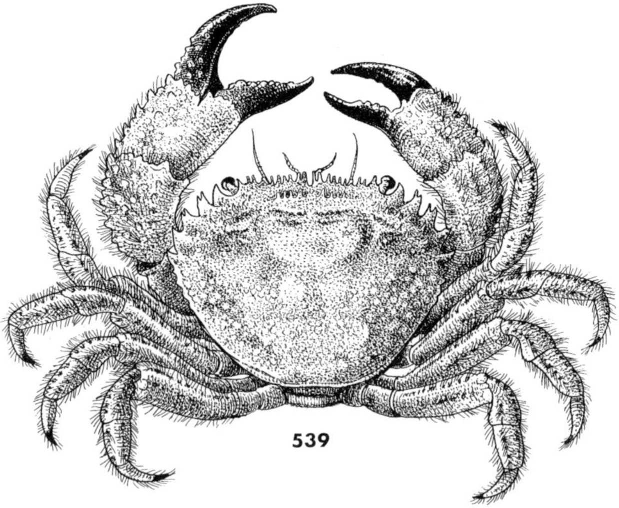

539

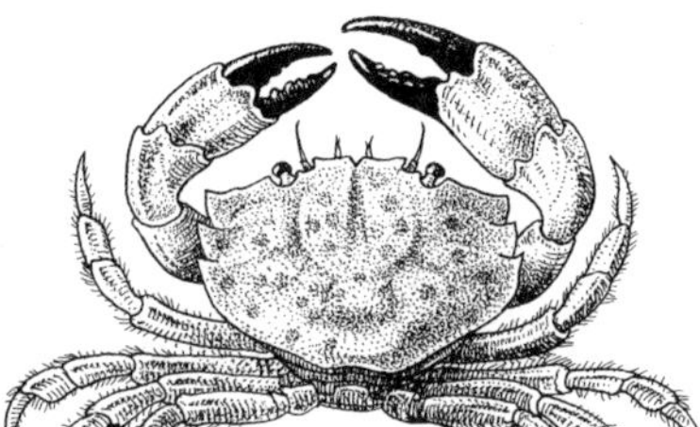

538

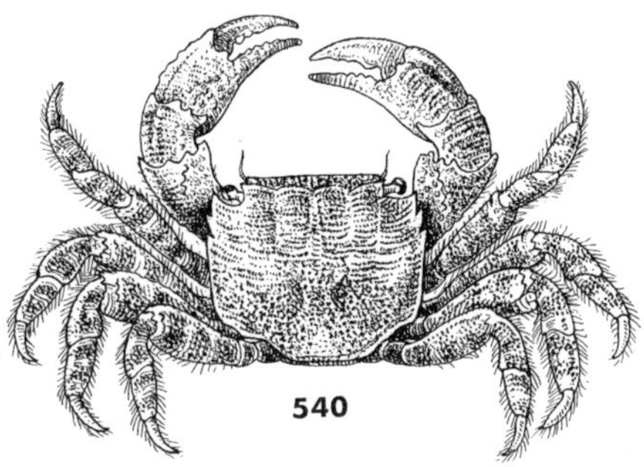

540

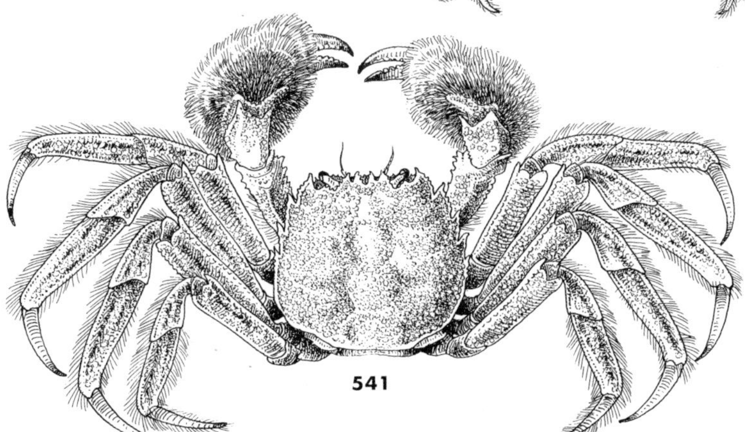

541

Asseln Ordnung *Isopoda*

Die rund 4000 bekannten Isopoden gehören teils dem Land-, teils dem Süßwasserbereich an, doch die Mehrzahl lebt im Meer, wo die Gruppe von der Strandzone bis in die Tiefsee vertreten ist, mit einigen Arten auch im Plankton, zur Hauptsache aber durch bodenlebende oder parasitische Formen: Höhere Krebse ohne Rückenschild, mit meist mehr oder weniger abgeplattetem Körper, wobei der zwei Antennenpaare und die Mundteile tragende Kopf stets zumindest mit dem ersten der acht Brustsegmente verschmolzen ist, während die übrigen Segmente frei bleiben, deren Fußpaare zu Lauf-, Schwimm- oder Klammerbeinen ausgebildet sind. Der Hinterleib weist fünf als Kiemen dienende und gewöhnlich dachziegelartig übereinanderliegende Blattfußpaare auf, ein Spaltfußpaar am sechsten Segment und die mit diesem verschmolzene Schwanzplatte (Telson). Getrenntgeschlechtliche Fortpflanzung ist die Regel. Einige Arten ernähren sich von Pflanzen, viele von Fleisch oder Aas, und gewisse Formen parasitieren auf Fischen und Krebsen.

543 Körnige Meerassel = Baltische M. ***Idothea basteri*** (Pall.) = *I. baltica*.
12 bis 40 mm lang, länglich-oval, mit langen Antennen; Färbung sehr verschieden, durch die Farbe der Nahrungsalgen bestimmt, grünlich bis grün, braun bis dunkelbraun, auch rosig, einfarbig sowie hell oder dunkel gefleckt, besonders an den Körperrändern, Rücken leicht gekielt; Schwanzplatte mit dreieckiger Mittelspitze und stumpfen Seitenspitzen. – Zwischen Algen und Schlamm, vom Seichtwasser an. – Mittelmeer, Atlantik, Nordsee, Ostsee.
Ähnlich, aber kleiner, bis 15 mm lang, ist ***I. metallica*** der Mittelmeer- und Atlantikküste, mit gerade abgeschnittener Schwanzplatte, blaugrün mit metallischem Schimmer. Nah verwandt ist die bis 40 mm lange, aber gestreckt schlanke ***I. linearis*** des gleichen Gebiets, mit konkav eingebuchteter Schwanzplatte.

544 Klippenassel = Strandassel ***Ligia oceanica*** L.
Bis 30 mm lang, gedrungen-oval und flach; Kopf mit seitlichen Augen und 1 großen Antennenpaar; Schwanzplatte stumpfwinklig konvex mit darunter hervorragenden Spaltbeinen; grünlich bis braun. – An spalten- und löcherreichen Felsküsten in der Spritzzone. – Atlantik, Nordsee, Ostsee.
Ähnlich, aber kleiner, bis 12 mm lang, ist die Mittelländische Klippenassel, ***L. italica,*** scheckig grau bis grünlichbraun.
Beide Arten leben amphibisch, tagsüber meist in Spalten oder unter Steinen versteckt, nachts auf Nahrungssuche als Algenfresser, bei Gefahr blitzschnell ins Wasser rennend, wo sie recht lang ausharren können.

545 Peterassel ***Aega psora*** L.
Bis 5 cm lang, gedrungen-oval; hellrotbraun; mit großen dunklen Augen, ziemlich kurzen Antennen und in weichem Bogen zugespitzter Schwanzplatte. – Parasitiert auf größeren Fischen, besonders auf Dorschen, Seewölfen, Groppen und Butten. – Atlantik, Nordsee, Ostsee.

546 Fischassel ***Nerocila bivittata*** (Risso) = *Cymothoa b.*
Bis 20 mm lang, oval; rötlich bis braun, einfarbig oder mit zwei gelben Längsbändern; mit kurzen Antennen und geradem Stirnrand; Schwanzplatte mit parallelen Seitenrändern und stumpfwinkeligem Ende. – Parasitiert auf Fischen (Lippfische, Meerbrassen u. a.). – Mittelmeer.
Ähnliche, ebenfalls auf Fischen parasitierende Arten des gleichen Gebiets sind u. a.: ***Anilocra physodes,*** bis 20 mm lang, rotbraun bis dunkelrot, mit dreieckigem Stirnrand; ***A. mediterranea,*** bis 5 cm lang, grau oder gelblich- bis bräunlichgrau, mit rötlicher Schwanzplatte.

547 Holzbohrassel ***Limnoria lignorum*** (Rathke).
Bis 5 mm lang, mit fast parallelen Rändern; Kopf klein, mit 2 kurzen Antennenpaaren; Schwanzplatte breit, gerundet und an der Kante fein bedornt; weißlich bis bräunlich. – Bohrt zur Nahrungsaufnahme an Holzbauten und treibenden Plankten von der Gezeitenzone an. Rollt sich freigelegt meist zusammen. – Atlantik, Nordsee, Ostsee bis Kieler Bucht.
Ähnlich und mit gleichem Verhalten, aber kleiner, nur bis zu 2,5 mm lang, beide graubraun, sind zwei mediterrane Holzbohrasseln: bei ***L. tripunctata*** ist die Schwanzplattenkante glatt, bei ***L. quatripunctata*** bedornt.

548 Kugelassel ***Sphaeroma rugicaudata*** Leach.
Bis 12 mm lang, breit-oval; weißlich bis gräulich mit dunkleren, manchmal rötlichen Tupfen und Streifen; oft mit hellem Längsband; Antennen ziemlich lang; Rücken glatt; Schwanzplatte groß, am Vorderrand seitlich gekerbt, oben gekörnt oder gerieft, hinten stumpf abgerundet bei annähernd auf gleicher Höhe endenden Spaltfüßen des letzten Hinterleibsegments. – Auf Hartgrund vom Seichtwasser an, gelegentlich in leeren Seepockenschalen, auch im Brackwasser. – Mittelmeer, Atlantik, Nordsee, westl. Ostsee. – Kann häufig in Rückenlage lebhaft schwimmend beobachtet werden; rollt sich bei Störung kugelförmig ein.
Ähnlich ist ***S. serratum*** des Mittelmeers, bis 15 mm lang, fleischfarben bis graugrün.

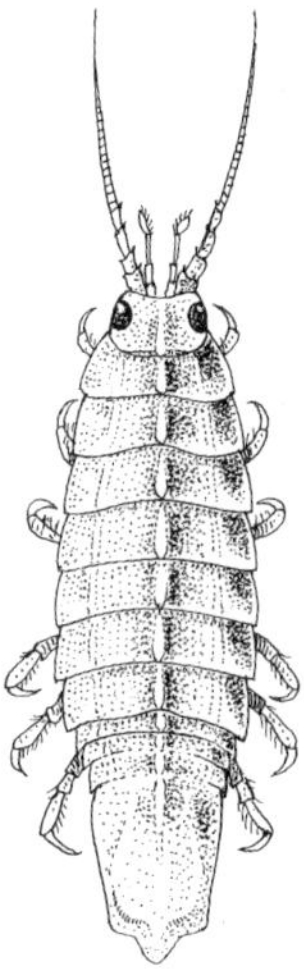

543

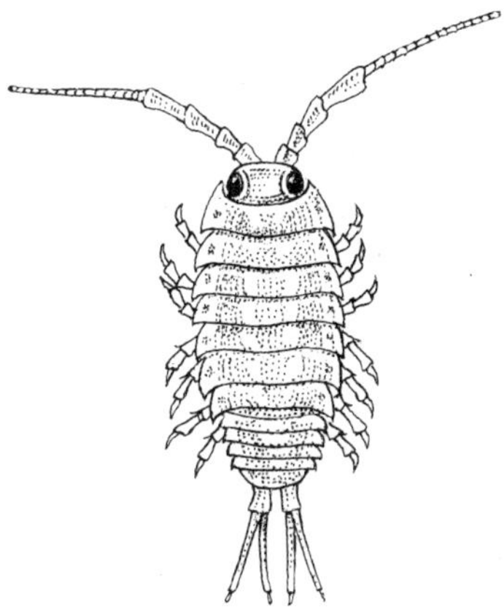

544

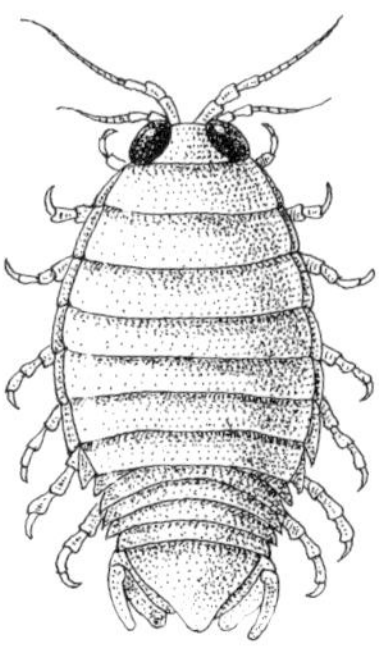

545

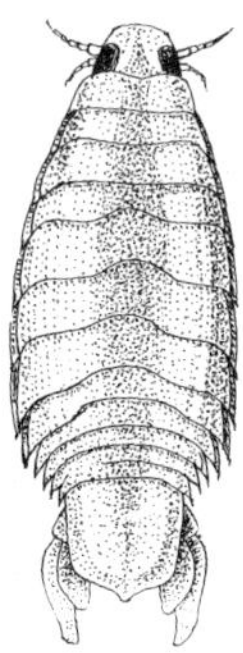

546

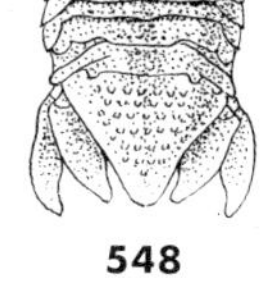

548

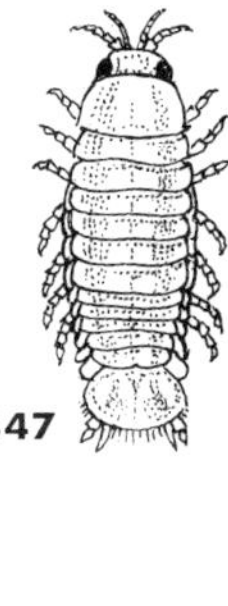

547

Flohkrebse Ordnung *Amphipoda*

Höhere Krebse ohne Rückenschild mit meist seitlich abgeflachtem Körper, wobei der zwei Antennenpaare und die stets beißenden Mundteile tragende Kopf immer zumindest mit dem ersten der acht Brustsegmente verschmolzen ist, während die übrigen, oft mit Seitenplatten versehenen Segmente frei bleiben, mit bauchseits liegenden Kiemen und zu Lauf- oder Greifbeinen ausgebildeten Fußpaaren. Der Hinterleib weist entweder drei Schwimm- und drei Springfußpaare sowie eine Schwanzplatte (Telson) auf oder ist stark rückgebildet.

Von den rund 4000 bekannten Arten bewohnen viele das Süßwasser, teils sogar unterirdische Gewässer, doch die Mehrzahl lebt im marinen Bereich, wo die Gruppe besonders in der Küstenzone stark vertreten ist, schon vom Spülsaum an, aber ebenso auch im Hochseeplankton und in großen Tiefen bis 10000 m. Amphipoden sind getrenntgeschlechtlich. Es gibt räuberische, faulstofffressende und parasitische Arten, solche, die am oder im Boden leben und solche, die in den Hohlräumen von Schwämmen und unter den Schirmen von Quallen zu finden sind. Wirtschaftlich kommt ihnen bei massenhaftem Auftreten als Fischnahrung beträchtliche Bedeutung zu.

549 Flohkrebs *Gammarus locusta* Sext.

Männchen bis 20 mm, Weibchen bis 14 mm lang; Färbung verschieden, meist bläulichgrau, gelblichbraun oder grünlichbraun bis braun, oft mit roten Seitenflecken. Laufbeine nach hinten länger werdend, 7. Paar am längsten. Hinterleib mit 3 nach hinten gerichteten langen Schwimmfuß- und 3 kurzen Springfußpaaren; die drei letzten Segmente und die tief eingeschnittene Schwanzplatte mit winzigen Stacheln in der Mittellinie. – Zwischen Algen und Steinen vom Seichtwasser an, auch in Brackwasser und angespültem Tang. – Mittelmeer, Atlantik, Nordsee, Ostsee.

550 Strandfloh *Talitrus saltator* (Mont.).

Männchen bis 16 mm lang, Weibchen etwas kleiner; hellgelblichgrau bis grünbräunlich mit dunkelblauen bis schwarzen Rückenflecken. Kopf stumpf abgestutzt, mit langem zweitem Antennenpaar; Rücken gewölbt, glatt. 1. und 2. Laufbeinpaar mit winzigen Klauenzangen, 2. Paar kürzer als die übrigen Laufbeine. Hinterleib kurz, mit 3 nach hinten gerichteten langen Schwimmfuß- und 3 kurzen Springfußpaaren. – Über der Wasserlinie auf Sand, meist eingegraben oder unter angespülten Algen. – Mittelmeer, Atlantik, Nordsee, Ostsee.

551 Sandhüpfer = Küstenhüpfer ***Orchestia gammarellus*** (Palla).

Männchen bis 2 cm lang, gelblichbraun, Weibchen kleiner, grünlich; 1. (oberes) Antennenpaar kürzer als großgliedriger Teil des 2.; 3. Brustbeinpaar mit breitem Endglied und Klaue. – Im Naß- und Feuchtbereich des Strands zwischen Algen und Steinen, vor allem in Spüllicht, aber auch oberhalb der Flutgrenze. – Mittelmeer, Atlantik, Nordsee, Ostsee.

552 Quallenflohkrebs *Hyperia galba* Mont.

Männchen bis 12 mm lang, schlank; Weibchen bis 20 mm lang, gedrungen. Färbung rotbraun, manchmal gelb. Antennen kurz; Augen sehr groß, gewölbt, grün, einen großen Teil des kugeligen Kopfes einnehmend. Rücken glatt; Laufbeine annähernd gleich lang, vom 3. Paar an ohne Borsten. – Im Sommer an Quallen, im Winter bodenlebend. – Mittelmeer, Atlantik, Nordsee, Ostsee.

Ähnlich, aber nur bis 5 mm lang, ist ein im Mittelmeer und Atlantik zu beobachtender Quallenflohkrebs: ***H. hydrocephala,*** bräunlichviolett.

553 Wattkrebs = Schlickkrebs ***Corophium volutator*** (Pallas).

Männchen bis 9 mm lang, Weibchen kleiner; sandgrau mit bräunlicher Zeichnung; 1. Antennenpaar halb so lang wie kräftigeres 2. – Von der Gezeitenzone an abwärts in Feinsand und Schlick, eingegraben in U-förmigen, schleimausgekleideten, bis 8 cm tiefen Röhren. – Mittelmeer, Atlantik, Nordsee, Ostsee.

554 Gespenstkrebs *Phtisica marina* Slab.

Männchen bis 20 mm, Weibchen bis 16 mm lang; weißlichgrau bis gelbbraun mit roten und braunen Flecken, manchmal einfarbig dunkelrot. Körper langgestreckt, dünn, glatt, bei fast gänzlich rückgebildetem Hinterleib. Antennen lang; 7 gut entwickelte Greifbeinpaare, von denen das kürzere erste eine kleine, das zweite eine große Krallenschere trägt. – In Algenwiesen, angeklammert oder schwimmend, vom Seichtwasser an. – Mittelmeer, Atlantik, Nordsee, westl. Ostsee.

555 Widderkrebs *Caprella linearis* L.

Männchen bis 20 mm, Weibchen bis 14 mm lang; weinrot, manchmal grünlich. Körper langgestreckt, dünn, glatt oder teilweise gehöckert, bei fast gänzlich rückgebildetem Hinterleib. Antennen lang; 1. Greifbeinpaar mit kleinen, 2. Paar mit großen Krallenscheren, 3. und 4. Beinpaar fehlend, statt dessen manchmal ein Brutsack vorhanden, 5. bis 7. Greifbeinpaar gut ausgebildet. – An Algen, Seegras und Moostierstöcken angeklammert oder schwimmend, vom Seichtwasser an. – Atlantik, Nordsee, westl. Ostsee.

Ähnlich ist der mediterrane Widderkrebs ***C. acanthifera,*** gelbgrün mit orangen bis braunen Flecken.

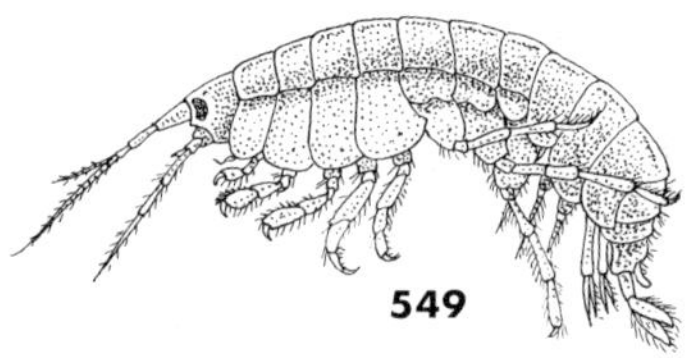
549

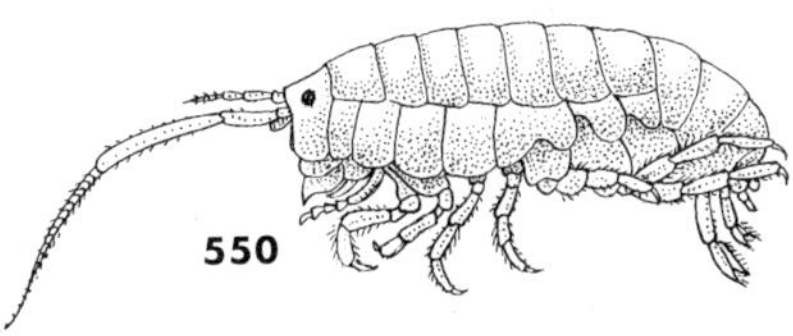
550

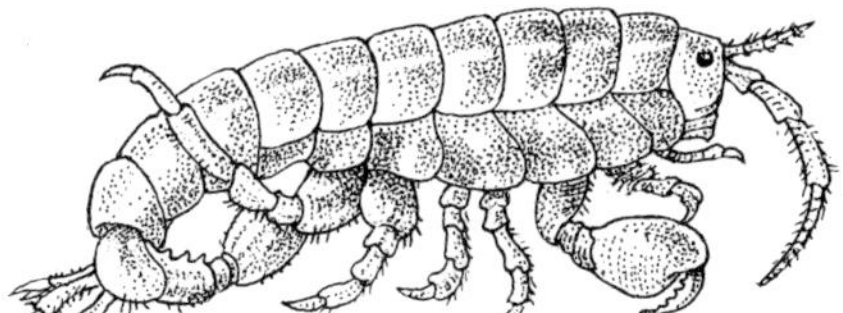
551

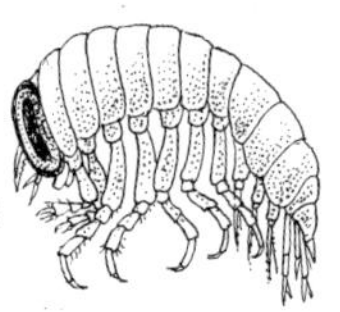
552

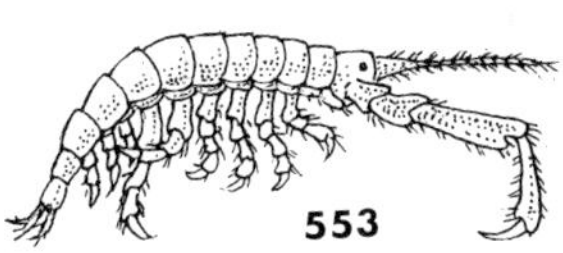
553

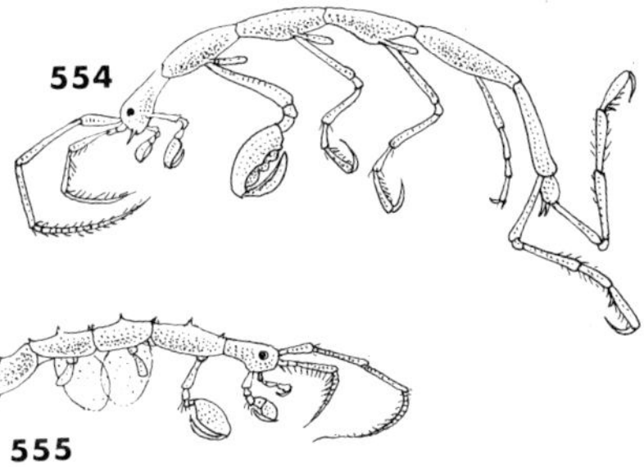
554

555

Kranzfühler Stamm *Tentaculata*

Die drei Klassen der Moostierchen *(Bryozoa)*, Hufeisenwürmer *(Phoronidea)* und Armfüßer *(Brachiopoda)* zusammenfassend, hat diese Tiergruppe eine paläontologisch interessante Vergangenheit: Den rund 3500 bekannten rezenten Arten stehen etwa 25000 fossile gegenüber, deren Geschichte teils bis ins Erdaltertum zurückgeht. Die Tatsache, daß viele Tentaculaten Hydrozoen, Röhrenwürmern oder Muscheln gleichen, hat dazu geführt, daß in alten zoologischen Werken die Moostierchen z. B. bei den Schwämmen und Hydroidpolypen zu finden sind, oder zusammen mit den Rädertierchen als *Ciliati* in der Verwandtschaft der Würmer, die Armfüßer bei den Muscheln usw. Später wurden die Bryozoen als *Polyzoa* von den primitiven Hohltieren getrennt, dann mit den Brachiopoden zum Stamm der Muschellinge *(Molluscoidea)* vereinigt. Festgestellte Übereinstimmungen des inneren Baues brachten die Hufeisenwürmer hinzu. Die Einordnung der Kranzfühler in die Gesamtsystematik ist auch heute noch unsicher. Gemeinsam ist den Vertretern der drei Klassen äußerlich praktisch nur ein Merkmal: der Kranz rückziehbarer, bewimperter Tentakel um die Mundöffnung, der als Flimmereinrichtung zum Anstrudeln von Nahrungsteilchen, zum Gasaustausch und zur Reizübermittelung dient.

Moostierchen Klasse *Bryozoa = Ectoprocta*

Fast ausschließlich festsitzende, vorwiegend marine und mit Ausnahme einer einzigen Art *(Monobryozoon ambulans* Rem.) stockbildende Kranzfühler mit kalkigem oder hornigem Gehäuse. Einzeltier (Zooid) meist winzig klein, nur durch mikroskopische Untersuchung genau bestimmbar. Stöcke (Zooarien) strauch-, bäumchen-, blatt-, lappen-, krusten- oder knollenförmig, oft in größeren Kolonien. Fortpflanzung geschlechtlich durch Eibefruchtung im Muttertier (Zwittertum häufig) und ungeschlechtlich: aus befruchteten Eiern entwickeln sich frei schwimmende Larven, die sich nach kurzer Zeit festsetzen und durch Knospung einen neuen Stock bilden. Die unten beschriebenen Arten gehören der hauptsächlich im Meer vertretenen Ordnung *Stelmatopoda (= Gymnolaemata)* an und besitzen eine kreisförmig als Trichter um die Mundöffnung angeordnete Tentakelkrone.
Moostierstöcke werden oft mit Algen, Schwämmen, Hydrozoen und manchen Anthozoen verwechselt; zur Unterscheidung genügt eine Lupe, die die bewimperten Tentakel der lebenden Zooide erkennen läßt. Am häufigsten findet man Bryozoen auf steinigem, algenbewachsenem Grund, aber auch auf Weichtiergehäusen, Krebspanzern und Meerespflanzen. Sie kommen in allen Meeren vor und sind vom Flachwasser bis etwa 250 m Tiefe am reichsten vertreten, mit einigen Formen aber auch in der Tiefsee.

556 Paarzweig-Moostierchen *Eucrate loricata* (L.) = *Gemellaria l.* = *Scruparia l.*
Stock bis 15 cm hoch (meist kleiner), weißlich bis gelblich, unverkalkt, reich verzweigt, aufgebaut aus paarweise an der Rückseite verbundenen Einzeltierchen mit füllhornförmigen Gehäusen. – Auf verschiedensten Unterlagen von 10 m bis über 100 m Tiefe. – Atlantik, Nordsee, westl. Ostsee.

557 Seerinde *Membranipora membranacea* (L.).
Stock flächig dünn, bis 20 cm breit, manchmal größer, eine weißlichgraue, rindenartige, membranöse Kruste von mosaikähnlicher Struktur und mit meist gleichmäßig verlaufendem Rand bildend, aus der wenige starke Borsten aufragen; aufgebaut aus sehr regelmäßig auf einer Ebene nebeneinander angeordneten Einzeltieren mit eckig-kästchenförmigen Gehäusen. – Auf Braunalgen und anderen Unterlagen in der Flachwasser- und Gezeitenzone. – Mittelmeer, Atlantik, Nordsee, bis Kattegat und Skagerrak.
Ähnlich ist ***M. crustulenta*** der Atlantik-, Nordsee- und Ostseeküste, auch im Brackwasser vorkommend und glänzend weiße, glatte, schwammige, unregelmäßig geformte Krusten bildend, die aus Einzeltieren mit abgerundet-kästchenförmigem Gehäuse aufgebaut sind. – Membranipora-Arten haben ein sich bei stärkerer Erschütterung erweisendes Leuchtvermögen, das vermutlich von Leuchtbakterien ausgeht.

558 Zottige Seerinde *Membranipora pilosa* (L.) = *Electra p.*
Stock flächig, dünn, eine glänzend weiße bis silbergraue Kruste von mosaikähnlicher Struktur bildend, aber kleinzelliger als bei *M. mebranacea*, mit dicht stehenden, feinen Borsten und meist sehr ungleichmäßig verlaufendem Rand; aufgebaut aus sehr regelmäßig auf eine Ebene nebeneinander angeordneten Einzeltieren mit abgerundet-kästchenförmigen Gehäusen, die je 1 chitinige Borste tragen. – Auf Braunalgen, Neptungras, Steinen, Weichtierschalen, von der Gezeitenzone bis über 100 m Tiefe. – Mittelmeer, Atlantik, westl. Ostsee.
Ähnliche, aber bräunlichgraue bis braune Stöcke bildet im gleichen Gebiet ***Flustrellida hispida***, das Rotborstige Moostierchen, auf flächigen Algen, besonders auf Sägetang.

559 Blätter-Moostierchen *Flustra foliacea* L.
Stock bis 20 cm hoch, gräulich-, gelblich- oder grünlichbraun, hornig und biegsam, mit scheibenförmiger Basis an der Unterlage befestigt, wiederholt blätterig gelappt; Lappen breit, keilförmig, an

den Enden oft eingeschlitzt und stets abgerundet; aufgebaut aus Einzeltieren mit kästchenförmigen Gehäusen. – Auf Felsen, manchmal ganze Wiesen bildend, auch auf Steinen und Muschelschalen, von der Uferzone bis über 100 m Tiefe. – Mittelmeer, Atlantik, Nordsee, westl. Ostsee.
Die an der Atlantik-, Nordsee- und westl. Ostseeküste zu findenden, bis 12 cm hohen, gelbbraunen Stöcke von ***Carbasea carbasea*** = *Flustra* c. sind ähnlich und ebenfalls mit einer kleinen Scheibe an der Unterlage befestigt, weisen aber sehr dünne, nach den Enden hin zungenförmig verbreitete Lappen auf. ***F. securifrons,*** auch im Mittelmeer häufig, in der Ostsee dagegen fehlend, bildet bis 15 cm hohe, mit Wurzelfäden befestigte, hellgelbe Stöcke mit schmalen, an ihren Abzweigungen teils stark verengten, an den Enden stets abgestutzten Lappen, auf den sich oft andere Moostierchen ansiedeln, z. B. das Elfenbein-M.

560 Feder-Moostierchen *Bugula plumosa* Pallas.
Stock bis 10 cm hoch, bräunlich, hornig und biegsam, strauchartig verzweigt, mit schlanken Ästen, die unten etwas stärker und oft durch Wurzelfäden gestützt sind, oben fiedrig fein und häufiger geteilt, aufgebaut aus in 2 Reihen nebeneinander angeordneten Einzeltieren mit gedrungen-röhrenförmigen Gehäusen. – Auf Steinen, Weichtierschalen, Krebspanzern, von der Uferzone bis über 100 m Tiefe. – Mittelmeer, Atlantik, Nordsee.
B. avicularia des gleichen Gebiets bildet nur bis 3 cm hohe, rötlichgelbe, spiralig verzweigte Stöcke, während die bis 3,5 cm hohen, graubraunen Stöcke von ***B. flabellata*** der Atlantik- und Nordseeküste fächerförmig verzweigt sind.

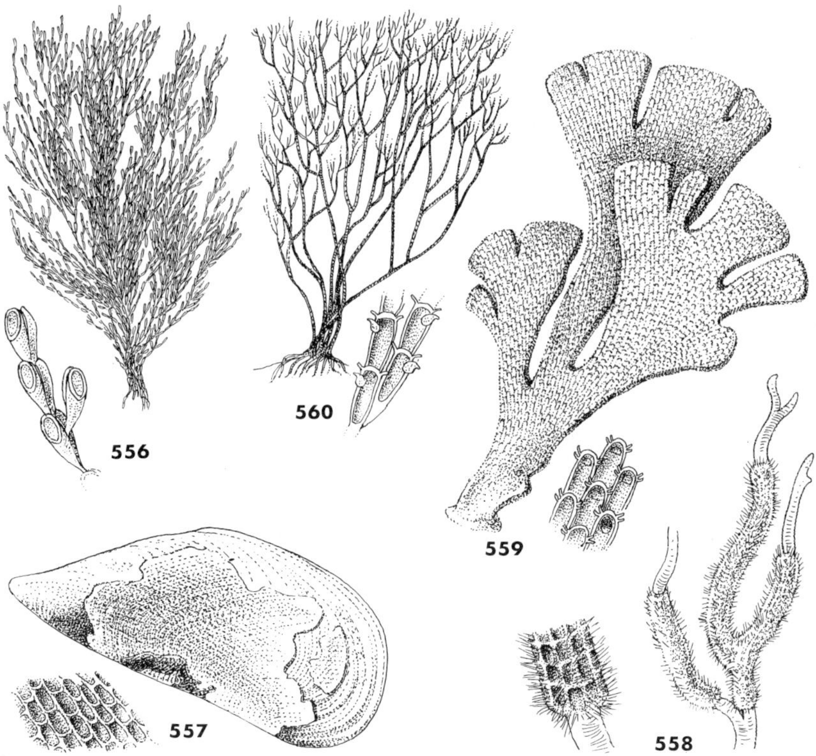
556 560 559 557 558

Kranzfühler

561 Neptunschleier = Netzkoralle ***Sertella cellulosa*** Cav. = *Retepora c.*
Stock bis 10 cm hoch, gelblich bis blaßorange, stark verkalkt und brüchig, feinmaschig netzartig durchbrochen, gekraust und trichterförmig gebogen; aufgebaut aus Einzeltieren mit röhrenförmig-ovalen Gehäusen. – In Höhlen, an Felswänden, zwischen Algen, an lichtarmen Stellen schon wenige Meter unter der Oberfläche, meist aber tiefer. – Mittelmeer.
Ähnlich, aber weißlich sind die an der Atlantik- und Nordseeküste von 10 m Tiefe an vorkommenden Stöcke von ***S. beaniana*** = Retepora b.

562 Trugkoralle ***Myriopora truncata*** (Pallas).
Stock bis 10 cm hoch, korallen- bis gelblichrot, stark verkalkt und brüchig, mehrfach gabelig verzweigt, edelkorallen-ähnlich, mit runden, an den Enden abgestutzten Ästen; aufgebaut aus in der gemeinsamen Kalkmasse eingebetteten Einzeltieren. – An Felswänden, unter Überhängen, in Höhlen und Spalten, an lichtarmen Stellen schon knapp unter der Oberfläche. – Mittelmeer.

563 Blattzweig-Moostierchen ***Hippodiplosia foliacea*** (Ell. u. Sol.).
Stock bis 20 cm hoch, gelblichrot, stark verkalkt und brüchig, verzweigt, mit blattartig flachen, abgeplatteten Ästen; aufgebaut aus Einzeltieren mit länglich-ovalen Gehäusen. – Auf algenbewachsenem Gestein und in Neptungraswiesen an lichtarmen Stellen der unteren Küstenzone von 20 m Tiefe an. – Mittelmeer.

564 Geweih-Moostierchen ***Cellepora ramulosa*** L.
Stock bis 7 cm hoch, fleischrot, stark verkalkt und brüchig, geweihähnlich verzweigt, mit rauh anzufühlenden, zylindrischen, an den Enden abgerundeten Ästen; aufgebaut aus Einzeltieren mit eiförmigem Gehäuse. – Auf Steinen, Muschelschalen und Hydrozoenstöcken, von 20 m bis über 100 m Tiefe. – Mittelmeer, Atlantik, Nordsee.
Zwei nahe verwandte und im gleichen Gebiet vorkommende Arten bilden nicht verzweigte, sondern knollenförmige, harte, rauhe Stöcke, die Algen und Hydrozoenstöcke als wulstartige Krusten umfassen, bei ***C. pumicosa*** hellrot und bis 2 cm lang, bei ***C. avicularis*** weißlich und bis 4 cm lang.

565 Elfenbein-Moostierchen ***Crisia eburnea*** (L.).
Stock bis 2,5 cm hoch, elfenbeinfarben mit hellgrauen Pünktchen, verkalkt, bäumchen- bis büschelförmig, reich verästelt, mit aufwärts gerichteten Zweigen, an der Unterlage mit Wurzelfäden befestigt; aufgebaut aus Einzeltieren mit röhrenförmigem Gehäuse. – Auf Algen (bes. Rotalgen) und Steinen von 5 bis über 100 m Tiefe, auch im Brackwasser und in Flußmündungen. – Mittelmeer, Atlantik, Nordsee, westl. Ostsee.
Ähnliche, aber sparsamer verästelte Stöcke mit waagrechten Zweigen bildet ***C. denticulata*** der Mittelmeer-, Atlantik- und Nordseeküste.

566 Röhrenfächer-Moostierchen ***Tubulipora flabellaris*** Fabr.
Stock bis 3 cm breit in ganzer Ausdehnung angewachsen, blaß bläulichrot, stark verkalkt, meist ungefähr fächerförmig; aufgebaut aus Einzeltieren mit röhrenförmigen, oft in strahligen Reihen angeordneten Gehäusen, deren oberer Teil hervortritt. – Auf Algen, Seegras und Muschelschalen, von der Uferzone bis 50 m Tiefe. – Mittelmeer, Atlantik, Nordsee.
T. dilatans, an der Atlantik-, Nordsee- und Ostseeküste von 20 m Tiefe an vorkommend, bildet auf Steinen und Muschelschalen ähnliche, ebenfalls bläulichrote, aber unregelmäßig in schmale Lappen ausgezogene Krusten, während bei ***T. lobulata*** des gleichen Gebiets die Lappen breiter, meist strahlig ausgerichtet und nach ihren Enden hin flächig erweitert sind.

567 Höckerzweig-Moostierchen ***Frondipora verrucosa*** (Lamour.).
Stock bis 5 cm hoch, gelblichbraun, stark verkalkt, mit kurzem Stiel, darüber mehr oder weniger waagrecht verzweigt, mit knorrigen, mehrfach gegabelten, teils miteinander verflochtenen Ästen, oft in mehreren übereinander gestaffelten Ebenen; aufgebaut aus Einzeltieren mit röhrenförmigen Gehäusen, die starr miteinander verwachsen sind. – An Felsen, Steinen und Muschelschalen von 20 m Tiefe an. – Mittelmeer.

568 Gallert-Moostierchen ***Alcyonidium gelatinosum*** (L.).
Stock bis 60 cm hoch (meist kleiner), gräulich-, grünlich- oder bräunlichgelb bis braun, gallertig, schlüpfrig-schwammig anzufühlen, bei schmaler, runder Basis knüppelförmig (junge Stöcke) oder unregelmäßig baumartig verzweigt, mit runden Ästen; aufgebaut aus in der gallertigen Masse eingebetteten Einzeltieren. – An Felsen, Steinen, Muschelschalen, vom Flachwasser bis über 100 m Tiefe. – Mittelmeer, Atlantik, Nordsee, westl. Ostsee.
Die Stöcke von ***A. polyoum*** der Atlantik-, Nordsee- und Ostseeküste haben die gleiche Konsistenz, sind aber inkrustierend und bilden dicke, unregelmäßig gelappte, schimmernd weißliche bis grünlichgelbe Überzüge auf Algen (bes. *Fucus*), Steinen und Muschelschalen.

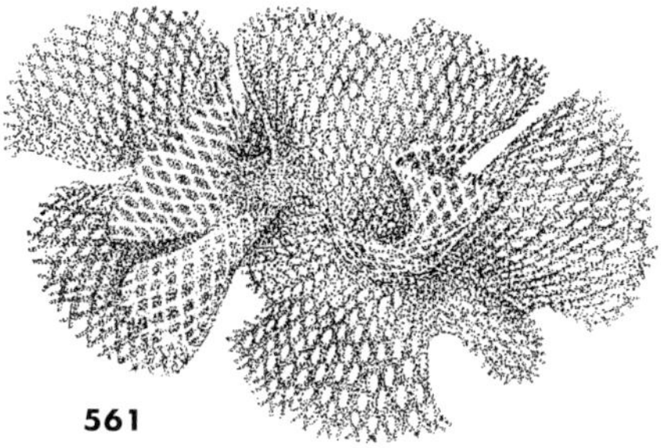
561

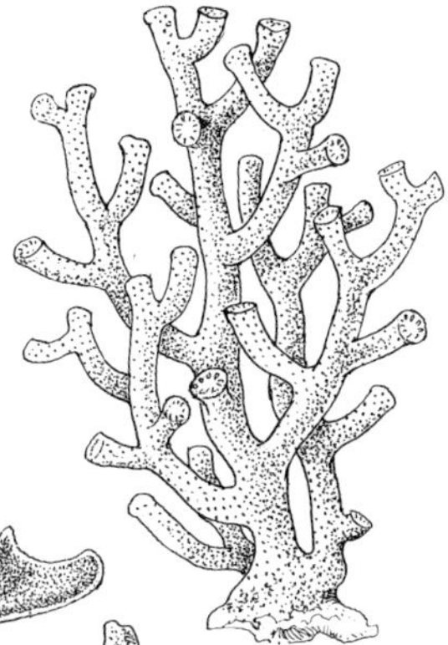
562

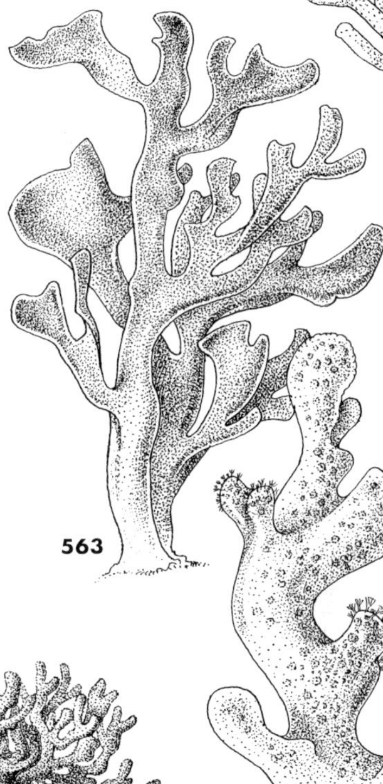
563

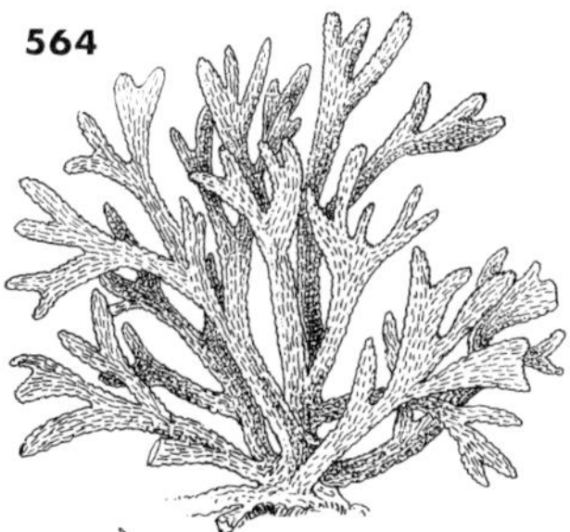
564

565

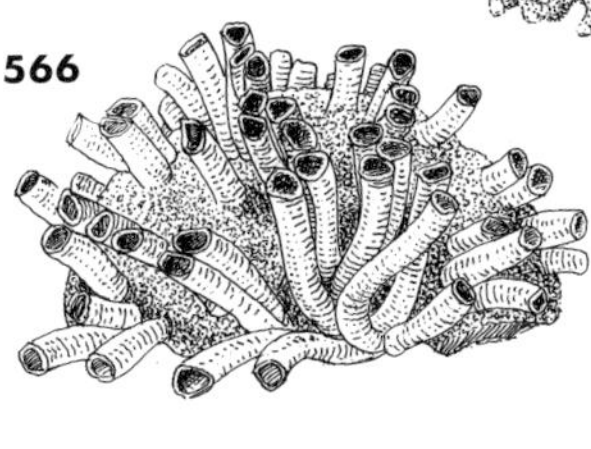
566

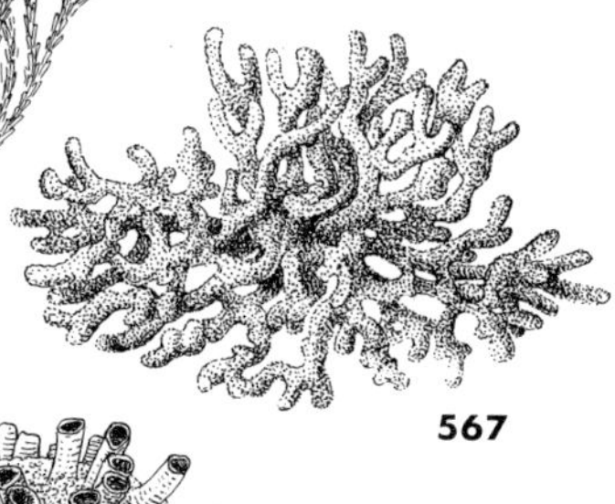
567

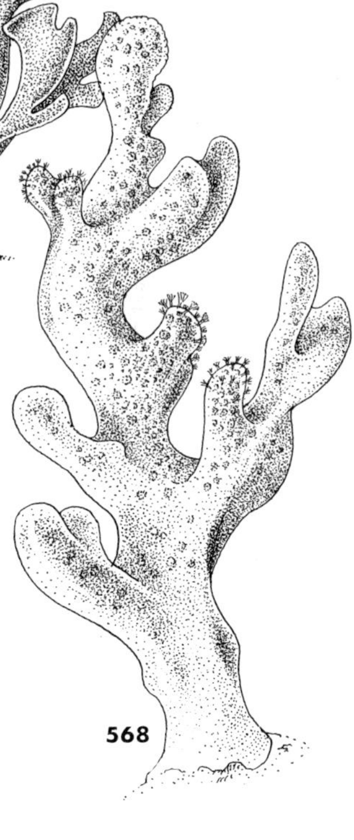
568

Hufeisenwürmer Klasse *Phoronidea*

Obschon im Flachwasser aller Meere vertreten, ist diese Tiergruppe sehr klein: Man kennt heute knapp anderthalb Dutzend verschiedene Arten, ausschließlich marine, einzeln oder kolonienweise sessil in selbsterzeugten Röhren lebende Kranzfühler mit wurmähnlichem Körper, der am Vorderende einen hufeisenförmig auf einem Träger (Lophophor) um die Mundöffnung angeordneten Kranz bewimperter Tentakel aufweist und am hinteren Ende blasig verdickt ist. Fortpflanzung geschlechtlich (Zwittertum); aus den im freien Wasser befruchteten Eiern entwickeln sich Larven, die nach einer Umwandlungsphase auf den Grund absinken, um sich unter Bildung einer Wohnröhre festzusetzen. Diese Röhre besteht aus einem durch Sekretausscheidung erzeugten, chitinigen Schlauch, mit dem sich das Substratmaterial verkittet. Gewöhnlich ist an der Röhrenmündung nebst einem kurzen Körperstück nur der Tentakelkranz sichtbar, der bei Störung sogleich eingezogen wird. Die Möglichkeit der Verwechslung mit Röhrenwürmern liegt auf der Hand; Unterscheidungsmerkmal ist das Fehlen von Segmenten und Borsten am Körper.

569 Hufeisenwurm *Phoronis muelleri* Selys-Long.
Körper gelblich oder rötlich, bis 6 cm lang, schnurdünn, mit sehr kurzen, unten roten Tentakeln; Röhre mosaikartig mit feinen Sandkörnern besetzt, unregelmäßig gebogen. – Einzeln in Schlamm und Schlicksand eingegraben, von 10 bis 50 m Tiefe. – Mittelmeer (nur nördl.), Adria und Levanteküste, Atlantik, Nordsee.
Zwei ähnliche, aber kleinere Arten sind im westl. Mittelmeer zu finden: ***P. psammophila,*** bis 4 cm lang, farblich wie *P. muelleri,* in lockeren Kolonien in Sand und Schlick; ***P. hippocrepia,*** in rasenartig dichten Kolonien an Pfahlwerk, Hafenmauern und Steinen.

Armfüßer Klasse *Brachiopoda*

Festsitzende marine Kranzfühler von muschelähnlichem Aussehen, meist gestielt, mit zwei den Körper umschließenden ungleichen Schalenklappen, die im Gegensatz zu Muschelschalen von Muskeln nicht nur geschlossen, sondern auch geöffnet werden und nicht als rechte und linke Klappe, sondern als Rücken- und Bauchschale zu unterscheiden sind. Schloß oft vorhanden, ohne Band, mit 2 Zähnen am Hinterrand der Bauchschale und 2 Gegengruben an der Rückenschale. Bauchschale bei gestielten Arten hinten meist loch- oder ausschnittförmig durchbrochen (Stiel-Durchtritt). Rückenschale innen meist mit einem Stützskelett für die zwei beiderseits der Mundöffnung der Tiere angeordneten, spiralig eingerollten und mit bewimperten Tentakeln besetzten Träger (Lophophore). Fortpflanzung geschlechtlich (Zwittertum selten); die sich aus befruchteten Eiern entwickelnde Larve setzt sich nach einer Umwandlungsphase auf dem Grund fest.
Armfüßer kommen in allen Meeren vor, vorwiegend jedoch in großen Tiefen, und während rund 7000 bekannte fossile Arten vom einstigen Formenreichtum der Gruppe zeugen, zählt sie heute wenig über 250 lebende Arten.

570 Gestutzte Stielmuschel *Mergelia truncata* (L.) = *Mühlfeldtia t.*
Bis 1,4 cm lang und 2 cm breit, kurz gestielt. Schalen gelblichweiß bis hellbraun, rechteckig-oval, beidseits abgestutzt, mit feinen, durch konzentrische Anwachsstreifen unterbrochene Strahlrippen. Bauchschale stark gewölbt, mit schwach eingebuchtetem Stiel-Ausschnitt; Rückenschale flacher, mit medianer Längsfalte, innen mit annähernd H-förmigem Stützskelett. – An Felsblöcken, in Höhlen, auf Sandgrund, an Steinen und Muschelschalen, von 10 m Tiefe an. – Mittelmeer, Atlantik bis Kanalküste als nördl. Grenze.
Ähnlich bei gleicher Verbreitung ist **Gryphus vitreus** = *Terebratula v.,* bis 2,5 cm lang und 2 cm breit, mit annähernd gleich stark gewölbten, fast glatten, weißlichen, leicht durchsichtigen Schalen, auf tieferen Korallen- und Kiesböden.

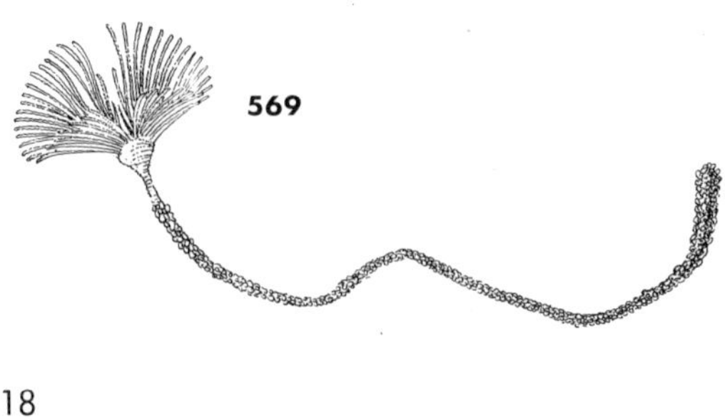
569

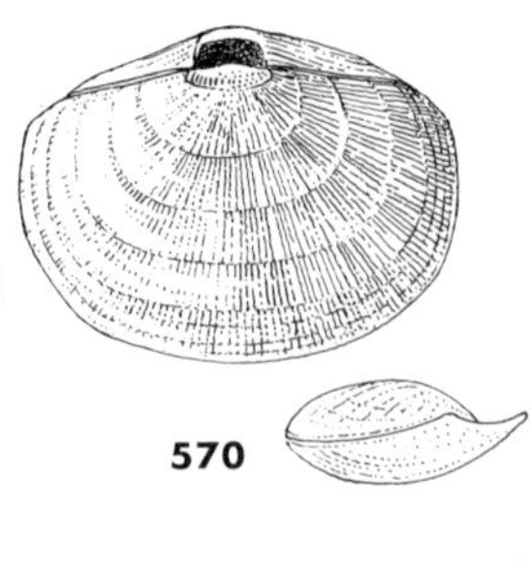
570

Pfeilwürmer Stamm *Chaetognatha* = *Homalopterygia*

Meist pelagisch lebende, pfeil- bis fischförmige, glasig-durchsichtige und gewöhnlich farblose Meerestiere von geringer Größe, systematisch die Reihe der Neumünder *(Deuterostomia)* einleitend, mit nach außen durchbrechenden Kiemenöffnungen bei zweiseitig-symmetrischem, in Kopf, Rumpf und Schwanzabschnitt gegliedertem Körper. Kopf kugelig, mit zwei Augen oberseits und unterständiger Mundöffnung, neben der beidseits vorschnellbare chitinige Fanghaken liegen, die in Ruhestellung von einer Hautkappe verdeckt sind. Rumpf und Schwanzabschnitt mit horizontalen, gestrahlten Flossen. Zwittertum ist die Regel; die Eierstöcke liegen beidseits des Rumpfes, die Spermienblasen am Schwanzabschnitt; die Befruchtung der Eier erfolgt im freien Wasser oder innerlich. Als Nahrung dienen planktische Kleinlebewesen, die in schnellem Zustoß erjagt werden.
Dem Stamm *Chaetognatha* gehören nur rund 30 in der einzigen Klasse *Sagittoidea* zusammengefaßte Arten an, die zwar ihrer Durchsichtigkeit und Kleinheit wegen meist übersehen werden, aber in verschiedenen Tiefen teils derart zahlreich auftreten können, daß sie als Fischnahrung und damit für die Seefischerei eine bedeutende Rolle spielen. Im Küstenbereich leben nur kleinere Arten; die meisten Pfeilwürmer, insbesondere die größeren (bis 8 cm lang) Formen sind Tiere des offenen Meeres.

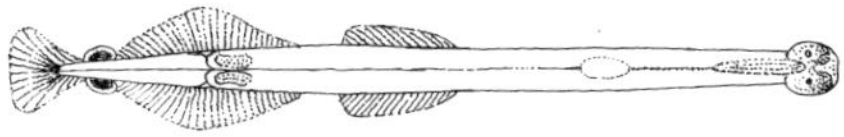

571

572

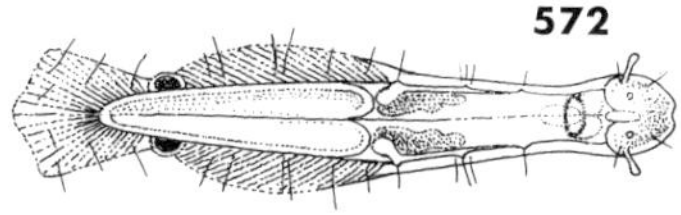

571 Küsten-Pfeilwurm *Sagitta setosa* J. Müll.
Bis 1,4 cm lang. Schlank, durchsichtig, farblos. Vorderes Seitenflossen-Paar in Körpermitte, hinteres an den Spermienblasen endend. – Oberflächennah im Küstenbereich, manchmal in Ebbetümpeln der äußeren Gezeitenzone. – Mittelmeer, Atlantik, Nordsee.
Ähnlich, aber weit größer, bis 6 cm lang, ist ***S. hexaptera,*** eine im offenen Meer des gleichen Gebiets lebende Art.

572 Brauner Pfeilwurm *Spadella cephaloptera* (Busch).
Bis 0,8 cm lang. Gedrungen, nicht durchsichtig, bräunlichgelb. Nur ein Seitenflossen-Paar, am Ansatz der Spermienblasen in die Schwanzflosse übergehend. – Lebt nicht pelagisch, sondern am Grund, auf Gestein, Seegras und Algen, kriechend oder mittels Klebezellen festgeheftet. – Mittelmeer, Atlantik.

Stachelhäuter ***Stamm*** *Echinodermata = Echinoderma*

Dieser Stamm, aufgeteilt in zwei Unterstämme, umfaßt fünf Klassen: Haarsterne, Seegurken bzw. Seewalzen, Seeigel, Seesterne, Schlangensterne, verhältnismäßig hochorganisierte Tiere mit fünfstrahlig gebautem Körper und mehr oder minder gut entwickeltem Kalkskelett. Die Stacheln, die dem Skelett aufsitzen, können jede Größe vom feinen, kurzen Stäbchen bis zur langen Nadel haben. Oft sind sie beweglich, mittels Muskeln in allen Richtungen drehbar. Der strahlige Körperbau kommt stets wenigstens in der Verteilung der Saugfüßchen zum Ausdruck, wobei man Abschnitte mit Saugfüßchen als Ambulakren bezeichnet, während dazwischen die sogenannten Interambulakren liegen. Die Ambulakren sind entweder als Arme ausgezogen oder auf ihrer ganzen Länge mit den Interambulakren verbunden, was bei Seeigeln und Seewalzen zutrifft.

Alle Stachelhäuter besitzen ein Darmsystem, ein Nervensystem, ein Blutgefäßsystem, sowie ein Wassergefäßsystem, das sich übrigens nur bei ihnen findet und mit den tentakelartigen, kontraktilen Saugfüßchen in Verbindung steht, die zum Tasten, zur Fortbewegung und zum Festhalten dienen. Sie leben ausschließlich im Meer, von der Küste bis zu etlichen Tausend Meter Tiefe, selten aber im Brackwasser. Die meisten Arten sind getrenntgeschlechtlich, wobei jedoch äußerlich kaum größere Geschlechtsunterschiede bestehen. Die Fortpflanzung erfolgt im allgemeinen durch Entleerung der Spermien und Eier ins Wasser. Es gibt jedoch auch lebendgebärende Stachelhäuter, und bei manchen Arten ist Brutpflege festzustellen.

Die Haarsterne *(Crinoidea)* vertreten heute noch als einzige Klasse den Unterstamm der dauernd oder zumindest in der Jugend sessilen Gestielten Stachelhäuter = Stielsterntiere *(Pelmatozoa)*, die vor über 500 Millionen Jahren in vielen Formen das Meer bevölkerten. In dieser Klasse bilden wiederum die *Articulata* die einzige rezente Ordnung, wobei die verhältnismäßig wenigen Seelilien, in der Unterordnung Stielseelilien *(Pentacrinoidea)* zusammengefaßt, größtenteils Bewohner der Tiefsee sind. Die übrigen Arten gehören zur Unterordnung der Federsterne *(Comatulidae)*, von der an unseren Küsten nur einige Familien vorkommenn, meist in größeren Tiefen. Die vier anderen Klassen des Stammes bilden den Unterstamm der Ungestielten Stachelhäuter = Freisterntiere *(Eleutherozoa)*. Sie sind freilebend und vermutlich in der frühen Urzeit aus festsitzenden Sterntieren entstanden.

Die Seegurken bzw. Seewalzen *(Holothurioidea)* haben ihren Lebensbereich insbesondere in der Küstenzone und der Flachsee, doch Tiefseeformen gibt es auch. Charakteristisch ist der zweiseitig-symmetrisch gebaute, walzen- bis wurmförmige Körper, dessen Skelett aus in der Haut eingelagerten winzigen Kalkplättchen besteht. Manche Arten, vor allem solche der Uferzone warmer Meere, sondern einen Giftstoff ab, dessen Komponenten in neuerer Zeit untersucht und für medizinische Zwecke nutzbar gemacht worden sind. Als Nahrung dienen den Seewalzen die im Grundschlamm enthaltenen organischen Sinkstoffe sowie Plankton. Sie zeichnen sich ebenfalls durch erstaunliches Regenerationsvermögen aus: Bei Reizung ausgestoßene Eingeweide werden innerhalb weniger Wochen ersetzt.

Seeigel *(Echinoidea)* sind vor allem in der Ufer- und Flachwasserzone mit zahlreichen Arten vertreten, aber immerhin geht die bathymetrische Ausbreitung auch dieser Klasse bis etwa 4500 m. Ihr Körper ist gewöhnlich kugel- oder eiförmig, mehr oder minder gewölbt, selten scheibenförmig abgeflacht. Man unterscheidet dabei zwischen Regulären Seeigeln mit strahlig-symmetrischem, meist sphärischem Körper, und Irregulären Seeigeln mit zweiseitig-symmetrischem, gewöhnlich ovalem Bau. Die Stacheln können lange Lanzen oder kurze Borsten sein, dünn und nadelspitz oder dick und stumpf, rund oder flächig verbreitert, sehr brüchig und mit Giftdrüsen verbunden. Die Seeigel sind teils Räuber, teils Aasfresser, und manche Arten nähren sich von Algen.

Seesterne *(Asteroidea)* kommen von der Uferzone bis in die Tiefsee vor, auf Sand-, Schlamm- und Felsgrund. Sie weisen meist die typische fünfstrahlige Sternform auf, doch gibt es sowohl annähernd scheibenförmige oder pentagonale Arten als auch solche mit mehr als fünf Armen. Die Farbskala ist breit: sie reicht von Gelb und Rot bis zu Grün, Blau und Violett. Viele Seesterne sind Räuber, manche Aasfresser, und andere nehmen Schlamm auf, sich von den darin enthaltenen Kleintieren ernährend.

Schlangensterne *(Ophiuroidea)* kommen ebenfalls schon in der Uferzone vor, doch ist diese Klasse am artenreichsten in größeren Tiefen vertreten. Die verhältnismäßig kleine Körperscheibe und die deutlich davon abgesetzten, dünnen Arme differenzieren sie schon äußerlich von den Seesternen. Sehr beweglich, weisen sie, von wenigen Ausnahmen abgesehen, fünf Arme auf, die bei den Euryalen gegabelt oder mehrfach verzweigt sind, bei den Ophiuriden stets unverzweigt. Ihre außerordentlich große Regenerationsfähigkeit entspricht ihrem Vermögen, die Arme ganz oder teilweise abzuwerfen und sogar Teile der Körperscheibe abzustoßen, ohne ihre Lebensfähigkeit einzubüßen. Ihre Nahrung besteht teils aus Sinkstoffen, die oft in Rückenlage aufgefangen werden, teils aus Kleinorganismen und Aas, doch gibt es unter den Schlangensternen auch Räuber, die Schnecken, Muscheln und Seeigel fressen sowie festsitzende Tiere.

Muräne in zerklüfteter Höhle mit Krustenanemonen
(Mittelmeer)

Wurzelmundqualle mit jungen Stöckern
(Mittelmeer)

Sternschnecke
(Mittelmeer)

Mittelmeer-Federstern auf Neptungras

Einsiedlerkrebs
mit Schmarotzerrosen
(Mittelmeer)

Moostierchen, Kalkalgen, Spirastrella-Schwamm
(Mittelmeer)

Violetter Seeigel, mit Algen und Muscheln maskiert
(Mittelmeer)

Haarsterne Klasse *Crinoidea*

Dauernd oder nur in der Jugend gestielte und festsitzende Stachelhäuter mit kelch- bis kugelartigem Körper und federförmigen, unbestachelten Armen.

Federsterne Ordnung *Comatulidae*

Nur in der Jugend gestielt und festsitzend; im erwachsenen Zustand ungestielt und frei beweglich, mit 5 vom Rand des kelchförmigen Körpers an meist einfach gegabelten Fiederarmen, die zum Schwimmen benutzt werden, und bis zu 40 rankenähnlich vom früheren Stielansatz ausgehenden Klammerfüßchen oder Zirren, die zum Anklammern und als Stütze dienen.

573 Mittelmeer-Federstern *Antedon mediterranea* (Lam.) = *A. rosacea* = *A. adriatica*.
Bis 20 cm Durchm. Gelb, rotgelb, rot oder braun, mit 5 unmittelbar am Rand des Körperkelchs gegabelten, seitlich federartig mit feinen Fortsätzen besetzten Armen, die ständig in lebhafter Bewegung sind, treibende Nahrungsteilchen aus dem Wasser filternd. Vom unteren Ende des Kelches gehen bis zu 22 gegliederte Zirren aus, die als Stütze dienen und zwischen den Armen hindurch aufwärts geschlagen werden. – Auf algenbewachsenem Schlamm-, Sand- und Steingrund sowie auf Seegraswiesen und Gorgonien in Tiefen bis etwa 40 m. – Mittelmeer.
Ähnlich, jedoch gelbgrün bis grün, mit sparsamer gefiederten Armen ist ***Leptometra phalangium,*** den Grund- oder Korallenfischer manchmal mit ihren Fanggeräten aus größeren Tiefen – meist stark beschädigt – emporbringen. – Stellenweise an der mediterranen Südküste und an der Atlantikküste kommt ***A. bifida*** vor, mit kürzeren, kräftigeren Armen. – Haarsterne sind sehr empfindlich gegen Berührung und verlieren leicht ihre Arme.

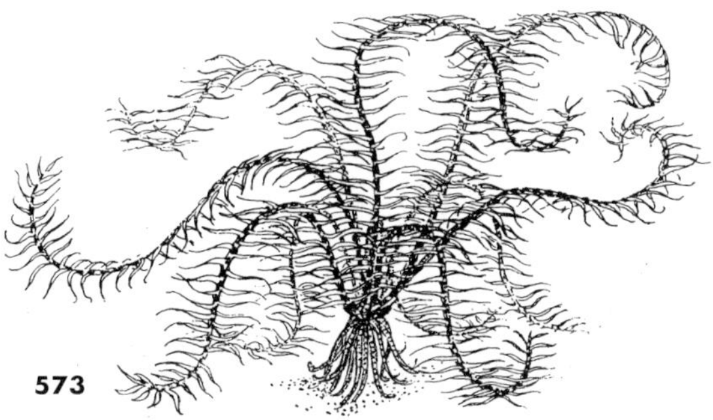

573

Seegurken – Seewalzen Klasse *Holothurioidea*

Stachelhäuter mit zweiseitig-symmetrischem, walzen- bis wurmförmigem Körper. Skelett nicht zusammenhängend, sondern aus in der Haut eingebetteten Kalkplättchen. Ambulakralfüßchen meist in fünf mehr oder minder deutlichen Längsreihen geordnet, oft teilweise zu Papillen umgebildet, manchmal fehlend. Mundöffnung nahe dem vorderen Ende, von einem Kranz rückziehbarer Tentakel umgeben. Afteröffnung am hinteren Ende. Angegriffene bzw. gereizte Seewalzen können zur Abschreckung die gesamten Eingeweide ausstoßen; bestimmte Arten pressen zunächst lange, klebrige, weißliche Fäden aus dem Enddarm, die sogenannten Cuvier'schen Schläuche; die Regeneration erfolgt in verhältnismäßig kurzer Zeit. Einige subtropische und tropische Seewalzen sondern einen im Nahbereich betäubend, für Kleinfische sogar tödlich wirkenden Giftstoff ab. Die Haut mancher mediterraner Arten wird zu Leder verarbeitet, und Fischer verwenden Stücke zerschnittener Tiere oder der ausgestoßenen Eingeweide als Köder zum Meerbrassenfang.

574 Röhrenholothurie *Holothuria tubulosa* Gmel.
Bis 35 cm lang; wurstförmig, mit lederiger Haut; oben rötlich- bis dunkelbraun, unten bräunlich; Füßchen auf dem Rücken zu Papillen umgebildet; Mundöffnung von 20 Tentakeln umgeben; keine Cuvier'sche Schläuche. – Auf Schlamm-, Sand- und Steingrund, vom Flachwasser an, oft bis zu mehr als halber Länge aufgerichtet. – Mittelmeer.
Ähnlich, aber oben mattschwarz mit weißen Papillen, ist eine weitere mediterrane Seegurke ohne Cuvier'sche Schläuche, die bis 25 cm lange Schwarze Holothurie, ***H. polii.***

575 Braune Holothurie *Holothuria forskali* Delle Chiaje.
Bis 20 cm lang, mit dicker, klebriger Haut, glänzend grünlichschwarz bis dunkelbraun, manchmal heller gefleckt, unterseits bräunlichgelb. – Auf Schlamm- und Sandböden, in Seegraswiesen, auch auf steinigem Grund. – Mittelmeer, Atlantik bis nördl. Grenze. – Stößt ihre Cuvier'schen Schläuche schon bei geringster Reizung aus.
Dasselbe, im Atlantik allerdings weniger weit nördlich reichende Verbreitungsgebiet hat die Königsholothurie, ***Stichopus regalis,*** bis 30 cm lang, derbhäutig, oberseits mit warzigen Auswüchsen besetzt, bräunlichgelb bis ockerfarben; unterseits sohlenartig abgeflacht, rötlich, mit einem Saum weißer Papillen auf braunem Grund. – Auf sandigem Grund zwischen Moostier- und Korallenstöcken, auch auf Schlammböden, vom Flachwasser bis in größeren Tiefen.
Die oben angeführten vier Holothurien beherbergen manchmal im Enddarm bzw. in einer ihrer Wasserlungen den zu den Schlangenfischen gehörenden Eingeweidefisch *Fierasfer acus* (s. d.)

576 Kletterholothurie *Cucumaria planci* (Brdt).
Bis 15 cm lang; gurkenförmig, gestreckt; bräunlich bis braun; Füßchen in Doppelreihen auf fünf Längskanten; Mundöffnung von 10 stark verzweigten Tentakeln umgeben. – Auf Schlamm-, Sand- und algenbewachsenem Steingrund, vom Flachwasser an. – Mittelmeer.
Ähnlich, aber kleiner und schlanker ist die auch an der Atlantik- und Nordseeküste vorkommende ***Trachythyone elongata*** = *Cucumaria* e. mit gebogenem, nach hinten spitz zulaufendem Körper. ***T. normani*** = *Cucumaria n.* der Atlantikküste hat eine lederige, runzelige, bräunliche Haut, die sich am Licht schwarz verfärbt, und ***T. saxicola*** = *Cucumaria s.* des gleichen Gebiets weist bei nur ganz schwach gekantetem Körper eine glatte weißliche Haut auf, und die Füßchen, nur unten in zwei Doppelreihen geordnet, sind oben eher unregelmäßig verteilt.

577 Wurmholothurie *Leptosynapta inhaerens* (O. F. Müll.) = *Synapta i.*
Bis 18 cm lang, meist kleiner; wurmförmig; weißlichgrau, gelblich oder blaßrötlich; ohne Füßchen, jedoch mit ankerförmigen Skelett-Teilchen, die in der dünnen, zusammenziehbaren Haut eingebettet, zur Fortbewegung benutzt werden. Mundöffnung von 12 mehrfach verzweigten Tentakeln umgeben. – Im Schlamm und Sand eingegraben, von 2 bis 60 m Tiefe. – Mittelmeer, Atlantik, Nordsee. – Stößt bei Berührung Stücke des Körpers ab, regeneriert aber rasch.
Ähnlich ist ***L. bergensis*** der nördlichen Atlantik- und Nordseeküste, durch die rote Färbung gekennzeichnet. Dagegen ist ***L. minuta,*** im gleichen Gebiet, aber auch im Mittelmeer vertreten, nur 1,5 cm lang und mit 10 unverzweigten Tentakeln ausgestattet.

Im indopazifischen Küstenbereich werden bestimmte Seegurken-Arten in großen Mengen von Hand oder mit Schleppnetzen gefischt, an Land aufgeschnitten und ausgenommen, die Hautmuskelschläuche in Süßwasser gekocht, dann getrocknet, manchmal auch geräuchert. So entsteht Trepang, als Nahrungsmittel hochwertig, vor allem in China, Japan und Australien geschätzt, wo man daraus Suppen, Saucen, Ragouts usw. zubereitet. Auf Sardinien, Sizilien und an der Adria ißt man Seewalzen ebenfalls, insbesondere Königsholothurien.

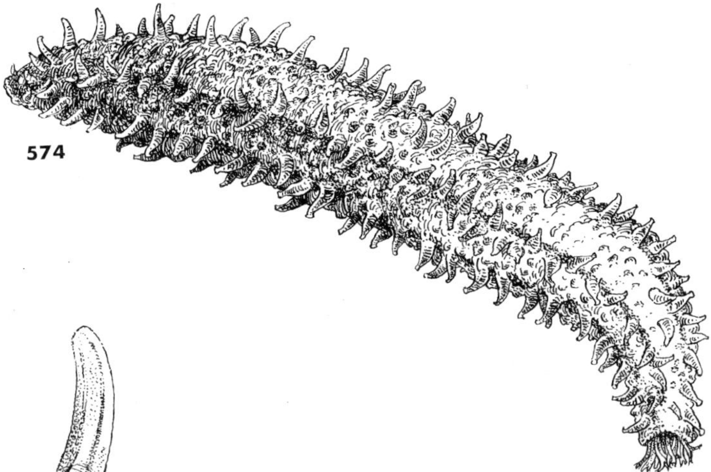

574

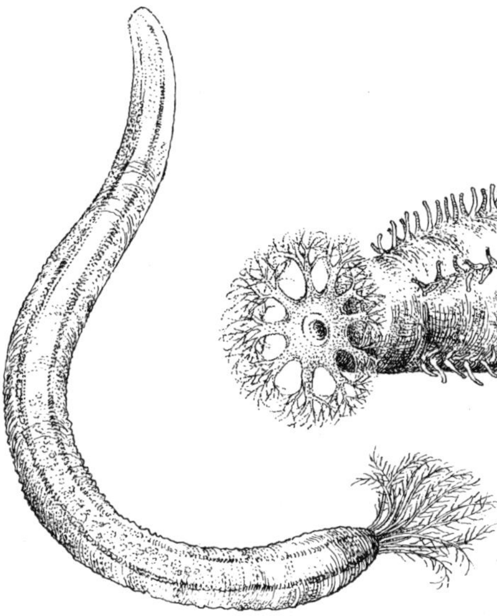

577

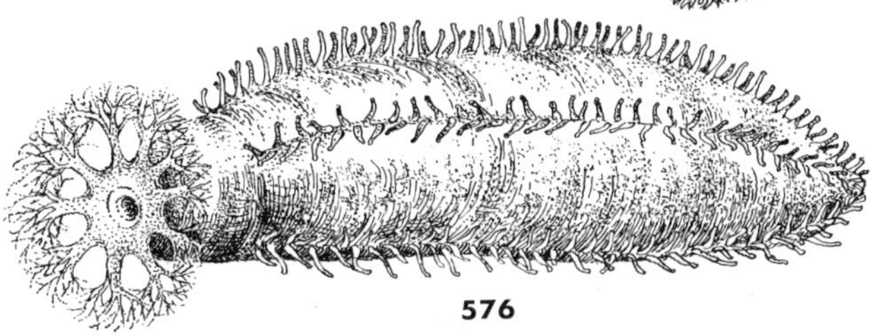

576

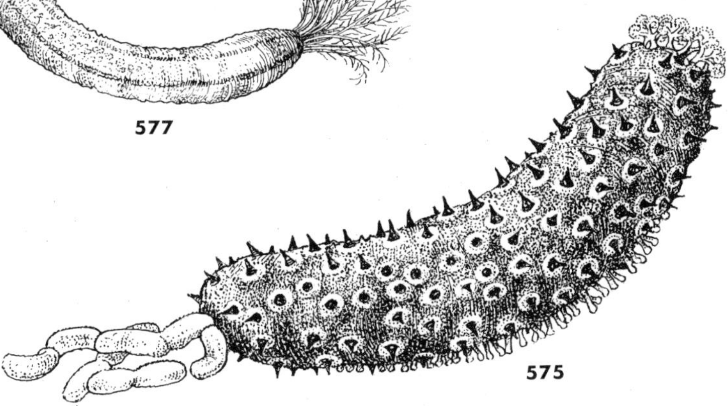

575

Seeigel Klasse *Echinoidea*

Stachelhäuter mit strahlig- oder zweiseitig-symmetrischem, meist kugel- oder eiförmigem, seltener scheibenähnlich abgeflachtem Körper. Skelett schalenartig aus regelmäßig geordneten, gewöhnlich starr verbundenen Platten. Ambulakren durch die dort vorhandenen Saugfüßchen, bzw. Poren gekennzeichnet. Die Stacheln, deren Länge und Form von Art zu Art verschieden ist, sitzen auf zierlichen Buckeln des Skeletts, oft nach allen Richtungen drehbar gelagert. Ebenfalls auf winzigen Skelett-Tuberkeln sitzend, ragen zwischen den Stacheln die sog. Pedicellarien auf, kleine gestielte Greifzangen, wie sie auch manche Seesterne besitzen, und die manchmal mit Giftdrüsen ausgestattet sind. Der Mund ist meist mit einem Kauapparat versehen, der aus fünf kräftigen Zähnen mit komplizierter Stützeinrichtung besteht und «Laterne des Aristoteles» genannt wird.

Reguläre Seeigel *Regularia*

Seeigel mit strahlig-symmetrischem Körper. Mund und After an den beiden Körperpolen. Weisen die Stacheln verschiedene Längen auf, so sind nur die längeren Primärstacheln regelmäßig angeordnet.

578 Grauer Lanzenseeigel *Cidaris cidaris* (L.) = *Dorocidaris papillata*.
Körperdurchm. bis 7 cm; Primärstacheln bis 14 cm lang. Grau bis gelblichgrau mit gleichfarbenen Primär- und grünlichen oder rötlichen Nebenstacheln. Körper kugelig, oben und unten leicht abgeflacht. Primärstacheln nur auf den Interambulakren, kräftig, in 5 Reihen und weit getrennt angeordnet, fein gekörnelt, nadelspitz, sehr brüchig; Nebenstacheln kurz, etwas abgeflacht, kranzartig und dicht um die Primärstacheln gebündelt. Mundfeld gepanzert. – Auf Schlick und steinigem, algenbewachsenem Grund von 30 m Tiefe an. – Mittelmeer, Atlantik bis Biskaya als nördl. Grenze. – Zur Fortbewegung werden die unteren Stacheln als Stelzen benutzt und seitliche Stacheln als Stützen.
Stylocidaris affinis, der Rote Lanzenseeigel des Mittelmeers, ist bei gleicher Größe des rötlich und gelb gemusterten Körpers durch weit kürzere, braun und hellbraun quergebänderte Primärstacheln gekennzeichnet.

579 Diademseeigel *Centrostephanus longispinus* (Phil.).
Körperdurchm. bis 6 cm; Primärstacheln bis 14 cm lang; dünn, nadelspitz, sehr brüchig, giftig, violett und weiß quergebändert; Nebenstacheln dazwischen verteilt, schwärzlich; Körper schwärzlichbraun. – Auf Fels- und steinigem Sandgrund von 10 m Tiefe an. – Mittelmeer und angrenzende Atlantikküste. – Fortbewegung wie beim Lanzenseeigel.

Verdruß mit Stacheln

Seeigelstacheln können unangenehme bis wirklich schmerzhafte Verletzungen verursachen. Sie brechen meist in der Wunde ab und rufen oft mehr oder minder starke Entzündungen hervor. Die Stacheln mancher Arten lösen sich zwar nach 1–2 Tagen auf. Solche, die Schmerzen verursachen, müssen aber unbedingt entfernt werden. Die Wunde ist vor und nach der Extraktion zu desinfizieren, ebenso jedes dazu benützte Instrument. Im allgemeinen kommt man zum Ziel, wenn man den Einstich etwas erweitert und den Stachel durch gleichmäßigen Druck von unten her im Stichkanal so weit freimacht, daß er mit der Pinzette gefaßt werden kann.
Stark brennender Schmerz deutet darauf hin, daß man an einen Lanzenseeigel oder gar an den giftigen Diademseeigel (s. oben) geraten ist; von tropischen Formen ist noch stärkere Wirkung bekannt. In solchen Fällen sollte nötigenfalls ein Arzt oder Sanitäter für nützlich rasche Extraktion der Stacheln sorgen. Und zusätzlich mögen die gleichen Maßnahmen ratsam werden wie bei Stichen giftiger Fische (s. S. 256 u. 305).
Hier zumindest erwähnenswert scheint ein an tropischen Küsten von Eingeborenen angewandtes Mittel: Papayafleisch, über Nacht aufgelegt, soll schmerzlindernd wirken und festsitzende Stacheln lockern.

Übrigens ...
Die am Mittelmeer in den letzten Jahren zum Leidwesen vieler Urlauber festzustellende starke Zunahme der Seeigel-Bestände gehört zu den noch immer kaum beachteten Alarmsignalen, die bedrohliche Störungen des ökologischen Gleichgewichts anzeigen. Besonders der sommerliche Massenandrang gerade jener, die über die Seeigelplage jammern, hat die Schadstoffbelastung weit über das vom Meer verkraftbare Maß ansteigen lassen und – zusammen mit anderen Rücksichtslosigkeiten gegenüber der Natur – Biotopveränderungen ausgelöst, die mehr und mehr Arten aussterben lassen, während wenige, so die Seeigel, überwuchern. Damit wird auf längere Sicht u.a. eine Nahrungsquelle zum Versiegen gebracht, ohne die es für die Menschheit, die es weiß, aber kurzsichtig verdrängt, keine Zukunft gibt.

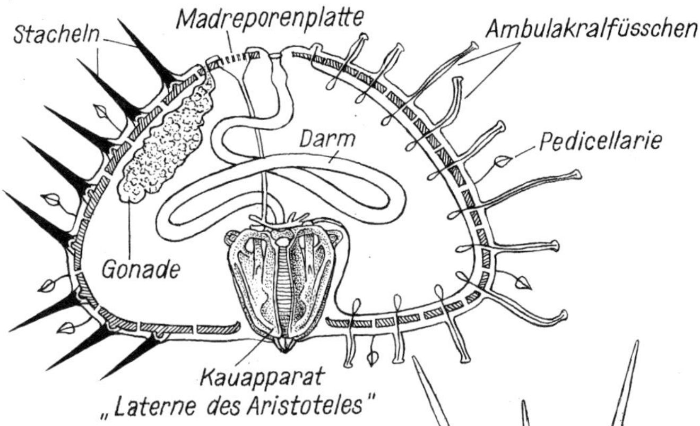
Stacheln
Madreporenplatte
Ambulakralfüsschen
Darm
Pedicellarie
Gonade
Kauapparat
„Laterne des Aristoteles"

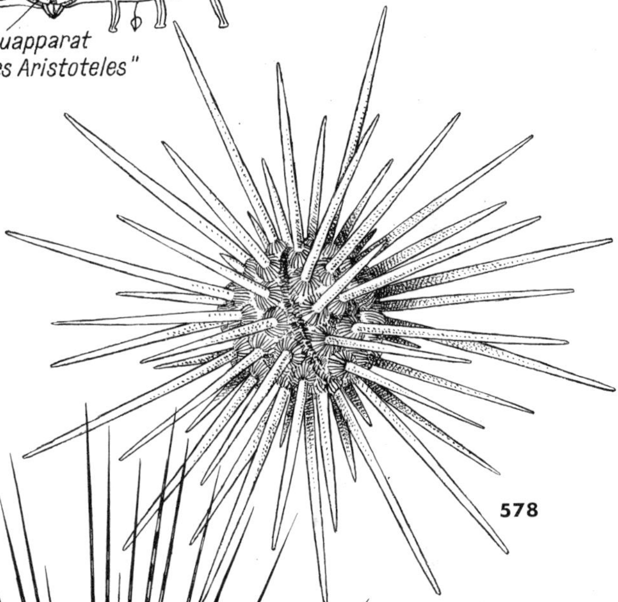

578

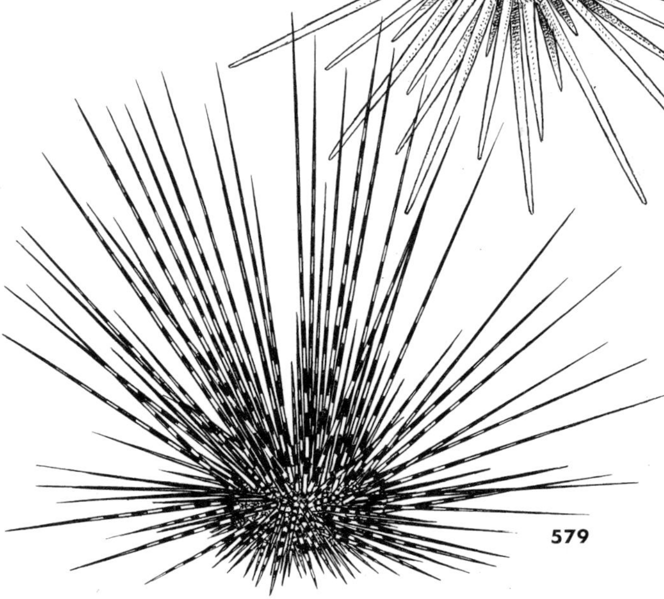

579

Reguläre Seeigel

580 Schwarzer Seeigel *Arbacia lixula* (L.) = *A. aequituberculata* = *A. pustulosa*.
Körperdurchm. bis 5 cm, selten mehr; Stacheln bis 5 cm lang, dicht stehend, sehr spitz, brüchig, bei Berührung des Tieres sogleich starr aufgerichtet; Körper halbkugelig, schwarz; Stacheln schwarz; Mundfeld weich, verhältnismäßig groß; Ambulakralfüßchen oberseits ohne Saugscheiben (keine Maskierung); Skelett rötlich bis violettbraun mit durch zwei dunklere und einen hellen Streifen deutlich hervorgehobenen Ambulakren. – Vom Flachwasser bis 40 m Tiefe an Gestein, häufig schon dicht unter dem Wasserspiegel. – Mittelmeer und angrenzende Atlantikküste.

581 Strandigel *Psammechinus miliaris* Gmel. = *Parechinus m.*
Durchm. bis 4,5 cm, meist kleiner; Stacheln bis 1 cm lang, kräftig, dicht stehend, hell- bis dunkelgrün, meist mit violetter Spitze; Körper halbkugelig, grünlich (auch weißliche oder gelbliche Exemplare kommen vor); Ambulakralfüßchen auch oberseits mit Saugscheiben. – Auf steinigem Sandgrund und Austernbänken, an Felsen (manchmal in selbstgebohrten kleinen Mulden), oft mit Seegras- oder Algenstücken maskiert, von der Flachwasserzone bis 100 m Tiefe. – Atlantik, Nordsee, westl. Ostsee.
Ähnlich, aber etwas kleiner ist der Kletterseeigel, ***P. microtuberculatus,*** des Mittelmeers. Er erreicht einen Durchmesser von 3,5 cm, hat grünliche, an den Spitzen oft braune, kurze und dicht stehende Stacheln, einen halbkugeligen grünlichen Körper und ein grünlichgraues Skelett. Diese Art klettert sehr gewandt und findet sich, häufig mit Algen, Muschelschalen usw. maskiert, auf steinigem Sand- und Algengrund, sowie im Bereich von Neptun- und Seegraswiesen bis in 30 m Tiefe.

582 Eßbarer Seeigel *Echinus esculentus* (L.)
Durchm. bis 16 cm, meist kleiner; Stacheln bis 2,5 cm lang, mäßig dicht stehend, kräftig, meist rötlich oder bläulich, manchmal weißlich, mit rotvioletten, stumpfspitzen Enden; Nebenstacheln nur wenig kürzer als die Primärstacheln; Körper kugelig hochgewölbt, unten abgeflacht, mit bläulicher, rötlicher, rotvioletter oder weißlicher Tönung; Skelett rotviolett mit weißen Buckeln. – Auf algenbewachsenem Sand- und Felsgrund von 5 bis 40 m Tiefe. – Atlantik, Nordsee, Kattegat.

583 Steinseeigel *Paracentrotus lividus* Lam. = *Strongylocentrus l.*
Durchm. bis 6 cm; Stacheln bis 3 cm lang, mäßig dicht stehend, kräftig, spitz, rotviolett, bräunlich oder grünlich; Körper gleich gefärbt, halbkugelig; Mundfeld verhältnismäßig klein; Ambulakralfüßchen auch oberseits mit Saugscheiben; Skelett grünlich bis bräunlichgrün. – An Felsen, oft in selbstgebohrten kleinen Mulden, sowie auf See- und Neptungras, vom Flachwasser bis 30 m Tiefe. – Mittelmeer, Atlantik. – Steinseeigel maskieren sich häufig mit Algen, Muschelschalen usw.

584 Violetter Seeigel *Sphaerechinus granularis* Lam.
Durchm. bis 12 cm; Stacheln bis 2 cm lang, dicht stehend, kräftig, stumpfspitz, meist violett bis dunkelviolett mit weißen Spitzen, manchmal rötlich, bräunlich oder weiß; Körper kugelig, unten abgeflacht, violett; Skelett rötlichviolett mit hellen Streifen. – Vom Flachwasser bis 100 m Tiefe auf Sand- und Schlammgrund, im Bereich von Neptun- und Seegraswiesen, sowie auf algenbewachsenem Steingrund. – Mittelmeer, Atlantik.

Eßbar sind bei Seeigeln nur die Gonaden, die orange oder violett gefärbten weiblichen Geschlechtsdrüsen, die sternförmig angeordnet im oberen Teil der Schale liegen und meist roh verzehrt werden.

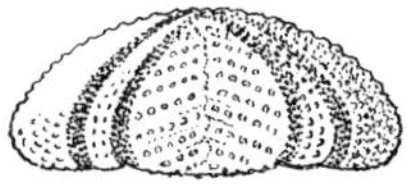
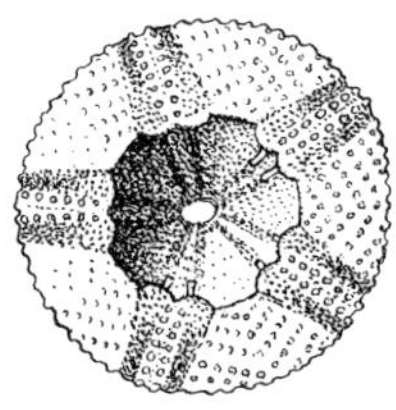

580

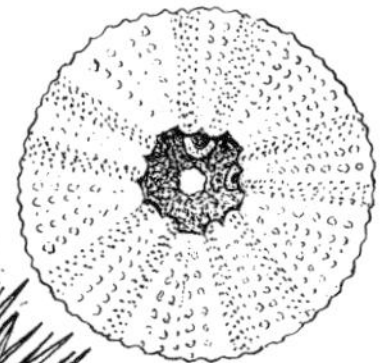

581

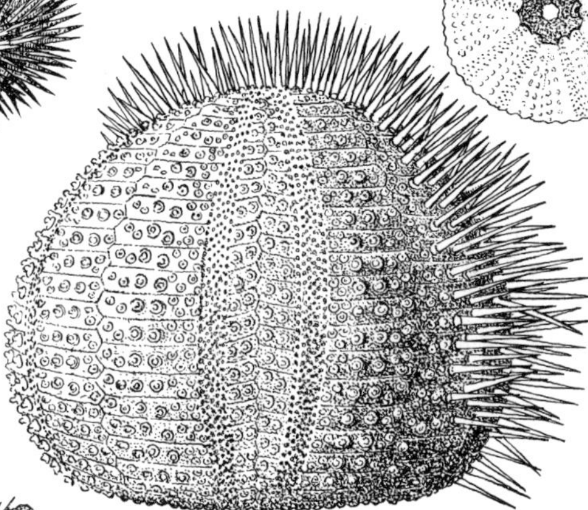

582

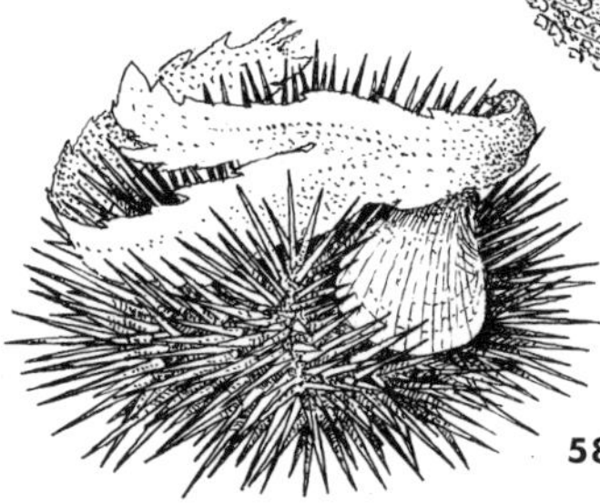
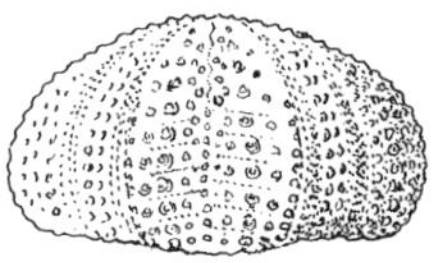
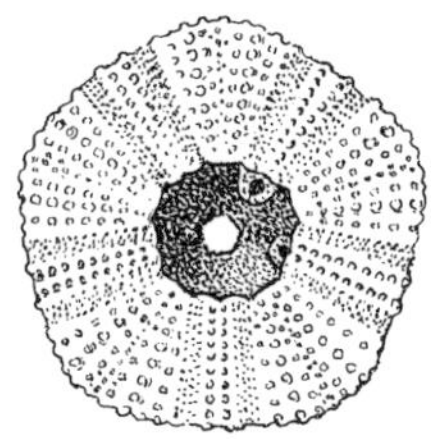

583

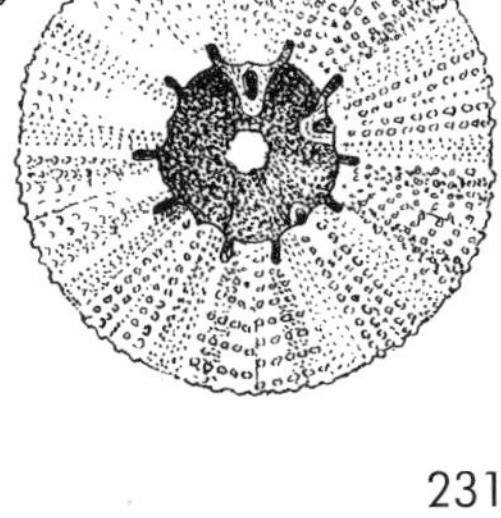

584

Irreguläre Seeigel *Irregularia*

Seeigel mit zweiseitig-symmetrischem Körper von rundlich- bis länglich-ovaler, mehr oder minder gewölbter bzw. abgeflachter Form. Mund in der Mitte oder vorne mit (Schildigel) oder ohne (Herzigel) Kauapparat; After hinten.

585 Kleiner Schildigel = Zwergseeigel ***Echinocyamus pusillus*** (O. F. Müll.).
Bis 1,2 cm lang. Grau bis grünlich (tote Tiere sind weißlich). Körper oval, oben und unten stark abgeflacht, vorne leicht verschmälert; Stacheln sehr kurz, dicht stehend. Mund in der Mitte. – In Sand und Grobsand eingegraben von 1–500 m Tiefe. – Mittelmeer, Atlantik, Nordsee, westl. Ostsee. – Kleinster Seeigel der europäischen Küsten.

586 Violetter Herzigel = Purpur-H. ***Spatangus purpureus*** (O. F. Müll.) = *S. meridionalis*.
Bis 10 cm lang. Rotviolett (meist verschlammt); Skelett grau. Körper herzförmig-oval, oben stark gewölbt, unten flach; Stacheln fast durchweg kurz, mit wenigen längeren durchsetzt, pelzartig dicht, nach hinten gerichtet. Mund nahe dem vorderen, breiteren Ende. – In Sand und Grobsand eingegraben, von 5–800 m Tiefe. – Mittelmeer, Atlantik, Nordsee.

587 Kleiner Herzigel *Echinocardium cordatum* (Penn.).
Bis 6 cm lang, meist kleiner. Weißlichgelb bis rötlich; Skelett weiß. Körper herzförmig-oval, vorne eingebuchtet, oben mäßig gewölbt, unten annähernd flach. Stacheln pelzartig dicht, nach hinten gerichtet, oben kürzer als unten. Mund nahe dem vorderen Ende. – In Sand und sandigem Schlamm eingegraben, vom Flachwasser bis 200 m Tiefe. – Mittelmeer, Atlantik, Nordsee.

588 Großer Herzigel *Echinocardium pennatifidum* Norm.
Bis 8 cm lang. Gelblichweiß; Skelett weißlich bis gelblich, manchmal grau gefleckt. Körper rundlich-oval, vorne nicht eingebuchtet, oben mäßig gewölbt, unten annähernd flach. Stacheln kurz und fein, pelzartig dicht, nach hinten gerichtet. Mund nahe dem vorderen Ende. – Im Sand eingegraben, von 5–10 m Tiefe. – Mittelmeer, Atlantik, Nordsee.
Ähnlich geformt, aber kleiner ist der Nordische Herzigel, ***E. flavescens,*** mit gelblichen bis rötlichen Stacheln, im übrigen auch durch Vergleich der hinteren Skelettplatten vom Großen H. zu unterscheiden, an der Atlantik-, Nordsee- und Ostseeküste nicht selten. Dagegen ist die mediterrane Art ***Schizaster canaliferus*** bei gleicher Größe durch die graue bis rosiggraue Färbung und das eingebuchtete vordere Ende gekennzeichnet.

589 Grauer Herzigel *Brissus unicolor* Klein.
Bis 13 cm lang. Grau; Skelett weißlich bis hellgrau, manchmal dunkler gefleckt. Körper oval, vorne nicht eingebuchtet, oben stärker und unten schwach gewölbt, mit charakteristischem Rinnenverlauf. Stacheln kurz, fein, pelzartig dicht, nach hinten gerichtet. Mund nahe dem vorderen Ende; After am hinteren Ende. – Im Sand eingegraben, vor allem im Bereich von Neptungras-Wiesen, von 7 m Tiefe an. – Mittelmeer.

590 Leier-Herzigel *Brissopsis lyrifera* Forbes.
Bis 7 cm lang. Rötlich mit gelblichen bis rotbraunen Stacheln; Skelett gelblich, manchmal bräunlich gefleckt. Körper oval, vorne leicht eingebuchtet, oben mäßig gewölbt, unten annähernd flach, mit zwei deutlich hervortretenden leierförmigen Feldern. Stacheln kurz, fein, pelzartig dicht, nach hinten gerichtet. Mund nahe dem vorderen Ende; After oberhalb des hinteren Endes. – Im Schlamm eingegraben, von 5–250 m Tiefe. – Mittelmeer, Atlantik, Nordsee.

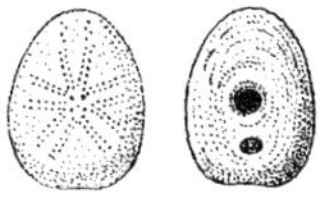

585

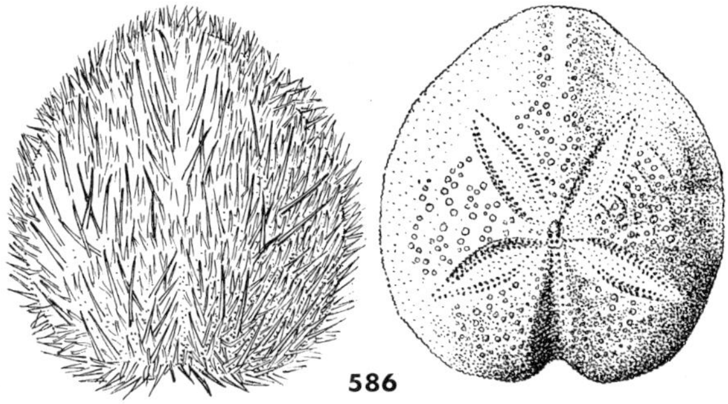

586

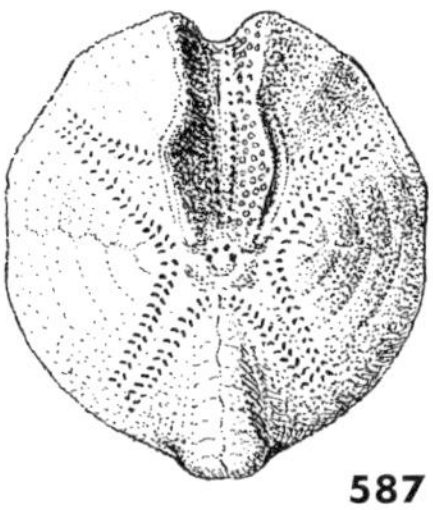

587

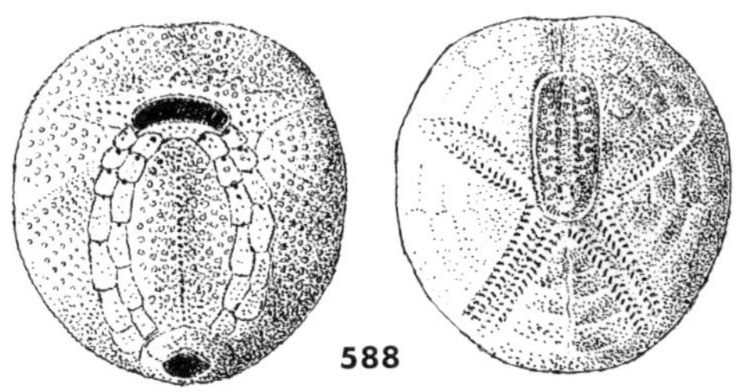

588

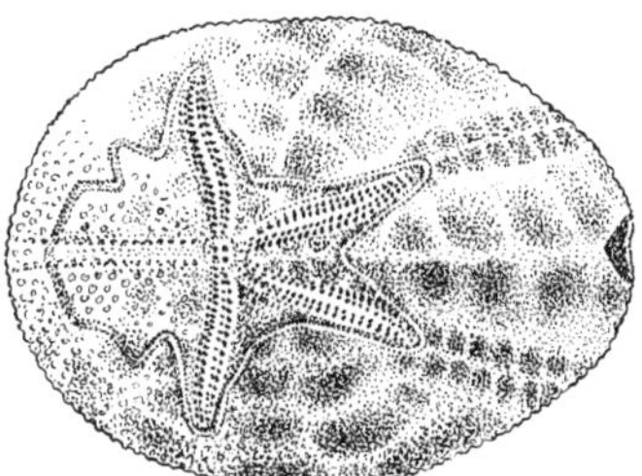

589

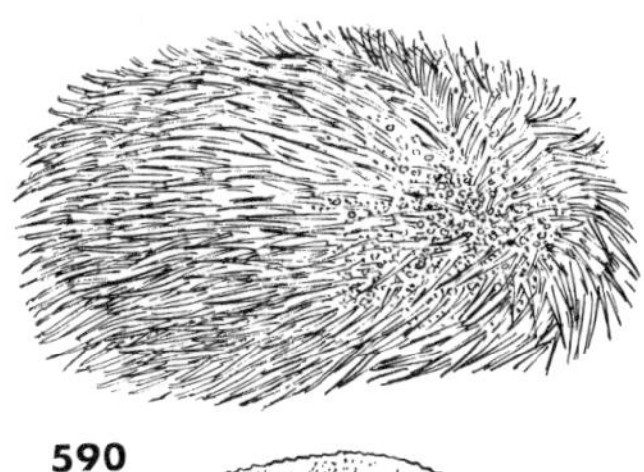

590

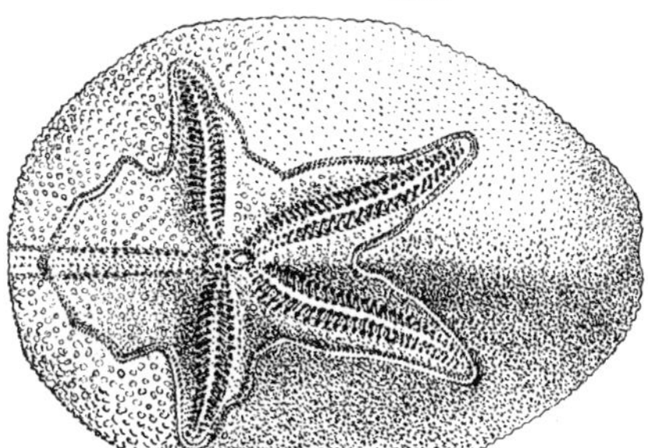

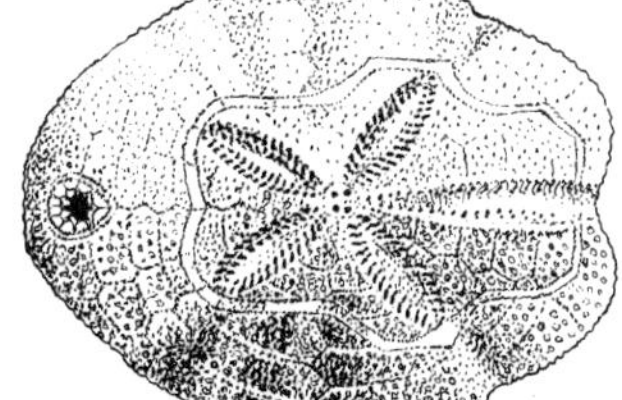

Seesterne Klasse *Asteroidea*

Stachelhäuter mit nicht scharf von der Scheibe abgesetzten, mehr oder weniger langen Armen und dementsprechend sternförmigem bis pentagonalem Körper. Armzahl meist 5, aber auch höher, wobei es sich um ein normales Gattungs-, bzw. Artmerkmal oder um eine nur gelegentlich innerhalb der Art vorkommende Abweichung handeln kann.

Zangensterne Ordnung *Forcipulata*

Sternförmig. Arme im Verhältnis zur Scheibe meist lang. Oberseite mit sog. Pedicellarien, winzigen, vermutlich aus Stacheln hervorgegangenen Greifzangen. Stacheln dorsal gewöhnlich vereinzelt, aber in Reihen geordnet.

591 Sonnenstern *Crossaster paposus* L. = *Solaster p.*
Bis 25 cm (meist bis 15 cm) Durchm. Purpur- bis braunrot; Scheibe hellgelb gefleckt; Arme hellgelb gebändert. Körper sternförmig mit großer Scheibe und 8–15 (meist 10–13) kurzen, runden Armen. Rückenplatten netzförmig angeordnet, mit längeren, gebündelten Stacheln auf kleinen, weiträumig verteilten Erhöhungen. Füßchen mit Saugscheibe. – Auf Sand und Gestein, selten auf Schlammgrund, in 10–40 m Tiefe. – Atlantik bis Kanal als südl. Grenze, Nordsee, westl. Ostsee. – Lebt räuberisch und nährt sich vor allem von anderen Stachelhäutern.
C. endeca, der Violette Sonnenstern, eine nahe verwandte Art des gleichen Gebiets, erreicht einen Durchmesser von 30 cm (meist bis 20 cm), ist orange bis violett gefärbt und weist 7–13 (meist 9–10) Arme auf. Die Stachelbündel sind kurz und stehen nahe beisammen.

592 Dornenstern *Coscinasterias tenuispina* (Lam.) = *Asterias t.*
Bis 15 cm Durchm., meist kleiner. Färbung sehr verschieden: Weißlich mit dunkelblauen Flecken, rotbraun, oder purpurn mit braunen und blauen Flecken, oder blau mit ziegelroten und hellblauen Flecken. Körper sternförmig mit kleiner Scheibe und 6–10 (meist 7) annähernd fünfkantigen, allmählich zugespitzten, oft verschieden langen Armen. Stacheln auf der Scheibe unregelmäßig verteilt, auf den Armen in fünf Reihen angeordnet, stets mit einem wulstigen Ring von Pedicellarien (winzigen, gestielten Zangen) umgeben. – Auf steinigem und felsigem Grund von der Uferzone bis 30 m Tiefe. – Mittelmeer, Atlantik bis Portugal als nördl. Grenze.
Ähnlich, aber ziegel- bis dunkelrot, manchmal gefleckt und größer ist ***Ophidiaster ophidianus,*** der Violette Seestern des Mittelmeers.

593 Warzenstern = Eisstern ***Marthasterias glacialis*** (L.) = *Asterias g.*
Bis 80 cm Durchm., meist kleiner. Färbung sehr verschieden: Gelblich bis orange und braunrot mit rosigen oder violetten Tönen, oder hellgrau bis dunkelgrün mit dunkler Fleckung. Körper sternförmig mit kleiner Scheibe und 5 langen, fünfkantigen, allmählich zugespitzten Armen. Stacheln auf der Scheibe unregelmäßig verteilt, auf den Armen in Reihen angeordnet, kräftig und in der Mehrzahl mit einem Ringwulst von Pedicellarien (winzigen, gestielten Zangen) umgeben. Ambulakralfurchen breit. Füßchen mit Saugscheibe. – Auf Felsgrund und steinigem Sandgrund von 0,5–180 m Tiefe. – Mittelmeer, Atlantik, Nordsee. – Gefräßiger Räuber. Nährt sich von Krebsen, Weichtieren, Stachelhäutern und kleinen Fischen. Als Austernschädling bekannt.
Im nördlichen Atlantik und in der Nordsee kommt in Tiefen von 2–500 m eine nahe verwandte Art vor, ***Leptasterias mülleri,*** ähnlich bestachelt und mit gleicher Anordnung der Pedicellarien, jedoch von höchstens 15 cm Durchmesser, oben rot bis bläulichrot gefärbt, unten weißlich, mit im Verhältnis zur kleinen Scheibe weniger langen, gerundeten, an der Basis dicken Armen.

594 Gemeiner Seestern *Asterias rubens.*
Bis 30 cm Durchm., selten größer. Bräunlichgelb, rötlich oder bräunlich bis violett, selten auch weißlich (in größeren Tiefen). Körper sternförmig mit kleiner Scheibe und 5 (selten 4–6) ziemlich langen, gerundeten, allmählich zugespitzten Armen. Rückenplatten schwach entwickelt, unregelmäßig angeordnet, mit kurzen Stacheln und über die ganze Oberseite verstreuten Pedicellarien (winzige, gestielte Greifzangen). Füßchen mit Saugscheibe. – Auf Felsgrund und steinigem Sandgrund, oft schon dicht unter dem Wasserspiegel, aber noch in 200 m Tiefe. – Mittelmeer, Atlantik, Nordsee, westl. Ostsee. – Frißt vor allem Weichtiere und ist als Austernschädling bekannt.

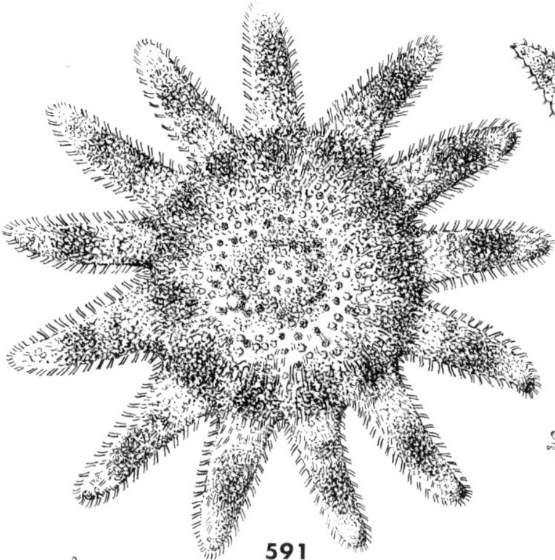

591

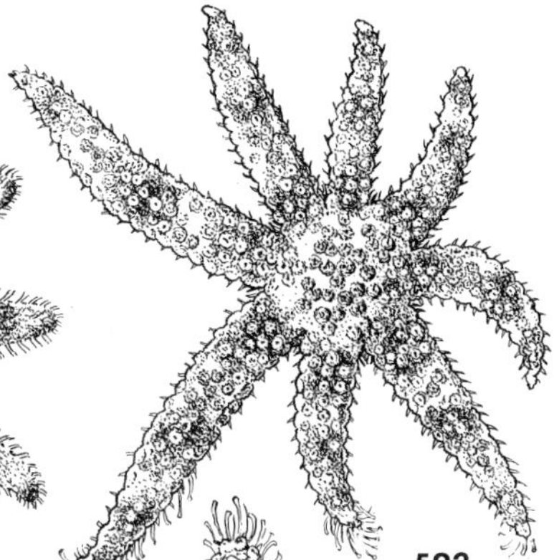

592

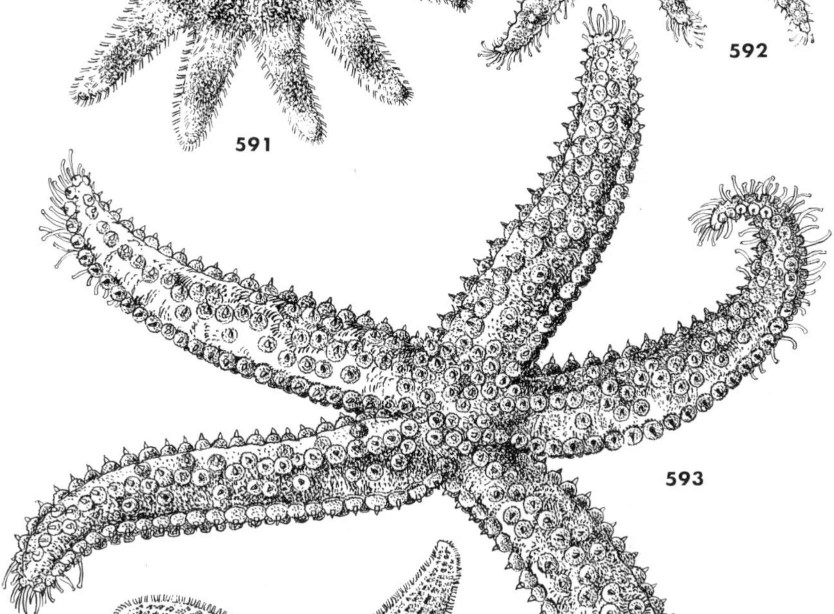

593

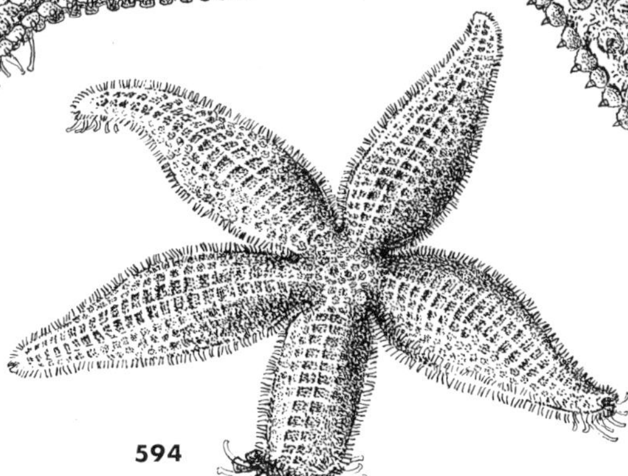

594

Großplattensterne Ordnung *Phanerozonia*

Sternförmig oder pentagonal. 2 Reihen großer Randplatten an den Armseiten. Füßchen meist ohne Saugscheibe.

595 Mittelmeer-Kammstern = Roter Kammstern ***Astropecten·aranciacus*** (L.) = *A. aurantiacus*.

Bis 55 cm Durchm. Oben dunkel- bis rotgelb; Randplatten gelb bis ziegelrot. Körper niedergedrückt, Scheibe groß; 5 lange Arme, von der Basis allmählich spitz zulaufend. Oberseite mosaikartig mit Stachelsäulchen (Paxillen) besetzt. Obere Randplatten mit großen Stacheln in 2 alternierenden Reihen; untere Randplatten stark bestachelt. Füßchen ohne Saugscheibe. – Auf Schlamm- und Sandgrund in Tiefen von 5–100 m, oft im Bereich von Seegraswiesen, meist eingegraben. – Mittelmeer, Atlantik bis Portugal als nördl. Grenze. – Gefräßiger Räuber. Nährt sich von Schnecken, Muscheln, Würmern und Seeigeln.

Das gleiche Verbreitungsgebiet haben zwei sehr ähnliche, aber stets dunkler, bräunlich bis braungrün gefärbte Kammstern-Arten: ***A. bispinosus,*** bis 18 cm Durchm. mit großen oberen Randstacheln in einer einzigen Reihe und nur schwach bestachelten unteren Randplatten (bathymetrische Ausbreitung 2–60 m), sowie ***A. spinulosus,*** bis 10 cm Durchm., mit kleinen oder fehlenden oberen Randstacheln und je 1 Stachel auf den unteren Randplatten (bathymetrische Ausbreitung 4–60 m).

596 Kleiner Mittelmeer-Kammstern *Astropecten jonstoni* Chiaje.

Bis 7 cm Durchm. Oben grünlichgrau bis bräunlicholiv, manchmal leicht rosig; obere Randplatten bläulichgrau. Körper niedergedrückt, mit 5 von der Basis an allmählich spitz zulaufenden Armen. Oberseite mit kleinen Stachelsäulchen (Paxillen) besetzt. Obere Randplatten mit je 1 kleinen Stachel; untere Randplatten mit Stachelschuppen, dann mit kleinen Stacheln. Füßchen ohne Saugscheibe. – Auf Sandgrund von der Uferzone bis 10 m Tiefe, oft eingegraben. – Mittelmeer. – Kleinste mediterrane Kammsternart.

597 Nordischer Kammstern *Astropecten irregularis* Linck.

Bis 12 cm Durchm. Oben rot bis rotbraun oder bräunlichpurpurn. Körper niedergedrückt, mit 5 von der Basis an allmählich spitz zulaufenden Armen. Oberseite mit kleinen Stachelsäulchen (Paxillen) besetzt. Obere Randplatten mit je 1 großen Stachel; untere Randplatten mit 4–5 Stacheln. Füßchen ohne Saugscheibe. – Auf Sand- und Schlammgrund in 10–300 m Tiefe, meist eingegraben. – Mittelmeer, Atlantik, Nordsee, westl. Ostsee. – Gefräßiger Räuber. Nährt sich von Weichtieren, Würmern, Schlangensternen und Seeigeln.

Siebenarmiger Großplattenstern (Mittelmeer)

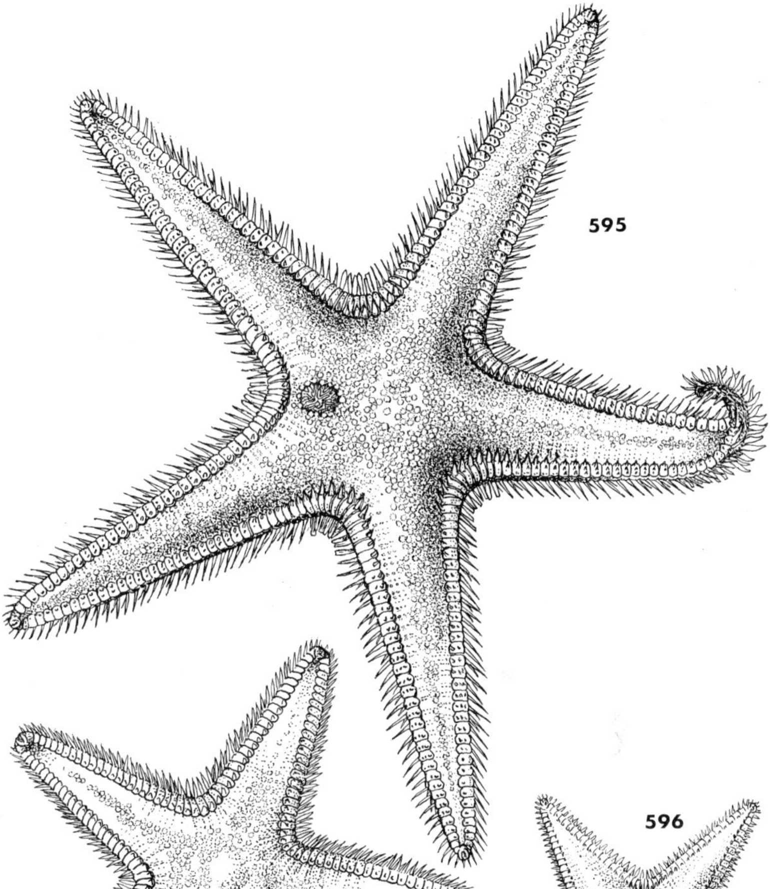

595

596

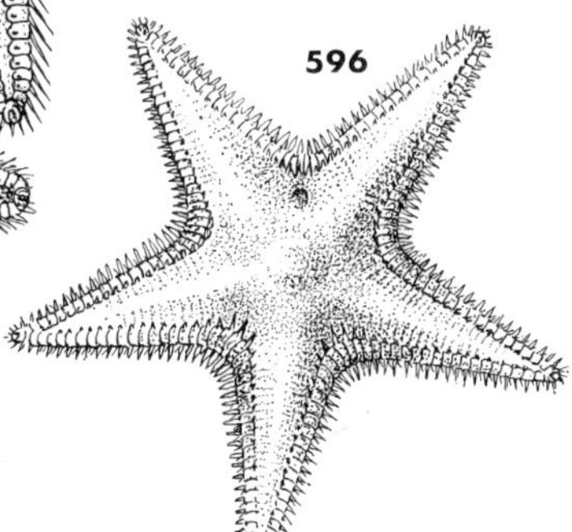

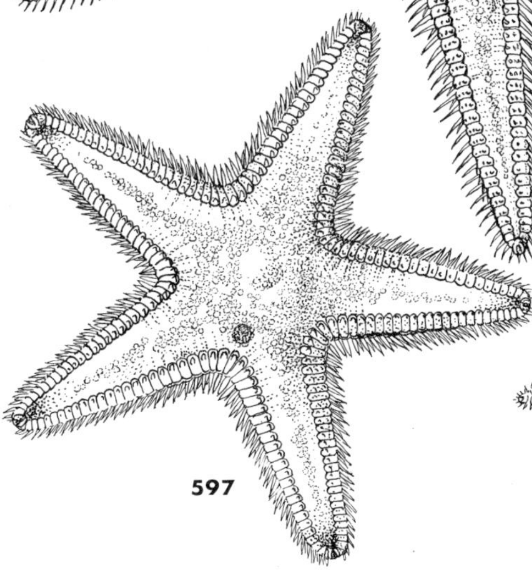

597

Großplattensterne

598 Schmalarmiger Großplattenstern = Siebenarmiger G. ***Luidia ciliaris*** Phil.
Bis 60 cm Durchm., meist kleiner. Oben orange bis ziegelrot. Körper niedergedrückt, oben leicht gewölbt; Scheibe ziemlich klein; 7 lange, flache, oft ungleiche (regenierende) Arme. Oberseite und oberer Rand mit Stachelsäulchen (Paxillen) besetzt; untere Randplatten mit je 4–5 schlanken Stacheln. Füßchen ohne Saugscheibe. – Auf Schlamm- und Sandgrund von 4–150 m Tiefe, meist eingegraben. – Mittelmeer, Atlantik, Nordsee (?). – Gefräßiger Räuber. Nährt sich von Weichtieren, Schlangensternen und Seeigeln.
L. sarsi, eine nahe verwandte Art mit dem gleichen Verbreitungsgebiet, erreicht nur 20 cm Durchm., ist oben gelbbraun, orange oder rotbraun gefärbt und an den Armrändern dunkel gefleckt, hat bloß 5 Arme und 3fach bestachelte untere Randplatten. Bathymetrische Ausbreitung 10–1000 m und tiefer.

Stachelsterne Ordnung *Spinulosa*

Pentagonal oder sternförmig. Oben und unten bestachelt. Randplatten an den Armseiten rudimentär, Füßchen stets mit Saugscheiben.

599 Fladenstern *Ceramaster placenta* M. Tr. = *Pentagonaster p.* = *Sphaerodiscus p.*
Bis 16 cm Durchm. Bräunlichgelb bis rotbraun. Körper pentagonal mit ausgezogenen, gerundeten Ecken; abgeflacht, nach innen leicht eingesenkt; am Rand ca. 1 cm hoch. Ober- und Unterseite mit starken fünfeckigen Skelettplatten bedeckt, auf denen winzige Körner dicht nebeneinander stehen. Obere und untere Randplatten groß bis sehr groß, ebenfalls granuliert. Füßchen mit Saugscheibe. – Auf Sand- und Algengrund in 40–400 m Tiefe. – Mittelmeer, Atlantik bis Biskaya als nördl. Grenze.
Ähnlich, aber kleiner, mit bis 8 cm Durchm. bei ausgeprägteren Spitzen, ist ***C. granularis,*** der Kornstern der Atlantik- und Nordseeküsten, auf Sand- und Algengrund von 20 m Tiefe an zu finden.

600 Kleiner Buckelstern = Fünfeckstern ***Asterina gibbosa*** (Penn.).
Bis 7 cm Durchm., meist kleiner. Gelblich bis gelbgrünlich, manchmal braunrot. Körper pentagonal mit gerundeten Ecken (Jungform) bis sternförmig mit kurzen, stumpfen Armen. Oberseite gewölbt; Rückenplatten mit gruppierten winzigen Stacheln besetzt; Unterseite flach, am nur aus horizontalen Platten gebildeten Rand fein bestachelt, wobei jede der Platten mehrere Stacheln trägt. Füßchen mit Saugscheibe. – An Felsen und Holzwerk, unter Steinen, zwischen Algen und Seegräsern, von der Uferzone bis 100 m Tiefe, auch in Brackwasser. – Mittelmeer, Atlantik. – Frißt Muscheln, Schnecken, Schlangensterne.

601 Gänsefußstern *Anseropoda placenta* (Linck.) = *Palmipes membranaceus* = *Anserina anseropoda*.
Bis 20 cm Durchm. Oben hellrot; unten weißlich bis gelblich mit rotem Saum. Körper pentagonal mit leicht eingezogenen Seiten (Ambulakren durch lappendünne Interambulakren verbunden); am Rand nur ca. 0,5 cm dick, in der Mitte etwas dicker. Rückenplatten mit winzigen, gruppierten Stacheln besetzt; Randplatten oben und unten sehr klein, fein bestachelt. Füßchen mit Saugscheibe. – Meist auf Sand- und Schlammgrund, selten auch auf Felsgrund; gewöhnlich in Tiefen von 15–100 m, selten bis 400 m. – Mittelmeer, Atlantik.

602 Purpurstern = Roter Seestern ***Echinaster sepositus*** (Gr.).
Bis 30 cm Durchm. Ziegel- bis scharlachrot. Körper sternförmig mit kleiner Scheibe und 5 (selten 6–7) langen, runden Armen, mit weicher, drüsenreicher Haut bedeckt, die sowohl das Skelett verbirgt wie auch die kleinen Stacheln, die einzeln oder zu mehreren auf jeder der netzförmig angeordneten Skelettplatten sitzen. Randplatten nicht erkennbar. Ambulakralfurchen eng, verschließbar. Füßchen mit Saugscheiben. – In Tiefen von 1–250 m auf Fels- und Sandgrund, sowie in See- und Neptungraswiesen. – Mittelmeer, Atlantik bis Bretagne als nördl. Grenze.
Ähnliche, aber etwas kleinere Arten: ***Henricia oculata*** = *H. sanguinolenta*, der Blutstern, mit bis 20 cm Durchm., oben blutrot, unten weißlich, auf Sand- und Kiesgrund im Atlantik von der Biskaya als südl. Grenze an, Nordsee, westl. Ostsee; ferner ***Stichastrella rosea,*** der Rötelstern der Atlantikküste, mit bis 15 cm Durchm., orangerot bis rot, unten heller, auf Weich- und Hartböden von 3 m Tiefe an zu finden. Zur einwandfreien Differenzierung gehört die genaue Untersuchung der Rücken- und Ambulakralplatten, sowie der Bestachelung. Allerdings kommt der Blutstern nur im Atlantik, in der Nordsee und in der westl. Ostsee vor, in Tiefen von 20 bis über 2000 m.

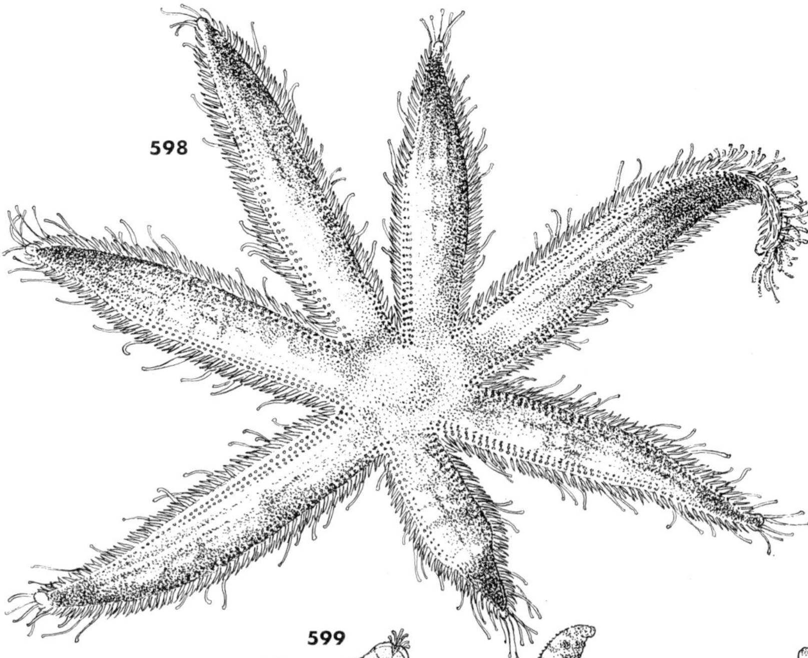

598

599

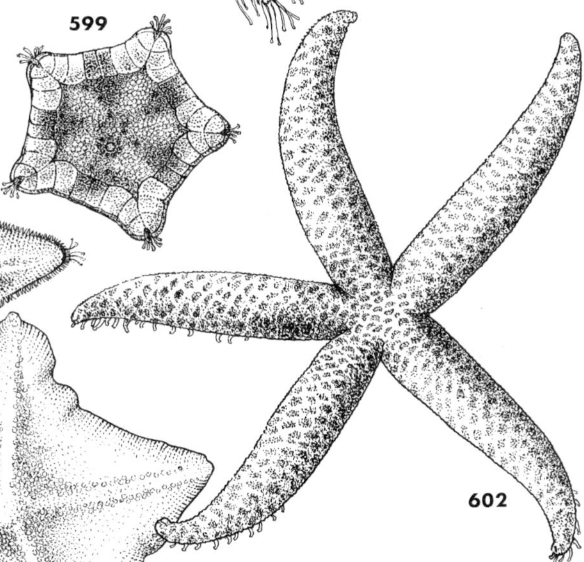

600

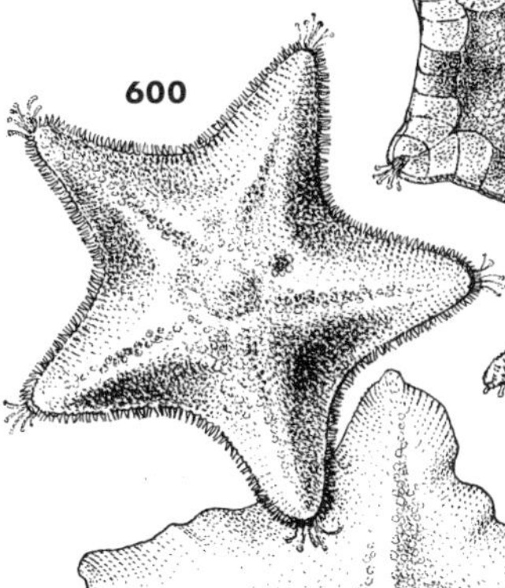

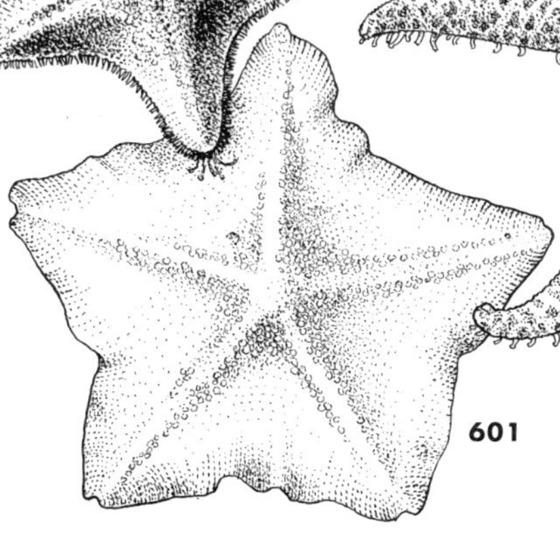

601

602

Schlangensterne Klasse *Ophiuroidea*

Stachelhäuter mit scharf von der kleinen, runden Körperscheibe abgesetzten, dünnen und runden Armen. Armzahl meist 5. Seitenplatten gewöhnlich bestachelt. Ambulakralfurchen verschlossen.

Ophiuren Ordnung *Ophiurae*

Schlangensterne mit unverzweigten, sich horizontal bewegenden Armen.

603 Zerbrechlicher Schlangenstern *Ophiothrix fragilis* (Abild.).
Scheibendurchm. bis 2 cm; Armlänge bis 7 cm. Weißlich, rosa, grünlich, grau oder rot, mit braunen, gelblichen, rötlichen, blauen oder violetten Flecken und Bändern. Scheibe abgerundet-fünfeckig, zwischen den Armen konvex, oben beschuppt und mit Dörnchen in 5 strahligen Reihen besetzt, unten fein bedornt. Arme (5) schlank, mit fein bedornten, langen Stacheln auf den Seitenschildern. – Von der Strandzone bis 100 m Tiefe, auf Schlamm- und Sandgrund, unter Steinen, in Schwämmen, oft im Bereich von Muschelbänken. – Mittelmeer, Atlantik, Nordsee. – Die Arme werden bei unvorsichtiger Berührung teilweise oder ganz abgeworfen.
Sehr ähnlich ist ***O. quinquemaculata*** des Mittelmeers, grau oder hell- bis dunkelrot, mit in kurzen Abständen geringelten Armen. ***Ophiopholis aculeata*** der Atlantik- und Nordseeküste hat eine stärker betonte Fünfeckform, kurze dicke Armstacheln und eine meist rötliche bis rotbläuliche Färbung bei dunkel gebänderten Armen.

604 Fadenstern *Amphiura filiformis* O. F. Müll.
Scheibendurchm. bis 1 cm; Armlänge bis 8 cm. Rötlich bis hellrot. Scheibe abgerundet fünfeckig, zwischen den Armen konkav, oben beschuppt, unten nackt. Arme (5) sehr dünn und lang, auf den Seitenplatten fein bestachelt. – Von der Strandzone bis über 100 m Tiefe auf Schlammgrund, meist eingegraben, oft in großer Zahl. – Die Arme leuchten im Dunkeln bei Berührung auf und werden sehr leicht abgeworfen. – Mittelmeer, Atlantik, Nordsee.
Sehr ähnlich ist die im gleichen Verbreitungsgebiet in Tiefen von 10–200 m vorkommende Art ***A. chiajei,*** bei der die Körperscheibe auch unten beschuppt ist, während die Arme nicht aufleuchten, wenn sie berührt werden.

605 Heller Schlangenstern *Ophiura albida* Forb.
Scheibendurchm. bis 1,5 cm; Armlänge bis 6 cm. Hellorange bis rötlichbraun mit weißen Ambulakralplatten. Scheibe annähernd rund, fast glatt, über den Armen eingebuchtet. Arme (5) schlank, auf den Seitenplatten mit kurzen, nach außen gerichteten Dornstacheln. – Auf Feinsand und Schlick von der Strandzone bis 500 m Tiefe. – Mittelmeer, Atlantik, Nordsee, westl. Ostsee.

606 Großer Schlangenstern *Ophiura textura* Lam. = *O. lacertosa* = *Ophioglypha ciliaris.*
Scheibendurchm. bis 3 cm; Armlänge bis 12–15 cm. Grau bis rötlichgrau oder ockerfarben bis rotbraun. Scheibe annähernd rund, oben und unten sehr fein beschuppt, fast glatt, über den Armen eingebuchtet. Arme (5) schlank, auf den Seitenplatten mit sehr feinen, nach außen gerichteten Stacheln. – Auf Schlamm-, Sand- und Felsgrund, tagsüber meist verborgen, in 2–200 m Tiefe. – Mittelmeer, Atlantik, Nordsee, westl. Ostsee.

607 Schwarzer Schlangenstern *Ophiocoma nigra* Müll.
Scheibendurchm. bis 3 cm; Armlänge bis 14,5 cm. Schwarz, grau oder braun mit weiß gebänderten oder gefleckten Armspitzen. Scheibe rund, oben und unten sehr fein beschuppt, fast glatt. Arme (5) schlank, auf den Seitenplatten mit kurzen, weißlichen Stacheln. – Auf Sand- und Felsgrund, tagsüber meist verborgen, in 1–250 m Tiefe. – Mittelmeer, Atlantik, Nordsee.
Im Mittelmeer und an der Atlantikküste bis zur Biskaya als nördl. Grenze findet sich der sehr ähnlich geformte Braune Schlangenstern, ***Ophioderma longicaudum,*** mit weicher, lederig anmutender, oben bei schwärzlichbrauner bis bräunlichgrüner Grundfärbung orange, rot, weiß und braun gefleckter Scheibe und braunen, weiß und orange gefleckten oder gebänderten Armen.

Medusensterne Ordnung *Euryalae*

Schlangenstern mit ein- oder mehrfach verzweigten, sich vertikal bewegenden Armen.

608 Gorgonenhaupt *Astrospartus mediterraneus* (Risso) = *Euryale m.* = *Gorgonocephalus arborescens.*
Scheibendurchm. bis 7 cm; Arme (gestreckt) bis 16 cm lang; Gesamtdurchm. bis 40 cm, selten größer. Grau. Scheibe abgerundet fünfeckig, oben mit 5 strahligen Rippenpaaren. Arme (5) scharf abgesetzt, schlank, unmittelbar am Scheibenrand gegabelt und stark verzweigt, eingerollt, mit weicher Haut bedeckt. – In 40–200 m Tiefe auf steinigem Sandgrund sowie an Korallenstöcken und Gorgonien. – Westl. Mittelmeer und Adria.

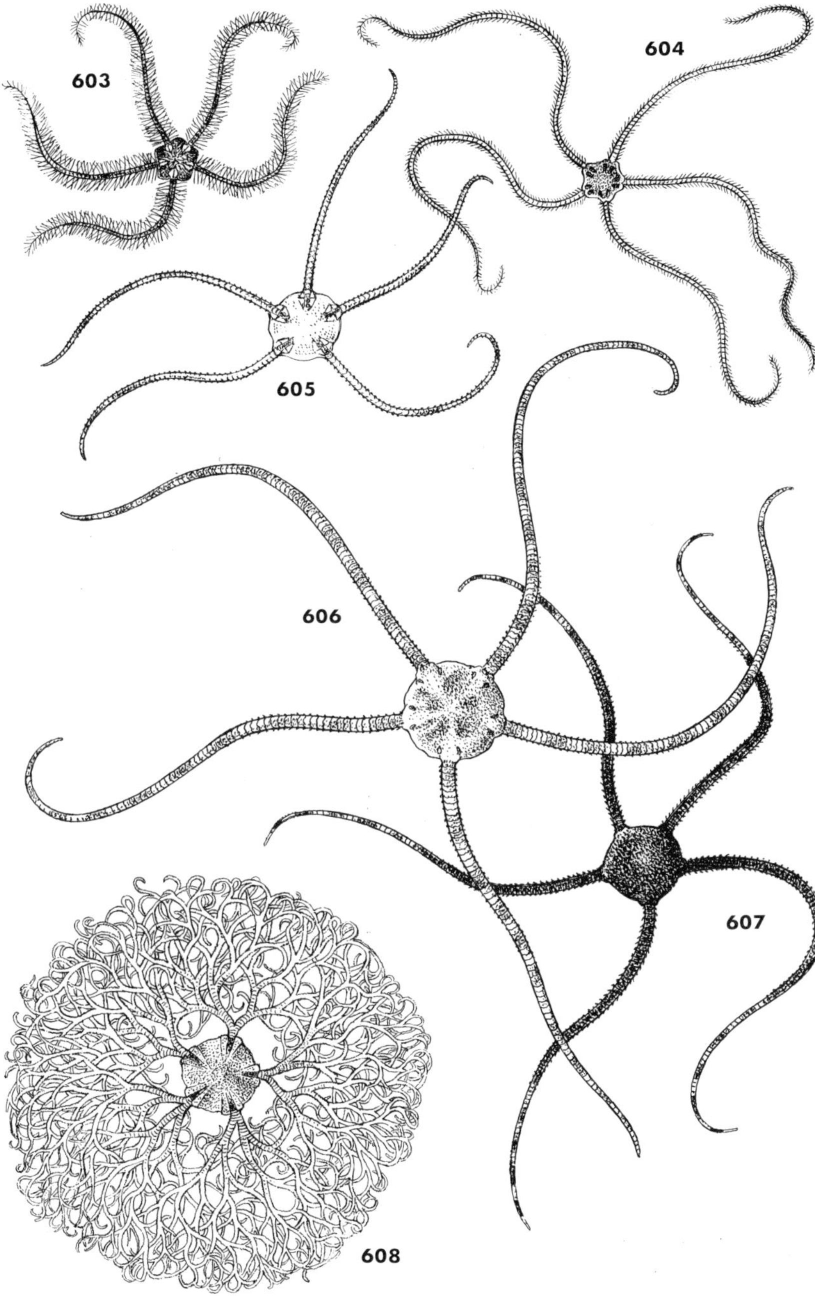
603
604
605
606
607
608

Kragentiere Stamm *Hemichordata = Branchiotremata*

Kleine, nur rund 180 Arten umfassende Gruppe bodenbewohnender Meerestiere mit zweiseitig-symmetrischem, in drei Abschnitte gegliedertem Körper. Von den drei Klassen des Stammes ist jene der Flügelkiemer *(Pterobranchia)* – sehr kleinen, ganz oder zeitweise festsitzenden, äußerlich den Bryozoen ähnlichen und koloniebildenden Tieren – in ihrem Vorkommen auf größere Tiefen kalter Meere beschränkt und dementsprechend hier nicht zu erfassen.

Gleiches gilt für die Bartwürmer oder Bartträger *(Klasse Pogonophora)*, die vorwiegend aus Bodenproben der pazifischen Tiefsee bekannt sind, neuerdings aber weltweit und auch in Tiefen um 400 bis 800 m festgestellt wurden, u. a. vor der europäischen Atlantikküste und im Mittelmeer.

Die Geschichte ihrer Entdeckung und Untersuchung ist ein interessantes Beispiel für die zoologischen Überraschungen, die das Meer, insbesondere das Abyssal, für die Wissenschaftler noch bergen mag. Das erste Exemplar fand P. Urschakow, ein russischer Forscher, in Bodenproben, die im Ochotskischen Meer, vor der pazifischen Küste der Sowjetunion, aus 3500 m Tiefe emporgeholt worden waren. Er beschrieb es zunächst 1933 als röhrenbewohnenden Borstenwurm aus der Familie *Sabellidae* und nannte diesen *Lamellisabella zachsi*. Vier Jahre später stellte der schwedische Wissenschaftler K. E. Johansson jedoch fest, daß das Tier weder ein Röhrenwurm war noch sich irgendeiner anderen bekannten Tiergruppe zuordnen ließ, so daß dafür eine ganz neue Gruppe geschaffen werden mußte, die den wissenschaftlichen Namen *Pogonophora* bekam. Diese Gruppe stellte man nun mit den Flügelkiemern, den Eichelwürmern und den Pfeilwürmern als je einen Stamm, zusammenfassend als Vorchordatiere bezeichnet, an die Basis der Chordatiere.

Die Pogonophoren leben einzeln in aus Hautsekret gebildeten, sehr engen Röhren, die völlig gerade im Schlammgrund stecken, länger sind als die Tiere und von diesen nie verlassen werden. Der wurmartig gestreckte, dünne Körper der Bartträger ist in ein Vorderteil mit vielen (bis 200) Tentakeln, einen kragenförmigen zweiten Abschnitt und einen am Ende schwanzähnlich verschmälerten Rumpf gegliedert. Die Haut des Rumpfabschnitts trägt kleine, zum Festhalten in der Röhre dienende Häkchen aus einer Substanz, deren nähere Untersuchung ergab, daß sie nicht chitinartig ist, sondern vielmehr dem pflanzlichen Zellstoff verwandt. Rätselhaft blieb bisher die Ernährungsweise der Pogonophoren, denn sie besitzen weder Mund noch Darm und After. Es gibt die Hypothese, daß die zahlreichen, gut durchbluteten Tentakel – etwa bei äußerlicher Verdauung und eventuell unter Mitwirkung von Bakterien – im Dienste der Nahrungsaufnahme stehen könnten.

Mit Artbeschreibungen sind aus dem Stamm der Kragentiere nur einige Vertreter der dritten Klasse bzw. der Eichelwürmer zu berücksichtigen.

Eichelwürmer Klasse *Enteropneusta = Helminthomorpha*

In Schlick, Schlamm und Sand wühlende, wurmförmige Kragentiere mit in Eichel, Kragen und Rumpf gegliedertem Körper und weicher, bewimperter Haut. Mundöffnung zwischen der schwellbaren, als Graborgan dienenden Eichel und dem Kragen; vorderer Rumpfteil mit paarigen Kiemenöffnungen des als Atmungsorgan dienenden Darms (Kiemenregion) und Geschlechtsdrüsen (Genitalregion); mittlerer Rumpfteil mit äußerlich oft als kleine Wülste erkennbaren Leberblindsäcken (Leberregion); hinterer Rumpfteil mit Darm; After am Hinterende. Eichelwürmer hausen in U-förmigen Wohnröhren, nehmen wühlend Schlamm und Sand auf, verwerten die darin enthaltenen Kleinlebewesen als Nahrung und stoßen den Rest am aus dem Boden ragenden Hinterende als kleine Sandwürste aus.

609 Roter Eichelwurm *Saccoglossus cambrensis* St.

Bis 6 cm lang. Eichel rot, sehr lang; Rumpf lachsfarben, gleichmäßig gerundet, ohne Blindsackwülste. – In Sand- und Kiesgrund von 10 m Tiefe an. – Atlantik.

Ähnlich sind ***S. horstii*** des gleichen Gebiets, bis 5 cm lang, mit gelblicher bis blaßrosiger Eichel und gelblichem Rumpf, sowie ***S. mereschkowskii*** des Mittelmeers, bis 4 cm lang, mit blaßroter Eichel und gelbbräunlichem Rumpf, während ***Protoglossus koehleri*** der Atlantikküste bei annähernd gleicher Form des gelbbräunlichen, in der Kiemenregion grünlichen Rumpfes eine ebenfalls lange, aber spatelförmige Eichel aufweist.

610 Kleiner Eichelwurm *Glossobalanus minutus* (Kowal.).

Bis 10 cm lang. Eichel gelblichweiß; Rumpf weiß, in der Genitalregion beidseits wulstig verdickt; Leberregion mit Blindsackwülsten. – In Sand, von 4 m Tiefe an. – Mittelmeer.

Ähnlich ist ***G. sarniensis*** der Atlantikküste.

611 Keulen-Eichelwurm *Balanoglossus clavigerus* Delle Chiaje.

Bis 30 cm lang. Eichel gelblich, kurz; Rumpf blaßbräunlich, in der Genitalregion beiderseits flächig verbreitert; Leberregion mit Blindsackwülsten. – In Schlick- und Schlammsand von 10 m Tiefe an. Mittelmeer, Atlantik.

609

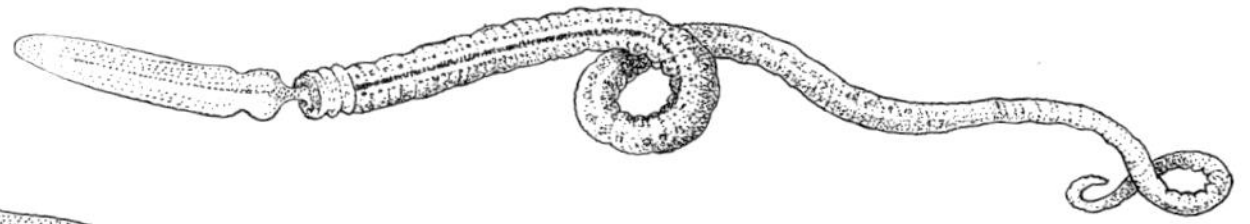

610

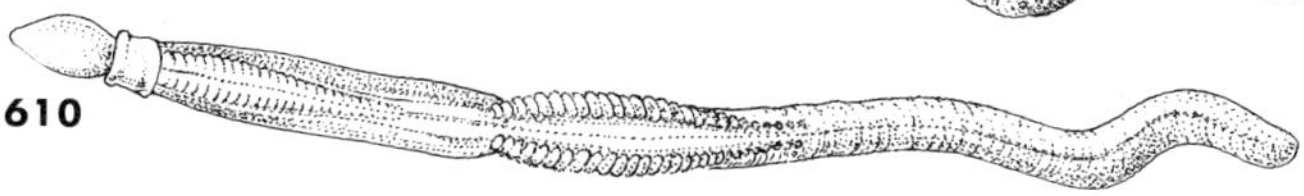

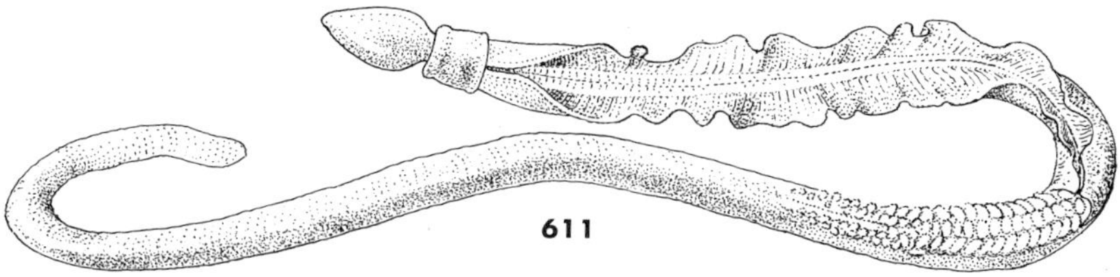

611

Manteltiere Stamm *Tunicata* = *Urochordata*

Teils freischwimmend und dem Plankton zuzurechnen, teils bodenlebend und sessil, sind die Tunicaten zweiseitig-symmetrisch gebaute Meerestiere mit ungegliedertem Körper, dessen Haut einen gallertigen bis lederig-knorpelharten Mantel aus cellulosähnlicher Substanz (Tunicin) abscheidet. Sie zählen bereits zu den Chordatieren *(Chordata)*, doch ist die Rückenseite (Chorda dorsalis) bei ihnen auf den hinteren Körperabschnitt begrenzt und meist nur bei den Larven vorhanden. Alle Manteltiere haben einen von Kiemenspalten durchbrochenen Vorderdarm, in dem der Gasaustausch erfolgt. Dem anschließenden Nahrungsdarm führen Flimmerzellen die mit dem Atemwasser aufgenommenen Kleinlebewesen und organischen Schwebeteilchen zu. Die ganzen Eingeweide sind in gallertiges Bindgewebe eingebettet. Zwittertum bei getrennten Hoden und Eierstöcken ist die Regel; die Eier werden innerlich oder im freien Wasser befruchtet. Neben der geschlechtlichen Fortpflanzung kommt aber fast immer noch ungeschlechtliche Vermehrung durch Sprossung oder Teilung vor, oft im Wechsel zwischen Geschlechts- und Knospengeneration.
Bekannt sind rund 2100 Arten, systematisch in drei Klassen aufgeteilt, von denen im Rahmen dieses Buches lediglich jene der Seescheiden eingehender erfaßt werden kann, während die Geschwänzten Manteltiere (Klasse *Appendicularia* = *Copelata*) und die Salpen bzw. die Feuerwalzen (Klasse *Thaliacea*) hier nur kurz in allgemeiner Form besprochen seien.
Die Geschwänzten Manteltiere sind kleine bis winzige Plankter mit glasig durchsichtigem, stellenweise rötlich bis bräunlich getöntem, annähernd fischförmigem Körper, im Gegensatz zu den Salpen und den Seescheiden nicht nur im Larvenstadium, sondern zeitlebens mit einem Ruderschwanz ausgestattet. Freischwimmend und nie stockbildend, gehören sie vorwiegend dem oberflächennahen Hochseeplankton an, sind aber auch in größeren bis großen Tiefen vertreten. Ihre Nahrung, kleinstes Plankton, nehmen sie mittels einer überaus feinmaschigen Filterreuse auf, die, aus im Wasser erstarrendem Drüsensekret gebildet, den ganzen Körper oder zumindest den Rumpf umgibt und immer wieder erneuert wird. Appendicularien treten manchmal in riesigen Schwärmen auf, die das Meer über weite Flächen rot oder braun erscheinen lassen.
Die Thaliaceen wiederum, ebenfalls freischwimmend und zum echten Plankton zählend, sind bei farblos-durchsichtigem bis (bei größeren Arten) durchscheinend gelblichem bis bläulichem, stellenweise rötlichem oder violettem, tonnen- oder walzenförmigem Körper meist ebenfalls klein, wenige Millimeter bis höchstens etliche Zentimeter lang, aber stets oder zeitweise koloniebildend, wobei Stöcke von beträchtlicher Größe entstehen können. Salpenketten erreichen oft mehrere Meter Länge, bei *Salpa maxima* des Mittelmeers sogar über 25 m. Das Leuchtvermögen, das viele Vertreter dieser Gruppe besitzen, ist insbesondere bei den Feuerwalzen außerordentlich intensiv. Es tritt in Erscheinung, sobald die Tiere gereizt werden, etwa durch Wellenschlag, und geht auf Leuchtbakterien zurück, die, mit den Thaliaceen in Symbiose lebend, in zwei Leuchtorganen an der Mund- oder Einströmöffnung jedes Individuums enthalten sind.

Seescheiden Klasse *Ascidiacea* = *Tethodea*

Einzeln bzw. in Gruppen lebende oder stock- bzw. koloniebildende Manteltiere, ausgewachsen stets festsitzend, mit säulen-, knollen- oder fladenförmigem Körper, gut entwickeltem gallertigem bis lederigem Mantel und mehr oder weniger angenäherten Ein- und Ausfuhröffnungen (Darm U-förmig gebogen; Ausfuhr- = Kloakenöffnung dorsal; Einfuhr- = Mundöffnung am freien Körperende). Die sich aus den befruchteten Eiern entwickelnden geschwänzten Larven setzen sich nach kurzer Zeit fest, bilden den Schwanz (und damit auch die Chorda) zurück und scheiden den Mantel aus. Außerdem vermehren sich viele Arten (oft im Generationswechsel) noch durch Knospung, wobei verzweigte basale Ausläufer (Stolonen) zur Bildung von Stöcken oder Kolonien führen. Seescheiden finden sich in allen Meeren, vom Seichtwasser bis in große Tiefen, auf Hartböden sowie auf Schlamm- und Sandgrund, an Weichtierschalen, Steinen, Seegras, Tangen, Holzwerk und Bootskörpern, häufig auch in Höhlen. Zur genauen Bestimmung der rund 2000 bekannten Arten sind oft Sektion und mikroskopische Untersuchung erforderlich, während die Unterscheidung von ähnlich aussehenden Schwämmen, Hohltieren und Bryozoen auf Grund der Körperöffnungen gegeben ist.

612 Keulen-Synascidie *Clavelina lepadiformis* (O. F. Müll.).
Koloniebildend; Einzeltiere bis 3 cm lang, keulenförmig, mit farblosem, gallertig-durchsichtigem Mantel, gelb durchschimmernden Innenorganen und gelblichen oder rötlichen Pigmentzellen, auf ganzer Länge oder (bei dichten Gruppen) zumindest am Vorderende frei aufragend, durch basale, wurzelartig verzweigte Stolonen zu büscheligen Kolonien verbunden. Ein- und Ausfuhröffnung nahe beisammen, kurz ausgezogen. – An Felsen vom Seichtwasser bis 50 m Tiefe, auch an Hafenbauten und Bojen. – Mittelmeer, Atlantik, Nordsee bis Kattegat.

613 Sproß-Synascidie *Aplidium proliferum* (Milne-Edw.) = *A. commune* = *A. albicans*.
Koloniebildend; Einzeltiere bis 1,5 cm lang, gallertig, rot, dicht vereint, bis 4,5 cm hohe, gestielte, keulenförmige, graugelbe bis orangefarbene Kolonien aufbauend, die meist zu mehreren aus einer gemeinsamen Basis sprossen. – Auf Steinen, an Algen und Muschelschalen, vom Flachwasser bis 50 m Tiefe. – Mittelmeer, Atlantik.
A. punctum der Atlantikküste bildet ähnlich geformte, weißliche bis gelbliche, sparsam rot punktierte, stets getrennt stehende Kolonien, während jene von ***Morchellium argus*** des gleichen Gebiets auf dickerem, rotem Stiel kugeliger sind, gelblich, mit roten Flecken.

614 Schlauch-Ascidie *Ciona intestinalis* L. = *Ascidia i.*
Einzeln lebend, aber oft in Gruppen, manchmal zu unregelmäßigen Klumpen verbunden. Körper bis 15 cm lang (meist kleiner), gestreckt zylindrisch mit leicht verbreitertem Hinterende, zusammenziehbar. Mantel gallertig, glatt, durchsichtig grau bis grünlich oder gelblich bis bräunlich; Innenorgane rot durchscheinend. Ein- und Ausfuhröffnungen nahe beisammen auf bis 2 cm langen, einziehbaren Siphonen, manchmal von roten Punkten umgeben. – Auf Hartböden und an Felsen vom Seichtwasser bis in größere Tiefen, auch an Pfahlwerk, Bootskörpern und Bojen. – Mittelmeer, Atlantik, Nordsee, westl. Ostsee.
An der Mittelmeerküste wird diese Seescheiden-Art ebenso wie Mikrokosmos roh gegessen. Achtung: Aus verschmutzten Gewässern, von rostigen Bojen usw. herrührende Exemplare sind ungenießbar.

615 Spritz-Ascidie *Ascidiella aspersa* (O. F. Müll.).
Einzeln lebend, oft in Gruppen, aber nie verbunden. Körper bis 12 cm lang, gurken- bis birnenförmig, gerade, seitlich abgeplattet, meist basal angewachsen, zusammenziehbar. Mantel knorpelig, schwach durchscheinend, weißlich bis grau oder gelblich bis bräunlich, meist rauh, mit unregelmäßig verteilten Papillen besetzt, häufig von Hydrozoen besiedelt. Ein- und Ausfuhröffnungen um 1/3 der Körperlänge voneinander getrennt, auf kurzen, einziehbaren Siphonen. – An Steinen und Pfahlwerk, von 5 bis 50 m Tiefe. – Mittelmeer, Atlantik, Nordsee.

616 Stumpen-Ascidie *Ascidia mentula* O. F. Müll.
Einzeln lebend. Körper bis 15 cm lang, plump zylindrisch bis gurkenförmig, leicht gebogen, mit einem kurzen Seitenteil angewachsen. Mantel (oft mit Sand und Bewuchs bedeckt) knorpelig, leicht rauh, schwach durchsichtig, weißlich, gelblich oder grünlich; Innenorgane bräunlichrot durchscheinend. Ein- und Ausfuhröffnungen um 1/2 der Körperlänge voneinander entfernt, auf kurzen Siphonen. – An Steinen und Muschelschalen, vom Seichtwasser bis über 200 m Tiefe. – Mittelmeer, Atlantik.

617 Warzen-Ascidie *Phallusia mamillata* (Cuv.).
Einzeln lebend. Körper bis 20 cm lang, gurken- bis kürbisförmig, mit unregelmäßigen warzenförmigen Höckern. Mantel knorpelig, dick, schwach durchscheinend, weißlich bis gelblich, sparsam grau punktiert. Ein- und Ausfuhröffnungen um 1/3 der Körperlänge voneinander getrennt, auf kurzen, ungleichen Siphonen. – Auf Schlamm- und Sandgrund an Steinen, von 20 bis über 100 m Tiefe. – Mittelmeer, Atlantik.

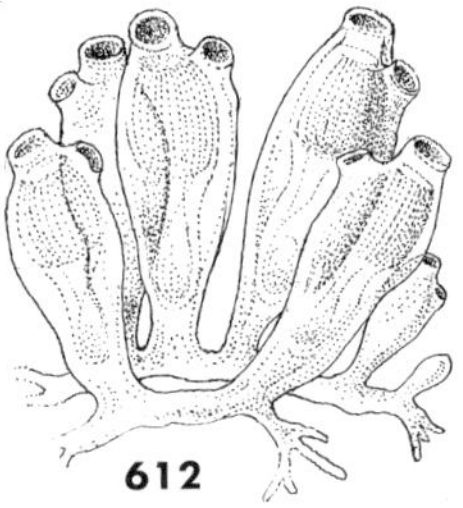

612

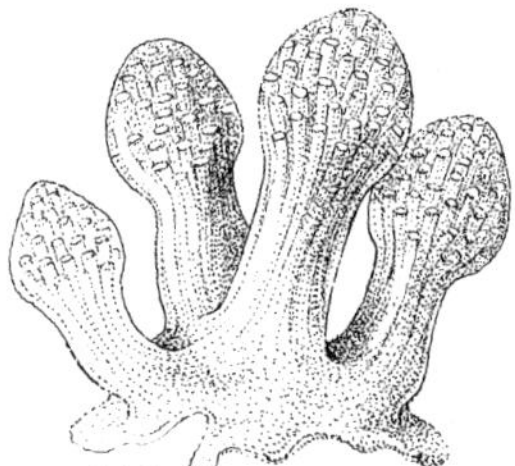

613

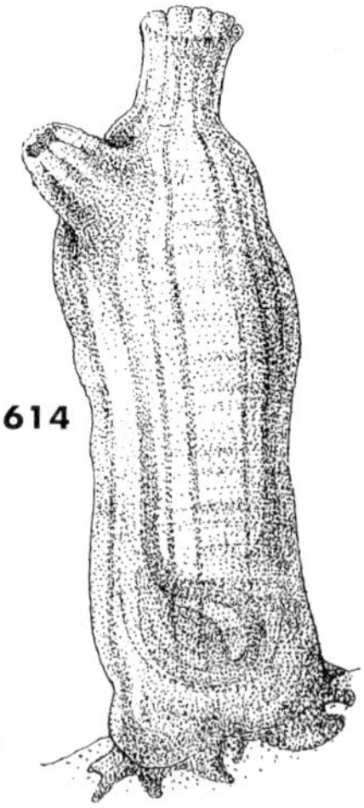

614

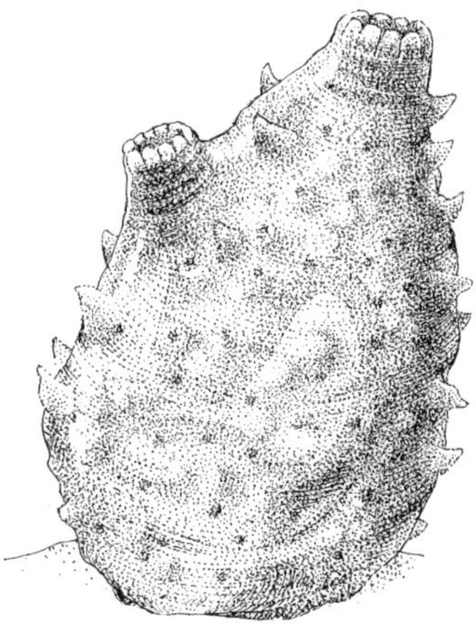

615

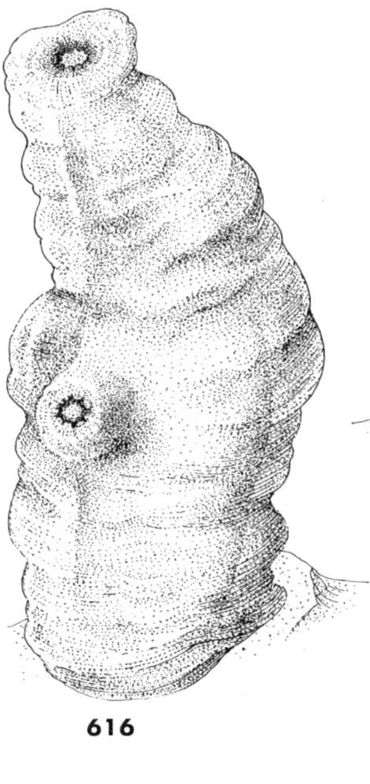

616

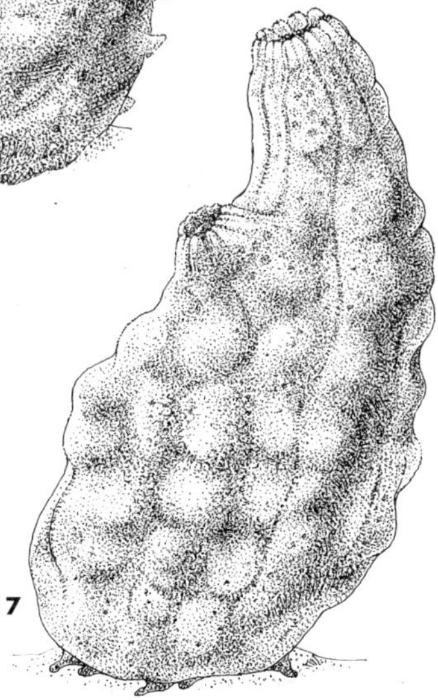

617

Seescheiden

618 Falten-Ascidie *Styela plicata* Les.
Einzeln lebend, aber oft in größeren Gruppen und zu Klumpen vereinigt. Körper bis 7 cm lang, oval-knollenförmig. Mantel lederig, unregelmäßig faltig, weißlich bis bräunlich, an den Siphonen dunkler gestreift, häufig mit starkem Bewuchs. Ein- und Ausfuhröffnungen um 1/4 der Körperlänge voneinander entfernt, auf kurzen Siphonen. – An Gestein, im Seicht- und Flachwasserbereich. – Mittelmeer, Atlantik.
Ähnlich sind zwei im Atlantik, in der Nordsee und der westl. Ostsee vorkommende, nahe verwandte Arten: ***S. rustica,*** bis 6 cm lang, mit grobrunzeligem, oft rauhknotigem, rötlichbraunem Mantel, und ***S. coriacea,*** bis 3 cm lang, mit feinrunzeligem, weißlichem bis braunem Mantel.

619 Tangbeere *Dendrodoa grossularia* (v. Ben.) = *Styelopsis g.*
Einzeln lebend, aber meist in dichten, kolonie-ähnlichen Gruppen und oft mit zusammenklebenden Anwachsflächen. Körper bis 1,5 cm lang, bei solitären Exemplaren kugelig bis rundlich-oval mit großer Anwachsfläche, bei gruppierten Exemplaren länglich-oval mit kleiner Anwachsfläche. Mantel lederig, glatt oder feinrunzelig, rot, orange oder bräunlich, selten weißlich. Ein- und Ausfuhröffnungen etwa 1/4 der Körperlänge voneinander entfernt, auf kurzen, kegelförmigen Siphonen. – Auf Tangen (bes. *Fucus* und *Laminaria*), unter Felsen, auf Muschelschalen, von der äußeren Gezeitenzone an. – Atlantik, Nordsee, westl. Ostsee.
Ähnlich sind die Einzeltiere einer auch im Mittelmeer vorkommenden, auf Steinen und Laminarien koloniebildenden Art: ***Distomus variolosus,*** bis 8 mm lang, rot bis ziegelbraun, basal durch Stolonen verbunden, nie zusammengeklebt.

620 Stern-Seescheide *Botryllus schlosseri* (Pall.) = *B. stellatus.*
Koloniebildend; Stock fladen- bis polsterförmig. Einzeltiere bis 2 mm groß, gelb, orange, grün, violett oder blau, gänzlich in gemeinsame bläuliche bis graue oder grünliche, gallertige bis knorpelige, durchscheinende Mantelmasse eingebettet und zu je 6 bis 20 stern- oder kreisförmig um eine Kloakenhöhle gruppiert. – Auf Steinen, an Holzwerk und Tangen, vom Flachwasser an. – Mittelmeer, Atlantik, Nordsee.
Ähnliche Kolonien bildet ***Botrylloides leachi*** des gleichen Gebiets, doch liegen die grauen bis rotvioletten Einzeltiere in Doppelketten gruppiert oder ungeordnet dicht nebeneinander in der gräulichen, gelblichen oder rötlichen Mantelmasse.

621 Rote Seescheide *Halocynthia papillosa* L. = *Tethyum papillosum.*
Einzeln lebend. Körper bis 10 cm lang, länglich-oval. Mantel hart-lederig, rauh, orange bis rot. Ein- und Ausfuhröffnungen mit Borstenkranz, um 1/3 der Körperlänge voneinander entfernt, auf zylindrischen Siphonen. – Unter Überhängen und in Höhlen vom Flachwasser an. – Mittelmeer.

622 Mikrokosmos *Microcosmus sulcatus* Coq. = *M. vulgaris.*
Einzeln lebend, oft in großen Gruppen. Körper bis 20 cm lang, gebogen-knollenförmig. Mantel hart-lederig, grobfaltig, braunrot bis rotviolett, immer mit starkem Algen-, Schwamm-, Anthozoen-, Muschel- und Bryozoenbewuchs (Microcosmus = Kleine Welt). Ein- und Ausfuhröffnungen weit voneinander getrennt, auf roten Siphonen. – Auf schlammigem Sandgrund an Steinen, von 25 m Tiefe an. – Mittelmeer. – Eßbar; wird auf Fischmärkten angeboten.

Schädellose Stamm *Acrania* = *Cephalochordata*

Ausschließlich marine, fischförmige Bilateraltiere mit zweiseitig-symmetrisch gebautem, vorne und hinten zugespitztem, von der Rückensaite (Chorda dorsalis) in ganzer Länge durchzogenem Körper, ohne Schädel, ohne Wirbelsäule und ohne paarige Gliedmaßen. Ein schmaler Flossensaum reicht am Rücken vom Kopf bis zur Schwanzspitze und bauchseits über die hintere Körperhälfte. Der Mund ist unterständig, kieferlos, von feinen Tastfäden umgeben. Die feinen, schrägen Spalten des als Kiemenkorb ausgebildeten Vorderdarms münden nach außen in einen Hautsack (Peribranchialraum), dessen Ausströmöffnung (Atrioporus) bauchseits median vor dem leicht seitlich versetzten After liegt. Als Nahrung dienen Kleinlebewesen und organische Teilchen, die mit dem Atemwasser aufgenommen und von Flimmerzellen dem Verdauungsdarm zugeführt werden. Die Fortpflanzung erfolgt stets getrenntgeschlechtlich; die männlichen oder weiblichen Geschlechtsdrüsen liegen als Reihe sackförmiger kleiner Auswölbungen im Peribranchialraum; die Geschlechtsprodukte werden durch den Atrioporus ins freie Wasser abgegeben; aus befruchteten Eiern entwickeln sich glasig-durchsichtige Larven von den erwachsenen Tieren ähnlicher Gestalt. Der Stamm umfaßt mit der einzigen Klasse *Leptocardia* kaum anderthalb Dutzend Arten, ist aber in allen Meeren der warmen und gemäßigten Zonen vertreten, sowohl im Flachwasser des Küstenbereichs wie in der Hochsee und in Tiefen bis über 1000 m.

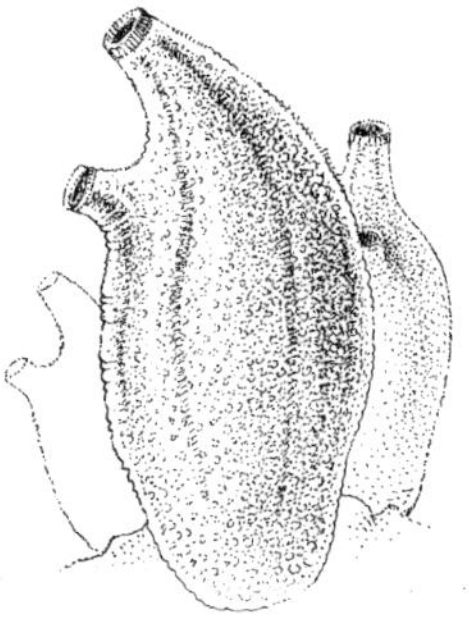

618

619

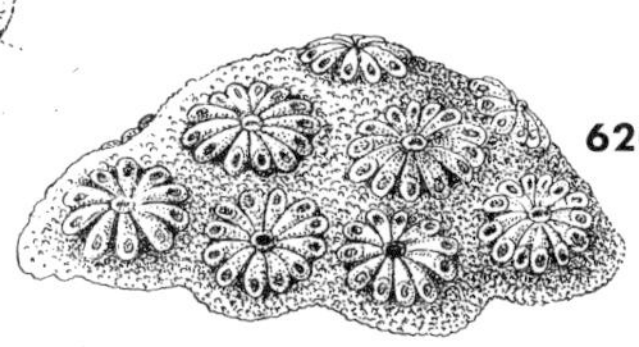

620

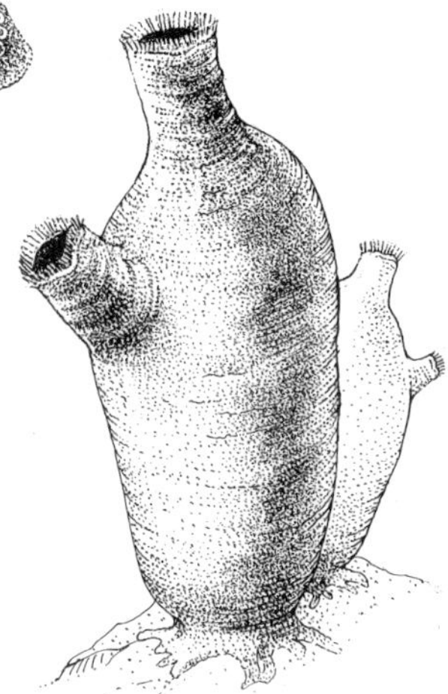

621

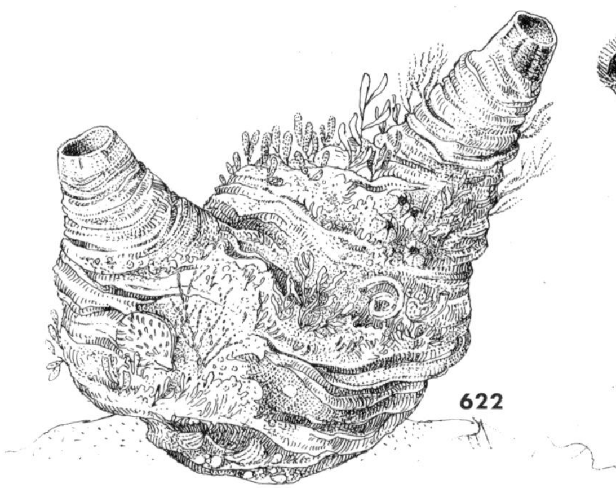

622

623 Lanzettfischchen *Branchiostoma lanceolatum* (Pall.) = *Amphioxus l.*
Bis 6 cm lang; weißlich bis blaßrosig; gestreckt lanzettförmig, seitlich zusammengedrückt; Geschlechtsdrüsen beidseitig ausgebildet. – Auf Sand und Kiesgrund in Tiefen bis 60 m, tagsüber meist eingegraben und nur mit dem Kopfteil aus dem Boden ragend, manchmal mit raschen, schlängelnden Bewegungen in Seitenlage kurze Strecken schwimmend. – Mittelmeer, Atlantik, Nordsee, westl. Ostsee.
Hier mag in absehbarer Zeit eine Korrektur vorzunehmen sein, falls der seit vielen Jahrzehnten andauernde wissenschaftliche Streit über die Zugehörigkeit oder Nichtzugehörigkeit von *Branchiostoma lanceolatum* zu den Wirbeltieren durch entscheidende Erkenntnisse beendet wird.

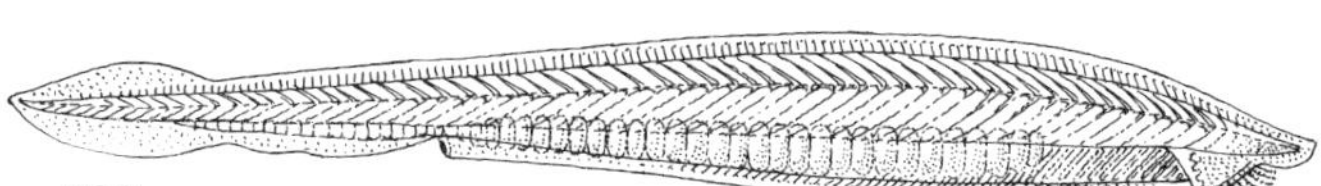

623

Wirbeltiere Stamm *Vertebrata* = *Craniota*

Zu den Vertebraten zählen die Rundmäuler, Knorpelfische und Knochenfische, denen der anschließende Teil dieses Buches gewidmet ist, sowie die Lurche, Reptilien, Vögel und Säugetiere: Vielgestaltige Neumünder mit zweiseitig-symmetrisch gebautem Körper und aus der Rückensaite hervorgegangenem innerem Achsenskelett, das in wenigen Fällen ungegliedert (Rundmäuler), meist aber als Wirbelsäule gegliedert ist. Äußerlich lassen sich gewöhnlich drei Regionen unterscheiden, Kopf, Rumpf und der Schwanz, der rückgebildet sein kann (Froschlurche). Die in der Regel vorhandenen paarigen Gliedmaßen fehlen bei den niedrigsten Formen (Rundmäuler) und sind bei manchen höher entwickelten Wirbeltieren mehr oder weniger rückgebildet (Schlangen, Wale). Zur Atmung dienen teils Kiemen, teils Lungen. Die Fortpflanzung erfolgt ausnahmslos getrenntgeschlechtlich.

Rundmäuler Klasse *Cyclostomata*

Aalförmig langgestreckte Wirbeltiere ohne paarige Flossen, mit knorpeligem Skelett, unbeschuppter, schleimiger Haut, unpaarer Nasenöffnung, 1 bis 15 paarigen unbedeckten Kiemenöffnungen, strahlenlosem Flossensaum und rundem, kieferlosem, mit Hornzähnen bewaffnetem Saugmund. Die knapp 50 bekannten Arten sind systematisch in zwei Ordnungen aufgeteilt: die rein marinen, parasitisch lebenden Inger *(Myxinoidea)* mit verkümmerten Augen und schwach entwickeltem Flossensaum, und die Neunaugen, vorwiegend dem Süßwasserbereich angehörend, nur mit wenigen Arten im Meer bzw. Brackwasser vertreten, mit räuberischer Lebensweise. Alle Neunaugen laichen im Süßwasser, auch die Meerneunaugen. Die Eier werden bei äußerer Befruchtung an strömungsarmen Flußbuchten in Sandgruben abgelegt; die Entwicklung zu geschlechtsreifen Tieren erfolgt über ein mehrjähriges Larvenstadium; die Elternpaare sterben kurz nach der Laichzeit ab.

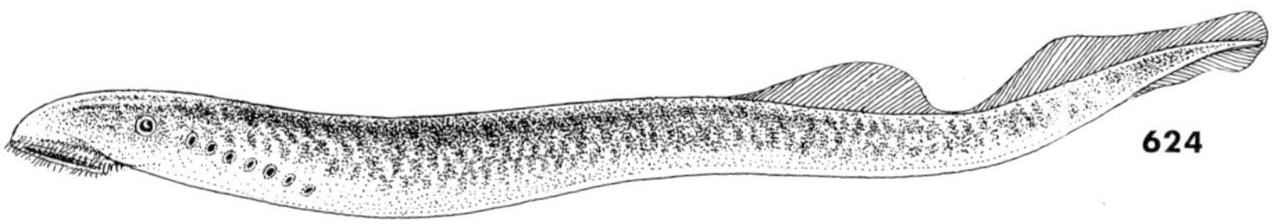

624

624 Meerneunauge = Seelamprete = Meerbricke ***Petromyzon marinus*** (L.).
Länge bis über 1 m. Färbung graugrün, schwarz marmoriert; Bauch weißlich; kleinere Exemplare nicht marmoriert, einfarbig. Saugmund scheibenförmig, mit gefranstem Rand, einem großen, zweispitzigen Mittelzahn und zahlreichen konzentrischen Reihen kleinerer Hornzähne. Unpaare Nasenöffnung in Kopfmitte. 7 paarige runde Kiemenöffnungen. 1. und 2. Rückenflosse weit getrennt, 2. saumartig mit der Schwanzflosse und der schwach ausgebildeten Afterflosse verbunden. – Lebt in allen Tiefen bis etwa 500 m, vorzugsweise in der weiteren Umgebung von Flußmündungen; schwimmt aalähnlich, gewandt; gelegentlich angesaugt an größeren Fischen, Seeschildkröten, Treibholz und Bootskörpern. Als Nahrung dienen Fische, an denen sich das Meerneunauge festsaugt, um sich langsam in den Körper des Opfers einzufressen. – Mittelmeer (selten), Atlantik, Nordsee, (selten) Ostsee.
Ähnlich, aber kleiner ist ***Lampetra fluviatilis*** = *Petromyzon f.*, das Flußneunauge, auch Bricke genannt, im gleichen Gebiet vor allem um und in Flußmündungen vorkommend, aber auch im übrigen Küstenbereich, bis 40 cm lang, einfarbig dunkelblau bis graugrün bei silberweißem, oft grau gepunktetem Bauch, mit nur zwei Zahnkreisen an der Mundscheibe und nahe hinter der 1. liegender 2. Rückenflosse. – Beide Arten gehören zu den beliebten Speisefischen.

Knorpelfische Klasse *Chondrichthyes*

Eine Gruppe, die nicht als Vorläufer der Knochenfische zu betrachten ist, sondern einen eigenen Evolutionszweig darstellt, und deren Geschichte mit Formen beginnt, die vor etwa 250 Jahrmillionen lebten, wobei die rund 500 bekannten rezenten Arten sich erst seit dem Erdmittelalter entwikkelt haben: Wirbeltiere mit durch Verkalkung verstärktem Knorpelskelett, unpaaren und paarigen Flossen ohne echte Strahlen, unterständigem Mund mit meist stark bezahnten Kiefern, paarigen Nasenöffnungen und in der Regel – d.h. mit Ausnahmen – 5 unbedeckten paarigen Kiemenöffnungen. Die Haut trägt im allgemeinen die charakteristischen Placoidschuppen, aus der Epidermis ragende harte Hautzähne, die zu Dornen und Stacheln ausgebildet sein können, aber auch mehr oder minder reduziert. Von einer im Süßwasser lebenden Hai-Art, dem Nicaragua-Hai, und einigen südamerikanischen Flußrochen abgesehen, sind die Knorpelfische marin, größtenteils in tropischen Gewässern heimisch, aber auch in den subtropischen und kalten Meeren vertreten. Einige Haie und Sägefische schwimmen in Flüsse ein. Innerhalb der Klasse unterscheidet man die Chimären *(Holocephali)*, auch Seedrachen oder Seekatzen genannt, vorwiegend in großen Tiefen lebend, und die weit zahlreicheren Haiähnlichen *(Elasmobranchii)* mit den zwei Ordnungen der Haie und Rochen, die zusammenfassend manchmal auch als Quermäuler *(Plagiostomata)* bezeichnet werden. Die Befruchtung erfolgt bei Knorpelfischen stets innerlich; die Männchen besitzen Begattungsorgane, die aus dem inneren Teil der Bauchflosse abgewandelt sind. Die Weibchen sind lebendgebärend, ovovivipar oder eierlegend. Die Eier, gewöhnlich von einer hornigen Kapsel umgeben und typisch geformt («Seemäuse»), sind oft mit Fäden ausgestattet, die sich an Gestein, Algen, Gorgonien usw. verhängen; die Entwicklungsdauer beträgt vier bis zehn Monate. Ebensolang kann die Tragzeit der lebendgebärenden Weibchen dauern, bei Stoffaustausch zwischen Muttertier und Embryonen über eine Placenta. Bei den ovoviviparen Arten geht die Entwicklung der Embryonen im Mutterleib in Eiern vor sich, die vor der Geburt aufbrechen.

Haie Ordnung *Selachoidei*

Knorpelfische mit mehr oder weniger spindelförmigem Körper, meist 5, selten 6 oder 7 Kiemenspalten an den Kopfseiten, seitenständigen Augen, manchmal mit einem hinter den Augen liegenden Spritzloch. Der gedrungene oder walzig gestreckte Rumpf geht ohne betonten Absatz in den kräftigen Schwanz über. Unpaar sind die Rückenflosse(n), die Schwanzflosse mit oberem und unterem Lappen und die Afterflosse, paarig die Brustflossen, die frei getragen werden, und die Bauchflossen, die bei Weibchen ungeteilt sind, bei Männchen einen verlängerten, rinnenförmig umgebildeten Innenteil aufweisen, den als Begattungsorgan dienenden Griffel. Die Größenskala der Haie reicht von weniger als 1 m bis über 18 m. Bei den sich im Küstenbereich haltenden Arten handelt es sich vorwiegend um kleine bis mittelgroße, teils bodennah lebende Formen, denen neben Fischen auch Krebse und Weichtiere als Nahrung dienen. Die größeren bis großen Haie sind gewöhnlich Hochseetiere, vielfach als gefräßige Fischräuber auf der schwarzen Liste der Fischereiwirtschaft stehend, manche als Allesfresser bekannt, die gierig nach allem schnappen, was im Wasser schwimmt. Die in den europäischen Meeren heimischen Hochseeformen kommen nur sehr gelegentlich ins Küstenwasser, etwa bei der Verfolgung von Fischschwärmen oder im Kielwasser von Schiffen, deren Abfälle sie fressen. So können sie insbesondere in der Umgebung von Fischereizentren und großen Häfen auftreten, wobei ab und zu auch Arten aus fernen, meist tropischen Gewässern als Irrgäste erscheinen. Haie sind meist nicht ausgesprochen standorttreu, sondern streifen in manchmal begrenzten Gebieten ständig umher. Dornhaie scheinen regelmäßige Wanderungen auszuführen.

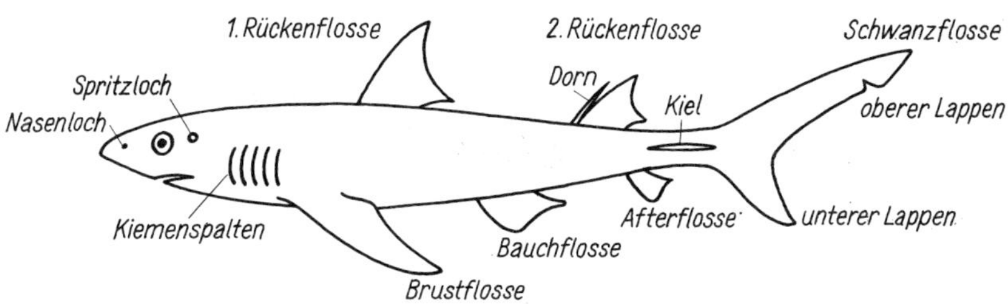

Haie

Grauhaie *Hexanchidae* = *Notidanidae*

Größere bis große Haie mit schlankem Körper, breitem Kopf, kurzer, stumpfer Schnauze, unterständigem Mund und 6 oder 7 Kiemenspalten. Spritzlöcher klein. 1 weit zurückgesetzte Rückenflosse; Schwanzflosse mit stark entwickeltem oberen Lappen; Afterflosse. Kammähnlich gezackte Zähne. Lebendgebärend.

625 Grauhai *Hexanchus griseus* Bonn. = *Notidanus g.*
Länge 2 bis 4 m, selten bis 6 m. Grau, am Bauch heller. Mit 6 Kiemenspalten, kurz vor dem Schwanzstiel stehender Rückenflosse und stark verlängertem oberem Schwanzflossenlappen. – Lebt gewöhnlich in Tiefen von 100 m und mehr, kommt aber im Sommer in Küstennähe. Nährt sich von Fischen. – Mittelmeer, Atlantik, Nordsee. – Wird besonders im Herbst und Winter gefangen; das Fleisch ist wohlschmeckend; aus der Leber wird weißlicher Tran gewonnen.

Blauhaie *Carchariidae*

Größere bis große Haie mit elliptischem Körper, oben abgeflachtem Kopf, spitzer Schnauze, unterständigem Mund und 5 Kiemenspalten. Augen mit Nickhaut. Spritzlöcher klein oder fehlend. 2 Rückenflossen; Schwanzflosse mit langem oberem Lappen; Afterflosse. Spitze, scharfe Dreieckzähne, glattrandig oder gesägt. Lebendgebärend.

626 Blauhai *Galeus glaucus* (L.) = *Carcharias g.* = *Prionace g.* = *Squalus g.*
Länge bis 4 m (in tropischen Meeren größer). Rücken schiefergrau bis schwarzblau (bei jungen Exemplaren blau); Seiten heller; Bauch grauweiß. Schnauze lang, spitz; Spritzlöcher fehlend; letzte Kiemenspalten über dem Ansatz der großen, sichelförmigen Brustflossen; 2. Rückenflosse klein, oberhalb der kleinen Afterflosse stehend. – Hochseehai, im Sommer gelegentlich in Küstennähe. Folgt als gefräßiger Räuber Sardinen-, Makrelen- und Thunfischschwärmen; frißt auch andere Haie. Für Menschen gefährlich. – Mittelmeer, Atlantik, (selten) Nordsee. – Das Fleisch ist zäh und schwerverdaulich; die Haut wird als Poliermittel verwendet und zu Leder verarbeitet, aus der Leber Tran gewonnen.

627 Hundshai = Grundhai ***Galeorhinus galeus*** L. = *Eugaleus g.* = *Galeus canis.*
Länge bis 1,5 m oder 2 m. Rücken stahl- bis dunkelgrau mit bräunlicher Tönung; Seiten heller; Bauch schimmernd weißlich. Schnauze lang, stumpfspitz, oben leicht abgeflacht; Spritzlöcher vorhanden; Brustflossen ziemlich kurz, breit; 2. Rückenflosse gegenüber der gleich großen Afterflosse leicht vorgerückt. – Grundlebender Fischräuber; im Sommer gelegentlich in Küstennähe. – Mittelmeer, Atlantik, Nordsee.

Glatthaie *Mustellidae*

628 Gemeiner Glatthai *Mustellus vulgaris* Müll. u. Hen. = *M. asterias* = *M. canis.*
Länge meist um 1 m, aber auch bis 2 m. Grau bis graubraun, Bauchseite heller, am Rücken weißlich gefleckt (besonders jüngere Exemplare). Körper schlank; Kopf oben leicht abgeflacht; Schnauze ziemlich kurz, spitz; Spritzlöcher vorhanden; Brustflossen kurz, breit; 2. Rückenflosse gegenüber der kleineren Afterflosse vorgerückt. – Grundlebender Krebs- und Weichtierfresser; im Küstenbereich auf schlammigem Sandgrund von etwa 30 m Tiefe an. – Mittelmeer, Atlantik, (selten) Nordsee. – Fleisch mittelmäßig.
Sehr ähnlich ist ***M. laevis,*** der Mittelmeer-Glatthai, heller und stets ungefleckt.

Hammerhaie *Sphyrnidae*

Größere bis große Haie mit abgeflachtem, seitlich verbreitertem, charakteristisch hammerförmigem Kopf, unterständigem Mund und endständig an den Kopfflächen sitzenden Augen. Spritzlöcher rückgebildet. 5 Kiemenspalten. 2 Rückenflossen; Schwanzflosse mit langem, oberem Lappen; Afterflosse. Spitze, fein gesägte Dreieckzähne. Lebendgebärend.

629 Hammerhai *Sphyrna zygaena* L. = *Zygaena malleus.*
Meist 1,5 bis 2 m (auch bis 4 m) lang. Schiefergrau, bauchseits heller. Kopfbogen gleichmäßig. – Lebt im allgemeinen bodennah in größeren Tiefen; frißt hauptsächlich Fische, aber auch Krebse, Kraken, Tintenfische; verfolgt gelegentlich Thunfischschwärme bis in Küstennähe; für Menschen gefährlich. – Mittelmeer, Atlantik (selten nördlich der Biskaya, doch als Irrgast noch aus der Nordsee gemeldet). – Die Haut wird zu Leder verarbeitet, aus der Leber Tran gewonnen. Das Fleisch ist minderwertig. Manchmal sollen Hammerhaie auf dem Markt als Schwertfisch oder Thunfisch angeboten werden.

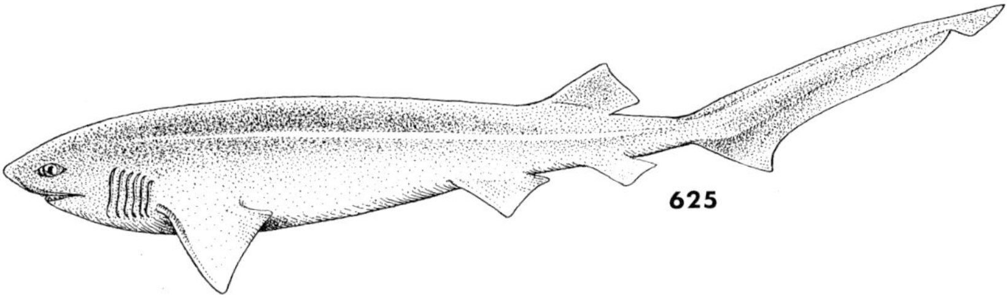
625

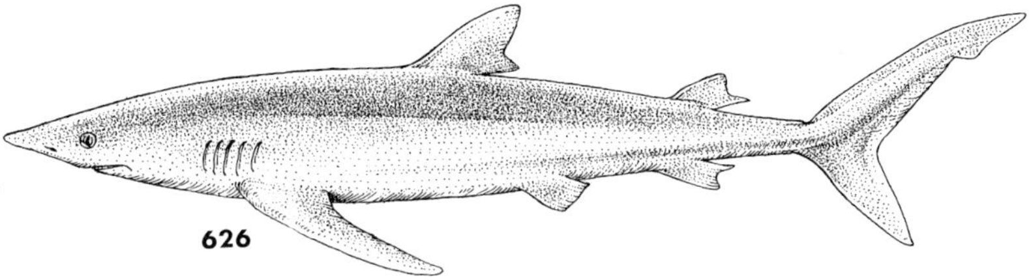
626

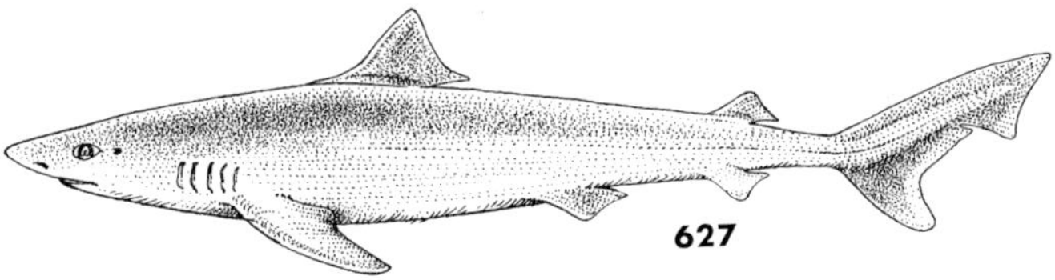
627

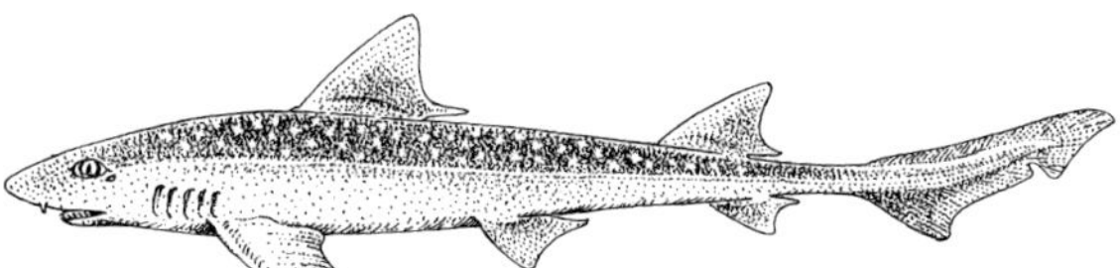
628

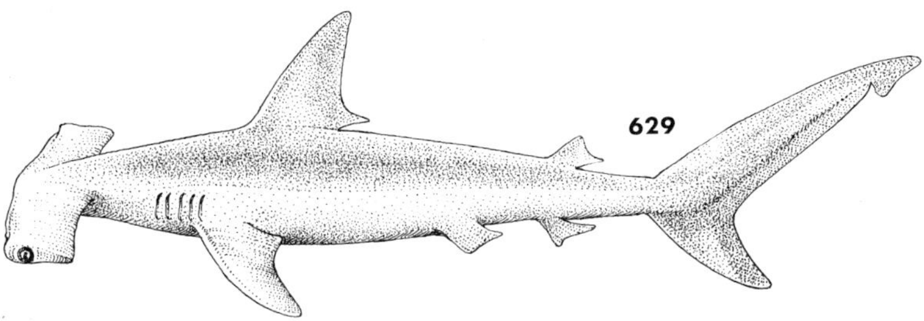
629

Haie

Heringshaie *Lamnidae*

Mittelgroße bis große Haie mit gedrungen-elliptischem Körper, stumpfspitzer bis spitzer Schnauze, unterständigem Mund, 5 Kiemenspalten, 2 Rückenflossen und (mit Ausnahme der Fuchshaie) annähernd gleich ausgebildeten Schwanzflossenlappen. Spritzlöcher klein oder fehlend. Schwanzstiel meist mit oberer und unterer Einkerbung und seitlichem Kiel. Afterflosse vorhanden. Zähne verschieden (s. Artbeschreibungen). Lebendgebärend.

630 Heringshai *Lamna cornubica* (Gmel.) = *Isurus nasus* = *Lamna n.*
Länge 2 bis 3 m (selten 4 m). Dunkelschiefergrau bis grau, bauchseits weißlich. Körper hochelliptisch-spindelförmig mit stumpfspitzer Schnauze. Spritzlöcher klein. Kiemenspalten lang, jedoch nicht bis zur Bauchseite gezogen. 1. Rückenflosse über dem Ansatz der Brustflossen; 2. Rückenflosse sehr klein, oberhalb der gleich bemessenen Afterflosse; Schwanzstiel oben und unten eingekerbt, mit seitlichem Kiel; Schwanzflosse sichelförmig bei annähernd gleich großen Lappen, oben etwas länger; Bauchflossen klein. Zähne groß, lanzettförmig, glattrandig, oft mit 2 Basalzacken. – Im offenen Meer lebender, gefräßiger Fischräuber, der sich vorwiegend von pelagischen Schwarmfischen ernährt, die er bisweilen in Gruppen von 15 bis 30 Exemplaren bis in Küstennähe verfolgt. Für Menschen gefährlich. – Mittelmeer, Atlantik, Nordsee, Ostsee. – Das recht zarte Fleisch wird besonders an der Atlantikküste geschätzt.

631 Menschenhai = Weißhai ***Carcharodon carcharias*** (L.) = *C. rondeletti.*
Länge 3 bis 6 m (auch bis 12 m). Dunkelgraubraun bis schieferblau, dunkelgrau oder fast schwarz, bauchseits schmutzigweiß mit dunklem Fleck auf der Höhe der Brustflossen. Körper kräftig-elliptisch mit stumpfspitzer Schnauze. 1. Rückenflosse hinter dem Ansatz der großen, sichelförmigen Brustflossen; 2. Rückenflosse sehr klein, gegenüber der wenig größeren Afterflosse vorversetzt; Schwanzstiel mit seitlichem Kiel; Schwanzflosse sichelförmig bei annähernd gleich großen Lappen, oben etwas länger; Bauchflossen ziemlich klein. Zähne groß, dreieckig, mit gesägtem Rand. – Im offenen Meer lebender Allesfresser, vorwiegend Fische einschließlich anderer Haie verschlingend, aber auch Robben, Seeschildkröten, Schiffabfälle usw.; als gefräßigster aller Haie berüchtigt und gefürchtet; kommt selten in Küstennähe, folgt aber manchmal Schiffen. Für Menschen sehr gefährlich. – Mittelmeer, Atlantik bis südl. Biskaya. – Fleisch ungenießbar.

632 Fuchshai = Drescher ***Alopias vulpes*** Gmel. = *Alopecias v.*
Länge 2 bis 3 m. Dunkelblau bis hellschieferblau. Körper schlank-elliptisch mit stumpfspitzer Schnauze. Spritzlöcher klein. Gekennzeichnet durch den ausnehmend langen oberen Schwanzflossenlappen (annähernd 1/2 der Körperlänge). Schwanzstiel ohne seitlichen Kiel. Zähne dreieckig, glattrandig. – Im offenen Meer lebender, gefräßiger Fischräuber, der sich hauptsächlich von pelagischen Schwarmfischen wie Sardinen, Makrelen und Heringen ernährt, sie bis in Küstennähe verfolgt und sich manchmal in den Netzen der Fischer verfängt. – Mittelmeer, Atlantik. – Fleisch minderwertig.

633 Riesenhai *Cetorhinus maximus* (Günn.) = *Selachus m.*
Länge 3 bis 12 m (selten bis 15 m). Rücken schwarzgrau, Seiten zunehmend heller, Bauch hellschiefergrau. Körper massig-spindelförmig mit stumpfspitzer Schnauze und langen, beinahe kragenartig vor den Brustflossen von der Rücken- bis zur Bauchseite reichenden Kiemenspalten, denen innen ein Kiemenapparat mit zahlreichen, dicht stehenden Barten entspricht. 2. Rückenflosse klein, gegenüber der annähernd gleich bemessenen Afterflosse vorversetzt; Schwanzstiel mit seitlichem Kiel, oben und unten gekerbt; Schwanzflosse sichelförmig, mit etwas längerem oberem Lappen. Zähne klein, stumpfkonisch. – Lebt im offenen Meer, manchmal in Gruppen zu 15 bis 20 Exemplaren, sich von aus dem Atemwasser gesiebten Kleintieren, hauptsächlich planktischen Krebsen, ernährend; manchmal an der Oberfläche ruhig treibend zu sehen; selten im Küstenbereich. – Mittelmeer, Atlantik, (selten) Nordsee. – Die Leber wird zu Tran verarbeitet und auch das Fleisch gegessen, meist geräuchert.

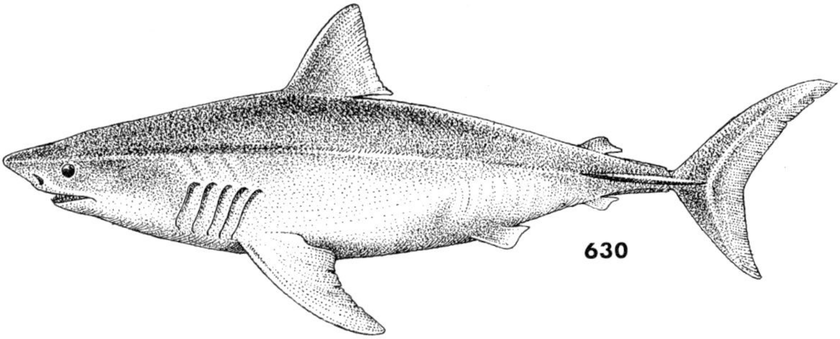

630

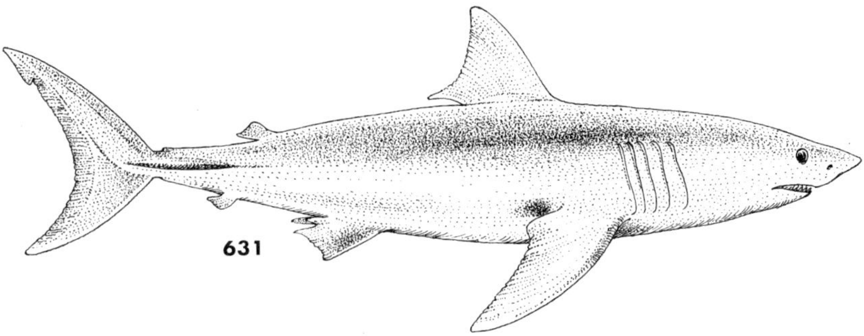

631

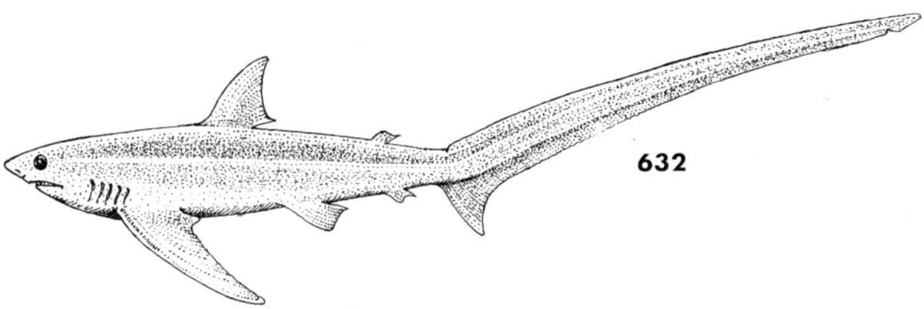

632

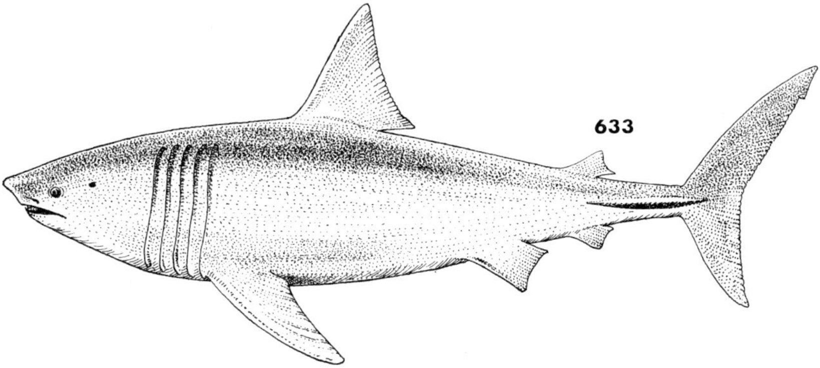

633

Haie

Katzenhaie ***Scyliorhinidae*** = *Scyllidae*

Kleine Haie mit schlankem Körper, breitem, leicht abgeflachtem Kopf, kleinen Spritzlöchern und 5 Kiemenspalten. Mund unterständig; Nasenlöcher mit bis zum Lippenrand gezogener Rinne. Augen mit Nickhaut und auffallend beweglichen Pupillen. 2 weit zurückgesetzte Rückenflossen; Schwanzflosse mit ungleichen Lappen; Afterflosse. Kleine, mehrspitzige Zähne. Eierlegend.

634 Kleiner Katzenhai = Kleingefleckter K. ***Scyliorhinus canicula*** L. = *Scyllium c.* = *Catulus c.*

Länge 40 bis 75 cm. Rücken rötlich-grau mit zahlreichen kleinen braunen und größeren schwarzen Flecken; Seiten gelblichgrau; Bauch weißlich. Mund stark gebogen; Nasenlöcher engstehend und durch Rinnen mit dem Lippenrand verbunden. 2. Rückenflosse gegenüber der Afterflosse zurückgesetzt. – Lebt in Tiefen von 10 bis 400 m, vorzugsweise über Schlamm- und Sandgrund; Bodenfisch, der sich von Würmern, Krebsen und Weichtieren nährt, sowie von Grundeln und Butterfischen. – Mittelmeer, Atlantik, Nordsee. – Als Speisefisch wenig geschätzt; Fleisch fade, faserig. Kommt an der Côte d'Azur gehäutet und ohne Kopf als «Saumonette» auf den Markt, in England als «Rock Salmon». – Die Eier, gelbbraune hornige Kapseln von 5 bis 7 cm Länge und etwa 2 cm Breite, werden vom Weibchen beim Ablaichen mit von den Kapseln ausgehenden langen Fäden an Steinen, Algen, Gorgonien usw. verankert; Entwicklungsdauer 8 bis 9 Monate.

635 Großer Katzenhai = Großgefleckter K. ***Scyliorhinus stellaris*** L. = *Catulus s.* = *Scyllium s.*

Länge 70 cm bis 1 m, selten etwas größer. Rücken rötlichgrau, braungrau oder gräulich mit großen braunen, innen schwärzlichen Flecken und kleineren schwarzen Flecken; Seiten mit hellerer Grundfarbe; Bauch weißlich. Mund schwach gebogen; Nasenlöcher weit auseinanderstehend, mit vor dem Lippenrand zur Mitte hin abbiegenden Rinnen. Rumpf kräftig. 2. Rückenflosse teils oberhalb der Afterflosse. – Lebt in Tiefen von 20 bis über 400 m als Bodenfisch bei gleicher Nahrung wie der Kleine K. – Mittelmeer, Atlantik. – Fleisch mäßig.

Stachelhaie ***Squalidae***

Meist kleinere Haie mit spindelförmigem Körper, stumpfspitzer bis spitzer Schnauze, unterständigem Mund, ziemlich großen Spritzlöchern und 5 Kiemenspalten. Die Afterflosse fehlt. Vor jeder der 2 Rückenflossen steht ein kräftiger, glatter Stachel. Die Schwanzflossenlappen sind ungleich, die Zähne klein, spitz, gewöhnlich seitlich gebogen. Lebendgebärend.

636 Gemeiner Dornhai ***Acanthias acanthias*** (L.) = *Squalus a.* = *A. vulgaris.*

Länge bis 1 m. Rücken dunkel- bis schmutziggrau, oft (besonders bei jüngeren Exemplaren) vorne weiß gefleckt; Seiten hellgrau; Bauch schimmernd weißlich. Körper schlank mit spitzer Schnauze. 1. Rückenflosse gegenüber den Brustflossen zurückversetzt; vorderer Stachel größer; 2. Rückenflosse gegenüber den Bauchflossen zurückversetzt; Schwanzflosse mit längerem oberem Lappen. Zähne oben und unten mit seitlich gebogenen Spitzen. – Bodenhai, der sich als gefräßiger Fischräuber gewöhnlich in Tiefen um 40 m hält, häufig in Gruppen von 20 bis 40 Exemplaren; kommt auch bis ins Flachwasser des Uferbereichs. – Mittelmeer, Atlantik, Nordsee, westl. Ostsee. – Das Fleisch ist frisch recht begehrt, in Deutschland eingelegt und in Aspik unter der Handelsbezeichnung Seeaal im Handel, während die geräucherten Bauchlappen als Schillerlocken angeboten werden.

Meerengel ***Squatinidae***

Haie mit abgeplattetem Körper, rochenähnlich, aber mit endständigem Mund, vom Kopf deutlich getrennten Brustflossen bei von den Seiten nach unten gezogenen Kiemenspalten. Spritzlöcher groß. 1. und 2. Rückenflosse weit zurückversetzt, auf dem Schwanz; Afterflosse fehlt; Schwanzflosse klein, zweilappig, leicht ungleich. Zähne klein, spitzkonisch. Sowohl lebendgebärende wie auch eierlegende Arten.

637 Engelhai ***Squatina squatina*** (L.) = *S. laevis* = *S. fimbriata.*

Meist um 1 m (auch bis 2 m) lang. Grüngrau bis graubraun mit unregelmäßigen dunkleren Flecken und Tupfen, manchmal mit weißen Punkten; Bauchseite weißlich. Kopf breit, mit schmalen Mundlappen. Brustflossen breit, fleischig, von den ebenfalls ziemlich breiten Bauchflossen deutlich getrennt. – Sich von Grundfischen, Weichtieren und Krebsen ernährender Bodenfisch, der auf Sand und Schlamm im Küstenbereich lebt, oft teilweise eingegraben. – Mittelmeer, Atlantik.

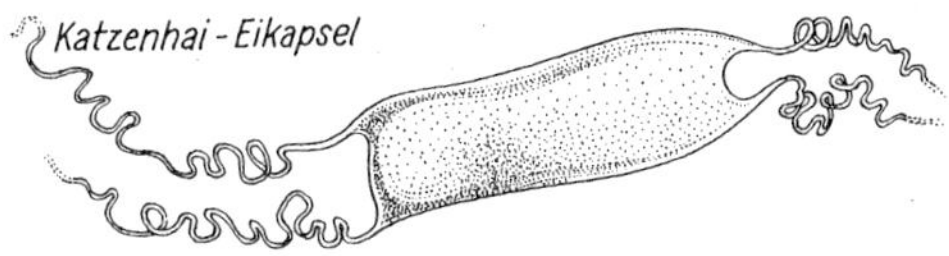

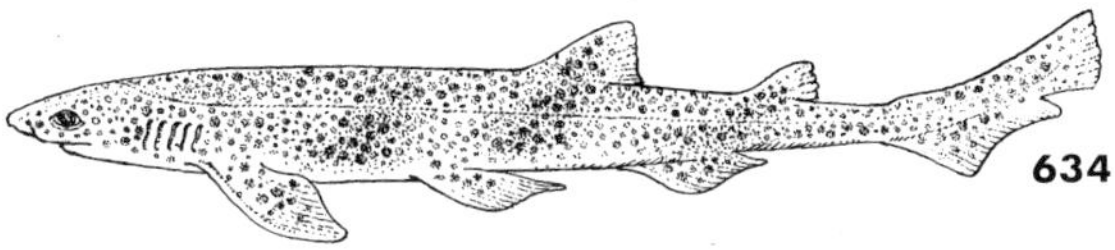

634

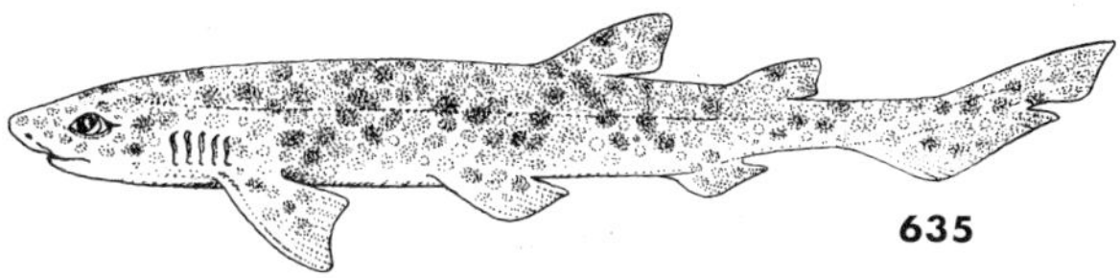

635

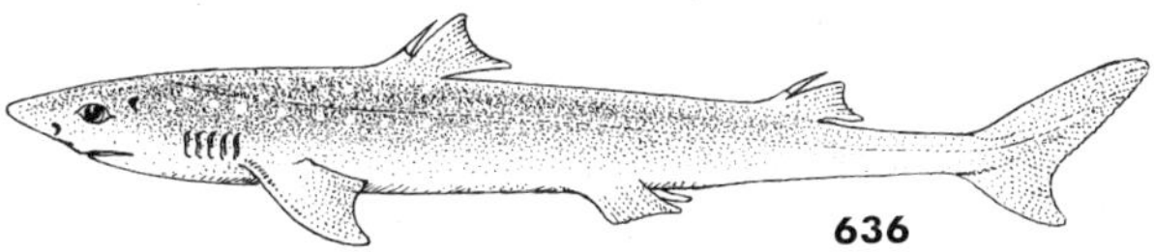

636

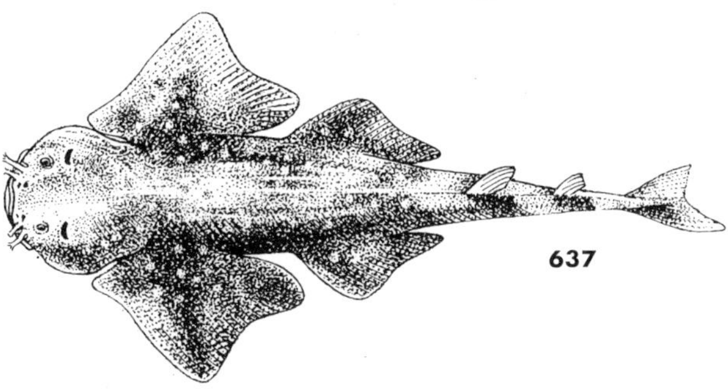

637

Zur Hai-Gefahr an unseren Küsten

Über das Verhalten der größeren Haie gegenüber Menschen wurde und wird – in Anbetracht dessen, daß die diesbezügliche Forschung, verhältnismäßig jung, noch nicht über breite gesicherte Erkenntnisse verfügt – in der nicht-wissenschaftlichen Literatur reichlich viel geschrieben, dabei so manche Beobachtung von begrenzter Gültigkeit verallgemeinert oder spekulativ im sensationellen Sinn ausgelegt. Wir wollen hier nicht in den gleichen Fehler verfallen, sondern uns mit der Feststellung begnügen, daß die in tropischen Meeren stets gegebene, indessen nicht etwa stets akute Gefahr eines Hai-Angriffs an unseren Küsten weder überschätzt noch vor allem am Mittelmeer unterschätzt werden darf. Es gibt auch im europäischen Küstenbereich Haie, die Menschen gefährlich werden können. Entsprechende Vorsicht ist beim Tauchen, mehr noch beim Schwimmen in einiger Distanz vom Ufer ratsam. Die Schrauben schneller Motorboote sind aber gewiß zumindest ebenso zu fürchten.

Rochen Ordnung *Batoidei*

Vorwiegend bodennah lebende Knorpelfische mit stark abgeplattetem Körper bei meist scharf abgesetztem, mehr oder weniger dünnem und langem Schwanz. Der Mund, die Nasenlöcher und die fünf paarigen Kiemenspalten liegen an der Bauchseite, an der Rückenseite die Augen und dahinter die verhältnismäßig großen Spritzlöcher. Die beiden breiten Brustflossen, mit dem Kopf und dem Rumpf die Körperscheibe bildend, sind von den Kopfseiten bis zu den Bauchflossen angewachsen, die Rückenflosse(n) und die Schwanzflosse klein oder fehlend. Eine Afterflosse ist nicht vorhanden. Die Bauchflossen, bei Weibchen durch eine Einkerbung geteilt, sind bei Männchen durch zwei Einkerbungen in drei Teile gegliedert, von denen die inneren, Griffel genannt, wie bei den Haien als Begattungsorgan dienen.

Geigenrochen ***Rhinobatidae***

Rochen mit mehr oder weniger haiähnlicher Körperform bei verhältnismäßig schwach entwickelten Brustflossen und kräftigem Schwanz. Schnauze kielartig verlängert. 2 wohlausgebildete, zurückgesetzte Rückenflossen. Schwanzflosse ohne betonte Lappen, gerade abgeschnitten.

638 Gemeiner Geigenrochen = Hairochen ***Rhinobatos rhinobatos*** (L.).
Länge bis 1 m. Rückenseite hellbräunlich oder gräulich; Brustflossen etwas dunkler, weißlich gesäumt; Bauchseite weißlich. Rücken mit einer Längsreihe kurzer, stumpfer Stacheln (bei jüngeren Exemplaren spitzer). Rückenflossen annähernd gleich. Zähne klein, abgerundet. Ovovivipar. – Lebt auf Sand- und Schlammgrund im Seicht- und Flachwasser, tagsüber meist eingegraben, von der Dämmerung an frei. Frißt Krebse und Weichtiere. – Mittelmeer, Atlantik bis Biskaya als nördl. Grenze. – Fleisch minderwertig.

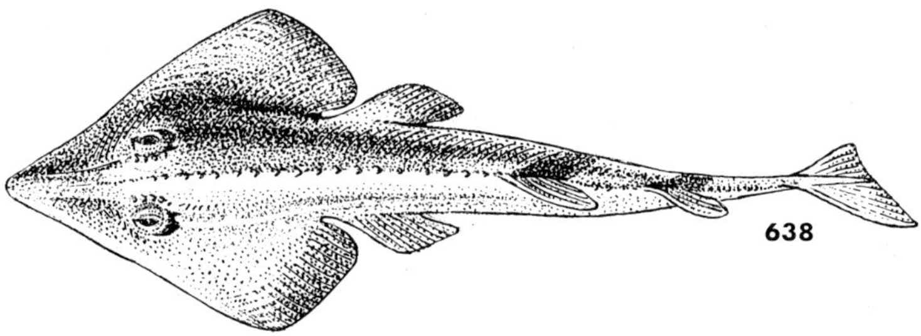

638

Rochenstiche und ihre Behandlung

Die Giftstacheln der Stechrochen *(Trygonidae)* stehen weiter hinten auf dem peitschenähnlichen Schwanz als jene der Adlerrochen *(Myliobatidae)*, haben also einen größeren Deckungsbereich. Die Stacheln beider Arten bestehen aus einem Vasodentin genannten, knochenähnlichen Stoff, haben beidseits widerhakenartige Zähne und an der Basis, in tiefen Rinnen geschützt, Giftdrüsen, aus denen schleimiges Giftsekret in seitlichen Längsfurchen unter einer deckenden Hauthülle dem Stachel entlangfließt. Hülle und Giftdrüsen gehen verloren, wenn der Stachel benützt wird, was Rochenstiche ohne Giftwirkung erklärt. Die Verletzungen sind aber schon an sich recht schmerzhaft, und der häufig abbrechende Stachel läßt sich schwer entfernen.
Das Gift bewirkt, abgesehen von erheblichen Schmerzen, Blutdruckabfall, stark erhöhte Herztätigkeit, Brechreiz, Durchfall, Schweißausbruch, Schüttelfrost, Atmungsbeschwerden, bei größeren Giftdosen Muskellähmung und Herzmuskelversagen. Etwa eine Stunde nach der Verletzung ist der Schmerz am intensivsten und kann Bewußtlosigkeit auslösen. Die Schmerzen verschwinden meist nach 24 bis 48 Stunden; das betroffene Glied bleibt aber etwa 14 Tage lang geschwollen und reaktionsträge. Ein spezifisches Gegenmittel gibt es noch nicht.
Zur Ersten Hilfe gehören neben stärkeren Schmerzlinderungsmitteln gründliches Ausspülen der Wunde in kaltem Salzwasser und Aussaugen. Sekundär ist auf sorgfältige Wunddesinfektion zu achten, die durch Verabreichung von Antibiotika ergänzt werden kann. Gute Ergebnisse sind mit möglichst heißen Wundbädern oder Kompressen (während 1/2 bis 1 Stunde fortsetzen) erzielt worden, unter Zugabe von Bittersalz (Magnesiumsulfat) zum Wasser. Die weitere Behandlung (Wundinfiltration von 0,5–2%iger Novocainlösung, intramuskuläre Demerol-Einspritzungen u. a.) ist Sache eines Arztes.

Zitterrochen ***Torpedinidae***

Kleine bis mittelgroße Rochen mit runder Körperscheibe bei von den Brustflossen eingeschlossenem Kopf und kurzem, beiderseits eine Hautfalte aufweisendem, kräftigem Schwanz. Die Haut ist glatt, ohne Dornen. Beide Rückenflossen und die Schwanzflosse sind wohlentwickelt. An den beiden Kopfseiten liegen elektrische Organe, die es den Tieren ermöglichen, Angriffe mit recht starken Schlägen (Entladungsspannung um 70 bis 80 V, Stromstärke 5 bis 6 A) zu quittieren, an sich für Menschen harmlos, aber doch so unangenehm, daß Fischer und Sporttaucher sich davor hüten. Die Entladungen werden bei rascher Wiederholung immer schwächer; die «Aufladung» erfordert eine längere Ruhepause. Ob die elektrischen Organe des Zitterrochen mehr als eine Verteidigungsfunktion haben, steht nicht fest.

639 Marmorzitterrochen ***Torpedo marmorata*** Risso.

Länge meist 40 bis 60 cm (selten bis 1 m). Rückenseite bei gelblichbrauner, hellgrauer oder rötlicher Grundfärbung dunkelbraun marmoriert, manchmal einfarbig oder mit spärlichen weißen Flecken; Bauchseite weißlich mit dunklem Saum. Spritzlöcher mit bis zur Mitte reichenden Randfransen. Erste Rückenflosse etwas länger als die zweite; Bauchflossen groß; Schwanzflosse annähernd dreieckig. Zähne klein, dreieckig. – Lebt auf Sand und Schlammsand in Tiefen zwischen 4 und 100 m. Frißt Grundfische, Krebse und Weichtiere. – Lebendgebärend. – Mittelmeer, Atlantik bis Kanalküste. Fleisch wenig geschätzt.

640 Gefleckter Zitterrochen ***Torpedo torpedo*** (L.) = *T. ocellata* = *T. narke*.

Länge bis 60 cm. Rückenseite gelblich bis braun mit meist 5 (auch 3 oder 7) regelmäßig verteilten dunkelblauen Augenflecken mit schwarzem Rand und heller Umrahmung. Spritzlöcher größer als die Augen, mit fast ungefranstem Rand. Erste Rückenflosse etwas länger als die zweite; Bauchflossen groß; Schwanzflosse leicht gerundet. Zähne klein, dreieckig. – Vorzugsweise in wärmerem Wasser auf Sandgrund bis 50 m Tiefe, oft im Bereich von See- und Neptungraswiesen. – Mittelmeer, Atlantik bis Biskaya als nördl. Grenze.

Torpedo nobiliana, der Schwarze Zitterrochen des Mittelmeers und Atlantiks, wird bis 130 cm lang, hat bei ähnlicher Körperform glattrandige Spritzlöcher, eine dunkelbraune bis grün- oder blauschwarze Oberseite und eine rötlichweiße, dunkel gesäumte Unterseite. Er kommt auf Sand- und Schlammgründen zwischen 10 bis 300 m Tiefe vor, ist aber oberhalb 80 m selten zu sehen.

639

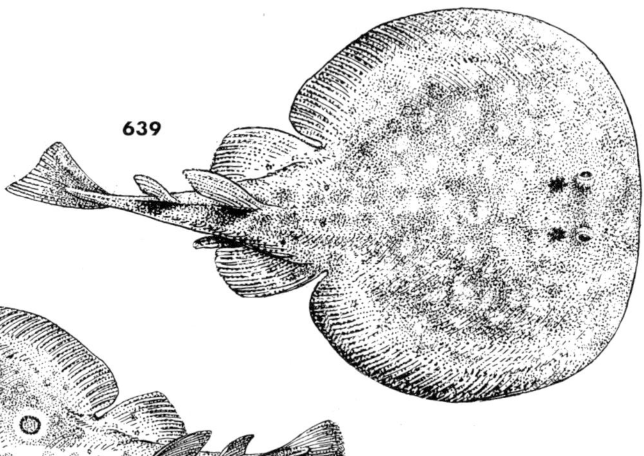

640

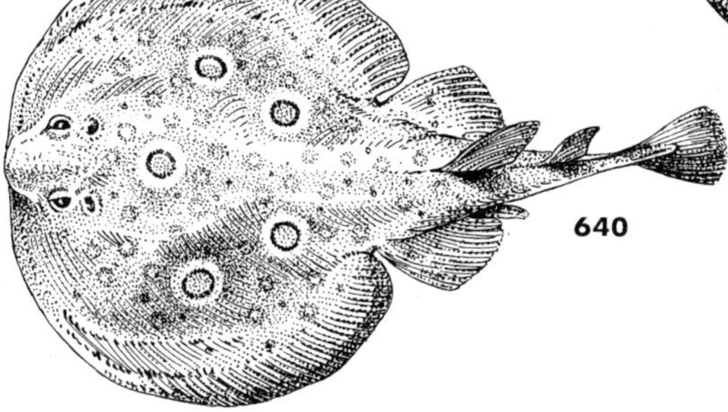

Rochen

Echte Rochen *Rajidae*

Kleine bis mittelgroße Rochen mit rautenförmiger Körperscheibe bei von den Brustflossen spitz eingeschlossenem Kopf und langem, beidseits eine Hautfalte aufweisendem Schwanz. Die Haut ist nicht glatt; einige Placoidschuppen auf Rücken und Schwanz tragen größere Dornen. Die beiden Rückenflossen stehen nahe dem Schwanzende; die Schwanzflosse ist nur schwach ausgebildet. Die Kiefer tragen kleine, pflasterartig angeordnete Zähne. Echte Rochen sind eierlegend; die Eier sind hornige Kapseln mit vier lang ausgezogenen Eckzipfeln, jedoch ohne Haftfäden.

641 Nagelrochen = Keulenrochen = Steinrochen ***Raja clavata*** L.
Länge meist bis 80 cm (auch bis 125 cm). Rückenseite grau oder gelblichgrau, dunkler oder heller gefleckt, manchmal (besonders bei jungen Exemplaren) mit dunkel oder hell umrandeten Augenflecken; Bauchseite weiß, schwärzlich gesäumt. Rückenseite mit zahlreichen kleinen und einer wechselnden Zahl mehr oder minder regelmäßig angeordneter großer Dornen, die auf dem Schwanz in drei Reihen übergehen. Griffel der Männchen sehr lang, bis zur Schwanzmitte reichend. – Vom Seichtwasser an auf Sand- und Schlammgrund. Frißt Bodenfische, Krebse, Weichtiere und Stachelhäuter. – Mittelmeer, Atlantik, Nordsee, westl. Ostsee.
R. stellata = *R. asterias*, der Mittelmeer-Sternrochen, vom Flachwasser an auf Sand- und Schlammgrund zu finden, 70 bis 90 cm lang, ist auf der Rückenseite bräunlich oder gelblichgrau gefärbt, mit vielen schwarzen Punkten und hellen, von dunklen Tupfen umrahmten Flecken, nur am Kopf und an den Brustflossenrändern mit kleinen Dornen besetzt, während sich eine Reihe größerer Dornen vom Kopf bis zur 1. Rückenflosse zieht.
Raja radiata, der bis 90 cm lange Sternrochen des Atlantiks und der Nordsee, ist ähnlich, aber oberseits hellbraun mit dunklen Punkten und undeutlichen hellen Flecken, entlang der Rückenlinie mit einer Reihe von 12–19 großen Dornen besetzt, manchmal mit weiteren Dornen seitlich davon. Er findet sich auf Schlamm-, Sand- und Felsgrund von 20 m abwärts, vorzugsweise im tieferen Temperaturbereich.

642 Spiegelrochen = Vierauge = Braunrochen ***Raja miraletus*** L. = *R. quadrimaculata*.
Länge bis 60 cm. Rückenseite gelblich, grünlich- bis bläulichgrau oder graubraun mit schwarzen Tupfen und 2 runden hellblauen oder weißlichen (bei jungen Exemplaren roten) Augenflecken, umgeben von einem schwarzen und einem zweiten gelblichen oder rotgelben Ring; Bauchseite weißlich oder gräulich mit dunklem Saum am hinteren Brustflossenrand. Schwanz mit mehreren Längsreihen größerer Dornen. – Auf Sand- und Schlammgrund vom Flachwasser an. Frißt Bodenfische, Krebse und Weichtiere. – Mittelmeer, Atlantik bis Biskaya als nördl. Grenze.
Zwei Augenflecken trägt wiederum auch ***R. radula***, der im gleichen Gebiet, allerdings erst von etwa 30 m Tiefe an vorkommende Rauhrochen, bis 65 cm lang, mit etwas stumpferer Schnauze, rückenseits bei gelblichbrauner, rötlicher oder bräunlichgrauer Grundfärbung unregelmäßig schwarz gefleckt und dunkel gestreift, mit dunkelbraunen, von einem gelben und einem dunklen Ring umgebenen Augenflecken, auf der ganzen Fläche mit kleinen Dornen bedeckt, während größere zwischen den Augen, in einer Längsreihe auf dem Rücken und in drei Reihen auf dem Schwanz stehen.

643 Glattrochen = Tepel = Fleten ***Raja batis*** L.
Länge meist 1,5 bis 1,8 m (auch bis 2,5 m). Schnauze lang und spitz ausgezogen. Rückenseite grünlichbraun bis braun, oft weiß gefleckt, bei jungen Exemplaren mit 2 hell umrandeten Augenflecken; Bauchseite dunkel- bis blaugrau mit schwärzlichen Punkten oder Tupfen. Dornen nur in 1 mittleren und 2 seitlichen Längsreihen auf dem Schwanz. – Vom Flachwasser bis über 100 m Tiefe. Frißt Dorsche, Plattfische, Kopffüßer usw. – Westl. Mittelmeer, Atlantik, Nordsee. – Auf dem Markt einer der häufigsten und meist gekauften Rochen.
Ähnlich, aber kleiner und im Flachwasser seltener zu finden ist ***R. alba*** = *R. marginata* des gleichen Gebiets mit Ausnahme der Nordsee, der Weißrochen, 40 bis 120 cm lang, mit flaschenhalsförmig ausgezogener Schnauze, rückenseits grau bis braun mit unscharfen weißlichen Flecken, bauchseits weiß, nur bei jungen Exemplaren mit schwärzlich pigmentiertem Rand; wenige Dornen auf der Schnauze und zwischen den Augen, 1 mittlere und 2 oder mehr seitliche Dornreihen auf dem Schwanz.

644 Spitzrochen = Spitzschnauziger Rochen ***Raja oxyrhynchus*** L.
Länge bis 160 cm. Oberseits blaugrau, grau- bis schwarzbraun (Jungtiere oft weiß gepunktet); unterseits weißlich, gräulich oder bräunlich mit kleinen dunklen Flecken. Schnauze charakteristisch spitzwinklig lang ausgezogen. – Auf Sand- und Schlammgrund von 40 m Tiefe an. – Mittelmeer, Atlantik.

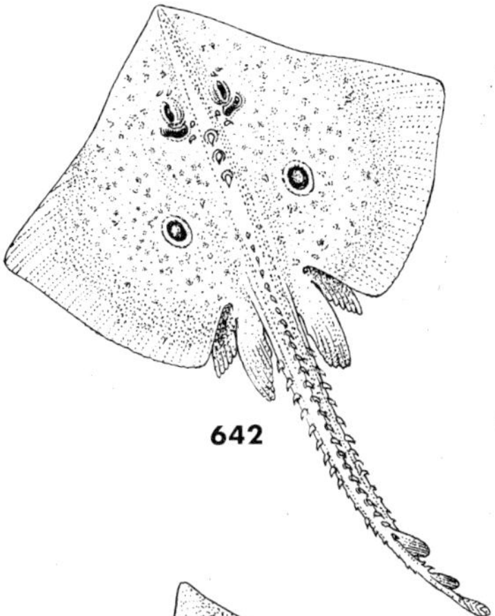

642

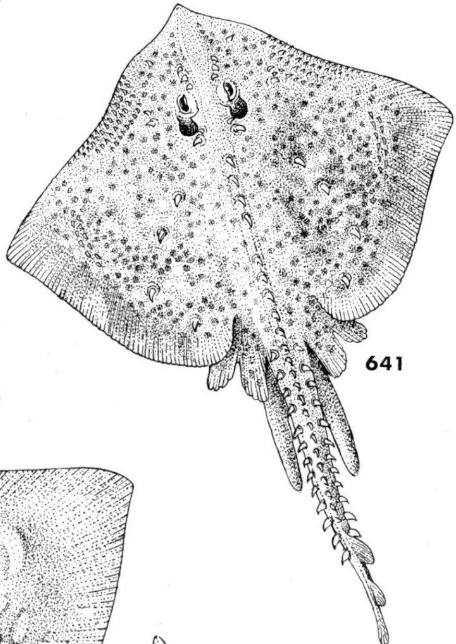

641

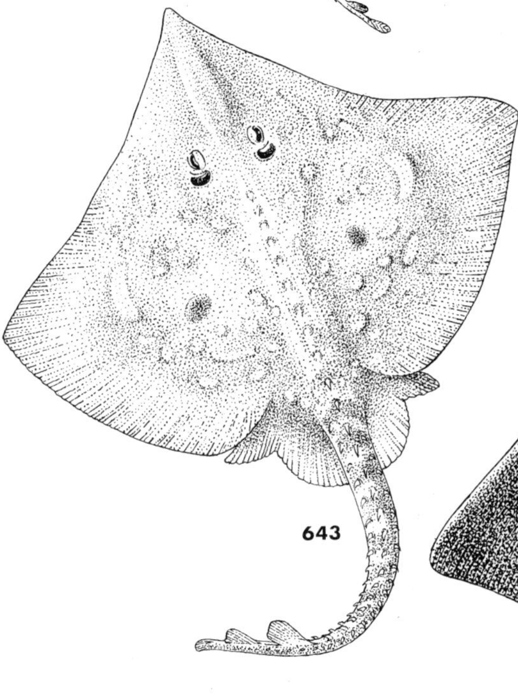

643

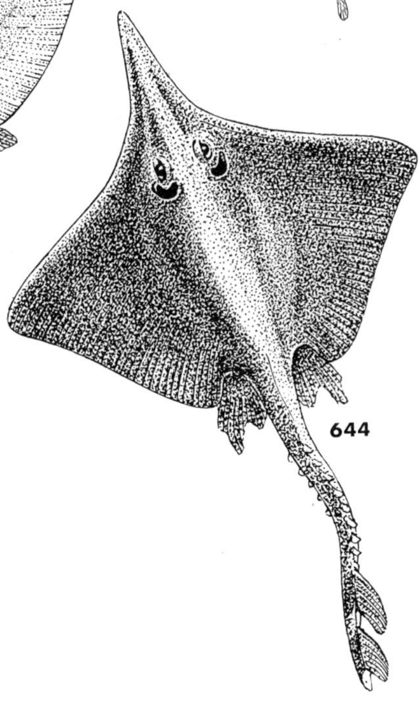

644

Rochen

Stechrochen = Stachelrochen ***Trygonidae*** = *Dasyatidae*

Mittelgroße bis große Rochen mit rautenförmiger, an den Seiten leicht abgerundeter Körperscheibe bei von den Brustflossen spitz eingeschlossenem Kopf und langem, peitschenähnlichem Schwanz ohne seitliche Hautfalten, aber mit 1 bis 2 gesägten Giftstacheln. Die Haut ist glatt und schleimig. Rückenflossen und meist auch die Schwanzflosse fehlen. Die Kiefer tragen kleine, abgeflachte, pflasterartig angeordnete Zähne. Stechrochen sind lebendgebärend.

645 Gemeiner Stechrochen *Trygon pastinaca* Cuv. = *Dasyatis p.* = *Dasybatus p.*
Länge meist bis 1,5 m (auch bis 2,5 m). Rückenseite dunkelgrau, braungrünlich, rötlichgrau oder graugelb, manchmal leicht marmoriert und (bei jungen Exemplaren) sparsam hell gepunktet; Bauchseite gräulich bis weißlich, meist bräunlich bis braun gerandet. Breite der Körperscheibe nicht ganz ihrer Länge entsprechend; Schwanzlänge = etwa 1 1/2fache Körperscheibenlänge. – Auf Schlamm- und Sandgrund vom Flachwasser an, besonders in ruhigen, seichten Sandbuchten, vor Flußmündungen und in Brackwasserlagunen. – Mittelmeer, Atlantik, Nordsee, westl. Ostsee.
T. violacea des Mittelmeers, der Violette Stechrochen, vom Frühjahr bis Sommer mit dem Gemeinen St. auf Sandgründen des Flachwassers zu finden, bis 1 m lang, rückenseits grauviolett, bauchseits heller, ist durch eine Körperscheibe gekennzeichnet, die breiter als lang ist, während die Schwanzlänge annähernd der doppelten Körperlänge entspricht.
Stechrochen fressen hauptsächlich wirbellose Bodentiere und Grundfische; ihr Fleisch wird wenig geschätzt.

Adlerrochen *Myliobatidae*

Mittelgroße bis große Rochen mit breit-rautenförmiger Körperscheibe bei von den Brustflossen nicht eingeschlossenem Kopf und sehr langem, peitschenähnlichem Schwanz ohne seitliche Hautfalten, jedoch mit 1 bis 2 gesägten Giftstacheln. Der Kopf trägt manchmal sog. Kopfflossen; die Schnauze ist abgerundet, der Körper mit glatter, schleimiger Haut bedeckt. Die einzige Rückenflosse steht knapp vor dem Schwanzstachel; die Schwanzflosse fehlt. Die Kiefer tragen kleine, abgeflachte, pflasterartig angeordnete Zähne. Adlerrochen sind lebendgebärend.

646 Adlerrochen *Myliobatis aquila* (L.).
Länge 80 bis 150 cm. Rückenseite schiefergrau, graugrün, braunrötlich oder dunkelgraubraun mit grünlichem oder gelblichem Schimmer; Bauchseite weißlich oder gräulich, am Flossenrand rötlichbraun gesäumt; Schwanz schwarzbraun bis schwarz. Kopf wenig vorspringend bei breitwinkeligem Brustflossenansatz und seitlich stehenden Augen. Die Schwanzlänge entspricht annähernd der doppelten Rückenlänge; die Rückenflosse ist gegenüber den Bauchflossen deutlich zurückversetzt. – Auf Sand- und Schlammgrund vom Flachwasser an; frißt Krebse und Weichtiere; schwimmt gewandter und schneller als die übrigen Rochenarten, häufig auch in Oberflächennähe. – Mittelmeer, Atlantik. – Fleisch wenig geschätzt, weich und wässerig.
Pteromylaeus bovina = *Myliobatis b.*, der bis 2 m lange Gestreifte oder Afrikanische Adlerrochen des Mittelmeers, lebt gewöhnlich in größeren Tiefen, kommt aber vom Frühjahr bis Frühsommer in Küstennähe. Charakteristisch ist besonders die dunkle Querbänderung der Rückenseite bei grünlichbrauner Grundfärbung. Der Kopf springt ziemlich weit vor; die Rückenflosse steht unmittelbar hinter den Bauchflossen.

647 Kleiner Teufelsrochen *Mobula mobular* (Bonn.) = *Dicerobatis giorna.*
Länge bis 4 m bei 5 bis 6 m Scheibenbreite. Oberseite braun oder blauschwarz mit grünlichem und violettem Schimmer; Bauchseite weißlich; Kopf mit großen bläulichgrauen, sich beim Schwimmen hornförmig zusammenrollenden Kopfflossen. Schwanz sehr lang und dünn. – Im freien Wasser lebende Rochenart, oft an der Oberfläche schwimmend und springend, meist in kleinen Schwärmen; frißt vorwiegend kleinere Fische; nahe verwandt mit den großen Teufelsrochen der tropischen Meere (*Manta birostris, M. hamiltoni* u. a.). – Mittelmeer, (selten) Atlantik, nördlich der Biskaya erst einmal beobachtet.

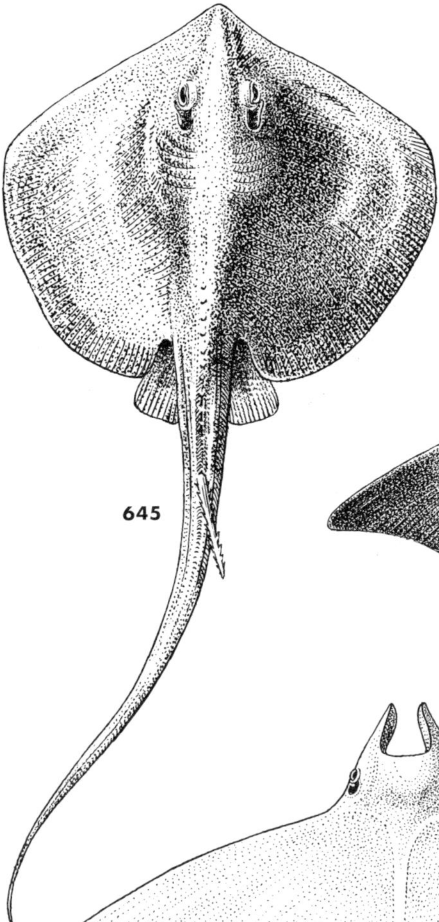

645

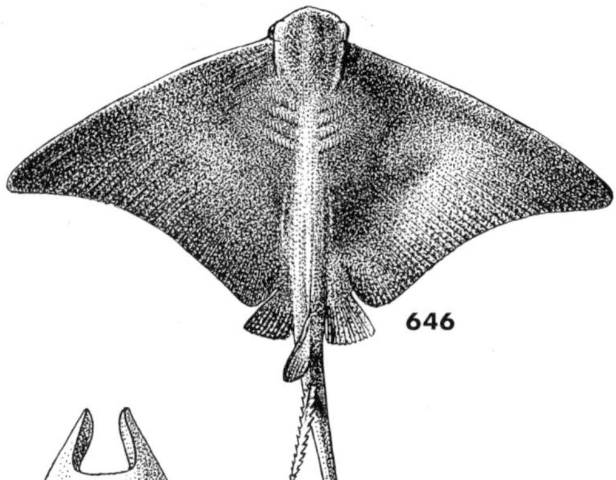

646

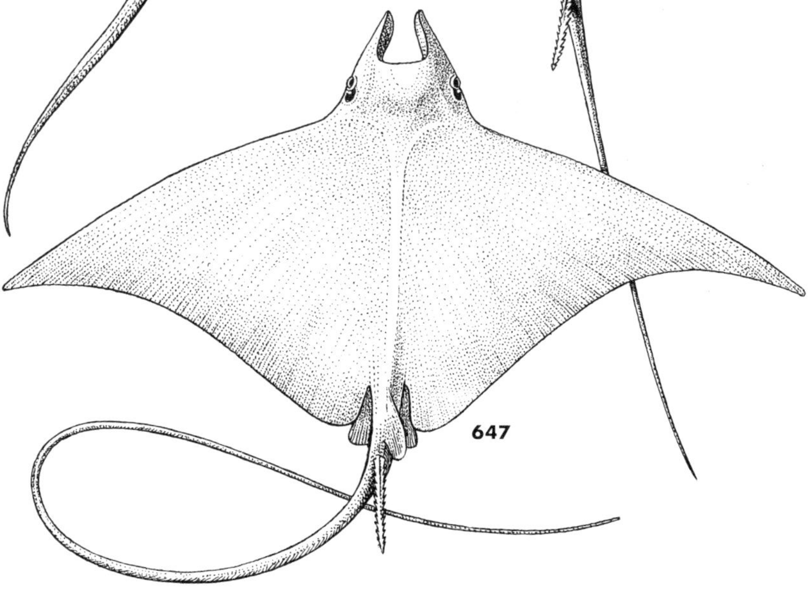

647

Knochenfische Klasse *Osteichthyes*

Knochenfische sind Wirbeltiere mit mehr oder weniger stark verknöchertem Skelett, in der Regel beschuppter, manchmal mit Knochenschildern gepanzerter, oder nackter Haut, meist paarigen Nasenöffnungen, nur einer Kiemenöffnung jederseits sowie Kiemendeckeln, und gewöhnlich mit paarigen und unpaaren Flossen, die durch echte Strahlen gestützt sind. Der Körper ist in drei Hauptregionen unterteilt: Kopf, Rumpf und Schwanz, wobei der Kopf bis zum Ende der Kiemendeckel, der Rumpf bis zum After, der Schwanz bis zum Schwanzflossen-Ende reicht. Je nachdem, ob der Mund aufwärts oder abwärts gerichtet und ob der Oberkiefer oder der Unterkiefer länger ist oder beide gleich lang sind, nennt man den Mund unter-, ober- oder endständig. Er wird durch das Oberkieferbein und das Zwischenkieferbein begrenzt und kann oben Fühlfäden oder Fühler aufweisen, unter Bartfäden oder Barteln. Die Augen, gewöhnlich an den Kopfseiten sitzend und ein monokulares Sehen ermöglichend, sind so gebaut, daß ihre Sichtfeld sehr groß, die Sichtweite aber kurz ist. Bei einigen Arten sind sie zur Rückenseite verlagert (Sternseher), und bei den Plattfischen liegen sie beide auf der gleichen Seite. Hinter den Augen setzen die Kiemendeckel an, die Kiemenspalte mit in der Regel fünf Kiemenbögen bedeckend, mit dem Vorderkiemendeckel und dem dahinterliegenden Hauptkiemendeckel. Ein Spritzloch ist nur wenigen Arten eigen. Bei den Schuppen lassen sich die rundlichen Cycloidschuppen mit halbkreisförmigem Hinterrand von den Ctenoidschuppen mit gezähntem Hinterrand unterscheiden, wobei manche Fische gleichzeitig beide Typen tragen. Ihr Bau ist recht kompliziert. Die sog. Ganoidschuppen, wie sie u. a. bei den Störartigen auftreten, vor allem aber fossilen Formen eigen sind, bestehen aus rautenförmigen Plättchen mit einer Deckschicht aus Ganoin, einer dem Zahnschmelz ähnlichen Substanz. Bei den Flossen, die in Verbindung mit dem Schwanz der Fortbewegung und Steuerung dienen, sind Rückenflosse(n), Schwanzflosse und Afterflosse unpaar, Brust- und Bauchflosse paarig, wobei man die Bauchflossen nach ihrer Stellung vor, unter oder hinter den Brustflossen als kehl-, brust- oder bauchständig bezeichnet. Sie werden in der Regel durch Strahlen gestützt, die entweder gegliedert und weich sind (Weichstrahlen) oder ungegliedert und meist steif (Stachelstrahlen). Die Lachse, viele Salmler und die Welse besitzen eine strahlenlose zweite Rückenflosse, die Fettflosse. Den Seiten der meisten Fische entlang zieht sich eine mehr oder weniger deutliche Linie, die sog. Seitenlinie, zusammengesetzt aus durchbohrten Schuppen als äußerem Merkmal eines auf Strömungs- und Erschütterungsreize ansprechenden Sinnesorgansystems. Eine Schwimmblase ist als rückenständige Ausstülpung des Darmes ursprünglich immer angelegt, manchmal aber nicht zur Funktionsfähigkeit entwickelt, und wenn ausgebildet, bei den meisten höher organisierten Knochenfischen im Erwachsenenstadium geschlossen.

In der Klasse *Osteichthyes*, deren Geschichte sich über 300 Jahrmillionen bis ins Devon zurückverfolgen läßt, sind – je nachdem wie weit die Differenzierung der Formen begrenzt oder gesteigert wird – mehr als 10000 bis annähernd 30000 rezente Arten zusammengefaßt, systematisch in zwei Gruppen aufgeteilt, die der *Choanichthyes* (Fische mit inneren Nasenöffnungen), zu denen die Quastenflosser – heute nur noch durch den «Urfisch» *Latimeria* aus dem Indischen Ozean (Komoren) vertreten – und die Lungenfische gehören, sowie jene der *Teleostomi,* aus der lediglich die Unterklasse der Strahlenflosser *(Actinopterygii)* in den Rahmen dieses Buches fällt, und davon wiederum nebst der kleinen Überordnung der Knorpelganoiden *(Chondrostei)* mit den Störartigen nur die Überordnung der Echten Knochenfische *(Teleostei)*, der allerdings in über 150 Familien die überwiegende Zahl aller bekannten lebenden Fische im weiteren Sinn angehört.

Rund 80% der Knochenfische sind marin, und davon leben wiederum die meisten in der tropischen und subtropischen Litoralzone, während die Zahl der Hochseeformen geringer ist und die Artenvielfalt sowohl mit zunehmender Tiefe wie mit sinkendem Jahresdurchschnitt der Wassertemperatur und mit sich verminderndem Salzgehalt des Wassers abnimmt. Die Maßskala reicht von weniger als 3 cm bis zu etlichen Metern, doch Längen zwischen 10 und 60 cm überwiegen weitaus. Neben der vertrauten Fischgestalt finden sich band-, blatt-, scheiben-, kugel- und walzenförmige Körper, abgesehen von eigenartigen Sonderbildungen, wie sie vor allem das Leben unter den in der Tiefsee gegebenen Verhältnissen hervorbringt. Die meisten marinen Knochenfische erweisen sich als gute, schnelle Schwimmer, aber es gibt auch Formen, die sich nur verhältnismäßig langsam fortbewegen können. Viele leben bodennah, und manche graben sich ein; anderseits gibt es Arten, die sich zum Gleitflug über der Oberfläche aus dem Wasser schnellen, und die Schlammspringer *(Periophthalmidae)* klettern sogar an Land. Manche Fische sind standorttreu und Zeit ihres Lebens im gleichen Areal zu finden; andere streifen zur Nahrungssuche ein weites Gebiet ab oder ziehen zum Laichen in eine von ihrem normalen Lebensbereich abweichende Gewässerzone, was zu bestimmten Jahreszeiten und bei den Wanderfischen auf bestimmten Wegen geschieht (Nahrungs- und Laichwanderungen). Als Nahrung dienen vorwiegend tierisches Plankton, Würmer, Weichtiere und andere Wirbellose, teils auch Fische. Echter Parasitismus kommt nicht vor, wohl aber Kommensalismus und Symbiosen. Die Farbanpassungsfähigkeit ist besonders bei den Bodenfischen vielfach hochentwickelt, doch auch im übrigen läßt sich oft eine mehr oder minder ausgeprägte Schutzfärbung feststellen, und bei vielen Arten ein charakteristisches Hochzeitskleid. Mit Giftdrüsen sind nur wenige Knochenfische ausgestattet, an Hartstrahlen der Flossen oder an Kiemenstacheln (Drachenfische, Drachenköpfe), und bei den Muränen scheint der Hautschleim der Mundhöhle giftig zu wirken, ebenso ihr Blut, das auch bei den Aalen giftig ist, wobei die Toxine gleich wirken wie jene der Stechrochen und beim Kochen zerstört werden. Die getrenntgeschlechtliche Fortpflanzung erfolgt gewöhnlich bei äußerer Befruchtung der meist kleinen und zahlreichen Eier und mit kurzer Entwicklungsdauer; nur selten erfolgt innere Befruchtung mit Ovoviviparie. Die aus den Eiern schlüpfenden Jungen sind oft zunächst larvenartig, den Erwachsenen unähnlich, mit einem strahlenlosen, vom Nacken um die Schwanzspitze bis hinter den After reichenden Flossensaum, aus dem sich später die Rücken-, Schwanz- und Afterflosse bilden. Die paarigen Flossen entwickeln sich ebenfalls meist erst nach dem Schlüpfen.

Die große wirtschaftliche Bedeutung der marinen Knochenfische braucht kaum hervorgehoben zu werden. Unter den eigentlichen Nutzfischen stehen die Arten der Heringsfamilie im Vordergrund, gefolgt von den Schellfischen, den Lachsen, Plattfischen und Thunartigen. Sie gelangen hauptsächlich als Frischfische auf den Markt. Aber auch die mit der Seefischerei verbundene Konservenindustrie verarbeitet beträchtliche Mengen. Außerdem werden u.a. Fischmehl, Fischtran, Fischleim sowie Futter- und Düngemittel in großen Mengen hergestellt und verbraucht. Fischfleisch ist ein hochwertiges Nahrungsmittel, zersetzt sich aber verhältnismäßig rasch und kann in verdorbenem Zustand gefährliche Vergiftungen verursachen. Frische Fische haben tiefrote Kiemen; solche mit blaßrötlichen – oder schlimmer noch – grauen Kiemen gehören nicht in den Kochtopf, sondern in den Abfallkübel.

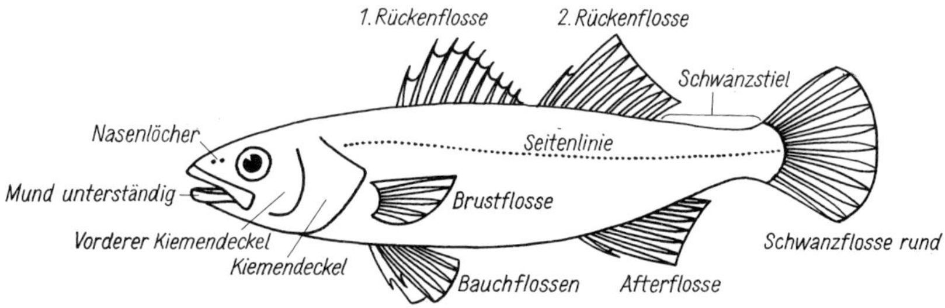

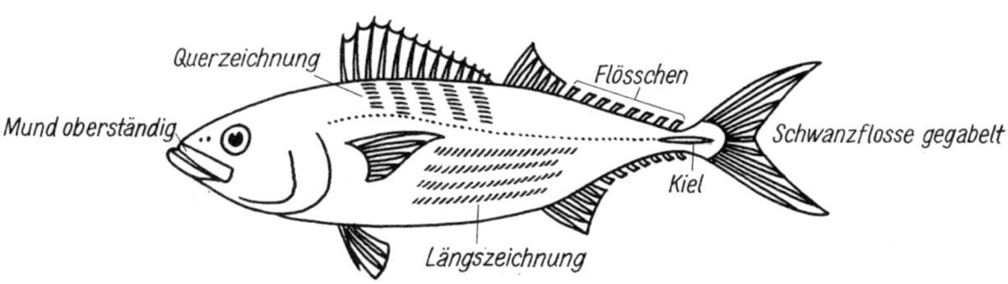

Was sind eigentlich Meeresfrüchte?

Der Begriff «Meeresfrüchte», vielfach wahllos als Bezeichnung für alles Eßbare verwendet, das dem Meer entstammt, hat einen ganz bestimmten Geltungsbereich: Austern, Herzmuscheln, Miesmuscheln, Teppichmuscheln, Venusmuscheln, Strandschnecken, Buckelschnecken sind Meeresfrüchte. Jakobsmuscheln und die übrigen Kammuscheln, Lazarusklappern, Wellhornschnecken und Meerohren zählen nicht dazu. Garnelen, Krabben und Seespinnen sind welche, Einsiedlerkrebse, Hummer, Langusten, Bärenkrebse und Fische dagegen nicht.

Knorpelganoiden Überordnung *Chondrostei*

Knochenfische mit länglich-spindelförmigem Körper, nackter oder 5 Knochenplattenreihen tragender Haut und in ein Rostrum ausgezogenem Kopf. Der Schädel ist knorpelig wie größtenteils das übrige Skelett, wobei Wirbelkörper nicht ausgebildet sind. Ganoidschuppen sind lediglich am Schwanz vorhanden.

Störartige Ordnung *Acipenseriformes*

Störe *Acipenseridae*

In ihrer Verbreitung auf die nördliche Hemisphäre begrenzte, teils das Süßwasser bewohnende, teils als marine Wanderfische zum Ablaichen in die Flüsse ziehende Störartige mit 5 Knochenplattenreihen auf dem Körper, davon 1 längs des Rückens, je 1 an den Seiten und je 1 an den Bauchrändern. An der Unterseite des Rostrums stehen 4 Barteln in Querreihe. Der Mund ist unterständig und vorstreckbar. Spritzlöcher sind vorhanden. 1 dreieckige Rückenflosse steht weit zurückversetzt auf dem Schwanz. Die Schwanzflosse ist asymmetrisch. Die Brustflosse weist einen Stachel auf.

648 Stör = Gemeiner S. = Baltischer S. ***Acipenser sturio*** L.
Länge meist 50 cm bis 3 m (auch über 5 m). Rücken braungrau, blaugrau oder grünlich; Seiten silbriggrau; Bauch weiß. Mund unterständig, klein, zahnlos; Rückenplatten stumpf (bei jungen Exemplaren spitzdornig); Rückenflosse dreieckig, gegenüber der Afterflosse leicht vorversetzt; Bauchflossen bauchständig; Brustflossen mit Stachel. – Jüngere Exemplare vor und an Flußmündungen, ältere in größeren Tiefen, vorzugsweise auf schlammigem Grund. Nahrung: kleine Wirbellose, vor allem Würmer. – Mittelmeer, Atlantik, Nordsee, Ostsee. – Zieht vom Frühjahr an zum Ablaichen in den Oberlauf größerer Flüsse; früher vor allem in Nordeuropa fischereiwirtschaftlich von Bedeutung, heute ziemlich selten geworden. Fleisch wohlschmeckend; kommt frisch, geräuchert oder gesalzen und getrocknet auf den Markt. Auch der Rogen (echter Kaviar) wird sehr geschätzt. Der in den Handel gebrachte Stör-Kaviar stammt allerdings vorwiegend von anderen Arten, die in den sibirischen Flüssen, den südrussischen Meeren und Seen vorkommen (s. unten).

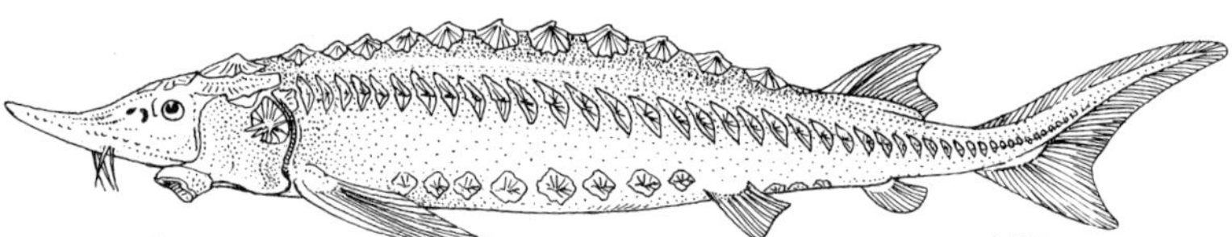

648

Kleine Kaviarkunde

Echter Kaviar ist Stör-Rogen. Dem Bauch gefangener Störweibchen entnommen, wird er grobmaschig gesiebt, gewaschen, leicht gesalzen, in Eis gepackt. Die im Handel erhältlichen Kaviarsorten sind nach den Störarten benannt, von denen sie herrühren. Der Beluga (Hausen) wird mit 3 – 4 m Länge bis über 300 kg schwer und liefert den höchstkotierten Kaviar, eine großkörnige, helle Sorte; der Oscietra oder Asetra (Waxdick), bis 2 m lang und 20 – 80 kg schwer, ergibt bei etwas niedrigerem Preis ein ebenfalls geschätztes, graukörniges Produkt; und der kleinkörnige, dunkelgraue Rogen des bis 1,5 m langen, bis 25 kg schweren Sevruga (Scherg = Sternstör), im Handel verhältnismäßig günstig, hat mit 40 % den größten Marktanteil samt dem Ruf eines delikaten Aromas, dies im Widerspruch zum oft stipulierten Qualitätskriterium «je größer, je heller, je milder gezalzen, um so besser, um so teurer». Im übrigen: Malossol ist keine Kaviarsorte, sondern die Angabe «schwach gesalzen» auf russisch.
Das Verbreitungsgebiet der drei oben genannten Störarten ist das Schwarze, das Asowsche, das Kaspische Meer und der Aralsee, wobei sowohl Rußland wie Persien Kaviar exportieren, auch sog. Preß- und Serviettenkaviar aus zu weichem oder beschädigtem Rogen, der stärker gesalzen, in Säcke oder Tücher gepreßt und zu Kochzwecken verwendet wird.
Falschen Kaviar, billig im Handel, ergibt der Rogen von Lachsen (Keta- oder Lachs-Kaviar), von Kaspiplötzen (Roter Kaviar), von Meeräschen und Thunfischen (Eierstock-Kaviar) und von Seehasen (Deutscher Kaviar), auch von Dorschen (Räucherroggen).

Echte Knochenfische Überordnung *Teleostei*

In dieser Überordnung ist die stark überwiegende Mehrzahl aller rezenten Fischarten zusammengefaßt: Echte Knochenfische von sehr verschiedener Körperform mit in der Regel von Cycloid- oder Ctenoidschuppen (manchmal beide Typen gleichzeitig) bedeckter, selten nackter Haut. Der Schädel ist verknöchert, und die Wirbelkörper sind wohlausgebildet.

Heringsfische Ordnung *Clupeiformes* = *Isospondyli*

Echte Knochenfische mit oft von großen Schuppen bedeckter Haut, 1 Rückenflosse, die gut entwikkelt ist, bauchständigen Bauchflossen, manchmal 1 Fettflosse. Die Flossen sind nur durch Weichstrahlen gestützt. Die Gruppe, der auch viele bekannte Süßwasserfische wie Bachforelle, Huchen und Äsche angehören, ist durch ihre marinen Formen sowohl in der Litoralzone wie im offenen Meer und in der Tiefsee vertreten, wobei zahlreiche Arten Wanderfische sind.

Heringe *Clupeidae*

Mäßig gestreckte Heringsfische mit nacktem Kopf, oberständigem Mund, kurzer Mundspalte, schwacher oder fehlender Bezahnung, ohne Seitenlinie am Körper und mit großen, dünnen, leicht abfallenden Schuppen, die an der Bauchkante zu Kielschuppen geknickt sind und zackenartig abstehen. Die Rückenflosse setzt annähernd in Körpermitte an; eine Fettflosse fehlt; die Schwanzflosse ist gegabelt. Die Heringe sind Wanderfische, in wirtschaftlicher Hinsicht die wichtigsten Nutzfische: die Fänge machen rund 37 Prozent des gesamten Fischertrags der Welt aus.

649 Hering *Clupea harengus* L.
Länge bis 35 cm (auch bis 40 cm). Rücken dunkelblaugrün mit purpurnem oder violettem Schimmer; Seiten und Bauch silbrig mit goldenem und bläulichem Schimmer; Schnauze schwarzblau. Kiemendeckel glatt; Kielschuppen stumpf, auf ganzer Länge der Bauchkante; Ansatz der Bauchflossen unter Rückenflossen-Mitte. In Schwärmen lebender, oft in ungeheuer großer Zahl auftretender Wanderfisch; im Winter in tieferem Wasser, im Sommer oberflächennah. Frißt planktische Krebse, Fischeier und Fischlarven. Die Laichablage erfolgt in bestimmten Gebieten zu bestimmten Jahreszeiten im freien Wasser; die Eier sinken und haften dann am Boden. – Atlantik bis Biskaya als südl. Grenze, Nordsee, Ostsee.
Man unterscheidet eine Anzahl geographischer Rassen, die wiederum nach teils umstrittenen Merkmalen viele Lokalrassen umfassen. Auf den Markt kommen die Fische teils frisch (grüner Hering), teils geräuchert (Bückling), gesalzen (Salzhering), gesalzen und geräuchert (Lachshering), vor der ersten Laichablage gefangen und gesalzen (Matjeshering), ebenso mariniert, als Halb- und Vollkonserve. Aus Jungfischen, Industriefische genannt, wird Tran und Fischmehl gewonnen. Schon aus dieser unvollständigen Aufzählung läßt sich auf die überaus große wirtschaftliche Bedeutung dieser Art schließen.

650 Sprotte = Breitling = Briesling ***Clupca sprattus*** L. = *Sprattus s.* = *C. papalina.*
Länge bis 14 cm (auch bis 17 cm). Rücken blaugrün; Seiten und Bauch glänzend silbrig, zur Laichzeit mit rotgoldenem Schimmer. Kiemendeckel glatt; Kielschuppen spitzdornig; Ansatz der Bauchflossen knapp vor oder unter dem Rückenflossen-Ansatz. – In Schwärmen lebender Wanderfisch, der sich mehr oder weniger in Küstennähe hält, gelegentlich auch ins Brackwasser der Flußmündungen kommt. Frißt planktische Krebse, Fischeier u.a. Die Laichablage erfolgt in bestimmten küstennahen Gebieten im freien Wasser; die Eier sinken nicht (pelagischer Laich). – Mittelmeer, Atlantik, Nordsee, Ostsee. – Kommt vorwiegend geräuchert oder mariniert auf den Markt sowie als Ölkonserve.

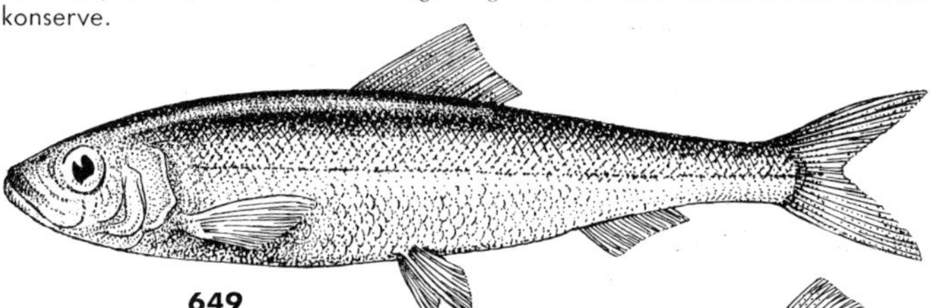

649

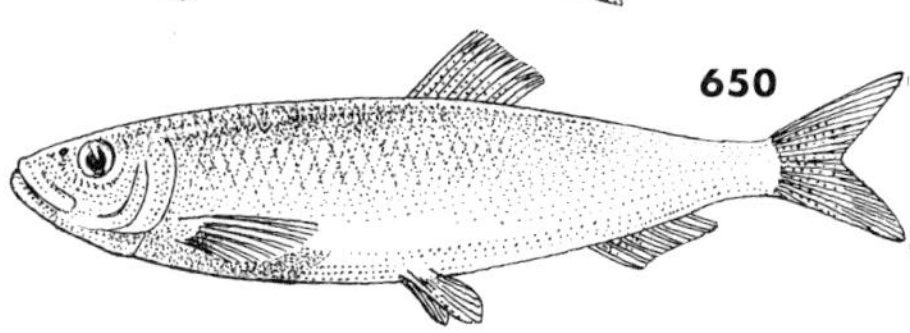

650

Heringsfische

651 Sardine *Clupea pilchardus* Walb. = *Sardina p. sardina.*
Länge 14 bis 20 cm (auch 25 cm). Rücken oliv- bis bläulichgrün; Seiten mit schwärzlichen Flecken hinter den Kiemendeckeln und mit bläulichem Längsband; Bauch silbrig. Kiemendeckel deutlich gestreift; Kielschuppen erst von den Bauchflossen an. Bauchflossen-Ansatz unter oder knapp hinter der Rückenflossen-Mitte. – In oft überaus individuenreichen Schwärmen lebender Wanderfisch; im Winter meist in größeren Tiefen, vom Frühjahr an näher der Oberfläche und der Küste. Frißt vorwiegend Planktontiere, nach deren Vorkommen sich besonders im Atlantik die Wanderungen richten. Die Laichablage erfolgt im freien Wasser; die Eier sinken nicht ab (pelagische Eier). – Mittelmeer, Atlantik bis Kanalküste als südl. Grenze.
Einer der wichtigsten Nutzfische; kommt vor allem als Konserve (Ölsardine) in den Handel, ist aber während der ganzen Fangzeit auch als Frischfisch sehr gefragt. Der Fang geschieht u. a. mit großen Reusenanlagen, hauptsächlich aber mit Treibnetzen und Ringwaden (Kreisschließnetz), im Mittelmeer ausschließlich nachts, bei mondlosem Himmel, unter Verwendung von starken Lampen zur Anlockung der Fische.

652 Alse = Maifisch ***Alosa alosa*** (L.) = *Clupea a.* = *A. vulgaris.*
Länge bis 75 cm. Rückenseite blaugrün, am Kopf glänzend bräunlichgolden; Seiten und Bauch silberweiß mit leichtem Goldschimmer; hinter den Kiemendeckeln 1 bis 3 schwarze Flecken. Kiemendeckel gestreift; Kiemenbögen mit langen, feinen, dichtstehenden Fortsätzen; Kielschuppen scharf, auf ganzer Bauchkantenlänge; Innenteil der Schwanzflosse mit blattartigen Schuppen; Bauchflossen-Ansatz hinter dem Rückenflossen-Ansatz. – Sich meist in größeren Tiefen haltender, in Schwärmen lebender Wanderfisch, der im Frühjahr (Maifisch) zum Laichen in den Flüssen aufsteigt. Frißt vorwiegend pelagische Krebse. – Westl. Mittelmeer, Atlantik, Nordsee, westl. Ostsee.
Von größerer wirtschaftlicher Bedeutung heute noch im westl. Mittelmeer, während die Bestände und damit die Fangergebnisse an der Atlantik- und Nordseeküste und in den westeuropäischen Flüssen mehr und mehr zurückgehen. Als Speisefisch ist die Alse ihres zarten Fleisches wegen sehr geschätzt.

653 Finte = Perlep ***Alosa fallax*** (Lacép.) = *A. finta* = *Clupea f.*
Länge meist bis 40 cm (selten bis 50 cm). Rückenseite blaugrün, am Kopf bräunlichgolden; Seiten und Bauch gelblichsilbern; hinter den Kiemendeckeln 4 bis 8 schwarze Flecken. Kiemenbögen mit kurzen, dicken Fortsätzen; Kielschuppen auf ganzer Bauchkantenlänge; Bauchflossen-Ansatz hinter dem Rückenflossen-Ansatz. – Sich verhältnismäßig küstennah haltender, in Schwärmen lebender Wanderfisch, der zwischen Frühjahr und Sommer zum Laichen in den Unterlauf größerer und kleinerer Flüsse aufsteigt. Frißt vorwiegend pelagische Krebse. – Mittelmeer, Atlantik, Nordsee, Ostsee. – Wenig geschätzter Speisefisch mit trockenem Fleisch; kommt manchmal geräuchert auf den Markt.
A. fallax nilotica, die Mittelmeer-Finte, wird bis 60 cm lang, ist am Rücken grünlichblau bis blaugrün, an den Seiten silbrig mit grünem Schimmer, am Bauch silbrigweiß, trägt hinter den Kiemendeckeln 1 bis 8 schwarze Flecken in einer Reihe, weist Kielschuppen nur vor den Bauchflossen auf, deren Ansatz unter dem Rückenflossen-Ansatz liegt, und zieht im Frühjahr zum Laichen in die Flüsse. Gefangen wird diese Art vorwiegend zu Beginn der Laichwanderung, da ihr Fleisch dann am schmackhaftesten ist.

Sardellen *Engraulidae*

Schlanke, rundkörperige Heringsfische mit zugespitzter Schnauze, unterständigem Mund, langer, bis hinter die Augen reichender Mundspalte, schwacher Bezahnung, ohne Seitenlinie am Körper, und mit großen Schuppen. Bauchkante glatt, ohne Kielschuppen. Die Rückenflosse setzt annähernd in Körpermitte an; eine Fettflosse fehlt; die Schwanzflosse ist gegabelt.

654 Sardelle = Anchovis ***Engraulis encrasicholus*** (L.).
Meist bis 15 cm (auch bis 20 cm). Rücken grün bis grünlichblau; Seiten silbrigweiß mit dunklem Längsband; Bauch silbrigweiß. Bauchflosse knapp vor dem Rückenflossen-Ansatz. – Schwarmfisch des offenen Meeres, der planktische Krebse und Fischlarven frißt und im Lauf der ausgedehnten Nahrungs- und Laichwanderungen zu bestimmten Jahreszeiten in Küstennähe erscheint. – Mittelmeer, Atlantik, Nordsee. – Von der mediterranen bis zur niederländischen Küste in größeren Mengen vorwiegend mit Schlepp-, Stell- und Zugnetzen gefangener Nutzfisch, der meist gesalzen oder als Ölkonserve auf den Markt kommt, aber auch frisch sehr gefragt ist. Zugleich wichtiger Nahrungsfisch für größere räuberische Formen.

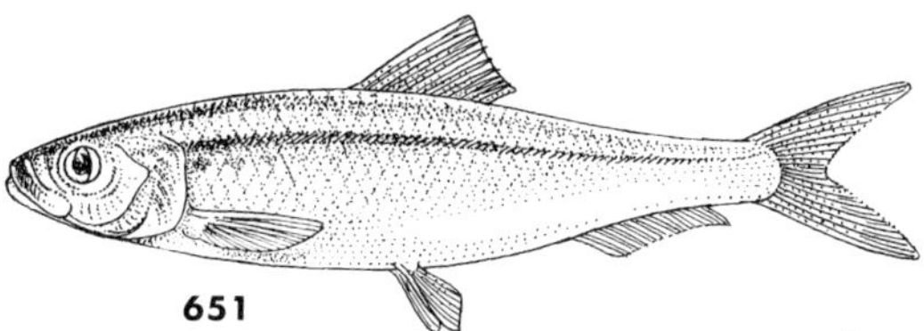

651

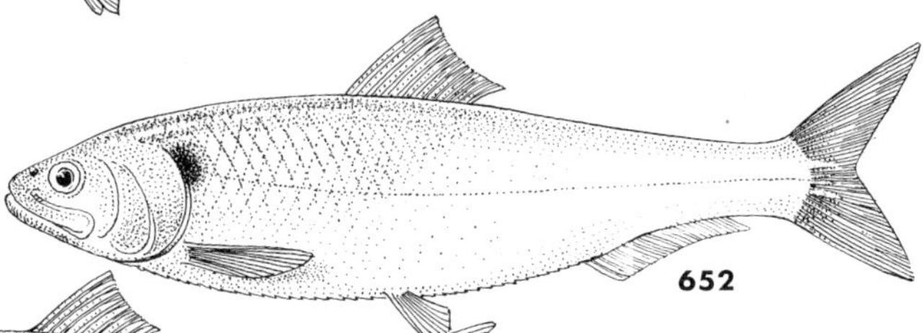

652

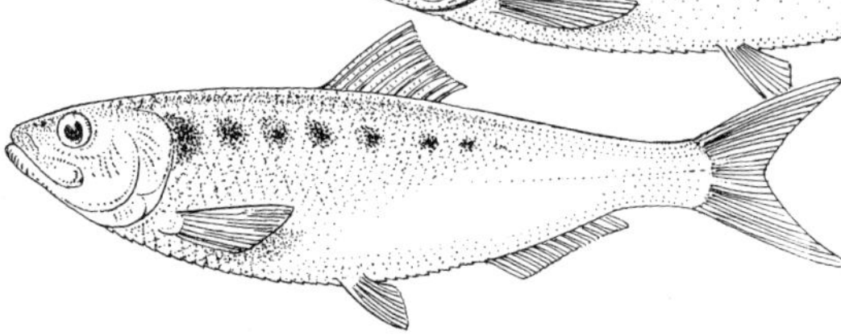

653

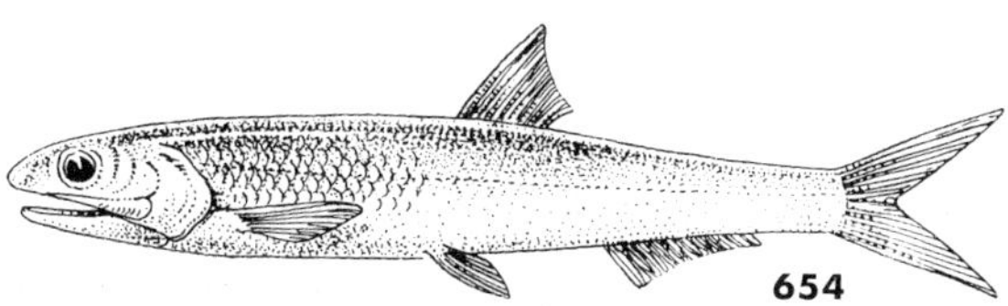

654

Lachsfische Ordnung *Salmoniformes*

Lachse *Salmonidae*

Heringsfische mit schlankem, aber kräftigem, seitlich wenig zusammengedrücktem, kleinbeschupptem Körper, unterständigem Mund, bis unter die Augen reichender Mundspalte, gut entwickelter Bezahnung, vollständiger Seitenlinie und in der Regel mit Fettflosse. Sowohl im Süßwasser wie im Meer vertreten, teils durch Wanderfische, umfaßt diese Gruppe wiederum eine Anzahl wirtschaftlich bedeutsamer Formen, wobei die größten Fanggebiete allerdings im pazifischen Bereich liegen, weitgehend von Lachsarten bevölkert, die in unseren Meeren nicht vorkommen.

655 Lachs = Salm ***Salmo salar*** L.
Länge bis 1,5 m. Junglachse im Meer (sog. Blanklachse) rückenseits silbrig-graugrün bis -graublau, am Kopf silbriggrau, an den Seiten silbrig mit schwarzen Flecken über der Seitenlinie, bauchseits schimmernd weiß; Fettflosse graugrün bis blaugrau, Brustflossen, Rückenflosse und Schwanzflosse dunkler, Bauchflossen und Afterflosse hell. Zu Beginn des Laichaufstiegs ins Süßwasser Weibchen rückenseits dunkler, an den Seiten rot und schwarz getupft, bauchseits schwärzlich mit weißem Mittelband; Männchen mit mehr oder weniger verlängertem und hakenförmig aufgebogenem Unterkiefer (Hakenlachs), rückenseits dunkelblaugrau bis blau, an den Seiten rot und blau marmoriert, bauchseits schwarz oder hellgelb, manchmal rot (Rotlachs). Körper spindelförmig mit verhältnismäßig kleinem Kopf und schlankem Schwanzstiel; Schwanzflosse am Hinterrand eingebuchtet, an den Ecken meist leicht ausgezogen. Bauchflossen-Ansatz gegenüber dem Ansatz der Rückenflosse zurückversetzt. – Im Meer in mittleren bis größeren Tiefen lebender und sich hauptsächlich von Fischen ernährender Wanderfisch, der, erwachsen, im Winter zum Laichen in die größeren Flüsse seines Verbreitungsgebiets aufsteigt; die Eiablage erfolgt in flachen Süßgewässern mit Kiesgrund. Nach dem Ablaichen sind die Lachse stark erschöpft und gehen vielfach zugrunde, während die übrigen ins Meer zurückkehren. Die erste Entwicklung der Junglachse geht im Süßwasser vor sich; der Abstieg ins Meer erfolgt im Blanklachs-Stadium, das nach 2 bis 3 Jahren erreicht ist. – Atlantik bis zur spanischen Küste als südl. Grenze, Nordsee, Ostsee.
Als Speisefisch wird der Lachs sehr geschätzt. Allerdings ist seine wirtschaftliche und fischereiliche Bedeutung durch die Verbauung und Verschmutzung der im Süßwasser liegenden Laich- und Fangplätze stark gesunken. Ein großer Teil des aus europäischem Bereich stammenden Marktangebots wird heute von Lachszuchten u. a. in Norwegen und Schottland geliefert, wo im Süßwasser aufgezogene Jungfische etwa 15 Monate alt in vor der Küste verankerte, große Gitterkäfige versetzt, dort zwei Jahre lang (teils unter Computerkontrolle) gefüttert, dann frisch oder geräuchert vermarktet werden. Sog. Wildlachs stammt dagegen, wenn er rechtens so angeschrieben ist, von im freien Meer zur Geschlechtsreife gediehenen und beim Aufstieg zu ihren Laichplätzen gefangenen Fischen.
Die Verwendung der Benennung Lachs vor dem Laichen und Salm nach dem Laichen ist etymologisch unfundiert. Ursprünglich war Salm die im Westen gebräuchliche, vom Lateinischen abgeleitete Bezeichnung (am Rhein gibt es unzählige Gasthöfe zum Salmen), während Lachs im germanisch-nordischen Sprachbereich heimisch ist.

656 Meerforelle Lachsforelle = Silberlachs ***Salmo trutta*** L. ***(forma major).***
Länge meist bis 70 cm (auch bis 1 m). Rücken dunkelgraubraun bis graugrün mit schwärzlichen Flecken; Seiten silbrig mit schwärzlichem Flecken beidseits der Seitenlinie; Bauch schimmernd weiß. Beim Laichaufstieg ins Süßwasser ist der Rücken dunkelrotbraun, die Seitenfärbung heller mit roten Tupfen, der Bauch silbrig, grau bis schwärzlich oder gelbbraun bis rotgelb, die Fettflosse rotbraun. Körper gedrungen spindelförmig; Schwanzflosse am Hinterrand gerade, an den Ecken nicht ausgezogen; Bauchflossen-Ansatz gegenüber dem Ansatz der Rückenflosse zurückversetzt. Reife Männchen haben einen hakenförmig aufgebogenen Unterkiefer. – Im Meer verhältnismäßig küstennah lebender, bei wenig ausgedehnten Nahrungswanderungen Kleinfische, planktische Krebse u. a. fressender Wanderfisch, der, erwachsen, im Winter bis Spätwinter zum Laichen in Flüsse und Bäche aufsteigt. Nach dem Ablaichen erfolgt die Rückkehr ins Meer teils sogleich, teils erst im folgenden Jahr. Die Jungfische ziehen nach einem Jahr ins Meer. – Atlantik bis zur portugiesischen Küste als südl. Grenze, Nordsee, Ostsee.
Im Mittelmeer fehlt die hier beschriebene Wanderform, doch ist sie artgleich mit der aus den Flüssen in die mediterranen Küstengewässer einschwimmenden See- oder Bachforelle ***S. t. (forma fario),*** der kleineren, nicht wandernden Form. Als Speisefisch ist die Meerforelle sehr geschätzt.

Stinte ***Osmeridae***

Heringsfische mit durchscheinendem, schlank-spindelförmigem, seitlich wenig zusammengedrücktem, feinbeschupptem Körper, oberständigem Mund, bis unter die Augen reichender Mundspalte, kräftiger Bezahnung, unvollständiger, über den Brustflossen endender Seitenlinie und mit Fettflosse. Die Schuppen sind klein, dünn, und fallen sehr leicht ab.

657 Stint = Seestint ***Osmerus eperlanus*** (L.)

Länge bis 30 cm. Durchscheinend; Rücken bräunlichgraugrün bis blaugrün; Seiten silbrig; Bauch weiß; Männchen zur Laichzeit mit Hautwarzen am Körper und beidseits des Rückens 1 bläulich schimmerndes Längsband, das beim Weibchen schwächer hervortritt. – In Tiefen zwischen 12 und 30 m lebender Wanderfisch, der sich vor allem von Schwebegarnelen ernährt und im Frühjahr zum Laichen in die Flußmündungen des Verbreitungsgebiets aufsteigt. – Atlantik von der Biskaya als südl. Grenze an, Nordsee, Ostsee.

Diese Wanderform ist artgleich mit dem kleineren, stationär in Seen lebenden Binnenstint. Als Speisefisch sind die Stinte buchstäblich Geschmacksache: ihr Fleisch hat einen eigentümlichen Gurkengeruch.

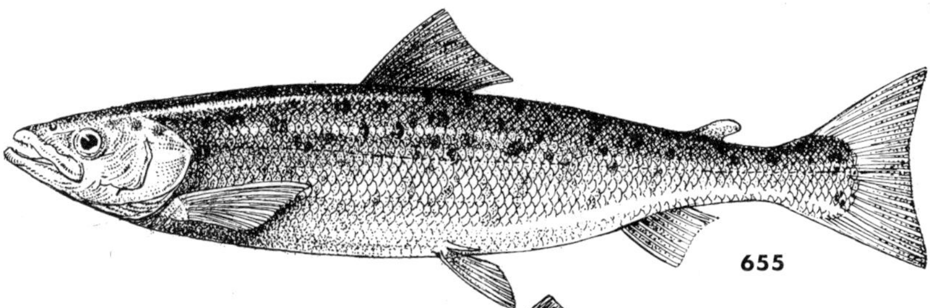

655

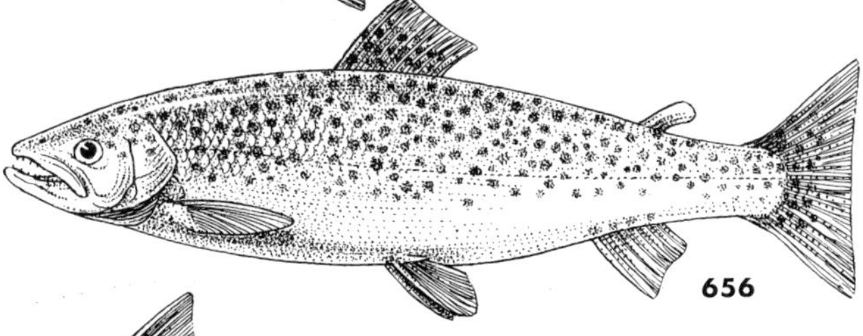

656

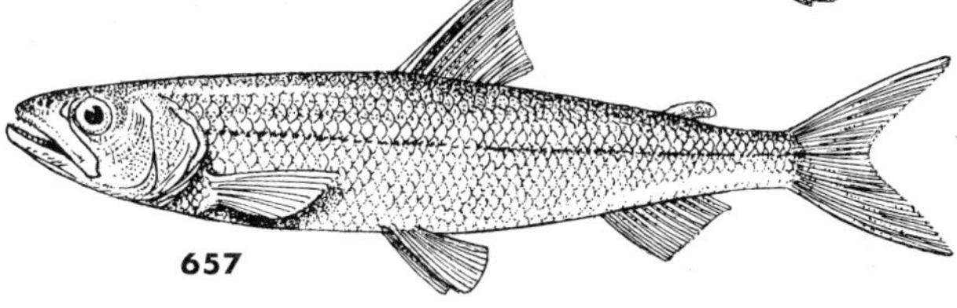

657

Aalfische Ordnung *Anguilliformes* = *Apodes*

Echte Knochenfische von schlangenähnlich-gestreckter Gestalt mit schleimiger, sehr kleinschuppiger oder nackter Haut, ohne Bauchflossen, manchmal ohne Brustflossen. Rücken- und Afterflossen sind sehr lang, mit der Schwanzflosse zu einem Flossensaum vereinigt; alle Flossen haben nur Weichstrahlen. Von wenigen ins Süßwasser ziehenden Arten abgesehen, leben die Aalfische im Meer, vorwiegend in den tropischen und subtropischen Gewässern, und besonders stark in der Litoralzone vertreten, aber auch in der Tiefsee und durch im offenen Meer pelagisch lebende Formen.

Flußaale ***Anguillidae***

Sowohl im Süßwasser wie im Seewasser vorkommende, aber ausschließlich im Meer laichende Aalfische mit weit hinter den Brustflossen ansetzender Rückenflosse, leicht oberständigem Mund, winzigen Schuppen, vollständiger Seitenlinie und engen, knapp vor den Brustflossen liegenden Kiemenspalten.

658 Europäischer Aal ***Anguilla anguilla*** L. = *A. vulgaris.*
Männchen selten über 50 cm, Weibchen meist bis 1 m (auch bis 1,4 m) lang. Rücken dunkelbraungrün bis olivgrün; Bauch weißlichgelb, bei geschlechtsreifen Tieren silbrig; selten kommen auch gelbgefärbte oder weißliche Exemplare vor. – Vom Mittelmeer bis zur Ostsee an allen europäischen Küsten und in den entsprechenden Flußgebieten, vorzugsweise auf schlammigem Grund. – Zur Fortpflanzung ziehen die mit 9 (Männchen) bis 15 Jahren (Weibchen) geschlechtsreifen Tiere aus dem ganzen Bereich nach den in der Sargasso-See (West-Atlantik) liegenden Laichgründen, wo nach etwa 1 1/2jähriger Wanderung die Eiablage erfolgt und die abgelaichten Aale sterben. Die Eier sinken nicht (pelagischer Laich); die Entwicklung verläuft über ein rund 3jähriges Larven-(*Leptocephalus*-)Stadium, während dessen die blattförmigen, glashellen Wesen mit dem Golfstrom das Ursprungsgebiet der Elterngeneration erreichen, und das mit der Metamorphose zu Glasaalen abgeschlossen wird. Die Jungtiere verbleiben entweder im Küstenbereich oder steigen als sog. Steigaale in die Flüsse auf.
Fischereiwirtschaftlich gehört der Europäische Aal zu den wichtigen Nutzfischen, da sein Fleisch sehr schmackhaft ist und sowohl gekocht oder gebraten wie geräuchert geschätzt wird. Die meisten Konsumaale stammen allerdings aus dem Süßwasser, während Küstenaale meist auf den lokalen Märkten abgesetzt werden. In Flußmündungen gefangene Jungaale werden vielfach lebend ins Binnenland verschickt und als Satzaale eingesetzt.

Meeraale ***Congridae***

Aalfische mit oberhalb der Brustflossen ansetzender Rückenflosse, unterständigem Mund, starker Bezahnung, unbeschuppter Haut, vollständiger Seitenlinie und bis zur Bauchseite reichenden Kiemenspalten.

659 Gemeiner Meeraal = Seeaal ***Conger conger*** L. = *C. vulgaris.*
Länge meist bis 2 m (auch bis 3 m). Rücken graubraun, Bauch weißlich. – Lebt in Küstennähe, vorzugsweise auf felsigem Grund, manchmal in Flußmündungen. Tagsüber gewöhnlich in Spalten und Löchern verborgen, von der Dämmerung an aktiv, ein Räuber mit von den Fischern gefürchtetem Gebiß, der sich vorwiegend von Fischen ernährt und sie sich auch aus Netzen holt. Zur Laichzeit zieht er von den Küsten weg; die Laichgründe liegen im Mittelmeer und im Atlantik; der Fortpflanzungsablauf ist dem des Flußaals ähnlich. – Mittelmeer, Atlantik, Nordsee, (selten) Ostsee. – Fleisch mittelmäßig, grätenreich. Aus der Haut wird manchmal Fischleder hergestellt. – «Seeaal» ist auch Handelsbezeichnung für Dornhai-Fleisch (s. S. 254).
Ariosoma balearica = *Congermuraena b.*, der Kleine Muränenaal = Azorenmuräne = Spitzkopfm., des Mittelmeers und Ostatlantiks, wird nur bis 50 cm lang, ist rückenseits grünlichgelb bis bräunlich, bauchseits weißlich, und hat dunkel gesäumte Flossen sowie bei ebenfalls unterständigem Mund eine leicht abgerundete Schnauze, während ***Congermuraena mystax***, der gleich lange Dicklippige Muränenaal desselben Gebiets, bei hellgrauer Färbung durch den betont unterständigen Mund und die auffallend verbreiterten Lippen am stark vorspringenden Oberkiefer gekennzeichnet ist.

Achtung: Blut und Leber der Aale, Meeraale und Muränen sind giftig. Eine beim Ausnehmen und Häuten mit scharfem Messer entstehende Schnittwunde an der Hand muß gleich mit möglichst heißem Wasser sorgsam ausgewaschen, dann verbunden werden. Der Giftstoff wird beim Kochen zerstört.

Muränen ***Muraenidae***
Aalfische ohne Brustflossen, mit vor der kleinen Kiemenöffnung ansetzender Rückenflosse, endständigem Mund, starker Bezahnung und unbeschuppter Haut.

660 Mittelmeer-Muräne ***Muraena helena*** (L.).
Länge meist bis 1 m (auch bis 1,3 m). Braun bis schwärzlichbraun mit gelber Marmorierung, manchmal zudem weiß und braungelb gefleckt. Gebiß mit je 1 Zahnreihe im Ober- und Unterkiefer. – Auf felsigem Grund, tagsüber meist in Spalten und Löchern. Frißt u. a. Fische, Krebse, Kopffüßer. – Mittelmeer, Atlantik bis Biskaya als nördl. Grenze.
Lycodontis unicolor, die Braune Muräne des gleichen Gebiets, wird bis 1 m lang, ist braun bis dunkelbraun mit wenigen gelblichen Flecken, hat am Flossensaum einen gelblichen Rand und am Oberkiefer zwei Zahnreihen.
Muränenfleisch ist ziemlich fett, nicht ganz leicht verdaulich, aber zart und wohlschmeckend. Als Speisefisch wurden die Tiere von den Römern der Antike sehr geschätzt, sogar in Becken gehalten und gemästet. Ihr von Fischern und Sporttauchern gefürchteter Biß ist stets schmerzhaft und ergibt häßliche Reißwunden. Die stark widersprechenden Angaben über seine Giftigkeit erklären sich daraus, daß die oben beschriebenen mediterranen Arten zwar erwiesenermaßen keine Giftzähne besitzen, aber der Schleim ihrer Mundhöhle gifthaltig ist, wobei das Sekret bei jeder Mahlzeit der gefräßigen Tiere verbraucht wird und erst nach einer Weile wieder in wirksamer Menge vorhanden ist. Die Giftwirkung, bei tropischen Arten bedeutend stärker, ist gegebenenfalls ähnlich wie jene des Stachelgifts von Stechrochen und Drachenfischen. Behandlung s. S. 256 und 305.

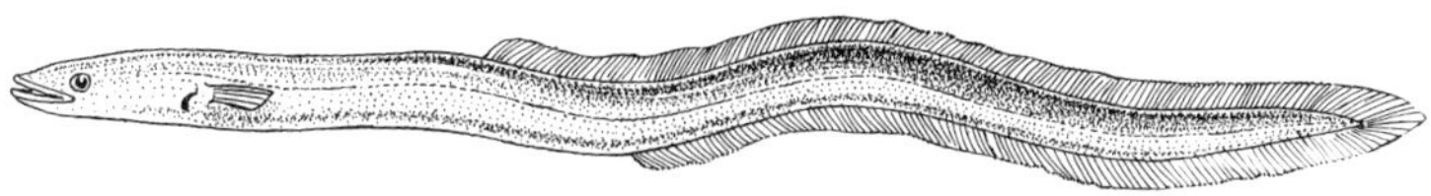

658

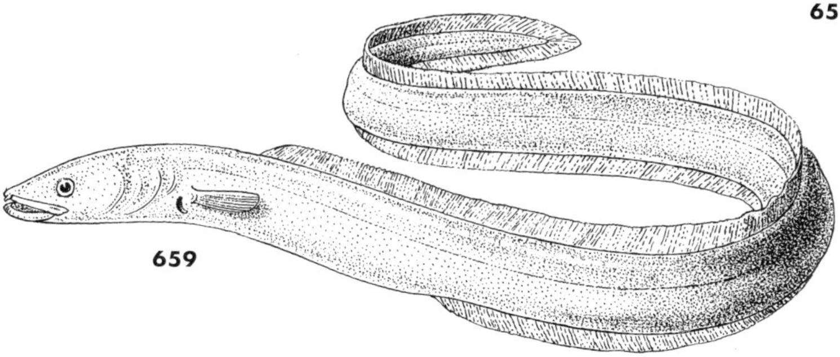

659

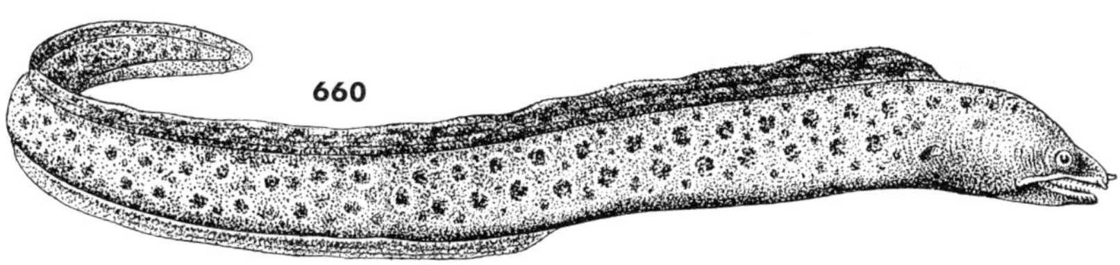

660

Hornhechtartige Ordnung *Beloniformes*

Eine von den Tropen bis in die gemäßigten Breiten vertretene, abgesehen von ganz wenigen Süßwasserformen marine Gruppe Echter Knochenfische mit schlankem, langgestrecktem Körper, kleinen oder mittelgroßen Cycloidschuppen, weit gegen den Schwanz zurückversetzt über der Afterflosse stehender Rückenflosse und mit bauchständigen Bauchflossen. Alle Flossen haben nur Weichstrahlen. Die Seitenlinie verläuft tief, nahe der Bauchkante.

Fliegende Fische *Exocoetidae*

Hornhechtartige mit schlank-spindelförmigem Körper, kurzkieferigem oberständigem Mund, sehr langen, flügelartigen Brustflossen und etwas verlängerter unterer Schwanzflossenfahne. Als planktonfressende Schwarmfische vorwiegend im freien Meer lebend, können sich die Fliegenden Fische bei der Flucht vor verfolgenden Raubfischen zu verhältnismäßig weiten Gleitflügen über der Oberfläche aus dem Wasser schnellen (Strecke bis um 100 m, abhängig von Windrichtung und -stärke, Dauer bis 10 Sek.). Den dazu nötigen Antrieb besorgt hauptsächlich die Schwanzflosse, deren verlängerte untere Fahne bis zum Abheben im Wasser bleibt, die Geschwindigkeit durch sehr rasche Schläge weiter erhöhend, während der übrige Körper schon in der Luft ist.

661 Meerschwalbe = Gemeiner Flugfisch ***Exocoetus volitans*** L.
Länge meist 20 bis 30 cm (auch bis 40 cm). Rücken bläulichgrau; Bauch silbrig; Brustflossen grau mit weißem Randsaum; Bauchflossen bläulichweiß, weniger lang als die Basis der Afterflosse. – Mittelmeer, Atlantik.
Sehr ähnlich ist ***Exonautes rondeleti*** = *Exocoetus r.*, Rondelets Flugfisch, im gleichen Gebiet vorkommend, aber im Atlantik nur bis zur portugiesischen Küste als nördl. Grenze, 25 bis 35 cm lang, rückenseits bläulichbraun, bauchseits silbrig, mit buntfarbigen Brustflossen, während die Bauchflossen länger sind als die Basis der Afterflosse.
Beide Arten haben ein sehr wohlschmeckendes Fleisch, sind aber auf dem Markt wenig gefragt und werden manchmal mit zurechtgestutzten Flossen als Stöcker angeboten.

662 Vierflügel-Flugfisch = Atlantischer F. ***Cypselurus heterurus*** Raf.
Länge bis 40 cm. Rücken schimmernd blaugrau; Bauch silbrig; Brustflossen graublau mit durchscheinenden Spitzen, bei jungen Exemplaren weiß quergestreift; Bauchflossen auffallend lang («Vierflügler»), durchscheinend, mit dunkler Basis. – Westl. Mittelmeer, Atlantik bis Norwegen als nördl. Grenze. – Fleisch wohlschmeckend.

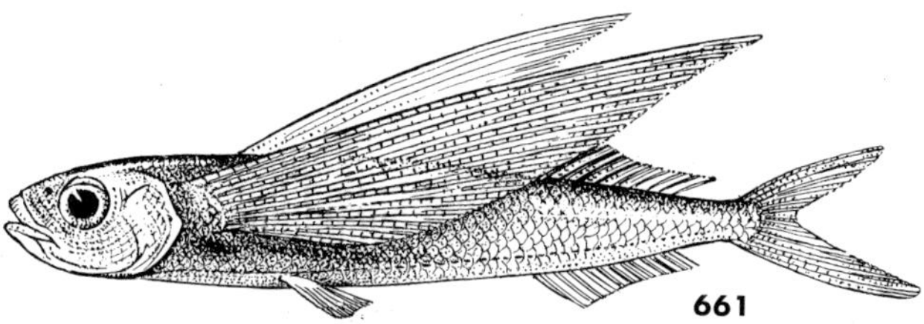

661

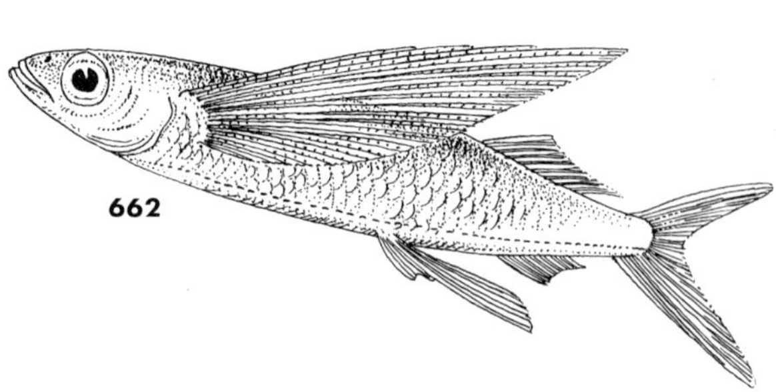

662

Languste
(Mittelmeer)

Knotiges Tritonshorn
(Mittelmeer)

Pfauenschleimfisch
(Mittelmeer)

Schraubensabelle
(Mittelmeer)

Meeramsel
(Mittelmeer)

Fladenstern
(Mittelmeer)

Borstenwurm
(Mittelmeer)

Hornhechtartige

Hornhechte *Belonidae*

Hornhechtartige mit pfeilartig gestrecktem Körper, lang und spitz ausgezogenem Ober- und Unterkiefer und normal bemessenen Brustflossen. Räuberisch lebende Schwarmfische des offenen Meeres, die zu bestimmten Zeiten in Küstennähe kommen. Bei jüngeren Exemplaren beider unten beschriebenen Arten ist der Unterkiefer länger als der obere, wobei mit zunehmendem Alter der Ausgleich erfolgt.

663 Hornhecht *Belone belone* (Brünn.) = *B. acus*.
Länge meist 40 bis 80 cm (auch bis 90 cm). Rücken blaugrün; Bauch schimmernd weiß oder silbrig. Ohne kleine Flossen nach Rücken- und Afterflosse. Die Knochen sind grün. – Lebt im offenen, tieferen Wasser; wandert vom Frühjahr an zum Laichen in Küstennähe; frißt Fische und planktische Wirbellose; jagt oft knapp unter der Oberfläche. – Mittelmeer, Atlantik, Nordsee, Ostsee. – Der grünen Knochen wegen wird diese Art als Speisefisch manchmal abgelehnt, aber das Fleisch ist sehr schmackhaft und wird von Kennern geschätzt.

664 Makrelenhecht *Scombresox saurus* (Walb.).
Länge 20 bis 45 cm. Rücken blaugrau; Bauch silbrig. Mit kleinen Flößchen zwischen Rücken- bzw. After- und Schwanzflosse. Körper etwas gedrungener als beim Hornhecht. Knochen nicht grün gefärbt. – Lebt im offenen, tieferen Wasser; wandert vom Sommer an in Küstennähe, laicht aber in der Hochsee; frißt pelagische Krebse und Kleinfische; jagt oft nahe der Oberfläche und springt, wenn selbst verfolgt, oft meterweit über den Wasserspiegel. – Mittelmeer, Atlantik; in Nordsee und Ostsee nur als Irrgast. – Geschätzter Speisefisch mit schmackhaftem Fleisch; kommt sowohl frisch wie geräuchert auf den Markt.

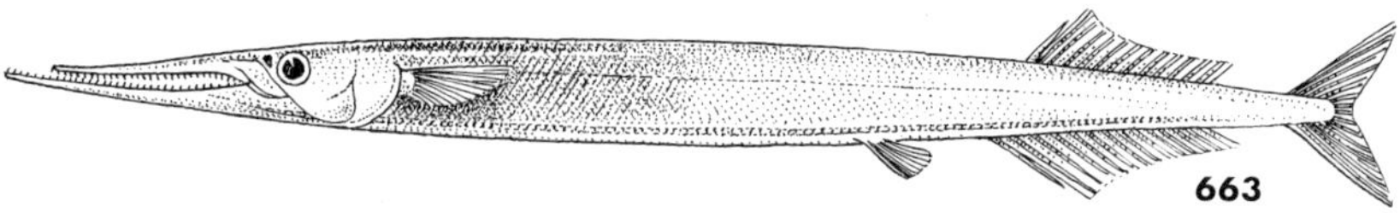

663

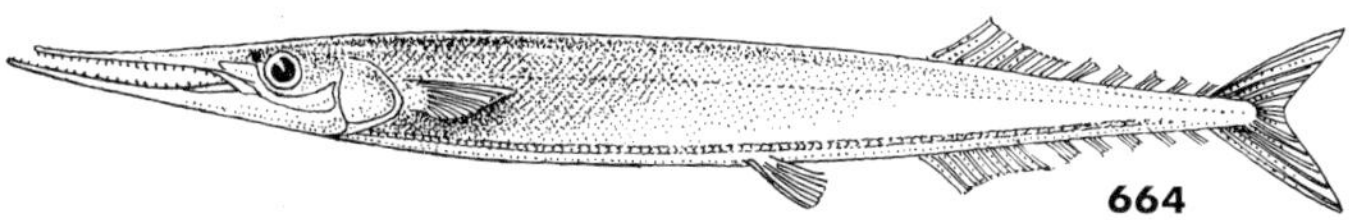

664

Dorschartige Ordnung *Gadiformes*

Echte Knochenfische mit kehlständigen Bauchflossen und von kleinen Cycloidschuppen bedeckter Haut. Alle Flossen haben nur Weichstrahlen. Seitenlinie in der Regel vorhanden. Die Gruppe ist, abgesehen von wenigen Arten aus der Familie der Dorsche, ausschließlich marin, in allen Meeren vertreten, eine Anzahl wichtiger Nutzfische umfassend.

Dorsche ***Gadidae***

Dorschartige mit gestrecktem, seitlich wenig zusammengedrücktem Körper, 1 bis 3 Rückenflossen, 1 bis 2 Afterflossen, ungegabelter Schwanzflosse und gewöhnlich mit 1 Bartfaden an der Kinnspitze.

665 Seehecht = Hechtdorsch ***Merluccius merluccius*** (L.) = *M. vulgaris.*
Länge meist 50 bis 80 cm (auch bis 1,25 m). Rücken grau bis dunkelgrau oder braungrau, manchmal schwarz gepunktet; Seiten heller; Bauch schimmernd weißlich bis weiß; Flossen oft dunkel gesäumt; Mund und Kiemenhöhle schwarz. Kein Bartfaden am Kinn. Mund leicht oberständig, weit, kräftig bezahnt. 2 Rückenflossen, die 1. kurz, die 2. lang und knapp vor dem Ansatz der Afterflosse beginnend; 2. Rückenflosse und Afterflosse hinter der Mitte am Rand leicht eingebuchtet; Schwanzflosse gerade abgestutzt; Bauchflossen gerundet, wenig kleiner als die Brustflossen. – Bodennah lebender, sich vorwiegend von kleineren Schwarmfischen ernährender Räuber, tagsüber meist in größeren Tiefen, nachts höher, bei Laich- und Nahrungswanderungen manchmal im Flachwasser. – Mittelmeer, Atlantik, Nordsee. – Als Speisefisch geschätzt.

666 Dorsch = Kabeljau (Unreif: Dorsch; geschlechtsreif: Kabeljau) ***Gadus morrhua*** L. = *G. callarias.*
Länge bis 1,4 m. Rücken olivbraun bis graugrün mit zahlreichen dunklen Tupfen; Bauch silbrig grauweiß bis weiß; Bauchflossen weiß, übrige Flossen grau. Mund unterständig, Oberkiefer unbezahnt; am Kinn 1 ziemlich langer Bartfaden. 3 Rückenflossen, die 1. kurz, oben stumpf abgerundet, die 2. und 3. oberhalb der 2 annähernd gleich großen Afterflossen; Schwanzflosse gerade abgeschnitten. – Gefräßiger Räuber, als Zugfisch in Schwärmen grundnah in Tiefen zwischen 5 und 300 m lebend, manchmal auch in Flußmündungen. – Atlantik bis zur spanischen Küste als südl. Grenze, Nordsee, Ostsee. – Fischereiwirtschaftlich wichtigste Dorschart, zugleich nach dem Hering wichtigster Nutzfisch. Wird vorwiegend frisch verbraucht, kommt aber auch getrocknet in den Handel (Stockfisch), gesalzen (Laberdan), gesalzen und getrocknet (Klippfisch), zerteilt und geräuchert (Stückfisch).

667 Schellfisch ***Gadus aeglefinus*** L. = *Melanogrammus a.*
Länge bis 75 cm. Rücken graubraun bis graugrün mit violettem Schimmer; Seiten silbrig grau mit kupfernem Schimmer; Bauch weiß; Flossen grau, dunkel gerandet; an der Seitenlinie hinter dem Brustflossen-Ansatz 1 schwarzer Fleck. Mund unterständig, Oberkiefer unbezahnt; am Kinn 1 sehr kurzer Bartfaden. 3 Rückenflossen, die 1. kurz, dreieckig-sichelförmig, die 2. und 3. oberhalb der 2 Afterflossen; Schwanzflosse schwach eingebuchtet. – Lebt als Zugfisch in Schwärmen bodennah in Tiefen zwischen 30 und etwa 100 m, sich vorwiegend von Wirbellosen und Fischlaich ernährend; geht nicht ins Brackwasser. – Atlantik bis Biskaya als südl. Grenze, Nordsee, (selten) westl. Ostsee. – Wichtiger Nutzfisch mit wohlschmeckendem Fleisch. Wird in erster Linie frisch verbraucht, kommt aber auch geräuchert und mariniert auf den Markt.

668 Köhler = Kohlfisch = Blaufisch ***Gadus virens*** L. = *Polachius v.*
Bis 1 m lang. Rücken olivgrün oder grün bis dunkelgrau oder schwärzlich; Seiten und Bauch silbergrau bis weißlich; Seitenlinie weiß, fast gerade, mit flachem Bogen über den Brustflossen; Flossen grau, Rückenflossen und Schwanzflosse dunkel gerandet; Schnauze und Mund meist schwarz. Mund leicht oberständig; 1 kurzer Bartfaden bei jüngeren Exemplaren, bei Erwachsenen fehlend. 3 nahe hintereinander folgende Rückenflossen, die 1. dreieckig, die 2. und 3. oberhalb der zwei annähernd gleich großen Afterflossen; Schwanzflosse leicht eingebuchtet; Bauchflossen sehr klein. – Meist in größeren Tiefen in Schwärmen lebender räuberischer Zugfisch; geht nicht ins Brackwasser. – Atlantik bis Biskaya als südl. Grenze, Nordsee; in der westl. Ostsee nur als Irrgast. – Nach Kabeljau und Schellfisch wirtschaftlich wichtigste Dorschart; kommt meist filetiert auf den Markt, außerdem unter der Handelsbezeichnung «Seelachs» als Ölkonserve.

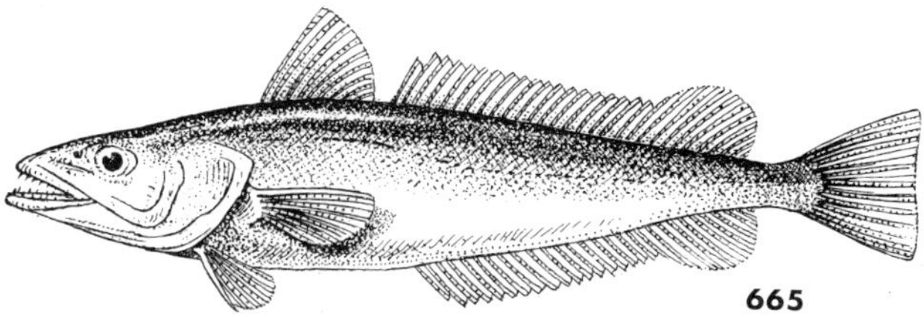

665

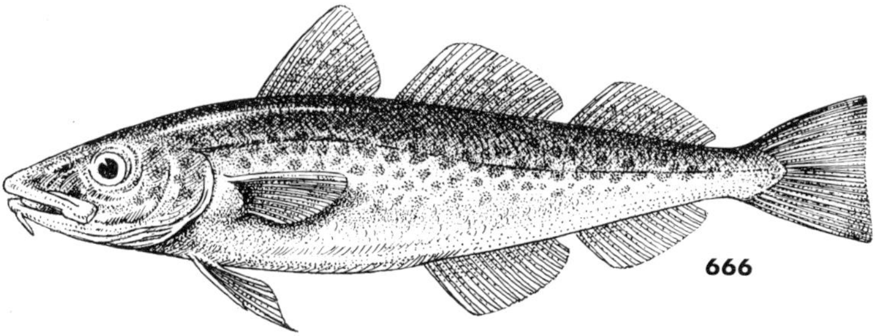

666

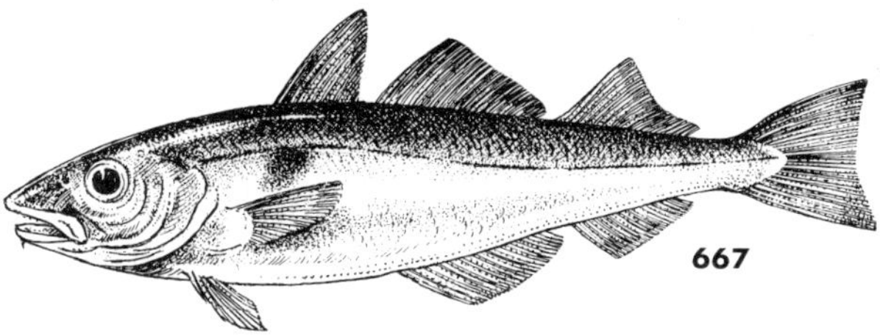

667

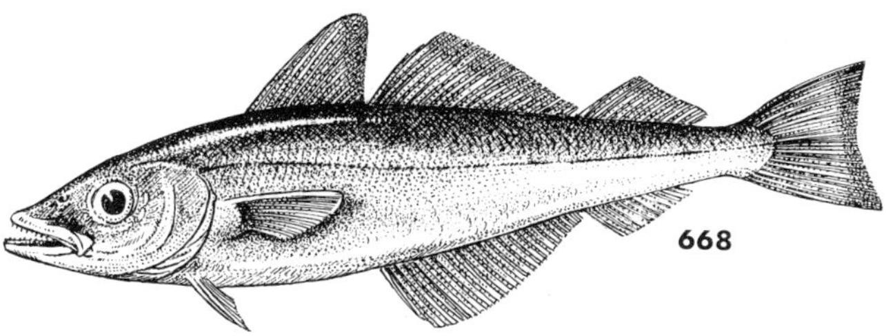

668

Dorschartige

669 Pollack = Steinköhler ***Gadus pollachius*** L. = *Pollachius p.*
Bis 80 cm lang, selten größer. Rücken bräunlich bis olivfarben; Seiten goldgelb mit dunkelgelben bis orangen Flecken; Seitenlinie grünbraun, über den Brustflossen deutlich gebogen; Unterkiefer vorstehend, ohne Bartfaden; Maul nicht schwarz; Flossen dunkelgrünlich, wobei von den Rückenflossen die 1. Querstreifen, die 2. und 3. Längsstreifen von bräunlicher Tönung tragen; 1. Afterflosse länger als die 2. und unter der Mitte der 1. Rückenflosse beginnend. – Nördl. Westmittelmeer, Atlantik, Nordsee. – Als Speisefisch geschätzt, aber ohne wirtschaftliche Bedeutung.

670 Wittling = Mittelmeerdorsch ***Gadus merlangus*** L. = *G. euxinus.*
Länge bis 40 cm. Rücken graugrün mit gelblichem Schimmer; Seiten silbrig; Bauch schimmernd weiß; Flossen grau, dunkel gerandet; am Ansatz der Brustflossen 1 schwärzlicher Fleck. Mund unterständig; Bartfaden winzig. 3 Rückenflossen, die 1. kurz, dreieckig, die 2. und 3. ohne Zwischenraum; 2 Afterflossen, die 1. länger als die 2., unter der Mitte der 1. Rückenflosse beginnend; Schwanzflosse sehr schwach eingebuchtet, fast gerade. – Lebt in Küstennähe in Tiefen von 20 bis 40 m, vorzugsweise über schlammigem Grund, in Schwärmen nur zur Zeit der Laichwanderungen; frißt vorwiegend Garnelen und Kleinfische. – Mittelmeer, Atlantik, Nordsee, westl. Ostsee. – Als Speisefisch geschätzt, mit schmackhaftem, etwas weichem Fleisch.

671 Blauer Wittling *Gadus poutassou* Risso = *Micromesistius p.*
Länge meist 30–40 cm (auch bis 50 cm). Rücken blaugrau oder graubraun; Bauch silbrig weiß; über dem Brustflossen-Ansatz manchmal 1 undeutlicher schwärzlicher Fleck. 3 graue Rückenflossen mit dunklem Rand, 1. und 2. kurz, deutlich voneinander getrennt, die 3. länger, mit breitem Abstand von der 2.; Schwanzflosse grau mit dunklem Rand, tief eingebuchtet; 2 weißliche Afterflossen, die 1. länger als die 2., vor dem Ansatz der 1. Rückenflosse beginnend; Bauchflossen klein. Mund leicht oberständig; Bartfaden winzig; Mundhöhle schwarz. – In Küstennähe nur in größeren Tiefen zu finden, vorzugsweise über schlammig-sandigem Grund. – Westl. Mittelmeer, Atlantik, Nordsee. – Speisefisch mit schmackhaftem, etwas weichem Fleisch.

672 Zwergdorsch *Gadus capelanus* Risso = *G. minutus.*
Länge 20 bis 30 cm. Rücken rötlich oder gelbbraun mit rotgelbem Schimmer; Seiten und Bauch silbergrau, manchmal mit dunklen Punkten. Mund leicht unterständig; Bartfaden vorhanden. 3 Rükkenflossen, ohne Abstand aufeinander folgend, die 1. dreieckig; Schwanzflosse leicht eingebuchtet; 2 Afterflossen, die 1. lang, etwas hinter dem Ansatz der 1. Rückenflosse beginnend. – Lebt als Schwarmfisch küstennah in Tiefen von 20 bis über 100 m; frißt vor allem Kleinkrebse. – Mittelmeer, Atlantik, Nordsee, westl. Ostsee. – Fleisch wohlschmeckend, etwas weich.

673 Franzosendorsch *Gadus luscus* L. = *Trisopterus l.*
Bis 30 cm, selten bis 45 cm lang. Rücken schimmernd rotbraun; Seiten heller, meist dunkler quergestreift, mit schwarzem Fleck am Brustflossenansatz; Bauch weiß. Körper gedrungen, hochrückig; Oberkiefer leicht vorstehend; Bartfaden gut entwickelt; Seitenlinie stark gebogen; Rücken- und Afterflossen dicht hintereinander stehend; Afterflossen gerundet, weiß gesäumt; Schwanzflosse dunkel. – Über gemischtem Sand- und Felsengrund von 20 m Tiefe an, oft in Rudeln. – Westl. Mittelmeer (selten), Atlantik, Nordsee. – Als Speisefisch geschätzt.

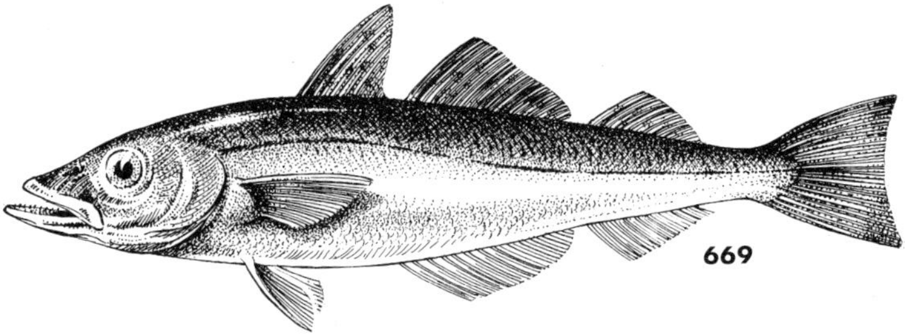

669

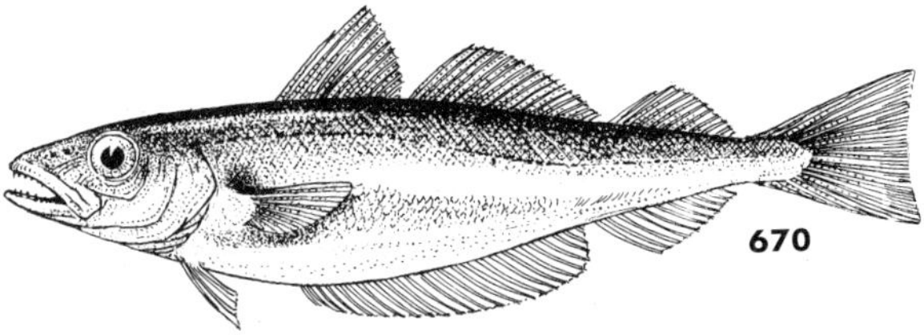

670

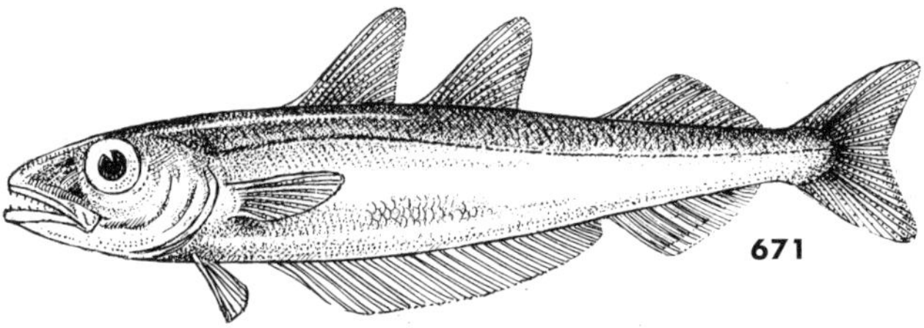

671

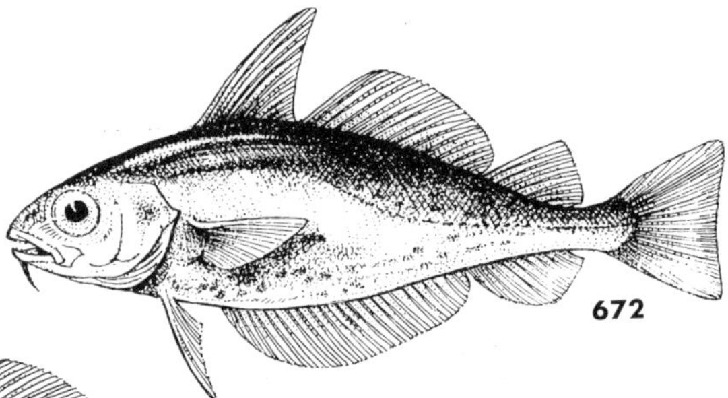

672

673

Dorschartige

674 Kleiner Leng *Molva elongata* Risso.
Länge meist 50 bis 80 cm (auch bis 90 cm). Rücken grau oder braun; Bauch silbrig grau. Körper schlank, langgestreckt. Mund leicht oberständig; 1 kleiner gegabelter Bartfaden. 2 Rückenflossen, die 1. kurz, abgerundet, die 2. sehr lang; Schwanzflosse gerundet; 1 sehr lange Afterflosse, etwas hinter dem Ansatz der 2. Rückenflosse beginnend. – Lebt in größeren Tiefen über schlammigem Grund; frißt vorwiegend Kleinfische. – Mittelmeer, Atlantik bis Kanalküste als nördl. Grenze. – Fleisch recht schmackhaft.
Sehr ähnlich in Körperform und Flossenstellung, aber bedeutend größer ist ***M. molva*** = *M. vulgaris*, der Große Leng = Lengfisch, im Atlantik bis zur Biskaya als südl. Grenze und in der Nordsee vorkommend, in der Ostsee selten, meist bis 1,5 m (auch bis 2 m) lang, rückenseits graubraun, manchmal gefleckt, bauchseits weiß, mit schwarzem Fleck am Hinterrand der Rückenflossen und der Afterflossen, und mit einfachem Bartfaden, ebenfalls in größeren Tiefen lebend, sich von Fischen, Krebsen und Stachelhäutern ernährend, als Speisefisch wenig begehrt.

675 Großer Gabeldorsch *Phycis blennioides* (Brünn.) = *Urophycis b.*
Länge meist 20 bis 40 cm (auch bis 50 cm). Rücken silbrig hellgrau; Bauch silbrig weiß. Mund leicht unterständig; 1 Bartfaden. 2 Rückenflossen, die 1. kurz, mit zu einer Spitze ausgezogenen ersten Strahlen, die 2. sehr lang; Schwanzflosse gerundet; 1 lange Afterflosse; Bauchflossen fadenförmig ausgezogen, gegabelt. – Lebt in größeren Tiefen, vorzugsweise über schlammigem Grund. – Westl. Mittelmeer, Atlantik, (selten) Nordsee. – Fleisch recht schmackhaft.
Phycis phycis = *P. mediterranea*, der Braune oder Kleine Gabeldorsch des Mittelmeers, im Atlantik schon an der portugiesischen Küste selten, wird bis 40 cm lang und unterscheidet sich von der oben beschriebenen Art vor allem durch die am Rücken kastanienbraune, am Bauch etwas hellere Körperfärbung, die zwar spitzdreieckige, aber nicht ausgezogene 1. Rückenflosse und die nur bis zum Ende der Brustflossen reichenden fadenförmigen Bauchflossen.

676 Dreibärtelige Seequappe *Onos tricirratus* (Bloch) = *Motella t.* = *Gaidropsarus vulgaris.*
Länge meist 15 bis 35 cm (auch bis 50 cm). Rückenseite bei dunklerem Kopf gelblichrot bis graugelb mit mehr oder weniger deutlichen schwarzen Flecken, auch auf den gleichfarbigen Flossen; Seiten manchmal mit wenigen weißen Tupfen; Bauch heller. Mund leicht unterständig; 1 Bartfaden an der Kinnspitze; an der Schnauzenspitze 2 Fühlfäden. 2 Rückenflossen, die 1. nach dem längeren ersten Strahl nur als kurzer, niedriger Saum ausgebildet, feinstrahlig und bei lebenden Exemplaren dauernd in vibrierender Bewegung; 2. Rückenflosse lang, höher; Schwanzflosse gerundet; 1 lange Afterflosse; Brustflossen 19–24strahlig. – Lebt wenig gesellig auf algenbewachsenem Felsgrund und im Bereich von See- und Neptungraswiesen von 5 m Tiefe an; frißt kleine Fische und Krebse. – Mittelmeer, Atlantik, Nordsee. – Als Speisefisch recht geschätzt.
O. mediterraneus = *Gaidropsus m.* = *Motella m.*, die Mittelmeerquappe, unterscheidet sich von der oben beschriebenen Art bei wenig hellerer braungelber Grundfärbung mit etwas verschwommenen schwarzen Flecken nur durch die 15–17strahligen Brustflossen.

677 Vierbärtelige Seequappe *Enchelyopus cimbrius* (L.) = *Rhinonemus c.*
Länge bis 40 cm. Grundfärbung hell bis dunkelbraun; Brust- und Rückenflossen gräulich; 2. Rückenflosse und Afterflosse hell gesäumt, mit dunklem Endfleck; 3 Schnauzenbarteln, 1 Kinnbartel; Brustflossen 13–17strahlig. – Über Schlamm- und Sandgrund von 20 m Tiefe an, meist tiefer. – Atlantik von der Biskaya als südl. Grenze an, Nordsee, westl. Ostsee.

678 Fünfbärtelige Seequappe *Ciliata mustella* (L.) = *Motella m.*
Bis 25 cm, selten bis 40 cm lang. Rötlich- bis dunkelbraun, ungefleckt; Flossen graubräunlich; 4 Schnauzenbarteln, 1 Kinnbartel; Mundspalte bis unter die Augen reichend, mit ungefranster Oberlippe; Brustflossen 14–17strahlig. – In der Gezeitenzone und tiefer über Sand- und algenbewachsenem Felsgrund. – Atlantik bis Portugal als südl. Grenze.
Sehr ähnlich, aber größer, bis 45 cm lang, ist ***C. septembrionalis,*** mit längerer, bis hinter die Augen reichender Mundspalte und gefranster Oberlippe, im nordatlantischen Bereich bis zur Kanalküste als südl. Grenze und auch in der Nordsee vorkommend.

679 Froschdorsch = Seewiesel ***Raniceps ranimus*** (L.).
Länge bis 30 cm. Körper dunkelbraun bis schwarz; Flossen gleichfarbig, weiß gerandet; Seitenlinie nicht sichtbar. Kopf groß, breit, Mund unterständig; 1 Bartfaden an der Kinnspitze, keine Fühlfäden. Rumpf gedrungen, zum Schwanz hin stark verjüngt. 2 Rückenflossen, die 1. nur 3strahlig mit längerem erstem Strahl, die 2. lang; Schwanzflosse gerundet; Afterflosse lang; Bauchflossen kurz mit fadenförmig verlängerten ersten Strahlen. – Lebt als Standfisch in der Tangzone, vorzugsweise auf felsigem Grund, von geringer Tiefe an, stets einzeln, sich von Stachelhäutern, Krebsen und Würmern ernährend. – Atlantik bis Biskaya als südl. Grenze, Nordsee, westl. Ostsee.

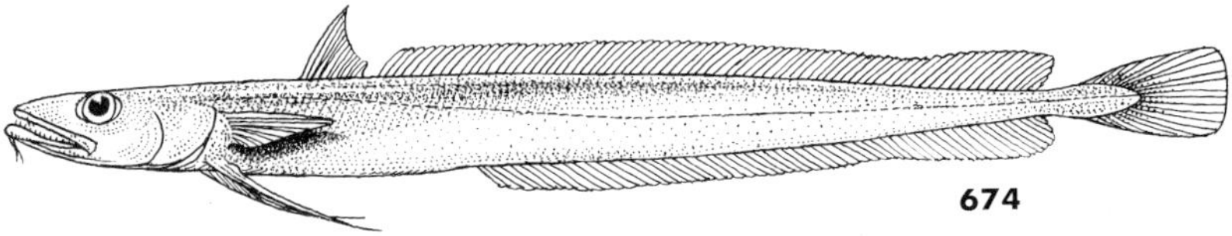

674

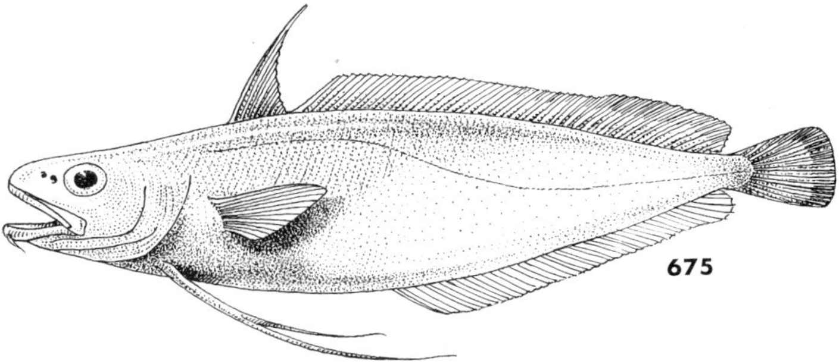

675

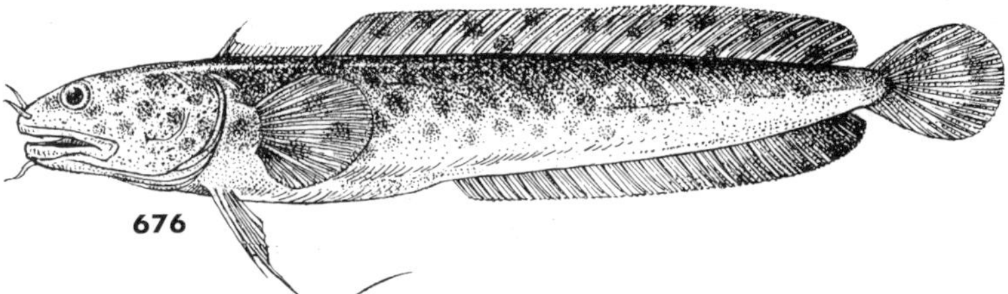

676

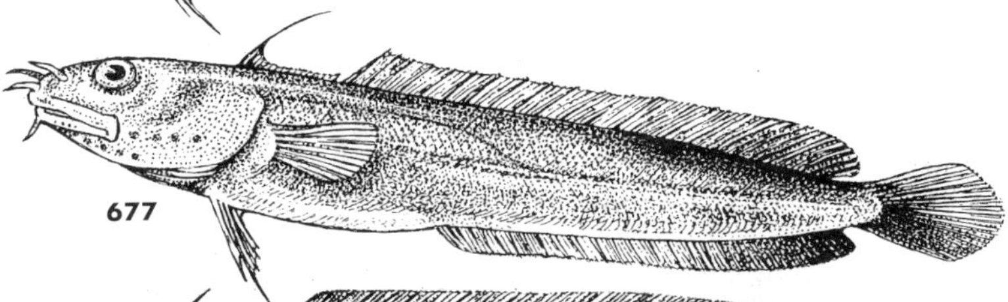

677

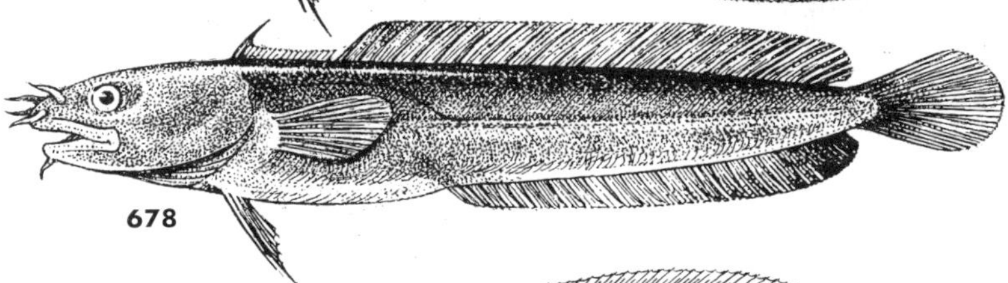

678

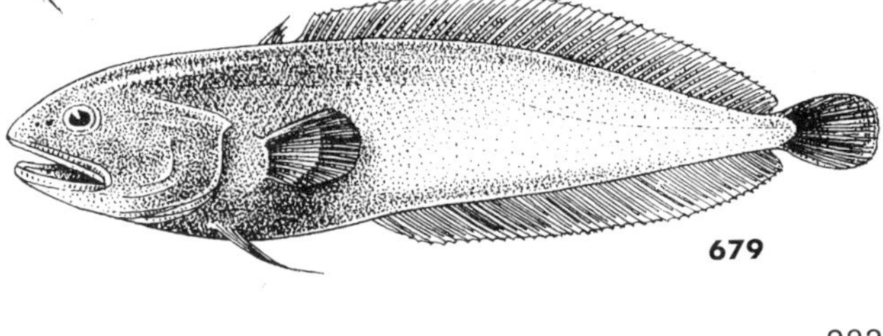

679

Barschfische Ordnung *Perciformes*

Echte Knochenfische, die gewöhnlich zwei Rückenflossen besitzen, von denen die erste meist Stachelstrahlen aufweist, während bei nur einer Rückenflosse deren vordere Hälfte stachelstrahlig ist. Die Haut trägt im allgemeinen Ctenoid- selten Cycloidschuppen; manchmal ist sie schuppenlos. Die fast immer vorhandenen Bauchflossen sind kehl- oder brustständig. Weltweit in allen Gewässern vertreten, im marinen Bereich mit sehr zahlreichen Formen, ist dies die umfangreichste Ordnung der rezenten Knochenfische. Hierher gehören viele Arten von wesentlicher fischereiwirtschaftlicher Bedeutung.

Barschartige Unterordnung *Percoidei*

Barschfische mit in der Regel stachelstrahligen Flossen, meist Ctenoidschuppen tragender Haut und gut entwickelten, nie zu einer Saugscheibe umgebildeten Bauchflossen. Von den marinen Formen dieser vorwiegend in den Gewässern der tropischen und gemäßigten Gebiete verbreiteten Gruppe leben manche pelagisch im offenen Meer, ungleich viel mehr aber im Küstenbereich, und davon zahlreiche als Grundfische, sich teils sogar eingrabend.

Meerbarsche *Serranidae*

Barschartige mit mäßig gestrecktem, von Ctenoidschuppen bedecktem Körper bei bedorntem oder bestacheltem Hauptkiemendeckel und kräftigem Schwanzstiel, in der Regel mit 1 Rückenflosse, die zumindest auf halber Länge stachelstrahlig ist, und mit gerundeter Schwanzflosse, ausnahmsweise aber auch mit 2 teils stachelstrahligen Rückenflossen und gegabelter Schwanzflosse. Vorwiegend Formen der engeren Küstenzone.

680 Großer Sägebarsch = Brauner Zackenbarsch ***Serranus gigas*** (Brünn.) = *Cerna g.* = *Epinephelus g.* = *E. guaza.*
Länge meist 70 cm bis 1 m (auch bis 1,4 m). Färbung dunkel- bis gelblichbraun mit mehr oder weniger deutlicher hellerer Fleckung oder Marmorierung. Kopf massig; Mund oberständig; Unterkiefer beschuppt und mit Fangzähnen; Oberkiefer unbeschuppt; Vorderkiemendeckel am hinteren Rand gesägt; Hauptkiemendeckel mit 3 Dornen, ohne Längsgrat. Körper hochgewölbt; 1 Rückenflosse; Schwanzflosse deutlich gerundet. – Von 10 m Tiefe an auf felsigem Grund, auch in Neptungraswiesen am Fuß zerklüfteter Klippen, meist im Bereich einer Höhle oder von tiefen Spalten; standorttreu. – Mittelmeer, Atlantik bis Biskaya als nördl. Grenze, sehr selten bis zur Kanalküste. – Als Speisefisch begehrt.
Mycteroperca rubra, der Rote Zackenbarsch des Mittelmeers, wird bei sehr ähnlicher Körperform mit etwas stärker zugespitztem Kopf nur bis 80 cm lang, ist rotbraun mit undeutlicher hellerer Marmorierung und weist an der Afterflosse 11 bis 12 Weichstrahlen auf, während die oben beschriebene Art nur deren 7 bis 9 hat.

681 Gestreifter Zackenbarsch *Epinephelus alexandrinus* (Val.) = *Plectopoma fasciatus.*
Länge bis 80 cm. Rücken braun bis braunviolett, seitlich heller, mit 4–5 mehr oder weniger deutlichen dunklen Längsstreifen, manchmal verschwommen gefleckt. Körper schlanker als bei *Serranus gigas;* Bauch gelblich; Unterkiefer deutlich vorstehend; Hauptkiemendeckel mit Dornen. Schwanzflossenrand gerade oder leicht gewölbt. – An Felsküsten, oft paarweise. – Mittelmeer, Atlantik bis Portugal als nördl. Grenze.

682 Wrackbarsch = Wrackfisch ***Polyprion americanum*** (Schm.) = *P. cernium.*
Länge meist 1 bis 1,5 m (auch bis 2 m). Färbung graubraun mit undeutlichen helleren Flecken; Flossen dunkler; jüngere Exemplare braun bis dunkelgraubraun mit weißlichen, am Bauch streifigen Flecken. Kopf massig; Mund oberständig, ohne Fangzähne; zwischen den Augen und in Stirnmitte kleine Stachelhöcker; Vorderkiemendeckel am Rand gesägt; Hauptkiemendeckel am Rand gesägt, mit bedorntem Längsgrat. Körper hochgewölbt; 1 Rückenflosse; Schwanzflosse leicht gerundet. – In tieferem Wasser auf felsigem Grund, vom Sommer bis zum Herbst küstennah, meist im Bereich einer Höhle oder von tiefen Spalten, stets einzeln lebend. Folgt im offenen Meer manchmal treibenden Schiffsplanken, losgerissenen Seetonnen usw. – Mittelmeer, Atlantik bis Kanalküste als nördl. Grenze. – Fleisch zart, sehr geschätzt.

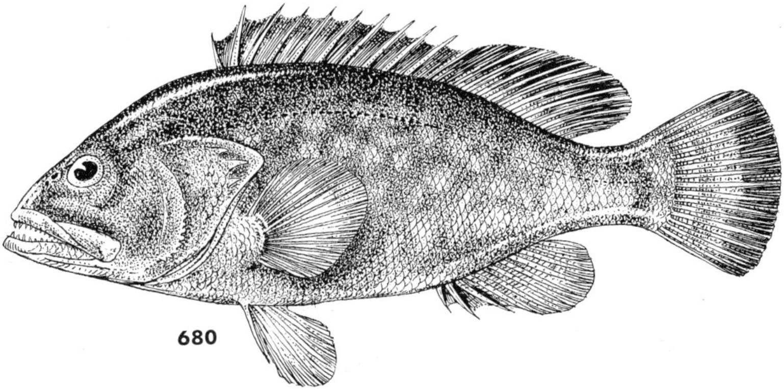

680

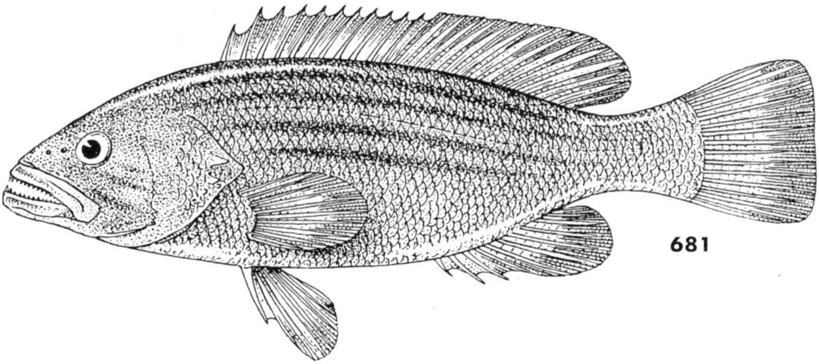

681

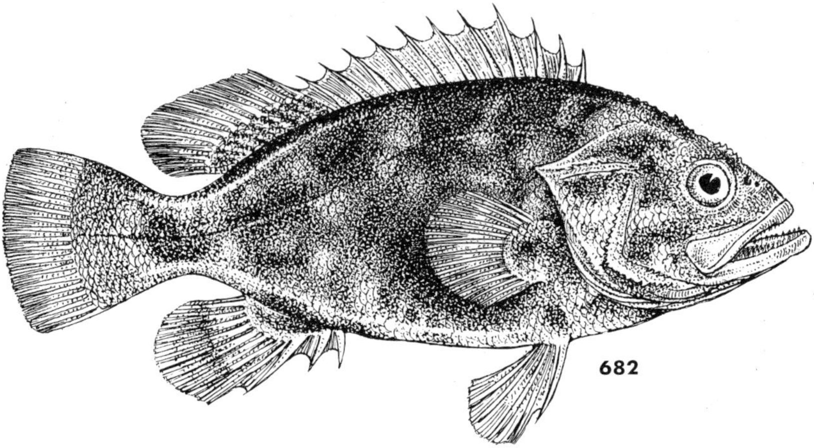

682

Barschartige

683 Blutstriemen = Kleiner Sägebarsch ***Serranellus cabrilla*** (L.) = *Serranus c.*
Länge 15 bis 25 cm. Rötlichgelb bis rötlich mit 7 bis 9 rotbraunen bis braunen Querstreifen und 2 bis 3 gelblichen Längsstreifen. Mund oberständig; Unterkiefer unbeschuppt; Vorderkiemendeckel am hinteren Rand gesägt; Hauptkiemendeckel meist mit 2 Dornen. 1 Rückenflosse; Bauchflossen hell. – Auf steinigem Grund, meist erst von 20 m Tiefe an, manchmal höher. – Mittelmeer, Atlantik bis Kanalküste als nördl. Grenze. – Fleisch gut.

684 Schriftbarsch = Buchstabenbarsch ***Serranellus scriba*** L. = *Serranus s.*
Länge 20 bis 25 cm. Gelblich bis gelblichrot mit 4 bis 7 schwärzlichen Querbändern, 1 blaßbläulichen Bauchfleck sowie charakteristischen blauen und gelbrötlichen schriftähnlichen Arabesken auf Schnauze und Kopfseiten. Mund oberständig; Unterkiefer unbeschuppt; Vorderkiemendeckel am hinteren Rand gesägt; Hauptkiemendeckel meist mit 2 Dornen. 1 Rückenflosse; Bauchflossen braun. – Auf algenbewachsenem Fels- und Sandgrund vom Seichtwasser an. – Mittelmeer, Atlantik bis Biskaya als nördl. Grenze. – Fleisch eher mäßig.

685 Beutelbarsch *Serranellus hepatus* L. = *Paracentropristis h.*
Länge 10 bis 13 cm. Gelblich oder rötlichgrau mit 3 bis 5 dunklen, vorne oft undeutlichen Querbändern und mit schwarzem Fleck auf der Rückenflosse hinter dem letzten Stachelstrahl. Mund oberständig; Vorderkiemendeckel auf ganzer Randlänge gesägt; Hauptkiemendeckel meist mit 2 Dornen; Bauchflossen dunkel. – Auf Schlamm-, Sand- und Felsgrund von 5 m Tiefe an. – Mittelmeer, Atlantik bis Portugal als nördl. Grenze. – Nur als Suppenfisch geeignet.

686 Seebarsch = Wolfsbarsch ***Morone labrax*** (L.) = *Roccus l.* = *Dicentrarchus l.* = *Labrax lupus.*
Länge meist 40 bis 80 cm (auch bis 1 m). Rücken grau bis dunkelgrau; Seiten silbrig; Bauch schimmernd weiß; Kiemendeckel mit 1 braunen Fleck (jüngere Exemplare und Rogner sind schwarz gesprenkelt). Kopf vollständig beschuppt; Mund oberständig; Vorderkiemendeckel gesägt, am unteren Rand bedornt; Hauptkiemendeckel mit 2 Dornen. Körper gestreckt; 2 Rückenflossen, die erste stachelstrahlig, die zweite in knappem Abstand, mit 1 Stachelstrahl beginnend; Schwanzflosse gegabelt. – Meist in Gruppen, vorzugsweise über algenbewachsenem Sandgrund vom Flachwasser an, auch in fließendem und stehendem Brackwasser (Flußmündungen, Lagunen). – Mittelmeer, Atlantik, Nordsee, westl. Ostsee. – Als Speisefisch sehr geschätzt.

687 Rötling = Roter Fahnenbarsch ***Anthias anthias*** (L.) = *A. sacer.*
Länge 15 bis 24 cm. Rücken rot bis braunrot; Seiten rötlich mit goldenem Schimmer; Bauch hellrosig; Kopfseiten mit 3 gelben Streifen. Hauptkiemendeckel mit 2 bis 3 Dornen. 1 Rückenflosse mit lang ausgezogenem 3. Stachelstrahl; Schwanzflosse sichelförmig, tief ausgeschnitten, mit länger ausgezogener unterer Fahne; Bauchflosse lang, hinter den Ansatz der Afterflosse reichend. – Vorzugsweise in lichtarmen Stellen der Felsküsten, in Höhlen und Spalten, von geringer Tiefe an. – Mittelmeer, Atlantik bis Biskaya als nördl. Grenze.
Ähnlich ist ***Callanthias ruber*** des Mittelmeers, bis 27 cm lang, mit schlankerem Körper, am Rücken rot, an den Seiten und am Bauch rötlichgelb bis gelb, mit roter, gelb gefleckter, gleichmäßig von vorne nach hinten ansteigender Rückenflosse ohne verlängerten Stachelstrahl, und mit normallangen blaßgelblichen Bauchflossen.

Kardinalfische *Apogonidae*

Besonders in tropischen Gewässern vorkommende maulbrütende Barschartige mit großen Augen und 2 annähernd gleich langen Rückenflossen, deren 1. stachelstrahlig und niedriger ist, die 2. weichstrahlig und höher.

688 Meerbarbenkönig *Apogon imberbis* (L.) = *A. rex-mullorum.*
Länge 10 bis 15 cm. Leuchtend orangerot mit schwarzen Sprenkeln. Hauptkiemendeckel auf ganzer Randlänge gesägt. – Im Sommer küstennah von etwa 10 m Tiefe an, vorzugsweise an zerklüfteten Felswänden, in Höhlen und Spalten; während der übrigen Jahreszeit in größeren Tiefen. – Mittelmeer. – Der abgelegte Laich wird sowohl vom Weibchen wie vom Männchen in die Mundhöhle aufgenommen und ausgetragen.

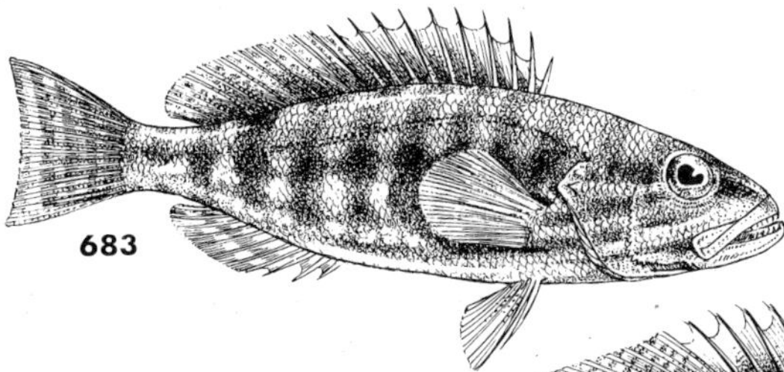

683

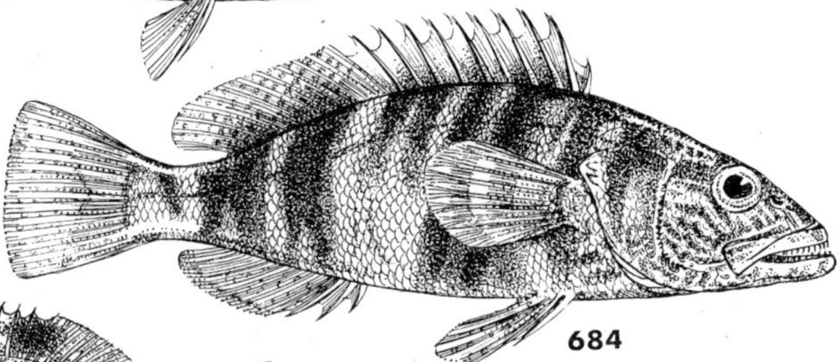

684

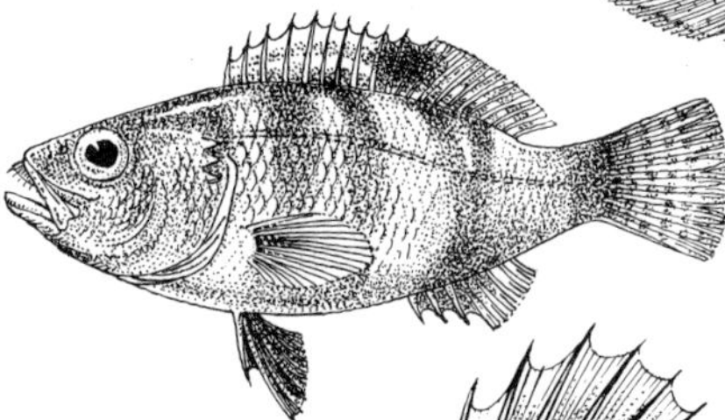

685

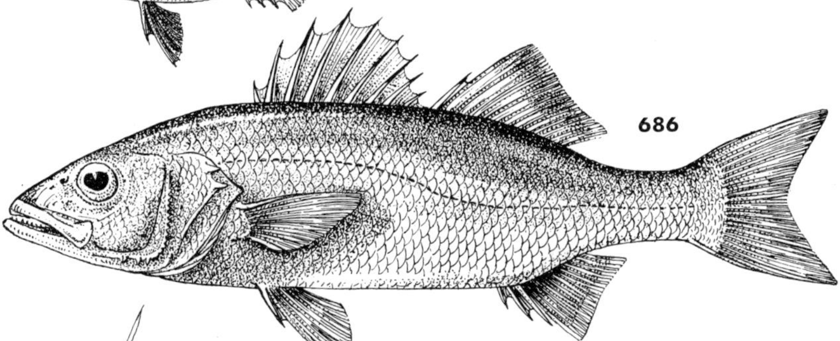

686

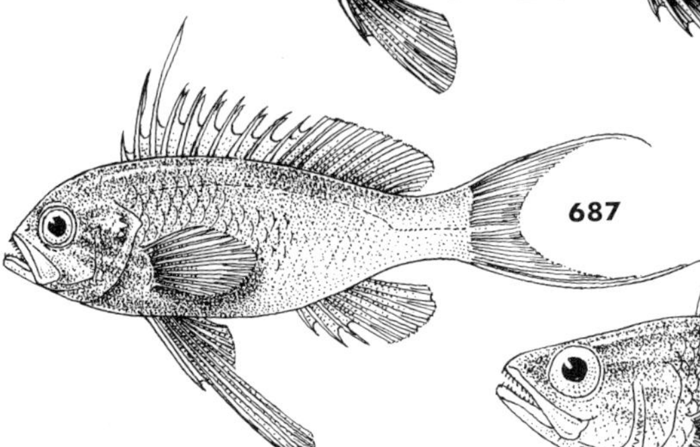

687

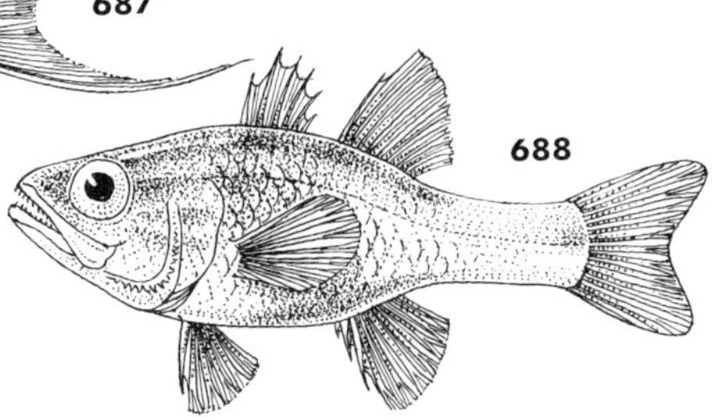

688

Barschartige

Stachelmakrelen *Carangidae*

Barschartige mit gestrecktem, meist seitlich zusammengedrücktem Körper bei schmalem Schwanzstiel, gekennzeichnet durch 2 vor der Afterflosse stehende Stacheln, oft mit längs der Seitenlinie gekielten Schuppen. Eine rein marine, besonders in tropischen und subtropischen Gewässern verbreitete Gruppe, deren Vertreter vorwiegend pelagisch im offenen Meer leben und teils in Schwärmen weitere Wanderungen unternehmen.

689 Stöcker = Bastardmakrele ***Trachurus trachurus*** (L.) = *Caranx t.* = *T. linnaei.*
Länge meist 20 bis 40 cm (auch bis 50 cm). Rücken grau- bis blaugrün; Seiten und Bauch silbrig; Kiemendeckel mit schwarzem Fleck. Körper sehr feinschuppig, aber mit breitem Streifen scharfer, gekielter Platten längs der Seitenlinie. 1. Rückenflosse kürzer und etwas höher als die 2., mit durch ein dünnes Häutchen verbundenen Stachelstrahlen, von denen der erste nach vorne gerichtet ist; Schwanzstiel seitlich gekielt; Schwanzflosse gegabelt. – Erwachsene von 10 m Tiefe an im offenen Meer; jüngere Exemplare in Oberflächennähe auch im Küstenbereich; Jungfische manchmal unter den Schirmen größerer Quallen. – Mittelmeer, Atlantik, Nordsee, westl. Ostsee. – Billiger Speisefisch; wird vor allem frisch verbraucht, aber auch mariniert.
Trachurus mediterraneus, der Mittelmeer-Stöcker, unterscheidet sich von der oben beschriebenen Art lediglich dadurch, daß der Streifen gekielter Platten längs der Seitenlinie schmaler ist, in seiner Breite höchstens dem Augendurchmesser entsprechend.

690 Seriolafisch = Bernsteinmakrele ***Seriola dumerili*** (Risso).
Länge meist 40 bis 80 cm (auch bis 1 m). Rücken bräunlich-graublau bis silbergrau; Seiten silbrig mit gelblichem Schimmer; Bauch silbrig. Körper sehr feinschuppig; Seitenlinie ohne Kielschuppen. 1. Rückenflosse kurz, niedriger als die 2., mit durch ein dünnes Häutchen verbundenen Stachelstrahlen, von denen der erste nach vorne gerichtet ist; Schwanzstiel ungekielt; Schwanzflosse tief gegabelt. – Vorzugsweise über felsigem Grund von mittleren Tiefen an. – Mittelmeer. – Fleisch schmackhaft, sehr geschätzt.
Ähnlich ist eine im Mittelmeer nicht seltene, vor allem aber im tropischen und subtropischen Atlantik vorkommende Art aus der nahe verwandten Familie der Blaubarsche *(Pomatomidae):* ***Pomatomus saltator,*** der Blaubarsch, auch Schnapper genannt, 40 bis 90 cm lang, rückenseits grünlichdunkelblau, an den Seiten und am Bauch silbrig weiß, mit deutlich sichtbaren Schuppen, kurzer stachelstrahliger 1. Rückenflosse, deren erster Strahl nicht nach vorne gerichtet ist, sowie mit einer 2. Rükkenflosse, deren Länge mit jener der darunter stehenden Afterflosse übereinstimmt, während der Schwanzstiel kräftiger ist.

691 Bläuel *Lichia glauca* (L.) = *Trachinotus glaucus.*
Länge bis 40 cm. Rücken bläulichgrau mit gelblichem Schimmer; Seiten silbrig, manchmal undeutlich dunkler gefleckt oder quergestreift; Bauch silbrig. Mundspalte kurz, nicht bis unter die Augen reichend. Körper sehr feinschuppig; Seitenlinie ohne Kielschuppen, mit einfacher Krümmung hinter den Brustflossen. 1. Rückenflosse mit sehr kurzen Stacheln, von denen die erste nach vorne gerichtet ist und die nicht untereinander verbunden, sondern mit kleinen Einzelhäutchen versehen sind; Schwanzstiel ungekielt; Schwanzflosse tief gegabelt. – Vom Frühjahr bis Spätsommer in Küstennähe, vorzugsweise an Felsküsten über tieferem Wasser. – Mittelmeer, Atlantik bis Kanalküste als nördl. Grenze. – Ausgezeichneter Speisefisch mit schmackhaftem Fleisch.
L. vadigo, der Lizzafisch des Mittelmeers, wird 40 bis 65 cm lang und hat eine bläuliche, beidseits wellig abgegrenzte Rückenfärbung, während Seiten und Bauch silbrig weiß sind.

692 Große Gabelmakrele *Lichia amia* (L.).
Länge bis 100 cm. Rücken bläulich, grünlich oder gräulich; Seiten und Bauch silbrig; Flossen und Seitenlinie dunkel. Mundspalte lang, bis zum hinteren Augenrand reichend. Körper hochrückig, seitlich abgeflacht, mit wellenförmiger Seitenlinie. 1. Rückenflosse aus 7 kleinen freien Stacheln mit hinterer Flossenhaut und nach vorne gerichtetem 1. Stachel; 2. Rückenflosse und Afterflosse formähnlich; Schwanzflosse tief gegabelt. – Nur gelegentlich in Küstennähe zu beobachten. – Mittelmeer, Atlantik bis Portugal als nördl. Grenze.

693 Lotsenfisch = Pilotfisch ***Naucrates ductor*** (L.).
Länge meist 20 bis 35 cm (auch bis 70 cm). Bläulichgrau mit 5 bis 7 breiten dunkelblauen Querbinden. Körper spindelförmig, seitlich nicht zusammengedrückt; Seitenlinie ohne Kielschuppen; Schwanzstiel seitlich gekielt. 1. Rückenflosse stark zurückgebildet, nur mit ganz kurzen Stacheln; 2. Rückenflosse wenig länger als die darunter stehende Afterflosse; Schwanzflosse gegabelt. – Im offenen Meer lebender und weite Wanderungen unternehmender Raubfisch; begleitet große Haie, Flügelrochen usw., sowie Schiffe. – Mittelmeer, Atlantik bis Südengland als nördl. Grenze.

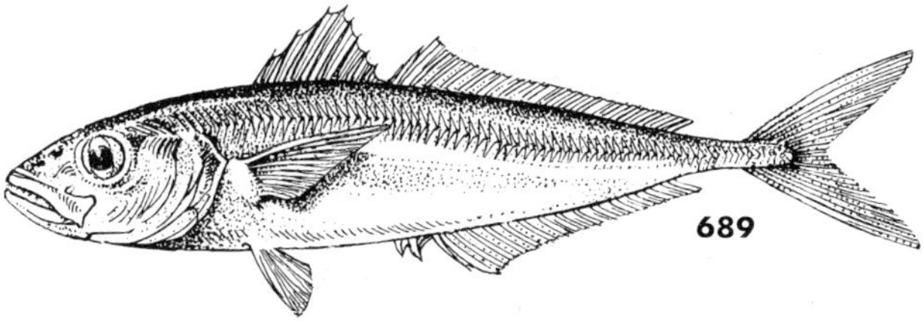

689

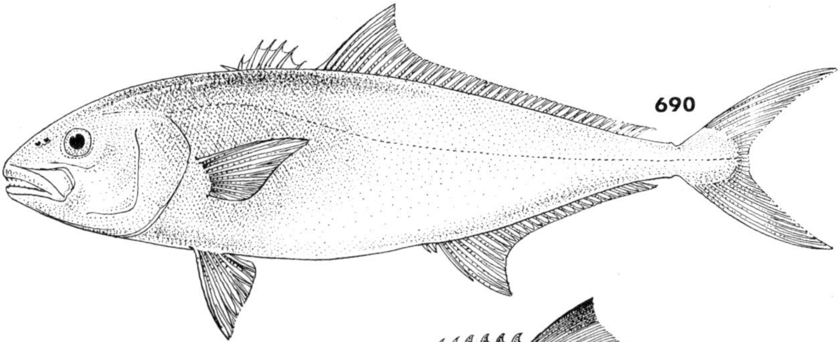

690

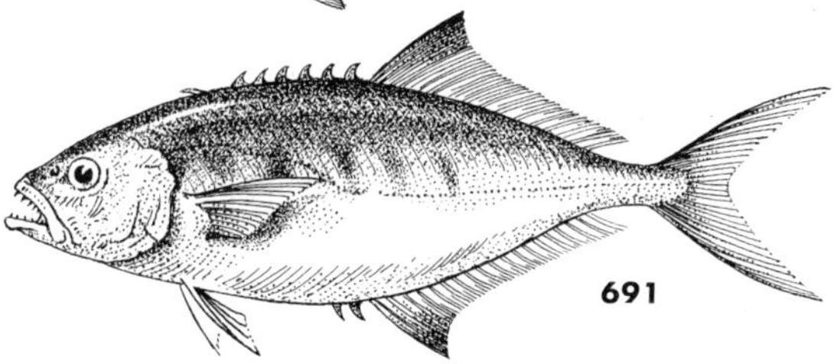

691

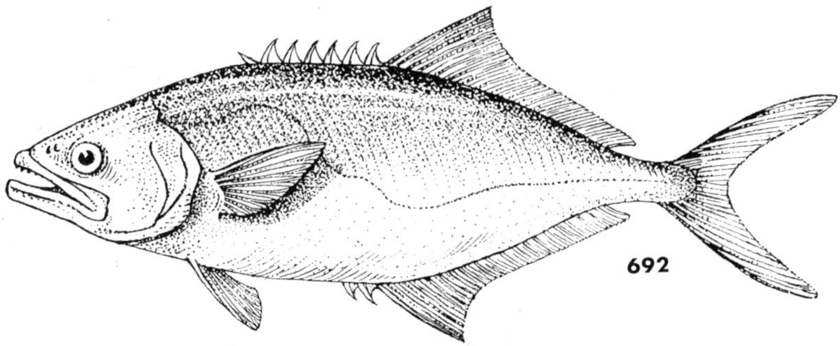

692

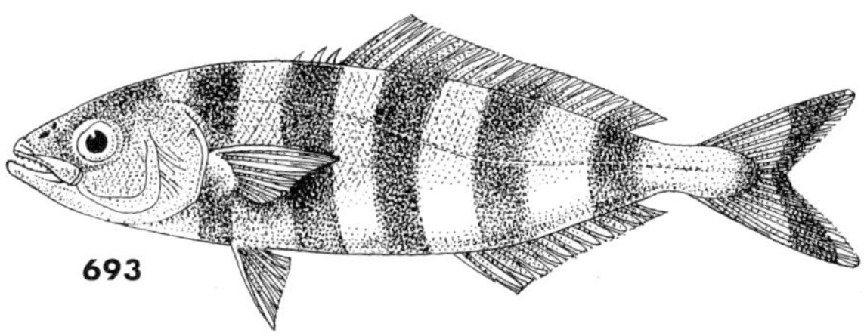

693

Barschartige

694 Goldmakrele *Coryphaena hippurus* (L.).
Länge bis 100 cm, selten größer. Rücken grünblau, Seiten gold- oder silberschimmernd, dunkel und goldig gefleckt. Körper langgestreckt, seitlich abgeflacht; Kopf vorne steil abgerundet, bei erwachsenen Männchen fast senkrecht; Unterkiefer leicht vorragend: Seitenlinie über der Brustflosse gebogen; Rückenflosse vom Kopf über den ganzen Rücken reichend, Afterflosse etwa halb so lang, Schwanzflosse tief gegabelt. – Im offenen Meer in den oberen Wasserschichten, oft bei Treibgut oder in Bootsnähe zu beobachten. – Geschätzter Speisefisch. – Mittelmeer.

Bandfische *Cepolidae*

Barschartige, die ausnahmsweise keine Stachelstrahlen haben und Cycloidschuppen tragen, gekennzeichnet durch einen stark gestreckten, seitlich zusammengedrückten Körper, wobei Rücken- und Afterflosse sehr lang und mit der Schwanzflosse verschmolzen sind.

695 Roter Bandfisch *Cepola rubescens* L.
Länge 30 bis 50 cm. Rücken und Seiten rötlich mit hellbräunlicher Tönung; Bauch gelblich; Rückenflosse gelblichrot; Brustflossen rosig. Kopf kurz, mit oberständigem Mund und großen Augen. Körper mit sehr kleinen Schuppen bedeckt, nach hinten spitz zulaufend, mit schmaler Schwanzflosse; Bauchflossen leicht kehlständig. – Lebt küstennah in tieferem Wasser über schlammigem Sandgrund, vorzugsweise im Bereich von See- und Neptungraswiesen. – Mittelmeer, Atlantik bis Kanalküste als nördl. Grenze. – Gerät oft in Schleppnetze, ist aber als Speisefisch wertlos.

Umberfische *Sciaenidae*

Barschartige mit kräftigem, seitlich zusammengedrücktem Körper bei ziemlich breitem Schwanzstiel, 2 Rückenflossen tragend, von denen die 1. verhältnismäßig kurz ist, die 2. lang und von gleichmäßiger Höhe, im übrigen mit in der Regel gerundeter Schwanzflosse, kurzer Afterflosse und brustständigen Bauchflossen. Vorwiegend in den wärmeren Meeren vertreten und besonders im pazifischen Bereich von großer fischereiwirtschaftlicher Bedeutung, umfaßt diese Gruppe viele Arten, die sich durch die Fähigkeit auszeichnen, mit Hilfe ihrer verzweigten Schwimmblasen-Anhänge und deren Muskulatur recht starke Brumm-, Grunz- oder Trommellaute hervorzubringen.

696 Schattenfisch = Umber ***Sciaena cirrhosa*** L. = *Umbrina c.*
Länge 40 bis 70 cm. Färbung silbrig hellgrau bei etwas dunklerem Rücken und weißem Bauch, mit zahlreichen schräg von unten nach oben verlaufenden, bräunlich fein gesäumten, goldgelben Wellenstreifen. Mund unterständig; an der Kinnspitze 1 kurzer, dicker Bartfaden; Hauptkiemendeckel am hinteren Rand schwarz gesäumt; 2. Rückenflosse mit 22 bis 23 Weichstrahlen. – In Küstennähe bei mittleren Tiefen, vorzugsweise über schlammigem und sandigem Grund, auch in Flußmündungen. – Mittelmeer, Atlantik bis Biskaya als nördl. Grenze. – Als Speisefisch sehr geschätzt.
S. lafonti = *Umbrina l.* des gleichen Gebiets wird nur 35 bis 40 cm lang und unterscheidet sich von der oben beschriebenen Art durch die gräuliche Färbung mit schwarzen Sprenkeln und bräunlichen Wellenstreifen sowie durch die 2. Rückenflosse mit 27 bis 29 Weichstrahlen.

697 Adlerfisch = Seeadler ***Johnius hololepidotus*** (Lac.) = *Sciaena aquila.*
Länge 50 cm bis 1,2 m (auch bis 2 m). Rücken grau; Seiten silbrig grau; Bauch weiß; Flossen rötlich. Kinnspitze ohne Bartfaden. 2. Rückenflosse mit 26 bis 28 Weichstrahlen; 2. Hartstrahl der Afterflosse stark rückgebildet, nicht von den Weichstrahlen zu unterscheiden. – Pelagisch lebender Raubfisch, manchmal oberflächennah, meist jedoch in tieferem Wasser, oft im Gefolge der Schwarmfische (Heringe, Sardinen u. a.), von denen er sich ernährt; jüngere Exemplare im Sommer oft in Küstennähe in mittleren Tiefen über felsigem Grund. – Mittelmeer, Atlantik bis Kanalküste als nördl. Grenze.

698 Rabenfisch = Meerrabe ***Johnius umbra*** (L.) = *Sciaena u.*
Länge 30 bis 70 cm. Rücken gräulichbraun mit grünlichgelbem Schimmer, Seiten silbrig gelb, Bauch silbrig. Flossen braun bis schwarz mit weißen vorderen Strahlen der Bauchflossen und Afterflosse; 2. Hartstrahl der Afterflosse kräftig. Schwanzflosse bei erwachsenen Exemplaren gerade abgeschnitten, bei Jungtieren leicht eingeschnitten. – In Seegraswiesen und über zerklüftetem Felsgrund von 5 m Tiefe an. – Mittelmeer, Atlantik bis Biskaya als nördl. Grenze.
Adlerfisch und Rabenfisch sind begehrte Speisefische mit schmackhaftem Fleisch.

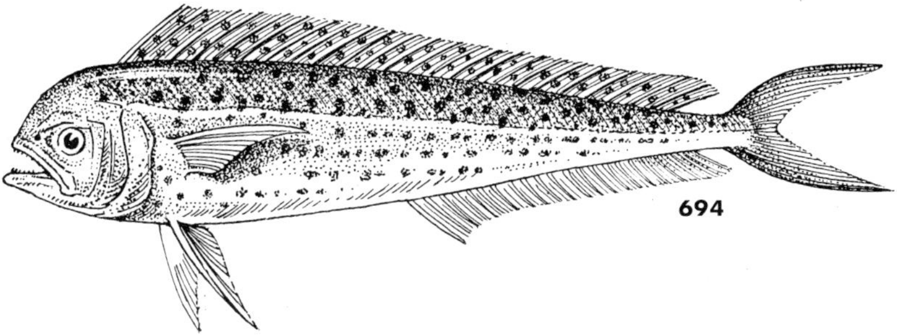

694

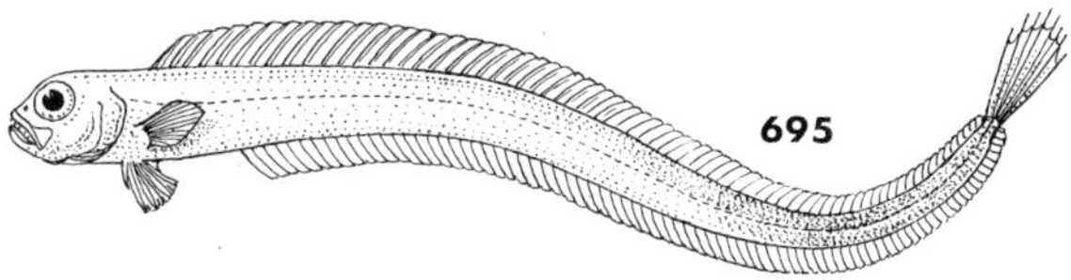

695

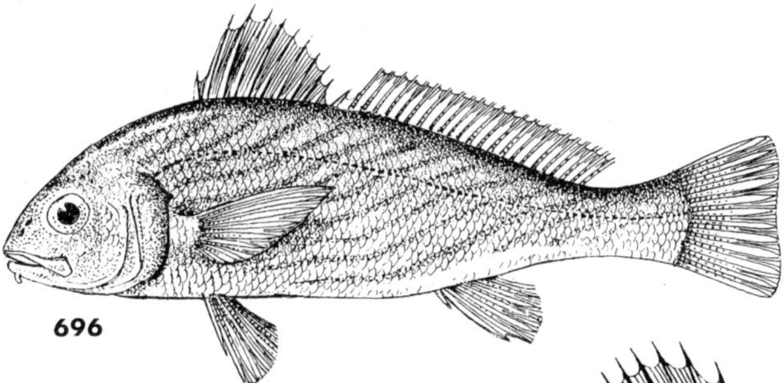

696

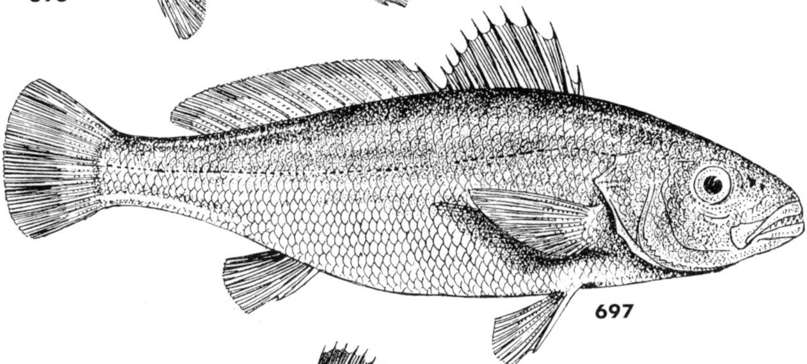

697

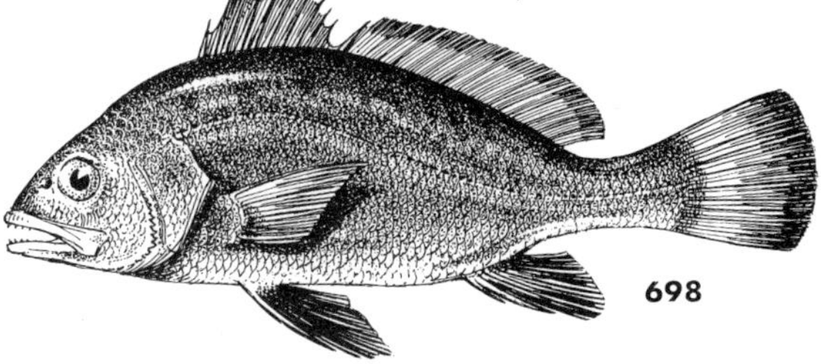

698

Barschartige

699 Trommler *Pogonias fasciatus* (L.) = *Larimus f.*
Länge bis 30 cm. Rücken graugrün, Seiten bronzefarben mit Goldschimmer und 7–9 dunklen Querbändern, Bauch silbrig, Flossen dunkel, manchmal fast schwarz, samtig. 4–6 häutige kurze Bartfäden am Kinn. – Als Einzelgänger über Felsgrund und Seegraswiesen sowie in Höhlen von 10 m Tiefe an. – Mittelmeer (selten), als Irrgast von der afrikanischen Atlantikküste.

Meerbarben *Mullidae*

Bodenlebende Barschartige mit seitlich wenig zusammengedrücktem, von großen Schuppen bedecktem Körper bei steil ansteigendem Kopf mit 2 gut ausgebildeten Bartfäden am Kinn, kleinem endständigem Mund, hoch an den Stirnseiten sitzenden Augen, und mit 2 verhältnismäßig kurzen, klar getrennten Rückenflossen, gegabelter Schwanzflosse und brustständigen Bauchflossen.

700 Rotbarbe = Rote Meerbarbe ***Mullus barbatus*** L.
Länge 15 bis 30 cm. Rücken braunrot mit grünlichem Schimmer (tot bräunlichrot bis rot); Seiten silbrig weiß mit undeutlichen blaßgelben Längsstreifen; Bauch silbrig weiß. Stirnlinie sehr steil; 1. Rückenflosse farblos. – Vom Herbst bis Frühjahr in größerer Tiefe, im Sommer vom Flachwasser an auf schlammig-sandigem Grund, oft am Rand von See- und Neptungraswiesen. – Mittelmeer, Atlantik bis Biskaya als nördl. Grenze. – Sehr geschätzter Speisefisch mit zartem, wohlschmeckendem Fleisch. Wird mit Grundschleppnetzen gefangen und kommt vor allem an der Mittelmeerküste oft in größeren Mengen auf den Markt.
Bei Feinschmeckern noch beliebter ist ***Mullus surmuletus,*** die im gleichen Gebiet, aber auch bis zur Kanalküste vorkommende, selten in die Nordsee vordringende Streifenbarbe, bei gleicher Länge (selten bis 40 cm lang), von der oben beschriebenen Art durch die weniger steile Stirnlinie, die etwas stärkere Rottönung der Körperfärbung und 3 bis 4 deutliche gelbe Längsstreifen, vor allem aber durch die dunkle Zeichnung der 1. Rückenflosse unterschieden, im Sommer an felsigen Küsten auf sandigem Grund nicht selten, meist aber in größeren Tiefen als die Rotbarbe. Von fischereiwirtschaftlicher Bedeutung ist die Streifenbarbe vor allem an der Atlantikküste. Ihr Fleisch ist besonders delikat.

Meerbrassen *Sparidae*

Barschartige mit seitlich stark zusammengedrücktem Körper bei rundlich-ovalem bis elliptischem Umriß, mit 1 langen, je zur Hälfte stachelstrahligen und weichstrahligen Rückenflosse, gewöhnlich endständigem Mund, unbedornten Kiemendeckeln, brustständigen Bauchflossen und gegabelter Schwanzflosse. Die Bezahnung ist meist aus verschiedenen Zahntypen (Schneide-, Mahl-, Reißzähne) zusammengesetzt. Zwittertum ist in dieser Gruppe häufig, wobei je nach Gattung einer männlichen Lebensphase eine weibliche folgt oder umgekehrt einer weiblichen eine männliche. Innerhalb ihres Verbreitungsgebiets, das vorwiegend die Litoralzone der subtropischen Gewässer umfaßt, haben viele Meerbrassen eine gewisse fischereiwirtschaftliche Bedeutung, und sie gehören zu den Fischen, denen man als Sporttaucher an den mediterranen Küsten, im Atlantik jedenfalls bis zur Biskaya, am häufigsten begegnet. Sie halten sich stets dem Grund näher als der Oberfläche, größere Exemplare tiefer als kleine, und sind gewöhnlich recht standortstreu, meist gesellig, so daß die Beobachtung eines einzelnen Exemplars zur Entdeckung eines ganzen Trupps führen kann.

701 Ringelbrassen *Diplodus annularis* (L.) = *Sargus a.*
Länge meist 10 bis 15 cm (auch bis 18 cm), Rücken golden-braungelb; Seiten bräunlich-silbern mit goldenem Schimmer und undeutlichen dunklen Querstreifen; Bauch silbrig; Bauchflossen gelb; auf dem Schwanzrücken hinter den letzten Strahlen von Rücken- und Afterflosse 1 schwarzer Halbring. Stirnlinie gleichmäßig. Kiefer mit gerade stehenden Schneidezähnen sowie mit Mahlzähnen. – Vom Seichtwasser an, vorzugsweise über felsigem, algenbewachsenem Grund. – Mittelmeer. – Speisefisch minderer Güte.

702 Großer Geißbrassen = Bindenbrasse ***Diplodus sargus*** (L.) = *Sargus s.* = *Sargus rondeleti.*
Länge meist 20 bis 35 cm (auch bis 45 cm). Rücken golden-gelbbraun; Seiten bräunlich-silbern mit goldenem Schimmer und 7 bis 8 deutlichen dunklen Querbinden; Bauch silbrig; Bauchflossen schwärzlich; Ansatz der Brustflossen schwärzlich; auf dem Schwanzrücken hinter den letzten Strahlen von Rücken- und Afterflosse 1 schwarzer Halbring; Schwanzflosse am Hinterrand dunkel gesäumt. Stirnlinie gleichmäßig. Kiefer mit schrägstehenden Schneidezähnen sowie mit Mahlzähnen. – An Felsküsten vom Seichtwasser an, vorzugsweise über algenbewachsenem Grund. – Mittelmeer, Atlantik bis Biskaya als nördl. Grenze. – Unter den Meerbrassen eine der als Speisefisch meistgeschätzten Arten.

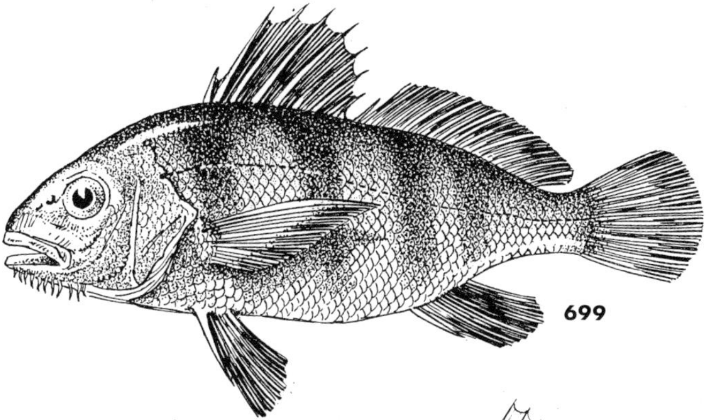

699

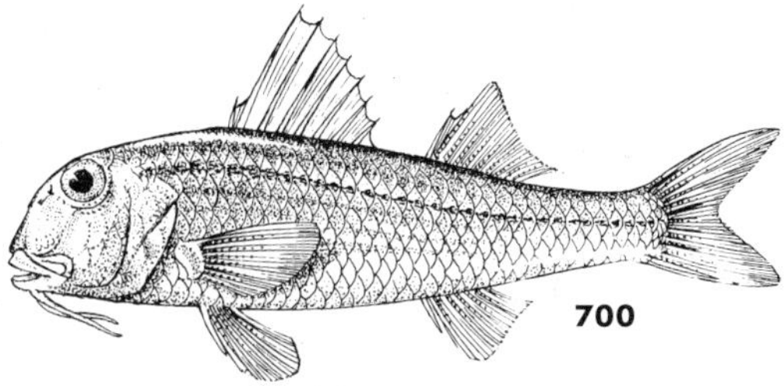

700

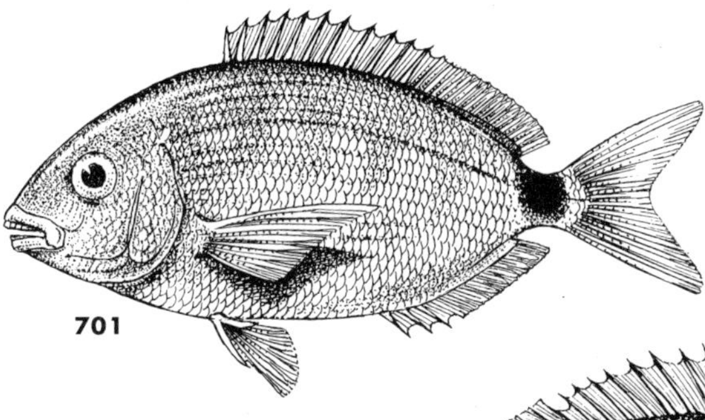

701

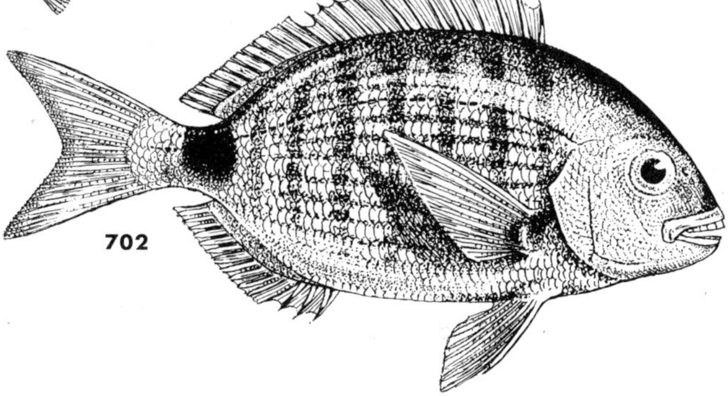

702

Barschartige

703 Gemeiner Geißbrassen = Zweibindenbrasse ***Diplodus vulgaris*** Geofr. = *Sargus v.*
Länge meist 15 bis 30 cm (auch bis 40 cm). Rücken golden-braungelb; Seiten gelblich-silbern mit 15 bis 16 goldgelben Längslinien, vor dem 1. Stachelstrahl der Rückenflosse 1 schwarze Sattelbinde, vor dem Schwanzstiel 1 breite, das Ende von Rücken- und Afterflosse einbeziehende Ringbinde. Stirnlinie fast gleichmäßig, etwas über Augenhöhe ganz leicht eingebuchtet. Kiefer mit schrägstehenden Schneidezähnen sowie mit Mahlzähnen. – An felsigen Küsten vom Seichtwasser an, vorzugsweise über algenbewachsenem Grund; auch an Flußmündungen. – Mittelmeer. – Geschätzter Speisefisch.

704 Spitzbrassen *Charax puntazzo* (L.) = *Puntazzo p.*
Länge meist 12 bis 25 cm (auch bis 40 cm). Silbergrau mit 7 bis 9 schwärzlichen Querbändern, manchmal mit 8 bis 10 sehr schwachen goldgelben Längslinien; auf dem Schwanzrücken hinter den letzten Strahlen von Rücken- und Afterflosse 1 schwarzer Halbring. Kopf mit zugespitzter Schnauze und auf Augenhöhe deutlich eingebuchteter Stirnlinie. Kiefer mit schrägstehenden Schneidezähnen sowie mit Mahlzähnen. – An felsigen Küsten vom Seichtwasser an, vorzugsweise über algenbewachsenem Gestein und über Sandgrund zwischen Neptungraswiesen. – Mittelmeer, Atlantik bis Biskaya als nördl. Grenze. – Sehr geschätzter Speisefisch.

705 Sackbrasse *Pagrus pagrus* (L.) = *P. vulgaris.*
Länge meist 30 bis 50 cm (auch bis 70 cm). Rücken rot bis gelbrötlich; Seiten rosigsilbern, manchmal leicht fleckig; Bauch silbrig weiß; Flossen rosig. Stirnlinie steil ansteigend. Kiefer mit kegelförmigen Fangzähnen sowie mit Mahlzähnen. – Von 10 bis 15 m Tiefe an, vorzugsweise über schlammig-sandigem Grund. – Mittelmeer, Atlantik bis Biskaya als nördl. Grenze. – Geschätzter Speisefisch mit schmackhaftem Fleisch.

706 Scharfzähner *Pagellus centrodontus* Delar.
Länge meist 30 bis 50 cm (auch bis 60 cm). Rücken schimmernd rötlichgraubraun bei dunklerem Kopf; Seiten silbrig-grau mit einem größeren oder mehreren kleinen schwärzlichen Flecken am Anfang der Seitenlinie; Bauch silbrig hellrosa bis weiß; Rücken- und Afterflosse bräunlich; Brustflossen und Schwanzflosse rötlich; Bauchflossen weißlichgrau. Stirnlinie fast gleichmäßig, etwas über Augenhöhe leicht eingebuchtet. Augen groß. Kiefer mit Bürstenzähnen und Mahlzähnen. – Im Sommer küstennah, aber meist in größeren Tiefen über Fels- und Sandgrund. – Mittelmeer, Atlantik, (selten) Nordsee. – Sehr geschätzter Speisefisch; wird vor allem an der Atlantikküste in größeren Mengen gefangen. Kommt in Frankreich manchmal unter der Bezeichnung «Dorade commune» auf den Markt.

707 Kleiner Rotbrassen *Pagellus erythrinus* (L.).
Länge meist 20 bis 40 cm (auch bis 60 cm). Rötlich bis rosigsilbern mit bläulichem Schimmer; Kiemendeckel meist rot gesäumt. Stirnlinie gleichmäßig. Kiefer mit Bürstenzähnen und Mahlzähnen. Brustflossen lang, bis hinter den Ansatz der Afterflosse reichend. – Vom Flachwasser an, vorzugsweise über sandigem Grund. – Mittelmeer, Atlantik bis Biskaya als nördl. Grenze. – Als Speisefisch sehr geschätzt.

708 Marmorbrassen *Pagellus mormyrus* (L.) = *Lithognathus m.*
Länge meist 20 bis 30 cm (auch bis 40 cm). Grausilbrig bei etwas dunklerer Rückenfärbung, mit 10 bis 12 schwärzlichen Querbändern. Stirnlinie fast gleichmäßig, etwas über Augenhöhe ganz leicht eingebuchtet. Kiefer mit Bürstenzähnen und Mahlzähnen. Brustflossen normallang. – Vom Seichtwasser an, vorzugsweise über Sandgrund. – Mittelmeer, Atlantik bis Gironde-Mündung als nördl. Grenze. – Fleisch sehr mäßig.

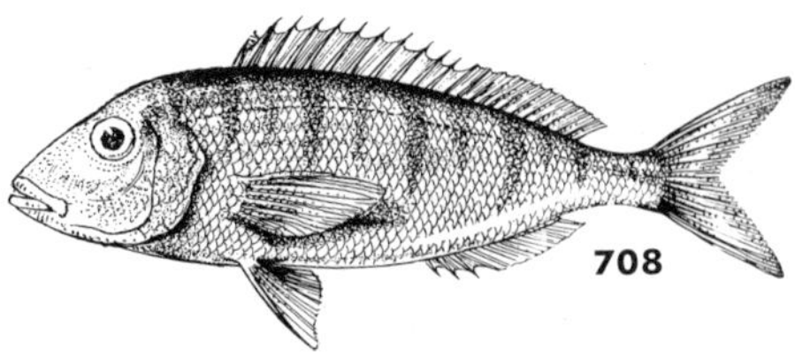

708

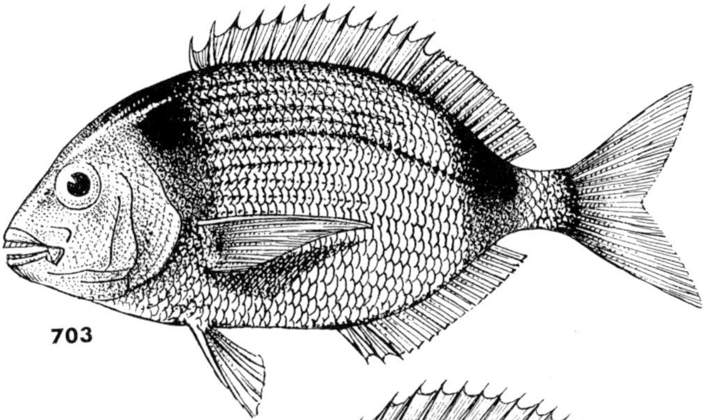

703

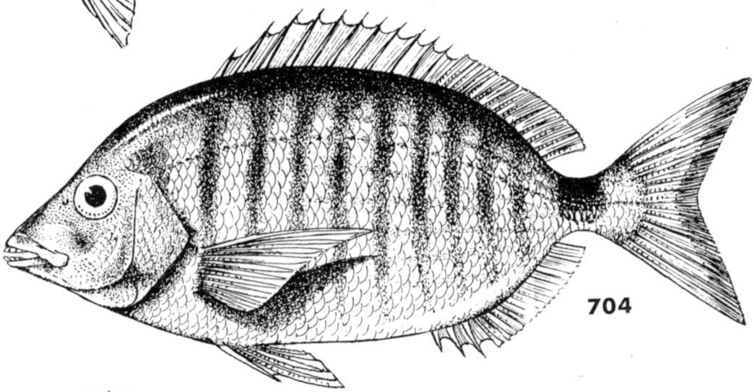

704

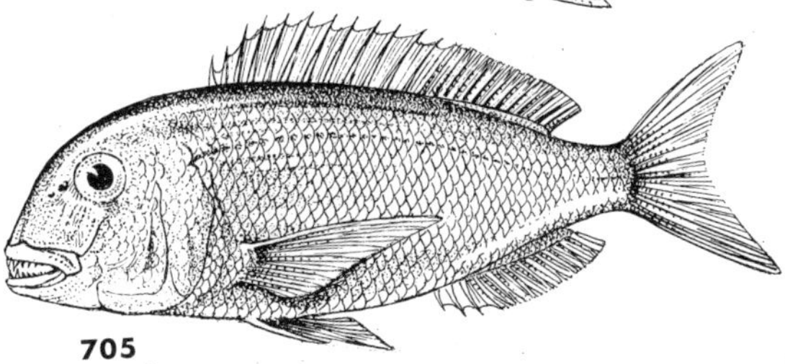

705

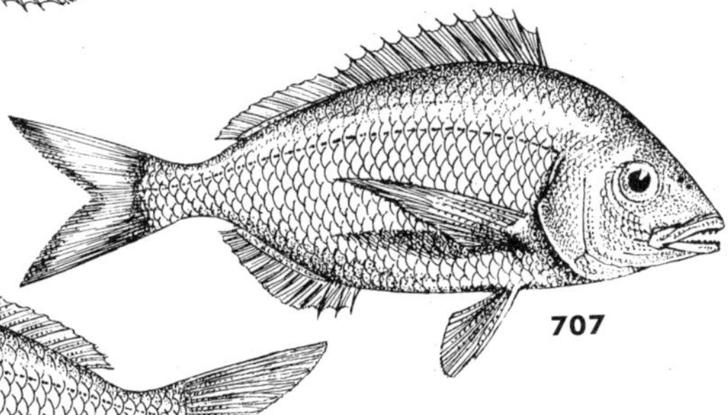

707

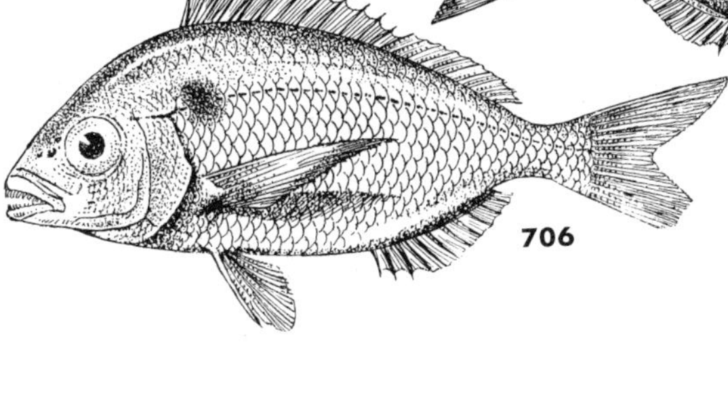

706

709 Achselfleckbrassen = Pagel ***Pagellus acarne*** Risso.
Länge meist 25, auch bis 35 cm. Rücken hellrötlich, Seiten rosigsilbrig, Brustflossenbasis mit schwarzem Fleck. Körper gestreckt; Kopf mit leicht konvexem Stirnprofil, stumpfer Schnauze, gelboranger bis oranger Mundhöhle; 2. Stachelstrahl der Rückenflosse höher als 1. – An felsigen Küsten über Sandgrund, von 15–20 m Tiefe an, oft truppweise. – Mittelmeer, Atlantik bis Biskaya als nördl. Grenze.

710 Goldbrassen *Sparus auratus* (L.) = *Pagrus a.* = *Chrysophrys a.*
Länge meist 30 bis 50 cm (auch bis 60 cm). Rücken bläulichgolden bis schimmernd olivgrün; Seiten graugelb mit goldenem Schimmer; Bauch silbrig weiß; auf Augenhöhe 1 goldglänzender Stirnfleck; 1 undeutlicher Goldfleck auf den Kiemendeckeln; 1 dunkler Fleck am oberen Ende der Kiemenspalten. Stirnlinie ziemlich steil ansteigend. Kiefer mit kleinen Fangzähnen sowie mit Mahlzähnen. – Vom Flachwasser an, vorzugsweise an felsigen Küsten über algenbewachsenem Sandgrund und im Bereich von Seegraswiesen. – Mittelmeer, Atlantik bis Kanalküste als nördl. Grenze. – Besonders geschätzter Speisefisch.

711 Zahnbrassen *Dentex dentex* (L.) = *D. vulgaris.*
Länge meist 30 bis 70 cm (auch bis 1 m). Rücken graublau; Seiten und Bauch silbrig weiß mit leicht rötlichem Schimmer und mit blauen Tupfen, die bei toten Exemplaren rasch verblassen. Stirnlinie steil ansteigend. Kiefer mit je 4 Fangzähnen oben und unten, ohne Mahlzähne. – Im Sommer an Felsküsten, vorzugsweise über tieferen See- und Neptungraswiesen. – Mittelmeer, Atlantik bis Biskaya als nördl. Grenze, selten bis zur Kanalküste. – Als Speisefisch mit sehr wohlschmeckendem Fleisch auf dem Markt stets begehrt; in Italien auch zu Ölkonserven verarbeitet.

712 Streifenbrassen = Seekarausche ***Cantharus cantharus*** (L.) = *Spondyliosoma c.* = *C. lineatus.*
Länge meist 25 bis 40 cm (auch bis 50 cm). Rücken schimmernd dunkel- bis bräunlichgrau; Seiten silbrig mit grünlichgoldenem Schimmer und zahlreichen dunklen Längslinien; Bauch silbrig. Körper rundlich-elliptisch bis (bei älteren Exemplaren) hoch-elliptisch; Stirnlinie etwas über Augenhöhe leicht eingebuchtet. Kiefer nur vorne mit Borstenzähnen, ohne Mahlzähne. – Auf algenbewachsenem Sand- und Felsgrund in tieferem Wasser. – Mittelmeer, Atlantik. – Fleisch mittelmäßig.

713 Brandbrassen *Oblada melanura* (L.).
Länge meist 15 bis 20 cm (auch bis 30 cm). Rücken bräunlichblau bis blaugrau; Seiten bläulichgrau mit dunklen Längsstreifen; Bauch silbergrau; am Schwanzstiel 1 hell umrandete schwarze Sattelbinde. Stirnlinie gleichmäßig. Kiefer mit Schneidezähnen und kleinen Stumpfzähnen. – Über algenbewachsenem Fels- und Sandgrund sowie Neptungraswiesen, vom Seichtwasser an. – Mittelmeer, Atlantik bis Portugal als nördl. Grenze.

714 Goldstrieme *Boops salpa* (L.) = *Box s.*
Länge 20 bis 40 cm. Rücken blaugrau bis olivgrau; Seiten silbrig mit 10 bis 12 orangegoldenen Längsstreifen; Bauch silbrig; am Brustflossen-Ansatz 1 schwarzer Fleck. Körper elliptisch. Stirnlinie fast gleichmäßig. Kiefer mit Schneidezähnen. – Über algenbewachsenem Fels- und Sandgrund vom Seichtwasser an, oft in großen Schwärmen. – Mittelmeer, Atlantik bis Biskaya als nördl. Grenze.

715 Blöker *Boops boops* (L.) = *Box b.*
Länge 20 bis 35 cm. Rücken schimmernd grünlichgelb bis bräunlichgrau; Seiten silbrig weiß mit 3 bis 4 blaßgelben Längsstreifen. Körper schlank-elliptisch. Stirnlinie fast gleichmäßig. Kiefer mit Schneidezähnen. – Über algenbewachsenem Felsgrund und Schlammsand vom Seichtwasser an, oft in großen Schwärmen; Jungfische manchmal unter dem Schirm großer Quallen. – Mittelmeer, Atlantik bis Biskaya als nördl. Grenze, selten bis Südengland.

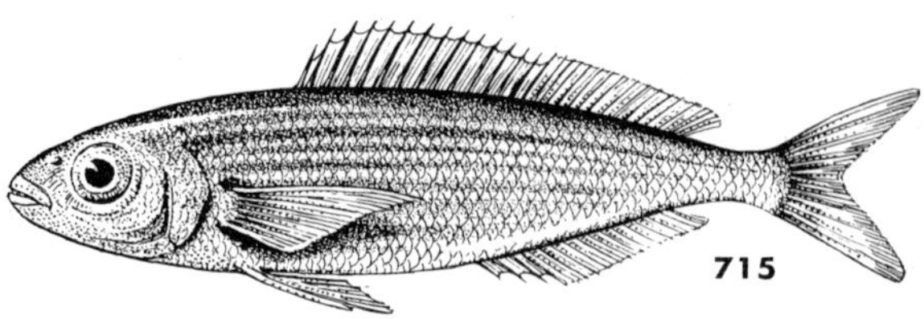
715

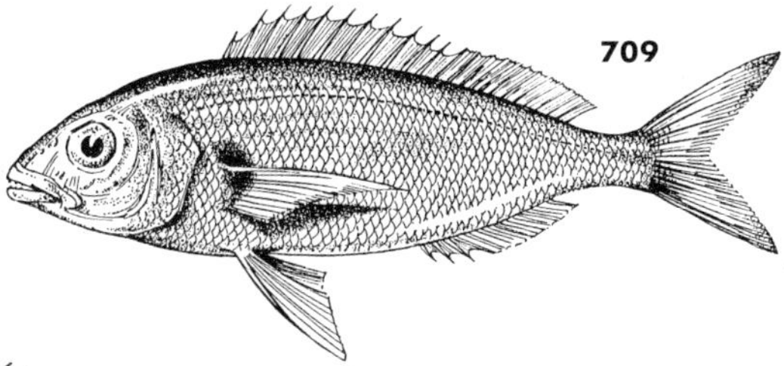

709

710

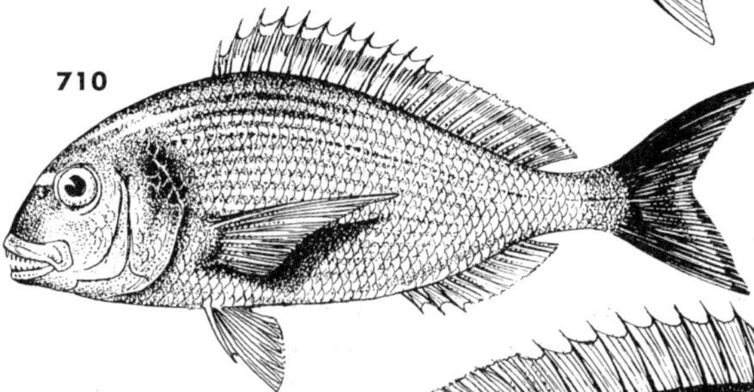

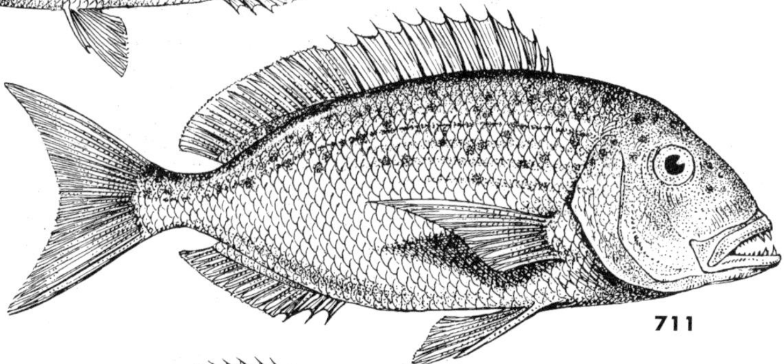

711

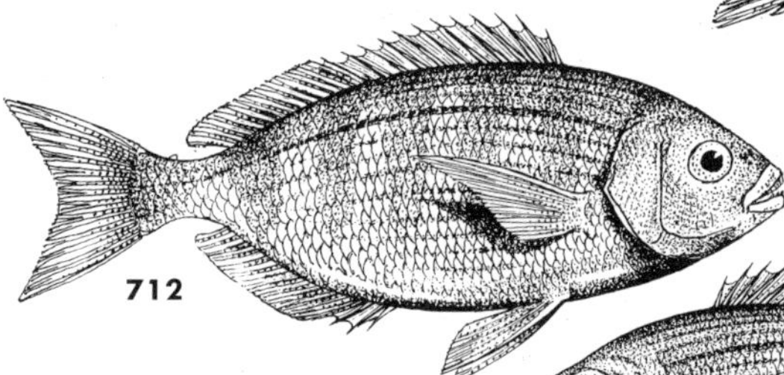

712

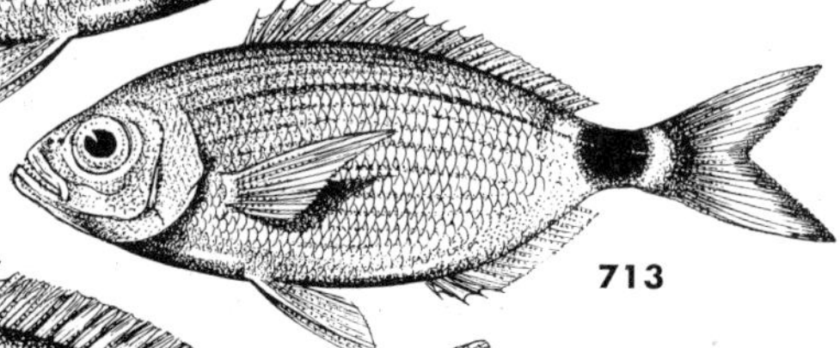

713

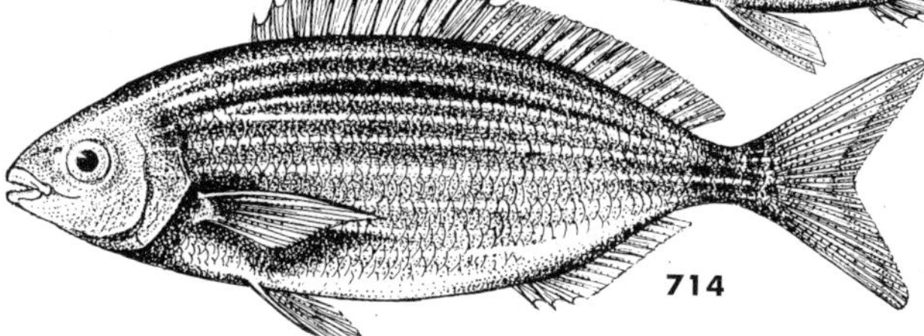

714

Barschartige

Laxierfische = Schnauzenbrassen ***Maenidae*** = *Centracanthidae*

Barschartige mit elliptischem Körper, endständigem, weit vorstreckbarem Mund, 1 langen, je zur Hälfte stachelstrahligen und weichstrahligen Rückenflosse, gegabelter Schwanzflosse und brustständigen Bauchflossen, in der Regel mit rechteckigem schwarzem Seitenfleck. Alle Arten sind Zwitter. In ihrem Verbreitungsgebiet, das vorwiegend die mediterrane Litoralzone umfaßt, ist diese kleine Gruppe fischereiwirtschaftlich nur gebietsweise von einiger Bedeutung.

716 Gemeiner Laxierfisch ***Maena maena*** (L.) = *M. vulgaris*.

Länge 15 bis 24 cm. Rücken glänzend blaugrau bis blau; Seiten etwas heller und leicht gelblich getönt, mit 5 bis 6 bräunlichen Längslinien, rechteckigem schwarzem Fleck annähernd in Körpermitte unter der Seitenlinie und mit blauen Tupfen, die auf die Laichzeit hin (Herbst) stärker ausgeprägt sind; Bauch silbrig. Körper elliptisch (Höhe = etwa 1/4 der Länge). – Über algenbewachsenem Grund und Neptungraswiesen vom Seichtwasser an. – Mittelmeer, Atlantik bis Portugal als nördl. Grenze. – Fleisch mäßig, grätenreich.

Ähnlich ist ***M. chryselis*** = *Spicara flexuosa*, die Schnauzenbrasse des gleichen Gebiets, 15 bis 20 cm lang (Höhe = 1/4 bis 1/5 der Länge), am Rücken bräunlichgelb bis bräunlichhellgrau, an den Seiten heller, mit schwach angedeuteten dunkleren Querbändern und rechteckigem schwarzem Fleck etwas vor Körpermitte unter der Seitenlinie.

Rabenfische = Riffbarsche ***Pomacentridae***

Barschartige mit ovalem, seitlich zusammengedrücktem Körper und 1 Rückenflosse, deren vorderer, stachelstrahliger Teil lang und niedriger ist als der kurze, hohe weichstrahlige Teil, und deren Seitenlinie nur bis unter das Ende der Rückenflosse reicht. Der Mund ist klein und endständig, die Schwanzflosse stark gegabelt. Aus dieser Gruppe, die in den tropischen Meeren mit zahlreichen, die Korallenriffe bevölkernden Formen vertreten ist, kommt eine einzige Art im Mittelmeer vor.

717 Mönchfisch ***Chromis chromis*** (L.) = *Heliastes ch.*

Länge 7 bis 12 cm. Färbung (aus einiger Entfernung schwarzblau erscheinend) rückenseits dunkelbraun, an den Seiten heller mit dunkler Längsstreifung; Rückenflosse und Afterflosse schwarzbraun mit hellem Randsaum; Jungfische leuchtend blau mit feiner silbriger Längsstreifung. – An Felsküsten von der Oberfläche an, besonders an Steilklippen über tieferem Wasser und Neptungraswiesen, oft in Schwärmen. – Mittelmeer, Atlantik bis Portugal als nördl. Grenze.

Lippfische ***Labridae***

Barschartige mit elliptischem, seitlich mehr oder weniger zusammengedrücktem Körper und 1 Rükkenflosse, deren stachelstrahliger vorderer Teil meist länger ist als der weichstrahlige sowie mit fleischigen, verdickten Lippen am endständigen, etwas vorstreckbaren Mund. Die Haut trägt mittelgroße bis große Cycloidschuppen und kann recht schleimig sein. Die Bezahnung ist gut ausgebildet, die Seitenlinie vollständig, die Schwanzflosse in der Regel gerundet. Die Kiemendeckel sind glatt, unbedornt, die Bauchflossen brustständig oder leicht bauchständig.

Vorwiegend in der Litoralzone der tropischen und gemäßigten Meere vertreten, umfaßt diese Gruppe viele ausgesprochen buntfarbige Formen, von denen jene, die an den europäischen Küsten vorkommen, zwar durch die Sichtgläser der Taucherbrille oft einen sehr attraktiven Anblick bieten, aber verhältnismäßig selten zu den einigermaßen geschätzten Speisefischen gehören.

718 Gefleckter Lippfisch = Berggylt ***Labrus berggylta*** Ascan. = *L. maculatus*.

Länge 30 bis 50 cm. Bei grüner oder rotbrauner Grundfärbung oben undeutlich gefleckt, an den Seiten manchmal ein hell schimmernder Längsstreifen, darunter gelb- oder rotrandige Schuppen; Bauch bläulichweiß oder orange; Rücken-, Schwanz- und Afterflosse grau- bis braungrün; Brust- und Bauchflossen orange. – An Felsküsten über algenbewachsenem Grund vom Flachwasser an. – Westl. Mittelmeer, Atlantik, (selten) Nordsee. – Einer der wenigen Lippfische mit schmackhaftem Fleisch.

719 Streifenlippfisch = Bunter L. = Koch ***Labrus bimaculatus*** L. = *L. mixtus*.

Länge meist 20 bis 30 cm (auch bis 35 cm), Männchen oben dunkelgrün bis braungrün, an den Seiten hellgrün bis gelb, meist mit mehreren dunklen Längsstreifen und mehr oder minder betonten blauen Flecken und welligen blauen Längslinien sowie mit gelblichem oder orangefarbenem Bauch und gelblichen bis orangen Flossen mit weißem Rand; Weibchen oben bräunlichrot, an Seiten und Bauch rötlich, mit blauen Flecken oder Linien auf dem Kopf, meist 3 schwarzen Flecken auf dem hinteren Rückenteil und mit rötlichen, blau gesäumten Flossen. – An felsigen Küsten über algenbewachsenem Grund, vom Seichtwasser an. – Mittelmeer, Atlantik, (selten) Nordsee. – Fleisch sehr mäßig.

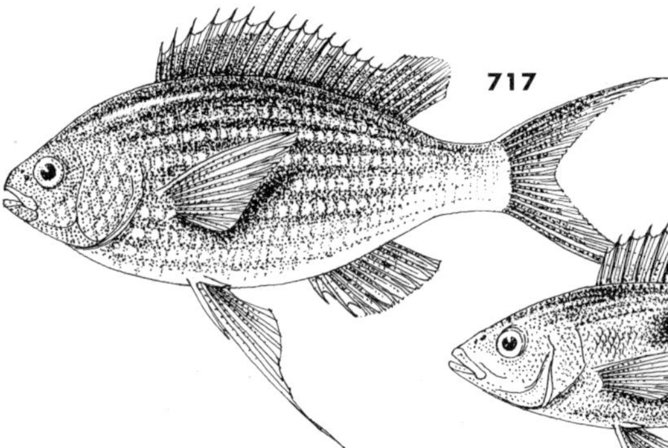

717

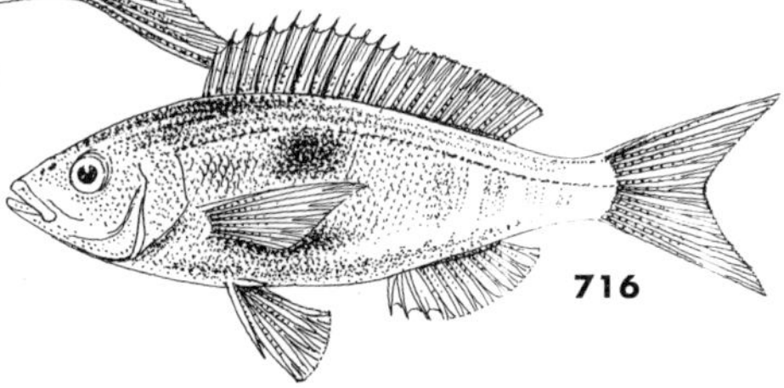

716

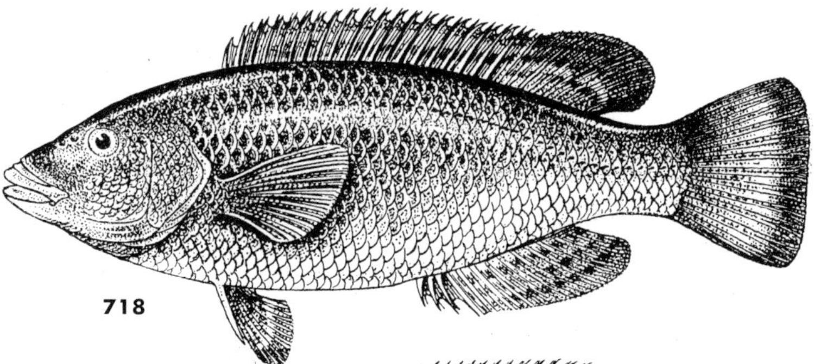

718

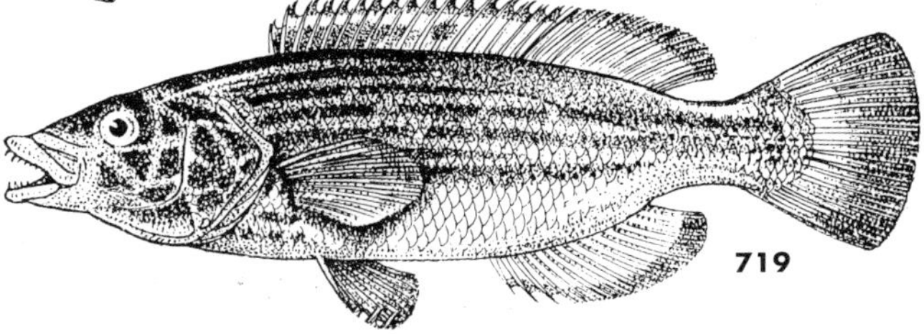

719

720 Grüner Lippfisch = Meerdrossel ***Labrus turdus*** L. = *L. viridis* = *L. festivus*.
Länge meist 20 bis 30 cm (auch bis 45 cm). Grün, an den Seiten mit hellem bis silbrigem, schwarzgesäumtem Längsband und schwarzen Flecken; oder gelblichgrün mit rötlich gezeichneten Kiemendeckeln und rotrandigen Bauchschuppen; oder braunrötlich bis rötlich mit hellen bis silbrigen Flekken gegen den Bauch hin und rötlich gerandeten Bauchschuppen. Flossen gelblichgrün bis orange mit mehr oder weniger betonten braunen Flecken. – Im Bereich von Neptungraswiesen vom Flachwasser an. – Mittelmeer, Atlantik bis zur portugiesischen Küste als nördl. Grenze. – Fleisch sehr mäßig.
Dasselbe Verbreitungsgebiet hat u. a. auch ***L. merula,*** der Braune Lippfisch = Meeramsel, 15 bis 30 cm lang, dunkelbraun, dunkelbraungrün oder dunkelgraublau mit leichter Marmorierung, bräunlichgelben Brustflossen und blau gesäumter Afterflosse, als Speisefisch ebenfalls wenig geschätzt.

721 Klippenbarsch *Ctenolabrus suillus* (L.) = *C. rupestris*.
Länge bis 18 cm. Rücken braun bis rötlichbraun; Seiten rötlich bis rosiggolden mit dunkleren Tupfenreihen; Bauch weißlich; auf den ersten Hartstrahlen der Rückenflosse 1 großer schwarzer Fleck und 1 schwarzer Fleck auf dem Schwanzstiel; Flossen rötlich. Vorderkiemendeckel mit fein gesägtem Rand. – Mittelmeer, Atlantik, Nordsee. – Fleisch sehr mäßig.

722 Pfauenlippfisch *Crenilabrus pavo* Cuv. u. Val. = *C. tinca*.
Länge 15 bis 30 cm. Grün bis olivgrün mit roten und blauen Flecken, die oft reihig angeordnet sind; auf der Schnauze unter jedem Auge 1 bläulicher oder bräunlicher Fleck; Brustflossen gelb; Rückenflosse und Afterflosse gelb und rot längsgestreift, mit blauen Flecken; Bauchflossen oft bläulich; auf dem Schwanzstiel manchmal 1 dunkler Fleck. Vorderkiemendeckel fein gesägt. – Über algenbewachsenem Grund vom Seichtwasser an. – Mittelmeer, Atlantik bis Biskaya als nördl. Grenze. – Fleisch sehr mäßig.

723 Goldmaid *Crenilabrus melops* (L.) = *Labrus gibbus*.
Länge 15 bis 25 cm. Bei hellblauer bis bläulicher, in Streifen und Tupfen hervortretender Grundfärbung lebhaft gelb, grün, rot und rotbraun gefleckt, gekennzeichnet durch 1 bis hinter die Augen reichenden schwarzen Querfleck auf der Stirn, oft mit 1 schwarzen Fleck unter der Seitenlinie vor der Schwanzflosse. Vorderkiemendeckel am Rand fein gesägt. – An felsigen Küsten über algenbewachsenem Grund. – Mittelmeer, Atlantik, Nordsee, (selten) westl. Ostsee. – Fleisch sehr mäßig.

724 Augenlippfisch *Crenilabrus ocellatus* (Forsk.).
Länge 8 bis 12 cm. Grundfärbung grünlich, manchmal am Rücken braun oder gelb, mit mehr oder weniger deutlichen Kopflinien und seitlichen Fleckenreihen in grünen, blauen, gelben und braunen Tönen und mit kennzeichnendem dunkelviolettem, weiß und rot umrandetem Fleck auf dem Kiemendeckel nebst 1 schwarzen Fleck auf der Seitenlinie vor der Schwanzflosse. Vorderkiemendeckel am Rand fein gesägt. – Über Algengrund vom Seichtwasser an. – Mittelmeer.

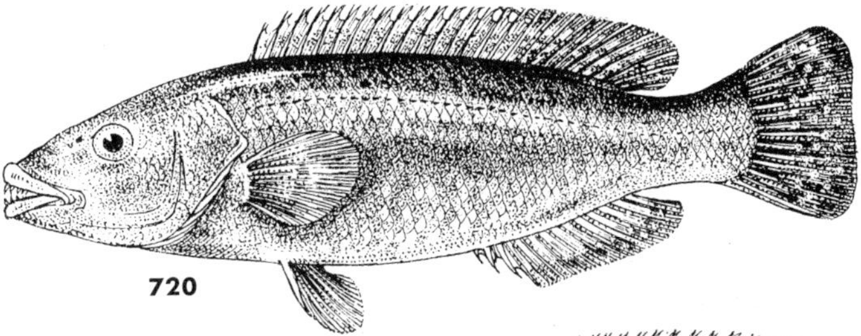
720

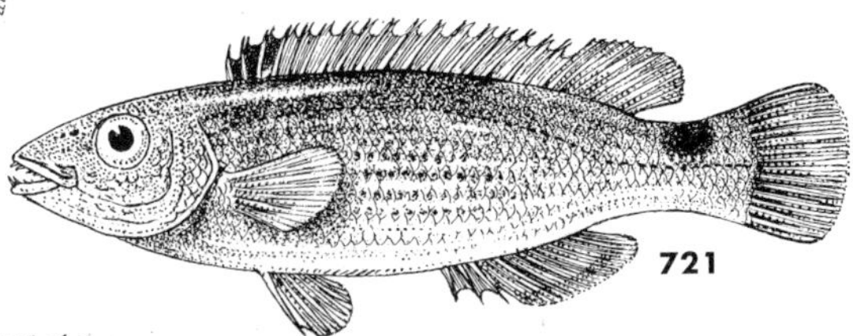
721

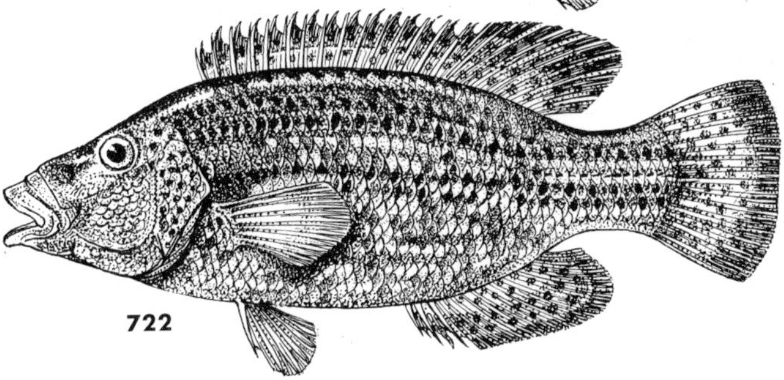
722

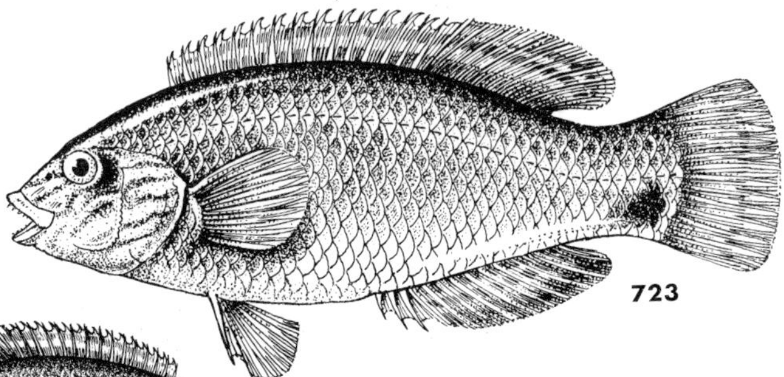
723

724
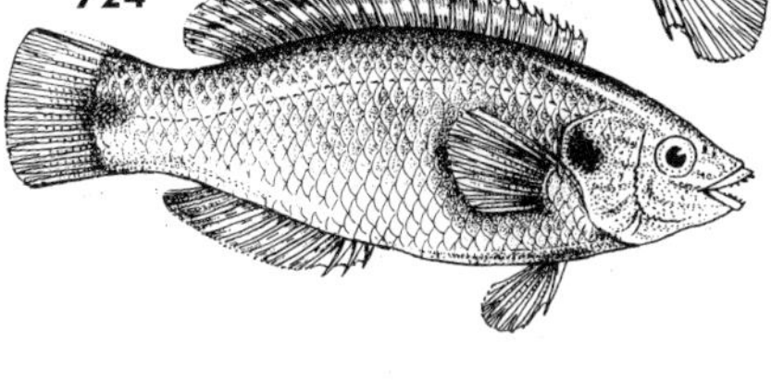

725 Mittelmeer-Lippfisch *Crenilabrus mediterraneus* L.
Länge 10 bis 16 cm. Rötlich bei gleichfarbenen, schwarz und rot gefleckten, blau gerandeten Flossen, mit roten Kiemendeckeln und blauer Kehle sowie 1 rotblauen, gelb gerandeten Fleck am Brustflossen-Ansatz und 1 schwarzen Fleck über der Seitenlinie vor der Schwanzflosse. Vorderkiemendeckel am Rand fein gesägt. – Über algenbewachsenem Grund. – Mittelmeer, Atlantik bis Portugal als nördl. Grenze.

726 Grauer Lippfisch *Crenilabrus cinereus* Bonn. = *C. griseus*.
Länge 10 bis 14 cm. Grundfärbung grau oder graugrün mit am Kopf meist besonders dichter rötlicher und brauner Fleckung sowie mit 1 schwarzen oder blauen Fleck auf den ersten Stachelstrahlen der Rückenflosse und 1 schwarzen Fleck unter der Seitenlinie vor der Schwanzflosse. Vorderkiemendeckel am Rand fein gesägt. – Über algenbewachsenem Grund vom Seichtwasser an. – Mittelmeer, Atlantik bis Biskaya als nördl. Grenze.
C. quinquemaculatus = *C. roissali* des gleichen Gebiets, der Fünffleckige Lippfisch, ist bei gleicher Länge und Form dunkelgrün mit gelber, brauner und manchmal blauer Fleckung und durch 5 Rükkenflecken gekennzeichnet, von denen 2 schwarze im Bereich der Stachelstrahlen liegen und 3 mehr oder minder deutliche dunkle im Bereich der Weichstrahlen.

727 Schnauzenlippfisch *Crenilabrus scina* (Forsk.) = *Coricus rostratus*.
Länge 8 bis 12 cm. Oben grünlich- bis rötlichbraun und orange, an Seiten und Bauch rötlich, gelbbraun und gelb, unregelmäßig gefleckt, gekennzeichnet durch die eingebuchtete Stirnlinie und die spitz vorgezogene Schnauze. Vorderkiemendeckel am Rand fein gesägt. – Über algenbewachsenem Grund und Neptungraswiesen, oft in Schrägstellung schwimmend. – Mittelmeer.

728 Meerjunker *Coris julis* (L.) = *Julis giofredi*.
Länge 15 bis 25 cm. Männchen am Rücken grünbraun bis rötlichbraun, an den Seiten gelblichweiß mit leuchtend lachs- bis orangerotem, an den Rändern gezacktem Längsband von den Kiemendeckeln bis zum Schwanz; 1 blauer Fleck auf den ersten Stachelstrahlen der Rückenflosse, je 1 schwarzer Fleck auf den Kiemendeckeln und am Ansatz der Brustflosse; Bauch weiß. Weibchen weniger intensiv gefärbt, am Rücken rötlicher, ohne Rückenflossen-Fleck und mit geraden Längsband-Rändern. – Über algenbewachsenem Grund vom Seichtwasser an. – Mittelmeer, Atlantik bis Biskaya als nördl. Grenze. – Als Speisefisch mittelmäßig.

729 Meerpfau *Thalassoma pavo* Cuv. u. Val. = *Julis p.*
Länge 12 bis 14, selten bis 20 cm. Kopf mit blauem Streifennetz; Körper orangegrünlich mit Wellenmuster grüner und braunroter Querlinien; Männchen mit schwarzem Fleck in Rückenmitte und lang ausgezogenen Schwanzflossenspitzen. Weibchen und Jungfische blasser. – An felsigen Küsten in Neptungraswiesen schon in geringer Tiefe. – Mittelmeer, Atlantik bis Biskaya als nördl. Grenze.

730 Schermesserfisch *Xyrichthys novacula* (L.) = *Novacula cultrata*.
Länge 15 bis 25 cm. Gräulich oder grünlich (junge Exemplare blaßrötlich), mit blauen Querstreifen auf Kopfseiten und Kiemendeckeln. Ganzer Körper einschließlich des steil ansteigenden Kopfes seitlich sehr stark zusammengedrückt. Im übrigen mit den Merkmalen der Familie. – Auf Sand- und Schlammgrund von 10 m Tiefe an, oft eingegraben. – Mittelmeer, Atlantik bis Biskaya als nördl. Grenze.

731 Seepapagei *Euscarus cretensis* (L.) = *Sparisoma c.*
Länge bis 30 cm. Bei rotbrauner bis purpurner Grundfärbung an den Seiten violett; Brust- und Bauchflossen orange, Schwanzflosse violett. Beschuppung groß, am Schwanzstiel geknickt. Zähne zu Schneideplatten verschmolzen = Papageienmaul. – Über steinigem Grund in Neptungraswiesen schon in geringen Tiefen. – Mittelmeer, Atlantik bis Portugal als nördl. Grenze.

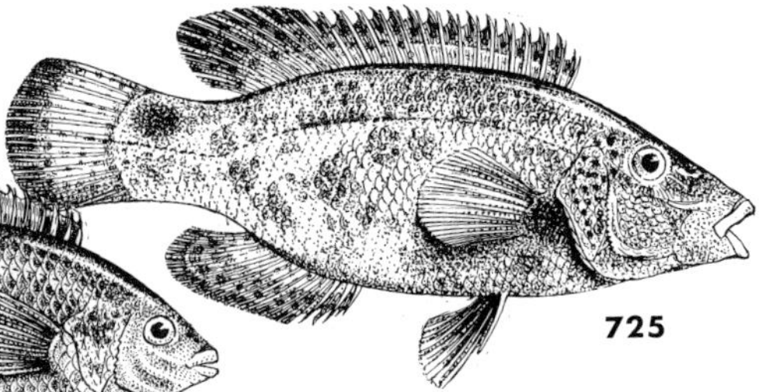

725

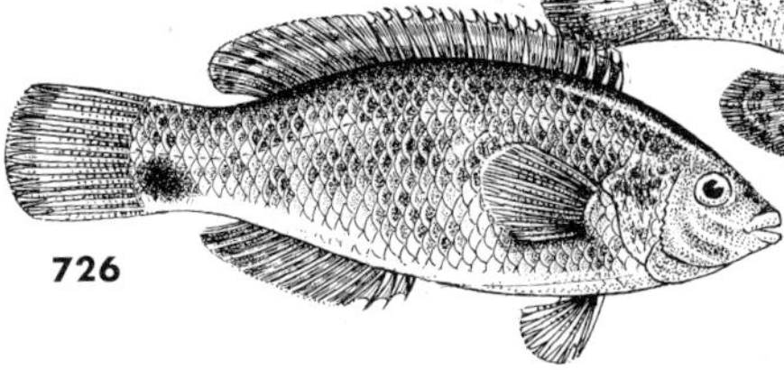

726

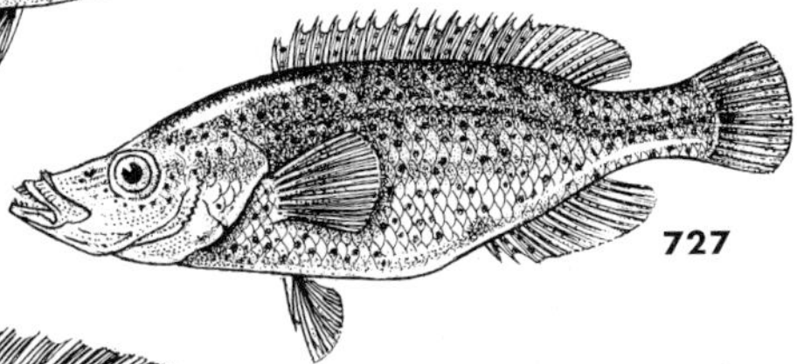

727

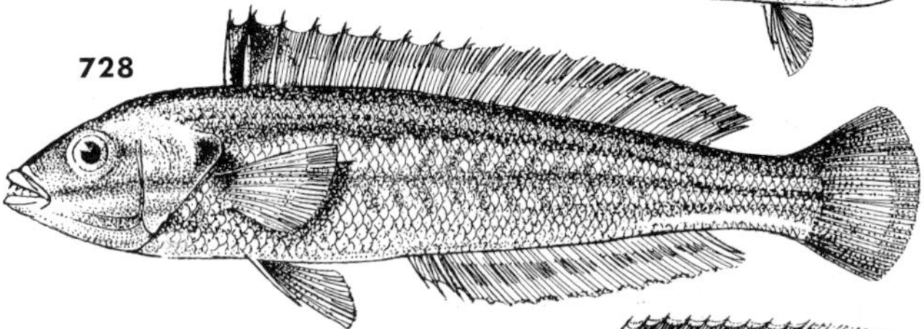

728

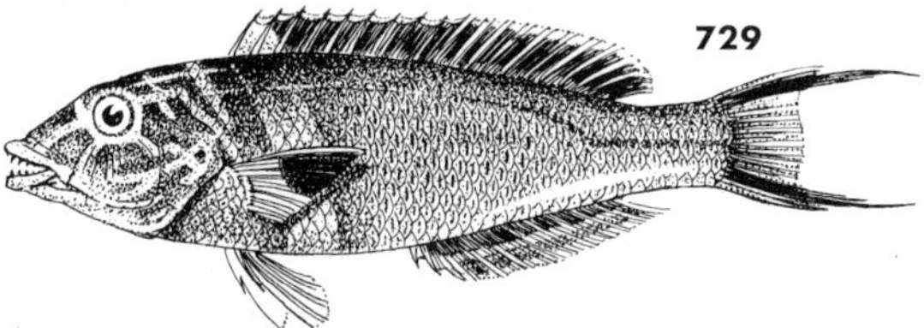

729

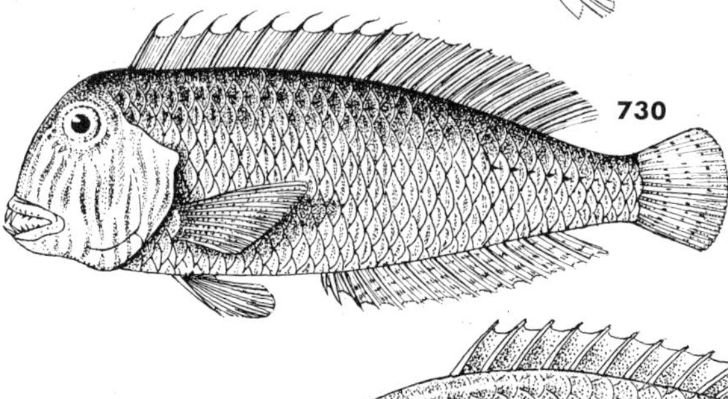

730

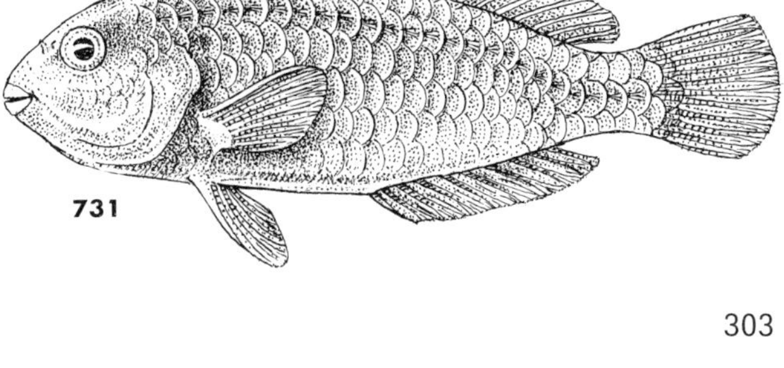

731

Barschartige

Drachenfische *Trachinidae*

Barschartige mit gestrecktem, schlankem, von Cycloidschuppen bedecktem Körper und 2 aneinanderstoßenden Rückenflossen, von denen die 1. einen schwarzen Fleck trägt, 5 bis 7 giftführende Stachelstrahlen besitzt und sehr kurz ist, die 2. weichstrahlig und sehr lang, ebenso wie die Afterflosse. Die Kiemendeckel weisen 1 nach hinten gerichteten, starken Giftstachel auf; die Seitenlinie ist vollständig, die Schwanzflosse gerade abgeschnitten, und die Bauchflossen sind kehlständig. Drachenfische sind grundlebend, meist in Sand oder Schlamm eingegraben, an allen europäischen Küsten vertreten und in ihrem ganzen Verbreitungsgebiet einerseits ihrer Giftstacheln wegen gefürchtet, anderseits als ausgezeichnete Speisefische geschätzt.

732 Viperqueise = Kleines Petermännchen ***Trachinus vipera*** Cuv. u. Val.
Länge 10 bis 15 cm. Gelblichgrau bis braungelb mit 1 Längsreihe mehr oder weniger deutlicher bräunlicher Tupfen über der Seitenlinie und schwarzem Schwanzflossenrand; Bauch weißlich. Ohne Dornen über den Augen. 1. Rückenflosse mit 5 bis 7 Stachelstrahlen, 2. mit 21 bis 24 Weichstrahlen. – Auf Sand- und Schlammgrund vom Seichtwasser an, meist bis an die Augen eingegraben. – Mittelmeer, Atlantik, Nordsee. – Dies ist die meistgefürchtete Art, insbesondere weil sie schon in unmittelbarer Ufernähe vorkommt, während die größeren Formen der Familie meist in tieferem Wasser leben.

733 Großes Petermännchen = Gewöhnliches P. ***Trachinus draco*** L.
Länge 20 bis 40 cm. Rücken braungelb bis rotbraun oder braun; Seiten heller, mit bläulichem Schimmer und schräg von oben nach unten verlaufenden dunklen Streifen; Bauch weißlich. Über den Augen 1 bis 2 Dornen. 1. Rückenflosse mit 5 bis 6 Stachelstrahlen, 2. mit 29 bis 31 Weichstrahlen. – Auf Sandgrund vom Flachwasser bis über 100 m Tiefe, meist eingegraben. – Mittelmeer, Atlantik, Nordsee, (selten) westl. Ostsee.

734 Spinnenqueise *Trachinus araneus* Cuv. u. Val.
Länge bis 35 cm, selten bis 50 cm. Rücken rötlichgrau; Seiten heller, dunkel gepunktet und mit 6–7 schwarzen Flecken; Bauch gelblichweiß, 1. Rückenflosse mit 7 Stachelstrahlen, 2. mit 26 bis 28 Weichstrahlen. – Auf Sand- und Schlammgrund, auch in Seegraswiesen, vom Flachwasser an. – Mittelmeer.
Ähnlich ist ***T. radiatus*** = *T. lineatus*, die Strahlenkopfqueise, mit rötlichem oder blaurötlichem, strahlig gestreiftem Kopf bei gelblicher bis graugelblicher Rücken- und Seitenfärbung mit schwarzen Flecken und Ringen. 1. Rückenflosse mit 6 Stachelstrahlen, 2. mit 24 bis 27 Weichstrahlen.
Das Fleisch der Drachenfische ist zart und wohlschmeckend.

Sterngucker *Uranoscopidae*

Mit den Drachenfischen nahe verwandte und früher in deren Familie eingereihte Barschartige mit breitem, gepanzertem Kopf, oberständigen Augen, fast senkrecht nach oben gerichteter Mundspalte und 2 aneinanderstoßenden Rückenflossen, von denen die 1. kurz und mit 4 nicht giftführenden Stachelstrahlen versehen ist, die 2. länger, weichstrahlig und der Afterflosse annähernd gleich. Die Brustflossen sind kehlständig, und an den Schultern steht je 1 langer, starker, schräg aufwärts nach hinten gerichteter Stachel, dessen Giftigkeit teils verneint, teils bejaht wird. Die Sterngucker, vor allem in der tropischen Litoralzone vertreten, sind Bodenfische, in der Regel in Schlammsand eingegraben, so daß nur die Augen hervorragen sowie über dem Mund ein langer, zungenförmiger Fortsatz der Unterkieferschleimhaut, der als Angelköder zur Anlockung von Kleinfischen usw. dient.

735 Sternseher = Himmelsgucker = Meerpfaff ***Uranoscopus scaber*** L.
Länge meist 15 bis 25 cm (auch bis 30 cm). Rücken und Seiten bräunlichgrau mit weißen Sprenkeln und undeutlichen hellen Flecken; Bauch weiß. Körper gedrungen, mit massigem Kopf. 2. Rückenflosse mit 14 bis 15 Weichstrahlen. Der aus der Unterkieferschleimhaut gebildete Fortsatz kann um etwa 1/3 der Kopflänge vorgestreckt werden. – Auf schlammigem Grund in tieferem Wasser, eingegraben. – Mittelmeer, Atlantik bis Spanien als nördl. Grenze. – Fleisch wohlschmeckend; wird in Südfrankreich oft zur Bouillabaisse verwendet, wenn kein Großer Drachenkopf erhältlich ist.

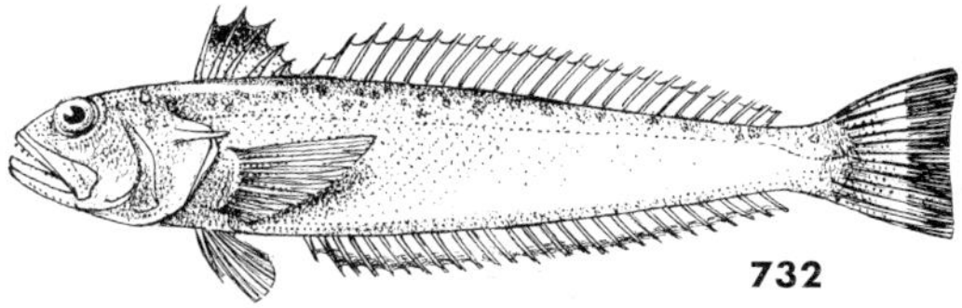

732

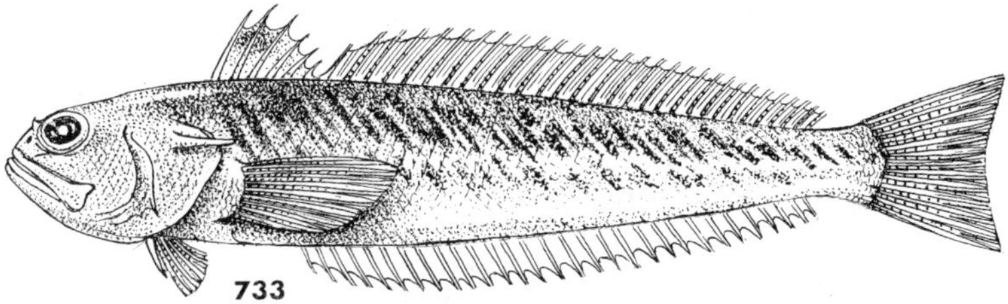

733

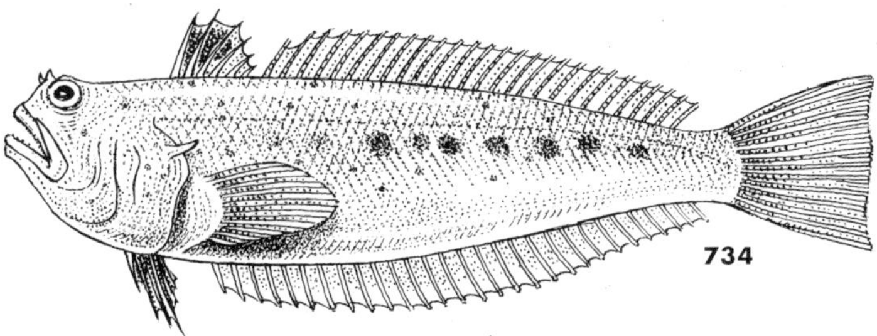

734

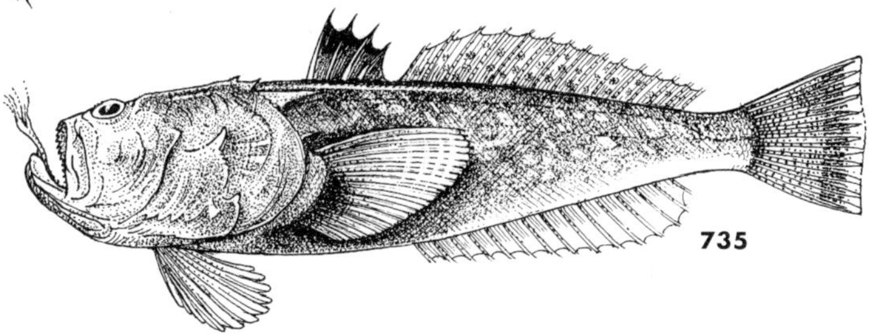

735

Drachenfisch-Stacheln und Erste Hilfe

Giftführend sind bei Drachenfischen die Stachelstrahlen der 1. Rückenflosse und die Kiemenstacheln. Sie haben eine nadelscharfe Spitze und eine dünne Hauthülle, unter der die Giftdrüsen liegen. Ihre Gefährlichkeit ist auch bei toten Exemplaren durchaus gegeben. Deshalb sollten, bevor man einen Drachenfisch entschuppt, ausnimmt und putzt, stets 1. Rückenflosse und Kiemenstachel weggeschnitten werden. Das Gift hat zugleich neurotoxische und haemotoxische, d. h. die Nerven und das Blut angreifende Wirkung. Ein spezifisches Gegenmittel gibt es noch nicht, und die Empfindlichkeit ist individuell recht verschieden. Die Auswirkungen sind: Starker, brennender oder stechender Schmerz, zunächst lokal, dann ausstrahlend, bei an- und abschwellender Intensität, anfänglich leichtes Kribbeln, dann Fühllosigkeit in der Umgebung der Stichstelle, die sich rötet und anschwillt. Der Schmerz klingt innerhalb 2 bis 12 Stunden ab; die Schwellung kann tagelang anhalten, ebenso die Fühllosigkeit. Die weiteren Auswirkungen sind: Kopfschmerzen, Fieber, Frösteln, Brechreiz, Benommenheit, Krämpfe, Atembeschwerden, bei hoher Empfindlichkeit möglicherweise Tod. Erste Hilfe und weitere Behandlung sind gleich wie bei Rochenstichen (s. S. 256). Auch Drachenfischgift wird durch Erhitzung zerstört.

Barschartige

Leierfische *Callionymidae*

Barschartige mit langgestrecktem, unbeschupptem Körper bei abgeflachtem, oben annähernd dreieckigem Kopf, oberständigen Augen und kleinen, hochliegenden Kiemenspalten sowie mit je 1 kennzeichnend gezackten, nach hinten gerichteten Stachelsporn an den Vorderkiemendeckeln und 2 knapp getrennten Rückenflossen, von denen die 1. kurz, mit 2 bis 4 Stachelstrahlen versehen und bei Männchen vorne hoch ausgezogen ist, die 2. länger, mit 7 bis 10 Weichstrahlen. Die Afterflosse ist etwas länger und niedriger als die 2. Rückenflosse; die Bauchflossen sind kehlständig und werden beim Schwimmen meist abgespreizt; die Kiemenstacheln sind nicht giftig, können aber recht schmerzhafte Verletzungen verursachen. Bodenbewohnend, leben die Leierfische in der Litoralzone der tropischen und gemäßigten Meere vorwiegend auf tieferen Sandgründen.

736 Großer Leierfisch *Callionymus lyra* L.

Länge bis 20 cm (Weibchen) bzw. 30 cm (Männchen). Weibchen graugelblich bei gleichfarbenen Flossen, sparsam braun und violett getupft; Männchen oben orangegelb mit hellvioletten oder blauen Flecken und orangegelben, bläulich gefleckten Flossen bei sehr hoch ausgezogenen Strahlen der 1. Rückenflosse. Kiemen-Stacheldorn mit 4 Zacken; 1. Rückenflosse mit 4 Stachelstrahlen, 2. mit 9 bis 10 Weichstrahlen. – Auf Sandgrund, meist erst von 15 bis 20 m Tiefe an, oft eingegraben; häufig als Beifang in Grundschleppnetzen. – Mittelmeer, Atlantik, Nordsee, (selten) westl. Ostsee.

C. phaeton des Mittelmeers und des angrenzenden Atlantiks (Weibchen bis 12 cm lang, Männchen bis 18 cm lang) ist orangegelb bis rötlich mit grünen Tupfen, hat auffallend große Augen, auf der 1., 4strahligen Rückenflosse 1 schwarzen Fleck, 9 bis 10 Weichstrahlen in der 2. Rückenflosse und einen 2-zackigen Kiemen-Stacheldorn. ***C. festivus*** des gleichen Gebiets (bis 15 cm lang), trägt auf grauer Grundfarbe perlmuttern schimmernde, schwarz gesäumte Streifen, 4 Stachelstrahlen in der 1. Rückenflosse, in der 2. 6 bis 7 Weichstrahlen, von denen bei Männchen die ersten drei hoch ausgezogen sind.

737 Gefleckter Leierfisch *Callionymus dracunculus* Brünn. = *C. maculatus*.

Länge bis 8 cm (Weibchen) bzw. 12 cm (Männchen). Rücken graugelb bis graugrün mit schwärzlichen Tupfen und Punkten; Kopf silbrig gefleckt; Seiten mit 2 Längsreihen silbriger Flecken. Kiemen-Stacheldorn mit 4 Zacken; 1. Rückenflosse mit 4 Stachelstrahlen, bei Männchen hoch ausgezogen und schwarz gefleckt, 2. mit 9 bis 10 Weichstrahlen, bei Männchen höher und silbrig getupft. – Auf Sandgrund in tieferem Wasser, oft eingegraben, auch unter Steinen; häufig als Beifang in Grundschleppnetzen. – Mittelmeer, Atlantik, Nordsee.

C. belenus des Mittelmeers ist verhältnismäßig unscheinbar, 6 bis 8 cm lang, in verschiedenen Grautönen gefärbt, mit dunkler Sprenkelung und sparsamer heller Seitenfleckung; die 1. Rückenflosse ist dreistrahlig, bei Männchen gleich hoch wie bei Weibchen, mit einem schwarzen und einem weißen Fleck.

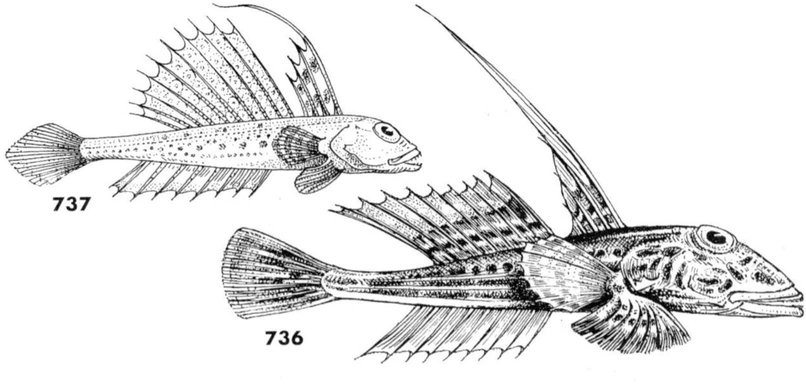

737

736

Schleimfischartige Unterordnung *Blennioidei*

Barschfische mit schleimiger, meist unbeschuppter Haut und schwach ausgebildeten, nur 2 bis 5 Weichstrahlen aufweisenden, kehlständigen Bauchflossen. Abgesehen von wenigen Süßwasserformen ist diese Gruppe marin, in tropischen und gemäßigten wie in arktischen Gewässern vertreten, vorwiegend in der Litoralzone.

Butterfische ***Pholididae***

Schleimfischartige mit gestrecktem, seitlich stark zusammengedrücktem, von kleinen Cycloidschuppen bedecktem Körper, deren gerundete Schwanzflosse sowohl von der langen, saumartigen Rückenflosse wie von der kürzeren Afterflosse abgesetzt ist. Der Kopf ist kurz, die Mundspalte klein und steil aufwärts gerichtet, die Seitenlinie fehlt; die Brustflossen sind gerundet und gut entwickelt, die Bauchflossen dagegen verkümmert. Butterfische sind bodenlebende Bewohner des Flachwassers nördlicher Meere.

738 Butterfisch ***Pholis gunnellus*** (L.) = *Centronotus g.*
Länge meist bis 20 cm (auch über 25 cm). Grau, graubraun oder bräunlich bei hellerer Marmorierung oder Querbänderung, mit 9 bis 13 regelmäßig verteilten dunklen, weiß oder gelblich gerandeten Flecken längs der Rückenflossen-Basis und mit 1 dunkelbraunen Schrägstreifen zwischen Mundecken und Augen. – Auf sandig-steinigem Algengrund vom Seichtwasser an, oft in größeren Muschelschalen, bei Ebbe manchmal in trockengefallenem Tang. – Atlantik bis zur Kanalküste als südl. Grenze, Nordsee, Ostsee.

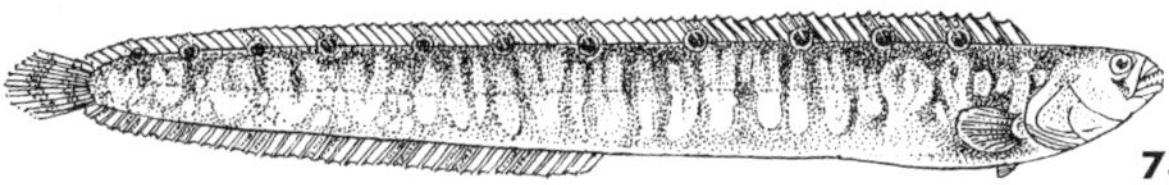

738

Schleimfische ***Blenniidae***

Kleinere bis kleine Schleimfischartige mit 1 bis 3 Rückenflossen, endständigem Mund und meist mit stirnständigen Fühlern, teils im Brackwasser vorkommend und sogar im Süßwasser vertreten *(Blennius fluviatilis)*, zur überwiegenden Mehrzahl aber im marinen Küstenbereich als Bodenfische algenbewachsene Felsgründe des Flachwassers bewohnend.

739 Seeschmetterling ***Blennius ocellaris*** L.
Länge meist bis 15 cm (auch bis 20 cm). Rötlichgelb bis graugrün mit 5 bis 6 bräunlichen Querbinden. Stirnfühler gut entwickelt, gefranst, 1 Rückenflosse mit hohem vorderem Lappen, der im Bereich des 6. und 7. Strahls 1 schwarzen, hell gerandeten Augenfleck trägt. – Auf algenbewachsenem Schlamm- und Felsgrund vom Flachwasser an, aber (eine Ausnahme unter den Schleimfischen unserer Küste) auch bis 400 m Tiefe. – Mittelmeer, Atlantik bis Kanalküste.

740 Sphinx-Schleimfisch ***Blennius sphinx*** Cuv. u. Val. = *Aidablennius s.*
Länge 6 bis 8 cm. Gelb oder grüngelb mit 5 bis 7 grünbraunen, hell gesäumten Querstreifen. Stirnfühler gut entwickelt, einfach. Hinter den Augen 1 ovaler, rotgerandeter blauer Fleck. 1 Rückenflosse mit deutlich höherem vorderem Lappen. – Zwischen Algen auf Felsgrund von der Oberfläche an. – Mittelmeer.

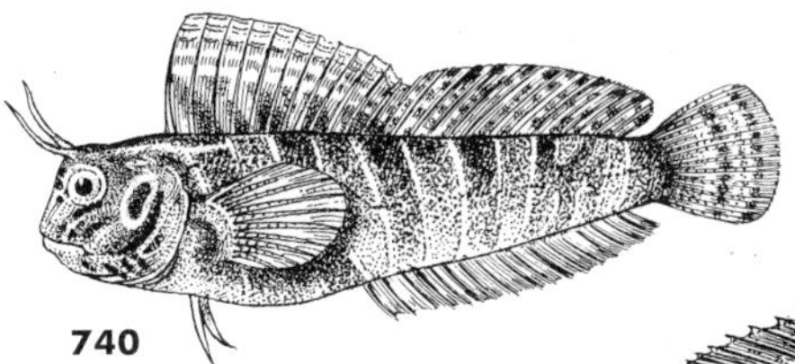

740

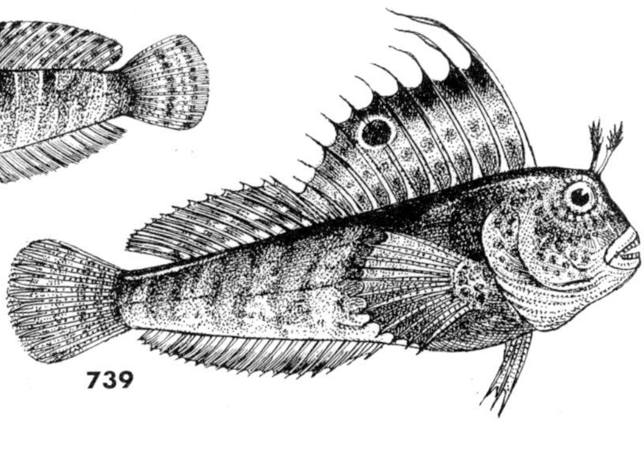

739

Schleimfischartige

741 Pfauenschleimfisch ***Blennius pavo*** Risso = *Parablennius p.*
Länge 8 bis 12 cm. Männchen gelbgrün bis grün mit 6 bis 7 blauen Querstreifen und blauen Punkten; über der Stirn 1 zur Laichzeit verdickter Hautkamm; hinter den Augen 1 hellblau gerandeter dunkelblauer oder schwarzer Augenfleck. Weibchen mattgrün mit undeutlichen blauen Querstreifen und hellbläulich oder hellrosig umrandetem Augenfleck. Stirnfühler sehr kurz, einfach. 1 Rükkenflosse von gleichbleibender Höhe. – Auf felsigem Grund, in Löchern und Spalten, von der Oberfläche an. – Mittelmeer, Atlantik bis Biskaya als nördl. Grenze.

742 Gestreifter Schleimfisch ***Blennius gattorugine*** Brünn. = *Parablennius g.*
Länge meist 15 bis 20 cm (auch über 25 cm). Rötlichbraun mit schwärzlichen Sprenkeln und 6 bis 8 sich bis in die Rückenflosse ziehenden dunklen Querstreifen. Stirnfühler gut entwickelt, gefranst. 1 Rückenflosse, in der Mitte schwach eingebuchtet, mit etwas erhöhtem hinterem Lappen, der bis zur Schwanzflosse reicht. – Auf Felsgrund im Seichtwasser. – Mittelmeer, Atlantik, (selten) Nordsee.

743 Läppchenschleimfisch ***Blennius tentacularis*** Brünn. = *Parablennius t.*
Länge 10 bis 15 cm. Graurötlich bis braun mit dunkelbraunen Punkten und Tupfen sowie 7 bis 8 undeutlichen dunklen Querbinden. Stirnfühler besonders bei Männchen stark ausgebildet, mehrfädig, lang. 1. Rückenflosse von gleichbleibender Höhe, oft mit schwarzem Fleck im Bereich des 2. und 3. Strahls. – Auf felsigem Grund im Seichtwasser. – Mittelmeer, Atlantik bis Portugal als nördl. Grenze.

744 Schan ***Blennius pholis*** L.
Länge 10 bis 15 cm. Gelb, gelbgrünlich oder rötlich, schwarz gesprenkelt, dunkel gefleckt und gestreift, mit schwarzer, weiß gesäumter Schwanzflosse. Stirnfühler fehlend. 1 ziemlich niedrige, kurz vor der Mitte scharf eingebuchtete Rückenflosse. – Auf felsigem Grund von der Oberfläche an. – Westl. Mittelmeer, Atlantik bis Portugal als nördl. Grenze.

745 Schwarzkopf-Schleimfisch ***Blennius nigriceps*** Vinc. = *Lipophrys n.*
Länge 3 bis 4 cm. Kopf schwarz, Körper rot. Stirntentakel fehlend. 1 Rückenflosse, in der Mitte scharf eingebuchtet. – Zwischen Algen auf Felsgrund von der Oberfläche an. – Mittelmeer.

Dreiflossen-Schleimfische *Tripterygiidae*

Beschuppte Schleimfischartige mit spitzem Maul und 3 Rückenflossen, wovon die 1. und 2. stachelstrahlig sind.

746 Zwergspitzkopf-Schleimfisch ***Tripterygion melanurus*** Guich. = *T. minor.*
Länge bis 5 cm. Körper scharlachrot, Kopf spitzmäulig, schwarzbraun marmoriert, Rücken mit weißen Querstrichen. 1. Rückenflosse klein, dreieckig. – An Felsen, mit raschen, springenden Bewegungen, schon in geringer Tiefe. – Mittelmeer.
Ähnlich, aber größer, bis 8 cm lang, ist ***T. triperonotus*** des gleichen Gebiets, mit Überaugenfühlern, verlängertem 1. Stachelstrahl der 2. Rückenflosse und unscharfen hellen Rückenquerbändern; beim Männchen Kopf schwarz und 1. Stachelstrahl der 2. Rückenflosse verlängert. Davon ist ***T. xanthosoma,*** der in etwas tieferem Wasser zu findende Gelbe Spitzkopf-Schleimfisch, vor allem aufgrund des schwarzbraunen Sattelflecks auf seinem Schwanzstiel zu unterscheiden, und das Männchen während der Fortpflanzungszeit durch seine gelbe Färbung.

Seewölfe *Anarhichadidae*

Große Schleimfischartige mit mäßig gestrecktem, seitlich zusammengedrücktem Körper, gekennzeichnet durch die fehlenden Bauchflossen und das ungemein kräftige Gebiß mit starken gekrümmten Fangzähnen und großen, abgeflachten Mahlzähnen bei endständigem Mund mit weiter, schräg aufwärts gerichteter Mundspalte. Die Haut ist mit rückgebildeten, tief eingebetteten Cycloidschuppen bedeckt; die ausschließlich stachelstrahlige Rückenflosse säumt den Rücken auf ganzer Länge; die gliederstrahlige Afterflosse ist etwas kürzer; die Schwanzflosse ist frei und gerundet. Seewölfe, auch Austernfresser genannt, bewohnen als Bodenfische die untere Litoralzone der nördlichen Meere.

747 Seewolf = Kattfisch ***Anarhichas lupus*** L.
Länge meist bis 1 m (auch bis 1,25 m). Färbung verschieden: Blaugrau bis grau mit 10 bis 12 bei jüngeren Exemplaren deutlichen, bei älteren kaum erkennbaren dunklen Rückenbinden, oder hellbraunrötlich mit schwärzlichen Rückenbinden, manchmal auch grauschwarz bis schwarz. Stachelstrahlen der Rückenflosse mit Ausnahme des letzten kurzen Abschnitts schwach und nachgiebig. – Auf sandigem und steinigem Grund von 20 m Tiefe an, meist tiefer, sich vorwiegend von Muscheln, Krebsen, Stachelhäutern u. a. ernährend. – Atlantik bis Kanalküste als südl. Grenze, Nordsee; in der westl. Ostsee selten.

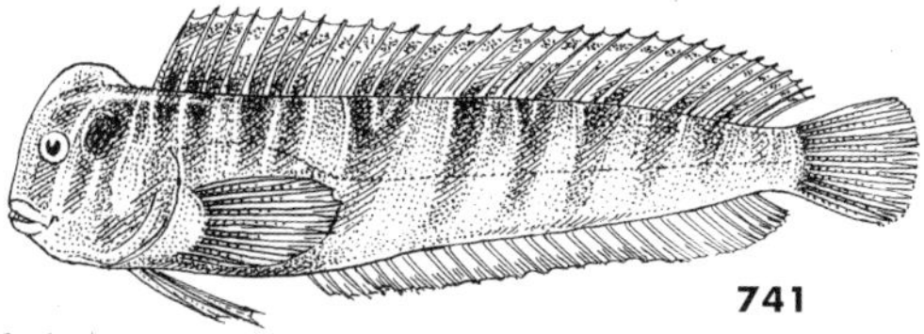

741

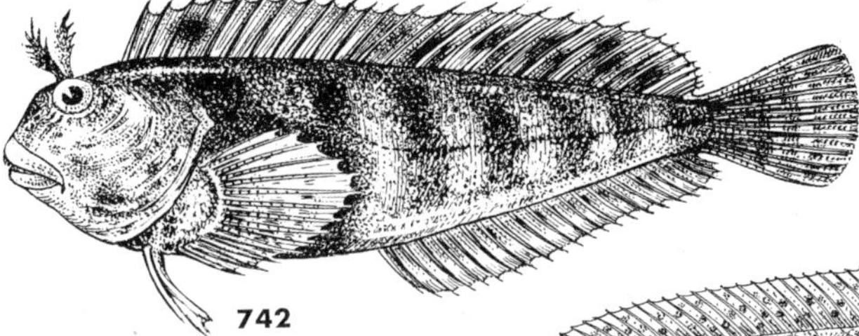

742

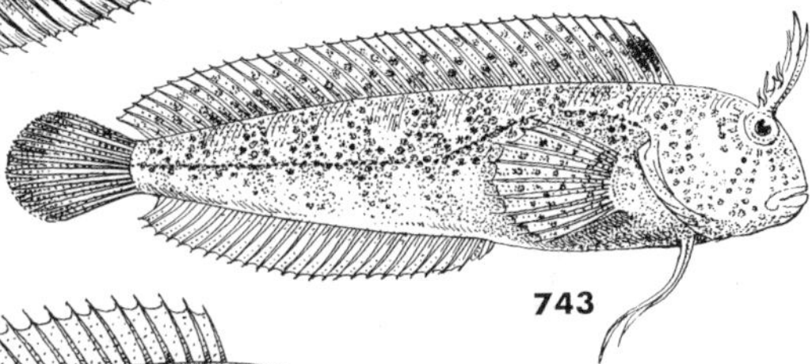

743

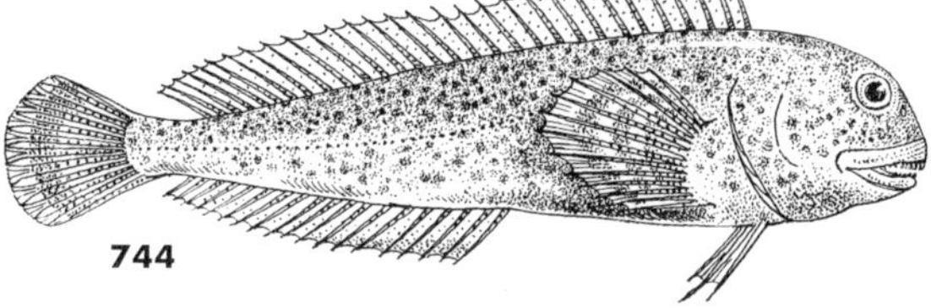

744

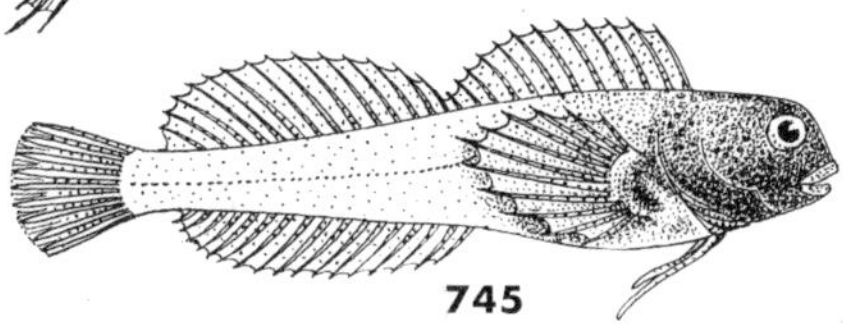

745

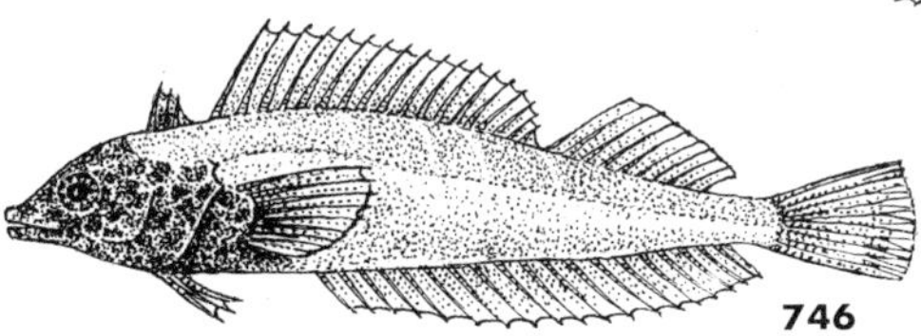

746

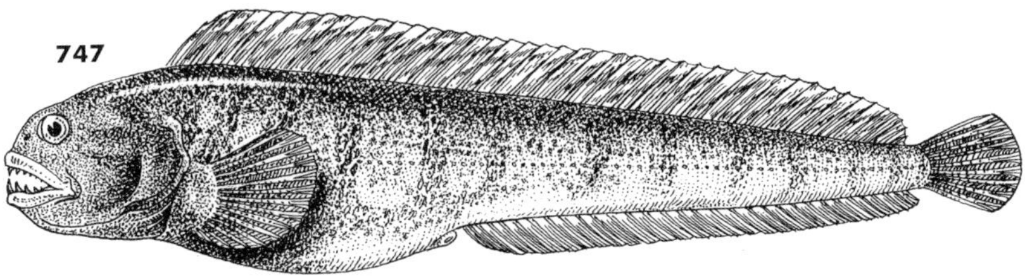

747

Schlangenfische Unterordnung *Ophidioidei*

Barschfische mit langgestrecktem Körper und ausschließlich weichstrahligen Flossen, wobei die Bauchflossen kehlständig und fadenartig umgebildet sind oder fehlen, während Rücken-, Schwanz- und Afterflosse, ineinander übergehend, einen fortlaufenden, langen Saum bilden. Die Haut trägt kleine Cycloidschuppen oder ist nackt. Der Mund ist unterständig. Neben wenigen höhlenbewohnenden tropischen Süßwasserfischen und etlichen Tiefseeformen (Familie *Brotulidae* = Brotuliden) gehören dieser kleinen Gruppe u. a. die im europäischen Küstenbereich wenig vertretenen und vorwiegend in größeren Tiefen lebenden Bartmännchen an, ferner die gleichfalls nicht häufigen Eingeweide- oder Nadelfische. Lediglich aus diesen beiden Familien kommt hier je ein Beispiel zur Darstellung.

Bartmännchen *Ophidiidae*

Schlangenfische mit zu 2 bartelähnlichen Fadenpaaren umgebildeten Bauchflossen.

748 Kleines Bartmännchen *Ophidium barbatum* L.

Länge bis 30 cm. Rücken blaßrot, Seiten rosig, Bauch bläulichweiß, Flossensaum dunkel gerandet. Körper aalähnlich gestreckt, seitlich etwas abgeflacht. Äußere Flossenfäden länger als innere. – Als Bodenfisch in Sand- und Schlammgründen in größeren Tiefen; Jungfische oft im Bereich von Neptungraswiesen. – Mittelmeer, Atlantik bis Biskaya als nördl. Grenze, selten bis Kanalküste.

Eingeweidefische *Fierasferidae* = *Carapidae*

Schlangenfische ohne Bauchflossen, mit mehr oder weniger kehlständiger Afteröffnung und nach hinten spitz zulaufendem Körper, parasitisch in Seegurken, Muscheln und Feuerwalzen lebend.

749 Nadelfisch = Fierasfer ***Fierasfer acus*** (Brünn.).

Länge bis 16, auch bis 20 cm. Körper milchigweiß bis gelblich mit rötlichen Punkten und verschwommenen Flecken. Afteröffnung vor dem Ansatz der Brustflossen. – Ab 10 m Tiefe vorzugsweise in den Wasserlungen und Leibeshöhlen von Seewalzen, wobei Jungfische kopfvoran, ausgewachsene Exemplare schwanzvoran in die Afteröffnung der Holothurie schlüpfen, von deren Geschlechtsorganen sie sich ernähren. – Mittelmeer.

Im Atlantik lebt **F. dentatus** = *Echiodon drummondi*, sehr ähnlich, aber mit hinter den Brustflossen ausmündender Afteröffnung.

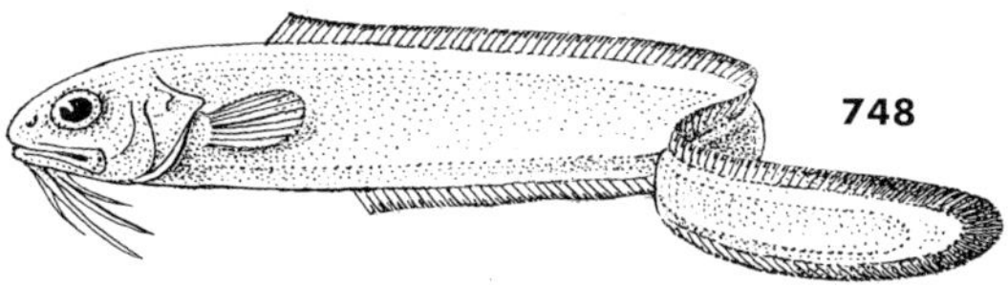

748

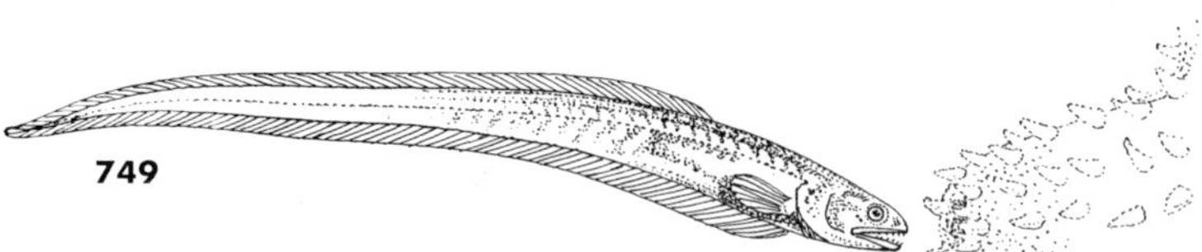

749

Aalmuttern Unterordnung *Zoarcoidei*

Barschfische mit aalähnlich gestrecktem Körper, deren lange Rückenflosse und etwas kürzere Afterflosse, beide mit der Schwanzflosse vereinigt, einen fortlaufenden Saum bilden. Die Haut trägt feine, glatte Cycloidschuppen; die Brustflossen sind wohlentwickelt und gerundet, die Bauchflossen klein, kehlständig; der Mund ist dicklippig, mäßig weit und leicht unterständig. Als marine Kaltwasserformen sind die Gebärfische einerseits sowohl in arktischen und antarktischen Gewässern wie in der Tiefsee vertreten, anderseits auch unter den Grundfischen des Küstenbereichs der gemäßigten bis kalten Zonen der nördlichen Hemisphäre.

750 Aalmutter ***Zoarces viviparus*** L.
Länge meist 30 bis 40 cm (auch bis 45 cm). Grünlichgelb bis gelbbraun mit mehr oder weniger deutlichen, auf die Rückenflosse übergehenden dunklen Rückenbinden und dunklen Seitenflecken. Rückenflosse am Übergang in die Schwanzflosse mit einem kurzen Abschnitt niedrigerer Strahlen. Haut glatt und schleimig. Seitenlinie nur am Rumpf erkennbar. – Auf Sand- und Schlammgrund in der Seegraszone vom Flachwasser an, auch im Brackwasser. – Atlantik bis zur Kanalküste als südl. Grenze, Nordsee, Ostsee. Lebendgebärend.

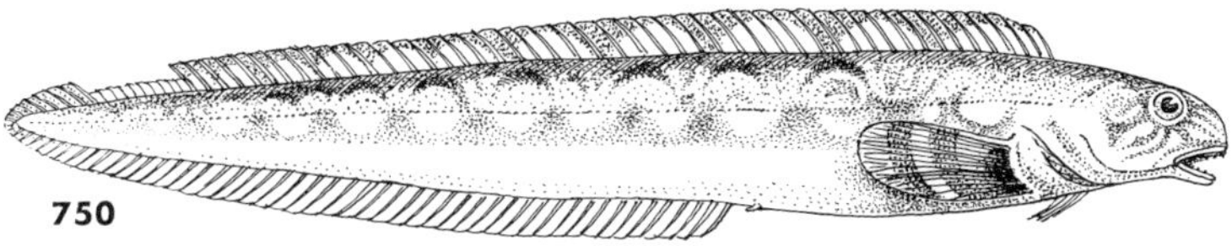

750

Sandaale Unterordnung *Ammodytoidei*

Barschfische mit länglichem, seitlich kaum zusammengedrücktem Körper bei zugespitztem Kopf und mit ausschließlich weichstrahligen Flossen, wobei die Rückenflosse in eine Basalfurche eingelassen und lang ist, die Afterflosse etwas kürzer, die Schwanzflosse frei und gegabelt. Die Haut ist nackt oder mit sehr kleinen, tief eingebetteten Cycloidschuppen bedeckt, der Mund endständig bei verlängertem, zugespitztem Unterkiefer. Die Seitenlinie verläuft, schwach markiert, nahe der Rückenkante. Die Bauchflossen fehlen oder sind klein und kehlständig. Die einzige Familie dieser Gruppe bilden die Sandspierlinge *(Ammodytidae)*, in den kalten und gemäßigten Meeren heimisch, kleinere freischwimmende oder sich in Sand eingrabende Fische, die sich von planktischen Krebsen, Fischlarven sowie von bodenlebenden Wirbellosen ernähren, ihrerseits aber Hauptnahrungstiere wichtiger Nutzfische und damit wesentliche Glieder in der Nahrungskette sind.

751 Großer Sandaal = Gr. Tobiasfisch ***Ammodytes lanceolatus*** Lesauv. = *Hyperoplus l.*
Länge meist 20 bis 30 cm (auch bis 40 cm). Rücken bräunlich- bis gelblichgrün; Seiten mit blausilbernem Längsstreifen, darunter schräg gestrichelt; Bauch und Schwanzunterseite silbrig; auf der Schnauze 2 schwarze Flecken; ganzer Körper schwach durchscheinend. Unterkiefer gegenüber dem Oberkiefer um etwa Kopfhöhe verlängert. Haut sehr kleinschuppig. Bauchflossen fehlend. – Über sandigem Grund vom Flachwasser an, oft in kleinen Schwärmen nahe der Oberfläche, sich bei Beunruhigung blitzschnell in den Boden eingrabend; bei Ebbe auch im trockenfallenden Sand. – Atlantik bis Biskaya als südl. Grenze, Nordsee, Ostsee. – Wird hauptsächlich als Angelköder für den Dorschfang verwendet.
Sehr ähnlich ist ***A. tobianus,*** der Kleine Sandaal = Kl. Tobiasfisch = Kl. Sandspierling, im gleichen Gebiet verbreitet, im Atlantik bis Gibraltar, im Mittelmeer selten, 15 bis 20 cm lang, am Rücken gelblich- bis bläulich- oder blaugrün, an den Seiten silbrig, manchmal mit bläulichem Längsstreifen, an Bauch und Schwanzunterseite weiß bis silbrig, mit kürzerem Unterkiefer ohne Schnauzenflecken, über Sandgrund schon in der Strandnähe oft in großen Schwärmen zu sehen, sich bei Störung ebenfalls blitzschnell eingrabend. Gleiches gilt auch für die mediterrane Form **Gymnammodytes cicerullus,** den Mittelmeer-Sandaal, bis 18 cm lang, am Rücken gelblichgrün mit silbernem seitlichem Längsband, auf dem Kopf oft blau gefleckt, mit schuppenloser Haut und leicht gewellter Rücken- und Afterflosse.

751

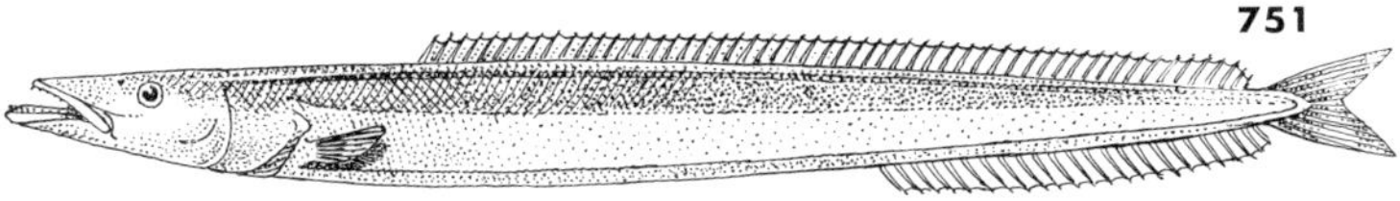

Makrelenartige Unterordnung *Scombroidei*

Barschfische mit spindelförmigem Körper bei in der Regel von winzigen Cycloidschuppen bedeckter Haut, meist 2 gut entwickelte Rückenflossen tragend und mit brustständigen Bauchflossen, während zwischen der 2. Rückenflosse bzw. der annähernd gleich großen Afterflosse und der gegabelten oder halbmondförmigen Schwanzflosse kleine Flößchen stehen. Einige durch einen schwertartig verlängerten Oberkiefer gekennzeichnete Formen der Gruppe haben nur 1 Rückenflosse, während die Bauchflossen fehlen oder sehr schmal und lang ausgezogen sind und kleine Flößchen vor der Schwanzflosse fehlen. Die Makrelenartigen sind pelagisch lebende Meeresfische, vorwiegend in tropischen und gemäßigten Gewässern verbreitet, wirtschaftlich von großer Bedeutung.

Makrelen und Thunfische *Scombridae*

Makrelenartige mit 2 gut entwickelten Rückenflossen, brustständigen Bauchflossen und einer Anzahl kleiner Flößchen zwischen der 2. Rückenflosse bzw. der Afterflosse und der Schwanzflosse, ohne Kieferverlängerung. Der Mund ist endständig, die Mundspalte weit, die Seitenlinie vollständig; der dünne, aber kräftige Schwanzstiel kann seitlich gekielt sein.

752 Atlantische Makrele *Scomber scomber* L. = S. *scombrus*.
Länge meist 25 bis 35 cm (auch bis 50 cm). Rücken blaugrün (tot blau) mit welligen schwarzen Querstreifen; Seiten und Bauch opalisierend mit rötlichem Schimmer (tot silbrig). Rückenflossen weit getrennt, die stachelstrahlige 1. kurz, mit 10 bis 15 Strahlen; hinter 2. Rückenflosse und Afterflosse 5 bis 6 Flößchen; Schwanzstiel schwach gekielt; ohne große Schuppen an der Brust und ohne Schwimmblase. – Im freien Wasser, oft in großen Schwärmen und manchmal dicht unter der Oberfläche, zeitweise auch in Küstennähe. – Mittelmeer, Atlantik, Nordsee.
Fischereiwirtschaftlich wichtig; wird mit Schlepp- und Stellnetzen, Reusen und Angeln gefangen, im Mittelmeer auch nachts, zugleich mit Sardinen (s. S. 266); wird als Speisefisch mit zartem schmackhaftem Fleisch frisch sehr geschätzt; auch geräuchert und in Dosen konserviert auf dem Markt.

753 Blasenmakrele = Mittelmeer-Makrele ***Scomber japonicus*** Houtt. = *S. colias*.
Länge bis 35 cm, selten bis 60 cm. Form und Färbung ähnlich wie S. scomber, aber am Rücken winklig quergestreift, an den Seiten unterhalb der Seitenlinie dunkel getupft, mit großen Augen und goldigem Streifen vom Kiemendeckel zur Schwanzflosse. 1. Rückenflosse mit 7–9 Stachelstrahlen. Schwimmblase vorhanden (daher der Name). – Im offenen Meer lebender, wirtschaftlich wichtiger Schwarmfisch. – Mittelmeer. – Fang wie bei *S. scomber*.

754 Pelamide *Sarda mediterranea* Jord. u. Gilb. = *S. sarda* = *Pelamys* s.
Länge meist 35 bis 60 cm (auch bis 70 cm). Rücken blau bis blaugrün mit 7 bis 9 schwarzen Schrägstreifen, bei jungen Exemplaren mit undeutlichen Querbändern, die später fast völlig verschwinden; Seiten und Bauch hellgrausilbrig. Rückenflossen unmittelbar hintereinander stehend, die stachelstrahlige 1. lang, mit 21 bis 24 Strahlen; hinter der 2. Rückenflosse 7 bis 10, hinter der Afterflosse 5 bis 8 Flößchen; Schwanzstiel deutlich gekielt. – Im freien Wasser meist in größeren Schwärmen, oft oberflächennah. – Mittelmeer, Atlantik bis Biskaya als nördl. Grenze, selten bis Südengland. –
Im gleichen Gebiet kommt ***Orcynopsis unicolor*** vor, der Palomede, bis 80 cm lang, rückenseits bläulich mit 11 bis 13 Strahlen in der 1. Rückenflosse, an den Seiten gelblichgrau, bauchseits silbrig.

755 Unechter Bonito = Makrelenthunfisch ***Auxis thazard*** (Lac.) = *A. bisus*.
Länge 30 bis 50 cm. Rücken blau mit unregelmäßig gewundenen und verzweigten dunkelblauen oder schwarzen Fleckbändern; Seiten bläulich; Bauch silbrig. Rückenflossen weit getrennt, die stachelstrahlige 1. kurz, mit 10 bis 11 Strahlen; hinter der 2. Rückenflosse 7 bis 9, hinter der Afterflosse 7 Flößchen; Schwanzstiel deutlich gekielt; Brust mit großen Schuppen. – Lebt in größeren Tiefen, kommt aber vom Spätfrühling an schwarmweise in Küstennähe. – Mittelmeer, Atlantik bis Biskaya als nördl. Grenze, selten bis Südengland. – Fleisch gut.

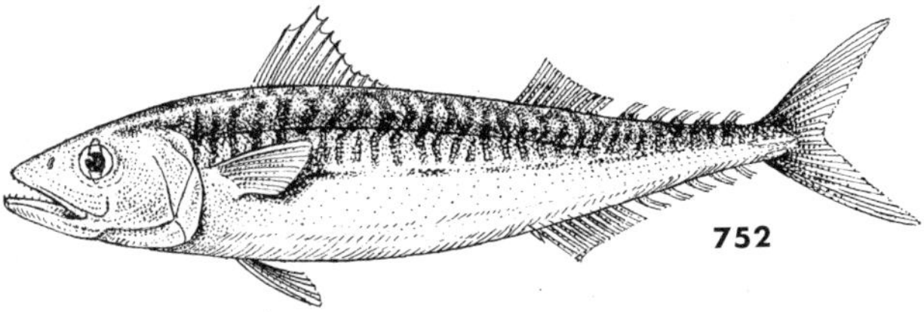
752

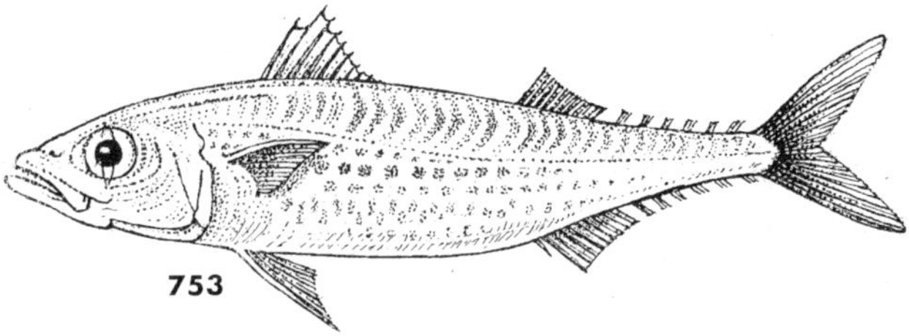
753

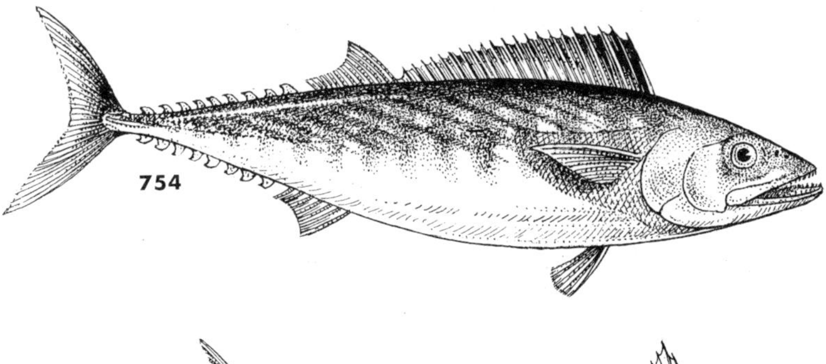
754

755

Makrelenartige

756 Echter Bonito *Gymnosarda pelamis* (L.) = *Thynnus p.* = *Euthynnus p.* = *Katsuwonus p.*
Länge 50 bis 70 cm (selten bis 1 m). Rücken dunkelblau; Seiten und Bauch silbrig weiß mit bräunlichen bis braunen Längsbändern von zunehmender Länge. Rückenflossen knapp getrennt, die stachelstrahlige 1. lang, mit 14 bis 16 Strahlen von nach hinten rasch abnehmender Höhe; hinter der 2. Rückenflosse 8, hinter der Afterflosse 7 Flößchen, Schwanzstiel stark gekielt. – Lebt in größeren Tiefen, kommt aber vom Spätfrühling an in Küstennähe. – Mittelmeer, Atlantik bis Biskaya als nördl. Grenze, selten bis Südengland. – Als Speisefisch mäßig geschätzt.

757 Thonine *Gymnosarda alletterata* (Raf.) = *Euthynnus thunnia.*
Länge 40 bis 70, auch bis 90 cm. Rücken dunkelblau mit unregelmäßigen schwarzen Mäanderstreifen, Seiten silbriggrau mit runden schwarzen Flecken zwischen Brust- und Bauchflosse, bei Jungfischen mit wenigen kurzen, verschwommenen Längsstreifen über der Seitenlinie. Schwanzstiel deutlich gekielt. 1. Rückenflosse mit 15–16 Strahlen; 8–9 Flößchen hinter der 2. Rückenflosse, 6–8 Flößchen hinter der Afterflosse. – Schwarmfisch des offenen Wassers. – Mittelmeer, Atlantik bis Biskaya als nördl. Grenze. – Geschätzter Speisefisch. Fang wie beim Thunfisch.

758 Thunfisch = Roter Thun ***Thunnus thynnus*** L. = *Orcynus t.*
Länge meist 80 cm bis 1,40 m (auch über 2 m). Rücken schwarzblau; Seiten blaugrau; Bauch silbrig weiß. Rückenflossen unmittelbar hintereinander stehend, die stachelstrahlige 1. lang, mit 14 oder 15 Strahlen von abnehmender Höhe; hinter der 2. Rückenflosse 8 bis 10, hinter der Afterflosse 7 bis 9 Flößchen. Schwanzstiel deutlich gekielt, Brustflossen nicht bis zum Ende der 1. Rückenflosse reichend. – In größeren Tiefen lebender Wanderfisch; kommt im Mittelmeer im Frühjahr in Küstennähe. – Mittelmeer, Atlantik, (selten) Nordsee. – Wirtschaftlich wichtiger Nutzfisch; wird an bestimmten Stellen, an denen die Thunfischzüge regelmäßig in Küstennähe kommen, gefangen; das Fleisch, frisch besonders schmackhaft und entsprechend geschätzt, wird in größeren Mengen zu Ölkonserven verarbeitet.
An den mediterranen Küsten fischereiwirtschaftlich noch wichtiger ist ***T. alalunga*** = *Germo a.*, der Weiße Thun, auch Germon genannt, 60 cm bis 1 m lang, gleich gefärbt wie die oben beschriebene Art, aber mit ausnehmend langen Brustflossen, die bis ans Ende der 2. Rückenflosse reichen.

Schwertfische *Xiphiidae*

Durch die spitz ausgezogenen Kiefer, insbesondere den schwertartig verlängerten Oberkiefer gekennzeichnete Makrelenartige mit unbeschuppter Haut und 1 hinter dem Kopf in hoher Sichelform beginnender, niedrig fortgesetzter Rückenflosse; ohne Bauchflossen und ohne kleine Flößchen vor der halbmondförmigen Schwanzflosse, während die Afterflosse einen wohlentwickelten vorderen Lappen aufweist, bei sich mit zunehmendem Alter verkleinerndem hinterem Lappen. Die Familie umfaßt eine einzige rezente, in den tropischen, subtropischen und gemäßigten Meeren verbreitete Art.

759 Schwertfisch *Xiphias gladius* L.
Länge meist 1 bis 1,5 m (auch über 3 m). Färbung am Rücken dunkel- bis schwarzblau, an den Seiten aufhellend zu blau- bis silbergrau, in Bauchmitte gräulichweiß. – Lebt im offenen Meer, meist in kleinen Gruppen, aber auch einzeln oder paarweise; ernährt sich räuberisch von Heringen, Makrelen u. a., oft in Oberflächennähe jagend, manchmal auch aus dem Wasser springend. Kommt im Sommer in Küstennähe und wird mit besonderer Netzen gefangen. – Mittelmeer, Atlantik, (selten) Nordsee und westl. Ostsee. – Das Fleisch ist besonders bei jungen Exemplaren zart und schmackhaft, wie beim Tunfisch.

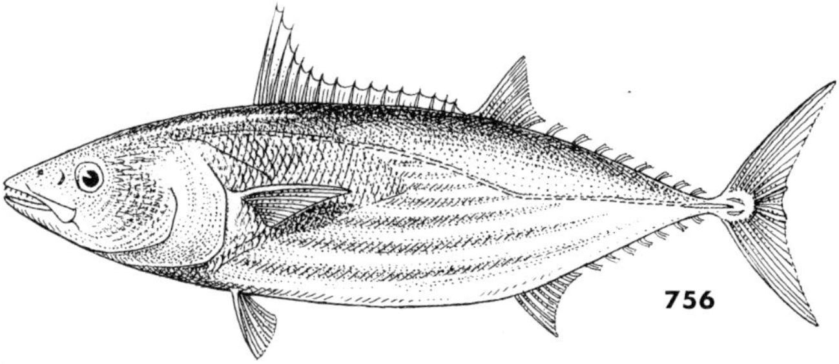

756

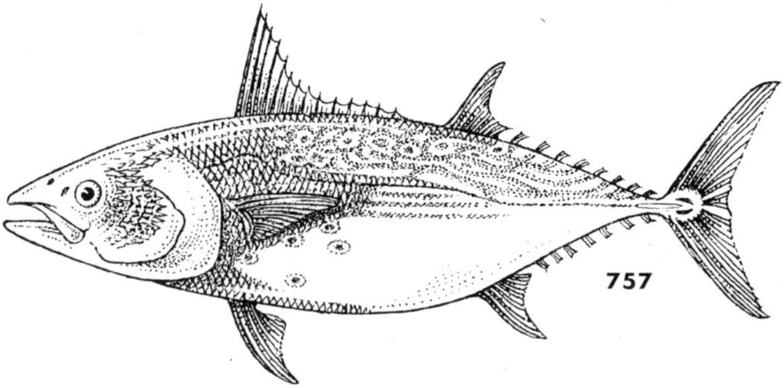

757

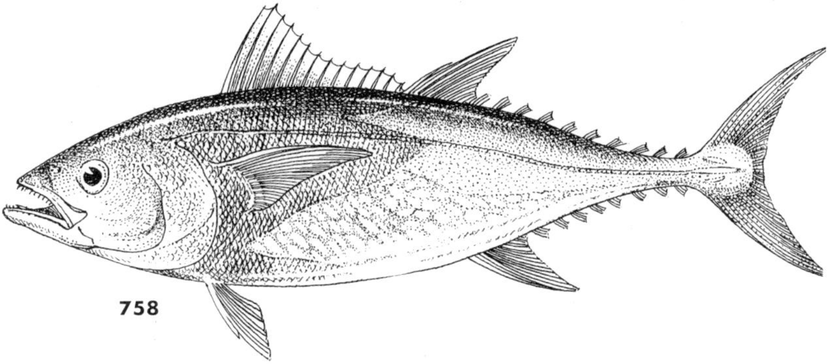

758

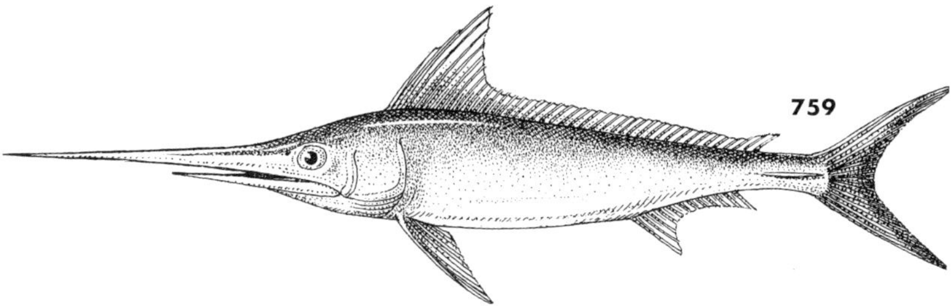

759

Meergrundelartige Unterordnung *Gobioidei*

Barschfische, die 2 Rückenflossen tragen, und deren Bauchflossen in der Regel so verwachsen sind, daß sie, frei beweglich bleibend, zusammen eine Haftscheibe bilden, mit der sich die Tiere auf flacher Unterlage festheften können.

Meergrundeln *Gobiidae*

Vorwiegend in der Litoralzone tropischer und gemäßigter Gewässer als Grundfische lebende, selten pelagische, kleine Meergrundelartige mit gedrungenem bis mäßig gestrecktem, seitlich kaum zusammengedrücktem Körper. Die 1. Rückenflosse ist stets kürzer, von nachgiebigen Stachelstrahlen gestützt, die 2. der darunter stehenden Afterflosse annähernd gleich, die Schwanzflosse mehr oder weniger gerundet. Die nahe beisammen ansetzenden Bauchflossen sind brustständig und an ihren inneren Strahlen miteinander verbunden. Die Schuppen sind, wenn vorhanden, meist ctenoid. Die Seitenlinie ist schwach oder gar nicht markiert. Kennzeichnend für die bodenlebenden Meergrundeln ist im übrigen ihre Fortbewegungsweise: ein sprunghaftes Gleiten knapp über dem Grund unter Einsatz von Schwanzflosse und Brustflosse bei gestrecktem Körper und mit häufigem Aufsetzen, wobei die Bauchflossen als Haftscheibe benutzt werden. Die Bestimmung der einzelnen, teils sehr ähnlichen Arten ist meist schwierig und vielfach nur nach Verschiedenheiten in der Anordnung kleiner Papillenreihen auf der Kopfhaut möglich. Die hier gegebenen Beispiele sind daher auf einige verhältnismäßig leicht erkennbare Formen beschränkt.

760 Fleckgrundel = Schwimmgrundel ***Gobiusculus flavescens*** (Fabr.) = *Gobius f.*
Länge 4 bis 10 cm. Gelblichgrau bis ziegelrot oder olivbraun mit helleren Flecken, insbesondere auf dem Rücken, der vorne unbeschuppt ist; in Schwanzstiel-Mitte beidseits 1 schwarzer Fleck; Männchen mit einem weiteren schwarzen Fleck hinter dem Brustflossen-Ansatz. Mundspalte schräg aufwärts gerichtet. Rückenflossen mit deutlichem Abstand, die 1. mit 7 bis 8, die 2. mit 10 bis 12 Strahlen. – Oft in großen Schwärmen freischwimmend und oberflächennah in der Seegraszone und an Pfahlwerk mit Algenbewuchs. – Atlantik, Nordsee, Ostsee.

761 Marmorgrundel *Gobius marmoratus* Risso.
Länge 4 bis 6 cm. Hell- bis gelblichgrau, am Rücken braun oder gelblichrot gefleckt, manchmal mit 4 bis 6 dunklen Sattelbinden, an den Seiten unregelmäßig braun bis rötlichgrau gefleckt; Rückenflossen rosig gestreift; Schwanzflosse mit ziegelroten Linien. Rückenflossen weit getrennt, die 1. mit 6 Strahlen, hinten schwarz gefleckt, die 2. mit 8 bis 11 Strahlen. – In Algenwiesen vom Seichtwasser an, vorzugsweise im Brackwasser. – Mittelmeer und angrenzender Atlantik.

762 Vierfleck-Grundel *Gobius quadrimaculatus* Cuv. u. Val.
Länge 6 bis 9 cm. Gelblichgrau mit leichter dunkelbräunlicher Marmorierung und 4 zwischen dem Ende der Brustflossen und der Schwanzflosse gleichmäßig verteilten Seitenflecken. Rückenflossen ziemlich weit getrennt, die 1. mit 6 an den Spitzen freien Strahlen, die 2. mit 10 bis 11 Strahlen. – In Küstennähe von etwa 40 m Tiefe an. – Mittelmeer.

763 Anemonengrundel = Streifengrundel ***Gobius buchichii*** Steind.
Länge 6 bis 10 cm. Gelbgrau bis -braun mit dunklerer Marmorierung und mehreren Längsreihen schwärzlicher Seitenflecken; Brustflossen mit 1 schwarzen Fleck am Ansatz. Rückenflossen deutlich getrennt, die 1. mit 6 Strahlen, die 2. mit 15 bis 16 Strahlen. – Auf steinigem Sand- und Schlammgrund vom Seichtwasser an, oft zwischen den Tentakeln von Wachsrosen (einziger europäischer «Anemonenfisch»). – Mittelmeer.

764 Blutmundgrundel *Gobius cruentatus* L.
Länge 10 bis 18 cm. Rötlichbraun bis -grau, oben dunkler marmoriert, am Kopf rot gefleckt, besonders auf Lippen, Schnauze und Kiemendeckeln. Brustflossen mit an den Spitzen freien und gefaserten Strahlen; Rückenflossen deutlich getrennt, die 1. mit 6 Strahlen, die 2. mit 15 Strahlen. – In Seegras- und Neptungraswiesen von mittleren Tiefen an. – Mittelmeer.

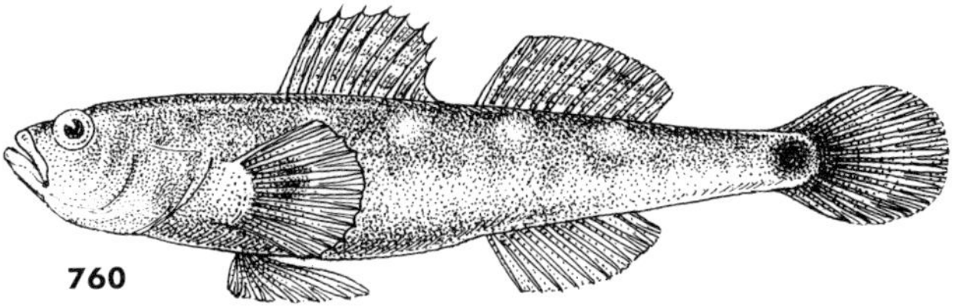

760

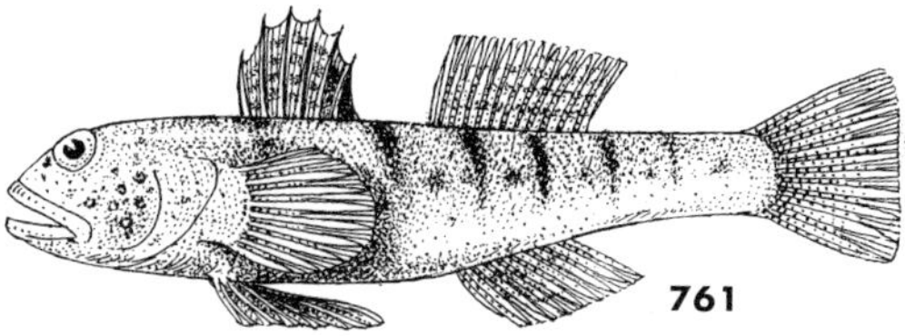

761

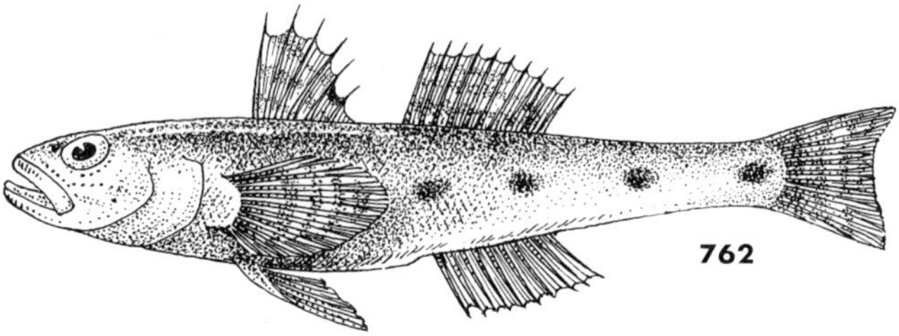

762

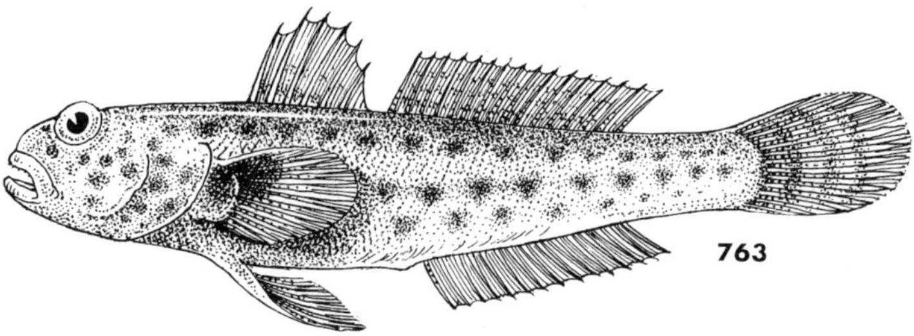

763

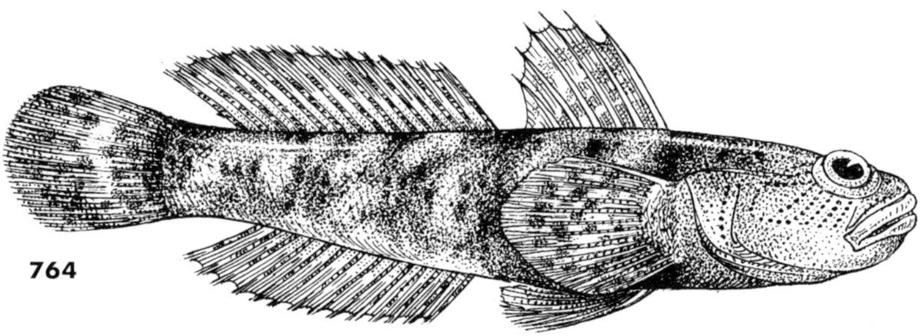

764

Meergrundelartige

765 Schwarzgrundel ***Gobius jozo*** L. = *G. niger* = *G. ater.*
Länge 10 bis 15 cm. Färbung verschieden: schwarz, dunkel marmoriert, braun bis bräunlich, gelb oder grau, mit dunklen Punkten oder Flecken an den Seiten, Rückenflossen und Schwanzflosse. 1. Rückenflosse mit 6 an den Enden freien Strahlen; 2. Rückenflosse knapp hinter der 1. ansetzend, mit 11 bis 14 Strahlen; innere Strahlen der Brustflossen bei erwachsenen Exemplaren oft gefasert. – Auf Sand- und Schlammgrund vom Seichtwasser an, auch in Flußmündungen und Brackwasserlagunen; baut Nester unter Muschelschalen. – Mittelmeer, Atlantik, Nordsee, westl. Ostsee. – Bis neuere Untersuchungen ergaben, daß es sich um die gleiche Art handelt, wurden *G. jozo* und *G. niger* als Blaugrundel und Schwarzgrundel getrennt beschrieben.

766 Strandgrundel ***Gobius microps*** (Kröy.) = *Pomatoschistus m.*
Länge 4 bis 7 cm. Gelblich, grünlich oder bräunlich mit dunklen Seitenflecken, die manchmal mit kurzen, schmalen Querstreifen alternieren; Rückenflossen und Schwanzflosse dunkel gefleckt. 1. Rückenflosse mit 6 Strahlen; 2. Rückenflosse knapp hinter der 1. ansetzend, mit 9 bis 10 Strahlen. Rücken vom Kopf bis zum Ansatz der 2. Rückenflosse unbeschuppt. – Auf Sandgrund vom Seichtwasser an, oft in großer Zahl, vorzugsweise im Brackwasser und an der Mündung kleiner Wasserläufe. – Mittelmeer, Atlantik, Nordsee, Ostsee.

767 Sandgrundel = Kleine Meergrundel ***Gobius minutus*** Gmel.
Länge 6 bis 9 cm. Graugelblich mit verschwommenen schwarzen Punkten; Rücken mit ungleichmäßiger dunkler Sattelstreifung und mit schwärzlich gerandeten Schuppen über der Seitenlinie; in Seitenmitte eine Längsreihe von 5 schwarzen Tupfen; Kopf leicht abgeflacht, mit eng zusammenstehenden, durch einen Kiel getrennten Augen; 2. Rückenflosse mit 11 – 12 Strahlen; Schwanzflossenansatz mit dreieckigem dunklem Fleck. – Auf Sandgrund vom Seichtwasser an. – Mittelmeer, Atlantik.
Recht ähnlich sieht u. a. ***G. pictus,*** die Fleckengrundel der Mittelmeer-, Atlantik- und Nordseeküste aus, bis 6 cm lang, eher vereinzelt auf kiesigem bis steinigem Grund mit Algenbewuchs lebend, bei ähnlicher Färbung und Fleckung, mit 4 hellen Sattelflecken auf dem Rücken, 5 dunkelbraunen Flekken in Seitenmitte mit regelmäßigem Abstand in Längsreihe, während beide Rückenflossen 2 Längsreihen schwarzer Flecken aufweisen bei 6 Strahlen in der 1. und 9 bis 10 Strahlen in der 2. Rückenflosse.

768 Paganellgrundel = Felsengrundel ***Gobius paganellus*** L.
Länge bis 12 cm. Gelb- bis braungrün mit dunklen Flecken oder braun mit dunklerem Rücken. Augen groß und nahe zusammengerückt. Brustflossen mit an den Spitzen freien und gefaserten Strahlen. Rückenflossen knapp getrennt, die 1. mit 6 Strahlen, gebändert, die 2. mit 15 bis 16 Strahlen, hell gesäumt. – Auf verschiedenem Grund vom Seichtwasser an, auch in Brackwasserlagunen und in Hafenbecken. – Mittelmeer, Atlantik bis Südengland als nördl. Grenze.

769 Große Meergrundel ***Gobius exanthematicus*** Pall. = *G. cobitis* = *G. capito.*
Länge meist 15 bis 20 cm (auch bis 28 cm). Braungelb, olivgrün oder braungrün, dunkel marmoriert oder gefleckt. Augen verhältnismäßig klein und hoch sitzend. Brustflossen mit innen an den Spitzen freien und gefaserten Strahlen; Rückenflossen deutlich getrennt, die 1. mit 6 Strahlen, die 2. mit 14 bis 15 Strahlen; Bauchscheibe breit, zweilappig. – Auf algenbewachsenem Felsgrund vom Flachwasser an. – Mittelmeer, Atlantik bis zur Biskaya als nördl. Grenze, selten bis Kanalküste.

770 Rosige Glasgrundel ***Brachyochirus pellucidus*** Nardo = *Aphia minuta.*
Länge bis 6 cm. Durchscheinend weißlich mit rosigem Schimmer, über der Seitenmitte, am Schwanzstiel und längs der Afterflosse rotbraun und schwarz gepunktet. Rückenflossen farblos, weit getrennt, die 1. mit 5 Strahlen, die 2. mit 12 bis 14 Strahlen; Schwanzflosse gerade abgestutzt. – Von 3 m Tiefe an, freischwimmend, lokal in großen Schwärmen. – Mittelmeer, Atlantik, Nordsee, westl. Ostsee. – Wird in der Umgebung von Nizza in beträchtlichen Mengen gefangen und, zubereitet, unter der Bezeichnung «Nounat» aufgetischt.
Recht ähnlich ist ***Crystallogobius nilssoni,*** die Kristallgrundel, im gleichen Gebiet (Ostsee ausgenommen) von etwa 10 m Tiefe an freischwimmend zu finden, bis 5 cm lang, mit nur 2 Strahlen in der 1. Rückenflosse und 19 bis 21 Strahlen in der sehr niedrigen 2., nur längs der unteren Seitenkante und an den Kiefern gepunktet, mit eingebuchteter Schwanzflosse.

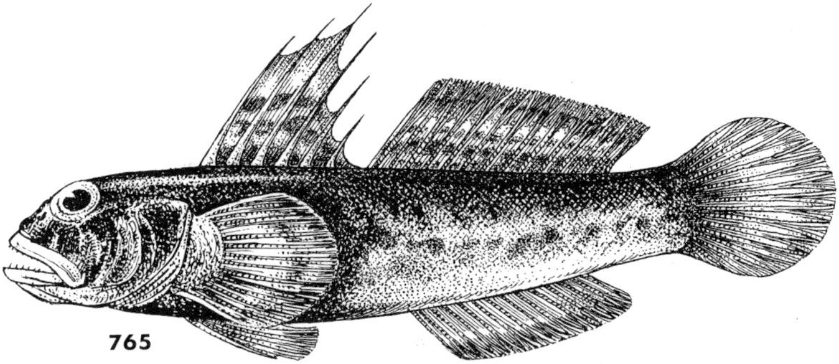

765

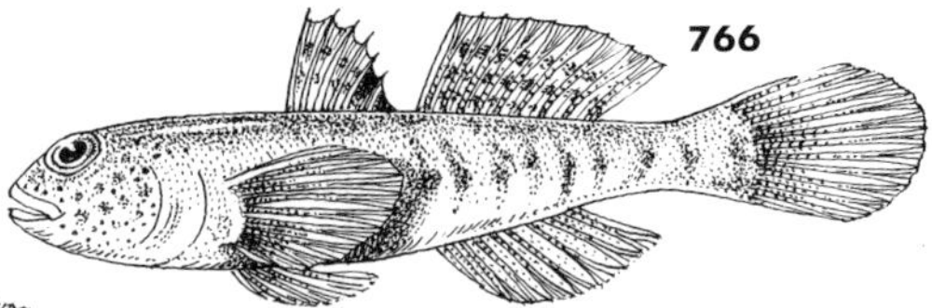

766

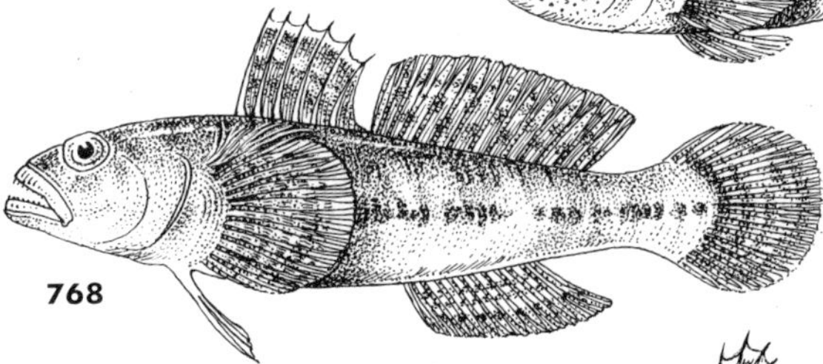

768

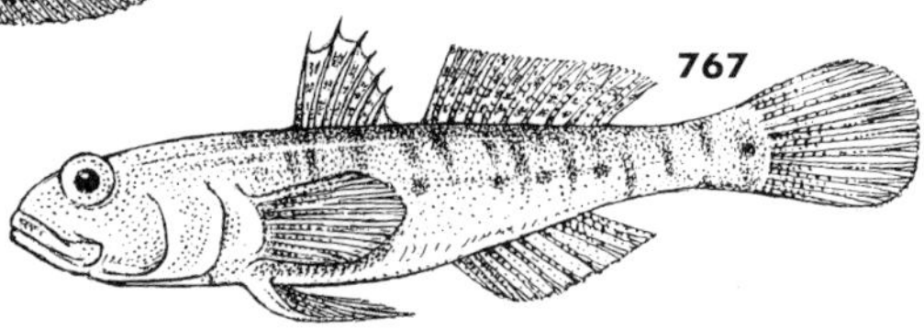

767

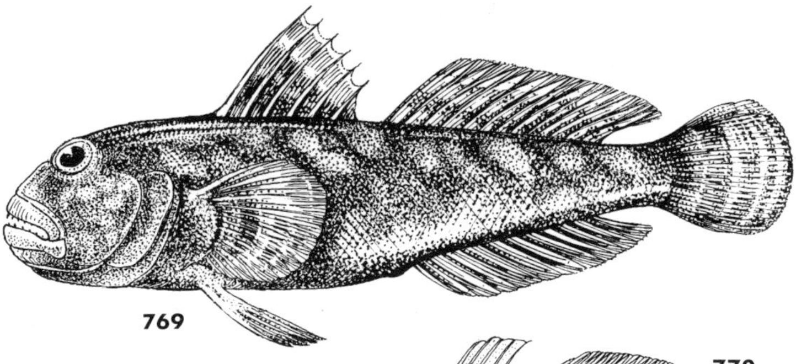

769

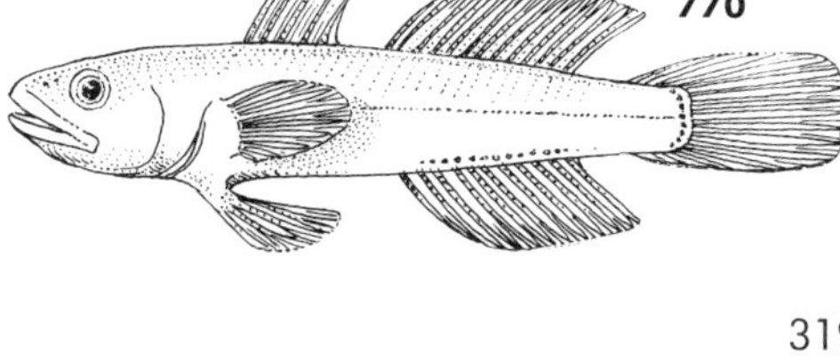

770

Saugfische = Scheibenbäuche Unterordnung *Gobioesocoidei*

Kleine bodenlebende Barschfische der Litoralzone tropischer und gemäßigter Meere mit unbeschupptem, bauchseits abgeplattetem Körper, deren Bauch- und Brustflossen gemeinsam zu einer oft quergeteilten Saugscheibe verwachsen sind. Die einzige Rückenflosse ist ebenso wie die Afterflosse schwanzständig, die Schwanzflosse gerundet. Die Augen sind oberständig.

771 Zweipunkt-Ansauger *Diplecogaster bimaculatus* Bonnat. = *Lepadogaster b.*
Länge 3 bis 6 cm. Rötlich bis rot, gelblich oder bräunlich, mit gelben, braunen oder violetten Flekken; bei erwachsenen Männchen beidseits hinter den Brustflossen 1 purpurroter, gelb umrandeter Augenfleck. Mund endständig, mit vorragenden Schneidezähnen; Nasenöffnung auf kurzen Papillen; Augen vorstehend; Rücken- und Afterflosse sehr kurz; Schwanzflosse frei. – Auf sandigem Grund unter Algen und Steinen vom Seichtwasser an. – Mittelmeer, Atlantik.
Bei gleicher Verbreitung sehr ähnlich ist u.a. ***Lepadogaster gouani,*** der Bandschild, 5 bis 10 cm lang, verschieden gefärbt, oft rötlich oder grünlichgrau mit braunen, auf dem Rücken manchmal blauen Flecken; vordere Nasenöffnung mit zweiteiligen Fäden; Schneidezähne verdeckt; Rückenflosse länger als Afterflosse, beide mit der Schwanzflosse vereinigt.

772 Stumpfnasen-Ansauger *Gouania wildenowi* Risso.
Länge 4 bis 7 cm. Gräulich oder graugelb bis braungrün. Körper gestreckt, hinten seitlich zusammengedrückt. Mund endständig; vor den Nasenöffnungen kurze einfache Fäden. Rücken- und Afterflosse kurz, niedrig und mit der Schwanzflosse zu einem fortlaufenden Saum vereinigt. – Unter Algen und Steinen vom Seichtwasser an. – Mittelmeer.

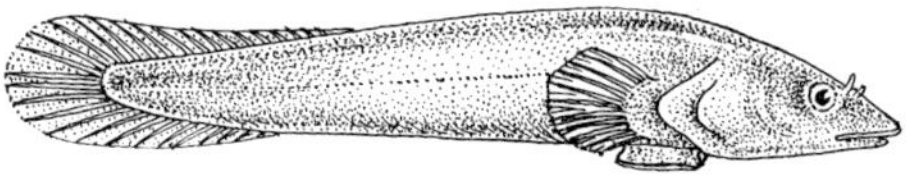
772

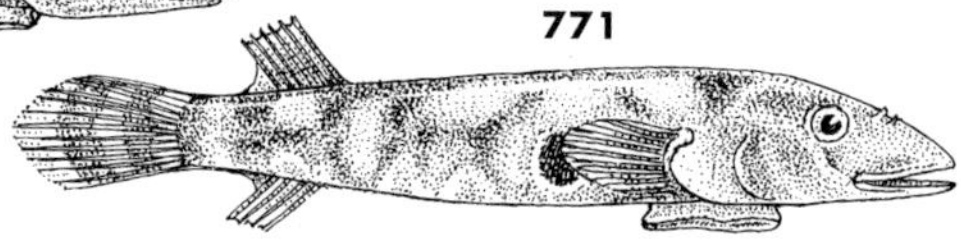
771

Panzerwangen Unterordnung *Cottoidei*

Barschfische mit oft auffallend kantigem, gepanzertem und bedorntem Kopf, stachelttragenden Kiemendeckeln, starkschuppigem oder gepanzertem Körper und 1 oder 2 Rückenflossen. Teils mit bodenlebenden, teils mit pelagischen Formen ist diese Gruppe in allen Meeren vertreten, sowohl in der Küstenzone wie in bedeutenden Tiefen.

Drachenköpfe *Scorpaenidae*

Panzerwangen mit gedrungenem, von Ctenoidschuppen bedecktem Körper bei endständigem Mund, ohne Knochenplatten, jedoch mit mehr oder weniger stark ausgebildeten Stacheln am Kopf, und mit 1 tief eingeschnittenen Rückenflosse, deren stachelstrahliger Teil gewöhnlich länger ist als der weichstrahlige. Die Brustflossen haben keine freistehenden Stacheln; die Bauchflossen sind brustständig; die unter dem weichstrahligen Teil der Rückenflosse stehende Afterflosse ist verhältnismäßig kurz. Die Seitenlinie ist deutlich ausgeprägt. Dieser Familie gehören u.a. die sowohl ihrer Schönheit wie ihrer Giftigkeit wegen bekannten Rotfeuerfische der tropischen Meere an, anderseits der wohl «häßlichste» und giftigste Fisch der Welt, *Synanceia verrucosa,* der im Indopazifik heimische Steinfisch. Giftführende Stachelstrahlen sind auch den an den europäischen Küsten vorkommenden Arten der Gattung *Scorpaena* eigen. Sie zählen zu den Drachenköpfen im engeren Sinn, die zudem dadurch ausgezeichnet sind, daß sie sich regelmäßig häuten.

773 Kleiner Drachenkopf = Brauner D. = Kl. Meersau ***Scorpaena porcus*** L.
Länge meist 15 bis 25 cm (auch bis 30 cm). Rötlichbraun bis braun, dunkel gefleckt. Rückenflosse ohne schwarzen Fleck. Kinn ohne Hautläppchen. Stachelstrahlen der Rückenflosse und Kiemendekkeldornen giftführend. – Auf felsigem, algenbewachsenem Grund vom Seichtwasser an. – Mittelmeer, Atlantik bis Biskaya als nördl. Grenze. – Wird vor allem als Suppenfisch verwendet.

774 Kleiner roter Drachenkopf *Scorpaena ustulata* Sow. = *S. notata.*
Länge meist bis 14, auch bis 18 cm. Graurötlich, braun gefleckt, manchmal mit gelben Zwischentönen. Kinn ohne Hautläppchen. Rückenflosse mit schwarzem Fleck zwischen 8. und 10. Strahl. Stachelstrahlen der Rückenflosse und Kiemendeckeldornen giftführend. – Auf Sand- und Schlammgrund, auch in Neptungraswiesen, von 5–10 m Tiefe an. – Mittelmeer, Atlantik bis Biskaya als nördl. Grenze.

775 Großer Drachenkopf = Roter D. = Gr. Meersau ***Scorpaena scrofa*** L.
Länge meist 30 bis 40 cm (auch bis 50 cm). Rötlich und rot marmoriert (manchmal mit gelben Zwischentönen), braun und schwarz gefleckt. Kinn mit wenigen kurzen Hautläppchen besetzt. Stachelstrahlen der Rückenflosse und Kiemendeckeldornen giftführend. – Vorzugsweise auf felsigem Grund, aber auch in Algen- und Neptungraswiesen sowie auf Sand- und Schlammgrund, von 10 m Tiefe an. – Mittelmeer, Atlantik bis Biskaya als nördl. Grenze. – Wird vorzugsweise für Fischsuppen verwendet und gilt als Krönung einer echten Bouillabaisse.
Drachenkopfstiche: Behandlung s. S. 256. Giftwirkung schwächer als bei Drachenfischen (s. S. 305).

776 Kleiner Rotbarsch ***Sebastes viviparus*** Kröy.
Länge meist 20 bis 35, auch bis 45 cm. Schmutzigrot mit rötlichweißem Bauch, auf dem Kiemendekkel schwarz gefleckt. Stachelstrahlen der Rückenflosse und Kiemendeckeldornen nicht giftführend. Unterkiefer vorstehend; Mundhöhle hellrot. – In Tiefen von 50 m an über felsigem Grund. Lebendgebärend. – Atlantik bis Kanalküste als südl. Grenze. – Als Speisefisch geschätzt, aber ohne wirtschaftliche Bedeutung, im Gegensatz zum Großen Rotbarsch des nördlichen Atlantiks.
Nah verwandt, aber weniger begehrt ist ***S. dactylopterus,*** das Blaumaul, eine im Atlantik etwas weiter südlich vordringende, ebenfalls in tiefem Wasser lebende kleinere Art, 15 bis 25 cm lang, rötlich bis rot, mit 4 bis 5 braunen Sattelstreifen und blauer bis blauschwarzer Mundhöhle.

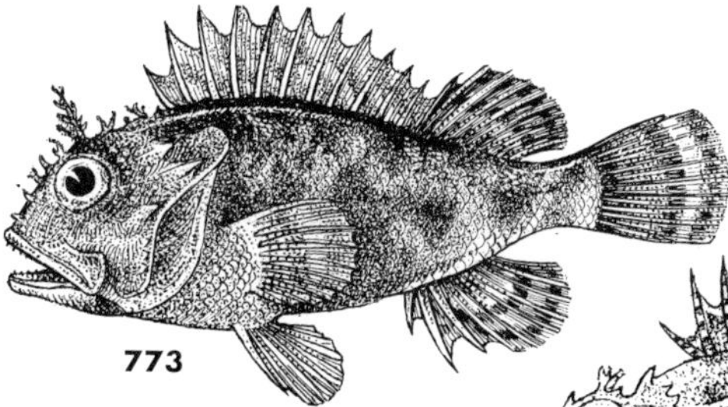

773

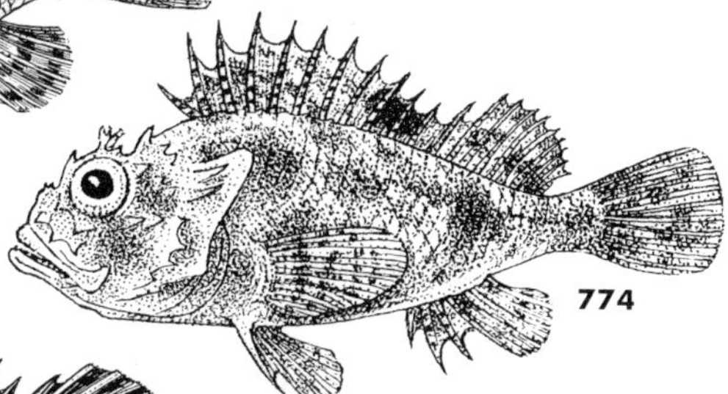

774

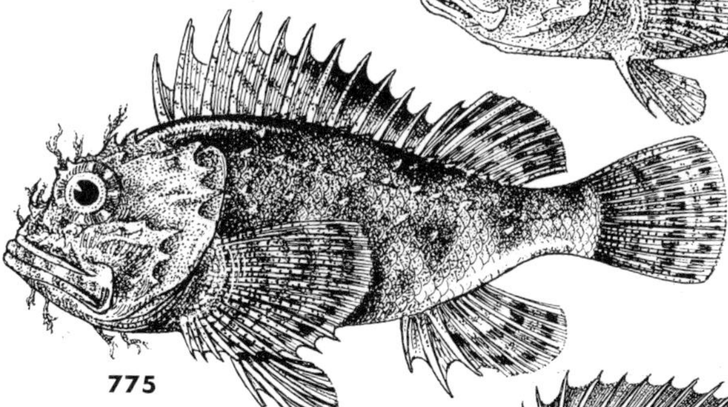

775

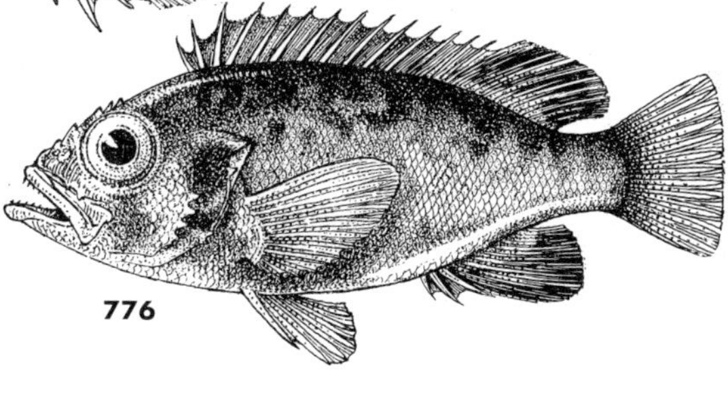

776

Panzerwangen

Knurrhähne ***Triglidae***

Panzerwangen mit gestrecktem, von kleinen, manchmal an der Seitenlinie verstärkten Schuppen bedecktem Körper bei großem, mit Knochenplatten gepanzertem Kopf und 2 Rückenflossen, von denen die stachelstrahlige 1. kürzer und oft höher ist als die weichstrahlige 2., unter der die annähernd gleich große Afterflosse steht. Die Schwanzflosse ist eingebuchtet. Die Brustflossen weisen einige von der Flossenhaut freie, als Tast- und teils auch als Fortbewegungsorgane dienende Strahlen auf. Die Bauchflossen sind brustständig. Ihre Namen haben die Knurrhähne daher, daß sie mit Hilfe der Schwimmblase und eines besonderen Muskels Knurrlaute erzeugen können. Sie kommen in allen subtropischen und gemäßigten Meeren vor, hauptsächlich in der Küstenzone, selten in größeren Tiefen.

777 Grauer Knurrhahn *Trigla gurnardus* L. = *T. milvus* = *Eutrigla g.*
Länge meist 30 bis 45 cm (auch bis 55 cm). Grau bis graugrün mit weiß getupftem Rücken, weißer Seitenlinie und weißem Bauch. Stirnlinie fast gleichmäßig. Seitenlinie mit wenig breiteren rauhen Schuppen. Brustflossen mit 3 freien Strahlen. – Auf Sandgrund vom Seichtwasser an. – Mittelmeer, Atlantik, Nordsee, Ostsee. – Fleisch mäßig.

778 Seeschwalbenfisch = Roter Knurrhahn ***Trigla hirundo*** L. = *T. lucerna* = *T. corax.*
Länge meist 30 bis 60 cm (auch bis 75 cm). Gelblichrosig bis rötlich, rötlichgrau oder bräunlichgrau; untere Seiten und Bauch weißlich; Brustflossen innen schwarz, blau gerandet, mit weißen Mittelflecken. Stirnlinie deutlich eingebuchtet. Seitenlinie mit nicht vergrößerten, aber sehr glatten Schuppen. Brustflossen lang, bis zur Afterflosse reichend, mit 3 freien Strahlen. – Auf felsigem und sandigem Grund in mittlerer Tiefe; junge Exemplare (mit blau gefleckten Brustflossen) schon im Seichtwasser. – Mittelmeer, Atlantik, Nordsee, (selten) Ostsee. – Fleisch gut; auch geräuchert auf dem Markt.

779 Gestreifter Seehahn *Trigla lineata* Gmel. = *Trigloporus lastovica.*
Länge 25 bis 35 cm. Leuchtend rot mit dunkler Fleckung; Brustflossen bräunlichrot und blau. Seiten mit schräg von hinten oben nach vorne unten laufenden, kaum dunkleren Querlinien; Seitenlinie mit leicht vergrößerten Schuppen. Stirnlinie fast gleichmäßig. Brustflossen lang, bis zum 1. Drittel der Afterflosse reichend, mit 3 freien Strahlen. – Auf felsigem und sandigem Grund von mittleren Tiefen an. – Mittelmeer, Atlantik, (selten) Nordsee. – Fleisch mäßig.

780 Seekuckuck *Trigla cuculus* L. = *T. pini.*
Länge 20 bis 30 cm (auch bis 40 cm). Rosig bis rot; Bauch weiß; Brustflossen innen grüngrau bis blau, außen weißlich. Stirnlinie leicht eingebuchtet; Seitenlinie mit plattenförmigen Schuppen, quergestrichelt erscheinend. Brustflossen lang, bis zum Ansatz der Afterflosse reichend, mit 3 freien Strahlen. – Auf schlammigem Sandgrund vom Flachwasser an. – Mittelmeer, Atlantik, (selten) Nordsee. – Fleisch gut.

781 Fähnrich-Knurrhahn = Grauer K. ***Trigla obscura*** L.
Länge 20 bis 30 cm. Oberseite graurötlich, am Bauch weißlich; Seitenlinie glänzend; Brustflossen bläulich, übrige Flossen rötlich. Stirnlinie steil, fast gerade. 2. Strahl der 1. Rückenflosse fadenförmig ausgezogen; untere 3 Strahlen der Brustflossen frei. Körper kleinbeschuppt; Seitenlinie mit verstärkten, fischgratartig angeordneten Schuppen. – In Küstennähe auf Sand- und Schlammgrund. – Mittelmeer, Atlantik bis Kanalküste als nördl. Grenze. – Fleisch mäßig.

782 Leierhahn = Pfeifenfisch ***Trigla lyra*** L.
Länge meist 25 bis 40 cm (auch bis 50 cm). Rot; 1. Rückenflosse sowie Brust- und Bauchflossen blau gerandet. Schnauze durch 2 getrennte Plattenlappen nach vorne verlängert; Seitenplatten des Kopfes mit langen Stacheln, von denen 1 bis auf halbe Länge der Brustflosse reicht. Brustflossen lang, bis zum 1. Drittel der Afterflosse reichend, mit 3 freien Strahlen. – Auf Sandgrund in tieferem Wasser. – Mittelmeer, Atlantik bis Kanalküste als nördl. Grenze. – Fleisch mäßig.

783 Flughahn *Dactylopterus volitans* L.
Länge 30 bis 40 cm (auch bis 50 cm). Oberseits gräulich oder bräunlich, dunkler gefleckt; bauchseits rosigweiß; Brustflossen blauschwärzlich, blaugefleckt und gestreift; übrige Flossen blau getupft. Kopf gerundet, mit helmartigen Knochenplatten gepanzert, mit 2 langen Schulterstacheln. – Auf Sand- und Schlammgrund von 10 bis 15 m Tiefe an; kann kurze Flugsprünge machen. – Mittelmeer. – Fleisch mäßig.

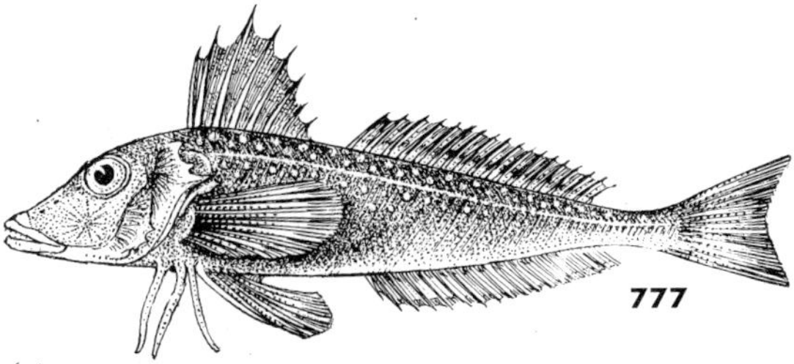

777

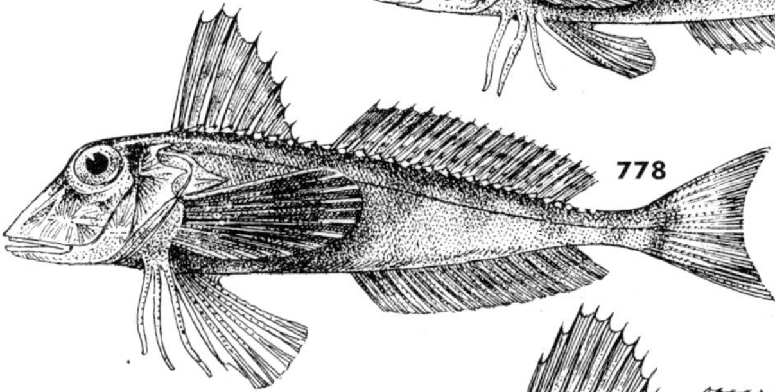

778

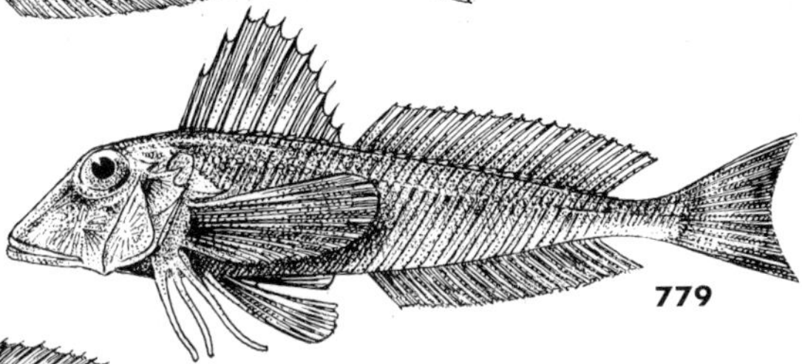

779

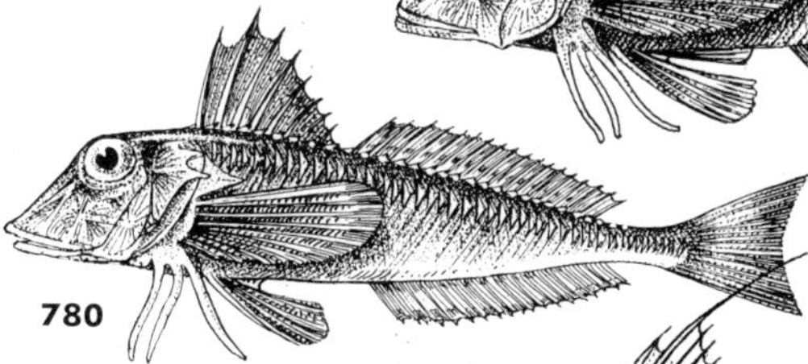

780

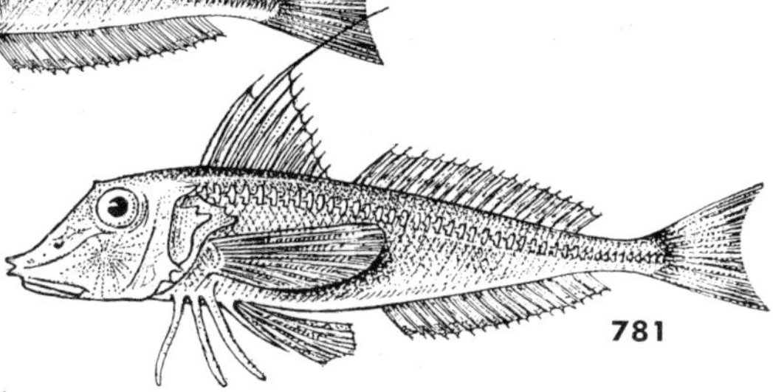

781

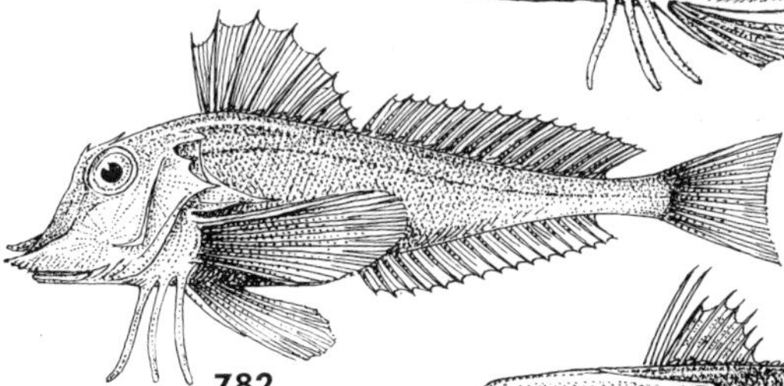

782

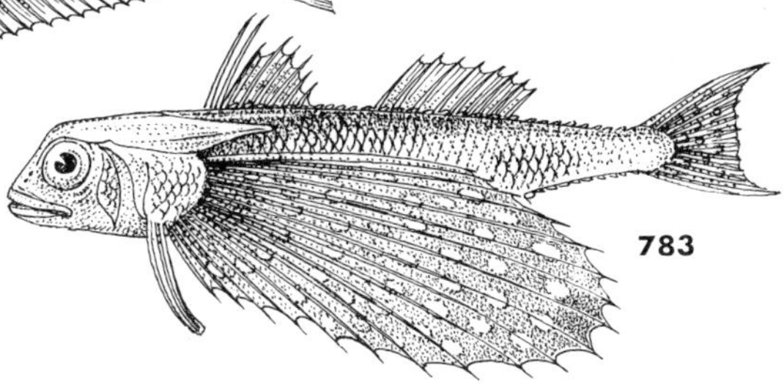

783

Panzerwangen

Groppen *Cottidae*

Panzerwangen mit keulenförmigem, unbeschupptem Körper bei breitem, oft stark bestacheltem Kopf, 2 Rückenflossen tragend, von denen die stachelstrahlige 1. kürzer und gewöhnlich gleich hoch ist wie die weichstrahlige 2., unter der die annähernd gleich große Afterflosse steht. Die Schwanzflosse ist gerundet. Die großen Brustflossen sind ungeteilt bei am Ende frei vorstehenden Strahlenspitzen. Die Bauchflossen sind brustständig. Die Familie ist in den gemäßigten und hohen Breiten sowohl im Süßwasser wie im Meer vertreten, wobei die marinen Arten vorwiegend die Litoralzone bewohnen.

784 Seeskorpion = Ulker ***Myoxocephalus scorpius*** (L.) = *Cottus s.*
Länge 20 bis 25 cm (auch bis 40 cm). Braun und dunkelbraun marmoriert; Bauch weiß bis gelblich, bei Männchen zur Laichzeit kupferig mit weißen Flecken; 2. Rückenflosse und Afterflosse mit schwarzen Schrägstreifen. Stirn gehöckert; Schnauze mit 2 kleinen Stacheln; Vorderkiemendeckel mit 3 oder 4 kurzen Stacheln; Mund leicht unterständig, ohne Barteln an den Mundwinkeln; Haut am ganzen Körper nackt. – In der Seegras- und Tangzone, meist zwischen Steinen (gute Farbanpassung), auch in Flußmündungen. – Atlantik bis Biskaya als südl. Grenze, Nordsee.
Ähnlich, aber kleiner ist ***Taurulus bubalis*** = *Cottus b.*, der Langstachelige Seeskorpion, auch Seebull genannt, im gleichen Gebiet verbreitet und vorzugsweise auf steinigem, algenbewachsenem Grund lebend, meist 10 bis 13 cm (auch bis 18 cm) lang, grünlich oder braun mit großen schwärzlichen Flecken, am Bauch bläulich (orangerot mit bläulichen Flecken bei Männchen zur Laichzeit), ohne Streifen an den Flossen; die Stirn trägt 2 stumpfe Längskanten, die Vorderkiemendeckel 4 kräftige Stacheln; an den Mundwinkeln stehen 1 bis 2 kleine Barteln; die Seitenlinie ist mit kleinen, rauhen Knochenplatten besetzt.

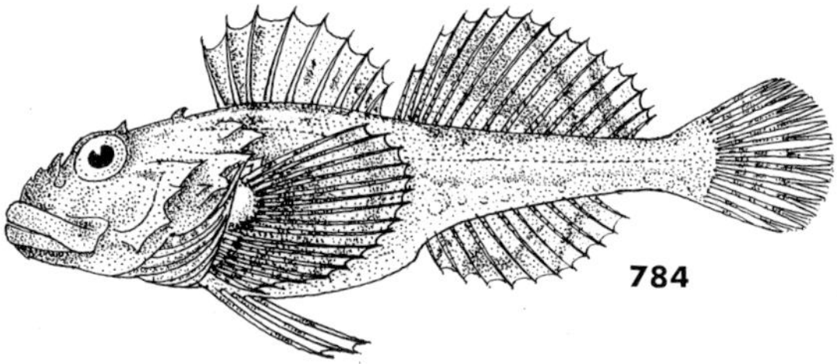

784

Panzergroppen *Agonidae*

Panzerwangen mit gestreckt-keulenförmigem, abgeplattetem Körper, der gänzlich mit in Längsreihen angeordneten Knochenplatten gepanzert ist und dadurch kantig erscheint. Die beiden Rückenflossen sind kurz, die 1. etwas länger als die 2., unter der die ebenfalls etwas längere Afterflosse steht. Der Schwanz ist langgestreckt, die Schwanzflosse gerundet. Der Kopf ist stark bestachelt, der Mund unterständig; Unterkiefer und Kehle tragen zahlreiche kurze Bartfäden. Die Panzergroppen sind Grundfische der gemäßigten und kalten Meere; sie kommen von der Litoralzone bis in Tiefen über 1 000 m vor.

785 Steinpicker *Agonus cataphractus* L.
Länge 12 bis 20 cm. Bräunlichgrau mit 4 dunklen Sattelflecken oder -binden, bauchseits weißlich; Afterflosse weiß, übrige Flossen hellgrau mit dunkleren Flecken oder Streifen. Kopf dreieckig zugespitzt; auf der leicht verlängerten Schnauzenspitze 4 Dornen; Kopfseiten stark bestachelt; Kinn, Unterkiefer und Kehle mit kurzen weißen Barteln. – Auf algenbewachsenem, steinigem Sandgrund vom Flachwasser an. – Atlantik bis Kanalküste als südl. Grenze, Nordsee, westl. Ostsee.

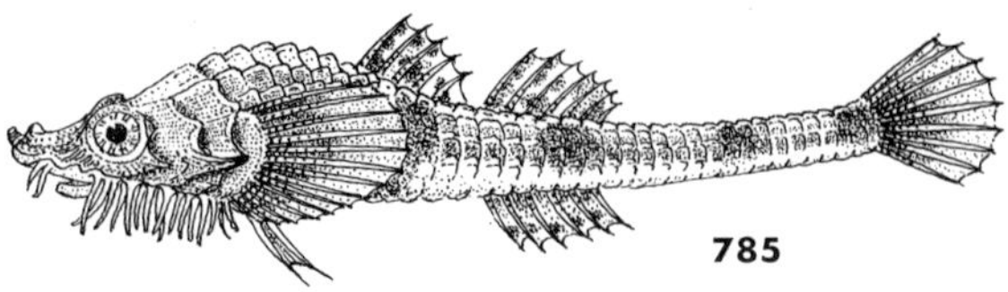

785

Rabenfische – markant die weißen ersten Flossenstrahlen (Mittelmeer)

Holothurie, zur Samenabgabe aufgerichtet
(Mittelmeer)

Junge Geißbrasse
(Mittelmeer)

Schriftbarsch
(Mittelmeer)

Meerjunker; in der Mitte ein Männchen
(Mittelmeer)

Kraken-Paar bei der Besamung – ♂ oben
(Mittelmeer)

Seepapagei –
vermutlich ♀
(Mittelmeer)

Panzerwangen

Lumpfische *Cyclopteridae*

Panzerwangen mit mehr oder weniger gedrungenem, unbeschupptem Körper und zu einer Saugscheibe umgebildeten Bauchflossen, nach ihren übrigen Merkmalen in zwei Unterfamilien aufgeteilt: Seehasen *(Cyclopterinae)*, mit 2 Rückenflossen, von denen die 1. bei erwachsenen Exemplaren meist von der verdickten Körperhaut umwachsen und zu einem harthöckerigen Wulst gestaltet ist, während der plumpe Körper zwischen zahlreichen Dornen weitere Knochenhöcker trägt; ferner Scheibenbäuche *(Liparinae)*, mit nur 1 sehr langen, gleich der Afterflosse bis zur Schwanzflosse reichenden, am vorderen Teil manchmal ebenfalls von Haut überwucherten Rückenflosse, während Kopf und Körper mit dünner, schlaffer und völlig nackter Haut bedeckt sind.

Die Seehasen leben als Bodenfische in Tiefen bis höchstens 300 m und ziehen zeitweise ins flachere Wasser. Die Scheibenbäuche kommen teils bodenlebend in Küstennähe vor, teils pelagisch im offenen Wasser, und sie sind auch in großen Tiefen bis 4000 m vertreten. Beide Gruppen gehören zu den Bewohnern der kalten und gemäßigten Meeresgebiete.

786 Seehase = Lump ***Cyclopterus lumpus*** L.

Länge meist 30 bis 50 cm (auch bis 70 cm). Dunkelgrau oder graublau; Bauch weißlich (zur Laichzeit beim Männchen rot); Flossen grau (Weibchen) oder rot (Männchen). Körper gedrungen, plump, mit kurzem Kopf und schwartig verdickter Haut, auf dem Rücken 1, an den Seiten je 3 Längsreihen kegeliger Knochenhöcker tragend und fünfkantig erscheinend. 2. Rückenflosse der darunter stehenden Afterflosse annähernd gleich; Schwanzflosse frei, gerundet. Saugscheibe bauchständig, rund, mit strahligen Leisten. Mund endständig, klein. – Vom Frühjahr bis Sommer als Grundfisch in der Tangzone, im Winter in größerer Tiefe. – Atlantik bis Biskaya als südl. Grenze, Nordsee, Ostsee. – Als Speisefisch wird der Seehase sehr mäßig bewertet; der Rogen dagegen kommt geräuchert als Kaviar-Ersatz auf den Markt und ist recht gefragt.

787 Großer Scheibenbauch *Liparis liparis* (L.) = *L. vulgaris*.

Länge meist 10 bis 15 cm (auch bis 20 cm), Färbung verschieden (Farbanpassung an die Umgebung), oft gelblich bis bräunlich mit brauner bis dunkelbrauner Fleckung, Marmorierung oder Streifung; Bauch hell. Körper keulenförmig, mit kurzem, abgeplattetem Kopf. Rückenflosse und Afterflosse dunkel gefleckt oder quergestreift, lang, bis zur Schwanzflosse reichend und mit dieser verbunden. Haut dünn, schlaff, völlig nackt. – Als Grundfisch meist in geringen Tiefen, auch in der Gezeitenzone, vorzugsweise auf sandig-steinigem Grund mit Algenbewuchs. – Atlantik bis Kanalküste als südl. Grenze, Nordsee, Ostsee.

Ähnlich ist ***L. montagui***, der Kleine Scheibenbauch, im gleichen Gebiet verbreitet, meist 6 bis 8 cm (auch bis 12 cm) lang, bei oft gelblicher, roter oder bräunlicher Grundfärbung dunkel gepunktet und gefleckt, mit schwarzem Fleck am oberen Schwanzwurzel-Rand und ebenfalls mit langer Rücken- und Afterflosse, aber mit freier Schwanzflosse.

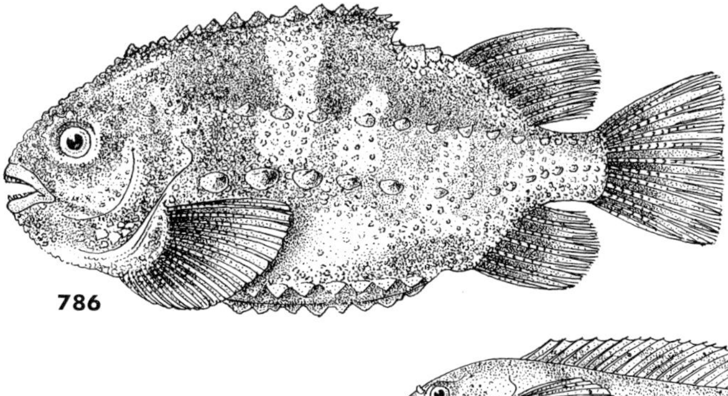

786

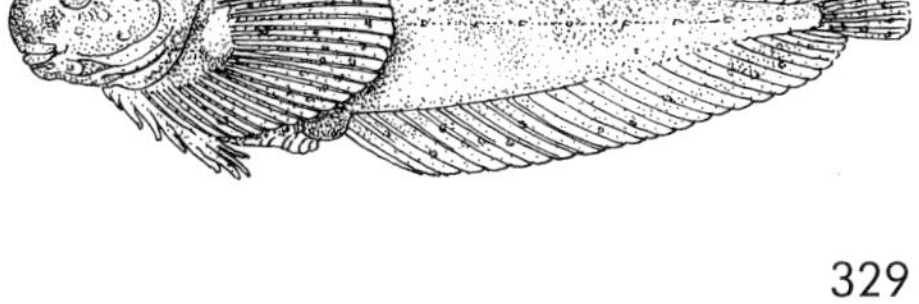

787

Schiffshalter Ordnung *Echeneiformes*

Echte Knochenfische mit einer durch Umbildung der 1. Rückenflosse entstandenen ovalen Saugscheibe mit Querrippen auf dem Kopf und mit schlankem, langgestrecktem Körper bei von winzigen, glatten Cycloidschuppen bedeckter Haut. Die normal ausgebildete Rückenflosse und die darunter stehende Afterflosse sind gleich lang und weichstrahlig; die Schwanzflosse ist eingebuchtet; die Bauchflossen sind brustständig, mit der Bauchhaut verwachsen. Der Mund ist oberständig.

Diese Gruppe bilden nur wenige Arten pelagisch lebender Meeresfische, in allen wärmeren Gewässern vertreten und dafür bekannt, daß sie sich an Schiffen, Haien, Flügelrochen, Schildkröten usw. festsaugen, um sich über weite Strecken mitziehen zu lassen. Das geschieht, indem sich beim Kontakt mit dem fremden Körper die Querrippen der Saugscheibe aufrichten und deren Rand erhöhen, wodurch ein starkes Vakuum entsteht. Diese Eigenschaft der Schiffshalter wird an gewissen tropischen Küsten von eingeborenen Fischern u. a. zum Schildkrötenfang genutzt, nachdem sie die Fische buchstäblich «an die Leine» genommen haben.

788 Kleiner Schiffshalter = Kl. Schildfisch ***Echeneis remora*** L. = *Remora r.*
Länge meist 20 bis 25 cm (auch über 30 cm). Gelblich- bis dunkelbraun mit violetter Tönung. Saugscheibe etwa zweimal länger als breit, mit 16 bis 19 paarigen Querrippen. – An Schiffen und großen Meerestieren. – Mittelmeer, Atlantik bis Biskaya als nördl. Grenze.
Echeneis naucrates, der Große Schiffshalter = Gr. Schildfisch, kommt im gleichen Gebiet vor, ist bei meist 50 bis 65 cm Länge graugrün, graubraun oder dunkelbraun, manchmal hell längsgestreift, an den unpaaren Flossen weiß gerandet, und seine Saugscheibe, etwa dreimal länger als breit, weist 20 bis 24 paarige Querrippen auf.

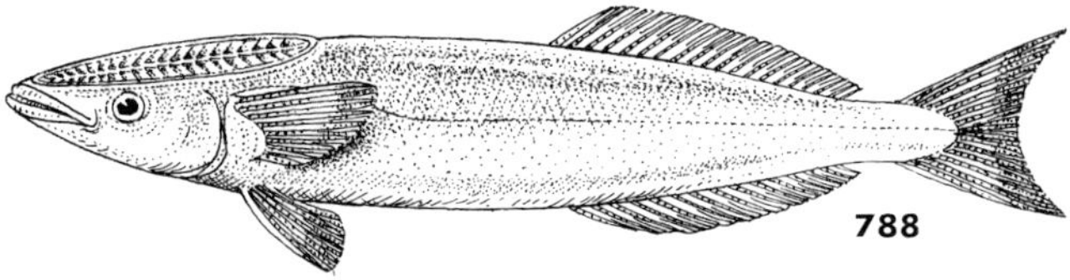

788

Petersfische Ordnung *Zeiformes*

Echte Knochenfische mit hohem, seitlich stark zusammengedrücktem Körper und je 2 knapp hintereinander stehenden Rücken- und Afterflossen bei stark ausgebildeten, langen Stachelstrahlen. Der Kopf ist groß, mit hoch an den Seiten stehenden Augen und weit vorstreckbaren Kiefern. Die Schuppen sind winzig klein oder fehlend. Die Bauchflossen sind brustständig. Die Schwanzflosse ist leicht gerundet.

In allen tropischen und gemäßigten Meeresgebieten vertreten, leben die Petersfische pelagisch, teils auch in großen Tiefen. Ihr deutscher Vulgärname, der sich sinngemäß in zahlreichen anderen Sprachen wiederfindet, geht auf die Legende zurück, nach der Petrus, als er mit Jesus über den See Genezareth fuhr, einen Fisch aus dem Wasser zog, der eine Münze im Mund hielt. Dort, wo die Finger Petri den Fisch berührt hatten, erschien ein schwarzer, gelb gesäumter Fleck. Ein kleiner Schönheitsfehler dieser Geschichte liegt allerdings darin, daß der See Genezareth nicht zum Verbreitungsgebiet der Petersfische gehört.

789 Petersfisch = Heringskönig ***Zeus faber*** L. = *Lampris guttatus*.

Länge meist 30 bis 50 cm (auch bis 60 cm). Rücken braungrau; Seiten graugrün bis gelbgrau mit schwarzem, gelb umrandetem Fleck hinter den Brustflossen; Bauch silbrig weiß; Flossen grau; Bauchflossen schwärzlichgrau. 1. Rückenflosse mit 9 bis 10 starken Stachelstrahlen und langen Hautlappen; längs der 2. Rückenflosse und der 2. Afterflosse beidseits je 1 Stachelreihe. Bauchflossen mindestens doppelt so lang wie die Brustflossen. – In tieferem Wasser, vorwiegend über Sand und Schlammgrund, auch im Gefolge von Sardinen, Heringen usw., oft in kleinen Schwärmen. – Mittelmeer, Atlantik bis Kanalküste als nördl. Grenze; in der Nordsee nur als Irrgast. – Häufig als Beifang in Grundschleppnetzen und beim Sardinenfang; sehr geschätzter Speisefisch mit schmackhaftem Fleisch.

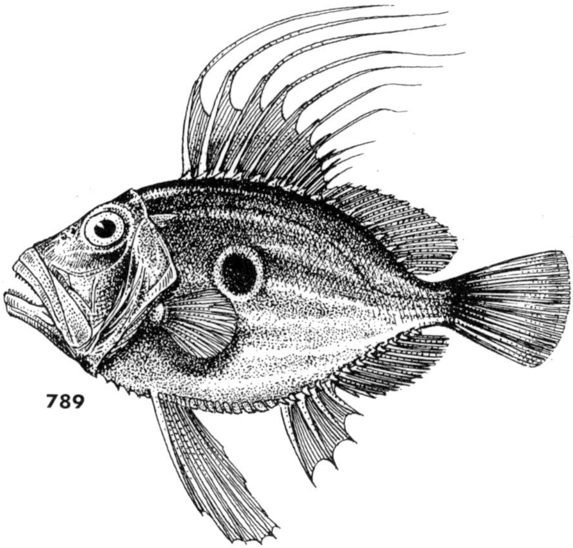

789

Plattfische Ordnung *Pleuronectiformes*

Echte Knochenfische mit seitlich scheibenartig zusammengedrücktem Körper, deren Hauptmerkmal die ausgeprägte Asymmetrie des Körperbaues ist, eine gegen Ende des pelagischen Larvenstadiums eintretende Anpassung an das Bodenleben in der künftighin nicht nur in Ruhe auf dem Grund, sondern gewöhnlich auch beim Schwimmen eingehaltenen Seitenlage. Die bei den in Normallage schwimmenden Larven noch symmetrisch beidseits stehenden Augen sind auf die gleiche, der Oberfläche zugewandten Kopfseite verlagert, diese und die entsprechende Körperseite bei hohem Farbanpassungsvermögen pigmentiert, während die bodenwärts gerichtete augenlose Seite, Blindseite genannt, mehr oder weniger unpigmentiert ist. Die Haut und auf der Augenseite meist auch die Kiemendeckel sind meist fein beschuppt, die Schuppen auf der Blindseite schwächer ausgebildet. An Stelle der Beschuppung können auch Knochenschilder vorhanden sein. Die einzige Rückenflosse reicht in der Regel vom Kopf bis nahe oder unmittelbar an die vorwiegend gerundete Schwanzflosse; die auf annähernd gleicher Höhe endende Afterflosse säumt den Bauchrand bis kurz hinter die kehlständigen Bauchflossen. Die Brustflosse der Augenseite ist meist stärker entwickelt als jene der Blindseite. Alle Flossen sind weichstrahlig. Der mehr oder minder asymmetrische Mund ist unter-, end- oder oberständig, die Seitenlinie deutlich ausgeprägt. Als bodenlebende Meeresfische bis in nicht allzu große Tiefen vertreten, sind die Plattfische vorwiegend Bewohner der flachen Küstengewässer mit sandigem Grund, viele graben sich ein. Einige Arten steigen zur Nahrungssuche ins Süßwasser auf, laichen aber wie alle anderen im Meer. Obschon sie zum Teil weite Wanderungen unternehmen, schwimmen alle Plattfische ziemlich schlecht, in Seitenlage, mit schwingenden Bewegungen der Rücken- und Afterflosse. Die fischereiwirtschaftliche Bedeutung der Gruppe ist im europäischen Bereich hauptsächlich an der Atlantik- und Nordseeküste gegeben.

Butte ***Bothidae***

Plattfische mit in der Regel auf der linken Kopfseite stehenden Augen, oberständigem Mund, freirandigem Vorderkiemendeckel und asymmetrischen Bauchflossen. Die Rückenflosse setzt vor dem oberen Auge auf der Blindseite des Kopfes an.

790 Steinbutt ***Bothus maximus*** (L.) = *Rhombus m.* = *Scophthalmus m.*
Länge meist 40 bis 60 cm (auch bis 90 cm) bei breit-elliptischer Körperform. Augenseite grau mit graugelber, oliv- oder braungrüner Fleckung oder Marmorierung, unbeschuppt, aber mit flachkegeligen Knochenhöckern besetzt; Blindseite weiß; Flossen bräunlich gefleckt; Rücken- und Afterflosse oft rötlich gesäumt; erste Strahlen der Rückenflosse einfach. – Vorzugsweise auf Sand- und Schlammgrund in geringen Tiefen, auch im Brackwasser; nicht in Schwärmen. – Mittelmeer, Atlantik, Nordsee, westl. Ostsee. – Als Speisefisch sehr geschätzt.
Ähnlich geformt und auf dem Markt ebenso begehrt ist ***B. rhombus*** = *Rhombus laevis*, der Glattbutt, auch Kleist oder Margretenbutt genannt, im gleichen Gebiet verbreitet (Ostsee ausgenommen), 25 bis 70 cm lang, bei etwas schlankerer Körperform, auf der Augenseite gelblichgrau bis grau- oder grünlichbraun mit undeutlicher dunkler Fleckung, fein und glatt beschuppt, ohne Knochenhöcker, und mit verzweigten ersten Strahlen der Rückenflosse.

791 Lammzunge ***Arnoglossus laterna*** (Walb.).
Länge meist 12 bis 15 cm (auch bis 19 cm) bei länglich-elliptischer Körperform. Augenseite grau, gelblich-, rötlich- oder grünlichgrau, manchmal sparsam dunkel gefleckt, mit großen Schuppen; Blindseite weiß; Brustflosse oft mit schwärzlicher Spitze; vor dem Ansatz der Afterflosse 2 Stacheln. – Auf sandigem und schlammigem Grund von etwa 8 m Tiefe an. – Mittelmeer, Atlantik, Nordsee. – Fleisch mäßig.
Bei gleicher Verbreitung sehr ähnlich ist u. a. ***A. thori*** = *A. grohmanni*, der Schorrfisch, bis 15 cm lang, auf der Augenseite grau oder rötlichgrau mit dunkler Fleckung, an der Blindseite hellrosig, mit verlängertem 2. Strahl der Rückenflosse.

792 Großschuppige Lammzunge ***Citharus lingulata*** (L.) = *Eucitharus l.*
Länge 15 bis 25 cm bei lang-elliptischer Körperform. Augenseite graugelblich, leicht durchscheinend, mit großen Schuppen; Blindseite weißlich; vor der Bauchflosse keine Stacheln; an der Rückenflosse keine verlängerten Strahlen. – Auf Sand- und Schlammgrund von geringer Tiefe an. – Mittelmeer. – Fleisch mäßig.

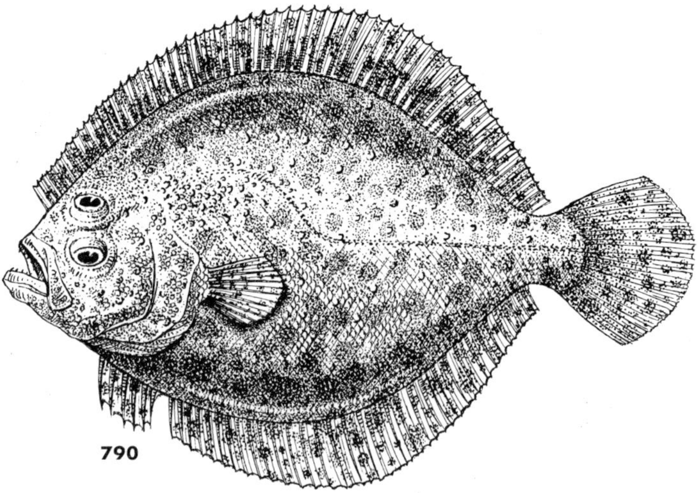

790

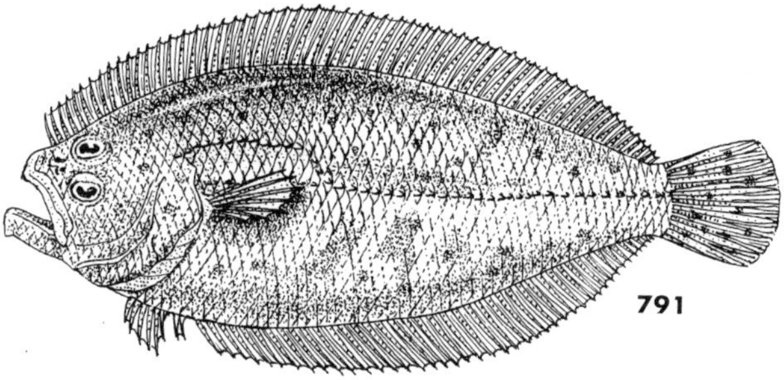

791

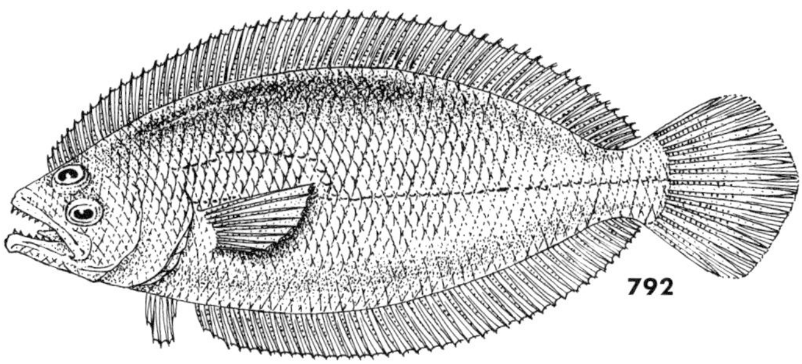

792

Plattfische

Schollen *Pleuronectidae*

Plattfische mit in der Regel auf der rechten Kopfseite stehenden Augen, endständigem Mund, symmetrischen Bauchflossen und freirandigem Vorderkiemendeckel. Die Rückenflosse setzt über dem oberen Auge an.

793 Atlantischer Heilbutt *Hippoglossus hippoglossus* L. = *H. vulgaris.*
Länge meist bis 2,5 m (auch bis 3,7 m – größte Plattfisch-Art des Atlantiks) bei gestreckt-ovaler bis elliptischer Körperform. Augenseite grau- bis dunkelolivbraun; junge Exemplare auf hellerer Grundfarbe dunkel marmoriert; Blindseite weiß. Körper fleischig; vor dem Ansatz der Afterflosse 1 Dorn; Seitenlinie über der Brustflosse ausgebuchtet; Schwanzflosse leicht eingebuchtet. – Meist in größeren Tiefen, vorwiegend auf felsigem Grund; im Sommer oft auch im Flachwasser. – Atlantik bis Biskaya als südl. Grenze, Nordsee, (selten) westl. Ostsee. – Wichtiger Nutzfisch; Fleisch sehr geschätzt; kommt frisch und geräuchert auf den Markt.

794 Doggerscharbe *Hippoglossoides platessoides* Fabr. = *Drepanopsetta p.*
Länge meist bis 40 cm (auch bis 50 cm) bei gestreckt-ovaler Körperform. Augenseite grau- bis rotbraun, oft dunkler marmoriert oder gefleckt; Blindseite weiß. Seitenlinie gerade; Schwanzflosse gerundet; vor dem Ansatz der Afterflosse 1 Dorn. – Von 20 m Tiefe an auf Sand- und Schlammgrund, in Schwärmen. – Atlantik bis Kanalküste als südl. Grenze, Nordsee, (selten) westl. Ostsee. – Als Speisefisch geschätzt.

795 Scholle = Goldbutt ***Pleuronectes platessa*** (L.).
Länge meist bis 60 cm (auch über 70 cm) bei breit-elliptischer Körperform. Augenseite graubraun, bräunlich oder braun mit orangeroten oder rotbraunen, hell oder dunkel gerandeten Flecken; Blindseite gewöhnlich weiß, manchmal dunkler gefleckt; Schwanzflosse gerundet. – Auf Sandgrund; erwachsene Exemplare in größerer Tiefe, schwarmweise. – Westl. Mittelmeer, Atlantik, Nordsee. – Einer der wichtigsten bodenlebenden Nutzfische; Fleisch sehr geschätzt; wird frisch und geräuchert auf den Markt gebracht.

796 Flunder = Graubutt ***Pleuronectes flesus*** L. = *Platichthys f.*
Länge meist bis 30 cm (auch über 45 cm) bei ovaler Körperform. Augenseite grünlich- bis bräunlichgrau, meist mit verschwommenen großen dunklen, oft auch kleineren gelblichen oder bräunlichen Flecken; Blindseite meist weiß, manchmal schwarz gesprenkelt, selten bei blasser Tönung ähnlich der Augenseite gefärbt. Kleine Knochenwarzen längs der Rücken- und Afterflosse und weitere in wechselnder Zahl auf der ganzen Körperfläche; Seitenlinie über der Brustflosse schwach ausgebuchtet; Schwanzflosse gerundet. – Schwarmweise küstennah im Flachwasser, vorzugsweise auf Sandgrund, auch in Brackwasserlagunen und in größeren Flüssen. – Mittelmeer, Atlantik, Nordsee. – Wichtiger Nutzfisch; Fleisch sehr geschätzt; kommt hauptsächlich frisch auf den Markt, aber auch geräuchert.

797 Kliesche = Scharbe ***Limanda limanda*** (L.) = *Pleuronectes l.*
Länge meist bis 30 cm (auch bis 40 cm) bei ovaler Körperform. Augenseite gelblich, gräulich, grünlich oder gelblichbraun, oft mit undeutlichen rötlichgelben, dunkel gerandeten Flecken; Blindseite weiß; Seitenlinie über der Brustflosse stark ausgebuchtet; Schwanzflosse schwach gerundet. – Schwarmweise auf sandigem Grund von 5 m Tiefe an. – Atlantik bis Biskaya als südl. Grenze, Nordsee, westl. Ostsee. – Geschätzter Speisefisch.

798 Rotzunge *Microstomus kitt* (Walb.) = *Pleuronectes microcephalus.*
Länge meist 25 bis 35 cm (auch bis 40 cm) bei ovaler Körperform. Augenseite gelb- bis rotbraun, dunkler marmoriert; Lippen rot; Blindseite weiß. Körper fleischig bei kurzem Kopf mit kleinem dicklippigem Mund; Haut glatt beschuppt; Seitenlinie fast gerade; Schwanzflosse gerundet. – Auf steinigem Grund von 20 m Tiefe an. – Atlantik bis Biskaya als südl. Grenze, Nordsee. – Als Speisefisch sehr geschätzt.

793

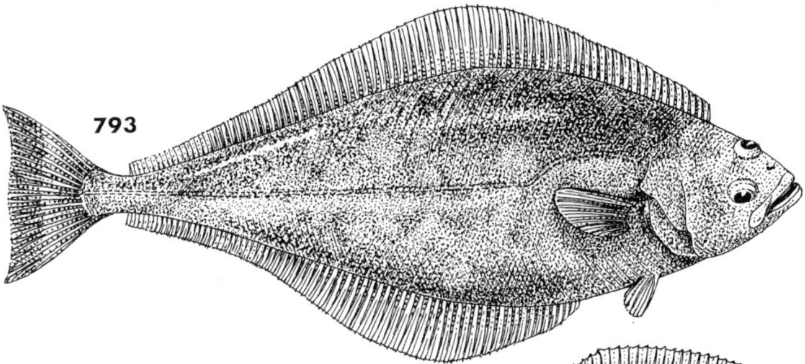

794

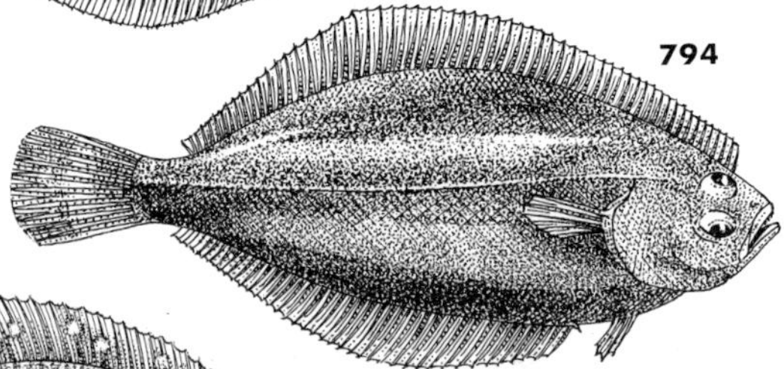

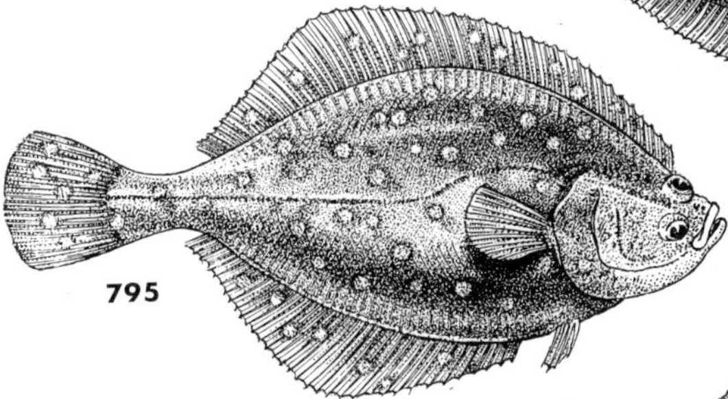

795

796

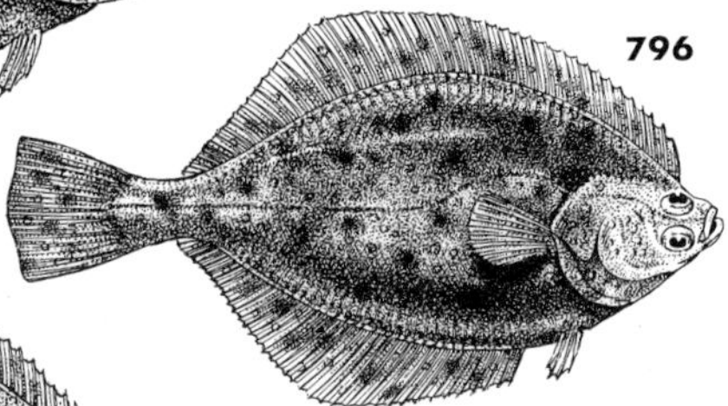

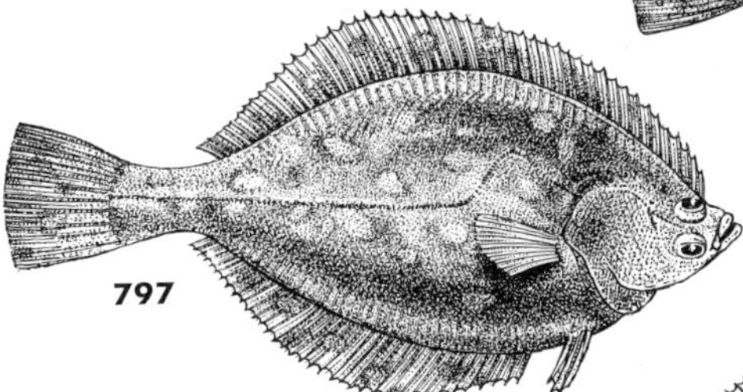

797

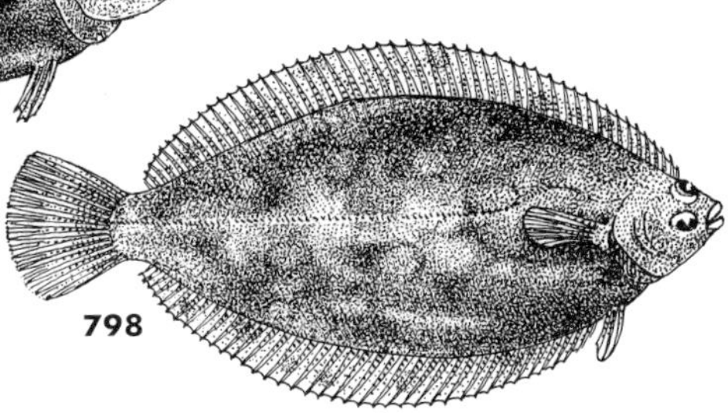

798

Plattfische

Seezungen *Soleidae*

Plattfische mit in der Regel auf der rechten Kopfseite stehenden Augen, unterständigem Mund, symmetrischen Bauchflossen und nicht freirandigem, von beschuppter Haut bedecktem Vorderkiemendeckel. Die Rückenflosse setzt vor dem oberen Auge nahe der Schnauzenspitze an.

799 Gemeine Seezunge *Solea solea* (L.) = *S. vulgaris.*
Länge meist 20 bis 35 cm (auch bis 50 cm). Augenseite braungrün bis braungrau oder braun, unregelmäßig dunkler gefleckt oder marmoriert, mit 1 schwarzen Fleck am Ende der Brustflosse; Blindseite weißlich. Körper rauhschuppig; Seitenlinie fast gerade; Schwanzflosse gerundet. – Auf Sand- und Schlammgrund, im Sommer vom Flachwasser an, im Winter tiefer. – Mittelmeer, Atlantik, Nordsee, (selten) westl. Ostsee. – Gehört zu den meistgeschätzten Speisefischen; Verwertung vorwiegend als Frischfisch.

800 Augenfleck-Seezunge *Solea ocellata* (L.) = *Quenselia o.*
Länge 14 bis 20 cm. Augenseite graugelblich mit rötlichem Schimmer, auf der vorderen Körperhälfte undeutlich dunkel gefleckt und mit 1 schwarzen Fleck am Brustflossen-Ansatz, auf der hinteren Hälfte mit 4 bis 5 schwarzen, weiß oder gelblich gerandeten Augenflecken und einem braunen oder schwarzen Querband am Ansatz der Schwanzflosse. Körper rauhschuppig; Seitenlinie gerade; Schwanzflosse gerundet. – Auf Sand- und Schlammgrund von etwa 10 m Tiefe an. – Mittelmeer. – Fleisch gut.

801 Zwergzunge *Solea lutea* (Risso) = *Buglossidium luteum.*
Länge meist bis 10 cm (auch bis 13 cm). Augenseite gelbbraun bis graugelb mit schwärzlichen Punkten und Tupfen; an Rücken- und Afterflosse jeder 5. bis 7. Strahl schwarz; Blindseite bräunlichweiß. Körper rauhschuppig; Schuppen verhältnismäßig groß; Seitenlinie gerade; Schwanzflosse gerundet. – Auf Sandgrund von 5 m Tiefe an. – Mittelmeer, Atlantik, Nordsee. – Fleisch gut.

802 Pelzige Seezunge *Solea hispida* Raf. = *S. monochir.*
Länge 8 bis 15 cm. Augenseite bräunlich bis graubraun, unregelmäßig dunkler gefleckt, mit sehr rauher, pelzig wirkender Beschuppung; Blindseite weißlich, ohne Brustflosse, weicher beschuppt. Seitenlinie gerade; Schwanzflosse gerundet. – Auf Sandgrund, vorzugsweise im Bereich von Neptungraswiesen. – Mittelmeer und angrenzender Atlantik. – Fleisch gut.

Stichlingsfische Ordnung *Gasterosteiformes*

Echte Knochenfische geringer Größe mit gestrecktem Körper und unbeschuppter, entweder nackter oder von reihig angeordneten Knochenplatten bedeckter Haut, vor der schwanzständigen Rückenflosse eine Anzahl freistehender Stacheln tragend, während die bauchständigen Bauchflossen 1 starken Stachelstrahl und nur 1 bis 3 Weichstrahlen aufweisen. Unter der Rückenflosse steht die annähernd gleiche Afterflosse. Die Seitenlinie ist deutlich ausgeprägt. In ihrem Vorkommen auf die gemäßigten Breiten beschränkt, bewohnen die Stichlingsfische das Süßwasser und das küstennahe Meeresgebiet. Im europäischen Küstenbereich ist die kleine Gruppe nur durch 1 ausschließlich und 1 weitgehend marine Art vertreten.

803 Seestichling = Dornfisch ***Spinachia spinachia*** L. = *S. vulgaris.*
Länge meist bis 15 cm (auch bis 18 cm). Rücken grünlichgelb, oliv- oder bräunlichgrün; Seiten heller, glänzend; Bauch gelblichweiß; Rücken- und Afterflosse vorne schwarzbraun. Kopf mit verlängerter Schnauze; Körper langgestreckt, mit je 1 Reihe Knochenplatten auf Rücken, Seiten und Schwanzunterseite sowie 14 bis 17 Stacheln vor der Rückenflosse. Bauchflosse mit 1 Stachel- und 1 Weichstrahl. – In der Seegras- und Blasentang-Zone bis 10 m Tiefe. – Atlantik bis Biskaya als südl. Grenze, Nordsee, Ostsee. – Laicht im Meer. Männchen bauen zur Laichzeit aus Pflanzenfasern Nester hoch über dem Grund an Seegras und Tang.

804 Dreistacheliger Stichling *Gasterosteus aculeatus* L.
Länge bis 8, auch bis 11 cm. Rücken grau- bis olivgrün, Bauch weißlich (Männchen zur Laichzeit am Rücken schimmernd hellgrün, an Kehle und Brust rot). Körper länglich, gedrungener als beim Seestichling, mit durchscheinend grauen Flossen, meist 3 (auch 2 oder 4) zurücklegbaren Rückenstacheln. Seitenlinie durch reihig angeordnete Knochenplatten teils oder ganz verdeckt. Bauchflossen aus 1 Stachel und 1 kurzen Weichstrahl bestehend. – Steigt vom Frühjahr bis Sommer zum Laichen schwarmweise in den Flüssen auf, laicht aber auch im Brack- und Meerwasser. – Die Nester aus Algenfasern werden zur Laichzeit von den Männchen in Sandgruben gebaut. – In geschützten Buchten vom Seichtwasser an, vorzugsweise an Felsen mit Pflanzenbewuchs, auch an Kaimauern usw. – Atlantik, Nordsee, Ostsee; Binnengewässer Mittel- und Südeuropas.

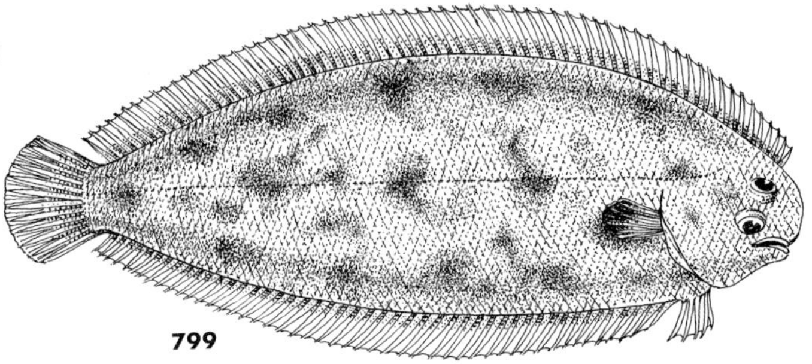

799

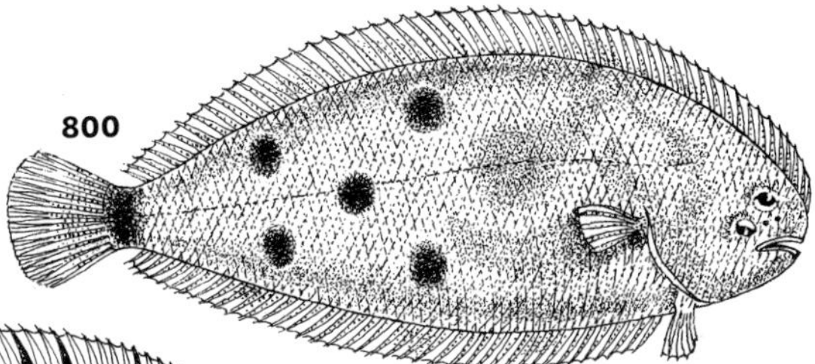

800

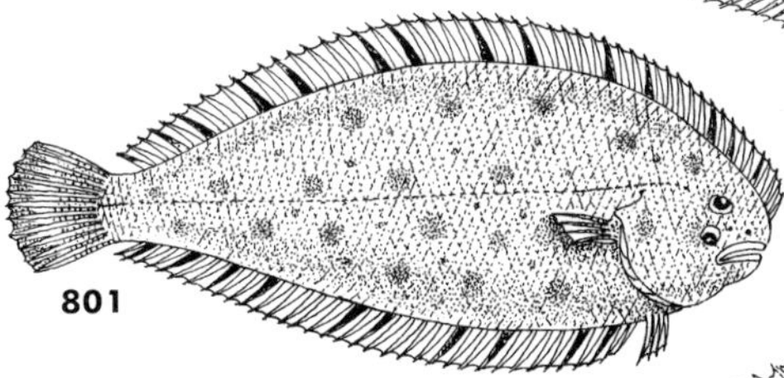

801

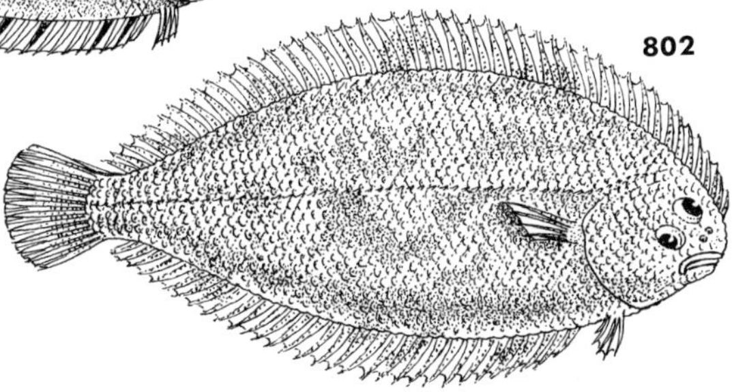

802

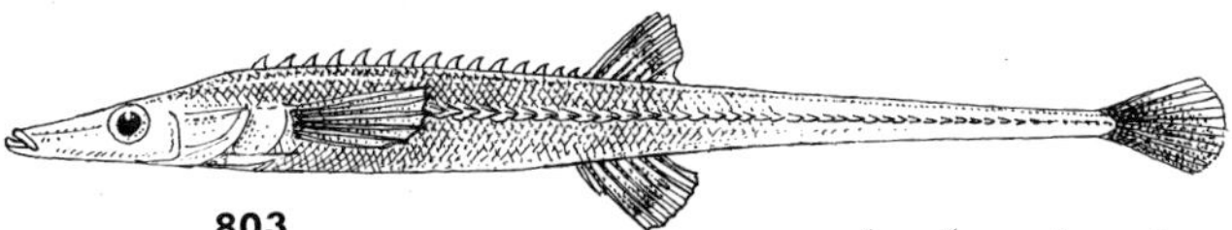

803

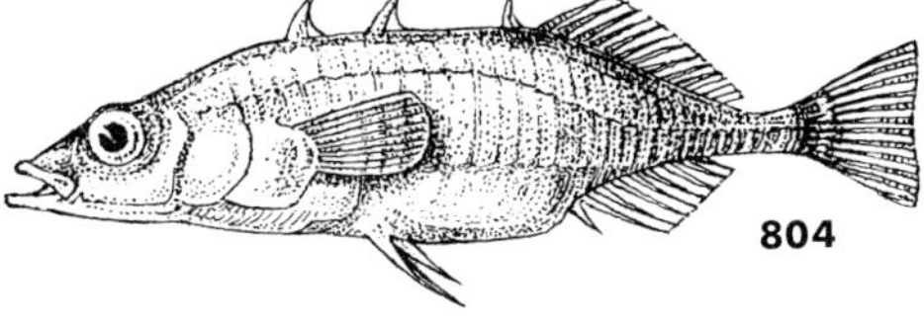

804

Büschelkiemer Ordnung *Syngnathiformes*

Echte Knochenfische mit zu einem röhrenförmigen Rüssel ausgezogener Schnauze, in den europäischen Küstengewässern vorwiegend durch Formen vertreten, die außerdem durch das Fehlen von Bauchflossen und den mit Knochenringen bedeckten Körper gekennzeichnet sind.

Seenadeln *Syngnathidae*

Kleine, langgestreckte Büschelkiemer ohne Bauchflossen bei in der Regel schwanzständiger Rückenflosse und stark rückgebildeter oder fehlender Afterflosse. Die den Körper bedeckenden Knochenringe bestehen am Rumpf aus 7, am Schwanz aus 4 längsgekielten, an den Rändern verbundenen Platten, wobei die Kielreihen die mehr oder weniger ausgeprägten Körperkanten bilden: 1 Bauchkante und je 3 Seitenkanten am Rumpf, je 2 Seitenkanten am Schwanz. Männchen tragen an der Bauchfläche oder an der Schwanzunterseite vielfach eine Bruttasche, in der sie die von den Weibchen dort abgelegten Eier ausbrüten. Teils werden die Eier auch nur frei auf die Bauchfläche geklebt. Tropische und subtropische Küstengewässer mit reichem Pflanzenwuchs bilden die Lebenssphäre der meisten Vertreter dieser Familie; nur wenige sind dem Dasein im freien Wasser bzw. in höheren Breiten angepaßt.

805 Große Schlangennadel *Entelurus aequorus* L. = *Nerophis a.*

Länge bis 40 cm (Männchen) bzw. 60 cm (Weibchen). Braungelb oder olivbraun mit silbrigen Querbinden; am Kopf 1 dunkler Längsstreifen von der Schnauzenspitze bis zur Kiemenöffnung. Körper gerundet; Kanten bei jungen Exemplaren gesägt, bei erwachsenen glatt; Schwanz zugespitzt mit verkümmerter Schwanzflosse (Wickelschwanz); Rückenflosse saumartig, verhältnismäßig lang; Brustflossen fehlend. Die Eier werden vom Weibchen frei auf die Bauchfläche des Männchens geklebt. – In Küstennähe zwischen hochwüchsigen Algen; auch freischwimmend im offenen Meer. – Atlantik bis Portugal als südl. Grenze, Nordsee.

806 Kleine Schlangennadel *Nerophis ophidion* (L.).

Länge bis 20 cm (Männchen) bzw. 30 cm (Weibchen). Gelblichgrün oder braun, einfarbig oder mit dunklen Querbinden; Weibchen zur Laichzeit mit blauen Längsstreifen an der Brust. Körper gerundet; Kanten bei jungen Exemplaren gesägt, bei erwachsenen glatt; Schwanz zugespitzt (Wickelschwanz); Schwanzflosse und Brustflossen fehlend; Rückenflosse saumartig, verhältnismäßig kurz. Die Eier werden vom Weibchen frei auf die Bauchfläche des Männchens geklebt. – In Ufernähe zwischen hochwüchsigen Algen und Seegräsern. – Mittelmeer, Atlantik, Nordsee, Ostsee.

807 Grasnadel = Pfeifenfisch ***Syngnathus typhle*** L. = *Siphonostoma t.*

Länge meist 20 bis 30 cm (auch bis 35 cm). Oben meist grüngrau oder gelblichgrün bis braun, manchmal dunkler oder heller gepunktet, gefleckt oder quergebändert; unten glänzend gelb oder silbrig. Mundröhre kaum niedriger als der Kopf, seitlich stark zusammengedrückt; Körper kantig; Schwanz zugespitzt, mit kleiner rautenförmiger Schwanzflosse. – In Seegras- und Neptungraswiesen, meist in vertikaler Stellung zwischen den Halmen und schwer davon zu unterscheiden; auch über Sandgrund und im Brackwasser. – Mittelmeer, Atlantik, Nordsee, Ostsee.

808 Große Seenadel *Syngnathus acus* L.

Länge meist 30 bis 35 cm (auch über 45 cm). Bräunlich bis braun, grünlich oder rötlich, dunkel quergebändert; bauchseits heller. Mundröhre dünn, drehrund, scharf von der Stirn abgesetzt, etwa doppelt so lang wie der übrige Kopf; Körper kantig; Rückenflosse saumartig, kurz; Männchen mit schwanzständiger Bruttasche; Schwanz zugespitzt, mit kleiner fächerförmiger Schwanzflosse. – In Seegras- und Neptungraswiesen vom Flachwasser an, auch freischwimmend im offenen Wasser. – Mittelmeer, Atlantik, Nordsee.

Sehr ähnlich ist ***S. rostellatus,*** die ebenfalls in der Nordsee, an der Atlantikküste aber nur bis zur Biskaya als südl. Grenze vorkommende Kleine Seenadel, bis 17 cm lang, oben braun bis dunkelbraun, unten silbrig, mit ebenfalls drehrunder und scharf von der Stirn abgesetzter, aber knapp kopflanger Schnauze, in Algenbeständen des Flachwassers meist grundnah zu finden, auch im Brackwasser, selten freischwimmend.

809 Langschnauziges Seepferdchen *Hippocampus guttulatus* Cuv.

Länge meist bis 12 cm (auch bis 15 cm). Graubraun bis braun, dunkler oder heller gepunktet, gefleckt oder marmoriert; Rückenflosse meist weiß gesäumt. Kopf winkelig zur Körperachse, Schnauze länger als der übrige Kopf; Körper mäßig gestreckt, mit deutlichen Kanten und seitlich zusammengedrücktem Rumpf; Kopf und Rumpf mit zahlreichen Hautläppchen besetzt; Schwanz bauchwärts eingerollt (Greifschwanz), Rückenflosse vorwiegend rumpfständig, kurz; Schwanzflosse fehlend; Männchen mit schwanzständiger Bruttasche. – In Seegras- und Neptungraswiesen sowie Algenbeständen von etwa 5 m Tiefe an; auch an treibendem Tang im offenen Wasser. – Mittelmeer, Atlantik bis Kanalküste als nördl. Grenze, (selten) Nordsee.

H. antiquorum = *H. brevirostris*, das Kurzschnauzige Seepferdchen des Mittelmeers, ist sehr ähnlich, trägt aber keine Hautläppchen, und die Schnauze ist kürzer als der übrige Kopf.

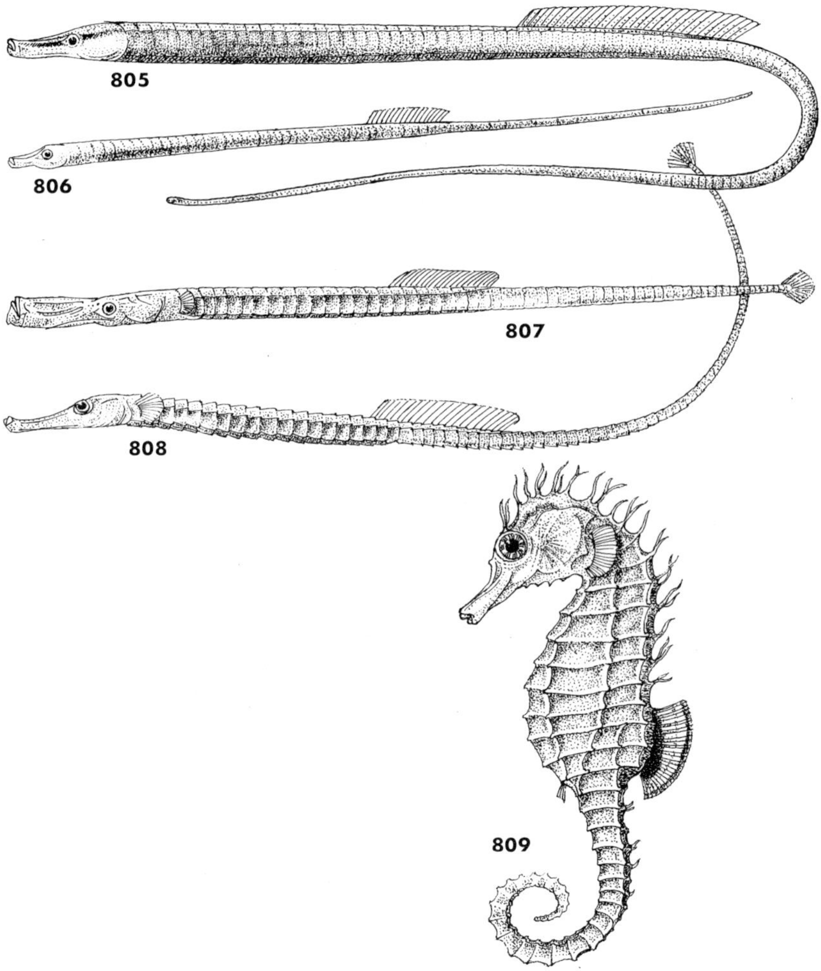

805

806

807

808

809

Meeräschenartige Ordnung *Mugiliformes*

Echte Knochenfische mit mehr oder minder gestrecktem, seitlich wenig zusammengedrücktem, von Cycloid- oder Ctenoidschuppen bedecktem Körper, 2 weit auseinanderstehende, verhältnismäßig kurze Rückenflossen tragend, von denen die 1. stachelstrahlig ist, die 2. nach einem vorderen Stachelstrahl weichstrahlig und über der ihr ähnlichen Afterflosse angeordnet. Die Bauchflossen sind bauchständig; die Schwanzflosse ist gegabelt.
Dieser fast ausschließlich marinen Gruppe gehören vor allem Bewohner der ufernahen Zone wärmerer Meere an, teils auch im offenen Wasser lebende Formen, aber nur wenige, die bis in höhere Breiten vordringen.

Meeräschen ***Mugilidae***

Meeräschenartige mit schlankem, seitlich zusammengedrücktem, von mittelgroßen Cycloidschuppen bedecktem Körper bei abgerundetem Kopf mit endständigem, kleinem Mund und sehr schwacher Bezahnung. Die Seitenlinie ist nicht ausgeprägt; die 1. Rückenflosse weist 4 Stachelstrahlen auf. Periodisch wandernd, halten sich die Meeräschen in kleineren oder größeren Schwärmen vorzugsweise ufernah im Flachwasser über algenbewachsenem Grund, auch in Flußmündungen, Hafenbecken und Brackwasserlagunen, oft knapp unter der Oberfläche zu finden, oder am Boden in Schlamm und Sand stöbernd. Alle Arten sind als Speisefisch geschätzt und fischereiwirtschaftlich von wesentlicher Bedeutung; in bestimmten Gebieten, z. B. in der nördl. Adria, werden sie sogar in Lagunen gezüchtet.

810 Großlippige Meeräsche *Mugil chelo* Cuv. = *Chelone labrosus.*
Länge meist 30 bis 45 cm (auch bis 60 cm). Rücken bläulich- bis braungrau oder dunkelgraugrünlich; Seiten heller mit schmalen Längsstreifen; Bauch silbrig; Flossen grau. Augen ohne Fettdecke; Oberlippe verdickt, mit kleinen Hautwärzchen; Kehlspalte sehr schmal; Afterflosse mit 3 Stachel- und 9 Weichstrahlen. – Vorkommen s. oben. – Mittelmeer, Atlantik, Nordsee, westl. Ostsee.
Ähnlich, aber kleiner ist ***M. labeo,*** die Kleine Meeräsche des Mittelmeers, bis 20 cm lang, mit verdickten, aber glatten Lippen, ovaler Kehlspalte, ohne Seitenstreifung, und mit 3 Stachel- und 11 Weichstrahlen in der Afterflosse.

811 Dünnlippige Meeräsche = Großköpfige M. ***Mugil capito*** Cuv.
Länge 25 bis 50 cm. Rücken schimmernd braungrau; Seiten heller, bräunlich längsgestreift; Bauch silbergrau; Flossen grau; Augen ohne Fettdecke; Oberkiefer bei geschlossener Mundspalte noch sichtbar; Kehlspalte oval. – Vorkommen s. oben. – Mittelmeer, Atlantik.

812 Gemeine Meeräsche *Mugil cephalus* Cuv.
Länge meist 30 bis 50 cm (auch bis 60 cm). Rücken grau bis dunkelgrau mit goldenem Schimmer; Seiten heller, schmal längsgestreift; Bauch silbrigweiß; Kiemendeckel metallisch glänzend; Augen mit gut ausgebildeter Fettdecke; Kehlspalte oval. – Vorkommen s. oben. – Mittelmeer, Atlantik bis Biskaya als nördl. Grenze.

813 Goldmeeräsche *Mugil auratus* Risso = *Liza a.*
Länge 20 bis 30, auch bis 45 cm. Oberseite braungrau; Seiten heller, bräunlich längsgestreift. Oberkiefer bei geschlossener Mundspalte verdeckt; Kehlspalte oval; Kiemendeckel mit einem oder mehreren Goldflecken; Augen mit sehr kleiner, schwach ausgebildeter Fettdecke. – Bevorzugt salzreiches Wasser, meidet Flußmündungen. – Mittelmeer, Atlantik bis Kanalküste als nördl. Grenze.

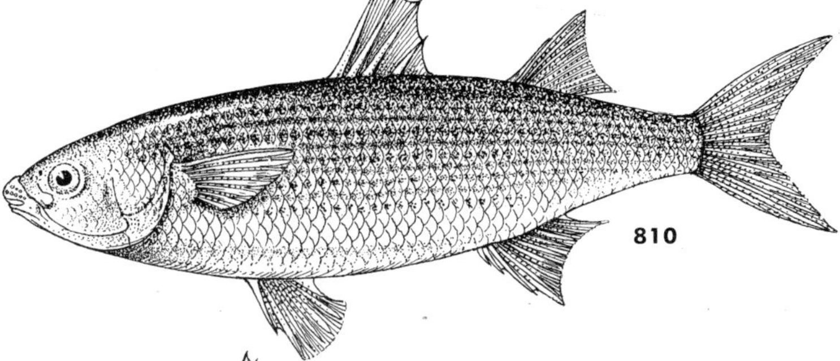

810

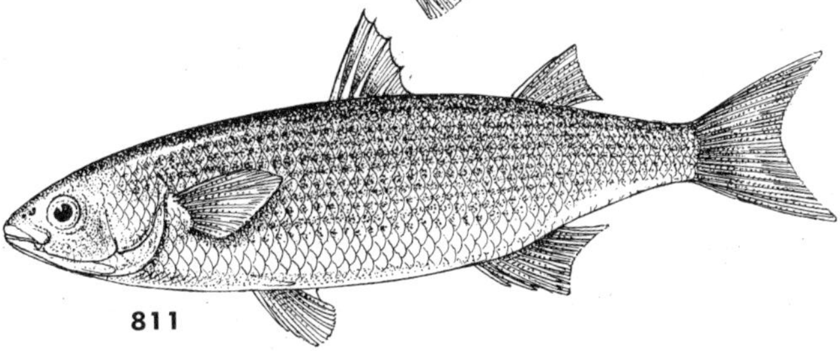

811

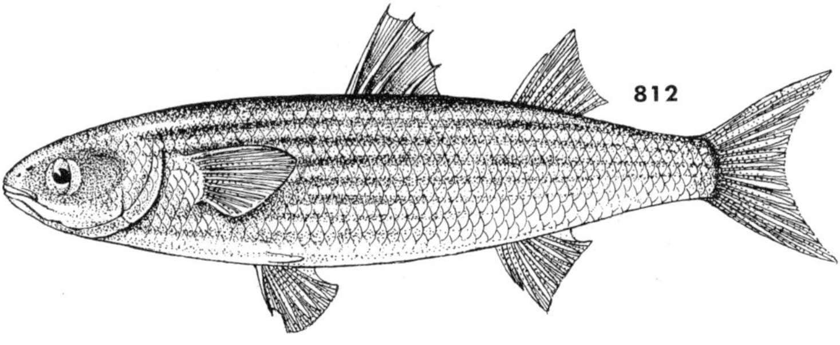

812

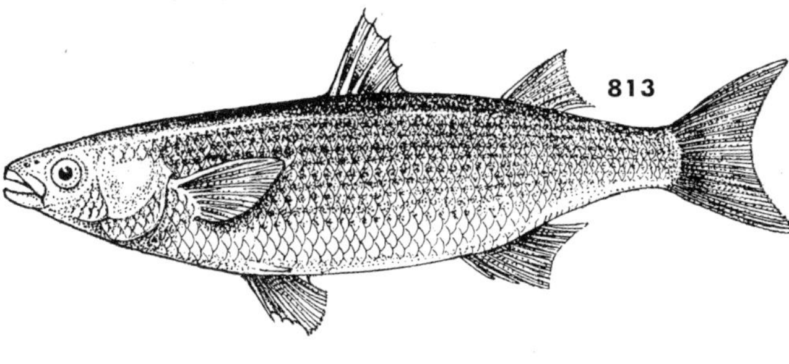

813

Meeräschenartige

Pfeilhechte *Sphyraenidae*

Meeräschenartige mit langgestreckt-walzigem, von Cycloidschuppen bedecktem Körper bei ziemlich spitzem Kopf mit oberständigem Mund, weiter Mundöffnung und starker Bezahnung. Die Seitenlinie ist gut ausgebildet.
Als Raubfische der wärmeren Meere leben die Pfeilhechte meist in Schwärmen. Die auch für Menschen nicht ungefährlichen großen Arten wie *Sphyraena jello* (bis über 3 m lang) und *S. barracuda* (bis 2,5 m lang) treten in ihrem den tropischen Bereich des Atlantiks und des Pazifiks umfassenden Verbreitungsgebiet in genügender Zahl auf, um lohnende Fischereiobjekte zu bilden. Dagegen ist die wirtschaftliche Bedeutung der an unseren Küsten hauptsächlich im Mittelmeer vorkommenden kleineren Formen verhältnismäßig gering, obschon ihre Schwärme oft sehr individuenreich sind.

814 Gemeiner Pfeilhecht *Sphyraena sphyraena* (L.) = *S. spet.*
Länge meist 30 bis 50 cm (auch bis 1 m, selten mehr). Rücken grünlichgrau, grünlichbraun oder schiefergrau; Bauch silbrig; 1. Rückenflosse mit 5 Stachelstrahlen. – Im offenen Wasser in verschiedenen Tiefen, auch küstennah, vorzugsweise über sandig-schlammigem Grund. – Mittelmeer, Atlantik bis Biskaya als nördl. Grenze. – Fleisch zart, schmackhaft, aber nicht einheitlich geschätzt.

Ährenfische *Atherinidae*

Meeräschenartige mit schlankem, seitlich kaum zusammengedrücktem, von Cycloid- und Ctenoidschuppen bedecktem Körper bei stumpfspitzem Kopf mit endständigem Mund, schräg aufwärts gerichteter Mundspalte und kleinen Zähnen. Die Seitenlinie ist sehr schwach ausgeprägt; die 1. Rückenflosse weist 6 bis 9 Stachelstrahlen auf. Von den tropischen bis in die gemäßigten Breiten vorkommend, mit einigen Formen auch im Süßwasser vertreten, aber vorwiegend den küstennahen Meeresbereich bewohnend, leben die Ährenfische in großen Schwärmen. Sie werden vor allem im Mittelmeer in beträchtlichen Mengen gefangen, als Speisefische aber je nach Gebiet recht verschieden bewertet.

815 Priesterfisch = Streifenfisch ***Atherina presbyter*** Cuv.
Länge meist bis 15 cm (auch bis 20 cm). Rücken fast durchscheinend graugrün; Seiten weißlich mit scharf gezeichnetem silbrigem Mittelstreifen vom Brustflossen-Ansatz bis zur Schwanzflosse. 1. Rückenflosse knapp hinter dem Ende der Brustflossen ansetzend, mit 7 bis 8 Stachelstrahlen; 2. Rückenflosse etwas länger; Afterflosse mit 1 Stachel- und 14 bis 16 Weichstrahlen. – In ruhigen Buchten mit sandigem Grund in Strandnähe; auch in Flußmündungen. – Im westl. Mittelmeer selten, im Atlantik bis zur Kanalküste als nördl. Grenze.
Ähnlich ist ***A. hepsetus,*** der Gemeine Ährenfisch, im Mittelmeer in großen Schwärmen vorkommend, vorwiegend im freien Wasser, aber küstennah, bis 15 cm lang, mit zwei gleich langen Rückenflossen, deren Abstand voneinander etwa doppelt so groß ist wie der Augendurchmesser; Afterflosse mit 1 Stachel- und 12–14 Weichstrahlen.

816 Kleiner Ährenfisch = Boyers A. ***Atherina boyeri*** Risso.
Länge 8 bis 10 cm. Graugrün, silbrig längsgestreift, an den Seiten mit 1–2 Längsreihen schwarzer Punkte. Schnauze stumpf. Abstand zwischen 1. und 2. Rückenflosse etwa gleich groß wie der Augendurchmesser. – Schwarmfisch des offenen Wassers, während der Laichzeit in Küstennähe. – Mittelmeer. – Fleisch schmackhaft.

Armflosser Ordnung *Lophiformes*

Echte Knochenfische, deren Bauchflossen kehlständig sind und die Brustflossen so umgebildet, daß sie zum Kriechen benutzt werden können, wobei als weitere kennzeichnende Merkmale der hier zu berücksichtigenden Gruppe der Seeteufel (Unterordnung *Lophioidei*) der große, stark abgeplattete Kopf und der ausnehmend breite Mund zu nennen sind, sowie die freistehenden, stark verlängerten vorderen 3 Stachelstrahlen der 1. Rückenflosse. Der erste dieser Strahlen trägt an der Spitze ein (regenerierbares?) Hautläppchen, das die bodenlebenden und sich im Schlamm eingrabenden Seeteufel über der Mundöffnung baumeln lassen, um damit Beutetiere anzulocken.

817 Seeteufel = Angler = Froschfisch ***Lophius piscatorius*** L.
Länge meist 50 cm bis 1,2 m (auch bis 1,8 m). Oberseite grau- bis olivbraun, dunkler marmoriert; Bauchseite weißlich; 1. Rückenflosse mit 3 langen, freistehenden Stachelstrahlen (s. oben) und 3 kürzeren, durch Flossenhaut verbundenen Stachelstrahlen; 2. Rückenflosse mit Weichstrahlen, schwanzständig, der darunter stehenden Afterflosse ähnlich; Schwanzflosse länglich, schwach gerundet; Brustflossen-Ansatz armartig verlängert, mit rechtwinkelig abstehender Flosse; Haut unbeschuppt, mit zahlreichen Läppchen besetzt; Mund endständig, mit kräftiger Bezahnung; Kiemenöffnung klein, unter dem Brustflossen-Ansatz. – Auf Sand- und Schlammgrund, teilweise eingegraben, von 20 m Tiefe an. – Mittelmeer, Atlantik, Nordsee, westl. Ostsee. – Fleisch sehr geschätzt.

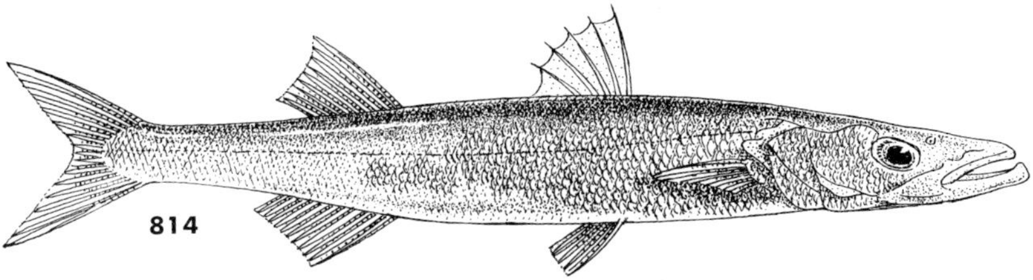

814

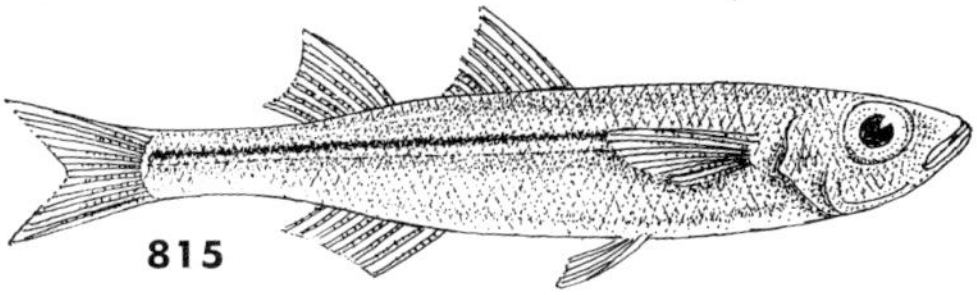

815

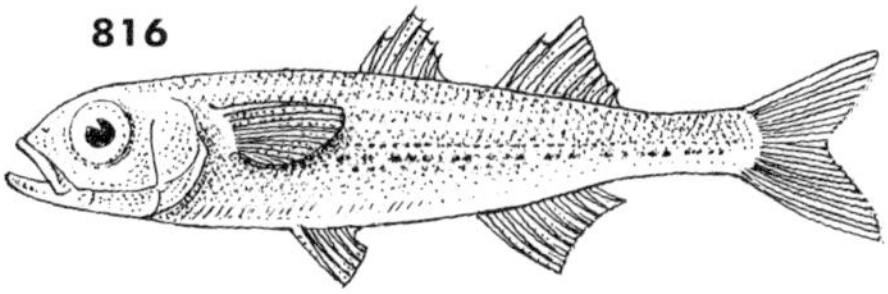

816

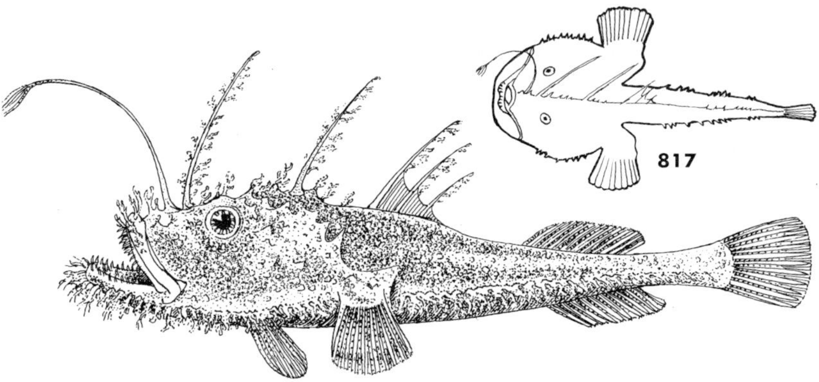

817

Haftkiefer Ordnung *Tetraodontiformes*

Echte Knochenfische mit kurzem, hohem, von dicker gekörnter oder lederiger Haut bedecktem Körper, ohne Bauchflossen, und mit zu einer Art Schnabel verwachsenen Kieferknochen, vorwiegend in tropischen Gewässern verbreitet, aber im europäischen Küstenbereich u.a. durch die besonders auffallenden Mondfische (Familie *Molidae*) vertreten, zu deren kennzeichnenden Merkmalen außerdem der scheibenförmig zusammengedrückte Körper mit kurz abgestutztem Schwanz gehört, wobei die hohe Rückenflosse am verbreiterten Körperende der annähernd gleichen Afterflosse gegenübersteht und beide mit der kurzen, breiten Schwanzflosse verbunden sind. Stachelstrahlen fehlen; Rücken- und Afterflosse werden durch Knorpelplatten gestützt. Die Brustflossen sind klein und gerundet; vor ihrem Ansatz liegen die knapp bemessenen Kiemenöffnungen.

818 Drückerfisch *Balistes capriscus* Gmel. = *B. carolinensis*.
Länge bis 30 cm, auch bis 40 cm. Grau mit bläulichen Flecken und bräunlichen Querstreifen (tot grau). Körper hoch, seitlich abgeflacht, dickhäutig, mit kräftiger, mosaikartiger Beschuppung. Mundöffnung vorgezogen, klein, mit ausgeprägten Lippen und auf den Kieferknochen in Gruben eingesetzten, kräftigen Zähnen. Hinter der kleinen, über der Brustflosse liegenden Kiemenöffnung 2 große Knochenstacheln. 1. Rückenflosse mit 3 Stachelstrahlen, wovon der 1. kräftig entwickelt ist; 2. Rückenflosse ähnlich wie Afterflosse. Schwanzflosse mit fadenförmig verlängertem oberem und unterem Strahl. – Einziger europäischer Vertreter der vorwiegend tropischen Familie der Drückerfische *(Balistidae)*. Nur gelegentlich in Küstennähe über Felsgrund oder Neptungraswiesen. – Mittelmeer, Atlantik bis Kanalküste als nördl. Grenze.

819 Mondfisch = Schwimmender Kopf ***Mola mola*** L. = *Orthagoriscus m.*
Länge 60 cm bis über 2 m. Rücken gräulichbraun; Seiten bräunlich bis graubraun mit silbrigem Schimmer. – Lebt im offenen Wasser, sich von pelagischen Planktontieren und kleinen Fischen ernährend; kommt gelegentlich in Küstennähe und gerät dann manchmal in Tonnaren oder Stellnetze. – Mittelmeer, Atlantik. – Fleisch wird nicht geschätzt.

819

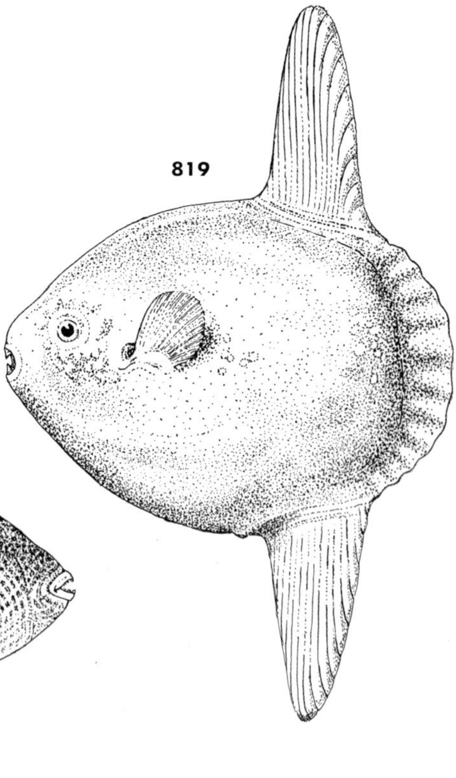

818

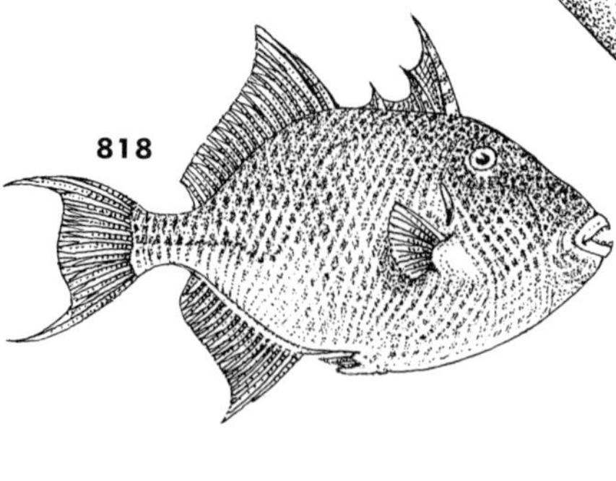

Anhang

Kleiner Geißbrassenschwarm (Mittelmeer)

Systematischer Index

Aus den laufenden Nummern der den einzelnen systematischen Gruppen zugehörenden Arten ergibt sich die Stellung der in diesem Band beschriebenen oder danach bestimmten marinen Pflanzen und Tiere innerhalb des – aufs hier Wesentliche resümiert wiedergegebenen – botanischen bzw. zoologischen Systems.

		Laufende Nummer
	Pflanzenreich *Regnum vegetabile*	
Stamm	Spaltpflanzen *Schizophyta* u. a. mit der	
Klasse	Blaualgen *Cyanophyta*	**1 – 3**
Stamm	Algen *Phycophyta* u. a. mit der	
Klasse	Grünalgen *Chlorophyta*	**4 – 23**
Klasse	Braunalgen *Phaeophyta*	**24 – 52**
Klasse	Rotalgen *Rhodophyta*	**53 – 87**
Stamm	Flechten *Lichenes*	
Stamm	Moospflanzen *Bryophyta*	
Stamm	Farnpflanzen *Pteridophyta*	
Stamm	Blütenpflanzen *Spermatophyta* u. a. mit der	
Klasse	Einkeimblätterige *Monocotyledoneae* u. a. mit der	
	Ordnung Liliengewächse *Liliaceae*	**88 – 91**
	Pilzreich *Regnum mycale*	
	Tierreich *Regnum animale*	
Unterreich	Einzeller *Protozoa*	
Stamm	Geißeltierchen *Flagellata* u. a. mit der	
	Ordnung Panzergeißler *Dinoflagellata*	**92**
Stamm	Wurzelfüßer *Rhizopoda*	
Stamm	Wimpertiere *Ciliata*	
Unterreich	Vielzeller *Metazoa*	
Stamm	Placozoen *Placozoa*	
Stamm	Planuloiden *Planuloida*	
Stamm	Schwämme *Porifera* u. a. mit den Gruppen	
	Kalkschwämme *Calcarea*	**93 – 100**
	Kieselschwämme *Sclerospongiae*	**101 – 106**
	Hornkieselschwämme *Halichondria* u. a.	**107 – 110**
	Hornschwämme *Dictyoceratida*	**111 – 113**
	Baumfaserschwämme *Dendroceratida*	**114**
Stamm	Nesseltiere *Cnidaria*	
Klasse	Hydrozoen *Hydrozoa*	
	Ordnung Hydroiden *Hydroidea*	
	Polypengeneration: Hydroidpolypen	**115 – 127**
	Medusengeneration: Hydroidmedusen	**128 – 142**
	Ordnung Staatsquallen *Siphonophora*	**143 – 147**
Klasse	Würfelquallen *Cubozoa*	**148**
Klasse	Schirmquallen *Scyphozoa*	
	Ordnung Becherquallen *Stauromedusae*	**149 – 151**
	Ordnung Fahnenquallen *Semaeostomae*	**152 – 155**
	Ordnung Wurzelquallen *Rhizostomae*	**156 – 157**
Klasse	Blumentiere *Anthozoa*	
Unterklasse	Sechsstrahlige B. *Hexacorallia*	
	Ordnung Dörnchenkorallen *Antipatharia*	**158**
	Ordnung Zylinderrosen *Ceriantharia*	**159**
	Ordnung Krustenanemonen *Zoantharia*	**160 – 161**
	Ordnung Seeanemonen *Actinaria*	**162 – 177**
	Ordnung Steinkorallen *Madreporaria*	**178 – 182**

		Laufende Nummer
Unterklasse	Achtstrahlige B. *Octocorallia*	
	Ordnung Röhrenkorallen *Stolonifera*	**183**
	Ordnung Lederkorallen *Alcyonacea*	**184 – 186**
	Ordnung Hornkorallen *Gorgonacea*	**187 – 189**
	Ordnung Seefedern *Pennatulacea*	**190 – 193**
Stamm	Rippenquallen *Ctenophora*	
	Ordnung Kugelquallen *Cydippidea*	**194**
	Ordnung Lappenquallen *Lobata*	**195**
	Ordnung Gürtelquallen *Cestidea*	**196**
	Ordnung Mützenquallen *Beroidea*	**197**
Stammgruppe	Urmundtiere *Bilateria-Protostomia*	
Stamm	Plattwürmer *Plathelminthes*	
Klasse	Strudelwürmer *Turbellaria*	**198 – 201**
Stamm	Kelchwürmer *Kamptozoa*	
Stamm	Schnurwürmer *Nemertini*	**202 – 208**
Stamm	Schlauchwürmer *Aschelminthes*	
Stamm	Priapuliden *Priapulida*	**209**
Stamm	Igelwürmer *Echiurida*	**210 – 211**
Stamm	Spritzwürmer *Sipunculida*	**212**
Stamm	Weichtiere *Mollusca*	
Unterstamm	Stachelweichtiere *Aculifera*	
Klasse	Käferschnecken *Placophora*	**213 – 216**
Unterstamm	Schalenweichtiere *Conchifera*	
Klasse	Schnecken *Gastropoda*	
Unterklasse	Vorderkiemer *Prosobranchia*	
	Ordnung Altschnecken *Archaeogastropoda*	**217 – 243**
	Ordnung Mittelschnecken *Mesogastropoda*	**244 – 293**
	Ordnung Neuschnecken *Neogastropoda*	**294 – 322**
Unterklasse	Hinterkiemer *Opisthobranchia*	
	Ordnung Kopfschildschnecken *Cephalaspidea*	**323 – 326**
	Ordnung Hautschildschnecken *Anaspidea*	**327**
	Ordnung Sackzüngler *Sacoglossa*	**328**
	Ordnung Rückenschildler *Notaspidea*	**329 – 330**
	Ordnung Nacktkiemer *Nudibranchia*	**331 – 334**
Klasse	Grabfüßer *Scaphopoda*	**335 – 337**
Klasse	Muscheln *Bivalvia*	
Unterklasse	Alte Reihenzähner *Palaeotaxodonta*	**338 – 343**
Unterklasse	Verstecktzähnige *Cryptodonta*	**344 – 345**
Unterklasse	Flügelförmige *Pteriomorpha*	**346 – 378**
Unterklasse	Verschiedenzähnige *Heterodonta*	**379 – 452**
Unterklasse	Zahnlose *Anomalodesmata*	**453 – 454**
Klasse	Kopffüßer *Cephalopoda*	
	Ordnung Zehnarmer *Decabrachia*	**455 – 458**
	Ordnung Achtarmer *Octobrachia*	**459 – 461**
Stamm	Ringelwürmer *Annelida*	
Klasse	Gürtelwürmer *Clitellata*	**462**
Klasse	Borstenwürmer *Polychaeta*	
	Ordnung Freilebende B. *Errantia*	**463 – 472**
	Ordnung Seßhafte B. *Sedentaria*	**473 – 488**
Stamm	Stummelfüßer *Onychophora*	
Stamm	Bärtierchen *Tardigrada*	
Stamm	Zungenwürmer *Pentastomida*	
Stamm	Gliederfüßer *Arthropoda* u. a. mit der	
Klasse	Krebse *Crustacea*	
Unterklasse	Rankenfüßer *Cirripedia*	**489 – 497**
Unterklasse	Höhere Krebse *Malacostraca*	
	Ordnung Heuschreckenkrebse *Stomatopoda*	**498**
	Ordnung Zehnfußkrebse *Decapoda*	**499 – 542**
	Ordnung Asseln *Isopoda*	**543 – 548**
	Ordnung Flohkrebse *Amphipoda*	**549 – 555**

Systematischer Index

		Laufende Nummer
Stamm	Kranzfühler *Tentaculata*	
Klasse	Moostierchen *Bryozoa*	**556–568**
Klasse	Hufeisenwürmer *Phoronidea*	**569**
Klasse	Armfüßer *Brachiopoda*	**570**
Stammgruppe	Neumundtiere *Bilateria-Deuterostomia*	
Stamm	Pfeilwürmer *Chaetognatha*	**571–572**
Stamm	Stachelhäuter *Echinodermata*	
Unterstamm	Pelmatozoen *Pelmatozoa*	
Klasse	Haarsterne *Crinoidea*	
	Ordnung Federsterne *Comatulidae*	**573**
Unterstamm	Eleutherozoen *Eleutherozoa*	
Klasse	Seegurken *Holothurioidea*	**574–577**
Klasse	Seeigel *Echinoidea*	**578–590**
Klasse	Seesterne *Asteroidea*	
	Ordnung Zangensterne *Forcipulata*	**591–594**
	Ordnung Großplattensterne *Phanerozonia*	**595–598**
	Ordnung Stachelsterne *Spinulosa*	**599–602**
Klasse	Schlangensterne *Ophiuroidea*	
	Ordnung Ophiuren *Ophiurae*	**603–607**
	Ordnung Medusensterne *Euryalae*	**608**
Stamm	Kragentiere *Hemichordata* u. a. mit der	
Klasse	Eichelwürmer *Enteropneusta*	**609–611**
Stamm	Loriciferen *Loricifera*	
Stamm	Manteltiere *Tunicata*	
Klasse	Geschwänzte M. *Appendicularia*	
Klasse	Seescheiden *Ascidiacea*	**612–622**
Klasse	Salpen – Feuerwalzen *Thaliacea*	
Stamm	Schädellose *Acrania*	**623**
Stamm	Wirbeltiere *Vertebrata*	
Klasse	Rundmäuler *Cyclostomata*	**624**
Klasse	Knorpelfische *Chondrichthyes*	
	Ordnung Haie *Selachoidei*	**625–637**
	Ordnung Rochen *Batoidei*	**638–647**
Klasse	Knochenfische *Osteichthyes*	
	Überordnung Knorpelganoiden *Chondrostei*	
	Ordnung Störartige *Acipenseriformes*	**648**
	Überordnung Echte Knochenfische *Teleostei*	
	Ordnung Heringsfische *Clupeiformes*	**649–654**
	Ordnung Lachsfische *Salmoniformes*	**655–657**
	Ordnung Aalfische *Anguilliformes*	**658–660**
	Ordnung Hornhechtartige *Beloniformes*	**661–664**
	Ordnung Dorschartige *Gadiformes*	**665–679**
	Ordnung Barschfische *Perciformes*	**680–787**
	Ordnung Schiffshalter *Echeneiformes*	**788**
	Ordnung Petersfische *Zeiformes*	**789**
	Ordnung Plattfische *Pleuronectiformes*	**790–804**
	Ordnung Büschelkiemer *Syngnathiformes*	**805–809**
	Ordnung Meeräschenartige *Mugiliformes*	**810–816**
	Ordnung Armflosser *Lophiformes*	**817**
	Ordnung Haftkiefer *Tetraodontiformes*	**818–819**
Klasse	Kriechtiere *Reptilia*	
Klasse	Vögel *Aves*	
Klasse	Säugetiere *Mammalia*	

Namenregister

Die neben den Stichworten angegebenen Zahlen beziehen sich auf die laufenden Nummern der Artbeschreibungen, soweit sie nicht als Seitenzahlen (S.) bezeichnet sind.

A

Aal 658
Aalfische 658 – 660, S. 270
Aalmuttern 750, S. 311
Abalone 217 – 218
Abiétinaire 127
Abietinaria 127
Abra 426 – 427
Abre 427
Acalephae 149 – 157, S. 74
Acanthias 636
Acanthocardia 391 – 392
Acciuga 654
Acedia 801
Acetabularia 17
Achaeus 525
Achiváda chonari 430
Achivada 450
Achselfleckbrassen 709
Achtarmer 459 – 468, S. 176
Achtstrahl-Becherqualle 150
Acipenser 648
Acipenseridae 648
Acipenseriformes 648 S. 264
Acmaea 243
Acmaeidae 243
Acmaeiden 243
Acnidaria S. 62, 92
Acorn barnacle 494
Acrania 623, S. 246
Aculifera 213 – 216, S. 100
Actaeon 323
Actaenoidae 323
Actéon 323
Actinaria 162 – 177, S. 80
Actinia 163, 165 – 167
Actinie 165, 173
Actinoloba 171
Actinopterygii S. 262
Actinothoe 176
Actinozoa 158 – 159, S. 78
Adamsia 172 – 173
Adlerfisch 697
Adlerrochen 644 – 647
Aega 545
Aehrenfische 815 – 816
Aeolididae 334
Aeolidia 334
Aeolis 334
Aequipecten 370
Aequorea 136
Aesop-prawn 499
Aetós 646
Aglaophenia 123
Agonidae 785
Agonus 785
Aguacujada 157
Aguámar 156
Aguglia 663
Aguila 646
Aguja 663, 807 – 808
Aidablennius 740
Aigle-bar 696
Aigrefin 667
Aiguillat 636
Aiptasia 169 – 170
Akipissios 648
Aktinien 162 – 177, S. 80
Alacha 652
Alalunga 758
Alballada 690
Albacora 758
Albacore 758
Albero di mare 51
Alcyon 184 – 185
Alconaceae 184 – 186, S. 88
Alcyonaria 184 – 186, S. 88
Alcyonidium 568
Alcyonium 184 – 186
Alepouskylos 632
Alfaneca 675
Algaroda 245
Algen, Blaugrüne 1 – 3, S. 22
Allega 88 – 89
Allis Shad 652
Alloteuthis 457
Almeixa 449
Almeja 398, 425, 432, 436
Alméjon de sangre 441
Aloidis 447
Alogabi 809
Alopecias 632
Alopias 632
Alosa 652 – 653
Alose 652 – 653
Alpheus 501
Alse 652
Altschnecken 217 – 243, S. 102, 104
Amajuela 438
Amande de mer 351
Amandibulata S. 188
Amia 626
Amigdalia 436
Ammodytes 751
Ammodytoidei 751, S. 311
Amphianthus 174
Amphictene 477
Amphioxus 623
Amphipoda 549 – 555, S. 212
Amphiporus 207
Amphitrite 479
Amphiura 604
Amphiure 604
Amsellippfisch 720
Anapagurus 520
Anarhichadidae 747
Anarhichas 747
Anaspidea 327
Anatife 489
Anchivadáki 398
Anchoa 654
Anchois 654
Anchovis 654
Anchovy 654
Anémona 167, 172 – 173
Anemone 165, 167 – 168, 171 – 173, 177
Anémone 167 – 169, 171 – 172
Anemonengrundel 763
Anomonia 167
Ange de mer 637
Angelfish 637
Angelote 637
Angel Wing 449 – 450
– False 443
Anghelos rina 637
Anglais 540
Angler 817
Anguila 658
Anguilla 658
Anguille 658
Anguillidae 658
Anguilliformes 658 – 660, S. 270
Angulus 411 – 413
Angusigola 807
Anilocra 546
Ankerschwamm 105
Annelida 462 – 488, S. 178
Anomalodesmata 453 – 454
Anomia 364 – 365
Anomie 364
Anomiidae 364 – 365
Anomura 514 – 520, S. 200
Ansauger 771 – 772
Anserina 601
Anseropoda 601
Antalis 335
Antedon 573
Antennenkrebs 526
Anthias 687
Anthopleura 168
Anthozoa 158 – 193, S. 78
Antic ark 347
Antipatharia 158, S. 78
Antipathes 158
Antithamnion 85
Aphia 770
Aphie 770
Aphrodita 463
Aphrodite 463
Aplidium 613
Aplysia 327
Aplysie 327
Aplysiidae 327
Aplysina 113
Apodes 658 – 660, S. 270
Apogon 688
Apogone 688
Apogonidae 688
Apollon 288
Appendicularia S. 243
Aporrhaidae 267
Aporrhais 267
Aquila di mare 646
Aragosta 510
Araignée 527 – 529
Arapède 241

Araña 529, 732, 734
Arancia di mare 104
Arbacia 580
Arbun velikoga oka 706
Arca 346 – 350
Archaeogastropoda 217 – 243, S. 102
Arche 346 – 350
Archenkammuschel 351
Archenmuscheln 346 – 350
Archidoris 331
Architectonicidae 254
Architeuthidae S. 173
Arcidae 346 – 350
Arcopagia 417
Arctica 429
Arcticidae 429
Arctus 509
Ardichella 159
Arenga 649
Arengue 649
Arenicola 476
Arénicole 476
Arete 782
Argonauta 459
Argonaute 459
Argushorn 288
Ariosoma 659
Aristeus 255
Armed Bullhead 785
Armflosser 817, S. 342
Armfüßer 570, S. 214, 218
Arnoglosse 791 – 792
Arnoglossus 791
Aronde 783
Arrow muzzlet 162
Arsella 350
Artemia S. 188
Artemis 442
Arthropoda 489 – 555, S. 188
Asaphidae 422 – 424
Ascidia 614, 616
Ascidiacea 612 – 622, S. 244
Ascidie 614 – 618, 621
Ascidiella 615
Ascophyllum 48
Asinomarina 327
Asparall 702
Asperococcus 36
Asselle de mer 216
Asseln 543 – 548, S. 210
Astacos 510, 512
Astarte 388 – 390
Astartemuscheln 388 – 390
Astartidae 388 – 390
Asterias 592 – 594
Asterina 600
Astérine 600
Asteroidea 591 – 602, S. 220, 234
Astice 512
Astkoralle 182
Astraea 236
Astralium 236
Astroides 181
Astropecten 595 – 597
Astrospartús 608
Astura 359
Atentaculata S. 92
Athanas 500
Atherina 815 – 816
Atherinidae 815 – 816
Atlanta 274
Atlante 274
Atlantic Ark 348
Atlantidae 274
Attinia 165, 171
Atún 758
Augenlippfisch 724
Auger 252
Aurada 710
Aurelia 155
Aurélie 155
Ausschnittschnecke 219
Austern 375 – 378
Auxis 755
Avicula 362
Avicule 362
Awning Clam 344 – 345
Azorenmuräne 659

B

Babiča 739, 741 – 742
Babosa 739
Babuška 213
Baby bubble 323
Bacalao 666
Bacaliaraki siko 672
Bacaliáros 665, 670
Baccello 409
Bacchetta 191
Bachforelle 644
Baĉvara relike 283
Badeschwamm 111
Bailarina 322
Bait mussel 354
Balai 794
Balane 493 – 494
Balanoglossus 611
Balanomorpha 492 – 497
Balanophyllia 180
Balanus 494 – 496
Balistes 818
Balistidae 818, S. 344
Ballan wrasse 718
Ballaruga 322
Balaou 664
Ballerina 322
Ballerino 690
Bandfische 695
Band-fish 695
Band-Ilea 38
Bandplanarie 200
Bandschild 771
Bandwürmer S. 94
Bangia 53
Bangiale 53
Bar 686
Barakula 642
Barbastelo 662
Barbatia 350
Barberouge 110
Barbier 687
Barbouni 700
Barbue 790
Barchetta di San Pietro 145
Bärenkrebs 508-509
Barnacle 489, 493 – 494
Barnea 449
Barque de St. Pierre 145
Barrena 450
Barruendo 674
Barschartige 680 – 737, S. 284
Barschfische 680 – 787, S. 284
Bartmännchen 748
Bartmuschel 354
Bartträger S. 242
Bartwürmer S. 242
Baseodiscus 203
Basket-shell 447
– star 608
Bass 686
Bastardmakrele 689
Bastardschwamm 185
Bastriuraca 625
Bast Umber 696
Batogla 735
Batoidei 638 – 647, S. 256
Baudroie 817
Bäumchenpolyp 120
Bäumchenröhrenwurm 478
Bäumchenschnecken 333
Baumfaserschwämme 114, S. 62
Baumkoralle 182
Bavosa 739, 742
Bearded Ark 350
Bec de jar 445
Bécasse de mer 663
Becherkoralle 179
Becherquallen 149 – 151, S. 75
Beerentang 52
Bellota de mar 494
Belone 663
Belonidae 663 – 664
Beloniformes 661 – 664, S. 272
Berberecho 393, 395
Berbigo 393
Berggylt 718
Bernard l'hermite 519
Bernhardskrebs 519
Bernsteinmakrele 690
Beroe 197
Beroidea 197, S. 93
Berrugate 696
Berthella 330
Beutelalge 18
Beutelbarsch 685
Beutelkalkschwamm 100
Bib 673
Bibaron 430
Biberazzo 432
Bichus 662
Bicuda 438
Bigaro 248
Bigorneau 231, 248
Bilateraltiere S. 94 – 344
Bilateria S. 94 – 344
Billfish 664
Bindenbrasse 702
Birnporzellane 271
Biskup 646
Bispira 487
Bissa 452
Bittersweet 351 – 352
Bittium 261
Bivalvia 338 – 454, S. 134
Bivetiella 318
Bladder wrack 46
Blanchet 399
Blane 691
Blasenmakrele 753
Blasenschlauch 36
Blasenschnecken 324 – 325
Blasentang 46
Blattpflanzenalge 16
Blaualgen 1 – 3, S. 22
Blaubarsch 690
Bläuel 691
Blaufische 668
Blauhaie 626 – 627
Blaukrabbe 536
Blaumaul 776
Blennie 739 – 745, 750
Blenniidae 739 – 745
Blennioidei 738 – 747, S. 307
Blennius 739 – 745
Blenny 739, 742, 750
Blöcker 715
Blue Bottle 144

– crab 536
– -fish 690
– -mouth 776
Blumenkohlqualle 156
Blumentiere, Achtstrahlige 183 – 193, S. 62, 88
– Sechsstrahlige 158 – 182, S. 62, 78
Blutfleckplanarie 201
Blutkoralle 187
Blutmundgrundel 764
Blutstern 602
Blutstriemen 683
Boba 715
Boca dolça 625
– d'oro 697
Bocina 291
Bodión 719 – 720
– de limpio 688
Boga 715
Bogarante 512
Bogenkrabben 278 – 280
Bogue 715
Bohne, Rote 416
–, Weiße 454
Bohnenmuschel 357
Bohrerschnecke 252
Bohrmuscheln 443 – 444, 449 – 451
Bohrschwamm 103
Boldro 817
Bolinopsidea 195, S. 92
Bolinopsis 195
Bolinus 294
Bolma 236
Bonacha 779
Bonellia 211
Bonellie 211
Bonita 756
Bonite 754, 756
Bonito 754 – 756
Bonitou 755
Boops 714 – 715
Bootlace weed 43
Bootschnecken 326
Borraco 685
Borstenkrabbe 537
Borstenwürmer, Freilebende 463 – 472, S. 178, 276
– Seßhafte 473 – 488 S. 178, 182
Bothidae 790 – 792
Bothus 790
Botrylle 620
Botrylloides 620
Botryllus 620
Bougainvillia 119, 131
Bouviera 330
Box 714 – 715
Brachiopoda 570, S. 214, 218
Brachyochirus 770
Brachyodontes 357
Brachyura 521 – 542, S. 202
Braize 705
Brambourač 532
Branchiomma 485
Branchiostoma 623
Branchiotremata 609 – 611, S. 242
Brandbrassen 713
Brandhorn 295
Branzino 686
Braunalgen 24 – 52, S. 30
Braunrochen 642
Bream 712
Breca 707
Breitling 650
Brême 712
Brfun 815
Bricke 624
Brill 790
Brissopsis 590
Brissus 589
Brittle Star 603
Brmbuliak 493
Brochet 814
Broma 452
Brotkrumenschwamm 108
Brotschwamm 108
Brotulidae S. 310
Brückenwürmer S. 98
Bryopsis 14 – 15
Bryozoa 556 – 568 S. 214
Bryozoaire gélatineux 568
– -plume 560
Bubble 324
Bucani 819
Bucarde 391 – 397
Bucardia 430
Buccin 303
Buccina 291
Buccinelle 302
Buccinidae 302 – 304
Buccinum 302 – 303
Büchenmuscheln 453
Buchstabenbarsch 684
Buckelschnecke 227 – 228, 230
Buckelstern 600
Buckie 303
Buglossidium 801
Bugula 560
Bulla 324 – 326
Bullaria 324
Bulle 324 – 326
Bullidae 324
Bündelhörner 310 – 312
Bunodactis 168
Bunodes 168
Busano 294
Büschelkiemer 805 – 809, S. 338
Butte 790 – 792
Butter-fish 738
Butterfische 738, S. 171
By-the-wind-sailor 145

C

Caballito de mar 809
Caballo 752
Cabasudo 816
Cabezudo 813
Cabillaud 666
Cabot de roca 768
Cabra 683
Cadelas 409
Cadlina 332
Cagnizza 630
Calamar 457
Calamaro 457
Calappa 524
Calaron 503
Calcarea 93 – 100, S. 56
Calcarous green alga 23
Calcinello 421
Calcispongia 93 – 100, S. 56
Callanthias 687
Callectines 536
Calliactis 172
Callianassa 513
Callionyme 736 – 737
Callionymidae 736 – 737
Callionymus 736 – 737
Calliostoma 222 – 224
Callista 441
Callithamnion 83, 85
Calmar 457 – 458
Calothrix 2
Calycophorae 147, S. 72
Calyptraea 264
Calyptraeidae 263 – 266
Cámbara 527
Cañadilla 294
Canario de mar 687
Cancellaire 318
Cancellariidae 318
Cancer 532
Cančula 434
Canesca 627
Cangreixo 533
Cangrejo 523 – 524, 533, 537 – 539, 542
Canneliere 182
Cannestrello 371 – 372
Cannolicchio 409
Canocchia 498
Canoebubble 326
Cantarella 712
Cantaro 712
Cantero 712
Canthare 712
Cantharus 712
Capa 407, 432, 494
Capalonga 405, 409
Caparon 391
Caparozzoletto 489
Caparozzolo 434
Capelan 672
Capellá 792
Capellan 672
Capitan 812
Capiton 711
Cappa 434, 436, 441, 497
– di deo 406
– santa 368
– tonda 395
Capóni 781
Cappone 777 – 782
Caprella 555
Caprelle 555
Capulidae 263 – 266
Capulus 263
Carabela 428
Caracol 255, 282 – 283
Caragollongo 259
Carangidae 689 – 694
Caranx 689
Carapidae 749
Caravera 407
Caravella portughese 144
Carbasea 559
Carcharias 626
Carchariidae 626 – 627
Carcharodon 631
Carcinides 533
Carcino 533
Carcinus 533
Cardiidae 391 – 397
Cardita 385 – 387
Cardite 385 – 386
Carditidae 385 – 387
Cardium 391 – 397
Caribdea 148
Carinaria 275
Carinarie 275
Carinariidae 275
Carinella 202
Carmarina 142
Carnailla 295
Carneiro 392
Carpet-shell 435 – 437
Carrageen 65
Carrelet 795

Caryophyllia 178–179
Caša 395
Casasanghe 387
Caška 179
Casque 286–287
Casidaire 284–285
Cassidaria 284–285
Cassididae 284–287
Cassis 286–287
Castagnole 717
Castaneta 498
Castañuele 717
Cat-fish 747
Catulus 634–635
Catworm 467
Caudofovata S. 100
Caulerpa 16
Cavaluccio 809
Cazzo 165–166
Cefalo 811–812
Cefallotera 647
Ceinture de Neptune 42
– de Vénus 196
Cellepora 564
Centola 532
Centracanthidae 716
Centronotus 738
Cetrostephanus 579
Cepa 653
Cephalaspidea 323–326
Cephalochordata 623, S. 246
Cephalopoda 455–461, S. 100, 173
Cephalothrix 207
Cepola 695
Cépole 695
Cepolidae 695
Ceramaster 591
Céramiée 86
Ceramium 86
Cerastoderma 395
Ceratostoma 300
Cerda 754
Cerebratulus 204
Cereus 177
Ceriantharia 159, S. 78
Cérianthe 159
Cerianthus 159
Cerith 259–260
Cérithe 259–262
Cerithiidae 259–261
Cerithium 259–262
Cerna 680
Cernia 680, 682
Cernier 682
Cernieruolo 363
Cerniola 682
Ceslijača 370
Ceste 196
Cestidea 196, S. 92
Cestoda S. 94
Cestus 196
Cetorhinus 633
Chabot 784
Chaetognatha 571–572, S. 219
Chaetomorpha 9
Chaetopterus 473
Chaetozone 474
Chalina 109
Chaline 109
Chama 382, 384
Chame 382–384
Chamelacea 432
Chameläongarnele 502
Chamidae 382–384
Chánas 683
Chancre 535–536
Channeled-wrack 41
Chapeau chinois 264
– hongrois 263
Chapon 775
Charax 704
Charonia 291
Charybdea 148
Chaybdée 148
Chávaro 436
Checkerboard 436
Chéli 658
Chelidonópsaro 661, 783
Chelone 810
Chelonibia 497
Cheppia 653
Cherna 682
Chèvre 776
Chicorée 294
Chilóu 719, 725
Chilóu papagallos 718
Chimären S. 249
Chinahaube 264
Chinese Hat 264
Chincharro 689
Chinchard 689
Chink-shell 244
Chione 432
Chirla 398, 421, 432
Chironex fleckeri S. 74
Chiton 213–214, 216
Chitones 213–216, S. 102
Chlamys 370–374
Chlorophyceae 4–23, S. 28
Chlorophyta 4–23, S. 28
Choanithyes, S. 262
Choco 455
Chondria 78–79
Chondrichthyes 625–647, S. 249
Chondrophorae S. 72
Chondrosia 106
Chondrostei 648, S. 262, 264
Chondrus 65
Chopa 703
Chorda 43–44
Chordaria 32, 43
Chordota S. 243
Chordatiere S. 242
Choval 690
Christópsaro 789
Chromis 717
Chrysaora 153
Chrysaore 153
Chrysophrys 710
Chthalmus 493
Ciafroia 172
Cianchetta 791
Cicada di mare 509
Ciĉurusa 725
Cidaris 578
Cigala de mar 509
Cigale 509–509
Ciliata 678
Cinta 676
Cinturón 196
Ciona 614
Cione 614
Cipalglavač 812
Cirratulus 474
Cirripedia 489–497, S. 189
Cithare 792
Citharus 792
Citriolo di mare 574
Cladocora 178
Cladonema 130
Cladophora 10–13
Cladostephus 28
Clam, Black 429
Clam, Soft-shell 445–446
Clanculus 233–234
Clathrina 93
Clathrus 292
Clava 117
Clavelina 573, 612
Claveline 612
Clavularia 183
Clauque 445
Cliona 103
Clìone 103
Clitellata S. 178
Cloak anemone 173
Clovisse 436, 438
Clupea 649–653
Clupeidae 649–654
Clupeiformes 649–654, S. 265
Cnidaria 115–193, S. 62, 95
Coal-fish 668
Coat-of-Mail-Chiton 216
Cockle 391–397
Cockscomb 72
Cod 666, 672, 680
Codium 18–19
Coelenterata S. 62, 92
Coenocyathus 179
Cœur 698
– de bœuf 430
Coffee bean 268
Colin 665
Colios 753
Collacha 650
Collaria S. 95
Collisopsaro 788
Colombelle 313–314
Colombo di mare 646
Columbella 313–314
Columbellidae 313–314
Comatule 573
Comatulidae 573,, S. 220, 225
Comb-star 595
Comber 683
Concha peregrino 368
Conchifera 217–461, S. 100
Conchoderma 489
Concombre der mer 574
Condylactis 163
Cone, Mediterranean 322
Cône 322
Conejo 327
Conferva 9, 11–12, 80
Conger 659
Congermuraena 659
Congre 659
Congridae 659
Congrio 659
Conidae 322
Cono 322
Conocchia 311
Conus 322
Copelata S. 243
Copepoda S. 188
Coq nain 746
Coque plate 442
– rouge 392
Coquette 719
Coquille St-Jacques 368–369
– a tonneau 283
Coquina 421
Corail, Faux 562
– noir 158
– rouge 187
Coral, Black 158
– Dwarf Triton 301

– False 562
– Goldstar 186
– moss 124
– nero 158
– Precious 187
– Red 187
– rojo 187
– Scarlet 180
– Soft 185
– -weed 58
Corallina 58 – 59
Corallinée 58 – 59
Corallium 187
Corallo nero 158
– rosso 181, 187
Corazón de buey 430
Corb 698
Corbine 698
Corbola 513
Corbula 447
Corbule 447
Corbulidae 447
Coricus 727
Corifena cavallina 694
Coris 728
Cormaillot 300
Cornered ark 349
Cornet 259
Corneta 295
Cornetto 231
Cornichon de mer 576
Corniño 300
Cornish Sucker 771
Cornularia 183
Corophium 553
Corvina 698
Corvo 698
Coryne 115
Coryphaena 694
Coryphène équiset 694
Coryphopterus 760
Corystes 526
Coscinasterias 592
Costardella 664
Cotte 784
Cottidae 784
Cottoidei 773 – 776, S. 320
Cotton-spinner 574
Cottus 784
Cotylorhiza 157
Coulat 653
Courbine 697
Couteau 405, 407 – 408
Coutil 409
Cowrie 268, 270 – 271
Cozza 354 – 356
Crab, Edible 532
– Hairy 536
– Green 533
Crabe de Chine 541
– honteux 524
– pasteur 522
– poilu 537
– vert 533
Crachat d'amiral 591
Crangon 507
Craniota 624 – 819, S. 248
Crapaud de mer 773
Crassina 388, 390
Crassostrea 378
Craterolophus 151
Crawfish 510
Crénilabre 722 – 726
Crenilabro 722, 724
Crenilabrus 722 – 727
Crepidula 265 – 266
Crépidule 265 – 266
Crête-de-coq 377
Crevette fouisseuse 513
– grise 507
– rose 503
– rouge 499
Cribrina 168
Crinoidea 573, S. 220, 225
Crisaora 155
Crisia 565
Crnelj 717
Crnoprug 702
Crossaster 591
Crowner 782
Crustacea 489 – 555, S. 118
Crvas 255
Cryptodonta 344 – 345
Crystallogobius 770
Cténolabre 721
Ctenolabrus 721
Ctenophora 194 – 197, S. 62, 92
Cubasseau 165
Cubomedusae 148, S. 74
Cubozoa 148, S. 74
Cucumaria 576
Cuckoo wrasse 719
Cuehillo 777
Cultellus 408 – 409
Cuore 391 – 393, 395
Cup coral 179
Cushion star 600
Cutleria 29
Cuttlefish 455 – 456
Cuvarkuća 542
Cyanea 154
Cyanée 154
Cyanophyceae 1 – 3, S. 28
Cyanophyta 1 – 3, S. 28
Cyclonassa 306
Cyclonasse 306
Cyclope 306
Cycloptère 786
Cyclopteridae 786 – 787
Cyclopterinae S. 329
Cyclopterus 786
Cyclostomata 624, S. 248
Cydippidea 194, S. 92
Cylinder anemone 159
Cymatiidae 288 – 291
Cymatium 289 – 290
Cymodocea 90
Cymothoa 546
Cypraea 269 – 271
Cypraeidae 269 – 271
Cyprès de mer 125
Cyprina 429
Cyprine 429
Cypselurus 662
Cyrtodaria 405
Cystoclonium 68
Cystosira 61
Cytherea 441
Cythérée 441

D

Dab 794, 797
Dactylopterus 783
Dagnja 356
– bijola 354
Daisy anemone 177
Dahlia anemone 164
– de mer 164
Dardanus 517
Darmtang 4 – 6
Dasyatidae 645
Dasyatis 645
Dasybatus 645
Dasycladus 21
Date mussel 358
Datil de mar 358
Datte de mer 358
Dattelmuschel 450
Dattero marino 358, 450
Dattolo di pietra 358
Dead mens' fingers 185
Decabrachia 455 – 458, S. 174
Decapoda 455 – 458, 499 – 542
Dedal 197 S. 174, 192
Delesseria 73 – 75
Délessériée 74 – 75
Demoiselle 717
Demospongiae 101 – 106, S. 58
Dendroceratida 114, S. 62
Dendrodoa 619
Dendronotidae 333
Dendrophyllia 182
Dent d'éléphant 335
Dentaliidae 335 – 337
Dentalium 335 – 337
Denté 711
Dente d'elefante 335
– di cane 493
Dentex 711
Denti 711
Dentice 711
Dentico 711
Denton 711
Dentronotus 333
Depastrum 150
Desmarestia 33 – 34
Deuterostomia S. 94, 242
Devil-fish 647
Devil's apron 40
– crab 528
Diable de mer 647
Diademseeigel 579
Diadumene 169
Dicentrarchus 686
Dicerobatis 647
Dickmundreuse 309
Dictyoceratida 111 – 113, S. 60
Dictyota 30 – 31
Diebshand 184
Diente de elefante 335
Dinoflagellata S. 54
Diotocardia 217 – 243, S. 102
Diplecogaster 771
Diplodus 701 – 703
Distomus 619
Dogfish 634 – 636
Doggerscharbe 794
Dog cockle 351
Doglia 283
Dog-whelk 299, 307, 309
Doliidae 283
Dolium 283
Dolphin 694
Donace 419 – 421
Donacidae 418 – 421
Donacilla 404
Donacille 404
Donatia 104
Donax 418 – 421
Doncella 728
Donzella 728
Dorade 694, 710
Dorididae 331 – 332
Dorippe 522
Doris 331 – 332
Dormeur 532
Dormilego 741
Dörnchenkorallen 158, S. 78

Dornenstern 592
Dornfisch 803
Dornhai 636
Dorocidaris 578
Dorsch 666
Dorschartige 665 – 679, S. 278
Dorsche 665 – 679
Dosenschnecke 306
Dosina 442
Dove-shell 313 – 314
Drachenfische 732 – 734
Drachenköpfe 773 – 776
Dracó 733
Dragonet 736 – 737
Drákena 732 – 734
Drechselschnecke 323
Dreiblatt-Phyllophora 67
Dreieckskappe 404
Dreiecksmuscheln 418 – 421
Dreikantwurm 483
Dreimundnadeln 262
Dreizangen-Garnele 506
Drepanophorus 205
Drepanopsetta 794
Drescher 632
Drhtulja 639 – 640
Drill 300
Dromia 521
Dromie 521
Drozak 720
– dujomosak 727
Drückerfisch 818
Dulse 70
Dusky perch 680
Dynamena 126

E
Ear-shell 217
Echeneiformes 788, S. 330
Echeneis 788
Echinaster 602
Echinocarde 587 – 588
Echinocardium 587 – 588
Echinochama 384
Echinocyamus 585
Echinoderma 573 – 608, S. 220
Echinodermata 573 – 608, S. 220
Echinoidea 578 – 590, S. 220, 228
Echinus 582
Echiodon 749
Echiure 210
Echiurida 210 – 211, S. 98
Echiurus 210
Ecorce marine 557
– pileuse 558
Ectocarpus 24 – 25
Ectoprocta 556 – 568, S. 214
Edelkoralle 187
– Falsche 186
Edelsteinrose 168
Eel 658
Eel-grass 88
Eel-pout 750
Egachubia 458
Eglefin 667
Eichelwürmer 609 – 611, S. 242
Eingeweidefisch 749
Einsiedler 516 – 518, 520, S. 223
Einzeller 92, S. 54
Eirene 139
Eischnecken 272 – 273
Eisstern 593
Elasmobranchii S. 249
Electra 558
Eledone 461
Elefante di mare 512
Elefantenohr 111
Elefantenzahn 335
Elinette 636
Elmetto 284
Elminius 241
Elmo 283
Eleutherozoa S. 220
Elysia 328
Elysie 328
Elysis 328
Emarginula 219
Emarginule 219
Emissole 628
Enchelyopus 677
Encornet 457
Encrine 573
Engelhai 637
Engelsflügel 443 – 444
Engraulidae 654
Engraulis 654
Enragé 533
Ensis 405 – 406
Entelure 805
Entelurus 805
Entenmuschel 489 – 491
Enteromorpha 4 – 6
Enteropneusta 609 – 611, S. 242
Eolidée 334
Eolis 333
Eperlan 657
Epheria 244
Epilithon 63
Epinephelus 680 – 681
Epinoche 803 – 804
Epitonium 292 – 293
Epizoanthus 161
Eponge 111 – 112
Eratoidae 268
Erbsenkrabbe 542
Erdbeerrose 165
Ericillo de mar 58
Eriocheir 541
Eriphia 539
Eriphie 539
Erizo de corazón 586
Erizo negro 580
Ermitanô 519
Errantia 463 – 472, S. 178
Erronea 271
Escorbay 698
Escorpena 773
Escupina 400
– grevada 434
Escurval 697
Eselshuf 363
Espadon 759
Espeton 814
Esponja 111 – 112
Esquinade 528
Estornino 753
Estrella 593, 595, 602
Esturgeon 648
Esturion 648
Ethusa 522
Etoile commune 594
– épineuse 592
– glaciaire 593
– peigne 595
– pourprée 602
Etrille 534
Eucharis 195
Eucitharus 792
Eucrate 556
Eudendrium 120
Eugaleus 627
Eulalia 469
Eunice 470
Eunicella 189
Eupagurus 518 – 519
Eupolymnia 479
Euryalae 608, S. 240
Euscarus 731
Euspongia 111
Euthria 302
Eutima 133
Eutonina 138
Eutrigla 777
Euthynnus 756 – 757
Eventail de mer 189
Exocoetus 661
Exocoetidae 661 – 662
Exonautes 661

F
Fabretto 717
Facchino 521 – 522
Facelina 334
Fächeralge 22
Fächerröhrenwurm 487
Fadenbüschelwurm 474
Fadenrose 167
Fadenschnecken 334
Fadenstern 604
Fagri 705
Fahnenbarsch 687
Fahnenquallen 152 – 155, S. 76
Falso corallo 562
Fan mussel 359
– shell 368
– -worm 487
Fanfano 693
Fanfre 693
Faragine 20
Fasanenschnecken 237
Fasciolaria 310
Fasciolariidae 310 – 312
Faseralge 24 – 25
Faßschnecken 283
Fatherlasher 784
Fausse limande 791
Favollo 539
Feather Bryozoan 560
– Star 573
Federkorallen 190 – 193, S. 90
Federpolyp 123
Federsterne 573 S. 220, 223, 225
Federtang 14 – 15
Fegaropsaro 819
Feigenschwamm 102
Feilenmuscheln 366 – 367
Felsen-Faseralge 25
Felsengrundel 768
Felsenkrabbe 540
Felsen-Zweigfadenalge 11
Felsgarnele 503
Felsnadel 260
Ferraccia 645
Feuerquallen 148, S. 74
Feuerwalzen S. 243
Fève de mer 585
Fiamma 695
Ficulina 102
Fiederalge 84
Fiederzweigpolyp 121
Fierasfer 749
Fierasferidae 749
Fierasfero 749
Figarotto 673
Filzwurm 463
Fingernagel 266
Fingertang 40
Finte 653

Fiore di mare 159
Fisalia 144
Fischassel 546
Fissurella 220 – 221
Fissurelle 220 – 221
Fissurellidae 219 – 221
Flabellaria 22
Fladenkalkschwamm 99
Fladenstern 599, S. 276
Flagellata 92, S. 54
Flankenkiemer 329 – 330
Fleckengrundel 767
Fleckenturban 232
Fleckgrundel 760
Fleckplanarie 198
Fleischschwamm 101
Flet 796
Flétan 793
Fleten 643
Fliegende Fische 661 – 662
Flohkrebse 549 – 555, S. 212
Flounder 796
Flower-head 115 – 116
Flügelförmige 346 – 378
Flügelkiemer S. 242
Flügelmuscheln 362
Flügelschnecken S. 100
Flügel-Seeampfer 73
Flugfisch 661 – 662
Flughahn 783
Flunder 796
Flußaale 658
Flußneunauge 624
Flustra 559
Flustre 559
Flustrellidra 558
Flying fish 661 – 662
Folade 449 – 450
Forcipulata 591 – 594, S. 234
Forfetula 538
Forkbeard 675, 679
Forskalena 326
Forskalia 229
Fouet de mer 191
Fragata 144
Fragilie 417
Fragole di mare 165
Fragolino 707
Franzosendorsch 673
Fratar 703
Freisterntiere S. 220
Frenetica 456
Friesenknopf 225
Frondipora 567
Froschdorsch 679
Froschfisch 817
Fuchshai 632
Fucus 45 – 50, 68
Füllhornkoralle 183
Fünfeckstern 600
Funiculina 191
Furcelaria 71
Furchenkrebs 514
Furchenfüßer S. 100
Furrow-shell 425
Fuseau 310 – 312
Fusinus 312
Fusus 311 – 312

G

Gabelalge 19
Gabelband-Tang 47
Gabeldorsch 675
Gabelmakrele 692
Gabeltang 71
Gabelzunge 30
Gadidae 665 – 679
Gadiformes 665 – 679, S. 278
Gadus 666 – 673
Gaéas 628
Gagnizza 630
Gaidropsarus 676
Gaidropsus 676
Gaine 407
Galán 730
Galathea 514
Galathée 514
Galeoda 284 – 285
Galeolaria 147
Galeorhinus 627
Galera 498
Galeus 626 – 627
Galinette 432
Gallertschwamm 114
Gallerttang 56
Galletto 744
Gallito de Rey 728
Gallo 524
Galondrina 372
Gambara 528
Gambaro 503
Gamberetto 507
Gambero 507
Gammare 549
Gammarus 549
Gänsefußstern 601
Gaparda 664
Gaper 445 – 446
Gaping Lima 367
Garfish 663
Gari 422 – 424
Garidae 422 – 424
Garidáki 504
Garnelen 499 – 506, S. 192 – 193
Garusolo 294
Garusolo femina 295
Gastaurello 664
Gasterosteiformes 803 – 804, S. 333
Gasterosteus 804
Gastrana 417
Gastropoda 217 – 234, S. 102
Gatos 635
Gatta 634
Gattarosola 742
Gattopardo 635
Gattuccio 634
Gattyana 465
Gavia 650
Gavros 654
Gavun 816
Gayano 719
Gebiopsis 513
Geigenrochen 638
Geißbrassen 702 – 703, S. 326
Geißeltang 32
Geißeltierchen 92, S. 54
Gelbstrieme 715
Gelidium 56
Gem anemone 168
Gemellaria 556
Geodia 105
Gepäckträgerkrabbe 522
Gephyrea S. 98
Germo 758
Germon 758
Geryonia 142
Gespenstkrabbe 525
Gespenstkrebs 554
Geweihschwamm 109
Ghiozzo 761, 765, 768 – 769
Ghost shrimp 554
Ghÿlos 728 – 729
Gibberula 319
Gibberulina 319
Gibbula 225 – 230
Gienmuscheln 382, 384
Gigiki 736
Gilt-head 710, 723
Girella 728 – 729
Girelle 728 – 729
Gite 450
Gitterkalkschwamm 93
Gitterschnecken 318
Glasgrundel 770
Glass-prawn 503
Glattbutt 790
Glattfadenalge 55
Glatthaie 618
Glattrochen 643
Glaucus 691
Glavok pločar 769
– porupnjak 768
Gliederfüßer 489 – 555, S. 188
Gliederwürmer 462 – 488, S. 178
Globito 456
Glockenpolyp 122
Glosol 642
Glóssa 799
Glossaki 792
Glossidae 430
Glossobalanus 610
Glossus 43
Glycymeris 351 – 352
Glycymeridae 351 – 352
Gnatostomulida S. 94
Gobie 760 – 769
Gobiidae 760 – 770
Gobioesocoidei 771 – 772, S. 320
Gobioidei 760 – 770, S. 316
Gobius 760 – 769
Gobiusculus 760
Goby 760, 765 – 770
Goëmon 45
– à vache 70
– frisé 65
– rouge 39
Goldbrassen 710
Goldbutt 795
Goldmaid 723
Goldmakrele 694
Goldmeeräsche 813
Goldrose 163
Goldschwamm 113
Gold-sinny 721
Goldstrieme 714
Golfingia 212
Golfkraut 52
Goludrina de mar 661
Gommar 540
Gonelle 738
Gonionemus 141
Gopa 715
Gorazo 706
Gorgonacea 187 – 189, S. 88
Gorgonaria 187 – 189, S. 88
Gorgone 189
Gorgonenhaupt 608
Gorgonia 189
Gorgonie 189
Gorgonocephalus 608
Gouania 772
Gourmya 259 – 260
Gourounópsaro 818
Gousse 344 – 345
Goviodaki aphia 770
Goviós 767, 769
Grabfüßer 335 – 337, S. 100, 132

Gracilaria 69
Grain de café 268
Granat 507
Grancella 535
Granciporetto 537
Granciporon 532
Grantia 93, 100
Granzeola 528
Granzeto 542
Granziporo 539
Granzo 521, 528, 530, 540
Grasnadel 807
Grass-kelp 5
Grass-wrack 88
Graubutt 796
Grauhaie 625
Gravelle 467
Grdobina 817
Greenbone 663
Greifmuschel 378
Greifzellentiere S. 92
Grexera 218
Gribble 547
Grillenkrebs 509
Grillo marino 513
Griset 625
Griva 720
Grondin 777 – 783
Grongo 659
Groppen 784
Gros yeux 706
Groseille 619
Großplattensterne 595 – 598, S. 236
Grübchenschnecken 244
Grubenschwamm 107
Grünalgen 4 – 23, S. 22
Grundel, Vierfleck- 762
Gryphus 570
Grundhai 627
Gryphaea 378
Guarracino 687
Guitarra 638, 737
Gujavica morska 476
Gunnel 738
Gurnard 777 – 781
– Flying 783
Gürtelquallen 196, S. 92
Gürtelrose 166
Gürtelwürmer S. 178
Gusjenica 463
Gymnammodytes 751
Gymnodinidae 92, S. 54
Gymnosarda 756 – 757

H

Hâ 627
Haarqualle 154
Haarsterne 573 S. 220, 225
Haddock 667
– Small Norway 776
Hafenrose 169
Haftkiefer 818 – 819, S. 344
Hahnenkammauster 377
Hahnenkammkrabbe 524
Haiähnliche S. 249
Haie 625 – 637, S. 249
Hairochen 638
Hake 665, 675
Hakenlachs 643
Halarachnion 87
Halcampa 162
Halecium 121
Halibut 793
Halichondria 107 – 110
Halichondrie 108
Haliclona 109
Haliclystus 150
Halicryptus 209
Halidrys 50
Halimeda 23
Haliotidae 217 – 218
Haliotis 217 – 218
Halisarca 114
Halistemma 143
Halocynthia 621
Halopteris 27
Halymenia 70, 87
Hammerhaie 629
Hammerhead Shark 629
Haplosclerida 107 – 110
Hareng 649
Haricot 454
Harmothoë 465
Häubchenschnecke 242
Haubengarnele 500
Haubenschnecken 263 – 266
Haubenschwimmschnecken 275
Hautschildschnecken 327
Hauttang 70
Heart-shell 430
Heart-urchin 586 – 587
Hechtdorsch 665
Hediste 472
Heilbutt 793
Helcion 242
Heliastes 717
Helliactis 177
Helmet 284 – 287
Helmet-bubble 325
Helminthes S. 94
Helminthomorpha 609 – 611, S. 242
Helmqualle 147
Helmschnecken 284 – 287
Hemichordata 609 – 611, S. 242
Henricia 602
Heringe 649 – 653
Heringsfische 649 – 654, S. 265
Heringshaie 630 – 633
Heringskönig 789
Herkuleskeule 294
Hermelle 480
Hermione 464
Hermit crab 519
Hermite 516 – 518
Hermonia 464
Herrera 708
Herring 649
Herzigel 586 – 590
Herzkrabbe 531
Herzmuscheln 391 – 397
Hesione 471
Heteranomia 365
Heterodonta 379 – 452
Heterolineus 203
Heteronereis 472
Heuschreckenkrebse 498, S. 192
Hexacorallia 158 – 182, S. 78
Hexanchidae 625
Hexanchus 625
Hiatella 448
Hiatellidae 448
Hildenbrandtia 57
Himanthalia 49
Himmelsgucker 735
Hinia 307 – 309
Hinnites 374
Hinterkiemer 323 – 334
Hippocampe 809
Hippocampus 809
Hippodiplosia 563
Hippoglossoides 794
Hippoglossus 792
Hippolyte 502
Hippospongia 112
Hirondelle de mer 661
Hirsekorn 319
Hirudinea S. 178
Hlap 512
Hobotnica 460
Hochschwanz 295
Hohltiere S. 92
Holocephali S. 249
Holothuria 574 – 575
Holothurie 574 – 575, S. 326
Holothurioidea 574 – 577, S. 220, 226
Holzbohrassel 547
Holzboot 326
Homalopterygia 571 – 572, S. 219
Homard 512
Homarus 512
Honeycomb-worm 480
Hopalopoma 235
Hormiphora 194
Hornalge 86
Hörnchen 315
Hornhechtartige 661 – 664, S. 272
Hornhechte 663 – 664
Hornkieselschwämme 107 – 110, S. 60
Hornkorallen 187 – 189, S. 88
Hornschnecken 302 – 304
Hornschwämme 111 – 113, S. 60
Horntang 86
Hornwrack 559
Horse mussel 353 – 354
Horseshoeworm 569
Hufeisenwürmer 569, S. 214
Hufmuscheln 382 – 384
Huître 375 – 376, 378
Huj bijelac 748
Hülsenmuschel 409
Hummer 512
– Norwegischer 511
Hundshai 627
Huso 311 – 312
Hutschnecken 263 – 266
Hyade 529
Hyas 529
Hydractinia 118
Hydractinie 118
Hydrallmania 124
Hydrobia 249
Hydrobiidae 249
Hydroidea 115 – 142, S. 63
Hydroiden 115 – 142, S. 63
Hydroides 481
Hydroidmedusen 128 – 142, S. 68
Hydroidpolypen 115 – 127, S. 64
Hydrolapathum 74
Hydromedusen 128 – 142, S. 68
Hydropolypen 115, 127, S. 64
Hydrozoa 114 – 146, S. 63
Hydrozoen 114 – 146, S. 62, 63
Hyperia 552
Hyperoplus 751

I

Idothea 543
Idothée 543
Igelwürmer 210 – 211, S. 98
Iglica 663
Igo 759
Ilea 38
Ilia 523
Illex 458

Imbriaco 700
Inachus 525
Inčun 654
Inger S. 248
Irish moss 65
Irregularia 585 – 590, S. 232
Irus 440
Irusmuschel 440
Ischnochiton 215
Islandmuschel 429
Isocardia 430
Isocardiidae 430
Isopoda 543 – 548, S. 210
Isospondyli 649 – 654, S. 265
Isozoanthus 160
Issolon 441
Isurus 630

J
Jackknife clam 407, 409
Jakobska kapica 368
Jakobsmuschel 368
Jakobspilgermuschel 368
Jambonneau 345 – 346
Jandroga 796
Jaram malat 629
Jardon 363
Jarretière 695
Jastog 510
Jaukovica 774
Jedrilac 459
Jegulja 658
Jellyfish 149, 151, 153, 155
Jeron 636
Jesetra 648
Jewel-box 382 – 384
Jež pjegavi 584
Jibia 455
Jingle shell 364 – 365
Joel 816
John Dory 789
Johnius 697 – 698
Jorna 682
Jorunna 332
Juclet 815
Jujubenkreisel 222 – 224
Jujubinus 223 – 224
Julienne 674
Julis 728 – 729
Juriola 781
Jžinac kamenjar 583

K
Kabeljau 666
Käferschnecken 213 – 216, S. 100, 102
Kaisergranat 511
Kaka 508
Kalágnomi 346
Kalamori 457
Kalkalgen 57 – 63, S. 224
Kalkröhrenwurm 481 – 482
Kalkschwämme 93 – 100, S. 56
Kalmar 457
Kalognomi 350
Kalogritsa 717
Kamenar 444
Kamenica 444
Kammuscheln 368 – 372, 374
Kammquallen 194 – 197, S. 92
Kammstern 595 – 597
Kammtang 72
Kanjak 683
Kantar 712
Kapica obla 393
Kapun 782
Karavida 511
Kardinalfische 688
Kárdium 392
Karlič 513
Katsoula 730
Katzenhaie 634 – 635
Katzenpfote 373
Katsuwonus 756
Kattfisch 747
Kaurischnecken 268
Kavouráki 534
Kavouras 533
Kavouromana 528
Keelworm 483
Kegelschnecken 322, S. 128
Kelchkoralle 181
Kelp 39
Kentróni 636
Képhalos 812
Kerátíoi 259
Kerbkrabbe 538
Kerfen 268
Kernmuschel 447
Keulenalge 21
Keulenkoralle 183
Keulenpolyp 117
Keulenrochen 641
Keyhole limpet 221
Kieferlose S. 188
Kiefermäuler 594
Kieferträger S. 188
Kieferwurm 470
Kielfußschnecke 275
Kieselschwämme 101 – 106, S. 58
Kinjuša 724
Kirchenpaueria 123
Kirnja 680, 682
Klaffmuscheln 445 – 446, 448
Klakáni 790
Klappermuscheln 363
Klappmuscheln 363
Kleist 790
Kletterholothurie 576
Kletterseeigel 581
Kliesche 787
Klippenassel 544
Klippenbarsch 721
Klipphorn 304
Klobuk 155 – 156
Klumpenschwamm 108
Knallkrebs 501
Knez 728
Knieper 532
Knochenfische 648 – 819, S. 248, 262
Knochenfische, Echte 649 – 819, S. 265
Knollenkalkschwamm 98
Knollenqualle 157
Knorpelfische 625 – 647, S. 248 – 249
Knorpelganoiden 648, S. 262, 264
Knorpeltang 65
Knotenschelle 284
Knotentang 48
Knotted wrack 48
Knurrhähne 777 – 783
Koch 719
Köcherwurm 477
Köderwurm 476
Koffermuscheln 418 – 421
Köhler 668
Kohlfisch 668
Kokhili 421
Kokkinos asterias 602
Kokot balavac 778
– glavos 779
– letač 783
Kokum 781
Kolavuxos 693
Kölbchenpolyp 115
Kolorep 701
Kompaßqualle 153
Königsholothurie 575
Konjić dugokljunić 809
Kopač 708
Kopf, Schwimmender 819
Kopffüßer 455 – 461
Kopfschildschnecken 323 – 326
Kopita 363
Kopljača 623
Koralle, Schwarze 158
Korallenmoos 58 – 59, 124
Korallentiere 157 – 192, S. 84
Korallenvielzahn 233
Koralj crni 158, 184, 187
Körbchenmuschel 447
Korbmuscheln 447
Kordella 695
Korkkoralle 184 – 185
Korkschwamm 102
Kornstern 599
Kóssiphos 722
Koutsomoura 700
Kovac 789
Kozica obična 504
Krabben 521 – 542, S. 192, 202
Kragentiere 609 – 611, S. 242
Krake 460 – 461, S. 328
Kranzfühler 556 – 570, S. 214
Kraushaaralge 8
Krebse 489 – 555, S. 188
Krebse, Höhere 498 – 555, S. 192
Kreiselkoralle 179
Kreiselschnecken 222 – 234
Kriechsproßalge 16
Kristallgrundel 770
Krkaja 777
Krkotajka 780
Kromidi 688
Kronenkalkschwamm 97
Krötenschnecke 288
Krustenanemonen 160 – 161, S. 79
Krustenhaut 63
Kržalina obična 592
Kténi 368
Kučina 436, 630
Kugelassel 548
Kugelkrabbe 523
Kugelquallen 194, S. 92
Kugelschwamm 104
Kunjka 346
Kurdela 695 – 696
Kurzschwanz-Kalmar 543
Küstenhüpfer 551
Kydóni 432, 434

L
Labrax 686
Labre 720
Labridae 718 – 731
Labro 719
Labrus 718 – 720, 723
Lacha 653
Lachse 655 – 656
Lachsfische 654 – 657
Lachsforelle 656
Lacogne 403
Lacuna 244
Lacunidae 244
Lacunide 244
Laetemonice 464

Laevicardium 396 – 397
Lagarto 736
Lagis 477
Lagisca 465
Lagostino 511
Laichkrautgewächse 88 – 90, S. 50
Laitue de mer 7
Lambrus 530
Lámbrena 624
Lamellibranchia 423 – 539
Lamellibranchiata 338 – 454, S. 134
Laminaria 39 – 40, 42
Lammzunge 791 – 792
Lamna 630
Lamnidae 630 – 633
Lampern 624
Lampetra 624
Lamprea 624
Lampreda 624
Lamprey 624
Lampris 789
Lamproie 624
Lampuca 694
Lançon 751
Langue de chat 801
Langouste 510
Langoustine 511
Languste 510, S. 273
Langarmkrebs 530
Langschwanzkrebse 508 – 513, S. 196
Lanice 478
Lanzardo 753
Lanzenseeigel 578
Lanzettfischchen 623
Laodicea 134
Laomedea 122
Lapa 241
Lappenquallen 195, S. 92
Läppchenschleimfisch 743
Larimus 699
Lattaro 428
Latterino 815 – 816
Lattuga 7
Laurencia 78 – 79
Lautoconus 322
Lautsas 814
Laver, Green 7
– purple 54
– red 54
Lavignon 425 – 427
Lavraki 686
Laxierfische 716
Lazarusklapper 363
Leaf-worm 469
Leander 503 – 504
Learned rock-fish 684
Lechera 676
Lecchia 691 – 692
Lechuga de mar 7
Léda 343
Leda 341 – 342
Ledamuscheln 341 – 343
Lederkoralle 184 – 186, S. 88
Lederschwamm 106
Ledidae 428 – 430
Leer-fish 692
Leierfische 736 – 737
Leierhahn 782
Leistenschnecken 294 – 301
Lemintina 258
Lemon sole 798
Leng 674
Lengfish 674
Lenhuado 799
Lepadogaster 771
Lepadomorpha 481 – 491
Lepas 241, 489
Lepidochiton 214
Lepidopleurus 216
Lepidonotus 465
Lepre marina 327
Leptasterias 593
Leptocardia S. 246
Leptometra 573
Leptosynapta 577
Leptothyra 235
Lethrini 706
Leucandra 98 – 99
Leuchtqualle 152
Leuckartiara 132
Leuconia 98
Leucosolenia 93 – 95
Levantinerschwamm 111
Liba 726
Lica bielica 692
– -modrulja 691
Liche 691 – 692
Lichia 691 – 692
Lichen 65
Liebre de mar 327
Lieu 668 – 669
Lièvre de mer 327
Ligia 457
Lignja 457
Lignjun 458
Lima 366 – 367
Limace de mer 787
Limanda 797
Limande sole 798
Lime 366 – 367
Limidae 366 – 367
Limnoria 547
Limpet 219 – 221, 238, 241 – 243
– Bonnet 263
– Slipper 265
Lineus 203
Ling 674
Lingerone 354
Lingue 674
Linksnadel 262
Lion's mane 154
Liparinae S. 314
Liparis 787
Lipophrys 745
Lippfische 718 – 731
Liriope 142
Lisa 810
Lissara 89
List 799 – 800, 802
Lithodome 358
Lithodomus 358
Lithognathus 708
Lithophaga 358
Lithophyllum 64
Lithothamnion 60 – 62
Lits 692
Littleneck 432, 434
Littorina 245 – 248
Littorine 245 – 248
Littorinidae 245 – 248
Liza 813
Lizarra 811
Lizzafisch 691
Ljiljan morski 573
Llagosta 510
Llevio 722
Llobarro 686
Lluerna 778
Lobata 195, S. 92
Lob-worm 476
Lobe shell 325
Lobster 512
– Norway 511
– Spiny 510
Locca peperina 425
Loche 676
Lochschnecke, Netz- 220
Loligo 457
Lompe 786
Longueirones 405, 407
Lophiformes 817, S. 342
Lophius 817
Loquette 750
Lora 321
Loricata 213 – 216, S. 102
Loripes 381
Lotsenfisch 693
Loubine 686
Loup marin 747
– de mer 686
Loutre de mer 630
Lovrata 710
Lubin 686
Lubina 686
Lubricante 512
Lucapina 221
Luccio 814
Lucerna 735
Lucernaire 149
Lucernaria 149
Lucernariida 149 – 151, S. 75
Lucernariopsis 149
Lucina 379 – 381
Lucine 379 – 381
Lucinidae 379 – 381
Lucinoma 381
Luda 455
Lug-worm 476
Luidia 598
Lumbrac sivac 726
Lumbrak velicki 722
Lump 786
Lumpfische 786 – 787
Lump-sucker 786
Lunasse 281
Lunatia 276 – 278
Lungenqualle 156
Lura 458
Luria 270
Lutraire 403
Lutraria 403
Lychnas 735
Lycodontis 660
Lyngbya 1
Lyngbye 1
Lýra 508

M

Maccarello 752
Macejone 356
Mačka mrkulja 635
Mackerel 752 – 753
– Horse 689
Macoma 412, 416
Macrocalista 495
Macrocheira S. 188
Macropipus 534 – 535
Macropodia 525
Mactra 398 – 402
Mactre 398 – 402
Mactridae 398 – 403
Madia 398, 400
Madreporaria 178 – 182, S. 86
Maena 716
Maenidae 716
Magnosella 509
Maia 528

Maifisch 640
Maigre 697
Main de larron 184
Maire 670
Makrele 752–753
Makrelen 752–753
Makrelenartige 752–759, S. 312
Makrelenhecht 664
Makrelenthunfisch 755
Malacostraca 498–555, S. 192
Mandelschnecken 325
Mandibulata S. 188
Maneater 631
Mangelia 320
Mangélie 320
Mangon 450
Manneshand, Tote 185
Mano de muerto 184
Mano di ladro 184
– San Pietro 184
Manosa 508
Manta 647
Mantelaktinie 173
Mantelrose 173
Manteltiere 612–622, S. 243
Mantis shrimp 498
Maquereau 752–753
Marbré 708
Marginella 319
Marginelle 319
Marginellidae 319
Margretenbutt 790
Marmo 708
Marmorbrassen 708
Marmorgrundel 761
Marmorzitterrochen 639
Marolo 391
Marphysia 470
Marrajo 630
– ballenata 633
Marthasterias 593
Maruzza 279, 282
Maruzziella 248
Masinetta 533
Maskenkrabbe 527
Mastietto 438
Matrona di mare 162
Matulič 688
Maulbeere 298
Maulfüßer 498, S. 192
Maulwurfskrebs 513
Maus, Braune 270
Mäusedreck 261
Mavros achinos 580
Mayatico 690, 697
Meagre 697
Medhousa 157
Medusensterne 608, S. 240
Meeraale 659
Meeramsel 720, S. 275
Meeräschen 810–813
Meeräschenartige 810–816, S. 340
Meerassel 543
Meerball 18
Meerbarsche 680–687
Meerbarben 700
Meerbarbenkönig 688
Meerbrassen 701–715
Meerbricke 624
Meerdattel 358
Meerdrossel 720
Meereiche 50
Meerengel 637
Meeresleuchttierchen 92
Meerespflanzen S. 20
Meerestiere S. 52
Meerforelle 656
Meergrundelartige 760–770, S. 316
Meergrundeln 760–770
Meerhand 185
Meerhase 327
Meerjunker 728, S. 327
Meerkette 23
Meerleuchte 92
Meermandel 351
Meerneunauge 624
Meerohren 217–218
Meerorange 104
Meerpalme 178
Meerpfaff 735
Meerpfau 729
Meerrabe 698
Meersaite 43–44
Meersalat 7
Meersau 773–775
Meerschwalbe 661
Meertanne 127
Meertraube 20
Meerwarze 491
Meerwegerich 35
Meerzahn 336
Megalomma 485
Mejillón 355–356
– barbudo 354
Melanogrammus 667
Meleagrina 362
Melanouri 713
Melobesia 63
Melokîdono 351
Melonenqualle 197
Melva 755
Membranoptera 73
Mena 716
Mendole 716
Menola 716
Ménoula 716
Menschenhai 631
Menschenherz 430
Meretrix 441
Mergelia 570
Merillo 685
Merlan 670
Merle 720
Merlo marino 720
Merlozzo 665–666
Merlu 665
Merluccius 665
Merluza 665
Mermaid's cup 17
– fishline 43
– gloves 109
– hair 1
– veil 561
Merostomata S. 188
Mero 680
Mérou 680, 682
Merule 720
Mesodesma 404
Mesodesmatidae 404
Mesogastropoda 244–293, S. 108
Messermuscheln 405–409
Messerscheide 405–408
Metazoa 93–819, S. 55
Metridium 171
Microcosme 622
Microcosmus 622
Micromesistius 671
Microstomus 798
Micrura 204
Miesmuscheln 353–357
Mihaca 818
Mikrokosmos 612
Milandre 627
Mis 736
Misic 684
Mitella 490
Miter 315–316
Mitilo 356
Mitra 315–316
Mitre 315–316
Mitrella 314
Mitridae 315–317
Mittelkrebse 514–520, S. 192, 200
Mittelmeerdorsch 670
Mittelmeerkegel 322
Mittelmeer-Keulenpolyp 115
– -Würfelqualle 148
– -Zylinderrose 159
Mittelmeerquappe 676
Mittelschnecken 244–293, S. 108
Mitten crab 541
Mixinari 814
Mljec 770
Mobula 647
Mocharra 701
Modiola 353–354
Modiolaria 357
Modiole 353–354
Modiolus 353–354
Mogejone 441
Moixo 815
Mojarra 703
Mol 665
Mola 819
Mole 819
Molidae 819, S. 344
Mollareta 676
Mollera 673
Mollusca 213–461, S. 100
Molluscoidea S. 214
Molva 674
Mönchfisch 717, S. 172
Mondfische 819
Mondmuscheln 379–381
Mondschnecken 276–279
Monia 364
Monjeta 646
Monkfish 637, 817
Monocardia 244–293, S. 108
Monodonta 231–232
Monoplacophora S. 100
Moon-shell 276, 278, 282
Moostierchen 556–568, S. 214, 224
Moos, Irländisches 65
Moosalge 14
Moray eel 660
Morchelium 613
Morena 660
Mormoro 672
Morone 686
Morosa 167
Morquera 406
Morska salata 7
Morski datulj 358
Morue 666
Moruzgva crvena 165
Moscardino 461
Moschites 461
Moschuskrake 461
Moschuspolyp 461
Moskoktapoda 461
Motella 676
Motelle 676
Moudiástra 639
Mougri 659
Moule 353–357

Mourine 646
Mourme 708
Mourmoura 708
Mousse coralline 124
Moustelle 675
Mozuella 627
Muergo 406
Muge 810 – 811
Muggine 810 – 813
Mugil 810 – 813
Mugilidae 810 – 813
Mugiliformes 810 – 816, S. 340
Mühlfeldtia 570
Mulet 810 – 813
Mullet 700, 810 – 811, 813
Mullidae 700
Mullus 700
Muraena 660
Muraenidae 660
Muränen 660, S. 221
Muränenaal 659
Murena 660
Murène 660
Murex 294 – 297, 300
Murice 294, 300
Muricea 188
Muricidae 294 – 301
Muricopsis 297
Murina 660
Murry 660
Muscarin 461
Muschelfreund 505
Muschellinge S. 214
Muscheln 338 – 454, S. 100, 134
Muscheltang 46
Muschelwächter 542
Muscolo 355 – 356
Musculus 357
Musola 628
Mussel 355 – 358
–, Horse 354
Mussolo 346
Mustellidae 628
Mustellus 628
Musŭla mala 350
Mütze, Schwimmende 275
Mützenquallen 197, S. 93
Mützenschnecken 263 – 266
Muzgavac 461
Mya 445 – 446
Mycteroperca 680
Mýdi 345
Mye 445 – 446
Myidae 445 – 446
Myklokópi 696
Myliobatidae 646 – 647
Myliobatis 646
Myoxocephalus 784
Myriopora 562
Myriozoum 553
Myrtea 380
Mytaki 704
Mytilaster 357
Mytilidae 353 – 358
Mytilus 355 – 357
Myxicola 488
Myxilla 107
Myxinoidea S. 248

N

Nabelschnecken 276, 278, 280 – 282
Nabenmuschel 353 – 354
Nacar 359
Nacktkiemer 331 – 334
Nadelfische 749
Nadelschnecken 259 – 261
Nagelrochen 641
Napfschnecken 238 – 243
Naranca morska 104
Naridula 231
Narrenherz 398
Narrenkappe 399
Nassa 305, 307 – 309
Nassarius 308
Nasse 305, 307 – 309
Nassidae 305 – 309
Natantia 499 – 507, S. 193
Natica 276 – 282
Naticarius 281 – 282
Natice 276 – 282
Naticoidae 276 – 282
Naucrates 693
Nautilus, Paper 459
Navaja recta 406
Navallon 403
Navicula 346
Navraki 811
Neanthes 472
Necklace-shell 276 – 278
Necora 534 – 535
Needle-shell 261
Nelkenkoralle 179
Nemalion 55
Némerte 202 – 204, 206 – 207
Nemertea 202 – 208, S. 96
Nemertine 202 – 208
Nemertini 202 – 208, S. 96
Neogastropoda 294 – 322, S. 122
Neoturris 132
Nephrops 511
Nephthys 467
Neptunea 312
Neptungras 90
Neptunschleier 561
Néréide 472
Nereis 472
Neritula 306
Nerocila 546
Nérocile 546
Nerophis 805 – 806
Nesselose S. 92
Nesselqualle 154
Nesseltiere 115 – 193, S. 62, 92
Netzhornschnecke 261
Netzkoralle 561
Netzreusenschnecke 307
Neumundtiere 571 – 819, S. 94, 219, 242
Neunaugen S. 248
Neuschnecken 294 – 322, S. 122
Neverita 279, 281
Nika 506
Nitophyllum 76
Noah's Ark 346
Noctiluca 92
Noctiluque 92
Nordseegarnele 507
Nose, Red 391
Notaspidae 329 – 330
Notidanidae 625
Notidanus 625
Novacula 730
Nucella 299
Nucula 338 – 340
Nuculana 341 – 343
Nuculanidae 341 – 343
Nucule 338 – 340
Nuculidae 338 – 340
Nuda S. 92
Nudibranchia 331 – 334, S. 132
Nuececilla 338
Nußmuschel 341 – 343
Nußmuscheln 338 – 340
Nut clam 338 – 341, 343
Nut-crab 523
Nutmeg 318

O

Oar weed 40
Oaten-pipe 116
Obelia 122
Obelie 122
Obiĉna rakovica 533
Oblada 713
Oblade 713
Oblata 713
Oblić 790
Occhialone 706
Occhio di Santa Lucia 236
Ochsenherz 430
Ocinebra 296, 300 – 301
Octobrachia 459 – 461, S. 176
Octocorallia 183 – 193, S. 62, 88
Octopoda 459 – 461, S. 176
Octopus 460 – 461
Octorchis 133
Oeillet de mer 171
Oenopota 321
Ofiura fina 603
Ogrc 231
Ohrenqualle 155
Oktápous 460
Oligochaeta S. 178
Oligocladus 201
Olive 418, 421
Ombrelle 329, 486
Ombrina 696
Ombrine 696
Ommatostrephes 458
Onos 676
Opaline 467
Opalwurm 467
Ophelia 475
Ophidiaster 592
Ophidiidae 748
Ophidioidei 748 – 749, S. 310
Ophidium 748
Ophiocoma 607
Ophioderma 607
Ophioglypha 606
Ophiopholis 603
Ophiothrix 603
Ophiura 605 – 606
Ophiurae 603 – 607, S. 240
Ophiure 603, 605 – 607
Ophiuren 603 – 607, S. 240
Ophiuroidea 603 – 608, S. 220, 240
Opistobranchia 323 – 334
Opuntien-Alge 23
Orada 710
Orange de mer 104
Orañola 662
Orata 710
Orchestia 551
Orcynopsis 754
Orcynus 758
Orecchia 217 – 218
Orecchio di mare 31
Oreille de mer 217
Oreille de Saint Pierre 218
Oreya de mar 217
Orhan 690
Origuna 761
Ormeau 217
Ormer 217
Orphie 663
Orthagoriscus 819

Ortica di mare 172
Ortie de mer 172
Ortique 167
Oscabrion 213 – 214
Oscanius 330
Oscarella 101
Osmeridae 657
Osmerus 657
Osteichthyes 648 – 819, S. 262
Ostione 376
Ostra 363 – 364, 375
Ostrea 375 – 378
Ostrega 375
Ostreidae 375 – 378
Ostrica 364, 375, 377
Ostrichella 376
Ostseegarnele 499
Otter-shell 401 – 403
Oursin 580 – 584
Ovula 272
Ovule 272
Ovulidae 272 – 273
Oyster 375 – 376
– crab 542
– Portuguese 378
– Thorny 363
Ozoena 461

P

Pachygrapsus 540
Pada 259
Paddle worm 468
Padina 31
Paganellgrundel 768
Paganello 764
Pagar 705
Pageau 707
Pagel 707, 709
Pagello 708
Pagellus 706 – 709
Pagre 705
Pagro 705
Pagrus 705, 710
Paguristes 516
Pagurus 516 – 519
Pajarita 362
Palaemon 499, 503 – 504
Palaeotaxodonta 338 – 343
Palamida 754
Palamita 754
Palaya 792
Palinurus 510
Palla bianca 105
Palla marina 18
Pallone 105
Pallottola 102
Palma marina 189
Palmentang 39
Palmipes 601
Palmonete real 688
Palombo 628
Palomeda 754
Palomede 754
Paluorde 352
Palourde 436 – 437, 441
Panagall 776
Pandalus 499
Pandora 453, 707
Pandore 453
Pandoridae 453
Pannocchia 498
Panopea 445
Pantalena 221, 241
Pantoffelschnecke 265
Panzergeißler 92, S. 54
Panzergroppen 785
Panzerkrebse, Langschwanz- 508 – 519, S. 192, 196
Panzerwangen 773 – 777, S. 320
Papagello di mare 718
Papalina 650
Paper Thracia 454
Paphia 435 – 437
Papierboot 459, S. 169
Papier-Nautilus 459
Papillon de mer 738
Papigača 731
Pappagallo 720
Paracentropristis 685
Parablennius 741 – 743
Paracentrotus 583
Paramuricea 188
Parapeanus S. 195
Paraza 723
Parazoanthus 160
Parechinus 581
Parerythropodium 186
Pargo 705
Parpada 664
Parrot-fish 731
Parthenope 530
Parvicardium 394
Pas butor 627
– glaronja 625
– glušak 628
– kosteli 636
– ljudožder 631
– modruli 626
Passera 796
Pastenaga 645
Pastenague 645
Pastenula 675
Pastetchen 352
Pastetenmuscheln 351 – 352
Pastinaca 645
Pataclet 701
Patarača 791
Patelida 241
Pateriza 629
Patella 238 – 242, 264
Patelle 238 – 241, 243
Patellidae 238 – 242
Patelloida 243
Patina 242
Patte de chat 373
Pauk žutak 732
– byeli 733
– crni 734
Pea crab 542
Peachia 162
Peacock tail 31
– worm 485
– wrasse 722
Peau bleue 626
Pecorella 676, 730
Pecten 368 – 374
Pectinaire 477
Pectinaria 477
Pectinidae 368 – 374
Pectunculus 351 – 352
Pegola 624
Peigne 368 – 369, 371, 374
Peinecillo 366
Pél de roca 51
Pelagia 152
Pélagie 152
Pelamid 754
Pelamys 754
Pelegrina 368
Pélerin 633
Pelican's foot 267
Pelikanfüße 267
Pelikanovo stopal 267
Pelmatozoa S. 220
Pelouse 467
Peltodoris 331
Peluda d'arga 802
Peludo 791
Pelvetia 41
Penaeus S. 195
Pen-shell 359 – 360
Peneira 217
Penna di fango 193
– del pesce pavone 191
Pennacchiera 192
Pennatula 190, 192
Pennatulacea 190 – 193, S. 90
Pennatularia 190 – 193, S. 90
Pennatule 192 – 193
Pentacrinoidea S. 220
Pentagonaster 599
Peonza 229, 231
Peperoncina minore 746
Pepper-dulse 78
Pera de mar 621
Pérca 684
Perciformes 680 – 787, S. 284
Perco 680
Percoidei 680 – 737, S. 284
Peregrine 633
Perezosa 712
Pergamentwurm 473
Perinereis 472
Peringia 249
Periophthalmidae S. 262
Periska 360
Periwinkle 245 – 248
Perjanisar 486
Perlep 653
Perltang 65
Perro 742
Persicula 319
Perspektivschnecken 254
Pesce ago 808
– angelo 637
– bove 625
– cane 631
– cavalier 725
– luna 819
– martello 629
– molo 670
– pilota 693
– rondine 783
– San Pietro 789
– spada 759
– violino 638
– volante 661
– volpe 632
Pescadillo 665
Pétale de rose 365
Petchina 436
Peterassel 545
Petermännchen 732 – 733
Petersfische 789, S. 331
Peto di dolfin 586
Pétoncle 351 – 352, 372
Petricola 443 – 444
Pétricole 443 – 444
Petricolidae 443 – 444
Petromyzon 624
Pettine 370, 372, 374
Pez del diablo 765
– de San Pedro 789
– espada 759
– lirio 671
– luna 819
– martillo 629
– perro 634

– sabo 817
– timon 693
– verde 729
– volador 661
– zorro 632
Pfahlmuschel 355, 452
Pfahlwurm 452
Pfauenfederwurm 485
Pfauenlippfisch 722
Pfauenschleimfisch 741, S. 274
Pfauenwedel 31
Pfeffermuscheln 425 – 427
Pfeifenfisch 782, 807
Pfeilhechte 814
Pfeilkalmar 458
Pfeilwürmer 571 – 572, S. 219
Pferdeschwamm 112
Pferdeaktinie 165
Pfennigalge 23
Phaeophyta 24 – 52, S. 30
Phaeophyceae 24 – 52, S. 30
Phallusia 617
Phanerozonia 595 – 598, S. 236
Pharaonenklapper 234
Pharus 409
Phascolosoma 212
Phasianella 237
Phasianelle 237
Phasianellidae 237
Phaxas 408
Pheasant-shell 237
Phialidium 135
Philbertia 320
Philine 325
Philinidae 325
Philippia 254
Philocheras 507
Pholade 449 – 451
Pholadidae 449 – 451
Pholas 449 – 451
Pholididae 738
Pholis 738
Phoronide 569
Phoronidea 569, S. 214, 218
Phoronis 569
Phtisica 554
Phycis 675
Phycodrys 75
Phycoseris 6
Phyllodoce 468
Phylitis 38
Phyllophora 66 – 67
Physalia 144
Physalie 144
Physophora 143
Physophorae 143 – 146, S. 72
Physophore 143
Piade 516
Pic 704
Picudo 814
Piddock 449 – 451
– American 443
Pié d'asino 351 – 352, 363
– d'oca 601
– di pellicano 267
Pied d'âne 363
– d'oie 601
– de pélican 267
Piepoister 445
Pieuvre 460
Pilchard 651
Pilema 156
Pilgermuschel 369 – 370
Pillača 366
Pilotfisch 693
Pilot-fish 693
Pilumnus 537
Pinna 359 – 361
Pinnidae 359 – 361
Pinnothère 542
Pinnoteres 542
Pintaroja 634
Pipe-fish 805 – 808
Piper 782
Pisa 527
Pisania 304
Pisanie 304
Pisida 515
Pišmalj 670
Placophora 213 – 216, S. 100, 102
Plagiostomata S. 249
Plaice 795
Plastuša 792
Plathelmintes 198 – 201, S. 95
Platichthys 796
Platija 796
Plattfische 790 – 802, S. 332
Plattmuscheln 410 – 417
Plattwürmer 198 – 201, S. 94
Plectropoma 681
Pleurobrachia 194
Pleurobranche 330
Pleurobranchidae 330
Pleurobranchus 330
Pleuronectes 795 – 798
Pleuronectidae 793 – 798
Pleuronectiformes 790 – 802, S. 332
Pleurophoridae 429
Pleurotoma 320
Plie 795
Plocamium 72
Plumaria 84
Plumero de mar 486
Plumularia 123
Plumulaire 123
Pneumatophora S. 72
Pocheteau 643
Podocoryne 118
Pod-weed 50
Poecilosclerida 107 – 110
Pogonias 699
Pogonophora S. 242
Poire 295
Poisson épée 759
– guitarre 638
– lune 819
– pilote 693
– volant 661 – 662
Pojas venerin 196
Polachius 668 – 669
Polanda 754
Poletuśa 661
Pollack 669
Polpo 460
Polychaeta 463 – 488, S. 178
Polycirrus 479
Polycladida 195 – 201, S. 95
Polydes 71
Polykladen 198 – 201, S. 95
Polymnia 479
Polymnie 479
Polynices 277 – 278
Polyphthalmus 475
Polypus 460
Polysiphonia 80 – 82
Polyzoa S. 214
Pomacentridae 717
Pomatoceros 483
Pomatomidae 673
Pomatomus 690
Pomatoschistus 766
Pomodore di mare 165
Poor cod 659
Pontobdella 462
Pontonia 505
Pontophilus 507
Porbeagle 630
Porcelain-crab 515
Porcelaine 268 – 271
Porcelana 271
Porcelanita 268
Porcellana 271, 515
Porifera 93 – 114, S. 55
Porphyra 54, 294
Porphyrée 54
Porpita 146
Porpite 146
Porredana 723
Portuguese Man-o'-war 144
Portugiesische Galeere 144
Portunus 534 – 536
Porzeletta 284
Porzellankrebs 515
Porzellanpantoffel 265
Porzellanschnecken 269 – 271
Posidonia 90
Posidonie 90
Posthörnchenwurm 484
Pota 155
Potamogetonaceae 88 – 90, S. 50
Potassolo 671
Poulpe 460 – 461
Pourpre pierre 299
Poutassou 671
Poutikós 674
Praire 434
Prawn 502 – 503
Prêtre 815
Prétré 792
Priapswurm 209
Priapule 209
Priapulida 209, S. 98
Priapuliden 209, S. 98
Priapulus 209
Priesterfisch 815
Priljepak 241
Priljepusa 788
– golema 788
Prionace 626
Probechos 622
Processa 506
Promenljiva 113
Proskok 664
Prosobranchia 217 – 322, S. 102
Prosorhochmus 206
Prosthecereus 200, S. 170
Proteopecten 371
Protoglossus 609
Protostomia S. 94
Protozoa 92, S. 54
Protula 482
Psammechinus 581
Psammobia 422 – 424
Psammobie 422 – 424
Psammobiidae 422 – 424
Pseftóstrido 364
Pseudantalis 335
Pseudochama 383
Pseudosimmnia 272
Psina golema 633
– lisica 632
Pteria 362
Pteriidae 362
Pteriomorpha 346 – 378
Pterium 73
Pterobranchia S. 242
Pteroeides 193
Pteromylaeus 646

Pteropoda S. 100
Ptilota 84
Puce de mer 550
Pulpo 460 – 461
Pumarola 163, 166
Pümpwurm 480
Puncher 532
Punctaria 35
Puntazzo 704
Pupkar 282
Purple Sail 145
Purse sponge 100
Purpur-Cyclostonium 68
Purpura 298 – 299
Purpurblatt 54
Purpurfaden 53
Purpurrose 165
Purpursegler 145
Purpurschnecke 299 – 300
Purpurstern 602
Puzlatka 217
Pylaiella 26
Pyrene 314
Pyrenidae 313 – 314

Q

Quahog 429
Quallenflohkrebs 552
Quappwurm 210
Quarracio 717
Quattrocchi 642
Quenselia 800
Quercia 46
Quermäuler S. 249
Quisquilla 501, 503, 507

R

Rabenfisch 698, S. 325
Rabenfische 717
Racnjak 528
Radiolarien S. 54
Rag-worm 472
Rainbow wrasse 728
Raie 641 – 642, 647
Raja 641 – 644
– -vaca 645
Rajidae 641 – 644
Rak norveški 511
Rakovica loputašica 534
– spužvonoša 521
Rana pescatrice 817
Rancio 527
Randschnecken 319
Ranella 288
Ranelle 288
Raniceps 679
Rankenfüßer 489 – 497, S. 189
Rape 817
Rascacio 775
Rascasse 735, 773, 775
Rasenkoralle 178
Rason 730
Raspallon 701
Rat 735
Rata 735
Ratón de mar 463
Rauhrochen 642
Ray 639, 641 – 642, 645 – 647
Raya 641
Razza 641 – 643
Razor clam 405 – 408, 428
Red ovula 272
Red-threads 474
Regularia 578 – 584, S. 228
Reihenzähner, Alte 338 – 343
Reisemantel 370
Remoballo 790
Remora 788
Renard de mer 632
Reniera 110
Rennkrabbe 540
Reptantia 508 – 513, S. 196
Requin bleu 626
Requin-marteau 629
Retepora 561
Reuse 305
Reusenschnecken 305 – 309
Rhinobate 638
Rhinobatidae 638
Rhinobatos 638
Rhinomemus 677
Rhizostoma 156
Rhizostomae 156 – 157, S. 76
Rhizostome 156
Rhodomela 77
Rhodophyta 53 – 87, S. 40
Rhodymenia 70
Rhombus 790
Rhopalonema 140
Ribbon worm 203, 207
Riccio 580, 582 – 584
Riementang 49
Riesengarnele S. 195
Riesenhai 633
Riesenschwamm 105
Riesentintenfische S. 173
Riesenwurmschnecke 255
Riffbarsche 717
Rindenkorallen 187 – 189, S. 88
Ringelbrassen 701
Ringelrose 166
Ringelwürmer 462 – 488, S. 178
Rinnentang 41
Rippenquallen 194 – 197, S. 92
Rissoa 250 – 251
Rissoidae 251
Rissoschnecken 251
Rivularia 3
Rizzitella 93
Robalo 686
Robert 48
Roccali 721
Roccus 686
Rochen 638 – 647, S. 249, 256
– Echte 641 – 644
Rochenegel 462
Rocher 294 – 298
– corail 301
Rockling 676
Rock-shell 298
Rockweed 45
Rodaballo 790
Rodophyceae 53 – 87, S. 40
Rognon de mer 106
Rognone 106
Röhrenholothurie 574
Röhrenkalkschwamm 94
Röhrenkorallen 183, S. 88
Röhrenpolyp 116
Röhrenquallen 143 – 147, S. 72
Röhrenschaler 335 – 337, S. 132
Röhrenschwamm 110
Röhrentang 80 – 82
Röhrenwürmer 473 – 488, S. 182
Roi des Rougets 688
Roker 641
Rollschwimmer, Perons 274
Rollschwimmschnecken 274
Rombo 790
Roméro 693
Rondinella 661, 783
Rophós 680
Roquer 725
Rosetto 707
Rossia 456
Rotalgen 53 – 87, S. 40
Rotbarbe 700
Rotbarsch 776
Rotbrassen 707
Rötelstern 602
Rotlachs 655
Rötling 687
Rotzunge 798
Rouget 700
Rousseau 706
Roussette 634 – 635
Rubio 780
Rubicoa 729
Rückenschildler 329 – 330
Ruderfußkrebse S. 188
Ruderkrabbe 535
Ruderwurm 468
Rudicardium 393
Rufina 368
Rugola 168
Rumenac 707
Rundmäuler 624, S. 248
Rundmundschnecken 235 – 236
Rundmuscheln 429
Runjavac 537
Runzelstern 236
Rüsselmeduse 142
Rüsselwürmer 202 – 208, S. 96

S

Sabalo 653
Sabella 485
Sabellaria 480
Sabelle 485
Sacchetto 685
Saccoglossa 328
Saccoglossus 609
Sackbrasse 705
Sackkalkschwamm 95
Sackzüngler 328
Sacorápha 808
Saddle Oyster 364
Sagartia 172, 175 – 176
Sägebarsch 680, 683
Sägegarnele 504
Sägetang 45
Sagitta 571
Sagitte 571
Sagittoidea 571 – 572, S. 219
Saint Pierre 789
Saithe 668
Salata tis thalassas 7
Salema 692, 714
Saliára 739, 741
Salicoque 507
Salinenkrebs S. 188
Salm 655
Salmo 655 – 656
Salmon 655
Salmonete 700
Salmonidae 655 – 656
Salmoniformes 655 – 657
Salpa 714, S. 243
Salpen S. 243
Samtkrabbe 534
Samtmuschel 351 – 352
Samtschnecke 328
Sand-eel 751
– -gaper 445
– -mason 478
– -scale-worm 466
– -smelt 815
Sandaale 751, S. 311

Sandgarnele 507
Sandgrundel 767
Sandhopper 551
Sandhüpfer 551
Sandkoralle 480
Sandkrebs 513
Sandmuscheln 422–424
Sandpier 476
Sandröhrenwurm 478
Sandspierling 751
Sandwurm 476
Sanhaliotis 218
Santiaquino 509
Santorra 528
Sapin de mer 127
Sar 702
Saraco 701
Sarda 650–651, 754
Sardélla 651
Sardellen 654
Sardina 651
Sardine 651
Sargasse 52
Sargassotang 52
Sargasso weed 52
Sargassum 52
Sargo 702–704
Sargue 702–703
Sargós 702
Sargus 701–703
Sarko crvenka 730
Sarsia 129
Sattelmuscheln 364–365
Sauclet 815
Saugfische 771–772, S. 320
Saugwürmer S. 94
Saumon 655
Saupe 714
Saurel 689
Saury Pike 664
Saveriña 441
Savridi 689
Saw-wrack 45
Saxicava 448
Saxicave 448
Scadobola 516
Scala 292
Scalaire 292–293
Scalaria 292–293
Scaldback 792
Scald-fish 791
Scale-worm 465–466
Scalidae 292–293
Scallop 368–372, 374
Scalpellum 490
Scampa 514
Scampo 511
Scampolo 511
Scaphander 326
Scaphandridae 326
Scaphopoda 335–337, S. 100, 132
Scare de Grèce 731
Scaro 731
Scaros 731
Scathári 712
Schädellose 623, S. 246
Schamkrabbe 524
Schan 744
Scharbe 797
Scharfzähner 706
Schattenfisch 696
Scheibenbäuche 771–772, 787, S. 320
Scheidenmuscheln 405–409, 428
Schelle 285
Schellfisch 667
Schermesserfisch 730
Schiffshalter 787–788
Schiffsbohrer 452
Schiffsbohrwurm 452
Schildfisch 788
Schildfüßer S. 100
Schildigel 585
Schildkrötenschnecke 330
Schildseepocke 497
Schilla 507
Schinkenmuschel 359
Schirmalge 17
Schirmquallen 149–157, S. 62, 74
Schirmschnecken 329
Schizaster 588
Schizophyceae 1–3, S. 28
Schlammspringer S. 262
Schlangenfische 748–749, S. 310
Schlangenhaarrose 176
Schlangennadel 805–806
Schlangensterne 603–608, S. 220, 240
Schlankhummer 511
Schlauchtang 37
Schleiermeduse 140
Schleimfischartige 738–747, S. 307
Schleimfische 739–745
Schlickauster 445
Schlickkrebs 553
Schlicksabelle 488
Schlitzhörner 320–321, S. 128
Schlitzmaul 320
Schlitzschnecken 219–221
Schlundsackschnecken 328
Schmalblatt-Seegras 88
Schmarotzerrose 172, S. 223
Schnabelmuscheln 341–343
Schnapper 690
Schnauzenbrassen 716
Schnauzenlippfisch 727
Schnauzenschnecken 249
Schnecken 217–334, S. 100, 102
Schneckenwurm 475
Schnurwürmer 202–208, S. 96
Schollen 793–798
Schönstrauchalge 83
Schorrfisch 791
Schotenmuscheln 344–345
Schotentang 50
Schraubensabelle 486, S. 275
Schriftbarsch 684, S. 327
Schrifttäubchen 314
Schuppenwurm 465–466
Schwalbenflügel 362
Schwammalge 18
Schwämme 93–114, S. 55
Schwarzgrundel 765, S. 171
Schwertfische 759
Schwertgarnele 503
Schwertmuschel 406, 408
Schwertschwänze S. 188
Schwimmgarnele 504
Schwimmgrundel 760
Schwimmkrabben 534–536
Sciaena 696–698
Sciaenidae 696–698
Sciarrano 683–685
Scleractinia 178–182, S. 86
Sclerospongia 101–106, S. 58
Scodellina 241
Scoglio 295
Scomber 752–753
Scombresox 664
Scombridae 752–758
Scombro 689, 752–753
Scombroidei 752–759, S. 312
Scopiós 774
Scorbolo 366
Scorpaena 773–775
Scorpaenidae 773–776
Scorpena 773–776
Scophthalmus 790
Scorpion del sabio 526
Scoubri 752
Scouliki 498
Screw-shell 252
Scrobicularia 425
Scrobiculariidae 425–427
Scrofano 776
Scruparia 556
Sculpin 784
Scyliorhinidae 634–635
Scyliorhinus 634–635
Scyllarides 508
Scyllarus 508–509
Scyllidae 643–645
Scyllium 634–635
Scylos drossitis 627
Scyphozoa 149–157, S. 74
Scytosiphon 37
Sea-arrow 458
--balls 91
--blubber, Yellow 154
--bream 705–707
--cucumber 574
--cypress 125
--daisy 177
--fan 189
--fern 123
--finger 184
--fir 127
--gherkin 576
--gooseberry 194
--grass 88
--hare 327
--horse 809
--lamprey 624
--lettuce 7
--mat 557–558
--mitre 197
--moss 14
--mouse 463
--oak 126
--pen 190, 192–193
--perch 684
--pike 663
--pink 171
--potato 587
--scorpion 784
--slater 544
--snail 787
--squirt 614, 619–620
--trout 656
--urchin 579–585
--wasp 148
--whip 191
Seaslug 334
Sébaste 776
Sebastes 776
Sedentaria 473–488, S. 182
Seeaal 659
Seeadler 697
Seeampfer 73–74
Seeanemonen 162–177, S. 80
Seebälle 91
Seebarsch 686
Seeblase 144
Seebrot 108
Seebull 784
Seedahlie 164
Seedrachen S. 249
Seefächer 189

Seefeder 84
Seefedern 190–193, S. 90
Seegräser 88–92, S. 50
Seegrasgarnele 502
Seegurken 574–577, S. 220, 226
Seehahn 779
Seehasen 327, 786
Seehecht 665
Seeigel 578–590, S. 220, 224, 228
– Irreguläre 585–590, S. 232
– Reguläre 578–584, S. 228
Seekälbchen 296, 300–301
Seekarausche 712
Seekatzen S. 249
Seeknödel 91
Seekuckuck 780
Seelamprete 624
Seemandel 325
Seemannshand 184
Seemannsliebchen 177
Seemaßliebchen 177
Seemaus 463
Seenadel 259
Seenadeln 805–809
Seenelke 171, S. 170
Seeohr 217–218
Seepapagei 731, S. 328
Seepeitsche 191
Seepocken 492–497
Seepferdchen 809
Seequappe 676–678
Seequirl 28
Seeraupe 463
Seerinde 557–558
Seeringelwurm 472
Seerosen 162–177, S. 80
Seescheiden 612–622, S. 243, 244
Seeschmetterling 739
Seeschwalbenfisch 778
Seeskorpion 784
Seespinne 528–529
Seestachelbeere 194
Seesterne 591–602, S. 220, 234
Seestichling 803
Seestint 657
Seeteufel 784, 817
Seetraube 20
Seewalzen 574–577, S. 220, 226
Seewespen S. 74
Seewiesel 679
Seewölfe 747
Seezungen 799–802
Segelqualle 145
Seiche 455
Seitenkiemer 330
Selachi rotta 641
– trigona 645
Selachus 633
Selachoidei 625–637, S. 249
Semaeostomae 152–155, S. 76
Semelidae 425–427
Sepia 455
Sepietta 456
Sepiola 456
Sépiole 456
Sepion 456
Seppia 455
Seriola 690
Seriolafisch 690
Sériole 690
Serpent star 606–607
Serpula 481
Serpule 481–483
Serpulorbis 255
Serran 680, 683–685
Serranidae 680–687
Serrano 683–684
Serranellus 683–685
Serranus 680, 683–684
Serre 720
Sertella 561
Sertularia 125–126
Sertularella 126
Serviola 690
Sfirena 780
Sfoungari da bagno 111
Shanny 744
Shark 625–626, 629, 631, 633
Shore crab 533
Shipworm 452
Shrimp 500, 507
Siba 645
Siblaire 727
Sickle coralline 124
Sićušni svijetnjak 92
Siderokavouras 532
Siebanemone 170
Silac 758
Silberlachs 656
Silence 806
Silobodalo 808
Simnia 273
Sipa 455
Siphonophora 143–147, S. 72
Siphonostoma 807
Siphopoda 455–461, S. 173
Sipica 456
Siponcle 212
Sipunculida 212, S. 99
Sirenenhaar 1
Sivac 715
Sjenka 697–698
Skaltsouni 516
Skaram 814
Skate 643
Skeleton shrimp 555
Skiós 698
Skipper 664
Sklat 637
Skočac balavac 811
– putnik 810
– zlatac 813
Skorpion-Tang 47
Skrpma 775
Skrpun 773
Skuša 752
Skyláki 634
Skylópsaro 633
– sbrillios 631
Slim eelgrass 89
Slimsponge 114
Slingura babaroga 743
Sljanak cjevasti 407
Sljem 284
Small pipefish 808
Smelt 657
Smergo 727
Smeriglio 630
Smooth Hound 628
Snake-fish 695
Soft coral 185
Sogliola 799–802
Solaire 254
Solarium 254
Solaster 591
Sole 799–800, 802
Solea 799–802
Solecurtidae 428
Solecurtus 409, 428
Soleidae 799–802
Solemya 344–345
Solemyidae 344–345
Solen 405, 407
Solenette 801
Solenidae 405–409
Solenoconcha 335–337, S. 132
Solenocurte 428
Solenocurtus 428
Solenogastres S. 100
Solenomya 344–345
Solenomyidae 344–345
Solina 358, 406–407
Solitärkoralle 179–180
Sonnenmuscheln 410–417, 428
Sonnenrose 177
Sonnenschnecken 254
Sonnenstern 591
Sorbolo 366
Sorello 689
Soupia 455
Soupitsa 456
Souris de mer 785
Sorzo 676
Spadella 572
Spadelle 572
Spaltalgen 1–3, S. 28
Spanish mackerel 753
Spanreuse 308
Sparaglione 701
Sparaillon 701
Sparidae 701–715
Sparisoma 731
Sparo puntazzo 704
Sparós 701
Sparus 710
– Toothed 711
Spatangue 586
Spatangus 586
Speer-Anemone 162
Spelze 273
Sperga 683
Sphacelaria 27
Sphaerechinus 584
Sphaerococcus 69
Sphaerodiscus 599
Sphaeroma 548
Sphaeronassa 305
Sphérome 548
Sphyraena 814
Sphyraenidae 814
Sphyrène 814
Sphyrna 629
Sphyrnidae 629
Spicara 716
Spider crab 525, 528–529
Spiegelrochen 642
Spigola 686
Spinachia 803
Spinarolo 636
Spindel 311
Spindelhorn 302, 311
Spindelschnecken 310–312
Spindle 311–312
Spinnenkrabbe 525
Spinnenqueise 734
Spinnentang 87
Spinulosa 599–602, S. 238
Spiny lima 366
Spiral-wrack 47
Spireshell 249
Spirographe 486
Spirographis 486
Spirorbis 484
Spisula 401–402
Spitzbrassen 704
Spitzkopfmuräne 659
Spitzkreisel 222
Spitzrochen 644

Spondylidae 363
Spondyliosoma 712
Spondylus 363
Sponge 102 – 103, 108, 111 – 112
Sponge seaweed 19
Spongia 111
Spongiae 93 – 114, S. 55
Spongiaria 93 – 114, S. 55
Sporochnus 34
Sprat 650
Sprattus 650
Spritzwürmer 212, S. 98 – 99
Sprotte 650
Sprutte 456
Spugna 111 – 112
Spurdog 636
Spužvaq 111 – 112
Squalidae 636
Squalo 633
Squalus 636
Squat lobster 514
Squatina 637
Squatinidae 637
Squid 457 – 458
Squilla 498
Squille 498
Srănka 392
Srdela 651
Staatsquallen 143 – 147, S. 72
Stabalce morsko 189
Stachelauster 363
Stachelhaie 636
Stachelhäuter 573 – 608, S. 220
Stachelmakrelen 689 – 694
Stachelpolyp 118
Stachelrochen 645
Stachelschnecken 294 – 301
Stachelsterne 599 – 602, S. 238
Stacheltang 33
Stacheltrapez 386
Stachel-Weichtiere 213 – 216, S. 100
Star-barnacle 493
– -coral 180
Starfish 593 – 594, 602
Stargazer 735
Stauromedusae 149 – 151, S. 75
Stechrochen 645
Steckmuscheln 359 – 361
Steenstrupia 128
Steinbohrer 448
Steinbutt 790
Steinchen 299
Steindattel 358
Steinesser 444
Steingarnele 503
Steinköhler 669
Steinkorallen 178 – 182, S. 86
Steinkrabbe 538
Steinpicker 785
Steinrochen 641
Steinseeigel 583
Stella 595, 602 – 603
Stenoglossa 294 – 322, S. 122
Stenorhynchus 525
Sternalge 2
Sterngucker 735
Sternkoralle 181
Sternrochen 641
Sternschnecken 331 – 332, S. 222
Sternseepocke 493
Sternseher 735
Sternwürmer 210 – 211, S. 98
Sthenelais 466
Stichastrella 602
Stichlingsfische 803 – 804, S. 336
Stichopus 575
Stickleback 803 – 804
Stielmuschel 570
Stielseelilien S. 220
Stielsterntiere S. 220
Stinte 657, S. 222
Stöcker 689
Stolonifera 183, S. 88
Stomatopoda 498, S. 192
Stone bass 682
– crab 538
Störartige 648, S. 264
Störe 648
Storione 648
Stožac 322
Strahlenflosser S. 262
Strahlenkopfqueise 734
Strahlenkorb 398
Strahlentierchen S. 54
Stramonita 298
Strandassel 544
Strandauster 445
Strandfloh 550
Strandgrundel 766
Strand-hopper 550
Strandigel 581
Strandkrabbe 533, S. 172
Strandkrebs 513
Strandmuschel 401 – 403
Strandrose 169
Strandschnecken 245 – 248
Straubschnecken 315 – 317
Sträußchen-Kalkalge 61
Strega 743
Streifenbarbe 700
Streifenbrassen 712
Streifenfisch 815
Streifengrundel 763
Streifenlippfisch 719
Striarca 350
Stridi 375
Striegelmuschel 428
Strmorinac 749
Strongylocentrus 583
Strudelwürmer 198 – 201, S. 94 – 95
Stufenturm 316
Stumpfmuscheln 418 – 421
Sturgeon 648
Sturmhaube 286 – 287
Stutzschnecken 250
Styela 618
Styelopsis 619
Stylochus 198
Stylocidaris 578
Suacia 791 – 792
Suberite 102
Suberites 102
Sublet 727
Sucker 771
Sugar kelp 42
Sun-dial 254
Sun-fish 819
Sun-star 591
Sunset-shell 422 – 424
Surmullet 700
Susania 330
Swimcrab 535
Sword-fish 759
Sycon 96 – 97
Symothoa 546
Synagrida 711
Synapta 577
Synascidie 612 – 613
Syncoryne 115
Syndosmya 426 – 427
Syngnathe 808
Syngnathidae 805 – 809
Syngnathiformes 805 – 809, S. 338
Syngnathus 807 – 809
Systonectae S. 72

T

Tabernero 721
Tacaud 773
Tadpole-fish 679
Tafelschwamm 111
Talitrus 550
Talparia 270
Talude 810
Taly 40
Tambarello 755
Tambor real 800
Tangbeere 619
Tange 24 – 51, S. 30
Tanggras 90
Tangrose 175
Tannenmoos 127
Tapès 435 – 439
Tapes 435 – 439
Tarentine tulip 310
Tarantinea 310
Taret 452
Taschenkrebs 532, 539
Taschenmessermuschel 409
Tassergal 690
Täubchenschnecken 313 – 314
Taubenschnecken 313 – 314
Taucherschnecke 326
Taupe de mer 463, 643
Taurulus 784
Tealia 164
Teleostei 649 – 819, S. 262, 265
Teleostomi S. 262
Tellerqualle 146
Tellin 412 – 414, 416, 425
– Sunrise 410
Tellina 410 – 417
Telline 410 – 414
Tellinidae 410 – 417
Tellmuscheln 410 – 417
Tembladora 640
Tempelchen 226
Temple, Petit 226
Tentaculifera S. 92
Tentaculata 555 – 570, S. 92, 214
Tepel 643
Teppichmuschel 435 – 439
Terebratula 570
Teredinidae 452
Terede 452
Teredine 452
Teredo 452
Terre 645
Testa di morte 523
Testu 812
Tethodea 612 – 622, S. 244
Tethya 104
Tethys-Becherqualle 151
Tethyum 621
Tetraodontiformes 818 – 819, S. 344
Tetrarca 349
Tetrastemma 208
Teufelskrabbe 528
Teufelsrochen 647
Thais 298
Thalassema 211
Thalassoma 729
Thaliacea S. 243
Theocaulus 123
Thericium 259 – 260
Thia 531

Thon 758
Thongweed 49
Thonine 757
Thracia 454
Thraciamuscheln 454
Thraciidae 454
Thrapsalo 458
Thresher 632
Thunfische 754 – 758
Thunnus 758
Thunny 758
Thuridella 328
Thynnus 756
Thysanozoon 199
Tiaropsis 137
Tiburon 631
Tiganáki 370
Tima 138
Tintenfisch 455
Tintorera 626
Tobiasfisch 751
Todaro 458
Todarodes 458
Tomate de mer 165
Tomato marino 165
Tõnina 757
Tonna 283
Tonne 283
Tonnenschnecken 283
Tonnidae 283
Tonno 757 – 758
Tónnos 758
Tooth shell 335
Tope 627
Top-shell 222 – 225, 227
Tordo 720
Toribio 508
Torillo 769
Tornatella 323
Torpedine 639 – 640
Torpedinidae 639 – 640
Torpedo 639 – 640
Torpille 639 – 640
Torretta 259
Torricella 259
Tort de roca 727
Tough-shell 399
Toupie 179
Tourteau 532
Tower-shell 252
Trachinidae 732 – 734
Trachino 732 – 734
Trachinotus 691
Trachinus 732 – 734
Trachurus 689
Trachydermon 214
Trachymedusen 140 – 142
Trachythyone 576
Tragalj 716
Trägerkrabbe 522
Tränenporzellane 269
Trapezmuschel 385 – 387
Trematoda S. 94
Tremolina 639
Treppengiebelchen 321
Trifora 262
Trichteralge 31
Tricolia 237
Trigla 777 – 782
– di fango 700
– di scoglio 700
Triglidae 777 – 783
Trigloporus 779
Triphora 262
Triphoridae 262
Tripterygiidae 746
Tripterygion 746
Trisopterus 673
Triton 289 – 291
– Dwarf 300
– Trumpet 291, 304
Tritonalia 291, 296, 300
Tritonen 288 – 291
Tritonium 291
Tritonshorn 289 – 291, S. 274
Trivia 268 – 269
Trlja 700
Trochidae 222 – 234
Trochocochlea 231 – 232
Trochos 231
Trochus 222, 225, 229 – 230
Trogmuscheln 398 – 403
Tromba 291
Trommler 699
Trompa 222
Trompe 291
Trompetenschnecke 291
Troque 222 – 225, 227 – 234
Trottola 222, 231, 236
Trota marina 656
Trugkoralle 186, 562
Truite de mer 656
Trumpet-shell 291
Trumpet-worm 477
Truncatella 250
Truncatelle 250
Truncatellidae 250
Truncularіopsis 295
Trup prugavac 756
– crnopjog 757
Trupac 753
Tryblidiida S. 100
Trygon 645
Trygonidae 645
Tsipoura 710
Tub-fish 778
Tubiclava 115
Tubulaire 116
Tubularia 116
Tubulanus 202
Tubulipora 566
Tun 758
Tun, Giant 283
Tunicata 612 – 622, S. 243
Turban 231, 235 – 236
Turbellaria 198 – 201, S. 95
Turbinidae 235 – 236
Turbo 235 – 236
Turbot 790
Turitella 252 – 253
Turkey wing 346
Turmschnecken 252 – 253, 320 – 321
Turret-shell 252
Turridae 320 – 321
Turritella 252 – 253
Turritellidae 252 – 253
Tusk 335 – 337
Twaite Shad 653
Tylodina 329

U

Udotea 22
Uferborstenhaar 9
Ugor 659
Ulker 784
Ulothrix 8
Ulva 5, 7
Umber 696, 698
Umberfische 696 – 699
Umbraculidae 329
Umbraculum 329
Umbrella 329
Umbrina 696
Ungarkappe 263
Uovo di mare 622
Upogebia 513
Uranoscopidae 735
Uranoscopus 735
Urchin 579 – 585
Urmünder S. 94
Urochordata 612 – 622, S. 243
Urophycis 675
Urticina 164
Ušatz 713

V

Vabič 498
Vaca 684
Valonia 20
Vanne 369
Vanneau 370
Vaqueta 724
Varech 46
Vatrachópsaro 817
Velánitsa 810
Velella 145
Vélelle 145
Velero 145
Velonida 664
Velvet crab 534
Vénéricarde 387
Venericardia 387
Veneridae 431 – 442
Vénérupe 440
Venerupis 435 – 440
Vénus 431 – 434
Venus 431 – 434, 438, 440 – 441
Venus-girdle 196
Venusgürtel 196
Venusmuscheln 431 – 434, 441
Verdesca 626
Vérétille 190
Veretillum 190
Vermalia S. 94
Vermes S. 94
Vermet 255 – 258
Vermetidae 255 – 258
Vermetus 255 – 258
Verni 441
Verongia 113
Verruca 491
Verrue marine 491
Verschiedenzähnige 379 – 452
Verstecktzähnige 344 – 345
Vertebrata 624 – 818, S. 248
Vessie de mer 144
Vexillum 316
Vieille 718 – 719
Vieja 743
Vieja colorada 731
Vielborster 463 – 488, S. 178
Vielzeller 93 – 819, S. 55
Vierauge 642
Vierhorn-Becherqualle 149
Vignot 245
Vioa 103
Violet 621 – 622
Viperqueise 732
Vive 732 – 734
Vláchos 682
Vladika albanska 729
Vlasulja 167
Vogelei 272
Vogelmuscheln 362
Voile de sirène 561
Volak Badljikari 294
– kvrgari 295

– ocinebra 300
Volandeira 371
Volendina de mar 783
Volpe di mare 632
Volsella 353
Vongola 436
Vorderkiemer 217 – 322, S. 102
Voscovica opnena 159
Vrana atlanska 718
Vretence 312
Vretenjača 259
Vulgocerithium 259

W

Wachsrose 167
Wächtergarnele 505
Warzenkoralle 180
Warzenrose 168
Warzenschnecke 330
Warzenstern 593
Wattkrebs 553
Wattschnecke 249
Wedge clam 404
Wedge-shell 418, 421
Weever 732 – 733
Weichtiere 213 – 461, S. 100
Weißhai 631
Weißrochen 643
Wellhorn 303
Wendeltreppen 292 – 293
Wentletrap 292 – 293
Whelk 303
White cat 467
White weed 125
Whiting 670 – 671
Widderkrebs 556
Wimperkalkschwamm 96
Wing oyster 362
Winkle, Sting 300
Wirbeltiere 624 – 819, S. 248
Wittling 670 – 671
Witwenrose 176
Wolfsbarsch 686
Wollhandkrabbe 541
Wollkrabbe 521
Worm-cucumber 577
Worm-shell 255 – 256, 258
Wrack 45
Wrackbarsch 682
Wrackfisch 682
Wrasse 718, 722 – 723, 728
Wreck 47
Wulstschnecken 294 – 301
Würfelquallen 148, S. 74
Würfelturban 231
Würmer S. 94
Wurmholothurie 577
Wurmmollusken S. 100
Wurmmuscheln 452
Wurmschnecken 255 – 258
Wurzelmundquallen 156 – 157, S. 76, 222
Wurzelquallen 156 – 157, S. 62, 76

X

Xantho 538
Xarleta 421
Xelet 370
Xiphias 759
Xiphiidae 759
Xiphosura S. 188
Xyrichthys 730

Y

Yanthe 538
Yellow tail 690
Yelmo 284

Z

Zaburiña 372
– pequeño 374
Zackenbarsch 680 – 681
Zahnbrassen 711
Zahnlose 453 – 454
Zahnschnecken 333 – 337
Zamarugola 267
Zangensterne 591 – 594, S. 234
Zangentang 71
Zauberbuckel 229
Zargana 663
Žbirac 539
Zdur tupoglavac 721
Zehnarmer 455 – 458, S. 174
Zehnfußkrebse 499 – 542, S. 192
Zeiformes 789, S. 331
Zekan morski 327
Zeus 789
Zezavac 509
Zimmokaschwamm 111
Zirphaea 451
Zirrenkrake 461
Zitterrochen 639 – 640
Zizyphinus 222
Zmijača 603
Zoantharia 160 – 161, S. 79
Zoarces 750
Zoarcoidei 750, S. 311
Zonaria 29, 271
Zorra de mar 632
Zostera 88 – 89
Zostère 88 – 89
Zotoleta 456
Zottenplanarie 199
Zubatac 711
Zuckertang 42
Zungenmuscheln 430
Zurriaga 723
Zvejezduša 331
Zvijesda crvena 602
– kvrgava 593
– narančasta 595
Zweibindenbrasse 703
Zweigfadenalge 10, 11 – 13
Zwergdorsch 672
Zwergmoos 126
Zwergseegras 89
Zwergseeigel 585
Zwergsepia 456
Zwergstrandschnecke 248
Zwergzunge 801
Zwiebelmuscheln 364 – 365
Zwiebelschale 364
Zygaena 629
Zylinderrosen 159, S. 78
Zylinderschwamm 113
Zypressenmoos 125

Fremdsprachen-Nomenklatur

kursiv = wissenschaftliche Namen
E = englisch F = französisch
G = griechisch I = italienisch
K = kroatisch P = portugiesisch
S = spanisch

1 Große Lyngbye
= Sirenenhaar
Lyngbya majuscula
E Mermaid's Hair
2 Sternalge
Calothrix confervicola
+ *C. crustacea*
3 Schwarze Rivularia
Rivularia atra
4 Flacher Darmtang
Enteromorpha compressa
5 Gemeiner Darmtang
Enteromorpha intestinalis
E Grass-kelp
6 Gewellter Darmtang
Enteromorpha linza
7 Meersalat
Ulva lactuca
E Green laver
= Sea lettuce
F Laitue de mer
G Salata tis thalassas
I Lattuga marina
K Morska salata
S Lechuga de mar
+ *U. rigida*
8 Hellgrüne Kraushaaralge
Ulothrix flacca
9 Uferborstenhaar
Chaetomorpha aerea
10 Seidige Zweigfadenalge
Cladophora sericea
11 Felsen-Zweigfadenalge
Cladophora rupestris
+ *C. mediterranea*
12 Wollige Zweigfadenalge
Cladophora lanosa
13 Dichtwüchsige Zweigfadenalge
Cladophora arcta
14 Grüner Federtang
= Moosalge
Bryopsis plumosa
E Sea Moss
15 Schleimiger Federtang
Bryopsis mucosa
16 Kriechsproßalge
= Blattpflanzenalge
Caulerpa prolifera
17 Schirmalge
Acetabularia acetabulum
E Mermaid's cup
18 Beutelalge
= Meerball
= Schwammalge
Codium bursa
F Codium boule
I Palla marina
19 Grüne Gabelalge
Codium tomentosum
E Sponge seaweed
20 Seetraube
Valonia utricularis
I Faragine verde
+ *V. ovalis*
Nordische Meertraube
21 Keulenalge
Dasycladus clavaeformis
22 Fächeralge
Udotea desfontainii
23 Opuntienalge
= Pfennigalge
= Meerkette
Halimeda tuna
E Calcarous green alga
24 Derbe Faseralge
Ectocarpus tomentosus
25 Felsen-Faseralge
Ectocarpus siliculosus
26 Strand-Pylaiella
Pylaiella littoralis
27 Pinsel-Sphacelaria
Sphacelaria scoparia
28 Seequirl
Cladostephus verticillatus
29 Vielverzweigte Cutleria
Cutleria multifida
30 Gemeine Gabelzunge
Dictyota dichotoma
31 Pfauenwedel
= Trichteralge
Dictyota pavonia = *Padina p.*
E Peacock tail
I Orecchio di mare
32 Gemeiner Geißeltang
Chordaria flagelliformis
33 Stacheltang
Desmarestia aculeata
34 Grünverbleichende Desmarestia
Desmarestia viridis
35 Breitblättriger Meerwegerich
Punctaria latifolia
36 Körniger Blasenschlauch
Asperococus bullosus
37 Geschnürter Schlauchtang
Scytosiphon lamentaria
38 Band-Ilea
Ilea fascia
39 Palmentang
Laminaria hyperborea
E Red kelp
F Goëmon rouge (Bretagne)
40 Fingertang
Laminaria digitata
E Devil's apron
= Oar weed
F Taly (Bretagne)
41 Rinnentang
Pelvetia caniculata
E Channelled-wrack
42 Zuckertang
Laminaria saccharina
E Sugar kelp
F Ceinture de Neptune
43 Gemeine Seesaite
Chorda filum
E Mermaid's fishline
= Bootlace weed
44 Zottige Meersaite
Chorda tomentosa
45 Sägetang
Fucus serratus
E Rockweed
= Serrated wrack
= Saw-wrack
F Goëmon
46 Gemeiner Blasentang
Fucus vesiculosus
E Bladder-wrack
F Varech
+ *F. mytili*
Muscheltang
+ *F. virsoides*
Mittelmeer-Blasentang
I Quercia marina
47 Gabelband-Tang
Fucus platycarpus
E Spiral-wrack
48 Knotentang
Ascophyllum nodosum
E Knotted-wrack
F Robert
+ *Fucus scorpoides*
49 Riementang
Himanthalia lorea
E Thong-weed
50 Meereiche
= Schotentang
Halidrys siliquosa
E Pod-weed
51 Faserige Cystosira
Cystosira fibrosa
+ *C. ericoides*
I Albero de mar
S Pèl de roca
52 Beerentang
= Golfkraut
Sargassum bacciferum
E Sargasso-weed
F Sargasse
+ *S. vulgare*
Kurzblättriger Sargassotang
+ *S. linifolium*
Langblättriger Sargassotang
53 Purpurfaden
= Braunrote Bangia
Bangia fuscopurpurea
F Bangiale rouge
54 Purpurblatt
= Gemeine Porphyra
Porphyra linearis
E Purple laver
F Porphyrée pourpre
+ *P. lasciniata*
+ *P. umbilicalis*
E Red Laver

Fremdsprachen-Nomenklatur

55 Vielverzweigte Glattfadenalge
Nemalion multifidum
56 Gallerttang
Gelidium corneum
+ *G. clavatum*
+ *G. gracillimum*
+ *G. luxurians*
57 Echte Hildenbrandtia
Hildenbrandtia prototypus
58 Offizinelles Korallenmoos
Corallina officinalis
E Coral-weed
F Corallinée officinelle
59 Zartes Korallenmoos
Corallina rubens
F Corallinée rouge
60 Vielgestaltiges Lithothamnion
Lithothamnion polymorphum
61 Sträußchen-Kalkalge
Lithothamnion fasciculatum
62 Dickästiges Lithothamnion
Lithothamnion crassum
63 Krustenhaut
Melobesia membranacea
64 Ausgebreitetes Lithophyllum
Lithophyllum expansum
65 Gemeiner Knorpeltang
= Perltang
Chondrus crispus
E Irish moss
= Carragheen
F Goëmon frisé
= Lichen
66 Dünnhäutiger Phyllophora
Phyllophora membranifolia
67 Rote Phyllophora
Phyllophora rubens
+ *P. palmettoides*
Dreiblatt-Phyllophora
68 Purpur-Cyclostonium
Cystoclonium purpurascens
69 Zusammengedrückte Gracilaria
Gracilaria compressa
70 Hauttang
Rhodymenia palmata
E Dulse
F Goëmon à vache
71 Gabeltang
Furcelaria fastigiata
72 Gemeiner Kammtang
Plocamium coccineum
E Cocks Comb
73 Flügel-Seeampfer
Membranoptera alata
74 Blutroter Seeampfer
Delesseria sanguinea
F Délessériée rouge
75 Ausgebuchtete Delesseria
Phycodrys sinusoa
F Délessériée sinueuse
76 Punktiertes Nitophyllum
Nitophyllum punctatum
77 Bräunliche Rhodomela
Rhodomela subfusca
78 Gefiederte Laurencia
Laurencia pinnatifida
E Pepper-dulse
79 Kurzrispige Chondria
Chondria dasyphilla
80 Langfädiger Röhrentang
Polysiphonia elongata
81 Schwarzer Röhrentang
Polysiphonia nigrescens
82 Zarter Röhrentang
Polysiphonia urceolata
83 Schönstrauchalge
Callithamnion corymbosum
84 Zierliche Fiederalge
= Seefeder
Plumaria elegans
85 Gefiedertes Antithamnion
Antithamnion plumula
86 Rote Hornalge
= Gemeiner Horntang
Ceramium rubrum
F Céramiée rouge
87 Gefranster Spinnentang
Halarachnion ligulatum
88 Gemeines Seegras
Zostera marina
E Common sea-grass
= Eel-grass
= Grass-wrack
F Zostère
I Allega
+ *Z. angustifolia*
Schmalblatt-Seegras
89 Zwergseegras
Zostera nana
E Slim eelgrass
= Slender eelgrass
F Zostère naine
I Allega nana
= Lissara
90 Neptungras
Posidonia oceanica
F Posidonie
I Posidonia
+ *Cymodocea nodosa*
Tanggras
91 Seebälle, Seeknödel
E Sea balls
92 Meeresleuchttierchen
= Meerleuchte
Noctiluca miliaris
E Noctiluca
F Noctiluque
K Sićušni svijetnjak
93 Gitterkalkschwamm
Clathrina coriacea
I Rizzitella
94 Röhrenkalkschwamm
Leucosolenia botryoides
95 Zarter Sackkalkschwamm
Leucosolenia fragilis
96 Wimperkalkschwamm
Sycon ciliatum
97 Kronenkalkschwamm
Sycon coronatum
98 Knollenkalkschwamm
Leuconia aspera
99 Fladenkalkschwamm
Leucandra nivea
100 Beutelkalkschwamm
Grantia compressa
E Purse sponge
101 Fleischschwamm
Oscarella lobularis
102 Feigenschwamm
Suberites ficus
E Sulfure sponge
F Suberite
+ *S. domuncula*
Korkschwamm
I Pallottola
103 Bohrschwamm
Cliona celata
E Boring sponge
F Clione
+ *C. vastifera*
+ *C. viridis*
104 Meerorgange
= Kugelschwamm
Tethya lyncurium
F Orange de mer
I Arancia di mare
K Naranča morska
105 Stinkender Ankerschwamm
= Riesenschwamm
Geodia cydonium
I Pallone
= Palla bianca
106 Lederschwamm
Chondrosia reniformis
F Rognon de mer
I Rognone
107 Grubenschwamm
Myxilla incrustans
108 Brotkrumenschwamm
= Klumpenschwamm
Halichondria panicea
E Bread-crumb sponge
F Halichondrie
109 Geweihschwamm
Haliclona oculata
E Mermaid's glove
F Chaline
110 Röhrenschwamm
Reniera cinerea
E Redbeard sponge
F Barberouge
111 Badeschwamm
= Tafelschwamm
Spongia officinalis
E Bath sponge
F Eponge fine
= Eponge de toilette
G Sfoungari tou baniou
I Spugna da bagno
K Spužvaq prava
S Esponja de baño
+ *S. o. mollissima*
Levantinerschwamm
+ S. o. zimmoca
Zimmokaschwamm
+ *S. o. lamella*
Elefantenohr
112 Pferdeschwamm
Hippospongia communis
E Horse sponge
F Eponge commune
I Spungna de cavallo
K Spužva divlja
S Esponja de caballo
113 Farbwechselnder Zylinderschwamm
Verongia aerophoba
K Promenljiva sumporača
114 Gallertschwamm
Halisarca dujardini
E Slimsponge
+ *H. d. massa*
115 Kölbchenpolyp
Coryne pusilla
E Red Flowerhead
F Coryne
+ *C. sarsi*
+ *C. muscoides*
+ *Syncoryne eximia*
+ *Tubiclava fruticosa*
Mittelmeer-Keulenpolyp
116 Röhrenpolyp
Tubularia larynx
E Yellow flowerhead
= Oaten-pipe
F Tubulaire
+ *T. indivisa*

+ *T. mesembryanthemum*
117 Keulenpolyp
Clava squamata
+ *C. multicornis*
118 Stachelpolyp
Hydractinia echinata
F Hydractinie
+ *H. carnea*
119 Bougainvillia-Polyp
Bougainvillia ramosa
120 Bäumchenpolyp
Eudendrium rameum
+ *E. ramosum*
+ *E. racemosum*
+ *E. arbusculum*
+ *E. annulatum*
121 Fiederzweigpolyp
Halecium halecium
122 Glockenpolyp
Obelia geniculata
F Obelie
+ *O. dichotoma*
+ *Laomedea flexuosa*
+ *L. longissima*
123 Federpolyp
Kirchenpaueria pinnata
E Sea-fern
F Plumulaire
+ *Plumularia setacea*
+ *P. halecioides*
+ *Aglaophenia pluma*
+ *Theocaulus diaphanus*
124 Korallenmoos
Hydrallmania falcata
E Coral-moss
= Sickle coralline
F Mousse coralline
125 Zypressenmoos
Sertularia cupressina
E Sea-cypress
= White weed
F Cyprès de mer
126 Zwergmoos
Cynamena cavolini
E Sea-oak
127 Tannenmoos
Abietinaria abietina
E Sea-fir
F Abiétinaire
= Sapin de mer
128 Steenstrupia-Meduse
Steenstrupia nutans
129 Sarsia-Meduse
Sarsia tubulosa
+ *S. gemmifera*
+ *S. producta*
130 Cladonema-Meduse
Cladonema radiatum
131 Bougainvillia-Meduse
Bougainvillia britannica
+ *B. superciliaris*
132 Leuckartia-Meduse
Leuckartia octona
133 Octorchis-Meduse
Octorchis gegenbauri
134 Laodicea-Meduse
Laodicea undulata
135 Phialidium-Meduse
Phialidium hemisphaericum
136 Aequora-Meduse
Aequora aequora
137 Tiaropsis-Meduse
Tiaropsis multicirrata
138 Eutonia-Meduse
Eutonia indicans
139 Eirene-Meduse
Eirene viridula
140 Schleiermeduse
Rhopalonema velatum
141 Gonionemus-Meduse
Gonionemus murbachi
142 Rüsselmeduse
Geryonia proboscidalis
+ *Liriope tetraphylla*
143 Physophora
Physophora hydrostatica
F Physophore
144 Portugiesische Galeere
= Seeblase
Physalia physalis
E Portuguese Man-o'-war
= Blue bottle
F Physalie
= Vessie de mer
= Galère
I Caravella portoghese
S Fragata
145 Segelqualle
Velella velella
E Purple sail
= By-the-wind-sailor
F Vélelle
= Barque de Saint Pierre
I Velella
= Barchetta di San Pietro
S Velero
146 Tellerqualle
Porpita umbella
F Porpite
I Porpita
147 Helmqualle
Galeolaria truncata
148 Mittelmeer-Würfelqualle
Charybdea marsupialis
E Mediterranean sea-wasp
F Charybdée
I Caribdea
149 Vierhorn-Becherqualle
Lucernaria quadricornis
E Stalked jelly-fish
F Lucernaire
+ *Lucernariopsis campanulata*
150 Achtstrahl-Becherqualle
Haliclystus octoradiatus
+ *Depastum cyatiformis*
151 Tethys-Becherqualle
Craterolophus tethys
E Bell jelly-fish
152 Leuchtqualle
Pelagia noctiluca
F Pélagie
I Pelagia
+ *P. perla*
153 Kompaßqualle
Chrysaora hysoscella
E Compass jelly-fish
F Chrysaore
I Crisaora
154 Gelbe Haarqualle
Cyanea capillata
E Yellow sea blubber
= Lion's mane
F Cyanée
+ *C. lamarcki*
Blaue Nesselqualle
155 Ohrenqualle
Aurelia aurita
E Common jelly-fish
= Moon jelly-fish
F Aurélie
I Pota marina
K Klobuk uhati
156 Blumenkohlqualle
= Blaue Lungenqualle
Rhizostoma octopus
F Rhizostome
I Botte di mare
K Klobuk morski
S Aguamar
+ *R. pulmo*
Gelbe Lungenqualle
157 Knollenqualle
Cotylorhiza tuberculata
G Medhousa
S Aguacuajada
158 Schwarze Koralle
Antipathes subpinnata
E Black coral
F Corail noir
I Corallo nero
K Koralj crni
S Coral nero
+ *A. glaberrima*
159 Mittelmeer-Zylinderrose
Cerianthus membranaceus
E Cylinder anemone
F Cérianthe méditerranéenne
I Ardichella
= Fiore di mare
K Voscovica opnena
+ *C. lloydii*
160 Gelbe Krustenanemone
Parazoanthus axinellae
+ *P. haddoni*
+ *Isozoanthus danicus*
161 Braune Krustenanemone
Epizoanthus paxii
+ *E. univittatus*
+ *E. aranaceus*
+ *E. incrustans*
162 Speer-Anemone
Peachia hastata
E Arrow muzzlet
163 Goldrose
= Goldfarbige Seeanemone
Condylactis aurantiaca
I Pumarola d'arena
164 Seedahlie
= Dickhörnige Seerose
Tealia felina
E Dahlia anemone
F Dahlia de mer
165 Purpurrose
= Erdbeerrose
= Pferdeaktinie
Actinia sulcata
E Beadlet anemone
F Tomate de mer
= Cubasseau
= Actinie pourpre
I Cazzo rosso
= Attinia rossa
= Fragole di mare
= Pomodoro di mare
K Moruzgva crvena
S Tomato marino
166 Gürtelrose
= Ringelblume
Actinia cari
I Cazzo verde
= Pumarola verde
167 Wachsrose
= Grüne Seerose
= Fadenrose
Anemonia sulcata
E Snakelocks anemone
= Opelet anemone
F Ortique

= Anémone de mer
I Matrona di mare
= Morosa
= Anemone di mare
K Vlasulja
S Anémona de mar comune
168 Edelsteinrose
= Warzenrose
Bunodactis verrucosa
E Gem anemone
= Wartlet anemone
F Anémone verruqueuse
I Rugola
+ *B. rubripunctata*
+ *Anthopleura thalia*
169 Strandrose
= Hafenrose
Diadumene luciae
E Orange-striped anemone
F Anémone flammée
170 Siebanemone
Aiptasia mutabilis
+ *A. couchii*
Couch's Siebanemone
+ *A. diaphana*
Durchsichtige Aktinie
171 Seenelke
Metridium senile
E Plumose anemone
= Sea pink
F Oeillet de mer
= Anémone plumeuse
I Attinia plumosa
172 Schmarotzerrose
Calliactis parasitica
E Parasite anemone
F Ortie de mer
= Anémone solitaire
I Ciafroia
= Ortica di mare
S Anémona del ermitaño
173 Mantelrose
= Mantelaktinie
= Bunte Aktinie
Adamsia palliata
E Cloak anemone
= Mantle-anemone
F Actinie comensale
S Anémona comensal
174 Dohrns Seeanemone
Amphianthus dohrnii
175 Tangrose
Sagartia rhododactylos
177 Schlangenhaarrose
Actinothoe clavata
+ *Sagartia viduata*
Witwenrose
177 Seemaßliebchen
= Seemannsliebchen
= Sonnenrose
Cereus pedunculatus
E Sea daisy
= Daisy anemone
178 Rasenkoralle
= Meerpalme
Cladocora cespitosa
179 Nelkenkoralle
= Kreiselkoralle
Caryophyllia smithii
E Cup coral
F Toupie corallaire
K Caška
+ *C. cyathus*
Mittelmeer-Becherkoralle
+ *C. calix*
Atlantische Becherkoralle

+ *Coenocyathus incarnata*
180 Warzenkoralle
Balanophyllia verrucaria
+ *B. regia*
E Scarlet coral
= Gold star coral
181 Kelchkoralle
= Sternkoralle
Astroides calycularis
I Corallo rosso
182 Baumkoralle
= Astkoralle
Dendrophyllia ramosa
I Canneliere
183 Füllhornkoralle
Cornularia cornucopiae
+ *Clavularia ochracea*
Keulenkoralle
184 Seemannshand
= Diebeshand
= Mittelmeer-Korkkoralle
Alcyonium palmatum
E Sea finger
F Alcyon méditerranéen
= Main de larron
= Main de mer
I Mano di San Piero
= Mano di ladro
K Koralj kožnati
S Mano de muerto
185 Meerhand
= Tote Manneshand
= Nordische Korkkoralle
= Bastardschwamm
Alcyonium digitatum
E Soft coral
= Dead man's fingers
F Alcyon atlantique
186 Falsche Edelkoralle
= Trugkoralle
Parerythropodium coralloides
187 Edelkoralle
= Blutkoralle
Corallium rubrum
E Red coral
= Precious coral
F Corail rouge
I Corallo rosso
K Korali crveni
S Coral rojo
188 Farbwechselnde Hornkoralle
Paramuricea clavata
+ *P. placomus*
189 Gelbe Hornkoralle
= Gelbe Gorgonie
Eunicella cavolinii
E Sea fan
F Eventail de mer
= Gorgone
I Palma marina
= Gorgonia
K Stabalce morsko
S Gorgonia amarilla
+ *E. verrucosa*
Weiße Hornkoralle
= Weiße Gorgonie
= Warzige Hornkoralle
= Kleiner Seefächer
+ *E. singularis*
Gestreckte Hornkoralle
190 Gelbe Seefeder
Veretillum cynomorium
E Finger-shaped sea-pen
I Vérétille
191 Seepeitsche
Funiculina quadrangularis

E Sea whip
F Fouet de mer
I Bacchetta
= Penna del pesce pavone
192 Leuchtende Seefeder
Pennatula phosphorescens
E Phosphorescent sea-pen
F Pennatule phosphorescente
I Pennacchiera fosforescente
+ *P. rubra*
I Pennacchiera rossa
193 Stachelige Seefeder
Pteroeides spinosum
E Spiny sea-pen
F Pennatule épineuse
I Penna di fango
+ *P. griseum*
Graue Seefeder
E Grey sea-pen
F Pennatule grise
I Penna grigia
194 Seestachelbeere
Pleurobrachia rhodopis
E Sea-gooseberry
+ *Hormiphora plumosa*
195 Glas-Lappenqualle
Bolinopsis infundibulum
+ *Eucharis multicornis*
196 Venusgürtel
Cestus veneris
E Venus's girdle
F Ceinture de Vénus
= Ceste de Vénus
K Pojas venerin
S Cinturón de Venus
197 Melonenqualle
Beroe cucumis
E Sea mitre
F Béroe allongé
S Dedal
+ *B. ovata*
Mittelmeer-Melonenqualle
198 Braune Fleckplanarie
Stylochus pilidium
199 Zottenplanarie
Thysanozoon brochii
200 Bandplanarie
Prosthecereus vittatus
201 Blutfleckplanarie
Oligocladus sanguinolentus
202 Ringel-Nemertine
Tubulanus annuleatus
F Némerte annelée
+ *T. nothus*
+ *T. superbus*
203 Rote Nemertine
Lineus ruber
E Red ribbon worm
F Némerte rouge
+ *L. gesserensis*
+ *L. bilineatus*
+ *L. geniculatus*
+ *L. longissimus*
+ *Baseodiscus delineatus*
204 Braune Nemertine
Cerebratulus fuscus
F Némerte rouge
+ *C. marginatus*
+ *Micrura purpurea*
+ *M. aurantiaca*
205 Band-Nemertine
Drepanophorus crassus
+ *D. spectabilis*
206 Lebendgebärende Nemertine
Prosorhochmus claparedi
F Némerte vivipare

207 Helle Nemertine
Amphiporus lactifloreus
E Pink ribbon worm
F Némerte rose
+ *Cephalothrix rufifrons*
208 Schwarzkopf-Nemertine
Tetrastemma melanocephalum
+ *T. coronatum*
+ *T. vittigerum*
209 Priapswurm
Priapulus caudatus
F Priapule
+ *P. bicaudatus*
+ *Halicryptus spinulosus*
210 Quappwurm
Echiurus echiurus
F Echiure
211 Bonellia
Bonellia viridis
F Bonellie
+ *Thalassema gigas*
212 Spritzwurm
Sipunculus nudus
F Siponcle
+ *Phascolosoma vulgare*
+ *P. margaritaceum*
213 Schuppige Käferschnecke
Chiton squamosus
E Squamose chiton
F Oscabrion squameux
+ *C. olivaceus*
K Babuška
214 Rändel-Käferschnecke
Lepidochiton marginatus
E Grey chiton
F Oscabrion gris
= Chiton cendré
215 Helle Käferschnecke
Ischnochiton albus
E White chiton
F Chiton blanc
+ *I. rissoi*
216 Assel-Käferschnecke
Lepidopleurus assellus
E Coat-of-mail-chiton
F Asselle de mer
217 Seeohr
Haliotis lamellosa
E Abalone
= Ear-shell
= Ormer
F Ormeau
= Oreille de mer
I Orecchia marina
K Puzlatka
S Oreja de mar
= Peneira
218 Grünes Seeohr
Haliotis tuberculata
E Green abalone
F Oreille de Saint-Pierre
I Orecchia di San Pietro
S Grexera
219 Ausschnittschnecke
Emarginula elongata
E Slit limpet
F Emarginule allongée
220 Netz-Lochschnecke
Fissurella reticulata
E Reticulated slit-limpet
F Fissurelle réticulée
221 Schlitzschnecke
Fissurella costaria
E Keyhole limpet
F Fissurelle commune
I Pantelena
222 Bunter Jujubenkreisel
Calliostoma ziziphinum
E Painted top-shell
F Troque-jujube
I Trottola zizifina
S Trompa
223 Gestreifter Jujubenkreisel
Calliostoma striatum
E Grooved top-shell
F Troque strié
224 Rauher Jujubenkreisel
Jujubinus exasperatus
E Rough top-shell
F Troque rugueux
225 Aschfarbene Kreiselschnecke
Gibbula cineraria
E Grey top-shell
F Troque cendré
226 Tempelchen
Gibbula fanulum
F Petit temple
227 Genabelte Buckelschnecke
Gibbula umbilicalis
E Flat top-shell
F Troque ombiliqué
228 Adansons Buckelschnecke
Gibbula adansoni
E Troque d'Adanson
229 Zauberbuckel
Gibbula magus
F Troque mage
I Trottela maga
S Peonza maga
230 Gemeine Buckelschnecke
Gibbula divaricata
F Troque commun
231 Würfelturban
Monodonta turbinata
E Turban shell
F Troque-toupie
= Bigorneau
G Trochos
I Trottola
= Naridula
= Cornetto
K Ogrc
S Peonza
232 Gebänderter Turban
Monodonta articulata
F Troque ponctué
233 Korallenvielzahn
Clanculus corallinus
F Troque corail
234 Pharaonenklapper
Clanculus pharaonis
F Troque pharaonique
235 Blutroter Rundmund
Leptothyra sanguinea
E Red dwarf turban
F Petit turban rouge
236 Roter Runzelstern
Astraea rugosa
E Chestnut turban
= Red dwarf turban
F Turban rugueux
= Astralium rugueux
I Trottola rugosa
= Occhio di Santa Lucia
S Peonza rugosa
237 Fasanküken
Tricolia pulla
E Pheasant-shell
F Phasianelle
238 Gemeine Napfschnecke
Patella vulgata
E Common limpet
F Patelle vulgaire
239 Warzen-Napfschnecke
Patella mamillaris
F Patelle mamillaire
240 Schild-Napfschnecke
Patella scutellaris
F Patelle scutellaire
+ *P. crenata*
241 Blaue Napfschnecke
Patella coerulea
E Blue limpet
F Patelle bleue
= Arapède bleue
G Patelida
I Pantalona
= Scodellina
K Priljepak
S Lapa
= Lepas
+ *P. tarentina*
+ *P. lusitanica*
242 Durchscheinende Häubchenschnecke
Helcion pellucidum
E Translucid limpet
F Helcion transparent
243 Jungfräuliche Napfschnecke
Acmaea virginea
E Tortoiseshell-limpet
F Patelle virginale
+ *A. testudinalis*
244 Gebänderte Grübchenschnecke
Lacuna divaricata
E Banded chink-shell
F Lacunide striée
+ *L. pallidula*
245 Gemeine Strandschnecke
Littorina littorea
E Common periwinkle
F Littorine commune
= Vignot
246 Dunkle Strandschnecke
Littorina saxatilis
E Northern rough periwinkle
F Littorine de rocher
247 Stumpfe Strandschnecke
Littorina obtusata
E Flat periwinkle
F Littorine tronquée
= Littorine obtuse
248 Blaue Strandschnecke
Littorina neritoides
E Small periwinkle
F Bigorneau noir
= Littorine bleue
I Maruzziella
S Bigaro enano
249 Wattschnecke
Hydrobia ulvae
E Laver spireshell
+ *H. ventrosa*
250 Glatte Stutzschnecke
Truncatella subcylindrica
F Truncatelle lisse
251 Kleine Rissoe
Rissoa parva
+ *R. costata*
Rippenrissoe
+ *R. membranacea*
Pergamentrissoe
+ *R. cimex*
Wanzenrissoe
+ *R. lilacina*
Bandrissoe
252 Gemeine Turmschnecke

Fremdsprachen-Nomenklatur

Turritella communis
E Common turret-shell
= Screw shell
= Tower shell
= Auger
F Turitelle commune
K Tornjić
S Torrecilla
253 Dreirippige Turmschnecke
Turritella triplicata
F Turitelle à trois côtes
254 Mittelmeer-Sonnenschnecke
Philippia mediterranea
E Mediterranean sun-dial
F Solaire méditerranéenne
255 Riesenwurmschnecke
Serpulorbis arenarius
E Giant worm-shell
F Vermet géant
K Crvaš
S Caracol vermiforme
256 Dreikant-Wurmschnecke
Vermetus triqueter
E Triangular worm-shell
F Vermet triangulaire
257 Geknäuelte Wurmschnecke
Vermetus glomeratus
F Vermet entortillé
258 Geringelte Wurmschnecke
Vermetus arenarius
E Curled worm-shell
F Vermet enroulé
259 Gemeine Seenadel
Gourmya vulgata
E Common cerith
F Cérithe goumier
= Cornet
G Kerátíoi
I Torericella comune
= Torretta comune
= Caragollongo
K Vretenjača
S Pada
260 Felsnadel
Gourmya rupestris
E Rock cerith
F Cérithe rude
261 Mäusedreck
Bittium reticulatum
E Needle shell
F Cérithe réticulée
262 Linksnadel
Triphora perversa
E Trifora
F Cérithe perverse
263 Ungarkappe
Capulus hungaricus
E Bonnet limpet
F Chapeau hongrois
264 Chinahaube
Calyptraea chinensis
E Chinese hat
F Chapeau chinois
265 Pantoffelschnecke
Crepidula moulinsi
E Slipper limpet
F Crépidule des moules
266 Fingernagel
Crepidula unguiformis
F Crépidule-ongle
267 Pelikanfuß
Aporrhais pes-pelicani
E Pelican's foot
F Pied de pélican
I Piè di pellicano
= Zamarugola
K Pelikanovo stopal
268 Europäische Kerfe
Trivia europea
E European cowrie
= Coffee bean
F Porcelaine puce
= Grain de café
S Porcelanita
+ *T. mediterranea*
+ *T. adriatica*
269 Tränenporzellane
Cypraea lacrimalis
F Porcelaine larme
270 Braune Maus
Luria lurida
E Brown cowrie
F Porcelaine sale
271 Birnporzellane
Zonaria pyrum
E Pear cowrie
F Porcelaine poire
I Porcellana
S Porcelana
272 Rotes Vogelei
Primovula carnea
E Dwarf red ovula
F Ovule incarnate
+ *Pseudosimnia adriatica*
Weißes Vogelei
273 Offene Spelze
Simnia patula
274 Perons Rollschwimmer
Atlanta peroni
E Peron's atlanta
F Atlante de Peron
275 Schwimmende Mütze
Carinaria lamarcki
E Carinaria
F Carinarie
276 Halsband-Mondschnecke
Lunatia catena
E Necklet moon-shell
= Large necklace-shell
F Natice porte-chaîne
+ *L. montagui*
277 Guillemins Mondschnecke
Lunatia guillemini
E Guillemins necklace-shell
F Natice de Guillemin
278 Glänzende Mondschnecke
Lunatia poliana
E Lustred moon-shell
= Common necklace-shell
F Natice brillant
279 Josefinische Mondschnecke
Natica josephina
F Natice bouton
I Maruzza bianca
280 Nordische Nabelschnecke
Natica clausa
E Arctic Natica
F Natice nordique
281 Tausendpunkt-Nabelschnecke
Naticarius stercusmuscarum
F Natice mille-points
I Natice millepunti
= Lunasse
282 Hebräische Nabelschnecke
Naticarius hebraeus
E Moon shell
F Natice marbré
I Maruzza monaca
K Pupkar
S Caracol de luna
283 Gewelltes Faß
Tonna galea
E Giant ton
F Tonne cannelée
= Coquille à tonneau
I Doglia
= Elmo
K Bačvara relike
S Caracola tonel
284 Knotenschelle
Galeoda echinophora
E Knobbed helmet
F Cassidaire échinophore
I Porzeletta
= Elmetto tubercolato
K Sljem
S Yelmo erizado
285 Tyrrhenische Schelle
Galeoda rugosa
E Ribbed helmet
F Cassidaire étrusque
286 Afrikanischer Helm
Cassis saburon
E Frilled helmet
F Casque saburon
287 Gefurchte Sturmhaube
Cassis sulcosa
E Channeled helmet
F Casque cannelé
288 Großes Argushorn
Ranella gigantea
E Ranelle géante
289 Häutiges Tritonshorn
Cymatium cutaceum
F Triton cutacé
290 Runzeliges Tritonshorn
Cymatium corrugatum
F Triton froncé
291 Knotiges Tritonshorn
Charonia lampas
E Trumpet shell
= Triton's horn
F Triton nodifère
= Trompe des dieux
I Buccina
= Tromba di mare
S Bocina
292 Gemeine Wendeltreppe
Epithonium clathrus
E Common Wentletrap
F Scalaire commune
+ *E. turtonae*
Turtons Wendeltreppe
293 Blätterige Wendeltreppe
Epithonium lamellosum
E Lamellose Wentletrap
F Scalaire lamellée
294 Herkuleskeule
Murex brandaris
E Spinous murex
F Rocher massue
= Rocher épineux
= Chicorée
G Porphýra
I Murice comune
= Garusolo
K Volak Badljikavi
S Busano
= Cañadilla
295 Hochschwanz
Trunculariopsis trunculus
E Apple murex
F Rocher fascié
= Poire
I Scoglio troncato
= Garusolo femina
K Volak kvrgari
S Carnailla

= Corneta
296 Edwards Seekälbchen
Murex edwardsi
F Rocher d'Edward
297 Blainvilles Stachelschnecke
Muricopsis cristatus
F Rocher de Blainville
298 Rotmund-Maulbeere
Thais haemastoma
E Rock-shell
F Rocher à bouche rouge
299 Steinchen
Nucella lapillus
E Common dog-whelk
F Pourpre petite pierre
300 Großes Seekälbchen
Ceratostoma erinaceum
E Dwarf triton
= Drill
= Sting winkle
F Cormaillot
I Murice riccio
K Volak ocinebra
S Corniño
301 Korallen-Seekälbchen
Ocenebra corallina
E Coral dwarf triton
F Rocher corail
+ *O. oculata*
302 Gemeines Spindelhorn
Buccinum corneum
F Bucinelle cornée
303 Wellhorn
Buccinum undatum
E Common whelk
= Buckie
F Buccin ondé
304 Geflecktes Klipphorn
Pisania striata
E Mottled triton trumpet
F Pisanie tachée
305 Wandelbare Reuse
Sphaeronassa mutabilis
F Nasse changeante
+ *S. gibbosa*
Gewölbte Reuse
306 Dosenschnecke
Cyclope neritea
F Cyclonasse
307 Netzreusenschnecke
Hinia reticulata
E Netted dog-whelk
F Nasse réticulée
308 Spanreuse
Hinia prysmatica
F Nasse prismatique
309 Dickmundreuse
Hinia incrassata
E Thick-lipped dog-whelk
F Nasse épaisse
310 Tarentinisches Bündelhorn
Fasciolaria lignaria
E Tarentine tulip
F Fuseau tarentin
+ *F. lamellosa*
Schuppiges Bündelhorn
311 Zierliche Spindel
Fusus rostratus
E Rostral spindle
= Spindle shell
F Fuseau rostré
I Conocchia
S Huso
312 Syrakusische Spindel
Fusinus syracusanus
E Syracusan spindle
F Fuseau syracusain
K Vretence
S Huso noduloso
+ *Fusus antiqua*
Gemeine Spindelschnecke
313 Schlichte Täubchenschnecke
Columbella rustica
E Rustic dove-shell
F Colombelle rustique
+ *C. grevillei*
314 Schrifttäubchen
Mitrella scripta
E Pencilled dove-shell
F Colombelle à dessins
315 Horn-Straubschnecke
Mitra cornicula
E Horny miter
F Mitre petite corne
316 Ebenholz-Straubschnecke
Mitra ebenus
E Ebony miter
F Mitre ébène
317 Dreifarben-Straubschnecke
Mitra tricolor
F Mitre tricolore
318 Echte Gitterschnecke
Cancellaria cancellata
E Nutmeg
F Cancellaire
319 Hirsekorn
Gibberula miliaris
E Millet-grain Marginella
F Marginelle grain de mil
+ *Gibberulina clandestina*
320 Purpur-Schlitzmaul
Philbertia purpurea
E Purple mangelia
F Mangelie pourpre
+ *P. p. var. bicolor*
+ *P. linearis*
321 Treppengiebelchen
Lora turricula
322 Mittelmeerkegel
Conus mediterraneus
E Mediterranean cone-shell
F Cône méditerranéen
I Ballerina
= Cono mediterraneo
K Stožac
S Bailarina
= Ballaruga cónica
+ *C. m. franciscanus*
+ *C. m. marmoreus*
+ *C. m. ater*
323 Drechselschnecke
Actaeon tornatilis
E Actaeon-shell
= Banded baby-bubble
F Actéon enroulé
324 Gestreifte Blasenschnecke
Bulla striata
E Striated bubble
F Bulle marbrée
325 Offene Blasenschnecke
Philine aperta
E Lobe shell
= Helmet-bubble
F Bulle ouverte
= Philine
+ *P. scabra*
326 Holzboot
Scaphander lignarius
E Canoebubble
F Bulle oubliée
327 Gemeiner Seehase
Aplysia depilans
E Sea-Hare
F Aplysie
= Lièvre de mer
I Asino marina
= Lepre marina
K Zekan morski
S Liebre de mar
= Conejo
+ *A. fasciata*
Band-Seehase
+ *A. punctata*
Getupfter Seehase
328 Grüne Samtschnecke
Elysia viridis
F Elysie verte
+ *Thuridilla hopei*
Prachts-Samtschnecke
329 Mittelmeer-Schirmschnecke
Umbraculum mediterraneum
F Ombrelle
+ *Tylodina citrina*
330 Schildkrötenschnecke
Susania testudinaria
F Pleurobranche tortue
+ *Oscanius membranaceus*
+ *Berthella aurantiaca*
331 Warzige Sternschnecke
Archidoris tuberculata
E Warty doris
F Doris granulée
K Zvjezduša
+ *Doris verrucosa*
Gelbe Sternschnecke
+ *Peltodoris atromaculata*
Fleck-Sternschnecke
332 Weiße Sternschnecke
Cadlina laevis
E White doris
F Doris blanche
+ *Jorunna tomentosa*
Graue Sternschnecke
333 Bäumchenschnecke
Dentronotus frondosus
E Frond eolis
334 Breitwarzige Fadenschnecke
Aeolidia papillosa
E Common grey seaslug
F Eolidée grise
+ *Facelina auriculata*
Fadenschnecke Drummonds
335 Gemeine Zahnschnecke
Antalis tarentinum
E Common tusk
= Tooth shell
F Dent d'éléphant
I Dente d'elefante
S Diente de elefante
+ *A. agilis*
Glatte Zahnschnecke
+ *A. inaequicostatum*
Gerippte Zahnschnecke
+ *Pseudantalis rubescens*
Rote Zahnschnecke
336 Meerzahn
Dentalium entalis
E Northern tusk
337 Horn-Zahnschnecke
Dentalium corneum
E Horn-tusk
338 Gemeine Nußmuschel
Nucula nucleus
E Common nut clam
F Nucule nacrée
S Nuececilla
+ *N. sulcata*
Gestreifte Nußmuschel

339 Glänzende Nußmuschel
Nucula nitida
E Lustred nut clam
F Nucule brillante
340 Dünnschalige Nußmuschel
Nucula tenuis
E Smooth nut clam
F Nucule ténue
341 Gekerbte Schnabelmuschel
Nuculana emarginata
E Crenulate nut clam
F Léda échancrée
342 Gescheckte Schnabelmuschel
Nuculana pella
343 Zerbrechliche Schnabelmuschel
Nuculana fragilis
E Thin nut clam
F Léda fragile
344 Gelbe Schotenmuschel
Solemya togata
E Yellow awning clam
F Gousse jaune
\+ *S. velum*
Atlantische Schotenmuschel
345 Braune Schotenmuschel
Solemya mediterranea
E Brown awning clam
F Gousse brune
346 Arche Noah
Arca noae
E Noah's ark
= Turkey wing
F Arche de Noé
G Kalágnomi
I Arca di Noè
= Mussolo
K Kunjka
S Arca
347 Alte Arche
Arca antiqua
E Antik ark
F Arche antique
348 Große Archenmuschel
Arca senilis
E Atlantic ark
F Grande arche
349 Eckige Archenmuschel
Tetrarca tetragona
E Cornered ark
F Arche tetragonale
350 Bärtige Archenmuschel
Barbatia barbata
E Bearded ark
F Arche barbue
G Kalognomi
I Arca barbata
= Arsella pelosa
K Musŭla mala
S Arca pelasa
\+ *Striarca lactea*
Helle Archenmuschel
351 Meermandel
Glycimeris glycimeris
E Common bittersweet
= Dog cockle
F Pétoncle large
= Amande de mer
G Melokîdono
I Pié d'asino comune
S Alemandra de mar
352 Violettes Pastetchen
Glycimeris violascens
E Violet Bittersweet
F Pétoncle violâtre
I Paluorde
= Pié d'asino violetto
\+ *G. pilosus*
Echte Samtmuschel
\+ *G. pulvinatus*
353 Große Miesmuschel
Modiolus modiolus
E Horse mussel
F Grande moule
= Modiole
354 Bartmuschel
Modiolus barbatus
E Bait mussel
= Bearded horse mussel
F Modiole barbue
= Moule barbue
G Mýdi
I Modiola pelosa
= Cozza pelosa
K Dagnja bijola
S Lingerone
= Mejillón barbudo
\+ *Modiola adriatica*
Adriatische Nabenmuschel
355 Echte Miesmuschel
Mytilus edulis
E Blue mussel
F Moule comestible
I Muscolo
= Cozza comune
S Mejillón
\+ *M. violaceus*
Violette Miesmuschel
356 Mittelmeer-Miesmuschel
Mytilus galloprovincialis
E Mediterranean mussel
F Moule de Provence
I Mitilo comune
= Cozza
= Muscolo
K Dagnja
S Macejone
= Mejillon rubra
357 Zwerg-Miesmuschel
Mytilaster minimus
E Dwarf mussel
F Moule naine
\+ *Musculus marmoratus*
Marmorierte Bohnenmuschel
\+ *M. discors*
Grüne Bohnenmuschel
358 Meerdattel
Lithophaga lithophaga
E Date mussel
F Lithodome lithophage
= Datte de mer
G Solina
I Dattero marino
= Dattolo di pietra
K Morski datulj
S Datil de mar
359 Gemeine Steckmuschel
Pinna squamosa
E Common pen shell
= Fan mussel
F Jambonneau rugueux
I Astura
S Nácar
360 Edle Steckmuschel
Pinna nobilis
E Rough pen shell
F Jambonneau hérissé
G Pinna
K Periska
\+ *P. pectinata*
Kamm-Steckmuschel
361 Stachlige Steckmuschel
Pinna rudis
362 Schwalbenflügel
Pteria hirundo
E Wing oyster
F Avicule
I Avicula
S Pajarita
\+ *Avicula atlantica*
Atlantische Vogelmuschel
363 Europäische Lazarusklapper
Spondylus gaederopus
E Thorny oyster
F Pied d'âne
= Jardon
I Cernieruolo
K Kopita
S Ostra roja
\+ *S. costatus*
364 Zwiebelschale
Anomia ephippium
E Common jingle shell
= Saddle oyster
F Anomie pelure d'oignon
G Pseftóstrido
I Anomia
= Ostrica cipollina
S Ostra de perro
\+ *Monia patelliformis*
365 Durchsichtige Zwiebelmuschel
Anomia cepa
E Pellucid jingle shell
F Pétale de rose
\+ *Heteranomia squamula*
366 Gemeine Feilenmuschel
Lima lima
E Spiny lima
F Lime écailleuse
I Sorbolo
K Pillaĉa
S Peinecillo de costillas
\+ *L. sulcata*
Gefurchte Feilenmuschel
367 Klaffende Feilenmuschel
Lima hians
E Gaping lima
F Lime bâillante
I Lima
S Peinecillo escondido
\+ *L. loscombii*
368 Jakobsmuschel
Pecten jacobaeus
E Fan shell
= Pilgrim's scallop
F Peigne de mer
= Coquille St-Jacques
= Vanne
G Kténi
I Cappa santa
K Jakobska kapica
S Pelegrina
= Rufina
= Concha de poregrino
369 Große Pilgermuschel
Pecten maximus
E Great scallop
F Grand Peigne
= Grande coquille St-Jacques
370 Kleine Pilgermuschel
Aequipecten opercularis
E Queen scallop
F Vanneau
G Tiganáki
I Pettine apercolare
K Cesljača
S Xelet
371 Glatte Kammuschel

Proteopecten glaber
E Smooth scallop
F Peigne glabre
I Cannestrello liscio
S Volandeira
372 Bunte Kammuschel
Chlamys varius
E Variegated scallop
F Pétoncle
I Pettine vario
= Cannestrello
S Galondrina
= Zaburiña
+ *C. sulcatus*
373 Katzenpfote
Chlamys pesfelis
F Patte de chat
374 Vielstreifige Kammuschel
Chlamys multistriata
E Lined scallop
F Peigne multistrié
I Pettina minore
S Zaburiña pequeño
375 Europäische Auster
Ostrea edulis
E Flat oyster
F Huître comestible
= Huître plate
G Stridi
I Ostrica
= Ostrega
K Kamenica
S Ostra
376 Mittelmeer-Auster
Ostrea plicata
E Mediterranean oyster
F Huître fine
I Ostrichella
S Ostione
377 Hahnenkammauster
Ostrea crestata
F Crête-de-coq
I Ostrica crestata
378 Portugiesische Auster
Gryphaea angulata
E Portuguese oyster
F Huître portugaise
379 Rauhe Mondmuschel
Lucina squamosa
E Rough lucina
F Lucine rugueuse
380 Stachelige Mondmuschel
Myrtea spinifera
E Spiny lucina
F Lucine épineuse
381 Weiße Mondmuschel
Loripes lacteus
E Milky lucine
F Lucine lactée
+ *Lucinoma borealis*
Nordische Mondmuschel
+ *L. digitalis*
382 Mittelmeer-Hufmuschel
Chama gryphoides
E Mediterranean jewel-box
F Chame gryphoide
383 Rote Hufmuschel
Pseudochama ferruginea
E Left-handed jewel-box
F Chame rouillée
384 Stachelige Hufmuschel
Echinochama lazarus
E Spiny jewel-box
F Chame épineuse
385 Kleines Trapez
Cardita trapezia
E Trapezoid cardita
F Cardite trapézoide
386 Stacheltrapez
Cardita squamigera
E Thorny cardita
F Cardite épineuse
387 Gefurchte Trapezmuschel
Venericardia antiquata
E Sulcated cardita
F Vénéricarde effacée
I Casasanghe
388 Nordische Astarte
Astarte borealis
E Boreal astarte
F Astarte boréale
389 Gefurchte Astarte
Astarte sulcata
E Wawed astarte
F Astarte sillonnée
390 Braune Astarte
Astarte fusca
E Brown astarte
F Astarte brune
391 Große Herzmuschel
Acanthocardia echinata
E Spiny cockle
= Red nose
F Bucarde épineuse
I Cuore spinoso
= Caparon
S Marolo
392 Stachelige Herzmuschel
Acanthocardia aculeata
E Prickly cockle
F Bucarde à papille
= Coque rouge
G Kárdium
I Cuore echinato
K Srănka
S Carneiro
393 Knotige Herzmuschel
Rudicardium tuberculatum
E Rough cockle
= Warty cockle
F Bucarde noueuse
I Cuore nodoso
K Kapica obla
S Berbigo
= Berberecho verrugoso
394 Kleine Herzmuschel
Parvicardium ovale
E Tiny cockle
F Bucarde menue
395 Eßbare Herzmuschel
Cerastoderma edule
E Edible cockle
F Bucarde comestible
G Kárdium methystra
I Cuore edule
= Capa tonda
K Caša
S Berberecho
396 Norwegische Herzmuschel
Laevicardium crassum
E Norvegian cockle
F Bucarde norvégienne
397 Längliche Herzmuschel
Laevicardium oblongum
E Oblong cockle
F Bucarde oblongue
398 Bunte Trogmuschel
Mactra corallina
E Coralline mactra
F Mactre coralline
G Anchivadáki
I Madia corallina
S Chirla
= Almoja lisa
399 Gemeine Trogmuschel
Mactra corallina atlantica
E Common mactra
= Though-shell
F Mactre commune
= Blanchet
400 Blaue Trogmuschel
Mactra glauca
E Grey mactra
F Mactre glauque
I Madia grigia
S Escupina
401 Gedrungene Trogmuschel
Spisula subtruncata
E Truncated otter-shell
F Mactre tronquée
402 Dickschalige Trogmuschel
Spisula solida
E Thickshelled otter-shell
F Mactre solide
403 Elliptische Trogmuschel
Lutraria lutraria
E Common otter-shell
= Lutraria clam
F Lutraire elliptique
= Lacogne
I Lutraria
S Navallón
404 Braune Dreieckskappe
Mesodesma corneum
E Wedge-clam
F Donacille cornée
405 Schotenförmige Messerscheide
Ensis minor
E Pod razor-clam
F Ensis silique
= Couteau droit
I Capalonga
S Longueirones
406 Schwertförmige Messerscheide
Ensis ensis
E Curved razor-clam
F Ensis sabre
G Solina
I Capa di deo
S Morquera
= Navaja recta
= Muergo
407 Gerade Messerscheide
Solen marginatus
E Straight razor-clam
= Grooved jackknife-clam
F Solen gaine
= Gaine de couteau
G Solina
I Capa tabacchina
K Sljanak cjevasti
S Caravera
= Longueirón
408 Durchsichtige Messerscheide
Cultellus pellucidus
E Transparent razor-clam
F Petit couteau
409 Taschenmessermuschel
Pharus legumen
E Jackknife-clam
F Coutil
I Cannolicchio femina
= Baccello
= Capalonga marina
S Cadelas
410 Strahlige Plattmuschel
Tellina radiata
E Sunrise tellin

Fremdsprachen-Nomenklatur

F Telline à rayons
411 Mittelmeer-Plattmuschel
Angulus planatus
F Telline aplatie
412 Zarte Plattmuschel
Angulus tenuis
E Petal tellin
= Thin tellin
F Telline papillon
413 Rote Plattmuschel
Angulus incarnatus
E Incarnate tellin
F Telline incarnate
414 Dickschalige Plattmuschel
Tellina crassa
E Telline épaisse
415 Hartschalige Plattmuschel
Tellina solidula
416 Baltische Tellmuschel
Macoma baltica
E Baltic tellin
417 Zerbrechliche Tellmuschel
Gastrana fragilis
F Fragilie
418 Gebänderte Stumpfmuschel
Donax vittatus
E Banded wedge-shell
F Olive
+ *D. politus*
Glatte Stumpfmuschel
419 Zier-Stumpfmuschel
Donax venustus
F Donace décorée
+ *D. semistriatus*
420 Sägezähnchen
Donax denticulatus
F Donace dentée
421 Gestutzte Stumpfmuschel
Donax trunculus
E Wedge-shell
F Olive
= Donace tronquée
G Kokhili
I Calcinello troncato
S Chirla
= Xarleta
= Coquina
422 Färöer-Sandmuschel
Psammobia feroensis
E Faroe sunset-shell
F Psammobie boréale
423 Flache Sandmuschel
Psammobia depressa
E Large sunset-shell
F Psammobie déprimée
424 Glatte Sandmuschel
Psammobia tellinella
E Smooth sunset-shell
F Psammobie lisse
425 Große Pfeffermuschel
Scrobicularia plana
E Peppery furrow-shell
= Flat tellin
F Lavignon
I Locca peperina
S Almeja del perro
426 Weiße Pfeffermuschel
Abra alba
E White abra
F Lavignon blanc
427 Glänzende Pfeffermuschel
Abra nitida
E Glossy abra
F Lavignon blanc
428 Rosige Sonnenmuschel
Solecustus strigillatus
E Rosy razor-clam
F Solenocurte rose
I Lattaro
S Carabela
429 Islandmuschel
Arctica islandica
E Ocean quahog
= Black clam
F Cyprine d'Islande
430 Menschenherz
Isocardia humana
E Heart-shell
F Cœur de bœuf
G Achiváda chonari
I Bucardia
= Bibaron
S Corazón de buey
431 Gebänderte Venusmuschel
Venus faciata
E Banded venus
F Vénus fasciée
432 Strahlige Venusmuschel
Venus gallina
E Striped venus
= Common littleneck
F Vénus poule
= Galinette
G Kydóni
I Capa gallina
= Biberazzo
S Almeja
= Chirla
433 Ovale Venusmuschel
Venus ovata
E Oval venus
F Vénus ovale
434 Warzige Venusmuschel
Venus verrucosa
E Warty venus
= Rough-sided littleneck
F Vénus à verrues
= Praire
G Kydóno
I Cappa verrucosa
= Caparozzolo
K Cančula
S Escupiña grabada
435 Einfache Teppichmuschel
Venerupis rhomboides
E Banded carpet-shell
F Tapès simple
436 Kreuzmuster-Teppichmuschel
Venerupis decussata
E Cross-cut carpet-shell
= Checkerboard
F Tapès croisé
= Palourde
= Clovisse
G Chávaro
I Cappa incrocciata
= Vongola
K Kučica
S Petchina
= Almeja fina
437 Getupfte Teppichmuschel
Venerupis perforans
E Pullet carpet-shell
F Tapès taché
= Palourde tachée
438 Goldene Teppichmuschel
Venerupis aureus
E Golden venus
= Yellow carpet-clam
F Tapès doré
= Clovisse jaune
I Mastietto
S Amajuela
= Bicuda
439 Gewebte Teppichmuschel
Venerupis texturatus
F Tapès tissé
440 Irusmuschel
Irus irus
E Scaly venus
F Vénérupe lamelleuse
441 Braune Venusmuschel
Callista chione
E Brown venus
F Cythérée fauve
= Grande palourde
= Verni
G Ghialisteria chivada
I Cappa chione
= Issolon
S Saveriña
= Alméjon de sangre
442 Schlichte Artemis
Dosina exoleta
E Rayed artemis
F Artémis exolète
= Coque plate
443 Amerikanische Bohrmuschel
Petricola pholadiformis
E False angel wing
= American piddock
F Pétricole pholadiforme
444 Steinbohrender Engelsflügel
Petricola lithophaga
E Boring petricola
F Pétricole lithophage
K Kamenar
445 Gemeine Klaffmuschel
Mya arenaria
E Common soft-shell clam
= Sand-gaper
F Mye des sables
= Clauque
= Bec de jar
+ *Panopea glycimeris*
Riesen-Klaffmuschel
446 Gestutzte Klaffmuschel
Mya truncata
E Blunt soft-shell clam
= Blunt gaper
F Mye tronquée
447 Körbchenmuschel
Corbula gibba
E Common basket-shell
F Corbule bossue
448 Nordischer Steinbohrer
Hiatella arctica
E Arctic saxicava
F Saxicave nordique
449 Weiße Bohrmuschel
Barnea candida
E White angel-wing
= White piddock
F Pholade blanche
I Folade bianca
S Almexia
450 Gemeine Bohrmuschel
Pholas dactylus
E Common angel-wing
= Common piddock
F Pholade dactyle
= Gite
G Achivada
I Folade comune
= Dattero marino
S Mangon
= Barrena
451 Krause Bohrmuschel

Zirphaea crispata
E Oval piddock
F Pholade crépue
452 Pfahlwurm
Teredo navalis
E Common shipworm
F Taret commun
I Bissa
= Teredine
S Terede
= Broma
453 Weiße Büchsenmuschel
Pandora inaequivalvis
E Inequivalve pandora
F Pandore inequivalve
454 Weiße Bohne
Thracia papyracea
E Paper thracia
F Thracia papyracée
= Haricot
455 Gemeiner Tintenfisch
Sepia officinalis
E Common cuttlefish
F Seiche
G Soupia
I Seppia comune
K Sipa
S Luda
= Jibia
= Choco
456 Kleine Sprutte
Sepiola rondeleti
E Bob-tailed cuttlefish
F Sépiole
= Sepion
G Soupitsa
I Sepietta
= Zotoleto
K Sipica
S Frenetica
= Globito
457 Gemeiner Kalmar
Loligo vulgaris
E Long-finned squid
F Encornet
= Calmar
G Kalamori
I Calamaro comune
K Lignja
S Calamar
458 Pfeilkalmar
Ommatostrephes sagittatus
E Sagittal squid
= Sea-arrow
F Calmar sagittaire
= Calmar flèche
G Thrapsalo
I Todaro comune
K Lignjun
S Egachubia
= Lura
459 Papierboot
Argonauta argo
E Common paper nautilus
F Argonaute
I Argonauta
K Jedrilac
S Argonauta
460 Gemeiner Krake
Octopus octopus
E Common octopus
F Poulpe
= Pieuvre
G Oktápous
I Polpo comune
K Hobotnica
S Pulpo
461 Moschuskrake
Ozaena moschata
E Musky octopus
F Poulpe musqué
= Muscarin
G Moskoktapoda
I Moscardino
K Muzgavac
S Pulpo mezclero
462 Rochenegel
Pontobdella muricata
463 Seemaus
Aphrodita aculeata
E Sea-mouse
F Aphrodite
= Taupe de mer
K Gusjenica
S Ratón de mar
464 Hermione
Laetemonice hystrix
F Hermione
465 Schuppenwurm
Lepidonotus squamatus
E Scale-worm
+ *L. clava*
+ *Lagisca extenuata*
+ *Gattyana cirrosa*
+ *Harmotho,e impar*
+ *Harmothoë imbricata*
466 Sand-Schuppenwurm
Sthenelais boa
E Sand scale-worm
467 Opalwurm
Nephtys hombergi
E Catworm
= White cat
F Opaline
= Gravelle
= Pelouse
+ *N. caeca*
+ *N. cirrosa*
468 Ruderwurm
Phyllodoce paretti
E Paddle worm
+ *P. maculata*
+ *P. lamelligera*
+ *P. mucosa*
469 Grüne Eulalia
Eulalia viridis
E Green leaf-worm
470 Kieferwurm
Eunice harassii
+ *E. torquata*
+ *E. siciliensis*
+ *E. aphroditois*
+ *Marphysia sanguinea*
+ *M. bellii*
471 Hesione
Hesione pantherina
472 Seeringelwurm
Hediste diversicolor
E Rag-worm
F Néréide
+ *Nereis virens*
+ *N. pelagica*
+ *Perinereis cultrifera*
473 Pergamentwurm
Chaetopterus variopedatus
474 Fadenbüschelwurm
Cirratulus cirratus
E Red-threads
+ *Chaetozone setosa*
475 Schneckenwurm
Ophelia limacina
+ *Polyphthalmus pictus*
476 Köderwurm
Arenicola marina
E Lug-worm
= Lob-worm
F Arénicole
K Gujavica morska
+ *A. ecaudata*
477 Köcherwurm
Amphictene koreni
E Trumpet-worm
F Pectinaire
+ *A. belgica*
+ *A. auricoma*
478 Bäumchenröhrenwurm
Lanice conchilega
E Sand-mason
479 Polymnia
Eupolymnia nebulosa
F Polymnie
+ *Amphitrite edwardsi*
+ *A. johnstoni*
+ *A. gracilis*
+ *Polycirrus aurantiacus*
480 Pümpwurm
Sabellaria spinulosa
E Honeycomb worm
F Hermelle
481 Kleiner Kalkröhrenwurm
Serpula vermicularis
F Petite serpule
+ *Hydroides norvegica*
482 Glatter Kalkröhrenwurm
Protula tubularia
F Serpule lisse
+ *P. intestinum*
483 Dreikantwurm
Pomatoceros triqueter
E Keelworm
F Serpule angulaire
484 Posthörnchenwurm
Spirorbis borealis
+ *S. tridendatus*
+ *S. pagenstecheri*
485 Pfauenfederwurm
Sabella pavonina
E Peacock worm
F Sabelle
+ *Megalomma vesiculosum*
486 Schraubensabelle
Spirographis spallanzani
F Spirographe
I Ombrella di mare
K Perjanisar
S Plumero de mar
487 Fächerröhrenwurm
Bispira volutacornis
E Fan-worm
488 Schlicksabelle
Myxicola infundibulum
489 Gemeine Entenmuschel
Lepas anatifera
E Goose-barnacle
F Anatife
I Caparozzoletto
S Anatifa
+ *L. fascicularis*
+ *L. ansifera*
+ *L. hillii*
+ *Conchoderma virgatum*
490 Samtige Entenmuschel
Scalpellum scalpellum
+ *Mitella pollicipes*
491 Meerwarze
Verruca stroemia
F Verrue marine
I Verruca marina

Fremdsprachen-Nomenklatur

492 Austral-Seepocke
Elminius modestus
493 Sternseepocke
Chthalmus stellatus
E Star-barnacle
F Balane stellaire
I Denti di cane
K Brmbuljak
494 Gemeine Seepocke
Balanus balanoides
E Acorn barnacle
F Balane commune
+ *B. amphitrite*
I Capa di palo
S Bellota de mar
+ *B. balanus*
+ *B. improvisus*
+ *B. crenatus*
+ *B. tintinnabulum*
495 Kerb-Seepocke
Balanus perforatus
496 Elfenbein-Seepocke
Balanus eburneus
497 Schildseepocke
Chelonibia testudinaria
I Cappa delle galane
498 Großer Heuschreckenkrebs
Squilla mantis
E Mantis shrimp
F Squille
G Scouliki
I Canocchia
= Pannocchia
K Vabič
S Castaneta
= Galera
+ *S. desmaresti*
Kleiner Heuschreckenkrebs
+ *S. massavensis*
499 Rote Garnele
Pandalus montagui
E Aesop prawn
F Crevette rouge
+ *Palaemon squilla*
Ostseegarnele
500 Haubengarnele
Athanas nithescens
E Hooded shrimp
501 Knallkrebs
Alpheus glaber
S Quisquilla de pinzas
502 Farbwechselnde Garnele
Hippolyte varians
E Chameleon prawn
+ *H. longirostris*
+ *H. inermis*
503 Steingarnele
Palaemon elegans
E Glass-prawn
F Crevette rose
I Gambaro squilla
S Calaron
= Quisquilla
+ *P. xiphias*
Schwertgarnele
504 Sägegarnele
Palaemon serratus
G Garidáki
K Kozica obična
+ *P. varians*
Schwimmgarnele
+ *P. antennarius*
505 Muschelfreund
Pontonia pinnophylax
506 Dreizangen-Garnele
Processa edulis
507 Sandgarnele
Crangon crangon
E True shrimp
F Crevette grise
= Salicoque
I Gamberetto grigio
= Gambero della sabbia
= Schilla
K Račić obični
S Quisquilla
+ *C. allmani*
+ *Philocheras fasciatus*
+ *P. bispinosus*
+ *P. trispinosus*
+ *P. sculptus*
508 Großer Bärenkrebs
Scyllarides latus
F Grande cigale
G Lýra
I Manosa
K Kaka
S Toribio
509 Kleiner Bärenkrebs
Scyllarus arctus
F Petite cigale
I Cicada di mare
= Magnosella
K Zezavac
S Cigala de mar
= Santiaquino
510 Gemeine Languste
Palinurus elephas
E Crawfish
= Spiny lobster
F Langouste
G Astacos
I Aragosta
K Jastog
S Llagosta
511 Schlankhummer
Nephrops norvegicus
E Norway lobster
F Langoustine
G Karavida
I Scampo
= Scampolo
K Rak norveški
S Lagostino
511 Europäischer Hummer
Homarus gammarus
E Lobster
F Homard
G Astakoś
I Astice
= Elefante di mare
K Hlap
S Lubricante
= Bogarante
513 Maulwurfkrebs
Upogebia deltaura
F Crevette fouisseuse
I Corbola
K Karlič
S Grillo marino
+ *U. pusilla*
Strandkrebs
+ *Callianassa tyrrhenia*
Strandkrebs
514 Bunter Furchenkrebs
Galathea strigosa
E Squat lobster
F Galathée
I Scampa salvadega
+ *G. squamifera*
Schuppiger Furchenkrebs
+ *G. intermedia*
515 Grauer Porzellankrebs
Porcellana platycheles
E Porcelain-crab
+ *Pisida longicornis*
Schwarzer Porzellankrebs
516 Augenfleck-Einsiedler
Paguristes oculatus
F Hermite taché
= Piade
G Skaltsouni
I Scadobola
S Ermitaño de oculos
517 Großer Einsiedler
Dardanus arrosor
F Grand hermite
518 Anemonen-Einsiedler
Pagurus pridauxi
F Hermite de Prideaux
519 Bernhardskrebs
Pagurus bernhardus
E Common hermit-crab
F Bernhard l'hermite
520 Gelber Einsiedler
Anapagurus laevis
521 Wollkrabbe
Dromia personata
F Dromie
I Facchino
= Granzo del capotto
K Rakorica spužvonoša
522 Gepäckträgerkrabbe
Ethusa mascarone
F Crabe pasteur
I Facchino
+ *Dorippe lanata*
Trägerkrabbe
I Facchino piccolo
523 Kugelkrabbe
Ilia nucleus
E Nut-crab
I Testa di morte
S Cangrejo guisante
524 Schamkrabbe
Calappa granulata
F Crabe honteux
I Gallo
S Cangrejo real
525 Gespenstkrabbe
Macropodia rostrata
E Long-leged Spider-crab
+ *M. longirostris*
Langkopf-Gespenstkrabbe
+ *Inachus dorsettensis*
Kurzkopf-Gespenstkrabbe
+ *I. dorhynchus*
+ *Achaeus cranchi*
526 Antennenkrebs
Corystes cassivelaunus
I Scorpion del sabio
527 Maskenkrabbe
Pisa armata
F Araignée à rostre pointu
I Rancio di soglio
S Cámbara nariguda
+ *P. nodipes*
+ *P. tetraodon*
528 Große Seespinne
Maia squinado
E Spiny spider crab
= Devil's crab
F Araignée de mer
= Esquinade
G Kavouromana
I Granzo
= Granzeola
= Maia

K Racnjak
S Gambara
= Santorra
529 Nordische Seespinne
Hyas araneus
E Spider crab
F Araignée de mer
= Hyade
S Araña
530 Langarmkrebs
Parthenope angulifrons
I Granzo compasso
531 Herzkrabbe
Thia scutellata
532 Taschenkrebs
Cancer pagurus
E Edible crab
= Puncher
F Tourteau
= Dormeur
G Siderokavouras
I Granciporon
K Bramburač
S Centola
533 Strandkrabbe
Carcinus mediterraneus
E Green crab
= Shore crab
F Crabe vert
= Enragé
G Kavouras
I Carcino
= Masinetta
K Obična rakovica
S Cangreixo
= Congrejo de mar
534 Samtkrabbe
Macropius puber
E Velvet crab
F Etrille
G Kavouráki
K Rakovica loputašica
S Nëcora
535 Ruderkrabbe
Macropius holsatus
E Swimcrab
F Chancre nageron
I Grancella pieghetta
S Necora
+ *M. marmoreus*
+ *M. arcuatus*
+ *M. depurator*
536 Blaukrabbe
Callinectes sapidus
E Blue crab
F Chancre bleu
G Galázios kávouras
+ *Portunus pelagicus*
Schwimmkrabbe
537 Borstenkrabbe
Pilumnus hirtellus
E Hairy crab
F Crabe poilu
I Granciporetto
K Runjavac
S Vangrejo aterciopelado
538 Steinkrabbe
Xantho poressa
E Stone crab
F Yanthe
I Forfetula
S Cangrejo de pinzas negras
+ *X. incisus*
Kerbkrabbe
539 Gelbe Krabbe
= Italienischer Taschenkrebs
Eriphia verrucosa
F Eriphie
I Favollo
= Granziporo
K Žbirac
S Cangrejo maruno
540 Felsenkrabbe
= Rennkrabbe
Pachygrapsus marmoratus
F Anglais
I Granzo piato
K Gommar
541 Wollhandkrabbe
Eriocheir sinensis
E Mitten crab
F Crabe de Chine
542 Erbsenkrabbe
Pinnoteres pisum
E Oyster crab
= Pea crab
F Pinnothère
I Granzetto delle ostreghe
K Cuvarkuća
S Cangrejo de los nécares
+ *P. pinnoteres*
Muschelwächter
543 Körnige Meerassel
= Baltische Meerassel
Idothea basteri
F Idothée
+ *I. metallica*
+ *I. linearis*
544 Klippenassel
= Strandassel
Ligia oceanica
E Sea-slater
+ *L. italica*
Mittelländische Klippenassel
545 Peterassel
Aega psora
546 Fischassel
Nerocila bivittata
F Nérocile
+ *Anilocra physodes*
+ *A. mediterranea*
547 Holzbohrassel
Limnoria lignorum
E Gribble
+ *L. tripunctata*
+ *L. quatripunctata*
548 Kugelassel
Sphaeroma rugicaudata
F Sphérome
+ *S. serratum*
549 Flohkrebs
Gammarus locusta
F Gammare
550 Strandfloh
Talitrus saltator
E Strand-hopper
F Puce de mer
551 Sandhüpfer
= Küstenhüpfer
Orchestia gammarellus
E Sand-hopper
552 Quallenflohkrebs
Hyperia galba
553 Wattkrebs
= Schlickkrebs
Corophium volutator
554 Gespenstkrabbe
Phtisica marina
E Ghost shrimp
555 Widderkrebs
Caprella linearis
E Skeleton shrimp
F Caprelle
+ *C. acanthifera*
556 Paarzweig-Moostierchen
Eucratea loricata
557 Seerinde
Membranipora membranacea
E Sea-mat
F Ecorce marine
+ *M. crustulenta*
558 Zottige Seerinde
Membranipora pilosa
E Hairy sea-mat
F Ecorce pileuse
559 Blätter-Moostierchen
Flustra foliacea
E Hornwrack
F Flustre feuillu
+ *F. securifrons*
+ *Carbasea carbasea*
560 Feder-Moostierchen
Bugula plumosa
E Feather-bryozoan
F Bryozoaire-plume
+ *B. avicularia*
+ *B. flabellata*
561 Neptunschleier
= Netzkoralle
Sertella cellulosa
E Mermaid's veil
F Voile de sirène
562 Trugkoralle
Myriopora truncata
E False coral
F Faux corail
I Falso corallo
563 Blattzweig
Moostierchen
Hippodiplosia foliacea
564 Geweih-Moostierchen
Cellepora ramulosa
+ *C. pumicosa*
+ *C. avicularis*
565 Elfenbein-Moostierchen
Crisia eburnea
+ *C. denticulata*
566 Röhrenfächer-Moostierchen
Tubulipora flabellaris
+ *T. dilatans*
+ *T. lobulata*
567 Höckerzweig-Moostierchen
Frondipora verrucosa
568 Gallert-Moostierchen
Alcyonidium gelatinosum
F Bryozoaire gélatineux
+ *A. polyoum*
569 Hufeisenwurm
Phoronis muelleri
E Horseshoeworm
F Phoronide
+ *P. psammophila*
+ *P. hippocrepia*
570 Gestutzte Stelmuschel
Mergelia truncata
+ *Gryphus vitreus*
571 Küsten-Pfeilwurm
Sagitta setosa
F Sagitte
572 Brauner Pfeilwurm
Spadella cephaloptera
F Spadelle
573 Mittelmeer-Federstern
Antedon mediterranea
E Feather-star
F Comatule
= Encrine
K Ljiljan morski

S Clavelina
\+ *Leptometra phalangium*
574 Röhrenholothurie
Holothuria tubulosa
E See-cucumber
= Cotton-spinner
F Concombre de mer
I Citriolo di mare
\+ *H. polii*
Schwarze Holothurie
575 Braune Holothurie
Holothuria forskali
\+ *Stichopus regalis*
Königsholothurie
576 Kletterholothurie
Cucumaria planci
E Sea Gherkin
F Cornichon de mer
\+ *Trachythyone elongata*
\+ *T. normani*
\+ *T. saxicola*
577 Wurmholothurie
Leptosynapta inhaerens
E Worm-cucumber
F Holothurie vermiforme
\+ *L. bergensis*
\+ *L. minuta*
578 Grauer Lanzenseeigel
Cidaris cidaris
\+ *Stylocidaris affinis*
Roter Lanzenseeigel
579 Diademseeigel
Centrostephanus longispinus
E Needle-spined urchin
580 Schwarzer Seeigel
Arbacia lixula
E Black urchin
F Oursin noir
G Mavros achinos
I Riccio nero
S Erizo negro
581 Strandigel
Psammechinus miliaris
E Green urchin
F Oursin des sables
\+ *P. microtuberculatus*
F Oursin grimpeur
S Ericillo de mar
582 Eßbarer Seeigel
Echinus esculentus
E Edible sea urchin
F Oursin comestible
I Riccio commestibile
583 Steinseeigel
Paracentrotus lividus
E Common sea urchin
F Oursin commun
I Riccio comune
K Jžinac kamenjar
584 Violetter Seeigel
Sphaerechinus granularis
E Violet urchin
F Oursin violet
I Riccio granulare
K Jež pjegavi
585 Kleiner Schildigel
Echinocyamus pusillus
E Green dwarf urchin
F Fève de mer
586 Violetter Herzigel
Spatangus purpureus
E Purple heart-urchin
= Violet heart-urchin
F Spatangue pourpre
I Peto di dolfin
S Erizo de corazón purpureó
587 Kleiner Herzigel
Echinocardium cordatum
E Sea potato
= Heart-urchin
F Echinocarde mineur
588 Großer Herzigel
Echinocardium pennatifidum
F Echinocarde majeur
\+ *E. flavescens*
Nordischer Herzigel
\+ *Schizaster canaliferus*
589 Grauer Herzigel
Brissus unicolor
590 Leier-Herzigel
Brissopsis lyrifera
591 Sonnenstern
Crossaster paposus
E Common sun-star
F Crachat d'amiral
\+ *C. endeca*
Violetter Sonnenstern
592 Dornenstern
Coscinasterias tenuispinas
F Etoile épineuse
K Kržalina obična
\+ *Ophidiaster ophidianus*
Violetter Seestern
593 Warzenstern
Marthasterias glacialis
E Spiny starfish
F Etoile glaciaire
K Zvijezda Kvrgava
S Estrella comun
\+ *Leptasterias mulleri*
594 Gemeiner Seestern
Asterias rubens
E Common starfish
F Etoile commune
595 Mittelmeer-Kammstern
Astropecten aranciacus
E Red comb-star
F Etoile peigne
I Stella marina
K Zvijezda narančasta
S Estrella anaranjada
\+ *A. bispinosus*
\+ *A. spinulosus*
596 Kleiner Mittelmeer-Kammstern
Astropecten jonstoni
597 Nordischer Kammstern
Astropecten irregularis
598 Schmalarmiger Großplattenstern
Luidia ciliaris
\+ *L. sarsi*
599 Fladenstern
Ceramaster placenta
\+ *C. granularis*
600 Kleiner Buckelstern
Asterina gibbosa
E Cushion star
F Astérine bossue
601 Gänsefußstern
Anseropoda placenta
F Pied d'oie
I Pié d'oca
602 Purpurstern
Echinaster sepositus
E Red starfish
F Etoile pourprée
= Etoile rouge
G Kokkinos asterias
I Stella rossa
K Zvijesda crvena
S Estrella roja
\+ *Henricia oculata*
Blutstern
\+ *Stichastrella rosea*
Rötelstern
603 Zerbrechlicher Schlangenstern
Ophiothrix fragilis
E Brittle star
F Ophiure fragile
I Stella fina
K Zmijača
S Ofiura fina
\+ *O. quinquemaculata*
\+ *Ophiopholis aculeata*
604 Fadenstern
Amphiura filiformis
F Amphiure filiforme
\+ *A. chiajei*
605 Heller Schlangenstern
Ophiura albida
F Ophiure claire
606 Großer Schlangenstern
Ophiura textura
E Serpent star
F Ophiure texturée
607 Schwarzer Schlangenstern
Ophiocoma nigra
E Black serpent star
F Ophiure noire
\+ *Ophioderma longicaudum*
Brauner Schlangenstern
608 Gorgonenhaupt
Astrospartus mediterraneus
E Basket star
F Tête de méduse
609 Roter Eichelwurm
Saccoglossus cambrensis
\+ *S. horstii*
\+ *S. mereschkowskii*
\+ *Protoglossus koehleri*
610 Kleiner Eichelwurm
Glossobalanus minutus
\+ *G. sarniensis*
611 Keulen-Eichelwurm
Balanoglossus clavigerus
612 Keulen-Synascidie
Clavellina lepadiformis
F Claveline
613 Sproß-Synascidie
Aplidium proliferum
F Aplidium commun
\+ *A. punctum*
614 Schlauch-Ascidie
Ciona intestinalis
E Tube sea-squirt
F Cione intestinale
615 Spritz-Ascidie
Ascidiella aspersa
616 Stumpen-Ascidie
Ascidia mentula
617 Warzen-Ascidie
Phallusia mamillata
F Ascidie mamillaire
618 Falten-Ascidie
Styela plicata
F Ascidie plissée
\+ *S. rustica*
\+ *S. coriacea*
619 Tangbeere
Dendrodoa grossularia
E Gooseberry sea-squirt
F Groseille
\+ *Distomus variolosus*
620 Stern-Seescheide
Botryllus schlosseri
E Star sea-squirt
F Botrylle
\+ *Botrylloides leachi*

621 Rote Seescheide
Halocynthia papillosa
F Ascidie rouge
= Violet rouge
S Pera de mar
622 Mikrokosmos
Microcosmus sulcatus
F Microcosme
= Violet
= Bichus
I Uovo di mare
S Probechos
623 Lanzettfischchen
Branchiostoma lanceolatum
F Amphioxus
K Kopljača
624 Meerneunauge
Petromyzon marinus
E Sea lamprey
F Lamproie marine
G Lámbrena
I Lampreda marina
K Paklara morska
S Lamprea de mar
\+ *Lampreta fluvialis*
Flußneunauge
E Lamprey
= Lampern
F Lamproie fluviale
I Lampreda
= Pegola
S Lamprea
625 Grauhai
Hexanchus griseus
E Grey shark
= Six-gilled shark
F Griset
I Pesce bove
K Pas glaronja
S Boca dolça
= Bastriuraca
626 Blauhai
Galeus glaucus
E Blue shark
F Requin bleu
= Peau bleue
G Carcharias
I Verdesca
K Pas modruli
S Tintorera
= Amia
627 Hundshai
Galeorhinus galeus
E Tope
F Milandre
= Hâ
G Scylos drossitis
I Canesca
K Pas butor
S Mozuella
628 Gemeiner Glatthai
Mustellus vulgaris
E Smooth hound
F Emissole commune
G Gaéas
I Palombo comune
= Palombo stellato
K Pas glušak
S Musola
629 Hammerhai
Sphyrna zygaena
E Hammerhead shark
F Requin marteau
G Pateriza
I Pesce martello
K Jaram malat
S Pez martillo
630 Heringshai
Lamna cornubica
E Porbeagle
F Loutre de mer
= Taupe
I Smeriglio
= Gagnizza
K Kučina
S Marrajo
631 Menschenhai
Carcharodon carcharias
E Maneater
= White shark
F Carcharodon
G Skylópsaro sbrillios
I Pesce cane
K Pas ljudožder
S Tiburon
632 Fuchshai
Alopias vulpes
E Thresher
F Renard de mer
G Alepouskylos
I Pesce volpe
= Volpe di mare
K Psina lisica
S Zorra de mar
= Pez zorro
633 Riesenhai
Cetorhinus maximus
E Basking shark
F Pélerin
G Skylópsaro
I Selache gigante
= Squalo massimo
K Psina golema
S Marrajo ballenata
= Peregrine
634 Kleiner Katzenhai
Scyliorhinus canicula
E Lesser-spotted dogfish
F Petite roussette
G Skyláki
I Gattuccio
= Gatta
S Pez perro
= Pintaroja
635 Großer Katzenhai
Scyliorhinus stellaris
E Greater-spotted dogfish
F Grande roussette
= Chat de mer
G Gatos
I Gattopardo
K Mačka mrkulja
636 Gemeiner Dornhai
Acanthias acanthias
E Picked dogfish
= Spurdog
F Elinette
= Aiguillat
G Kentróni
I Spinarolo
K Pas kostelj
S Jerrón
637 Engelshai
Squatina squatina
E Monkfish
= Angelfish
F Ange de mer
G Anghelos rina
I Pesce angelo
K Sklat
S Angelota
638 Gemeiner Geigenrochen
Rhinobatos rhinobatos
F Rhinobate commun
= Poisson-guitare
I Pesce violino
S Guitarra
639 Marmorzitterrochen
Torpedo marmorata
E Electric ray
F Torpille marbrée
G Moudiástra
I Torpedine marezzata
K Drhtulja
S Tremolina
640 Gefleckter Zitterrochen
Torpedo torpedo
F Torpille ocellée
I Torpedine occhiata
K Drhtulja kolobarica
S Tembladora
\+ *Torpedo nobiliana*
Schwarzer Zitterrochen
641 Nagelrochen
Raja clavata
E Thornback ray
= Roker
F Raie bouclée
G Selachi rotta
I Razza spinosa
S Raya de clavos
\+ *R. stellata*
Mittelmeer-Sternrochen
\+ *R. radiata*
642 Spiegelrochen
Raja miraletus
E Cuckoo ray
F Raie miraillet
I Razza occhiuta
= Quattrocchi
K Barakula
S Raja espejuelo
\+ *R. radula*
Rauhrochen
643 Glattrochen
Raja batis
E Common skate
F Pocheteau
I Razza liscia
S Raja fina
\+ *R. alba*
Weißrochen
644 Spitzrochen
Raja oxyrhinchus
645 Gemeiner Stechrochen
Trygon pastinaca
E Common sting ray
F Pastenague commune
= Terre
G Selachi trigona
I Ferraccia pastinaca
= Pastinaca
K Siba
S Pastenaga
= Raja-vaca
\+ *T. violacea*
Violetter Stechrochen
646 Adlerrochen
Myliobatis aquila
E Eagle ray
F Mourine
G Aetós
I Aquila di mare
K Biskup
S Aguila
\+ *Pteromylaeus bovina*
Gestreifter Adlerrochen
F Mourine vachette

I Colombo di mare
S Monjeta
647 Kleiner Teufelsrochen
Mobula mobular
E Lesser devil-fish
= Horned ray
F Raie diable
= Diable de mer
I Cefallotera
S Manta
648 Stör
Acipenser sturio
E Sturgeon
F Esturgeon
G Akipissios
I Storione
K Jesetra
S Esturion
649 Hering
Clupea harengus
E Herring
F Hareng
I Arenga
S Arengue
650 Sprotte
= Breitling
= Briesling
Clupea sprattus
E Sprat
F Sprat
G Papalina
I Sarda papalina
G Gavia
S Collacha
651 Sardine
Clupea pilchardus
E Pilchard
F Sardine
G Sardélla
I Sarda
= Sardina
K Srdela
S Sardiña
652 Alse
= Maifisch
Alosa alosa
E Allis shad
F Alose vulgaire
I Alosa
S Alacha
653 Finte
= Perlep
Alosa fallax
E Twaite shad
F Alose finte
= Coulat
I Cepa
S Sabalo
+ *A. fallax nilotica*
Mittelmeer-Finte
F Coulat
I Cheppia
S Lacha
654 Sardelle
= Anchovis
Engraulis encrasicholus
E Anchovy
F Anchois
G Gavros
K Inčun
S Anchoa
655 Lachs
Salmo salar
E Salmon
F Saumon
S Salmon
656 Meerforelle
= Lachsforelle
= Silberlachs
Salmo trutta
E Sea trout
F Truite de mer
I Trota marina
657 Stint
= Seestint
Osmerus eperlanus
E Smelt
F Eperlan
658 Europäischer Aal
Anguilla anguilla
E Eel
F Anguille
G Chéli
I Anguilla
K Jegulja
S Anguila
659 Gemeiner Meeraal
= Seeaal
Conger conger
E Conger
F Congre
G Mougri
I Grongo
K Ugor
S Congrio
+ *Ariosoma balearica*
Kleiner Muränenaal
= Azorenmuräne
= Spitzkopfmuräne
660 Mittelmeer-Muräne
Muraena helena
E Murry
= Moray eel
F Murène
G Sméma
I Murena
K Murina
S Morena
+ *Lycodontis unicolor*
Braune Muräne
661 Meerschwalbe
= Gemeiner Flugfisch
Exocoetus volitans
E Flying fish
F Poisson volant
= Hirondelle de mer
G Chelidonópsaro
I Pesce volante
= Rondinella
K Poletuša
S Pez volador
= Goludrina de mar
+ *Exonautes rondeleti*
Rondelets Flugfisch
662 Vierflügel-Flugfisch
Cypselurus heterurus
E Atlantic flying fish
F Poisson volant atlant.
I Barbastelo
S Orañola
663 Hornhecht
Belone belone
E Garfish
= Greenbone
= Sea pike
F Orphie
= Bécasse de mer
G Zargana
I Aguglia
K Iglica
S Aguja
664 Makrelenhecht
Scombresox saurus
E Saury pike
= Skipper
= Billfish
F Balaou
G Velonida
I Costardella
= Gastaurello
K Proskok
S Gasparda
= Parpada
665 Seehecht
= Hechtdorsch
Merluccius merluccius
E Hake
F Merlu
= Colin
G Bacaliáros
I Merlozzo
K Mol
S Merluza
= Pescadilla
666 Dorsch
= Kabeljau
Gadus morhua
E Cod
F Morue
= Cabillaud
I Merlozzo bianco
S Bacalao
667 Schellfisch
Gadus aeglefinus
E Haddock
F Eglefin
= Aigrefin
668 Köhler
= Kohlfisch
= Blaufisch
Gadus virens
E Coal-fish
= Saithe
F Lieu noir
669 Pollack
= Steinköhler
Gadus pollachius
E Pollack
F Lieu jaune
670 Wittling
= Mittelmeerdorsch
Gadus merlangus
E Whiting
F Merlan
G Bacaliáros
I Pesce molo
K Pišmalj
S Maire
671 Blauer Wittling
Gadus poutassou
E Couch's whiting
= Poutassou
F Poutassou
I Potassolo
S Pez lirio
672 Zwergdorsch
Gadus capelanus
E Poor cod
F Capelan
G Bacaliaraki siko
I Mormoro
S Capellan
673 Franzosendorsch
Gadus luscus
E Bib
F Tacaud
I Figarotto
S Mollera

674 Kleiner Leng
Molva elongata
E Mediterranean Ling
F Petite lingue
G Poutikós
I Molva allungata
S Barruendo
+ *M. molva*
Großer Leng
= Lengfisch
E Ling
F Grande lingue
= Julienne
675 Heller Gabeldorsch
Phycis blennioides
E Greater Forkbeard
= Forked Hake
F Moustelle
I Pastenula bianca
S Alfaneca
+ *P. phycis*
Brauner Gabeldorsch
= Kleiner Gabeldorsch
676 Dreibärtelige Seequappe
= Seequabbe
Onos tricirratus
E Tree-bearded Rockling
F Motelle commune
= Loche
I Motella comune
= Pecorella
S Mollareta
+ *O. mediterraneus*
Mittelmeerquappe
F Motelle méditerranéenne
I Sorzo
S Lechera
677 Vierbärtelige Seequappe
Enchelyopus cimbrius
678 Fünfbärtelige Seequappe
Ciliata mustella
+ *C. septembrionalis*
679 Froschdorsch
= Seewiesel
Raniceps ranimus
E Lesser fork-beard
= Tadpole-fish
680 Großer Sägebarsch
= Brauner Zackenbarsch
Serranus gigas
E Dusky perch
= Rock cod
F Mérou
= Serran géant
G Rophós
I Cerna
= Cernia nera
K Kirnja
S Mero
= Perco nero
+ *Mycteroperca rubra*
Roter Zackenbarsch
681 Gestreifter Zackenbarsch
Epinephelus alexandrinus
682 Wrackbarsch
= Wrackfisch
Polyprion americanum
E Stone bass
F Cernier
= Mérou des Basques
G Vláchos
I Cerniola
= Cernia di fondo
K Kirnja glavata
S Cherna
= Jorna
683 Blutstriemen
= Kleiner Sägebarsch
Serranus cabrilla
E Comber
F Serran-chèvre
G Chánas
I Sciarrano cabrilla
= Sperga
K Kanjak
S Serrano
= Cabra
684 Schriftbarsch
= Buchstabenbarsch
Serranellus scriba
E Learned Rock-fish
= Sea perch
F Serran-écriture
G Pérca
I Sciarrano scritura
K Mišić
S Serrano
= Vaca
685 Beutelbarsch
Serranellus hepatus
E Serran
F Serran berle
= Serran à tache noire
I Sciarrano sacchetto
= Sacchetto
S Borraco
= Merillo
686 Seebarsch
= Wolfsbarsch
Morone labrax
E Bass
F Bar
= Loup de mer
= Loubine
G Lavraki
I Spigola
= Branzino
K Lubin
S Robalo
= Lubina
= Llobarro
687 Rötling
= Roter Fahnenbarsch
Anthias anthias
F Barbier
I Guarracino
S Canario de mar
= Trescolas
+ *Callanthias ruber*
688 Meerbarbenkönig
Apogon imberbis
F Roi des rougets
= Apogon
G Kromidi
I Apogone
K Matulič
S Bodion de limpio
= Palmonete real
689 Stöcker
= Bastardmakrele
Trachurus trachurus
E Horse mackerel
F Chinchard
= Saurel
G Savridi
I Sorello
= Scombro bastardo
S Chincharro
= Jurel
+ *T. mediterraneus*
Mittelmeer-Stöcker
690 Seriolafisch
Seriola dumerii
E Yellow tail
F Sériole
G Mayatico
I Seriola
K Orhan
S Serviola
= Alballada
+ *Pomatomus saltator*
Blaufisch
= Schnapper
E Blue-fish
F Tassergal
I Ballerino
S Choval
691 Bläuel
Lichia glauca
E Blane
= Glaucus
F Liche glauque
G Litsa
I Leccia bastarda
= Liccia stella
K Lica modrulja
+ *L. vadigo*
Lizzafisch
F Liche vadigo
I Lecchia mezzana
692 Große Gabelmakrele
Lichia amia
E Leer-fish
F Liche amie
G Litsa
I Lecchia
K Lica bjelica
S Salema
693 Lotsenfisch
= Pilotfisch
Naucrates ductor
E Pilot-fish
F Poisson-pilote
= Fanfre
G Kolavuxos
I Pesce pilota
= Fanfano
S Pez timón
= Romero
694 Goldmakrele
Coryphaena hippurus
E Dolphin
F Coryphène équiset
= Dorade
G Lampuca
I Corifena cavallina
695 Roter Bandfisch
Cepola rubescens
E Red band-fish
= Red snake-fish
F Cépole
= Jarretière
G Kordella
I Cepola
= Fiamma S Cinta
K Kurdela
696 Schattenfisch
= Umber
Sciena cirrhosa
E Bast umber
F Ombrine
G Myklokópi
I Ombrina
K Kurdela
S Berrugate
+ *S. lafonti*
697 Adlerfisch
= Seeadler

Johnius hololepidotus
E Meagre
F Courbine
= Maigre
= Aigle-bar
G Mayático aetos
I Bocca d'oro
K Sjenka
S Escurval
698 Rabenfisch
= Meerrabe
Johnius umbra
E Black Umber
F Corb
= Corbine
= Cœur
G Skiós
I Corvo
= Corvina
K Sjenka
S Excorbay
699 Trommler
Pogonias fasciatus
700 Rotbarbe
= Rote Meerbarbe
Mullus barbatus
E Red mullet
F Rouget de vase
G Koutsomoura
I Triglia di fango
K Trlja
S Salmonete
= Imbriaco
= Estrei de fango
+ *M. surmuletus*
Streifenbarbe
E Striped mullet
F Rouget de roche
= Surmullet
G Barbouni
I Triglia di scoglio
S Salmonete rayado
701 Ringelbrassen
Diplodus annularis
F Sparaillon
= Pataclet
G Sparós
I Saraco annulare
= Sparaglione
K Kolorep
S Raspallon
= Mocharra
702 Großer Geißbrassen
Bindenbrasse
Diplodus sargus
F Sar
= Sargue de Rondelet
G Sargós
I Sargo rigato
K Crnoprug
S Sargo burdo
= Asparall
703 Gemeiner Geißbrassen
= Zweibindenbrasse
Diplodus vulgaris
F Sargue ordinaire
I Sargo comune
K Fratar
S Mojarra
= Chopa
704 Spitzbrassen
Charax puntazzo
F Charax
G Mytaki
I Sparo puntazzo
K Pic
S Sargo pigudo
705 Sackbrassen
= Gemeiner Rotbrassen
Pagrus pagrus
E Braize
= Couch's sea-bream
F Pagre commun
G Fagri
I Pagro comune
K Pagar
S Pagro
= Pargo
706 Scharfzähner
Pagellus centrodontus
E Common sea-bream
F Rousseau
= Gros yeux
G Lethrini
I Occhialone
K Arbun velikoga oka
S Gorazo
707 Kleiner Rotbrassen
Pagellus erythrinus
E Pandora
= Red sea-bream
F Pageau
I Fragolino
= Rosetto
K Rumenac
S Breca
= Pagel
708 Marmorbrassen
Pagellus mormyrus
F Mourme
= Marbré
G Mourmoura
I Pagello mormora
K Kopač
S Herrera
= Marmo
709 Achselfleckbrassen
= Pagel
Pagellus acarne
710 Goldbrasse
Sparus auratus
E Gilt-head
F Dorade
G Tsipoura
I Orata
K Lovrata
S Orada
= Aurada
711 Zahnbrassen
Dentex dentex
E Toothed sparus
F Denti
= Denté ordinaire
G Synagrida
I Dentico
= Dentice
K Zubatac
S Denton
= Capiton
712 Streifenbrassen
= Seekarausche
Cantharus cantharus
E Black bream
F Canthare
= Brême de mer
G Scathári
I Cantarella
= Cantaro
K Kantar
S Cantero
= Perezosa
713 Brandbrassen
Oblada melanura
F Oblade
G Melanouri
I Oblata
K Ušatz
S Oblada
714 Goldstriemen
Boops salpa
F Saupe
G Sálpa
I Salpa
K Salpa
S Salema
715 Blöker
Boops boops
E Bogue
F Bogue
G Gopa
I Boba
K Sivac
S Boga
716 Gemeiner Laxierfisch
Maena maena
F Mendole commune
G Ménoula
I Menola comune
K Tragalj
S Mena
+ *M. chryselis*
Schnauzenbrasse
717 Mönchfisch
Chromis chromis
F Castagnole
= Demoiselle
G Kalogritsa
I Fabretto
= Quarracio nero
K Crnelj
S Castañuela
718 Gefleckter Lippfisch
= Bergylt
Labrus berggylta
E Ballan wrasse
F Vieille
G Chilóu papagallos
I Papagello di mare
K Vrana atlanska
719 Streifenlippfisch
= Bunter Lippfisch
Labrus bimaculatus
E Cockoo wrasse
F Coquette
= Petite vieille
G Chilôu
I Labro pavone
K Smokoa
S Bodión
= Gayano
720 Grüner Lippfisch
= Meerdrossel
Labrus turdus
F Labre vert
= Serre
I Pappagallo
= Tordo
K Drozak
S Bodión verde
+ *L. merula*
Brauner Lippfisch
= Meeramsel
= Amsellippfisch
F Merle
I Merlo marino
S Griva
= Merule
721 Klippenbarsch

Ctenolabrus suillus
E Gold-sinny
F Cténolabre
I Roccali
K Zdur tupoglavac
S Tabernero
722 Pfauenlippfisch
Crenilabrus pavo
E Peacock wrasse
F Crénilabre paon
G Kóssyphos
I Crenilabro pavone
K Lumbrak velicki
S Llevió
723 Goldmaid
Crenilabrus melops
E Corkwing wrasse
= Gilt-head
F Crénilabre taureau
I Paraza
S Porredana
724 Augenlippfisch
Crenilabrus ocellatus
F Crénilabre ocelé
I Crenilabro occhiato
K Kinjuša
S Vaquetta
725 Mittelmeer-Lippfisch
Crenilabrus mediterraneus
F Crénilabre méditerranéen
G Chilou
I Pesce cavalier
K Cičurusa
S Roquer
726 Grauer Lippfisch
Crenilabrus cinereus
F Crénilabre cendré
I Liba
K Lumbrac sivac
+ *C. quinquemaculatus*
Fünffleckiger Lippfisch
727 Schnauzenlippfisch
Crenilabrus scina
E Sublet
F Siblaire
= Sublet
I Smergo
K Lumbrac dujomosak
S Tort de roca
728 Meerjunker
Coris julis
E Rainbow wrasse
F Girelle
G Ghýlos
I Donzella
= Girella
K Knez
S Doncella
= Galito de rey
729 Meerpfau
Thalassoma pavo
F Girelle-paon
G Ghýlos
I Girella pavone
K Vladika albanska
S Rubicoa
= Pez verde
730 Schermesserfisch
Xyrichthys novacula
F Rason
G Katsoula
I Pecorella
K Sarko crvenkan
S Galán
731 Seepapagei
Euscarus cretensis
E Parot-fish
F Scare de grèce
G Scaros
I Scaro
K Papigača
S Vieja colorada
732 Viperqueise
Trachinus vipera
E Lesser weever
F Petite vive
G Drákena
I Trachino vipera
K Pauk žutak
S Araña capruda
733 Großes Petermännchen
Trachinus draco
E Geater weever
F Grande vive
= Vive commune
G Drákena
I Trachino dragone
K Pauk byeli
S Dracó
734 Spinnenqueise
Trachinus araneus
F Vive araignée
G Drákena
I Trachino ragno
K Pauk crni
S Araña
+ *T. radiatus*
Strqhlenkopfqueise
735 Sternseher
Uranoscopus scaber
E Stargazer
F Rat
= Rascasse blanche
G Lychnas
I Lucerna
K Batogla
S Rata
736 Großer Leierfisch
Callionymus lyra
E Dragonet
F Callionyme lyre
= Grand dragonet
G Gigiki
K Miš
S Lagarto
+ *C. phaeton*
+ *C. festivus*
737 Gefleckter Leierfisch
Callionymus dracunculus
F Spotted dragonet
F Callionyme tacheté
= Petit dragonet
S Guitarra
+ *C. belenus*
738 Butterfisch
Pholis gunnellus
E Gunnel
= Butter-fish
F Gonelle
= Papillon de mer
739 Seeschmetterling
Blennius ocellaris
E Butterfly-blenny
F Blennie ocellée
G Saliára
I Bavosa occhiuta
K Babiča dubinka
S Babosa
740 Sphinx-Schleimfisch
Blennius sphinx
F Blennie sphinx
741 Pfauenschleimfisch
Blennius pavo
F Blennie-paon
G Salaria
K Babiča kukmašica
S Dormilego
742 Gestreifter Schleimfisch
Blennius gattorugine
E Tompot blenny
F Blennie rayée
I Bavosa gattorugine
= Gattarosola
K Babiča mrkulja
S Perro
743 Läppchenschleimfisch
Blennius tentacularis
F Blennie tentaculée
I Strega
K Slingura babaroga
S Vieja
744 Schan
Blennius pholis
E Shanny
F Blennie tachetée
I Galletto
745 Schwarzkopf-Schleimfisch
Blennius nigriceps
F Blennie á tête noire
746 Zwergspitzkopf-Schleimfisch
Tripterygion melanurus
F Petit coq nain
I Peperoncino minore
747 Seewolf
Anarrhichas lupus
E Cat-fish
F Loup marin
748 Kleines Bartmännchen
Ophidium barbatum
K Huj bijelac
749 Nadelfisch
Fierasfer acus
F Fiérasfer
I Fierasfero
K Strmorinac
+ *F. dentatus*
750 Aalmutter
Zoarces viviparus
E Eel-pout
= Viviparous Blenny
F Loquette
= Blennie vivipare
751 Großer Sandaal
Ammodytes lanceolatus
E Greater sand-eel
F Lançon
+ *A. tobianus*
Kleiner Sandaal
+ *Gymnammodytes cicerullus*
Mittelmeer-Sandaal
752 Atlantische Makrele
Scomber scomber
E Common mackerel
F Maquereau commun
G Scoubri
I Maccarello
= Scombro comune
K Skuša
S Caballo
753 Blasenmakrele
Scomber japonicus
E Spanish mackerel
F Maquereau espagnol
G Colios
I Lanzardo
= Scombro macchiato
K Trupac
S Estornino

Fremdsprachen-Nomenklatur

754 Pelamide
Sarda mediterranea
E Pelamid
= Belted bonito
F Pélamide
= Bonite à dos rayé
G Palamida
I Palamita
K Polanda
S Cerda
+ *Orcynopsis unicolor*
Palomede
755 Unechter Bonito
Auxis thazard
E False bonito
F Bonitou
I Tambarello
S Melva
756 Echter Bonito
Gymnosarda pelamis
E Bonito
F Bonite
I Bonita
K Trup prugavac
S Bonito
757 Thonine
Gymnosarda alletterata
F Thonine
I Tonno tonnina
K Trup crnopjog
S Tõnina
758 Thunfisch
Thunnus thynnus
E Common tunny
F Thon commun
= Thon rouge
G Tónnos
I Tonno comune
K Tun
S Atún
+ *T. alalunga*
Weißer Thun
E Albacore
= Long-finned Tunny
F Thon blanc
= Germon
G Tonnas macrópteros
I Alalunga
K Silac
S Albacora
759 Schwertfisch
Xiphias gladius
E Sword-fish
F Espadon
= Poisson épée
G Xiphias
I Pesce spada
K Igo
S Pez espada
760 Fleckgrundel
Gobiusculus flavescens
E Spotted goby
F Gobie jaunâtre
761 Marmorgrundel
Gobius marmoratus
F Gobie marbré
I Ghiozzo marmoreo
S Origuna
762 Vierfleck-Grundel
Gobius quadrimaculatus
F Gobie à quatre taches
763 Anemonengrundel
Gobius buchichii
764 Blutmundgrundel
Gobius cruentatus
F Gobie sanglant
I Paganello insanguineo
765 Schwarzgrundel
Gobius jozo
E Black goby
F Gobie noir
I Ghiozzo comune
S Pez del diablo
766 Strandgrundel
Gobius microps
E Diminutive goby
F Gobie microps
767 Sandgrundel
Gobius minutus
E Common goby
F Petit gobie
+ *G. pictus*
Fleckengrundel
E Painted goby
F Gobie peint
768 Paganellgrundel
Gobius paganellus
E Rock goby
F Gobie paganel
G Goviós
I ghiozzo paganello
K Glavoč porupnjak
S Cabot de roca
769 Große Meergrundel
Gobius exanthematicus
E Giant goby
F Gobie à grosse tête
G Goviós
I Ghiozzo testone
K Glavoč ploĉar
S Torillo
770 Rosige Glasgrundel
Brachyochirus pellucidus
E Transparent goby
F Aphie
G Goviodaki aphia
K Mljec ružični
+ *Crystallogobius nilssoni*
Kristallgrundel
771 Zweipunkt-Ansauger
Diplecogaster bimaculatus
E Two-spotted sucker
F Lépadogaster
à deux taches
+ *Lepadogaster gouani*
Bandschild
E Cornish sucker
F Lépadogaster de Gouan
772 Stumpfnasen-Ansauger
Gouania wildenowi
773 Kleiner Drachenkopf
Scorpaena porcus
F Rascasse brune
= Rascasse porc
= Crapaud de mer
G Scórpena
I Scorpena nera
K Skrpun
S Escorpena
774 Kleiner roter Drachenkopf
Scorpaena ustulala
G Scopiós
K Jaukovica
775 Großer Drachenkopf
Scorpaena scrofa
F Rascasse rouge
= Chapon
G Scórpena
I Scorpena rossa
K Skrpma
S Rascacio
776 Kleiner Rotbarsch
Sebastes viviparus
E Small norway haddock
F Petite chèvre
+ *S. dactylopterus*
Blaumaul
E Blue-mouth
F Sébaste impérial
I Scrofano bastardo
S Panagal
777 Grauer Knurrhahn
Trigla gurnardus
E Grey gurnard
F Grondin commun
I Cappone gorno
K Krkaja
S Cuehillo
778 Seeschwalbenfisch
Trigla hirundo
E Yellow gurnard
= Tub-fish
F Grondin perlon
I Cappone gallinella
K Kokot balavac
S Lluerna
779 Gestreifter Seehahn
Trigla lineata
E Streaked gurnard
F Grondin strié
I Cappone lineato
K Kokot glavos
S Bonacha
780 Seekuckuck
Trigla cuculus
E Red gurnard
F Grondin rouge
= Grondin pin
I Cappone imperiale
K Krkotajka
S Rubio
781 Fähnrich-Knurrhahn
Trigla obscura
E Long-finned gurnard
F Grondin sombre
= Grondin barbarin
G Capóni
I Cappone gavotta
K Kokum
S Juriola
782 Leierhahn
Trigla lyra
E Piper
= Crowner
F Grondin lyre
I Cappone organo
K Kapun
S Arete
783 Flughahn
Dactylopterus volitans
E Flying gurnard
F Aronde
= Grondin volant
G Chelidonópsaro
I Pesce rondine
= Rondinella
K Kokot letač
S Volendina de mar
784 Seeskorpion
Myoxocephalus scorpius
E Fatherlasher
F Cotte scorpion
= Sculpin
= Chabot
+ *Taurulus bubalis*
Langstacheliger Seeskorpion
E Long-spinned sea scorpion
F Cotte à longues épines

785 Steinpicker
Agonus cataphractus
E Armed bullhead
F Souris de mer
786 Seehase
Cyclopterus lumpus
E Lump-sucker
F Cycloptère
= Lompe
787 Großer Scheibenbauch
Liparis liparis
E Sea snail
F Limace de mer
+ *L. montagui*
788 Kleiner Schiffshalter
Echeneis remora
E Remora
F Remora
I Remora
K Priljepuša
I Remora
+ *Echeneis naucrates*
Großer Schiffshalter
G Collisopsaro
K Priljepuša golema
789 Petersfisch
Zeus faber
E John Dory
F Saint Pierre
G Christopsaro
I Pesce San Pietro
K Kovac
S Pez de San Pedro
790 Steinbutt
Bothus maximus
E Turbot
F Turbot
G Klakáni
I Rombo chiodato
K Oblić
S Rodaballo
+ *B. rhombus*
Glattbutt
E Brill
F Barbue
I Rombo liscio
S Remoballo
791 Lammzunge
Arnoglossus laterna
E Scald-fish
F Fausse limande
= Arnoglosse velu
G Arnoglossa
I Suacia
= Cianchetta
K Patarača
S Peludo
+ *A. thori*
Schorrfisch
792 Großschuppige Lammzunge
Citharus lingulata
E Scaldback
F Cithare
= Arnoglosse rugueux
= Prétré
G Glossaki
I Suacia comune
= Suacia fosca
K Plastuša
S Palaya
= Capellá
793 Atlantischer Heilbutt
Hippoglossus hippoglossus
E Halibut
F Flétan
794 Doggerscharbe
Hippoglossoides platessoides
E Long rough dab
F Balai
795 Scholle
Pleuronectes platessa
E Plaice
F Carrelet
= Plie
796 Flunder
Pleuronectes flesus
E Flunder
F Flet
I Passera pianuzza
K Jandroga
S Platija
797 Kliesche
Limanda limanda
E Dab
F Limande
798 Rotzunge
Microstomus kitt
E Lemon sole
F Limande sole
799 Gemeine Seezunge
Solea solea
E Sole
F Sole ordinaire
G Glóssa
I Sogliola vera
K List
S Lenhuado
800 Augenfleck-Seezunge
Solea ocellata
F Sole ocellée
I Sogliola occhiuta
K List pečator
S Tambor real
801 Zwergzunge
Solea lutea
E Solenette
F Langue de chat
I Sogliola gialla
S Acedia
802 Pelzige Seezunge
Solea hispida
F Sole velue
I Sogliola pelosa
K List hrapavac
S Peluda d'arga
803 Seestichling
Spinachia spinachia
E Fifteen-spinned stickleback
F Epinoche de mer
804 Dreistacheliger Stichling
Gasterosteus aculeatus
E Three-spinned stickleback
F Epinoche commune
805 Große Schlangennadel
Entelurus aequorus
E Snake pipe-fish
F Entelure
806 Kleine Schlangennadel
Nerophis ophidion
E Straight-nosed pipe-fish
F Nerophis
K Silence
807 Grasnadel
Syngnathus typhle
E Broad-nosed pipe-fish
F Siphonostome
I Angusigola selvadega
S Aguja
808 Große Seenadel
Syngnathus acus
E Great pipe-fish
F Grand syngnathe aiguille
G Sacorápha
I Pesce ago
K Silobodalo
S Aguja major
+ *S. rostellatus*
Kleine Seenadel
E Small pipe-fish
F Syngnathe mineur
809 Langschnauziges Seepferdchen
Hippocampus guttulatus
E Sea horse
F Hippocampe
G Alogabi
I Cavaluccio di mare
K Konjić dugokljunić
S Caballito de mar
+ *H. antiquorum*
Kurzschnauziges Seepferdchen
810 Großlippige Meeräsche
Mugil chelo
E Thick-lipped grey mullet
F Mulet lippu
= Muge à grosses lèvres
= Talude
G Velánitsa
I Muggine chelone
K Skočac putnik
S Lisa
+ *M. labeo*
Kleine Meeräsche
811 Dünnlippige Meeräsche
Mugil capito
E Thin-lipped grey mullet
F Mulet-porc
= Muge capiton
G Navraki
I Cefalo calamita
= Mugine calamia
K Skočac balavac
S Lizzarra
812 Gemeine Meeräsche
Mugil cephalus
F Mulet cabot
= Testu
G Képhalos
I Cefalo vero
= Muggile comune
K Cipalglavač
S Capitan
813 Goldmeeräsche
Mugil auratus
E Golden grey mullet
F Mulet doré
G Mixinari
I Muggine dorato
K Skočac zlatac
S Cabezudo
814 Gemeiner Pfeilhecht
Sphyraena sphyraena
F Sphyrène
= Brochet de mer
G Lautsas
I Luccio marino
= Sfirena comune
K Skaram
S Espeton
= Picudo
815 Priesterfisch
Atherina presbyter
E Sand smelt
F Prêtre
G Atherina
K Brfun
S Juclet
+ *A. hepsetus*

Fremdsprachen-Nomenklatur

Gemeiner Ährenfisch
F Sauclet
I Latterino sardaro
S Moixo
816 Kleiner Ährenfisch
Atherina boyeri
F Joel
I Latterino comune
K Gavun
S Cabasudo
817 Seeteufel
Lophius piscatorius
E Angler
= Monk-fish
F Baudroie
G Vatrachópsaro
I Boldro
= Rana pescatrice
K Grdobina
S Pez sabo
= Rape
818 Drückerfisch
Balistes capriscus
G Gourounópsaro
K Mihača
819 Mondfisch
Mola mola
E Sun-fish
F Mole
= Poisson lune
G Fegaropsaro
I Pesce luna
K Bucani
S Pez luna

Sachregister

Die neben den Stichworten angegebenen Zahlen beziehen sich auf die Paginierung des Buches, sind also Seitenzahlen.

Abyssal 52
Agar-agar 40, 44
Algin 34
Benthal 53
Benthos 53
Carageen 42
Endobiose 53
Epibiose 53
Epilitoral 52
Erste Hilfe bei:
– Aalblutvergiftung 270
– Drachenfisch-Stich 305
– Drachenkopf-Stich 321
– Kegelschnecken-Stich 128
– Kopffüßer-Biß 173
– Muränen-Biß 271
– Muschelvergiftung 135
– Nesselvergiftung 74
– Rochen-Stich 256
– Schlitzhornstich 128
– Seeigelstacheln 228
– Wurmborsten-Stichen 183
Eulitoral 52
Fauna, Abyssal- 53
– archibenthische 53
– bathypelagische 53
– epipelagische 53
– Hochsee- 53
– Litoral- 53
Gelar 40
Gezeitenzone 52
Hai-Gefahr 255
Hochsee 52
Hypobiose 53
Irländisch Moos 42
Kaviar 264
Klippfisch 278
Kontinentalböschung 52
Kontinentalplateau 52
Korallenfischerei 89
Laberdan 278
Lichtgrenze 53
Litoral 52
Mannazucker 36
Mannit 36
Meeresfrüchte 263
Meeresleuchten 54
Muschelseide 140
Nahrungskette 53
Nekton 53
Neritischer Bezirk 52
Ozeanischer Bezirk 52
Pelagial 53
Phytal 53
Plankton 53
Pleuston 53
Purpur 122
Quellstifte 34
Scampi 198
Schelf 52
Schillerlocken 254
Seeaal 254
Speisemuscheln, Giftige 135
Spritzzone 52
Stockfisch 278
Stückfisch 278
Sublitoral 52
Tiden, Rote 54
Tiefsee 53
Trepang 226
Uferzone 52